中国科学院 白春礼院士 题

论低维并纳器件
致广大而尽精微

白春礼

戊戌春月

中国科学院科学出版基金资助出版

低维材料与器件丛书

成会明　总主编

仿生层状二维纳米复合材料

程群峰　著

科学出版社

北京

内 容 简 介

本书为“低维材料与器件丛书”之一。纳米复合材料在飞行器蒙皮、电磁屏蔽等领域具有重要应用前景，是解决航空航天领域小型化、轻量化等瓶颈问题的关键材料，具有重要的科学研究意义和战略价值。本书作者从事层状二维纳米复合材料的研究工作十余年，在该领域取得原创性研究成果。本书包含6章，第1章主要介绍二维纳米材料的本征特性，包括其结构、物理化学性能；第2章阐述典型自然材料及仿生启示，主要介绍自然材料（如鲍鱼壳）奇妙的微观结构及其优异的力学性能；第3章阐述仿生层状二维纳米复合纤维材料；第4章阐述仿生层状二维纳米复合薄膜材料，主要介绍界面设计原理，以及力学和电学性能优化策略等；第5章阐述仿生层状二维纳米块体复合材料，主要介绍块体复合材料的力学性能和其他功能特性；第6章阐述仿生层状二维纳米复合材料的应用，介绍其在导热、防火、电磁屏蔽以及传感等领域的应用。

本书适用于纳米材料等专业的大学本科生、硕士和博士研究生参考学习，对纳米复合材料领域的企事业单位技术人员也具有指导作用。

图书在版编目（CIP）数据

仿生层状二维纳米复合材料 / 程群峰著. —北京：科学出版社，2024.3
（低维材料与器件丛书 / 成会明总主编）
ISBN 978-7-03-075218-5

Ⅰ. ①仿… Ⅱ. ①程… Ⅲ. ①仿生材料－纳米材料－复合材料 Ⅳ. ①TB339

中国国家版本馆 CIP 数据核字（2023）第 048395 号

丛书策划：翁靖一
责任编辑：翁靖一 孙静惠 / 责任校对：杨 赛
责任印制：赵 博 / 封面设计：东方人华

科学出版社 出版
北京东黄城根北街 16 号
邮政编码：100717
http://www.sciencep.com
北京中科印刷有限公司印刷
科学出版社发行 各地新华书店经销
*
2024年3月第 一 版 开本：720×1000 1/16
2025年5月第二次印刷 印张：30
字数：588 000

定价：238.00 元

（如有印装质量问题，我社负责调换）

总　序

人类社会的发展水平，多以材料作为主要标志。在我国近年来颁发的《国家创新驱动发展战略纲要》、《国家中长期科学和技术发展规划纲要（2006—2020年）》、《“十三五”国家科技创新规划》和《中国制造2025》中，材料均是重点发展的领域之一。

随着科学技术的不断进步和发展，人们对信息、显示和传感等各类器件的要求越来越高，包括高性能化、小型化、多功能、智能化、节能环保，甚至自驱动、柔性可穿戴、健康全时监/检测等。这些要求对材料和器件提出了巨大的挑战，各种新材料、新器件应运而生。特别是自20世纪80年代以来，科学家们发现和制备出一系列低维材料（如零维的量子点、一维的纳米管和纳米线、二维的石墨烯和石墨炔等新材料），它们具有独特的结构和优异的性质，有望满足未来社会对材料和器件多功能化的要求，因而相关基础研究和应用技术的发展受到了全世界各国政府、学术界、工业界的高度重视。其中富勒烯和石墨烯这两种低维碳材料的发现者还分别获得了1996年诺贝尔化学奖和2010年诺贝尔物理学奖。由此可见，在新材料中，低维材料占据了非常重要的地位，是当前材料科学的研究前沿，也是材料科学、软物质科学、物理、化学、工程等领域的重要交叉领域，其覆盖面广，包含了很多基础科学问题和关键技术问题，尤其在结构上的多样性、加工上的多尺度性、应用上的广泛性等使该领域具有很强的生命力，其研究和应用前景极为广阔。

我国是富勒烯、量子点、碳纳米管、石墨烯、纳米线、二维原子晶体等低维材料研究、生产和应用开发的大国，科研工作者众多，每年在这些领域发表的学术论文和授权专利的数量已经位居世界第一，相关器件应用的研究与开发也方兴未艾。在这种大背景和环境下，及时总结并编撰出版一套高水平、全面、系统地反映低维材料与器件这一国际学科前沿领域的基础科学原理、最新研究进展及未来发展和应用趋势的系列学术著作，对于形成新的完整知识体系，推动我国低维材料与器件的发展，实现优秀科技成果的传承与传播，推动其在新能源、信息、光电、生命健康、环保、航空航天等战略新兴领域的应用开发具有划时代的意义。

为此，我接受科学出版社的邀请，组织活跃在科研第一线的三十多位优秀科学家积极撰写“低维材料与器件丛书”，内容涵盖了量子点、纳米管、纳米线、石墨烯、石墨炔、二维原子晶体、拓扑绝缘体等低维材料的结构、物性及制备方法，并全面探讨了低维材料在信息、光电、传感、生物医用、健康、新能源、环境保护等领域的应用，具有学术水平高、系统性强、涵盖面广、时效性高和引领性强等特点。本套丛书的特色鲜明，不仅全面、系统地总结和归纳了国内外在低维材料与器件领域的优秀科研成果，展示了该领域研究的主流和发展趋势，而且反映了编著者在各自研究领域多年形成的大量原始创新研究成果，将有利于提升我国在这一前沿领域的学术水平和国际地位、创造战略新兴产业，并为我国产业升级、国家核心竞争力提升奠定学科基础。同时，这套丛书的成功出版将使更多的年轻研究人员获取更为系统、更前沿的知识，有利于低维材料与器件领域青年人才的培养。

历经一年半的时间，这套“低维材料与器件丛书”即将问世。在此，我衷心感谢李玉良院士、谢毅院士、俞书宏院士、谢素原院士、张跃院士、康飞宇教授、张锦教授等诸位专家学者积极热心的参与，正是在大家认真负责、无私奉献、齐心协力下才顺利完成了丛书各分册的撰写工作。最后，也要感谢科学出版社各级领导和编辑，特别是翁靖一编辑，为这套丛书的策划和出版所做出的一切努力。

材料科学创造了众多奇迹，并仍然在创造奇迹。相比于常见的基础材料，低维材料是高新技术产业和先进制造业的基础。我衷心地希望更多的科学家、工程师、企业家、研究生投身于低维材料与器件的研究、开发及应用行列，共同推动人类科技文明的进步！

成会明

中国科学院院士，发展中国家科学院院士

中国科学院深圳理工大学（筹）材料科学与工程学院名誉院长

中国科学院深圳先进技术研究院碳中和技术研究所所长

中国科学院金属研究所，沈阳材料科学国家研究中心先进炭材料研究部主任

Energy Storage Materials 主编

SCIENCE CHINA Materials 副主编

前　言

《中华人民共和国国民经济和社会发展第十四个五年规划和2035年远景目标纲要》指出："聚焦新一代信息技术、生物技术、新能源、新材料、高端装备、新能源汽车、绿色环保以及航空航天、海洋装备等战略性新兴产业。"而新颖的二维纳米材料，如石墨烯、过渡金属碳化物等，具有优异的力学、电学、热学等性能，是典型的新材料，也是制备高性能纳米复合材料的理想基元材料。不仅可以大幅提升纳米复合材料的力学性能，同时兼具高导电性能，从而赋予纳米复合材料优异的电磁屏蔽性能。纳米复合材料在飞行器蒙皮、电磁屏蔽等领域具有重要应用前景，是解决航空航天领域小型化、轻量化等瓶颈问题的关键材料，具有重要的科学研究意义和战略价值。

自然生物材料（如鲍鱼壳、牙齿、骨骼等）因其多级次多尺度结构而具有优异的力学性能，为开发新型仿生纳米复合材料提供了思想源泉。各种组装技术也日新月异，仿生纳米复合材料逐渐向多级次、非均相梯度方向发展。原位表征纳米复合材料的微观结构以及纳米材料间的界面作用仍然是该领域的巨大难题。作者从事层状二维纳米复合材料的研究工作十余年，在层状二维纳米复合材料领域取得原创性研究成果，发现了层状二维碳纳米复合材料的"孔隙"新现象；提出了界面作用和纳米材料复合协同强韧消除孔隙的新概念；首次从分子尺度揭示了界面协同强韧的新机制；创制了宏观力学性能超越碳纤维织物复合材料的层状二维碳纳米复合材料，是层状二维碳纳米复合材料发展的里程碑，取得了一批具有自主知识产权的创新性成果，极大地推动了层状二维碳纳米复合材料在航空、航天轻量化材料领域的应用。作者基于十余年的研究成果，同时吸纳国内外其他课题组优秀的研究成果，围绕层状二维纳米复合材料的仿生构筑策略，以及性能研究展开，系统阐述仿生构筑策略的提出、优化以及在制备层状二维纳米复合材料的应用；并比较和传统制备层状二维纳米复合材料方法相比的优势，以及存在的一些问题。同时系统阐述仿生层状二维纳米复合材料的物理化学性能，以及在国民生产、生活中各个领域的应用。本书的目的是提高读者对层状二维纳米复合材料的组装和物理化学性能等的系统认识，使读者认识到向自然学习在制造高性能新颖纳米复合材料的重要性，同时为二维纳米复合材料在实际应用过程中提供理论技术支撑。

本书围绕层状二维纳米复合材料的仿生构筑策略，系统阐述了仿生思想源泉和仿生构筑策略。本书共 6 章：第 1 章概述了二维纳米材料及二维纳米复合材料；第 2 章阐述了典型自然生物材料及其仿生启示；第 3 章阐述了仿生层状二维纳米复合纤维材料；第 4 章系统阐述了仿生二维纳米复合薄膜材料的界面设计和结构构筑策略；第 5 章阐述了仿生层状二维纳米复合块体材料的构筑策略和结构功能一体化；第 6 章阐述了仿生层状二维纳米复合材料在民生、国防等领域的应用，以及未来发展趋势和面临的挑战。

本书从二维纳米材料本征特性的介绍，到纳米复合材料的制备，以及仿生构筑策略等，不仅包含基础知识点，同时聚焦纳米复合材料的学术研究最前沿，对本科生、硕士和博士研究生在材料制备、性能表征及分析等方面知识和技能的培养，具有重要的指导作用。

本书基于作者课题组在仿生层状二维纳米复合材料十余年的研究成果，旨在对二维纳米材料仿生构筑策略及物理化学性能研究做系统阐述，对国内外研究现状和未来发展趋势进行归纳总结和详细讨论，是课题组的集体智慧结晶。作者提出了本书的主体学术思想，并统筹安排本书整体撰写思路和内容架构设计，严佳、付俊松、梁程、万思杰、王华高、李雷参与了资料收集、整理和校稿工作，在此一并感谢。

衷心感谢国家重点研发计划项目（2021YFA0715700）和国家自然科学基金项目（52125302、52350012、22075009、51961130388、21875010、51522301、21273017、51103004）对相关研究的长期资助和大力支持。诚挚感谢成会明院士和“低维材料与器件丛书”编委会对本书撰写的指导和建议。特别感谢科学出版社和翁靖一编辑在本书出版过程中给予的大力帮助。谨以本书献给从事纳米复合材料的同行及其青年学子，期待本书对从事纳米复合材料基础和应用研究的企业界人士有参考价值。

由于二维纳米复合材料的研究仍在快速发展，新现象、新理论不断涌现，加之著者经验不足，书中不妥之处在所难免，希望专家和读者提出宝贵意见，以便及时补充和修改。

程群峰

2023 年 10 月

目 录

第1章 绪 论

1.1 二维纳米材料

二维（two dimension，2D）纳米材料是一类高纵横比的新兴材料，其特殊的结构、表面化学和量子尺寸效应使其具有各向异性的物理化学性质。大多数二维纳米材料是通过剥离范德华层状材料得到的稳定单原子层或单多面体厚的纳米材料[1]。近年来，由于石墨烯材料的制备和广泛研究，二维纳米材料在物理、化学和材料等领域引起了轰动。而早在1859年，Brodie就意识到热还原处理后的氧化石墨具有层状结构[2]。自从Novoselov等在2004年使用透明胶带从石墨中成功剥离出石墨烯以来，二维纳米材料在化学、材料、物理和纳米技术领域的研究进入高速发展时期[3]。与其他类型的纳米材料[包括零维（0D）纳米颗粒、一维（1D）纳米线和三维（3D）纳米块体]相比，二维纳米材料由于具有高纵横比、量子尺寸效应和平面构象等特点而展现出独特的物理化学性能，具体表现在以下五个方面：第一，电子被限制在二维结构中，特别是在单层纳米片上，使得电子在没有层间相互作用的情况下进行超快的传输。第二，强的面内化学键和超薄的原子厚度使其具有超高力学强度、韧性和透光性。第三，大的横向尺寸和超薄的原子级厚度赋予了其超高的比表面积，可用于催化、超级电容器和可充电电池等领域。第四，二维纳米材料上大量的表面原子使表面工程很容易通过构建更多的活性位点来改善材料的性能。第五，超薄二维几何结构为电子态的调制提供了一个简单而理想的模型，并建立清晰的结构-性质关系[4-7]。因此，二维纳米材料成为化学、生物和物理等领域中的研究热点。不同特性的需求促进了二维纳米材料不同制备方法的发展，其制备方法可以归为两类：自上而下和自下而上的策略。二维纳米材料的进展如图1-1所示，为了适应生态文明建设及构建绿色可持续发展社会的需求，科学家致力于开发多功能的二维纳米材料，如纳米黏土（nanoclay）[8, 9]、石墨烯

（graphene）[3, 10]、三氧化二铝（Al_2O_3）[11, 12]、层状双氢氧化物（layered double hydroxide，LDH）[13, 14]、六方氮化硼（hexagonal boron nitride，h-BN）[15, 16]、黑磷（black phosphorus，BP）[17, 18]、石墨炔[19]、过渡金属碳/氮化物（MXene）[20, 21]、过渡金属二硫化物（transition metal dichalcogenide，TMD）[22, 23]、过渡金属卤化物[24]、层状金属氧化物[25, 26]、石墨碳氮化物（g-C_3N_4）[27, 28]、金属有机框架（metal-organic framework，MOF）[29, 30]、共价有机框架（covalent-organic framework，COF）[31, 32]、有机-无机杂化钙钛矿[33-35]等。

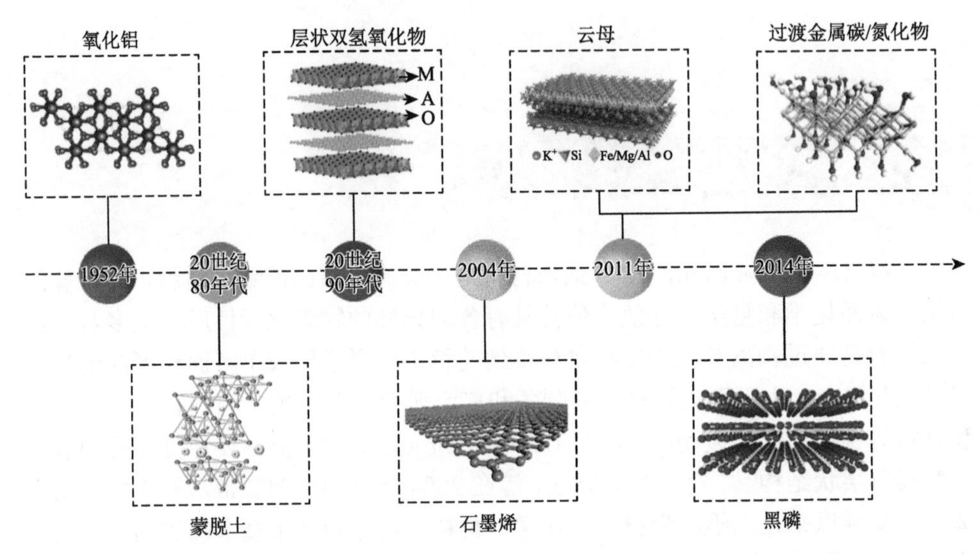

图 1-1 二维纳米材料的进展图（包括氧化铝、蒙脱土、层状双氢氧化物、石墨烯、云母、过渡金属碳/氮化物、黑磷等）

1.1.1 纳米黏土

1. 蒙脱土

自 1980 年 Okada 等首次把剥离的蒙脱土（montmorillonite，MTM）纳米片用在尼龙中制造汽车零件之后，黏土成为材料领域的研究焦点[36]。天然黏土矿物的形成是液态水与岩石长时间相互作用的结果。天然黏土矿物种类丰富，主要为硅铝酸盐，大多数黏土呈层状结构，具有较大的比表面积。一般来说，天然黏土矿物在自然状态下表现为块状，将其破碎和提炼可初步获得横向尺寸和厚度较大的广义上的黏土层状材料，这些材料可通过物理或化学方法进一步剥离，使其横向尺寸和厚度显著减小，获得二维黏土纳米片。剥离后的黏土纳米片相比本体材料尺寸更小，比表面积更大，便于将其引入到宏观组装体材料中，从而改变材料的物理和化学性质。由于其低成本、多功能性和可分散性，黏土纳米片被认为是一种理想的无机组分，用于高填充含量的二维纳米复合材料[37, 38]。此外，黏土纳米片通常带负电荷，表面和边缘上有许多可用于交联的羟基。MTM、蛭石（vermiculite，VMT）和锂皂土（laponite，LAP）是制备聚合物-黏土纳米复合材料最常用的黏土。如图 1-2 所示，MMT 的晶体结构为 2∶1 型层状结构，由两个硅氧四面体夹一个铝氧八面体组成[39]。与其他黏土纳米填料相比，MTM 和 VMT 黏土具有较大的比表面积和更高的阳离子交换容量。特别是 MTM 黏土纳米填料具有比其他黏土更小的晶粒尺寸和更高的表面粗糙度。将 MTM 黏土纳米填料掺入聚合物中，可制备出具有良好的力学、气体阻隔和阻燃性能的聚合物-黏土纳米复合材料。目前，MTM 是研究及应用最广泛的黏土纳米填料[38, 40]。

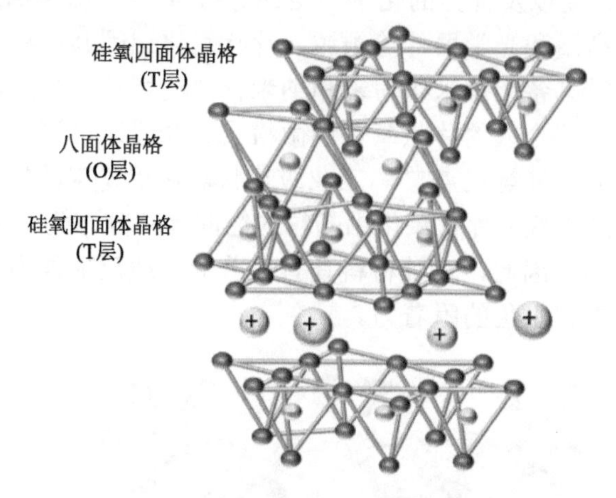

图 1-2 MMT 的 2∶1 型晶体结构[39]

基于克服层间的范德华力和静电力使 MTM 剥离的制备机理，MTM 的制备方法可分为物理剥离、熔融剥离、原位剥离和聚集剥离等。物理剥离通常依赖于高能量输入的设备，如超声波和球磨仪器，这会造成大量的结构缺陷或破坏结构。此外，还存在剥离效率、生产率和产量低的问题。一般来说，熔融剥离法是在普通工程塑料（如聚乙烯、聚丙烯、聚苯乙烯、聚氯乙烯和乙烯-醋酸乙烯酯共聚物）的挤出或注塑过程中，通过在层间添加发泡剂或水，并在高温下释放大量气体来剥离 MTM。与物理方法类似，熔融剥离法也容易造成 MTM 纳米片的一些缺陷。原位剥离主要是基于先前进入层间的单体的聚合。利用聚合过程中产生的大体积长链聚合物和释放的热量实现 MTM 的剥离[9, 41]。插层是制备蒙脱土、海泡石和蛭石等纳米片常用的方法，通常利用黏土层间间距的可扩展性和离子交换特性，在黏土层间使用有机基团代替阳离子，使层间距变大直至将黏土剥离得到纳米片。此外，由于高岭土的层间不含有可交换的阳离子，因此层间间距大多通过二次插层或多次插层来增加。

2. 氧化铝

早在 1925 年，Haber 根据氧化铝（Al_2O_3）的晶体结构将其分为两种类型：α-型和 γ-型[42]。然而，氧化铝在形成最终相的过程中，会产生热力学上亚稳态的中间相。据统计，氧化铝可分为 8 种结晶形态：χ-、η-、γ-、δ-、κ-、θ-、β-及 α-，其中 α-和 γ-两种形态是研究的重点。α-Al_2O_3 是最稳定的氧化铝相，属于三方晶系，转化温度为 1200℃。在其晶体结构中，O 原子呈六方紧密堆积排列，Al 原子填充在其中的八面体间隙中，晶体结构如图 1-3 所示[43]。α-Al_2O_3 具有紧密结构、大晶格能、高熔点、高沸点、高导热系数、良好的绝缘性能、高硬度、高力学强度以及优异的化学稳定性等特点，因此，α-Al_2O_3 广泛应用于催化、绝缘、耐高温和光学器件等领域。片状氧化铝因其独特的晶体形状和片状结构，从而同时具备了微米级粉末和纳米材料的特性。与大多数的天然基体材料相比，人工方法合成的片状氧化铝微粉具有径厚比可调、纯度高、表面平整光滑、水中分散性好等优点[44]。工业级片状氧化铝粉末的粒径可达微米级，厚度可达或接近纳米级，片状氧化铝晶粒的径向尺寸分布为 5～50 μm，厚度分布为 100～500 nm。因此，这种材料具有显著的光线反射能力和屏蔽效果，以及良好的表面活性和出色的附着力。

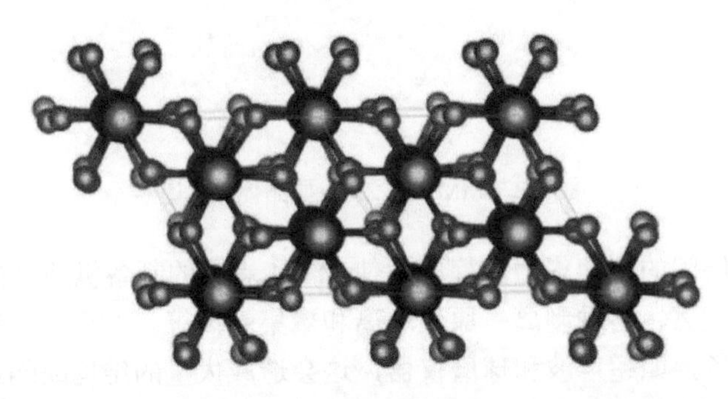

图 1-3　α-Al_2O_3 的六方紧密堆积晶体结构示意图[43]

片状氧化铝的主要制备方法包括熔盐法、液相间接法（如溶胶-凝胶法）、水热（醇热）法、机械法、涂膜法和高温烧结法。熔盐法采用一种或多种熔点低的水溶性无机盐（常用的熔盐包括硫酸钠、硫酸钾、氯化钠和氯化钾等）作为反应介质，与铝源（如硫酸铝、氢氧化铝）混合后，并在高于盐熔点的温度下煅烧，完成片状氧化铝的生长，最后采用去离子水洗涤熔盐，得到片状氧化铝。在熔盐法中，由于物质在无机盐中的迁移速率比固相反应快得多，所以可以大大缩短反应时间。此外，盐的熔点远低于氧化铝的熔点，这就有效降低了反应温度。熔盐法还可以通过调控晶体种类的添加量、熔盐的添加量以及反应温度和时间等参数有效调控粉体的形貌[45, 46]。液相间接法（如溶胶-凝胶法）以可溶性的铝源为原料，在液相中沉淀或者结晶得到氧化铝前驱体，经煅烧完成相转变，得到片状氧化铝。通过调控反应溶液的浓度和煅烧时间，可以获得尺寸范围广、粒度分布窄的片状氧化铝[47]。水热（醇热）法是以水作为溶剂，在密封、高温和高压的条件下进行成核和结晶，从而获得所需产物的化学反应。水热法生产的粉体晶粒纯度高、晶型好、分散性好。该方法需要较长的周期和较高的温度及压力，因此对设备有一定的依赖性和危险性，但是可以通过调控反应介质来降低水热反应温度。机械法是利用机械力（如球磨、搅拌磨、振动磨、胶体磨、超微气流粉碎等）使粉体在长时间的运转过程中受介质的反复冲撞，经历反复挤压、剪切及研磨，获得弥散分布的粒子。该方法成本低、操作简单，但机械力会改变材料的结构和物理化学性质，使晶体结构不易控制。涂膜法是将前驱体配制为溶胶，然后将溶胶涂到基底上，干燥后剥离涂膜，即得片状粉体材料。该方法得到的粉体杂质少，片径易调控，容易从基底上剥离且片状粉体的表面光滑。但片状粉体的力学强度较低，粒径分布较广，需要进一步后处理才能使用。高温烧结法是一种在较高温度下烧结氧化铝粉末获得片状氧化铝的方法[48]。由于氧化铝粉末的熔点高达 2300℃，因此可以通过加入添加剂来降低烧结温度，同时调节氧化铝各向异性生长。

3. 云母

云母（mica）是一类具有特殊层状结构的无机硅酸盐矿物，由于其独特的晶体结构，云母具有优异的化学稳定性、良好的绝缘性和耐温性，使其成为一种重要的耐高温且绝缘的无机材料。云母含有钾、铁、镁、铝、锂等金属元素，其晶体结构为两层硅氧四面体中间夹一层铝氧八面体的复杂层状结构，云母晶体结构如图 1-4 所示[49]。常见的云母主要有白云母、金云母、黑云母和合成云母，化学通式可表示为：$R^+R_3^{2+}[AlSi_3O_{10}][OH]_2$ 或 $R^+R_3^{3+}[AlSi_3O_{10}][OH]_2$，其中，$R^+ = K^+$、$Na^+$；$R_3^{2+} = Mg^{2+}$、$Fe^{2+}$、$Mn^{2+}$；$R_3^{3+} = Al^{3+}$、$Fe^{3+}$、$Mn^{3+}$。阳离子处于硅氧四面体和铝氧八面体之间，且与铝氧八面体和硅氧四面体之间的结合力较弱，导致阳离子所在的晶体平面容易分层，因此，云母沿着阳离子所在的平面方向具有极完全解理性。晶体中的组分主要以氧化物的形式存在，在水中不易电离，因此具有很高的电绝缘性能。云母片、云母纸、云母板、云母带等被广泛用作电气绝缘材料。此外，云母纳米片还具有优异的可见光透射率、紫外线防护性能和原子级平整度。当云母纳米片薄到一定程度时，其能带隙会显著减小，显示出半导体特性。因此，云母纳米片基复合材料被广泛应用于航空航天、电子、电器、交通运输、建材、冶金、轻工等领域，以及国防和先进工业领域[50]。

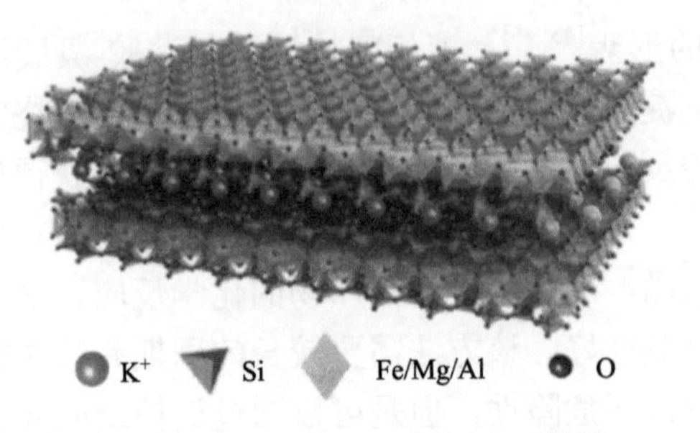

图 1-4 云母的 2∶1 型晶体结构[49]

云母与蒙脱土同为 2∶1 型层状硅酸盐矿物，其层间被 K^+牢牢锁住，导致层间作用力强于蒙脱土[51]。但 K^+具有一定的可交换性，可以通过阳离子交换来破坏晶体之间的稳定结构，从而导致阳离子所在的平面会容易分层，通过施加一定的外力作用，如机械剪切力、超声波、微波，可以获得少层甚至单层的云母纳米片。例如，Khai 等[52]采用溶剂热法将 K^+插层到云母片层间，再结合微波辐照膨胀工艺将其剥离为单层和多层云母纳米片。在溶剂热过程中，溶解的 K^+取代云母夹层间原有的部分阳离子，同时引入了羟基，外来离子的引入导致云母的层间距扩张到一定程度，然后微波辐照使溶剂迅速升温，能量也随之提高，从而引发云母裂解，进一步洗涤获得干净的单层或多层云母纳米片。有机插层也是剥离云母的常用方法，首先使用强酸、强氧化物或者高温等方法使云母膨胀，扩大其层间距以及削弱层间作用力，再插入有机物获得云母纳米片。例如，Jia 等[53]通过煅烧白云母扩大其层间距，采用熔融法将层间阳离子 Li^+进行交换，再插层十八烷基三甲基铵阳离子以拓宽云母的层间距并削弱层间的作用力，最后在乙醇和水的混合液中超声插层云母粉，获得单层白云母纳米片。Pan 等[54]将绢云母煅烧、酸化、钠化处理后插层了十六烷基三甲基铵阳离子，再在乙醇中将有机插层的绢云母粉进行超声破碎，获得单层和多层的绢云母纳米片，产物的平均粒径约为 500 nm。该方法工艺简单，所有离子交换步骤均可采用水热法进行，制备周期短，可实现大批量生产，其生产速度达到 1 g/h。Ji 等[49]将正丁基锂插层到煅烧过的黑云母中，通过超声波处理制备了超薄黑云母纳米片。

4. 层状双氢氧化物

层状双氢氧化物（layered double hydroxide，LDH）是一类由带正电荷的类水镁石八面体金属氢氧化物层和含有电荷补偿阴离子以及溶剂化分子的层间区域组成的离子层状化合物[55]。金属阳离子占据八面体的中心，其顶点包含氢氧根离子，共享并连接形成二维薄片，其结构如图 1-5 所示[6]。LDH 纳米片含有二价以及三价金属阳离子，化学通式可表示为：$[M_{1-x}^{2+}M_x^{3+}(OH)_2][A^{n-}]_{x/n}\cdot zH_2O$，其中 M^{2+}可

以是 Mg^{2+}、Zn^{2+}或 Ni^{2+}；M^{3+}可以是 Al^{3+}、Ga^{3+}、Fe^{3+}或 Mn^{3+}；A^{n-}是非骨架电荷上起电荷补偿作用的无机或有机阴离子，如 CO_3^{2-}、Cl^-、SO_4^{2-}、RCO_2^-；x 通常在 0.2～0.4 之间。LDH 也可以含有 M^+和 M^{4+}阳离子，但仅限于特定的例子，如 Li^+和 Ti^{4+}。近年来，LDH 作为二氧化碳吸附剂的前驱体、催化剂、离子交换主体、阻燃添加剂、聚合物/LDH 纳米复合材料的增强体、药物输送载体以及水泥添加剂等得到广泛研究。

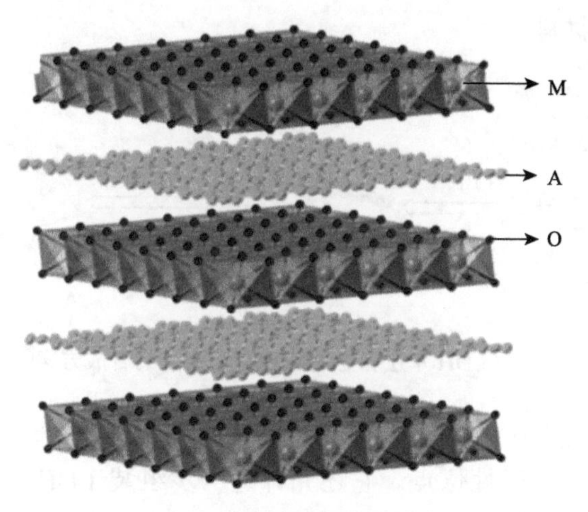

图 1-5 LDH 的晶体结构[6]

LDH 纳米片的合成一般可分为两种方法：自下而上和自上而下策略（图 1-6）[56]。其中，共沉淀和电化学沉积可以直接合成具有可控结构的 LDH 纳米片。剥离（重新组装）策略为制备具有少层和单层的 LDH 以及其他基于 LDH 的多功能纳米材料提供了有效的方法。共沉淀法是制备 LDH 基材料最常用的方法之一，但所得材料的厚度和微观结构无法精确控制，阻碍了活性位点的充分暴露。因此，有必要进一步探索共沉淀的合成条件以获得更多暴露的活性位点。Li 等[57]通过水和有机混合溶剂处理方法，合成了超薄 Ga 掺杂 CuZn-LDH 纳米片，并将该产物用作催化剂前驱体，用于进一步合成其他活性材料。这种超薄结构有利于活性位点的充分暴露。在 LDH 层之间插入大尺寸分子可以增加层间距，甚至引入其他功能。迄今为止，各种客体物质，包括无机和有机分子，已经成功地嵌入到 LDH 纳米片层中，这通常需要单独的层间阴离子交换过程。Calhau 等[58]通过一锅共沉淀法将一种可光活化的 CO 释放分子掺入 ZnAl-LDH 主体中，从而简化了合成过程。掺杂是提高 LDH 基材料本征活性的另一种有效方法。多种金属元素通过水热共沉淀法被引入到 LDH 纳米片层中，如高电荷金属离子（V^{4+}和 Mn^{4+}）和贵金属离子。掺杂位点可以改变 LDH 的电子结构，从而提高电化学性能。其他改进的共沉淀方法也有报道，如单独的成核和老化方法。在过去的几年里，电化学沉积方法被开发出来，通过使用含有适当金属离子的负电位硝酸盐或硫酸盐溶液在导电基质上轻松制备 LDH 纳米材料。例如，Li 等[59]已经通过电沉积方法，在各种宏/微导电基板上成功制造了各种超薄 LDH 纳米片阵列（横向尺寸为 200～300 nm，厚度为 8～12 nm）。为了进一步扩展适合合成 LDH 纳米材料的元素类型，引入镧系元素如 La^{3+}，制备 Ni/La 比可调的 NiLa-LDH。由于简便的优点，电沉积可以与其他方法相结合，可控地制备具有复杂结构的复合材料。

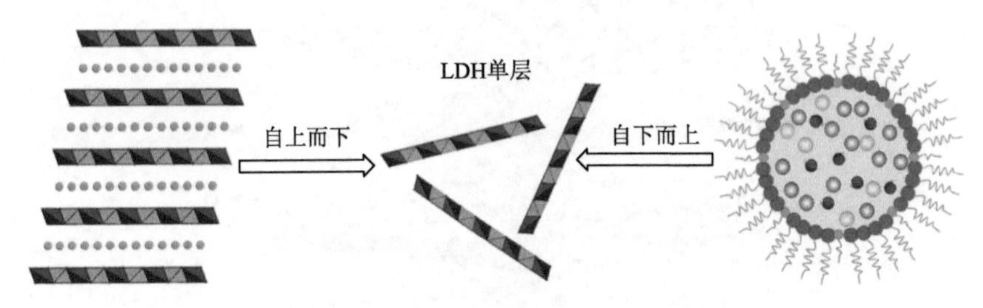

图 1-6 LDH 单层自上而下和自下而上的合成方案[56]

剥离（重新组装）策略使我们能够获得具有少层甚至单层的 LDH，并且可以最大限度地暴露活性位点。它还允许进一步组装 LDH 与其他客体材料以生产基于 LDH 的多功能纳米材料。在此过程中，将块体 LDH 剥离成均匀的纳米片是关键步骤。然而，需要有毒有机溶剂的传统剥离方法耗时且可控性较差，并且所得的纳米片在应用过程中很容易重新聚集。为了克服这一点，Wang 等[60]开发了一种“干法剥离”方法，该方法使用 Ar 等离子体将块状 CoFe LDH 蚀刻成具有多个空位的超薄 LDH 纳米片。Zhao 等[61]成功开发了一种静电逐层技术，将剥离的 LDH 纳米片与商业导电聚合物组装成超晶格异质结构。在这种异质结构中，LDH 可以为导电聚合物的容纳提供受限的微环境，从而实现高电荷载流子迁移率。

1.1.2 石墨烯和氧化石墨烯

1. 基本结构

石墨烯是一种只有一个原子厚度的碳膜，也称为单层石墨。2004 年，Novoselov 等[3]在实验室通过机械剥离成功制备了石墨烯，在此之前，研究人员普遍认为如此薄的晶体材料是非常不稳定的。石墨烯的结构模型如图 1-7（a）所示[62]，每个碳原子为 sp^2 杂化，与相邻三个碳原子之间通过 σ 键连接，此外，所有碳原子之间共享离域大 π 键，其理论厚度为 0.335 nm，分散性较差。氧化石墨烯（graphene oxide，GO）是石墨烯的一种含氧衍生物［图 1-7（b）］[63]，其表面存在羟基和环氧基团，边缘存在羧基，其理论厚度约为 0.7 nm，易分散于水、二甲基甲酰胺等极性溶剂。

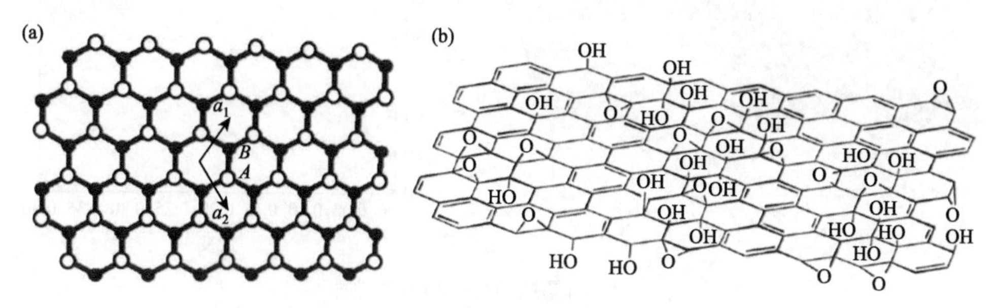

图 1-7 石墨烯（a）[62]和氧化石墨烯（b）[63]的结构示意图

2. 主要性能

石墨烯是迄今为止发现的强度最高的材料，且具有超高的比表面积（2630 m^2/g）、较高的光学透过率（97.7%）以及优异的导电和导热性能[62]。Morozov等[64]系统研究了石墨烯的电子传输性能的温度依赖性，发现石墨烯在室温下的电子迁移率高达 200000 $cm^2/(V·s)$，超过了所有其他半导体材料。Alexander 等[65]基于拉曼 G 峰位移与激发光功率的关系［图 1-8（a）和（b）］，测试了悬浮的单层石墨烯在室温下的导热性能，其热导率高达 4840~5300 W/(m·K)，优于碳纳米管。Lee等[66]通过原子力显微镜纳米压痕，测试了单层石墨烯的力学性能，其杨氏模量为 1.0 TPa，断裂强度为 130 GPa［图 1-8（c）和（d）］。由于这些优异的物理性能，石墨烯在柔性电子器件、热管理材料、轻质高强纳米复合材料等领域具有广泛的应用前景。

相比于石墨烯，GO 纳米片由于表面具有丰富的缺陷结构，其力学、导电和导热性能大幅降低。Suk 等[67]基于有限元-映射方法，测试得到 GO 的有效杨氏模量仅为 207.6 GPa。Paci 等[68]通过 Monte Carlo 和分子动力学模拟方法，计算得到 GO 的断裂强度和杨氏模量分别为 63 GPa 和 500 GPa。

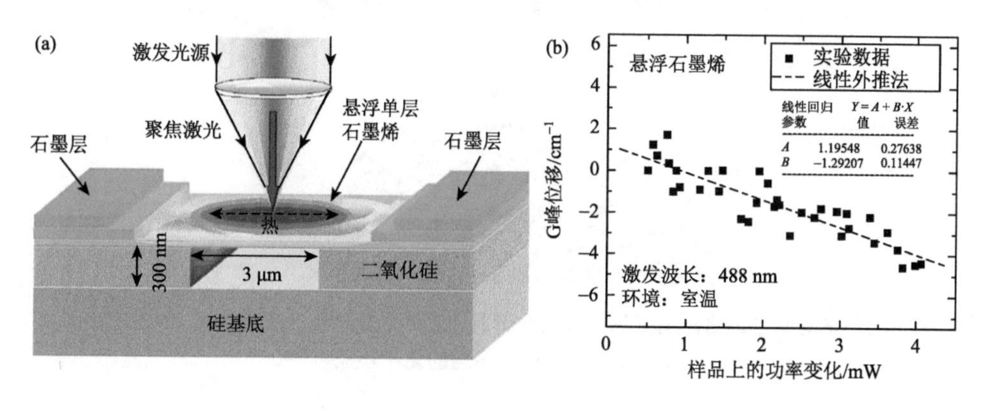

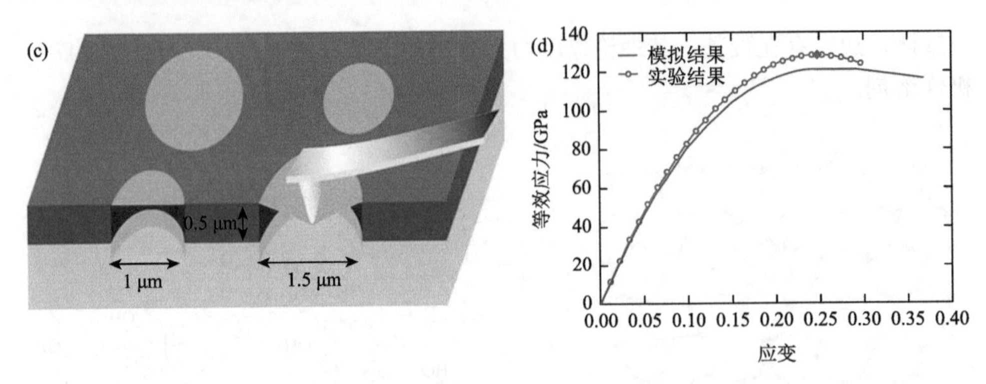

图 1-8 石墨烯的导热和力学性能

(a) 热导率测试示意图[65]；(b) G 峰位移与激发光功率的关系[65]；(c) 原子力显微镜纳米压痕测试示意图[66]；(d) 石墨烯纳米压痕测试力学曲线[66]

3. 制备方法

目前石墨烯的制备方法主要包括自上而下和自下而上两种策略（图 1-9）[69]。自上而下策略主要分为微机械剥离、碳纳米管解压法、电化学剥离、液相超声剥离

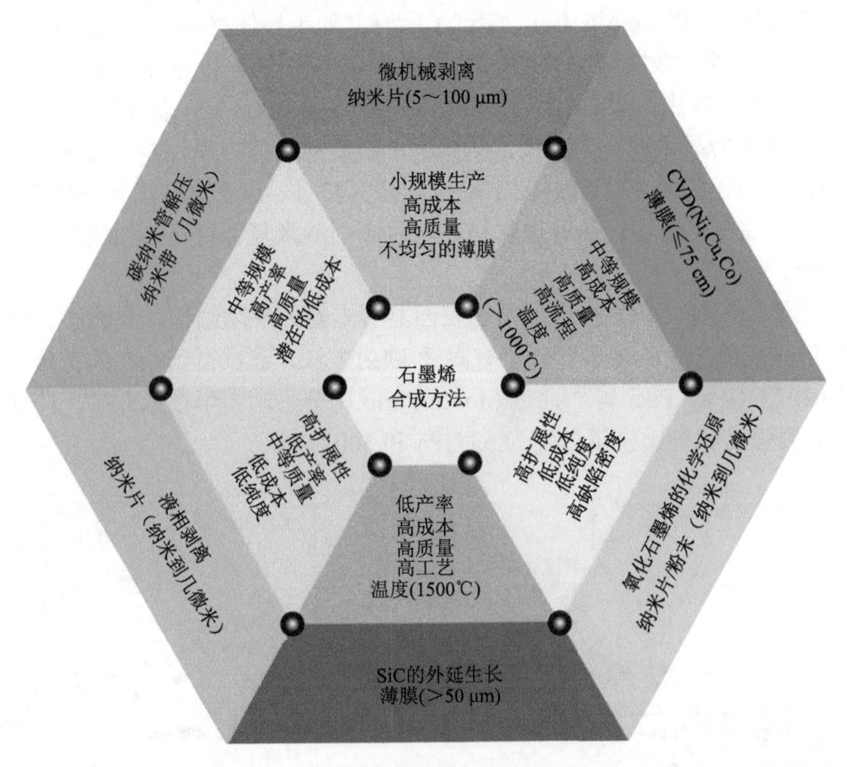

图 1-9 石墨烯的制备策略，主要包括微机械剥离、碳纳米管解压、液相剥离、化学气相沉积、外延生长以及氧化石墨烯的化学还原等[69]

以及球磨法等，自下而上策略主要分为外延生长和化学气相沉积。而GO纳米片的制备方法主要为Hummer's氧化法、电化学氧化法、球磨法等[62]。

1.1.3 过渡金属碳/氮化物

1. 基本结构

相比于石墨烯，过渡金属碳/氮化物易分散在各种极性溶剂中，溶液可处理性强，且具有优异的力学和电学性能，因此在过去十余年间受到人们的广泛关注。它是一大类二维纳米材料，被称作MXenes[70]，其分子结构通式为$M_{n+1}X_nT_x$（$n=1$、2、3），其中M元素是过渡金属元素（包括Ti、V、Nb、Mo等），X元素是碳或氮元素，T_x是表面基团（包括羟基、环氧和氟等），在MXene的结构中，$n+1$层的M元素逐层覆盖了n层的X元素，其排布为$[MX]_nM$（图1-10）[21]。2011年，德雷克塞尔大学Yury Gogotsi和Michel W. Barsoum等[71]报道了第一种MXene材料（碳化钛，$Ti_3C_2T_x$），此后，研究人员陆续合成了19种不同的MXene材料（蓝色标记），并且理论预测了多种MXene材料（灰色标记）[21]。当MXene材料中的M元素多于一种时，其可以分为固溶体和有序相。对于前者，M层中两种不同的过渡金属元素随机排列（绿色标记）。而对于后者，一种过渡金属元素层（一层或者两层）被

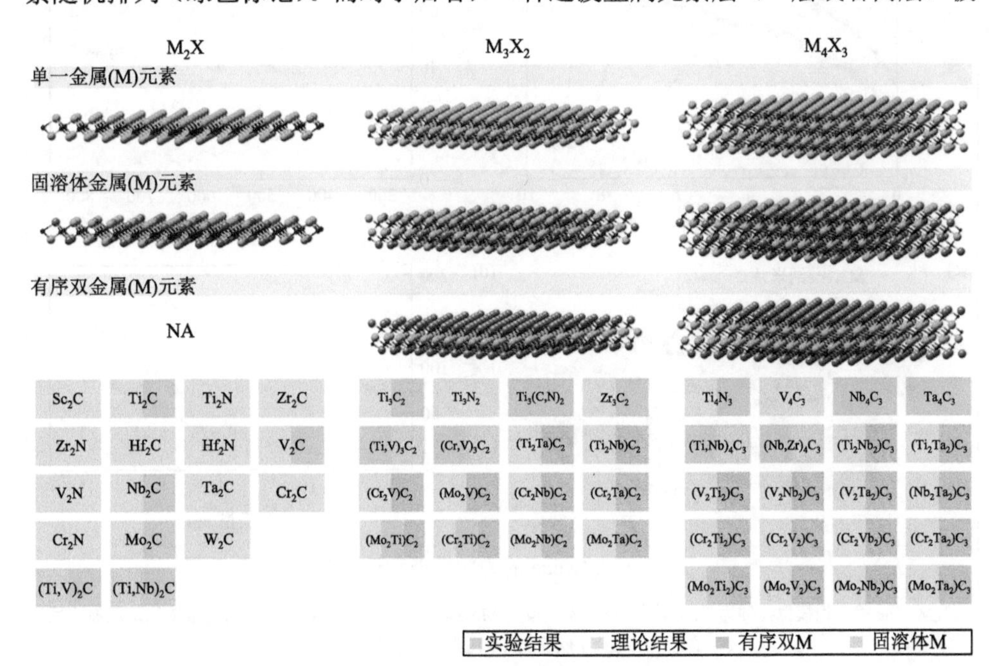

图1-10 MXene的结构示意图，至少包括三种分子结构式：M_2X、M_3X_2和M_4X_3，其中M代表前过渡金属元素，X代表碳或氮元素[21]

夹在另一种过渡金属元素层之间。密度泛函理论计算结果表明，有序相 MXene 材料比相应的固溶体相 MXene 材料更稳定，迄今为止共有超过 25 种不同的有序相 MXene 材料被预言存在（橙色标记）[21]。目前，$Ti_3C_2T_x$ 是被研究最多的一种 MXene 材料。

2. 主要性能

过渡金属碳/氮化物的理化性能与其组成元素和表面官能团的种类有关。例如，密度泛函理论和分子动力学模拟结果表明，相比于 M_3X_2 型和 M_4X_3 型 MXene 材料，相应的 M_2X 型 MXene 材料具有更高的杨氏模量和断裂强度[图 1-11(a)][72]。Lipatov 等[73]通过原子力显微镜纳米压痕，测试了单层碳化钛（$Ti_3C_2T_x$）MXene 纳米片的杨氏模量为 333 GPa，断裂强度为 17.3 GPa[图 1-11（c）和（d）]。此外，MXene 薄膜具有优异的光透过性，每纳米厚度的 Ti_3C_2 可以透过 97%的可见光[图 1-11（b）][74]。

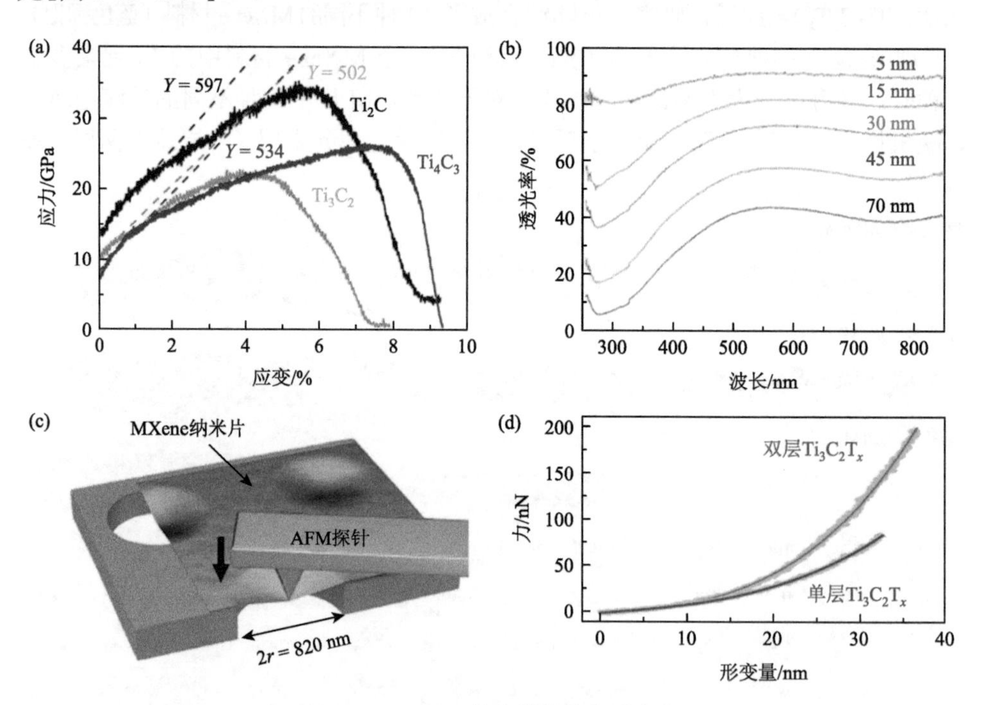

图 1-11 MXene 的力学性能和透光率

（a）MXene 的理论模拟拉伸力学曲线[72]；（b）不同厚度 MXene 的透光率[75]；（c）原子力显微镜纳米压痕测试示意图[73]；（d）MXene 纳米压痕测试力学曲线[73]

理论研究表明不同 MXene 材料的电学性能可以从金属导电性变化到半导体特性，一些含重过渡金属元素（如 Cr、Mo 和 W）的 MXene 材料被预言是拓扑绝缘体[21]。目前研究人员从实验上仅表征了含官能团的 Ti_2C、Ti_3C_2、Mo_2C、Mo_2TiC_2 和 $Mo_2Ti_2C_3$ 的电学性能。此外，研究结果表明，改变外层 M 元素可以显著影响 MXene 材料的电学性能（图 1-12）[76]，例如 $Ti_3C_2(OH)_2$ 是金属导电的，然而包含 Mo 的 $Mo_2TiC_2(OH)_2$ 显示出半导体特性，并且在 10 K 时表现出正磁致电阻效应[76]。除了组成元素，MXene 材料的电导率也依赖于样品制备方法。一般地，低浓度缺陷和大尺寸的 MXene 材料具有更高的电导率，因此，优化 MXene 材料的合成工艺（如温和的刻蚀条件和无超声的分层处理）[77]、共面取向诱导的良好片层接触[78]以及干燥去除片层之间的插入物[79]都可以提升 MXene 材料的电导率。经过十余年的发展，$Ti_3C_2T_x$ 薄膜的电导率可以达到 24000 S/cm[80]，优于其他可溶液处理的导电材料（包括石墨烯）。

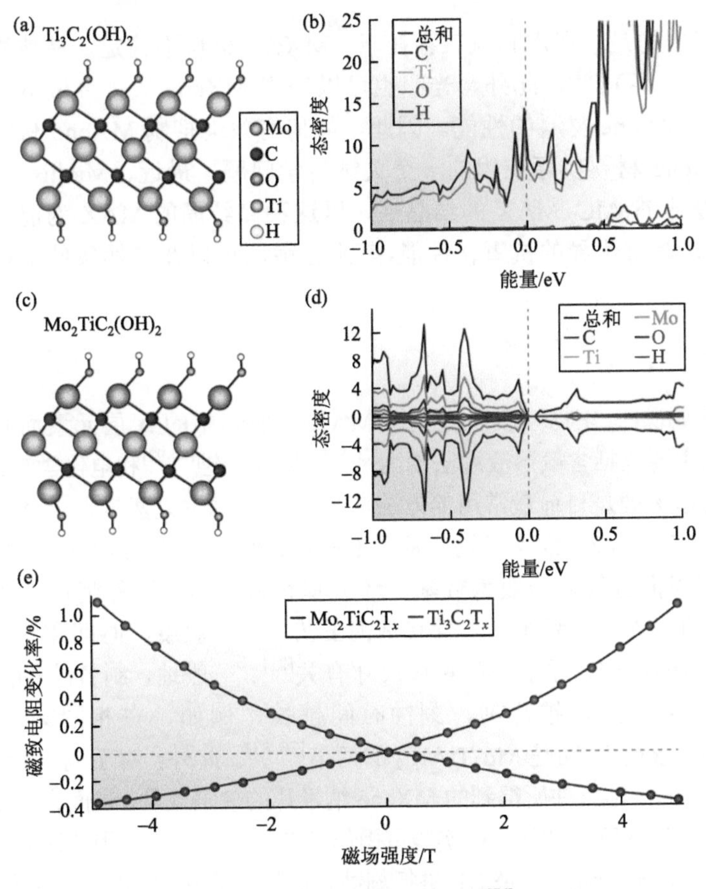

图 1-12 MXene 的电学性能[76]

（a，b）$Ti_3C_2(OH)_2$ 的结构示意图和导电特性曲线；（c，d，e）$Mo_2TiC_2(OH)_2$ 的结构示意图、半导体特性和正磁致电阻效应曲线

尽管表面官能团可以使 MXene 材料磁性消失，但是一些无表面官能团的 MXene 材料被预言具有铁磁和反铁磁特性[21]。此外，表面带有官能团的 Cr_2CT_x 和 Cr_2NT_x 两种 MXene 材料也被预言具有磁矩[81, 82]，然而这两种 MXene 材料还未被实验合成。2015 年，第一种含 Cr 的 MXene 材料（$Cr_2TiC_2T_x$）被成功制备，然而其磁性能还未被实验表征[83]。Zha 等[84]使用第一性原理计算 Mo_2C 和 Sc_2CF_2 的热导率分别为 48.4 W/(m·K)和 178~472 W/(m·K)。Liu 等[85]实验测试 $Ti_3C_2T_x$ 薄膜的热导率为 55.8 W/(m·K)，表明其在热管理材料方面具有潜在应用前景。此外，很多 MXene 材料（如 $Ti_3C_2T_x$、Ti_2CT_x 和 V_2CT_x）具有优异的电化学性能，可作为柔性电极材料应用于能源存储领域[21]，Li 等[86]发现 $Ti_3C_2T_x$ 薄膜具有优异的高温热红外伪装性能，这主要是由于其在中红外波段具有较低的红外发射率（约 19%）。

需要指出的是，在水和氧气存在下，MXene 材料不稳定，易被氧化成金属氧化物（如 TiO_2）[87]，此外，光照也可以加剧 MXene 胶体分散液的氧化，从而大幅降低 MXene 材料的性能。因此，如何有效地抑制 MXene 材料的氧化，是实现 MXene 材料实际应用的一个关键科学问题。最近，Mathis 等[88]发现过量铝可以提升 Ti_3AlC_2 MAX 的结晶性，以这种高结晶的 MAX 为前驱体制备得到的 $Ti_3C_2T_x$ 具有优异的抗氧化性能，其水分散液可以在自然条件下稳定保存超过 10 个月。

3. 制备方法

过渡金属碳/氮化物一般通过刻蚀 MAX 前驱体中的 A 层元素而制得，目前其制备方法主要包括含氟溶液湿法刻蚀[71, 89]、熔盐刻蚀[90-92]和电化学刻蚀[93]，其中含氟溶液湿法刻蚀是目前最常用的方法。2011 年，德雷克塞尔大学 Yury Gogotsi 和 Michel W. Barsoum 等[71]率先开发了 HF 溶液刻蚀法（图 1-13），制备了 $Ti_3C_2T_x$ 纳米片，其表面官能团一般为羟基、环氧基和氟基团。这种制备方法适合用于刻蚀含 Al 的 MAX 前驱体，并且其刻蚀工艺（反应温度、时间和 HF 浓度）与 MAX 前驱体的结构、原子键和颗粒尺寸有关[21]。一般地，制备的 $M_{n+1}C_nT_x$ 的 n 越大要求的刻蚀条件越苛刻，刻蚀时间越长，例如，在相同刻蚀条件下，$Mo_2Ti_2AlC_3$ 的刻蚀时间是 Mo_2TiAlC_2 的两倍[76, 83]。此外，对于同一种 MXene 材料来说，不同的刻蚀条件所得到的 MXene 纳米片的缺陷数量、表面官能团和尺寸不同。由于 HF 溶液腐蚀性强，在实验室操作存在一定的危险，因此研究人员提出采用强酸和氟盐的混合物来代替 HF 进行刻蚀。例如，盐酸和 LiF 可以原位形成 HF，从而可以选择性刻蚀 MAX 前驱体中的 Al 层[94]；与此同时，金属离子（如 Li^+）可以插入形成的多层 MXene 中，扩大 MXene 层间距，削弱层间相互作用，从而使多层 MXene 后续在水洗至 pH 大于 6 时，容易分层成单层或少层 MXene 纳米片[74]。

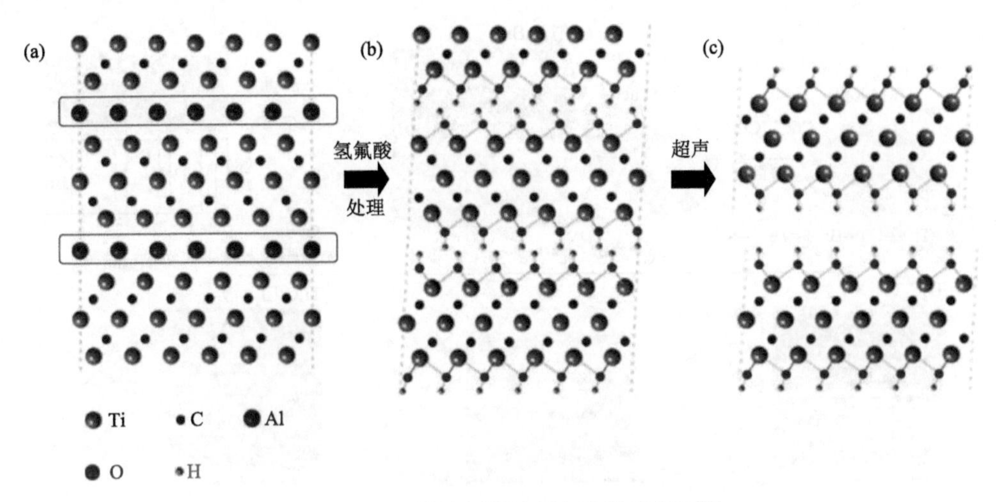

图 1-13 HF 溶液刻蚀法制备流程示意图[71]

(a) Ti_3AlC_2 的结构；(b) 与 HF 反应后，Al 原子被羟基取代；(c) 甲醇超声处理后氢键断裂和纳米片分离

不同于含氟溶液湿法刻蚀，熔盐刻蚀可以制备表面官能团可调控的 MXene 纳米片。例如，2019 年，Huang 等[90]利用熔融的 $ZnCl_2$ 刻蚀 Ti_3AlC_2，制备了一种表面官能团为—Cl 的 $Ti_3C_2Cl_2$。他们进一步发现熔融盐中阳离子与 MAX 相中 A 元素的氧化还原电位大小可以作为其能否用于剥离的判据[91]，因此熔盐刻蚀可以剥离 A 为非铝元素（如 Si、Zn 和 Ga）的 MAX 前驱体。以在含氟溶液中难以剥离的 Ti_3SiC_2 前驱体举例说明，由于 Si/Si^{4+}的氧化还原电位（–1.38 eV）远低于 Cu/Cu^{2+}氧化还原电位（–0.43 eV），因此，在熔融氯化铜中，Si 原子首先可以被 Cu^{2+}氧化成 Si^{4+}，而 Si^{4+}可以进一步与 Cl^-结合生成 $SiCl_4$，并从 Ti_3C_2 纳米片层间挥发，最后，使用过硫酸铵溶液去除产物中还原得到的 Cu，可以制得表面含有—Cl、—O 混合基团的 $Ti_3C_2T_x$。除了金属氯化物，金属溴化物也可以作为熔盐刻蚀 MAX，从而得到表面官能团为 Br 的 MXene（图 1-14）[92]，而 Br 基团可以进一步被 O^{2-}、S^{2-}、Se^{2-}、Te^{2-}和 NH_2^- 基团以及空位取代，进而调控 MXene 的电子传输性能，例如，制备出的 Nb_2C 具有表面官能团依赖的超导特性。

除了熔盐刻蚀，电化学刻蚀也可以制备表面无氟的 MXene 纳米片。2018 年，Yang 等[93]在氯化铵和四甲基氢氧化铵水溶液中电化学刻蚀 Ti_3AlC_2，制备了表面官能团为环氧基团和羟基的单层或双层 $Ti_3C_2T_x$ 纳米片（图 1-15），其尺寸为 18.6 μm，产率为 90%。由这种电化学刻蚀制备的 $Ti_3C_2T_x$ 纳米片组装而成的全固态超级电容器的体积电容量为 439F/cm^3，优于相应盐酸和 LiF 刻蚀制备的 $Ti_3C_2T_x$ 纳米片组装的超级电容器。

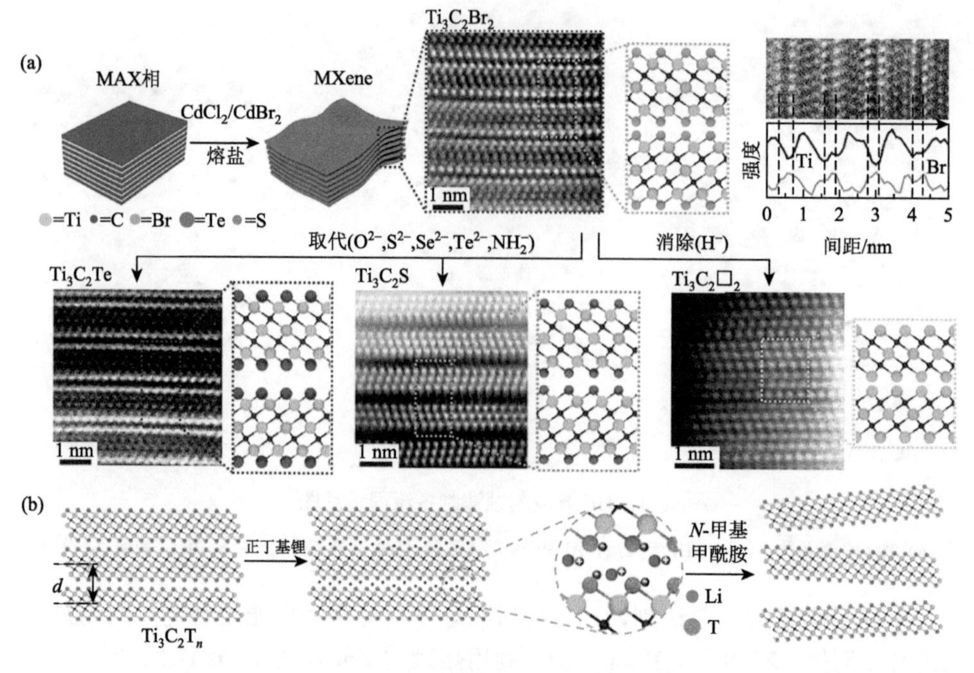

图 1-14 熔盐刻蚀法制备流程示意图[92]

(a) 首先通过金属溴化物熔盐刻蚀 MAX 相，制备得到表面端基为 Br 的 MXene，而后 Br 可以被多种基团（如 O^{2-}、S^{2-}、Se^{2-}、Te^{2-}以及 NH_2^- 等）取代，从而制备表面官能团可调控的 MXene；(b) 在多层 MXene 中插入正丁基锂，进一步在 *N*-甲基甲酰胺溶剂中可剥离成单层 MXene

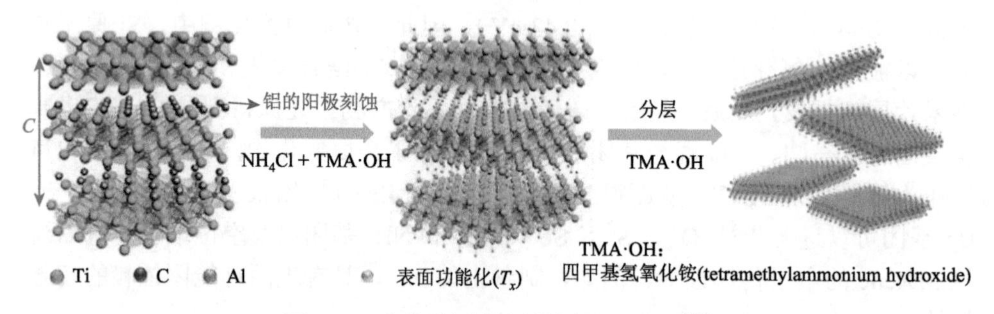

图 1-15 电化学刻蚀法制备流程示意图[93]

首先在氯化铵和四甲基氢氧化铵水溶液中电化学刻蚀 Ti_3AlC_2 中的 Al 元素，而后将制得的多层 MXene 粉末研磨并分散在四甲基氢氧化铵水溶液中，从而得到表面官能团为环氧基团和羟基的单层 $Ti_3C_2T_x$ 纳米片

1.1.4 其他二维纳米材料

除了上述二维纳米材料外，还存在许多其他的二维材料，如二维过渡金属二硫化物（transition metal disulfides，TMDs），它是一类新兴的材料，TMDs 具有独特的原子级厚度、强自旋轨道耦合、直接带隙以及优异的电子和机械性能，在基

础研究、高端电子学、光电子学、自旋电子学、柔性电子学、能量收集、DNA测序以及个性化医疗等领域受到广泛关注。TMDs的化学式为MX_2，其中M指的是过渡金属元素（如Ti、V、Re、Mo和W），X指的是硫族元素（如S、Se或Te），它提供了一种有前途的替代品。由于过渡金属原子的配位层不同，TMDs存在多种结构相。其中过渡金属原子的三棱柱状（2H）或八面体（1T）配位是两种结构相的特征[图1-16（a）]。同时也可以通过构成这些材料的独立层的三个原子平面（硫族元素-过渡金属-硫族元素）的不同堆叠排列来查看结构相。2H对应于ABA堆叠，即不同平面的硫族元素原子在相同的位置A占据着，彼此位于垂直于层的方向上的顶部，而1T的特点是ABC堆叠。根据过渡金属元素（Ⅳ族、Ⅴ族、Ⅵ族、Ⅶ族、Ⅸ族或Ⅹ族）和硫族元素（S、Se和Te）不同的特定组合，其中热力学稳定相是2H或1T相，但另一个通常可以作为亚稳态获得。有关稳定或亚稳形式的两种结构相（2H和1T）以及TMDs的其他特性的信息总结在图1-16（b）所示的“周期表”中。在其热力学稳定的2H相中，MoS_2、$MoSe_2$、WS_2和WSe_2是半导体[95]，其中MoS_2是这个家族中研究最多的材料。例如，Bertolazzi等[96]使用原子力显微镜（atomic force microscope，AFM）测试了单层（1 L）和双层（2 L）MoS_2的弹性模量和最大断裂应力[图1-16（c）]，1L和2L MoS_2的弹性模量为（180 ± 60）N/m和（260 ± 70）N/m，其杨氏模量分别对应于（270 ± 100）GPa和（200 ± 60）GPa，其中2L MoS_2的杨氏模量较低可能是由于缺陷或者层间滑

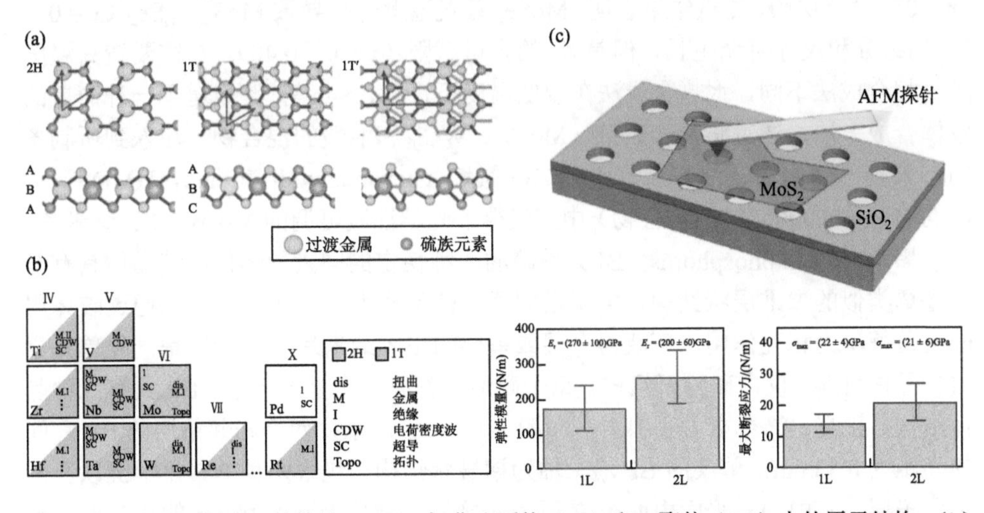

图1-16　（a）TMD在三棱柱状（2H）、扭曲八面体（1T）和二聚体（1T′）中的原子结构；（b）已知层状TMDs的“元素周期表”，根据所涉及的过渡金属元素进行排列，总结了其现有的结构相（2H相、1T相或其他相，如基于Pd的TMDs），并表明了存在扭曲的结构相和观察到的电子相的存在[95]；（c）二硫化钼的AFM测试示意图及其力学性能[96]

移。1L 和 2L 膜的最大断裂应力的平均值分别为（15 ± 3）N/m 和（28 ± 8）N/m［其断裂强度分别对应于单层的（22 ± 4）GPa 和双层的（21 ± 6）GPa］，其中单层 MoS_2 的断裂强度接近 Mo-S 化学键的理论本征强度，表明单层基本不存在降低机械强度的缺陷和位错。

广泛使用的二维 TMDs 纳米片合成技术可分为三类：①化学气相传输（chemical vapor transport，CVT）生长的块状晶体的剥离（如机械剥离和液相剥离）；②气相合成，如化学/物理气相沉积（chemical/physical vapor deposition，C/PVD）；③湿化学合成，如水热合成和胶体合成法[97]。例如，Dumcenco 等[98]通过透明胶带成功地从 CVT 生长的块状晶体中机械剥离了 $Mo_xW_{1-x}S_2$ 单层（$x = 0$～1）。与机械剥离不同，液相剥离提供了一种方便的策略来生产具有高产率的 TMDs 纳米片，但纳米片尺寸较小。例如，Kiran 等[99]在水和乙醇混合物中对其进行超声处理，将 $MoS_{2(1-x)}Se_{2x}$ 晶体（$x = 0$～1）剥离成少层纳米片，其尺寸分布在 100～300 nm，厚度分布在 1.4～1.9 nm。由于 CVT 制备晶体方法中剥离需要较长的反应时间，气相沉积生长更利于规模化制备 TMDs 纳米片，该方法主要包括 CVD 和 PVD。例如，Zhang 等[100]首次报道了一步 CVD 策略生长具有可控成分和可调带隙的 $Mo_xW_{1-x}S_2$ 单层（$x = 0$～1），合成的单层 $Mo_xW_{1-x}S_2$ 呈现三角形形态。对于一些高升华率的 TMDs 材料，可以通过直接加热两种材料来简化合成过程。例如，Feng 等[101]采用双区加热炉，以 $MoSe_2$ 和 MoS_2 为前驱体，通过 PVD 制备了 $MoS_{2(1-x)}Se_{2x}$（$x = 0$～1）单层膜。测试结果表明，$MoSe_2$ 蒸发温度升高导致 $MoS_{2(1-x)}Se_{2x}$（$x = 0$～1）的组分和尺寸可调生长，但是 Se 的含量有限（$x = 0$～0.40）。与需要较高温度的气相合成法不同，水热合成法在较低温度下进行，Sun 等[102]报道了一种简单的胶体合成方法，通过将混合试剂（$MoCl_5$、WCl_6 和油酸的混合物）注入到所制备的二苯基二硒化物、油胺和六甲基二硅氮烷（hexamethyldisilazane，HMDS）含硫的前驱体（300℃的热混合物）中，获得了光学性质可调的 $Mo_xW_{1-x}Se_2$ 纳米片。

黑磷（black phosphorus，BP）是磷的一种稳定的同素异形体，其晶体具有与石墨烯类似的二维层状结构，各层之间通过范德华力相互作用，所以通过破坏层间的范德华力相互作用，可获得多层或单层的 BP 纳米片[103]。BP 是一种单元素层状晶体材料，仅由磷原子组成，每个磷原子都有五个外层电子。BP 具有三种晶体结构：正交、简单立方和斜方。如图 1-17（a）所示，两个相邻单层的 BP 之间的间距为 0.53 nm，单层的 BP 沿 x 轴为褶皱状结构，包含两种 P-P 化学键以及两个原子层。其中同一平面内两个 P 原子连接的是键长为 0.2224 nm 的化学键，最顶部和最底部的两个 P 原子连接的是键长为 0.2244 nm 的化学键。如图 1-17（b）所示，BP 沿 z 轴为六边形的晶格结构，其键角分别为 102.1°和 96.3°[17]。这种晶体结构的不对称性使 BP 具有独特的面内各向异性，使其具有广泛的潜在应用。研究表明机械应变可以显著改变少层 BP 和磷烯的电子特性。例如，Wei 等[104]

采用第一性原理密度泛函理论（density functional theory，DFT）计算探索磷烯的机械性能，包括理想的拉伸强度和临界应变。单层磷烯在之字形和扶手椅方向的拉伸强度分别为 18 GPa 和 8 GPa，其拉伸应变分别高达 27%和 30%[图 1-17（c）]。磷烯的这种巨大应变源于其独特的褶皱晶体结构以及偶合的铰链状键合结构。Tao 等[105]通过 AFM 中的纳米压痕系统地研究了少层 BP 的各向异性力学性能，测量的少层 BP 的杨氏模量在扶手椅方向约为（27.2±4.1）GPa，在之字形方向为（58.6±11.7）GPa[图 1-17（d）]，这些结果揭示了 BP 的高度各向异性的力学性能。

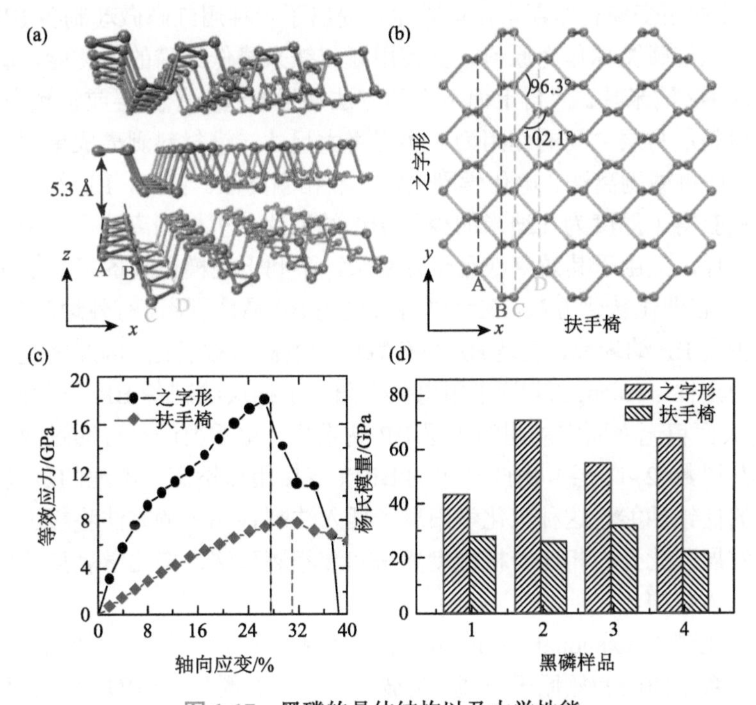

图 1-17 黑磷的晶体结构以及力学性能

（a）BP 晶体的侧视图，层间距为 0.53 nm；（b）单层 BP 的俯视图[17]；（c）和（d）分别为 BP 的 x（之字形）和 y（扶手椅）方向上的拉伸强度[104]和杨氏模量[105]

目前 BP 的制备方法主要分为自下而上和自上而下两种策略。“自下而上”的策略是指通过气相或真空蒸发等方法将较小的结构单元组装为较大的结构体系，如溶剂热法和气相沉积法等。例如，Li 等[106]提出在柔性基底上合成大面积的 BP 薄膜方法。首先在柔性聚酯基底上沉积红磷薄膜，然后在 400℃的高压仓中转化为 BP。通过拉曼光谱和透射电子显微镜测量证实形成了厚度约为 40 nm 的 BP 薄膜。Smith 等[107]采用化学气相沉积法在硅基底上获得了红磷薄膜，进一步通过高温高压条件将红磷薄膜转化为 BP 薄膜，该 BP 薄膜的面积为 0.35～

100 μm^2，厚度为 3.4～600 nm。2021 年，Wu 等[108]利用脉冲激光沉积方法生长了厘米级的超薄 BP 薄膜，并且通过调控沉积过程中的激光脉冲数，可以很容易地实现对薄膜厚度（即层数）的精确控制。溶剂热法是指在密闭容器中通过高温高压的剧烈化学反应获得产物的方法，可分为水热合成法、水热氧化法和水热还原法等。例如，Zhang 等[109]首次提出采用化学溶剂热反应在升华诱导下制备 BP 纳米片的策略。将红磷粉的乙醇分散液转移到高压反应容器中，然后在 400℃的温度下和约 50 bar①的压力下反应 2～24 h。通过超声 30 min，从上层乙醇混合液中分离 BP 纳米片，得到的 BP 纳米片横向尺寸约为 1.0 μm，厚度为 0.5～4 nm。Zhao 等[110]基于磷的相变和吉布斯自由能理论，提出了一种用红磷微球制备 BP 纳米片的新方法。以红磷微球作为原料，并使用氟化铵来降低红磷的活化能，制备出一种二维多晶 BP 纳米片。“自上而下”的方法是指通过分子插层或机械力的方式，打破二维材料层与层之间的作用力，实现将大尺寸二维材料剥离成单层或少层的二维材料，如机械剥离法、电化学剥离法、液相剥离法。例如，Li 等[111]首次通过机械剥离法获得了厚度为几纳米的少层 BP 纳米片。机械剥离法可以制备高质量的 BP 纳米片，但由于其效率低且步骤复杂，不利于规模化制备。基于此，Chen 等[112]采用气相催化转化方法，在水中将大块的 BP 晶体剥离，有效地制备出干净、高质量的少层 BP 纳米片，但是 BP 在有氧环境中极易被氧化，因此需进一步改进来提高其稳定性。Huang 等[113]采用电化学阳离子插层法制备 BP，可高效（小于 1 h）获得大面积无表面官能团的少层 BP 纳米片，更重要的是可通过改变外加电位来控制其层数(2~11 层)。由此产生的 BP 在直接用作钠离子电池的负极材料时，具有出色的储钠性能。这种电化学阳离子插入法制备 BP 的方法将极大地促进磷基技术的发展。此外，相比于机械剥离法和液相剥离法，电化学剥离法可以获得无缺陷的晶体结构。

六方氮化硼（hexagonal boron nitride，h-BN）具有与石墨烯相似的晶格结构，因其由相等数量的硼和氮原子组成，又被称为“白石墨”。h-BN 片由交替的硼和氮原子组成，呈蜂窝状排列，由 sp^2 键合的二维层组成[图 1-18（a）和（b）][114]。这种结构意味着 h-BN 粉末可用作润滑剂。原始的 h-BN 片本质上是绝缘体或宽带隙半导体（约 5.9eV）[115]。由于其良好的电绝缘性能，h-BN 已被用作电子设备中的电荷泄漏阻挡层。它还显示出远紫外光发射，这可能归因于直接宽带隙。此外，单层 h-BN 在空气中的抗氧化温度高达 800℃；相反，石墨烯在相同条件下在 300℃时开始氧化[116]。因此，h-BN 纳米片是增强陶瓷和金属基复合材料的理想候选材料，这些复合材料通常在高温下制造。当需要电绝缘、光学透明度和热稳定性时，h-BN 纳米片也可用于制备聚合物复合材料。h-BN 纳米片的热惰性和化学

① 1 bar = 10^5 Pa。

惰性也非常适合高温下的抗腐蚀应用。正是具有这些优异的特性，h-BN 在复合材料、纳米机电系统和传感等领域具有广泛的应用，因此对其力学性能研究是必不可少的。例如，如图 1-18（c）和（d）所示，Falin 等[117]利用 AFM 在悬浮区域中心进行压痕来研究单层和多层（1 L～9 L）BN 纳米片的力学性能，单层 BN 的杨氏模量为（0.865±0.073）TPa，断裂强度为（70.5±5.5）GPa。少层 BN 与单层 BN 的力学性能几乎一致，这与石墨烯的情况非常不同，石墨烯的模量和强度随着厚度的增加而急剧下降。

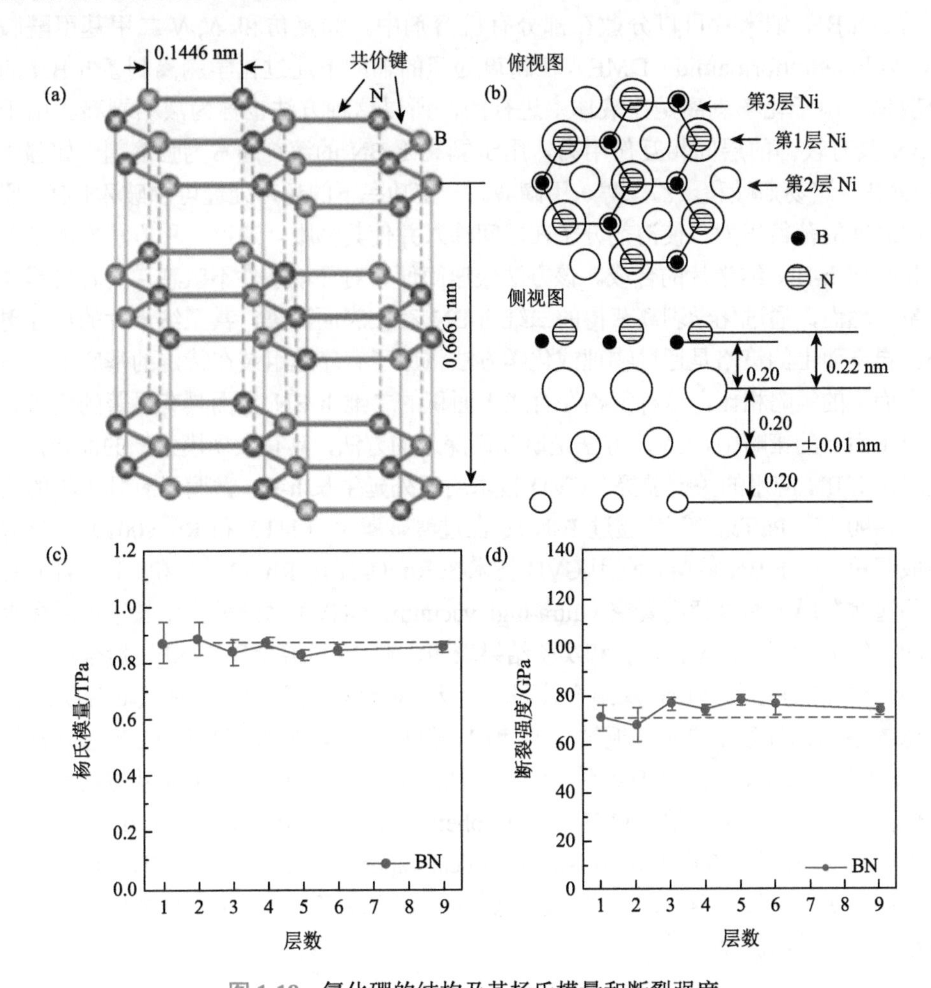

图 1-18 氮化硼的结构及其杨氏模量和断裂强度

（a，b）氮化硼的结构[114]；（c，d）不同层数氮化硼的杨氏模量和强度[117]

目前 h-BN 的制备策略主要分为自上而下以及自下而上的策略。自上而下的策略包括机械剥离法以及化学剥离法。例如，Novoselov 等[3, 118]开发的机械剥离法于 2004 年首次用于分离石墨烯，并已成功应用于其他二维材料，如 h-BN 和 MoS_2。与化学法制备的 h-BN 相比，该方法获得的 h-BN 缺陷较少，因此，适用于研究其内在特性或者光电子学特性。h-BN 层间的相互作用更强，导致机械剥离法的产量极低。Li 等[119]报道了一种受控的球磨工艺，以产生温和的剪切力，可以高产量和效率生产高质量的 h-BN，同时对层结构的破坏很小。机械剥离法是合成 h-BN 纳米片的最简单方法，然而，受限的纳米片尺寸阻碍了它们在大面积器件中的应用。Han 等[120]于 2008 年首次报道了通过化学剥离法合成 h-BN 纳米片。h-BN 纳米片可以分散在部分有机溶剂中，如氯仿和 *N*, *N*-二甲基甲酰胺（*N*, *N*-dimethylformamide, DMF），在超声处理的辅助下通过化学剥离制备 h-BN 的分散体。由于化学剥离是在液体中进行的，所以这种方法也称为液相剥离。由于 h-BN 具有较强的层间相互作用力，用于剥离 h-BN 的溶剂通常为强溶剂，如强极性 DMF、路易斯碱和聚乙二醇、甲磺酸。一定功率下的超声处理可以破坏 h-BN 原子层之间的范德华力，使溶剂分子在层间渗入并使其膨胀，通过这种方法实现了单层和少层 h-BN 纳米片的合成。该方法快速简便，对环境条件不敏感，同时可提高产量。然而，通过化学剥离获得的二维 h-BN 存在表面污染，甚至纳米片的尺寸更小。自下而上的策略是通过物理或化学方法将原子有序地组装在特定的基底上，与自上而下的策略相比，这种策略在合成大面积的二维 h-BN 方面具有显著的优势。在自下而上的策略中，CVD 方法是研究最深入的方法，具有大规模生产的前景，这是二维 h-BN 应用的关键前提。CVD 技术用于外延生长 h-BN 薄膜已有几十年的历史。1990 年，Paffett 等[121]通过 $B_3N_3H_6$ 在过渡金属 Pt（111）和 Ru（001）上分解合成了第一个 h-BN 单层。利用 CVD 技术在 Ru（001）、Rh（111）和 Ni（111）等单晶过渡金属上通过超高真空（ultra-high vacuum，UHV）系统外延生长了单层和少层的二维 h-BN[122]。理论计算和实验结果表明，在 3d 过渡金属和 5d 过渡金属上生长的二维 h-BN 层与金属衬底结合较弱。相反，对于 4d 过渡金属，基板 d 壳层未占据态的增加也导致 h-BN 基板结合能增加。例如，可以在 Ni（111）上生长外延的 h-BN 单层。然而，由于 UHV 系统的复杂性，很难可控地生长 h-BN 并将其转移到其他基板上。近年来，常压 CVD（atmospheric pressure chemical vapor deposition，APCVD）和低压 CVD（low pressure chemical vapor deposition，LPCVD）也被用于在金属衬底上生长二维 h-BN[123]。除了 CVD，还出现了一些新的合成方法，如共偏析法[124]和溅射沉积法[125]。

1.2 二维纳米复合材料

纳米复合材料是一种新型材料，复合相中至少有一种组分的尺寸在 1~100 nm 之间，纳米复合材料的概念早在 1982 年由 Komarneni 提出[126]。它是在20世纪80年代末开始快速发展的一种新材料。其主旨是在材料纳米尺寸范围内认识自然、学习自然和改造自然，标志着人类科技发展至原子、分子水平，人类进入纳米科技时代。纳米材料展现了各种与宏观材料不同的性能且优于传统复合材料[127]。随着纳米科学和技术的发展，在过去的40多年里，科研工作者研制了大量的高性能纳米复合材料，极大地推动了纳米复合材料的发展，在许多领域如航空航天、建筑、医学、运输、电子和能源等具有广阔的应用前景。以二维纳米复合材料为例，传统二维纳米复合材料是以聚合物为主要基体，其中添加少量的二维纳米材料。聚合物广泛应用于生产生活的各个领域。但和金属材料相比[128]，聚合物的力学性能有待提高。为了提高聚合物的力学性能，将二维纳米材料加入聚合物基体（如热塑性树脂、热固性树脂或橡胶等）中制备聚合物二维纳米复合材料，其力学性能明显提高，同时还具有气体阻隔和热稳定等性能[38]。传统聚合物二维纳米复合材料中二维纳米材料的含量一般都低于30 wt%（质量分数）。与传统聚合物不同的是，二维纳米复合材料是以二维纳米材料作为主要制备单元，含量一般超过50%，同时因为纳米材料的尺寸效应，二维纳米复合材料中的界面相互作用会更强，更有利于提高复合材料的力学性能，其功能也更加突出[129]。

1.2.1 二维纳米复合材料的构筑策略

1. 传统构筑策略

传统的聚合物纳米复合材料的构筑策略包括以下几种，分别为溶液共混法[130]、熔融共混法[131]和原位聚合法[132]等方法。溶液共混法是一种简单有效制备聚合物纳米复合材料的方法。溶液共混法的步骤主要分为以下三个部分[图1-19（a）]：首先，将聚合物溶解于溶剂中；其次，将纳米增强体加入到聚合物溶液中，通过机械搅拌或超声等方法使纳米增强体在聚合物溶液中均匀分散；最后，将溶剂除掉得到聚合物纳米复合材料。石墨烯包括改性石墨烯和聚合物如聚乙烯醇（polyvinyl alcohol，PVA）、聚丙烯（polypropylene，PP）、聚苯乙烯（polystyrene，PS）、聚甲基丙烯酸甲酯（polymethyl methacrylate，PMMA）、低密度聚乙烯（low density polyethylene，LDPE）、尼龙、聚苯胺（polyaniline，PANI）和聚酰胺（polyamide，PA）等通过溶液共混法获得聚合物石墨烯纳米复合材料。例如，Stankovich等[133]用溶液共混法制备了PS-石墨烯纳米复合材料。异氰酸苯酯处理的氧化石墨烯（GO）纳米片在*N*,*N*-二甲基甲酰胺（DMF）溶剂中同PS混合，去除溶剂后，PS-GO纳米复合材料通过*N*,*N*-二甲基肼还原为PS-还原氧化石墨烯（reduced graphene oxide，rGO）纳米复合材料。结果表明，加入0.1vol%（体积分数）GO并还原的PS-rGO纳米复合材料在室温下的电导率为0.1 S/m。溶液共混法也是制备聚合物黏土纳米复合材料常用的方法之一，在制备聚合物黏土纳米复合材料过程中，将黏土分散液加入到聚合物溶液中，聚合物链会插入和代替溶剂在黏土片层中的位置，除掉溶剂后得到聚合物黏土纳米复合材料。值得注意的是，溶剂的极性对聚合物插入到黏土片层之间的影响较大。然而，溶液共混存在的问题是随着纳米增强体含量的增加，通过简单的机械搅拌很难使纳米增强体在溶剂中均匀分散，从而导致纳米增强体团聚，由此导致聚合物纳米复合材料的物理化学性能降低。

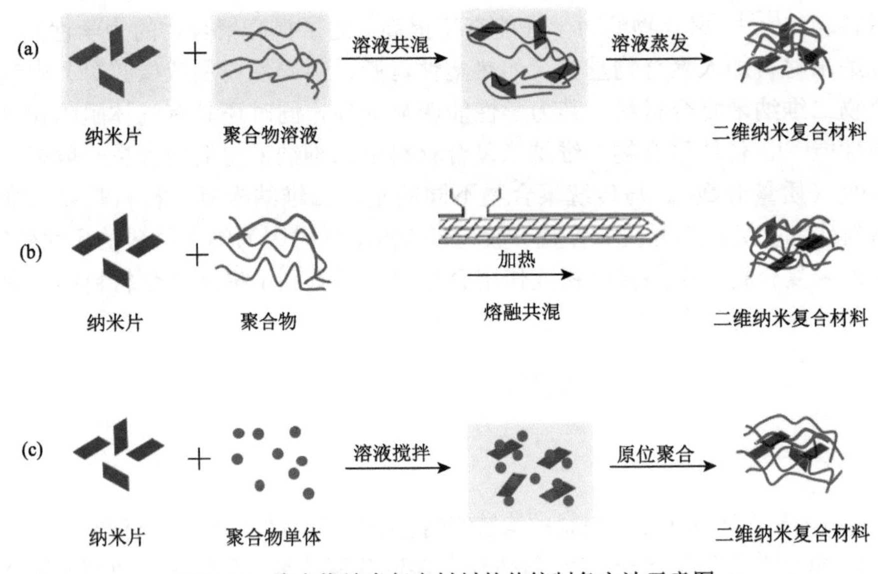

图 1-19 聚合物纳米复合材料的传统制备方法示意图

（a）溶液共混法；（b）熔融共混法；（c）原位聚合法

在过去的 20 多年里，尽管溶液共混是一种简单有效制备传统聚合物纳米复合材料的方法，但一些固有问题一直未得到解决：①纳米增强体在聚合物纳米复合材料中的含量通常低于 30 wt%；②溶液共混的方法极难获得纳米材料的有序结构；③大量的溶剂使用会破坏和污染环境等。因此，在大规模制备传统聚合物纳米复合材料时溶液共混受到限制。熔融共混则是一个具有商业吸引力的方法，该方法的步骤是：将热塑性聚合物基体和纳米增强体混合加入到螺杆挤出机中，在聚合物黏流态温度以上熔化聚合物，通过搅拌均匀混合纳米增强体和热塑性聚合物基体[图 1-19（b）]。同溶液共混相比，熔融共混更易提高聚合物纳米复合材料中纳米增强体的含量，且环境友好。挤出机通过剪切和拉伸应力实现纳米增强体在聚合物中均匀分散。由于混合过程中有大量的变量（温度、螺杆转速、停留时间、剪切压力等），熔融共混过程需要优化变量来提高聚合物纳米复合材料的力学性能。用于制备石墨烯基聚合物纳米复合材料的聚合物包括聚乳酸（polylactic acid，PLA）、聚对苯二甲酸乙二醇酯（polyethylene terephthalate，PET）、PP、尼龙-6、聚碳酸酯（polycarbonate，PC）、PS 和橡胶等。例如，Kalaitzidou 等[131]报道了石墨烯纳米片增强 PP。PP-石墨烯纳米复合材料在石墨烯含量为 10vol%时，其拉伸强度和杨氏模量分别提高 8%和 60%。通过熔融共混黏土和聚合物制备聚合物黏土纳米复合材料已经获得巨大成功。有大量关于熔融共混黏土和聚合物的研究，聚合物包括 PS、聚烯烃（polyolefins，PO）、PC、PET、PMMA、聚氨酯（polyurethane，PU）和聚环氧乙烷（polyethylene oxide，PEO）已经成功与黏土混合获得各种聚合物纳米复合材料。例如，Liu 等[134]用双滚轴挤出机制备了黏土/尼龙-6 纳米复合材料，熔融共混过程中的应力可以破坏黏土聚集。黏土和聚合物亲和性越好，黏土纳米片层在聚合物中越能更好地分散。尽管许多传统聚合物纳米复合材料可通过熔融共混制备，但是熔融共混仍存在诸多问题，如纳米增强体和聚合物之间的界面作用弱，纳米增强体的表面能会导致纳米增强体聚集，聚合物黏度高、不易混合均匀等。这些问题阻碍了纳米增强体在聚合物基体中均匀分散。因此，超声的方法也被用于辅助熔融共混制备传统聚合物纳米复合材料，例如，Lee 等[135]利用超声辅助熔融共混法制备 PP-黏土纳米复合材料，实现了黏土在 PP 基体中较好地剥离和分散。如果将黏土先用少量溶剂进行分散再进行熔融共混，会在一定程度上解决纳米增强体在聚合物基体中的分散问题。然而，一些热塑性基体会在其黏流温度以上发生降解，导致聚合物纳米复合材料性能降低。另外，由于聚合物黏度和纳米增强体的分散等问题，纳米增强体的含量也会受到限制，并且熔融共混法也极难获得纳米增强体的有序结构。

原位聚合可实现纳米增强体在聚合物基体中的均匀分散。首先，将纳米增强体分散于单体或预聚体中，然后在一定温度下进行聚合，如图 1-19（c）所示。利用原位聚合物不仅可以获得分散性较好的传统聚合物纳米复合材料，还能设计纳米增强体与聚合物基体之间的界面，该方法可用于热塑性和热固性纳米复合材料的制备。例如，Shi 等[136]使用原位聚合方法通过双酚 A 型二醚二酐、二苯醚二酐和二氨基二苯甲烷三个共聚单体，制备了聚酰亚胺（polyimide，PI）/氧化石墨烯纳米复合材料。但是石墨烯的含量只有 0.03wt%～0.12wt%，而且力学性能的提高非常有限。

除以上三种方法以外，还有许多其他的方法制备聚合物纳米复合材料，如乳液聚合[129]、固态机械化学粉碎[137]、高速剪切混合[138]等。乳液聚合也是一种制备传统聚合物纳米复合材料的方法，如制备 PMMA、PS 和羧基化聚苯乙烯（carboxylated polystyrene，CPS）纳米复合材料。乳液聚合通常可以在较低黏度下，将纳米增强体在聚合物单体中实现较好的分散。固态机械化学粉碎法是一种广泛用于制备聚合物纳米复合材料的方法，需要增加聚合物的黏度而非阻止聚合物黏度过高。高速剪切混合法可以打破纳米增强体的聚集态和实现纳米增强体在聚合物基体中的分散。然而，这些方法都只能实现少量纳米增强体在聚合物基体中的分散，难以获得纳米增强体的有序结构。

2. 仿生构筑策略

科研工作者一直致力于制备高力学性能并兼具功能特性的纳米复合材料以满足现代社会迫切需求。目前，通过传统的方法如溶液共混、熔融共混、乳液聚合、原位聚合等方法制备的纳米复合材料分散性差、界面作用弱和结构无序，导致材料性能提升有限。此外，单一的力学性能已经无法满足现代社会对材料的需求，力学性能和功能特性相结合是未来纳米复合材料发展的方向。然而，如何制备这些高性能纳米复合材料是急需解决的问题。自然生物材料经过长时间的进化过程，已经实现了结构和性能的完美统一。这些多级次、多尺度的微纳结构赋予自然生物材料优异的力学性能，为制备高性能纳米复合材料提供了灵感和途径。受此启发，研究人员开发了一系列制备二维纳米复合材料的策略，如自组装、冷冻铸造、增材制造等策略（图 1-20）。

自组装策略是指组装单元通过分子间非共价的弱相互作用（如范德华力相互作用、静电相互作用以及氢键相互作用）自发形成有序结构的过程。在构筑高性能仿生结构纳米复合材料的领域中，自组装策略包含层层（layer-by-layer，LBL）自组装[139, 140]、真空抽滤自组装[141, 142]、刮涂诱导自组装[143]、蒸发诱导自组装[144-146]、喷涂诱导自组装[54, 147]、电泳沉积自组装[148]、连续离心浇铸自组装[149]以及液体超铺展自组装[150]等策略。其中，层层自组装实质上是一个周期性循环吸附过程，利用静电相互作用、氢键等逐层累积制备功能薄膜。其优点在于能精确控制分子或者纳米尺度的结构以及各组分的厚度或者薄膜的厚度。例如，1997 年，Decher 首次报道了 LBL 自组装技术，通过在水溶液中逐层吸附聚阴离子和聚阳离子来制造多层复合薄膜[151]。真空抽滤自组装是一种快速直接和易于操作制备层状纳米复合材料的方法，指组装单元通过流体产生的压力在抽滤瓶底部组装成有序的层状结构。蒸发诱导自组装是指在溶剂挥发的过程中，构筑单元自发形成层状复合材料，其组装过程不受尺寸限制且操作更加简单。刮涂诱导自组装继承了大规模制备的优点，该方法是利用剪切力将凝胶均匀地涂布在基底上，干燥后获得复合薄膜。喷涂诱导自组装指组装单元分散液通过喷枪或者雾化器雾化后沉积到基底表面的一种技术。电泳沉积自组装是一种简单、经济、快速和可工业化的制备大面积层状纳米复合材料的技术。带电纳米片在电场驱动下向对电极移动，并逐层沉积在对电极表面，最终可以得到层状纳米复合材料。

组装方法	优点	缺点	组装方法	优点	缺点
 层层自组装	精确控制微观结构	1.耗时；2.难以规模化制备	 刮涂法	1.简单高效；2.易规模化制备	微观结构较难控制
 真空抽滤自组装	1.易操作；2.结构规整	1.难以规模化制备；2.仅适用于薄膜	 喷涂法	1.简单高效；2.易规模化制备	1.薄膜均一性较差；2.厚度难以精确控制
 蒸发诱导自组装	1.易操作；2.易规模化制备	1.耗时；2.精细结构较难控制	 3D打印	1.可定制化；2.快速成型	1.存在界面缺陷；2.精度控制困难
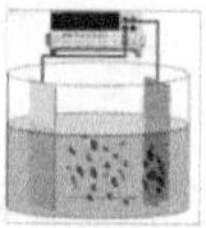 电泳沉积	1.工艺简单；2.可在多种基底上沉积	薄膜力学性能较低	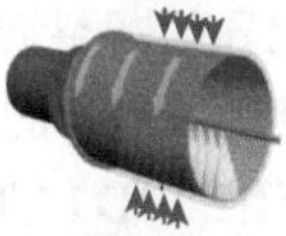 连续离心浇铸	1.可控、高效；2.易规模化制备	装置要求较高
 冰模板法	1.工艺简单、廉价；2.结构可调	1.适用于水系；2.难以规模化制备	 液体超铺展	易规模化制备	仅适用于较薄的薄膜

图 1-20 仿生纳米复合材料的制备方法（层层自组装[139]、真空抽滤自组装[141]、蒸发诱导自组装[146]、电泳沉积[148]、冰模板法[153]、刮涂法[143]、喷涂法[54]、3D 打印、连续离心浇铸[149]以及液体超铺展[150]）

冷冻铸造（freeze casting）也称为冰模板法。冰模板法最早出现在 1908 年，当时只是用于制备多孔陶瓷材料，该方法真正受到科研工作者的广泛关注是在 2006 年，其被用于制备仿珍珠层结构高性能复合材料[152]。冰模板法可精细调控复合材料的结构形貌，利用水溶液、胶体、有机溶液和乳液等可制备多孔材料[153]。该方法包括以下四个步骤：①浆料、溶液或分散液的制备。该步是将基元材料均匀分散在水中，分散剂有助于稳定浆料或分散液以防止发生聚集。值得注意的是，有机黏结剂可以防止基元材料骨架坍塌，且可提高力学性能。②凝固。最终所得到的多孔结构材料的性能和结构主要取决于冰冻过程。浆料、溶液或分散液通过冰冻，形成固相，溶剂在该过程中起到结构成型和造孔剂的作用。基元材料在冰晶生长前端不断被排开并浓缩在生长的冰晶之间，类似于海水结冰时盐分或有机物质被排开。该过程通过改变各种参数如浓度、黏度、添加剂和冰冻速率等可以调控骨架的尺寸、形状和多孔结构。③冻干。将样品放到低温减压装置中进行冻干，冰通过升华不断被去除，得到多孔骨架结构。④后处理过程。为了提高多孔材料的性能，后处理过程用于去除添加剂，并使结构致密。冰模板法可用多种水体系基元材料制备高性能结构，例如，Munch 等[154]利用冰模板法将氧化铝（Al_2O_3）陶瓷组装获得层状陶瓷骨架，进一步对骨架进行挤压和烧结，最后渗入 PMMA 得到了具有“砖-泥”结构的层状 Al_2O_3/PMMA 复合材料，其陶瓷体积分数高达 80%，通过化学接枝可形成强界面相互作用。其弯曲强度可达 200 MPa。复合材料呈现出致密结构，在氧化铝砖之间存在大量微米和亚微米尺寸的桥梁。与层状复合材料相比，其更类似于珍珠层的多尺度结构设计。除了具有裂纹偏转、桥接和聚合物屈服的外在增韧效应外，该“砖-泥”结构复合材料还存在坚硬的矿物桥和陶瓷界面的粗糙度，从而起到极其高效的能量耗散作用。这使复合材料具有特征性的 R 曲线行为和优异的断裂韧性，其断裂韧性达 30 $MPa·m^{1/2}$，明显高于其组成成分，是迄今为止报道的最韧的氧化铝复合材料。

增材制造技术又称为三维（3D）打印技术，是一种以数字模型文件为基础，将材料逐层堆积的快速成型技术。其由于快速成型和个性化定制的优势，被广泛用于设计和制备仿生结构纳米复合材料。如图 1-21 所示，借助一些辅助技术，如磁场[155]、电场[156]辅助 3D 打印可以同时实现微观取向、宏观成型和组分设计，其适合于构建集成化的功能系统。尽管目前 3D 打印受到打印基材种类的限制，

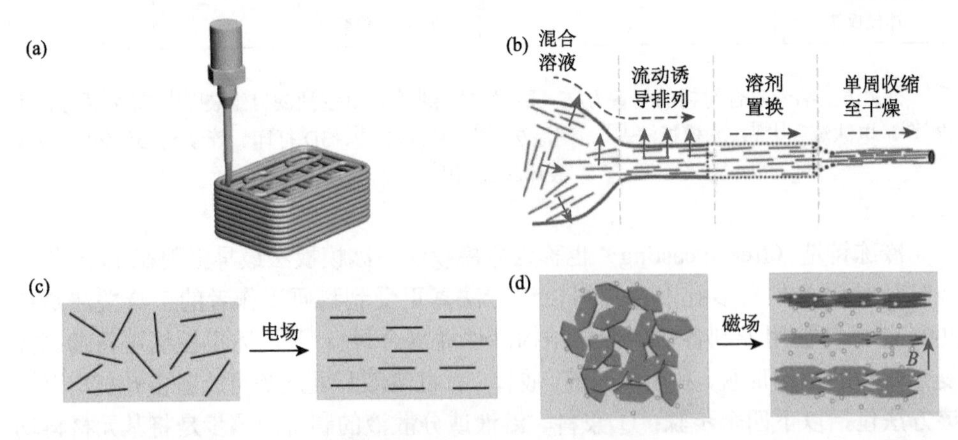

图 1-21 3D 打印技术（a）以及二维纳米材料在剪切力（b）、电场（c）和磁场（d）辅助手段的作用下取向排列原理及过程

但利用 3D 打印仍有望制备出性能更为优异的功能化仿生层状纳米复合材料。例如，Zhang 等[157]利用直写式 3D 打印过程中的剪切力将海藻酸钠（sodium alginate，SA）和氧化石墨烯（GO）的水溶液制备取向石墨烯陶瓷复合材料，该结构由于具有优异的离子传导性能和弹性，因此可用作可拉伸的离子传导神经电极。

1.2.2　二维纳米复合材料的性能比较

溶液共混法是制备二维纳米复合材料传统方法之一。例如，Stankovich 等[133]将聚苯乙烯加入到经过化学改性的氧化石墨烯（GO）中，通过搅拌、热压和还原组装成石墨烯-聚苯乙烯纳米复合材料。苯基异氰酸酯分别与氧化石墨烯的羧基和羟基形成酰胺和氨基甲酸酯键，降低了氧化石墨烯纳米片的亲水性。因此，这种苯基异氰酸酯衍生化的石墨烯氧化物容易在极性非质子溶剂（如 *N*, *N*-二甲基甲酰胺，DMF）中形成稳定的分散体，通过扫描电子显微镜（scanning electron microscope，SEM）观察到产生单个石墨烯纳米片的分子水平分散，并且相比于石墨烯纳米片体积分数为 0.48%的复合材料，在石墨烯纳米片体积分数为 2.4%时，复合材料在 SEM 图像中出现几乎完全被石墨烯纳米片填充的效果，这是由石墨烯纳米片巨大表面积所致[图 1-22（a）]。当填料含量ϕ_c接近 0.1 vol%时，聚苯乙烯-石墨烯纳米复合材料会发生渗透[图 1-22（b）]。且该渗透阈值是报道的任何其他二维填料的约 1/4。在三维各向同性情况下，如此低的渗透阈值显然是由石墨烯纳米片极高的纵横比和它们在这些复合材料中良好的均匀分散所致。在石墨烯纳米片为 0.15 vol%时，复合材料的电导率已经满足薄膜的抗静电标准（10^{-6} S/m），并在 0.1vol%～0.4 vol%范围内迅速上升。当石墨烯纳米片超过 0.5 vol%时，电导率的增加更为缓慢，在 1 vol%时为 0.1 S/m，在 2.5 vol%时为 1 S/m。纳米填料在聚合物基体中的分散质量直接关系到其改善力、电、热、抗渗等性能的有效性。Tang 等[158]研究了石墨烯分散状态对石墨烯/环氧树脂复合材料力学性能的影响，分别采用球磨机混合和不采用球磨机混合制备了不同分散剂的还原氧化石墨烯（rGO）纳米片，在 rGO 高度分散的复合材料中，起始断裂韧性（K_{IC}）值随着纳米片含量的增加而增大。而在 rGO 分散性较差的复合材料中，K_{IC}值随着纳米片含量的增加先增加，但在 rGO 为 0.10 wt%处饱和[图 1-22（d）]。在给定填充量时，K_{IC}值增加 24%，即纯环氧树脂的值为（0.493±0.048）$MPa \cdot m^{1/2}$，而 rGO 分散较差的复合材料的值为（0.611±0.039）$MPa \cdot m^{1/2}$；添加 0.20 wt%高分散 rGO 的复合材料，其增益为 52%[（0.748±0.038）$MPa \cdot m^{1/2}$]。结果表明，分散性高的 rGO 纳米片比分散性低的 rGO 纳米片对环氧树脂增韧效果好得多。正如预期的那样，高分散的 rGO 的电导率也比相应分散较差的 rGO 高 1~2 个数量级。为了进一步研究 rGO/环氧树脂复合材料的断裂行为，对其断口形貌进行了高倍扫描电子显微镜分析。如图 1-22（c）所示，对于分散较差或高度分散的 rGO 复合材料（见白色箭头），可以看到 rGO 纳米片的褶皱形貌。然而，在表面上也可以发现 rGO 纳米片和基质之间的一些间隙（见黑色箭头），说明这两种体系的纳米片和基质界面仍然很薄弱。结果表明，rGO 发生脱黏，在断口表面形成许多河流状结构。但是由于其含量较低，同时微观结构无法调控，因此这类复合材料远低于二维纳米片的本征性能（如力学性能和电导率），限制了二维纳米复合材料的实际应用。因此，亟需开发新型制备策略来调控二维纳米材料的含量以及复合材料的微观结构，以获得满足日益增长的社会需求的高性能二维纳米复合材料。

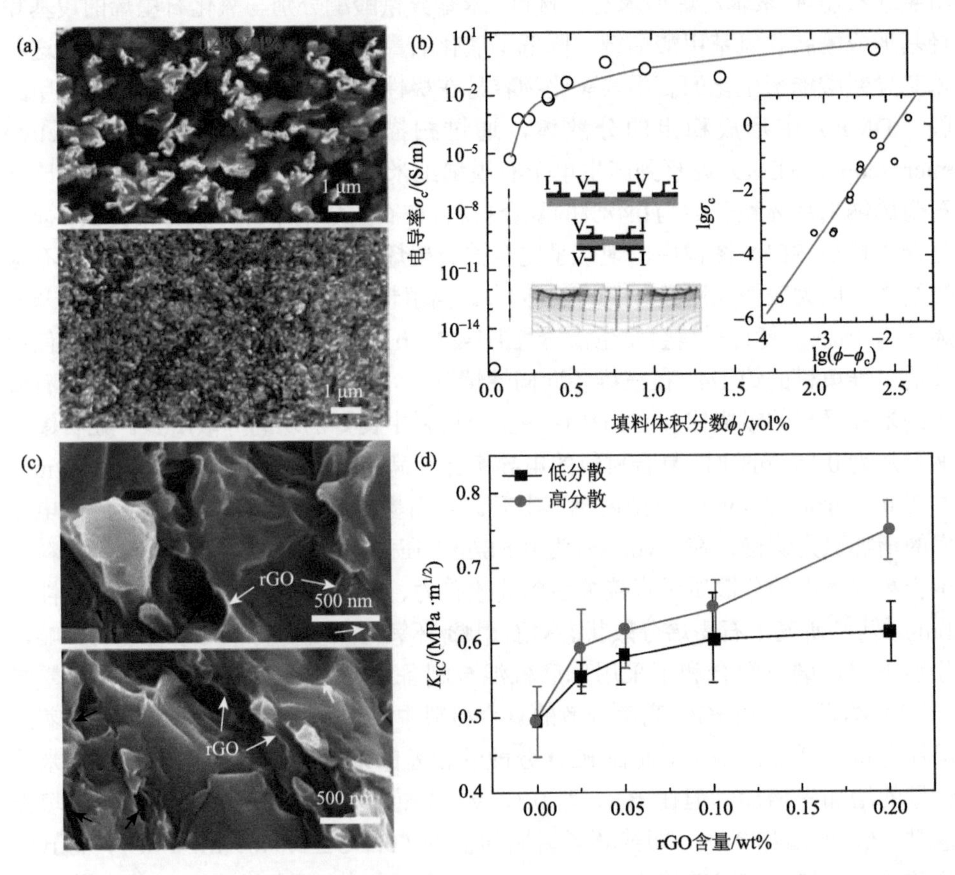

图 1-22 （a）0.48vol%和 2.4vol%石墨烯-聚乙烯纳米复合材料 SEM 图像；（b）石墨烯填充量与纳米复合材料电导率之间的关系图[133]；（c）0.2 wt%的 rGO 低分散和高分散的 rGO/环氧树脂复合材料的断裂面的 SEM 图像；（d）环氧树脂复合材料的断裂韧性与 rGO 含量的关系[158]

冰模板技术作为仿生构筑策略的方法之一，可精确调控复合材料的结构形貌。例如，Peng 等[159]通过双向冰模板法制备规整层状结构的氧化石墨烯-羧甲基纤维素（GO-CMC，GC）骨架，进一步通过真空渗入环氧树脂，得到微观结构与珍珠层极为相似的仿珍珠层环氧-石墨烯-羧甲基纤维素（epoxy-GC，E-GC）复合材料[图 1-23（a）]。由于具有与珍珠层相类似的增韧机理，其断裂韧性（K_{JC}）（约 2.5 MPa·m$^{1/2}$）是纯环氧树脂的 3.61 倍，优于传统的二维纳米复合材料的增韧效果。除了断裂韧性得到极大提高以外，因石墨烯骨架具有导电性能和各向异性特性，该复合材料具有各向异性的导电性能，从图 1-23（b）可以看出，在使用抗坏血酸还原 GO 后，其导电性能得到明显提高，在平行于片层方向电导率提高了 80 倍，并且电导率呈现各向异性，平行于片层方向的电导率是垂直方向的 100 倍，原因在于复合材料呈现出层状结构。随着建筑、交通、能源生产以及航空航天等领域的高速发展，亟需高力学性能兼具功能特性的新型结构纳米复合材料。这些材料不仅要密度更小、更强、更坚韧，还要发挥额外的功能作用，包括感知外部刺激、自我监测其结构健康、导电和储存能量等。因此，研究人员正在开发新型的纳米复合材料作为应对挑战的解决方案。随着研究工作的发现和进步，为了达到预期的性能，这些纳米复合材料的结构必须从原子到宏观的多个长度尺度上进行精细设计。例如，Picot 等[160]利用冰模板法制备了多孔石墨烯气凝胶，通过渗入陶瓷前驱体和放电等离子烧结相结合制备了仿珍珠层结构的 SiOC-石墨烯陶瓷复合材料。这种复合材料是包含一个互连的、非常薄的（20~30 nm）、导电的碳界面的微观网络。这种网络产生的电导率比其他含有类似石墨烯或碳纳米管的陶瓷复合材料高两个数量级，可用于原位自监测材料结构的完整性。此外，它还引导裂纹扩展，表现出稳定的裂纹扩展，并将抗断裂能力提高一个数量级，其断裂韧性（K_{JC}）可达 3.5 MPa·m$^{1/2}$[图 1-23（c）和（d）]。这种自我监测和高抗断裂性的结合可以用于开发智能材料，能够避免在使用中发生灾难性故障，这是一种将石墨烯集成到陶瓷和聚合物基纳米复合材料中的方法，区别于传统“增强”策略。但这类材料无法恢复机械损伤，缺乏耐用性。而自愈合和形状可编程性对于软聚合物来说是司空见惯的，但很少实现在刚性结构材料中。将这些特性组合到一个仿珍珠层状的结构中是具有挑战性的。为此，Du 等[161]使用具有高热转换性的 Diels-Alder 网络聚合物作为聚合物基体，将自修复和形状可编程性整合到仿珍珠层的复合材料中。首先通过双向冷冻氧化铝悬浮液来获得三维层状多孔支架，多孔支架被压制和煅烧以产生致密的支架。然后对支架进行硅烷处理以引入糠基表面基团，并渗入动态网络聚合物以产生智能珍珠层。与纯聚合物和随机分布的氧化铝复合材料相比，在加热到 120℃后，智能珍珠层的力学性能在 24 h 后完全恢复到初始状态。此外，与其他人造珍珠层难以处理的平面形状相比，聚合物链动力学的精确控制使得该智能珍珠层的形状通过可塑性永久编程，并通过形状记忆效应临时编程，这为设计具有多种功能的仿生结构纳米复合材料体系提供了研究途径。

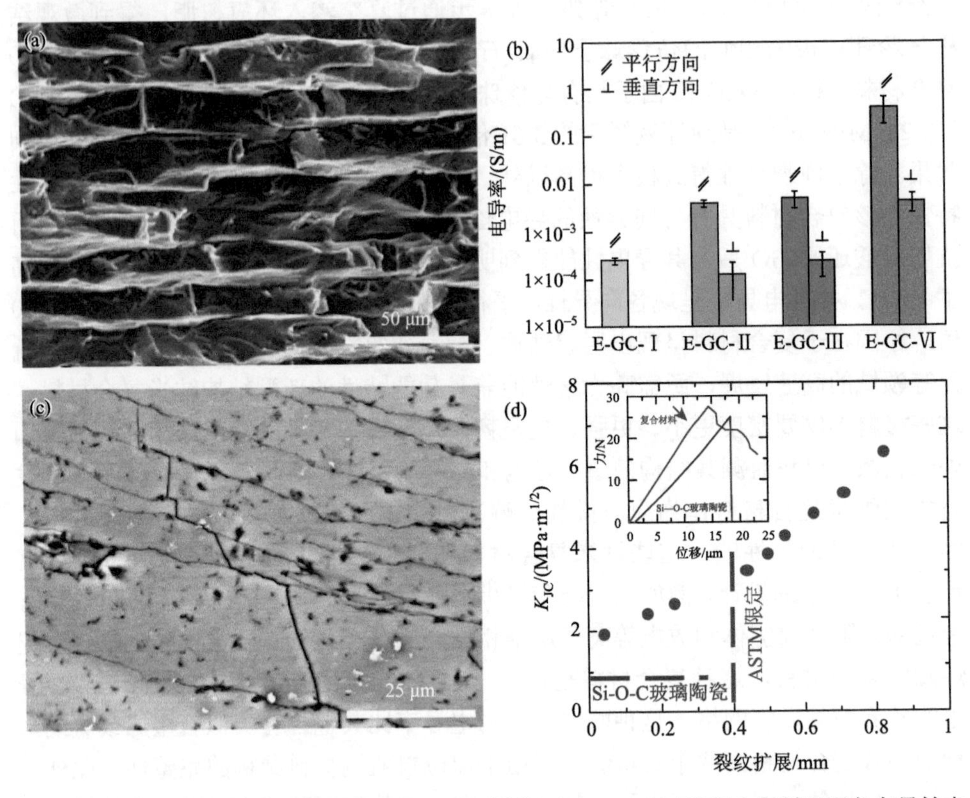

图 1-23 （a）E-GC 复合材料的断裂面的 SEM 图像；（b）E-GC 纳米复合材料呈现各向异性电导率[159]；（c）SiOC-石墨烯陶瓷复合材料裂纹扩展的 SEM 图像；（d）SiOC-石墨烯陶瓷复合材料的 *R* 曲线（插图显示了典型的力-位移曲线，箭头指示裂纹萌生，力-位移曲线斜率的差异可能是由于样品和缺口尺寸的差异而不是刚度的差异）[160]

1.3 总结与展望

通过传统构筑策略如溶液共混、熔融共混和原位聚合等方法制备的二维纳米复合材料存在纳米片分散性差、取向度低、含量低、界面作用弱等问题，导致复合材料的性能提升受限，无法满足现代社会对高性能兼具多功能的结构纳米复合材料日益增长的需求。因此，亟需开发构筑高力学性能兼具多功能的结构纳米复合材料的新策略。近年来，受自然生物材料的结构与性能构效关系的启发，研究人员开发了一系列的仿生构筑策略，如上述提到的层层自组装、蒸发自组装、冰模板、3D 打印等技术。通过这些技术可以调控纳米复合材料中二维纳米片的排列，使其具有各向异性的结构与性能。由于其具有可调的力学性能，同时能实现功能化的个性化定制，二维纳米复合材料具有广阔的应用前景，如热管理、电磁屏蔽、阻燃防火、传感制动、防腐、形状记忆、离子通道、超级电容器等。本书第6章将着重介绍二维纳米复合材料在相关领域中的应用。但是，目前制备高性能的二维纳米复合材料，还需要考虑以下方面。

（1）尽管目前将多种新颖的二维纳米材料引入到聚合物中，使其具有新颖的功能特性，然而如何低成本、高产率、绿色无污染地制备高质量的纳米片仍然是一大难点，制约着二维纳米复合材料的发展和应用。

（2）开发功能化基元材料和界面设计策略，以改善纳米材料的分散性同时增强有机和无机材料之间的相互作用，获得高力学性能和具有丰富功能特性的复合材料；并针对特定应用需求，实现功能化定制，提升二维纳米复合材料的竞争优势并拓宽其应用领域。

（3）亟待开发规模化制备新技术，实现二维纳米复合材料的量化生产，以促进高性能二维纳米复合材料的实际应用。

参考文献

[1] Li J L，Liu X X，Feng Y，et al. Recent progress in polymer/two-dimensional nanosheets composites with novel performances. Progress in Polymer Science，2022，126：101505.

[2] Brodie B C. XIII. On the atomic weight of graphite. Philosophical Transactions of the Royal Society of London，1859，149：249-259.

[3] Novoselov K S，Geim A K，Morozov S V，et al. Electric field effect in atomically thin carbon films. Science，2004，306（5696）：666-669.

[4] Yang F，Song P，Ruan M B，et al. Recent progress in two-dimensional nanomaterials：Synthesis，engineering，and applications. FlatChem，2019，18：100133.

[5] Zhang H. Ultrathin two-dimensional nanomaterials. ACS Nano，2015，9（10）：9451-9469.

[6] Tan C L，Cao X H，Wu X J，et al. Recent advances in ultrathin two-dimensional nanomaterials. Chemical Reviews，2017，117（9）：6225-6331.

[7] Chang C，Chen W，Chen Y，et al. Recent progress on two-dimensional materials. Acta Physico-Chimica Sinica，2021，37（12）：2108017.

[8] Zhu T T，Zhou C H，Kabwe F B，et al. Exfoliation of montmorillonite and related properties of clay/polymer nanocomposites. Applied Clay Science，2019，169：48-66.

[9] Ding Z M，Li J，Zhang B W，et al. Rapid and high-concentration exfoliation of montmorillonite into high-quality and mono-layered nanosheets. Nanoscale，2020，12（32）：17083-17092.

[10] Novoselov K S，Fal'ko V I，Colombo L，et al. A roadmap for graphene. Nature，2012，490（7419）：192-200.

[11] Li H, Ai D, Ren L L, et al. Scalable polymer nanocomposites with record high-temperature capacitive performance enabled by rationally designed nanostructured inorganic fillers. Advanced Materials，2019，31（23）：1900875.

[12] Zavabeti A，Ou J Z，Carey B J，et al. A liquid metal reaction environment for the room-temperature synthesis of atomically thin metal oxides. Science，2017，358（6361）：332-335.

[13] Yu J F，Wang Q，O'hare D，et al. Preparation of two dimensional layered double hydroxide nanosheets and their applications. Chemical Society Reviews，2017，46（19）：5950-5974.

[14] Leroux F，Besse J P. Polymer interleaved layered double hydroxide：A new emerging class of nanocomposites. Chemistry of Materials，2001，13（10）：3507-3515.

[15] Weng Q H，Wang X B，Wang X，et al. Functionalized hexagonal boron nitride nanomaterials：Emerging properties and applications. Chemical Society Reviews，2016，45（14）：3989-4012.

[16] Caldwell J D，Aharonovich I，Cassabois G，et al. Photonics with hexagonal boron nitride. Nature Reviews Materials，2019，4（8）：552-567.

[17] Ling X，Wang H，Huang S X，et al. The renaissance of black phosphorus. Proceedings of the National Academy of Sciences of the United States of America，2015，112（15）：4523-4530.

[18] Liu H，Du Y C，Deng Y X，et al. Semiconducting black phosphorus：Synthesis，transport properties and electronic applications. Chemical Society Reviews，2015，44（9）：2732-2743.

[19] Gao X，Liu H B，Wang D，et al. Graphdiyne：Synthesis，properties，and applications. Chemical Society Reviews，2019，48（3）：908-936.

[20] Mohammadi A V，Rosen J，Gogotsi Y. The world of two-dimensional carbides and nitrides（MXenes）. Science，2021，372（6547）：eabf1581.

[21] Anasori B，Lukatskaya M R，Gogotsi Y. 2D metal carbides and nitrides（MXenes）for energy storage. Nature Reviews Materials，2017，2（2）：16098.

[22] Huang X，Zeng Z Y，Zhang H. Metal dichalcogenide nanosheets：Preparation，properties and applications. Chemical Society Reviews，2013，42（5）：1934-1946.

[23] Tan C L，Zhang H. Two-dimensional transition metal dichalcogenide nanosheet-based composites. Chemical Society Reviews，2015，44（9）：2713-2731.

[24] Huang C X，Du Y P，Wu H P，et al. Prediction of intrinsic ferromagnetic ferroelectricity in a transition-metal halide monolayer. Physical Review Letters，2018，120（14）：147601.

[25] Yang T，Song T T，Callsen M，et al. Atomically thin 2D transition metal oxides：Structural reconstruction，interaction with substrates，and potential applications. Advanced Materials Interfaces，2019，6（1）：1801160.

[26] Kumbhakar P，Gowda C C，Mahapatra P L，et al. Emerging 2D metal oxides and their applications. Materials Today，2021，45：142-168.

[27] Zheng Y，Liu J，Liang J，et al. Graphitic carbon nitride materials：Controllable synthesis and applications in fuel cells and photocatalysis. Energy & Environmental Science，2012，5（5）：6717-6731.

[28] Wang Y H，Liu L Z，Ma T Y，et al. 2D graphitic carbon nitride for energy conversion and storage. Advanced Functional Materials，2021，31（34）：2102540.

[29] Rodenas T，Luz I，Prieto G，et al. Metal-organic framework nanosheets in polymer composite materials for gas separation. Nature Materials，2015，14（1）：48-55.

[30] Jiang Q Y，Zhou C H，Meng H B，et al. Two-dimensional metal-organic framework nanosheets：Synthetic methodologies and electrocatalytic applications. Journal of Materials Chemistry A，2020，8（31）：15271-15301.

[31] Li X，Yadav P，Loh K P. Function-oriented synthesis of two-dimensional（2D）covalent organic frameworks-from 3D solids to 2D sheets. Chemical Society Reviews，2020，49（14）：4835-4866.

[32] Peng Y W，Huang Y，Zhu Y H，et al. Ultrathin two-dimensional covalent organic framework nanosheets：Preparation and application in highly sensitive and selective DNA detection. Journal of the American Chemical Society，2017，139（25）：8698-8704.

[33] Dou L T，Wong A B，Yu Y，et al. Atomically thin two-dimensional organic-inorganic hybrid perovskites. Science，2015，349（6255）：1518-1521.

[34] Ma L，Dai J，Zeng X C. Two-dimensional single-layer organic-inorganic hybrid perovskite semiconductors. Advanced Energy Materials，2017，7（7）：1601731.

[35] Leng K，Abdelwahab I，Verzhbitskiy I，et al. Molecularly thin two-dimensional hybrid perovskites with tunable optoelectronic properties due to reversible surface relaxation. Nature Materials，2018，17（10）：908-914.

[36] Fukushima Y，Okada A，Kawasumi M，et al. Swelling behaviour of montmorillonite by poly-6-amide. Clay Minerals，1988，23（1）：27-34.

[37] Alexandre M，Dubois P. Polymer-layered silicate nanocomposites：Preparation，properties and uses of a new class of materials. Materials Science & Engineering R-Reports，2000，28（1-2）：1-63.

[38] Pavlidou S，Papaspyrides C D. A review on polymer-layered silicate nanocomposites. Progress in Polymer Science，2008，33（12）：1119-1198.

[39] 孙川. 纤维素纳米纤丝/蒙脱土自组装构筑高透明纳米复合薄膜的研究. 广州：华南理工大学，2020.

[40] Beyer G. Nanocomposites：A new class of flame retardants for polymers. Plastics，Additives and Compounding，2002，4（10）：22-28.

[41] Jlassi K，Krupa I，Chehimi M M. Overview：Clay preparation，properties，modification. Clay-Polymer Nanocomposites，2017：1-28.

[42] Haber J M. The anatomy and the morphology of the flower of euphorbia. Annals of Botang，1925，39（156）：657-705.

[43] Amrute A P，Lodziana Z，Schreyer H，et al. High-surface-area corundum by mechanochemically induced phase transformation of boehmite. Science，2019，366（6464）：485-489.

[44] Hill R F，Danzer R，Paine R T. Synthesis of aluminum oxide platelets. Journal of the American Ceramic Society，2001，84（3）：514-520.

[45] Hsiang H I，Chen T H，Chuang C C. Synthesis of alpha-alumina hexagonal platelets using a mixture of boehmite and potassium sulfate. Journal of the American Ceramic Society，2007，90（12）：4070-4072.

[46] Su X H，Li J G. Low temperature synthesis of single-crystal alpha alumina platelets by calcining bayerite and potassium sulfate. Journal of Materials Science & Technology，2011，27（11）：1011-1015.

[47] Hill R F，Supancic P H. Thermal conductivity of platelet-filled polymer composites. Journal of the American Ceramic Society，2002，85（4）：851-857.

[48] Kebbede A，Parai J，Carim A H. Anisotropic grain growth in alpha-Al_2O_3 with SiO_2 and TiO_2 additions. Journal of the American Ceramic Society，2000，83（11）：2845-2851.

[49] Ji X Y，Kang Y，Ouyang J，et al. Synthesis of ultrathin biotite nanosheets as an intelligent theranostic platform for combination cancer therapy. Advanced Science，2019，6（19）：1901211.

[50] Kim S S，Van Khai T，Kulish V，et al. Tunable bandgap narrowing induced by controlled molecular thickness in 2D mica nanosheets. Chemistry of Materials，2015，27（12）：4222-4228.

[51] Jia F F，Song S X. Exfoliation and characterization of layered silicate minerals：A review. Surface Review and Letters，2014，21（2）：1430001.

[52] Khai T V，Na H G，Kwak D S，et al. Synthesis and characterization of single- and few-layer mica nanosheets by the microwave-assisted solvothermal approach. Nanotechnology，2013，24（14）：145602.

[53] Jia F F，Song S X. Preparation of monolayer muscovite through exfoliation of natural muscovite. RSC Advances，2015，5（65）：52882-52887.

[54] Pan X F, Gao H L, Lu Y, et al. Transforming ground mica into high-performance biomimetic polymeric mica film. Nature Communications, 2018, 9 (1): 2974.

[55] Khan A I, O'hare D. Intercalation chemistry of layered double hydroxides: Recent developments and applications. Journal of Materials Chemistry, 2002, 12 (11): 3191-3198.

[56] Wang Q, O'hare D. Recent advances in the synthesis and application of layered double hydroxide (LDH) nanosheets. Chemical Reviews, 2012, 112 (7): 4124-4155.

[57] Li M M J, Chen C P, Ayvali T, et al. CO_2 hydrogenation to methanol over catalysts derived from single cationic layer cuznga ldh precursors. ACS Catalysis, 2018, 8 (5): 4390-4401.

[58] Calhau I B, Gomes A C, Bruno S M, et al. One-pot intercalation strategy for the encapsulation of a co-releasing organometallic molecule in a layered double hydroxide. European Journal of Inorganic Chemistry, 2020, 2020 (28): 2726-2736.

[59] Li Z H, Shao M F, An H L, et al. Fast electrosynthesis of Fe-containing layered double hydroxide arrays toward highly efficient electrocatalytic oxidation reactions. Chemical Science, 2015, 6 (11): 6624-6631.

[60] Wang Y Y, Zhang Y Q, Liu Z J, et al. Layered double hydroxide nanosheets with multiple vacancies obtained by dry exfoliation as highly efficient oxygen evolution electrocatalysts. Angewandte Chemie International Edition, 2017, 56 (21): 5867-5871.

[61] Zhao J W, Xu S M, Tschulik K, et al. Molecular-scale hybridization of clay monolayers and conducting polymer for thin-film supercapacitors. Advanced Functional Materials, 2015, 25 (18): 2745-2753.

[62] Zhu Y, Murali S, Cai W, et al. Graphene and graphene oxide: Synthesis, properties, and applications. Advanced Materials, 2010, 22 (35): 3906-3924.

[63] He H, Klinowski J, Forster M, et al. A new structural model for graphite oxide. Chemical Physics Letters, 1998, 287 (1): 53-56.

[64] Morozov S V, Novoselov K S, Katsnelson M I, et al. Giant intrinsic carrier mobilities in graphene and its bilayer. Physical Review Letters, 2008, 100 (1): 016602.

[65] Balandin A A, Ghosh S, Bao W, et al. Superior thermal conductivity of single-layer graphene. Nano Letters, 2008, 8 (3): 902-907.

[66] Lee C, Wei X, Kysar J W, et al. Measurement of the elastic properties and intrinsic strength of monolayer graphene. Science, 2008, 321 (5887): 385-388.

[67] Suk J W, Piner R D, An J, et al. Mechanical properties of monolayer graphene oxide. ACS Nano, 2010, 4 (11): 6557-6564.

[68] Paci J T, Belytschko T, Schatz G C. Computational studies of the structure, behavior upon heating, and mechanical properties of graphite oxide. Journal of Physical Chemistry C, 2007, 111 (49): 18099-18111.

[69] Mittal G, Dhand V, Rhee K Y, et al. A review on carbon nanotubes and graphene as fillers in reinforced polymer nanocomposites. Journal of Industrial and Engineering Chemistry, 2015, 21: 11-25.

[70] Naguib M, Mochalin V N, Barsoum M W, et al. 25th anniversary article: Mxenes: A new family of two-dimensional materials. Advanced Materials, 2014, 26 (7): 992-1005.

[71] Naguib M, Kurtoglu M, Presser V, et al. Two-dimensional nanocrystals produced by exfoliation of Ti_3AlC_2. Advanced Materials, 2011, 23 (37): 4248-4253.

[72] Borysiuk V N, Mochalin V N, Gogotsi Y. Molecular dynamic study of the mechanical properties of two-dimensional titanium carbides $Ti_{n+1}C_n$ (MXenes). Nanotechnology, 2015, 26 (26): 265705.

[73] Lipatov A, Lu H, Alhabeb M, et al. Elastic properties of 2D $Ti_3C_2T_x$ MXene monolayers and bilayers. Science

Advances，2018，4（6）：eaat0491.

[74] Lipatov A，Alhabeb M，Lukatskaya M R，et al. Effect of synthesis on quality，electronic properties and environmental stability of individual monolayer Ti_3C_2 MXene flakes. Advanced Electronic Materials，2016，2（12）：1600255.

[75] Hantanasirisakul K，Zhao M Q，Urbankowski P，et al. Fabrication of $Ti_3C_2T_x$ MXene transparent thin films with tunable optoelectronic properties. Advanced Electronic Materials，2016，2（6）：1600050.

[76] Anasori B，Shi C，Moon E J，et al. Control of electronic properties of 2D carbides（MXenes）by manipulating their transition metal layers. Nanoscale Horizons，2016，1（3）：227-234.

[77] Shahzad F，Alhabeb M，Hatter C B，et al. Electromagnetic interference shielding with 2D transition metal carbides（MXenes）. Science，2016，353（6304）：1137-1140.

[78] Dillon A D，Ghidiu M J，Krick A L，et al. Highly conductive optical quality solution-processed films of 2D titanium carbide. Advanced Functional Materials，2016，26（23）：4162-4168.

[79] Wang H，Wu Y，Zhang J，et al. Enhancement of the electrical properties of MXene Ti_3C_2 nanosheets by post-treatments of alkalization and calcination. Materials Letters，2015，160：537-540.

[80] Zeraati A S，Mirkhani S A，Sun P，et al. Improved synthesis of $Ti_3C_2T_x$ MXenes resulting in exceptional electrical conductivity，high synthesis yield，and enhanced capacitance. Nanoscale，2021，13（6）：3572-3580.

[81] Khazaei M，Arai M，Sasaki T，et al. Novel electronic and magnetic properties of two-dimensional transition metal carbides and nitrides. Advanced Functional Materials，2013，23（17）：2185-2192.

[82] Si C，Zhou J，Sun Z. Half-metallic ferromagnetism and surface functionalization-induced metal-insulator transition in graphene-like two-dimensional Cr_2C crystals. ACS Applied Materials & Interfaces，2015，7（31）：17510-17515.

[83] Anasori B，Xie Y，Beidaghi M，et al. Two-dimensional，ordered，double transition metals carbides（MXenes）. ACS Nano，2015，9（10）：9507-9516.

[84] Zha X H，Yin J，Zhou Y，et al. Intrinsic structural，electrical，thermal，and mechanical properties of the promising conductor Mo_2C MXene. The Journal of Physical Chemistry C，2016，120（28）：15082-15088.

[85] Liu R，Li W. High-thermal-stability and high-thermal-conductivity $Ti_3C_2T_x$ MXene/poly（vinyl alcohol）（PVA）composites. ACS Omega，2018，3（3）：2609-2617.

[86] Li L，Shi M，Liu X，et al. Ultrathin titanium carbide（MXene）films for high-temperature thermal camouflage. Advanced Functional Materials，2021，31（35）：2101381.

[87] Mashtalir O，Cook K M，Mochalin V N，et al. Dye adsorption and decomposition on two-dimensional titanium carbide in aqueous media. Journal of Materials Chemistry A，2014，2（35）：14334-14338.

[88] Mathis T S，Maleski K，Goad A，et al. Modified MAX phase synthesis for environmentally stable and highly conductive Ti_3C_2 MXene. ACS Nano，2021，15（4）：6420-6429.

[89] Alhabeb M，Maleski K，Anasori B，et al. Guidelines for synthesis and processing of two-dimensional titanium carbide（$Ti_3C_2T_x$ MXene）. Chemistry of Materials，2017，29（18）：7633-7644.

[90] Li M，Lu J，Luo K，et al. Element replacement approach by reaction with lewis acidic molten salts to synthesize nanolaminated max phases and MXenes. Journal of the American Chemical Society，2019，141（11）：4730-4737.

[91] Li Y，Shao H，Lin Z，et al. A general lewis acidic etching route for preparing MXenes with enhanced electrochemical performance in non-aqueous electrolyte. Nature Materials，2020，19（8）：894-899.

[92] Kamysbayev V，Filatov A S，Hu H，et al. Covalent surface modifications and superconductivity of two-dimensional metal carbide MXenes. Science，2020，369（6506）：979-983.

[93] Yang S，Zhang P，Wang F，et al. Fluoride-free synthesis of two-dimensional titanium carbide（MXene）using a

binary aqueous system. Angewandte Chemie International Edition，2018，130（47）：15717-15721.

[94] Ghidiu M，Halim J，Kota S，et al. Ion-exchange and cation solvation reactions in Ti_3C_2 MXene. Chemistry of Materials，2016，28（10）：3507-3514.

[95] Manzeli S，Ovchinnikov D，Pasquier D，et al. 2D transition metal dichalcogenides. Nature Reviews Materials，2017，2（8）：17033.

[96] Bertolazzi S，Brivio J，Kis A. Stretching and breaking of ultrathin MoS_2. ACS Nano，2011，5（12）：9703-9709.

[97] Huang H X，Zha J J，Li S S，et al. Two-dimensional alloyed transition metal dichalcogenide nanosheets：Synthesis and applications. Chinese Chemical Letters，2022，33（1）：163-176.

[98] Dumcenco D O，Kobayashi H，Liu Z，et al. Visualization and quantification of transition metal atomic mixing in $Mo_{1-x}W_xS_2$ single layers. Nature Communications，2013，4：1351.

[99] Kiran V，Mukherjee D，Jenjeti R N，et al. Active guests in the $MoS_2/MoSe_2$ host lattice：Efficient hydrogen evolution using few-layer alloys of $MoS_{2(1-x)}Se_{2x}$. Nanoscale，2014，6（21）：12856-12863.

[100] Zhang W T，Li X D，Jiang T T，et al. CvD synthesis of $Mo_{(1-x)}W_xS_2$ and $MoS_{2(1-x)}Se_{2x}$ alloy monolayers aimed at tuning the bandgap of molybdenum disulfide. Nanoscale，2015，7（32）：13554-13560.

[101] Feng Q L，Zhu Y M，Hong J H，et al. Growth of large-area 2D $MoS_{2(1-x)}Se_{2x}$，semiconductor. Advanced Materials，2014，26（17）：2648-2653.

[102] Sun Y F，Fujisawa K，Lin Z，et al. Low-temperature solution synthesis of transition metal dichalcogenide alloys with tunable optical properties. Journal of the American Chemical Society，2017，139（32）：11096-11105.

[103] 冯凯，冯琳，李国辉，等. 黑磷二维材料制备及其光电子器件研究进展. 发光学报，2021，42（11）：1686-1700.

[104] Wei Q，Peng X H. Superior mechanical flexibility of phosphorene and few-layer black phosphorus. Applied Physics Letters，2014，104（25）：251915.

[105] Tao J，Shen W F，Wu S，et al. Mechanical and electrical anisotropy of few-layer black phosphorus. ACS Nano，2015，9（11）：11362-11370.

[106] Li X S，Deng B C，Wang X M，et al. Synthesis of thin-film black phosphorus on a flexible substrate. 2D Materials，2015，2（3）：031002.

[107] Smith J B，Hagaman D，Ji H F. Growth of 2D black phosphorus film from chemical vapor deposition. Nanotechnology，2016，27（21）：215602.

[108] Wu Z H，Lyu Y X，Zhang Y，et al. Large-scale growth of few-layer two-dimensional black phosphorus. Nature Materials，2021，20（9）：1203-1209.

[109] Zhang Y Y，Rui X H，Tang Y X，et al. Wet-chemical processing of phosphorus composite nanosheets for high-rate and high-capacity lithium-ion batteries. Advanced Energy Materials，2016，6（10）：1502409.

[110] Zhao G，Wang T L，Shao Y L，et al. A novel mild phase-transition to prepare black phosphorus nanosheets with excellent energy applications. Small，2017，13（7）：1602243.

[111] Li L K，Yu Y J，Ye G J，et al. Black phosphorus field-effect transistors. Nature Nanotechnology，2014，9（5）：372-377.

[112] Chen L，Zhou G M，Liu Z B，et al. Scalable clean exfoliation of high-quality few-layer black phosphorus for a flexible lithium ion battery. Advanced Materials，2016，28（3）：510-517.

[113] Huang Z D，Hou H S，Zhang Y，et al. Layer-tunable phosphorene modulated by the cation insertion rate as a sodium-storage anode. Advanced Materials，2017，29（34）：1702372.

[114] Xu M S，Liang T，Shi M M，et al. Graphene-like two-dimensional materials. Chemical Reviews，2013，113（5）：3766-3798.

[115] Kubota Y，Watanabe K，Tsuda O，et al. Deep ultraviolet light-emitting hexagonal boron nitride synthesized at atmospheric pressure. Science，2007，317（5840）：932-934.

[116] Liu L，Ryu S M，Tomasik M R，et al. Graphene oxidation：Thickness-dependent etching and strong chemical doping. Nano Letters，2008，8（7）：1965-1970.

[117] Falin A，Cai Q R，Santos E J G，et al. Mechanical properties of atomically thin boron nitride and the role of interlayer interactions. Nature Communications，2017，8：15815.

[118] Novoselov K S，Jiang D，Schedin F，et al. Two-dimensional atomic crystals. Proceedings of the National Academy of Sciences of the United States of America，2005，102（30）：10451-10453.

[119] Li L H，Chen Y，Behan G，et al. Large-scale mechanical peeling of boron nitride nanosheets by low-energy ball milling. Journal of Materials Chemistry，2011，21（32）：11862-11866.

[120] Han W Q，Wu L J，Zhu Y M，et al. Structure of chemically derived mono-and few-atomic-layer boron nitride sheets. Applied Physics Letters，2008，93（22）：223103.

[121] Paffett M T S R J，Papin P，et al. Borazine adsorption and decomposition at Pt（111）and Ru（001）surfaces. Surface Science，1990，232（3）：286-296.

[122] Corso M，Auwarter W，Muntwiler M，et al. Boron nitride nanomesh. Science，2004，303（5655）：217-220.

[123] Kim G，Jang A R，Jeong H Y，et al. Growth of high-crystalline，single-layer hexagonal boron nitride on recyclable platinum foil. Nano Letters，2013，13（4）：1834-1839.

[124] Zhang C H，Fu L，Zhao S L，et al. Controllable co-segregation synthesis of wafer-scale hexagonal boron nitride thin films. Advanced Materials，2014，26（11）：1776-1781.

[125] Wang H L，Zhang X W，Meng J H，et al. Controlled growth of few-layer hexagonal boron nitride on copper foils using ion beam sputtering deposition. Small，2015，11（13）：1542-1547.

[126] Komarneni S. Nanocomposites. Journal of Materials Chemistry，1992，2（12）：1219-1230.

[127] Roco M C，Bainbridge W S. Societal implications of nanoscience and nanotechnology：Maximizing human benefit. Journal of Nanoparticle Research，2005，7（1）：1-13.

[128] Jordan J，Jacob K I，Tannenbaum R，et al. Experimental trends in polymer nanocomposites：A review. Materials Science and Engineering A-Structural Materials Properties Microstructure and Processing，2005，393（1-2）：1-11.

[129] Bhattacharya M. Polymer nanocomposites：A comparison between carbon nanotubes，graphene，and clay as nanofillers. Materials，2016，9（4）：262.

[130] Geng H Z，Rosen R，Zheng B，et al. Fabrication and properties of composites of poly（ethylene oxide）and functionalized carbon nanotubes. Advanced Materials，2002，14（19）：1387-1390.

[131] Kalaitzidou K，Fukushima H，Drzal L T. A new compounding method for exfoliated graphite-polypropylene nanocomposites with enhanced flexural properties and lower percolation threshold. Composites Science and Technology，2007，67（10）：2045-2051.

[132] Xu Z，Gao C. *In situ* polymerization approach to graphene-reinforced nylon-6 composites. Macromolecules，2010，43（16）：6716-6723.

[133] Stankovich S，Dikin D A，Dommett G H B，et al. Graphene-based composite materials. Nature，2006，442（7100）：282-286.

[134] Liu L Q Z，Zhu X. Studies on nylon 6/clay nanocomposites by melt-intercalation process. Journal of Applied Polymer Science，1999，71（7）：1133-1138.

[135] Lee E C，Mielewski D F，Baird R J. Exfoliation and dispersion enhancement in polypropylene nanocomposites by in-situ melt phase ultrasonication. Polymer Engineering and Science，2004，44（9）：1773-1782.

[136] Shi H G，Li Y，Guo T Y. *In situ* preparation of transparent polyimide nanocomposite with a small load of graphene oxide. Journal of Applied Polymer Science，2013，128（5）：3163-3169.

[137] Xia H S，Wang Q，Li K S，et al. Preparation of polypropylene/carbon nanotube composite powder with a solid-state mechanochemical pulverization process. Journal of Applied Polymer Science，2004，93（1）：378-386.

[138] Moniruzzaman M，Winey K I. Polymer nanocomposites containing carbon nanotubes. Macromolecules，2006，39（16）：5194-5205.

[139] Tang Z Y，Kotov N A，Magonov S，et al. Nanostructured artificial nacre. Nature Materials，2003，2（6）：413-418.

[140] Bonderer L J，Studart A R，Gauckler L J. Bioinspired design and assembly of platelet reinforced polymer films. Science，2008，319（5866）：1069-1073.

[141] Zhou T Z，Wu C，Wang Y L，et al. Super-tough MXene-functionalized graphene sheets. Nature Communications，2020，11（1）：2077.

[142] Wan S J，Li X，Chen Y，et al. High-strength scalable MXene films through bridging-induced densification. Science，2021，374（6563）：96-99.

[143] Xiong Z Y，Liao C L，Han W H，et al. Mechanically tough large-area hierarchical porous graphene films for high-performance flexible supercapacitor applications. Advanced Materials，2015，27（30）：4469-4475.

[144] Wang J F，Cheng Q F，Lin L，et al. Synergistic toughening of bioinspired poly（vinyl alcohol）-clay-nanofibrillar cellulose artificial nacre. ACS Nano，2014，8（3）：2739-2745.

[145] Das P，Malho J M，Rahimi K，et al. Nacre-mimetics with synthetic nanoclays up to ultrahigh aspect ratios. Nature Communications，2015，6：5967.

[146] Cui W, Li M, Liu J, et al. A strong integrated strength and toughness artificial nacre based on dopamine cross-linked graphene oxide. ACS Nano，2014，8(9)：9511-9517.

[147] Wong M，Ishige R，White K L，et al. Large-scale self-assembled zirconium phosphate smectic layers via a simple spray-coating process. Nature Communications，2014，5：3589.

[148] Zhang H, Zhang X, Zhang D, et al. One-step electrophoretic deposition of reduced graphene oxide and $Ni(OH)_2$ composite films for controlled syntheses supercapacitor electrodes. Journal of Physical Chemistry B，2013，117(6)：1616-1627.

[149] Zhong J，Sun W，Wei Q W，et al. Efficient and scalable synthesis of highly aligned and compact two-dimensional nanosheet films with record performances. Nature Communications，2018，9：3484.

[150] Zhao C Q，Zhang P C，Zhou J J，et al. Layered nanocomposites by shear-flow-induced alignment of nanosheets. Nature，2020，580（7802）：210-215.

[151] Decher G. Fuzzy nanoassemblies：Toward layered polymeric multicomposites. Science，1997，227（5330）：1232-1237.

[152] Deville S，Nalla R K. Freezing as a path to build complex composites. Science，2006，312（5778）：1312.

[153] Wegst U G K, Bai H, Saiz E, et al. Bioinspired structural materials. Nature Materials，2015，14(1)：23-36.

[154] Munch E，Launey M E，Alsem D H，et al. Tough，bio-inspired hybrid materials. Science，2008，322（5907）：1516-1520.

[155] Erb R M，Libanori R，Rothfuchs N，et al. Composites reinforced in three dimensions by using low magnetic fields. Science，2012，335（6065）：199-204.

[156] Yang Y，Li X J，Chu M，et al. Electrically assisted 3D printing of nacre-inspired structures with self-sensing capability. Science Advances，2019，5（4）：eaau9490.

[157] Zhang M C，Guo R，Chen K，et al. Microribbons composed of directionally self-assembled nanoflakes as highly

stretchable ionic neural electrodes. Proceedings of the National Academy of Sciences of the United States of America，2020，117（26）：14667-14675.

[158] Tang L C，Wan Y J，Yan D，et al. The effect of graphene dispersion on the mechanical properties of graphene/epoxy composites. Carbon，2013，60：16-27.

[159] Peng J S，Huang C J，Cao C，et al. Inverse nacre-like epoxy-graphene layered nanocomposites with integration of high toughness and self-monitoring. Matter，2020，2（1）：220-232.

[160] Picot O T，Rocha V G，Ferraro C，et al. Using graphene networks to build bioinspired self-monitoring ceramics. Nature Communications，2017，8：14425.

[161] Du G L，Mao A R，Yu J H，et al. Nacre-mimetic composite with intrinsic self-healing and shape-programming capability. Nature Communications，2019，10：800.

第2章

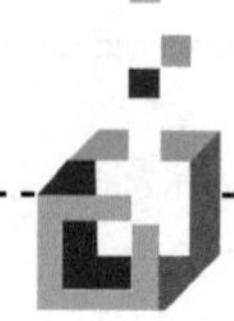

典型自然材料及仿生启示

2.1 鲍鱼壳

大自然在数亿年的进化过程中创造出了各式各样稳定且高效的生物材料，具备应对不同极端生存环境的能力，其演化过程和结构形成涉及化学、物理、生物、材料工程等多个相关学科[1-4]。一般这些生物材料由无机和有机组分复合而成，它们不仅形成了精妙的多尺度、多级次结构，还具有优异的机械性能以及自修复、自适应等功能特性[5, 6]。近几十年来，仿生材料越来越受到研究者的广泛关注，仿生材料是指通过复制或模仿生物材料中存在的成分、精妙结构以及形成过程进行系统合成与制造的材料。这些通过以生物为灵感设计和构建的材料也被定义为生物启示材料，被认为是设计构筑下一代高性能先进材料的主要途径[7-9]。

众所周知，软体动物门的许多海洋生物依赖于其硬质外壳或外骨骼结构来支撑和保护其柔软的身体不受外来掠食者、岩石或水流和海浪冲击的伤害[10]。例如，典型的腹足类软体动物——鲍鱼就生活在海水湍急的礁石处[11]。在已知的 180 个品种中，红鲍鱼研究最多，其硬质保护壳内表面呈现鲜艳的光泽，如图 2-1 所示。鲍鱼壳包括三层，不同层含有独特的微观结构。从外到内分别为角质层（硬化蛋白质）、棱柱层（柱状方解石碳酸钙）和珍珠层（片状文石碳酸钙），如图 2-2 所示[12, 13]。其中，珍珠层（nacre）是由有序的“砖-泥”层状结构与丰富的界面构成，因其优异的断裂韧性成为研究最广泛的生物结构之一。同时，珍珠层的“砖-泥”层状结构被作为仿生材料制备的黄金标准。

图 2-1　鲍鱼壳的光学照片

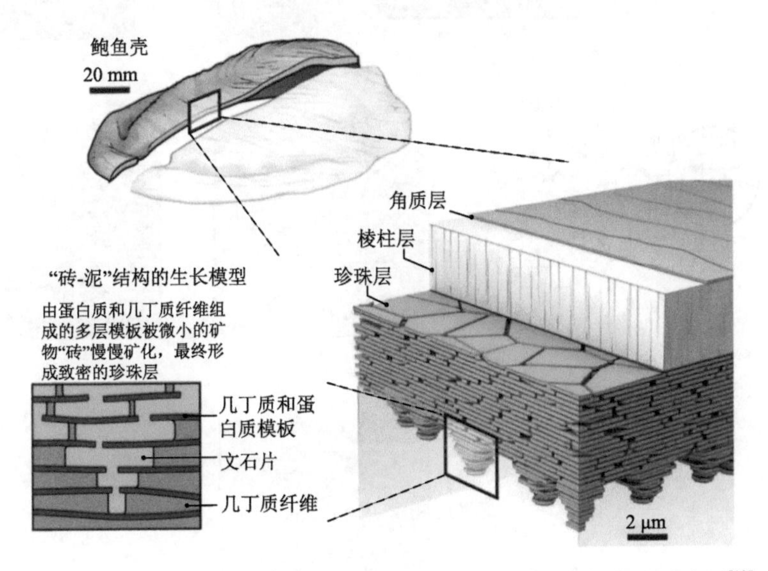

图 2-2　鲍鱼壳的整体结构模型示意图，分为角质层、棱柱层和珍珠层[12]

2.1.1　鲍鱼壳珍珠层的微观结构与特性

1. 珍珠层的多级次结构

与大多数自然生物材料一样，鲍鱼壳珍珠层的层状“砖-泥”结构是由硬而脆的无机矿物与柔而韧的有机物通过生物矿化形成的。美国加利福尼亚大学圣迭戈分校 Meyers 等系统研究并揭示了鲍鱼壳珍珠层的结构、界面特性及力学性能等[14-19]。鲍鱼壳珍珠层主要由 95%的无机矿物（文石型 $CaCO_3$ 二维片）和 5%的有机物（角蛋白、胶原蛋白和几丁质纤维等）组成。如图 2-3 所示，珍珠层具有复杂的多级次结构，从纳米尺度跨越到宏观厘米尺度的多个尺度[15]。

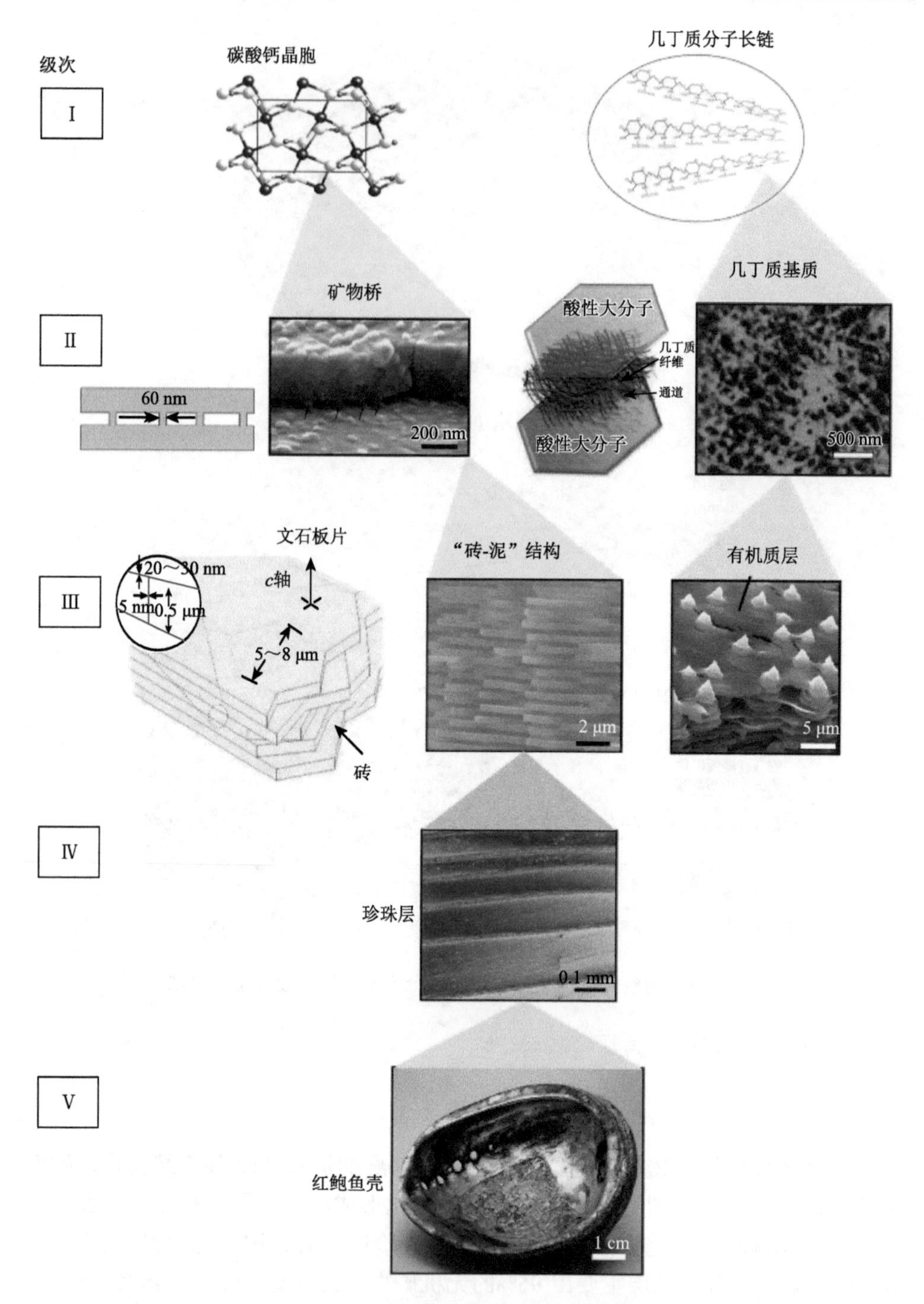

图 2-3　鲍鱼壳珍珠层的多尺度、多级次结构微观形貌和示意图[14, 15]

文石片作为构成珍珠层的基本结构单元，多为六边形，也有一些是浑圆形或菱形等多种形态，其横向尺寸约为 5～8 μm，厚度约为 0.5 μm[20, 21]。每个文石片与邻近的文石晶体相互连接形成微界面层，该微界面层间是由厚约 30 nm 的有机物连接[16]。因此，珍珠层质地较软，能承受较大的非弹性变形，并消耗大量的机械能。同时，这些文石片会交替堆砌成有序的层状结构，与建筑房屋外墙的“砖-泥”形貌非常类似。总的来说，依据文石片堆砌类型的不同，可将珍珠层分为堆垛型（columnar-stack）和砖墙型（brick-wall）两种结构。堆垛型在腹足类动物中存在较多，而砖墙型在双壳类动物中存在较多。从珍珠层的断面上看，堆垛型结构中不同的文石片会沿着生长方向有规律地排列，其轴中心仅有约 20 nm 偏移。而砖墙型结构中文石片的轴心则是无规则地排列。同时，原子力显微镜（atomic force microscope，AFM）结果表明两者的文石片在微观形貌上也有明显的区别。堆垛型中文石片表面较平整，无矩形环。砖墙型文石片表面上分布众多的同心矩形环，为凹形。

2. 珍珠层的文石晶体结构、取向与排列方式

图 2-4（a）～（c）分别为珍珠层典型“砖-泥”结构的扫描电子显微镜（scanning electron microscope，SEM）照片、相邻文石片的 SEM 照片和单个纳米颗粒的透射电子显微镜（transmission electron microscope，TEM）照片。由图可知，每个文石片实际上是由六边形的文石纳米晶体构成[图 2-4（d）～（f）]。并且高分辨透射电子显微镜（high resolution transmission electron microscope，HRTEM）的图像表明这些六边形纳米颗粒拥有 0.423 nm 宽的晶格条纹，这正是文石型碳酸钙的（110）晶面[图 2-4（g）～（i）]。另外，电镜照片表明这些纳米颗粒的尺寸介于 30～180 nm 之间[22]。

文石片晶体的取向排布机制对于探究珍珠层的微观结构、构建三维模型及仿生构筑层状纳米复合材料具有重要意义。因此，珍珠层中的文石片晶体的取向一直是研究热点。研究表明鲍鱼壳珍珠层中的文石晶体与 c 轴取向一致，即与珍珠层层面垂直，但对于其 a、b 轴的研究近些年才刚刚开始。

事实上，双壳类动物的珍珠层在相同微层中文石片的 a、b 轴取向并不一致，而在垂直于层方向上邻近的多个文石片的 a、b 轴排列方向一致并最终构成一个取向畴结构，即同一取向畴中文石片的结晶方位完全相同，不同取向畴则不一样[23]。例如，Manne 等[24]发现砖墙型珍珠层中文石片的结晶类似于一个单晶，也就是说文石片的 a、b 轴在纵向和横向都是定向排列的。相反的是，堆垛型珍珠层中文石片 a、b 轴在同一锥形堆垛结构中定向排列成一个取向畴结构，相邻微层文石片的结晶取向相同。而在不同堆垛中文石片 a、b 轴排列方式完全不一致，其取向方向是随机排布的。

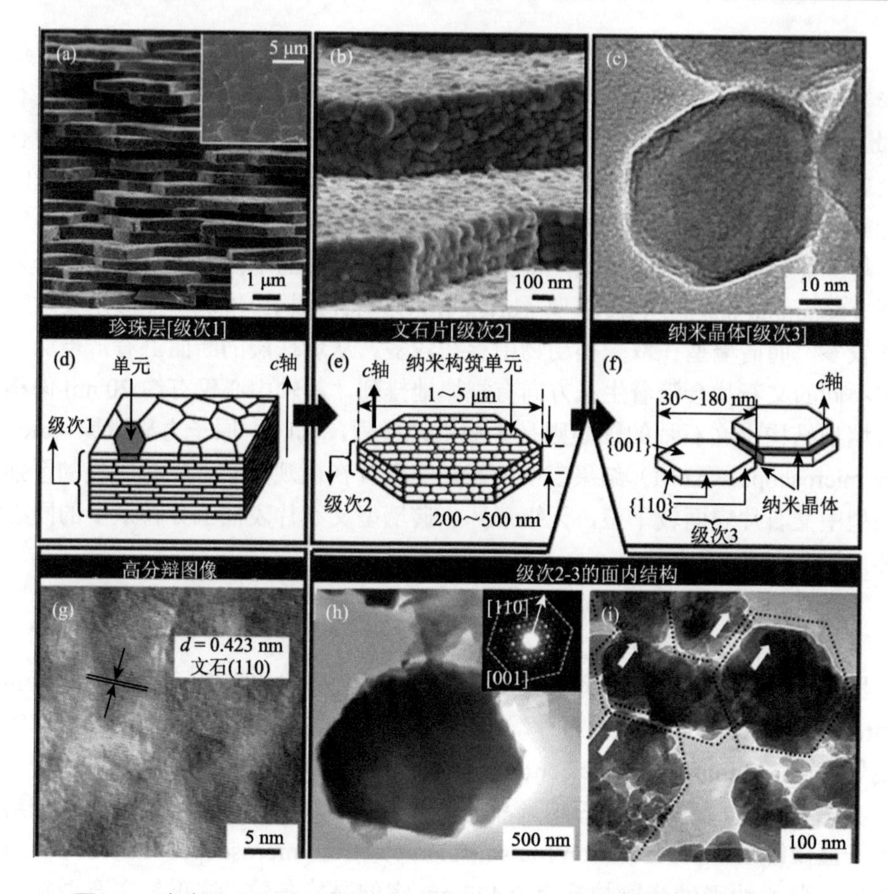

图 2-4　珍珠层“砖-泥”结构、文石晶体的微观形貌和结构排列示意图[22]

（a）珍珠层的“砖-泥”结构 SEM 照片；（b）文石片的 SEM 照片；（c）单个纳米颗粒的 TEM 照片；（d～f）珍珠层的多级结构示意图；（g）纳米晶体的 HRTEM 照片；（h，i）文石片和纳米晶体的 TEM 照片，纳米晶体有序构成六边形文石片

另外，文石片精确的几何排列方式是导致珍珠层具有优异力学性能的主要原因。根据文石片的堆叠方式，珍珠层可构建成“柱状珍珠层”或“片状珍珠层”结构模型[25]（图 2-5）。柱状珍珠层有大小相当均匀的六边形片，其中心重合，决定了上面六边形片的成核位置，而片状珍珠层沉积发生在壳的大部分内表面上，片层堆叠在“砖-墙”中，跨越底层文石片之间的连接处[26-28]。通常柱状珍珠层见于腹足类动物，而片状珍珠层更多见于双壳类动物[29]。在柱状珍珠层中，从顶部观察，相邻层的多边形片重叠，片间边界形成垂直于片层边界的镶嵌带[17]，如图 2-5（c）所示。而在片状珍珠层中，片间边界随机分布。柱状珍珠层的重叠区约占片状面积的 1/3，而片状珍珠层的核心区和重叠区无法区分[17, 30]。在柱状珍珠层中，辨别核心区和重叠区之间的区别具有重要意义，因为这两个区域所承

受的应力是不同的[31]。珍珠层的文石片在微尺度上常常被认为是平直的，然而，实际上观察到文石片之间的界面处具有明显的波浪形，这有助于珍珠层受到外界载荷时耗散能量[17]。

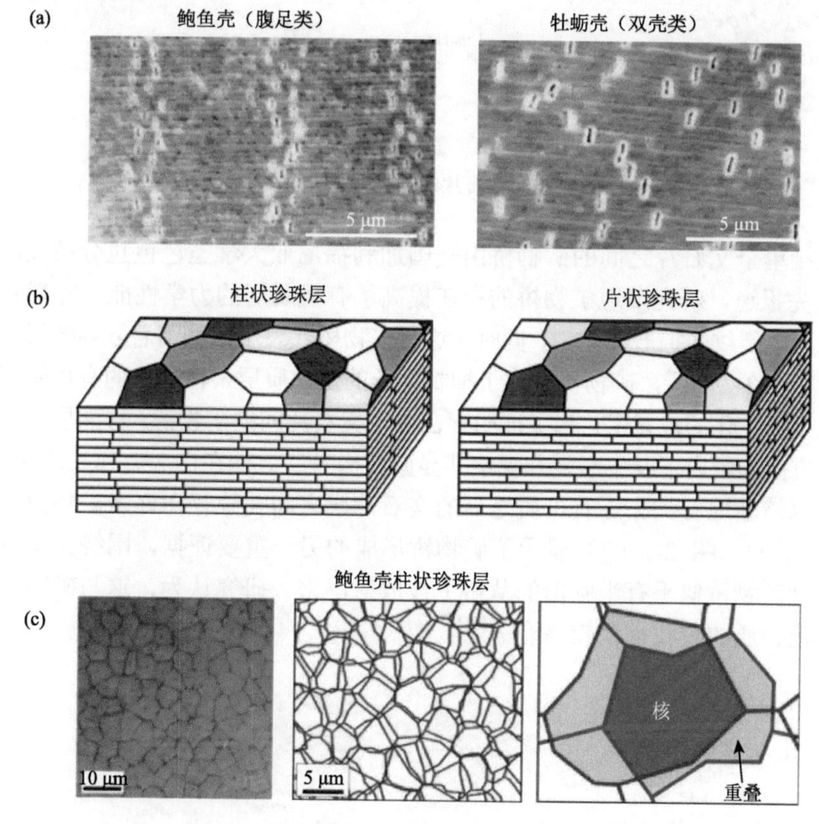

图 2-5　珍珠层中文石片的不同排布方式[17, 25]

（a）鲍鱼壳与牡蛎壳珍珠层的 SEM 照片；（b）柱状珍珠层与片状珍珠层的结构模型；（c）鲍鱼壳柱状珍珠层顶部的光学照片、排列方式的结构模型与核重叠区域

3. 珍珠层间的界面

研究表明，鲍鱼壳珍珠层文石片层间由厚为 20～30 nm 的界面连接，这层界面含有蛋白质、矿物桥、几丁质纤维[32]，如图 2-6 所示。其中，蛋白质、多糖和矿物质在界面上紧密结合，目前已鉴定出约 40 个蛋白质序列，还有更多的序列有待鉴定[33]。蛋白质层与矿物质的黏附性很强，部分原因是它们与晶体内蛋白质形成了一个连续的网络。蛋白质层也与几丁质纤维层紧密结合形成共价键[34]。此外，另一种名为 Pif97 的关键蛋白，同时具有与几丁质纤维[35]和文石片[36]的结合位点，并可能作为几丁质纤维和文石片之间的化学键交联网络[37]。

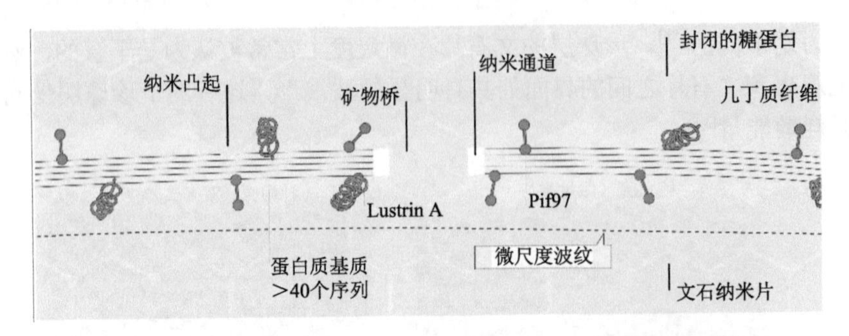

图 2-6 珍珠层中连接文石片的界面结构与组成成分示意图[32]

连接单个文石片之间的矿物桥由美国加利福尼亚大学圣芭芭拉分校 Schäffer 等[38]最先报道，研究发现矿物桥的存在提高了有机质层的力学性能，并有效阻碍了珍珠层中裂纹的扩展[31, 39-42]。同时，这些矿物桥代表了矿物沿着 c 轴砖层的延续生长。如图 2-7 所示，矿物桥突出于抑制生长的蛋白质层，在覆盖的有机质层上创建可以继续矿化的位置[43]。为了证明存在单个文石片间的矿物桥，珍珠层需在平行于生长方向的张力下发生断裂并观察其显微结构[41, 44]。如在图 2-7（a）的 SEM 照片中可以清晰地看到去除有机质之后的文石片层之间孔隙存在许多矿物桥（黑色箭头标记处），图 2-7（b）展示了矿物桥形成的另一重要证据，围绕在文石片周围的个别矿物桥似乎有半圆形的从桥上被放射出来。研究认为，这与矿物桥形成过程中蛋白质的吸收程度较高有关[45]。

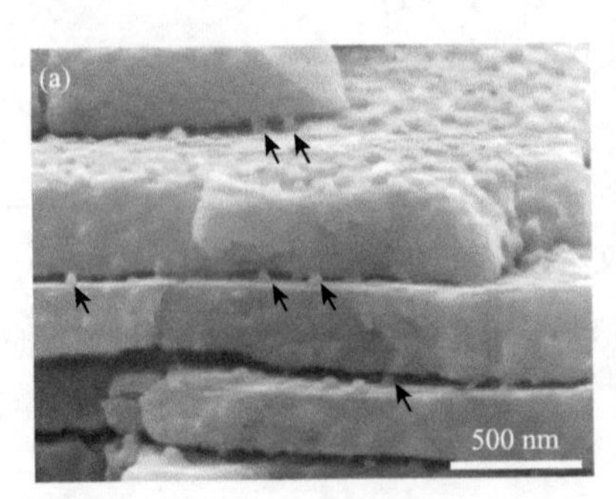

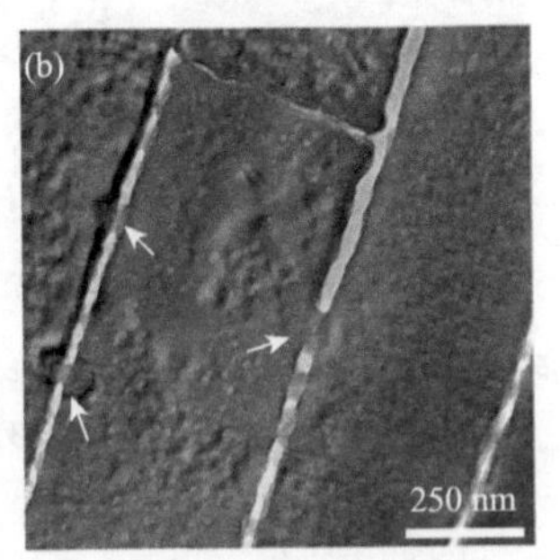

图 2-7 珍珠层矿物桥的 SEM 照片（a）和 TEM 照片（b）[43, 45]

珍珠层界面结构的主要核心是几丁质纤维[46]，与珍珠层界面力学性质相关的两种主要有机组分是几丁质纤维和 Lustrin A[47]。几丁质纤维是一种多糖，在张力下非常坚硬，并且其在节肢动物的角质层（如螃蟹壳、龙虾壳等）中是主要成分[48]。在珍珠层中，几丁质纤维是一种密毡状的纳米纤维，其间点缀着许多纳米孔[38]。从图 2-8（a）和（b）可以看出几丁质纤维为网络状，每个孔直径为 20～60 nm[49]。这些孔从一层延伸到下一层，形成桥梁，导致几丁质纤维随机取向分布，如图 2-8

（c）所示。它们还确保在同一堆垛中从一层到另一层保持相同的晶体取向，在生物进化过程周期性地创造和沉积有机质层[16]。

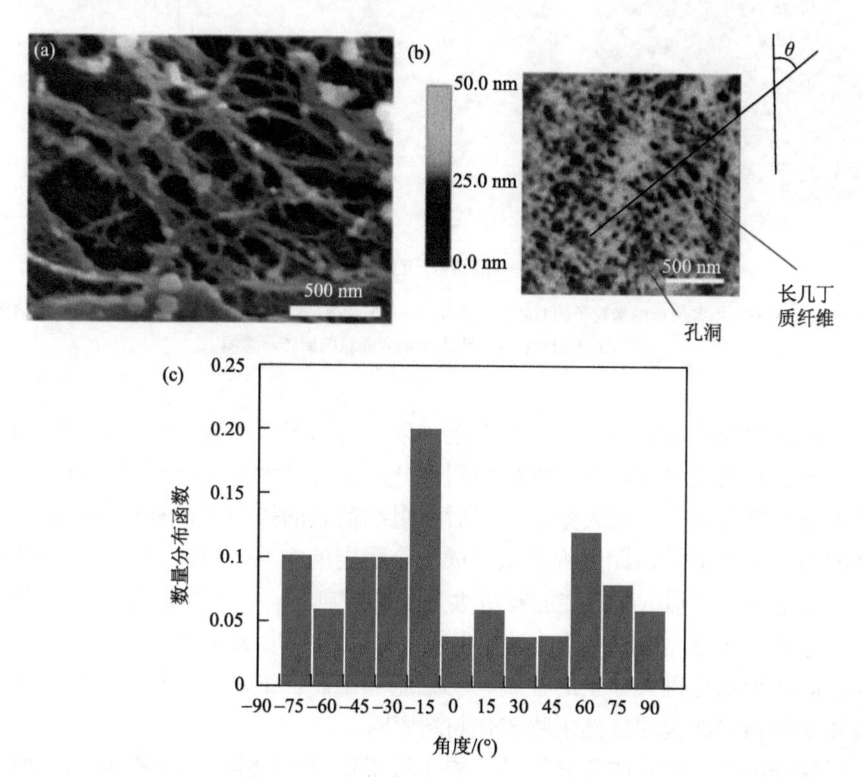

图 2-8　珍珠层中几丁质纤维的（a）SEM 照片、（b）AFM 照片和（c）取向分布统计值[49]

4. 珍珠层中的多边形纳米粒子

构成珍珠层基本结构的文石片中具有许多的多边形纳米颗粒[50]，高分辨率透射电子显微镜（俯视图）表明这些纳米颗粒尺寸为 3～10 nm[31]，如图 2-9（a）所示。文石片这种微观结构的变形能力为珍珠层提供了延展空间[38]，使得珍珠层具有优异的断裂韧性。采用原子力显微镜，原位观察到文石片在机械变形过程中的纳米颗粒结构。纳米颗粒之间有机质间距的存在促进了纳米颗粒旋转和变形，有助于珍珠层的应力转移[51, 52]，如图 2-9（b）和（c）所示。另外，研究还发现纳米颗粒界面含有水分子，这赋予了珍珠层良好的黏弹性[53]。

5. 珍珠层的矿化机理与生长过程

鲍鱼壳珍珠层作为一种典型的多尺度、多级次生物矿化材料，了解其生物矿化机制和生长过程对于利用生物学原理去设计和制造仿生材料具有重要的启示，

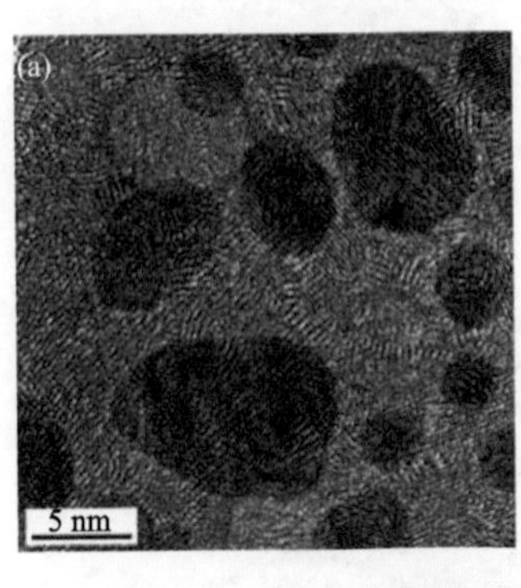

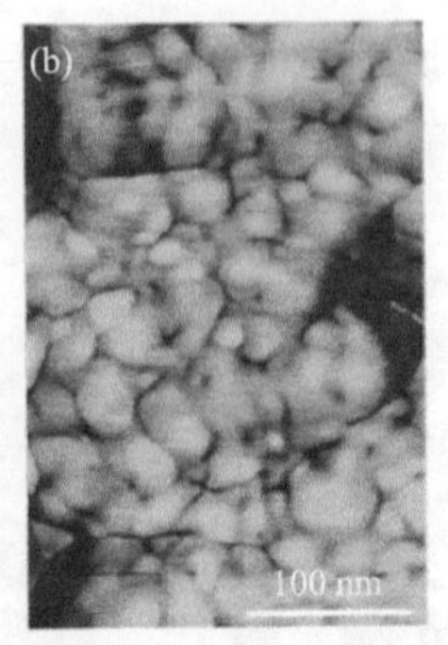

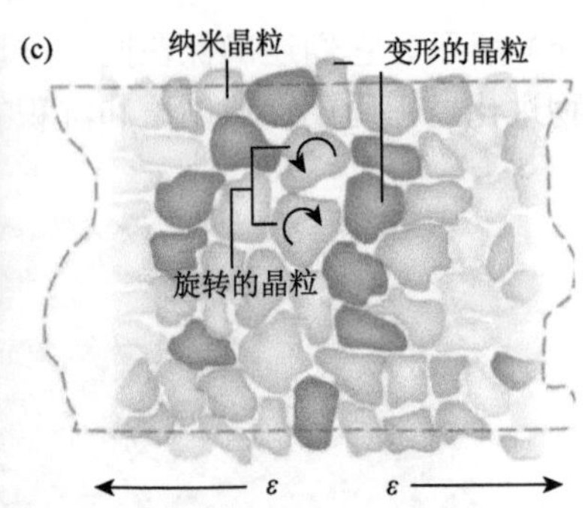

图 2-9 鲍鱼壳珍珠层中纳米粒子的微观形貌和结构特征[31, 51, 52]

（a）红鲍鱼壳文石片中多边形纳米粒子的 HRTEM 照片；（b）加利福尼亚红鲍鱼壳单个珍珠层文石片中纳米颗粒的 AFM 照片；（c）张力下纳米晶粒的旋转示意图

也一直是该领域的研究热点。简而言之，珍珠层的形成主要是通过有机质调节并控制的，其矿化机理大致可以概括为四部分：①有机大分子自组装。首先动物的外套膜分泌蛋白质等有机大分子，然后在组织信息的控制下，有机物自组装形成有序的超分子物质[54]。此过程会塑造成一个稳定的空间，以决定无机物的成核位点。②界面分子识别。在组装的有机大分子的控制下，$CaCO_3$ 在有机/无机界面处成核。③生长调控。$CaCO_3$ 经过晶体生长并逐步组装形成亚单元，其大小、形态、结构和取向受到有机大分子的控制。④细胞加工。在细胞的参与下亚单元结构组装成复杂而精美结构的自然生物矿化材料[55]。

对珍珠层生物矿化的研究已经开展了很多年，但依然存在许多问题需要解决，尤其是生物矿化机理方面。研究人员根据实验提出了相关理论以解释出现的现象，包括矿物桥理论、模板理论和隔室理论等[56]。

早在 20 世纪 50 年代，日本国立真珠研究所 Wada 等对红鲍鱼壳的生长进行了大量的研究，发现鲍鱼壳珍珠层的生长始于分泌的蛋白质，而蛋白质进一步诱导方解石沉淀，继而从方解石相变成文石片[57-59]。研究表明，至少有 7 种蛋白质参与了这个过程。当达到稳定的平铺文石生长状态时，利用蛋白质诱导的机制，促使矿物质沉积并抑制珍珠层连续生长；随后是在新的表层上重新开始矿物生长，这是类似于“圣诞树模式”的生长方式。

珍珠层另外一种宏观结构被认为是文石片以中断或周期性的形式生长，可能是因为动物饮食零星中断[60, 61]。

因此，在珍珠层的形成过程中，由于协同作用，可以概括为不同尺度的多级次结构。在鲍鱼壳的整体结构中，由大约 8 μm 厚的有机质层将鲍鱼壳分隔成多个约 300 μm 厚的珍珠层，这些有机质“中间层”被称为生长带，表明珍珠层并非连续生长，无机碳酸钙在生长带中断前后发生了晶型结构的转变（由文石到方解石）[43]。

此外，珍珠层的生长是自下而上的。在生长停止前，特征性的层状砖结构被棱柱状的碳酸钙取代。随后是有机层的大规模沉积，它最初与矿化区域处于中间位置。当矿化再次开始时，在中间层的末端是一层由球形晶体组成的结构。美国加利福尼亚大学圣迭戈分校 Lin 等[43]提出了“开孔”概念，将外来的珍珠层引入其生长表面，并观察到了稳态生长中断后的各种中间层。

事实上，还有一种观点认为动物是通过机械化学作用形成外壳结构的。软体动物是在不断地塑造外壳，因此文石片在珍珠层中的自组装并不代表鲍鱼壳的整体结构。这些动物利用大量的约束力使其牢固地附着在岩石表面。这个约束力将转化成一个近似相等且反向的力，作用在壳的生长面上。当动物沿着岩石或石壁移动时，它会以旋转的方式扭曲自己，从而使上皮皮肤沿着外壳来回滑动，在不断生长的矿物结构上产生砂金效应[62, 63]。这种机械展平的生长表面发生在整个珍珠层沉积区域。另外，有机质的间歇性沉积被认为可以抑制晶体的生长，将文石晶体塑造成层叠交替的结构，最终稳态文石“砖-泥”结构形成[4]。

图 2-10 显示了文石片生长顺序的假设描述，生长被认为发生在稳态沉积期间。首先，沉积一个蛋白质层。文石晶体在其上成核生长，具有特征间距。它们为正交结构，“*c*”方向垂直于蛋白质平面。在缺乏蛋白质的情况下，这是快速生长的方向。德国魏茨曼科学研究所 Addadi 和 Weiner 等[64]证实方解石晶体生长过程中存在蛋白质的立体选择性吸附，这导致了“*c*”方向的生长减慢，并完全改变了晶体的最终形状，Addadi 等[64]也指出方解石的（001）晶面是在蛋白质层上形成的。碳酸钙的两种晶体（方解石和文石）之间的相似性，表明可能存在类似的

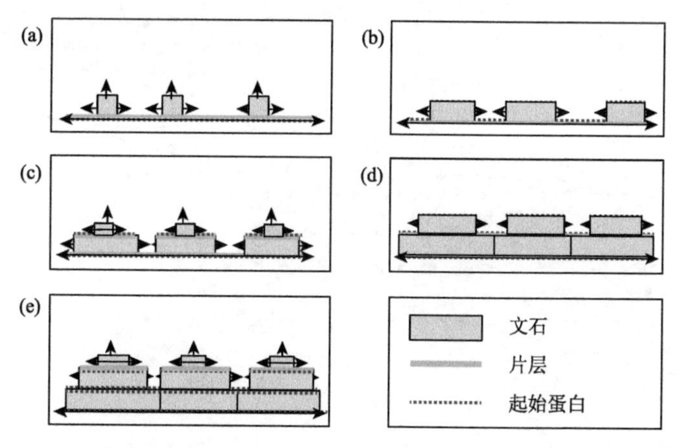

图 2-10　蛋白质周期性抑制文石片“*c*”方向生长的假想机制示意图[61]

（a，b）蛋白质沉积导致“*c*”方向晶体生长受阻；（c）沉积成核后的第二次生长突增；（d）第一层文石块对接在一起，而第二层继续向“*a*，*b*”方向生长；（e）第二层继续沿“*a*”方向生长时，第三层成核

机制。据推测，宿主动物会周期性地产生抑制“c”方向生长的蛋白质。因此，(001)生长被周期性地阻止。以前认为新的文石片生长在表面，在β层上成核，并在横向上平行发生生长。然而新的研究表明，文石片不会在β层上成核，而是通过有机膜上的孔隙继续生长，从而形成新的砖，然后形成连续的“梯田”式结构并一步一步增加[65]。此外，覆盖在每个珍珠层上的有机层可以通过提供成核位点并形成支架发挥重要作用，它们在文石片生长完成之前就存在[66, 67]。钙离子和碳酸根离子可以穿透由上皮沉积的有机层，由此产生的生长表面，可通过电子显微镜观察到连续的文石片层结构。

总的来说，在鲍鱼壳的生长过程中，首先是棱柱层的沉积，然后随着鲍鱼壳厚度的增加，珍珠层逐渐增加[68]。珍珠层中的文石片看起来就像“成堆的硬币”，下一层的文石片围绕核在水平方向上生长，直到这一层连接在一起[69]。关于单晶文石片的形成机制，主要有三个重要的假说：①单晶生长；②纳米颗粒的共格聚集；③非晶态碳酸钙（amorphous calcium carbonate，ACC）或亚稳态六方石向稳定的文石相变[70]。

图 2-11 是腹足类动物通过矿物桥形成珍珠层的生长机制示意图，由图可知有机层对钙离子和碳酸根离子是可渗透的。这些离子有利于侧向生长，是由于有机膜的周期性分泌和沉积限制了它们对侧生长表面的通量[16]。其中，箭头 A 是珍珠层有机质层的扫描电子显微镜图像，箭头 B 表示其砖墙的侧边界。

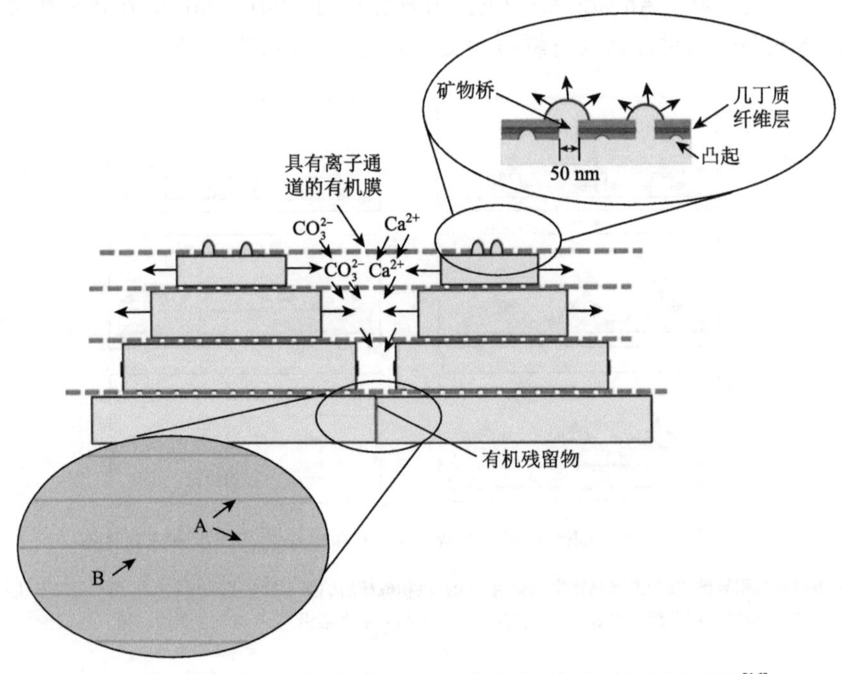

图 2-11　有机质、矿物桥和钙离子影响珍珠层的生长机制示意图[16]

研究证实，珍珠层中文石组分的生长是通过文石晶体的连续成核和蛋白质介导的机制实现的，继而形成“圣诞树图案”结构模式[71]。对于双壳类动物来说，其生长时通常呈矩形、六角形或圆形，但当它遇到相邻片并停止生长时，晶体形状就变成多边形[72]。图 2-12（a）为两种不同形成方法的珍珠层结构，碳酸钙晶体的排列、晶体纹理以及它们沉积的方式具有显著的差异[61, 71, 73-76]。对于腹足类动物而言，成堆的文石片形成柱状形貌；而在双壳类动物中，文石片以台阶或梯田的形式形成螺旋状、迷宫状和靶状排列[71, 77]。

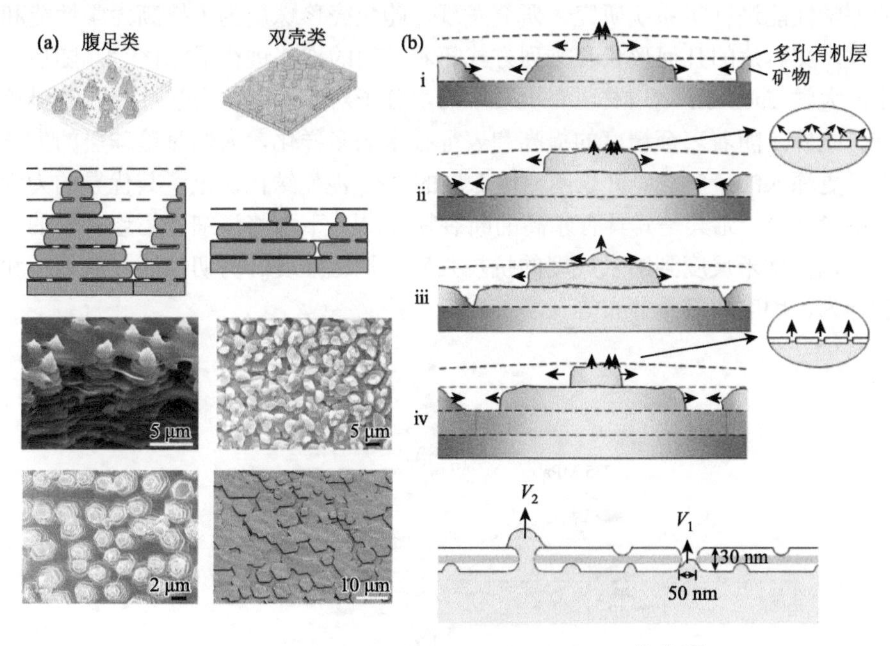

图 2-12　不同珍珠层的生长模式机制示意图[4, 61, 77]

（a）腹足类和双壳类的珍珠层生长示意图；（b）文石片通过矿物桥生长的顺序示意图

图 2-12（b）显示了文石片通过矿物桥生长的顺序：i. 有机支架在文石片层之间形成层间膜，阻止了 c 方向的生长。ii. 一个新的文石片通过多孔膜开始生长。iii. 新的文石片向各个方向生长，但在 c 轴上生长更快。iv. 沉积新的多孔有机膜，阻止新的文石片在 c 轴上生长，同时继续在 a 轴和 b 轴生长；生长过程中，矿物桥开始通过第二层有机膜突出，副膜文石片继续沿着 a 轴和 b 轴生长，文石片的副膜相互毗邻；第三块文石片开始在薄膜上方生长。同时，这些矿物桥被认为是 c 轴矿物生长的延续，而 c 轴矿物是从之前的文石片层延伸而来的。通过阻止生长的蛋白质层并在有机膜上创建一个新的位点，进一步发生矿化，这些矿物桥则是下一个文石片形成的种子[4]。图 2-12（b）详细展示了通过渗透性有机膜生长的矿物桥，有机纳米层上的孔洞是持续的增长模式[38]。由于与周围钙离子和碳酸根

离子接触面积增加，在膜上生长的矿物比在膜孔中生长的快。由于这些孔很小（直径 30～50 nm），离子的流动更加困难，导致生长速度 V_1 远低于 V_2（V_2 是 c 方向不受阻碍的生长速度）。钙离子通过膜上的孔流入生长前沿，并且垂直 c 方向的生长速度远高于 a 和 b 方向。

2.1.2 珍珠层的力学性能

英国约克大学 John Donald Currey[29]首先对各种双壳类、腹足类和头足类珍珠层的力学性能进行了系统研究。研究发现，鲍鱼壳珍珠层为了提高力学性能和能量吸收，文石片的几何形状和排列方式随着时间的推移进行了优化[78]。随后，英国牛津大学 Jackson 等[1]发现有机质中的水分子对珍珠层的力学性能有着显著的影响。此外，随着表征精度的提高和表征技术的多样化，人们对珍珠层的力学性能有了更深入的了解。研究表明，珍珠层的“砖-泥”结构决定了其优异的力学性能（图 2-13），尤其是其具有超高的断裂韧性[21]。下面将详细介绍珍珠层的力学性能，包括微米尺度到纳米尺度的抗拉强度、抗压强度、剪切性能、微划痕和摩擦学行为、硬度和模量分布等（表 2-1）。

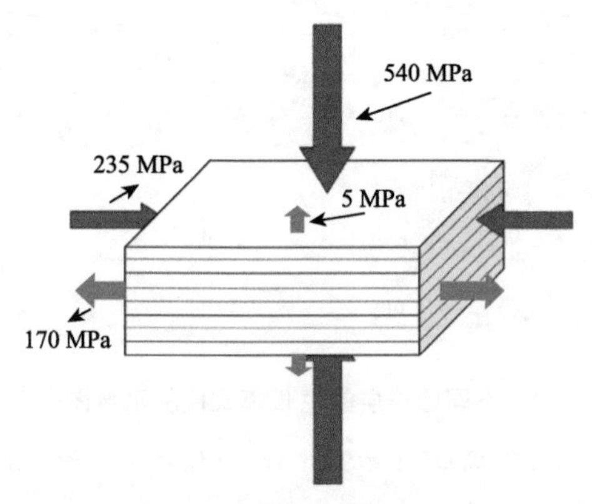

图 2-13 鲍鱼壳珍珠层在不同加载方向下的抗压和抗拉强度统计[4]

表 2-1 鲍鱼壳珍珠层的力学性能统计[4]

	垂直方向 [a]	平行方向 [b]
杨氏模量/GPa	67～70	—
方解石杨氏模量/GPa	137	—
文石杨氏模量/GPa	81～100	—
断裂模量/弯曲极限强度/MPa	116	56
抗拉强度/MPa	170	5
抗压强度/MPa	540	235
单个文石的抗压强度/GPa	—	11

续表

	垂直方向[a]	平行方向[b]
断裂韧性/(J/m^2)	1650	800
文石断裂韧性/(J/m^2)	0.6	
K_{IC} / (MPa · m$^{\frac{1}{2}}$)	5.0	4.6
维氏硬度/GPa	2.0	—
有机质的弹性模量/GPa	0.01	—

a. 施加的载荷或在层上的载荷。

b. 取决于跨距/深度的比例。

1. 抗拉强度

图 2-14 是珍珠层的拉伸和剪切应力-应变曲线及裂纹扩展模式。从珍珠层的拉伸曲线中[图 2-14（a）]可以看出，湿态珍珠层的拉伸应变接近 1%，拉伸强度约为 80 MPa，伴随硬化拉伸直至失效。而纯文石片的拉伸行为仅表现为线性弹性变形，在应变很小的情况下出现突然的脆性破坏[19, 79]。同时，干态珍珠层的拉伸强度可达 170 MPa[1, 20]。和纯文石片相比，珍珠层表现出类似塑料的延展性，尤其是在湿态珍珠层中，其破坏应变相对较大，这是因为其“砖-泥”结构在断裂过程出现了裂纹扩展。当拉伸强度增加到 60 MPa 左右时，界面处的有机质发挥了巨大作用，出现了剪切屈服，片层开始相互滑动，如图 2-14（b）所示。同时，文石片之间的界面相互作用弱于文石片内部，避免了文石片在相互滑移前断裂[17]。此外，文石片层界面发生硬化机制，导致文石片层滑移在整个珍珠层“砖-泥”结构中蔓延，有助于吸收更多的断裂能。沿文石片层的剪切试验，进一步揭示了珍珠层的界面特性。如图 2-14（c）和（d）所示，剪切应变超过 15%时珍珠层表现出非常强的硬化和破坏，表明文石片层必须克服层间强界面相互作用才能在彼此之间滑动[17, 19]。这些研究结果表明，应变硬化是珍珠层具有较大变形的关键，对提升鲍鱼壳珍珠层的整体力学性能至关重要。

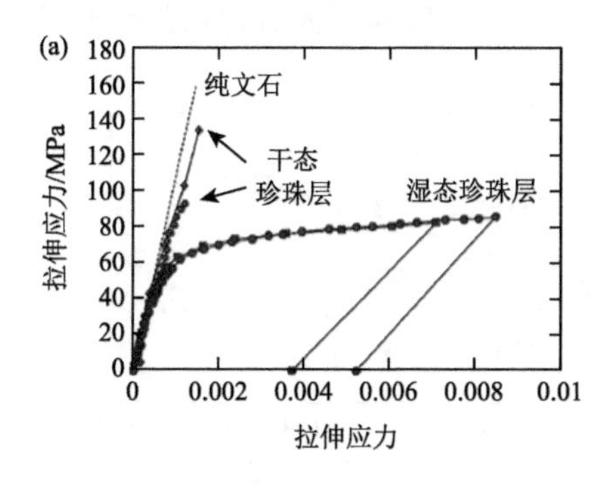

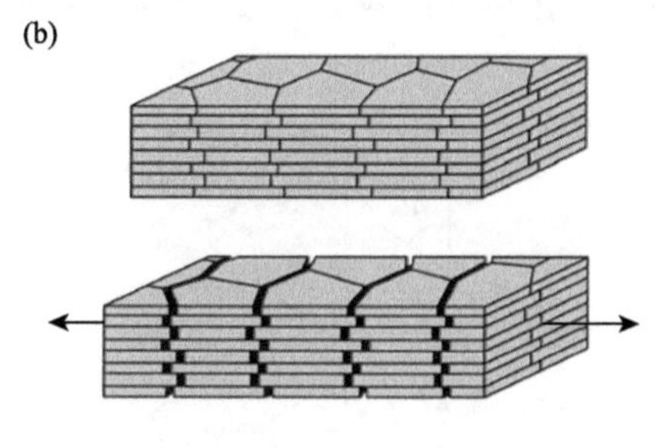

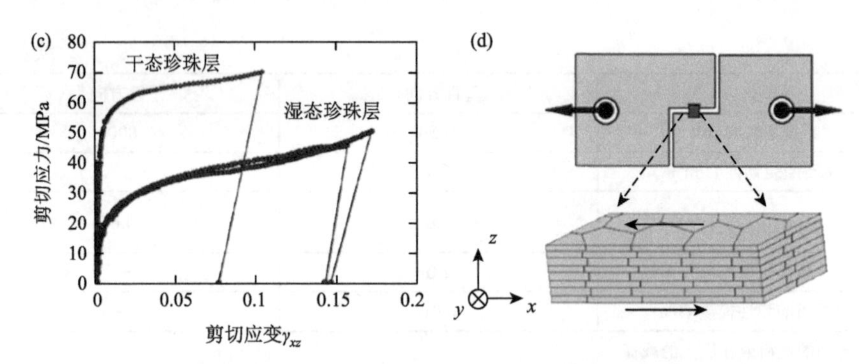

图 2-14 干态和湿态珍珠层的拉伸和剪切应力-应变曲线及裂纹扩展模式[17, 79]

珍珠层的拉伸应力-应变曲线（a）及裂纹扩展模式（b）；珍珠层的剪切应力-应变曲线（c）及裂纹扩展模式（d）

2. 抗压强度

为了研究不同载荷对界面剪切和文石片滑动的影响，研究人员开展了剪切试验即离轴压缩试验。首先将珍珠层朝向加载轴约 45°的方向切割，获得长、宽、厚分别为 1 mm × 1 mm × 2 mm 的测试样品，如图 2-15（a）所示。在这种结构下，珍珠层中各层之间可以受到同等大小的剪切和压缩载荷。试样在 0.001 s^{-1} 的应变速率下被压缩直至破坏，与简单的剪切试验一样，破坏总是沿界面处发生。因此，可以通过测量破坏面的角度来确定珍珠层平板层与加载轴之间的确切角度。图 2-15（b）为珍珠层直接在试样中测量的全坐标（x, y, z）和两个方向的离轴压应力-应变曲线，通过莫尔变换可以得到沿层状结构方向的局部坐标系（x, y）中的剪切应力和应变曲线[25]。在此坐标系下，界面处于应力剪切压缩状态，出现跨层膨胀，如图 2-15（c）和（d）所示。该应力-应变曲线显示在破坏前有大量的非弹性变形，表明珍珠层在干燥条件下再次变得更强。在线性弹性变形区域，层间压缩产生了逐渐增大的压缩应变。随着文石片滑移，这一趋势被逆转，在界面上的层次扩大了。干燥的珍珠层在剪切应力作用下开始屈服，相比于湿态的珍珠层，干燥情况下珍珠层的剪切应力和应变更高，如图 2-15（c）所示。此外，鲍鱼壳珍珠层在单轴加载和加载-卸载循环的压缩作用下展现出内剪切和黏弹性[25]。

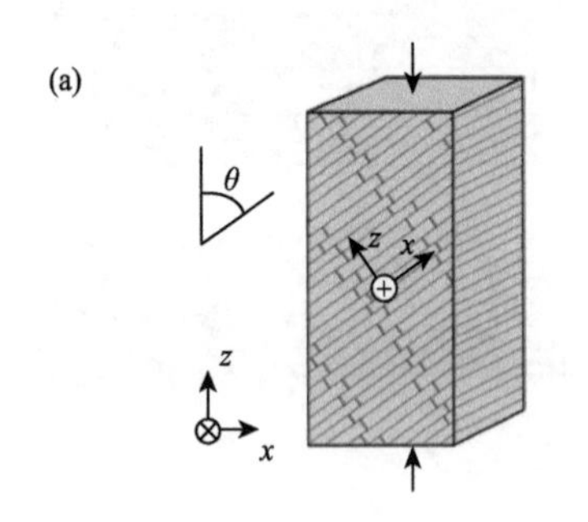

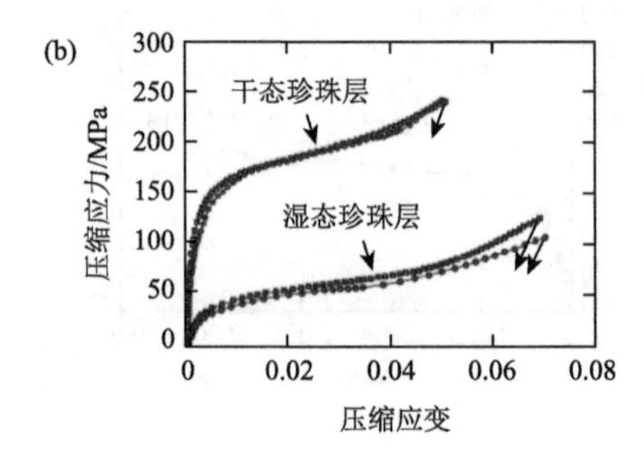

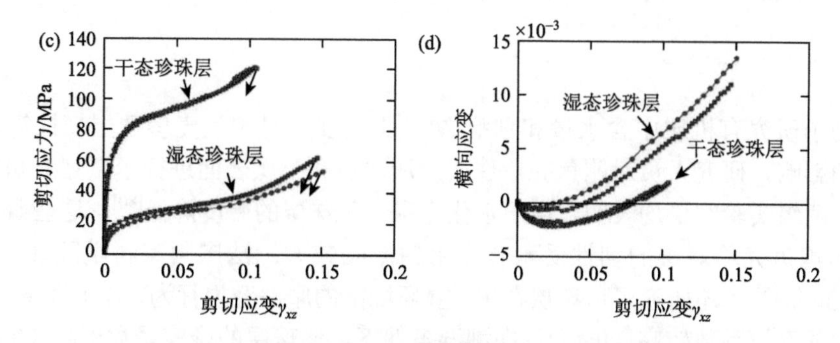

图 2-15　干态和湿态珍珠层的压缩性能及应力-应变曲线[25]

（a）离轴试件及加载方向；（b）压缩应力-应变曲线；（c）莫尔变换后沿层剪切应力-应变曲线；（d）跨层膨胀应力-应变曲线

由于韦布尔（Weibull）分布函数通常是描述强度数据分布统计较好的选择，德国卡尔斯鲁厄大学 Menig 等[60]系统测量了红鲍鱼壳珍珠层在准静态和动态的抗压强度，发现基于韦布尔分布的结果，不同方向下珍珠层的抗压强度存在较大的差异。图 2-16（a）和（b）分别为珍珠层在准静态和动态压缩载荷下的韦布尔分析，压缩载荷分别平行和垂直于层状结构。m 为韦布尔形状参数或韦布尔模量，是分布宽度的可逆测度。也就是说，m 值越大，分布越窄[14]。结果表明珍珠层的断裂概率为 50%，并且载荷垂直于文石片层方向的强度较强，同时，珍珠层的动态压缩强度比准静态压缩强度高出约 50%。鲍鱼壳的动态压缩试验结果表明平行于分层结构加载 235 MPa 和垂直于分层结构加载 540 MPa 时，分别达到 50%的破坏概率；平行于分层结构分别加载 548 MPa 和 735 MPa 时，均达到 50%的破坏概率。其中，仅在 5 MPa 时就确定了 50%的失效概率[4]。此外，拉伸和压缩的韦布尔模量相似，分别为 2 和 1.8～2.47。

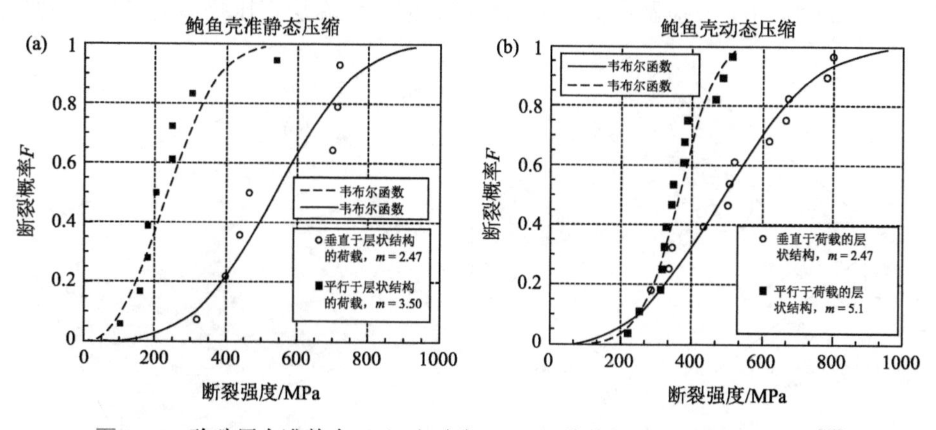

图 2-16　珍珠层在准静态（a）和动态（b）压缩载荷下的韦布尔分布图[60]

3. 摩擦磨损性能

为了研究有机质中含水量和划痕/纳米压痕硬度对鲍鱼壳珍珠层韧性等增强机制的影响，研究人员对鲍鱼壳珍珠层浸渍水后和干燥表面进行了微划痕和压痕试验。两组实验结果均表明，由于水化作用，珍珠层的硬度降低[80]。这些研究结果说明鲍鱼壳珍珠层的韧性受水合作用的影响较大。法国国家科学院 Philippe Stempflé 等[81, 82]还研究了珍珠层在干、湿环境下的摩擦磨损行为，在干燥条件下，珍珠层的摩擦系数较高（0.45）；在潮湿条件下，珍珠层的摩擦系数更高（0.78）；说明环境通过对水溶性“晶内”有机质的各种物理化学作用可以影响珍珠层的磨损机制，但涉及热效应的摩擦损伤机制仍需进一步探究[82]。

4. 硬度与弹性模量

一般通过纳米压痕实验可以获得珍珠层的硬度（hardness）和弹性模量（elastic modulus，*E*）数据[83-85]。美国北达科他州立大学 Mohanty 等[85]报道了珍珠层的动态纳米力学行为，研究结果表明文石片在本质上是具有黏弹性的，可以吸收能量。经抛光后红鲍鱼壳珍珠层试样的硬度为 2～4 GPa，*E* 值在 60～80 GPa 之间，且珍珠层的压痕凹陷区域存在塑性变形[50]。另外，圆锥形海螺壳的 *E* 值在 114～143 GPa 之间；人工海水浸泡后模量略有降低（101～126 GPa）[83]，压痕后的断裂显微图像显示出塑性变形特征，具有清晰的残余压痕和周围性的堆积；与此相比，单个片层的 *E* 值为 79 GPa，接近整体文石的 *E* 值（81 GPa）[31]。文石片层之间的有机质的 *E* 值一般在 2.84～15 GPa 之间[31, 86]。这表明文石片层间的柔软界面和结构对珍珠层的整体力学性能有较大的影响。

红鲍鱼壳珍珠层在经过纳米压痕测试后，其典型压坑形貌如图 2-17 所示。图 2-17（a）和（b）分别显示了干态珍珠层和湿态珍珠层在压痕后的显微形貌[81]。

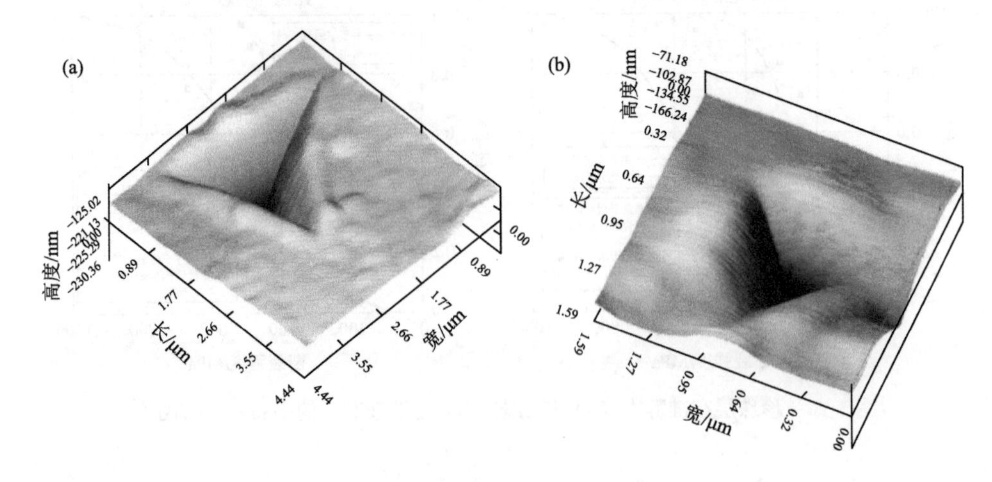

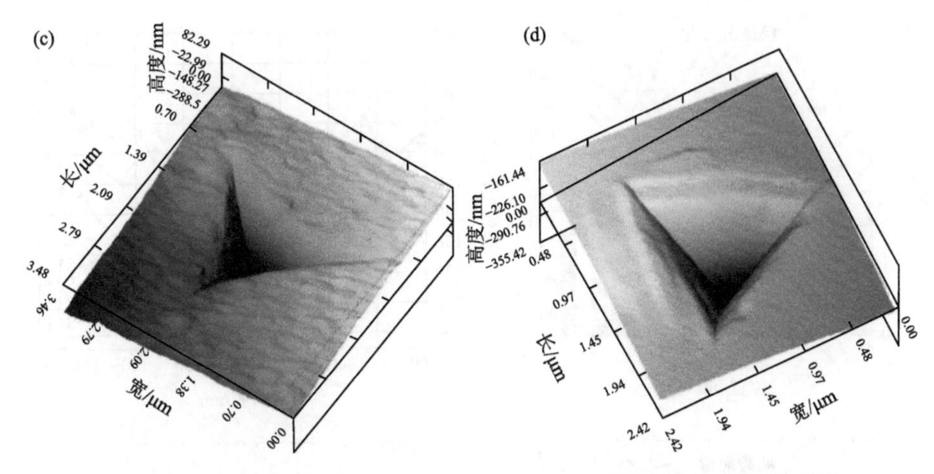

图 2-17　红鲍鱼壳珍珠层在纳米压痕测试后压坑的原子力显微镜照片[81]

（a）干态珍珠层，边缘有堆积；（b）湿态珍珠层；（c）经过热处理的珍珠层；（d）整体文石片

图 2-17（b）表明不同测试条件下压痕的形貌是不同的，因为堆积后形成“钝化”，与干燥的珍珠层相比，其硬度要低得多。如图 2-17（c）所示，经热处理的珍珠层的压痕形貌与干态和湿态珍珠层的都不相似。这些文石片层的边缘看起来更尖锐，本身没有堆积，而且随着文石片内蛋白质的损失，珍珠层表现为松散结合的粒状物质。如图 2-17（d）所示，整体文石片上的压痕剖面显示了各向异性堆积。

鲍鱼壳珍珠层文石片和有机质层杨氏模量的分布如图 2-18（a）所示，文石片层区域显示出浅色周期性变化，被较深色（低模量）曲线隔开[87]。珍珠层有机-无机界面的模量位置变化如图 2-18（b）所示，其空间分布范围约是有机质层厚度的四倍。利用原子力显微镜力学模式，证明需要相当大的力（5～6 nN）才能将蛋白质从文石片中拉出，表明珍珠层中有机-无机界面层的分子间相互作用很强，对提高珍珠层的整体断裂韧性起着重要的作用。图 2-18（c）和（d）分别为珍珠层完全矿化区和界面层的纳米压痕应力-应变曲线。如图 2-18（c）所示，载荷随着两个压头的压入而迅速上升。另外，在压入深度约 80 nm 处载荷具有一个明显的平缓区域，表明无机文石片发生了断裂。载荷在约 100 μN 处开始趋于稳定，与有机质层的应变抵抗相对应，如图 2-18（d）所示，压入过程重复进行了三次，最终压入深度大约为 300 nm，考虑到有机质层有一定的凹陷，因此，300 nm 可以代表文石片层的厚度，这也和扫描电子显微镜的观察结果一致[88]。

5. 断裂韧性与断裂机制

在材料的断裂力学中，韧性定义为裂纹萌生和扩展所需的应力强度因子，裂纹将导致材料最终断裂[89]，因此韧性也称为断裂韧性，是材料的一种特性，它与

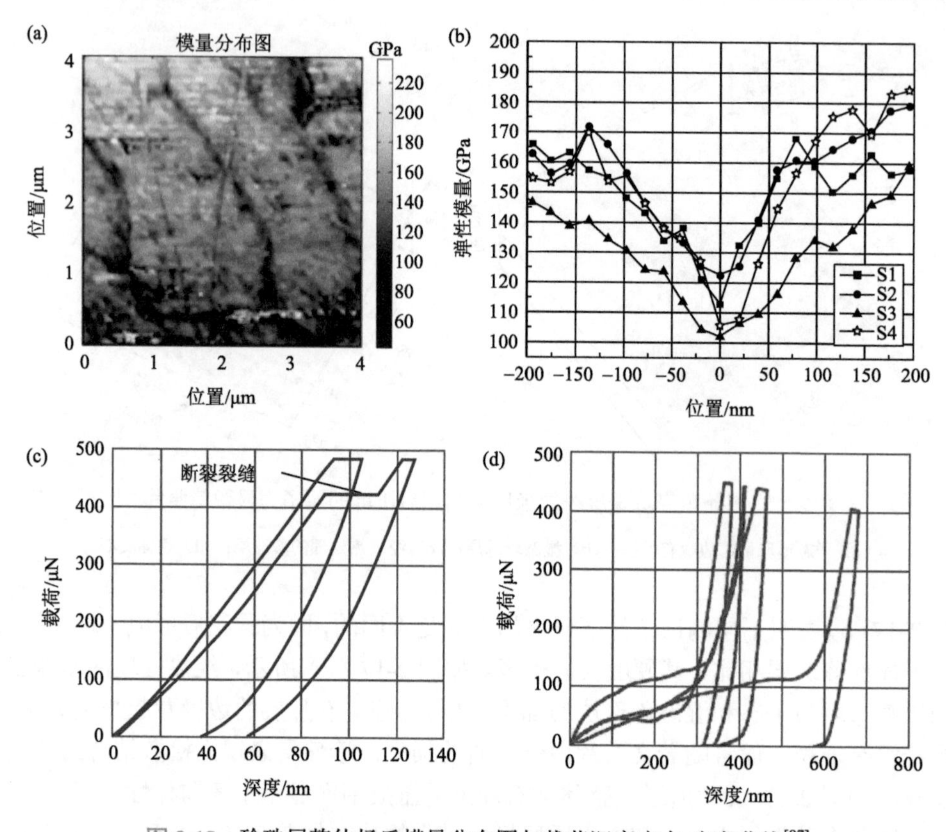

图 2-18 珍珠层整体杨氏模量分布图与载荷深度应力-应变曲线[87]

(a) 珍珠层内表面的弹性模量分布图；(b) 珍珠层有机-无机界面的模量位置变化图；(c) 珍珠层完全矿化区纳米压痕应力-应变曲线；(d) 珍珠层界面层纳米压痕应力-应变曲线

刚度通常是相互排斥的[90]。虽然鲍鱼壳珍珠层大部分由易脆、坚硬无机矿物组成，但其精妙的“砖-泥”层状结构和丰富的界面作用，赋予了珍珠层远超文石片及其均匀混合物的断裂韧性。珍珠层在受外界载荷时没有表现脆性破坏，而是表现出类似于塑料等高分子聚合物的塑性破坏。因此，研究鲍鱼壳珍珠层的断裂韧性和增韧机制对构筑仿生高性能层状纳米复合材料具有重要的科学意义。加拿大麦吉尔大学 Barthelata 等[19]首次对红鲍鱼壳珍珠层进行了拉伸和断裂实验，他们采用单边缺口弯曲（single edge notch bending，SENB）方法，同时使用微型加载拉伸台和非接触光学显微镜系统记录实验测试过程，分析珍珠层的断裂行为。为了使初始裂纹沿平板层垂直扩展，需要在试样上预制一个缺口，如图 2-19（a）所示。首先利用金刚石锯片切割样品，获得一个较粗糙的缺口，然后用剃须刀片进行加深，直到达到所需的深度。最后，用一个新的刀片来精细磨尖缺口。在实验过程中，将实验台置于光学显微镜下，每隔一定时间记录裂纹尖端附近样品表面的形貌变化，如图 2-19（b）所示。随着载荷增加，有一个白色区域在试样的缺口顶端形成，这是珍珠层文石片的滑移和非弹性变形的标志。其主要原因是：这些文石片在滑动的过程中，会在其周围产生亚微米大小的空洞，这些空洞会散射白光，使材料呈现出更白的外观（这种光学现象类似于聚合物中与裂纹有关的应力白化）。文石片的滑动和非弹性变形开始出现在缺口的根部，这里的拉应力是最高的。当裂纹扩展时，非弹性区域宽度约为 1 mm。此时裂纹以一种非常稳定的方式扩展，这一过程类似于稳定撕裂而不是脆性断裂。随着裂纹扩展，它在裂纹面的两侧留下一个非弹性变形材料的尾迹。最后，在裂纹扩展约 1 mm 后，珍珠层的结构开始变得不稳定，试样完全破坏。在裂纹尖端和尾迹中出现的非弹性区域通常被称为断裂过程区，其结构类似于一些坚硬的工程陶瓷（如氧化锆）的核心[91, 92]。对于珍珠层来说，测试断裂过程区的应力变化非常大，珍珠层的高断裂韧性可能与这个断裂过程区的形成有关。

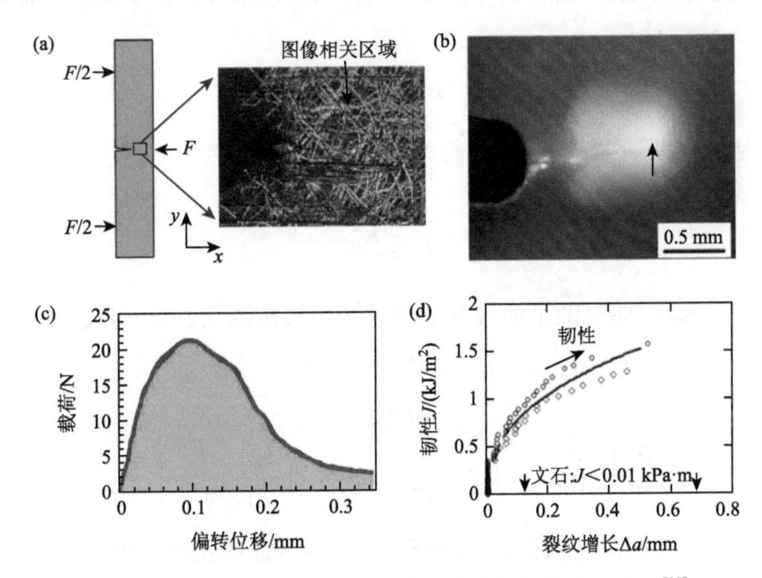

图 2-19　鲍鱼壳珍珠层 SENB 试验结果及载荷-位移曲线[19]

（a）测试珍珠层样品靠近裂纹尖端的示意图和显微照片；（b）加载载荷后的珍珠层抛光样品的实时断裂 SEM 照片；（c）SENB 试验的载荷-位移曲线；（d）珍珠层断裂韧性的实验值和拟合值

SENB 试验的典型载荷-位移曲线如图 2-19（c）所示，可以观察到载荷-位移曲线呈扇形状态，这是裂纹稳定扩展的特征[93]。为了获得珍珠层的断裂韧性曲线，韧性 J 由施加荷载、试样挠度和瞬时裂纹长度计算。该方法借鉴了现有标准，也可用于大部分各向异性材料[93, 94]。如图 2-19（d）所示，珍珠层的 R 曲线表明裂纹扩展从 J 积分值 $J_0 = 0.3\ \text{kJ/m}^2$ 开始，比纯文石的韧性高出 30 倍。随着裂纹扩展，珍珠层的韧性显著增强，撕裂模量（J_R，曲线斜率）也随之上升，意味着微观组织中存在的缺陷和裂纹达到了平衡，最后得出最大韧性为 1.5 kJ/m²。研究结果表明，增韧的原因主要是未完全拔出的片层对裂纹的桥接，以及片层被完全拔出后界面的大量破坏所耗散的能量[93]。

珍珠层的断裂韧性还可以通过 K_{JC} 计算和 R 曲线测定获得：K_J 是裂纹扩展过程中基于 J 积分的强度因子。将不同裂纹扩展长度（Δa）对应的 K_J 作图即为 R 曲线。对于鲍鱼壳珍珠层来说，不同裂纹扩展方向下的 R 曲线代表随着裂纹的扩展珍珠层对裂纹的抵抗能力。而 R 曲线的有效最大值定义为裂纹稳定扩展的断裂韧性 K_{JC}，珍珠层的最终断裂韧性为 4～10 $MPa \cdot m^{1/2}$，是其最初断裂韧性的 5 倍。一般定义 K_{JC} 为曲线数据开始产生几何依赖的转折点[95]。

当裂纹长度为 a 时，基于 J 积分的强度因子 K_{JC} 可按式（2-1）计算：

$$K_{JC} = \sqrt{(J_{el} + J_{pl}) \times E'} \tag{2-1}$$

式中，J_{el} 为 J 积分的弹性部分；J_{pl} 为 J 积分的塑性部分；在平面应变条件中，E' 按式（2-2）进行计算：

$$E' = \frac{E}{1 - \nu^2} \tag{2-2}$$

式中，E 为材料的弹性模量；ν 为材料的泊松比。

J_{el} 则通过式（2-3）进行计算：

$$J_{el} = \frac{K_{IC}^2}{E'} \tag{2-3}$$

式中，K_{IC} 为裂纹起始时的平面应变断裂韧性，可按式（2-4）和式（2-5）计算：

$$K_{IC} = \frac{PS}{4BW^{\frac{3}{2}}} f\left(\frac{a_0}{W}\right) \tag{2-4}$$

$$f\left(\frac{a_0}{W}\right) = \left(7.31 + 0.21\sqrt{\frac{S}{W} - 2.9}\right) \sec\left(\frac{\pi a_0}{2W}\right) \sqrt{\tan\left(\frac{\pi a_0}{2W}\right)} \tag{2-5}$$

式中，P 为裂纹起扩时的载荷；S 为跨距；B 为样品的宽度；W 为样品的厚度；a_0 为裂纹的初始长度。上式适用于 S/W 在 3.0～8.0、a_0/W 在 0.4～0.6 的测试样品[96]，裂纹的初始长度即为样品预制裂纹的长度。

J 积分的塑性部分 J_{pl} 通过式（2-6）计算：

$$J_{pl} = \frac{2A_{pl}}{B(W - a)} \tag{2-6}$$

式中，A_{pl} 为三点弯曲测试中，载荷-位移曲线下塑性区的面积；a 为此时对应的裂纹长度。不同位移下对应的 a 可通过观察与荷载-位移曲线同步的 SEM 录像测得，而裂纹扩展长度 Δa 为

$$\Delta a = a - a_0 \tag{2-7}$$

将不同 Δa 值与对应的 K_J 作图，即可得到 R 曲线。

基于非线性断裂力学的实验方法揭示了珍珠层表现为上升的抗裂曲线现象，这是材料能够稳定甚至阻止裂纹扩展的典型特征。珍珠层断裂增韧的主要机制是文石片层间有机质的黏塑性对能量的耗散，同时也与文石片层间的滑动有关。通过珍珠层推进裂纹扩展意味着裂纹尖端前的材料必须进行非弹性变形，继而消耗大量的能量。非弹性区域出现大面积的裂纹扩展，是由于文石片的波纹状导致局部硬化和锁紧[19]。

普遍认为文石片层的滑移和有机质韧带的形成对珍珠层的增韧机制起主要作用，截至目前，研究人员提出了 4 种增韧机制：裂纹尖端的塑性变形、裂纹偏转、裂纹钝化和文石片之间的滑移[97]。早期对珍珠层增韧机制的研究主要集中在裂纹偏转[98]、几丁质纤维（或文石片）拔出[99]、有机质桥接等[100, 101]；近期对文石片间增韧机理的研究主要集中在膨胀带的形成和纳米晶粒的旋转等[51]。

图 2-20（a）显示了鲍鱼壳珍珠层受应力变化过程中观察到的塑性微屈曲变化，这种变化能有效降低总体的应变能[60]。相同近似长度的层段在剪切应变作用下的滑动，使试样在长度减小的区域内发生整体旋转[14]。α 约为 35°，接近微屈曲的理想角度 45°，意味着珍珠层具有较低的折弯破坏应力。角 θ（扭结带内的旋转角）约为 25°时，断裂由层间滑动决定[60]。弯折时的旋转角 θ 受最大剪切应变的限制，当 θ 超过一定值时，将发生沿滑动界面的断裂。

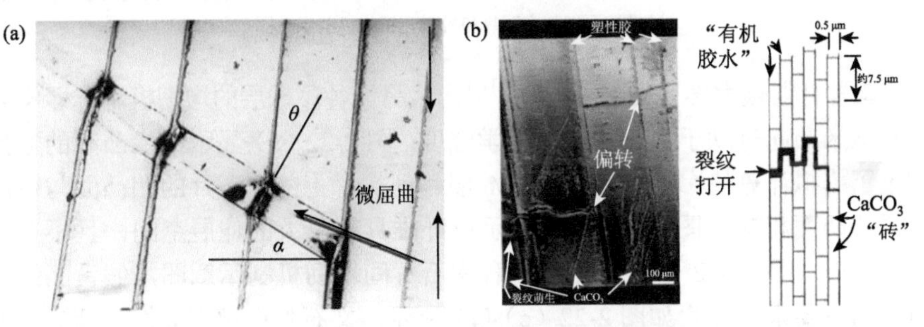

图 2-20　鲍鱼壳珍珠层的微观尺度增韧机制[4, 60]

（a）珍珠层塑性微屈曲损伤累积机制；（b）珍珠层“砖-泥”结构裂纹偏转后的光学照片和增韧机制示意图

珍珠层增韧的一个重要机制是在细观和微观尺度上的裂纹偏转，图 2-20（b）显示了在每个片层上发生偏转的裂缝[4]。“有机胶水”（有机质）提供一个裂缝偏转层，使裂缝难以通过文石片层之间进行传递。因此，这种层状复合材料的韧性远优于单片文石，在单片文石材料中，裂纹可以自由地扩展。图 2-20（b）表明了珍珠层“砖-泥”结构的裂纹扩展机制：其中左图显示中间层迫使裂纹发生偏转；右图显示在较小的尺度上，珍珠层的文石片层结构迫使裂纹形成弯曲路径。

另外，美国北达科他州立大学 Katti 等[84]报道了一种文石片的机械互锁效应增韧机制，如图 2-21（a）所示。当两片文石片堆叠在一起，彼此相对旋转一个小角度时，带有有机质的上部文石片被包裹起来，与下部文石片形成机械互锁，如图 2-21（b）所示。当载荷平行于文石片时，则文石片表面 20 nm 厚的有机质提供了可变形空间，在文石片互锁结构破坏之前产生额外的变形，如图 2-21（c）所示，因此机械互锁结构对珍珠层的力学强度贡献很大。

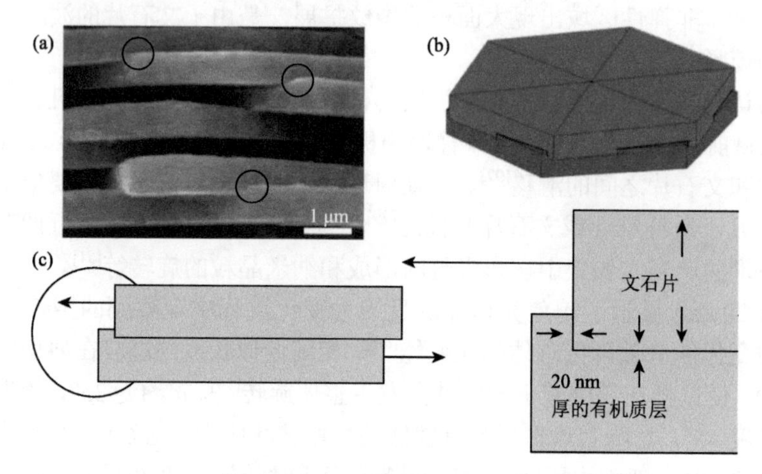

图 2-21 鲍鱼壳珍珠层的机械互锁效应增韧机制[84]

（a）珍珠层断面 SEM 图像显示存在机械互锁结构，以圆圈表示；（b）文石片间机械互锁结构的示意图；（c）通过横切面切割文石片和机械互锁的机制示意图

美国普林斯顿大学 Evans 等[25, 102]提出了另一种珍珠层的增韧机制，即文石片表面的纳米凸起有助于提高珍珠层力学强度。图 2-22（a）显示纳米凸起的数量大大超过了模拟计算值[25, 43]，这些 SEM 照片证实了上部文石片的凹凸面与下部文石片的凹凸面相交。图 2-22（b）显示原纤维具有巨大的伸展空间，且不会与文石片分离[98]。图 2-22（c）总结了各种文石片间增韧机制示意图，假设凹凸是剪切阻力的主要来源[45]，如图 2-22（c）（i）所示，文石片内部不会发生断裂，即使文石片断裂也会引起变形离域。由薄片组成的蛋白质折叠成交联聚合物状的胶水，会附着在文石片层上，并通过蛋白质之间的许多化学键断裂牺牲而吸收能量[45]。图 2-22（c）（ii）为黏弹性模型，在该模型中，优异的抗拉强度是分子链拉伸的结果，其末端附着在相邻文石片的表面上[45]。图 2-22（c）（iii）所示的模型，在塑性变形开始时，破碎的矿物桥在随后的文石片滑移中发挥作用[14, 41, 44, 103]。由此可见，珍珠层真正的增韧机制是以上三种模型协同作用的结合，如图 2-22（c）（iv）所示。同时，Meyers 指出，当拉力平行于文石片方向时，有两种主要的失效机制[61]：文石片的拉伸断裂和沿着“砖”表面滑动（包括纳米尺度桥梁的断裂、由凹凸不平而产生的摩擦和有机物的拉伸）。结果表明，鲍鱼壳的层状结构提供了各向异性的力学强度，使鲍鱼壳的断裂韧性显著提高，在垂直于层状结构方向可以

阻止裂纹扩展，同时平行于表面的抗裂纹扩展能力相应降低[14]。此外，在珍珠层断裂后还发现了一些其他微观结构特征。如图 2-22（d）所示，每片文石片片层的泰森多边形排列、具有独特镶嵌之字形形态的螺型位错以及相互关联的层对层螺旋结构，都可能在力学性能中发挥重要作用[104, 105]。

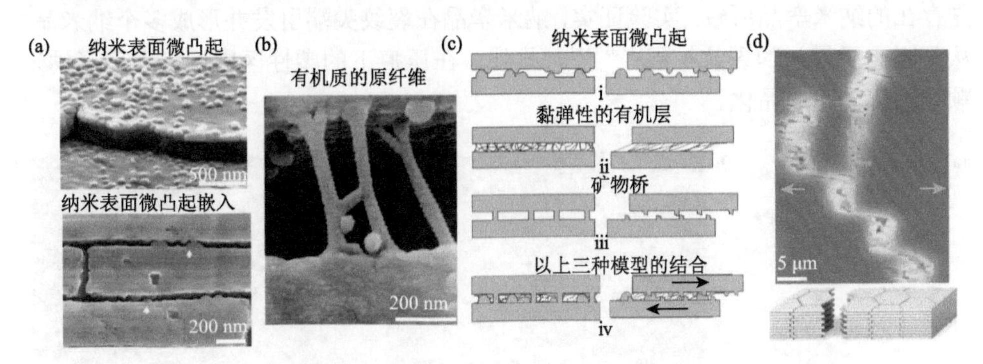

图 2-22　鲍鱼壳珍珠层的界面结构和增韧机制模型[25, 43, 45, 98, 106]

（a）珍珠层表面与层间界面的 SEM 照片，箭头突出了纳米表面微凸起嵌入的位置；（b）有机质的原纤维连接起珍珠层间的裂纹；（c）断裂过程中文石片层间滑动的不同模型：（i）由表面微凸起形成的层间层，（ii）黏弹性有机层，（iii）矿物桥，（iv）以上三种模型的结合；（d）珍珠层断裂后的 SEM 照片

近年来，随着纳米科技的进步，许多研究者利用更高端的测试仪器表征并解释了鲍鱼壳珍珠层在纳米尺度的力学性能，让我们进一步了解到珍珠层在原子尺度上的断裂机制。

例如，在许多高强、高韧的生物材料中，其组成的生物聚合物通常提供延展性和韧性，而大多数的强度和刚度来自于生物无机矿化物的整合。方解石、羟基磷灰石等无机矿化物的杨氏模量可达 100 GPa，而生物聚合物的杨氏模量大多在 1～10 GPa 范围内[106]。有趣的是，虽然生物矿化物不能通过分子重组或化学键断裂和重整消耗能量，但研究人员发现矿物晶体中的其他能量吸收机制是在压缩或撞击下发生的[107]。因此，研究人员主要通过微尺度及原位压缩/纳米压痕的测试方法来获得珍珠层的纳米尺度力学性能。

图 2-23（a）显示了珍珠层的基本组分：厚度为 300～500 nm、直径为 5～8 μm 的文石片是由生物聚合物（蛋白质 + 几丁质）和 30 nm 纳米晶粒复合组装的[106, 108]。研究表明，高应变率冲击引入的纳米晶中的缺陷可以耗散能量，从而提高了材料的强度和韧性，研究人员还对其在原子尺度上的增韧机理进行了研究。例如，使用分离式霍普金森压杆（SHPB）进行撞击实验，在高速冲击（约 $10^3\ s^{-1}$）后，通过高分辨透射电子显微镜（HRTEM）观察到珍珠层纳米晶体中的部分位错[图 2-23（b）]、变形孪晶[图 2-23（c）]和无定形化[109]。有趣的是，这些晶体缺陷只存在于高应变率冲击下，而不是在准静态压缩后产生的。同时，美

国弗吉尼亚大学 Li 等[110]采用原位纳米压痕技术研究了珍珠层在断裂时纳米尺度和原子尺度上的能量耗散机制[图 2-23（d）]。在塑性变形区，也观察到变形扭曲、取向失调纳米晶以及非晶化现象[图 2-23（e）]。这表明珍珠层在断裂时发生了塑性变形，而单晶文石则是脆性断裂。珍珠层中观察到的额外韧性断裂是由预先存在的纳米孪晶所致。实验证实，纳米孪晶在裂纹尖端引发并形成多个纳米晶，从而阻碍了最初的裂纹扩展[110, 111]。此外，在压痕下的塑性区中同样发现了纳米颗粒的旋转和非晶化。

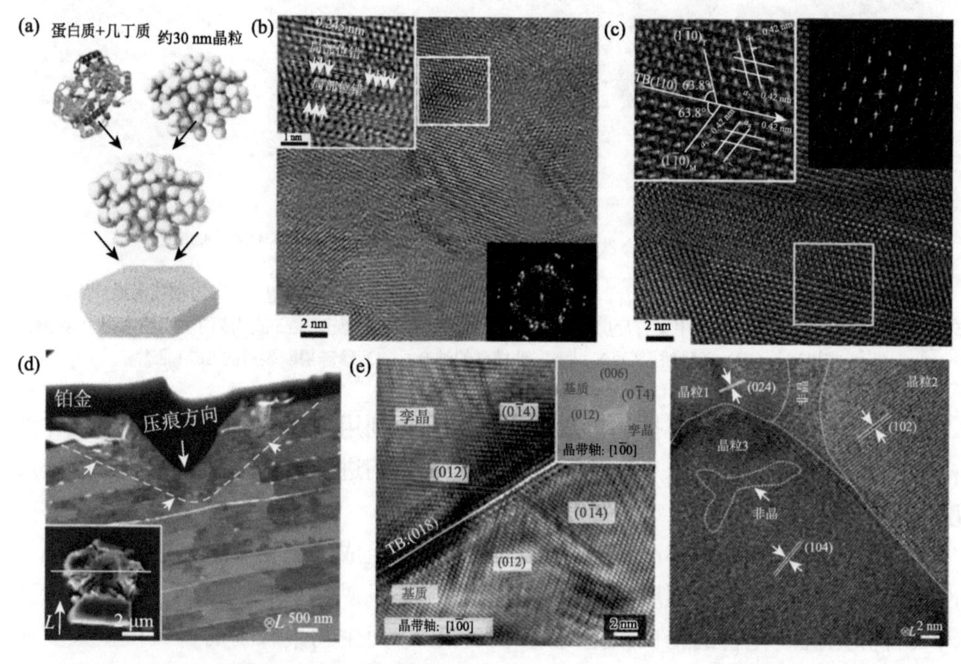

图 2-23 珍珠层在高速应变与纳米压痕过程中原子尺度的晶型结构和增韧机制[109, 110]

（a）珍珠层纳米片层中的蛋白质、几丁质和纳米晶粒模型示意图；（b）高速应变下文石片的位错 HRTEM 照片，右下角插图为选区电子衍射；（c）高速应变下珍珠层文石的纳米孪晶 HRTEM 照片，右上角插图为选区电子衍射；（d）纳米压痕实验后的 TEM 照片；（e）纳米压痕引起塑性区纳米晶的变形孪晶、非晶化和取向失调的 HRTEM 照片

2.2 仿生层状纳米复合材料的制备策略

多年以来，研究人员通过从鲍鱼壳珍珠层的“砖-泥”层状结构与界面连接作用的精妙设计中获得制备仿生层状纳米复合材料的启示源泉，通过解析层状结构与性能之间的构效关系，探究珍珠层的生物矿化形成机理和增强、增韧机制[112]。总结规律并采用先进的制备策略构筑出了新型高强、高韧的仿生层状纳米复合材

料。目前报道的主要制备方法有：层层组装、冰模板定向冷冻、电泳沉积、真空抽滤、刮涂、裁剪叠层压制、喷涂、增材制造及模板生物矿化等[113, 114]。

2.2.1 层层组装

层层组装是一种在基底上涂覆功能薄膜常用的方法[115, 116]。1997 年，法国斯特拉斯堡大学 Decher 首次利用层层组装技术制备出层状纳米复合薄膜材料[117]。一般来说，层层组装是一个循环过程，它主要基于范德华力、静电力、氢键等作用将材料吸附在基底上[118, 119]。一个循环过程通常包含三个步骤：首先将一层带电粒子组分吸附在基底表面，然后清洗基底，最后将另一层带相反电荷的粒子组分吸附在第一层粒子组分上面。因此，经过一个循环过程就可以组装得到一个厚度为纳米级的双层结构，继续重复该循环吸附过程，可以制备厚度可控的多层纳米复合薄膜，整个过程如图 2-24（a）所示[115, 116]。对于某些应用，基底可以被移除，从而获得自支撑的宏观薄膜[120]，如自支撑微/纳米层状薄膜、空心胶囊等[121, 122]。虽然静电相互作用仍广泛用于促进膜的形成，但其他分子相互作用（如氢键、共价键、离子键等）现在已被用于层层组装，不同的材料（如聚合物、蛋白质、脂类、核酸、纳米颗粒等）被用作制备薄膜基元材料[123]。层层组装具有操作简单、多功能性和纳米尺度可控等优点，成为在光学、能源、催化、分离和生物医学等不同领域中应用广泛的技术之一[图 2-24（b）][117]。

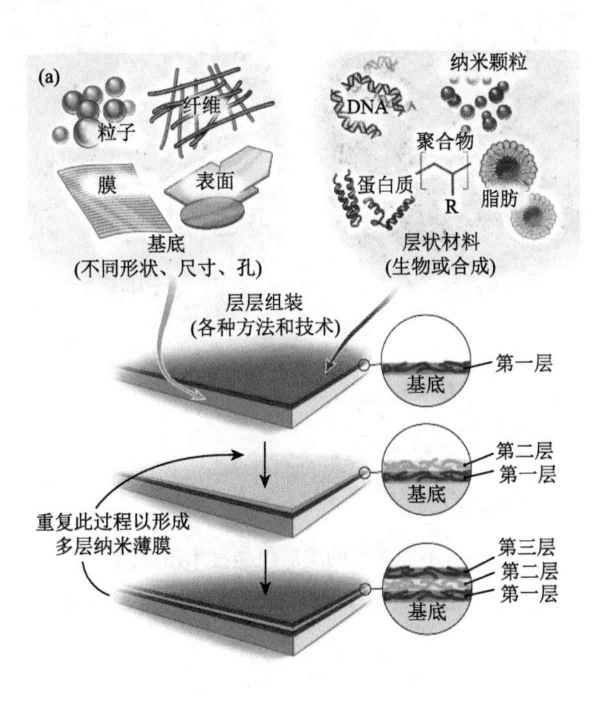

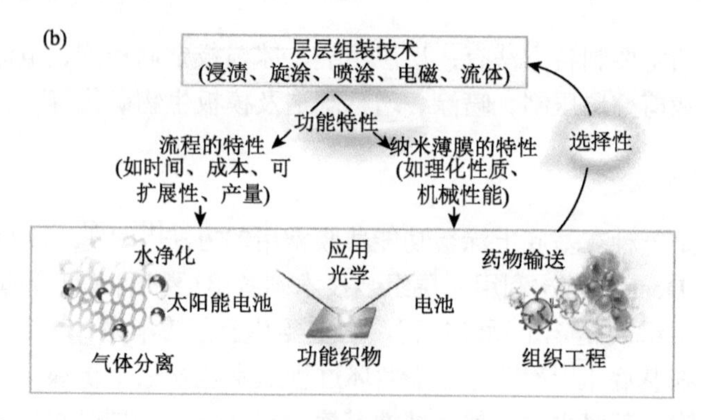

图 2-24 层层组装原理及应用[117]

（a）层层组装示意图；（b）层层组装技术应用领域

层层组装法可根据操作方法的不同分为浸渍式、旋涂式、喷雾式、电磁式、流体式等组装技术，具体如图 2-25 所示[117]。与其他仿生制备层状纳米复合材料策略相比，层层组装方法可以精确地控制每一种组分层的厚度，因此常被用于在各种基底表面涂覆功能纳米复合涂层。近年来，利用层层组装法构建仿珍珠层的层状纳米复合材料备受关注[20, 21]。

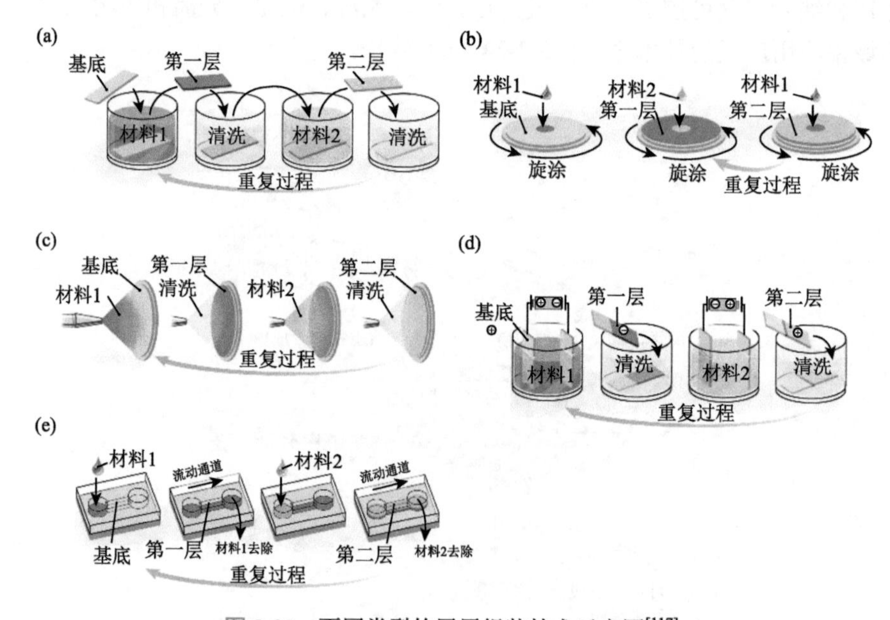

图 2-25 不同类型的层层组装技术示意图[117]

（a）浸渍式；（b）旋涂式；（c）喷雾式；（d）电磁式；（e）流体式

1. 浸渍式层层组装法

2003 年，美国密歇根大学 Kotov 等[124]首先报道了浸渍式层层组装法制备自支撑仿珍珠层纳米复合薄膜材料，如图 2-26 所示。将硅片交替浸入到带正电的聚二烯丙基二甲基氯化铵盐［poly（diallydimethylammonium）chloride，PDDA］溶液和带负电的纳米蒙脱土（MMT）溶液，两种组分间的范德华力不仅能保证交替浸渍时吸附足量相反电荷的组分，同时也能形成很强的界面相互作用，显著提高层状纳米复合材料的力学性能，制备的仿生薄膜材料的结构与性能，和天然鲍鱼壳珍珠层十分接近。

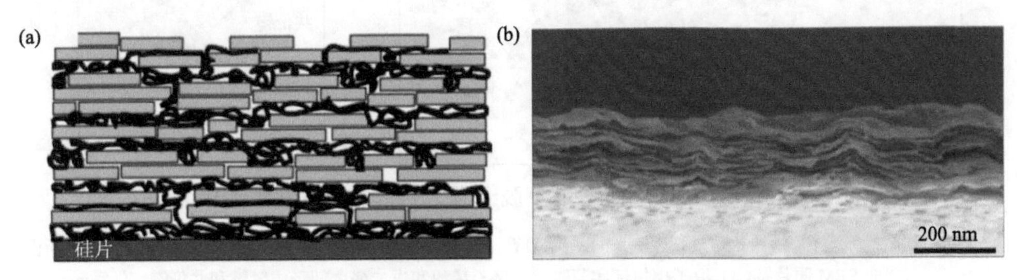

图 2-26　浸渍式层层组装构筑层状 MMT/PDDA 复合薄膜材料[124]

（a）仿生层状纳米复合材料结构示意图；（b）MMT/PDDA 薄膜材料的横截断面 SEM 照片

为了进一步提高 MMT 与有机相之间的应力传递效率，继而提高仿生层状复合材料的力学性能，Kotov 等从纳米尺度的几何尺寸和界面设计出发，在两相界面间引入聚乙烯醇［poly（vinyl alcohol），PVA］聚合物链和戊二醛（glutaraldehyde，GA）化学交联剂[125]。首先利用 MMT 表面的铝原子与 PVA 形成氢键相互作用，然后加入 GA 进一步化学交联形成紧密的共价键，如图 2-27 所示。另外，蒙脱土纳米片（厚约为 1 nm，横向尺寸为 100～1000 nm）的良好分散性，层层组装的高度取向性，限制了聚合物链运动，使得两相间的界面相互作用达到最优化，实现无机相到有机相高效的载荷传递，该仿生层状纳米复合材料的拉伸强度和模量分别达到了 400 MPa 和 106 GPa。此外，Kotov 等还基于层层自组装技术将阳离子聚氨酯共聚物和阴离子聚合物聚丙烯酸（poly（acrylic acid），PAA）交替自动浸渍形成大面积的薄膜。然后将任意数量的薄膜堆叠在一起形成三明治结构，在 110℃和 15 MPa 压力的条件下热压制备了具有纳米到微米级别的仿生层状纳米复合材料。强度和韧性比单组分组件提高了近 3 倍，所得到的不同颜色的荧光功能性能还使得其具有亚微米分辨率的实时机械变形成像能力[126]。

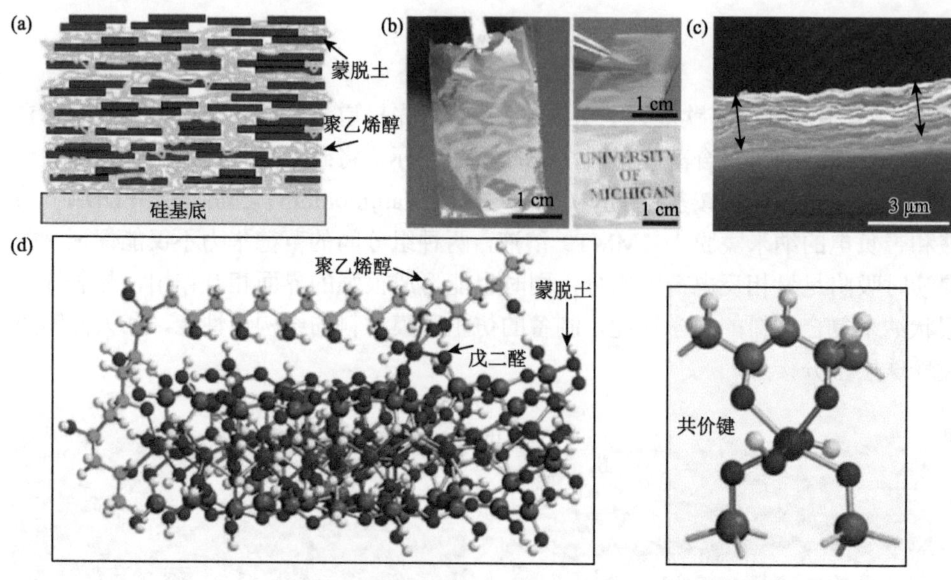

图 2-27 层层组装构筑层状蒙脱土/聚乙烯醇复合薄膜材料[125]

（a）仿生层状纳米复合材料的结构示意图；（b）层状复合薄膜材料的光学照片；（c）层状复合薄膜材料横截断面的 SEM 照片；（d）原子模拟证实蒙脱土、聚乙烯醇和戊二醛之间形成氢键和共价键

2012 年，来自英国剑桥大学物理系卡文迪什实验室的 Finnemore 等[127]利用层层静电自组装与生物矿化第一次完全复制了鲍鱼壳珍珠层的微观结构与光学特性。其组成成分（碳酸钙）、生长策略和最终制备的层状纳米复合材料都与天然珍珠层极为相似，如图 2-28 所示。具体的制备过程包括五个步骤：①溶液中无定形碳酸钙（amorphous calcium carbonate，ACC）的稳定化；②在层层组装制备的有机薄膜表面特定聚集和连续成膜；③在先前形成的矿物层上沉积组装多孔的、适当功能化的有机薄膜；④ACC 层矿化结晶形成文石或方解石；⑤以上 4 个步骤周期性重复。

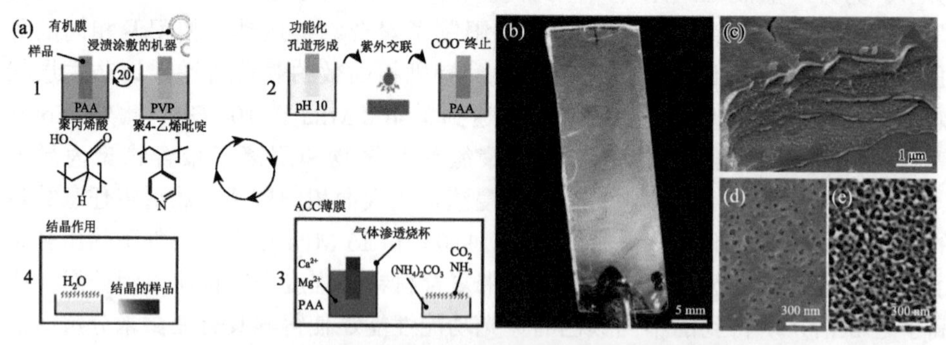

图 2-28 层层组装构筑高度相似的仿生珍珠层[127]

（a）仿生珍珠层的制备过程示意图；（b）仿生珍珠层的光学照片；（c）仿生珍珠层横截断面的 SEM 照片；（d）仿生珍珠层表面的 SEM 照片；（e）仿生珍珠层表面的 AFM 照片

2. *旋涂式层层组装法*

旋涂式层层组装常用来构筑仿生层状纳米复合薄膜材料，具有简单快速的特点。其制备过程一般是将纳米材料分散液滴涂在高速旋转的基底表面，高速离心力会使溶液均匀分散，多余的溶液被甩离基底，从而在基底上形成一层均匀薄膜[128]。例如，美国哈佛大学 Studart 等[129]对二维无机纳米片进行表面化学改性，并在有机层与无机层间引入氢键作用制备出了高强、高韧性的仿生层状复合薄膜材料，制备过程如图 2-29 所示。首先利用浸涂法将表面修饰后的二维氧化铝（Al_2O_3）纳米片组装成高度取向薄膜，然后将壳聚糖（chitosan，CS）溶液旋涂于该薄膜表面，如此连续重复浸涂-旋涂层层组装步骤后得到厚度为几十微米的层状 Al_2O_3/CS 复合薄膜材料。当氧化铝质量分数为 15%时，仿生层状复合薄膜材料的拉伸强度达到 315 MPa，杨氏模量达到 10 GPa，非弹性形变量为 17%，实现了拉伸强度与韧性的同时提升。

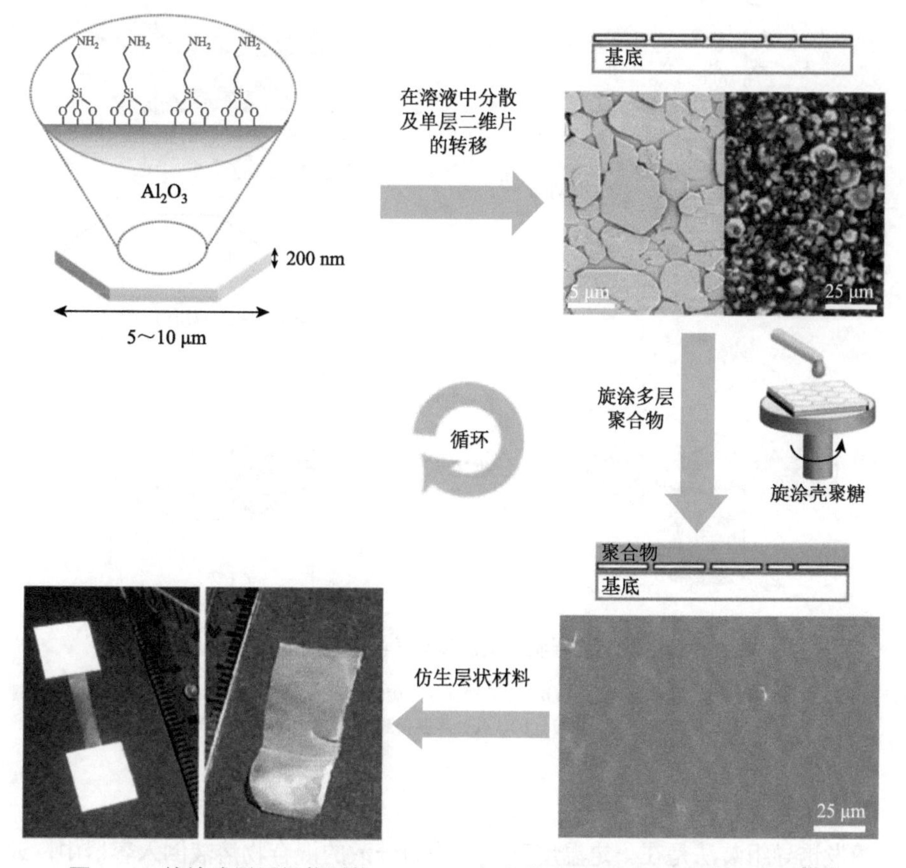

图 2-29　旋涂式层层组装层状 Al_2O_3/CS 复合薄膜材料的制备流程示意图[129]

北京航空航天大学郭林等[130]采用旋涂式层层组装技术，以硅烷偶联剂修饰的疏水层状水滑石（layered double hydroxide，LDH）和聚乙烯醇为组分，构筑了高性能的LDH/PVA纳米复合材料，其无机LDH质量分数高达96.9 wt%，如图2-30所示。美国佐治亚理工学院 Kharlampieva 等[131]通过旋涂式层层组装方法将丝素蛋白基质与功能性无机黏土整合获得了具有良好生物相容性、优异机械强度和韧性、大的表面积质量比和高度透明性的仿生层状薄膜材料。此外，他们还在层状纳米复合材料中加入高反射率和密集排列的银纳米片，不仅增强了复合材料的机械性能，还形成了具有高反射率、镜面状、纳米级柔韧的丝状薄膜（厚度约100 nm）。同样，中国科学技术大学俞书宏等[132]受鲍鱼壳珍珠层的“砖-泥”结构和有机质界面启发，使用旋涂组装工艺，以壳聚糖和层状双氢氧化物的微米片和纳米片为交替层材料，制备了一系列独立的、坚固的、透明的、多功能性的仿生有机-无机杂化膜。

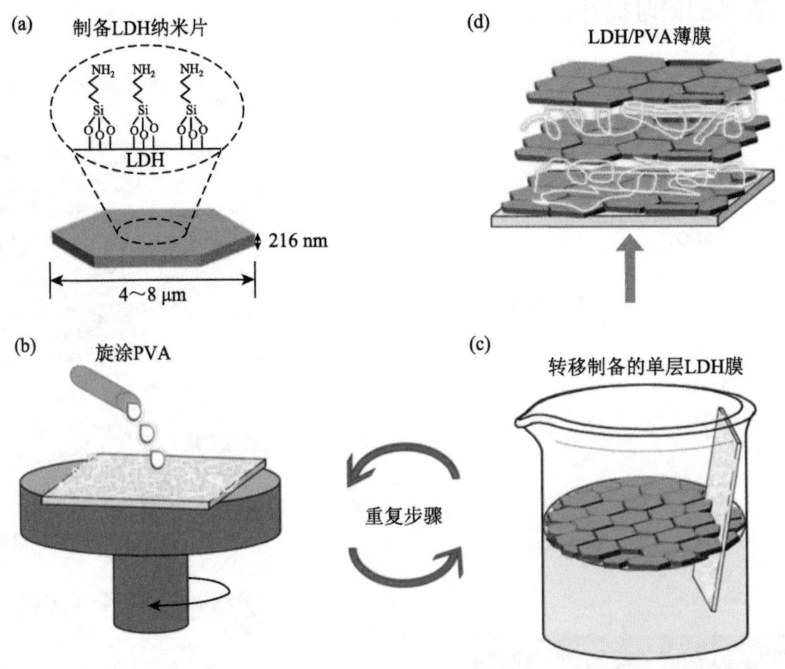

图2-30 旋涂层层组装层状LDH/PVA复合薄膜的制备流程示意图[130]

（a）改性的LDH二维纳米片结构示意图；（b）在玻璃基底上旋涂PVA层；（c）分散在溶液中的LDH单层膜转移到基底上；（d）重复（b）、（c）步骤得到多层LDH/PVA复合薄膜

3. 蒸发诱导组装法

蒸发诱导组装法是在一定温度下，将均匀分散的混合物溶液倒入容器中，通过溶剂的挥发，将纳米材料组装形成复合材料。北京航空航天大学程群峰等[133]采用蒸

发诱导组装技术构筑了一系列仿生层状纳米复合材料。例如，他们通过简单的蒸发诱导组装方法制备了仿生层状蒙脱土/聚乙烯醇（MMT/PVA）纳米复合材料。他们系统地研究了 MMT 含量对纳米复合材料结构和力学性能的影响，70 wt%的 MMT/PVA 纳米复合材料的拉伸强度为（219±19）MPa，是纯 PVA 薄膜的 5.5 倍，并且超过珍珠层和报道的仿生层状黏土/PVA 复合材料。随后，受文石片/几丁质纳米纤维/蛋白质三元结构界面以及天然珍珠层非凡强度和韧性的整合效果启发，他们还利用蒸发诱导自组装技术构建了基于黏土纳米片/纳米原纤维素纤维/聚乙烯醇三元体系的人造珍珠层纳米复合材料。该三元协同增韧作用使得人造珍珠层在强度和韧性以及抗疲劳性之间达到了出色的平衡，优于天然珍珠层和其他常规的层状黏土/聚合物二元体系纳米复合材料[134]。同时，他们又采用一维双壁碳纳米管（double-walled carbon nanotube，DWNT）和二维还原氧化石墨烯为组装基元，引入 10, 12-二十五碳二炔-1-醇（10, 12-pentacosadiyn-1-ol，PCDO）长链分子，利用蒸发自组装构筑了三元仿生纳米复合薄膜材料，如图 2-31 所示。该三元体系纳米复合材料的拉伸强度和韧性分别提升到 374.1 MPa 和 9.2 MJ/m^3 [135]。此外，中国科学技术大学俞书宏等[136]通过简单的溶液蒸发组装方法大规模制备了一种新型的具有生物启发性的超强、高度生物相容性和生物活性的魔芋葡甘露聚糖（konjac glucomannan，KGM）/氧化石墨烯（graphene oxide，GO）纳米复合膜，这种 KGM/GO 复合膜在强氢键作用下表现出优异的机械性能，在组织工程和食品包装领域显示出巨大的潜力。

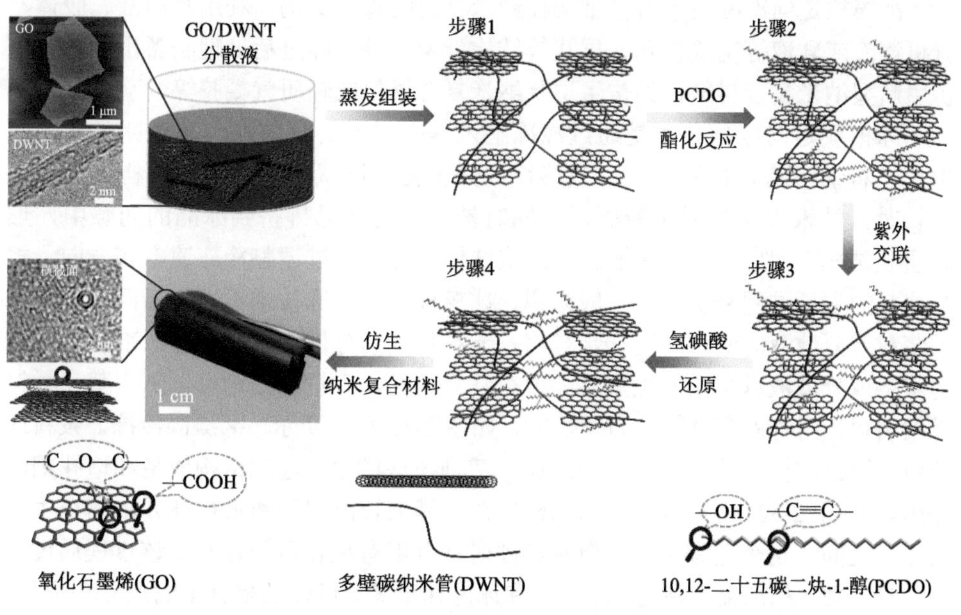

图 2-31　蒸发诱导组装 GO/DWNT 层状复合薄膜材料的制备流程图[135]

总之，层层组装技术可以简单、快速构筑仿珍珠层状纳米复合材料，不受基底形状、仪器的限制。然而，层层组装只能制备薄膜类层状材料，无法适用于构筑块状等大面积的仿生层状复合材料。同时，该技术难以大规模、连续化地应用。因此，需要开发其他更为简便的仿生层状纳米复合材料制备策略。

2.2.2 冰模板定向冷冻技术

结冰是自然界中最常见的自然物理现象，冰晶本身是各向异性多边形结构，通过对控制冰晶生长方向的探索，研究人员开发了冰模板（freeze casting）技术，也称冷冻铸造，实现了对陶瓷、聚合物、生物大分子和碳纳米材料的精准排列组装[137-140]。早在 21 世纪初，冰模板只是一种诱导聚合物、陶瓷材料及其杂化组分悬浮液结冰形成排列孔状结构的加工手段，最终冰晶升华制备成多孔陶瓷材料[141]。2006 年，冰模板技术开始真正受到研究者的广泛关注。美国劳伦斯伯克利国家实验室资深研究员 Tomsia 首先提出了冰模板技术在仿生层状陶瓷复合材料的应用，据 Tomsia 回忆，他是在一次飞行旅途中阅读一本航空飞行杂志，在读到水结冰的文章中获得灵感“为什么不试试用水结冰的方式对陶瓷前驱体纳米颗粒进行定向分散？”。Tomsia 课题组刚开始使用可口可乐进行定向冷冻，然后将冰升华，获得了定向规整取向的陶瓷前驱体模板，然后压缩并高温煅烧，首次获得了仿鲍鱼壳层状陶瓷纳米复合材料，相关研究成果发表在 2006 年 *Science* 上，开启了定向冷冻冰模板技术在仿鲍鱼壳层状纳米复合材料应用的先河[142]。

冰模板定向冷冻技术可精细调控纳米材料的骨架结构，利用水溶液、胶体、有机溶液或乳液等构筑多孔、层状等结构骨架，继而经过后处理制备出各种各样仿生新型纳米复合材料，如仿生层状纳米复合材料或轻质气凝胶等[143, 144]。

冰模板定向冷冻技术是通过冷冻纳米基元材料的分散液，利用冰晶的定向生长，将纳米基元材料取向，最终得到如多孔、层状等多种骨架结构。当冰晶生长时，纳米基元材料不断析出，同时被生长的冰晶排挤到冰晶的间隙中，形成层状结构[145, 146]。为了精细调控层状结构，可以通过调整冷冻速率和方向，控制冰晶的生长过程来实现。一般来说，冰模板定向冷冻技术机理包括四个步骤：①浆料或分散液的制备。这一步是将基元材料均匀分散在水中，分散剂有助于稳定浆料或分散液以防止发生聚集。值得注意的是，有机黏结剂可以防止基元材料骨架坍塌，同时提高骨架的力学性能，如图 2-32（a）所示。②凝固冷冻。浆料或分散液通过冰模板法冰冻，形成固相，溶剂在该过程中起到结构成型和造孔剂的作用。如图 2-32（b）所示，基元材料在冰晶生长前端不断被排开并浓缩在生长的冰晶之间，这个过程类似于海水结冰时盐分或有机物质被排开。该过程通过改变各种参数（如浓度、黏度、添加剂和冰冻速率等）可以调控骨架的尺寸和形状。凝固冻结步骤在本质上是一个成型和构造的过程，决定了基元材料骨架最终的结构和性能。在凝固过程中，悬浮液中的固体成分从移动的凝固峰分离出来，并在相邻的生长冰晶之间集中。各向同性或各向异性冷却可诱导冻结悬浮液均匀或定向冷冻，从而使其具有多种结构和特征。常见的冷冻装置大概由四部分组成：诱导冻结的冷源、连接冷源和冻结悬浮液的冷冻部分、保持冻结悬浮液的模具、调节冻结温度或速度的加热器或温度控制系统。基于此，研究人员探索了定向冷冻悬浮液的模具，从而实现冷冻干燥骨架个性化的设计，其中一个最有吸引力的例子是制备长程有序层状楔形结构。③冻干升华。分散液完全凝固后，将样品放到低温减压装置中进行冻干，冻结的冰在相对较低的温度和压力下会直接从固体升华为气体。冰通过升华不断去除，将特定形状的冰晶转化为孔道结构的多孔骨架结构[图 2-32（c）]。多孔结构的稳定性在很大程度上取决于小型构件或黏结剂的相互作用，而最终所得到的多孔结构材料的性能和结构主要取决于冷冻冻结过程。④后处理过程。为了提高多孔材料的性能，后处理过程用于去除添加剂和密实结构。部分多孔骨架可以直接使用，但有些需要进一步处理后才能投入使用，如有机添加剂的烧结、碳化、致密化，或者其他成分（如陶瓷、有机树脂等）的灌注[144, 147-150]。值得注意的是，虽然这些后处理操作可以增强最终复合材料的性能，但第二冷冻冻结步骤是决定性的，提供了更多的可能性。

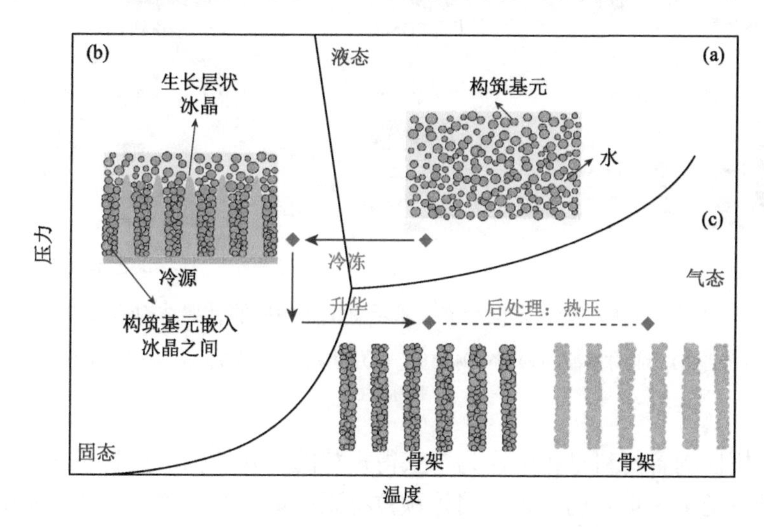

图 2-32　冰模板定向冷冻技术机理示意图[146]

（a）浆料、溶液或分散液的制备；（b）通过定向冻结使水凝结，基元材料被排挤到片层冰晶之间；（c）采用冻干的方法升华得到多孔骨架及后处理过程，如烧结、灌注树脂、热压等

采用冰模板定向冷冻技术制备的多孔支架形貌和特性受多个独立或相互关联的参数的控制，如溶剂的性质（单溶剂或混合溶剂）、构筑基元组分（比例、浓度和添加剂）、组分的几何形状（维数、尺寸、长径比）、冻结条件（冻结面、冻结

温度、冻结维数、辅助外场作用）等。这些参数的任何微小修改都可能导致对最终三维结构和复合材料性能产生直接影响[151, 152]。

冰模板技术作为低成本、环保的制备方法可以有效精确控制多孔结构。值得注意的是，该方法仅通过简单的溶剂作为模板就可以制备复杂的多孔结构，因此很多研究工作采用该成型技术制备了多孔结构。由于冰晶各向异性生长的特点，通过改进冰模板法，可以制备规整有序的层状结构，如类似鲍鱼壳珍珠层各向异性的层状结构。为了获得特殊取向结构，研究人员开发了不同新型冰模板技术：单向冰模板、双向冰模板和径向冰模板[153-155]。单向冰模板技术可用于制备蜂窝结构或小范围的片层结构。而双向冰模板技术通过控制冰晶生长双向温度梯度可制备大范围的有序层状取向结构。此外，通过控制磁场、电场、超声波等外力辅助技术可进一步控制凝固过程中或凝固后悬浮介质或胶体悬浮液中固体颗粒的分散状态，从而获得形状特殊的取向结构，如图 2-33 所示[155]。

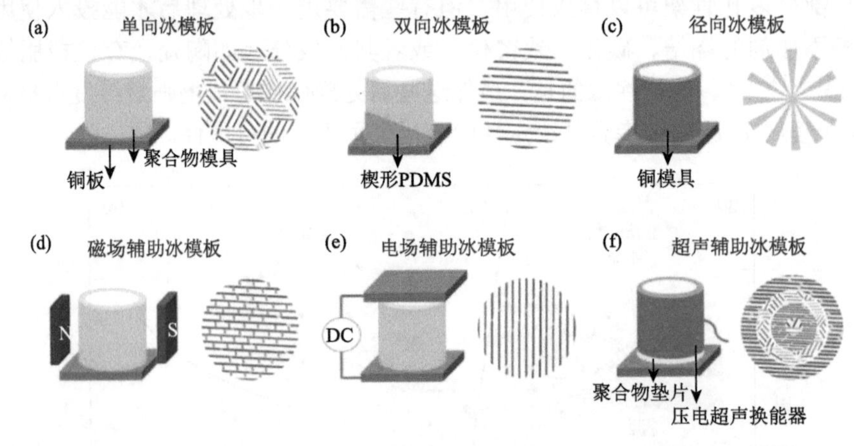

图 2-33 不同冰模板定向冷冻技术示意图和相应的骨架结构示意图[155]

（a）单向冰模板；（b）双向冰模板；（c）径向冰模板；（d）磁场辅助冰模板；（e）电场辅助冰模板；（f）超声辅助冰模板

在冰模板制备材料过程中，为了获得规整的多孔结构，控制凝固冰晶前端排斥固体颗粒是至关重要的，否则固体颗粒将无序地分布在整个冻结结构中。通过热力学自由能解释冰模板的整个过程，在单个颗粒冻结凝固过程中，悬浮“颗粒”凝固前沿的热力学条件符合界面自由能并满足以下公式：

$$\Delta\gamma_0=\gamma_{ps}-(\gamma_{pl}+\gamma_{sl})>0 \tag{2-8}$$

式中，γ_{ps}、γ_{pl}和γ_{sl}分别为颗粒-固体、颗粒-液体和固-液界面的界面自由能。这种能量平衡有助于分析悬浮粒子的冻结，固-液界面粒子间的范德华相互作用和黏滞阻力可以通过斥力F_R和吸引力F_A来计算[141, 152]。

$$F_R = 2\pi r \Delta\gamma_0 \left(\frac{a_0}{d}\right)^n$$
$$F_A = \frac{6\pi \eta v r^2}{d} \tag{2-9}$$

式中，r 为固体颗粒的半径；v 为冰冻结的速度；a_0 为液相分子之间的平均距离；d 为液体层的厚度和固-液界面之间的距离（如冰晶和粒子之间的距离）；η 为液体的动态黏度；n 为排斥力的修正系数，一般在 1～4 之间[152]。

使 F_R 和 F_A 相等并求解冰冻结的速度 v，就得到了临界冻结峰速度 v_{cr} 的表达式。

$$v_{cr} = \frac{\Delta\gamma_0 d}{3\eta r}\left(\frac{a_0}{d}\right)^n \tag{2-10}$$

在极低的凝固速度（$v \ll v_{cr}$）下，冰生长以平面峰的形式进行，取代了颗粒，增加了未端冻结区域的固体载荷。当 $v < v_{cr}$ 时，颗粒通常会被排斥，并在最终的冷冻结构内形成片层壁；当 $v \geqslant v_{cr}$ 时，一定比例的颗粒通常会被固相捕获，在片层壁之间形成桥梁，在最终的冷冻结构中产生微纳尺度孔隙。另一种冷冻铸造结构发生在颗粒被给予足够的时间从悬浮液中分离时，颗粒被完全包裹在冰峰中。这发生在冻结速度快的时候（$v \gg v_{cr}$）。该力平衡由原始的 F_R 和 F_A 项导出，与液相、固体颗粒的性质以及颗粒与冻结峰之间的相互作用有关。由式（2-10）可知，通过改变悬浮液组分，可以从化学和物理两方面控制颗粒的捕获和截留（溶剂、添加剂和固体等）以及冻结条件（温度、速度、方向、外力场等），最终可精细调控颗粒骨架的孔隙形貌和微观结构特征[155]。

对于单向冰模板，一般悬浮液是在一个方向的温度梯度下开始冻结，此时冰晶在单一冷源表面随机成核。因此，凝固的悬浮介质通常由优先沿冻结方向定向的微尺度晶体组成，形成具有小尺度片层结构的骨架。简单地说，当传冷模具浸入冷源时，会在垂直方向上产生单向的温度梯度，其中，冷源和加热盘管相互配合，在控制系统（温度控制器和热电偶控制器）的调节下，调节工作阶段的温度设定（在冷源额定温度以上）。当工作阶段达到设定温度时，单个垂直温度梯度产生，迫使冰晶优先从底部向顶部生长[146]。与三维非定向冻结的成核相比，单向冻结的成核是二维的，因为冰晶的成核发生在冷工作台上。冻结时，冻结悬浮液中的固体组分在冰晶边界处集中，然后在冰柱之间相互排斥，在相邻移动的冰峰挤压作用下形成高度排列的结构。冰晶升华后，形成蜂窝状结构的多孔骨架。液氮、干冰、冷冻浴溶剂和不同冷冻温度的冷冻液是理想的冷源。另外，需要注意的是，随着冻结时间的增长，冻结温度会逐渐升高，冻结的结构才能从蜂窝状（细胞状）结构发展为层状结构[156-158]。

传统的单向冰模板和相应的改进技术，只能在有限的范围获得片层结构，无法满足仿生纳米复合材料的实际要求。因此，荷兰内梅亨大学 Pot 等[159]提出通过定制的楔形结构来制备长程层状取向骨架，随后浙江大学柏浩等[154]进一步开发了可构筑长程片层骨架的双向冰模板技术，从而有效地制备仿鲍鱼壳珍珠层状纳米复合材料。图 2-34（a）中所示的是具有双温度梯度的经典装置示意图，冰晶会在沿聚二甲基硅氧烷（polydimethylsiloxane，PDMS）楔形模具的水平（x）方向和远离冷端的垂直（y）方向上产生 2 个温度梯度。在冻结时，PDMS 楔形底部温度低于顶部温度，在楔形底部产生冰晶形核，即一维形核。由于双向温度梯度，获得了一种具有长程片层结构的独特层状多孔结构，悬浮的固体组分从冰生长前沿被驱逐，在冰晶之间组装。在这种情况下，将 PDMS 楔形板放置在冷台上，在高冷却速率下，随着楔形角度的增大，可大大改善齿形的排列。通过观察冻结液仿真模拟温度和随时间变化的实时照片，可以发现浆料开始冻结时发生在左下角，y 方向的冰生长速度比 z 方向快[160]。

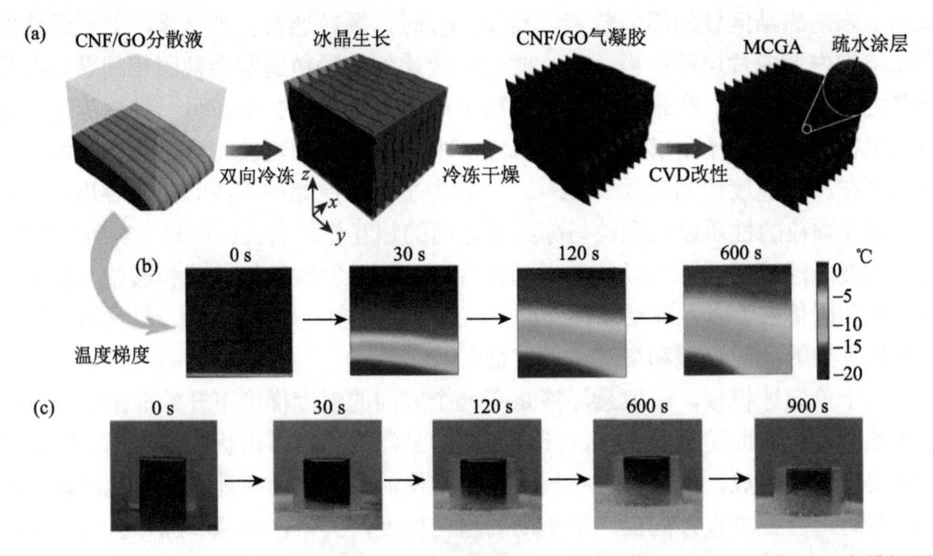

图 2-34 （a）双向冰模板制备层状纳米复合材料工艺示意图；（b）冻结液的实时温度模拟图；（c）片层结构随冷冻时间的实时照片

对于径向冰模板技术，根据冰晶的生长方向，径向冰模板技术可分为内倾型和外倾型，这两种类型的主要区别是冰峰的曲率。内倾型为凹冰峰，外倾型为凸冰峰。对于内倾型，在铜棒的顶部做一个圆柱形孔，孔的底部浸泡在液氮中。冻结分散受到两个温度梯度的影响，一个在轴向，另一个在径向，迫使冰晶沿着向模具中心辐射的平面生长。例如，利用纤维素纳米纤维水溶液直观地观察其冻结过程，可以清晰地看到冰晶的冻结演化呈径向取向的纹理。因此，孔道宽度从边缘向中心逐渐减小，所制备的骨架呈垂直和中心对称排列的片层结构。对于外倾型的情况，需利用圆形塑料模具，在其中有一根细铜棒连接到液氮。与内倾型相比，片层冰晶优先从冷却铜棒向外生长到塑料模具，在径向上形成厚度梯度，最终所获得的多孔骨架呈相互连接的梯度通道，离中央冷却棒越远，片层间距越大[161]。

虽然这两种径向冻结方式的装置和冰凝固过程不同，对于实心铜棒，片状冰晶优先从中心向边缘生长；对于空心铜模，片状冰晶优先从边缘向中心生长，多孔骨架呈现类似的径向中心对称结构。对于径向同心冻结策略，冰晶从外铜模向内生长，产生外层和中间层，取下引脚后形成芯层[162, 163]。毫无疑问，单向冰模板或双向冰模板比径向冰模板更受欢迎，但由梯度通道结构产生的独特的自发毛细管行为为结构和功能更复杂的智能结构构筑设计提供了可能性。

总之，冰模板技术可用多种水体系基元材料制备高性能层状结构纳米复合材料，可以扩展到更为广泛的材料组合，利用不同的构建基元，包括零维纳米颗粒、一维纳米纤维、聚合物分子和二维纳米片等，如图 2-35 所示。冻结条件的设计尤其是双向冰模板技术可以使生长中的冰晶具有层状结构，颗粒在冰晶之间的空隙聚集，形成一个层状的、均匀的骨架，其结构是冰晶的反向复制。通过对悬浮液的控制和后续加工，冰模板技术是一种通用的、廉价的材料制造方法。它可以扩展到与不同构件的材料组合，为仿生纳米复合材料的应用提供有价值的应用途径，包括能量耗散、存储和转换、环境修复和生物医药等[137, 164]。

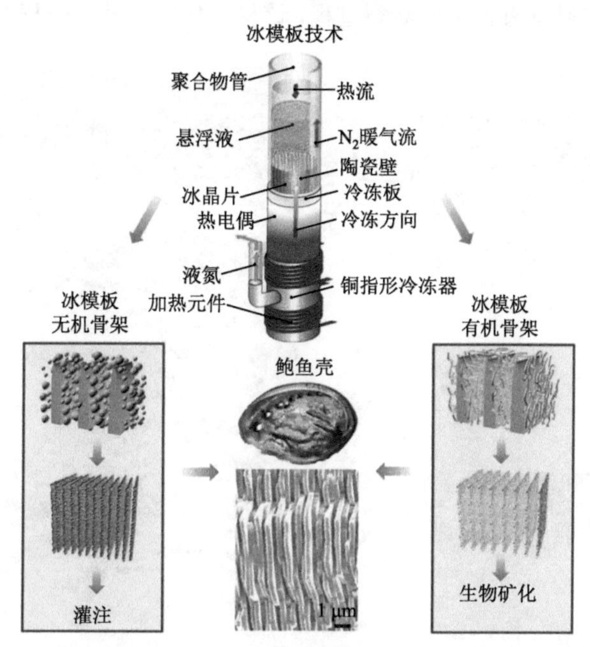

图 2-35　冰模板定向冷冻技术构筑仿生层状纳米复合材料示意图[164]

（左）陶瓷纳米颗粒通过冷冻形成层状骨架，然后，第二相渗透到骨架上，得到陶瓷层状纳米复合材料；（右）水溶性有机分子通过冷冻组装成一个层状的骨架，这些有机骨架有足够的空间通过生物矿化构建层状复合材料

1. 陶瓷层状纳米复合材料

精细设计多尺度、多级次的结构是制备轻质高强复合材料的有效途径。仿珍珠层结构材料具有较大的应用潜力，但是，由于缺乏构筑精细层状结构的技术，制备如此复杂的结构往往难度较大。在精确调控层的厚度、粗糙度和界面连接方面，传统自下而上的方法显得无能为力。冰模板技术可以真正意义上实现模仿珍珠层的层状结构，获得高性能的块体纳米复合材料，这是传统方法如层层组装、真空抽滤等方法难以实现的。同时，第二相，如聚合物、前驱体等可以渗入到制备的骨架中进一步制备高强度和高断裂韧性的仿生层状纳米复合材料[142, 165]。

2006 年，美国劳伦斯伯克利国家实验室材料科学部 Tomsia 和 Deville 等[142]首次采用单向冰模板技术，通过调节冰晶生长动力学，利用液氮和铜柱冷却表面从而促进冰晶从底向上生长制备仿珍珠层层状的陶瓷骨架，如图 2-36（a）所示。该装置可以通过控制温度来调节冰晶生长速率。通过调控冷冻速率，得到的陶瓷骨架的孔结构为 1～200 μm。整个样品的层状结构和陶瓷层表面的凸起结构与珍珠层极为相似[图 2-36(b)]。通过冰模板法制备的羟基磷灰石(hydroxyapatite，HAP）层状骨架的压缩强度是传统多孔骨架的 4 倍，解决了传统多孔陶瓷骨架的问题，如载荷低、结构无规、孔径尺寸不可控等。应力-应变曲线和断裂形貌显示 HAP-环氧复合材料具有稳定的断裂过程，该材料如同珍珠层一样具有优异的断裂

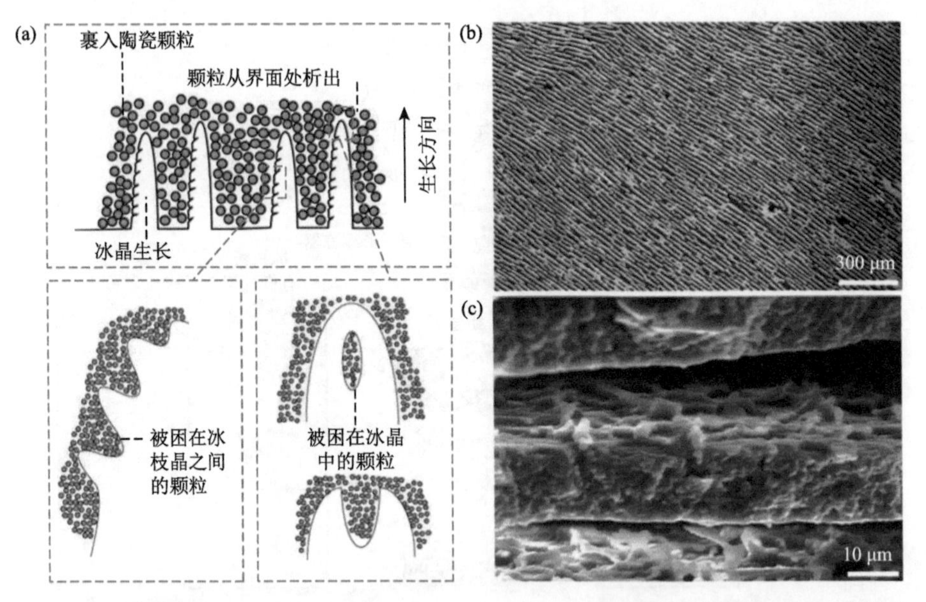

图 2-36 冰模板技术构筑仿珍珠层陶瓷层状纳米复合材料的制备示意图和微观形貌[142]

（a）冰模板取向陶瓷颗粒示意图，在陶瓷浆料冻结时，陶瓷颗粒被生长的冰晶排挤在界面处析出，最终形成与冻结峰生长方向一致的层状微观结构；（b，c）层状 Al_2O_3/Al-Si 陶瓷纳米复合材料的 SEM 照片

韧性。此外，在制备层状 Al_2O_3/Al-Si 纳米复合材料中，当添加 0.5 wt%的 Ti 时，复合材料的陶瓷与金属的界面处形成了强的化学键，构筑的仿生层状陶瓷纳米复合材料的弯曲强度和断裂韧性分别提高了 50%和 82%，同时也证明了冰模板技术可调控纳米复合材料的结构与界面，是制备高性能仿生层状纳米复合材料的有效方法之一。

珍珠层具有优异的断裂韧性，是由于文石片和有机物形成了无机-有机层状且规整密实的“砖-泥”结构，在断裂过程中通过裂纹路径的扩展耗散了大量的能量。受此启发，美国劳伦斯伯克利国家实验室材料科学部 Munch 等[165]通过冰模板技术并灌注聚合物的方法制备了致密的块状仿珍珠层“砖-泥”结构的陶瓷复合材料：首先沿单轴方向，压缩陶瓷 Al_2O_3 骨架使骨架压缩致密化，随后，将甲基丙烯酸甲酯（methyl methacrylate，MMA）单体渗入到压缩的骨架中，MMA 聚合为聚甲基丙烯酸甲酯（polymethyl methacrylate，PMMA）制备仿珍珠层结构复合材料，其中陶瓷含量为 80 vol%。该方法能有效控制片层结构的厚度、粗糙度和界面桥联作用。例如陶瓷片层间厚度为 1～2 μm 的聚合物在复合材料中起到了类似珍珠层中柔韧相作用，最终显著提升了纳米复合材料的强度和韧性。

与采用共混方法制备的 Al_2O_3-PMMA 复合材料相比，具有“砖-泥”结构的仿生层状 Al_2O_3-PMMA 复合材料的初始断裂韧性（K_{IC}）提升了两倍。为了增强 Al_2O_3 片层和 PMMA 之间的界面相互作用，在 Al_2O_3 骨架上接枝了 3-（三甲氧基硅烷）丙基丙烯酸酯硅烷［3-（trimethoxysilyl）propyl methacrylate，γ-MPS］偶联剂，显著提高了仿生复合材料的断裂韧性，达到了 30 $MPa\cdot m^{1/2}$，是无规结构 Al_2O_3-PMMA 复合材料（2 $MPa\cdot m^{1/2}$）的 15 倍。断裂韧性的大幅提高，主要源于仿珍珠层结构中 Al_2O_3 纳米片的“拔出”以及 Al_2O_3 纳米片之间的界面桥联结构。

除了珍珠层的“砖-泥”结构，在不牺牲材料密度的前提下，“砖”层之间形成桥联结构有助于提高复合材料的力学性能。北京航空航天大学赵赫威等通过冰模板技术制备了 3D 互锁的 Al_2O_3 骨架，然后将氰酸酯（cyanate ester，CE）单体渗入到骨架中聚合形成 3D 互锁陶瓷复合材料，该材料具有优异的弯曲强度、断裂韧性、比强度和耐冲击性。分散液的黏度是构筑 3D 互锁骨架的重要参数，羧甲基纤维素钠用于调控黏度和控制陶瓷颗粒的移动形成乳突和桥联结构。三点弯曲测试和加卸载循环三点弯曲测试证明 3D 互锁复合材料相比没有桥联的 Al_2O_3 复合材料具有更高的力学性能[166]。

在单向冰模板过程中，晶核在单向温度梯度冷端表面无规形成，导致骨架截面仅有小范围的层状取向，严重限制了大范围层状结构的形成，如图 2-37（a）所示。因此，浙江大学柏浩等开发了新型的双向冰模板法制备大尺寸陶瓷层状骨架［图 2-37（c）和（d）］。控制冰晶成核和生长的秘密是采用不同倾斜角度的 PDMS 楔子在冷端形成双向温度梯度，达到控制冰晶生长方向的目的。冻干和烧结后，获得大尺寸层状骨架结构。同时骨架的取向结构和片层间距可以通过冷冻速率和

PDMS 楔形角度来调节。因此他们采用双向冰模板技术制备了大范围取向的 HAP 骨架。经过压缩致密化后，将 PMMA 渗入到骨架中固化后得到仿珍珠层结构的陶瓷纳米复合材料。陶瓷的体积含量在 75%～85%范围分布，可以通过压缩骨架进行调节。制备的 PMMA/HAP 仿生层状纳米复合材料具有较高的力学性能，弯曲强度从 68.6 MPa 增加到 119.7 MPa，随着 HAP 含量由 72%提高到 84%，复合材料的断裂功由 2075 J/m^2 减少到 265 J/m^2。此外，此仿生层状陶瓷复合材料还可以用作整形外科骨替代材料。为了增强陶瓷和聚合物之间的界面强度，硅烷偶联剂 γ-MPS 用于接枝改性陶瓷骨架，同 MMA 单体进行化学交联反应[167]。粗糙的骨架层表面也有助于提高应力传递效率，继而提高复合材料的力学性能。除了裂纹偏转以外，还有许多其他的外部增韧机理，如聚合物韧带桥、裂纹桥接和片层“拉出”等[154]。

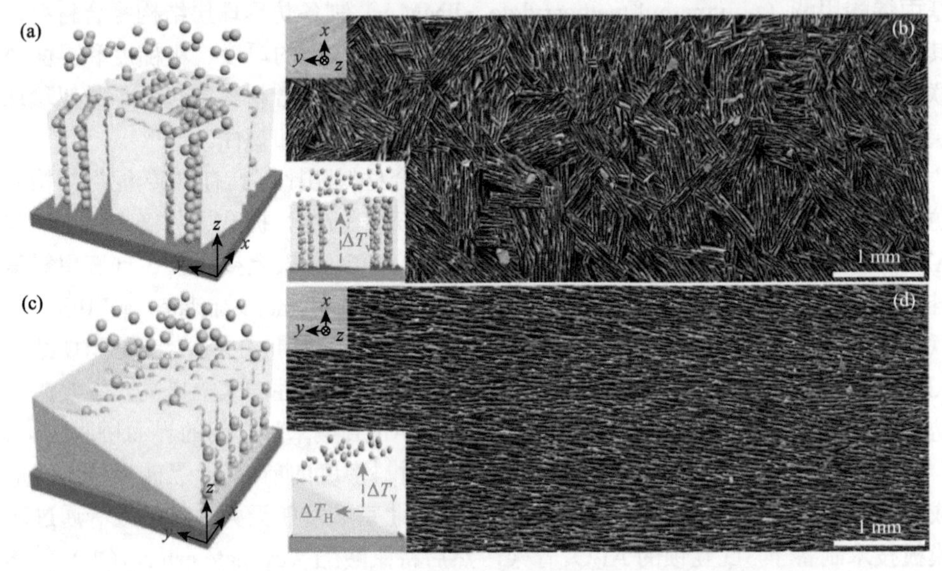

图 2-37 大尺寸仿珍珠层状陶瓷纳米复合材料的制备示意图和微观形貌[167]

(a) 单向冰模板法制备小范围层状结构；(b) 单向冰模板法制备的陶瓷支架 SEM 照片；(c) 将楔形 PDMS 放在冷端，形成双向温度梯度制备的大范围层状结构；(d) 双向冰模板法制备的大范围层状结构陶瓷支架 SEM 照片

目前的仿生层状陶瓷复合材料中软相含量过多，陶瓷层厚度与珍珠层相比还远远不够；事实上，减少聚合物含量和细化陶瓷层会大大提高材料的力学强度，并提供类似于天然鲍鱼壳珍珠层额外纳米级增韧机制。因此之后的研究重点是开发无机含量更高的仿生层状结构纳米复合材料，改善无机相与有机相的界面结合特性，并将这一概念扩展到其他材料，如树脂、金属、一维纳米纤维和二维纳米材料等。

2. 环氧树脂基层状纳米复合材料

高分子材料在实际生产应用中具有不可替代的重要作用，常见的热固性树脂如环氧树脂等在许多领域都具有广泛的应用。而热固性树脂的脆性、与增强体均匀分散性是目前限制其发展的主要问题。以往的研究是通过将基元纳米材料（重量含量 3%～5%）作为增强体与环氧树脂进行均匀共混复合，可显著改善环氧树脂的力学强度和断裂韧性。但是这种将基元纳米材料“均匀分散”在树脂基体中的方式，存在纳米增强体的分散效果和界面改性差等明显缺陷，目前已经接近机械性能的天花板，即复合材料“混合定律”所预测的性能极限，难以扩展传统高分子纳米复合材料的应用价值。添加少量的纳米材料增强体，然后采用冰模板技术制备层状骨架，与环氧树脂结合并形成有序层状结构的同时，还可以避免增强体难以分散的问题，达到与鲍鱼壳珍珠层相似的“外部增韧”效果，将为高分子纳米复合材料的增韧研究提供新的研究方向和思路[168]。

例如，北京航空航天大学程群峰等利用改进的双向冰模板技术制备了层状氧化石墨烯（graphene oxide，GO）-海藻酸钠（sodium alginate，SA）骨架。该骨架层厚度和层间距可以通过控制冷冻速率来调节。首先利用 GO 和 SA 作为基元材料，利用双向冷冻冰模板法制备 GO-SA 层状骨架，在热还原后获得 rGO-SA 层状骨架，然后在骨架中灌入环氧树脂并加热固化后得到了仿鲍鱼壳珍珠层结构的石墨烯-环氧树脂纳米复合材料。他们通过调控冰晶冷冻的速率可以得到不同层间厚度的骨架，随着冷冻速率的增大，骨架层间厚度逐渐变小，如图 2-38 所示。例如，当冻结速率为 8 μm/s 时，骨架的平均层间厚度值为 51.3 μm；当冻结速率提高至 15 μm/s 时，平均层间厚度值为 32.9 μm；在冻结速率提高至 32 μm/s 时，平均层间厚度值则减小至 14.1 μm。研究结果表明，片层间厚度越薄，断裂韧性越高，最优的仿生层状石墨烯-环氧树脂纳米复合材料的断裂韧性是纯环氧树脂的 4.2 倍[169]。这是由于环氧树脂的层厚度越薄，可以越有效地分散应力，还有助于裂纹的偏转并耗散更多的加载能量。此外，由于连续的石墨烯骨架赋予了仿生层状石墨烯-环氧树脂复合材料导电性能，还可以利用石墨烯在不同温度下电阻的改变来监测该材料的外部温度变化情况。

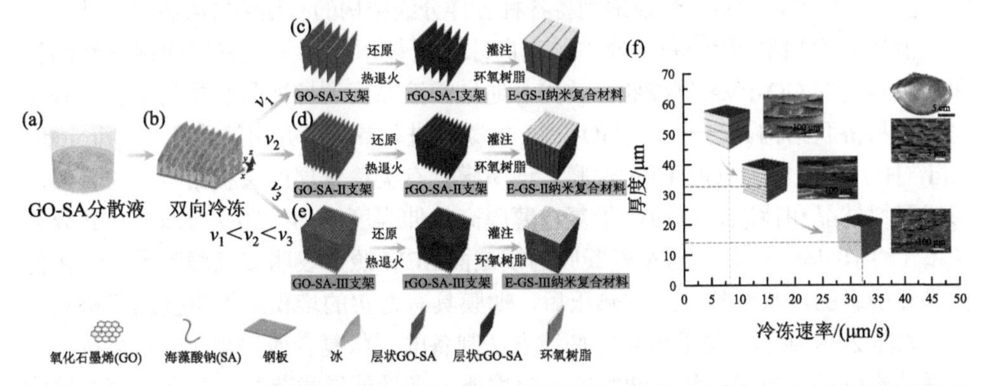

图 2-38　（a）～（e）石墨烯-环氧层状纳米复合材料的制备流程示意图；（f）不同层厚度的仿珍珠层结构石墨烯-环氧层状纳米复合材料的 SEM 照片统计

另外，他们还采用GO与羧甲基纤维素钠（CMC）作为基元材料，通过双向冷冻技术制备GO-CMC层状骨架，热还原后得到具有导电性能的rGO-CMC骨架。通过真空辅助法渗入环氧树脂并固化即可得到仿鲍鱼壳结构的石墨烯-环氧树脂层状纳米复合材料。从rGO-CMC骨架的微观形貌可以观察到明显的层状骨架结构，渗入环氧树脂后，纳米复合材料显示出和鲍鱼壳珍珠层类似的层状结构。不同的是，鲍鱼壳中"砖"是无机的文石纳米片，而石墨烯-环氧树脂层状纳米复合材料中"砖"是有机物的环氧树脂。该石墨烯-环氧层状纳米复合材料的断裂韧性K_{JC}（表征裂纹扩展时的断裂韧性）可达约2.5 MPa·m$^{1/2}$，是环氧树脂的3.6倍，远远高于传统增韧方法获得的断裂韧性。在受到外界载荷下，应力在裂纹尖端不断集中，当达到某一临界值时，裂纹开始扩展。然而，层状骨架导致裂纹的尖端产生支化的细小裂纹，缓解了应力集中。同时，裂纹在环氧树脂与骨架界面偏转也可以耗散大量的能量。另外，骨架片层粗糙的表面在样品断裂过程中，会产生片层相互摩擦作用，同样会导致耗散大量能量。因此，裂纹在扩展的过程中需要不断地提高载荷以增加传递能，这样就达到了提升断裂韧性的目的[170]。

3. 气凝胶材料

气凝胶是一种超低密度的固体材料，其内部98%以上是空气。气凝胶在能量吸收、驱动器、传感器、生物组装骨架、力学减震、隔热和降噪等领域具有广泛的应用。石墨烯气凝胶是从纳米尺寸组装到宏观的3D块体结构，被认为是最活跃的研究领域之一。在没有弹性体聚合物的辅助下传统方法如凝胶、化学气相沉积等很难制备高弹性和可恢复的石墨烯气凝胶。而仅仅依靠石墨烯片制备超弹性石墨烯气凝胶非常具有挑战性。本质上，一维管状和纤维状的比弹性弯曲刚度优于二维片层。在维持其完整性的基础上，大的形变对获得高弹性的石墨烯气凝胶是至关重要的。同时，合理设计石墨烯3D结构，是制备成石墨烯气凝胶的关键。利用冰模板技术将冰晶升华后可以简单、快速地制备各种各样分级结构的石墨烯气凝胶[171, 172]。

浙江大学柏浩等[173]利用改进的双向冰模板技术制备了具有层间树突状结构和桥联结构的GO-PVA气凝胶。首先，通过溶液黏度调控冰晶晶核的生长，获得树枝晶和桥联结构。随后，将GO-PVA气凝胶进行热压，并用氢碘酸（hydroiodic acid，HI）还原得到rGO-PVA薄膜。该薄膜具有类珍珠层的层状结构，并且界面形成了树枝晶和桥联，继而赋予复合薄膜高拉伸强度（约150.9 MPa）和断裂伸长率（约10.44%）。GO-PVA气凝胶的横截面SEM照片表明该气凝胶具有许多树枝晶和桥联的层状结构。经过热压后，薄膜具有密实的堆积结构树枝晶和桥联卷曲，如图2-39所示。与采用真空抽滤方法制备的层状复合薄膜相比较，树枝晶和桥联结构可以有效提高复合薄膜的力学性能。当受外界载荷时，复合薄膜的层状结构首先破裂，由于树枝晶和桥联结构耗散裂纹扩展的能量，薄膜未发生彻底断裂。进一步拉伸时，树枝晶和桥联结构被破坏，如同珍珠层的微凸起表面和桥联所起到的增强作用一样，赋予层状复合薄膜曲折的裂纹扩展路径。

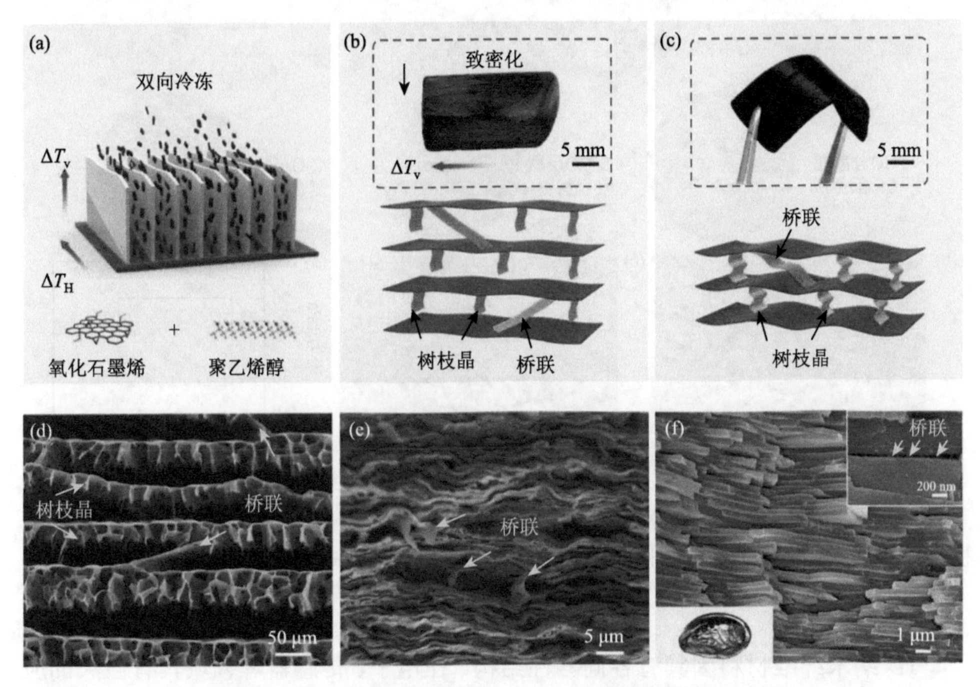

图 2-39　双向冰模板构筑层状 GO-PVA 薄膜复合材料[173]

（a）双向冷冻原理示意图，通过在 GO/PVA 水悬浮液和冷却段之间引入低导热的楔形 PDMS，实现垂直（ΔT_V）和水平（ΔT_H）双向温度梯度，片状冰晶作为模板将 GO 和 PVA 组装成层状结构；（b）冻干后制备的整体块体（约 1.2 cm×1.2 cm×3 cm）光学照片；（c）热压和化学还原后的 rGO-PVA 薄膜光学照片；（d）对应（b）图中的 SEM 照片；（e）rGO/PVA 薄膜横截面的 SEM 照片；（f）鲍鱼壳珍珠层典型“砖-泥”结构 SEM 照片

中国科学技术大学俞书宏等[174]利用双向冰模板展示了一种具有珍珠层状结构衍生的超弹性和高耐疲劳性能的碳-石墨烯（carbon-graphene，C-G）层状结构气凝胶材料，设计出由数千个作为弹性单元的微型拱门组成的多级次层状结构，如图 2-40 所示。首先通过双向冷冻工艺获得壳聚糖-氧化石墨烯（CS-GO）支架，该支架由平行的扁平片层组成，并呈长程排列，然后通过后续的高温退火将扁平片层折叠成波浪状的多拱形态[图 2-40（b）]。该工作从独特的片层多拱微观结构出发，获得的碳-石墨烯层状气凝胶材料具有类似弹簧的超弹性、高压缩性和优异的抗疲劳性能。例如，钢球垂直落在碳-石墨烯层状气凝胶材料表面后呈弹簧状回弹，回弹速度快（约 580 mm/s），在每个循环压缩-卸载（约 90%的形变）中都可以恢复到原始状态，如图 2-40（d）所示。同时，当经历多次压缩循环时，片层平坦、多孔结构会经历塑性形变，从而耗散更多的能量。

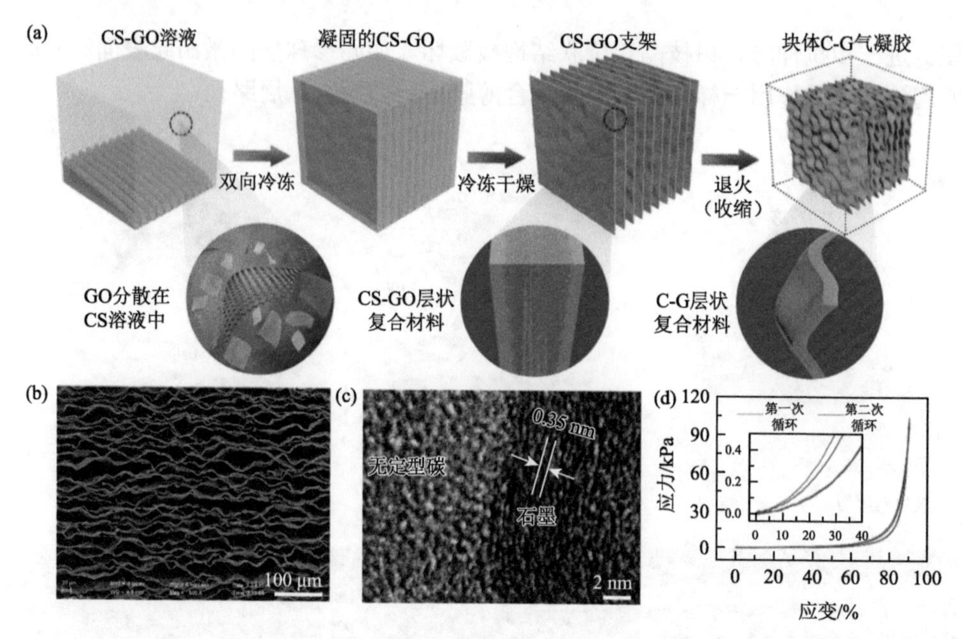

图 2-40 （a）C-G 层状气凝胶材料的制备示意图；（b）C-G 气凝胶材料的整体 SEM 照片（俯视图），呈长程排列的片层多拱形状；（c）C-G 气凝胶材料的 HRTEM 照片，由非晶态碳和石墨烯复合而成；（d）C-G 气凝胶材料在高应变压缩下应力-应变曲线

1D 纳米纤维材料因具有各向异性结构，在电子、传感器等领域具有巨大的应用前景，利用定向冰模板技术可以得到具有规整取向和可控的 3D 结构。例如，中国科学技术大学俞书宏等[175]制备了自支撑多孔 3D 结构的银纳米线（AgNWs）气凝胶，其结构可以通过溶液浓度和冰冻速率进行调控。较低的溶液浓度不能形成相互连接的 3D 骨架结构，较低的温度可以促进冰晶快速生长，形成薄壁的骨架结构。随着银纳米线含量提高，气凝胶的电阻下降。在块体骨架中独特的 2D 网络提供了骨架稳定性和承受一定变形的能力。将 PDMS 渗入到 AgNWs 3D 骨架中制备柔性复合材料，该过程并不会破坏 3D 骨架的结构和导电性能。力学性能测试表明，该复合材料的拉伸应变达到了 140%，电阻变化为 2 Ω。

以不可再生石油资源为原料的超轻碳质气凝胶，制备过程复杂，且用有毒的试剂，天然生物材料，如纤维素纳米纤维、二氧化硅纳米纤维、碳纳米纤维、棉花、明胶等是构筑新型碳质气凝胶的优异潜在基元材料。东华大学丁彬等[176]利用冰模板技术制备了可调密度和形状的取向蜂窝状超弹生物质碳纳米纤维气凝胶（carbonaceous nanofibrous aerogels，CNFAs）。由于纤维素嵌入到孔壁中形成密实堆积结构，蜂窝状结构的强度明显高于无规纤维素结构。多级次规整形状有助于增大复合材料的力学性能。另外，二氧化硅纳米纤维用于支撑 CNFAs 以防止在 850℃碳化时发生塌陷。碳化后的 CNFAs 实现了超低的密度（0.14 mg/cm^3）和优异的抗压性能。当压缩 CNFAs 时，应力-应变曲线上出现了三个明显的区域，如同其他的蜂窝状结构材料，即线弹性区域、稳定区域和密实区域。CNFAs 可以承受大的变形（80%应变）而不发生塌陷。其机理为 CNFAs 的孔壁在压缩过程中实现了结构反转，材料泊松比接近零。为了探究弹性性能，CNFAs 在 50%应变下进行了 1000 次循环疲劳测试。结果表明，该复合气凝胶材料具有优异的弹性性能，仅发生了 4.3%微小塑形形变。此外，CNFAs 展示了比其他相似的生物碳气凝胶更高的弹性模量。

超低密度的陶瓷气凝胶因其优异的性能，如低密度、热绝缘、化学和热惰性、高孔隙率和大比表面积等，在隔热、降噪、催化、导电、环境和能源等领域具有广泛的应用。许多研究者制备了超轻、高强度、热稳定的陶瓷材料。但是，利用发泡或乳化方法制备的宏观陶瓷纤维气凝胶的力学强度较低。因此，如何精细设计陶瓷气凝胶的结构仍是该领域的巨大挑战。碳化硅（SiC）具有热稳定、耐冲击、热绝缘等优异的性能，是制备优异力学性能和高孔隙率结构材料的理想材料。受天然生物材料如鲍鱼壳珍珠层复杂多级次层状结构的启发，英国伦敦帝国理工学院 Ferraro 等[177]利用定向冰模板技术制备了多孔 SiC 陶瓷气凝胶，该材料的孔隙率达到 90%，密度低于 300 mg/cm^3。SiC 纤维通过密实堆积形成片层，并在层之间形成桥联结构，有助于提高其力学性能。SiC 陶瓷气凝胶的压缩强度和杨氏模量分别达到 3 MPa 和 0.3 GPa。

2.2.3 其他方法

1. 电泳沉积

电泳沉积（electrophoretic deposition，EPD）是一种简单、经济且快速制备仿生层状纳米复合材料的新型技术。其主要过程如下：溶液中带电荷的颗粒或者其他物质在电场的驱动下向带相反电荷的电极运动；之后沉积在此电极上形成结构致密的层状纳米复合材料，如图 2-41（a）所示。美国佛罗里达大学 Lin 等[178]利用电沉积组装制备了一系列的层状水铝矿纳米复合材料[图 2-41（b）]。例如，在定向电沉积组装完成后，对齐排列的水铝矿纳米片之间的间隙被光固化单体填充，然后通过聚合形成具有光学透明的层状薄膜材料。与纯聚合物薄膜相比，仿生层状水铝矿纳米复合材料的拉伸强度和杨氏模量分别提升了 2 倍和 3 倍。此外，通过电泳沉积法制备的石墨烯纳米复合材料具有高电导率、高导热性能以及优异的力学性能。又如，美国得克萨斯大学奥斯汀分校 An 等[179]利用 EPD 方法，在 10 V 电压下，30 s 内从氧化石墨烯一步制备出还原氧化石墨烯薄膜，整个过程不需要任何还原过程。通过原位还原方法制备还原石墨烯薄膜，其电导率高达 143 S/cm，电导率性能与抽滤方法制备的石墨烯薄膜性能相当。

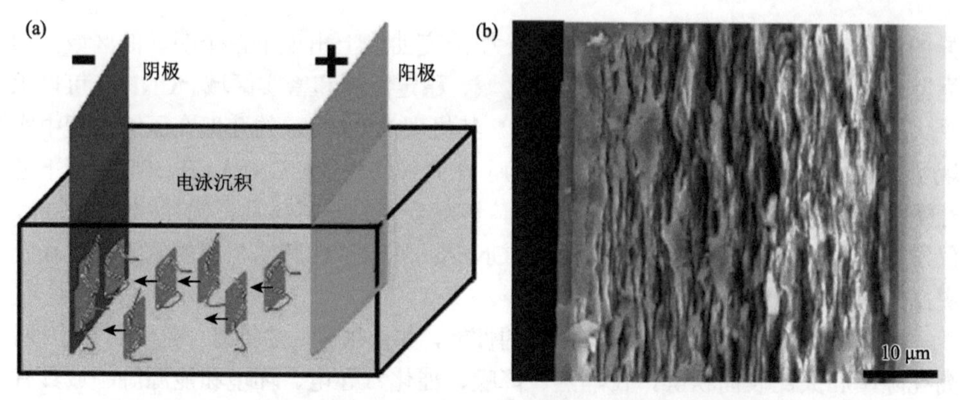

图 2-41 （a）电泳沉积构筑仿生层状纳米复合材料制备示意图；
（b）仿生层状水铝矿纳米复合材料横截面的 SEM 照片

同样，清华大学龙兵等[180]采用电泳沉积法仿生构筑了一种具有有序珍珠层结构的聚合物/蒙脱土纳米复合材料。他们先通过聚丙烯酰胺单体对蒙脱土水悬浮液进行改性，经紫外光照射聚合，电泳沉积形成了由蒙脱土和聚丙烯酰胺组成有序的“砖-泥”层状结构。最终该仿生层状纳米复合材料表现出接近珍珠层的优异性能，硬度和杨氏模量分别为 0.95 GPa 和 16.92 GPa，接近甚至超过了片层状胶合骨的杨氏模量（E=6~16 GPa）。尽管电泳沉积法构筑仿生层状纳米复合材料快速简单且操作容易，但是受到电泳沉积装置尺寸的限制，仿生层状纳米复合材料无法批量制备。

2. 真空抽滤

真空抽滤技术是指组装材料溶液在真空负压下将大长径比的纳米材料水平堆垛成层状纳米复合材料的仿生制备方法，其主要依赖于真空泵与抽滤装置形成压力差，如图 2-42（a）和（b）所示。一般整个制备过程只需要水系，具有绿色、环保的优点。因此，真空抽滤技术是仿生构筑层状纳米复合材料最常用的制备策略。

例如，2007 年，美国西北大学机械工程系 Ruoff 等[181]首次采用该方法制备了高性能的氧化石墨烯薄膜材料，该薄膜呈现柔性可弯折状态[图 2-42（c）和（d）]，并且横截面具有类似于鲍鱼壳“砖-泥”的层状结构[图 2-42（e）和（f）]，其最高杨氏模量和最大拉伸强度分别为 133 MPa 和 42 GPa。真空抽滤过程中，在氧化石墨烯之间引入少量水分子可以明显提高氧化石墨烯薄膜的力学性能，这主要是由于氧化石墨烯之间的水分子能形成氢键作用，从而使氧化石墨烯有效地共轭堆积作用在一起。除此之外，一些有机高分子如聚丙烯酸（polyacrylic acid，PAA）、聚乙烯醇（PVA）、纤维素纳米纤维（cellulose nanofibe，CNF）、聚多巴胺（polydopamine，PDA）、壳聚糖（CS）以及聚甲基丙烯酸甲酯（PMMA）等高分

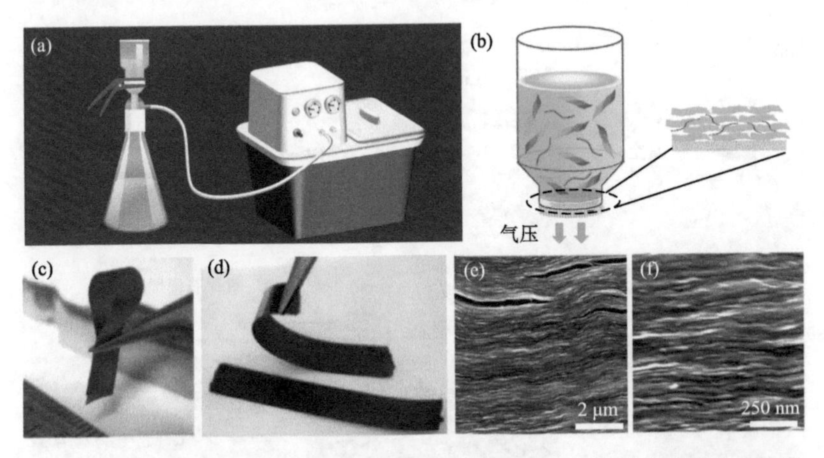

图 2-42　（a，b）真空抽滤装置示意图，组装纳米材料在压力作用下水平堆垛成薄膜；（c，d）真空抽滤制备氧化石墨烯层状纳米复合薄膜的光学照片；（e，f）氧化石墨烯层状纳米复合薄膜的横截面 SEM 照片

子聚合物与石墨烯形成化学键，也可通过真空抽滤的方式制备高性能的层状石墨烯纳米复合材料。例如，Wan 等[182]借助真空抽滤制备了仿珍珠层状石墨烯复合薄膜材料[图 2-43（a）和（b）]，利用 PAA 与 GO 形成氢键作用，在氢碘酸还原后，rGO-PAA 复合薄膜的力学性能显著提升。此外，他们还利用 CS、Cu^+与石墨烯之间的共价键和离子键的协同界面作用，真空抽滤制备出的石墨烯纳米复合材料拉伸强度达到 868.6 MPa，且韧性达到约 14.0 MJ/m^3[183]。

同时，真空抽滤可以适用于不同的组装基元材料来制备仿生层状纳米复合材料。瑞士苏黎世联邦理工学院 Mezzenga 等[184]基于自上而下的策略，通过真空抽滤技术将高纵横比的羟基磷灰石纳米片和淀粉样原纤维结合制成仿生层状纳米复合材料。尽管该纳米复合材料的微观结构和天然骨不同，但其密度和弹性模量与松质骨相当，优于临床使用的大多数常见骨水泥。同时，它还在人类小梁骨中前成骨细胞中具有良好的黏附性和生物相容性。另外，德国莱布尼茨材料研究所 Walther 等[185]在纳米黏土薄片上涂上一层薄薄的聚乙烯醇，利用环境友好、简单、经济的真空抽滤方法构筑了综合性能超越天然珍珠层的仿生层状纳米复合薄膜材料。其拉伸强度和模量分别达到了 250 MPa 和 45 GPa，还具有超低的透气性和优异的耐火性能。同时，中国科学技术大学俞书宏等[186]利用不同维度的纳米组装基元协同效应，通过真空抽滤技术将一维的硅酸钙纳米纤维和二维蒙脱土纳米片交替堆砌在聚乙烯醇基质中，构筑了最佳平衡强度和韧性的仿珍珠层纳米复合材料。基于三元复合界面协同效应，该仿生层状纳米复合材料显示出（241.8±10.2）MPa 的强度和（5.85±0.46）MJ/m^3 的韧性，均高于单个硅酸钙纳米原纤维网络膜或二元蒙脱土/聚乙烯醇复合膜。

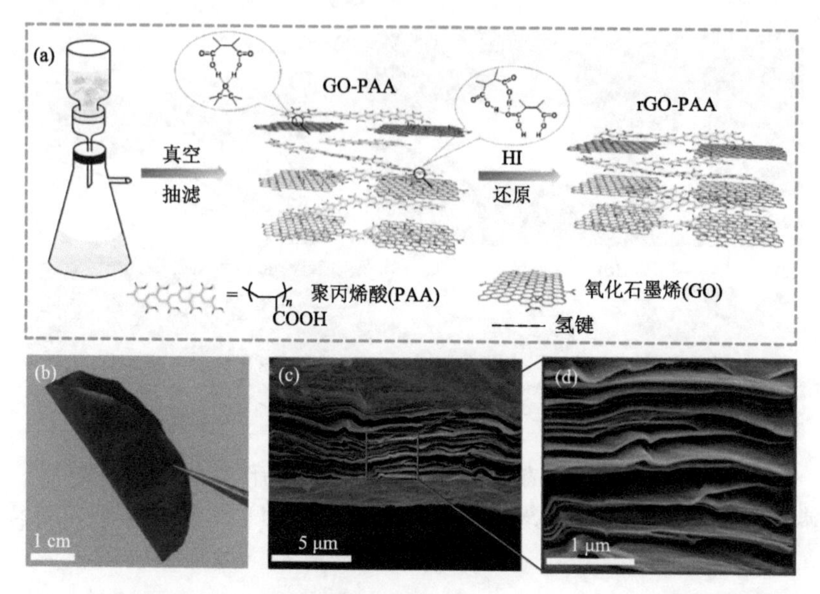

图 2-43 (a) 真空辅助抽滤制备层状纳米复合材料的示意图，经 HI 还原得到 rGO-PAA 纳米复合材料；(b) rGO-PAA 纳米复合材料的光学照片；(c，d) rGO-PAA 层状纳米复合材料不同放大倍率下的横截面 SEM 照片

真空抽滤虽然可以简易地仿生构筑层状结构纳米复合材料，但其在组装过程中，随着基元纳米材料逐渐覆盖在过滤膜的表面，导致上层的组装基元材料无法匀速过滤，从而形成层间距梯度上升的纳米复合材料，并且其制备效率会显著下降。

3. 刮涂

刮涂技术是利用高浓度的二维纳米材料形成的凝胶溶液组装成薄膜的快速制备技术。该凝胶在刮刀的剪切力和重力作用下会自组装并在加热干燥后形成层状薄膜材料，其原理如图 2-44 (a) 所示。例如，氧化石墨烯这种二维材料表面从边缘到中心排布着亲水和疏水官能团，在水中易膨胀和易组装成网络结构，因此可以通过范德华力或氢键作用形成低浓度凝胶氧化石墨烯[187]。并且所得到的 GO 凝胶在低剪切力作用下展现出高黏度以及流变剪切变小行为，使 GO 凝胶具有良好的可操作性。例如，清华大学王晓工等[188]将带有黏性的 GO 凝胶通过刮涂工具涂布在平坦的基底上，待干燥后形成紧密的 GO 薄膜，经过化学还原形成的石墨烯薄膜较容易从基底上揭下，如图 2-44 (b) 和 (c) 所示。制备的柔性大面积分级次层状石墨烯薄膜经过氢碘酸还原后可应用于柔性超级电容器[图 2-44 (d) 和 (e)]。

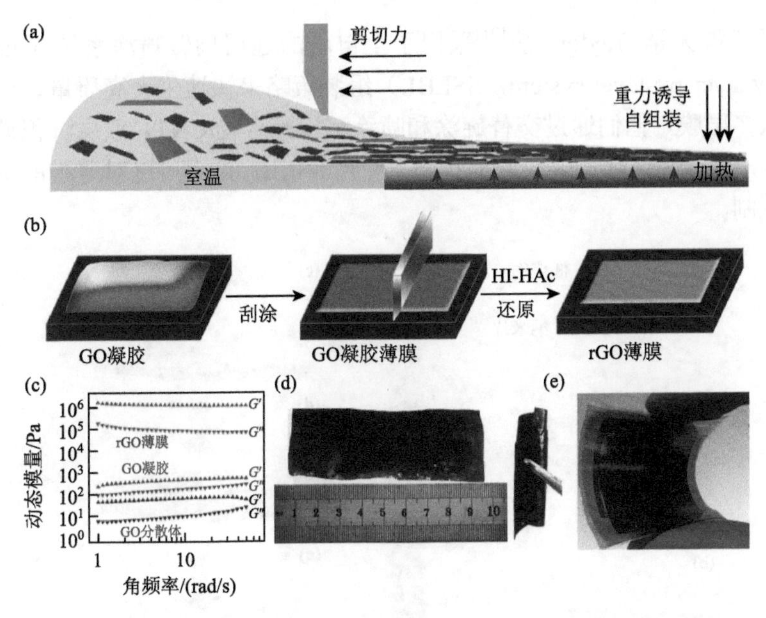

图 2-44　(a) 刮涂法制备层状薄膜材料原理示意图；(b) GO 凝胶刮涂与还原制备层状薄膜的示意图；(c) GO 凝胶的动态流变性能；(d，e) 层状石墨烯薄膜的光学照片和对应的柔性超级电容器件

与层层组装和真空抽滤方法相比，刮涂是比较快速制备高性能仿生纳米复合材料的有效方法。不仅可大规模仿生构筑层状纳米复合材料，还可以兼具优异的力学性能和取向性。

4. 喷涂

喷涂是借助喷枪或雾化器，利用压力或离心力将均匀分散的细微雾滴施涂于基底的自下而上组装方法。美国得克萨斯州农工大学 Sue 等[189]通过喷涂方法和热固化技术制造了柔性、透明和超薄的磷酸锆纳米片-环氧薄膜，该纳米复合材料具有层状排列的取向结构。磷酸锆纳米片的自组装中间相通过环氧预聚物稳定，并显示出对大规模生产有利的流变性。由于纳米片的高度排列和重叠排列，热固化膜形成了性能优异的涂层，并且在低湿度和高湿度下均显示出优异的阻气性，其喷涂制备流程如图 2-45 所示。法国国家科学研究中心 Decher 等[190]提出了喷涂自组装辅助层层组装的制备策略，通过喷雾辅助对准在层层组装中定向的纤维素纳米纤维薄膜，当以 90°对接收面喷涂时，产生的薄膜具有均匀的面内取向，而以较小的角度喷涂时，在接收面上产生宏观的液体定向表面流动，产生的薄膜具有明显的面内各向异性。定向的纤维素纳米纤维薄膜的初步研究结果表明，这种原纤维很容易通过入射喷涂进行排列，从而在较大的表面积上形成具有光学双折射的薄膜。美国耶鲁大学 Taylor 等[191]采用了全自动的逐层旋转喷涂系统（automated spin-spray layer-by-layer system，SSLBL）组装策略来快速生产高质量、可调谐的仿生层状多层膜，他们通过交替旋涂和喷涂沉积聚合物/CNT，双层沉积循环时间低至 13 s，具有快速筛选多层膜的优势，并且 SSLBL 技术可以对薄膜的生长进行纳米级控制。

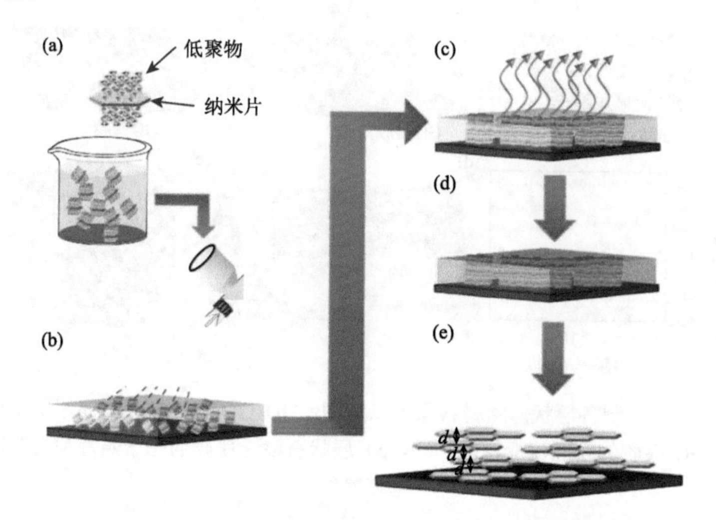

图 2-45 磷酸锆二维纳米片喷涂制备层状复合薄膜的流程示意图[189]

（a）低聚物接枝的纳米片分散在含有环氧预聚体和固化剂的溶液中；（b）将溶液喷涂到 PI 基板上；（c）涂层基底干燥，纳米片在溶剂蒸发过程中自组装成近晶相；（d）固化层状纳米复合材料以形成坚固的涂层；（e）气体分子被迫通过曲折的路径到达屏障膜的另一侧，各层之间的层间距离 d 是常数，黑线表示气体分子可能的扩散路径

喷涂组装技术近年来才受到研究学者的广泛关注，人们利用其产生了诸多的创新性成果，但是如何提高喷涂法制备的薄膜的尺寸以及厚度均匀性值得思考。此外，也需要注意喷涂对于空气环境的影响。

5. 裁剪叠层压制法

裁剪叠层压制法是将 2D 层状纳米材料连续使用物理堆叠和折叠生成有序排列结构的层状复合材料的简易制备策略。例如，石墨烯或者 GO 纳米片与有机交联剂事先形成均匀分散液。而事实上石墨烯或者 GO 纳米片因其 2D 结构特性，在很多聚合物中趋向于团聚，不利于制备高性能的复合材料，所以上述方法仍然具有很大的局限性。美国麻省理工学院 Strano 等[192]采用简单的裁剪叠层压制法制备了高性能的仿生石墨烯-聚碳酸酯（graphene/polycarbonate，G/PC）层状复合薄膜，如图 2-46 所示。其制备过程大致如下：首先通过 CVD 法在铜基底表面生长一层石墨烯薄膜，接着在其表面旋涂一层厚度可调的 PC 膜；随后通过化学腐蚀去除铜基底，得到G/PC双组分的单层薄膜；然后将若干双组分单层膜叠在一起切成四份，再堆积进行热压，不断重复这一过程，最终得到多层G/PC复合薄膜。由于石墨烯片层的应力传递作用，该复合薄膜的力学性能较纯PC薄膜大幅提升，当石墨烯体积分数为0.185%时，前者有效弹性模量大约为后者的2倍。此外，相比于绝缘的PC薄膜，该复合薄膜还具有优异的导电性能，其电导率为417 S/m。该方法最大的优点在于有效避免了石墨烯局部团聚，实现了石墨烯在有机基质中均匀分散，也可以推广用于组装其他二维纳米材料。值得一提的是，Strano等制备的G/PC复合薄膜不涉及任何界面设计，因此其载荷传递效率仍然较低。

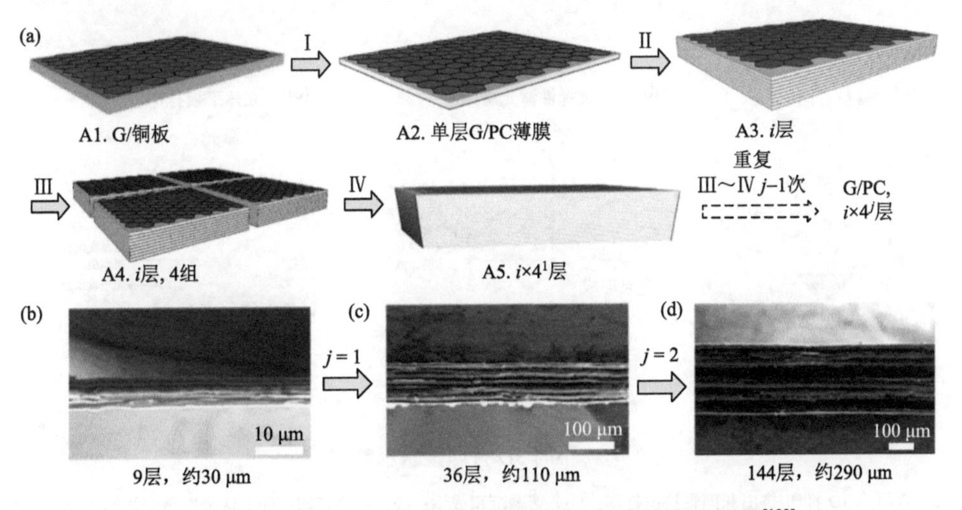

图2-46　裁剪叠层压制制备多层石墨烯-聚碳酸酯复合薄膜[192]

(a) 平面组合复合材料的A4^j叠加方法：(Ⅰ) PC溶液旋转镀膜，蚀刻铜，(Ⅱ) G/PC膜叠加Ⅰ层，(Ⅲ) 切割/折叠，(Ⅳ) 37 MPa和155℃堆叠和热压；(b) 裁剪叠层压制9层复合薄膜横截面对应的SEM照片；(c) 36层复合薄膜横截面对应的SEM照片；(d) 144层复合薄膜横截面对应的SEM照片

6. 增材制造

增材制造技术又称为3D打印技术，它是指将光固化或可黏合的墨水材料在基底上进行逐点或逐层累加的仿生制造方法。一般首先以设计的三维数字模型文件为基础，然后打印墨水材料按照该程序文件在不同的加工路径进行逐层打印，最终形成精美的三维块体材料。它的出现使得构筑多尺度、多层级的复杂结构仿生材料变得简单和快捷。3D打印技术为按需制造定制化材料提供了一个多样化的平台，以分散性和高性价比加法制造具有各种形状的材料。另外，除了作为快速原型制作或定制产品的小型生产的传统用途外，还被广泛应用于光子晶体、组织工程支架、催化等领域。目前，3D打印主要分为直写式打印/挤出和同轴挤出打

印、熔融沉积成型打印、喷墨打印、选择性激光烧结、立体平板打印等[193]，如图 2-47 所示。

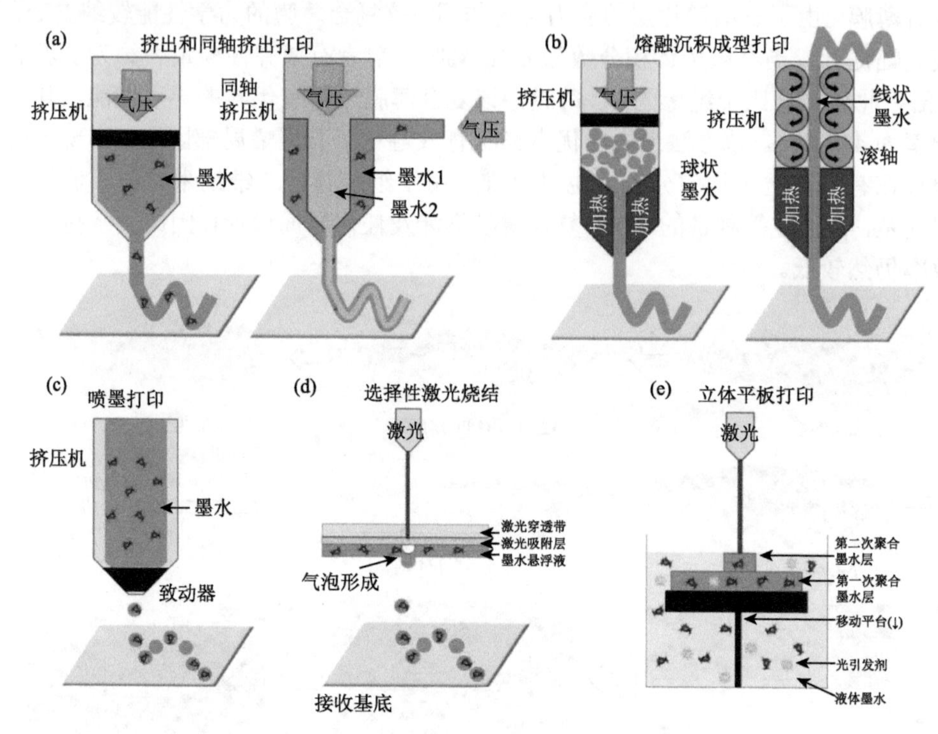

图 2-47 不同 3D 打印技术示意图[193]

（a）直写式 3D 打印/挤出和同轴挤出打印；（b）熔融沉积成型；（c）喷墨打印；（d）选择性激光烧结；（e）立体平板打印

1）直写式 3D 打印

直写式 3D 打印也称挤出式 3D 打印，因为其打印原理简单和材料来源广泛，成为近年来的研究热点，直写式 3D 打印可以制备具有特殊几何形状、尺寸的复合材料[194]。直写式 3D 打印通过喷嘴和前端的 *x*/*y* 运动来传递墨水，从而得到所需的层形状[图 2-48（a）]。第一层打印完成后，喷头向上移动（或接收板向下移动）打印第二层，以此类推。根据打印机型号的不同，挤压是由环形螺杆、空气压缩机或机械活塞引起的。每一种类型的设备都有一个特定的压力范围（较低的环形螺杆和较高的空气压缩机)。这种技术的优点之一是可以很容易地向打印机添加额外的喷墨器，可以交替输送几种不同的墨水材料，也可以输送相同类型的墨水材料，如封装（或不封装）不同类型的生物支架。这对于制造复杂的多层和多区域结构特别有用。该技术也适用于同轴挤出[图 2-47（a）]，产生填充另一种墨水或不同墨水/溶液的鞘套。它与功能性墨水一起在打印时特别有用，打印后将被移除，或者是不含功能性材料但含有交联剂的墨水，会迁移到另一种墨水中以诱导形成凝胶网络[195]。

图 2-48　（a）逐层累积的直写式 3D 打印示意图；（b）3D 打印特殊蜂窝结构光学照片；（c）各向异性粒子在打印喷嘴处因剪切力而排列的原理示意图

直写式 3D 打印成功的关键在于配制的墨水材料以及油墨必须有足够的流动性，以允许在挤压过程中施加的剪切应力下容易流动，同时表现出足够的弹性，以防止流动和变形沉积材料时导致剪切停止。这种流变反应通常是通过化学反应、相变和/或沉积过程之前或之后不久在油墨内的颗粒团聚来实现的。已经有不同的方法来满足这种流变要求。例如，油墨可以配制成凝胶状，当挤压到具有特定液体组成的凝固储层时，它们通常符合典型的牛顿公式，并显示剪切黏度在 10^0～10^2 Pa·s 之间，这取决于所需的特征尺寸。逐层打印一般要求油墨材料具有足够高的储能模量，以防止在重力作用下过度变形。虽然最小储能模量取决于喷头直径、油墨材料密度和跨度距离，但以往报道的值通常高于几个 kPa。除了重力的作用外，毛细力也会导致单丝或多层悬垂结构变形。对于表面张力约为 0.02 N/m 的颗粒负载油墨，最近的研究表明，为了防止单丝的形状变形和曲率半径为 200 μm 的悬垂，需要一个 100 Pa 量级的反向屈服应力[196]。例如，通过将黏土纳米片融入作为聚合物基质的纯环氧树脂中，可以实现打印特殊蜂窝结构的低剪切弹性和屈服应力[图 2-48（b）]。黏土的加入使树脂的流变性由牛顿流体变为黏弹型。含有黏土的树脂被称为基础环氧树脂油墨。其高的储能模量（G'）相对于在低剪切应力下的损耗模量（G''），以及当材料剪切超过屈服应力表征的临界点时模量（流态化）的转变[197]。

2）熔融沉积成型打印

熔融沉积成型（fused deposition modelling，FDM）技术与挤出式打印非常相似，但额外的加热会改变材料在通过打印机头过程中的物理状态，该技术广泛应用于热敏聚合物和塑料[193]。它基于一种材料的熔合，通常是线形或者小球状的聚合物颗粒，然后用打印头来沉积熔化的材料[图 2-47（b）]。因为其简单的打印机理和广泛的打印材料来源，如丙烯腈-丁二烯-苯乙烯共聚物、聚乳酸、聚乙烯、聚对苯二甲酸乙二醇酯、聚碳酸酯、聚酰胺、热塑性弹性体以及玻璃等，熔融沉积成型成为经济效益最好的打印类型之一，并且已经实现了工业化。其他还可以应用的材料有金属、陶瓷。聚合物黏结剂的添加可以使丝状物聚合，然而这样完成的打印产品缺少了纯材料的关键性质。材料是线状的，通过一个加热的挤压针头把它们变为半固体，沉积在移动的平台上[198]。当一层打印完成后，这个平台就会变低，然后重复打印过程直到产品完成。同时，表面瑕疵、密度上的不均一性和丝的直径大小都会影响最终产品的质量。由于层与层之间弱的结合可能会导致最终产品力学强度降低，为了解决这个问题一些方法被采用，如升高打印机内部的温度以固定在这个平台，对最终产品经伽马辐射产生热可逆的 Diels-Alder 反应[199]。

3）喷墨打印

喷墨打印是一种基于液滴的方法，依赖于通过热、压电、静电或电流体动力制动器喷出少量墨水（约 20 mL），如图 2-47（c）所示。由于墨水的表面张力特性，所有这种类型的制动器都能产生液滴。该方法包括在沉积到构建托盘上后立即对液体单体或低聚物液滴进行紫外照射聚合。除了普通的材料外，在打印过程中还可以使用各式各样的支撑材料，以形成悬垂，随后通过简单的洗涤除去[200]。与以挤压为基础的技术生产的连续细丝相比，喷墨打印在局部成分控制方面提供了很多机会。这源于打印出来的液滴的相对比例，这种灵活性能够制造包含具有明确组成和特性的单个体素的异质材料。

4）选择性激光烧结

选择性激光烧结利用激光熔融聚合粉状材料，最初是由 Deckard 和 Beaman 于 1987 年研制开发，选择性激光烧结通过滚筒沉积每层粉末[201]，如金属、陶瓷、塑料等。在一个预先设定的厚度下，在一部分沉积床上，温度被提高到低于金属的熔点。每层图案是由 STL 文件决定的，通过激光有选择性地摹写到这一部分床层上，然后将粉体加热到熔点，之后熔合。一旦这一层完成，这个铸造平台就会在滚轮沉积另一个粉末固定层前下降一层，重复这个过程直到打印完成。多余的粉末会通过压缩空气移除，收集起来备用。选择性激光烧结的分辨率通常是 10～15 μm，主要取决于激光的主要能量和粉末的颗粒尺寸。另外，如果某个打印过程中用到的是金属合金，一般采用选择性激光烧结。

5）立体平板打印

立体平板打印是第一个运用到商业的 3D 打印方法，由 Hull 在 3D Systems 的基础上发展而来。立体平板打印有几种不同的构造方式，但是设备都包括一个桶、可移动的平台、光固化树脂和一个光源。在自由表面布置，如浴盆组态，聚合作用发生在光固化树脂的表面[202]。因此，这个包含光固化树脂的桶有一个平台，这个平台会随着每层在光源下发生聚合作用而下降。照此，产品的高度就会被盛放树脂的容器产生高度限制。在这个组态里的光源习惯上是紫外光，然而最近的研究发现聚焦的发光二极管在可见光谱范围内可以固化树脂。立体平板打印的精度取决于激光斑点的直径以及光固化树脂的吸收性能。在固定表面布置，如螺旋布置或者层状布置，制造平台的方向是和穿过一个透明窗口允许聚合作用发生在树脂容器底部相反的。因此，当一层的聚合作用完成，这个制造平台轻微上移，让液体树脂填满空隙，然后重复上述过程。固定表面布置的固化树脂特别昂贵，只有在量很少的时候具有特别的优势。另外，和自由表面布置相比，固定表面布置的产品高度不受制造平台运动方向的限制。在这种布置中，由于聚合作用的位置，氧阻聚减少，因此最终产品的固化时间更短。

3D 打印作为研究指导不同微/纳结构图案的设计原则和模型系统，可能会为生物仿生材料的制造开辟道路。另外，3D 打印技术在合成组分中复制生物材料结构特征的潜力在于其内在的能力，即以一层一层的方式自下而上在空间上控制局部微观结构和化学成分。有趣的是，这种一层一层的合成方法与生物体在自然界中按顺序沉积物质构建生物材料的方式有共同的特征。这些共同特征包括：①以连续或逐步的方式提供构建块；②确定要组装材料的宏观形状和局部异质性的编程代码；③实现该代码并因此控制沉积的构建模块；④以非均匀分层或像素化结构的形式将沉积材料固定到位的巩固步骤[203]。

总之，因其具有高效、可定制化复杂结构和快速便捷的优点，以 3D 打印技术为代表的增材制造已成为研究不同长度尺度下仿生纳米复合材料模型设计构筑和力学模拟的重要工具。

例如，澳大利亚墨尔本大学 Tran 等[204]提出基于泰森多边形的三维复合材料结构设计、增材制造和建模方法，通过模拟天然珍珠层的“砖-泥”结构，将三维多边形片与有机胶黏剂黏结组装成多层复合材料板，如图 2-49（a）所示。此外，他们从自然界观察到的珍珠层各种复杂几何形状得到启发，设计了具有圆顶三维结构的珍珠层。基于这种新的映射算法，初步的 3D 打印原型与复杂的形状和材料组合被提出来，如图 2-49（b）～（d）所示。最后，他们还提出了另一种新颖的珍珠层状复合材料的数值模型，该模型包括片内黏结键和层间黏结层，以模拟有机聚合物基质。以单轴加载下的天然珍珠层样品为例，验证了珍珠层模型的有效性。最后根据黏结层的分层和片层界面的脱黏情况，对模拟复合材料层的抗爆炸性能进行了数值评估。结果表明，界面黏结有助于仿生层状复合材料吸收来自冲击波的能量，从而最大限度地减少复合材料的塑料损伤。

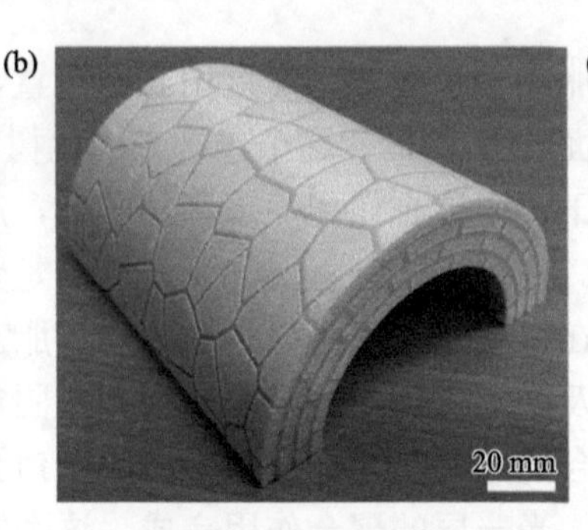

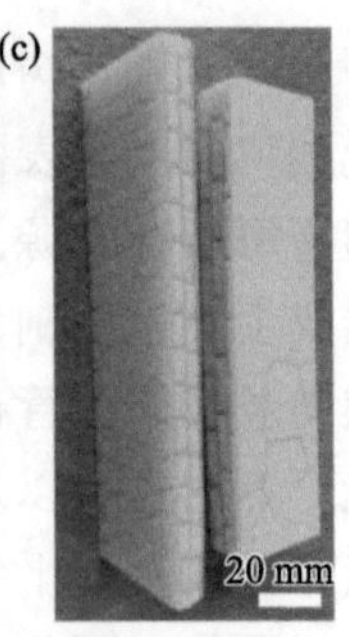

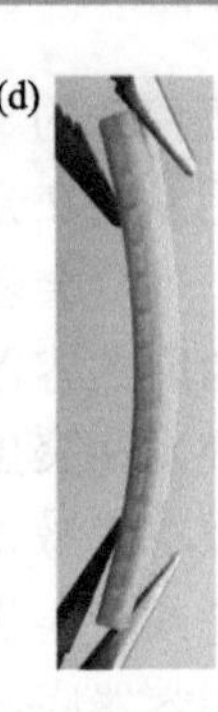

图 2-49 3D 打印不同形状和材料组合的仿珍珠层复合材料[204]

使用丙烯腈丁二烯苯乙烯/聚乳酸-ABS/PLA 复合材料打印的平面（a）和曲面（b）状类珍珠层层状复合材料光学照片；（c，d）使用 ABS-纳米片/聚氨酯胶黏剂打印的复合样品，使珍珠层状结构复合材料具有弹性

另外，利用外场条件（磁场、电场）辅助 3D 打印的方法可以制备多级次、非均相的纳米复合材料。例如，美国东北大学机械与工业工程系 Erb 等[205]首先提出了一种光固化投影磁场辅助 3D 打印技术，通过采用磁性标记技术（在非磁性增强颗粒上涂上氧化铁纳米颗粒），实现了增强颗粒的定向排布，并结合胶体组装和增材制造技术，创建了可定制化的仿生复合增强结构材料（图 2-50），包括模拟了鲍鱼壳的棱柱层和珍珠层结构、雀尾螳螂虾指节周期区的螺旋结构①和哺乳动物皮质骨管周结构的骨单元。这些增强结构的特定方向具有裂纹导向的能力，有助于提高打印仿生材料的强度、刚度和韧性，为复合材料微观结构的增韧机制提供了一种可能的控制方式。美国麻省理工学院 Buehler 等[206]提出了一个 3D 仿生海螺壳原型，该原型可以复制嵌入自然结构中的裂缝阻止机制。通过将模拟、增材制造技术和落塔测试相结合的集成方法，得到了纵横交错的仿生层状结构纳米复合材料原型。该原型能够实现按需的冲击性能增强，与单级层次结构和刚性材料相比，添加第二级跨层层次结构可将冲击性能分别提高 70%和 85%。瑞士苏黎世联邦理工学院 Studart 等[207]同样通过多材料磁场辅助挤出式 3D 打印构筑了具有不同成分的复杂仿生层状结构材料。经四氧化三铁纳米粒子涂覆的氧化铝片和成型用树脂在磁场取向的作用下，打印的构件其上部和底部之间具有相互垂直的取向，在溶胀过程中引起形状变化，可以起到紧固件的作用。借助磁辅助 3D 打印，可以轻松地实现微观结构、宏观形状以及组分设计的一体化，以模仿天然材料的层状结构。另外，Studart 等又将直写式 3D 打印与乳液/泡沫模板相结合实现了毫米和微米尺度上独立控制宏观孔隙的层次化多孔陶瓷材料，通过改性颗粒和聚乙烯醇作为泡沫/乳液稳定剂的组合，将三种不同长度尺度的支撑体作为

① 螳螂虾指节分为 2 个部分，外表面是抗冲击表面的羟基磷灰石纳米颗粒，内部是具有周期性螺旋 Bouligand 结构的几丁质纤维。

承载渗透网络，最终构筑了高强度-质量比的仿生多孔结构材料[208]。美国南加利福尼亚大学 Yang 等[209]采用电场辅助 3D 打印技术构建具有复杂三维形状的珍珠层状多层次结构，最后制备了一个仿鲍鱼壳的防护帽子。在 3D 打印过程中，石墨烯纳米片（GNs）在电场（433 V/cm）的作用下对齐排列，并充当砖块，中间的聚合物基质充当砂浆。3D 打印后对齐的 GNs 仿鲍鱼壳复合材料显示出轻量级的属性（1.06 g/cm^3），同时，该复合材料表现出与天然鲍鱼壳珍珠层相当的韧性和强度[209]。

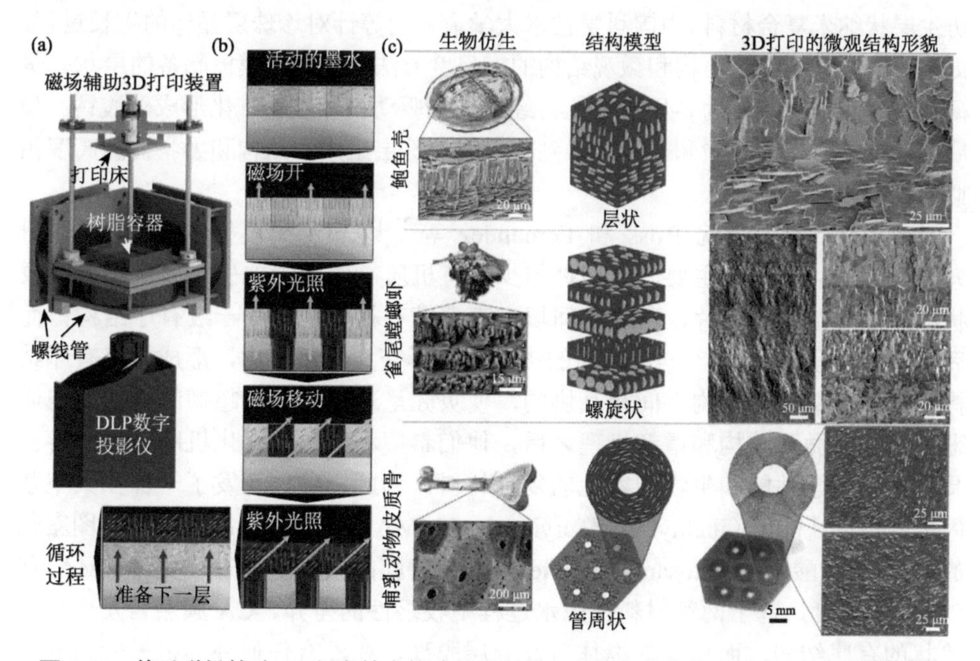

图 2-50 基于磁场辅助 3D 打印技术构建的多级次、非均相生物仿生纳米复合材料[190, 207]

（a）配备螺线管的立体打印平台；（b）磁场控制粒子取向方向和紫外光固化打印材料主要步骤的工作流程示意图；（c）磁场辅助 3D 打印制备的精致仿生生物结构（鲍鱼壳-层状、螳螂虾-螺旋状、骨骼-管周状）例子模型与 SEM 照片

即使 3D 打印技术在制备具有多尺度、多级次结构的仿生材料方面具有显著的优势，但分辨率仍然较低。同时，3D 打印在逐层累加墨水材料时所产生的界面（如层间界面或线条界面）缺陷还需要进一步改进以实现构筑仿生材料的整体性。尽管如此，3D 打印技术已经成为一种独特的工具，可用于探索仿生层状纳米复合材料中提供强化和增韧机制的微结构特征模型。

7. 模板生物矿化生长

众所周知，大自然的生物材料是经过数百万年的进化演变形成的。传统仿生材料的制造策略主要集中在模拟结构和界面设计上，而天然材料的一些细节很容易被相对有限的制造水平所忽视。此外，一些现有的技术需要极高的温度、高压或其他恶劣的条件，而不是温和的外部环境。近年来，越来越多的科学家也开始关注通过环境友好型生物策略制备人工材料，在温和的条件下获得性能卓越的仿生材料。因此，利用生物模板作为模型来复制它们独特结构的概念被提出来，即模板生物矿化生长[210]。

英国剑桥大学 Steiner 等[127]通过生物矿化与层层组装相结合的策略，构筑了在微观结构、组分、机械性能、光学特性上与天然鲍鱼壳珍珠层材料极为相似的仿生层状纳米复合材料。中国科学技术大学俞书宏等针对珍珠层晶体的生长过程，提出了同时控制纳米结构和微观结构的多尺度方法。利用冰模板制备的层状壳聚糖基质经乙酰化转化为β-甲壳素，再经蠕动泵驱动循环生物矿化形成碳酸钙。最后，通过丝素蛋白浸渍和热压，得到与天然珍珠层组成、结构和力学性能高度相似的人工珍珠层[211]。

美国麻省理工学院 Ross 和 Fernandez 等[212]以贝壳为模型体系进行扩展研究，发现其化学组成主要为碳酸钙与少量有机质。碳酸钙首先形成表面有波纹状有序微观结构的薄片，薄片之间填充壳聚糖有机质，形成一级有序结构，而后各个薄层呈现出 30°～40°之间的“人”字形交叉互锁结构，形成二级有序结构。这种多级有序结构之间相互协同，使贝壳呈现出超强、超韧的特性。在明晰了贝壳的微观结构和增韧机理之后，他们希望利用生物矿化机制仿生制备出具有优异力学性能和生物相容性的复合材料。为此，他们开发了一种在聚甲基丙烯酸甲酯［poly（methyl methacrylate），PMMA］基材表面制备并剥离图案化的壳聚糖-碳酸钙（chitosan-aragonite，CA）薄膜的策略。通过优化 PMMA 和 CA 膜的厚度，基于两种材料在脱水过程中收缩性的差异，CA 膜会自发形成波浪状的有序结构，而后与支撑体自发分层脱离，在没有任何外界机械应力介入的情况下，这种方法可以制备 7 μm 厚的 CA 膜，并可以实现在水平尺度上毫米级的制备，如图 2-51（a）～（c）所示。

同时，为了得到更高级的有序“互锁结构”，他们将制备好的 CA 膜在丝素蛋白的溶液中依次堆叠，将丝素蛋白均匀分散在各层 CA 膜中，形成 CA 膜与丝素蛋白的层层交替组装结构，成功制备了 CA 膜-丝素蛋白层压板。研究者将近 300 个 CA 膜堆叠在一起，并利用其中的丝素蛋白将这些膜黏合在一起。与此同时，这种制造方法也使相邻 CA 膜带有波浪状有序突起的面彼此相连，从而形成了 CA 膜的横向“互锁”排列，构成了更高级的有序结构。将这种交替层状复合材料压缩并在温和的环境条件下逐渐干燥形成 1.5 mm 厚的层状复合材料，其中矿化物含量达到 70%以上，如图 2-51（d）和（e）所示。

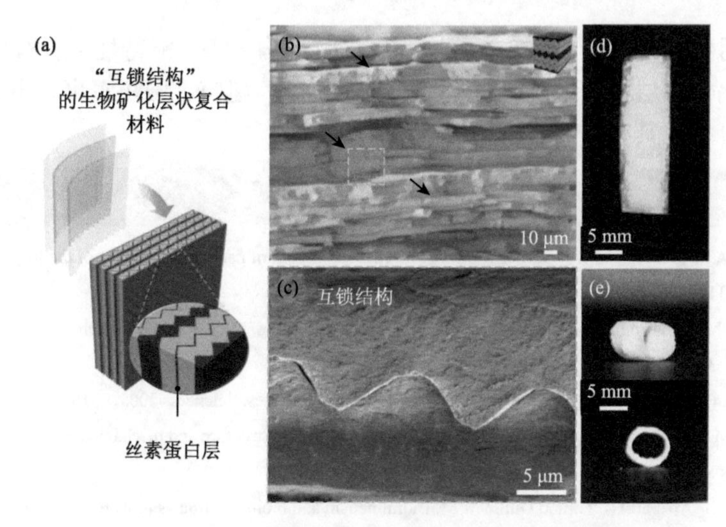

图 2-51 （a）通过叠加带图案 CA 薄膜和渗透丝素蛋白溶液模板法制备仿生层状纳米复合材料的示意图；（b）CA 薄膜复合材料的横截面 SEM 照片；（c）复合材料各层之间“互锁结构”的 SEM 照片；（d，e）生物矿化复合材料的光学照片

2.3 展望

天然鲍鱼壳珍珠层精妙的“砖-泥”结构和丰富的界面作用作为仿生材料领域的黄金标准，近几十年来一直是科学家模仿和设计的主题。尽管仿鲍鱼壳珍珠层状纳米复合材料的工作已经取得了一定的进展，如利用冰模板技术将三氧化二铝二维纳米片和聚合物定向排列构筑的仿生层状纳米复合材料具有优异的断裂韧性，甚至超越了鲍鱼壳珍珠层。然而，如何将珍珠层的多级次结构和界面特性融入仿生设计方面仍然面临许多挑战。一方面，缺乏对微/纳米结构特征、可扩展性控制。例如，为了规模化制造，整个仿生层状纳米复合材料的微观结构和体积需要保持一致性，以避免局部缺陷导致材料的应力集中。目前的许多制备方法，如层层组装和真空抽滤技术，既费时又费力。虽然 3D 打印技术不断突破这一界限，但长度尺度和分辨率仍不足。另一方面，对界面的设计控制是一个主要的挑战。现有仿生层状纳米复合材料研究工作的界面设计还无法达到珍珠层的多元界面（有机物、矿物桥和文石片表面纳米凸起等）协同作用效果。因此，需要进一步开发快速、大面积连续化的制备技术，优化组装基元材料的选择，提高增强相的含量及仿生材料的均匀性和致密性。例如，可以通过小尺度纳米材料填充、外力诱导取向和纳米限域等策略降低仿生层状纳米复合材料的孔隙率以提高其力学强度和韧性。

最后，在制备过程中加入具有导电、导热或电磁屏蔽等效应的基元纳米材料，模仿并利用生物材料的自修复、响应驱动以及结构色等功能特性。所构筑的结构/功能一体化仿生层状纳米复合材料将在航空航天、建筑、国防军事、电子器件和生物医药等领域具有广阔的应用前景。

参考文献

[1] Jackson A P，Vincent J F V，Turner R M. The mechanical design of nacre. Proceedings of the Royal Society B，1988，234：415-440.

[2] Sarikaya M. An introduction to biomimetics：A structural viewpoint. Microscopy Research & Technique，1994，27（5）：360-375.

[3] Mayer G. Rigid biological systems as models for synthetic composites. Science，2005，310（5751）：1144-1147.

[4] Meyers M A，Chen P Y，Lin A Y M，et al. Biological materials：Structure and mechanical properties. Progress in Materials Science，2008，53：1-206.

[5] Sanchez C，Arribart H，Giraud Guille M M. Biomimetism and bioinspiration as tools for the design of innovative materials and systems. Nature Materials，2005，4：277-288.

[6] Fratzl P. Biomimetic materials research：what can we really learn from nature's structural materials？Journal of the Royal Society Interface，2007，4：637-642.

[7] Huebsch N，Mooney D J. Inspiration and application in the evolution of biomaterials. Nature，2009，462：426-432.

[8] Barthelat F. Biomimetics for next generation materials. Philosophical Transactions of the Royal Society A，2007，365：2907-2919.

[9] Bhushan B. Biomimetics：lessons from nature-an overview. Philosophical Transactions of the Royal Society A，2009，367：1445-1486.

[10] Barthelat F，Zhu D J. A novel biomimetic material duplicating the structure and mechanics of natural nacre. Journal Materials Research，2011，26：1203-1215.

[11] Chen P Y，McKittrick J，Meyers M A. Biological materials：Functional adaptations and bioinspired designs. Progress in Materials Science，2012，57：1492-1704.

[12] Barthelat F. Growing a synthetic mollusk shell. Science，2016，354（6308）：32-33.

[13] Zaremba C M，Belcher A M，Fritz M，et al. Critical transitions in the biofabrication of abalone shells and flat pearls. Chemical Materials，1996，8：679-690.

[14] Meyers M A，Lin A Y M，Chen P Y，et al. Mechanical strength of abalone nacre：Role of the soft organic layer. Journal of the Mechanical Behavior of Biomedical Materials，2008，1：76-85.

[15] Meyers M A，Chen P Y，Lopez M I，et al. Biological materials：A materials science approach. Journal of the Mechanical Behavior of Biomedical Materials，2011，4：626-657.

[16] Meyers M A，Lim C T，Li A，et al. The role of organic intertile layer in abalone nacre. Materials Science and Engineering C，2009，29：2398-2410.

[17] Barthelat F，Tang H，Zavattieri P D，et al. On the mechanics of mother-of-pearl：A key feature in the material hierarchical structure. Journal of the Mechanics and Physics of Solids，2007，55：306-337.

[18] Lin A Y M，Meyers M A，Vecchio K S. Mechanical properties and structure of *Strombus gigas*，*Tridacna gigas*，and *Haliotis rufescens* sea shells：A comparative study. Materials Science and Engineering C，2006，26：1380-1389.

[19] Barthelat F，Espinosa H D. An experimental investigation of deformation and fracture of nacre-mother of pearl.

Experimental Mechanics，2007，47：311-324.

[20] Yao H B，Fang H Y，Wang X H，et al. Hierarchical assembly of micro-/nano-building blocks：Bio-inspired rigid structural functional materials. Chemical Society Reviews，2011，40：3764-3785.

[21] Wang J F，Cheng Q F，Tang Z Y. Layered nanocomposites inspired by the structure and mechanical properties of nacre. Chemical Society Reviews，2012，41：1111-1129.

[22] Oaki Y Y，Imai H. The hierarchical architecture of nacre and Its mimetic material. Angewandte Chemie International Edition，2005，44：6571 -6575.

[23] Hou W T，Feng Q L. Crystal orientation preference and formation mechanism of nacreous layer in mussel. Journal of Crystal Growth，2003，258：402-408.

[24] Manne S，Zaremba C M，Giles R，et al. Atomic force microscopy of the nacreous layer in mollusc shells. Proceedings of the Royal Society B，1994，256（1345）：17-23.

[25] Wang R Z，Suo Z，Evans A G，et al. Deformation mechanisms in nacre. Journal of Materials Research，2001，16：2485-2493.

[26] Hedegaard C. Shell structures of the recent Vetigastropoda. Journal Molluscan Studies，1997，63（3）：369-377.

[27] Hedegaard C，Wenk H R. Microstructure and texture patterns of mollusc shells. Journal Molluscan Studies，1998，64（1）：133-136.

[28] Chateigner D，Hedegaard C，Wenk H R. Mollusc shell microstructures and crystallographic textures. Journal of Structural Geology，2000，22：1723-1735.

[29] Currey J D. Mechanical properties of mother of pearl in tension. Proceedings of the Royal Society B，1977，196（1125）：443-463.

[30] Yourdkhani M，Pasini D，Barthelat F. Multiscale mechanics and optimization of gastropod shells. Journal of Bionic Engineering，2011，8：357-368.

[31] Barthelat F，Li C M，Comi C，et al. Mechanical properties of nacre constituents and their impact on mechanical performance. Journal Materials Research，2006，21：1977-1986.

[32] Barthelat F，Yin Z，Buehler M J. Structure and mechanics of interfaces in biological materials. Nature Reviews Materials，2016，1（4）：16007.

[33] Marin F，Luquet G，Marie B，et al. Molluscan shell proteins：primary structure，origin，and evolution. Current Topics in Developmental Biology，2008，80：209-276.

[34] Weiss I M，Kaufmann S，Heiland B，et al. Covalent modification of chitin with silk-derivatives acts as an amphiphilic self-organizing template in nacre biomineralisation. Journal of Structural Biology，2009，167（1）：68-75.

[35] Suetake T，Tsuda S，Kawabata S I，et al. Chitin-binding proteins in invertebrates and plants comprise a common chitinbinding structural motif. Journal of Biological Chemistry，2000，275（24）：17929-17932.

[36] Suzuki M，Saruwatari K，Kogure T，et al. An acidic matrix protein，Pif，is a key macromolecule for nacre formation. Science，2009，325（5946）：1388-1390.

[37] Laaksonen P，Walther A，Malho J M，et al. Genetic engineering of biomimetic nanocomposites：Diblock proteins，graphene，and nanofibrillated cellulose. Angewandte Chemie International Edition，2011，50：8688-8691.

[38] Schäffer T E，Zanetti C I，Proksch R，et al. Does abalone nacre form by heteroepitaxial nucleation or by growth through mineral bridges?. Chemical Materials，1997，9（8）：1731-1740.

[39] Cartwright J H E，Checa A G. The dynamics of nacre self-assembly. Journal of the Royal Society Interface，2007，4：491-504.

[40] Song F，Bai Y L. Mineral bridges of nacre and its effects. Acta Mechanica Sinica，2001，17：251-257.

[41] Song F，Soh A K，Bai Y L. Structural and mechanical properties of the organic matrix layers of nacre. Biomaterials，2003，24：3623-3631.

[42] Checa A G，Cartwright J H E，Willinger M G. Mineral bridges in nacre. Journal of Structural Biology，2011，176：330-339.

[43] Lin A Y M，Chen P Y，Meyers M A. The growth of nacre in the abalone shell. Acta Biomaterials，2008，4：131-138.

[44] Song F，Zhang X H，Bai Y L. Microstructure and characteristics in the organic matrix layers of nacre. Journal of Materials Research，2002，17：1567-1570.

[45] Lin A Y M. Structural and functional biological materials：abalone nacre，sharp materials，and abalone foot adhesion. San Diego：University of California，2008.

[46] Kalisman Y L，Falini G，Addadi L，et al. Structure of the nacreous organic matrix of a bivalve mollusk shell examined in the hydrated state using cryo-TEM. Journal of Structural Biology，2001，135：8-17.

[47] Smith B L，Schäffer T E，Viani M，et al. Molecular mechanistic origin of the toughness of natural adhesives，fibres and composites. Nature，1999，399：761-763.

[48] Vincent J F V，Wegst U G K. Design and mechanical properties of insect cuticle. Arthropod Structure & Development，2004，33：187-199.

[49] Lopez M I，Chen P Y，McKittrick J，et al. Growth of nacre in abalone：Seasonal and feeding effects. Materials Science and Engineering C，2011，31：238-245.

[50] Li X D，Chang W C，Chao Y J，et al. Nanoscale structural and mechanical characterization of a natural nanocomposite material：The shell of red abalone. Nano Letters，2004，4：613-617.

[51] Li X D，Xu Z H，Wang R Z. *In situ* observation of nanograin rotation and deformation in nacre. Nano Letters，2006，6：2301-2304.

[52] Ortiz C，Boyce M C. Bioinspired structural materials. Science，2008，319：1053-1054.

[53] Verma D，Katti K，Katti D. Nature of water in nacre：A 2D Fourier transform infrared spectroscopic study. Spectrochimica Acta Part A：Molecular and Biomolecular Spectroscopy，2007，67：784-788.

[54] Shen X Y，Belcher A M，Hansma P K，et a1. Molecular cloning and characterization of Lustrin A，a matrix protein from shell and pearl nacre of Haliotis rufescens. The Journal of Biological Chemistry，1997，272（51）：32472-32481.

[55] 张学骜，王建方，吴文健，等. 贝壳珍珠层生物矿化及其对仿生材料的启示. 无机材料学报，2006，21（2）：257-266.

[56] Feng Q L，Cui F Z，Pu G. Crystal orientation，toughening mechanisms and a mimic of nacre. Materials Science and Engineering C，2000，1：19-25.

[57] Wada K. The crystalline structure on the nacre of pearl oyster shell. Bulletin of the Japanese Society of Scientific Fisherie，1958，24（6-7）：422-427.

[58] Wada K. On the arrangement of aragonite crystals in the inner layer of the nacre. Bulletin of the Japanese Society of Scientific Fisherie，1959，25（5）：342-345.

[59] Watabe N，Wilbur K M. Influence of the organic matrix on crystal type in molluscs. Nature，1960，188：334.

[60] Menig R，Meyers M H，Meyers M A，et al. Quasi-static and dynamic mechanical response of *Haliotis rufescens*（abalone）shells. Acta Materialia，2000，45：2383-2398.

[61] Lin A Y M，Meyers M A. Growth and structure in abalone shell. Materials Science and Engineering A，2005，390：27-41.

[62] Wada K. Studies on the mineralization of the calcified tissues. Ⅶ. Histological and histochemical demonstration of the organic matrices in molluscan shells. Bull Natl Pearl Res Lab，1964，9：1087-1098.

[63] Wada K. Studies on the mineralization of the calcified tissue in molluscs-Ⅻ. Bulletin of the Japanese Society of Scientific Fisherie，1966，32（4）：304-311.

[64] Addadi L，Moradian J，Shay E，et al. A chemical model for the cooperation of sulfates and carboxylates in calcite crystal nucleation：Relevance to biomineralization. Proceedings of the National Academy of Sciences，1987，84（9）：2732-2736.

[65] Simkiss K，Wilbur K M. Biomineralization：Cell biology and mineral deposition. The Quarterly Review of Biology，1991，66（1）：75.

[66] Nakahara H. Calcification of gastropod nacre//Westbroek P，De Jong E W. Biomineralization and Biological Metal Accumulation. Dordrecht：D. Reidel Publishing Company，1982：225-230.

[67] Nakahara H. Nacre formation in bivalve and gastropod molluscs//Suga S，Nakahara H. Mechanisms and Phylogeny of Mineralizaion in Biological Systems. Tokyo：Springer，1991：343-350.

[68] Luz G M，Mano J F. Mineralized structures in nature：Examples and inspirations for the design of new composite materials and biomaterials. Composites Science and Technology，2010，70：1777-1788.

[69] Blank S，Arnoldi M，Khoshnavaz S，et al. The nacre protein perlucin nucleates growth of calcium carbonate crystals. Journal of Microscopy，2003，212：280-291.

[70] Qiao L，Feng Q L，Lu S S. *In vitro* growth of nacre-like tablet forming：From amorphous calcium carbonate，nanostacks to hexagonal tablets. Crystal Growth & Design，2008，8：1509-1514.

[71] Jackson D J，McDougall C，Woodcroft B，et al. Parallel evolution of nacre building gene sets in molluscs. Molecular Biology and Evolution，2010，27（3）：591-608.

[72] Nudelman F，Gotliv B A，Addadi L，et al. Mollusk shell formation：Mapping the distribution of organic matrix components underlying a single aragonitic tablet in nacre. Journal of Structural Biology，2006，153：176-187.

[73] Fritz M，Belcher A. M，Radmacher M，et al. Flat pearls from bio fabrication of organized composites on inorganic substrates Nature，1994，371：49-51.

[74] Tan T，Wong D，Lee P. Iridescence of a shell of mollusk *Haliotis Glabra*. Optics Express，2004，12（20）：4847-4854.

[75] Weiner S，Addadi L. Design strategies in mineralized biological materials. Journal of Materials Chemistry，1997，7：689-702.

[76] Xie L P，Zhu F J，Zhou Y J，et al. Molecular approaches to understand biomineralization of shell nacreous layer. Progress in Molecular and Subcellular Biology，2011，52：331-352.

[77] Checa A G，Cartwright J H E，Willinger M G. The key role of the surface membrane in why gastropod nacre grows in towers. Proceedings of the National Academy of Sciences，2009，106：38-43.

[78] Snow M，Pring A. The mineralogical microstructure of shells：Part 2. The iridescence colors of abalone shells. American Mineralogist，2005，90（11-12）：1705-1711.

[79] Espinosa H D，Rim J E，Barthelat F，et al. Merger of structure and material in nacre and bone-Perspectives on *de novo* biomimetic materials. Progress in Materials Science，2009，54：1059-1100.

[80] Leung H M，Sinha S K. Scratch and indentation tests on seashells. Tribology International，2009，42：40-49.

[81] Stempflé P，Brendlé M. Tribological behaviour of nacre influence of the environment on the elementary wear processes. Tribology International，2006，39：1485-1496.

[82] Stempflé P，Djilali T，Njiwa R K，et al. Thermal-induced wear mechanisms of sheet nacre in dry friction. Tribology

Letters，2009，35：97-104.

[83] Bruet B J F，Qi H J，Boyce M C，et al. Nanoscale morphology and indentation of individual nacre tablets from the gastropod mollusc Trochus niloticus. Journal of Materials Research，2005，20：2400-2419.

[84] Katti K S，Mohanty B，Katti D R. Nanomechanical properties of nacre. Journal of Materials Research，2006，21：1237-1242.

[85] Mohanty B，Katti K S，Katti D R，et al. Dynamic nanomechanical response of nacre. Journal of Materials Research，2006，21：2045-2051.

[86] Katti D R，Katti K S. 3D finite element modeling of mechanical response in nacre-based hybrid nanocomposites. Journal of Materials Science，2001，36：1411-1417.

[87] Drezner H M，Shilo D，Dorogoy A，et al. Nanometer-scale mapping of elastic modules in biogenic composites：The nacre of mollusk shells. Advanced Functional Materials，2010，20：2723-2728.

[88] Mohanty B，Katti K S，Katti D R. Experimental investigation of nanomechanics of the mineral-protein interface in nacre. Mechanics Research Communications，2008，35：17-23.

[89] Ritchie R O. The conflicts between strength and toughness. Nature Materials，2011，10：817-822.

[90] Liu Z Q，Meyers M A，Zhang Z Z，et al. Functional gradients and heterogeneities in biological materials：Design principles，functions，and bioinspired applications. Progress in Materials Science，2017，88：467-498.

[91] McMeeking R M，Evans A G. Mechanics of transformation toughening in brittle materials. Journal of the American Ceramic Society，1982，65：242-246.

[92] Saxena A. Nonlinear fracture mechanics. 1998. Boca Raton：CRC Press.

[93] ASTM Standard E399-05：standard test method for linear elastic plane-strain fracture toughness K_{IC} of metallic materials. 2005.

[94] ASTM ASTM standard E 1820-01：Standard test method for measurement of fracture toughness. 2004.

[95] Launey M E，Munch E，Alsem D H，et al. Designing highly toughened hybrid composites through nature-inspired hierarchical complexity. Acta Materialia，2009，10：2919-2932.

[96] 陈篪. 三点弯曲断裂韧度试样的应力强度因子 K_J. 力学学报，1974，10（3）：121-124.

[97] Cartwright J H E，Checa A G，Escribano B，et al. Spiral and target patterns in bivalve nacre manifest a natural excitable medium from layer growth of a biological liquid crystal. Proceedings of the National Academy of Sciences，2009，106：10499-10504.

[98] Lopes-Lima M，Rocha A，Goncxalves F，et al. Microstructural characterization of inner shell layers in the freshwater bivalve *Anodonta cygnea*. Journal of Shellfish Research，2010，29：969-973.

[99] Wang Z，Wen H B，Cui F Z，et al. Observations of damage morphologies in nacre during deformation and fracture. Journal of Materials Science，1995，30：2299-2304.

[100] Wang R Z，Gupta H S. Deformation and fracture mechanisms of bone and nacre. Annual Review of Materials Research，2011，41：41-73.

[101] Sarikaya M. An introduction to biomimetics：a structural viewpoint. Microscopy Research and Technique，1994，27：360-375.

[102] Evans A G，Suo Z，Wang R Z，et al. Hutchinson. Model for the robust mechanical behavior of nacre. Journal of Materials Research，2001，16：2475-2484.

[103] Mayer G. New toughening concepts for ceramic composites from rigid natural materials. Journal of the Mechanical Behavior of Biomedical Materials，2011，4：670-681.

[104] Rousseau M，Lopez E，Coute´A，et al. Sheet nacre growth mechanism：A Voronoi model. Journal of Structural

Biology，2005，149：149-215.

[105] Yao N，Epstein A，Akey A. Crystal growth via spiral motion in abalone shell nacre. Journal of Materials Research，2006，21：1939-1946.

[106] Wegst U G，Bai H，Saiz E，et al. Bioinspired structural materials. Nature Materials，2015，14：23-36.

[107] Li L，Weaver J C，Ortiz C. Hierarchical structural design for fracture resistance in the shell of the pteropod Clio pyramidata. Nature Communications，2015，6：6216.

[108] Launey M E，Ritchie R O. On the fracture toughness of advanced materials. Advanced Materials，2009，21：2103.

[109] Huang Z W，Li H Z，Pan Z L，et al. Uncovering high-strain rate protection mechanism in nacre. Scientific Reports，2011，1：148.

[110] Li L，Ortiz C. Pervasive nanoscale deformation twinning as a catalyst for efficient energy dissipation in a bioceramic armour. Nature Materials，2014，13：501-507.

[111] Shin Y A，Yin S，Li X Y，et al. Nanotwin-governed toughening mechanism in hierarchically structured biological materials. Nature Communications，2016，7：10772.

[112] Meyers M A，McKittrick J，Chen P Y. Structural biological materials：Critical mechanics-materials connections. Science，2013，339：773-779.

[113] Peng J S，Cheng Q F. High-performance nanocomposites inspired by nature. Advanced Materials，2017，29：1702959.

[114] Zhang Y Y，Gong S S，Zhang Q，et al. Graphene-based artificial nacre nanocomposites. Chemical Society Reviews，2016，45：2378-2395.

[115] Richardson J J，Cui J，Björnmalm M，et al. Innovation in layer-by-layer assembly. Chemical Reviews，2016，116：14828-14867.

[116] Richardson J J，Björnmalm M，Caruso F. Technology-driven layer-by-layer assembly of nanofilms. Science 2015，348：aaa2491.

[117] Decher G. Fuzzy nanoassemblies：Toward layered polymeric multicomposites. Science，1997，277：1232-1237.

[118] Fu J S，Zhang M J，Jin L，et al. Enhancing interfacial properties of carbon fibers reinforced epoxy composites via Layer-by-layer self assembly GO/SiO_2 multilayers films on carbon fibers surface. Applied Surface Science，2019，470：543-554.

[119] Fu J S，Zhang M J，Liu L，et al. Layer-by-layer electrostatic self-assembly silica/graphene oxide onto carbon fiber surface for enhance interfacial strength of epoxy composites. Materials Letters，2019，236：69-72.

[120] Ott P，Trenkenschuh K，Gensel J，et al. Free-standing membranes via covalent cross-linking of polyelectrolyte multilayers with complementary reactivity. Langmuir，2010 26：18182-18188.

[121] Caruso F，Caruso R A，Möhwald H. Nanoengineering of inorganic and hybrid hollow spheres by colloidal templating. Science，1998，282：1111-1114.

[122] Donath E，Sukhorukov G B，Caruso F，et al. Novel hollow polymer shells by colloid-templated assembly of polyelectrolytes. Angewandte Chemie International Edition，1998，37：2201-2205.

[123] Zhang X，Chen H，Zhang H. Layer-by-layer assembly：From conventional to unconventional methods. Chemical Communications，2007，2007：1395-1405.

[124] Tang Z，Kotov N A，Magonov S，et al. Nanostructured artificial nacre. Nature Materials，2003，2：413-418.

[125] Podsiadlo P，Kaushik A K，Arruda E M，et al. Ultrastrong and stiff layered polymer nanocomposites. Science，2007，318：80-83.

[126] Podsiadlo P，Arruda E M，Kheng E，et al. LBL assembled laminates with hierarchical organization from nano-to

microscale：High-toughness nanomaterials and deformation imaging. ACS Nano，2009，3（6）：1564-1572.

[127] Finnemore A，Cunha P，Shean T，et al. Biomimetic layer-by-layer assembly of artificial nacre. Nature Communications，2011，3：966.

[128] Wang J，Qiao J，Wang J，Zhu Y，Jiang L. Bioinspired hierarchical alumina-graphene oxide-poly（vinyl alcohol）artificial nacre with optimized strength and toughness. ACS Applied Materials Interfaces，2015，7：9281-9286.

[129] Bonderer L J，Studart A R，Gauckler L J. Bioinspired design and assembly of platelet reinforced polymer films. Science，2008，319（5866）：1069-1073.

[130] Shu Y Q，Yin P G，Liang B L. Bioinspired design and assembly of layered double hydroxide/poly（vinyl alcohol）film with high mechanical performance. ACS Applied Materials & Interfaces，2014，6：15154-15161.

[131] Kharlampieva K，Kozlovskaya V，Gunawidjaja R，et al. Flexible silk-inorganic nanocomposites：From transparent to highly reflective. Advanced Functional Materials，2010，20：840-846.

[132] Yao H B，Fang H Y，Tan Z H，et al. Biologically inspired，strong，transparent，and functional layered organic-inorganic hybrid films. Angewandte Chemie International Edition，2010，49：2140-2145.

[133] Wang J F，Cheng Q F，Lin L，et al. Understanding the relationship of performance with nanofiller content in the biomimetic layered nanocomposites.Nanoscale，2013，5：6356-6362.

[134] Wang J F，Cheng Q F，Lin L，et al. Synergistic toughening of bioinspired poly（vinyl alcohol）-clay-nanofibrillar cellulose artificial nacre. ACS Nano，2014，8（3）：2739-2745.

[135] Gong S S，Cui W，Zhang Q，et al. Integrated ternary bioinspired nanocomposites via synergistic toughening of reduced graphene oxide and double-walled carbon nanotubes. ACS Nano，2015，9（12）：11568-11573.

[136] Zhu W K，Cong H P，Yao H B，et al. Bioinspired，ultrastrong，highly biocompatible，and bioactive natural polymer/graphene oxide nanocomposite films. Small，2015，11：4298-4302.

[137] Cheng Q F，Huang C J，Tomsia A P. Freeze casting for assembling bioinspired structural materials. Advanced Materials，2017，29（45）：1703155.

[138] Halloran J. Materials science. Making better ceramic composites with ice. Science，2006，311（5760）：479-480.

[139] Studart A R. Bioinspired ceramics：Turning brittleness into toughness. Nature Materials，2014，13（5）：433-435.

[140] Bai H，Wang D，Delattre B，et al. Biomimetic gradient scaffold from ice-templating for self-seeding of cells with capillary effect. Acta Biomaterialia，2015，20：113-119.

[141] Deville S. Freeze-casting of porous ceramics：A review of current achievements and issues. Advanced Engineering Materials，2008，10（3）：155-169.

[142] Deville S，Saiz E，Nalla R K，et al. Freezing as a path to build complex composites. Science，2006，311（5760）：515-518.

[143] Deville S. Ice-templating，freeze casting：Beyond materials processing. Journal of Materials Research，2013，28（17）：2202-2219.

[144] Qian L，Zhang H. Controlled freezing and freeze drying：A versatile route for porous and micro-/nano-structured materials. Journal of Chemical Technology & Biotechnology，2011，86（2）：172-184.

[145] He Z，Liu K，Wang J. Bioinspired materials for controlling ice nucleation，growth，and recrystallization. Accounts of Chemical Research，2018，51（5）：1082-1091.

[146] Yang J，Yang W，Chen W，et al. An elegant coupling：Freeze-casting and versatile polymer composites. Progress in Polymer Science，2020，109：101289.

[147] Moritz T，Richter H J. Ceramic bodies with complex geometries and ceramic shells by freeze casting using ice as mold material. Journal of the American Ceramic Society，2006，89（8）：2394-2398.

[148] Peko C，Groth B，Nettleship I. The effect of polyvinyl alcohol on the microstructure and permeability of freeze-cast alumina. Journal of the American Ceramic Society，2010，93（1）：115-120.

[149] Preiss A，Su B，Collins S，et al. Tailored graded pore structure in zirconia toughened alumina ceramics using double-side cooling freeze casting. Journal of the European Ceramic Society，2012，32（8）：1575-1583.

[150] Ruan Q，Liberman D，Zhang Y，et al. Assembly of layered monetite-chitosan nanocomposite and its transition to organized hydroxyapatite. ACS Biomaterials Science & Engineering，2016，2（6）：1049-1058.

[151] Zhang Y，Hu L，Han J，et al. Freeze casting of aqueous alumina slurries with glycerol for porous ceramics. Ceramics International，2010，36（2）：617-621.

[152] Wegst U G，Schecter M，Donius A E，et al. Biomaterials by freeze casting. Philosophical Transactions of the Royal Society A，2010，368：2099-2121.

[153] Waschkies T，Oberacker R，Hoffmann M J. Control of lamellae spacing during freeze casting of ceramics using double-side cooling as a novel processing route. Journal of the American Ceramic Society，2009，92：79-84.

[154] Bai H，Walsh F，Gludovatz B，et al. Bioinspired hydroxyapatite/poly（methyl methacrylate）composite with a nacre-mimetic architecture by a bidirectional freezing method. Advanced Materials，2016，28（1）：50-56.

[155] Shao G F，Hanaor D A H，Shen X D，et al. Freeze casting：From low-dimensional building blocks to aligned porous structures—A review of novel materials，methods，and applications. Advanced Materials，2020：1907176.

[156] Gao H L，Xu L，Long F，et al. Macroscopic free-standing hierarchical 3D architectures assembled from silver nanowires by ice templating. Angewandte Chemie International Edition，2014，53：4561-4566.

[157] Xie X，Zhou Y，Bi H，et al. Large-range control of the microstructures and properties of three-dimensional porous graphene. Scientific Reports，2013，3：2117.

[158] Wang Y，Gawryla M D，Schiraldi D A. Effects of freezing conditions on the morphology and mechanical properties of clay and polymer/clay aerogels. Journal of Applied Polymer Science，2013，129：1637-1641.

[159] Pot M W，Faraj K A，Adawy A，et al. Versatile wedge-based system for the construction of unidirectional collagen scaffolds by directional freezing：practical and theoretical considerations. ACS Applied Materials & Interfaces，2015，7：8495-8505.

[160] Mi H Y，Jing X，Politowicz A L，et al. Highly compressible ultra-light anisotropic cellulose/graphene aerogel fabricated by bidirectional freeze drying for selective oil absorption. Carbon，2018，132：199-209.

[161] Wang C H，Chen X，Wang B，et al. Freeze-casting produces a graphene oxide aerogel with a radial and centrosymmetric structure. ACS Nano，2018，12：5816-5825.

[162] Yin K，Divakar P，Wegst U K. Freeze-casting porous chitosan ureteral stents for improved drainage. Acta Biomaterialia，2019，84：231-241.

[163] Su F，Mok J，McKittrick J. Radial-concentric freeze casting inspired by porcupine fish spines. Ceramics，2019，2：161-179.

[164] Cheng Q F，Jiang L. Mimicking nacre by ice templating. Angewandte Chemie International Edition，2017，56，934-935.

[165] Munch E，Launey M E，Alsem D H，et al. Tough，bio-inspired hybrid materials. Science，2008，322（5907）：1516-1520.

[166] Zhao H，Yue Y，Guo L，et al. Cloning nacre's 3D interlocking skeleton in engineering composites to achieve exceptional mechanical properties. Advanced Materials，2016，28（25）：5099-5105.

[167] Bai H，Chen Y，Delattre B，et al. Bioinspired large-scale aligned porous materials assembled with dual temperature gradients. Science Advances，2015，1（11）：e1500849.

[168] Huang C J，Tomsia A P，Jiang L，Cheng Q F，et al. Ultratough nacre-inspired epoxy-graphene composites with shape memory properties. Journal of Materials Chemistry A，2019，7（6）：2787-2794.

[169] Huang C J, Peng J S, Wan S J, et al. Ultra-tough inverse artificial nacre based on epoxy graphene by freeze-casting. Angewandte Chemie International Edition，2019，58（23）：7636-7640.

[170] Peng J S，Huang C J，Cao C，et al. Inverse nacre-like epoxy-graphene layered nanocomposites with integration of high toughness and self-monitoring. Matter，2020，2（1）：220-232.

[171] Yang M，Zhao N F，Cui Y，et al. Biomimetic architectured graphene aerogel with exceptional strength and resilience. ACS Nano，2017，11，7：6817-6824.

[172] Peng M W，Wen Z，Xie L J，et al. 3D printing of ultralight biomimetic hierarchical graphene materials with exceptional stiffness and resilience. Advanced Materials，2019，31：1902930.

[173] Zhao N F，Yang M，Zhao Q，et al. Superstretchable nacre-mimetic graphene/poly（vinyl alcohol）composite film based on interfacial architectural engineering. ACS Nano，2017，11：4777-4784.

[174] Gao H L，Zhu Y B，Mao L B，et al. Super-elastic and fatigue resistant carbon material with lamellar multi-arch microstructure. Nature Communications，2016，7：12920.

[175] Gao H L，Xu L，Long F，et al. Macroscopic free-standing hierarchical 3D architectures assembled from silver nanowires by ice templating. Angewandte Chemie International Edition，2014，53（18）：4561-4566.

[176] Si Y, Wang X, Yan C, et al. Ultralight biomass-derived carbonaceous nanofibrous aerogels with superelasticity and high pressure-sensitivity. Advanced Materials，2016，28（43）：9512-9518.

[177] Ferraro C，Garcia-Tuñon E，Rocha V G，et al. Light and strong SiC networks. Advanced Functional Materials，2016，26（10）：1636-1645.

[178] Lin T H，Huang W H，Jun I K，et al. Bioinspired assembly of colloidal nanoplatelets by electric field. Chemistry of Materials，2009，21（10）：2039-2044.

[179] An S J，Zhu Y W，Lee S H，et al. Thin film fabrication and simultaneous anodic reduction of deposited graphene oxide platelets by electrophoretic deposition. The Journal of Physical Chemistry Letters，2010，1：1259-1263.

[180] Long B，Wang C A，Lin W，et al. Polyacrylamide-clay nacre-like nanocomposites prepared by electrophoretic deposition. Composites Science and Technology，2007，67：2770-2774.

[181] Dikin D A，Stankovich S，Zimney E J，et al. Preparation and characterization of graphene oxide paper. Nature，2007，448：457-460.

[182] Wan S J，Hu H，Peng J S，et al. Nacre-inspired integrated strong and tough reduced graphene oxide-poly（acrylic acid）nanocomposites. Nanoscale，2016，8：5649-5656.

[183] Cheng Y R, Peng J S, Xu H J, et al. Glycera-inspired synergistic interfacial interactions for constructing ultrastrong graphene-based nanocomposites. Advanced Functional Material，2018，28：1800924.

[184] Li C X, Born A K, Schweizer T, et al. Amyloid-hydroxyapatite bone biomimetic composites. Advanced Materials，2014，26：3207-3212.

[185] Walther A，Bjurhageri，Malho J M，et al. Large-area，lightweight and thick biomimetic composites with superior material properties via fast，economic，and green pathways. Nano Letters，2010，10，8：2742-2748.

[186] Li S K，Mao L B，Gao H L，et al. Bio-inspired clay nanosheets/polymer matrix/mineral nanofibers ternary composite films with optimal balance of strength and toughness. Science China Materials，2017，60：909-917.

[187] Li Y L，Zhang D，Zhou B，et al. Synergistically enhancing electromagnetic interference shielding performance and thermal conductivity of polyvinylidene fluoride-based lamellar film with MXene and graphene. Composites Part A：Applied Science and Manufacturing，2022，157：106945.

[188] Xiong Z Y，Liao C L，Han W H，et al. Mechanically tough large-area hierarchical porous graphene films for high-performance flexible supercapacitor applications. Advanced Materials，2015，27：4467-4475.

[189] Wong M H，Ishige R H，Kevin L，et al. Large-scale self-assembled zirconium phosphate smectic layers via a simple spray-coating process. Nature Communications，2014，5：3589.

[190] Blell R，Lin X F，Lindström T，et al. Generating in-plane orientational order in multilayer films prepared by spray-assisted layer-by-layer assembly. ACS Nano，2017，11（1）：84-94.

[191] Gittleson F S，Kohn D J，Li X K，et al. Improving the assembly speed，quality，and tunability of thin conductive multilayers. ACS Nano，2012，6（5）：3703-3711.

[192] Liu P W，Jin Z，Katsukis G，et al. Layered and scrolled nanocomposites with aligned semi-infinite graphene inclusions at the platelet limit. Science，2016，353（6297）：364-367.

[193] Laurine Valot，ab Jean Martinez，a Ahmad Mehdi，et al. Chemical insights into bioinks for 3D printing. Chemical Society Reviews，2019，48：4049-4086.

[194] Sun K，Wei T S，Ahn B Y，et al. 3D printing of interdigitated Li-ion microbattery architectures. Advanced Materials，2013，25（33）：4539-4543.

[195] Peng E J，Unutmaz D，Ozbolat I T，Bioprinting towards physiologically relevant tissue models for pharmaceutics. Trends in Biotechnolog，2016，34：722-732.

[196] Seol Y J，Kang H W，Lee S J，et al. Bioprinting technology and its applications. European Journal of Cardio-Thoracic Surgery：Official，2014，46：342-348.

[197] Studart A R. Additive manufacturing of biologically-inspired materials. Chemical Society Reviews，2016，45：359-376.

[198] Ziemian C W，Crawn P M. Computer aided decision support for fused deposition modeling. Rapid Prototyping Journal，2001，7（3）：138-147.

[199] Stansbury J W，Idacavage M J. 3D printing with polymers：Challenges among expanding options and opportunities. Dental Materials，2016，32（1）：54-64.

[200] Ringeisen B R，Othon C M，Barron J A，et al. Jet-based methods to print living cells. Biotechnology Journal，2006，1：930-948.

[201] Beaman J J，Deckard C R. Selective laser sintering with assisted powder handling. The United States of America Patent：US4938816A，1990-06-03.

[202] Biernat M，Rokicki G. Oxygen inhibition of photopolymerization processes and methods of its suppression. Polymer，2005，50（9）：633-645.

[203] Huang W，Restrepo D，Jung J Y，et al. Multiscale toughening mechanisms in biological materials and bioinspired designs. Advanced Materials，2019，1901561.

[204] Tran P，Ngo T D，Ghazlan A，et al. Bimaterial 3D printing and numerical analysis of bio-inspired composite structures under in-plane and transverse loadings. Composites Part B：Engineering，2017，108：210-223.

[205] Martin J J，Fiore B E，Erb R M. Designing bioinspired composite reinforcement architectures via 3D magnetic printing. Nature Communications，2015，6：8641.

[206] Gu G X，Takaffoli M，Buehler M J. Hierarchically enhanced impact resistance of bioinspired composites. Advanced Materials，2017，29：1700060.

[207] Kokkinis D，Schaffner M，Studart A R. Multimaterial magnetically assisted 3D printing of composite materials. Nature Communications，2015，6：8643.

[208] Minas C，Carnelli D，Tervoort E，et al. 3D printing of emulsions and foams into hierarchical porous ceramics.

Advanced Materials，2016，28：9993-9999.

[209] Yang Y，Li X J，Chu M，et al. Electrically assisted 3D printing of nacre-inspired structures with self-sensing capability. Science Advances，2019，5：eaau9490.

[210] Mao L B，Meng Y F，Meng X S，et al. Matrix-directed mineralization for bulk structural materials. Journal of the American Chemical Society，2022，144（40）：18175-18194.

[211] Mao L B，Gao H L，Yao H B，et al. Synthetic nacre by predesigned matrix-directed mineralization. Science，2016，354（6308）：107-110.

[212] Raut H K，Schwartzman A F，Das R，et al. Tough and strong：Cross-lamella design imparts multifunctionality to biomimetic nacre. ACS Nano，2020，14：9771-9779.

第3章 仿生层状二维纳米复合纤维材料

3.1 引言

3.1.1 层状二维纳米复合纤维材料的发展

纤维是一类具有柔韧性、细度、高长径比等特征的材料，纤维用途广泛，可编织成织物或与其他材料复合制备纤维增强复合材料，在纺织、造纸、生物医药、建筑家装、国防军工等领域具有重要的应用价值。纤维可分为天然纤维和化学纤维。其中，天然纤维包括植物纤维、动物纤维以及矿物纤维，是从自然界中直接获取的纤维。化学纤维包括人造纤维、合成纤维以及无机纤维，是经过化学处理合成而得到的纤维。第一种化学纤维（硝酸酯纤维）制造于 19 世纪 80 年代。天然纤维在力学性能、对恶劣环境适应能力上存在不足，而通过化学合成技术制成的化学纤维，具有可定制特性，不仅具备高强度和高模量，同时兼具耐腐蚀、耐高温和阻燃等性能。随着市场需求与工业发展，化学纤维在国民经济以及国防军工、航空航天等领域的应用被不断拓展，进而推动了化学纤维的研究与生产，研制出了轻质高强、多功能等特性的新型化学纤维[1]。碳质纤维材料作为一类高强度、高模量、轻量化、多功能的新型化学纤维，近几十年来被广泛关注，并得到了长足的发展（图 3-1）。

碳纤维是最早研制的一种碳质纤维材料，其碳含量超过 90%，具有超高的强度和模量。根据前驱体材料的不同，碳纤维主要分为聚丙烯腈（polyacrylonitrile, PAN）基碳纤维、沥青基碳纤维和黏胶基（纤维素）碳纤维[1, 2]。一般地，碳纤维生产包括预氧化、热解、低温碳化、高温碳化或石墨化等过程[1, 2]。1959 年，进藤昭男首次制备出 PAN 基碳纤维。1962 年，日本东丽公司开始研制生产碳纤维，并于 1967 年生产出 T300 PAN 基碳纤维[2]，开启了碳纤维研究和应用的时代。PAN 基碳纤维是综合性能最优的一种碳纤维，国际公认的代表性产品包括 T300、T700、T800、T1000、T1100，以及 M30、M40、M50、M60 等。T 代表高强度，M 代表

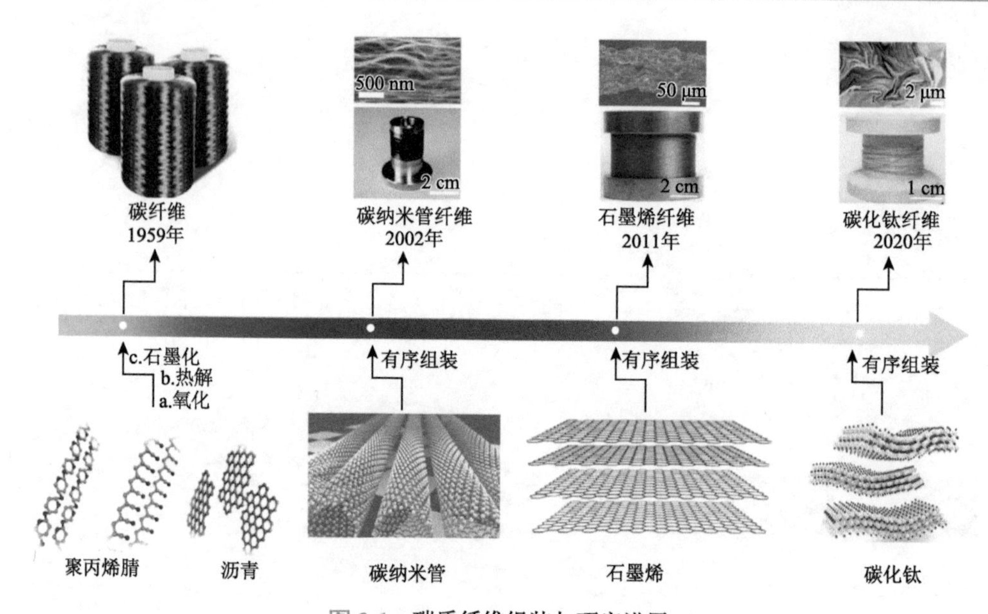

图 3-1 碳质纤维组装与研究进展

碳纤维[1, 2]、碳纳米管纤维[3]、石墨烯纤维[4]和碳化钛纤维[5]

高模量，其中 T1100 型碳纤维的拉伸强度高达 6.6 GPa[2]，M60 型碳纤维的杨氏模量高达 588 GPa[1]。除了超高的强度和模量，碳纤维还具有轻质和良好的导热性能、稳定性能。目前，碳纤维在风力发电、交通运输、运动器材、医疗器械、军事装备等领域具有广泛的应用。然而，碳纤维存在层间易开裂、脆性、导电性差等缺点。研究发现，碳纤维的微观结构主要为微晶石墨，其晶区尺寸一般小于 20 nm，因此碳纤维内部存在大量的晶界[1, 6]。

碳纳米管（carbon nanotubes，CNTs）纤维是碳基纤维中另一个重要成员。CNT 是 1991 年由 Iijima 发现的一种新型的一维纳米结构碳材料，由碳原子通过 sp^2 杂化在一维方向上共价连接形成管状结构，CNT 具有优异的力学性能，拉伸强度达到 100 GPa，杨氏模量可达 1 TPa，同时具有高的导电和导热性，是构建碳基纤维的另一种合适的基元材料[7, 8]。2002 年，清华大学范守善等[3]首次制备了超顺排 CNTs 纤维。目前，CNTs 纤维已发展了多种制备方法，包括溶液湿法纺丝法[9]、CNTs 阵列纺丝法[3, 10]和化学气相沉积（chemical vapor deposition，CVD）直接纺丝法[11, 12]等。其中，溶液湿法纺丝法制备的 CNTs 纤维力学性能较低，抗拉强度仅为 1.8 GPa[9]。此外，CNTs 难以均匀分散，需要使用具有腐蚀性的强质子性溶剂或者表面活性剂，助剂的加入会影响所得 CNTs 纤维纯度。CNTs 阵列抽丝法制得的 CNTs 纤维拉伸强度可达 3.3 GPa，其关键在于制备能够连续抽丝的 CNTs 阵列，但 CNT 阵列的制备成本较高，规模化连续生产面临巨大挑战[3, 10, 13]。CVD 直接纺丝法是通过 CVD 垂直生长炉中的气凝胶直接纺丝[11, 12, 14]，但纤维中有残留的催化剂杂质且制备成本高。经过多年的研究，目前 CNTs 纤维的力学性能可比肩碳纤维，其拉伸强度可达 9.6 GPa[15]，杨氏模量可达 397 GPa[16]。而 CNTs 纤维的电学性能优于碳纤维，其电导率可达 109000 S/cm[16]。

然而，碳纤维和 CNTs 纤维制备过程都需要高温裂解，即碳纤维由聚合物前驱体高温裂解，CNTs 基元的制备涉及碳氢化合物高温裂解，存在能耗高和成本高的缺点。因此，亟需开发低温、绿色制备碳基纤维的新方法。研究人员提出以天然纯碳物质石墨为原料直接制备碳基纤维，避免高温碳化过程，开发出碳基纤维制备新方法[2]。但石墨极难熔融，不可能对其直接进行纺丝加工。考虑到石墨化学剥离可形成石墨烯，石墨烯具有优异的性能并且可以均匀分散在多种溶剂中，研究人员设计出“石墨—石墨烯—新型碳基纤维”新路径[2]。

石墨烯，自 2004 年问世以来，就备受广大功能材料研究者的青睐。石墨烯作为碳的同素异形体，是由 sp^2 杂化的单层碳原子以蜂窝状结构排列的二维材料。独特的结构赋予其优异的性能，石墨烯是已知的机械强度最强的材料，其拉伸强度高达 130 GPa[17]，杨氏模量达到 1.1 TPa[17]，同时具有超高载流子迁移率[200000 $cm^2/(V{\cdot}s)$][18]、高导热性[5300 $W/(m{\cdot}K)$][19]和高稳定性。因此石墨烯可以作为理想的基元材料组装成碳基纤维。然而，通过机械/物理剥离的石墨烯难以分散，容易发生团聚，难以获得高浓度均一的分散液[2]。GO 是由石墨通过化学氧化剥离过程获得的一种石墨烯衍生物，其表面和边缘具有大量的含氧官能团，可以高浓度分散在水等极性溶剂中，易于溶液加工和功能化，并且可以进一步还原为石墨烯。

然而，要将石墨烯或 GO 纺丝成纤维，需要解决两方面难题：①二维纳米片层的石墨烯层间没有像线形高分子链的缠结作用，将石墨烯直接湿纺成纤，需要在理论及实验研究上进行探索；②组装连续的宏观纤维过程中，二维石墨烯片的错排，就会形成缺陷点而影响纤维性能，甚至造成纺丝过程纤维中断[2]。

针对这些制备难题，研究人员首先采用改进的 Hummers 法化学氧化鳞片石墨，制备了可高浓度均匀分散的单层 GO 片[图 3-2（a）]，发现并确证了具有二维结构的 GO 在溶液中可形成具有取向排列的液晶相[图 3-2（b）]。并通过改变 GO 浓度，细致研究了 GO 溶液的不同液晶相（向列相、层状相、手性相）之间的转变行为，揭示了 GO 液晶具有排列取向有序以及层状有序结构特征[20]，并通过 GO 气凝胶块体证实了层间间隔规则的层状有序组装结构[图 3-2（c）]。GO 溶制液晶现象为制备长程有序的石墨烯纤维奠定了基础。2011 年，浙江大学高超等[4]基于 GO 液晶的预排列取向，借鉴传统液晶湿法纺丝技术首次制备了米级的 GO 纤维[图 3-2（d）]，经过还原处理后获得了连续的石墨烯纤维。创新性地开发了“石墨—氧化石墨烯—石墨烯纤维”的新路径，常温溶液过程制备了新型碳基纤维。制备的 GO 纤维拉伸强度为 102 MPa，经过氢碘酸还原得到的石墨烯纤维拉伸强度为 140 MPa，并具有良好的导电性（250 S/cm）以及柔韧性，能够打成紧密的结[图 3-2（e）]。这一研究工作打开了制备新型结构-功能一体化二维纳米纤维材料的大门。与碳纤维和 CNTs 纤维相比，石墨烯纤维具有更大的晶区尺寸和更高的结晶性，同时具有石墨烯独特的二维纳米结构和高的导电、导热性能，因此石墨烯纤维的性能有望超越碳纤维，发展成为结构-功能一体化的纤维材料，在更广阔的领域中实现应用[1, 2, 6]。

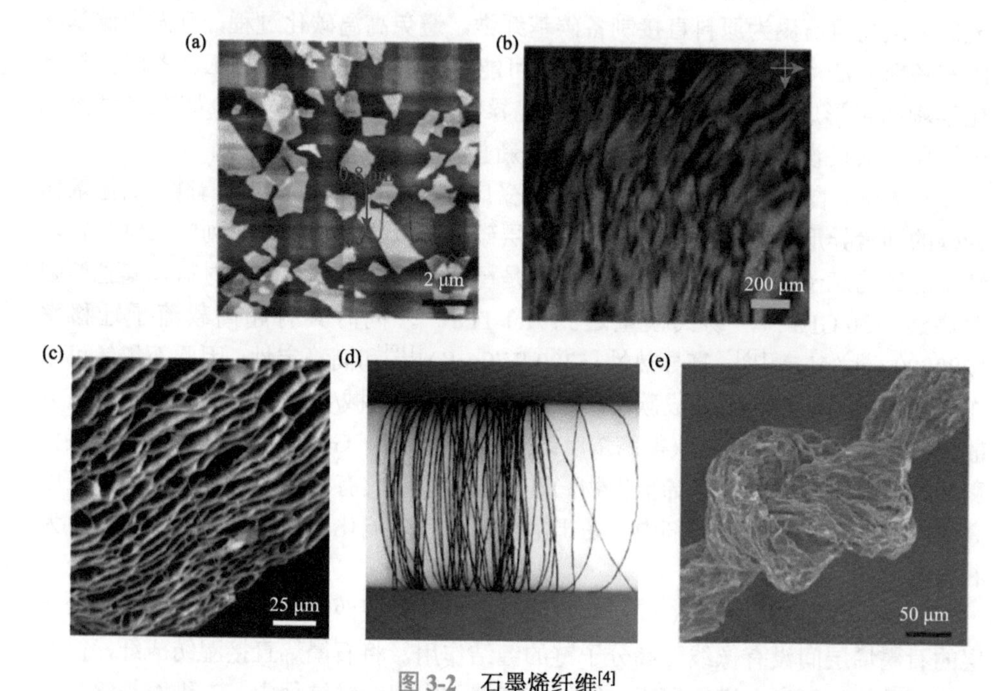

图 3-2　石墨烯纤维[4]

（a）GO 片的 AFM 图；（b）GO 液晶相的偏光显微镜图；（c）具有有序组装结构的 GO 块体截面 SEM 图；（d）4 m 长的 GO 纤维缠绕在直径 2 cm 聚四氟乙烯筒上的光学图；（e）打结的石墨烯纤维 SEM 图

经过约十年的研究发展，石墨烯纤维的性能得到了巨大的提升，并逐渐在智能可穿戴纺织品、传感器件、制动器件、纤维状超级电容器、轻质导线等领域展示出巨大的应用前景。图 3-3 展示了石墨烯纤维的发展进程。研究表明，组装 GO 纳米片过程中产生的褶皱、无序结构、界面作用力弱等问题，往往导致纤维内部存在孔隙缺陷，同时 GO 纳米片氧化制备过程和 GO 纤维的不完全还原导致石墨烯内部结构存在缺陷，这些问题都会影响石墨烯纤维的性能，导致抗拉强度（140 MPa）和电导率（250 S/cm）远远低于石墨烯本征性能[21]。为了提高石墨烯纤维的性能，研究人员发展了多种优化性能的策略，如制备大尺寸的 GO 片、优化石墨烯基元材料质量、大小尺寸 GO 片协同组装、优化纺丝条件、拉伸诱导取向、微流控设计、多尺度降低结构缺陷、溶剂插层塑化拉伸、高温热还原、仿生界面设计等方法，进一步提高石墨烯纤维的力学、电学和热学性能。2013 年，研究人员通过制备大尺寸的 GO 片组装有效提高了石墨烯纤维的性能，拉伸强度为 360.1 MPa，杨氏模量为 12.8 GPa，电导率为 320 S/cm[22]。同年，研究人员采用 500 μm 的鳞片石墨制备出 4～40 μm 的大尺寸 GO 片，以 $CaCl_2$ 为凝固浴在 GO 层间引入离子键，并在纺丝过程中对 GO 凝胶纤维施加拉力，将石墨烯纤维的拉伸强度提升到 501.5 MPa，杨氏模量为 11.2 GPa，电导率达 410 S/cm[23]。2015 年，研究人员通过大、小尺寸 GO 片协同组装策略制备了高性能石墨烯纤维。大尺寸 GO 微米片（23 μm）形成高度规整排列的骨架结构，利用小尺寸 GO 纳米片（0.8 μm）填充骨架的孔隙组装成致密的结构，经过 1800℃高温热还原后，两种尺寸的石墨烯片形成互锁结构，有效降低了纤维的孔隙率，该石墨烯纤维的拉伸强度达 1080 MPa，杨氏模量达 135 GPa，电导率达 2210 S/cm，同时表现出优异的导热性能，热导率达到 1290 W/(m·K)[24]。针对石墨烯纤维孔隙缺陷和结构缺陷问题，2016 年，研究人员发展了“全尺度协同缺陷工程”方法，通过优化湿法纺丝工艺、多级拉伸取向、纤维细旦化、高温还原等全尺度缺陷控制技术协同，有效消除了石墨烯纤维中各尺度的结构缺陷，连续制备了高性能石墨烯纤维。制备的石墨烯纤维力学强度最高可达 2.2 GPa，杨氏模量最高可达 400 GPa，电导率达 8000 S/cm[25]。为了使石墨烯片在纤维中有规律地排列，垂直方向应该被抑制或减少，通过设计一个收缩旋压的通道来减少垂直方向膨胀速率，可以提高 GO 片的水平取向度。此外，GO 片通过管状通道时，由于 GO 片的二维形状与管状通道的结构不匹配，GO 片产生随机排列取向导致孔隙缺陷。2019 年，研究人员基于微流控设计，通过扁平的纺丝通道实现了 GO 片与通道内壁的匹配，制备了高取向度、致密的石墨烯纤维带，纤维的取向度可达 0.94。该团队制备的石墨烯纤维的拉伸强度可达 1.9 GPa，杨氏模量达 309 GPa，电导率达 10400 S/cm，热导率高达 1575 W/(m·K)[26]。随后，针对石墨烯的无规褶皱构象导致其堆积松散和排列不规整，以及石墨烯纤维结晶度不高的问题，2020 年，研究人员合作提出了“溶剂插层塑化拉伸结晶”策略，有效消除了纤维内部石墨烯片层的褶皱，进一步提高了石墨烯纤维的综合性能。石墨烯纤维的取向度可达 0.92，密度达到 1.9 g/cm^3，同时石墨烯纤维石墨微晶尺寸达 174.3 nm。得益于高取向度、低孔隙率以及大的晶体尺寸，该石墨烯纤维拉伸强度展现了目前最高值，达到 3.4 GPa，杨氏模量为 341.7 GPa，电导率达到 11900 S/cm，导热系数达 1480 W/(m·K)[27]。目前，高强度、高模量的石墨烯纤维制备已经取得了显著的进展，拉伸强度和模量可媲美碳纤维，且电导率远高于碳纤维和碳纳米管纤维。

研究表明，没有添加剂的纯石墨烯纤维通常具有较高的模量，但韧性和断裂应变不理想，表现为刚、脆特性，这限制了其在柔性电子和多功能织物中的潜在应用。为了解决这个问题，研究人员发展了各种技术来增韧石墨烯纤维。鲍鱼壳

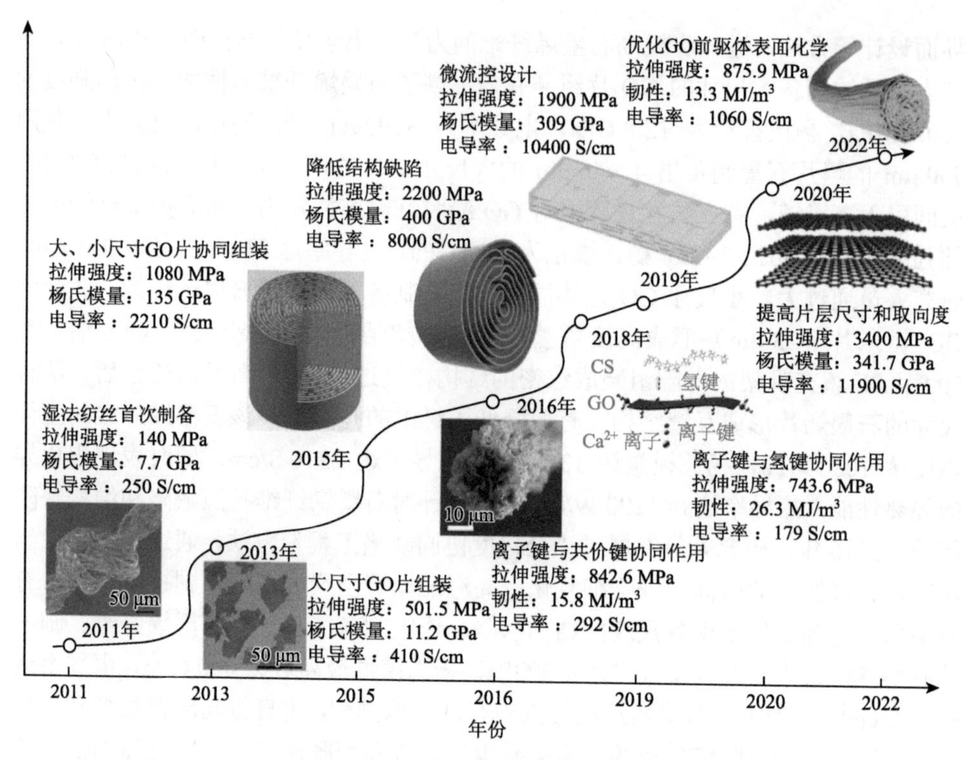

图 3-3　石墨烯纤维的制备与性能研究进展总结示意图

珍珠层具有优异的力学性能，这得益于其珍珠层是由二维碳酸钙纳米片层与生物高分子以层状的“砖-泥”结构组装而成的多级结构，碳酸钙纳米片层之间通过生物高分子进行黏结。这种有机-无机层状交替结构可以使裂纹偏转，以及层间丰富的各种界面作用可以有效地将应力传递到纳米片层，提高了鲍鱼壳珍珠层的力学性能。受鲍鱼壳珍珠层的多级次层状结构增强增韧机制的启发，北京航空航天大学程群峰等[28]提出了仿生构筑强韧石墨烯纳米复合纤维的策略。2016 年，该团队通过向 GO 片层中引入金属离子（Ca^{2+}）和有机分子 10, 12-二十五碳二炔-1-醇（10, 12-pentacosadiyn-1-ol，PCDO），在 GO 片层间形成离子键和共价键的协同界面作用，经过化学还原后，制备了具有仿鲍鱼壳珍珠层结构的强韧石墨烯复合纤维，拉伸强度为 842.6 MPa，韧性达到 15.8 MJ/m^3，电导率为 292 S/cm[29]。2018 年，程群峰等[30]在 Ca^{2+}交联的基础上，引入有机分子 *N*-羟基琥珀酰亚胺酯-1-氨基芘（*N*-hydroxysuccinimide ester-1-aminopyrene，PSE-AP），在 GO 片层间形成了离子键与 π-π 共轭协同界面作用，该石墨烯复合纤维的拉伸强度和韧性分别达到了 740.1 MPa 和 18.7 MJ/m^3，电导率为 433.5 S/cm。同年，程群峰团队进一步将有机分子换成壳聚糖（chitosan，CS）分子，在 Ca^{2+}交联的基础上引入氢键作用，实现了氢键和离子键的界面协同作用，进一步提高了石墨烯复合纤维的韧性，拉伸强度为 743.6 MPa，韧性达到 26.3 MJ/m^3，电导率为 179 S/cm[31]。此外，前驱体 GO 片的表面化学和结构缺陷同样影响石墨烯纤维的强韧性，研究人员报道了通过优化 GO 纳米片前驱体的表面化学，制备具有较少结构缺陷和少量羧基的 GO 片，经过化学还原过程得到的石墨烯纤维表现出强韧、高导电的综合性能，拉伸强度为 875.9 MPa，韧性达 13.3 MJ/m^3，电导率达到 1060 S/cm[32]。兼具强韧和高导电的石墨烯纤维，在多功能织物和柔性电子器件领域具有广阔的应用前景。

目前，利用优化基元材料、精细调控组装过程、仿生界面设计、塑化拉伸等方法提升了石墨烯纤维的综合性能。然而，石墨烯纤维的性能仍远低于石墨烯本征性能，主要原因是组装过程中，GO 片出现褶皱、无序结构和界面作用弱等问题，从而在纤维内部形成孔隙缺陷结构。需要继续优化基元材料和组装工艺，进一步提升石墨烯纤维的综合性能，充分展现其轻质高强、柔性和导电、导热等多功能优势，在功能织物、传感、能源储存、航空航天等领域充分发挥实际价值[1]。

$Ti_3C_2T_x$ MXene 是由 Gogotsi 和 Barsoum 等[33]于 2011 年首次合成的新型层状二维纳米材料，具有独特的二维片层结构［图 3-4（a）和（b）］。与 GO 相似，MXene 表面具有大量的含氧官能团，可以均匀分散在水、*N*, *N*-二甲基甲酰胺（*N*, *N*-dimethylformamide, DMF）等极性溶剂中，具备可溶液加工的条件，易于组装成宏观材料[34]。同时 MXene（如 $Ti_3C_2T_x$）具有诸多优异的性能，如良好的断裂强度（17.3 GPa）[35]、杨氏模量（333 GPa）[35]和优异的电导率（25000 S/cm）[36]。MXene 纳米片具有良好的综合性能和丰富的官能团，可以组装成宏观 MXene 纤维材料，也可以与其他功能基元材料或基体材料进行复合制备 MXene 复合纤维材料。随着社会向信息化、智能化发展，人们对智能可穿戴电子产品需求迫切，进而推动了智能可穿戴纺织品的研究发展。MXene 具有类石墨烯的良好力学和电学性能，同时兼具如 GO 亲水性、可溶液加工的特点，因此 MXene 纤维有望成为继石墨烯纤维后另一种结构-功能一体化的新型碳质纤维材料，满足智能可穿戴、柔性传感设备、电磁干扰（electromagnetic interference，EMI）屏蔽、多功能织物等领域的应用需求。

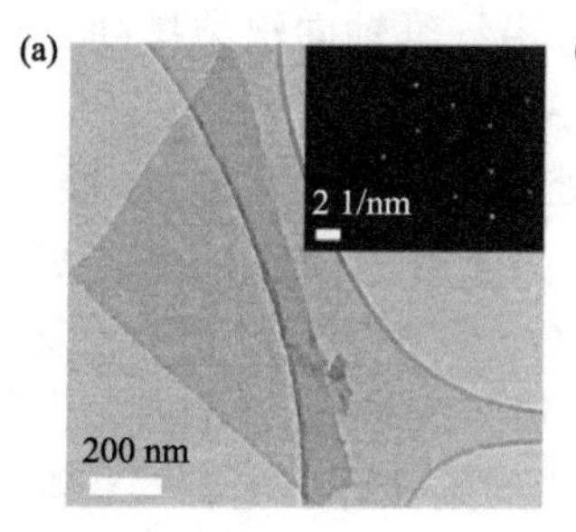

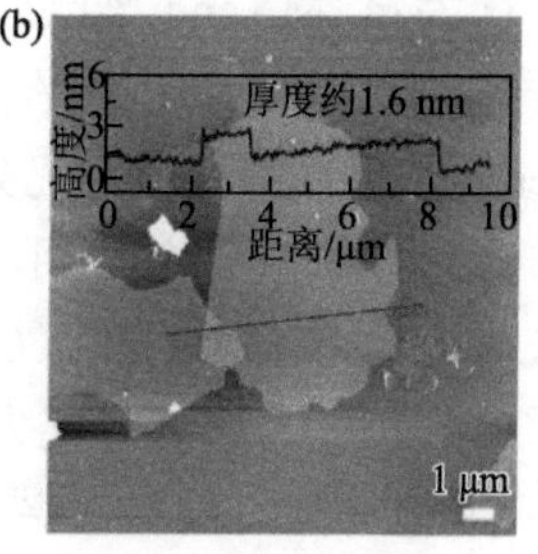

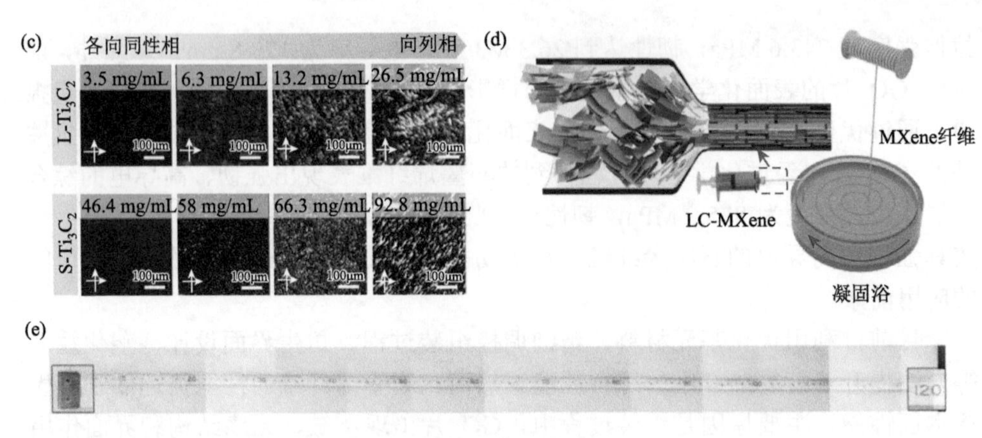

图 3-4 MXene 纤维

MXene 纳米片的透射电子显微镜图（a）和原子力显微镜图（b）[5]；（c）不同尺寸和浓度的 MXene 分散液偏光显微镜图[5]；（d）湿法纺丝制备 MXene 纤维的机制图[5]；（e）米级 MXene 纤维的光学图像[37]

将二维 MXene 纳米片组装成宏观纤维材料同样面临以下难题：①如何调控 MXene 纳米片层在纤维中的取向排列；②如何提高 MXene 纳米片层间界面相互作用力；③MXene 纤维连续化制备技术等。组装过程中任意 MXene 纳米片的无序排列、褶皱等将导致纤维内部形成孔隙缺陷，从而影响 MXene 纤维的力学和电学性能，甚至导致纤维纺丝中断。2020 年，研究人员首次在 $Ti_3C_2T_x$ MXene 水性油墨中观察到与 GO 相似的自组装液晶相[5, 37]。如图 3-4（c）所示，MXene 分散液的液晶相转变行为与浓度和尺寸有关，随着 MXene 浓度的增加，溶液由各向同性相逐渐转变为向列液晶相，而 MXene 片径越大，液晶相转变浓度越低，如平均尺寸为 3.1 μm 的大尺寸 MXene（L-Ti_3C_2），在较低浓度下（6.3 mg/mL）即可观察到液晶相的转变，而小尺寸的 MXene（310 nm，S-Ti_3C_2）则需要更高的浓度（58.0 mg/mL）[5]。MXene 液晶相可以在多种有机溶剂中获得，如二甲亚砜（dimethyl sulfoxide，DMSO）、*N*-甲基-2-吡咯烷酮（*N*-methylpyrrolidone，NMP）、DMF。此外，多种 MXene 材料均可形成溶致液晶现象，包括 $Mo_2Ti_2C_3T_x$、Ti_2CT_x 等[5]。向列液晶相的形成使得将 MXene 纳米片组装成高取向的 MXene 纤维成为可能，如图 3-4（d）所示，研究人员基于 MXene 液晶相的预排列取向，利用湿法纺丝过程的剪切流变行为将 MXene 纳米片沿纤维轴向组装排列，制备了高取向的 MXene 纤维，纤维的长度可达米级［图 3-4（e）］[37]。

目前，MXene 纤维的制备研究仍处于起步阶段，图 3-5 展示了 MXene 纤维及其复合纤维的研究进展。研究早期，为了解决 MXene 纺丝成纤的难题，研究人员通过涂覆法或与其他基元材料（GO、高分子聚合物等）复合纺丝的方法制备 MXene 复合纤维。2017 年，研究人员将 MXene 涂覆在聚合物纤维基体上获得 MXene 包覆的镀银尼龙纤维，组装成的柔性纤维电容器获得了良好的储能性能[38]。同年，研究人员通过加入 GO 液晶模板实现协同组装效应，利用湿法纺丝法制备了 MXene/GO 纤维[39, 40]，提高 GO 的含量可以获得更好的力学性能，而提高 MXene 含量可增加纤维的导电性能，通过调节 MXene 和 GO 的质量比（10%～90%），还原后 MXene/rGO 纤维的拉伸强度为 12.9～145.2 MPa，电导率最高可为 290 S/cm[39]。2018 年，研究人员利用 Biscrolling 策略将 MXene 分散液滴涂到 CNTs 薄膜上，经过加捻卷曲成 MXene/CNT 纤维或纱线，拉伸强度可达 34.4 MPa，并具有良好的导电性能[41, 42]。此外，Biscrolling 方法制备的 MXene 复合纤维具有开放的螺旋状结构，益于离子和电子的快速传输和储存，在柔性储能领域表现出良好的应用前景[43]；2019 年，研究人员通过两步涂覆法将大、小尺寸的 MXene 纳米片分别涂覆到多种纤维素基纱线（如棉、竹和亚麻）表面，获得更高的MXene负载量，展现了增强的力学性能和良好的电导率。例如MXene 包覆的棉纱线，拉伸强度为 468.4 MPa，电导率为 198.5 S/cm，可实现编织和反复水洗，在多功能织物中具有广阔的应用前景[44]。同年，研究人员利用 3D 打印技术制备了柔性智能的 MXene 复合纤维[45]；2020 年，研究人员利用同轴湿法纺丝技术制备了仿木材皮-芯结构的 MXene@GO 纤维，GO 作为机械层紧密包裹 MXene 芯层从而获得了良好的拉伸强度（290 MPa）和电导率（24 S/cm）[46]。相比 MXene 复合纤维，由于 MXene 纳米片界面作用力弱和可纺性低，纯 MXene 纤维的制备面临更大的挑战，对 MXene 的尺寸、分散液浓度以及凝固浴组分有更高的要求。2020 年，研究人员发现在高浓度的 $Ti_3C_2T_x$ MXene 分散液可以产生向列液晶相，通过湿法纺丝法利用 MXene 液晶油墨制备了无添加剂或黏结剂的 MXene 纤维，拉伸强度为 63.9 MPa，电导率达 7713 S/cm[37]。2021 年，研究人员设计扁平的纺丝喷头，利用扁平的纺丝通道制备了高取向度的 MXene 纤维带，拉伸强度为 118 MPa，电导率为 7200 S/cm[47]。随后，研究人员通过拉伸取向、提升界面作用的策略，提高了纤维内部 MXene 纳米片的取向度和密实度，进一步提高了 MXene 纤维的力学和电学性能，拉伸强度达 343.68 MPa，杨氏模量达 122 GPa，电导率达到 12503.78 S/cm[48]。2022 年，研究人员在同轴湿纺过程中引入拉伸力从而提高了纤维的取向度，同时以高强度的 ANF 作为机械包裹层，制备了高取向的壳芯结构 ANF@MXene 纤维，取向度最高可达到 0.9，该纤维拉伸强度达 502.9 MPa，韧性达 48.1 MJ/m^3，电导率为 3000 S/cm[49]。同年，北京航空航天大学程群峰团队联合南洋理工大学魏磊团队基于仿生界面设计和纤维结构设计，通过界面协同作用和热拉伸致密化的策略有效提高了 MXene 纤维的取向度和密实度，制备了具有超高强度、韧性和优异电导率的超密实 MXene 复合纤维（polycarbonate(PC)@MXene/glutaraldehyde(GA)/polyvinyl alcohol(PVA)，PC@MXene/GA/PVA 纤维），抗拉强度达 585.5 MPa，韧性高达 66.7 MJ/m^3，电导率达 8802.4 S/cm，并具有优秀的机械耐久性和稳定性[50]。

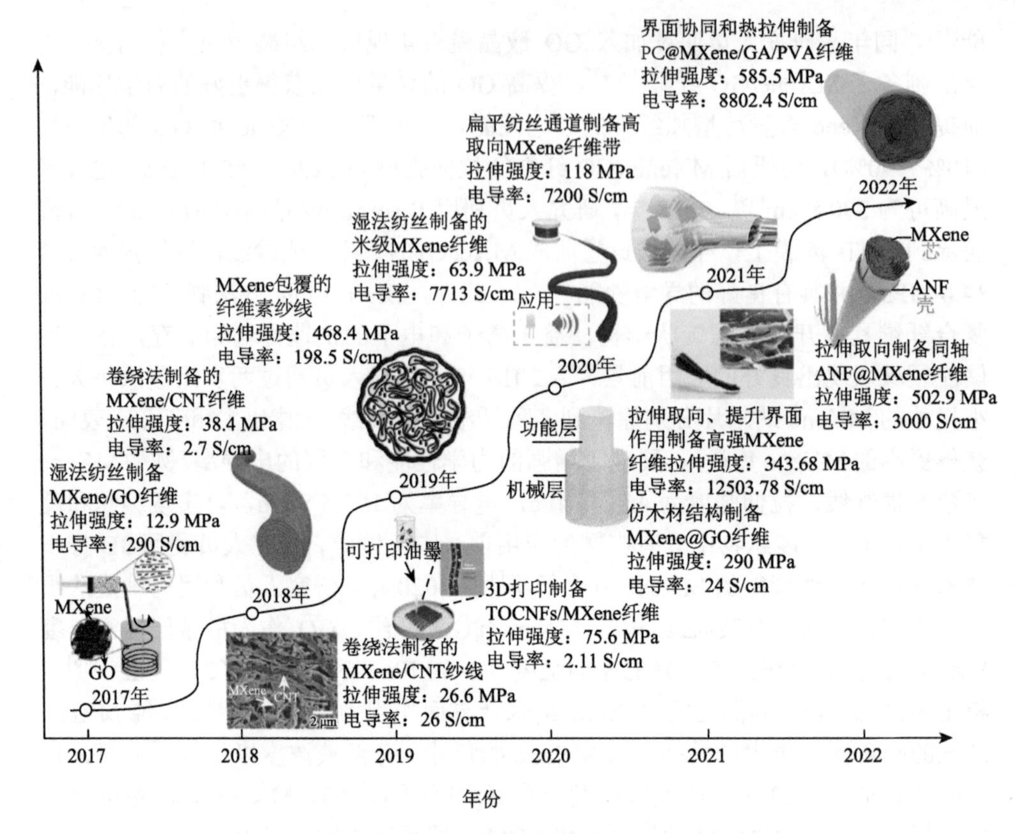

图 3-5 MXene 纤维的制备和性能研究进展总结示意图

目前，MXene 纤维的力学和电学性能已取得一定的研究进展，在多功能织物、传感器、纤维状超级电容器、EMI 屏蔽等领域显示广阔的应用前景。然而，宏观 MXene 纤维与 MXene 纳米片本征性能相差仍较大，力学和电学性能仍有很大的提升空间。目前，MXene 纤维的研究与应用尚处于早期阶段，需要继续提高纤维性能，拓展纤维的功能与应用。

3.1.2 仿生结构设计与界面相互作用

生物体在自然界中经过亿万年的进化，具有多级次的微纳米复合结构，表现出非常优异的力学性能，如鲍鱼壳、木材和骨骼。研究表明，组成这些天然材料的基元材料的尺寸、形状和排列方式，都是保证优异力学性能的关键因素。此外，连接基元材料之间的界面作用是影响这些天然材料断裂韧性的重要因素，这些界面作用阻碍了裂纹扩展。

前已述及，鲍鱼壳珍珠层具有优异的力学性能，得益于其独特的多级次层状有序结构以及丰富的界面相互作用。研究发现，鲍鱼壳的珍珠层是由 95%体积分数的碳酸钙纳米片层与5%体积分数的蛋白质、几丁质等生物高分子组成[51]。碳酸钙纳米片层相互平行堆叠形成层状结构，碳酸钙纳米片层间通过生物高分子黏结起来，构成类似“砖-泥”的有机-无机层层交替的有序结构（图 3-6）。得益于这种独特的“砖-泥”层层交替结构，鲍鱼壳珍珠层显示出优异的力学性能，特别是在抵抗裂纹扩展方面[52]。对于一般材料，在受力条件下，裂纹往往会急剧扩展，甚至造成材料的瞬间破坏。然而鲍鱼壳珍珠层这种“砖-泥”层状交替结构中存在丰富的界面，因此裂纹倾向于在界面处扩展，出现裂纹偏转；同时，片层还可以对裂纹尖端进行“桥接”，缓解了裂纹尖端的应力[52]。裂纹偏转和桥接使得裂纹的扩展需要不断地提供荷载能量，阻止了材料的瞬间破坏。在这一过程中，片层之间的界面相互作用是耗散加载能量的关键。鲍鱼壳珍珠层中的碳酸钙纳米片层间存在丰富的界面相互作用，包括氢键、离子键、共价键等。这些丰富的界面相互作用，增加了片层之间滑移的阻力，减缓或阻止了裂纹的进一步扩展。在受力的过程中，片层之间发生滑移，伴随能量的耗散，片层间的有机物和丰富的界面相互作用抑制了片层的滑移和抽出，从而获得高的拉伸强度和断裂韧性。材料的多级次结构和界面产生协同效应，使得宏观尺度材料获得优异的力学性能。因此，基于鲍鱼壳珍珠层的多级次层状结构增强增韧机制，将界面设计引入层状二维纳米材料中，为设计制备出高性能的层状二维纳米复合纤维材料提供了结构基础。

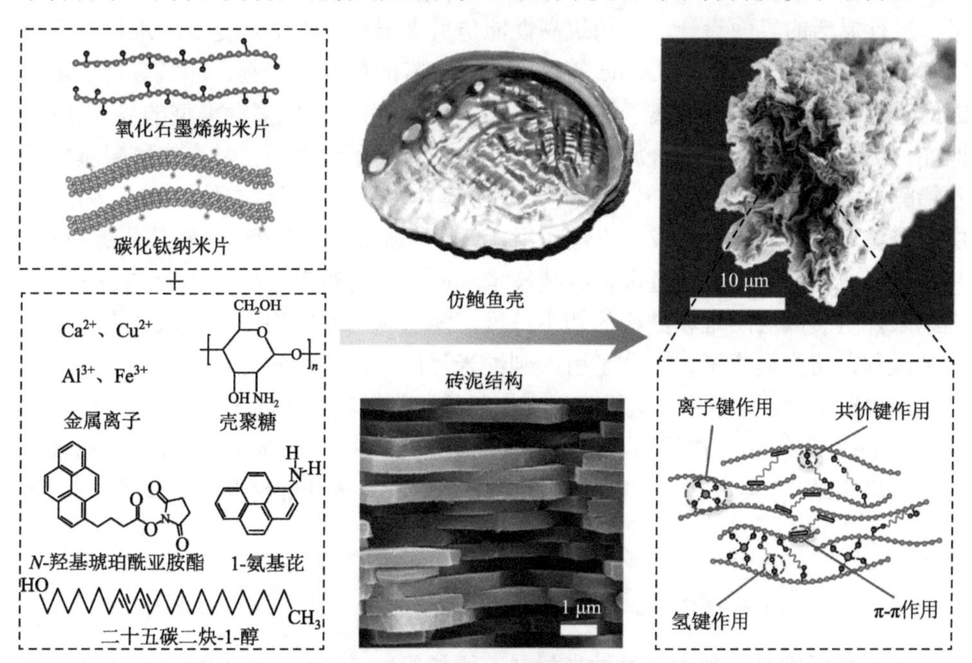

图 3-6 层状二维纳米复合纤维材料的仿生界面设计策略

基于鲍鱼壳珍珠层的多级次层状结构增强增韧机制，将金属离子、高分子引入到二维纳米片层中，形成离子键、共价键、氢键和 π-π 界面相互作用，制备高性能的仿生层状二维纳米复合纤维材料

界面相互作用可以分为：非共价键和共价键。非共价键包括氢键、离子键和 π-π 作用。与共价键相比，非共价键是一种相对弱的化学作用。在天然鲍鱼壳珍珠层中，碳酸钙片层与有机组分之间存在丰富的界面相互作用，如氢键、离子键和共价键等。此外，鲍鱼壳珍珠层中不是单一的界面作用，而是大量的复合界面作用，不同的界面作用相互协同，进一步提高增韧的效果。研究表明，氢键、离子键、π-π 相互作用和共价键等界面作用在增强仿生石墨烯复合材料的力学性能方面具有显著的作用，而引入界面协同作用对于仿生石墨烯复合材料力学性能起到更加出色的作用[28]。在二元复合材料中，有多种界面相互作用的协同效应在增强力学性能方面更加突出。

受鲍鱼壳珍珠层的多级次层状结构增强增韧机制的启发，研究人员提出了利用 GO 纳米片层组装成层状二维纳米纤维，并将丰富的界面相互作用引入到 GO 纳米片中增强其片层间的相互作用，通过精确的界面设计制备了高性能的仿贝壳石墨烯复合纤维[29-31, 53]。仿生层状二维纳米复合纤维材料的构筑思路为：①构筑二维纳米片/有机基质层层有序的仿生结构，有机/无机比例和天然贝壳相当；②在二维纳米片和有机组分之间构建丰富的界面相互作用。图 3-6 展示了仿生层状二维纳米复合纤维材料的设计策略。GO、MXene 纳米片等二维纳米材料具有独特的二维层状结构，同时表面含有丰富的官能团，具有丰富的可修饰和可接枝位点，可以进行灵活的界面设计，是构筑高性能仿贝壳层状二维纳米复合纤维材料理想的基元材料。由于 GO、MXene 等表面存在丰富的羟基、羧基、环氧等官能团，因此通过不同类型的金属离子、高分子与其复合，可以形成多种类型的界面作用。例如，钙、铜、铝、铁等金属离子与 GO 片形成离子键作用；具有丰富羟基的聚乙烯醇、壳聚糖等，与 GO 片形成丰富的氢键作用；二十五碳二炔-1-醇、多巴胺、戊二醛等可以与 GO 片形成共价键作用；*N*-羟基琥珀酰亚胺酯、1-氨基芘等与 GO 片可以形成 π-π 作用。通过多种组装技术，如湿法纺丝等，将 GO、MXene 等二维纳米片组装成层层堆积结构的初生纤维，随后利用凝固浴浸泡交联或者后处理掺杂过程，将金属离子、高分子引入到纳米片层中，通过研究筛选多种复合界面作用，如离子键、共价键、氢键和 π-π 作用等，获得界面协同效应。通过提高 GO 或 MXene 片层间相互作用力，进而促进片层有序排列，获得低孔隙率、高密实度的片层堆积结构，实现高性能的仿生层状二维纳米复合纤维材料的制备[29-31, 50, 53]。

3.2 石墨烯复合纤维材料

石墨烯纤维是一种由二维纳米材料石墨烯组装而成的新型层状结构纤维，是兼具结构与功能一体化的新型纤维材料，自从 2011 年被首次报道以来就受到研究人员的广泛关注，成为材料领域的研究热点[4, 21]。经过十几年的研究，已发展了多种石墨烯纤维的制备方法和提升性能的策略，如石墨烯基元材料的优化、组装过程的精细调控、大小片协同组装、仿生构筑界面协同相互作用、塑化拉伸等策略，有效提高了石墨烯纤维的综合性能，并在多功能织物、传感器件、纤维状超级电容器和轻质导线等领域展现出广阔的应用前景[1]。

3.2.1　制备方法

对于石墨烯纤维的制备，一般而言，石墨烯具有高温稳定性，难以形成熔融体，不能像尼龙等聚合物纤维一样通过熔融纺丝的方法制成石墨烯纤维。此外，二维结构的石墨烯纳米片也无法像棉线和 CNTs 簇一样通过古代纺纱的方法进行干纺加捻制成纤维。因此，石墨烯纤维只能通过二维的石墨烯或其衍生物——GO 纳米片进行组装。本征石墨烯纳米片，一般不易均匀分散于水或有机溶剂且浓度极低（低于 1 mg/mL），难以直接作为组装基元构筑石墨烯纤维。GO 作为石墨烯的一种衍生物，其表面含有大量的羟基、羧基等亲水官能团，因此在极性溶剂（如水、DMF、NMP）中具有良好的分散性[21]。利用 GO 纳米片为基元材料，借鉴湿法纺丝法、干法纺丝法、干喷湿纺法等传统纤维的制备方法，以及限域水热组装和薄膜卷绕等方法可以组装成 GO 纤维，随后经过高温或化学还原过程制得石墨烯纤维。本节综述制备石墨烯纤维的不同方法，讨论其优势与特点。

1. 湿法纺丝法

石墨烯纤维的制备研究开始于 2011 年 GO 向列液晶相的发现[4]。GO 纳米片表面和边缘含有丰富的含氧官能团，因此可以高浓分散到多种极性溶剂，浓度可超过 10 wt%[21]。因其各向异性的形状特点，具有二维拓扑结构的 GO 纳米片在溶液中容易形成有序的液晶相，在低浓度的分散液（0.25 mg/mL，质量分数为 2.5×10^{-4}）中即可开始观察到部分有序的溶致液晶现象，随着浓度的提高 GO 分散液由无序相转变为排列有序向列相，当浓度达到 2.5×10^{-3}，整个分散液呈现特征丝状织构，形成了稳定的向列相液晶[20]。GO 液晶分散液静置后会出现分相现象，表现为直观的上层无序，下层向列相行为，由此可以得出分散液中向列相体积占比。如图 3-7（a）和（b）所示，随着浓度的增加向列液晶相占比显著增加。此外，随着 GO 浓度的进一步增加，各向同性的 GO 分散液在不同浓度和尺寸分布下由向列相液晶、层状液晶逐渐向手性指纹状液晶转变[图 3-7（c）和（d）]，表现为更高的排列取向度[20]。此外，由于流动性的动态特性，GO 液晶的有序结构也可以通过 pH 值[54]、电场、磁场和剪切流来调节[21]。GO 液晶的可控预排列特性为通过湿法纺丝制备高取向度石墨烯纤维奠定了基础，同时拓展了其在光子晶体和光电器件中的应用[55-57]。

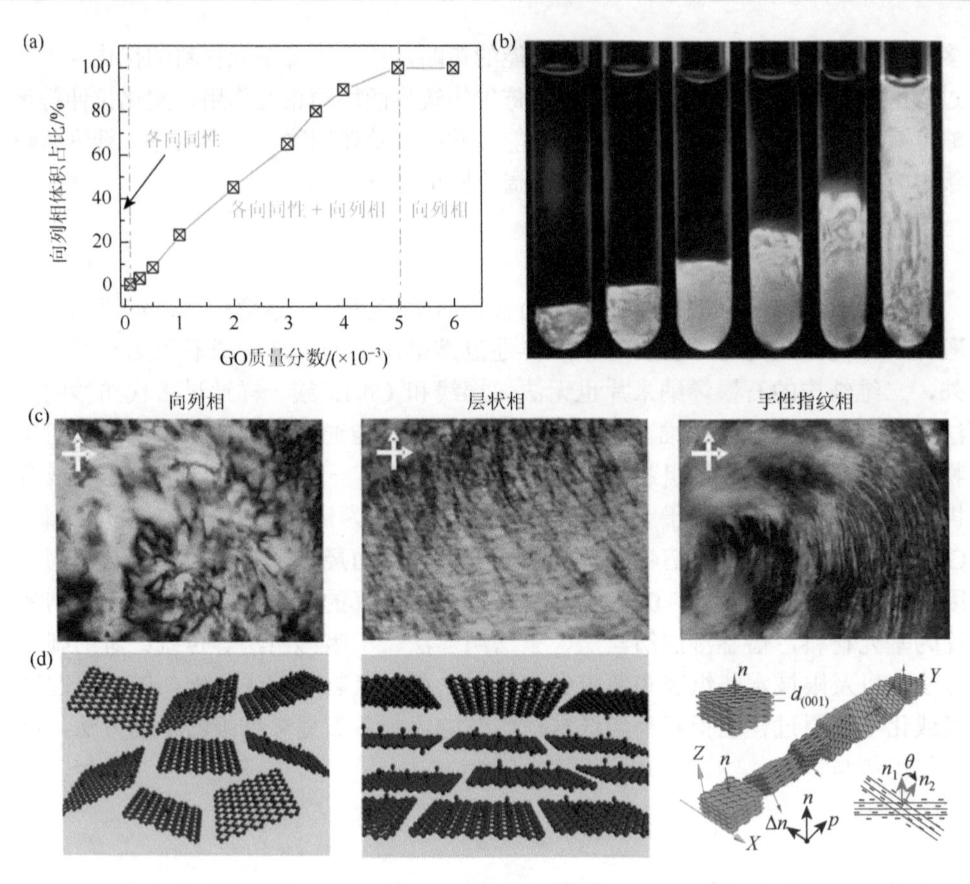

图 3-7 GO 液晶性质

(a)不同浓度的GO分散液静置后观测的向列相体积占比；(b)偏振显微镜图像，质量分数从左到右依次为5×10^{-4}、1×10^{-3}、2×10^{-3}、3×10^{-3}、4×10^{-3}和5×10^{-3}[20]；GO 液晶的向列相、层状相和手性指纹相的偏振显微镜图像（c）和机制图（d）[4, 20]

湿法纺丝技术在制备纤维方面具有悠久的历史，被广泛应用于腈纶、氨纶、人造纤维等高分子纤维的生产。常规的湿法纺丝步骤包括：纺丝液制备；将纺丝液从喷丝孔挤压到凝固浴凝固，形成初生纤维；将初生纤维进行水洗、拉伸、干燥、卷装等处理过程。基于 GO 液晶，2011 年浙江大学高超等[4]将 GO 液晶分散液通过湿法纺丝方法制备了 GO 纤维，随后经过化学还原首次制备了石墨烯纤维。由此开启了石墨烯纤维基础与应用研究的新阶段，目前，基于湿法纺丝制备石墨烯纤维的工艺已经趋于成熟，并向着连续化与工业化制备方向发展[21]。石墨烯纤维的湿法纺丝过程包括纺丝通道内取向、凝固浴的凝胶化、拉伸和干燥等工序。如图 3-8（a）所示，首先在纺丝管内壁形成的单轴剪切流促使 GO 纳米片进行了有序排列，并注入凝固浴。初生纤维在凝固浴中通过溶剂交换实现从纺丝溶液到凝胶状态的相变，在这个过程中，选择合适的凝固浴有利于 GO 纳米片的取向和固定，从而获得连续的凝胶纤维。随后，取出凝胶 GO 纤维进行干燥，在毛细收缩力作用下干燥成微结构致密的细纤维[4, 21]。获得 GO 纤维后，通过化学还原和/或热还原消除含氧官能团从而恢复石墨烯晶格，转化为石墨烯纤维。目前已发展了多种方法将 GO 纤维转化为石墨烯纤维，包括使用常见的还原剂（如氢碘酸、水合肼、碱溶液和柠檬酸钠）进行低温化学还原，以及在低偏压下的电热处理和 727℃下的热处理等方法[21]。其中低温化学还原只能部分去除 GO 纤维中的含氧基团，其还原后的石墨烯纤维的电导率一般较低。而通过高温（如高达 2727℃）石墨化可以完全消除残留官能团，同时降低层间间距，从而提高力学强度和导电性能[图 3-8（b）][21]。通过优化与设计纺丝策略，以最大限度地利用剪切流和后拉伸促使纳米片进行有序排列，目前湿法纺丝法已成为制备高性能石墨烯纤维的主要方法，基于该方法制备的石墨烯纤维的拉伸强度可达 3.4 GPa，杨氏模量达 400 GPa，其电导率可达 11900 S/cm，而进一步掺杂处理可实现超导行为[25, 27, 58]。石墨烯纤维的连续化制备是其应用的重要前提，使用多个纺丝通道，通过液晶湿法纺丝可以实现多纤维制备，石墨烯纤维的批量制备缩短了石墨烯纤维与实际应用的距离，具有良好的工业效率。如图 3-8（c）所示，2016 年高超等[25]搭建了石墨烯纤维束丝的示范生产线，建立了石墨烯纤维束丝的多通道连续纺丝制备体系，实现了石墨烯纤维[图 3-8（d）]的批量制备，促进了石墨烯纤维的商业化应用。通过湿法纺丝制备石墨烯纤维，方法简单有效，具有可规模化制备潜力，是目前广泛应用的石墨烯纤维制备方法。

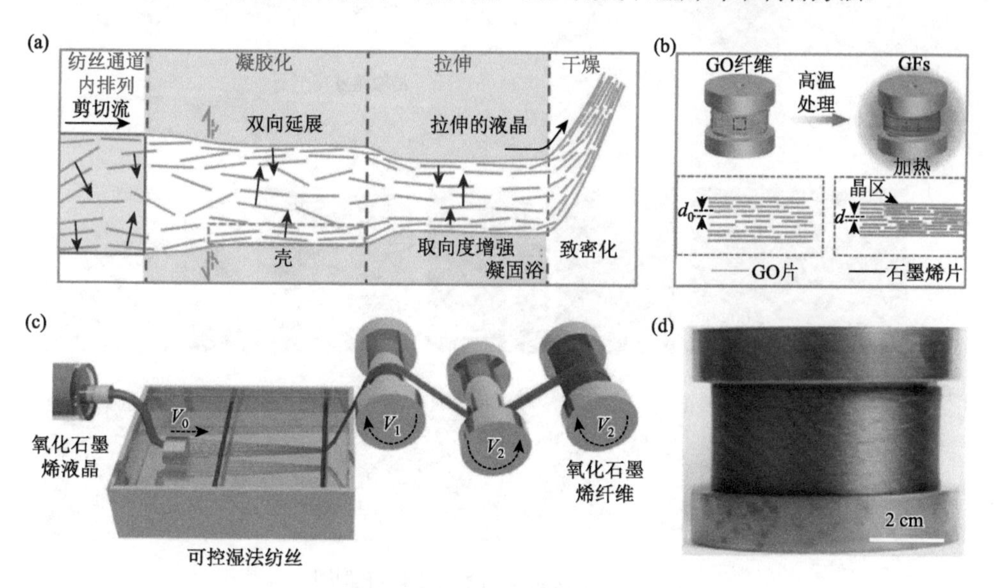

图 3-8　湿法纺丝制备石墨烯纤维

GO 纤维在湿法纺丝过程（a）和热处理还原过程（b）中的片层演变机制图[21]；（c）结合连续拉伸的湿法纺丝批量制备 GO 纤维过程示意图[25]；（d）石墨烯纤维的光学图像[25]

2. 干法纺丝法

与湿法纺丝法不同，干法纺丝法在制备过程中无需使用凝固浴，是另一种工业可行的石墨烯纤维制备方法。如图 3-9（a）所示，干法纺丝法直接将 GO 液晶通过喷丝口挤出到空气中形成凝胶纤维，经过加热干燥和连续收集获得 GO 纤维[59]。干法纺丝避免使用凝固浴，从而节省了制备过程的凝固浴成本，并且避免了使用凝固浴造成的环境损害等问题。但是，为确保没有凝固浴的交联下初生纤维力学强度，在石墨烯纤维的连续制备中不发生断裂，GO 液晶溶液需要满足两个条件：①GO 分散液的浓度要足够高，在高浓度下 GO 分散液表现为高弹性模量的凝胶状，形成黏弹性的液晶态凝胶，同时随着浓度的增加，GO 分散液的液晶晶畴尺寸会增大，确保在剪切力的作用下自发定向形成纤维；②溶剂选择要满足低表面张力和高饱和蒸气压，因为低表面张力溶剂会减小 GO 片的收缩趋势，而高饱和蒸气压溶剂会加快凝胶纤维在空气中的固化[1, 59]，如甲醇、丙酮等。通过干法

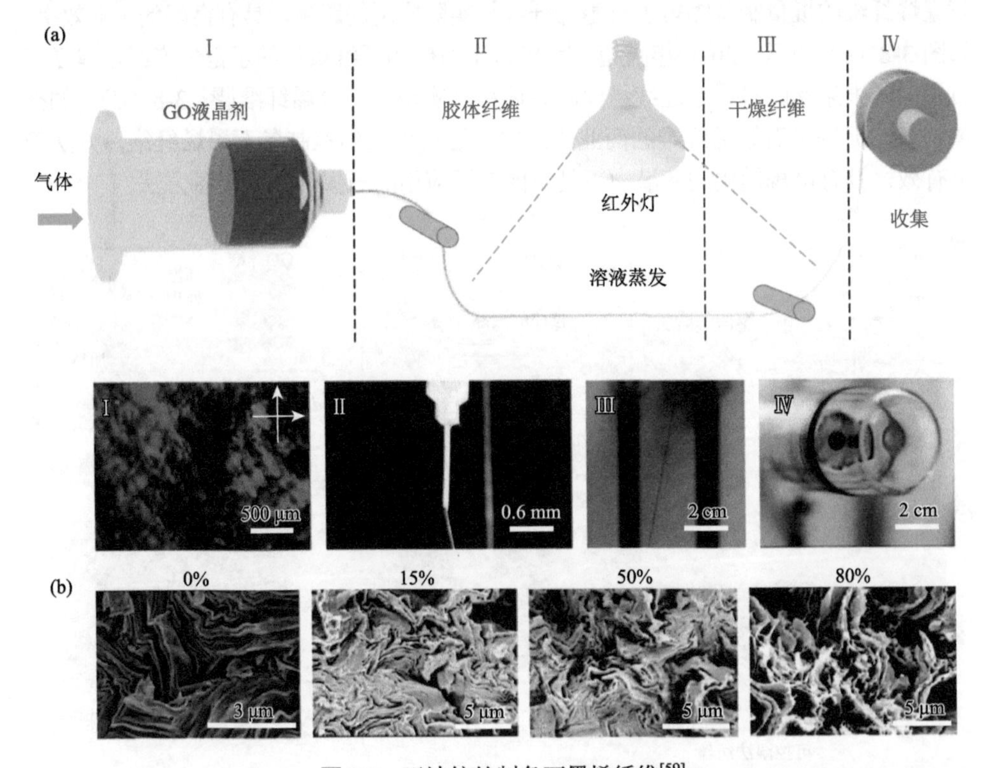

图 3-9　干法纺丝制备石墨烯纤维[59]

（a）干法纺丝制备石墨烯纤维过程的机制图；（b）不同收缩比的石墨烯纤维的微观截面 SEM 图，收缩比分别为 0%、15%、50%、80%

纺丝法制得 GO 纤维，在溶剂挥发过程中，溶剂表面张力和毛细管的作用使得 GO 片沿着纤维的径向、轴向同时发生收缩。图 3-9（b）展示了不同收缩比下 GO 纤维的形貌结构，GO 片收缩并沿纤维的径向卷曲，导致其沿纤维的轴向弯曲形成许多对齐的褶皱，因此，该方法制备的石墨烯纤维中存在较多的微孔。轴向收缩形成的褶皱和微孔结构使得石墨烯纤维具有良好的柔韧性，韧性可达 19.12 MJ/m^3。干法纺丝法无需使用凝固浴，纺丝速率高，有望成为绿色制备石墨烯纤维的方法。

3. 干喷湿纺法

干喷湿纺法结合了干法纺丝和湿法纺丝的优点，普遍应用于制备 PAN 纤维、芳香族聚酰胺纤维等。如图 3-10（a）所示，首先基于干法纺丝法将 GO 液晶纺丝液通过喷丝孔挤出到一段空气或惰性气体的间隙，再进入基于湿法纺丝法的凝固浴中[60]。该方法的优点是制备的纤维中 GO 片取向度高，结构致密。Xiang 等[60]通过氧化多壁碳纳米管制备 GO 纳米带，并在氯磺酸中均匀分散，通过干喷湿纺法和高温热还原过程制备了石墨烯纤维[图 3-10（b）和（c）]。研究表明，干喷湿纺过程的空气间隙长度为 12 cm，有效提高了纤维内部的取向度。如图 3-10（d）和（e）所示，该石墨烯纤维具有出色的形貌规整度和致密的结构。然而，该石墨烯纤维展现的力学和电学性能较低，并且前驱体材料 GO 纳米带的制备过程烦琐，溶剂腐蚀性强。

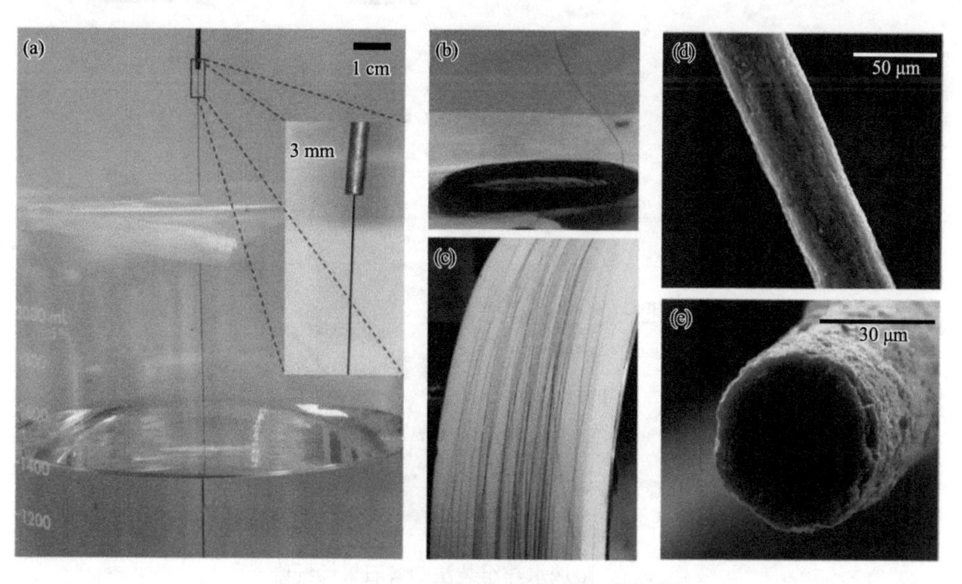

图 3-10　干喷湿纺法制备石墨烯纤维[60]

干喷湿纺法制备石墨烯纤维的机制图（a）以及纤维的光学图像（b，c）和微观图像（d，e）

4. 限域水热组装法

水热法可以将随机分散的石墨烯纳米片组装成三维交联网络结构。北京理工大学曲良体等[61-63]发展了限域水热组装法将 GO 纳米片组装成石墨烯纤维。该团队将 8 mg/mL 的 GO 溶液加入到直径为 0.4 mm 的毛细玻璃管中并封闭，随后高温加热 2 h（503 K），GO 片表面含氧官能团被还原而发生聚集，在毛细管受限的空间内组装成石墨烯纤维[61]。该石墨烯纤维密度低（0.23 g/cm^3）、柔韧度高，如图 3-11（a）所示，该纤维可以进行弯折制成不同形状，如圆形、三角形、四边形、四面体或弹簧状等。进一步高温热处理后该石墨烯纤维的拉伸强度达 420 MPa。限域水热组装法可以通过调控 GO 溶液浓度和毛细玻璃管的内径实现石墨烯纤维结构的调控。此外，原位加入 Fe_3O_4、TiO_2 等纳米颗粒可以制备出多功能石墨烯复合纤维[61]。如图 3-11（b）所示，研究人员在毛细管中放入铜线，最后去除铜线，制备了多通道中空的石墨烯纤维[图 3-11（c）][62]。该方法可以制备多形状、结构和组分的石墨烯纤维，但受限于毛细管的长度，在石墨烯纤维的连续、规模化制备上面临巨大挑战。

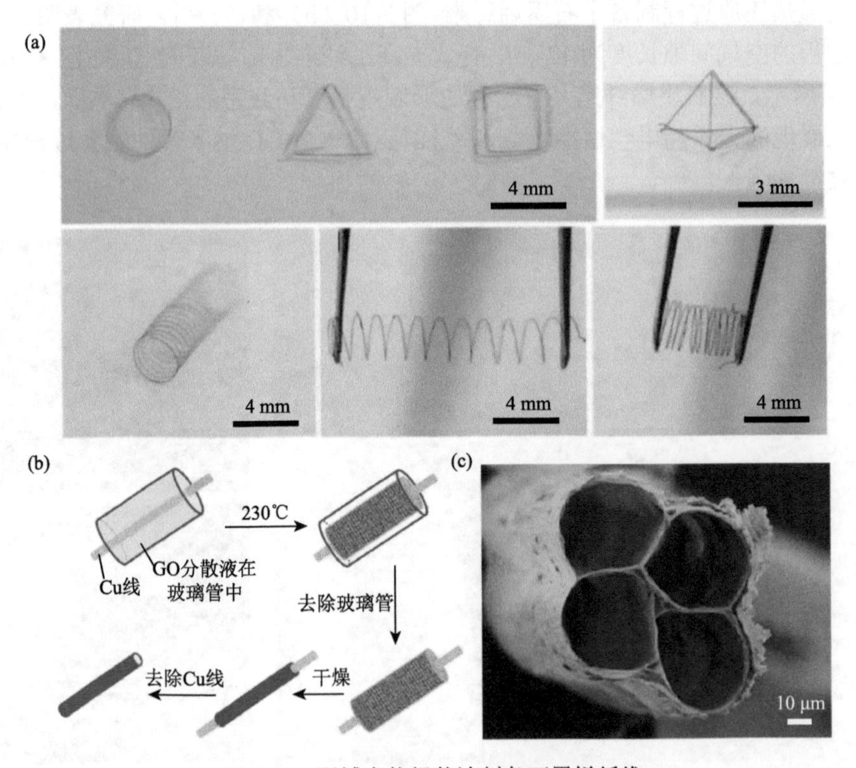

图 3-11 限域水热组装法制备石墨烯纤维

（a）弯折成不同形状的石墨烯纤维[61]；（b）在水热过程中原位引入铜线制备石墨烯纤维的制备过程[62]；（c）具有中空结构的石墨烯纤维[62]

5. 薄膜卷绕法

将排列整齐的碳纳米管阵列、薄膜或聚合物纤维加捻制成纱线是工业和实验室中常见的纤维制备工艺[13, 64]。石墨烯薄膜的制备过程相对简单，其制备技术相对成熟，先将石墨烯、GO 纳米片组装成薄膜，再将石墨烯薄膜或 GO 薄膜卷绕、加捻可制备石墨烯纤维。该方法制备的纤维截面具有螺旋的纹理结构，具有良好的断裂韧性。Terrones 等[65]发展了将 GO 薄膜进行加捻卷绕制备石墨烯纤维的方法，先用“刮棒涂层”的方法将 GO 溶液刮涂制备出大面积且具有良好力学性能的 GO 薄膜，再剪裁成长条状。如图 3-12（a）和（b）所示，通过电机加捻制备 GO 纤维，该纤维截面具有明显的螺旋结构[图 3-12（c）]，具有良好的断裂韧性（断裂伸长率达 76%，韧性为 17 J/m^3），但由于内部存在较多的孔隙缺陷，强度较低，经过热还原处理后获得石墨烯纤维，电导率为 416 S/m。随后，高超等先将制备的 GO 薄膜高温热还原，再将石墨烯薄膜加捻成石墨烯纤维，纤维的断裂伸长率达 70%，韧性达到 22.45 MJ/m^3，电导率为 6×10^5 S/m。薄膜卷绕的方法制备的石墨烯纤维长度有限，且不连续。高超等[66]进一步构建了一种连续的旋转扭转技术，解决了薄膜卷绕方法的不连续问题，同时在扭转过程中可以进行拉伸，提高纤维扭转的密实度。该方法是通过连接液晶纺丝的 GO 薄膜带和扭转部件从而实现连续制备。首先利用液晶纺丝法制备了连续的 GO 薄膜带，随后利用一个具有收集和拉伸扭转功能的滚筒将 GO 带扭转成纤维并收集[图 3-12（d）]。在连续扭转加捻过程中，纤维的手性结构可以进行调控，具有高柔韧性的连续石墨烯纤维可以在智能纺织品中实现多种功能应用。此外，CNTs 阵列可以抽出连续的薄膜，通过加捻可获得 CNTs 纤维[13]，随后通过氧化可得到 GO 纳米带。Baughman 等[67]从 CNTs 阵列中抽出连续、有序的 CNTs 薄膜，经过氧化过程和溶剂提拉收缩过程获得 GO 纤维，经过化学还原后得到石墨烯纤维。张莹莹等[68]从 CNTs 阵列纺丝获得 CNTs 纤维，再经过氧化和还原处理后，制备了石墨烯/CNTs 复合纤维。此外，通过 CVD 方法可以制得石墨烯阵列，有望开发由石墨烯阵列纺丝制备高性能石墨烯纤维的新方法，但受限于较大的石墨烯片层间距和较弱的范德华力等因素，目前未见研究报道[69]。

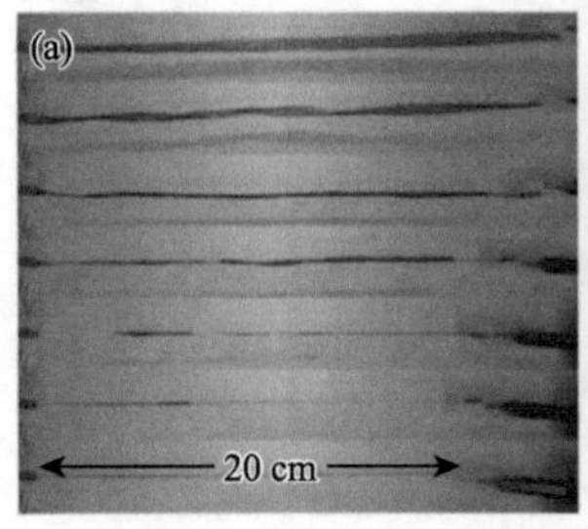

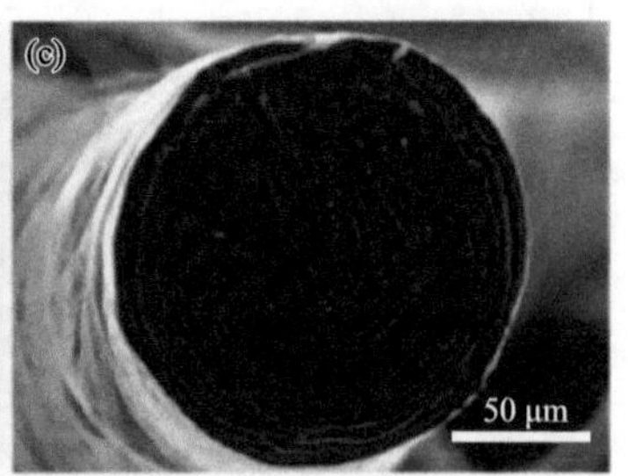

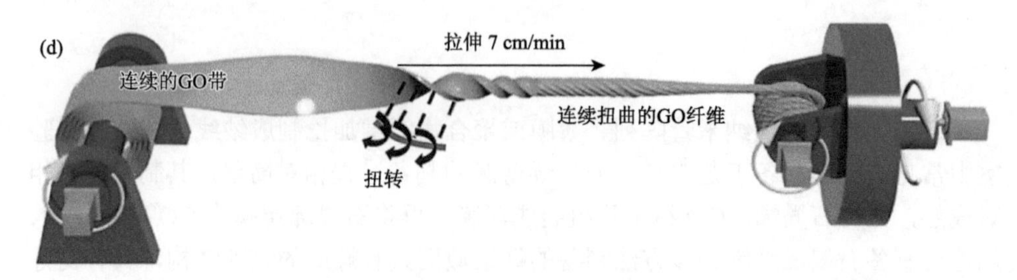

图 3-12 薄膜卷绕法制备石墨烯纤维

（a）通过电机将一层 GO 薄膜扭转制成纤维，从上（开始）到下（结束）为扭转的不同阶段；（b）GO 薄膜被扭转成纤维的 SEM 图像；（c）扭转成纤维的截面 SEM 图像[65]；（d）采用结合拉伸和加捻方法制备连续的扭转 GO 纤维[66]

6. 模板辅助 CVD 法

CVD 法是目前制备高品质石墨烯薄膜的主流方法[70, 71]。美国凯斯西储大学戴黎明等[72]以铜线作为基底模板，通过 CVD 过程在铜线表面沉积石墨烯，随后刻蚀铜线，得到中空的石墨烯管。从溶液中提拉干燥过程，中空石墨烯管受到溶液表面张力收缩成石墨烯纤维［图 3-13（a）］。如图 3-13（b）所示，该纤维表面存在大量褶皱，力学性能较低，但石墨烯质量高，具有良好的电学性能。此外，北京大学刘忠范等[73]通过模板辅助 CVD 法，以光纤作为基底模板制备了石墨烯纤维。随后，进一步以石英纤维为模板，发展了一种批量化制备石墨烯石英纤维的强制流 CVD 生长方法。如图 3-13（c）所示，使用另一个同轴石英管作为盘绕的石英纤维束的紧套，将长为 50 m 的石英纤维束缠绕在石英管表面，通过内部缠绕有石英纤维的同轴套管构造限域空间，实现了基于强制流的低压化学气相沉积（forced-flow CVD）生长条件。通过反应压强和体系中碳氢比的控制，显著增加了碳原子碰撞、反应的概率，在石英纤维表面实现了 1～2 层石墨烯的均匀包覆，研制出可批量化生产的石墨烯/石英纤维［图 3-13（d）］，该纤维具有可调的导电性和优异的电加热性能，可制成快速响应的柔性气体传感器，实现易燃有机气体的高灵敏度实时在线监测。虽然模板辅助 CVD 法能够制备高质量的石墨烯纤维，但制备成本较高。

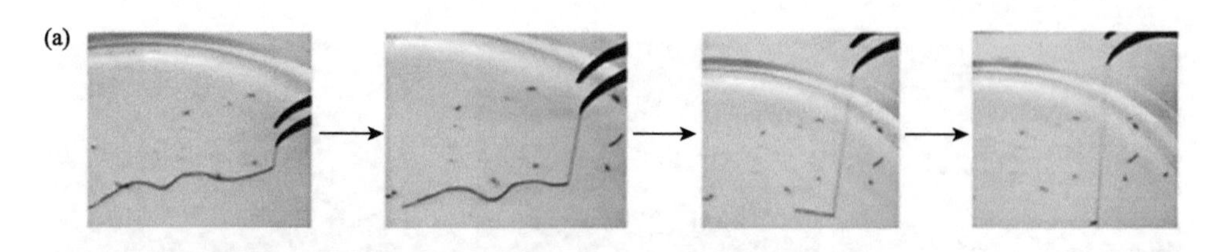

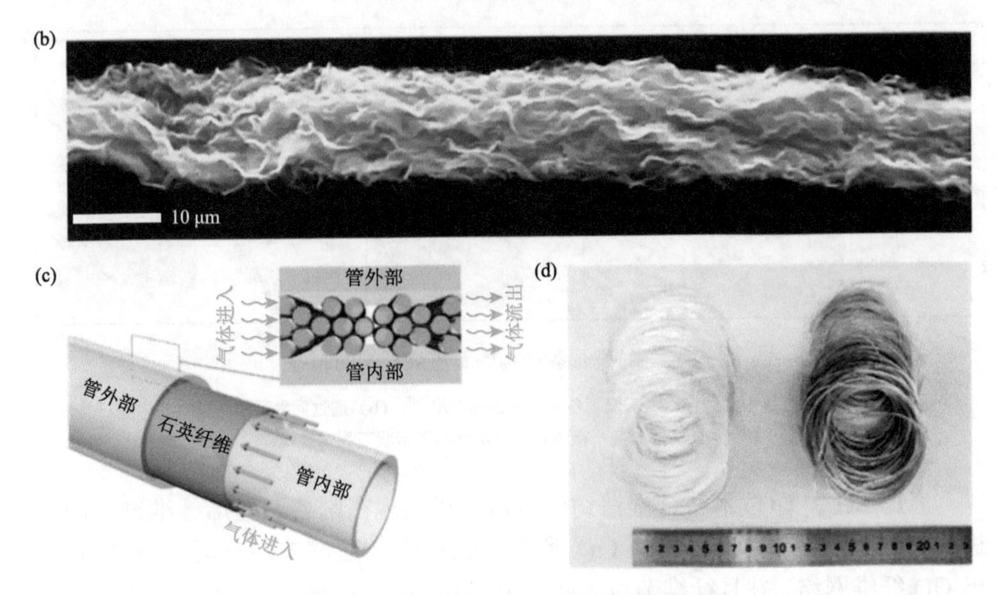

图 3-13　模板辅助 CVD 法制备石墨烯纤维

从溶液中抽出石墨烯管获得石墨烯纤维的照片（a）和微观形貌图（b）[72]；（c）石墨烯石英纤维的制备机理图[73]；（d）石墨烯生长前（左）和生长后（右）的 50 m 的石英纤维束[73]

7. 其他形貌纤维的制备方法

此外，石墨烯纤维的结构形貌可以通过制备过程和后处理过程进行设计和改变，制备出具有多孔、中空、带状、螺旋状和芯皮状形貌的石墨烯纤维，获得独特的功能，满足不同领域的应用需求[21]。目前，不同形貌石墨烯纤维的制备方法是改进湿法纺丝法和调整纺丝工艺。如图 3-14（a）所示，基于湿法纺丝工艺将 GO 液晶纺丝到液氮中进行冷冻干燥，可以得到具有多孔结构的石墨烯气凝胶纤维，相互连通的多孔结构使得该纤维具有较低的体积密度（56 mg/cm^3）和较高的比表面积（884 m^2/g），同时具有良好的柔韧性和导电性，断裂伸长率超过 5%，电导率为 4900 S/m[74]。多孔石墨烯具有良好的拉伸性能和导电性，可作为轻量化、柔性的电子器件，高的比表面积使得其可应用于电化学催化剂、高吸收材料和多功能纺织品。采用同轴纺丝策略可以制备中空石墨烯纤维和皮芯结构石墨烯复合纤维。如图 3-14（b）所示，利用同轴纺丝头，中间通入甲醇溶液，外层为 GO 液晶溶液，纺丝到甲醇凝固浴中，可以制备出中空结构的石墨烯纤维[75]。中空的石墨烯纤维具有良好的力学性能和导电性，其内壁可以修饰其他分子材料，如功能纳米粒子。此外，如图 3-14（c）所示，将管状旋转纺丝通道设计成为扁平的长方体微流体通道，可以连续制备带状的石墨烯纤维[76]。带状石墨烯纤维具有良好的可编织性，可编织成石墨烯纤维纺织品，在染料敏化纤维太阳能电池和纤维基超级电容器等领域具有重要的应用前景。

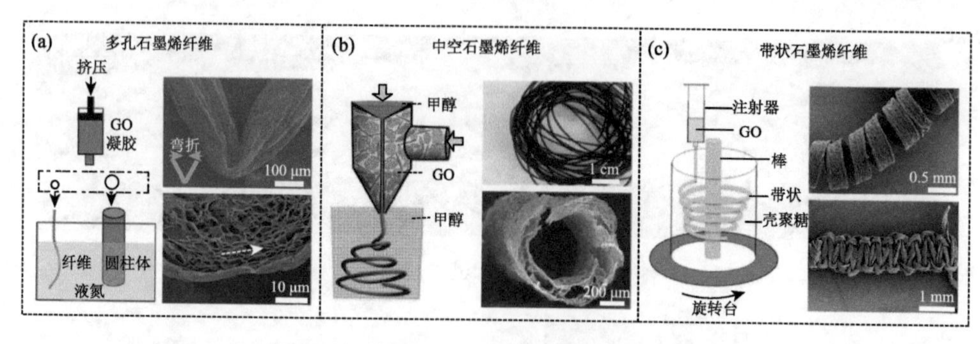

图 3-14　特殊形貌结构的石墨烯纤维的制备

（a）通过湿法纺丝到液氮中并进行冷冻干燥制备多孔石墨烯纤维[74]；（b）通过同轴湿法纺丝制备中空石墨烯纤维[75]；（c）通过扁平微流体通道纺丝制备带状石墨烯纤维[76]

通过 3D 打印技术结合湿法纺丝方法可以实现在制备石墨烯纤维过程同时进行编织。如图 3-15（a）和（b）所示，Cao 等[77]通过 3D 打印技术连续打印出 GO 纤维网络，并且纤维节点之间原位融合，经过还原过程获得网状石墨烯纤维[图 3-15（c）]。Zhang 等[78]利用 3D 打印技术制备了 GO/海藻酸钠复合纤维，干燥后塌缩成各向异性的石墨烯纤维带[图 3-15（d）]，并通过调控打印路径制备得到一系列复杂的网络结构[图 3-15（e）]。通过调控 GO/海藻酸钠的流变性能与复合材料的结构设计，研究人员制备了具有梯度微观结构变化的 GO/海藻酸钠条带，在刺激作用下该条带可变形为螺旋结构，并构筑了弹簧状离子电极[79]。

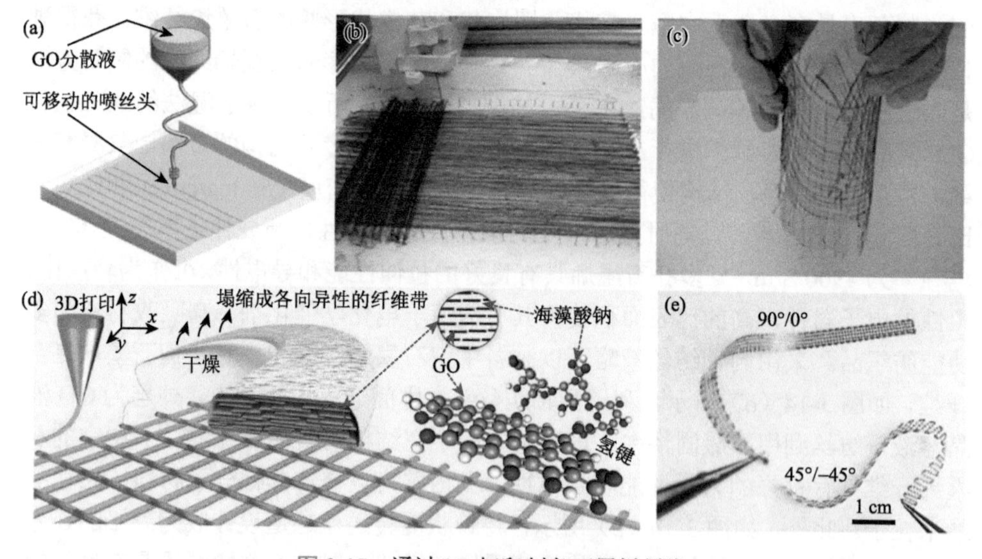

图 3-15　通过 3D 打印制备石墨烯纤维

（a）制备机理图；（b）制备过程实物图；（c）网状石墨烯纤维实物图[77]；（d）制备机理图和组装结构；（e）打印编织成独特结构的石墨烯纤维进行弯曲的光学图[78]

3.2.2 性能及其提升策略

制备方法决定了纤维的结构，结构决定性能。本节将总结石墨烯纤维的制备方法以及石墨烯纤维的性能，并讨论石墨烯纤维性能的提升策略。表 3-1 总结了当前报道的石墨烯纤维的制备方法、后处理过程，以及力学、电学和热学性能。

表 3-1　石墨烯纤维的制备方法与性能汇总

举例	制备方法	后处理	拉伸强度/MPa	杨氏模量/GPa	伸长率/%	电导率/(S/m)	热导率/[W/(m·K)]	年份	参考文献
rGO	湿法纺丝	353 K，HI	140	7.7	5.8	2.5×10^4	—	2011	[4]
rGO	湿法纺丝	353 K，HI	182	8.7	约 3.2	3.5×10^4	—	2012	[80]
rGO	湿法纺丝	493 K，真空	115	9.0	—	2.8×10^2	1435	2013	[81]
rGO/Ag	湿法纺丝	363 K，HI	—	—	—	9.3×10^4	—	2013	[82]
rGO	湿法纺丝	353 K，HI	192	9.8	—	2.3×10^4	—	2013	[22]
rGO	湿法纺丝	353 K，HI	360.1	12.8	—	3.2×10^4	—	2013	[22]
rGO	湿法纺丝	353 K，HI	501.5	11.2	6.7	4.1×10^4	—	2013	[23]
rGO	湿法纺丝	353 K，HI	365	21	约 3.0	2.7×10^4	—	2014	[77]
rGO	湿法纺丝	2073 K，Ar	1080	135	约 1.4	2.21×10^5	1290	2015	[24]
rGO/PCDO	湿法纺丝	353 K，HI	842.6	—	3.5	2.92×10^4	—	2016	[29]
rGO/K	湿法纺丝	3273 K，Ar	—	—	—	2.24×10^7	—	2016	[84]
rGO	湿法纺丝	3273 K，Ar	2200	400	0.5	8×10^5	—	2016	[25]
rGO/酚醛树脂	湿法纺丝	1273 K，N_2	1450	120	1.8	8.4×10^4	—	2016	[85]
rGO/Ca	湿法纺丝	3273 K，Ar	—	—	—	超导体（11 K）	—	2017	[58]
rGO/PSE/AP	湿法纺丝	363 K，HI	740.1	约 3.8	—	4.33×10^4	—	2018	[30]
rGO/CS	湿法纺丝	HI	743.6	约 6.1	—	1.79×10^4	—	2018	[31]
rGO/PDA	湿法纺丝	1273 K，H_2	650	80.3	0.73	1.32×10^5	—	2018	[86]
rGO	湿法纺丝	2773 K，Ar	1900	309	约 0.65	1.04×10^6	1575	2019	[26]
rGO	湿法纺丝	3073 K，Ar	3400	341.7	约 1.0	1.19×10^6	1480	2020	[27]
f-rGO	湿法纺丝	HI	875.9	—	约 1.7	1.06×10^5	—	2022	[32]
g-PGF	湿法纺丝	3273 K，Ar	2437	358.3	0.70	3.48×10^5	850	2022	[87]
rGO	干法纺丝	353 K，HI	375	11.6	9.4	1.32×10^4	—	2017	[59]
rGO	干法纺丝	353 K，HI	120	—	约 6	7.5×10^3	—	2018	[88]
石墨烯纳米带	干法湿纺	1323 K，Ar	378	36.2	1.1	2.85×10^4	—	2013	[60]
rGO	限域水热	1073 K，真空	420	—	约 2.4	1.0×10^3	—	2012	[61]

续表

举例	制备方法	后处理	拉伸强度/MPa	杨氏模量/GPa	伸长率/%	电导率/(S/m)	热导率/[W/(m·K)]	年份	参考文献
rGO	限域水热	493 K，6 h	197	—	4.2	1.2×10^3	—	2014	[89]
rGO/CNT	限域水热	493 K，6 h	84	—	3.3	1.02×10^4	—	2014	[89]
rGO/PDA	限域水热	1473 K，Ar	724	37.1	2.31	6.16×10^4	—	2018	[90]
rGO	薄膜卷绕	3073 K	39.2	3.17	1.5	4.16×10^4	—	2014	[65]
rGO	薄膜卷绕	3273 K，Ar	3.9	—	约 1.3	3.18×10^4	190	2020	[91]
石墨烯	CVD	—	—	—	—	1.27×10^4	—	2015	[72]

1. 力学性能

如图 3-16 所示，2011 年首次通过湿法纺丝法制备的石墨烯纤维力学性能较低，其拉伸强度仅为 140 MPa，杨氏模量为 7.7 GPa[4]。如表 3-1 所示，经过十几年的研究，通过调控石墨烯尺寸、取向度和界面相互作用，消除纤维内部孔隙缺陷，极大提高了石墨烯纤维的力学性能，拉伸强度最高可达 3400 MPa[27]，杨氏模量达到 400 GPa[25]。虽然目前石墨烯纤维的力学性能取得了显著的进展，但与石墨烯纳米片的本征力学性能相比还存在着很大的差距，这主要是源于石墨烯片在组装成宏观石墨烯纤维过程中产生的不同尺度上的缺陷，包括：①单片石墨烯纳米片上的原子缺陷；②纳米片之间的边界和孔洞；③纳米片之间不规整的随机排列和纳米片褶皱引起的纳米级到微米级的孔隙缺陷[25]。在碳纤维工业制备中，缺陷控制是提升碳纤维性能的关键环节。此外，石墨烯片层间相互作用力同样是决定石墨烯纤维性能的关键因素，通过界面设计引入化学键等相互作用力可以加强层间作用力[29, 30, 32]，诱导片层取向和密实堆积排列，进而消除孔隙等结构缺陷[92]。以下将详细总结如何降低石墨烯纤维内部结构缺陷，提升石墨烯纤维的力学性能的策略。

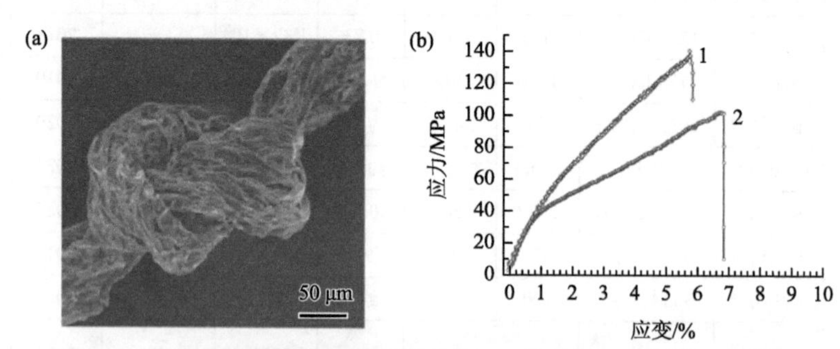

图 3-16 首次制备的石墨烯纤维（a）及其应力-应变曲线（b）[4]

1、2 分别指代石墨烯纤维和 GO 纤维

1）GO 片尺寸与晶粒尺寸

GO 的溶致液晶为制备高取向石墨烯纤维奠定了基础，而 GO 片的浓度与尺寸是影响液晶相转变行为的两个重要因素。研究表明，GO 片尺寸越大，液晶相转变浓度越低，取向排列越明显[20]。即在相同浓度下，大尺寸 GO 具有更好的取向预排列。此外，GO 片尺寸越大，纤维中石墨烯片层节点越少，缺陷越少[1]。Xiang 等[93]制备了大片径（20 μm）GO 片[图 3-17（a）]，以及小片径（9 μm）GO 片，采用湿法纺丝法分别制成石墨烯纤维。如图 3-17（b）所示，利用大片径 GO 制备的石墨烯纤维展现更出色的力学性能，纤维的拉伸强度、杨氏模量和断裂伸长率分别提高 78%、88%、178%。Chen 等[22]同样对比了大、小片径 GO 组装的石墨烯纤维的机械性能。如图 3-17（c）所示，相比于小片径 GO，利用大片径的 GO 制成的石墨烯纤维同样表现更好的力学性能，拉伸强度和杨氏模量分别提高 72.5%、62%。但是，在组装过程中大尺寸 GO 片层容易产生褶皱，从而在石墨烯纤维内部形成孔隙缺陷，限制纤维力学性能的提升[1]。

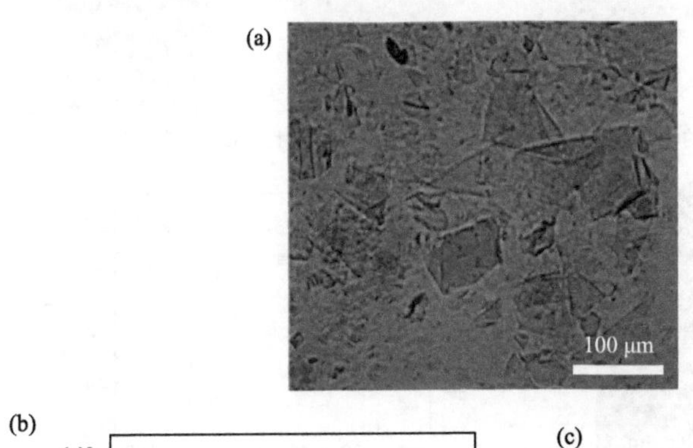

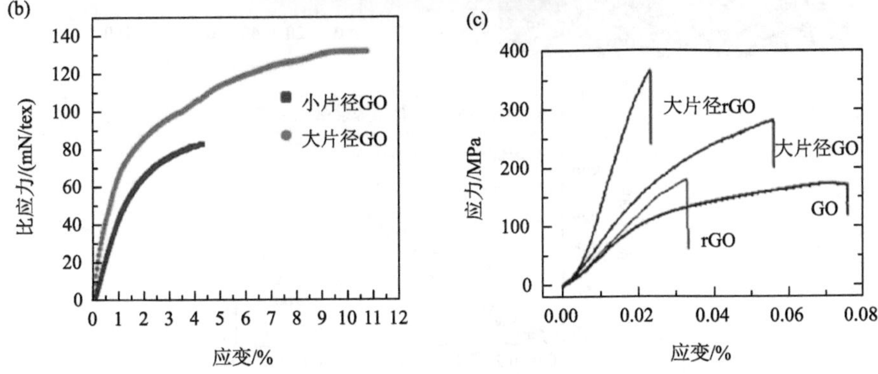

图 3-17　优化 GO 尺寸提升石墨烯纤维的力学性能

（a）GO 光学显微镜图像[93]；（b，c）不同尺寸的 GO 片制备的 GO 纤维和石墨烯纤维的拉伸应力-应变曲线[22, 93]

Xin 等[24]提出了一种将大尺寸 GO（large-sized GO，LGGO）、小尺寸 GO（small-sized GO，SMGO）结合制备高性能石墨烯纤维的策略，如图 3-18（a）

所示，大尺寸 GO 微米片（23 μm）形成高度规整排列的骨架结构，由于大尺寸微米片组装过程中会发生褶皱而出现孔隙，因此利用小尺寸 GO 纳米片（0.8 μm）填充骨架的孔隙组装成交错、致密的结构，在高温处理之后，两种尺寸的石墨烯片形成互锁结构，纤维结构规整且片层排列紧密[图 3-18（b）]，赋予纤维优异的性能。如图 3-18（c）所示，随着小尺寸 GO 片填充量的增加，纤维的密度显著提高，同时降低了纤维的孔隙率。经过研究对比，当小尺寸 GO 纳米片添加比例为 30 wt%时，经过 1800℃高温热还原后，制备的石墨烯纤维的拉伸强度

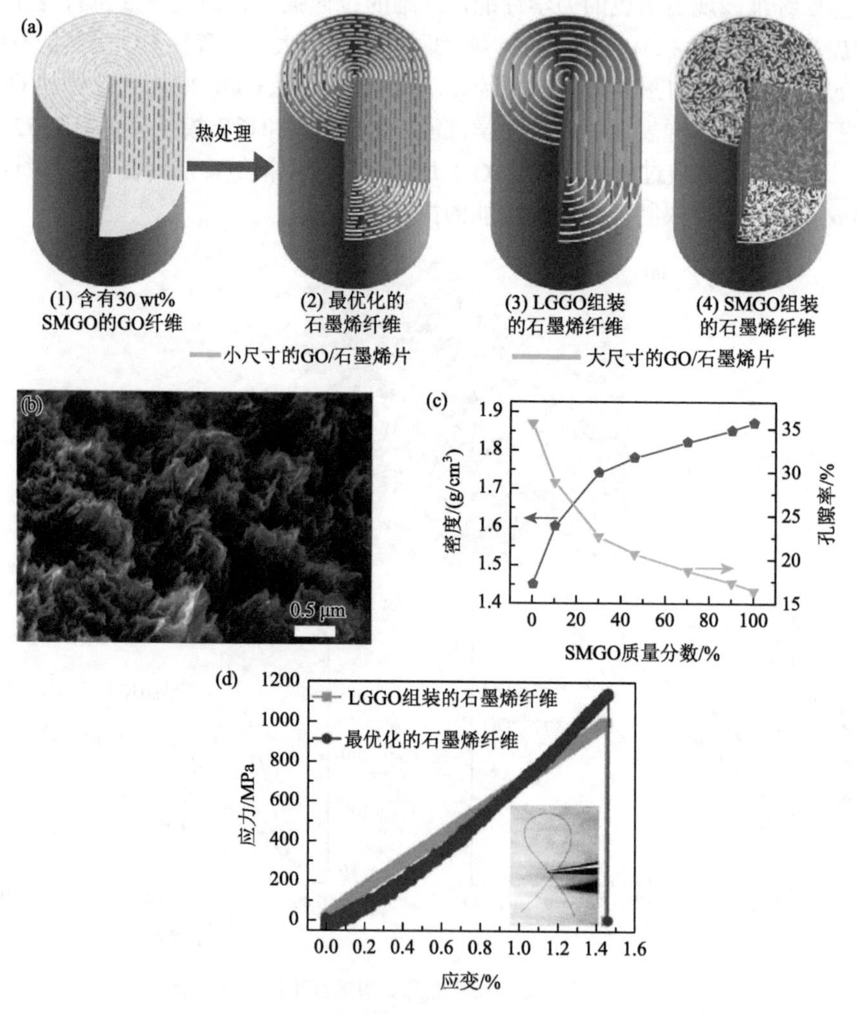

图 3-18 大小尺寸协同组装提升石墨烯纤维的力学性能[24]

（a）不同尺寸 GO 片协同组装与单独组装的纤维结构示意图；（b）含有 30 wt% SMGO 的最优化石墨烯纤维截面 SEM 图；（c）随着小尺寸 GO 片含量的增加，石墨烯纤维的密度和孔隙率变化；（d）纯 LGGO 组装的石墨烯纤维和最优化石墨烯纤维的应力-应变曲线，插图为高度柔性的优化石墨烯纤维

达到（1080±61）MPa（最高值可达1150 MPa），相比于纯大尺寸GO制备的纤维提高了31%，同时具有良好的柔韧性[图3-18（d）]。

结构缺陷和GO纳米片的不完全还原会直接影响石墨烯纤维的性能，表现出较差的拉伸强度。因此通过优化前驱体基元材料的质量，可以从根本上提高纤维的性能。北京化工大学张好斌等[32]通过优化GO纳米片前驱体的表面化学，并控制其纺丝和组装行为，发展了一种可规模化且易于湿纺的制备策略，制备了强韧的高性能石墨烯纤维[图3-19（a）]。该工作通过改进Staudenmaier法，利用$H_2SO_4/HNO_3/KClO_3$混合溶液氧化粉体石墨，与传统Hummers法制备的GO（h-GO）相比，该方法制备的GO具有更少的表面端基（f-GO），特别是仅有少量的羧基，f-GO片的平均尺寸为2.09μm。通过原子力显微镜表征，片层厚度与h-GO片（7.08 Å）相比，f-GO片的层间距更小（6.65 Å）。利用拉曼光谱表征，f-GO的I_D/I_G值为0.94，低于h-GO（1.08），证实了f-GO片结构缺陷较少的特点。紫外-可见吸收光谱表征，两种纳米片对π-π^*的激发均在230 nm附近有明显的吸收峰，但是f-GO的激发波长（238 nm）比h-GO的激发波长（231 nm）更高，激发能更低，表明f-GO具有更大的共轭区域。如图3-19（b）所示，大的连续共轭区域/sp^3杂化碳（蓝色区域）可以形成更多的π-π相互作用，比结构缺陷（红色区域）之间的相互作用更强。与h-GO相比，具有较少结构缺陷和空位的f-GO纳米片之间容易产生更强的π-π相互作用。此外，f-GO中羟基、环氧基含量较低，羧基含量微量，可通过化学还原可逆消除，形成大面积共轭区，从而有利于制备具有强力学性能和高导电性的纤维。得益于f-GO片较少的表面端基和结构缺陷，层间相互作用更强，更容易形成液晶并构建紧凑有序的排列。进一步结合拉伸诱导取向排列，制备的f-GO纤维的抗拉强度为791.7 MPa，韧性高达24.0 MJ/m³。经过化学还原后的f-GO纤维表现出优异的抗拉强度（875.9 MPa）和13.3 MJ/m³的高韧性[图3-19（c）][32]。

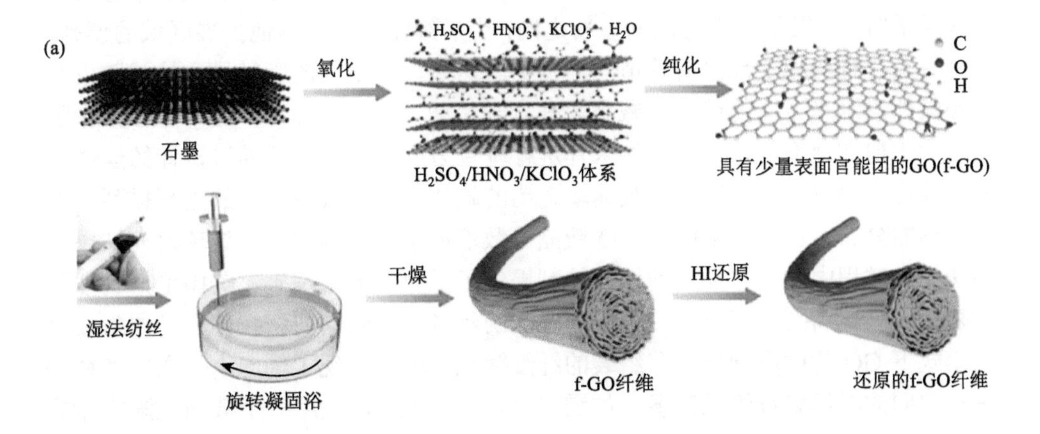

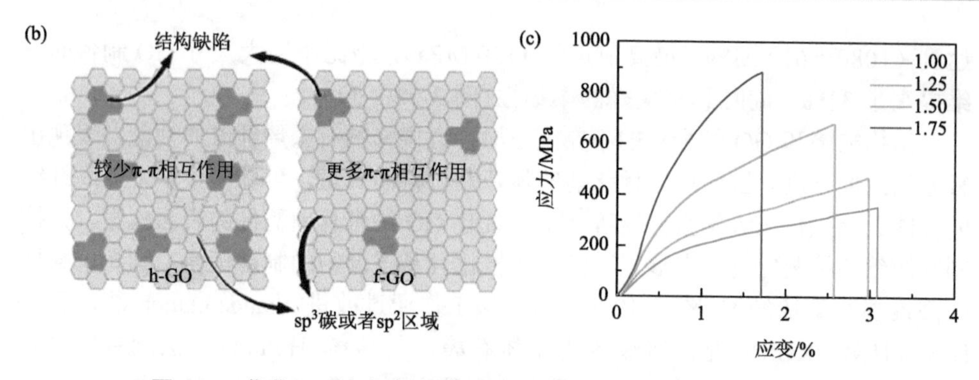

图 3-19 优化 GO 纳米片的表面化学提升石墨烯纤维的力学性能[32]

（a）制备过程机制图；（b）两种方法制备的 GO 纳米片的结构特征；（c）不同拉伸比的石墨烯纤维的拉伸-应变曲线

2）取向度

石墨烯纤维中石墨烯片层的取向度越高，纤维的性能越好。纳米片组装成纤维过程中取向方向可以表现为轴向取向和径向取向排列。其中，石墨烯纳米片沿轴向取向使石墨烯纤维具有优异的力学强度，研究发现，可以通过流体控制、凝固浴选择和湿纺过程中的拉伸或后拉伸处理来提高石墨烯片的轴向取向度。高超等[4]利用管状湿纺通道，通过液晶取向预排列和剪切流诱导取向来提高 GO 片的取向度，首次制备石墨烯纤维。然而，取向的剪切流动作用主要发生在管状通道表面，内部剪切力逐渐减小，当 GO 片相互挤压后会出现其他方向的自由度，可能导致片层弯曲和变形。纺丝溶液的流速受纺丝通道形状和尺寸的影响，高的流速获得高的剪切力，从而提高石墨烯片层的取向度。Trebbin 等[94]首次研究报道了不同结构的纺丝通道内各向异性片层的流动取向行为。如图 3-20（a）所示，当各向异性的柱状胶束 PEB-PEO（polyethylene butylene-*b*-ethylene oxide)通过 T 型结通道段时，柱状胶束在靠近窄壁的通道会平行于流动方向，但当柱状胶束进入膨胀区通道时，会发生垂直方向的重新定向，当后续没有任何其他扩展区域的调制，这种垂直排列将稳定地沿着管道向下传播。这是由于增大的管径导致柱状胶束非牛顿流体沿水平方向的剪切力减小，垂直于流动方向出现高延伸速率，导致膨胀速率大于剪切速率，从而引起纳米片进行垂直方向排列。因此通过设计纺丝过程的流体行为改变剪切速率与膨胀速率之比的阈值，从而改变片层的垂直排列和平行排列的分布。在一定浓度下 GO 液晶分散液属于非牛顿流体，这项研究结果为湿法纺丝过程中 GO 液晶的剪切流控制提供了重要的方法基础。美国伦斯勒理工学院 Lian 等[26]系统揭示了 GO 分散液湿法纺丝过程中轴向剪切拉伸和径向膨胀流动模式下 GO 片的取向行为和组装的纤维微观结构，实现了轴向水平取向和径向垂直取向的石墨烯纤维的制备。如图 3-20（b）所示，采用一个截面逐渐收缩的纺丝管道，可以减少剪切力表皮效应，同时形成拉长流体，获得轴向拉伸力，使得 GO 片在管壁内沿着轴向高取向排列。当将收缩通道中的 GO 液晶分散液突然通入膨胀的通道中，阶梯膨胀流可以使水平排列的 GO 片发生翻转，获得垂直于流动方向取向的片层堆积结构，制备的石墨烯棒内部具有垂直轴向方向取向的石墨片[图 3-20（c）]。

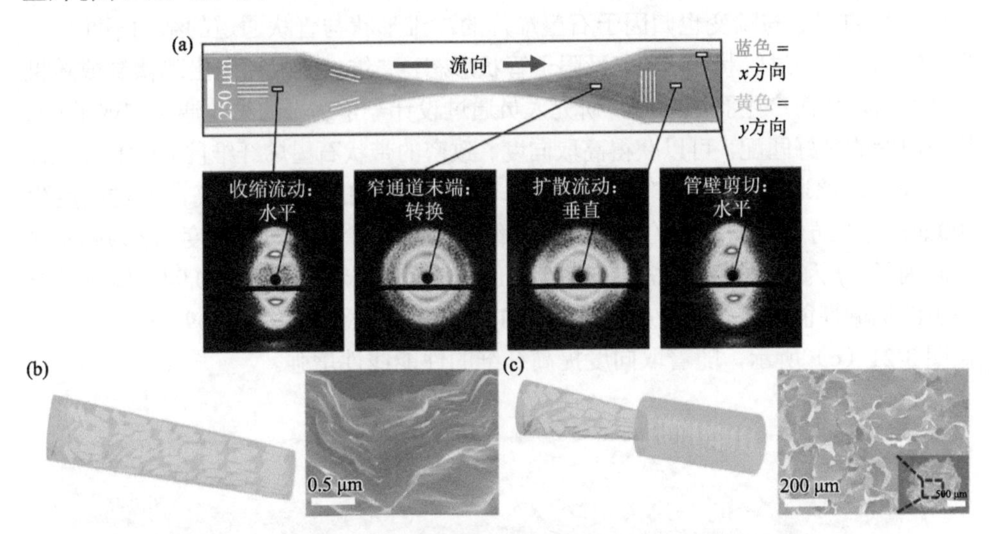

图 3-20　各向异性结构材料在收缩和膨胀通道中流动取向模式

（a）通过扫描微焦点 X 射线衍射确定 PEB-PEO 柱状胶束在宽、窄通道截面上的取向度和 X 射线衍射图[94]；（b）GO 纳米片分散液在收缩通道中流动的片层取向的机制图和致密且片层轴向水平堆叠的纤维截面 SEM 图[26]；（c）GO 纳米片分散液从收缩的通道进入扩大的通道片层取向发生反转的机制图和片层径向垂直堆叠的纤维截面 SEM 图[26]

湿法纺丝过程中往往会出现明显的表皮效应，表皮效应广泛存在于聚合物和无机纤维的纺丝过程中，在基于 GO 液晶纺丝过程中表皮效应会形成不规则的芯-壳结构，表现为纤维表面石墨烯片层有序排列，但是石墨烯片晶体在横向上表现为随机取向或者旋涡排列。表皮效应的产生主要是由于纺丝微通道径向的流动剪应力梯度变化，其中靠近壁面具有更大的剪切力，导致 GO 片排列良好，而在纤维芯部剪切力梯度减小，导致 GO 片排列不好。使用扁平或收缩的纺丝通道有助于减小表皮效应，此外通过降低纺丝液的浓度和减小管状通道的直径来减小石墨烯纤维的径向尺寸也可以降低表皮效应。

一般地，石墨烯片沿纤维轴向有序排列，表现出较高的力学性能，为了使石墨烯片在纤维中有规律地排列，垂直方向应该被抑制或减少。目前两种策略可以提高石墨烯片的水平排列、降低其垂直等不规则排列。例如，设计一个收缩旋压的通道来减少膨胀速率，提高水平剪切流量从而提高水平剪切力；在纺丝过程中采用后拉伸来限制 GO 流体在径向的膨胀，提高 GO 纳米片的水平取向度，并且可以有效地减少石墨烯片层的随机褶皱和松散堆积[26]。如图 3-21（a）所示，Xin 等[26]设计逐渐收缩的纺丝通道，利用缩小的通道对 GO 溶液产生的拉伸作用，提高 GO 片层的取向排列，通过原位小角度 X 射线散射表征得出，随着纺丝通道逐渐减少，GO 片轴向取向度逐渐提高，从而提高了石墨烯纤维的拉伸强度。此外，石墨烯片的褶皱与畸变也归因于石墨烯片的二维形状与管状通道的结构不匹配。当二维 GO 片通过管状通道时，受限于管状形态，二维 GO 片径向出现褶皱或随机排列取向，从而产生孔隙缺陷。研究人员通过设计一个扁平的纺丝通道实现了 GO 片与内壁的良好匹配，可以获得高取向度、致密的带状石墨烯纤维[图 3-21（b）]，同时扁平纺丝通道高度越窄（越扁平），石墨烯纤维的取向度越高，通过高度为 100 μm 扁平纺丝喷嘴制备的带状石墨烯纤维的石墨烯片层的取向度 f（f 为赫尔曼取向因子，f 为 0 时说明随机取向，f 为 1 时表示完全对齐）可达 0.94，赋予纤维突出的机械性能，纤维的拉伸强度可达 1.9 GPa，杨氏模量达到 309 GPa。此外，如图 3-21（c）所示，随着取向度提高纤维的性能线性增强。

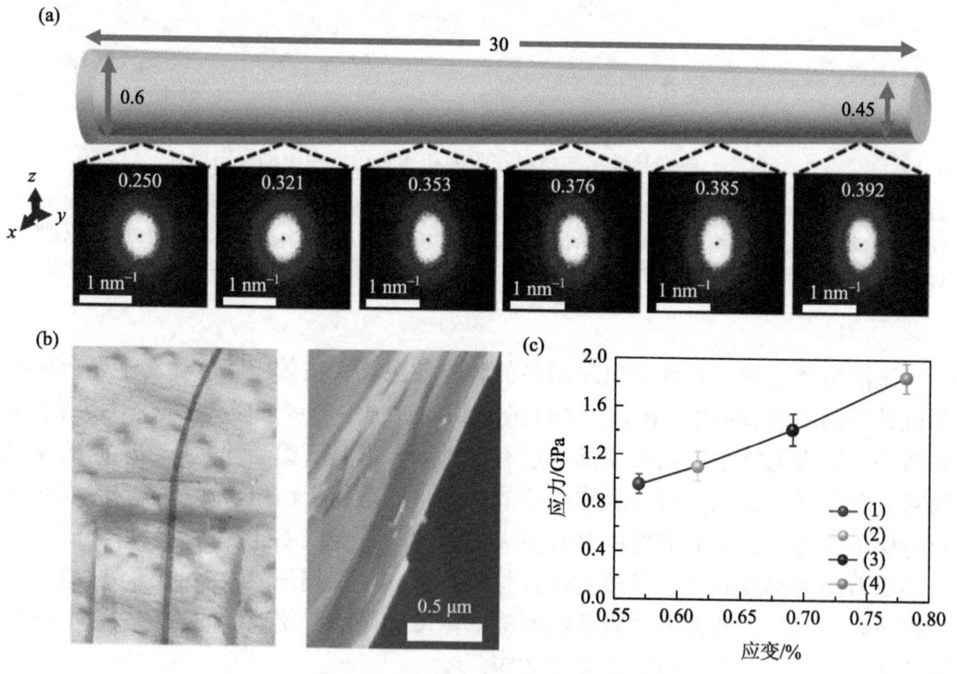

图 3-21　微流控设计提升石墨烯纤维的力学性能[26]

（a）在逐渐缩小的纺丝通道中，不同位置的 GO 流体的原位小角度 X 射线散射模式和取向度，图中管径尺寸单位为 mm；（b）通过扁平纺丝通道制备的带状 GO 纤维光学图和高温还原后的带状石墨烯纤维截面 SEM 图；（c）不同石墨烯纤维的取向度和性能对比曲线，（1）由直径 160 μm 的管状通道制备的石墨烯纤维，（2）～（4）分别由高度为 300 μm、200 μm、100 μm 的扁平通道制备的石墨烯纤维

前已述及，在组装成宏观石墨烯纤维过程中，大尺寸的单层 GO 片容易出现褶皱而产生孔隙，在纺丝过程中对纤维进行牵伸是提高 GO 片取向度、消除片层褶皱的有效策略。针对石墨烯片组装过程中存在各个尺度的缺陷，包括粗糙表面无序起皱、不均匀芯-壳结构、孔隙缺陷，以及有原子缺陷的石墨烯片非晶复合材料等[图 3-22(a)][25]。浙江大学高超等提出了“全尺度协同缺陷工程”的新策略，通过纺丝工艺优化、多级拉伸诱导取向、细旦化纤维和高温热还原等技术相协同，发展了一种全尺度协同缺陷控制的策略，减少了石墨烯纤维中各个尺度的缺陷[图 3-22（b）]，对石墨烯纤维缺陷全方位控制，成功地实现了高性能石墨烯纤维的规模化制备[25]。如图 3-22（c）所示，经过多级拉伸过程提高石墨烯片取向度，当牵伸倍率为 1.2 时，石墨烯片层的取向度达到 0.81，结合高温热还原过程，石墨烯纤维在各个尺度上的缺陷得到了有效的消除，得到具有致密的无孔隙截面、光滑的表面、高度规整排列和无原子缺陷的高结晶度石墨烯片层。此外，得到的石墨烯纤维直径最细可达 1.6 μm（约为头发丝的五十至百分之一）。优异的结构带来优异的力学性能，该石墨烯纤维力学强度最高可达 2.2 GPa，杨氏模量最高可达 400 GPa[25]。Xiang 等[93]同样发现，相比于低牵伸倍率（1.09 和 1.27），更高的牵伸倍率（1.45）制备的石墨烯纤维展示更优异的机械性能。

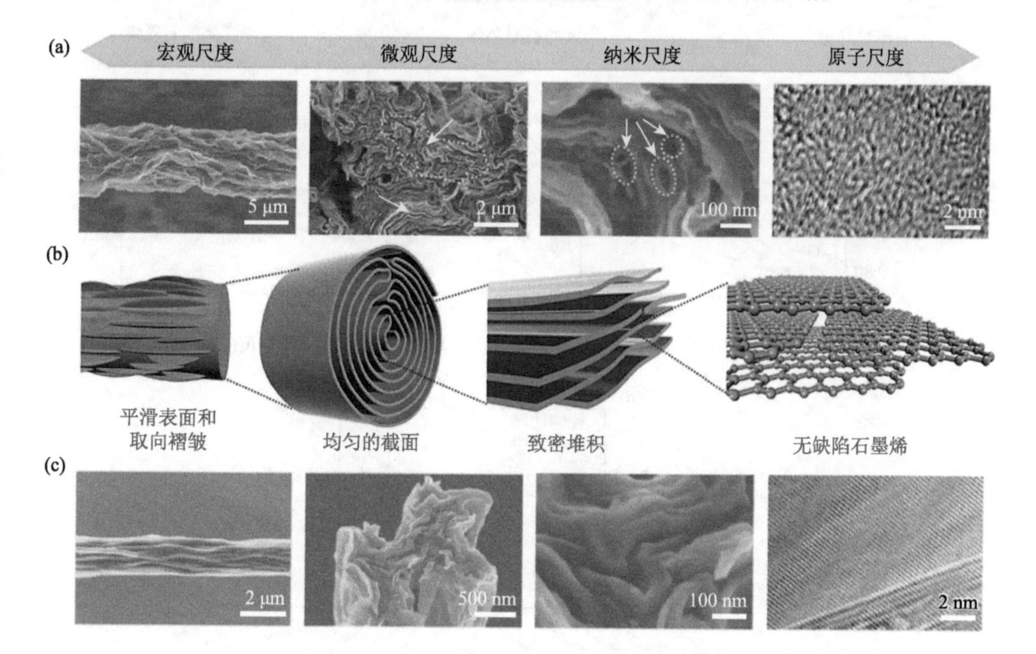

图 3-22　全方位降低缺陷、提高取向度、提升石墨烯纤维的力学性能[25]

（a）石墨烯纤维多尺度缺陷微观形貌，包括粗糙表面无序起皱、不均匀芯-壳结构、孔隙缺陷，以及有原子缺陷的石墨烯片非晶复合材料；（b）高品质石墨烯纤维全方位缺陷控制结构机制图；（c）全方位消除缺陷的高品质石墨烯纤维的多尺度微观图

随后，针对石墨烯的无规褶皱构象导致其堆积松散和排列不规整，以及石墨烯纤维结晶度不高的问题，高超、许震与马维刚等[27]进一步立足于石墨烯纤维的结构与性能关系提出了“溶剂插层塑化拉伸结晶”策略，通过级联增塑纺丝方法进一步消除了纤维中片层的褶皱，实现了石墨烯片层的近似晶体的高度排列。如图 3-23（a）所示，在具有褶皱的 GO 片层间插入增塑剂，使其发生弹塑性转变，增加石墨烯纤维的拉伸应变，实现在大拉伸倍数下消除褶皱的 GO 片并固定。在

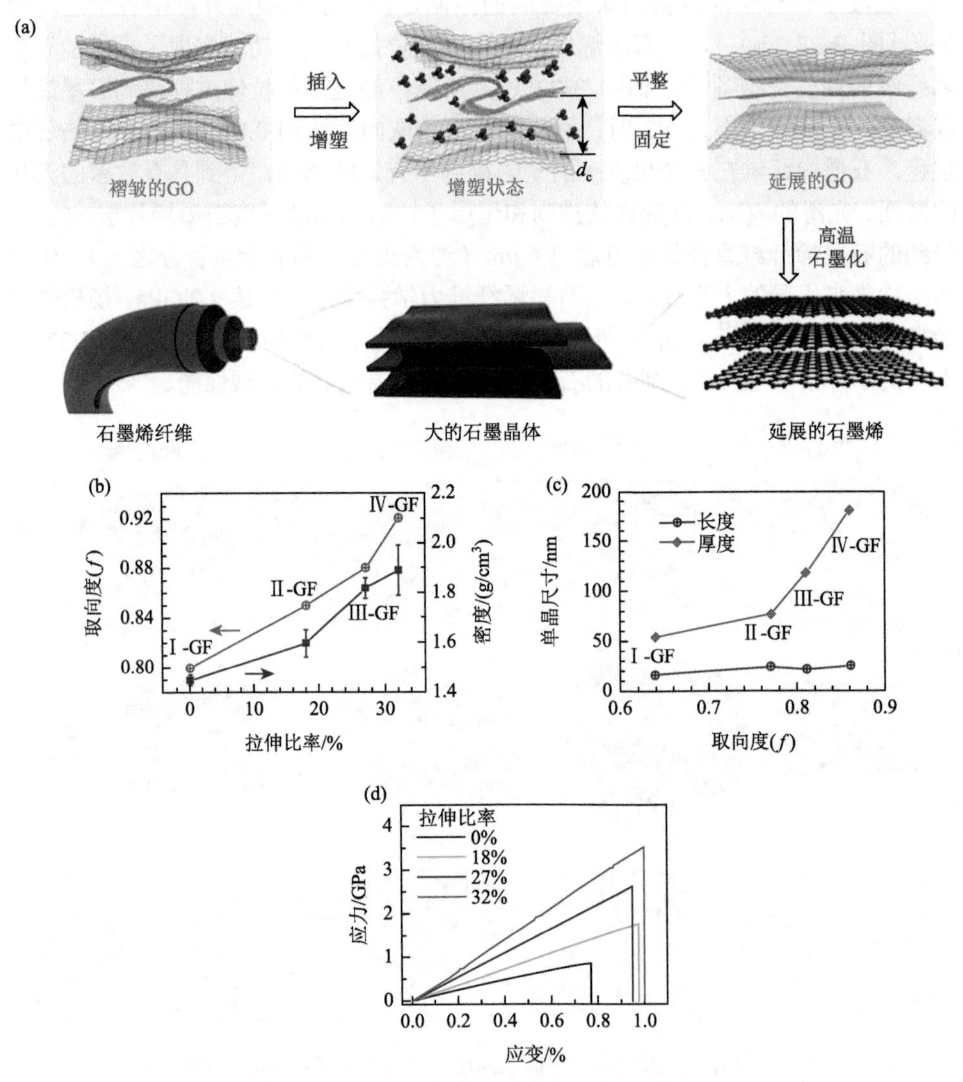

图 3-23 增塑剂拉伸诱导石墨烯纤维结晶提升石墨烯纤维的力学性能[27]

（a）增塑纺丝法制备高结晶石墨烯纤维机理图；（b）拉伸比率与纤维的取向度和密度的关系；（c）石墨烯片取向度与石墨烯晶体尺寸的关系；（d）不同拉伸比率下石墨烯纤维的拉伸应力-应变曲线

塑性状态下，相邻 GO 片层滑动被激活，在张力作用下重新排列为平直构象，SEM 表征观察到拉伸前后石墨烯纤维的直径由 14 μm 减小至 6 μm，且表面径向褶皱沿纤维方向逐渐消失，纤维取向度达到 0.86，密度达到 1.75 g/cm^3。进一步对 GO 纤维进行化学和高温石墨化处理，沿纤维轴向充分平直排列的石墨烯促进了石墨烯择优取向的结晶生长，得到高度有序与大尺寸石墨烯结晶单元的石墨烯纤维。如图 3-23（b）所示，随拉伸比率（stretching ratio，SR）增加，石墨烯纤维取向度得到提高，表明其结构排列更为紧密，密度逐渐增加。当 SR 为 32%，石墨烯纤维的取向度可达 0.92，密度达到 1.9 g/cm^3。此外，石墨烯纤维晶体尺寸显著增加，石墨微晶尺寸达 174.3 nm[图 3-23(c)]，比未增塑的石墨烯纤维增加 220%。这归因于塑化纺丝诱导的致密且排列整齐的微观结构。当 SR 为 32%时，高度取向结构和大的晶体尺寸，极大提高了石墨烯纤维的机械性能，拉伸强度和杨氏模量分别达到 3.4 GPa 和 341.7 GPa[图 3-23(d)]，比未增塑石墨烯纤维强度高 200%，比先前报道的石墨烯纤维高 54%[27]。

3）还原过程

目前，将 GO 纤维还原为石墨烯纤维的方法主要有化学还原和高温还原。对于化学还原，还原剂主要有 HI、$N_2H_4 \cdot H_2O$ 和 $NaBH_4$ 等。GO 片中大部分含氧基团可以经过化学还原过程去除，但难以实现彻底还原，并且 GO 中的结构缺陷很难在化学还原过程进行修复[21]。经过化学还原过程制备的石墨烯纤维的拉伸强度约为 140～850 MPa，杨氏模量约为 7.7～21 GPa[1, 21]。高温还原可以更大程度去除含氧基团，同时可以进一步修复部分结构缺陷，显著提高石墨烯纤维的拉伸强度和模量[21]。目前，高温还原的温度一般为 1273～3273 K，制得石墨烯纤维的力学性能高于化学还原，其拉伸强度达到 365～3400 MPa，杨氏模量达 80.3～400 GPa[1]。例如，Xin 等[24]通过大、小尺寸的 GO 片协同组装策略制备了高密实度的石墨烯纤维，经过高温还原后的石墨烯纤维表现出了优异的力学性能。退火前，纯 LGGO 制备的 GO 纤维的抗拉强度为 231 MPa，含有 30 wt% SMGO 的优化 GO 纤维的拉伸强度为 308 MPa。如图 3-24（a）所示，随着退火温度提高，纯 LGGO 石墨烯纤维在 1400℃和 1600℃退火后的拉伸强度分别提高到 756 MPa 和 940 MPa，在更高的退火温度（1800℃以上）则下降到 616～823 MPa。而小尺寸填充优化的石墨烯纤维的拉伸强度从 1400℃的 614 MPa 增加到 1800℃的 1080 MPa，当退火温度在 1800℃以上时拉伸强度有所下降。石墨烯片的取向排列和致密性以及相邻石墨烯片之间的交联决定了石墨烯纤维的拉伸强度。石墨烯纤维在低温退火后抗拉强度的提高可归因于取向和致密化的增强，在 1800℃以下退火时仍然存在一定的含氧官能团交联。当退火温度超过 2000℃时，几乎所有的含氧官能团交联都被去除并产生新的 C—C 交联，可能引起拉伸强度降低。而对于两种石墨烯纤维的杨氏模量，随退火温度的增加而增加，小尺寸填充优化的石墨烯纤维在退火温度为 2850℃时杨氏模量达到 135 GPa[图 3-24（b）]。高温退火可以去除含氧官能团并且修复石墨烯晶格结构中的缺陷，并显著增加 sp^2 杂化区域的碳晶粒尺寸。在较低的退火温度（如 1800℃）下，石墨烯纤维呈现出尺寸更小的 sp^2 杂化区域（40～50 nm），并伴有残余缺陷。小尺寸填充优化后的石墨烯纤维在纵向和横向上的 sp^2 晶粒尺寸都随着退火温度的增加而显著增大，在 2850℃退火时晶粒尺寸分别接近 783 nm 和 423 nm[图 3-24（c）]，从而提高了纤维的综合性能[24]。高超等通过“全尺度协同缺陷工程”策略制备的高性能石墨烯纤维，如图 3-24（d）所示，经过 3000℃的高温退火后，石墨烯纤维的拉伸强度可达到 2.2 GPa，杨氏模量最高可达 400 GPa，远高于低温退火和退火前的纤维[25]。随后，该团队通过“溶剂插层塑化拉伸结晶”方法制备高性能石墨烯纤维，利用化学与高温退火相结合的还原方法，将制备的 GO 纤维先用氢碘酸在 90℃下还原 12 h，然后在氩气气氛下将该纤维升温到 2800℃下退火 1 h，该石墨烯纤维的拉伸强度和杨氏模量分别达到 3.4 GPa 和 341.7 GPa[27]。

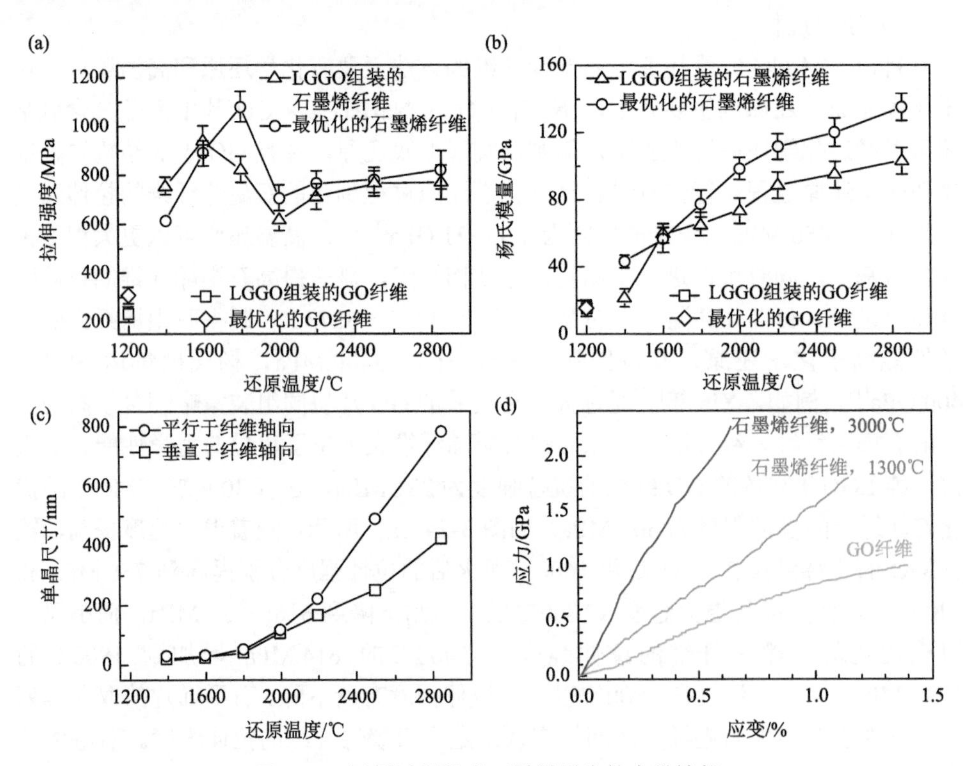

图 3-24 还原过程提升石墨烯纤维的力学性能

石墨烯纤维的拉伸强度（a）、杨氏模量（b）和石墨烯晶粒尺寸（c）与退火温度的变化对比[24]；（d）GO 纤维和经过不同退火温度的石墨烯纤维的拉伸应力-应变曲线[25]

4）凝固浴

凝固浴的组分和浓度决定了初生 GO 凝胶纤维的固化强度，是影响石墨烯纤维力学性能的关键因素之一。Zhu 等[95]以无水乙酸作为凝固剂制备 GO 纤维，具有强吸水性的无水乙酸可以实现溶剂的快速交换，促进凝胶纤维快速凝固，抑制 GO 电离，并增加 GO 片层间的氢键相互作用。Xu 等[23]研究了硫酸铜或氯化钙溶液作为凝固浴制备石墨烯纤维，证明了石墨烯片层中未完全还原去除的含氧官能团与 Cu^{2+}或 Ca^{2+}可形成配位键，制备的石墨烯纤维的拉伸强度分别提高至 408.6 MPa 和 501.5 MPa。Jalili 等[81]同样对比了不同凝固浴对石墨烯纤维的力学性能的影响。对含有 Ca^{2+}或壳聚糖的凝固浴，制得的石墨烯纤维表现出增强的力学性能，这归因于 GO 片与 Ca^{2+}和壳聚糖之间形成了离子键和氢键相互作用，纤维中片层界面相互作用得到增强，从而提升了纤维的强度和韧性，以下将详细分析。

5）界面相互作用

石墨烯层间作用力主要为 π-π 相互作用，界面作用单一，层间作用力弱，片层间易发生滑动。通过界面结构设计引入其他组分，从而增强石墨烯纤维内片层间界面相互作用是提高纤维力学性能的有效策略。在天然的鲍鱼壳珍珠层中存在大量的多级次界面协同作用，如氢键、离子键和共价键等，从而展现出优异的力学性能，而 GO 片具有与碳酸钙片相似的层状结构以及丰富的可调官能团，研究人员受天然鲍鱼壳珍珠层界面相互作用的启发，将界面设计引入 GO 纳米片层中，提出了通过增强界面相互作用来提高石墨烯纤维力学性能的有效策略[28, 53]。

（1）氢键界面相互作用。

氢键是指具有较大电负性的原子（如 N、O、F 等）与氢原子之间的相互作用[28]。GO 片具有大量的含氧官能团（羟基、羧基、环氧等），易与其他有机材料形成氢键相互作用。浙江大学高超等[96-100]在 GO 纺丝液中分别加入超支化聚缩水甘油醚（hyperbranched polyglycerol，HPG）、聚丙烯腈、聚乙烯醇和聚甲基丙烯酸缩水甘油酯制备了一系列仿生石墨烯复合纤维。这些仿生石墨烯复合纤维具有优于纯石墨烯纤维的抗拉强度和韧性。如图 3-25（a）所示，利用 GO 液晶自组装形成具有均匀纳米通道的二维纳米板的主体，随后将客体化合物（如聚合物 HPG、生物大分子或纳米颗粒）加入到主体纳米通道中以形成主-客体复合液晶分散液，随后通过湿法纺丝方法将复合液晶分散液组装成具有多级结构的仿珍珠层石墨烯复合纤维[98]。其中 HPG 分子和 GO 表面的含氧官能团产生氢键作用，从而使复合纤维具有密实的结构，如图 3-25（b）和（c）所示，复合纤维的截面形貌显示出紧实排列的结构，是优异力学性能的基础。傅里叶红外光谱表征中，纯的 GO 纤维显示出多个官能团的特征峰，如 O—H（3420 cm^{-1}）、C═O（1725 cm^{-1}）和 C—O（1045 cm^{-1}），这些丰富的官能团为氢键形成提供了基础。当引入 HPG 分子后，O—H 的波数移至 3400 cm^{-1}，表明 HPG 分子与 GO 片之间的氢键作用增加。HPG

分子与 GO 片之间的氢键作用使得纤维在拉力作用下，氢键网络的破坏重组过程中传递和消耗一定的能量[图 3-25（d）]，展现出良好的强度和韧性。该仿生 GO-HPG 复合纤维的层次化组装结构和氢键界面作用，以及片层的均匀排列，使其具有优异的力学性能，拉伸强度为 555 MPa[图 3-25（e），曲线 2]，比纯的石墨烯纤维的拉伸强度（345 MPa，曲线 1）高 60%，韧性达 18 MJ/m^3。进一步通过戊二醛（glutaraldehyde，GA）处理过的复合纤维的拉伸强度高达 652 MPa[图 3-25（e），曲线 3]，杨氏模量为 20.9 GPa，韧性为 14 MJ/m^3。GA 处理可以进一步构建 HPG 分子和 GO 纳米片之间—OH 官能团的共价乙缩醛桥联作用[98]。

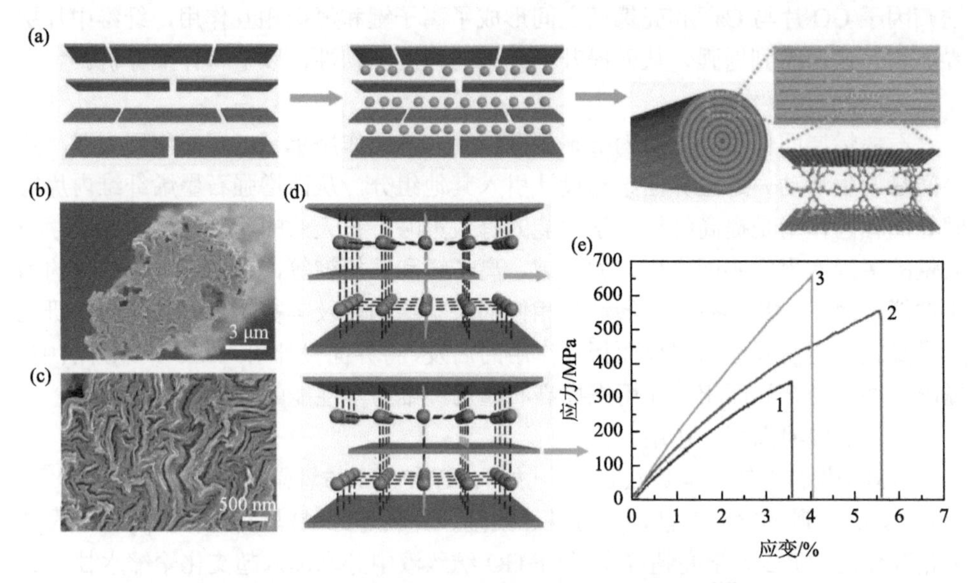

图 3-25　氢键作用提升石墨烯纤维的力学性能[98]

（a）仿珍珠层的 GO-HPG 复合纤维制备机理图；（b，c）不同倍数下 GO 复合纤维的截面 SEM 图；（d）复合纤维在拉力下的自适应氢键网络示意图，氢键（绿色标记）在张力下被破坏，随着石墨烯薄片的滑动而重新形成；（e）纯 GO 纤维和复合纤维的应力-应变曲线，曲线 1、2 和 3 分别为 GO 纤维、GO-HPG 纤维和 GO-HPG-GA 纤维

海藻酸钠（sodium alginate，SA）富含大量含氧官能团，可高浓度溶于水，并具有高的黏度，有利于增加 GO 溶液的可纺性。Hu 等[101]将 SA 和 GO 纳米片混合制备了均匀的液晶溶液，通过湿法纺丝制备了 SA/GO 复合纤维。GO 表面与 SA 分子之间的含氧官能团可以形成氢键作用[图 3-26（a）]。制备的纤维截面形貌如图 3-26（b）所示，表现出密实堆积结构。得益于 SA 和 GO 形成的氢键网络，制备的 GO-SA 复合纤维拉伸强度高达 784.9 MPa，杨氏模量为 58 GPa[图 3-26（c）]，高于纯 GO 纤维。此外，PVA 和 GO 表面含氧官能团也能形成氢键相互作用，Kou 等[96]将 PVA 和化学法还原的氧化石墨烯（chemically reduced grapheme oxide,

CRG）制备成水溶性的 CRG@PVA 基元材料，通过湿法纺丝制备了 CRG@PVA 复合纤维。如图 3-26（d）所示，纤维中 PVA 交联在 CRG 片层间形成氢键网络。制备的 CRG@PVA 复合纤维截面展示层状密实结构[图 3-26（e）]，其拉伸强度为 161 MPa[图 3-26（f）]，相比于纯的 PVA 纤维（86 MPa）提高了 87.2%。除此之外，Shin 等[102]将 GO 和 CNTs 分散液均匀混合，用含有聚乙烯醇的溶液作为凝固浴，制备了超高韧性的石墨烯复合纤维。

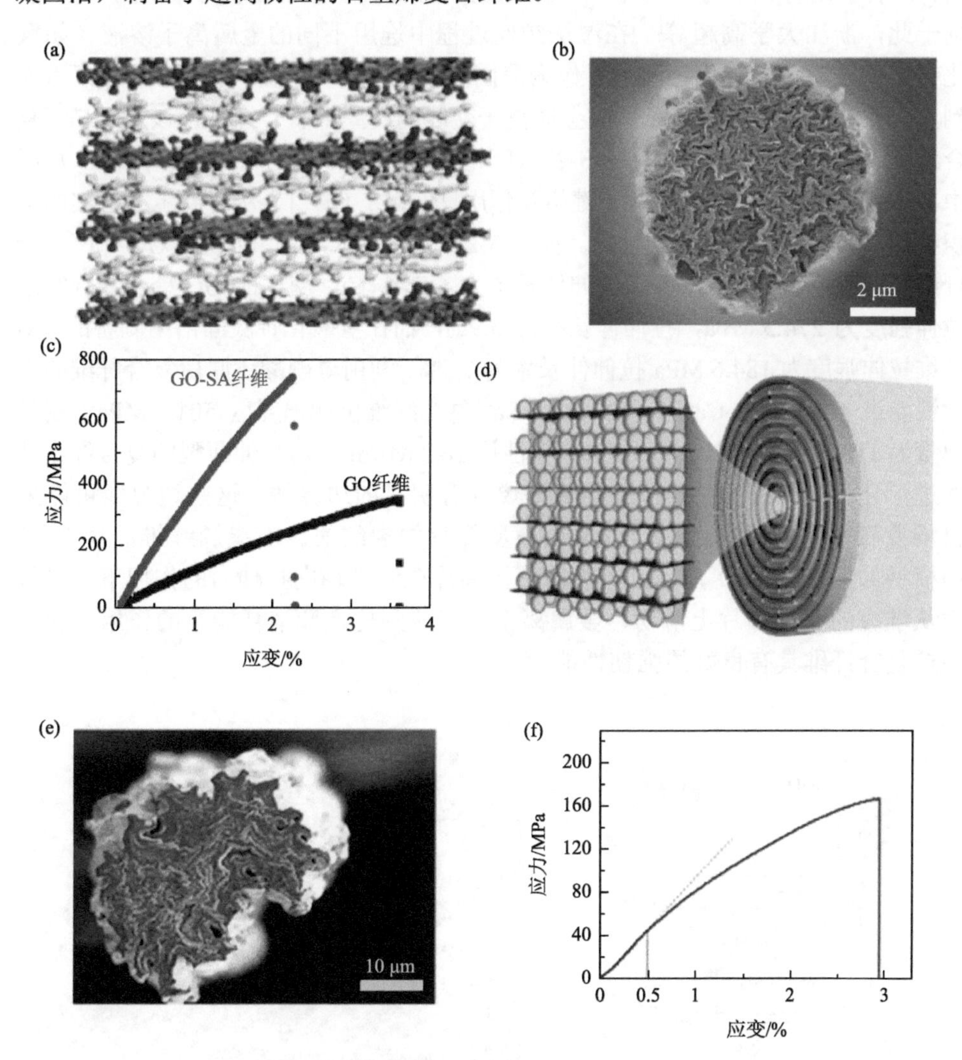

图 3-26　氢键作用提升石墨烯纤维的力学性能

GO-SA 复合纤维的界面作用机制图（a）、截面 SEM 图（b）和拉伸应力-应变曲线（c）[101]；CRG@复合纤维的界面作用机制图（d）、截面 SEM 图（e）和拉伸应力-应变曲线（f）[96]

（2）离子键界面相互作用。

微量的金属离子与蛋白质可以形成螯合结构，有效增强力学性能，特别是刚度和硬度。在昆虫的角质层或者其他生物体中往往含有许多金属离子，如二价的 Mn^{2+}、Ca^{2+}、Cu^{2+}，三价的 Al^{3+}、Fe^{3+}以及四价的 Ti^{4+}等，这些金属离子极大增强了角质层或生物体的力学性能，起到保护和支撑的作用[53]。GO 纳米片表面丰富的含氧官能团有利于与金属离子产生配位交联，提升石墨烯复合纤维的力学性能。基于此，浙江大学高超等[23]在湿法纺丝过程中选用不同的金属离子溶液（如氯化钙、硫酸铜、氢氧化钾溶液）作为凝固浴［图 3-27（a）］，将 Ca^{2+}和 Cu^{2+}引入到大尺寸 GO 片中，组装了具有金属离子交联的石墨烯复合纤维，该 GO-Ca^{2+}复合纤维具有密实的截面形貌［图 3-27（b）］。得益于 Ca^{2+}均匀地分散在 GO 片层中，GO 片层间形成很强的离子键相互作用［图 3-27（c）］，从而展示了密实的堆积结构，获得了增强的力学性能。如图 3-27（d）所示，Ca^{2+}交联的 GO-Ca^{2+}复合纤维拉伸强度为 364.6 MPa，拉伸伸长率为 6.8%，Cu^{2+}交联的 GO-Cu^{2+}复合纤维拉伸强度为 274.3 MPa，拉伸伸长率为 5.9%，而在氢氧化钾凝固浴中制备的 GO 纤维拉伸强度为 184.6 MPa 拉伸伸长率为 7.5%。利用氢碘酸还原后复合纤维的力学性能进一步提高，Ca^{2+}交联的 rGO-Ca^{2+}复合纤维拉伸强度达 501.5 MPa，杨氏模量为 11.2 GPa，伸长率为 6.7%，韧性达 16.8 MJ/m^3。对拉伸断裂的复合纤维截面进行分析，其断裂尖端拉断的石墨烯片有明显的边界线，这些边界线可能来自堆叠石墨烯的边缘，也可能来自石墨烯片的裂纹线。石墨烯纤维的拉伸-剪切模型如图 3-27（e）所示，组装的石墨烯片在纤维轴向拉伸力的作用下承受拉力从堆叠的石墨烯片上滑动，金属离子桥连起到传递和消耗能量的作用，使石墨烯复合纤维具有良好的强韧性能。

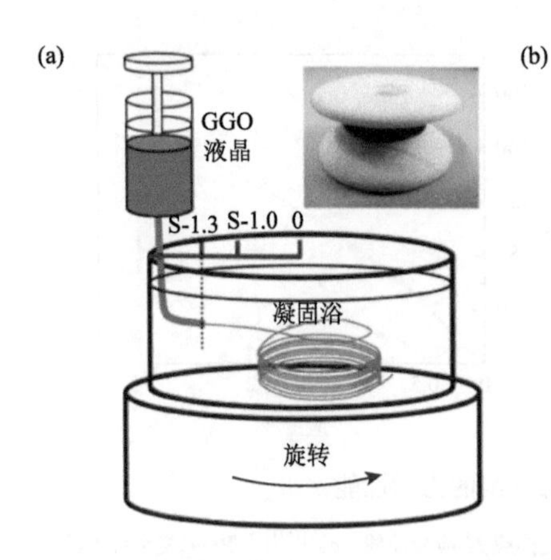

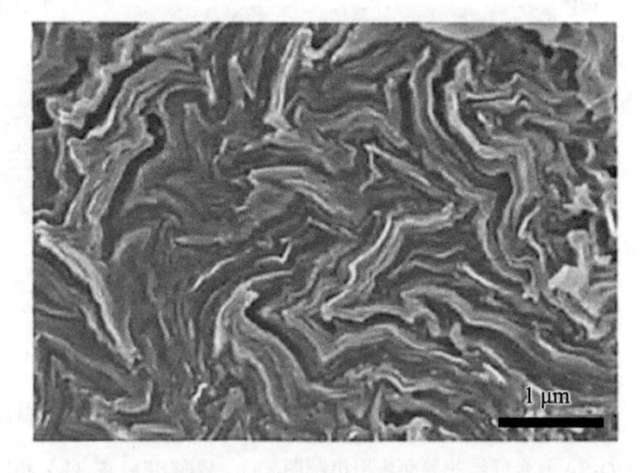

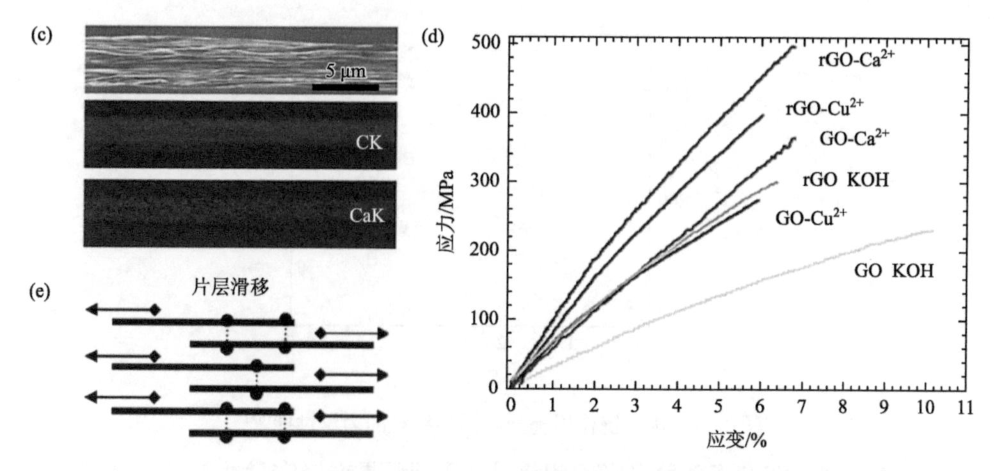

图 3-27　离子键作用提升石墨烯纤维的力学性能[23]

GO-Ca^{2+}复合纤维的制备工艺和纤维实物图（a）、截面 SEM 图（b）；（c）Ca^{2+}交联的复合纤维微观形貌和面扫描元素分析；（d）不同离子交联的复合纤维拉伸应力-应变曲线；（e）拉伸应力下复合纤维的断裂机理模型，虚线表示氢键和离子键配位交联

另外，带正电的聚合物 CS 分子可以和 GO 片表面含氧官能团形成离子键作用，Jalili 等[81]将 CS 溶液作为湿法纺丝的凝固浴，制备了结构密实的 GO-CS 复合纤维［图 3-28（a）和（b）］。虽然 CS 分子并没有渗透到纤维的内部，仅仅在纤维的表面与 GO 形成离子键的作用，但该石墨烯纤维的力学性能依然得到了很大的提升。如图 3-28（c）所示，CS 凝固浴制备的石墨烯复合纤维的拉伸强度高达 442 MPa，高于其他凝固浴制备的石墨烯纤维。此外，Cong 等[80]将凝固浴换成低浓度的十六烷基三甲基溴化铵（hexadecyltrimethyl ammonium bromide，CTAB）水溶液，GO 片和 CTAB 分子之间同样可以形成离子键作用，制备的 GO/CTAB 复合纤维的形貌表现出密实堆积结构，该复合纤维的拉伸强度为 175 MPa，相比于纯 GO 纤维有了明显的提高。Cao 等[77]发展了一种程序化的 3D 打印直写装置，将 GO 纺丝液直接纺入带有电荷的凝固浴中，如含有 CTAB 或者其他金属离子的溶液。GO 凝胶纤维在凝固浴中实现溶剂交换凝固成型，因为离子键的交联作用，可以直接一步打印出不同形状的纤维网状结构，制备的纤维具有良好的力学强度和韧性。

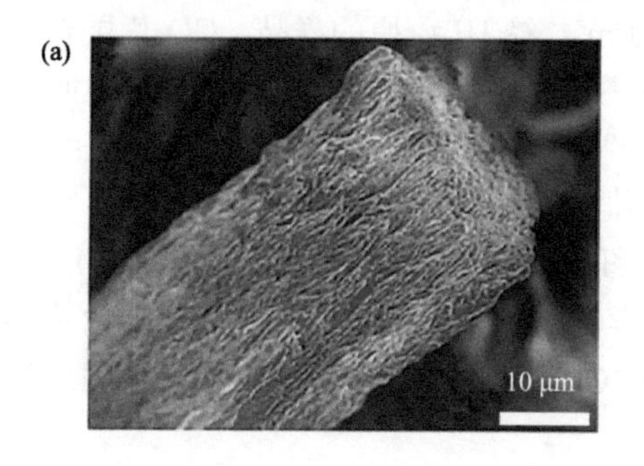

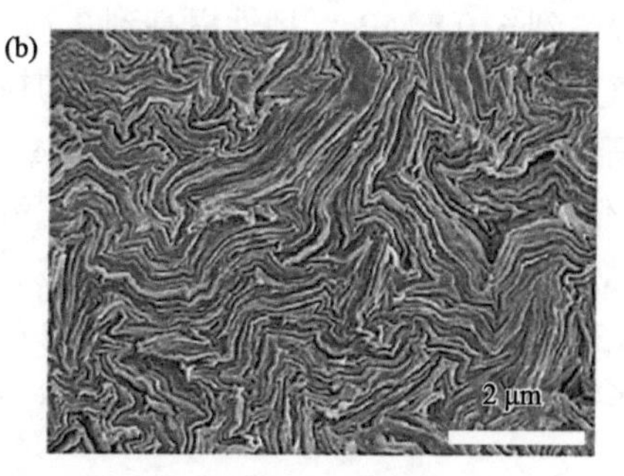

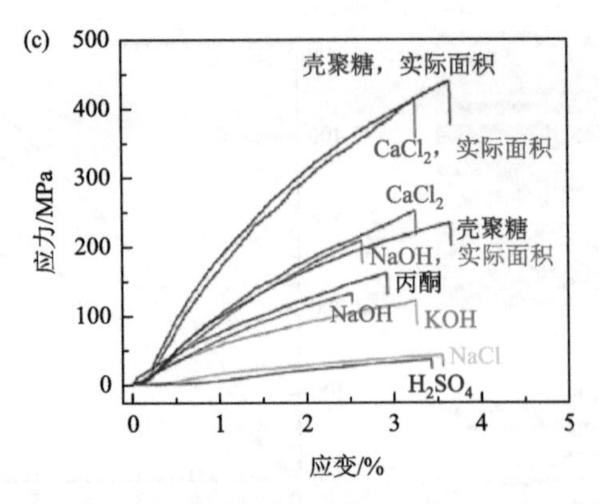

图 3-28 离子键作用提升石墨烯纤维的力学性能[81]

（a，b）不同倍数下 GO-CS 复合纤维截面的微观形貌图；（c）不同凝固浴制备的复合纤维拉伸应力-应变曲线

（3）界面协同相互作用。

在自然界中，鲍鱼壳珍珠层往往存在多种界面的协同作用，受此启发，北京航空航天大学程群峰等采用仿鲍鱼壳珍珠层结构制备策略，将多种界面相互作用的协同效应引入到仿生材料制备的体系中，从而使仿生复合材料具有优异的力学性能。2016 年，该团队通过仿天然鲍鱼壳珍珠层丰富界面作用的策略，通过向 GO 片层中引入离子键（Ca^{2+}）和共价键（长链分子 10, 12-二十五碳二炔-1-醇，10, 12-pentacosadiyn-1-ol，PCDO）的协同作用，来增强石墨烯复合纤维的力学性能[29]。如图 3-29（a）所示，首先通过液晶湿纺法和氯化钙凝固浴制备 GO-Ca^{2+} 复合纤维，经过干燥和退火的过程，得到 rGO-Ca^{2+}复合纤维，随后将干燥后的 GO-Ca^{2+}纤维浸泡在 PCDO 溶液中进行脂化反应，GO 片层边缘的羧基（—COOH）可以和 PCDO 分子链端的羟基（—OH）发生酯化反应。凝固浴中的 Ca^{2+}进入复合纤维的石墨烯片层间形成离子键相互作用，而 PCDO 长链分子的羟基和 GO 片层边缘的羧基发生酯化反应形成共价键相互作用。利用多种分子光谱（红外光谱、X 射线光电子能谱、X 射线衍射和拉曼光谱）对离子键、酯化反应和还原反应进行了验证。共价键和离子键加强了石墨烯片层之间的相互作用，制备的复合纤维表现出非常优异的力学性能，如图 3-29（b）所示，GO-Ca^{2+}-PCDO 纤维的拉伸强度提高到 610.8 MPa，韧性提高到 2.7 MJ/m^3。经 HI 还原的样品，GO 片层表面的含氧官能团被部分移除，其共轭结构被还原，rGO-Ca^{2+}-PCDO 纤维的拉伸强度提高到 842.6 MPa，韧性达到 15.8 MJ/m^3，分别是此前文献报道的 rGO 纤维的 6.0 倍和 3.8 倍。作为对比，GO-Ca^{2+}纤维的拉伸强度和韧性分别为 309.1 MPa、2.4 MJ/m^3。经过 HI 还原之后，rGO-Ca^{2+}纤维的拉伸强度和韧性分别为 500.5 MPa 和 12.0 MJ/m^3。rGO-Ca^{2+}-PCDO 纤维力学性能的整体大幅提升源于石墨烯片层间离子键和共价键的协同作用。此外，对 rGO-Ca^{2+}-PCDO 纤维中力学拉伸强度和韧

性随PCDO含量变化进行研究分析，如图3-29（c）和（d）所示，当PCDO的含量为3.61 wt%，rGO-Ca^{2+}-PCDO-Ⅱ纤维的力学性能达到最大值。对复合纤维的断裂机理分析揭示了离子键和共价键的协同增强机理。rGO-Ca^{2+}纤维断裂截面表现出典型的脆性断裂的形貌[图3-29（e）]。经过PCDO交联后，从rGO-Ca^{2+}-PCDO纤维的断裂截面可以观察到rGO层明显被拉出并且边缘卷曲[图3-29（f）]。这表明在拉伸的过程中，离子键以及PCDO与GO之间的共价键先后发生断裂，导致rGO层被拉出并出现明显变形，这一过程吸收了大量的能量，从而使rGO-Ca^{2+}-PCDO纤维具有较高的断裂韧性。正是共价键和离子键的协同效应，使得rGO-Ca^{2+}-PCDO纤维在被拉伸时耗散了更多的加载能量。其中，rGO片滑移过程中，Ca^{2+}形成的离子键被破坏，可以吸收加载能量，而PCDO形成

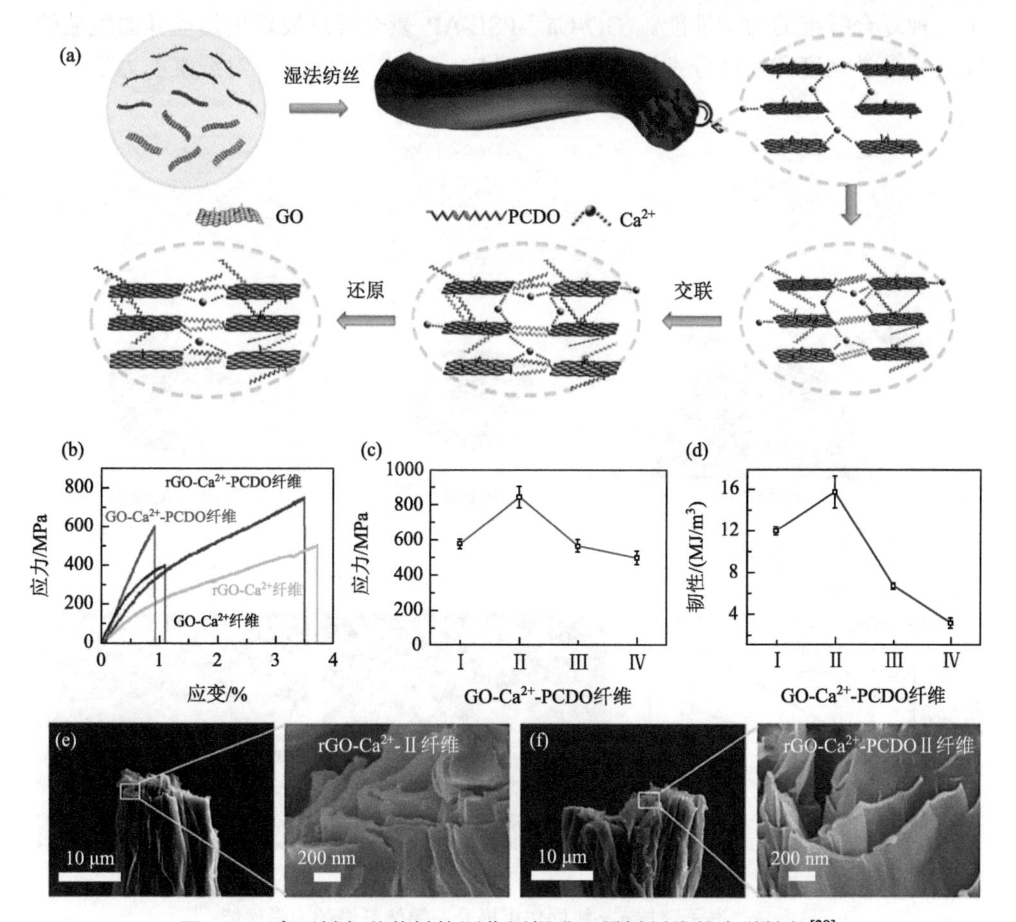

图3-29 离子键与共价键协同作用提升石墨烯纤维的力学性能[29]

（a）rGO-Ca^{2+}-PCDO纤维的制备过程示意图；（b）不同复合纤维的应力-应变曲线；rGO-Ca^{2+}-PCDO纤维的力学拉伸强度（c）和韧性（d）随PCDO变化的曲线，rGO-Ca^{2+}-PCDO纤维力学性能达到最高时，PCDO分子的含量为3.61 wt%；rGO-Ca^{2+}纤维（e）和rGO-Ca^{2+}-PCDO纤维（f）的断裂截面的SEM照片

的共价键可以承受较高的应力，实现强度和韧性的同时提高。具有高拉伸强度和韧性的导电仿生石墨烯复合纤维材料在超级电容器、人工肌肉、可穿戴智能器件等领域中具有广阔的应用前景。

2018 年，程群峰等[30]在 Ca^{2+}交联的基础上，引入长链有机分子 PSE-AP，利用离子键和 π-π 共轭协同界面作用制备了 rGO-Ca^{2+}-PSE-AP 复合纤维。如图 3-30（a）所示，首先采用湿法纺丝法制备了 GO-Ca^{2+}纤维，经过 HI 还原后获得 rGO-Ca^{2+}纤维，随后将 rGO-Ca^{2+}纤维先后用 PSE/DMF 和 1-AP/DMF 溶液浸泡交联。PSE 和 1-AP 之间发生取代反应，由酰胺键将两个芘环连接起来，生成一种共轭分子，该分子可以与石墨烯片实现非共价 π-π 共轭作用，实现了通过 π-π 共轭和离子键协同界面作用构筑 rGO-Ca^{2+}-PSE-AP 复合纤维。如图 3-30（b）所示，测试对比了三种复合纤维的力学性能。rGO-Ca^{2+}-PSE-AP 复合纤维表现出最优异的机械性能，其力学强度和韧性分别达到了 740.1 MPa 和 18.7 MJ/m^3。对纤维的力学拉伸

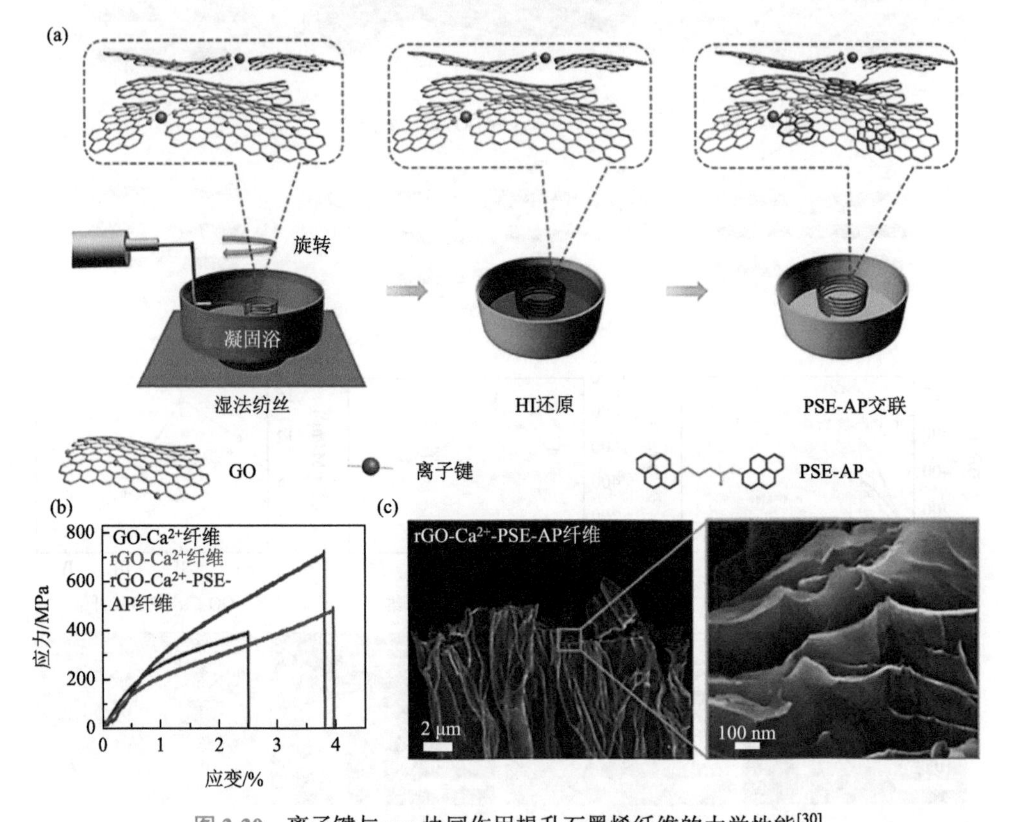

图 3-30 离子键与 π-π 协同作用提升石墨烯纤维的力学性能[30]

（a）rGO-Ca^{2+}-PSE-AP 纤维的制备过程示意图；（b）不同复合纤维的拉伸应力-应变曲线对比图；（c）rGO-Ca^{2+}-PSE-AP 纤维拉伸断裂截面形貌

强度和韧性随交联分子含量的变化进行分析，强度和韧性到达峰值的 rGO-Ca^{2+}-PSE-AP 复合纤维中交联分子的质量分数仅为 1.9%，该含量与天然鲍鱼壳珍珠层的有机含量相当。对断裂机理进行分析，rGO-Ca^{2+}纤维截面的 rGO 片边缘相对平整，而从 rGO-Ca^{2+}-PSE-AP 纤维的断裂截面观察到 rGO 片被拉出并且边缘呈现卷曲的形貌[图 3-30（c）]，这表明在拉伸的过程中，石墨烯片层间的相互作用增强，导致石墨烯片层在断裂后边缘变形，这一过程中有大量能量耗散，使 rGO-Ca^{2+}-PSE-AP 纤维的韧性极大提高，证明了仿生协同界面设计可以有效提升石墨烯复合纤维的力学性能。

此外，程群峰等[31]进一步利用天然高分子 CS，在 Ca^{2+}交联的基础上引入氢键协同界面作用，基于离子键和氢键作用，来增强石墨烯复合纤维的力学性能，制备了一种超韧性仿生石墨烯纤维。如图 3-31（a）所示，通过将 CS 溶液加入到 GO 分散液中，经过搅拌和超声制备了均匀的 GO/CS 溶液。在搅拌和超声过程中 CS 分子通过氢键作用吸附到 GO 纳米片上，当添加 4.95 wt%的 CS 后，CS 杂化的 GO 片厚度由初始的 0.8 nm 增加到 1.0 nm。之后通过湿法纺丝和氯化钙凝固浴制备了 GO-CS-Ca^{2+}复合纤维，经过氢碘酸化学还原后获得 rGO-CS-Ca^{2+}复合纤维，多种分子光谱（红外光谱、X 射线光电子能谱、X 射线衍射和拉曼光谱）证明了复合纤维离子键和氢键协同作用的成功构筑。离子键和氢键的协同作用加强了石墨烯片层之间的相互作用，使得 rGO-CS-Ca^{2+}复合纤维表现出非常优异的强韧性能。如图 3-31（b）所示，GO-CS-Ca^{2+}复合纤维的拉伸强度为 562.6 MPa，相比于 GO-Ca^{2+}纤维（466.4 MPa）和 GO-CS 纤维（241.1 MPa）分别提高了 21%和 133%。经过氢碘酸还原后，rGO-CS-Ca^{2+}复合纤维的拉伸强度达到 743.6 MPa，并展示了良好的韧性（26.3 MJ/m^3），与韧性为 9.2 MJ/m^3 的 rGO-Ca^{2+}纤维和韧性为 7.5 MJ/m^3 的 rGO-CS 纤维相比，分别提高了 186%和 251%，说明了离子键和氢键协同增韧的优势。此外，对 rGO-CS-Ca^{2+}复合纤维中韧性和拉伸强度随 CS 含量变化进行对比分析，如图 3-31（c）和（d）所示，当 CS 分子的含量为 4.95 wt%时，rGO-CS-Ca^{2+}复合纤维的韧性和拉伸强度到达最大值，这与天然珍珠层有机/无机组分的比例相似。当添加少量 CS 时，CS 分子均匀分布在 GO 纳米片上，GO 表面官能团与 CS 链之间形成氢键，防止了拉伸过程中裂纹扩展。但随着 CS 含量增加，过量的 CS 分子会改变纤维有序的层结构，使石墨烯纤维的韧性和强度降低。对纤维的断裂机理进行分析，rGO-CS-Ca^{2+}复合纤维在拉伸应力加载过程中，在拉伸初期氢键和层间离子键首先断裂，卷曲的 CS 分子链被拉伸，rGO 纳米片相互滑动，消耗能量。随着进一步应力加载，CS 链进一步拉伸，氢键重新形成。随着负载再次增加，相邻 rGO 纳米片之间的离子键断裂，氢键再次断裂。rGO 纳米片有较大的滑移，耗散更多的断裂能，获得较大韧性。因此，氢键和离子键的连续增韧使复合纤维展现优异的力学性能。rGO-Ca^{2+}和 rGO-CS-Ca^{2+}复合纤维断裂截面如图 3-31（e）

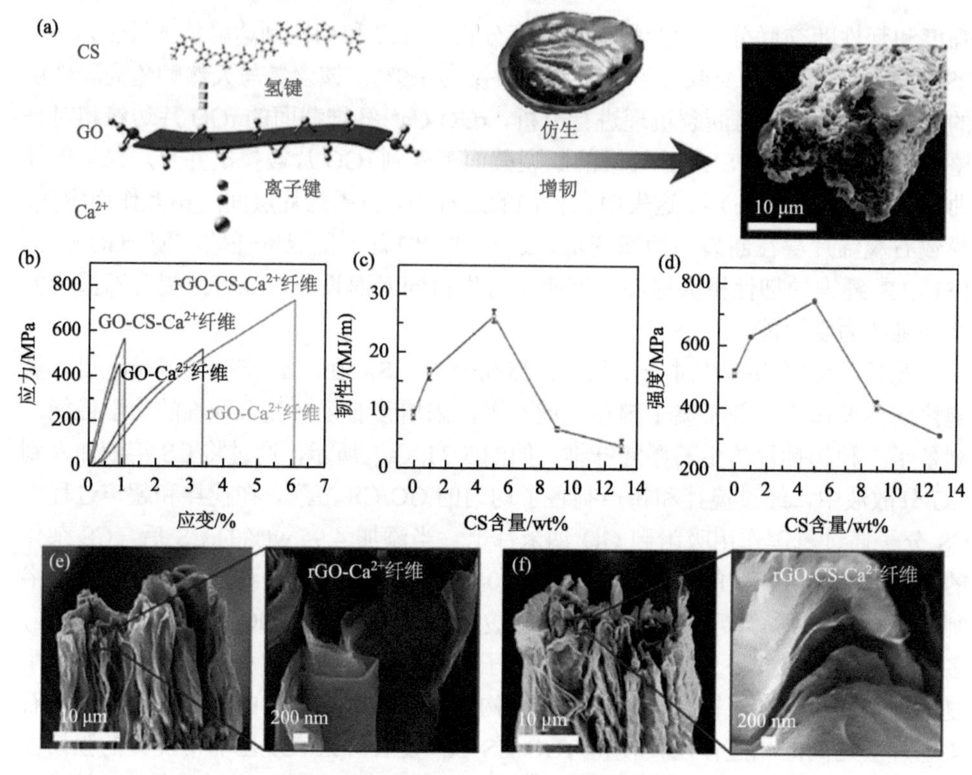

图 3-31 离子键与氢键协同作用提升石墨烯纤维的力学性能[31]

（a）rGO-CS-Ca^{2+}纤维的制备过程示意图；（b）不同复合纤维的应力-应变曲线；rGO-CS-Ca^{2+}纤维的力学韧性（c）和拉伸强度（d）随 CS 含量变化的曲线，rGO-CS-Ca^{2+}纤维力学性能达到最高时，CS 分子的含量为 4.95 wt%；rGO-Ca^{2+}纤维（e）和 rGO-CS-Ca^{2+}纤维（f）的断裂截面的俯视图

和（f）所示。rGO-Ca^{2+}纤维的断裂截面相对光滑，而 rGO-CS-Ca^{2+}纤维的断裂截面层状结构不规则，部分层粘在一起，部分 GO 片层被拉出发生卷曲，验证了 GO 和 CS 之间的氢键在断裂过程中起到了阻力的作用。正是由于氢键和离子键的协同效应，从而实现强度和韧性同时提高。

2. 电学性能

石墨烯具有超高的电子迁移率［高达 200000 $cm^2/(V \cdot s)$］和高的载流能力[18]，因此石墨烯纤维有望展现出优异电学性能。通常石墨烯纤维沿轴向的电导率往往高于纤维沿径向的电导率，表现为各向异性导电性能，这归因于石墨烯片在纤维轴向方向上具有均匀的取向，因此轴向的电子传递高于径向[103]。石墨烯纤维的电子输运行为和性质继承了单层或多层石墨烯，石墨烯片面上的离域 π 键决定了电子输运，但是目前石墨烯纤维的导电性能远低于石墨烯本征电导率，导电性质的差距实际上主要是由石墨烯片的结构缺陷造成的，如未完全还原的 GO 上的含氧官能团或者氧化造成的晶格空位缺陷，从而造成电子散射[21, 104]。此外，GO 尺寸、片层取向度、晶体界面等也是石墨烯纤维电导率的重要影响因素[21]。研究表明，通过高温石墨化处理可以最大程度地消除残余官能团和修复晶格缺陷。但是，纤维中石墨烯晶粒晶界束缚从而阻碍了电子和声子在石墨烯片之间的传输，而石墨烯晶体界面的影响难以克服[21]。当前，迫切需要发展提高电子层间传输的策略，由于电子在石墨烯的层间传输比层内传输弱得多[105-107]，因此可以提高晶粒尺寸从而降低晶界的相对数量[21]。前已述及，石墨烯的晶体尺寸比碳纤维大得多，可高达两个数量级，因此理论上石墨烯纤维比碳纤维具有更好的输运性能[21]。下面将总结讨论石墨烯纤维的电学性能及其提升策略。

1）GO 尺寸和取向度

GO 尺寸和取向度是石墨烯纤维电学性能的关键影响因素。纤维中石墨烯片层尺寸越小，晶界的数量越多，越加重对电子的束缚，从而影响石墨烯纤维的电学性能。Chen 等[22]对比了不同尺寸 GO 片制备的石墨烯纤维的电导率，相比于小尺寸，大尺寸 GO 片组装的纤维电导率提高了 52%。一般而言，大尺寸 GO 组装成的石墨烯纤维具有更高的取向度。如图 3-32（a）所示，随着石墨烯片层的取向度提高，石墨烯纤维的电导率线性增加，由 68 S/cm 提高到 230 S/cm，提高了 238.2%。这是由于石墨烯片层取向度的提高为沿纤维轴向的电子传导提供了有效的路径，从而提升纤维的电学性能[22]。Xiang 等[93]分别以小尺寸（9 μm）和大尺寸（22 μm）的 GO 为基元材料制备了不同的石墨烯纤维，进一步证实了大尺寸的石墨烯片组装的石墨烯纤维具有更高的电导率。同时在纺丝过程中对纤维施加拉伸力，当施加 1.3 倍的拉伸比率，制备的高取向度的石墨烯纤维的电导率相比于未施加牵伸力的纤维高 56%。Xin 等[26]通过将小尺寸的 GO 片填充入大尺寸的 GO 框架中制备了高密实度和高取向的石墨烯纤维，由于小尺寸的填充，在高温还原后，石墨烯纤维在纵向和横向上的 sp^2 晶粒尺寸显著增大，小尺寸 GO 片填充（30 wt%）的石墨烯纤维轴向晶粒尺寸达到 783 nm，表现出最优化的综合性能。如图 3-32（b）所示，随着填充小尺寸 GO 片质量分数的提高，电导率显著增加。当小尺寸 GO 片质量分数为 30 wt%时，制得的石墨烯纤维电导率达到最高值，为 1.11×10^5 S/m。然而继续提高填充量，电导率降低，这是由于晶粒尺寸降低。

2）还原过程

由于 GO 表面和边缘具有大量的官能团，组装的 GO 纤维表现为电绝缘性，经过化学或/和高温还原处理除去大量官能团后，获得的石墨烯纤维才能展现出导电性能。其中，化学还原法具低温、低能耗、高效率的特点，并适用于仿生石墨烯复合纤维。前已述及，通过化学还原过程将 GO 纤维转变为石墨烯纤维，可去除 GO 中大部分的含氧官能团，但难以实现完全还原除去，并且难以修复原子空位等结构缺陷，而石墨烯片残留的基团以及结构缺陷会造成电子散射，阻碍石

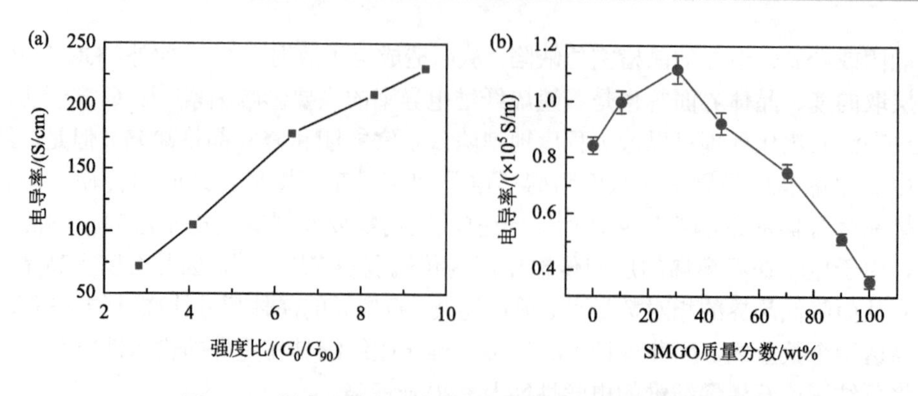

图 3-32 提高尺寸与取向度提升石墨烯纤维的电学性能

（a）石墨烯纤维电导率与石墨烯片取向度的关系[22]；（b）石墨烯纤维电导率与填充小尺寸石墨烯纳米片质量分数的关系[26]

墨烯纤维中的电子传输。研究表明，化学还原法制备的石墨烯纤维的电导率较低[1, 21]。浙江大学高超等[4]首次制备的石墨烯纤维，经过氢碘酸还原过程电导率为 250 S/cm。北京航空航天大学程群峰等[30]利用仿生界面协同策略制备的石墨烯复合纤维，在氢碘酸还原后电导率提高到 433.5 S/cm。北京化工大学张好斌等[32]通过优化 GO 纳米片前驱体的表面化学制备的 GO 具有更少的表面端基，在化学还原后制备的石墨烯纤维电导率最高可达 1060 S/cm[32]。经过高温还原或超高温石墨化，可最大程度去除含氧官能团，并提高石墨烯片层的取向度、结晶度和晶区尺寸，减少石墨烯纤维内部的多级微观结构缺陷，进一步提高石墨烯纤维的电导率。Xin 等[26]对比了不同温度高温还原过程对石墨烯纤维电导率的影响。当高温还原温度为 1400℃时，得到的石墨烯纤维电导率为 500 S/cm；而提高还原温度至 2850℃，纤维的电导率提高了 3.42 倍，可达 2210 S/cm［图 3-33（a）］。研究表明，纤维内部的石墨烯晶区尺寸随热处理温度的提升而显著增大，由原来的 40～50 nm 最大增大到 783 nm，实现了石墨烯纤维电学性能的提升。Xu 等[25]通过“多尺度结构缺陷控制”方法制备的高质量石墨烯纤维，经过不同温度的高温还原对比得出，在 3000℃高温处理制备的石墨烯纤维展示最好的电学性能，电导率可达 8000 S/cm［图 3-33（b）］，且熔断电流密度可达 2.3×10^{10} A/m^2，具有高载流能力。经过超高温热还原过程制备的石墨烯纤维虽然具有高的导电性能，但高温导致耗能大，且不适用于仿生石墨烯/高分子复合纤维。

焦耳热法或称为电热还原法，可用于快速石墨化处理，实现高效修复石墨烯结构缺陷的新方法，具有操作简单、高效率。Noh 等[108]开发了焦耳热法制备了高导电的石墨烯纤维。首先利用 HI 化学还原方法将 GO 纤维进行初步还原处理获得一定的电导率，随后将纤维悬空固定于 Ar 环境中，在纤维两端通入电流使纤维产生焦耳热，当电流达到 100 mA 时，纤维温度可达 2900℃，获得的石墨烯纤维

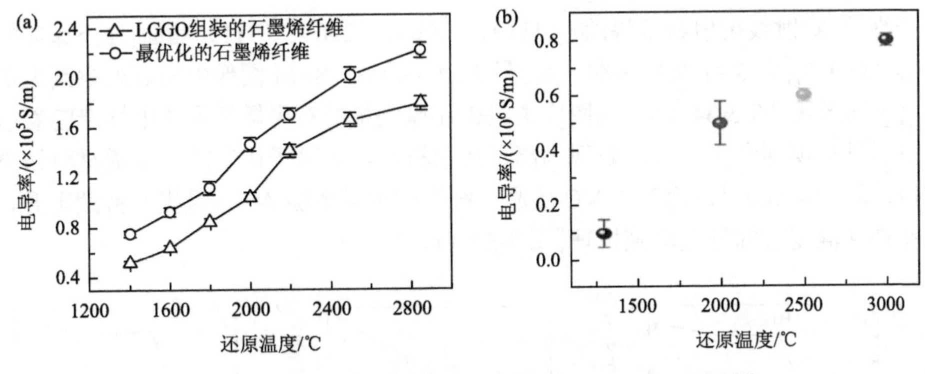

图 3-33　优化还原过程提升石墨烯纤维的电学性能[25, 26]

电导率达到 1020 S/cm，且处理过程仅需 7 min。然而，焦耳热法由于条件苛刻，容易受到纤维的长度和悬空状态的影响，因此在纤维连续化、规模化制备上存在极大挑战。

3）引入其他物质

在石墨烯纺丝液或石墨烯纤维中引入高导电材料，可以提升纤维的导电性能。Xu 等[82]通过湿法纺丝制备了银掺杂石墨烯纤维，通过将银纳米线加入到 GO 纺丝液，纺丝通道中的剪切流诱导一维银纳米线沿纤维轴向排列，极大提高了纤维的导电性能，该银掺杂石墨烯纤维最高电导率可达 930 S/cm，远高于未掺杂的石墨烯纤维[4]。导电物质的含量和还原过程是影响石墨烯纤维电导率的重要因素，因此选用两种不同还原过程对不同银掺杂量的石墨烯纤维电学性能研究分析，揭示其导电增强机制。如图 3-34（a）所示，对于经过 HI 化学还原制备的银掺杂石墨烯纤维，随着 Ag 纳米线含量的增加，银掺杂的石墨烯纤维的电导率开始急剧增加，当 Ag 纳米线含量为 20 wt%时，电导率达到平台，由纯石墨烯纤维的 24000 S/m 上升至 93000 S/m，电导率增强比例达到 330%[图 3-34（c）]。而对于维生素钠（VC）还原，随 Ag 纳米线掺杂含量的增加纤维的电导率持续提升，当含量为 50 wt%，经过 VC 还原的石墨烯纤维的电导率由初始的 8100 S/m 提高到 22000 S/m，增强比达 250%[图 3-34（b）和（c）]。相比于 HI 还原，经过 VC 还原的石墨烯纤维和复合纤维电导率比较低，这归因于 VC 对 GO 还原程度较低。研究人员对纤维导电机制进行分析，对于 HI 还原的纤维，金属 Ag 与 HI 发生氧化还原反应（$2Ag + 2HI = 2Ag^+ + 2I^- + H_2$），Ag 纳米线溶解在 HI 中，在纤维内部形成 Ag^+。通过对比还原前的纤维（GO-Ag 复合纤维），Ag 纳米线的 X 射线衍射结晶峰消失[图 3-34（d）]，SEM 图像中观察不到纳米线[图 3-34（a）插图]。因此，电导率在一定掺杂浓度下达到平台值时表现为离子掺杂机制，这是由于还原过程中 Ag 纳米线溶解生成的 Ag^+对石墨烯原位掺杂。而对于 VC 还原的纤维，化学还原后的 Ag 纳米线保持了原有的形貌和结晶特征。VC 还原的银掺杂的石墨烯纤维的 X 射线衍射特征峰[如（111）、（200）、（220）、（311）晶面]与还原前的纤维（GO-Ag 复合纤维）基本一致[图 3-34（d）]。SEM 图像中明显观察到大量的 Ag 纳米线[图 3-34（b）插图]。由 HI 还原制备的石墨烯纤维的电导率随着掺杂量提升出现饱和平台区，表现为离子掺杂机制，与离子掺杂的石墨烯材料结果相似[图 3-34（e）]。而对于 VC 还原，纤维的电导率随 Ag 含量提升持续上升，可能是共混复合的导电增强机理[图 3-34（f）]。

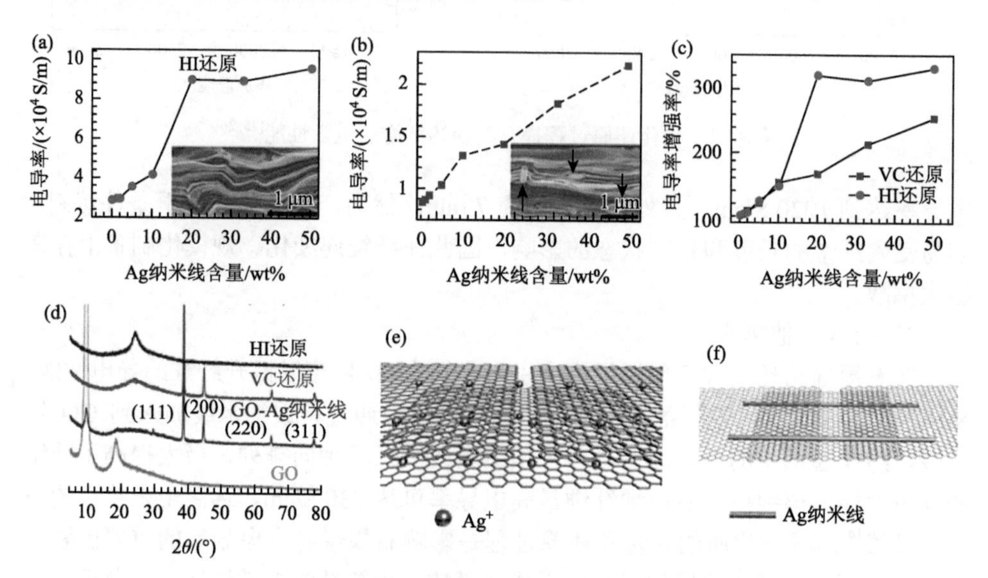

图 3-34 加入银纳米线提升石墨烯纤维的电学性能[82]

经过氢碘酸（a）和维生素钠（b）还原后的 Ag/石墨烯复合纤维电导率与 Ag 纳米线含量的关系；（c）两种还原方法还原的 Ag/石墨烯复合纤维的电导率增强率与银纳米线含量的关系；（d）不同的石墨烯复合纤维的 XRD 图；Ag/石墨烯复合纤维经过氢碘酸还原的 Ag^{+}掺杂机制图（e）和经过高温还原 Ag 纳米线掺杂机制图（f）

随后，高超等[109] 通过电沉积将金属颗粒沉积在具有褶皱结构的石墨烯纤维表面，制备高导电的石墨烯复合纤维。由于石墨烯表面具有疏水超润滑性，金属与石墨烯之间的界面附着力较差，为了解决这一问题，该团队发展了一种皱纹稳定的方法，多尺度褶皱有效地诱导金属颗粒成核，并有效固定金属核，进一步促进金属岛在粗糙石墨烯表面连续生长。图 3-35（a）～（c）展示了铜晶粒在石墨烯纤维上的生长过程与分布。当沉积时间为 2 s 时，新生的铜晶核很少位于光滑区域，而主要生长在褶皱区域，其中部分铜晶粒沿着折痕生长，其余铜晶粒沿着沟槽锚定，如图 3-35（a）虚线所示，如此高的位点选择性和皱纹依赖性表明，石墨烯纤维表面的褶皱可能为金属种子的生长提供了温床。随着沉积时间延长，铜晶粒随着折痕和脊线的延伸继续长大，脊上的铜岛比折痕上的铜岛生长得更快，导致沿脊的晶粒尺寸更大。在沉积 15 s 后，铜岛的平均尺寸约为 3 μm。从图 3-35

（b）可以看出，铜颗粒的分布完全复制了石墨烯纤维上皱纹形态。进一步延长沉积时间，铜颗粒分布更加密集，部分开始相互融合。随着电沉积达到 25 s，铜岛颗粒完全融合，形成了光滑均匀的电镀层，将石墨烯纤维紧密包裹[图 3-35（c）]。研究 9 种不同金属（如铜、银、金、锌、镁、铁、钴、镍和锰）在具有多尺度褶皱的石墨烯纤维上的生长，发现金属层都均匀附着在纤维表面上[图 3-35（d）]，证明了该方法的通用性和实用性。金属-石墨烯混合纤维具有极好的抗弯曲性和在空气中的高稳定性。强大的界面结合使得金属-石墨烯复合纤维具有金属级的导电性，其中 Ag 包覆的石墨烯纤维电导率比原始的石墨烯纤维高 55 倍，达到 2.2×10^7 S/m。而通过金属 Cu 或 Au 包覆的石墨烯纤维的电导率也分别达到 1.3×10^7 S/m 和 1.1×10^7 S/m，其他金属由于本征电导率相对较低，包覆的石墨烯纤维电导率略低，但仍与其块体金属材料的电导率相当。同时，该复合纤维具有良好的柔韧性、抗弯曲能力和循环稳定性。如图 3-35（e）所示，纤维可以弯曲到 180°而不断裂，最小弯曲半径约为 3 mm，并循环弯曲 100 次，所有复合纤维的电导率基本保持不变。此外，石墨烯具有负的电阻温度系数（temperature coefficient of resistance，TCR），而金属表现为正的 TCR。因此，Cu 和 Au 包覆的石墨烯纤维在 0～100 K 温度范围内的 TCR 接近 0，这可能是电子的变程跳跃机制导致[109]。

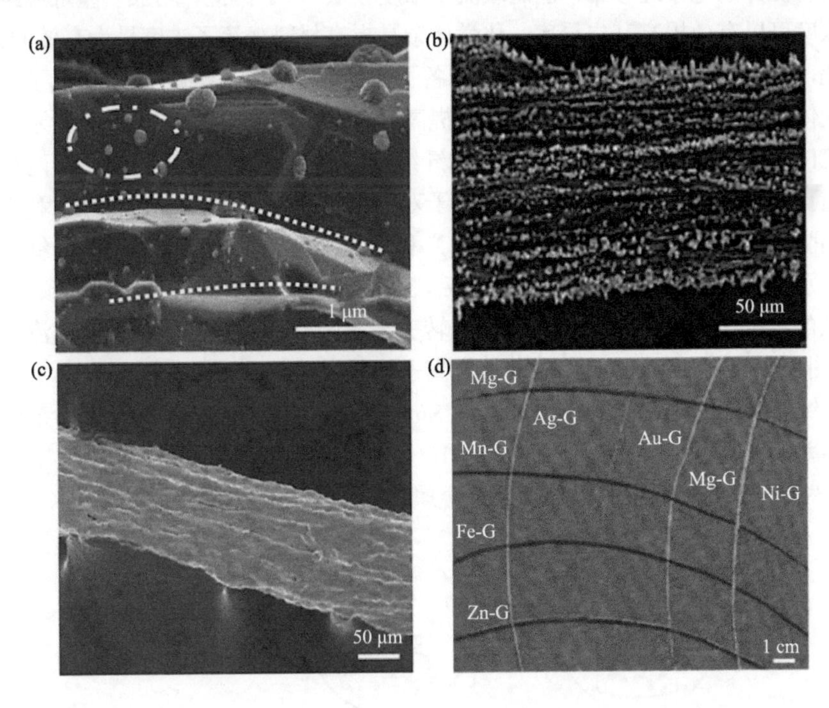

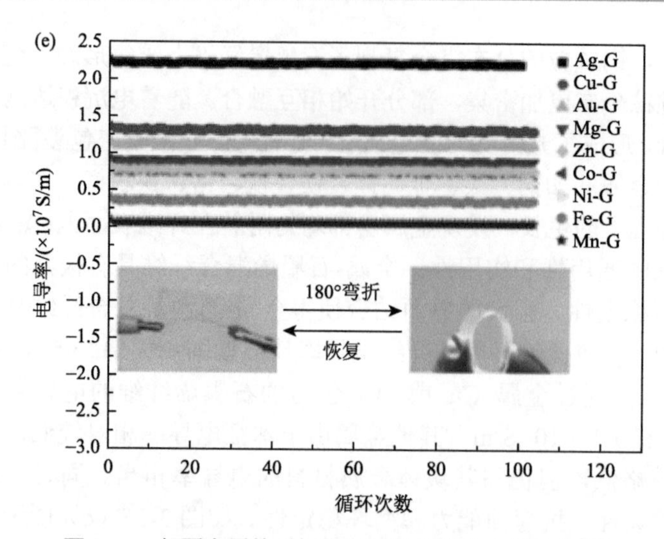

图 3-35 包覆金属粒子提升石墨烯纤维的电学性能[109]

不同沉积时间下铜粒子包覆的石墨烯纤维的微观形貌图[2 s（a）、15 s（b）、25 s（c）]以及实物图（d）;（e）不同金属粒子包覆的石墨烯纤维的电导率循环稳定曲线

基于经典 Drude 理论，材料电导率和载流子浓度、载流子迁移率正相关[83]。石墨烯具有优异的电子迁移率，但是载流子浓度较低[1, 18]。因此，增加石墨烯纤维载流子的浓度可以有效提高其电导率。化学掺杂是提高材料载流子浓度最为有效的方法。基于此，高超等[84]通过化学掺杂方法制备了高电导率的石墨烯纤维，实现了电子给体或受体的掺杂，将石墨烯纤维电导率提高至金属量级。如图 3-36（a）所示，分别将 $FeCl_3$、Br_2、K 作为掺杂剂和石墨烯纤维分别置于干燥的哑铃状反应管两端，经过高温真空和密封处理后，将反应器置于双温区管式炉反应 24 h 或 48 h。利用该方法该团队分别制备了 n 型（$FeCl_3$ 或 Br_2）和 p 型（金属 K）掺杂的石墨烯纤维，掺杂量分别约为 15%、10%和 26%。掺杂后，$FeCl_3$ 和 Br_2 掺杂的石墨烯纤维颜色变暗，K 掺杂的纤维由初始的银灰色向金黄色转变，原因是掺杂后石墨烯纤维载流子浓度增加[图 3-36（b）和（c）]，从而使等离子体频率移动到可见光区。如图 3-36（d）所示，纯石墨烯纤维的电导率为 8×10^5 S/m，$FeCl_3$ 掺杂、Br_2 掺杂和 K 掺杂后纤维的电导率显著提升，分别提升到 0.77×10^7 S/m、1.5×10^7 S/m 和 2.24×10^7 S/m。其中，K 掺杂的石墨烯纤维的电导率超过金属镍（1.5×10^7 S/m），接近铝（3.5×10^7 S/m）

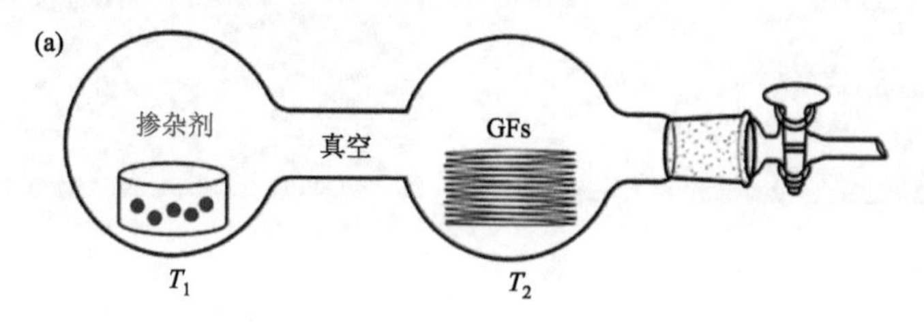

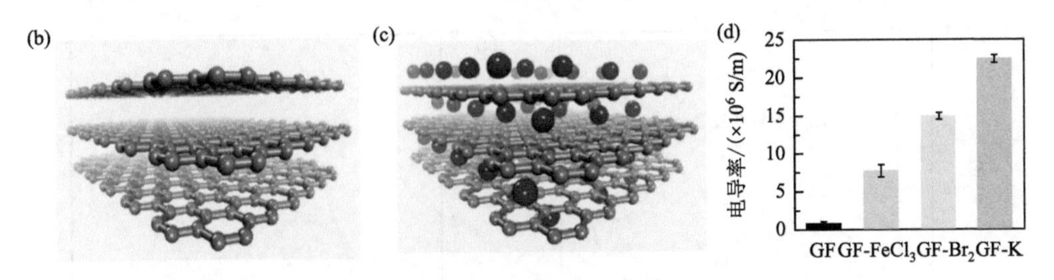

图 3-36　化学掺杂提升石墨烯纤维的电学性能[84]

（a）化学掺杂机制图；（b）未掺杂的石墨烯纤维的结构模型；（c）掺杂剂掺杂的石墨烯纤维的结构示意图，红点表示掺杂剂分子，分别是 $FeCl_3$、Br_2 和 K；（d）纯石墨烯纤维和掺杂的石墨烯纤维的电导率

和铜（5.9×10^7 S/m）。此外，溴掺杂的石墨烯纤维具有良好的稳定性，且受温度和湿度影响较小，可应用于轻质导线、信号传输和电磁干扰屏蔽等领域。

随后，高超等[58]进一步通过气相插层反应，通过钙插层首次制备了柔性超导石墨烯纤维。如图 3-37（a）所示，首先通过“多尺度结构缺陷控制”策略制备了高性能的石墨烯纤维，随后采用双温区气相插层法真空高温（装有石墨烯纤维端 400～500℃）处理 7～14 天，制备了钙掺杂石墨烯纤维，钙含量约为 10 wt%。掺杂后石墨烯纤维由银灰色转变成黄色[图 3-37（b）]，相似于钾掺杂石墨烯纤维。由于钙金属插层，增加了自由载流子浓度，Drude 等离子体频率向可见光区移动。钙掺杂石墨烯纤维具有良好的柔性，可反复弯曲，复合纤维的截面分布于沿纤维轴向排列的褶皱[图 3-37（c）]，元素分析表明钙元素均匀分布在石墨烯纤维内部，从而保证了纤维导电性能的均匀性。在零磁场下测试了该纤维的导电性能随温度变化关系，如图 3-37（d）所示，当温度达到 11.3 K 时，纤维电阻急剧下降，当温度为 4 K 时，电阻降至 0 Ω，表现了超导转变行为[图 3-37（e）]，展现了钙掺

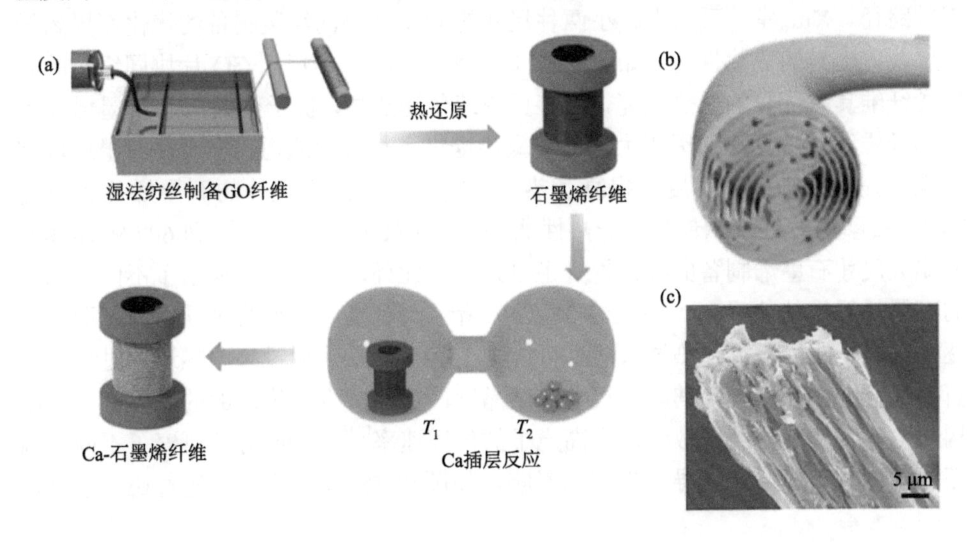

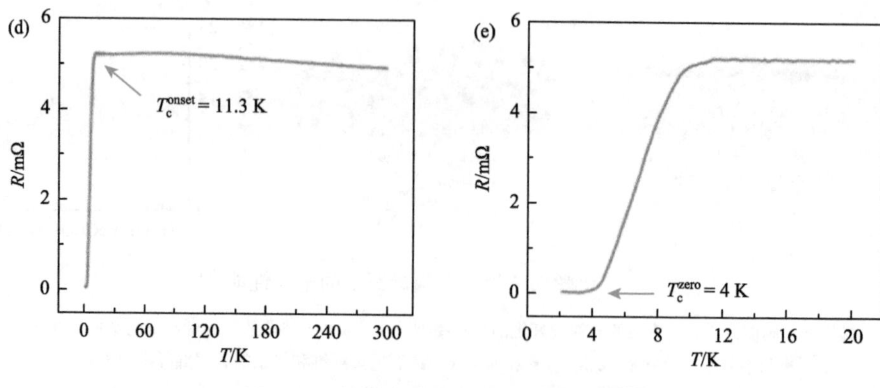

图 3-37 钙掺杂实现超导石墨烯纤维[58]

（a）Ca 掺杂石墨烯纤维的制造过程示意图，插层反应是在双温区石英管中进行的，$T_1 > T_2$；Ca 掺杂石墨烯纤维截面机制图（b）和显微图（c）；（d，e）电阻与温度的关系曲线，在 T_c^{onset} =11.3K 和 T_c^{zero} =4K 时发生超导转变

杂石墨烯纤维的超导特性。该超导石墨烯纤维是结合湿法纺丝技术和气相反应方法制备，因此可以实现连续制备，这种轻量化柔性的超导石墨烯纤维在发电、输电和储能等领域具有重要的应用前景。

3. 热学性能

单层石墨烯的导热性能高达 5300 W/(m·K)[19]，但多层石墨烯由于片层之间相互作用与振动受限阻碍了声子的传输[110]，因此石墨烯的热导率随层数的增加而降低。同时，石墨烯宏观材料中石墨烯片层的晶界造成声子发生散射[21]，从而导致石墨烯纤维的热导率远低于单层石墨烯的热导率。因此优化石墨烯基元材料，提高纤维的取向度，增大纤维中的石墨烯片晶区尺寸，是提高石墨烯纤维热导率的有效路径。Xin 等[24]采用大、小两种尺寸的 GO 片协同组装制备的优化石墨烯纤维展现出优异的导热性能。如图 3-38（a）所示，大、小尺寸 GO 片协同组装的石墨烯纤维具有优异的导热性能，能够更快速传递热量，优于全大尺寸石墨烯片组装的纤维和铜线。这归因于大尺寸石墨烯提供了热传导通道，小尺寸石墨烯填充孔隙，提升纤维的密实度，提高了热量传输速度。当小尺寸的石墨烯片含量为 30%，石墨烯纤维展示最高的导热性能[图 3-38（b）]，热导率达到 607 W/(m·K)，相比大尺寸石墨烯制备的纤维提升了 35.8%。此外，Xin 等[26]揭示了不同取向度的石墨烯纤维的热导率，如图 3-38（c）所示，石墨烯纤维的热导率随着取向度逐渐提高呈线性增大，热导率最高可达 1575 W/(m·K)。通过高温热还原过程处理石墨烯纤维，可以提高其晶区尺寸和结晶度，从而减少纤维内部的晶界和多级结构缺陷，有效减少声子散射，提高声子的传播速率[21]。Xin 等[24]研究了不同高温还原温度对石墨烯纤维导热性能的影响，如图 3-38（d）所示，随着还原温度逐渐提高，石墨烯纤维的热导率线性增大，当还原温度为 2850℃时，石墨烯纤维的热导率达到 1290 W/(m·K)。高超、许震与马维刚等[27]合作利用大尺寸 GO 作为组装基元同时通过“溶剂插层塑化拉伸结晶”处理策略制备高质量石墨烯纤维，纤维中石墨烯片层达到了近似晶体的有效排列，制备的石墨烯纤维晶体长度达到 174.3 nm，紧密堆积结构和大片层尺寸使得石墨烯纤维获得了较高的热导率，随着晶粒尺寸增加，热导率增大更加明显，最高可达 1480 W/(m·K)。张好斌等[32]通过优化 GO 纳米片的制备过程，制备了具有较少表面端基和结构缺陷的 f-GO 纳米片，组装的石墨烯纤维电导率为 850 W/(m·K)。

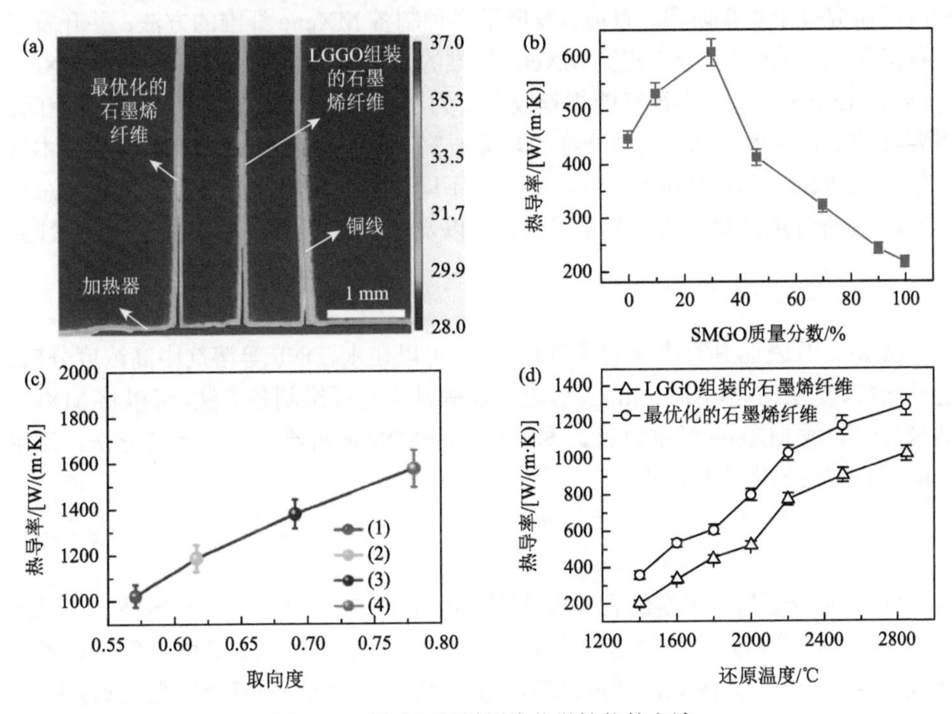

图 3-38　提升石墨烯纤维热学性能的方法

（a）大、小片协同组装的石墨烯纤维、大尺寸组装的石墨烯纤维和铜线的热传输图像对比，所有纤维和铜线直径为 50 mm，垂直连接在微加热器上，右边的直方图表示不同温度的颜色刻度[24]；（b）大、小片协同组装的石墨烯纤维的热导率与填充小尺寸的石墨烯纳米片质量分数的关系[24]；（c）石墨烯纤维热导率与取向度的关系[26]（1）由直径 160 μm 的管状通道制备的石墨烯纤维，（2）～（4）分别由高度为 300 μm、200 μm、100 μm 的扁平通道制备的石墨烯纤维；（d）石墨烯纤维热导率与退火温度的关系[24]

目前，基元材料尺寸和质量的优化、提高取向度、热处理还原和仿生构筑界面相互作用等策略，极大提升了石墨烯纤维的力学、电学和热学性能，其中导电性能和导热性能已超过碳纤维和碳纳米管纤维，但拉伸强度和模量仍低于碳纤维[1]。通过持续优化基元材料、降低纤维内部孔隙结构缺陷、增强界面作用力、提高纤维取向度和增大石墨烯片晶区尺寸，有望进一步制备出具有更优异物理性能的石墨烯纤维。

3.3 过渡金属钛碳化合物复合纤维材料

作为另一种新型层状二维纳米材料纤维，MXene 纤维具有良好的力学、电学和电化学性能，有望成为继石墨烯纤维后另一种兼具结构与功能一体化纤维材料，在未来人工智能、多功能柔性织物领域具有重要的应用前景。MXene 纤维的制备和应用研究处于早期阶段，目前，发展了多种制备 MXene 纤维的方法，并开发了多种优化性能的策略，极大提高 MXene 纤维的力学和电学性能。然而，宏观 MXene 纤维与 MXene 纳米片本征性能相差较大，力学和电学性能仍有很大的提升空间，需要继续优化制备工艺、拓展纤维的功能研究，推进 MXene 纤维实际应用。本节总结了 MXene 纤维的制备方法，并讨论不同制备方法的优势与特点，同时总结 MXene 复合纤维的机械性能和电学性能，以及综述提升 MXene 纤维性能的策略。

3.3.1 制备方法

MXene 片表面具有丰富的含氧官能团，可以在水、DNF 等溶剂中高浓度分散，通过涂覆、湿法纺丝、Biscrolling、静电纺丝等常用的纤维制备方法，可以将 MXene 纳米片组装成 MXene 纤维材料。本节将总结 MXene 纤维材料的制备方法，讨论不同制备方法的优势与特点。

1. 涂覆法

MXene 表面具有丰富的含氧官能团，因此 MXene 纳米片呈负电性，可以通过静电、氢键等相互作用快速涂覆在带有正电荷和亲水性的聚合物纤维基体表面（如尼龙纤维）[111]。因此，通过涂覆法最早实现了 MXene 复合纤维的制备[38]，涂覆法具有操作简单、方便快捷，易于连续化制备的优势。如图 3-39（a）所示，涂覆法的关键在于制备均匀的 MXene 分散液，随后将 MXene 分散液通过滴/浇涂、浸涂、喷涂的方式涂覆在纺织品、纤维或纱线上，干燥后即可获得 MXene 涂覆的复合纤维。涂覆和干燥过程可以多次循环重复，使纤维获得所需的 MXene 负载量。如图 3-39（b）和（c）所示，MXene 涂覆的复合纤维具有特殊的皮芯结构。通过涂覆法将 MXene 涂覆在纤维表面面临着两方面的挑战：①如何提高 MXene 的负载量，从而获得更优异的电学性能；②如何增强 MXene 片层之间以及与纤维表面之间的黏附力，以防止 MXene 片层剥落，获得长期稳定的性能。研究表明，提高 MXene 纳米片和纤维表面的界面相互作用力可以增加 MXene 的负载量，同时提升 MXene 涂覆纤维的物理性能[43]。Hu 等[38]先通过氧等离子体处理疏水的镀银尼龙纤维，使纤维表面接枝羟基官能团，之后通过滴涂将 MXene 纳米片涂覆到纤维表面，实现了 0.7 mg/cm 的 MXene 负载量。Zhang 等[112]在 MXene 分散液中加入聚(3, 4-乙烯二氧噻吩)-聚(苯乙烯磺酸)（PEDOT：PSS）导电聚合物，滴涂在碳纤维表面，PEDOT：PSS 分子链在 MXene 纳米片之间以及纳米片和碳纤维之间进行有效的交联，增强 MXene 纳米片层间以及碳纤维表面的界面作用力，提高了 MXene 的负载量（3 mg/cm）。Park 等[113]通过有机溶剂 3-氨基丙基三乙氧基硅烷[(3-aminopropyl)triethoxysilane，APTES]和乙醇混合溶液对疏水纱线聚对苯二甲酸乙二醇酯[poly(ethylene terephthalate)，PET]进行化学处理，改变了纤维基底的表面化学性质，使 PET 纱线表面接上氨基（$—NH_2$），有效提高了 MXene 纳米片在 PET 纱线表面的黏附力。通过 X 射线光电子能谱（X-ray photoelectron spectroscopy，XPS）表征证实了 APTES 功能化的 PET 纤维表面与 MXene 纳米片之间的界面相互作用。此外，MXene 纳米片的 Ti 元素与含有羟基、羧基和氨基官能团的纤维基体（如尼龙[114]、纤维素衍生纱线[44]）产生强的配位作用[111]。Gogotsi 等[44]选用不同纤维素纱线（如棉、竹和亚麻等），并开发了两步涂覆法策略，将纤维素纱线先后浸渍到小尺寸的 MXene 纳米片（S-Ti_3C_2）和大尺寸的 MXene 纳米片（L-Ti_3C_2）分散液，利用 S-Ti_3C_2 纳米片渗透到纱线内部实现对纤维素纤维包覆，再将 L-Ti_3C_2 纳米片包覆到纱线外部表面[图 3-39（a）]，制备了超高 MXene 负载量（77 wt%，2.2 mg/cm）的 MXene 复合纱线，其展现出高的力学和电学性能。

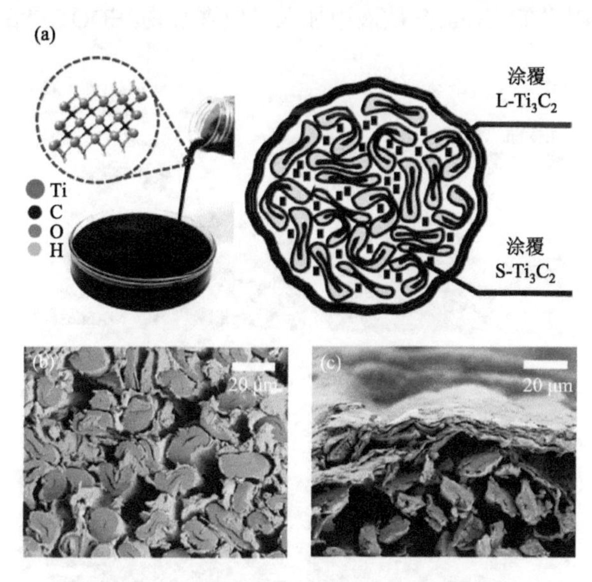

图 3-39　涂覆法制备 MXene 复合纤维[44]

（a）MXene 液晶分散液图像和 MXene 包覆的纤维素纱线机理图；（b）小尺寸 MXene 片包覆的纤维素纤维 SEM 图；（c）大尺寸 MXene 片包覆的纤维素纱线外表面 SEM 图

随后，他们进一步开发了连续的涂覆工艺，制备了 MXene 涂覆尼龙纤维，利用 XPS 证明了尼龙表面酰胺基与 MXene 纳米片表面形成 Ti—N 共价键[114]。尽管涂覆法可以高效、批量化制备 MXene 复合纤维，但 MXene 负载量和黏附力难以进一步提升，限制了纤维的电学性能和实际应用。

2. 湿法纺丝法

相比于涂覆法，湿法纺丝可以将MXene纳米片集成入复合纤维的结构内部，同时湿法纺丝过程的剪切力可以促使MXene纳米片取向排列，制得高取向的MXene纤维。图3-40（a）展示了湿法纺丝法制备MXene纤维的过程，将液晶纺丝原液从纺丝通道挤压形成细流进入凝固浴凝固成初生纤维，随后对纤维进行水洗、干燥等过程，最后收集获得MXene纤维。然而由于MXene纳米片存在刚性、界面作用力弱、可纺性差等问题，单独纺丝成纤存在巨大挑战。因此，早期研究阶段，研究人员主要将MXene纳米片与高分子聚合物[如聚丙烯腈（polyacrylonitrile，PAN）[115]、聚氨酯（polyurethane，PU）[116]或PEDOT:PSS[117]]或亲水性纳米材料[GO[39, 40]、纤维素纳米晶（cellulose nanocrystals，CNC）[118]、芳纶纳米纤维（aramid nanofibers，ANFs）[119]、钨酸盐[120]等]混合，从而提高MXene纳米片的可纺性。例如，Yang等[39]在GO液晶中加入MXene分散液，利用GO液晶作为模板使MXene纳米片有序排列在GO片层间，连续制备了MXene/GO纤维，MXene含量可达95 wt%。Zhang等[117]在MXene分散液中加入导电聚合物PEDOT:PSS，增加了MXene

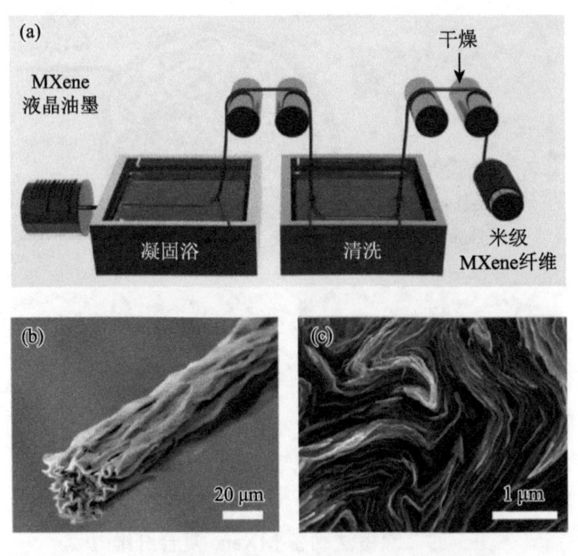

图 3-40 湿法纺丝法制备 MXene 纤维[37]

（a）液晶湿法纺丝制备 MXene 纤维的过程机制图；（b，c）不同放大倍数下的 MXene 纤维的截面 SEM 图像

分散液的黏稠度，通过湿法纺丝制备了 MXene/PEDOT:PSS 纤维，导电聚合物 PEDOT:PSS 分子链与相邻 MXene 纳米片之间实现桥联，有效提升 MXene 复合纤维的力学和电学性能。此外，同轴湿法纺丝可以制备出独特皮芯结构的 MXene 复合纤维。受木材多层结构的启发，Chen 等[46]通过同轴湿法纺丝制备了同轴 MXene@GO 纤维，利用 GO 作为机械层包裹 MXene，可以提高 MXene 纤维的力学性能，同时提高 MXene 稳定性。

2020 年，研究人员发现了高浓度 $Ti_3C_2T_x$ MXene 分散液可以产生像 GO 液晶的向列液晶相，并详细研究了 MXene 液晶剪切流变行为与 MXene 纳米片浓度和尺寸的关系。基于 MXene 液晶取向预排列，研究人员通过湿法纺丝首次制备了无黏结剂的纯 MXene 纤维[5, 37]，纤维的长度可达米级[图 3-40（a）]。MXene 液晶纺丝液在纺丝通道剪切力作用下获得高度的取向排列，如图 3-40（b）和（c）所示，通过 MXene 纤维的表面和截面形貌观察到 MXene 纳米片沿着纤维轴向排列，具有较高的取向度。随后，研究人员进一步采用扁平的纺丝喷嘴[47]和拉伸取向[48]等策略，通过湿法纺丝制备了取向度、密实度更高的纯 MXene 纤维，进一步提高了 MXene 纤维的力学和电学性能。目前，湿法纺丝已成为 MXene 复合纤维主流的制备方法。

3. Biscrolling 法

Biscrolling 法是一种可以将难纺的纳米材料组装入纤维的特殊方法。Biscrolling 法是 Baughman 等[121]于 2011 年研究报道，实现了将不可纺的功能纳米粉末（Ti、TiO_2、SiO_2 等）和纳米纤维（Si_3N_4 纳米管）组装入 CNTs 复合纱线。图 3-41（a）展示了通过 Biscrolling 法制备 MXene 复合纤维的过程，其包括：CNTs 阵列的制备；从 CNTs 阵列中拉出 CNTs 薄膜作为基底；通过滴涂将 MXene 分散液均匀涂覆到 CNTs 薄膜表面；随后通过 Biscrolling 法将 CNTs 薄膜卷曲制成 MXene/CNTs 复合纱线。通过 Biscrolling 法制备的 MXene 复合纤维截面具有独特的螺旋结构，如图 3-41（b）所示，MXene 纳米片被导电的 CNT 薄层包覆在卷轴间隙中。CNTs 具有高的导电性、小直径和开放式的结构，使得 MXene 纳米片可以充分展示其电学和电化学性能。2018 年，Yu 等[42]首次采用 Biscrolling 方法制备了 MXene/CNT 复合纤维，该复合纤维的截面具有独特的阿基米德螺旋结构，MXene 纳米片负载量达到 95 wt%。同年，Wang 等[41]将 MXene 分散到 DMF 溶液并均匀滴涂到 CNTs 薄膜基底，采用 Biscrolling 法制备了 MXene 含量（98 wt%）更高的 MXene/CNTs 复合纱线，其展示了出色的导电性能。该 MXene/CNTs 纱线具有良好的形貌规整度，纤维截面可观察到明显的螺旋状结构，卷曲的 CNTs 阵列将 MXene 纳米片分隔形成网格结构[图 3-41（b）]。得益于 MXene 优异的赝电容性能，MXene/CNTs 纤维纱线展现出较高的体积比电容。具有高导电性能的

CNTs 提供了导电的网络促进电子的转移。开放的螺旋结构提供了开放的空间，进一步促进了离子和电子的快速储存和传输，从而充分展现 MXene 的电化学性能。凭借超高的 MXene 纳米片含量和高的电容性能，Biscrolling 方法制备的 MXene/CNTs 纤维纱线在可编/可穿戴纤维超级电容器领域中具有广泛的应用前景。但是，CNTs 阵列的制备成本高、条件苛刻，CNTs 纱线的长度有限，且 CNT 存在一定的生物安全问题，因此 Biscrolling 方法仍有许多亟需解决的问题。

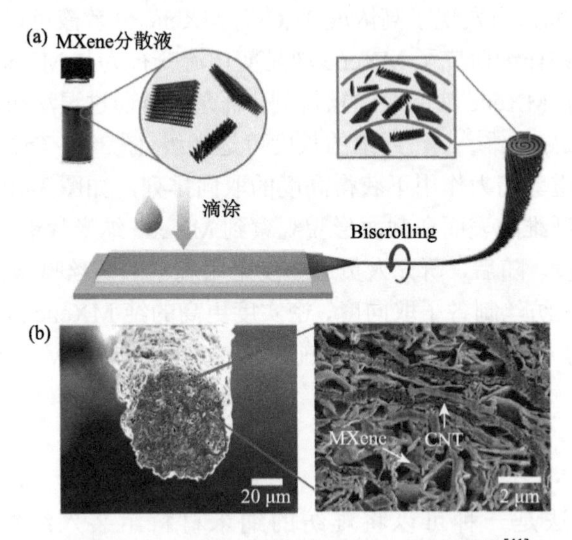

图 3-41 Biscrolling 法制备 MXene 复合纤维[41]

（a）制备过程机制图；（b）不同放大倍数下的 MXene/CNT 纱线的截面微观形貌图像

4. 静电纺丝法

静电纺丝是另一种常见的纤维制备技术，可批量化制备出纳米级直径的纤维。传统的静电纺丝装置包括高压电源、带金属针头的注射器和接地金属收集板。在注射器针尖上加载高电压，针尖和接地金属收集板形成强静电场，针尖处的液滴在静电场作用下克服溶液表面张力延展喷射出纤维细流，在到达负极金属收集板的过程中被干燥固化，被收集获得纤维。通过将纳米材料加入纺丝溶液，利用静电纺丝可以制备纳米复合纤维。然而利用静电纺丝方法制备导电纳米复合纤维面临诸多难题，通过静电纺丝制备的纤维直径在几百纳米量级，纳米材料的尺寸大小和不均匀分散可能导致纤维形成串珠结构或不均匀的直径。因此，均匀纺丝液的制备是静电纺丝成功的关键步骤[43]。另外，加入高含量的导电纳米材料（如 MXene）会增加纺丝液的导电性，在静电纺丝过程中容易导致短路甚至产生电弧[122]。因此，通过传统静电纺丝难以制备高含量的 MXene 复合纤维。Mayerberger 等[123, 124]和 Sobolčiak 等[125]首先采用传统的静电纺丝法制备了 MXene 复合纤维，

MXene 片的含量都低于 1 wt%。随后，Gogotsi 等[126]考虑到 MXene 纳米片尺寸需要和静电纺丝的纤维直径（150～300 nm）相匹配，通过超声制备了尺寸（300 nm）相当的 MXene 纳米片，采用静电纺丝方法制备了形貌均匀的 MXene/PAN 纳米纤维，提高了 MXene 负载量（35 wt%）。但是，MXene 高分子复合纤维中 MXene 含量必须很高才能使纤维导电。Gogotsi 等[127]开发了一种静电浴湿法纺丝策略，制备了高 MXene 含量的 MXene 复合纤维。该方法创新性地将湿法纺丝与静电纺丝方法相结合，如图 3-42（a）所示，基于传统静电纺丝策略在纺丝针头和凝固浴分别接上高压电源的正极和负极。尼龙或 PU 等聚合物纺丝液在强静电场作用下纺丝到 MXene 分散液凝固浴中，利用 MXene 分散液作为凝固浴（湿纺）和电流收集器（静电纺），使 MXene 纳米片浸入纳米纱线的整个横截面和表面，从而制备了 MXene 渗透的纳米纱线[图 3-42（b）和（c）]。通过调控 MXene 分散液的浓度（10～20 mg/mL）和纳米片的尺寸（220～850 nm），MXene 负载量可达到 90 wt%[127]，该 MXene/尼龙纳米纱线展现出良好的导电性能和柔韧性，可以应用在柔性能源储存和压力传感电子器件领域。

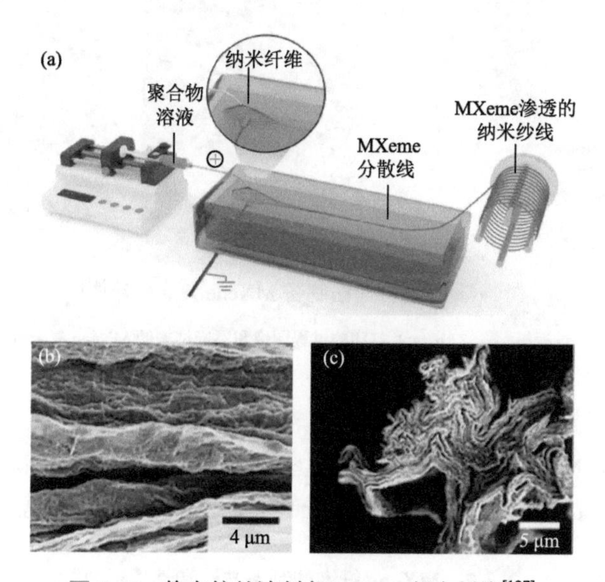

图 3-42　静电纺丝法制备 MXene 复合纤维[127]

（a）静电浴纺丝法制备 MXene 复合纤维的制备过程机制图；MXene/尼龙纳米纱线的表面 SEM 图（b）和截面 SEM 图（c）

5. 其他方法

3D 打印直写技术可以制备出多级复杂结构的复合纤维网络。如图 3-43（a）所示，Cao 等[45]先使用 2, 2, 6, 6-四甲基哌啶-氮-氧化物（2, 2, 6, 6-tetramethylpiperidine-1-oxylradical，TEMPO）作为媒介氧化纤维素纳米纤维（TEMPO-mediated oxidized cellulose nanofibrils，TOCNFs），再将 TOCNFs 与 MXene 混合制备了均匀的可打印油墨，采用 3D 打印直写技术连续打印了 TOCNFs/Ti_3C_2 纤维网络［图 3-43（a）］。通过 3D 打印可以快速印刷出多种网格结构，如木材堆和渔网等［图 3-43（b）和（c）］，且打印过程中 TOCNFs/Ti_3C_2 纤维节点之间可以快速原位融合。该 TOCNFs/Ti_3C_2 纤维具有灵敏的外部刺激（如电子、光子或机械力）响应，将其组装成应变传感器和光热电热器件，可应用在多功能纺织品和人机交互等领域。

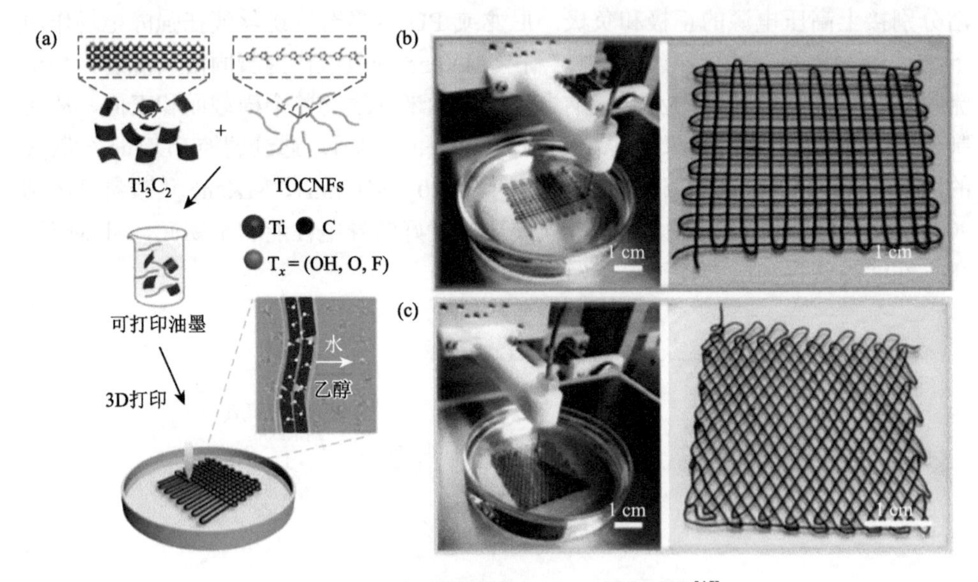

图 3-43 3D 打印法制备 MXene 复合纤维[45]

（a）制备过程机制图；（b，c）打印的过程图像和不同结构的 MXene 复合纤维图案

3.3.2 性能及其提升策略

本节总结了 MXene 纤维的力学和电学性能，并讨论当前提高 MXene 纤维性能的有效策略。表 3-2 总结对比了 MXene 纤维的制备方法和性能。

表 3-2 MXene 纤维的制备方法和性能汇总

组分	制备方法	MXene 含量	拉伸强度 /MPa	伸长率 /%	杨氏模量/GPa	韧性 /(MJ/m^3)	电导率 /(S/cm)	年份	参考文献
MXene 纤维	湿法纺丝	100 wt%	40.5	1.7	—	约 0.34	7750	2020	[5]
MXene 纤维	湿法纺丝	100 wt%	63.9	0.22	29.6	0.09	7713	2020	[37]
MXene 纤维	湿法纺丝	100 wt%	118	1.85	—	约 1.09	7200	2021	[47]
MXene 纤维	湿法纺丝	100 wt%	343.68	0.28	121.97	约 0.48	12503.78	2021	[48]

续表

组分	制备方法	MXene 含量	拉伸强度 /MPa	伸长率 /%	杨氏模量/GPa	韧性 /(MJ/m^3)	电导率 /(S/cm)	年份	参考文献
MXene/rGO 纤维	湿法纺丝	88 wt%	116.1	1.3	13.3	0.94	72.3	2017	[40]
MXene/rGO 纤维	湿法纺丝	90 wt%	12.9	3.4	1.2	约 0.22	290	2017	[39]
MXene/CNT 纤维	Biscrolling	90 wt%	38.4	4.7	—	约 0.90	2.7	2018	[42]
MXene/CNT 纱线	Biscrolling	97.5 wt%	26.6	15.1	0.09	约 2.01	26	2018	[41]
MXene/TOCNFs 纤维	3D 打印	50 wt%	75.6	3.75	4.7	约 1.42	2.11	2019	[45]
MXene/PEDOT：PSS 纤维	湿法纺丝	70 wt%	58.1	1.1	7.5	约 0.32	1489.8	2019	[117]
MXene-coated cotton 纱线	涂覆	78 wt%	468.4	约 10	5.0	约 23.42	198.5	2019	[44]
MXene@GO 纤维	同轴湿法纺丝	50 wt%	290	1.5	30	约 2.18	24	2020	[46]
Tungstate/MXene 纤维	湿法纺丝	10 wt%	220	3.9	—	约 4.29	—	2020	[120]
MXene/Nylon nano 纱线	静电纺丝	90 wt%	29	1.85	3.94	约 0.27	1195	2020	[127]
MXene@ANF 纤维	同轴湿法纺丝	—	130	10.8	0.033	约 7.02	25.15	2021	[128]
MXene/ANF 纤维	湿法纺丝	—	104	7.9	—	约 4.11	1025	2021	[119]
MXene/CNC 纤维	湿法纺丝	75 wt%	62	0.9	1.17	0.37	2978	2022	[118]
GO/MXene@RC 纤维	同轴湿法纺丝	70 wt%	92.2	4	9.0	约 3.0	167.5	2022	[129]
ANF@MXene 纤维	同轴湿法纺丝	—	502.9	13.1	—	48.1	3000	2022	[49]
PC@MXene/GA/PVA 纤维	湿法纺丝和热拉伸	—	585.5	18.0	—	66.7	8802.4	2022	[50]

RC 表示再生纤维素。

1. 力学性能

MXene 纤维要在功能可穿戴织物、柔性传感器件等领域中应用，需要具备一定的力学强度和韧性。单层 MXene 纳米片具有优异的力学性能，断裂强度达到

17.3 GPa，杨氏模量高达 333 GPa[35]。因此，由 MXene 纳米片组装的宏观 MXene 纤维有望展示出优秀的力学性能，但目前宏观 MXene 纤维与单层 MXene 纳米片本征性能存在巨大的差距。与石墨烯纤维相似[1, 2, 53]，MXene 纤维的力学性能受 MXene 片径、片层取向度、界面相互作用、纤维密实度、凝固浴组分等因素的影响，组装 MXene 纳米片过程中存在的褶皱、无序结构、界面作用力弱等问题，往往导致 MXene 纤维内部产生孔隙缺陷结构，以及纤维外形不规则等，从而导致宏观 MXene 纤维的力学性能远低于 MXene 本征力学性能[130]。

1）MXene 纤维

2020 年，Gogotsi 等[5]和 Han 等[37]最早制备了无添加剂或黏结剂的 MXene 纤维。前已述及，MXene 具有溶致液晶现象，其不同液晶相转变行为与 MXene 浓度和尺寸有关，MXene 片径越大，向列液晶相转变浓度越低[5]。在相同浓度下，大尺寸的 MXene 纺丝液具有更高的取向度，有利于提高 MXene 纤维的取向度，获得优异的力学性能。Gogotsi 等[5]对 MXene 液晶分散液的流变行为进行研究，大尺寸的 L-Ti_3C_2(3.1 μm)液晶油墨具有较高的零剪切黏度，在浓度为 26.5 mg/mL 时，其黏度可达到 5050 Pa·s，表现出黏弹性凝胶特性。而小尺寸的 S-Ti_3C_2(310 nm)达到相同黏度时其浓度需要达到 150 mg/mL，黏弹性凝胶状态有利于通过湿法纺丝制备高取向的 MXene 纤维。基于 MXene 液晶预排列，该团队利用湿法纺丝制备了纯 MXene 纤维，并研究了凝固浴组分、MXene 片尺寸和喷嘴尺寸对纤维组装过程和纤维性能的影响。对比四种凝固浴，包括乙醇、硫酸、乙酸、氯化钙、壳聚糖凝固浴，发现在乙酸和壳聚糖凝固浴中纤维具有较高的力学强度，可以进行连续收集。不同的凝固浴制备的纤维其微观结构具有很大的差异，在乙酸凝固浴中制备的 MXene 纤维平均直径为 76.2 μm，MXene 片层堆积较为松散[图 3-44（a）]，相比之下，在壳聚糖凝固浴制备的 MXene 纤维的直径小 40%（45.3 μm），MXene 片层堆积较为致密[图 3-44（c）]。微观结构的差异导致 MXene 纤维的密度具有明显的差异，在乙酸和壳聚糖凝固浴中制备的纤维密度分别为 1.7 g/cm^3 和 3.6 g/cm^3。这是由于乙酸可以快速交换出纺丝液中的水，使得 MXene 片被快速冻结，从而使纤维形成松散开放的结构[图 3-44（b）]。而壳聚糖聚合物链较长，溶剂交换速度较慢，因此导致纤维固化速度较慢，使得纤维中 MXene 片堆积更加紧密[图 3-44（d）]。因此，通过优化凝固浴组分，降低溶剂交换速率可以制备形貌结构更加致密的 MXene 纤维。进一步利用 X 射线小角散射（SAXS）和 X 射线广角散射（WAXS）对不同凝固浴（乙酸 *vs.* 壳聚糖浴）和 MXene 片径（小 *vs.* 大）制备的 MXene 纤维的微观结构进行表征。相比于乙酸凝固浴，通过壳聚糖固化的纤维在（002）晶面的衍射峰半峰宽较小，且部分衍射峰[如（004）、（006）、（008）晶面]更加显著[图 3-44（e）]，表明在壳聚糖凝固浴中制备的纤维具有更大的晶粒尺寸，同时片层取向度更好。如图 3-44（f）所示，相比于乙酸凝固浴，在壳聚糖凝固浴中制备的 MXene 纤维的取向度比较高，S-Ti_3C_2 纤维和 L-Ti_3C_2 纤维的取向度分别为 0.83 和 0.72，而在乙酸凝固浴中制备的 S-Ti_3C_2 纤维和 L-Ti_3C_2 纤维的取向度分别为 0.58 和 0.68。大片径和高取向排列的 MXene 片组装的纤维，表现出更好的力学性能，如图 3-44（g）所示，利用平均尺寸为 3.1 μm 的大片径 MXene 液晶纺丝液和壳聚糖凝固浴制备的 MXene 纤维具有相对高的拉伸强度（40.5 MPa），应变为 1.7%。然而，MXene 纤维的截面形状结构不规则以及低的界面作用力可能导致纤维的力学性能较低。

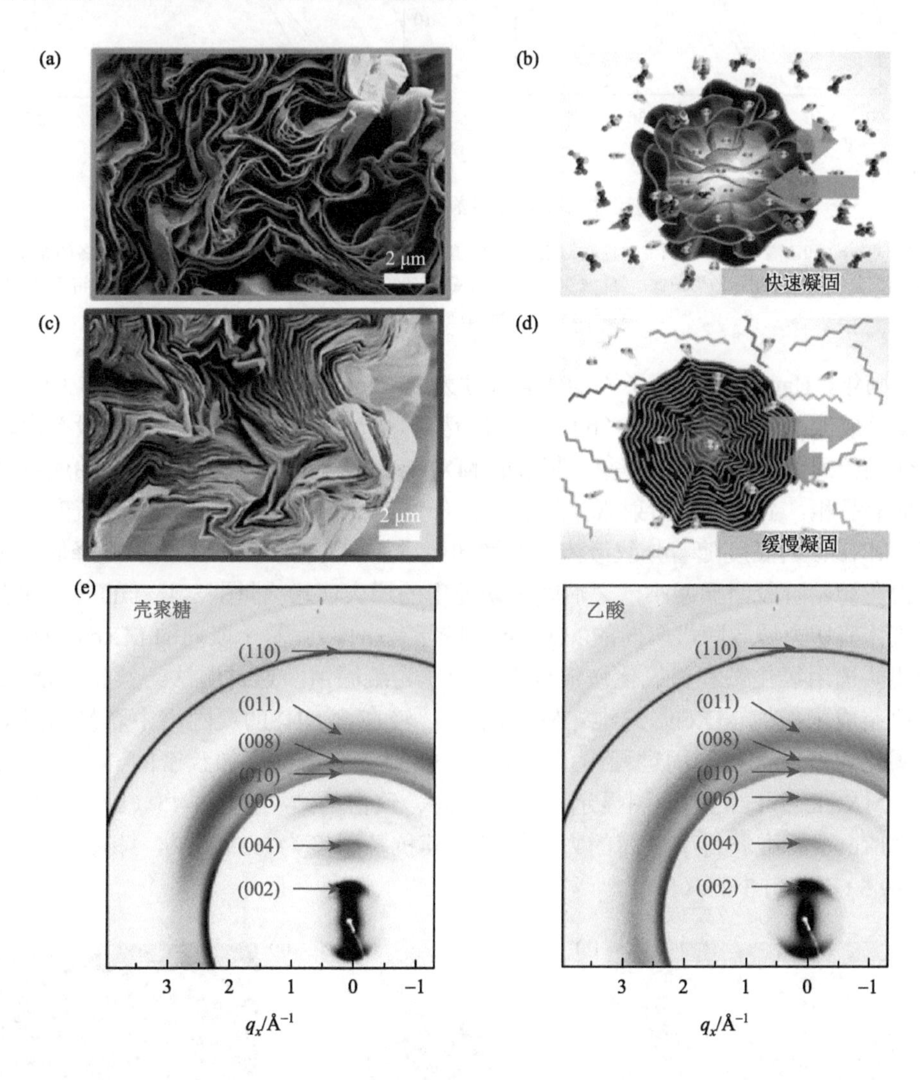

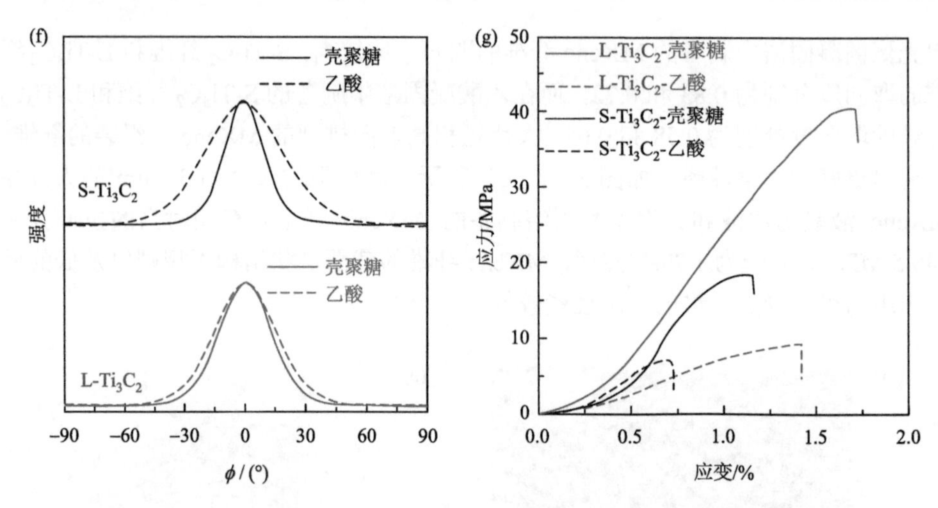

图 3-44 不同尺寸与凝固浴制备的 MXene 纤维与力学性能[5]

壳聚糖（a，b）和乙酸（c，d）凝固浴制备的 MXene 纤维的截面形貌和形成机制图；（e）两种凝固浴制备的 MXene 纤维的广角和小角 X 射线散射图像；（f）±90°方位角区域内（002）处的散射强度图；（g）两种凝固浴下制备的不同 MXene 纤维的拉伸应力-应变曲线

同年，Han 等[37]制备了平均横向尺寸为 2.26 μm 的 MXene 片[图 3-45（a）]，并浓缩成液晶油墨[图 3-45（b）]，黏度达到 3870 Pa·s，并且稳定分散没有出现固体颗粒的团聚和相分离现象。制备的 MXene 片从浓度为 16 mg/mL 开始就可以形成液晶相，显示出双折射现象[图 3-45（c）]。对 MXene 分散液进行流变学研究，MXene 的黏度随着分散液浓度的增加而增加，随剪切速率的增加而降低。剪切力在初始阶段明显减小，之后随剪切速率的增大而增大[图 3-45（d）]，这表明流体剪切力诱导随机取向的 MXene 片进行有序排列。基于取向的 MXene 液晶，该团队选用氯化铵和氢氧化铵混合水溶液作为凝固浴，通过湿法纺丝将 MXene 片组装成米级纯 MXene 纤维。MXene 纺丝液在含 NH_4^+ 的凝固浴中容易形成凝胶固化成纤维，在凝固过程中引入铵离子能制备出结构更加致密的 MXene 纤维。MXene 纤维的截面图显示出高度取向、致密的结构[图 3-45（e）]，制备的 MXene 纤维获得了更高的力学性能，其抗拉强度为 63.9 MPa，杨氏模量达到 29.6 GPa[图 3-45（f）]。

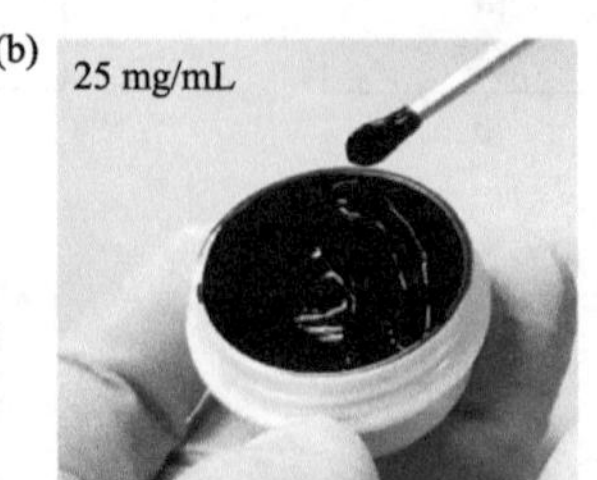

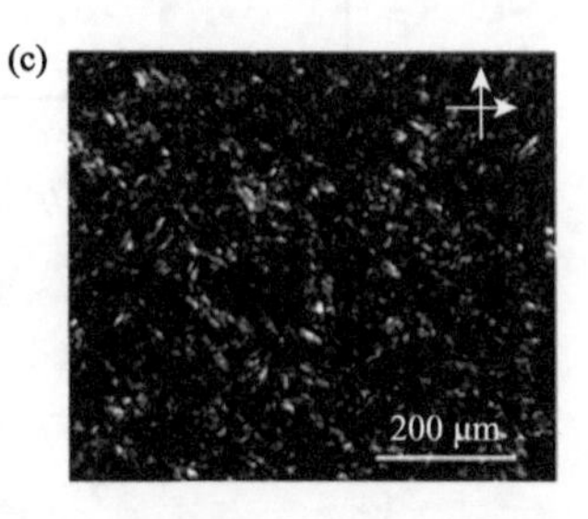

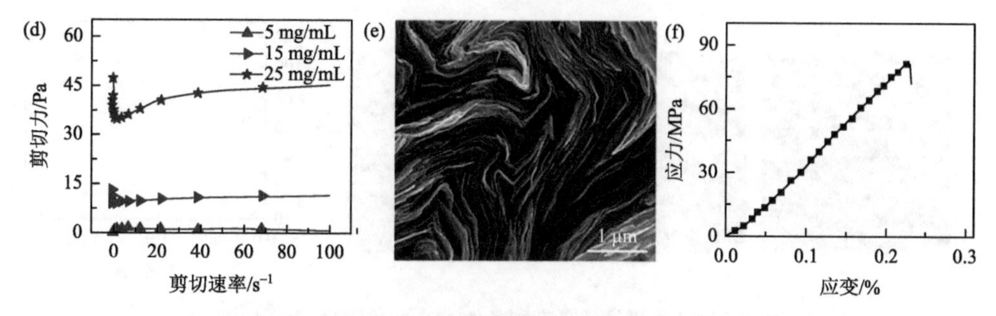

图 3-45　优化尺寸与提高纺丝流速制备的 MXene 纤维与力学性能[37]

（a）MXene 纳米片的 SEM 图像；（b）高浓度 MXene 液晶油墨的光学图像；（c）MXene 液晶分散液的偏光显微镜图像；（d）不同浓度的 MXene 分散液的剪切速率和剪切力关系；（e）MXene 纤维的截面 SEM 图像；（e）MXene 纤维的拉伸应力-应变曲线

为了进一步提高纤维中 MXene 片的取向性，Li 等[47]将纺丝针头设计成扁平的纺丝喷嘴，如图 3-46（a）所示，结合纺丝流速的控制与 Mg^{2+}静电交联制备了高取向的带状 MXene 纤维。与 MXene 片二维结构匹配的扁平的纺丝通道能有效提高水平方向的剪切力，避免圆形纺丝通道中剪切力的梯度降低与结构的不匹配，制备的 MXene 带状纤维中 MXene 纳米片沿着纤维轴向与水平方向规整排列，减少了 MXene 纤维中的片层褶皱和孔隙缺陷。同时，提高纺丝流速可以进一步提高剪切力，基于此制备的带状 MXene 纤维可以获得高的取向度。纤维截面 SEM 图展示了层状高度取向排列的致密堆积结构[图 3-46（b）]。如图 3-46（c）所示，N-round 表示正常（normal）纺丝流速下通过圆形纺丝通道制备的 MXene 纤维，N-flat、O-flat 分别表示在正常纺丝流速和提高纺丝流速下通过扁平纺丝通道制备的高取向（oriented）的 MXene 纤维，在较高的纺丝流速和扁平纺丝通道协同作用下带状 MXene 纤维取向度可达 0.86（O-flat），高于圆形纺丝通道制备的 MXene 纤维（N-round，f 为 0.23）和正常纺丝流速下通过扁平纺丝通道制备的 MXene 纤维（N-flat，f 为 0.67）。在高取向度的密实结构和 Mg^{2+}静电交联下，纤维的拉伸强度提高到 118 MPa，伸长率约为 1.85%[图 3-46（d）]。

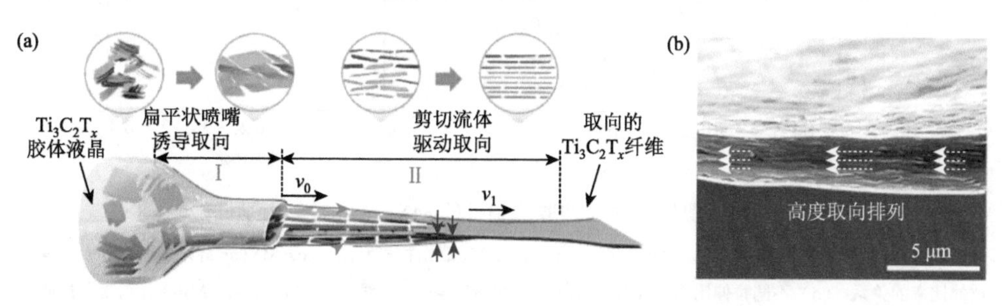

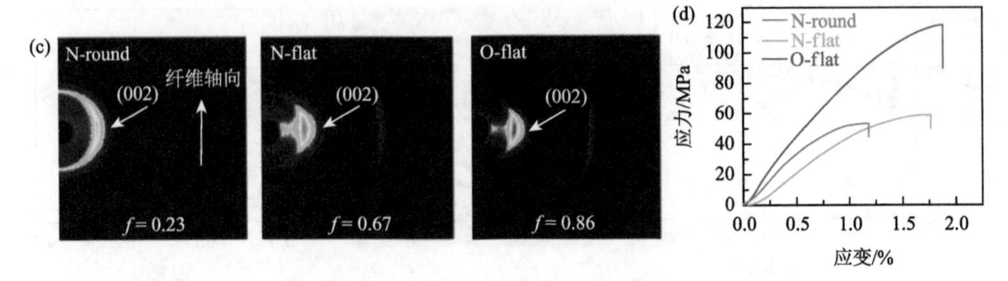

图 3-46 设计扁平纺丝喷嘴制备的 MXene 纤维与力学性能[47]

（a）扁平纺丝通道内部 MXene 片的组装机制图；（b）具有扁平取向的 MXene 纤维截面 SEM 图；不同结构 MXene 纤维的二维 X 射线广角散射图像和取向度（c）、拉伸应力-应变曲线（d）

Han 等[48]制备了平均横向尺寸为 3.99 μm 的 MXene 片[图 3-47（a）]。前已述及，MXene 片表面含有丰富的官能团，使得 MXene 片呈负电性。研究发现，MXene 片的 Zeta 电位值依赖于分散液的 pH 值，说明可电离表面官能团与 pH 值密切相关。因此通过调节 pH 值可以使相邻 MXene 片间产生强的静电排斥作用，同时通过静电相互作用的调节可以诱导 MXene 片之间的结合。NH_4^+与 MXene

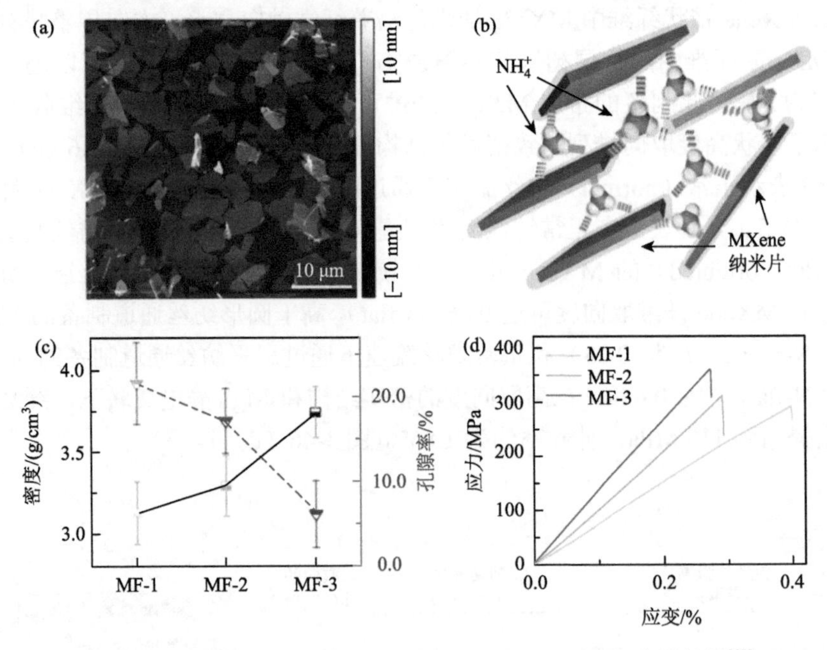

图 3-47 碱性凝固浴与拉伸取向制备的 MXene 纤维与力学性能[48]

（a）MXene 纳米片的 SEM 图；（b）NH_4^+ 和 MXene 纳米片交联结构机制图；（c）MXene 纤维的密度和孔隙率与拉伸比率的关系；（d）不同拉伸比率下 MXene 纤维的拉伸应力-应变曲线；MF-1、MF-2、MF-3 分别指在拉伸比率为 1、2、3 下制备的 MXene 纤维

片可以产生强的静电相互作用，使 MXene 片通过静电作用形成水凝胶[图 3-47（b）]。研究人员选用氯化铵和氢氧化铵混合水溶液作为凝固浴，并调节凝固浴的 pH 值为 9，有效增强了 MXene 片层与 NH_4^+之间的静电相互作用，通过湿法纺丝制备了结构密实的 MXene 纤维。此外，在湿法纺丝过程中对纤维进行拉伸，能进一步提高纤维的取向度和密实度，有效降低了纤维的孔隙率。如图 3-47（c）所示，当 MXene 纤维的拉伸比率由 1 提高到 3 时，纤维的密度由 3.13 g/cm^3 提高到 3.74 g/cm^3，孔隙率由 21.59%降低至 6.13%。得益于高密实度和低孔隙率，该 MXene 纤维展现出优异的力学性能，拉伸强度达 344 MPa，杨氏模量达 122 GPa[图 3-47（d）]。

2）MXene 复合纤维

对于 MXene 复合纤维，将聚合物、GO 和 CNT 与 MXene 纳米片复合，可以增加 MXene 片的可纺性，同时提高 MXene 纤维的拉伸强度和韧性。如图 3-48（a）所示，Seyedin 等[40]将 GO 液晶加入到 MXene 分散液中，通过具有 LC 相的 GO 与 MXene 片之间的协同作用，MXene 片可以在 GO 的 LC 模板之间有序排列，以乙酸作为凝固浴，通过湿法纺丝连续制备了超过 10 m 的柔性 MXene/GO 纤维，MXene 含量最高可达 88 wt%。随着 MXene 含量的增加，纤维外部形貌变得更加规整[图 3-48（b）]，且纤维的密度增加，当 MXene 含量由 0 wt%提高到 88 wt%，纤维的密度由 1.18 g/cm^3 提升到 2.87 g/cm^3。通过 SEM 表征观察，小尺寸的 MXene 片填充到大片径的 GO 片孔隙中，从而提升了纤维的密度，获得较为密实的结构

图 3-48　MXene/GO 复合纤维与力学性能[40]

（a）MXene-GO 液晶纺丝液和湿法纺丝制备 MXene/GO 复合纤维过程机制图；（b，c）不同放大倍数下 MXene/GO 复合纤维的截面 SEM 图，红色箭头指示 MXene 片

[图 3-48(c)]。经过氢碘酸还原处理后 MXene/rGO 纤维的拉伸强度达 116.1 MPa，杨氏模量为 13.3 GPa，韧性为 0.94 MJ/m^3。

木材具有很高的力学性能，如云杉树的强度和模量分别为 300 MPa 和 30 GPa[131]。木材管胞结构由多层同心的夹板结构组成，细胞壁主要由 1 个初级细胞壁和 3 个次级细胞壁（S1、S2 和 S3）组成[132]。如图 3-49（a）所示，在第二层中，由排列整齐的纤维素微纤维组成的外细胞壁层（S2 层）的模量和拉伸强度最高，纤维素微纤维的取向决定木材的力学性能，是木材主要的承受力的组分。同时，由无序的纤维素微纤维组成的细胞壁内层（S3 层）负责水和其他营养物质的运输。S2 层和 S3 层分别作为机械层和功能层，使木材具有优异的力学性能和独特功能[46, 132]。受到木材多层同心结构的启发，Chen 等[46]选择氯化钙/乙醇水溶液作为凝固浴，通过自制的同轴湿纺针头制备了仿生皮-芯结构的 MXene@GO 纤维，如图 3-49（b）所示，GO 作为机械层紧密包裹 MXene 芯层，GO 层和 MXene 芯层均具有良好的取向性和紧密堆积结构，层间没有明显的缝隙。在 GO 机械层和 Ca^{2+}交联的界面作用下，MXene@GO 纤维展示了更高的抗拉伸强度，达到 290 MPa，应变为 1.5%，杨氏模量为 30 GPa，优于 MXene/GO 纤维的力学性能，约为 MXene/GO-1 纤维的 2 倍[图 3-49（c）]。前已述及，湿法纺丝中的具有趋

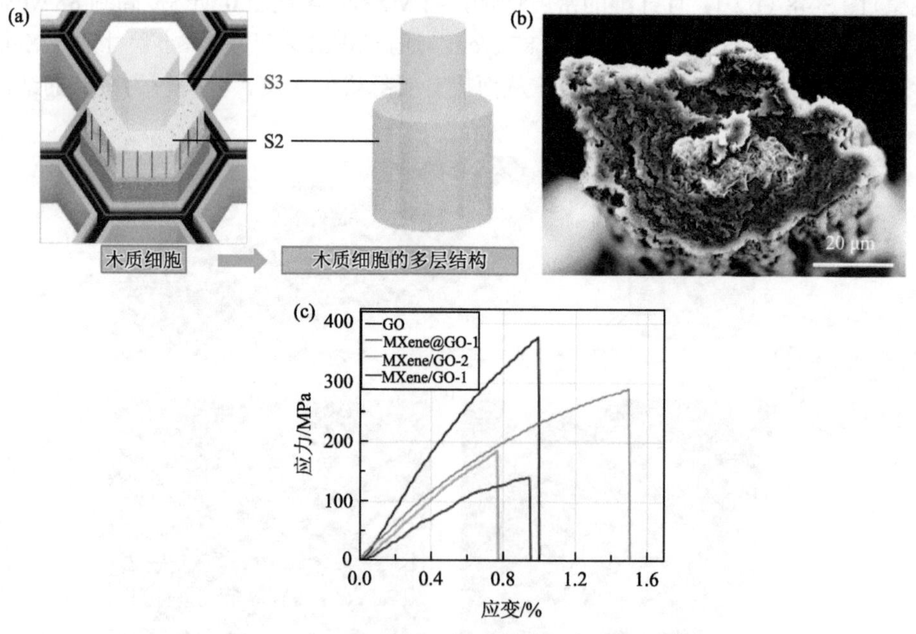

图 3-49　MXene@GO 复合纤维与力学性能[46]

（a）仿木材皮-芯结构的 MXene@GO 复合纤维机制图；（b）MXene@GO 复合纤维的截面形貌图；（c）不同结构 MXene/GO 复合纤维和纯 GO 纤维的拉伸应力-应变曲线，MXene@GO-*x* 和 MXene/GO-*x* 中，*x* 为 MXene 与 GO 的质量比

肤效应，纤维的外表面一般具有较好的取向性，这是由剪切力的梯度变化导致。而同轴纺丝可以利用内外流体的双重张力效应，有效降低湿法纺丝过程中具有明显的表皮效应，提高纤维的取向性。研究表明，芯层 MXene 溶液的纺丝速度需要高于皮层 GO 溶液的纺丝速度，纤维的力学性能随 GO 和 MXene 溶液纺丝流速差的增大而增大。

Wang 等[128]利用强韧的 ANFs 聚合物作为机械皮层框架包裹 MXene 材料，以 DMSO/H_2O/乙酸作为凝固浴，通过同轴湿纺制备了皮-芯结构 MXene@ANF 纤维，该纤维拉伸强度达 130 MPa，韧性达到 7 MJ/m^3。之后，Liu 等[49]在同轴湿纺过程中引入拉伸力提高了纤维的取向度，同时以氯化铵水溶液作为凝固浴，制备了高取向的壳-芯结构 MXene@ANF 纤维。研究发现，ANF 表面的 C═O 基团与 MXene 的—OH 基团之间可以形成氢键相互作用，使得芳纶聚酰胺链接枝到 MXene 片上，从而增强了纤维的核壳界面相互作用力[图 3-50（a）]。纺丝过程引入拉伸力，有效提升纤维内部片层的取向度，研究人员将转台转速与纺丝液纺丝速率之比定义为拉伸比，当拉伸比为 1.1 时，制备出了结构较为规整的复合纤维，芯层 MXene 片具有紧密堆叠的结构[图 3-50（b）]，经过 X 射线小角散射表征，制备的 ANF@MXene 纤维的取向度最高可达到 0.9[图 3-50（c）]，表现出优异的力学性能。如图 3-50（d）所示，相同制备参数下（拉伸比为 1.1），纯 MXene 纤维的拉伸强度为 59.9 MPa，韧性为 0.2 MJ/m^3。相比之下，壳-芯结构 ANF@MXene 纤维具有更大的拉伸强度和更强的韧性。其中具有最高取向度的 ANF@MXene 纤维（1.1-50 M）拉伸强度达到 380.1 MPa，韧性达 34.9 MJ/m^3，比纯 MXene 纤维分别提高了 5.3 倍和 173.5 倍。此外，纤维的壳芯厚度和纤维直径是影响其力学性能的主要因素，在 ANF 壳层厚度不变的情况下，通过调整 MXene 的纺丝液浓度，可以直接减小 MXene 芯层的体积和纤维的直径，可以进一步优化 ANF@MXene 纤维的力学性能。选用浓度为 20 mg/mL 的 MXene 纺丝液制备的 ANF@MXene 纤维（1.1-20 M）具有超高的拉伸强度（502.9 MPa）和优异的韧性（48.1 MJ/m^3），比浓度为 50 mg/mL 的 MXene 纺丝液制备的 ANF@MXene 纤维（1.1-50 M）分别提高了 32%和 38%。对纤维的断裂截面进行分析并提出了断裂机理，SEM 表征观察到纤维的断裂面具有明显的核壳结构，没有明显的界面分离，表明 MXene 核和 ANF 壳之间存在强的界面相互作用。此外，断裂处 MXene 片表现出凹凸不平且尖端弯曲的现象，显示了拉伸过程中 MXene 片高度拉伸。如图 3-50（e）所示，在应力加载过程中，ANF 纤维被拉伸并带动着 MXene 片发生滑移，避免了直接断裂，随着应力持续增加，ANF 纤维拉伸发生断裂。MXene 芯和 ANF 壳之间的强界面相互作用有助于提高载荷传递和消耗大量的能量，因此，ANF 壳层和 MXene 芯层的协同界面作用以及高的片层取向度和致密的堆积使得 ANF@MXene 纤维展现优异的力学性能。

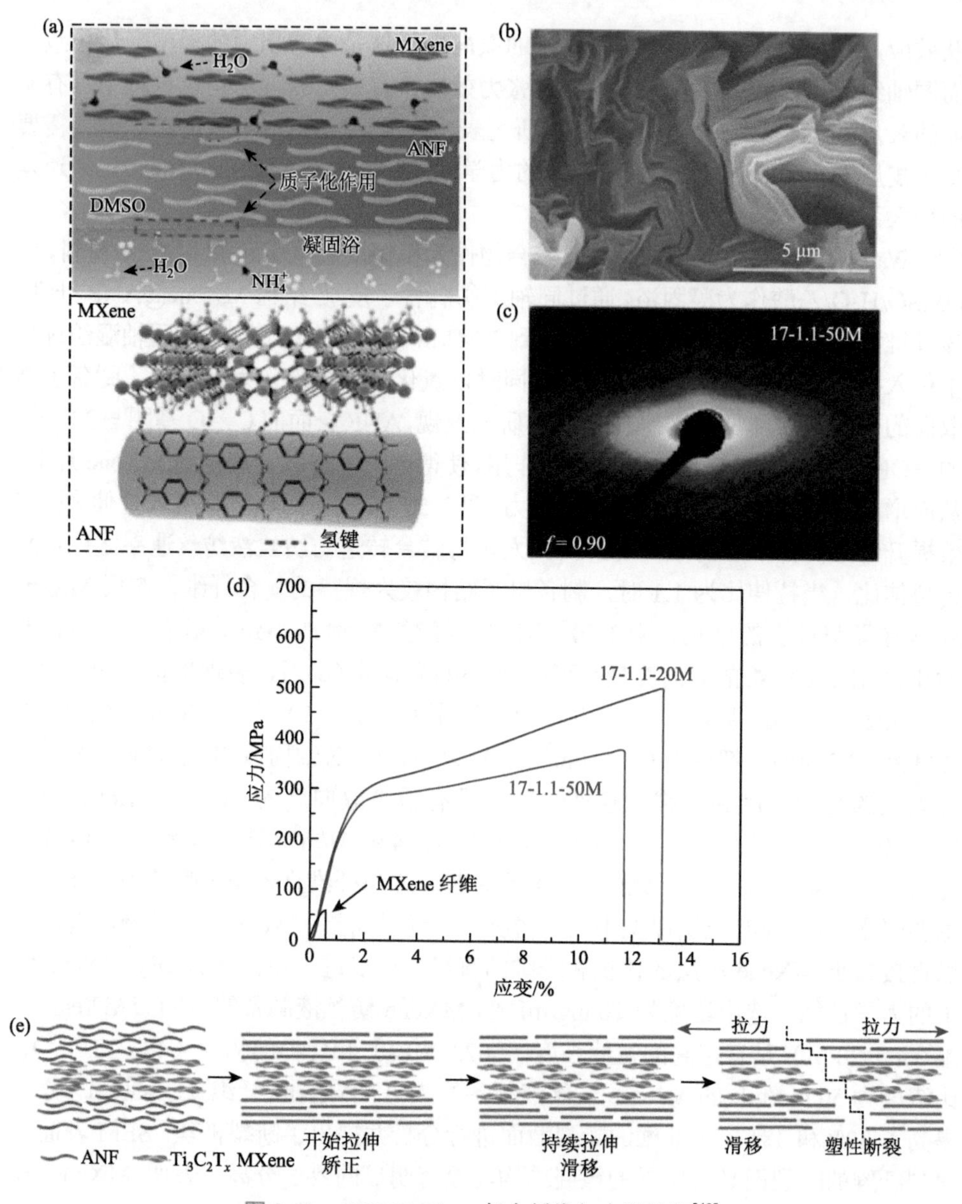

图 3-50 ANF@MXene 复合纤维与力学性能[49]

（a）ANF@MXene 复合纤维的结构组装机制图；拉伸比为 1.1 的 ANF@MXene 纤维截面 SEM 图（b）和二维 SAXS 图（c）；（d）不同浓度的 ANF@MXene 复合纤维和纯 MXene 纤维的拉伸应力-应变曲线，17-1.1-20/50 M 表示通过 17 号纺丝针头、拉伸比为 1.1 和纺丝液浓度分别为 20 mg/mL、50 mg/mL 下制备的 ANF@MXene 复合纤维；（e）ANF@MXene 复合纤维的拉伸断裂机制图

此外，在负电荷的 MXene 纳米片之间加入正电荷离子可以保持系统电荷中性，增强相邻纳米片之间的层间静电相互作用。Wang 等[120]制备了平均尺寸为

1.2 μm、厚度为 2.0 nm 的钨酸盐纳米片[图 3-51（a）]，以及平均尺寸为 1 μm、厚度为 1.2 nm 的 MXene 片[图 3-51（b）]。钨酸盐纳米片表面含有丰富的含氧官能团（如羟基），具有负电荷表面，因此钨酸盐与 MXene 纳米片可以形成稳定分散的混合液晶胶体溶液，通过湿法纺丝可以制备取向良好的钨酸盐/MXene 纤维。在凝固浴中引入质子化壳聚糖分子固化钨酸盐纳米片和 MXene 纳米片，随后通过氢碘酸脱去质子化壳聚糖，从而使带正电的氢离子（H^+）进入层间，与带负电荷的纳米片相互作用从而桥联钨酸盐片和 MXene 片。如图 3-51（c）所示，在钨酸盐/MXene 纤维中观察到明显的 Ti—O 键、W—O 键峰，同时 O—H 键峰强明显增强，表明去除质子化壳聚糖后，带正电的质子被交换到钨酸盐和 MXene 纳米片之间的通道中，并作为层间桥梁与钨酸盐和 MXene 纳米片相互作用。如图 3-51（d）所示，由于纳米片均带负电荷，层间带正电荷的质子可以平衡纳米片的负电荷，从而通过强静电相互作用增强相邻纳米片之间的层间桥接作用，提高了钨酸盐/MXene 纤维的力学性能。钨酸盐/MXene 纤维的拉伸强度达 220 MPa，均高于相同制备条件下纯钨酸盐纤维和 MXene 纤维的力学强度。一根钨酸盐/MXene 纤维可以牵引 20 g 以上的重物[图 3-51（d）插图]。此外，钨酸盐和 MXene 纳米片的排列结构提供了开放的和三维互连的离子传输通道以及快速的电荷转移框架，使得钨酸盐/MXene 纤维还表现出良好的离子传输和导电性能，具有高效的储能性能和柔韧性，在高性能纤维储能器件领域具有广泛的应用前景。

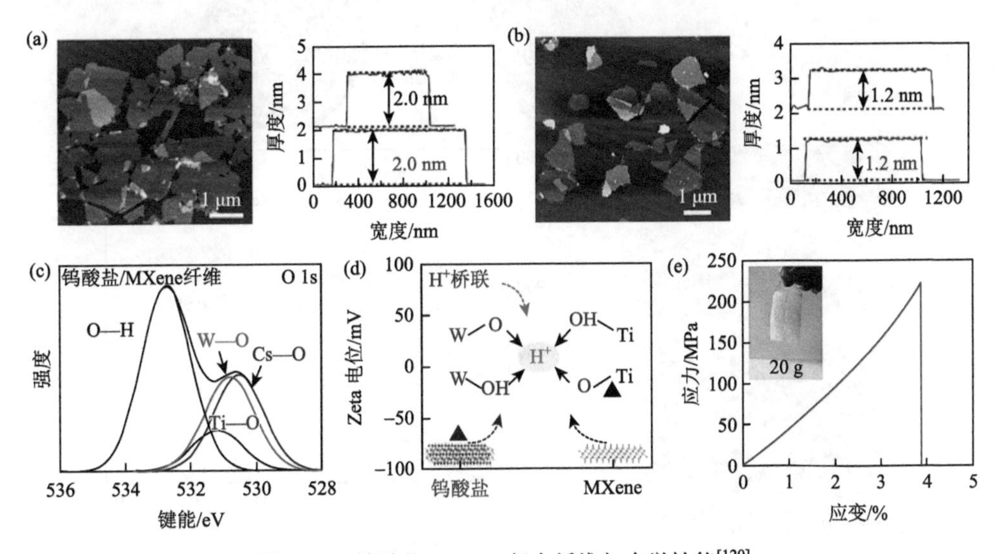

图 3-51　钨酸盐/MXene 复合纤维与力学性能[120]

（a）钨酸盐纳米片的 AFM 图和厚度；（b）MXene 纳米片的 AFM 图和厚度；（c）钨酸盐/MXene 复合纤维的 XPS 谱图；（d）带正电荷的 H^+和带负电荷的纳米片之间静电相互作用的示意图和 Zeta 电位值；（e）钨酸盐/MXene 复合纤维拉伸应力-应变曲线

涂覆工艺可以在现有纤维、纺丝品上快速涂覆 MXene 材料，但难以实现高负载量的 MXene 涂覆。鉴于此，Uzun 等[44]发展了“两步法”的涂覆工艺，在纤维素基纱线（如棉、竹和亚麻）先后涂覆上小尺寸和大尺寸的 MXene 纳米片（S-Ti_3C_2 和 L-Ti_3C_2）制备了 MXene 包覆的纤维素纱线，实现可编织和可洗涤。如图 3-52（a）所示，小尺寸 MXene 纳米片渗透到纱线的内部，充分包覆纱线内部单根纤维素纤维，实现高的 MXene 负载量，提高纤维的电学性能。而大尺寸 MXene 纳米片通常具有较高的力学、电学性能，包覆在纱线表面进一步提高了纤维素纱线的拉伸强度[图 3-52（b）]。如图 3-52（c）所示，MXene 包覆的纤维素纱线力学性能均得到了有效提升，如 MXene 包覆的棉纱线拉伸强度为 468.4 MPa，杨氏模量为 5.0 GPa，分别比原始棉纱线提高了 7%和 40%。此外，MXene 包覆的棉纱线具有良好的柔韧性和可针织性，通过针织工艺将 MXene 包覆的纤维素纱线编入纤维织物[图 3-52（d）]，在 30～80℃下进行多次洗涤，MXene 的负载量保持不变，且力学性能几乎不受影响（拉伸强度和杨氏模量分别保持在 460.1 MPa 和 4.8 GPa）。MXene 包覆的纤维素纱线兼具较高的拉伸强度和良好的导电性能，同时可实现编织和反复水洗，在功能可穿戴织物中具有广阔的应用前景。

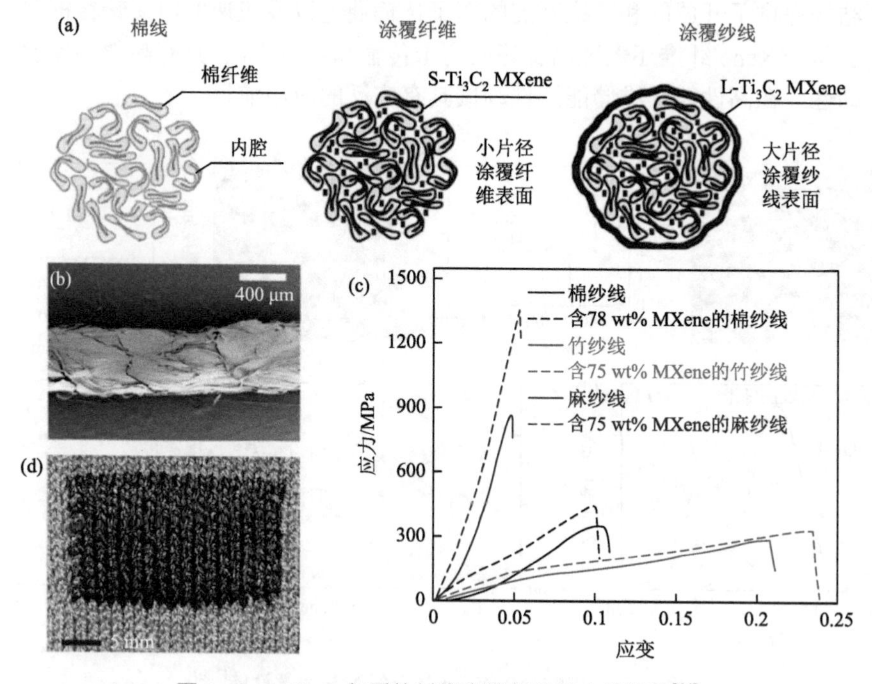

图 3-52 MXene 包覆的纤维素纱线及其力学性能[44]

（a）两步涂覆法制备 MXene 包覆的纤维素纱线结构机制图；（b）MXene 包覆的纤维素纱线 SEM 图；（c）纤维素纱线和 MXene 包覆的纤维素纱线拉伸应力-应变曲线；（d）将 MXene 包覆的棉纱线织入棉织物实物图

MXane 片层之间的界面相互作用力较弱，以及在 MXene 纤维组装过程中 MXene 纳米片出现褶皱、无序结构等，导致纤维内部出现孔隙缺陷，呈现松散的片层结构，同时又难以进一步压实松散的 MXene 纳米片。因此，如何实现 MXene 纤维兼具高导电性能和力学性能依然存在着巨大挑战。此外，性能退化是限制 MXene 纤维长期使用的主要原因，这是由于 MXene 纤维在使用过程中完全暴露于环境和皮肤，遭受潮湿环境氧化和物理挤压的破坏，导致纤维的性能大幅降低。一种有效的方法是在 MXene 纤维的外表面包裹一层化学稳定的保护层。鉴于此，北京航空航天大学程群峰团队联合南洋理工大学魏磊团队[50]研发了一种连续、可控的界面相互作用和热拉伸工艺，制备了具有外保护层的超密实的 MXene 纤维[图 3-53（a）和（b）]，该纤维兼具有高电导率、强度和韧性，同时具有优异的电热性能、机械耐久性及可清洗性。如图 3-53（a）所示，首先，利用湿法纺丝法制备了 MXene/GA（MG）纤维，在凝固浴下 MXene 纳米片通过 Ti—O—C 共价键与 GA 发生交联，随后，将 MG 纤维牵引入聚乙烯醇（PVA）溶液中浸泡交联，在这个过程中 MXene 纳米片与 GA 形成共价键，而 MXene 纳米片与 PVA 形成氢键[图 3-53（c）]，湿法纺丝中的界面相互作用使 MXene 纳米片组装成致密的 MXene/GA/PVA（MGP）纤维。然后，将 MGP 纤维通过热拉伸过程送入中空的 PC 管中，通过热拉伸诱导的可控物理压力和拉伸力进一步提高 MXene 纤维的致密性和取向度，同时在连续的热拉伸过程中可以在 MGP 纤维表面原位形成一层 PC 聚合物保护层，制备出具有核壳结构的超密实 PC@MXene/GA/PVA（MGP-T）纤维，该纤维具有良好的形貌规整度[图 3-53（b）]。如图 3-53（d）～（f）所示，通过调节复合纤维中 PVA 质量分数和热拉伸过程中拉伸比率，显著提高了 MXene 纳米片之间的界面相互作用，从而提高了纤维的取向度和密实度，大幅降低了纤维内部的孔隙率。随后，经过热拉伸过程进一步降低纤维内部的孔隙率，从而使制备的 MGP-T 纤维展现了优异的机械性能，抗拉强度达 585.5 MPa，韧性高达 66.7 MJ/m^3，同时原位形成的聚合物保护层使得该纤维具有超稳定的机械耐久性以及可清洗性。此外，该 MGP-T 纤维还具有显著的 EMI 屏蔽性能和优异的电热性能。将 MGP-T 纤维编织成大面积可穿戴式 MXene 纺织品，在 5×10^4 次弯曲循环后保持了显著的弯曲稳定性，电磁屏蔽性能保持在初始值的 87.8%。此外，MXene 纺织品在压平、弯曲、扭转和均匀压制下，显示出极佳的变形稳定性，电热性能保持率约为 100%，在多次洗涤循环后也具有高耐用性和稳定性，在多功能可穿戴织物中具有广阔的应用前景。

2. 电学性能

研究表明，MXene 具有优异的电学性能[36]，使得 MXene 纳米片成为组装功能导电纤维的理想基元材料。研究表明，通过优化 MXene 尺寸、取向度、孔隙率

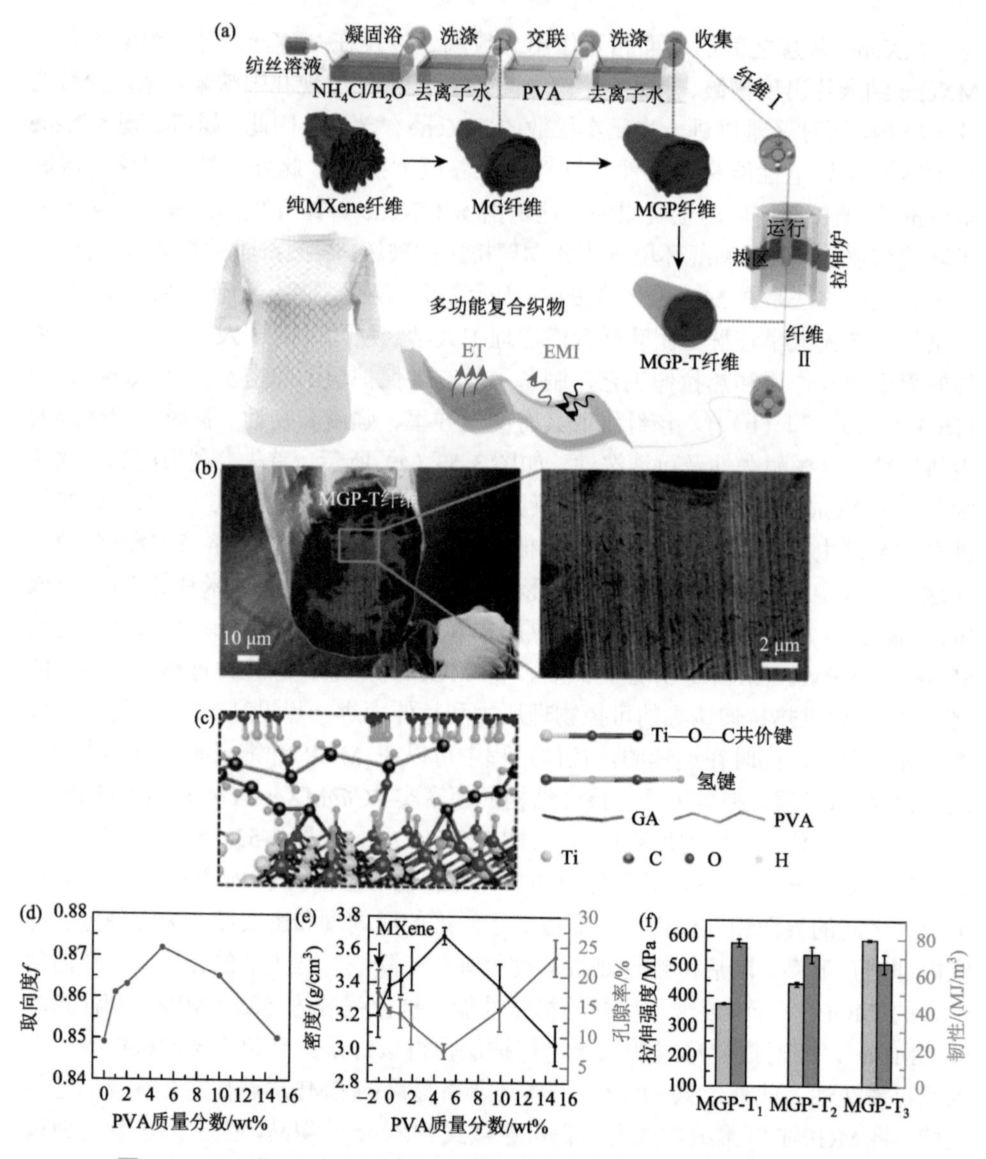

图 3-53 PC@MXene/GA/PVA（MGP-T）复合纤维的制备及其力学性能[50]

(a)通过连续湿法纺丝和热拉伸制备 MGP-T 纤维以及 MXene 基纺织品的机制图；(b)MGP-T 复合纤维截面 SEM 图；(c) MXene 纳米片与 GA 形成共价键以及 MXene 纳米片与 PVA 形成氢键的结构示意图；(d) MGP 纤维的取向度与 PVA 质量分数的关系折线图；(e) MGP 纤维的密度和孔隙率与 PVA 质量分数的关系折线图；(f) MGP-T 纤维的拉伸强度和韧性随着热拉伸比率的变化柱状图，MGP-T_1、MGP-T_2、MGP-T_3 分别表示通过热拉伸比率为 1.26、1.34 和 1.41 制备的 MGP-T 纤维

和凝固浴组分等参数，可以有效提高 MXene 纤维的电学性能[5, 47, 48, 50]。Zhang 等[5]研究对比不同尺寸的 MXene 纳米片和不同组分的凝固浴制备的 MXene 纤维的电

学性能。研究结果表明，利用大尺寸的 MXene 纳米片和壳聚糖凝固浴制备的 L-Ti_3C_2 纤维具有较高的取向度和密实度，表现出优异的力学性能，同时也展示更高的电导率（7748 S/cm），是相同制备条件下小尺寸 MXene 纳米片制备的 S-Ti_3C_2 纤维电导率（3512 S/cm）的 2.2 倍。而采用乙酸作为凝固浴，L-Ti_3C_2 纤维和 S-Ti_3C_2 纤维的电导率分别为 4048 S/cm 和 1942 S/cm［图 3-54（a）］。这是由于通过壳聚糖凝固浴制备的 L-Ti_3C_2 纤维获得较高的密实度。此外，对比不同纤维的比质量电导率可以消除纤维截面形貌不规则的影响，能更准确分析 MXene 片径对电导率的影响。如图 3-54（b）所示，对于壳聚糖和乙酸凝固浴，利用大尺寸的 MXene 片制备的 L-Ti_3C_2 纤维比质量电导率均比小尺寸 MXene 片制备的 S-Ti_3C_2 纤维比质量电导率大一倍，证明了片层之间单位长度具有最小的接触间隙可以提高纤维的电导率。

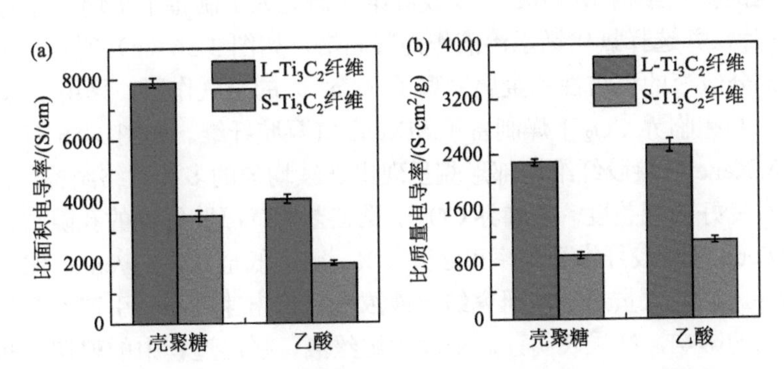

图 3-54　不同尺寸与凝固浴制备的 MXene 纤维的电学性能[5]

（a）比面积电导率；（b）比质量电导率

Eom 等[37]选用氯化铵和氢氧化铵混合凝固浴，在纤维中引入铵离子制备了结构较密实的 MXene 纤维，电导率为 7713 S/cm。Li 等[47]选用硫酸镁作为凝固浴，并通过扁平的纺丝通道制备了具有高取向度的带状 MXene 纤维，其电导率为 7200 S/cm。纺丝过程中对纤维进行拉伸可提高 MXene 片的取向度，同时调节 MXene 分散液和凝固浴的 pH 值可以有效增加 MXene 层间和铵离子的静电作用力，从而提高纤维密实度，减小孔隙缺陷。Shin 等[48]调节 MXene 分散液和凝固浴的 pH 值，利用碱性的氯化铵凝固浴增强了 MXene 片之间的静电相互作用，同时在纺丝过程中对纤维施加拉伸力诱导 MXene 片层取向，制备了具有较高取向度和密实结构的 MXene 纤维［图 3-55（a）和（b）］，展示了更高的电导率。如图 3-55（c）所示，随着拉伸比增加，MXene 纤维的电导率由 8260 S/cm（MF-1）提高到 12503 S/cm（MF-3）。

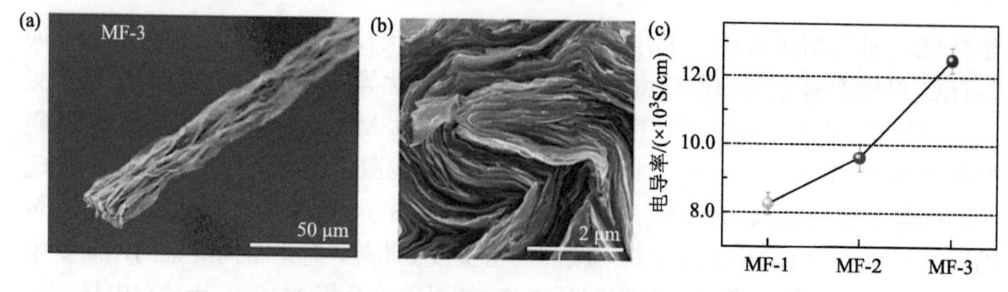

图 3-55 碱性凝固浴与拉伸制备的 MXene 纤维的电学性能[48]

（a，b）不同放大倍数下 MF-3 纤维的截面 SEM 图；（c）不同拉伸比的 MXene 纤维的电导率，MF-1、MF-2、MF-3 分别指在拉伸比率为 1、2、3 下制备的 MXene 纤维

Li 等[133]采用动态溶胶-凝胶湿法纺丝和超临界干燥的联用策略制备了具有良好导电性能的多孔结构 MXene 气凝胶纤维。研究人员制备了平均尺寸为 5.5 μm 的 MXene 片，并选择氯化钙水溶液作为凝固浴，如图 3-56（a）所示，基于高浓度 MXene 分散液的可纺性和金属钙离子（Ca^{2+}）的交联作用，采用动态溶胶-凝胶湿法纺丝和超临界 CO_2 干燥制备了 MXene 气凝胶纤维。如图 3-56（b）和（c）所示，该 MXene 气凝胶纤维内部形貌呈现出连续均匀的多孔网络结构，且纤维表面形貌具有良好的规整度。超临界 CO_2 干燥工艺对气凝胶纤维的孔隙结构损伤最小，该 MXene 气凝胶纤维孔隙率可达 99.3%，密度低至 0.035 g/cm^3，比表面积达到 142 m^2/g。研究人员进一步研究纺丝液浓度、挤出速度和牵引速度对气凝胶纤维微观结构的影响，结果表明，高浓度的纺丝液、挤出过程中的剪切力和收集过程中的拉伸力有利于 MXene 纳米片在气凝胶纤维中的定向排列，制备的 MXene 气凝胶纤维获得良好的取向性，取向度最高可达到 0.68。得益于 MXene 的本征导电性和气凝胶纤维的良好取向性，MXene 气凝胶纤维的电导率达 11170 S/m［图 3-56（d）］，比石墨烯气凝胶纤维高一个数量级，比 MXene 气凝胶块体高 2～3 个数量级，优于已报道的 CNT 基气凝胶、石墨烯基气凝胶、金属基气凝胶和 MXene 基气凝胶。此外，该导电 MXene 气凝胶纤维还具有优异电热/光热双响应性，可作为智能响应纤维，在光/电加热和柔性可穿戴设备等领域具有广泛的应用前景。

相比于纯 MXene 纤维，由于 MXene 纳米片之间引入其他组分材料，MXene 复合纤维的电导率普遍较低。复合纤维中 MXene 作为导电基元，因此提高 MXene 含量和取向度，以及增强不同组分之间的界面相互作用可以获得更好的电导率。Seyedin 等[40]将 MXene 片与 GO 片液晶均匀混合，并通过湿法纺丝法制备了 MXene 含量为 88 wt%的 MXene/GO 纤维，经过次磷酸化学还原后，MXene/rGO 纤维的电导率为 72.3 S/cm。而 Yang 等[39]通过相同的方法制备了更高 MXene 含量（90 wt%）的 MXene/GO 纤维，利用氢碘酸化学还原后，获得更高的电导率

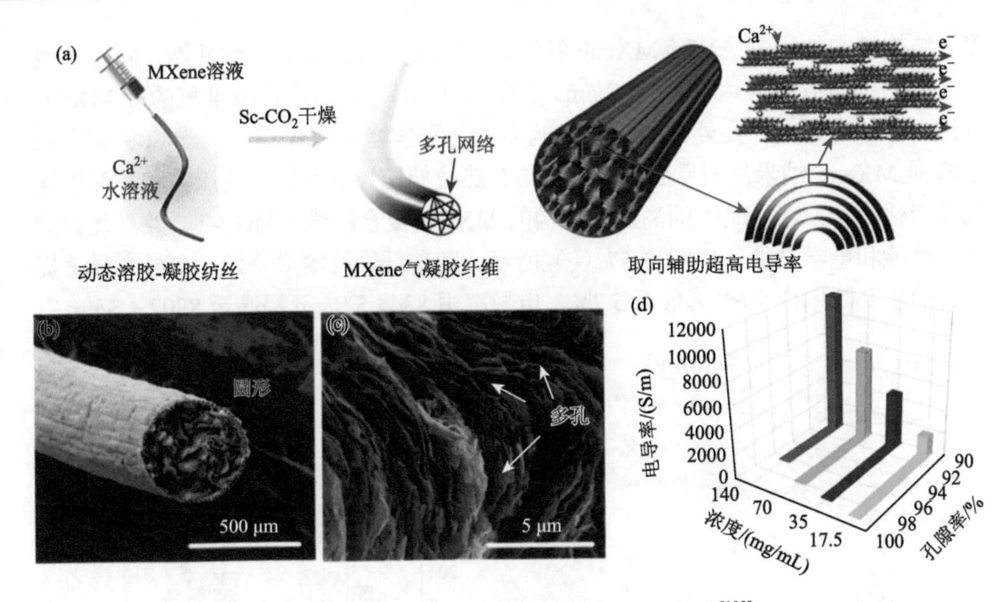

图 3-56　MXene 凝胶纤维的制备与电学性能[133]

（a）制备过程机制图；（b，c）不同放大倍数下 MXene 凝胶纤维的截面 SEM 图；（d）不同 MXene 浓度下制备的 MXene 凝胶纤维的孔隙率和电导率的关系

（290 S/cm），相比于 MXene 含量为 10 wt%的 MXene/rGO 纤维（28 S/cm）高一个数量级。在 MXene 纺丝液中加入导电聚合物，可以有效提高 MXene 的可纺性，同时提升复合纤维的电学性能。Zhang 等[117]将导电聚合物 PEDOT：PSS 与 MXene 分散液均匀混合，通过湿法纺丝制备了 MXene/PEDOT：PSS 纤维。如图 3-57（a）所示，导电聚合物 PEDOT：PSS 分子链可以有效交联相邻 MXene 纳米片，并提高纤维的取向度（f= 0.74），从而使 MXene/PEDOT：PSS 纤维获得高的电导率（1489.8 S/cm）。Levitt 等[127]通过静电纺丝和湿法纺丝相结合的方法，将尼龙纳米纤维静电纺丝到不同浓度、不同尺寸的 MXene 分散液中，制备了多种 MXene/尼龙纱线。MXene/尼龙纱线的电导率与 MXene 片径和 MXene 分散液浓度成正比，如图 3-57（b）所示，在浓度为 20 mg/mL、片径为 850 nm 的 MXene 分散液中制备的纱线展示更高的电导率（1195 S/cm）。Usman 等[118]在 MXene 纺丝液中加入 CNC 可以诱导 MXene 取向排列，有效降低 MXene 分散液液晶相转变的浓度阈值，在低的 MXene-CNC 分散液浓度（10 mg/mL）下即可制备高取向的 MXene/CNC 纤维，且 MXene 含量可达 75 wt%。如图 3-57（c）所示，随着 MXene 含量的提高，纤维的电导率显著提升，可达 2978 S/cm。进一步提高 MXene-CNC 分散液浓度（30 mg/mL）制备的 MXene/CNC 纤维，电导率最高达到 3692 S/cm（MXene 含量为 75 wt%）。Liu 等[49]以强韧的 ANF 作为机械层，以导电的 MXene 片作为导电层，以氯化铵水溶液作为凝固浴，同时在纺丝过程引入拉伸力制备了高取向

度、结构密实的同轴 ANF@MXene 纤维，该纤维具有优异的力学性能，同时也展示了优秀的电导率（达到 3000 S/cm）[图 3-57（d）]，高于松散堆积的纯 MXene 纤维（2100 S/cm）。此外，北京航空航天大学程群峰和南洋理工大学魏磊等[50]通过增强 MXene 纳米片间界面相互作用结合热拉伸诱导的可控物理压力和拉伸取向的致密化协同策略，制备的高密实结构的 MXene 复合纤维（MGP-T）兼具优异的力学性能和电学性能。如图 3-57（e）所示，随着纤维孔隙率降低，电导率显著提升，随着孔隙率由 8.6%降低至 5.7%，电导率由 8344.5 S/cm 提高至 8802.4 S/cm。

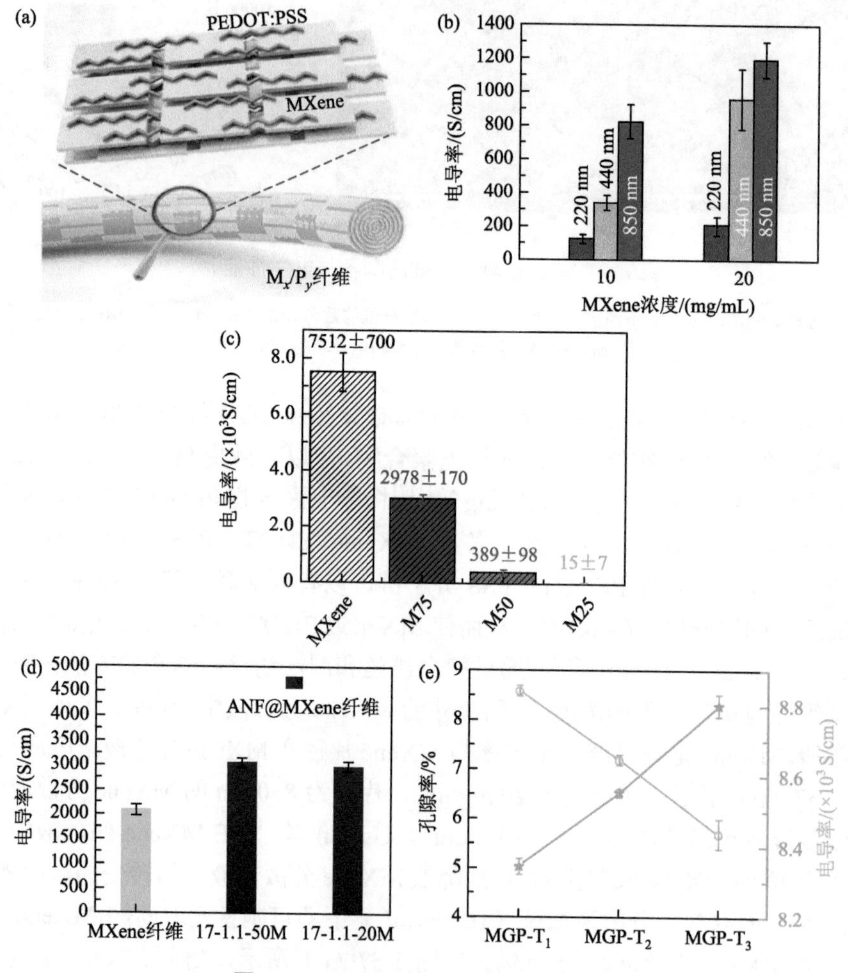

图 3-57 MXene 复合纤维的电学性能

（a）MXene/PEDOT：PSS 纤维的界面结构示意图[49]；（b）用不同浓度和尺寸的 MXene 分散液制备的 MXene/尼龙纱线的电导率[127]；（c）不同 MXene 含量的 MXene/CNC 纤维的电导率[118]；（d）纯 MXene 纤维和不同浓度的 ANF@MXene 复合纤维的电导率[49]；（e）MGP-T 纤维的孔隙率和电导率随着热拉伸比率的变化折线图，$MGP\text{-}T_1$、$MGP\text{-}T_2$、$MGP\text{-}T_3$ 分别表示通过热拉伸比率为 1.26、1.34 和 1.41 制备的 MGP-T 纤维[50]

3.4 其他层状二维纳米复合纤维材料

3.4.1 纳米黏土复合纤维

黏土是一类层状硅酸盐材料，在我国产量大，价格低廉，并具有优异的热稳定性、阻隔和阻燃性能。通过物理或化学方法将黏土进行剥离制备的纳米黏土具有大的比表面积，且片层表面还含有许多羟基等亲水官能团，表现为负电性，具有表面化学活性和物理吸附性，以及和阳离子交换的能力，拥有良好的可塑性和结合性。因此纳米黏土（如蒙脱土）可作为一种功能无机组分，用于制备纳米黏土-聚合物复合材料，获得良好的力学、耐高温和阻燃等性能。例如，纳米黏土加入到环氧树脂可以有效提高其机械性能，此外还呈现较好的气体阻隔、阻燃以及防腐特性。对于纤维材料，由于纳米黏土表现为脆性较大，单片力学性能较低，且层间相互作用力较小等特性，难以独立组装成纯纳米黏土纤维，因此，主要将纳米黏土作为填充基元材料与聚合物材料（如聚丙烯、环氧树脂、碳纤维、玻璃纤维等）进行复合，制备纳米黏土复合纤维材料。纳米黏土和聚合物基体之间的脱黏以及纳米材料带来的微裂纹偏转耗散了大量形变能，同时纳米黏土材料的热稳定性、阻隔和阻燃性能，使得复合纤维材料获得独特的耐高温、阻燃等性能。如将纳米黏土集成入碳纤维复合材料和玻璃纤维复合材料中，可有效提升其力学性能。Khan 等[134]在碳纤维复合材料中添加纳米黏土，其拉伸强度增加了 17.3%。Siddiqui 等[135]在碳纤维复合材料中添加 7 wt%的黏土，碳纤维断裂韧性提高 100%。Xu 等[136]指出在碳纤维复合材料中添加黏土，弯曲强度可提高 38%。此外，通过纳米黏土改性的碳纤维复合材料，可以大幅度提升碳纤维复合材料的耐湿热老化、耐冷冻循环和耐疲劳等性能。

浙江大学高超等[137]将蒙脱土（MMT）与 GO 液晶混合制备了轻质、耐高温、阻燃的 MMT/石墨烯纤维。研究人员通过搅拌与超声相结合的方法从本体 MMT 中剥离出单层的 MMT 纳米片分散液，平均横向尺寸为 293 nm，厚度为 1 nm，同时制备了横向尺寸为 15 μm、厚度为 0.8 nm 的大尺寸 GO 片液晶分散液。高横纵比（约 19000）的 GO 片可作为液晶模板使 MMT 纳米片有序排列在 GO 片间，从而获得了稳定分散的 MMT-GO 液晶纺丝液。选择氯化钙水溶液为凝固浴，通过湿法纺丝可以连续制备几十米长的 MMT/石墨烯纤维[图 3-58（a）]，MMT 含量可以大范围调控（10 wt%～80 wt%）。钙离子在片层中形成静电相互作用网络桥联 MMT 纳米片和 GO 片层，经过热还原处理后，MMT/石墨烯纤维截面展现了紧密堆积取向的微观结构[图 3-58（b）]。制备的 MMT/石墨烯纤维兼具了 MMT 纳米片的阻燃性能与石墨烯片优异的力学性能和导电性能，由于石墨烯片的力学和电学性能优于 MMT 纳米片，调控石墨烯的含量，MMT/石墨烯纤维的拉伸强度为 88～270 MPa，电导率为 30～10500 S/m。例如，MMT 含量为 10 wt%的 MMT/石墨烯纤维表现出良好的力学和导电性能（拉伸强度为 270 MPa，电导率为 10400 S/m），以及优异的耐高温、阻燃和热稳定性能，优于纯石墨烯纤维和 T700 碳纤维[图 3-58（c）]，在空气中可承受 600～700℃的高温，在空气中 400℃加热 1 h 后拉伸强度仍保持在 260 MPa。此外，该导电 MMT/石墨烯纤维还具有轻质特性（密度小于 1.62 g/cm^3），因此用作轻质导线。如图 3-58（d）所示，将 MMT/石墨烯纤维用作导线连接 LED 灯，当纤维被加热到发红时，LED 灯仍能正常工作，表现良好的热稳定性。

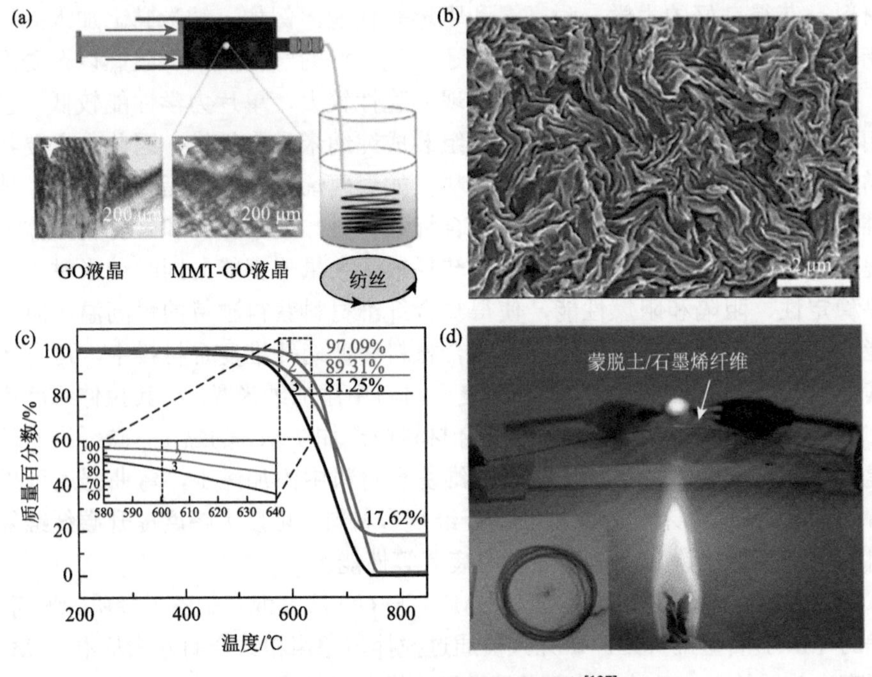

图 3-58 MMT/石墨烯复合纤维[137]

（a）制备过程示意图；（b）纤维的截面 SEM 图；（c）在空气中不同纤维的热重分析曲线，1 为 MMT/石墨烯纤维，2 为 T700 碳纤维，3 为纯石墨烯纤维；（d）由 LED 灯和弯曲的 MMT/石墨烯纤维构成的电路，当纤维被加热到发红时，LED 灯正常工作，插图为 MMT/石墨烯纤维实物图

氧化铝作为黏土的主要成分之一，具有耐高温、耐腐蚀、稳定和电绝缘等特性，制成的氧化铝纤维具有高强度和高模量，同时在高温下保持高的力学性能，适用于长期在严苛环境中工作，在耐火绝缘材料和航空航天等领域具有重要的应用价值。目前，氧化铝纤维的制备方法有溶胶-凝胶法、阳极氧化法和熔融法等[138-141]。Tan 等[138]采用溶胶-凝胶法制备氧化铝长丝，其长度约为 80 cm，

直径为 20 μm，表面光滑。Yang 等[141]以高纯度铝片作为阳极，磷酸作为电解液，通过两步阳极氧化工艺制备了氧化铝纤维。

3.4.2　其他二维纳米材料复合纤维

此外，除了上述的石墨烯、MXene 和黏土等二维纳米材料外，其他二维纳米材料，如二硫化钼和二硫化钨等二维过渡金属二硫化物、氮化硼、黑磷等，由于相对稳定的表面化学难以接枝大量的表面官能团导致界面作用力低，或者苛刻的制备条件和易氧化等因素限制，难以单独组装成纯的层状二维纳米纤维材料，目前主要以填料、功能基元的角色加入到聚合物纤维、石墨烯纤维、碳纤维材料中制备功能复合纤维，如将二硫化钼纳米片添加入聚丙烯腈纤维中显著提高聚丙烯腈复合纤维的机械和阻燃性能。在石墨烯纤维中添加二硫化钼纳米片，可提高石墨烯纤维的储能性能、光响应和气体响应等特性。

3.5　总结与展望

石墨烯纤维和 MXene 纤维作为新型层状二维纳米复合纤维材料，近年来已成为新型碳质纤维、功能导电纤维领域的研究热点。经过多年的研究，已发展多种制备石墨烯纤维和 MXene 纤维的方法以及提升纤维性能的策略，包括提高基元材料（GO、MXene）的质量和片径、仿生构筑界面设计、优化组装过程和拉伸取向度等，极大提高了石墨烯和 MXene 纤维的物理性能。目前，石墨烯纤维的力学强度和模量仍低于碳纤维和 CNTs 纤维，但其电学和热学性能已经超过碳纤维和 CNTs 纤维，在多功能智能织物、传感、制动、储能器件等众多领域展示出广阔的应用前景。而 MXene 纤维的研究尚处于早期阶段，当前 MXene 复合纤维的力学和电学性能取得了一定的研究进展，初步在多功能织物、传感器、纤维超级电容器、电磁干扰屏蔽等领域展示出广泛的应用前景。但是，石墨烯纤维和 MXene 纤维的性能仍远低于其纳米片本征性能，特别是机械性能，仍有较大的提升空间。特别对于同时获得优异的力学和电学性能，实现纤维强度和导电性能的平衡，仍存在很大的挑战。需要继续发展组装技术和优化基元材料体系，提高材料层间界面相互作用力，进一步提升层状二维纳米复合纤维性能。诸多研究表明，仿生构筑界面协同策略能有效增强纳米片层间相互作用力，从而提高层状二维纳米复合纤维的物理性能。

对于石墨烯纤维，目前仍然存在一些关键的科学问题亟需解决：①GO 作为基元材料，存在的含氧官能团和结构缺陷难以经过还原过程被完全还原与修复，需要探索新工艺制备结晶性高和结构缺陷少的 GO 片；②GO 在组装过程中容易出现褶皱、形变和无序结构，进而形成孔隙缺陷，需要进一步提高 GO 片层的取向度以消除孔隙缺陷；③石墨烯界面作用单一，层间的相互作用较弱，需要进一步增强层间相互作用，如借鉴珍珠层“砖-泥”结构，引入可实现片层间相互交联的有效物质，增加额外界面相互作用力，如共价键、离子键、氢键等；④实现高性能石墨烯纤维的低成本、批量化制备是实现实际应用的前提，目前仍存在巨大挑战，如纤维易断裂、连续性和均匀性差等，需要继续探索低成本、连续化制备技术和工艺。石墨烯纤维是由二维石墨烯片层有序组装而成，石墨烯片具有超高的本征性能，石墨烯的面内尺寸比碳纤维中石墨微晶尺寸大几个数量级。因此，石墨烯纤维有望发展成为高性能的结构-功能一体化纤维材料，充分展现轻质高强、柔性优势，同时兼具导电、导热等功能，在智能织物、柔性传感和储能器件等领域具有重要的应用价值。

对于 MXene 纤维，存在的关键科学问题是：①MXene 基元材料的制备存在产率低、耗时长、条件严苛和成本高等问题，严重制约着 MXene 纤维的实际应用。亟需开发高效率、低成本、可规模化制备 MXene 片的新工艺。②MXene 片层在组装过程容易发生褶皱和无序结构，导致纤维内部存在大量孔隙结构缺陷，导致纤维性能低、重复性差。需要开发新的致密化制备工艺，消除纤维内部孔隙缺陷，提高MXene纤维的综合性能。③MXene纳米片层间的界面相互作用是影响MXene纤维的力学强度和电导率的关键因素之一，MXene 纳米片层间相互作用力较弱，且因其多原子多层结构导致片层柔韧性较低，组装的纯 MXene 纤维表现出非常低的拉伸强度和断裂韧性，需要进一步提高层间界面相互作用，如通过仿生构筑界面设计策略。④目前制备的大多数 MXene 复合纤维的力学性能和电学性能很难实现平衡，同时 MXene 纤维在实际应用过程中的性能退化问题是阻碍其实际应用的一个难题。需要进一步发展 MXene 片层的界面设计、纤维的结构设计和致密化策略。⑤MXene 纤维制备与性能仍处于实验室研究阶段，亟需开发批量化的高性能 MXene 纤维制备工艺，满足 MXene 纤维的实际应用需求。MXene 纳米片具有优异的导电性能，MXene 纤维有望成为继石墨烯纤维后又一种新型结构-功能一体化纤维材料，不仅具有强度高、柔韧性等特性，同时还具有导电、传感、EMI 屏蔽和电热等功能。

随着基元材料和制备工艺的持续优化，石墨烯纤维、MXene 纤维等新型多功能层状二维纳米复合纤维材料充分展现轻质高强、柔性、导电、导热、EMI 屏蔽和电热等优势特性，层状二维纳米复合纤维有望在传感、多功能织物、储能器件、生物医学、电磁屏蔽等领域的民用和军用方面发挥重要的作用。

参 考 文 献

[1] 蹇木强，张莹莹，刘忠范. 石墨烯纤维：制备、性能与应用. 物理化学学报，2022，38（2）：22-39.

[2] 胡晓珍，高超. 石墨烯纤维研究进展. 中国材料进展，2014，33（8）：458-467.

[3] Jiang K L，Li Q Q，Fan S S. Spinning continuous carbon nanotube yarns. Nature，2002，419（6909）：801.

[4] Xu Z，Gao C. Graphene chiral liquid crystals and macroscopic assembled fibres. Nature Communications，2011，2（1）：571.

[5] Zhang J，Uzun S，Seyedin S，et al. Additive-free MXene liquid crystals and fibers. ACS Central Science，2020，6（2）：254-265.

[6] Xu Z，Gao C. Graphene fiber：A new trend in carbon fibers. Materials Today，2015，18（9）：480-492.

[7] Peng B，Locascio M，Zapol P，et al. Measurements of near-ultimate strength for multiwalled carbon nanotubes and irradiation-induced crosslinking improvements. Nature Nanotechnology，2008，3（10）：626-631.

[8] De Volder M F L，Tawfick S H，Baughman R H，et al. Carbon nanotubes：Present and future commercial applications. Science，2013，339（6119）：535-539.

[9] Dalton A B，Collins S，Muñoz E，et al. Super-tough carbon-nanotube fibres. Nature，2003，423（6941）：703.

[10] Zhang X F，Li Q W，Holesinger T G，et al. Ultrastrong，stiff，and lightweight carbon-nanotube fibers. Advanced Materials，2007，19（23）：4198.

[11] Li Y-L，Kinloch I A，Windle A H. Direct spinning of carbon nanotube fibers from chemical vapor deposition synthesis. Science，2004，304（5668）：276-278.

[12] Zhong X H，Li Y L，Liu Y K，et al. Continuous multilayered carbon nanotube yarns. Advanced Materials，2010，22（6）：692.

[13] Zhang M，Atkinson K R，Baughman R H. Multifunctional carbon nanotube yarns by downsizing an ancient technology. Science，2004，306（5700）：1358-1361.

[14] Zhu H W，Xu C L，Wu D H，et al. Direct synthesis of long single-walled carbon nanotube strands. Science，2002，296（5569）：884-886.

[15] Xu W，Chen Y，Zhan H，et al. High-strength carbon nanotube film from improving alignment and densification. Nano Letters，2016，16（2）：946-952.

[16] Zhang X H，Lu W B，Zhou G H，et al. Understanding the mechanical and conductive properties of carbon nanotube fibers for smart electronics. Advanced Materials，2020，32（5）：1902028.

[17] Lee C，Wei X，Kysar J W，et al. Measurement of the elastic properties and intrinsic strength of monolayer graphene. Science，2008，321（5887）：385-388.

[18] Bolotin K I，Sikes K J，Jiang Z，et al. Ultrahigh electron mobility in suspended graphene. Solid State Communications，2008，146（9-10）：351-355.

[19] Balandin A A，Ghosh S，Bao W，et al. Superior thermal conductivity of single-layer graphene. Nano Letters，2008，8（3）：902-907.

[20] Xu Z，Gao C. Aqueous liquid crystals of graphene oxide. ACS Nano，2011，5（4）：2908-2915.

[21] Fang B，Chang D，Xu Z，et al. A review on graphene fibers：Expectations，advances，and prospects. Advanced Materials，2020，32（5）：902664.

[22] Chen L，He Y，Chai S，et al. Toward high performance graphene fibers. Nanoscale，2013，5（13）：5809-5815.

[23] Xu Z，Sun H，Zhao X，et al. Ultrastrong fibers assembled from giant graphene oxide sheets. Advanced Materials，2013，25（2）：188-193.

[24] Xin G，Yao T，Sun H，et al. Highly thermally conductive and mechanically strong graphene fibers. Science，2015，349（6252）：1083-1087.

[25] Xu Z，Liu Y，Zhao X，et al. Ultrastiff and strong graphene fibers via full-scale synergetic defect engineering. Advanced Materials，2016，28（30）：6449-6456.

[26] Xin G，Zhu W，Deng Y，et al. Microfluidics-enabled orientation and microstructure control of macroscopic

graphene fibres. Nature Nanotechnology，2019，14（2）：168-175.

[27] Li P，Liu Y，Shi S，et al. Highly crystalline graphene fibers with superior strength and conductivities by plasticization spinning. Advanced Functional Materials，2020，30（52）：2006584.

[28] Zhang Y，Gong S，Zhang Q，et al. Graphene-based artificial nacre nanocomposites. Chemical Society Reviews，2016，45（9）：2378-2395.

[29] Zhang Y，Li Y，Ming P，et al. Ultrastrong bioinspired graphene-based fibers via synergistic toughening. Advanced Materials，2016，28（14）：2834-2839.

[30] Zhang Y，Peng J，Li M，et al. Bioinspired supertough graphene fiber through sequential interfacial interactions. ACS Nano，2018，12（9）：8901-8908.

[31] Wang X，Peng J，Zhang Y，et al. Ultratough bioinspired graphene fiber via sequential toughening of hydrogen and ionic bonding. ACS Nano，2018，12（12）：12638-12645.

[32] Tang P，Deng Z，Zhang Y，et al. Tough，strong，and conductive graphene fibers by optimizing surface chemistry of graphene oxide precursor. Advanced Functional Materials，2022，32（28）：2112156.

[33] Naguib M，Kurtoglu M，Presser V，et al. Two-dimensional nanocrystals produced by exfoliation of Ti_3AlC_2. Advanced Materials，2011，23（37）：4248-4253.

[34] Vahidmohammadi A，Rosen J，Gogotsi Y. The world of two-dimensional carbides and nitrides（MXenes）. Science，2021，372（6547）：eabf1581.

[35] Lipatov A，Lu H D，Alhabeb M，et al. Elastic properties of 2D $Ti_3C_2T_x$ MXene monolayers and bilayers. Science Advances，2018，4（6）：eaat0491.

[36] Zhang Q，Fan R，Cheng W，et al. Synthesis of large-area MXenes with high yields through power-focused delamination utilizing vortex kinetic energy. Advanced Science，2022，9（28）：e2202748.

[37] Eom W，Shin H，Ambade R B，et al. Large-scale wet-spinning of highly electroconductive MXene fibers. Nature Communications，2020，11（1）：2825.

[38] Hu M，Li Z，Li G，et al. All-solid-state flexible fiber-based MXene supercapacitors. Advanced Materials Technologies，2017，2（10）：1700143.

[39] Yang Q，Xu Z，Fang B，et al. MXene/graphene hybrid fibers for high performance flexible supercapacitors. Journal of Materials Chemistry A，2017，5（42）：22113-22119.

[40] Seyedin S，Yanza E R S，Razal J M. Knittable energy storing fiber with high volumetric performance made from predominantly MXene nanosheets. Journal of Materials Chemistry A，2017，5（46）：24076-24082.

[41] Wang Z，Qin S，Seyedin S，et al. High-performance biscrolled MXene/carbon nanotube yarn supercapacitors. Small，2018，14（37）：e1802225.

[42] Yu C，Gong Y，Chen R，et al. A solid-state fibriform supercapacitor boosted by host-guest hybridization between the carbon nanotube scaffold and MXene nanosheets. Small，2018，14（29）：e1801203.

[43] Levitt A，Zhang J，Dion G，et al. MXene-based fibers，yarns，and fabrics for wearable energy storage devices. Advanced Functional Materials，2020，30（47）：2000739.

[44] Uzun S，Seyedin S，Stoltzfus A L，et al. Knittable and washable multifunctional MXene-coated cellulose yarns. Advanced Functional Materials，2019，29（45）：1905015.

[45] Cao W T，Ma C，Mao D S，et al. MXene-reinforced cellulose nanofibril inks for 3D-printed smart fibres and textiles. Advanced Functional Materials，2019，29（51）：1905898.

[46] Chen X，Jiang J，Yang G，et al. Bioinspired wood-like coaxial fibers based on MXene@graphene oxide with superior mechanical and electrical properties. Nanoscale，2020，12（41）：21325-21333.

[47] Li S，Fan Z，Wu G，et al. Assembly of nanofluidic MXene fibers with enhanced ionic transport and capacitive charge storage by flake orientation. ACS Nano，2021，15（4）：7821-7832.

[48] Shin H，Eom W，Lee K H，et al. Highly electroconductive and mechanically strong $Ti_3C_2T_x$ MXene fibers using a deformable MXene gel. ACS Nano，2021，15（2）：3320-3329.

[49] Liu L X，Chen W，Zhang H B，et al. Super-tough and environmentally stable aramid. Nanofiber@MXene coaxial fibers with outstanding electromagnetic interference shielding efficiency. Nanomicro Letters，2022，14（1）：111.

[50] Zhou T，Yu Y，He B，et al. Ultra-compact MXene fibers by continuous and controllable synergy of interfacial interactions and thermal drawing-induced stresses. Nature Communications，2022，13（1）：4564.

[51] Wang J F，Cheng Q F，Tang Z Y. Layered nanocomposites inspired by the structure and mechanical properties of nacre. Chemical Society Reviews，2012，41（3）：1111-1129.

[52] Peng J，Cheng Q. Nacre-inspired graphene-based multifunctional nanocomposites. Acta Physico Chimica Sinica，2020，28（5）：2005006.

[53] 张媛媛，程群峰. 石墨烯复合纤维材料研究进展. 中国材料进展，2019，38（1）：49-57.

[54] Tkacz R，Oldenbourg R，Mehta S B，et al. pH dependent isotropic to nematic phase transitions in graphene oxide dispersions reveal droplet liquid crystalline phases. Chemical Communications，2014，50（50）：6668-6671.

[55] Shim J，Yun J M，Yun T，et al. Two-minute assembly of pristine large-area graphene based films. Nano Letters，2014，14（3）：1388-1393.

[56] Narayan R，Kim J E，Kim J Y，et al. Graphene oxide liquid crystals：Discovery，evolution and applications. Advanced Materials，2016，28（16）：3045-3068.

[57] Aboutalebi S H，Gudarzi M M，Zheng Q B，et al. Spontaneous formation of liquid crystals in ultralarge graphene oxide dispersions. Advanced Functional Materials，2011，21（15）：2978-2988.

[58] Liu Y，Liang H，Xu Z，et al. Superconducting continuous graphene fibers via calcium intercalation. ACS Nano，2017，11（4）：4301-4306.

[59] Tian Q，Xu Z，Liu Y，et al. Dry spinning approach to continuous graphene fibers with high toughness. Nanoscale，2017，9（34）：12335-12342.

[60] Xiang C S，Behabtu N，Liu Y D，et al. Graphene nanoribbons as an advanced precursor for making carbon fiber. ACS Nano，2013，7（2）：1628-1637.

[61] Dong Z，Jiang C，Cheng H，et al. Facile fabrication of light，flexible and multifunctional graphene fibers. Advanced Materials，2012，24（14）：1856-1861.

[62] Hu C，Zhao Y，Cheng H，et al. Graphene microtubings：Controlled fabrication and site-specific functionalization. Nano Letters，2012，12（11）：5879-5884.

[63] Meng Y，Zhao Y，Hu C，et al. All-graphene core-sheath microfibers for all-solid-state，stretchable fibriform supercapacitors and wearable electronic textiles. Advanced Materials，2013，25（16）：2326-2331.

[64] Wang R，Fang S L，Xiao Y C，et al. Torsional refrigeration by twisted，coiled，and supercoiled fibers. Science，2019，366（6462）：216-221.

[65] Cruz-Silva R，Morelos-Gomez A，Kim H I，et al. Super-stretchable graphene oxide macroscopic fibers with outstanding knotability fabricated by dry film scrolling. ACS Nano，2014，8（6）：5959-5967.

[66] Fang B，Xiao Y，Xu Z，et al. Handedness-controlled and solvent-driven actuators with twisted fibers. Materials Horizons，2019，6（6）：1207-1214.

[67] Carretero-Gonzalez J，Castillo-Martinez E，Dias-Lima M，et al. Oriented graphene nanoribbon yarn and sheet from aligned multi-walled carbon nanotube sheets. Advanced Materials，2012，24（42）：5695-5701.

[68] Wang H，Wang C，Jian M，et al. Superelastic wire-shaped supercapacitor sustaining 850% tensile strain based on carbon nanotube@graphene fiber. Nano Research，2018，11（5）：2347-2356.

[69] Meng F C，Lu W B，Li Q W，et al. Graphene-based fibers：A review. Advanced Materials，2015，27（35）：5113-5131.

[70] Chen K，Shi L，Zhang Y，et al. Scalable chemical-vapour-deposition growth of three-dimensional graphene materials towards energy-related applications. Chemical Society Reviews，2018，47（9）：3018-3036.

[71] Lin L，Peng H，Liu Z. Synthesis challenges for graphene industry. Nature Materials，2019，18（6）：520-524.

[72] Chen T，Dai L. Macroscopic graphene fibers directly assembled from CVD-grown fiber-shaped hollow graphene tubes. Angewandte Chemie-International Edition，2015，54（49）：14947-14950.

[73] Cui G，Cheng Y，Liu C，et al. Massive growth of graphene quartz fiber as a multifunctional electrode. ACS Nano，2020，14（5）：5938-5945.

[74] Xu Z，Zhang Y，Li P G，et al. Strong，conductive，lightweight，neat graphene aerogel fibers with aligned pores. ACS Nano，2012，6（8）：7103-7113.

[75] Zhao Y，Jiang C C，Hu C G，et al. Large-scale spinning assembly of neat，morphology-defined，graphene-based hollow fibers. ACS Nano，2013，7（3）：2406-2412.

[76] Sun J K，Li Y H，Peng Q Y，et al. Macroscopic，flexible，high-performance graphene ribbons. ACS Nano，2013，7（11）：10225-10232.

[77] Cao J，Zhang Y，Men C，et al. Programmable writing of graphene oxide/reduced graphene oxide fibers for sensible networks with in situ welded junctions. ACS Nano，2014，8（5）：4325-4333.

[78] Zhang M，Wang Y，Jian M，et al. Spontaneous alignment of graphene oxide in hydrogel during 3D printing for multistimuli-responsive actuation. Advanced Science，2020，7（6）：1903048.

[79] Zhang M，Guo R，Chen K，et al. Microribbons composed of directionally self-assembled nanoflakes as highly stretchable ionic neural electrodes. Proceedings of the National Academy of Sciences of the United States of America，2020，117（26）：14667-14675.

[80] Cong H P，Ren X C，Wang P，et al. Wet-spinning assembly of continuous，neat，and macroscopic graphene fibers. Scientific Reports，2012，2：613.

[81] Jalili R，Aboutalebi S H，Esrafilzadeh D，et al. Scalable one-step wet-spinning of graphene fibers and yarns from liquid crystalline dispersions of graphene oxide：Towards multifunctional textiles. Advanced Functional Materials，2013，23（43）：5345-5354.

[82] Xu Z，Liu Z，Sun H Y，et al. Highly electrically conductive ag-doped graphene fibers as stretchable conductors. Advanced Materials，2013，25（23）：3249-3253.

[83] Jnawali G，Rao Y，Yan，H G，et al. Observation of a transient decrease in terahertz conductivity of single-layer graphene induced by ultrafast optical excitation. Nano Letters，2013，13（2）：524-530.

[84] Liu Y，Xu Z，Zhan J，et al. Superb electrically conductive graphene fibers via doping strategy. Advanced Materials，2016，28（36）：7941-7947.

[85] Li M，Zhang X，Wang X，et al. Ultrastrong graphene-based fibers with increased elongation. Nano Letters，2016，16（10）：6511-6515.

[86] Kim I H，Yun T，Kim J E，et al. Mussel-inspired defect engineering of graphene liquid crystalline fibers for synergistic enhancement of mechanical strength and electrical conductivity. Advanced Materials，2018，30（40）：803267.

[87] Ming X，Wei A，Liu Y，et al. 2D-topology-seeded graphitization for highly thermally conductive carbon fibers.

Advanced Materials，2022，34（28）：e2201867.

[88] Feng L，Chang Y，Zhong J，et al. Dry spin graphene oxide fibers：Mechanical/electrical properties and microstructure evolution. Scientific Reports，2018，8（1）：10803.

[89] Yu D，Goh K，Wang H，et al. Scalable synthesis of hierarchically structured carbon nanotube-graphene fibres for capacitive energy storage. Nature Nanotechnology，2014，9（7）：555-562.

[90] Ma T，Gao H L，Cong H P，et al. A bioinspired interface design for improving the strength and electrical conductivity of graphene-based fibers. Advanced Materials，2018，30（15）：1706435.

[91] Zheng B N，Gao W W，Liu Y J，et al. Twist-spinning assembly of robust ultralight graphene fibers with hierarchical structure and multi-functions. Carbon，2020，158：157-162.

[92] Zhou T Z，Cheng Q F. Chemical strategies for making strong graphene materials. Angewandte Chemie-International Edition，2021，60（34）：18397-18410.

[93] Xiang C，Young C C，Wang X，et al. Large flake graphene oxide fibers with unconventional 100% knot efficiency and highly aligned small flake graphene oxide fibers. Advanced Materials，2013，25（33）：4592-4597.

[94] Trebbin M，Steinhauser D，Perlich J，et al. Anisotropic particles align perpendicular to the flow direction in narrow microchannels. Proceedings of the National Academy of Sciences of the United States of America，2013，110（17）：6706-6711.

[95] Chen S H，Ma W J，Cheng Y H，et al. Scalable non-liquid-crystal spinning of locally aligned graphene fibers for high-performance wearable supercapacitors. Nano Energy，2015，15：642-653.

[96] Kou L，Gao C. Bioinspired design and macroscopic assembly of poly（vinyl alcohol）-coated graphene into kilometers-long fibers. Nanoscale，2013，5（10）：4370-4378.

[97] Hu X，Xu Z，Gao C. Multifunctional，supramolecular，continuous artificial nacre fibres. Scientific Reports，2012，2（1）：767.

[98] Hu X，Xu Z，Liu Z，et al. Liquid crystal self-templating approach to ultrastrong and tough biomimic composites. Scientific Reports，2013，3（1）：2374.

[99] Liu Z，Xu Z，Hu X，et al. Lyotropic liquid crystal of polyacrylonitrile-grafted graphene oxide and its assembled continuous strong nacre-mimetic fibers. Macromolecules，2013，46（17）：6931-6941.

[100] Zhao X，Xu Z，Zheng B，et al. Macroscopic assembled，ultrastrong and H_2SO_4-resistant fibres of polymer-grafted graphene oxide. Scientific Reports，2013，3（1）：3164.

[101] Hu X，Rajendran S，Yao Y，et al. A novel wet-spinning method of manufacturing continuous bio-inspired composites based on graphene oxide and sodium alginate. Nano Research，2016，9（3）：735-744.

[102] Shin M K，Lee B，Kim S H，et al. Synergistic toughening of composite fibres by self-alignment of reduced graphene oxide and carbon nanotubes. Nature Communications，2012，3（1）：650.

[103] Nilsson J，Neto A H C，Guinea F，et al. Electronic properties of graphene multilayers. Physical Review Letters，2006，97（26）：266801.

[104] Ericson L M，Fan H，Peng H，et al. Macroscopic，neat，single-walled carbon nanotube fibers. Science，2004，305（5689）：1447-1450.

[105] Hass J，Varchon F，Millán-Otoya J E，et al. Why multilayer graphene on 4H-SiC（0001）behaves like a single sheet of graphene. Physical Review Letters，2008，100（12）：125504.

[106] Ghosh S，Bao W，Nika D L，et al. Dimensional crossover of thermal transport in few-layer graphene. Nature Materials，2010，9（7）：555-558.

[107] Nika D L，Ghosh S，Pokatilov E P，et al. Lattice thermal conductivity of graphene flakes：Comparison with bulk

graphite. Applied Physics Letters，2009，94（20）：203103.

[108] Noh S H，Eom W，Lee W J，et al. Joule heating-induced sp^2-restoration in graphene fibers. Carbon，2019，142：230-237.

[109] Fang B，Xi J，Liu Y，et al. Wrinkle-stabilized metal-graphene hybrid fibers with zero temperature coefficient of resistance. Nanoscale，2017，9（33）：12178-12188.

[110] Wei Z Y，Ni Z H，Bi K D，et al. In-plane lattice thermal conductivities of multilayer graphene films. Carbon，2011，49（8）：2653-2658.

[111] Qin S，Usman K a S，Hegh D，et al. Development and applications of MXene-based functional fibers. ACS Applied Materials & Interfaces，2021，13（31）：36655-36669.

[112] Zhang J，Seyedin S，Gu Z，et al. MXene：A potential candidate for yarn supercapacitors. Nanoscale，2017，9（47）：18604-18608.

[113] Park T H，Yu S，Koo M，et al. Shape-adaptable 2D titanium carbide（MXene）heater. ACS Nano，2019，13（6）：6835-6844.

[114] Levitt A，Hegh D，Phillips P，et al. 3d knitted energy storage textiles using MXene-coated yarns. Materials Today，2020，34：17-29.

[115] Seyedin S，Zhang J，Usman K a S，et al. Facile solution processing of stable MXene dispersions towards conductive composite fibers. Glob Chall，2019，3（10）：1900037.

[116] Seyedin S，Uzun S，Levitt A，et al. MXene composite and coaxial fibers with high stretchability and conductivity for wearable strain sensing textiles. Advanced Functional Materials，2020，30（12）：1910504.

[117] Zhang J，Seyedin S，Qin S，et al. Highly conductive $Ti_3C_2T_x$ MXene hybrid fibers for flexible and elastic fiber-shaped supercapacitors. Small，2019，15（8）：e1804732.

[118] Usman K A S，Zhang J，Qin S，et al. Inducing liquid crystallinity in dilute MXene dispersions for facile processing of multifunctional fibers. Journal of Materials Chemistry A，2022，10（9）：4770-4781.

[119] Liu Q，Zhao A，He X，et al. Full-temperature all-solid-state $Ti_3C_2T_x$/aramid fiber supercapacitor with optimal balance of capacitive performance and flexibility. Advanced Functional Materials，2021，31（22）：2010944.

[120] Wang Y，Zheng Y，Zhao J，et al. Assembling free-standing and aligned tungstate/MXene fiber for flexible lithium and sodium-ion batteries with efficient pseudocapacitive energy storage. Energy Storage Materials，2020，33：82-87.

[121] Lima M D，Fang S，Lepró X，et al. Biscrolling nanotube sheets and functional guests into yarns. Science，2011，331（6013）：51-55.

[122] Xiong F，Cai Z，Qu L，et al. Three-dimensional crumpled reduced graphene oxide/MoS_2 nanoflowers：A stable anode for lithium-ion batteries. ACS Applied Materials & Interfaces，2015，7（23）：12625-12630.

[123] Mayerberger E A，Urbanek O，Mcdaniel R M，et al. Preparation and characterization of polymer-$Ti_3C_2T_x$（MXene）composite nanofibers produced via electrospinning. Journal of Applied Polymer Science，2017，134（37）：45295.

[124] Mayerberger E A，Street R M，Mcdaniel R M，et al. Antibacterial properties of electrospun $Ti_3C_2T_z$（MXene）/chitosan nanofibers. RSC Advances，2018，8（62）：35386-35394.

[125] Sobolčiak P，Ali A，Hassan M K，et al. 2D $Ti_3C_2T_x$（MXene）-reinforced polyvinyl alcohol（PVA）nanofibers with enhanced mechanical and electrical properties. PLoS One，2017，12（8）：e0183705.

[126] Levitt A S，Alhabeb M，Hatter C B，et al. Electrospun MXene/carbon nanofibers as supercapacitor electrodes. Journal of Materials Chemistry A，2019，7（1）：269-277.

[127] Levitt A，Seyedin S，Zhang J，et al. Bath electrospinning of continuous and scalable multifunctional

MXene-infiltrated nanoyarns. Small，2020，16（26）：e2002158.

[128] Wang L，Zhang M，Yang B，et al. Lightweight，robust，conductive composite fibers based on MXene@aramid nanofibers as sensors for smart fabrics. ACS Applied Materials & Interfaces，2021，13（35）：41933-41945.

[129] Liu L X，Chen W，Zhang H B，et al. Tough and electrically conductive $Ti_3C_2T_x$ MXene-based core-shell fibers for high-performance electromagnetic interference shielding and heating application. Chemical Engineering Journal，2022，430：133074.

[130] 梁程，程群峰. MXene 纤维的制备、性能及应用研究进展. 复合材料学报，2022，39（9）：4227-4243.

[131] Gibson L J. The hierarchical structure and mechanics of plant materials. Journal of the Royal Society Interface，2012，9（76）：2749-2766.

[132] Meyers M A，Chen P Y，Lin A Y M，et al. Biological materials：Structure and mechanical properties. Progress in Materials Science，2008，53（1）：1-206.

[133] Li Y，Zhang X. Electrically conductive，optically responsive，and highly orientated $Ti_3C_2T_x$ MXene aerogel fibers. Advanced Functional Materials，2021，32（4）：2107767.

[134] Khan S U，Munir A，Hussain R，et al. Fatigue damage behaviors of carbon fiber-reinforced epoxy composites containing nanoclay. Composites Science and Technology，2010，70（14）：2077-2085.

[135] Siddiqui N A，Woo R S C，Kim J K，et al. Mode i interlaminar fracture behavior and mechanical properties of cfrps with nanoclay-filled epoxy matrix. Composites Part A：Applied Science and Manufacturing，2007，38（2）：449-460.

[136] Xu Y，Hoa S V. Mechanical properties of carbon fiber reinforced epoxy/clay nanocomposites. Composites Science and Technology，2008，68（3）：854-861.

[137] Fang B，Peng L，Xu Z，et al. Wet-spinning of continuous montmorillonite-graphene fibers for fire-resistant lightweight conductors. ACS Nano，2015，9（5）：5214-5222.

[138] Tan H B，Guo C S. Preparation of long alumina fibers by sol-gel method using malic acid. Transactions of Nonferrous Metals Society of China，2011，21（7）：1563-1567.

[139] 乔健，刘和义，崔宏亮，等. 溶胶-凝胶法制备连续氧化铝纤维. 中国陶瓷，2014，50（12）：31-35.

[140] 马运柱，罗涛，刘文胜，等. 溶胶-凝胶法制备氧化铝纤维的组织结构与晶化动力学. 粉末冶金材料科学与工程，2017，22（3）：7.

[141] Yang S，Sun Y，Jia Z，et al. Fabrication and characterization of alumina fiber by anodic oxidation and chemical dissolution processes. Ceramics International，2019，45（10）：12727-12733.

第4章

仿生层状二维纳米复合薄膜材料

二维纳米材料具有优异的物理化学性能，例如，石墨烯具有轻质、超强、高导电、高导热等特性[1, 2]，过渡金属碳/氮化物具有高效电磁屏蔽、高导电以及电化学储能等特性[3, 4]，纳米黏土具有绝热、绝缘等特性[5, 6]，它们在航空航天、柔性电子器件、汽车、风机叶片、防火等领域具有重要应用前景[7-10]。实现这些实际应用的一个途径是将二维纳米材料组装成宏观高性能二维纳米复合薄膜材料。在二维纳米材料组装成宏观复合薄膜的过程中，主要存在以下三个关键科学问题：弱界面作用、低取向和孔隙缺陷[11-15]。因此，本章主要从二维纳米材料的界面设计、规整取向和密实堆积三个方面，详细阐述高性能二维纳米复合薄膜材料的组装策略，以期为将来二维纳米复合薄膜材料的高性能化和工业化应用奠定基础。

4.1 石墨烯复合薄膜材料

由于宏观石墨烯复合薄膜在航空航天以及柔性电子器件等领域的潜在应用，近年来有大量的研究工作报道了如何提升石墨烯复合薄膜的力学和电学性能[10, 11, 13]。这些策略可以分为两大类：优化组装基元[包括石墨烯和氧化石墨烯（GO）纳米片]本身的品质以及改善石墨烯和 GO 片层之间的界面作用、取向排列和密实堆积。第一种策略主要包括使用大尺寸的 GO 纳米片[16-21]、GO 本征化学结构的调控[22, 23]以及高温煅烧处理[20, 24-27]。例如，Lin 等[16]证实了使用大尺寸的 GO 纳米片可以有效提升 GO 薄膜的拉伸强度和电导率，然而，当 GO 纳米片的平均面积为 272.2 μm^2 时，相应 GO 薄膜的拉伸强度仍低于 100 MPa。为了进一步提升 GO 薄膜的电导率，浙江大学高超等[20]利用 3000℃高温煅烧片径为 108 μm GO 纳米片组成的 GO 薄膜。尽管还原后 rGO 薄膜具有优异的电导率和柔韧性，但其拉伸强度低于 60 MPa。不同于高温煅烧，清华大学石高全等[22]在 70℃热处理 GO 水分散液，使其发生溶胶-凝胶转变，最后将该 GO 凝胶通过凝胶成膜法和还原处理，制备得到超强高导电的石墨烯薄膜。虽然该过程中 GO 纳米片结构的改变大幅提升了石墨烯薄膜的力学性能，但是其拉伸强度（614 MPa）仍然远低于单层石墨烯纳米片的理论强度，并且难以进一步提升。总之，由于较弱的界面相互作用、低取向和孔隙缺陷等问题，上述这些策略制备的石墨烯薄膜力学性能普遍偏低，并且一些方法（如高温煅烧）也相对昂贵，不适合实际应用。

研究表明，天然鲍鱼壳优异的力学性能主要是由于其内部丰富的界面相互作用和规整有序的层状结构[28, 29]。受此启发，在过去十余年间，研究人员通过优化石墨烯层间界面作用、规整取向度和堆积密实度，制备了大量高性能的石墨烯复合薄膜[10, 11]（图 4-1）。例如，在石墨烯和 GO 片层间构筑单一界面作用和复合界面作用，可以提升石墨烯复合薄膜的力学性能，其中单一界面作用包括氢键[30-43]、离子键[44-48]、π-π 作用[49-51]以及共价键[52-58]，而这些不同的界面作用和不同的基元材料（包括一维纳米纤维[59, 60]和二维纳米片[61-63]）合理搭配可以构筑复合界面作用，从而诱导协同效应[64-71]。当选择的界面交联剂和基元材料具有功能属性时，这些制备得到的石墨烯复合薄膜除了具有优异的力学性能，也可以具有其他的功能特性，如质子传输[72]、导电[60]、抗疲劳[12, 62, 67]、防火[63]以及智能门控[58]等性能。此外，消除石墨烯和 GO 纳米片的褶皱，提升其规整取向度和堆积密实度，也可以大幅提高石墨烯复合薄膜的力学和电学性能[11, 73]，下面将详细讨论这些策略的最新研究进展。

4.1.1　界面构筑策略

1. 单一界面作用

石墨烯层间的界面相互作用通常分为以下两大类：共价键和非共价键，其中共价交联剂分为小分子、长链分子以及聚合物高分子，而非共价键包括氢键、离子键和 π-π 作用。

1）氢键

氢键是指电负性较大的氮（N）、氧（O）、氟（F）等原子与氢原子之间的静电相互作用。由于 GO 表面具有丰富的含氧官能团，所以石墨烯复合薄膜中普遍存在氢键界面相互作用。例如，2007 年，Dikin 等[77]首先通过真空抽滤法制备了 GO 薄膜，扫描电子显微镜（scanning electron microscopy，SEM）照片显示断口形貌是规整有序的层状结构。由于 GO 纳米片与 H_2O 分子之间会形成氢键，所以该 GO 薄膜具有优异的力学性能，其拉伸强度为 133 MPa，杨氏模量为 32 GPa。相比于拉伸状态，GO 薄膜在弯曲状态下具有更加明显的形变。这主要是由于单轴拉伸下，力会通过层间氢键的剪切形变而均匀传递；而弯曲过程应力会在表面高度集中，表现为在外表面，堆叠的层状结构容易发生分层，而在内表面，GO 片层会发生局部剪切和褶皱弯曲。因此，该 GO 纸是一种面内刚硬、面外柔软的宏观材料。此外，由于 GO 纳米片表面具有大量的缺陷，所以该 GO 纸是电绝缘的。

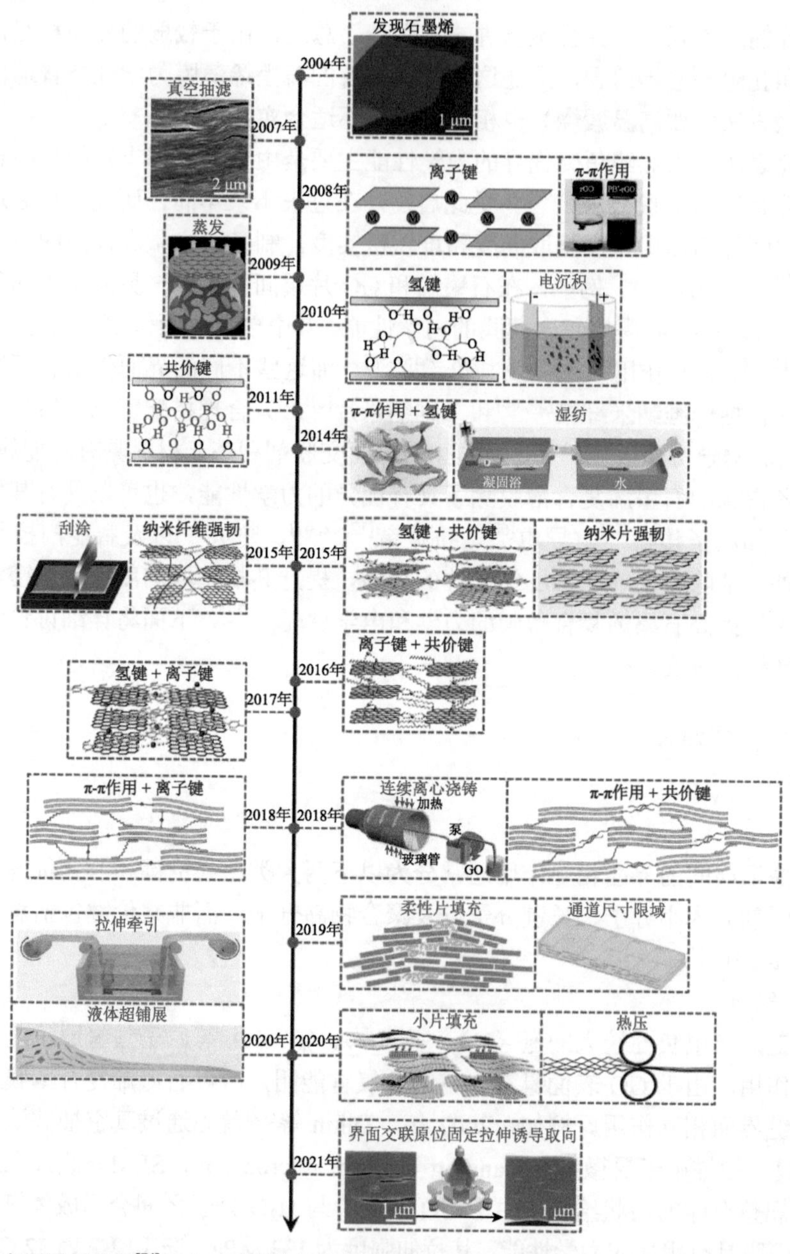

图 4-1 自石墨烯发现[74]以来，石墨烯复合薄膜的高性能组装策略主要包括：界面设计（氢键[32]、离子键[44]、π-π 作用[51]、共价键[54]等单一界面作用，氢键和 π-π 作用[65]、氢键和共价键[64]、氢键和离子键[69]、离子键和共价键[71]、离子键和 π-π 作用[75]、共价键和 π-π 作用[76]、纳米片[61]和纳米纤维[60]协同强韧效应等复合界面作用）、规整取向（抽滤[77]、蒸发[78]、电沉积[79]、湿纺[80]、刮涂[81]、连续离心浇铸[82]、拉伸牵引[83]、液体超铺展[84]以及界面交联原位固定拉伸诱导取向[85]等）和密实堆积（柔性片[86]和小片[87]填充、热压[88]等）

中国科学院金属研究所成会明等[89]利用氢碘酸（hydroiodic acid，HI）的化学还原作用，有效去除了 GO 纳米片表面的缺陷，恢复了部分 sp^2 共轭结构，成功地将 GO 薄膜还原成高导电的柔性 rGO 薄膜，其电导率为 298 S/cm。由于层间距减少以及层间增强的 π-π 堆积作用，该 rGO 薄膜力学性能进一步提升，其拉伸强度为 170 MPa，韧性为 2.98 MJ/m^3。这种综合高性能的 rGO 薄膜在柔性电子器件领域具有潜在应用。

除了水分子，其他的小分子和线形聚合物也可以与 GO 纳米片形成丰富的氢键，如 *N*, *N*-二甲基甲酰胺（*N*, *N*-dimethyl formamide，DMF）[32]、PVA[32, 39]、HPC[70]、聚 *N*-异丙基丙烯酰胺[poly(*N*-isopropylacrylamide)，PNIPAM][90]以及 PMMA[32]等。Putz 等[32]系统研究了 H_2O、DMF、PVA 以及 PMMA 对石墨烯复合薄膜力学性能的影响。图 4-2 所示为相应四种复合材料氢键网络结构示意图。由于电负性原子上未连接氢原子，DMF 只能通过酰胺氧作为氢键受体参与成键；而 H_2O 分子却可以同时作为氢键受体和供体参与形成氢键，因此，相比于 GO-DMF，GO-H_2O 具有更高的储存模量。进一步，当亲水性 PVA 分子链引入 GO 层间时，一方面其侧链羟基可以作为氢键受体和供体参与成键，另一方面形成的氢键单元可以通过 PVA 骨架桥连成更强的氢键网络。因此 GO-PVA 仿生纳米复合材料具有比 GO-H_2O 更高的储存模量，而且当 GO 含量为 77.4 wt%时，其储存模量大约为混合定律计算值的两倍。然而当疏水性 PMMA 插入 GO 层间时，虽然形成的氢键单元也能通过 PMMA 骨架桥连成氢键网络，但是类似于 DMF，其只能通过酯基氧作为氢键受体参与成键，并且其侧链甲基的疏水特性以及空间位阻进一步限制了氢键的形成。因此 GO-PMMA 纳米复合材料的储存模量相对更低，与混合定律计算值也较为接近，而且受 PMMA 含量影响较小。此外，Li 等[39]利用 HI 将 GO-PVA 还原成 rGO-PVA，使其力学性能进一步提升，同时恢复其导电性能；但是由于绝缘性聚合物 PVA 的存在，其电导率仍低于纯 rGO 薄膜。

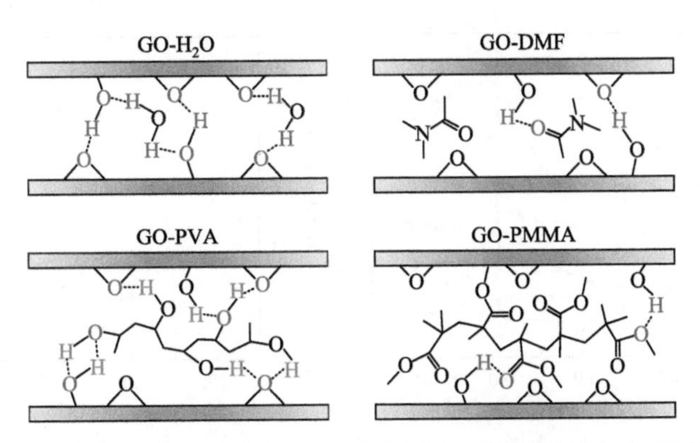

图 4-2　H_2O、DMF、PVA 以及 PMMA 与 GO 纳米片之间的氢键交联结构示意图，H_2O 和 PVA 为氢键受体和供体，DMF 和 PMMA 为氢键受体[32]

Medhekar 等[37]利用分子动力学模拟，定量研究了氢键网络对于石墨烯复合薄膜力学性能的影响。在含水 GO 纸中，由于 H_2O 分子可以与 GO 纳米片表面的含氧官能团形成丰富的氢键网络，因此改变 H_2O 含量可以调节 GO 薄膜的力学性能。另外，Compton 等[36]利用实验-理论计算相结合的方法，也证实了 GO-PVA 纳米复合材料的模量随 H_2O 含量的增大而减小。Wan 等[41]系统研究了 H_2O 含量对 GO、rGO、GO-PAA、rGO-PAA 纳米复合材料力学性能的影响（图 4-3）。随着相对湿度的增加，这四种材料的拉伸强度和杨氏模量减小，而其断裂伸长率却增大。此外，在相对湿度为 16%时，GO 和 GO-PAA 中水含量分别为 4.26 wt%和 5.92 wt%，这与 Compton 等[36]模拟的 GO 和 GO-PAA 最优水含量（约 5 wt%）一致。对于纯 GO 和 rGO 来说，当水与 GO 纳米片之间形成饱和氢键时，更高的水含量只能增加水分子之间的氢键，溶胀 GO 片层结构，而不能桥连相邻 GO 纳米片，从而有利于相邻 GO 片层的滑移。同样，对于 GO-PAA 和 rGO-PAA 纳米复合材料来说，过量的 H_2O 分子也只能用于形成 H_2O-PAA、H_2O-GO、H_2O-H_2O 三种相对较弱的氢键，从而促进相邻 GO 片层滑移，使拉伸强度和杨氏模量降低，断裂伸长率增大。

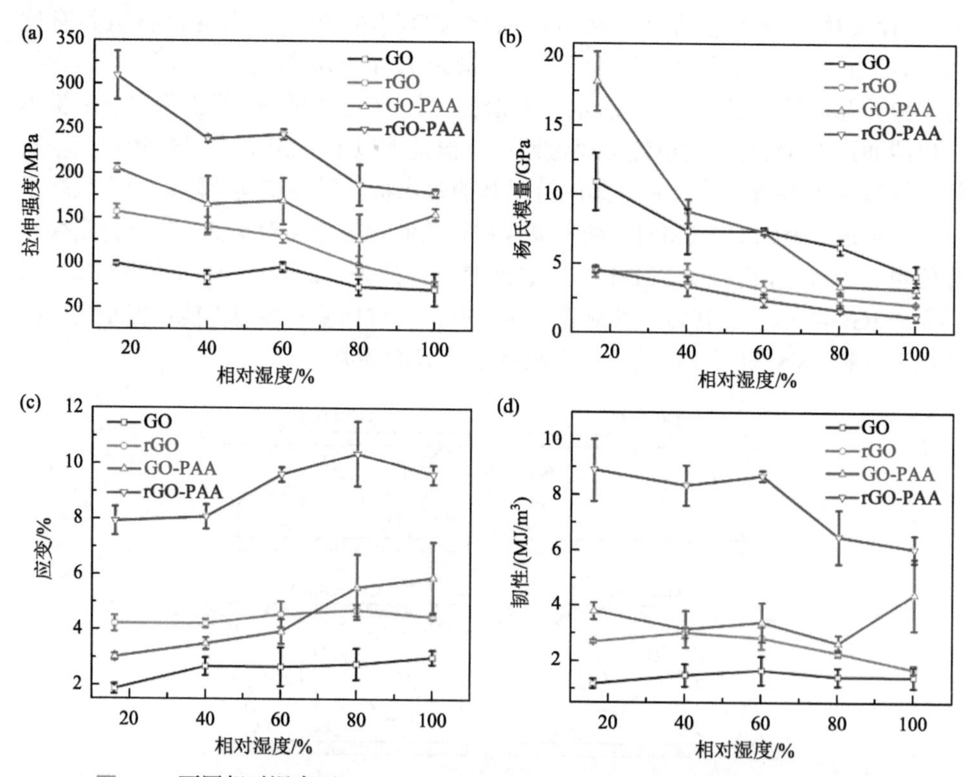

图 4-3 不同相对湿度下 GO、rGO、GO-PAA 和 rGO-PAA 薄膜的力学性能[41]

（a）拉伸强度；（b）杨氏模量；（c）应变；（d）韧性

除了线形聚合物，浙江大学高超等[91]使用超支化聚丙三醇（hyperbranched polyglycerol，HPG）通过氢键交联 GO 纳米片制成 GO-HPG 复合薄膜，其结构如图 4-4（a）所示。该 GO-HPG 的力学性能可以通过改变 HPG 的分子量进行调控。图 4-4（b）所示为利用不同分子量 HPG 制备得到的 GO-HPG 复合薄膜的拉伸应力-应变曲线。随着 HPG 分子量增加，GO-HPG 复合薄膜的断裂伸长率从 1.75% 增加到 3.0%，这主要是由于高分子量的 HPG 在受力过程中可以发生更大的塑性变形。

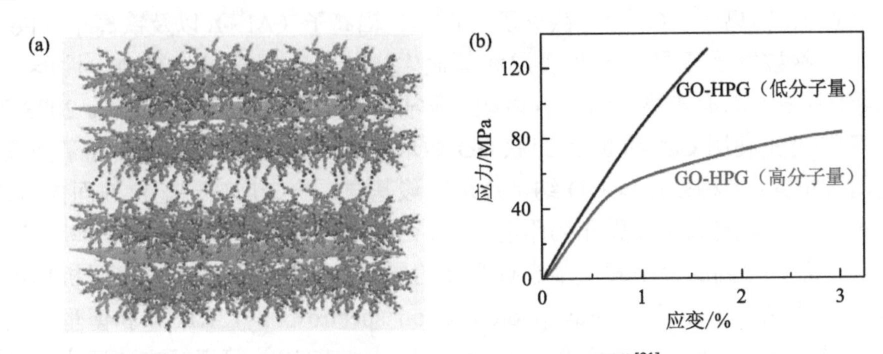

图 4-4　氢键交联的 GO-HPG 复合薄膜[91]

（a）结构示意图；（b）不同分子量 HPG 交联制备的 GO-HPG 复合薄膜的拉伸应力-应变曲线

此外，一些生物大分子，如魔芋葡甘露聚糖[43]和丝素蛋白（silk fibroin，SF）[30, 34, 40]等，也可以与 GO 纳米片形成丰富的氢键交联网络。相比于合成聚合物，这些生物大分子通常具有复杂的多级次空间结构，这有利于发生较大的塑性变形，从而赋予石墨烯复合薄膜更大的韧性。最近，Hu 等[40]制备了高强高韧的 rGO-SF 复合薄膜，如图 4-5（a）所示，其断面呈现有序的层状结构。当 SF 的含量为 2.5 wt% 时，rGO-SF 复合薄膜的拉伸强度和韧性分别达到 300 MPa 和 2.8 MJ/m^3，为纯

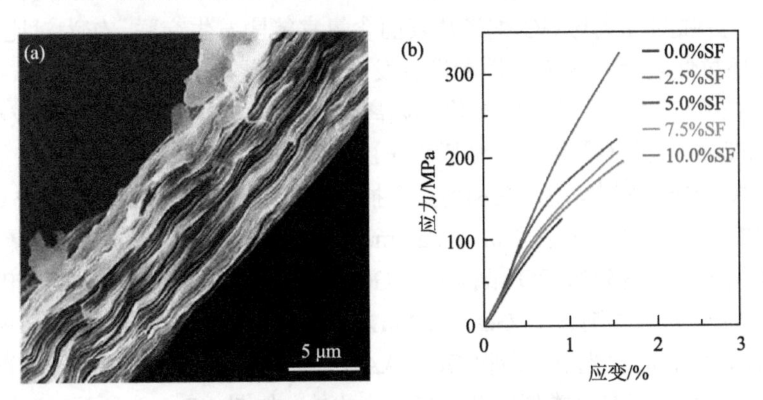

图 4-5　氢键交联的 rGO-SF 复合薄膜[40]

（a）断面直视 SEM 照片；（b）不同 SF 含量的 rGO-SF 复合薄膜的拉伸应力-应变曲线

rGO 薄膜的 2.5 倍和 5.2 倍。如图 4-5（b）所示，当 SF 的含量进一步增加时，rGO-SF 的力学性能逐渐下降，这主要是由于过量的 SF 在石墨烯层间未充分形成氢键交联，只能作为填充杂质而增大 rGO-SF 的横截面积。

2）离子键

在天然生物材料中，微量的金属离子常常与蛋白质形成螯合结构[92, 93]，提升力学性能，尤其是刚度和硬度。例如，沙蚕口的超硬特性源于铜离子（Cu^{2+}）和锌离子（Zn^{2+}）与内部蛋白质的螯合结构[94, 95]。此外，其他的金属离子，如锰离子（Mn^{2+}）、钙离子（Ca^{2+}）、钛离子（Ti^{4+}）、铝离子（Al^{3+}）以及铁离子（Fe^{3+}）等，也常常被发现于昆虫的角质层和其他生物体中，用于增强其力学性能。而 GO 纳米片表面具有丰富的含氧官能团，非常有利于金属离子配位交联。2008 年，Park 等[44]首先利用 Ca^{2+}和 Mg^{2+}交联 GO 纳米片。如图 4-6 所示，这种离子交联可分为两种模式：一种是通过 GO 纳米片边缘羧基与二价金属离子配位的面内桥连，另一种是二价金属离子首先作为路易斯酸，诱导 GO 纳米片表面的环氧基团开环，再与开环之后得到的羟基和羰基进行交联的层间桥连。这两种离子交联机理可以通过 X 射线光电子能谱（X-ray photoelectron spectroscopy，XPS）和傅里叶变换红外光谱（Fourier transform infrared spectroscopy，FTIR）等表征方法证实，且面内离子桥连要强于层间离子交联。此外，离子插入石墨烯层间，也将增加层间距和样品拉伸横截面积，而不利于力学性能提升。因此，金属离子的半径对于石墨烯复合薄膜的力学性能具有很大的影响。实验结果也证实，离子半径较大的 Ca^{2+}（1.06 Å）交联的 GO 薄膜，其力学性能要低于离子半径较小的 Mg^{2+}（0.78 Å）交联的 GO 薄膜。

此外，Park 等[44]也发现，缓慢的循环低载荷拉伸有利于提升离子交联 GO 薄膜的力学性能。例如，在经过 4 次循环拉伸后，其拉伸强度和模量分别提升了 10%～80%和 10%～40%。这主要是由于边缘连接的金属离子在较小的拉力扰动下，会采取更强的方式与 GO 纳米片表面含氧官能团发生交联。作为对比，纯 GO 薄膜在循环拉伸之后，其力学性能没有发生明显变化。

除了 Ca^{2+}和 Mg^{2+}，其他的多价金属离子也能与 GO 纳米片配位形成离子键。以上所述的离子交联石墨烯复合薄膜均是由两步法制备，即预先制备 GO 纸，再引入离子交联。Yeh 等[46]发现，在利用真空抽滤法将酸性 GO 分散液组装成 GO 薄膜时，使用的多孔阳极氧化铝（anodic aluminum oxide，AAO）滤片可以释放 Al^{3+}，交联 GO 纳米片，得到的 GO 纸标记为 GO（AAO）。作为对比，他们也改用聚四氟乙烯（Teflon）滤膜制备了 GO（Teflon）薄膜。如图 4-7（a）和（b）所示，由于 AAO 滤片的表面更光滑，所得 GO（AAO）薄膜相对于 GO（Teflon）薄膜更加平整光滑，但是它们具有类似的断面形貌。此外，如图 4-7（c）所示，GO（AAO）薄膜的力学性能要优于 GO（Teflon）薄膜，前者的杨氏模量为后者的 3.4 倍。

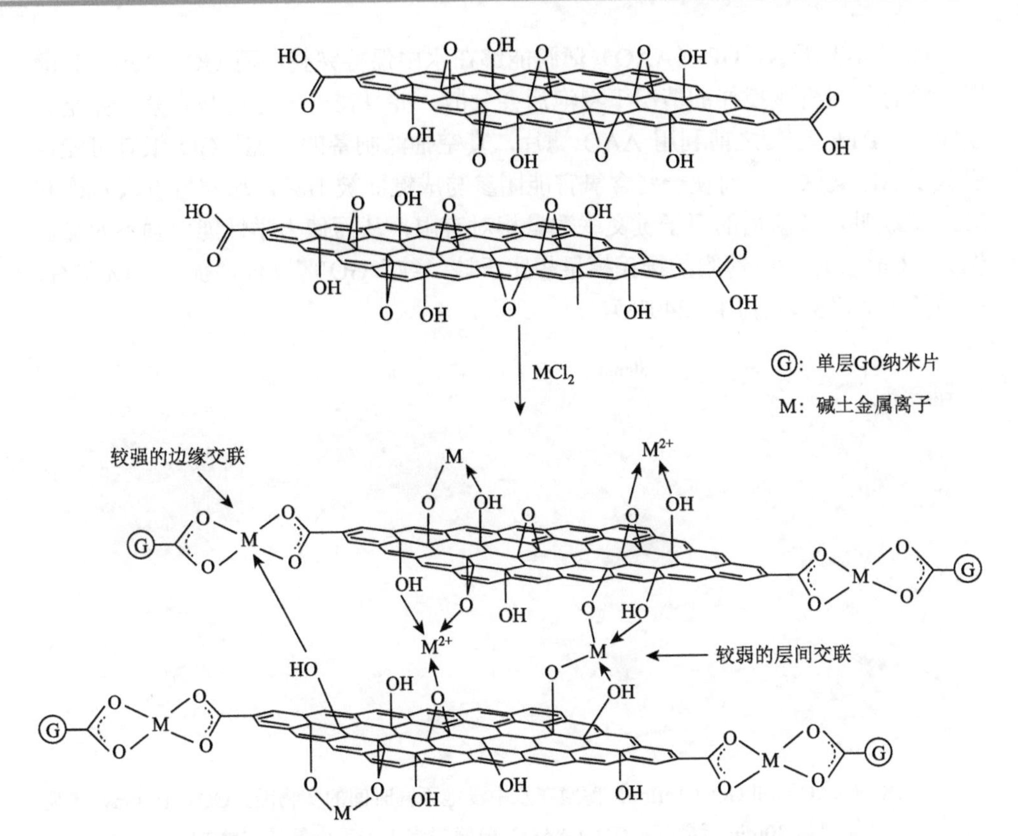

图 4-6　碱土金属离子（如 Ca^{2+}和 Mg^{2+}）与 GO 纳米片之间的离子交联模型，主要包括层间和面内桥连[44]

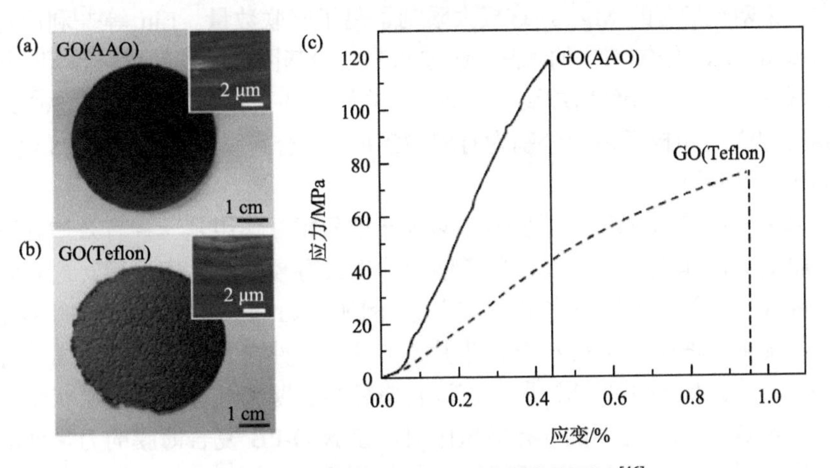

图 4-7　真空抽滤膜基底对 GO 薄膜的影响[46]

(a) GO（AAO）和（b）GO（Teflon）薄膜的数码照片和相应的断面 SEM 照片；(c) GO（AAO）和 GO（Teflon）薄膜的拉伸应力-应变曲线

如图 4-8 所示，GO（AAO）薄膜能够在水中保持完整，而 GO（Teflon）薄膜在没有任何机械搅拌的情况下浸泡后会分散，并且在一天之后基本分散完全。事实上，Park 等[44]之前利用 AAO 滤片，真空抽滤制备的“纯”GO 纸有可能也引入了 Al^{3+}交联，从而使一些含氧官能团参与成键而被消耗，这样再引入 Ca^{2+}和 Mg^{2+}交联时，其新增的离子键交联数量相对有限，从而使力学性能增强不明显。例如，Ca^{2+}交联 GO 薄膜的杨氏模量相比于该“纯”GO 薄膜仅增加了 10%左右，明显低于 Al^{3+}交联作用（240%）。

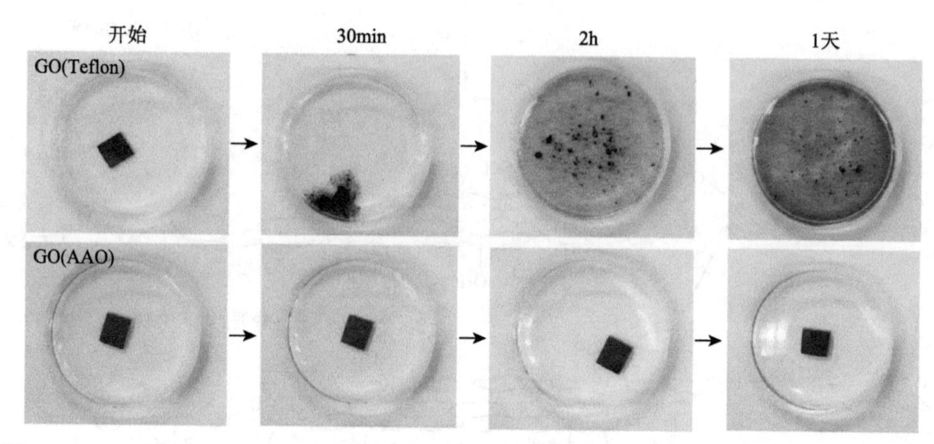

图 4-8　GO（AAO）和 GO（Teflon）薄膜在水中浸泡不同时间的实物图，GO（Teflon）薄膜浸泡 30min 后散开，GO（AAO）薄膜浸泡 1 天后仍保持完整[46]

事实上，这些离子交联的石墨烯复合薄膜中离子含量非常低，例如 GO-Mg^{2+} [44]中仅含 1.2 wt%左右的 Mg^{2+}，这极大限制了离子交联数量。Liu 等[47]利用丹宁酸（tannic acid，TA）修饰 GO 纳米片，通过邻苯二酚基团与 Fe^{3+}的螯合作用，将 Fe^{3+}离子交联密度从 2.3 wt%增加到 5.6 wt%，从而制备了超强的 GO-TA-Fe^{3+}复合薄膜，其拉伸强度和杨氏模量分别为对应 GO-Fe^{3+}复合薄膜的 1.8 倍和 2.5 倍。

3）π-π 作用

石墨烯表面具有 sp^2 杂化结构，所以 π-π 堆积相互作用是一种有效增强石墨烯复合薄膜的界面作用。此外，石墨烯纳米片也具有较大的比表面积，这有利于提升石墨烯片层之间 π-π 堆积作用交联密度。例如，Xu 等[51]利用水溶性的 1-芘丁酸盐（PB^-）π-π 堆积作用交联 rGO 纳米片，制备了柔性自支撑导电石墨烯复合薄膜［图 4-9（a）］。如图 4-9（b）所示，该石墨烯复合薄膜具有有序的层状结构。因为 PB^-与 rGO 纳米片之间的 π-π 堆积作用，该 rGO-PB^-复合薄膜的力学性能和导电性能显著提升。如图 4-9（c）所示，其拉伸强度为 8.4 MPa，韧性为 0.01 MJ/m^3，杨氏模量为 4.2 GPa，而且其电导率为 2 S/cm，相比于纯 GO 薄膜的电导率（6×10^{-7} S/cm）提高了 7 个数量级。此外，Liu 等[96]也证实，1-芘丁酸 *N*-羟基琥

珀酰亚胺酯通过 π-π 堆积作用插入石墨烯层间，可以将化学气相沉积石墨烯薄膜的电导率提升 6 个数量级。然而，对于一些侧链含有分子间成键基团的小分子芘基衍生物，如 1-芘丁酸、1-芘丁醇、1-芘乙酸、1-芘基硼酸等，其在构筑石墨烯复合薄膜的过程中倾向于团聚，从而不利于石墨烯复合薄膜的导电性能[96]。

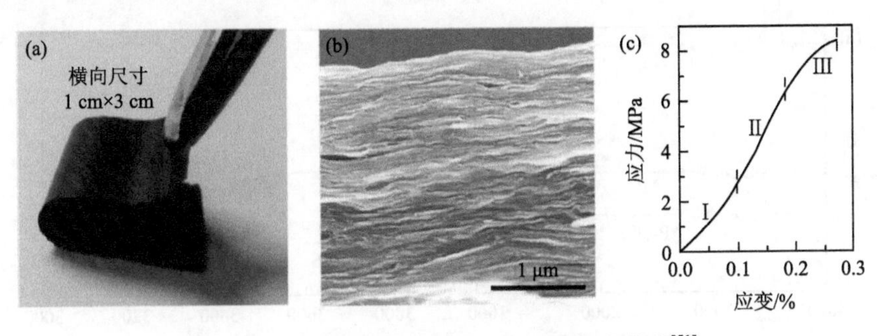

图 4-9　π-π 堆积作用交联的 rGO-PB⁻复合薄膜[51]

（a）实物照片；（b）断面直视 SEM 照片；（c）拉伸应力-应变曲线

上述 π-π 堆积作用交联剂仅仅涉及一端带芘基的小分子。事实上，相比于单侧 π-π 堆积作用交联，双侧 π-π 堆积作用交联相邻石墨烯纳米片将极大提升石墨烯复合薄膜的力学性能[49, 50]。Ni 等[49]将有机小分子 1-氨基芘（1-AP）和辛二酸双(*N*-羟基琥珀酰亚胺酯)（DSS）的 DMF 溶液充分混合，使它们通过酰胺化反应，生成一种两端各有一个芘环的长链 π-π 堆积作用交联剂分子 AP-DSS（图 4-10）。

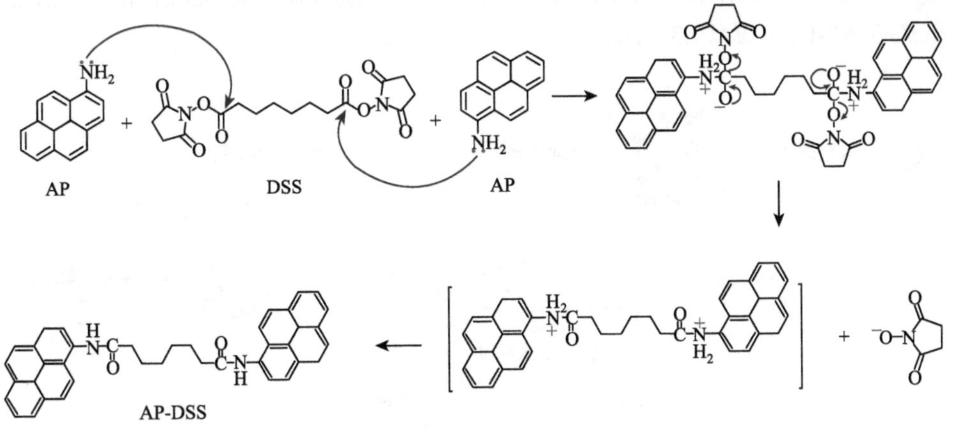

AP　DSS　AP

AP-DSS

图 4-10　AP-DSS 分子的制备反应机理[49]

FTIR 结果（图 4-11）表明，AP 分子在 3310 cm^{-1} 和 3351 cm^{-1} 有两个马蹄形的特征峰，分别表示 N—H 的对称和反对称伸缩振动。而 DSS 分子结构中不存在

N—H 键，因此，在此区域内没有特征峰。AP-DSS 分子在 3258 cm^{-1} 有一个 N—H 的伸缩振动峰，这表明其内部有一个对称的 N—H 亚胺结构，从而证实 AP 与 DSS 成功发生酰胺化反应。此外，DSS 和 AP-DSS 分子在 2862 cm^{-1} 和 2933 cm^{-1} 有相同的特征峰，这是由于链状结构的 C—H 骨架的伸缩振动。

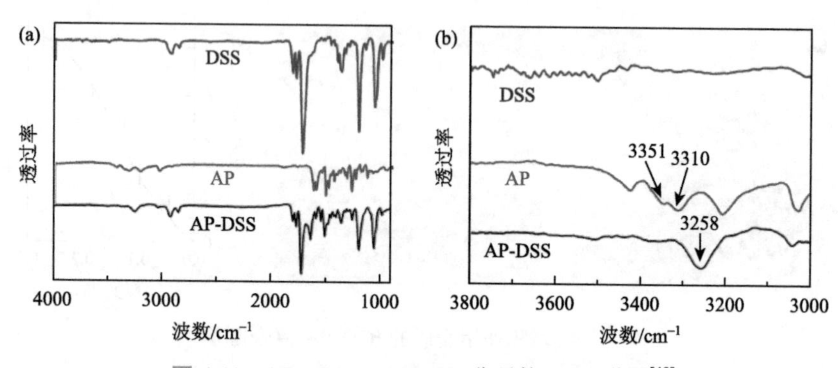

图 4-11 AP、DSS、AP-DSS 分子的 FTIR 谱图[49]

(a) 900～4000 cm^{-1}；(b) 3000～3800 cm^{-1}

图 4-12 所示为 AP-DSS 交联石墨烯复合薄膜（rGO-AP-DSS）的制备过程。首先将分散均匀的 GO 水溶液真空抽滤，制备成 GO 薄膜；然后将该 GO 薄膜静置在 HI 中浸泡约 5h，使其充分还原，得到 rGO 薄膜；最后将该 rGO 薄膜浸泡在 AP-DSS 溶液中，从而得到 rGO-AP-DSS 复合薄膜。通过改变 AP-DSS 溶液的浓度，研究人员制备了 4 种不同 AP-DSS 质量分数的 rGO-AP-DSS 复合薄膜：rGO-AP-DSS-Ⅰ（2.7 wt%）、rGO-AP-DSS-Ⅱ（2.9 wt%）、rGO-AP-DSS-Ⅲ（3.4 wt%）和 rGO-AP-DSS-Ⅳ（7.3 wt%）。

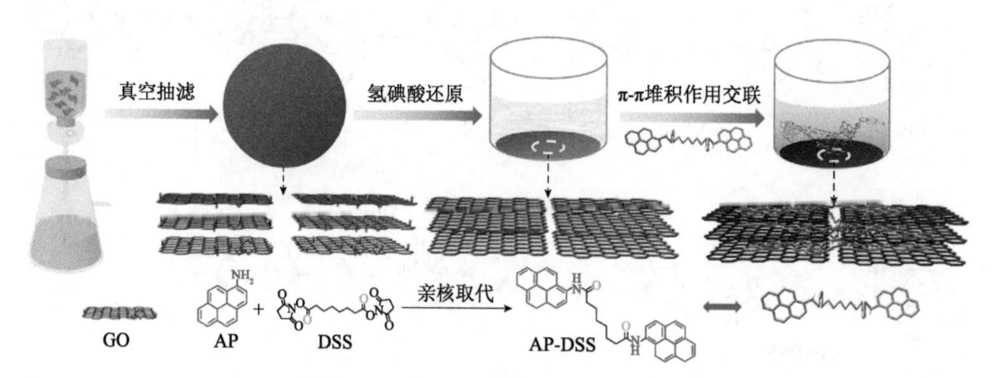

图 4-12 rGO-AP-DSS 复合薄膜的制备过程示意图，首先将 GO 分散液抽滤，得到 GO 薄膜，随后进行 HI 还原，最后浸泡在 AP-DSS 溶液中，从而得到 rGO-AP-DSS 复合薄膜[49]

rGO-AP-DSS 复合薄膜的 FTIR 谱图在 2862 cm^{-1} 和 2933 cm^{-1} 处存在特征峰，

这表明 AP-DSS 成功渗入 rGO 层间[图 4-13（a）]。如图 4-13（b）所示，随着 AP-DSS 含量的增加，rGO-AP-DSS 复合薄膜的层间距从 0.36 nm 逐渐增加到 0.37 nm。

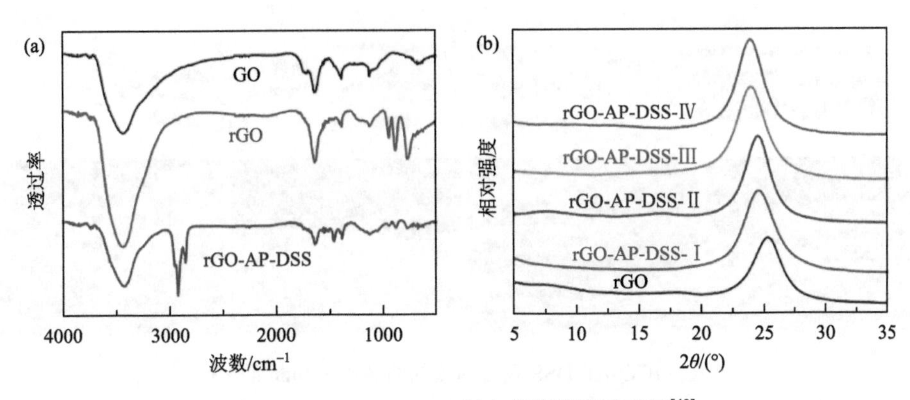

图 4-13　rGO-AP-DSS 复合薄膜的谱图表征[49]

（a）GO、rGO、rGO-AP-DSS 薄膜的 FTIR 谱图；（b）rGO 和不同 AP-DSS 含量的 rGO-AP-DSS 薄膜的 XRD 曲线

如图 4-14（a）所示，随着 AP-DSS 含量的增加，rGO-AP-DSS 复合薄膜的拉伸强度和韧性先增加后减小，当 AP-DSS 含量为 3.4 wt%时，相应的 rGO-AP-DSS-Ⅲ复合薄膜具有最优的力学性能，其拉伸强度和韧性分别为（538.8±31.6）MPa 和（16.1±3.0）MJ/m^3，分别是纯 rGO 薄膜相应性能的 4.1 倍和 6.4 倍。此外，该 rGO-AP-DSS-Ⅲ复合薄膜相比于 rGO 薄膜具有更优异的抗疲劳性能[图 4-14（b）]。

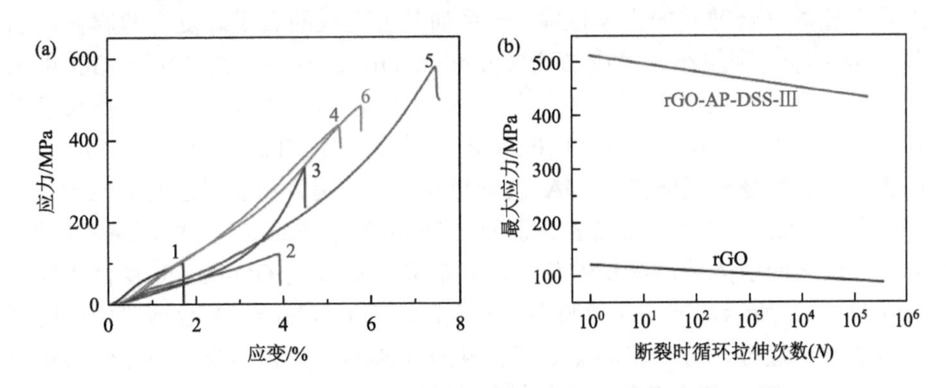

图 4-14　rGO-AP-DSS 复合薄膜的拉伸力学和抗疲劳性能[49]

（a）GO（1）、rGO（2）、rGO-AP-DSS-Ⅰ（3）、rGO-AP-DSS-Ⅱ（4）、rGO-AP-DSS-Ⅲ（5）、rGO-AP-DSS-Ⅳ（6）薄膜的拉伸应力-应变曲线；（b）rGO 和 rGO-AP-DSS-Ⅲ薄膜的循环拉伸疲劳寿命与最大应力关系曲线

图 4-15（a）所示为 rGO-AP-DSS 复合薄膜的断裂机理。当开始受力拉伸时，AP-DSS 分子随着 rGO 纳米片的滑移由卷曲状逐渐被拉直；随着拉力继续增大，

拉直的 AP-DSS 分子的苝环与 rGO 纳米片之间的 π-π 堆积作用被破坏，薄膜破裂。如图 4-15（b）和（c）所示，rGO-AP-DSS 复合薄膜的拉伸断面呈现明显的 rGO 片层拉出和卷曲。

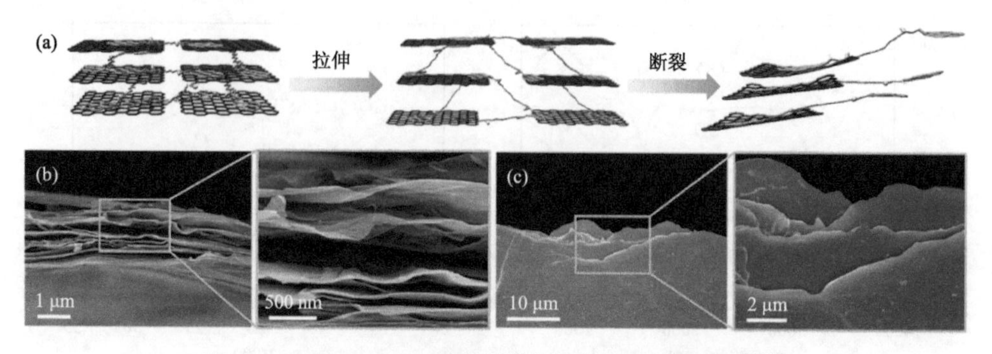

图 4-15 rGO-AP-DSS 复合薄膜的断裂机理和断面形貌[49]

（a）拉伸断裂过程；断面直视（b）和俯视（c）SEM 照片

更重要的是，该 rGO-AP-DSS 复合薄膜相比于纯 rGO 薄膜具有更高的导电性能。rGO 薄膜的电导率约为（243.0±9.6）S/cm。随着 AP-DSS 含量的增加，rGO-AP-DSS 复合薄膜的电导率先增加后减小，当 AP-DSS 的含量为 2.9 wt%时，相应的 rGO-AP-DSS-Ⅱ复合薄膜具有最高的电导率，为（430.0±8.6）S/cm。

4）共价键

相比于上述几种非共价键，共价键是一种更强的界面相互作用，有利于大幅提升石墨烯复合薄膜的力学性能。一系列共价交联的石墨烯复合薄膜被成功制备。Gao 等[53]利用小分子戊二醛（glutaraldehyde，GA）共价交联 GO 纳米片，制备了高力学性能的石墨烯复合薄膜（GO-GA），其拉伸强度和杨氏模量分别从纯 GO 薄膜的 63.6 MPa 和 10.5 GPa 增大到 101 MPa 和 30.4 GPa。进一步，他们通过原位拉曼测试证实了 GA 共价交联可大幅提升石墨烯层间的应力传递效率。此外，An 等[54]受高等植物细胞壁之间硼酸盐（borate）交联网络的启发，在 GO 片层之间引入硼酸酯键共价交联，制备了超硬的 GO-borate 复合薄膜。如图 4-16（a）所示，纯 GO 薄膜中只有氢键，而 GO-borate 复合薄膜中同时存在硼酸酯键和氢键，进一步的热处理将导致硼酸酯低聚物形成。因为强共价交联作用，GO-borate 复合薄膜的力学性能大幅提升，其拉伸强度和杨氏模量分别从纯 GO 薄膜的 130 MPa 和 30 GPa 提高到 160 MPa 和 110 GPa[图 4-16（b）]。此外，在热处理之后，因共价交联密度增大，其拉伸强度和杨氏模量进一步提升至 185 MPa 和 127 GPa。类似于 GO-GA，该 GO-borate 复合薄膜的韧性较低，仅为 0.14 MJ/m^3。

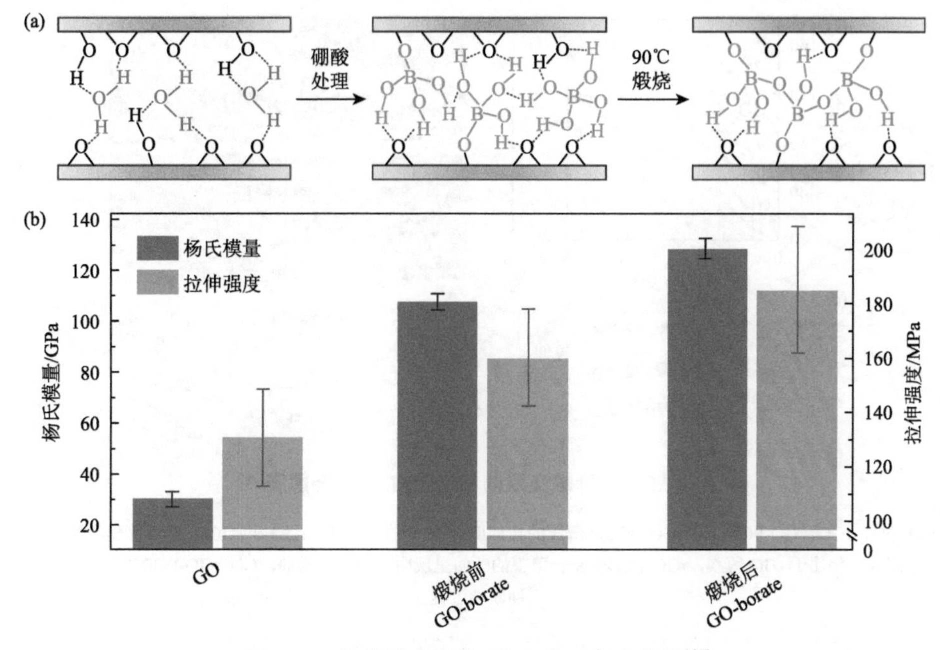

图 4-16　共价键交联的 GO-borate 复合薄膜[54]

（a）GO 薄膜在依次经过硼酸和煅烧处理时的结构演变，煅烧后可以形成更多的硼酸酯键；（b）GO 和煅烧前后 GO-borate 薄膜的拉伸强度和杨氏模量

Cheng 等[56]利用一种长链分子 10, 12-二十五碳二炔-1-醇（10, 12-pentacosadiyn-1-ol，PCDO）交联 GO 纳米片，成功制备了超韧的石墨烯复合薄膜（rGO-PCDO）。其制备过程如下：首先 PCDO 通过一端的羟基与 GO 纳米片表面的羧基发生酯化反应，共价接枝到 GO 纳米片表面；而后在紫外光照条件下，PCDO 通过二炔键的 1, 4-加成聚合形成共价交联网络；最后通过 HI 还原，除去 GO 纳米片表面的剩余含氧官能团，得到 rGO-PCDO 复合薄膜。如图 4-17（a）所示，相比于纯 rGO 薄膜，该 rGO-PCDO 复合薄膜不仅拉伸强度（129.6 MPa）提升 17%，而且韧性（3.9 MJ/m^3）提升 162%。此外，其拉伸断面呈现明显的 rGO 片层的拉出和卷曲[图 4-17（b）]，表明 PCDO 与 rGO 纳米片之间的共价交联断裂并吸收了大量的能量。其拉伸过程如图 4-17（c）所示，当材料开始受力拉伸时，rGO 片层之间零散的氢键发生断裂，使相邻 rGO 纳米片发生相对滑移，同时卷曲的 PCDO 交联网络逐渐被拉直，从而耗散大量能量；随着拉力继续增大，拉直的 PCDO 分子链以及 PCDO 与 rGO 纳米片之间的共价键发生断裂，导致 rGO 片层拉出并发生卷曲，进一步耗散能量，同时提升拉伸强度。此外，PCDO 二炔键共轭网络交联结构，有利于促进电子沿 z 轴方向在 rGO 片层之间传递，从而赋予 rGO-PCDO 复合薄膜较高的导电性能，其电导率高达 232.29 S/cm。

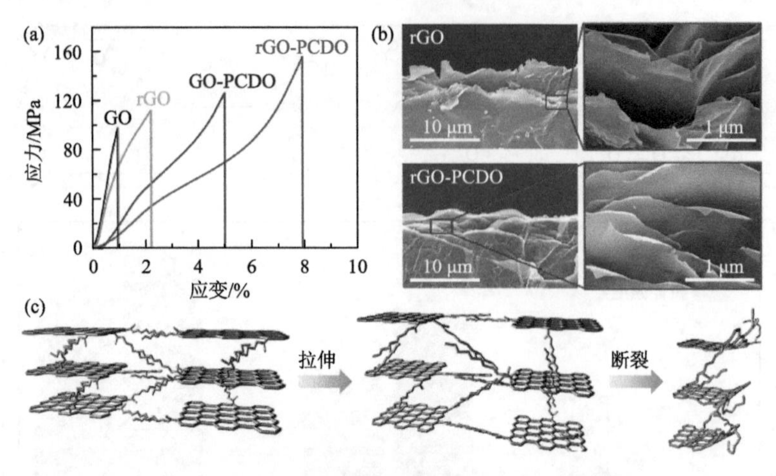

图 4-17 共价键交联的 rGO-PCDO 复合薄膜[56]

(a) GO、rGO、GO-PCDO 和 rGO-PCDO 薄膜的拉伸应力-应变曲线；(b) rGO 和 rGO-PCDO 薄膜的断面俯视 SEM 照片，相比于 rGO 薄膜，rGO-PCDO 复合薄膜的断面呈现明显的片层卷曲；(c) rGO-PCDO 复合薄膜的拉伸断裂过程

由于 PCDO 分子和 GO 纳米片之间的共价交联密度较低，rGO-PCDO 的拉伸强度提升相对有限。为此，一些高分子聚合物被用于共价交联 GO 纳米片，使 GO 片层间界面强度大幅增强，如聚丙烯酰胺（polyallylamine，PAA）[57]、聚乙烯亚胺（polyethyleneimine，PEI）[55]等。Cui 等[52]直接在 GO 片层之间引入聚多巴胺（polydopamine，PDA）共价交联，然后通过 HI 化学还原，制备了兼具高强度和高韧性的石墨烯复合薄膜（rGO-PDA），其结构如图 4-18（a）所示。该石墨烯复合薄膜的力学性能可以通过改变 PDA 的含量而进行优化。当 PDA 的含量为 4.6 wt%时，其力学性能最佳，这与天然鲍鱼壳中有机基质含量相符，体现了仿生设计的优越性。其最大拉伸强度为 204.9 MPa，最大韧性为 4.0 MJ/m^3。相比于以前报道的 rGO-PCDO[56]，该 rGO-PDA 复合薄膜的高强度是由于 PDA 分子链与 GO 纳米片之间更密集的共价交联作用；而其高韧性同样是由于卷曲的 PDA 分子链在拉伸过程中不断被拉直，耗散大量能量，因此，其断裂形貌也呈现 rGO 片层的拉出及卷曲[图 4-18（b）]。由于 PDA 为绝缘性交联剂，该 rGO-PDA 复合薄膜的电导率（18.5 S/cm）相比于纯 rGO 薄膜（44.8 S/cm）有所降低。

此外，一些功能共价交联剂也可以交联 GO 纳米片制成多功能石墨烯复合薄膜。Liu 等[58]通过在 GO 纳米片表面共价接枝 PNIPAM，制备了高强度的负温度响应的纳米门控石墨烯复合薄膜（GO-PNIPAM）。该 GO-PNIPAM 复合薄膜的拉伸强度是纯 GO 薄膜的 1.9 倍，而韧性仅为后者的 29%，这主要是由于高密度的共价交联大幅抑制了 PNIPAM 分子链的塑性变形。PNIPAM 是一种常见的温

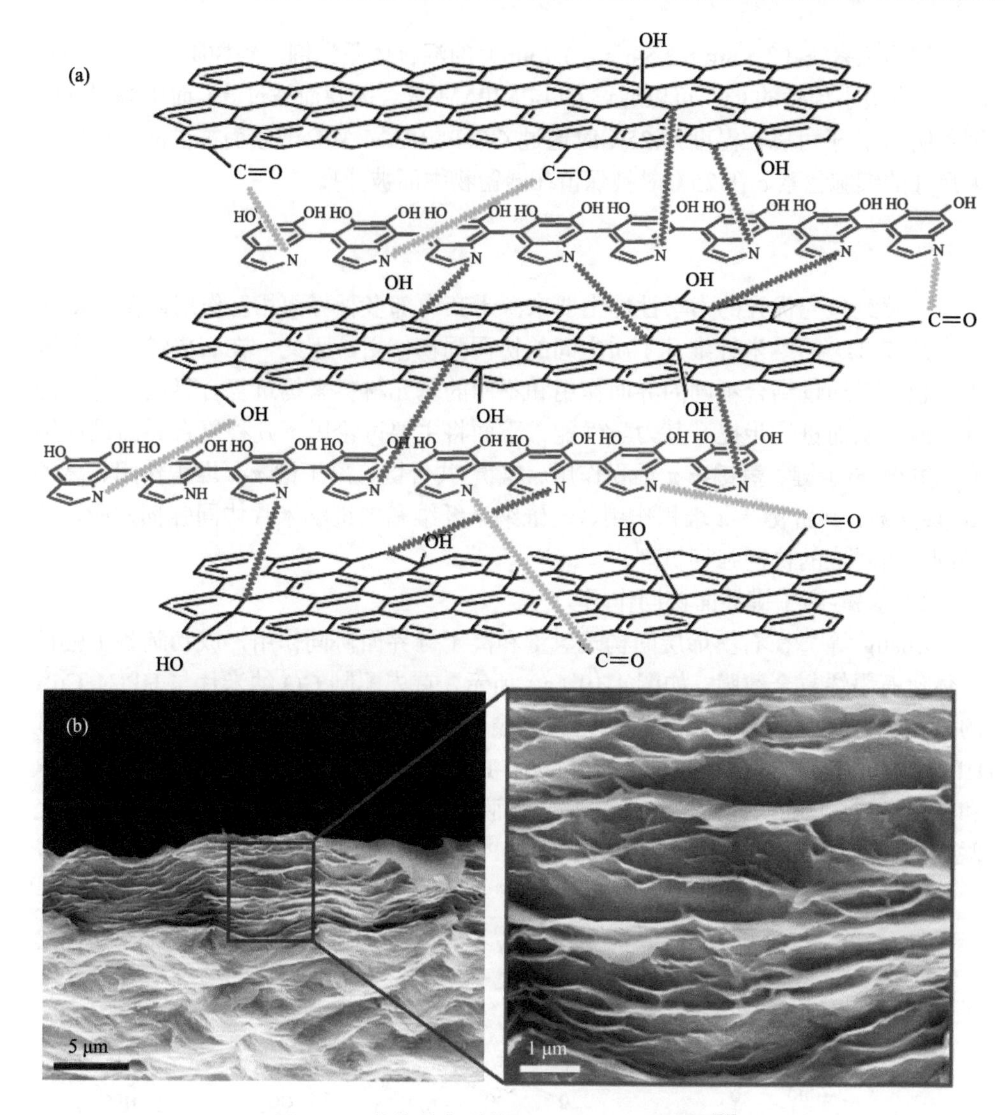

图 4-18　共价键交联的 rGO-PDA 复合薄膜[52]

（a）结构示意图；（b）断面直视 SEM 照片，呈现明显的片层卷曲

度响应聚合物，其插在 GO 层间可以可逆地根据温度调控 GO 的层间距，从而实现智能门控效应。当温度高于 PNIPAM 的低临界溶解温度（约为 30℃）时，GO 层间的 PNIPAM 分子链因形成大量的分子内氢键而发生收缩，此时，与 PNIPAM 分子链连接的相邻两层 GO 纳米片被拉进而导致层间距减小，因此，该 GO-PNIPAM 复合薄膜的水透过率将大幅降低，例如，从 25℃时的 12.4 L/(m^2·h·bar)下降到 50℃时的 1.8 L/(m^2·h·bar)。此外，该 GO-PNIPAM 复合薄膜可以简单地通过调整温度来实现不同尺寸分子的智能梯度分离。以 Cu^{2+}（0.8 nm）、罗丹明 B（1.8 nm×1.4 nm）

以及细胞色素 c（2.5 nm×2.5 nm×3.7 nm）的混合体系为例，当控制温度为 50℃时，只有最小尺寸的 Cu^{2+}可以通过 GO-PNIPAM 复合薄膜而被过滤，而中等尺寸的罗丹明 B 分子可以在温度为 25℃时通过 GO-PNIPAM 复合薄膜而被过滤，最终最大尺寸的细胞色素 c 在 25℃时被保留在滞留物中而被分离。

2. 复合界面作用

天然鲍鱼壳优异的力学性能主要来源于其内部多种界面相互作用以及 $CaCO_3$ 微米片和 1D 的纳米纤维几丁质之间的协同强韧作用，因此，在石墨烯复合薄膜中，也可以通过结合不同的界面作用和不同的基元材料来构筑复合界面，诱导协同效应，从而进一步提升其力学性能。下面将主要讨论以下几种复合界面设计策略：氢键-离子键、氢键-π-π 堆积作用、氢键-共价键、离子键-π-π 堆积作用、离子键-共价键、共价键-π-π 堆积作用、一维纳米纤维和二维纳米片协同强韧效应，并详细分析对应的协同强韧机理。

1）氢键-离子键界面协同作用

Zhang 等[70]在石墨烯层间构筑氢键和离子键界面协同作用，成功制备了强韧一体化石墨烯复合薄膜。如图 4-19（a）所示，首先配制 GO 纳米片与 HPC、Cu^{2+}的均匀分散液，然后利用蒸发法将其组装成 GO-HPC-Cu^{2+}复合薄膜，最后通过 HI 化学还原得到该石墨烯复合薄膜[rGO-HPC-Cu^{2+}，图 4-19（b）]。通过 FTIR 和 XPS 表征，可以证明该石墨烯复合薄膜中同时存在氢键和离子键两种界面交联作用。如图 4-19（c）所示，该 rGO-HPC-Cu^{2+}复合薄膜具有有序的层状结构，

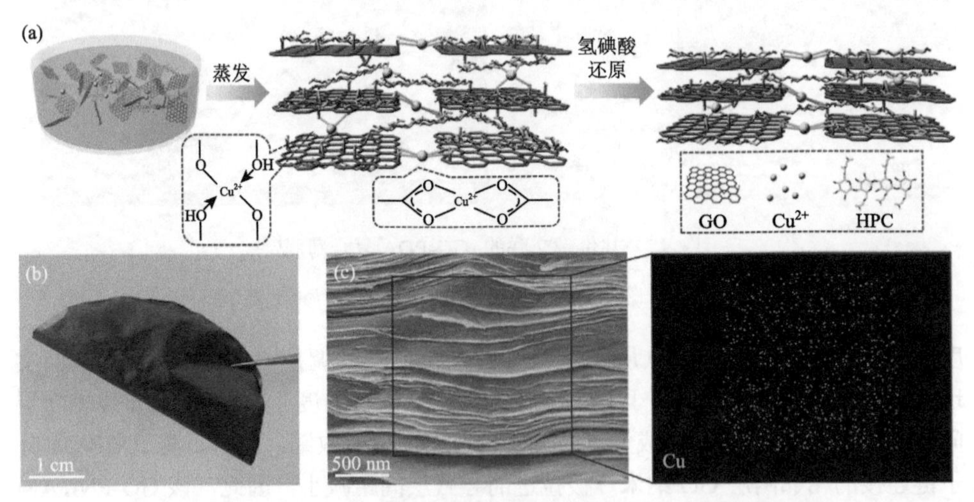

图 4-19 氢键和离子键界面协同交联的 rGO-HPC-Cu^{2+}复合薄膜[70]

（a）制备过程示意图；（b）实物照片；（c）断面直视 SEM 照片和相应的 Cu 元素 EDS 图像，证实 Cu^{2+}均匀插入 rGO 层间

并且相应的能量色散 X 射线谱（energy dispersive X-ray spectrum，EDS）图像显示 Cu^{2+}均匀分散在 rGO 片层之间。为了研究氢键和离子键之间的界面协同作用，研究人员也制备了相应单一界面交联的 rGO-HPC 和 rGO-Cu^{2+}复合薄膜。进一步，通过改变 HPC 和 Cu^{2+}的含量，可以调控氢键和离子键的相对比例，从而优化其协同强韧作用。

图 4-20（a）所示为石墨烯复合薄膜的静态拉伸应力-应变曲线，相比于纯 rGO 薄膜（拉伸强度为 137.4 MPa，韧性为 1.8 MJ/m^3），氢键交联的 rGO-HPC 复合薄膜的拉伸强度和韧性分别提升至 237 MPa 和 4.7 MJ/m^3，而离子键交联的 rGO-Cu^{2+}复合薄膜的拉伸强度和韧性分别提升至 258 MPa 和 5.4 MJ/m^3。当将氢键和离子键同时引入 rGO 片层之间时，rGO-HPC-Cu^{2+}复合薄膜的力学性能进一步提升，其拉伸强度和韧性分别高达 274.3 MPa 和 6.7 MJ/m^3，从而证明氢键和离子键的协同强韧作用。

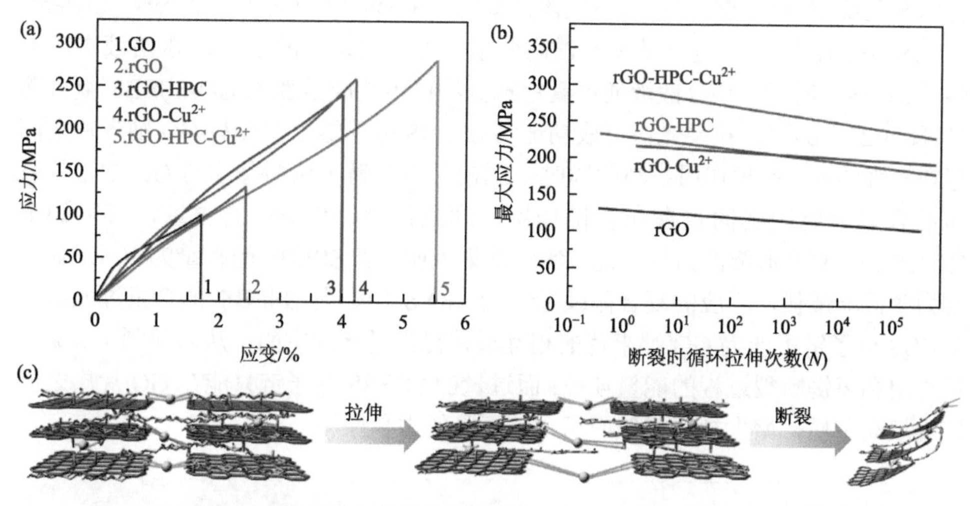

图 4-20 rGO-HPC-Cu^{2+}复合薄膜的拉伸力学性能、抗疲劳性能以及断裂机理[70]

（a）GO、rGO、rGO-HPC、rGO-Cu^{2+}和 rGO-HPC-Cu^{2+}薄膜的拉伸应力-应变曲线；（b）rGO、rGO-HPC、rGO-Cu^{2+}和 rGO-HPC-Cu^{2+}薄膜的循环拉伸疲劳寿命与最大应力的关系曲线；（c）rGO-HPC-Cu^{2+}复合薄膜的拉伸断裂过程

除了优异的静态力学性能，该石墨烯复合薄膜也具有超高的抗疲劳性能［图 4-20（b）］。在同一循环拉力作用下，rGO-HPC-Cu^{2+}复合薄膜的疲劳寿命相比于 rGO-HPC 和 rGO-Cu^{2+}大约高出 5 个数量级，进一步证明了该协同强韧策略的优越性。在准静态拉伸下，该石墨烯复合薄膜协同断裂机理如下［图 4-20（c）］：当开始受力拉伸时，HPC 和 rGO 纳米片之间的氢键不断破坏和重组，导致卷曲的 HPC 分子链逐渐被拉直，同时 rGO 层间较弱的离子键发生断裂，在这一过程中，大量能量被耗散；随着拉力逐渐增大，连接相邻 rGO 边缘的面内离子键桥连也发

生断裂；当拉力继续增大，拉直的 HPC 分子链与 rGO 纳米片之间的氢键完全断裂，进一步耗散能量。因此，氢键和离子键协同强韧效应的本质是离子键和氢键的裂纹桥连作用以及 HPC 分子链的塑性变形。此外，由于绝缘性聚合物 HPC 含量相对较低（约 3 wt%），该石墨烯复合薄膜的电导率虽略低于纯 rGO 薄膜，但仍高达 127.7 S/cm。

2）氢键-π-π 堆积界面协同作用

上述的氢键和离子键界面协同作用一般只能通过两种交联剂实现，相比之下，氢键和 π-π 堆积界面协同作用却可以通过一种交联剂实现。例如，Zhang 等[65]利用丙烯酸和 3-丙烯酰胺基苯硼酸两种单体合成了一种共聚物交联剂 PAPB[poly (acrylic acid-*co*-(3-acrylamidophenyl)boronic acid)]，此交联剂可以通过分子链上的羧基和苯环基团分别与 rGO 纳米片形成氢键和 π-π 堆积作用交联，从而大幅提升石墨烯复合薄膜（rGO-PAPB）的力学性能。此外，Song 等[97]合成了一种磺化的苯乙烯-乙烯-丁烯-苯乙烯三嵌段共聚物 SSEBS（sulfonated styrene-ethylene-butylene-styrene）。它是一种水溶性高分子，可以均匀分散于 GO 水溶液中。如图 4-21（a）所示，该分散液通过真空抽滤法可组装成柔性的 GO-SSEBS 复合薄膜[图 4-21（b）]。拉曼光谱可成功证实 SSEBS 分子链上苯环与 GO 纳米片之间存在较强的 π-π 堆积作用；与此同时，SSEBS 分子链上磺酸基团与 GO 纳米片表面的含氧官能团之间也存在氢键作用。通过改变 SSEBS 的含量，可以调节 GO-SSEBS 复合薄膜的力学性能。实验结果表明，当 SSEBS 的含量为 10 wt%时，其力学性能最佳，相应的复合薄膜标记为 GO-S-10。当 SSEBS 的含量过低时，SSEBS 分子链不能为 GO 纳米片的相互滑移提供足够的空间，从而限制了 π-π 堆积作用和氢键断裂过程的能量耗散；而过量的 SSEBS 分子链只能在 GO 片层之间作为填充杂质，增大拉伸横截面积，从而降低力学性能。

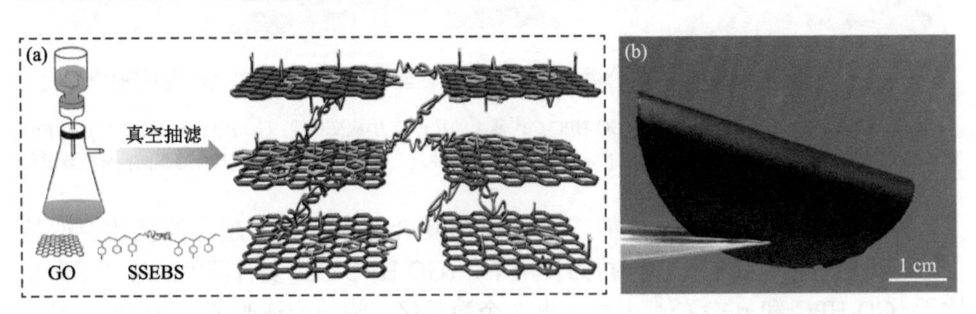

图 4-21 氢键和 π-π 堆积作用界面协同交联的 GO-SSEBS 复合薄膜[97]

（a）制备过程示意图，将 GO 和 SSEBS 均匀混合液真空抽滤，可得到 GO-SSEBS 复合薄膜；（b）实物照片

如图 4-22（a）所示，GO-S-10 复合薄膜的拉伸强度和韧性分别高达 158 MPa 和 15.3 MJ/m^3，其相对于纯 GO 薄膜分别提高 76%和 900%。此外，GO-S-10 复

合薄膜的拉伸应力-应变曲线呈现明显的两段区域：塑性变形区和增强区。其相应的协同断裂过程如图 4-22（b）所示，当开始受力时，SSEBS 分子链中无规卷曲的聚乙烯/丁烯片段逐渐被拉直，从而使 GO 纳米片发生相互滑移，在这一塑性变形过程，大量能量被耗散；当拉力继续增大到增强区，上述的聚乙烯/丁烯片段完全被拉直，然后 GO 纳米片与 SSEBS 分子链之间的氢键和 π-π 堆积作用相继发生断裂，使复合薄膜的拉伸强度逐渐提升，同时进一步耗散能量，并最终导致 GO 纳米片拉出[图 4-22（c）]。此外，在拉出的 GO 纳米片表面也可以观察到 SSEBS 分子链，这进一步证实了 SSEBS 分子链和 GO 纳米片之间较强的 π-π 堆积作用。

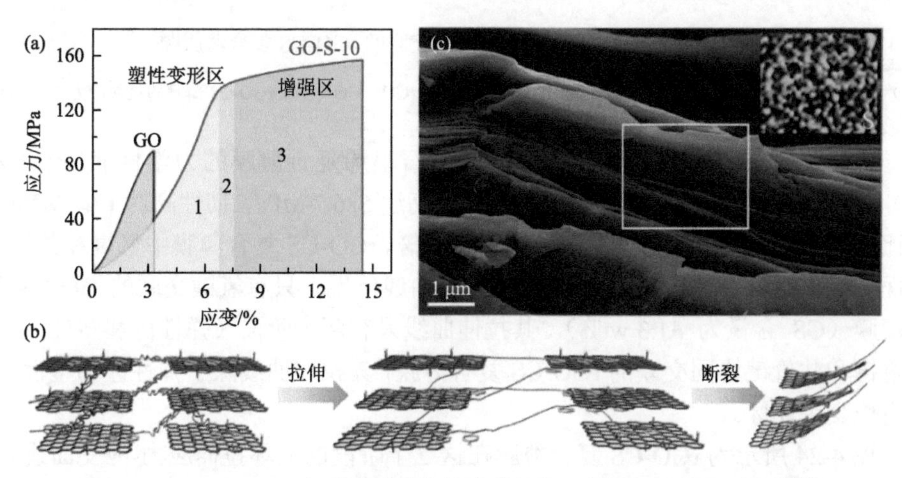

图 4-22　GO-SSEBS 复合薄膜的拉伸力学性能、断裂机理和断面形貌[97]

（a）GO 和 GO-S-10 薄膜的拉伸应力-应变曲线；GO-S-10 复合薄膜的拉伸断裂过程（b）和断面俯视 SEM 照片（插图为硫元素的 EDS 图像）（c）

3）氢键-共价键界面协同作用

除了离子键和 π-π 堆积作用，共价键也可以与氢键结合诱导协同效应。Wan 等[64]在石墨烯层间引入少量的壳聚糖（chitosan，CS），利用真空抽滤法和随后的 HI 还原，一步直接制备了氢键和共价键协同强韧的石墨烯复合薄膜（rGO-CS）。其氢键和共价键界面协同作用与 CS 含量紧密相关，如图 4-23（a）所示，当 CS 含量较低时（5.6 wt%），抽滤过程引入的额外压力，将使 CS 分子链在 GO 纳米片表面充分展开而暴露其氨基反应位点，进而与 GO 纳米片表面的羧基发生酰胺化反应；而当 CS 含量较高时，CS 分子链之间存在较强的静电斥力，使其仍然保持高度卷曲形态，从而不能与 GO 纳米片发生酰胺化反应。因此，当 CS 含量较低时，石墨烯复合薄膜中 CS 分子链和 GO 纳米片之间存在氢键和共价键界面协同作用。

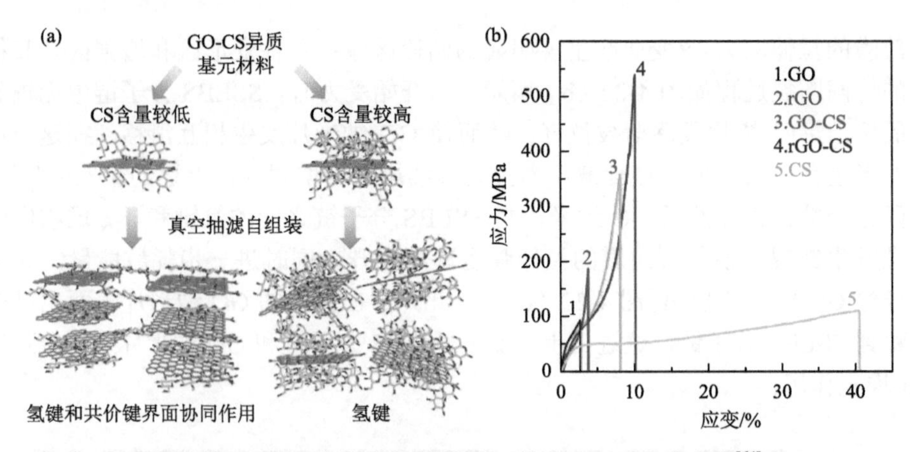

图 4-23 氢键和共价键界面协同交联的 rGO-CS 复合薄膜[64]

（a）CS 分子链与 GO 纳米片界面交联机制；（b）CS、GO、rGO、GO-CS 和 rGO-CS 薄膜的拉伸应力-应变曲线

这种独特的界面协同效应大幅提升了石墨烯复合薄膜的力学性能[图 4-23（b）]，例如，rGO-CS 复合薄膜的拉伸强度高达 526.7 MPa，韧性高达 17.7 MJ/m^3，相比于纯 rGO 薄膜分别提升了 1.6 倍和 6.1 倍。rGO-CS 复合薄膜中氢键和共价键界面协同作用可直观地通过拉伸应力-应变曲线体现。只有氢键交联的 GO-CS 复合薄膜（CS 含量为 31.3 wt%），其拉伸曲线只有两个阶段（弹性区和塑性区）；而氢键和共价键协同交联的 rGO-CS 复合薄膜，其拉伸曲线除了弹性区和塑性区，还有应变硬化区。

图 4-24 所示为 rGO-CS 复合薄膜在这三个阶段的循环拉伸应力-应变曲线。在 0%～0.5%循环拉伸时，该 rGO-CS 复合薄膜呈现弹性可逆变形；随着应力逐渐增加，由于相邻 rGO 纳米片滑移，该 rGO-CS 复合薄膜在第二个阶段将发生塑性变形，例如，在 0%～5%循环拉伸五次后，该 rGO-CS 复合薄膜发生 0.52%的永久形变，在此过程中，GO 纳米片和 CS 分子链之间的氢键不断断裂和重组，耗散大量的能量；当应力进一步增大到第三个阶段时，该 rGO-CS 复合薄膜在五次循环拉伸后将发生更大的永久形变（2.56%）。

图 4-25（a）所示为相应的协同断裂机理：当开始拉伸时，相邻 rGO 纳米片之间发生相互滑移，导致 CS 分子链与 rGO 纳米片之间较弱的氢键断裂，与此同时，卷曲 CS 分子链不断被拉直，在这一过程，大量能量被耗散；当拉力进一步增大，CS 分子链完全被拉直，随后 CS 分子链与 rGO 纳米片之间的强共价键也发生断裂，使 rGO 纳米片拉出被卷曲[图 4-25（b）和（c）]。此外，高含量石墨烯（94.4 wt%）的仿生策略也赋予该 rGO-CS 复合薄膜优异的导电性能，其电导率高达 155.3 S/cm，但是，由于在 rGO 纳米片之间嵌入了绝缘的 CS 分子链，其电导率略低于纯 rGO 薄膜。

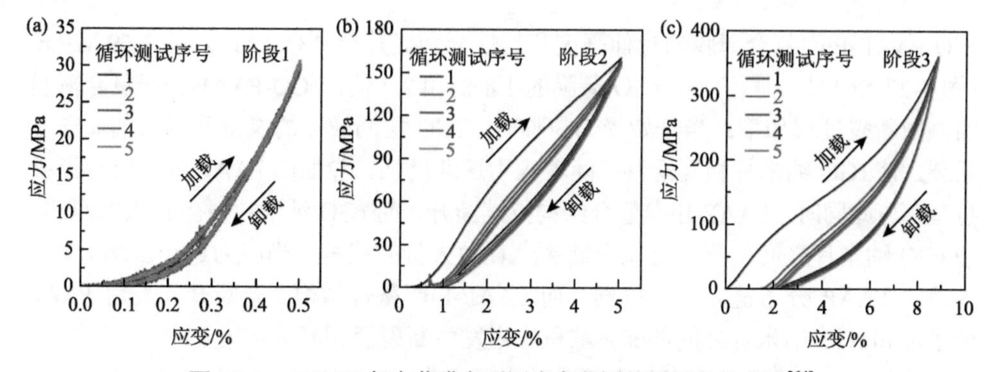

图 4-24　rGO-CS 复合薄膜在不同应变范围的循环拉伸曲线[64]

（a）0%～0.5%；（b）0%～5%；（c）0%～9%

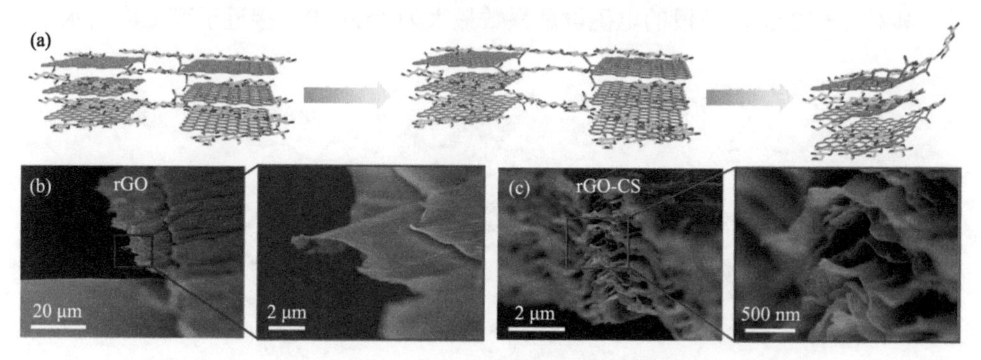

图 4-25　rGO-CS 复合薄膜的断裂机理和断面形貌[64]

（a）拉伸断裂过程；rGO（b）和 rGO-CS（c）薄膜的断面侧视 SEM 照片

4）离子键-π-π 堆积界面协同作用

复旦大学冯嘉春等[68]利用两步法在石墨烯层间构筑了离子键-π-π 堆积界面协同作用，进一步制备了高强高韧的石墨烯复合薄膜。首先，他们合成了一种高分子促凝胶剂聚丙烯酸-共聚-5-丙烯酰胺基-1, 10-邻菲咯啉[poly(acrylic acid-*co*-(5-acrylamido-1, 10-phenanthroline)), PAAP]，其可以通过 π-π 堆积作用促进 GO 凝胶化，其后通过凝胶成膜法、Eu^{3+}表面交联以及后续的 HI 化学还原得到 rGO-PAAP-Eu^{3+}复合薄膜。如图 4-26 所示，Eu^{3+}不仅可以与 rGO 纳米片形成离子键，而且可以与 PAAP 分子链形成配位键；此外，PAAP 分子链上的邻二氮菲基团可以与 rGO 纳米片表面的 sp^2 共轭区域形成较强的 π-π 堆积作用。

这种离子键-π-π 堆积界面协同作用可以通过改变 PAAP 的含量进行优化。当 PAAP 的含量为 3 wt%时，GO-PAAP-Eu^{3+}复合薄膜具有最优的力学性能，其拉伸强度和韧性分别为 112.1 MPa 和 1.7 MJ/m^3，是相应 GO-Eu^{3+}复合薄膜的 1.9 倍和 4.6 倍、GO-PAAP 复合薄膜的 1.9 倍和 1.7 倍以及纯 GO 薄膜的 3.4 倍和 4.9 倍。进一步，在 HI 还原之后，由于 PAAP 与 rGO 纳米片之间的 π-π 堆积作用增强，

rGO-PAAP-Eu^{3+}复合薄膜的拉伸强度和韧性分别提升至 131.2 MPa 和 1.69 MJ/m^3［图 4-27（a）］，是相应纯 rGO 薄膜的 1.8 倍和 2.7 倍。rGO-PAAP-Eu^{3+}复合薄膜的协同断裂过程如下：当开始受力拉伸时，rGO 层间较弱的氢键和插入的离子键断裂，使 rGO 纳米片相互滑移；随着应力逐渐增加，卷曲的 PAAP 分子链逐渐被拉直，与此同时，PAAP-Eu^{3+}螯合结构持续断开，而 rGO 纳米片发生较大的滑移，使 rGO 纳米片之间的离子键完全断裂，耗散大量的能量；当应力进一步增大时，卷曲的 PAAP 分子链完全被拉直，而 PAAP-Eu^{3+}螯合结构完全断开，最后 PAAP 分子链和 rGO 纳米片之间的 π-π 堆积作用发生断裂而相互分离。

此外，rGO-PAAP-Eu^{3+}复合薄膜的电导率为 21.2 S/cm，与纯 rGO 薄膜（约 22 S/cm）相当。如图 4-27（b）所示，当 rGO-PAAP-Eu^{3+}复合薄膜的厚度为 5～6 μm 时，其对 8～12 GHz 波段的电磁屏蔽系数最大为 15.9 dB，接近于商业应用水平。

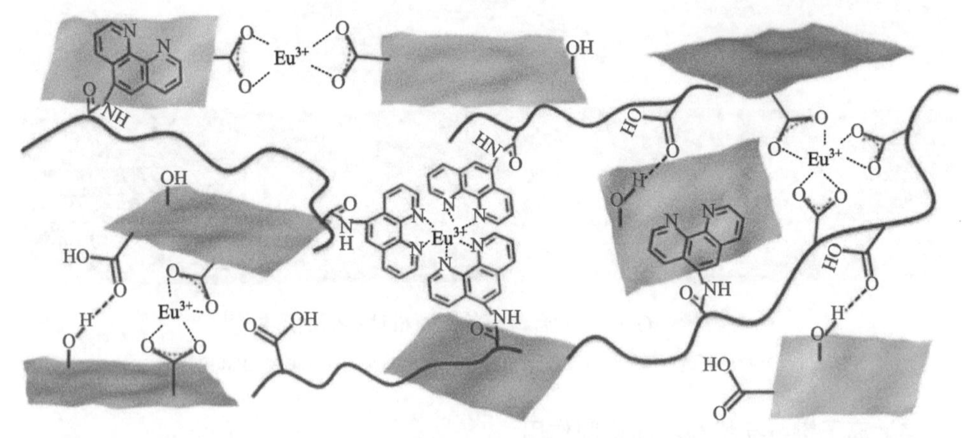

图 4-26　rGO-PAAP-Eu^{3+}复合薄膜中离子键和 π-π 堆积作用界面协同交联结构示意图[68]

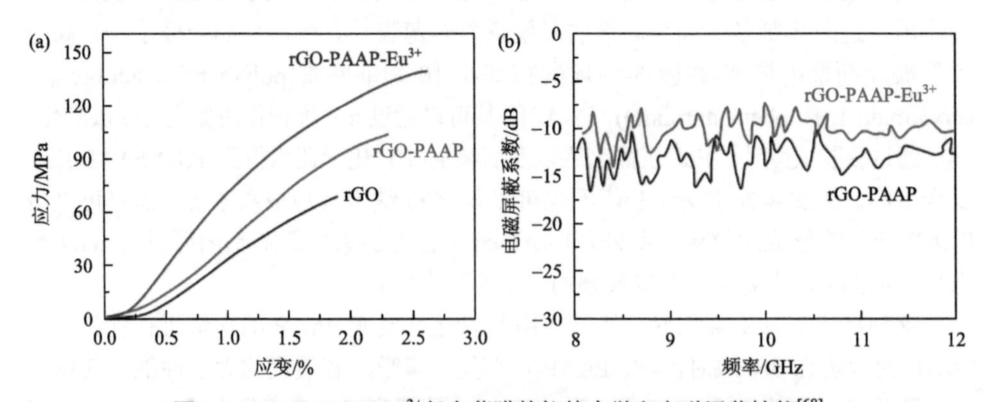

图 4-27　rGO-PAAP-Eu^{3+}复合薄膜的拉伸力学和电磁屏蔽性能[68]

（a）rGO、rGO-PAAP 和 rGO-PAAP-Eu^{3+}薄膜的拉伸应力-应变曲线；（b）rGO-PAAP 和 rGO-PAAP-Eu^{3+}复合薄膜对 8～12 GHz 波段电磁波的屏蔽系数

相比于高分子交联剂，小分子 π-π 堆积作用交联剂可以通过浸泡的方式渗入石墨烯薄膜中，从而最大程度保持石墨烯薄膜的高取向结构，进一步提升其力学和电学性能。Wan 等[75]通过在石墨烯层间有序地引入 Cr^{3+}和 *N*-芘基芘丁酰胺，构筑离子键和 π-π 堆积界面协同作用，制备了可弯折高导电的石墨烯复合薄膜。如图 4-28 所示，首先将一定量的 $CrCl_3$ 和 GO 溶液搅拌混合，得到均匀分散的 GO-Cr^{3+}溶液；然后将该分散液通过真空抽滤和去离子水洗涤得到自支撑的 GO-Cr 薄膜；随后将其用 HI 还原成 rGO-Cr^{3+}；最后将该 rGO-Cr^{3+}薄膜依次浸泡在 1-芘丁酸 *N*-羟基琥珀酰亚胺酯（1-pyrenebutyric acid *N*-hydroxysuccinimide ester，PSE）和 1-氨基芘（1-aminopyrene，AP）的 DMF 溶液中，从而制得 rGO-Cr^{3+}-PSE-AP 复合薄膜。

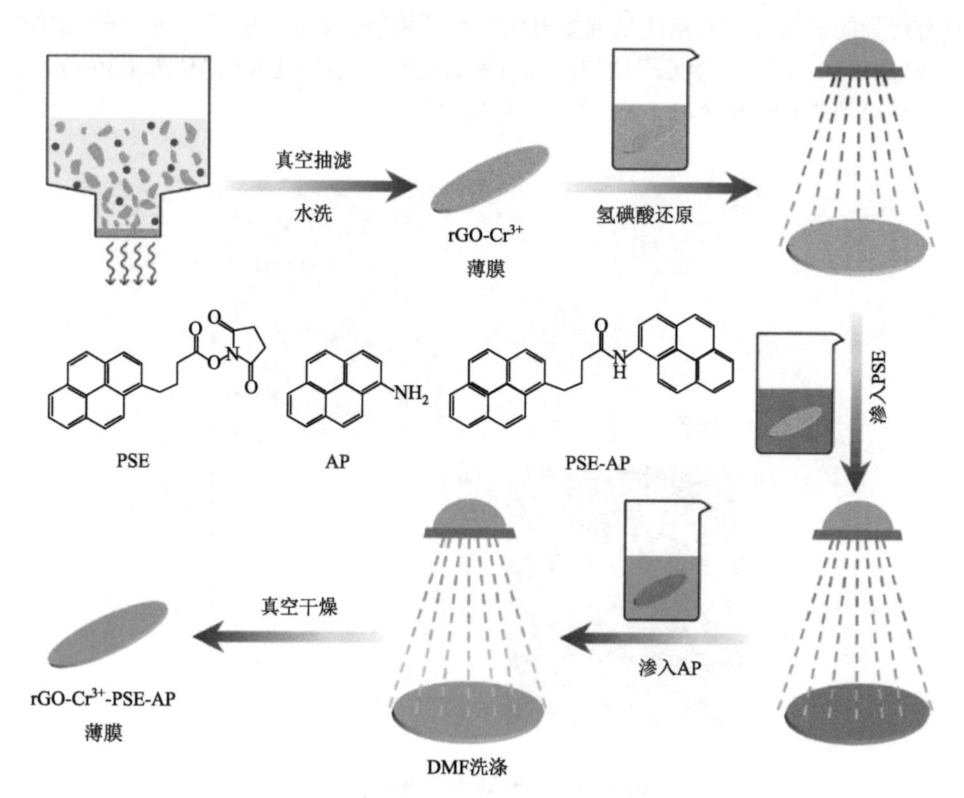

图 4-28 rGO-Cr^{3+}-PSE-AP 复合薄膜的制备过程示意图[75]

图 4-29 所示为该 rGO-Cr^{3+}-PSE-AP 复合薄膜的结构卡通图，PSE 和 AP 可交联成两端含芘基的 *N*-芘基芘丁酰胺化合物（PSE-AP），其两端可与相邻石墨烯纳米片通过 π-π 堆积作用交联，而 Cr^{3+}在石墨烯边缘以及在石墨烯层间提供离子键交联。

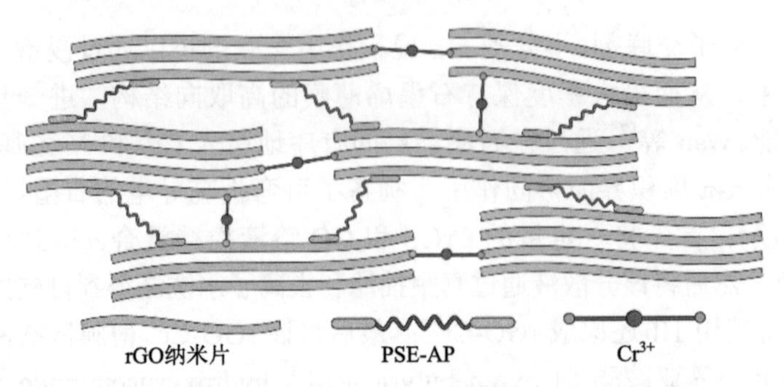

图 4-29 rGO-Cr^{3+}-PSE-AP 复合薄膜的结构卡通图[75]

如图 4-30（a）所示，该 rGO-Cr^{3+}-PSE-AP 复合薄膜略带银灰色金属光泽，且具有优异的柔韧性，其断面呈现规整的层状结构[图 4-30（b）]。进一步，EDS 结果[图 4-30（c）]表明 Cr^{3+}均匀插入石墨烯层间，且从 EDS 谱图[图 4-30（d）]中计算得到的 Cr^{3+}含量与 TGA 的测试结果相符。

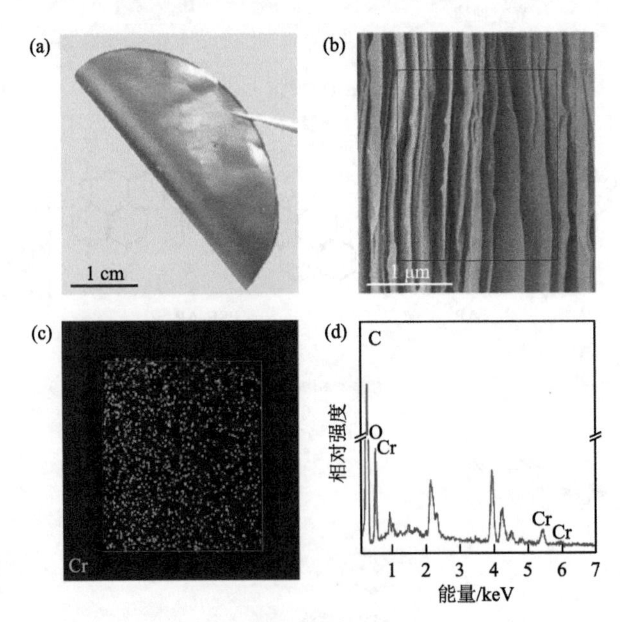

图 4-30 rGO-Cr^{3+}-PSE-AP 复合薄膜的结构表征[75]

（a）实物照片；（b）断面直视 SEM 照片；（c）相应的 Cr 元素 EDS 图像；（d）EDS 谱图

通过改变 Cr^{3+}的含量以及 rGO-Cr^{3+}在 PSE 和 AP 溶液中的浸泡时间，可以调控离子键和 π-π 堆积作用界面协同效应，从而优化 rGO-Cr^{3+}-PSE-AP 复合薄膜的力学性能。实验结果表明，当 Cr^{3+}和 PSE-AP 的含量分别为 0.78 wt%和 5.46 wt%时，rGO-Cr^{3+}-PSE-AP 复合薄膜的力学性能最优。进一步，为了对比，研究人员也制备了单一离子键交联的 rGO-Cr^{3+}复合薄膜和单一 π-π 堆积作用交联的 rGO-PSE-AP 复合薄膜。

如图 4-31 所示，相比于空白 rGO，交联的 rGO 薄膜具有更大的层间距和更窄的 002 峰半峰宽。该更大的层间距可能是交联剂与相邻 rGO 纳米片交联时产生的应力所导致；离子键交联、π-π 堆积作用交联以及有序交联的石墨烯薄膜的层间距分别不超过 3.68 Å、3.72 Å 和 3.76 Å，表明离子键和 π-π 堆积作用交联剂没有插入多层 rGO 纳米片内，而是连接相邻的多层 rGO 纳米片。由于 π-π 堆积作用交联剂通过芘基与 rGO 纳米片的 sp^2 共轭网络相互作用，因此其主要连接相邻多层 rGO 纳米片的表面；而离子键可以包括多层 rGO 纳米片表面-表面、表面-边缘和边缘-边缘相互作用。令人感兴趣的是，rGO-Cr^{3+}（2.65°）、rGO-PSE-AP（1.98°）和 rGO-Cr^{3+}-PSE-AP（1.94°）复合薄膜的半峰宽小于 rGO 薄膜（2.72°），这表明层间桥连可以有效提升石墨烯纳米片的取向度；π-π 堆积作用比离子键的提升作用更明显，而有序交联的提升作用最大。

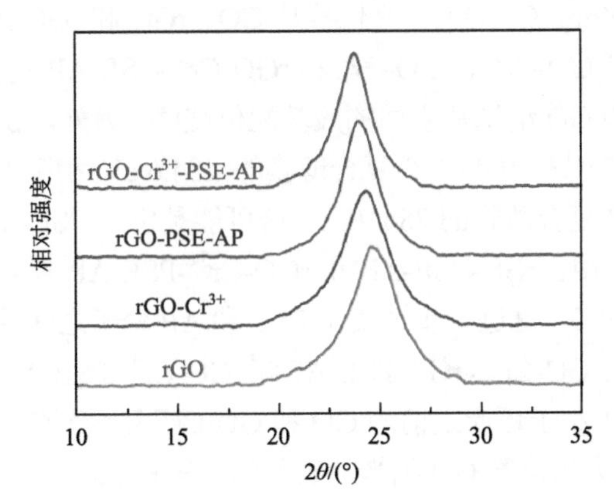

图 4-31　rGO、rGO-Cr^{3+}、rGO-PSE-AP 和 rGO-Cr^{3+}-PSE-AP 薄膜的 XRD 曲线[75]

图 4-32 所示为 rGO、rGO-Cr^{3+}、rGO-PSE-AP 和 rGO-Cr^{3+}-PSE-AP 复合薄膜的 FTIR 曲线。相比于 rGO，rGO-Cr^{3+}和 rGO-Cr^{3+}-PSE-AP 复合薄膜具有更弱的羧基 C═O 峰（1731.8 cm^{-1}）和更强的羟基 C—O 峰（1041.4 cm^{-1}），这表明 Cr^{3+}与羧基发生螯合交联以及 Cr^{3+}与环氧基团发生环氧开环交联，因此，在 rGO-Cr^{3+}-PSE-AP 复合薄膜中，离子键存在两种交联方式：①通过 Cr^{3+}与羧酸基团配位交联相邻 rGO 纳米片的边缘；②插入相邻 rGO 纳米片层间通过醇盐或者配位键交联。此外，rGO-PSE-AP 和 rGO-Cr^{3+}-PSE-AP 复合薄膜在 3247.7 cm^{-1} 和 1650.8 cm^{-1} 处出现新的吸收峰，其分别对应于 PSE-AP 分子中酰胺键的 N—H 和 C═O 伸缩振动。这些结果表明 PSE 和 AP 分子之间形成酰胺共价桥连。

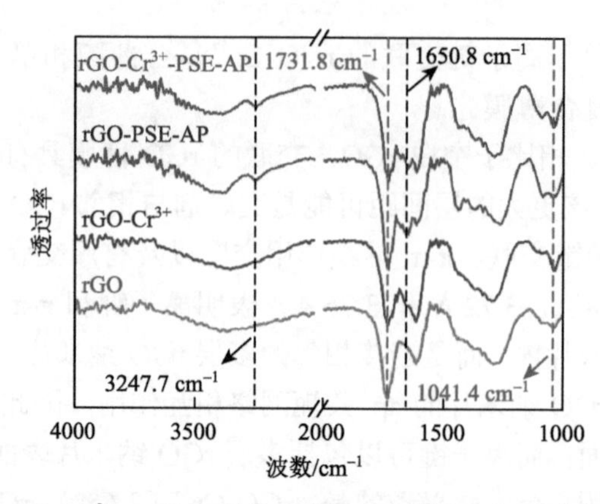

图 4-32 rGO、rGO-Cr^{3+}、rGO-PSE-AP 和 rGO-Cr^{3+}-PSE-AP 薄膜的 FTIR 谱图[75]

如图 4-33 所示，rGO-Cr^{3+}-PSE-AP 复合薄膜的 XPS 谱图中存在新的 Cr $2p_{1/2}$（586.7 eV）和 Cr $2p_{3/2}$（577.1 eV）峰，这证实了 HI 还原和 π-π 堆积作用交联过程不会消除离子键。此外，C（O）O 峰位置从 GO、rGO 和 rGO-PSE-AP 复合薄膜的 289.5 eV 稍微下移到 GO-Cr^{3+}、rGO-Cr^{3+}和 rGO-Cr^{3+}-PSE-AP 复合薄膜的 289.2 eV，这主要是由于 Cr^{3+}和 GO 纳米片表面的羧基配位交联。另外，sp^2 碳的 C—C 峰位置从 GO、rGO、GO-Cr^{3+}和 rGO-Cr^{3+}复合薄膜的 284.6 eV 稍微上移到 rGO-PSE-AP 和 rGO-Cr^{3+}-PSE-AP 复合薄膜的 284.9 eV，这可能是由于 PSE-AP 分子和 rGO 纳米片之间的 π-π 相互作用。rGO-PSE-AP 和 rGO-Cr^{3+}-PSE-AP 复合薄膜中出现酰胺键的 C—N 峰（286.1 eV），这进一步证实了 PSE 和 AP 分子之间的酰胺桥连反应。此外，还原之后的 rGO、rGO-Cr^{3+}、rGO-PSE-AP 和 rGO-Cr^{3+}-PSE-AP 复合薄膜的 O_{1s}/C_{1s} 个数比（0.15～0.17）小于还原之前的 GO 和 GO-Cr^{3+}复合薄膜（0.41～0.42），这表明 HI 还原过程可以大幅消除 GO 纳米片表面的含氧官能团。

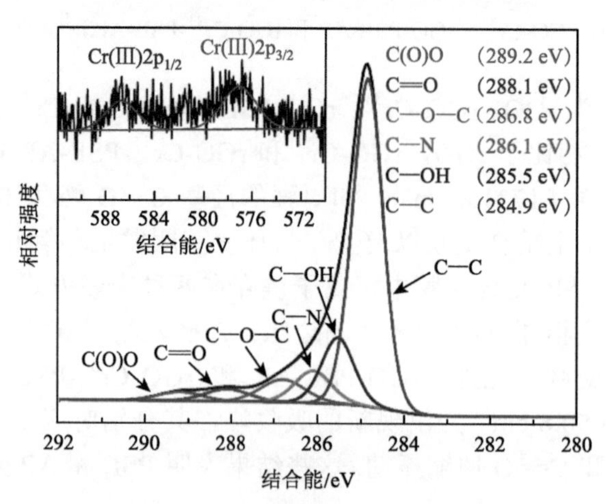

图 4-33 rGO-Cr^{3+}-PSE-AP 复合薄膜的 C 1s 和 Cr 2p 的 XPS 谱图[75]

如图4-34所示，相比于rGO和rGO-Cr^{3+}复合薄膜（1581 cm^{-1}和2684 cm^{-1}），rGO-PSE-AP和rGO-Cr^{3+}-PSE-AP复合薄膜的G峰（1578 cm^{-1}）下移而2D峰（2690 cm^{-1}）上移。这些拉曼位移与PSE-AP分子和rGO纳米片之间π-π相互作用的电子效应相一致。rGO和rGO-PSE-AP复合薄膜具有类似的I_D/I_G强度比，这表明π-π堆积作用交联对石墨烯纳米片的sp^2共轭结构基本无影响；然而，rGO-Cr^{3+}复合薄膜相比于rGO薄膜具有更大的I_D/I_G强度比，这主要是由于rGO纳米片之间的离子键交联。

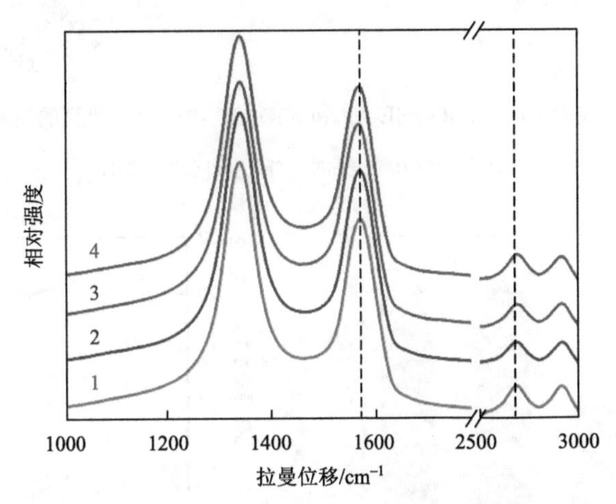

图4-34 rGO（1）、rGO-Cr^{3+}（2）、rGO-PSE-AP（3）和rGO-Cr^{3+}-PSE-AP（4）薄膜的拉曼光谱[75]

如图4-35所示，rGO-Cr^{3+}-PSE-AP复合薄膜的拉伸强度为（821.2±17.7）MPa，韧性为（20.2±0.6）MJ/m^3，其分别是rGO-PSE-AP薄膜的1.3倍和1.9倍、rGO-Cr^{3+}薄膜的2.4倍和2.6倍以及rGO薄膜的4.0倍和7.5倍。rGO-Cr^{3+}-PSE-AP[（9.3±0.6）GPa]复合薄膜的杨氏模量远高于rGO-PSE-AP[（6.2±0.4）GPa]、rGO-Cr^{3+}[（4.7±0.4）GPa]和rGO[（2.7±0.2）GPa]薄膜。值得一提的是，rGO-Cr^{3+}-PSE-AP复合薄膜的断面比空白rGO薄膜呈现更明显的石墨烯纳米片卷曲，这表明rGO-Cr^{3+}-PSE-AP复合薄膜具有较强的层间交联作用。

如图4-36（a）所示，由于π-π堆积作用交联可以提升石墨烯纳米片的取向以及石墨烯纳米片层间电子传导作用，因此rGO-PSE-AP复合薄膜[（425.6±24.2）S/cm和（206.6±11.7）S·cm^2/g]相比于rGO薄膜[（216.3±18.5）S/cm和（107.1±9.2）S·cm^2/g]具有更高的电导率和比质量电导率；而rGO-Cr^{3+}复合薄膜[（204.9±16.1）S/cm和（99.0±7.8）S·cm^2/g]相比于rGO薄膜具有更低的电导率和比质量电导率，这可能是由于离子键交联阻碍了石墨烯层间的电子传递。rGO-Cr^{3+}-PSE-AP复合薄膜[（415.8±26.3）S/cm和（198.0±12.5）S·cm^2/g]相比于rGO和rGO-Cr^{3+}薄膜具有更高的电导率和比质量电导率。

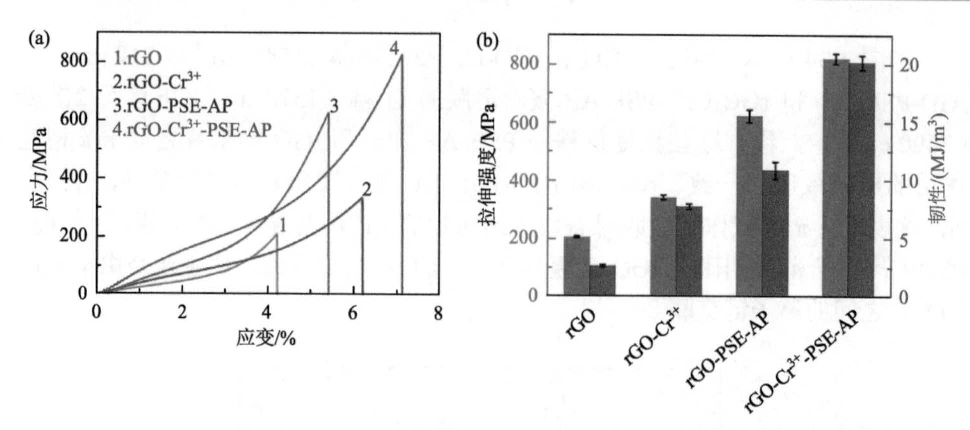

图 4-35 rGO、rGO-Cr^{3+}、rGO-PSE-AP 和 rGO-Cr^{3+}-PSE-AP 薄膜的拉伸力学性能[75]

（a）拉伸应力-应变曲线；（b）拉伸强度和韧性

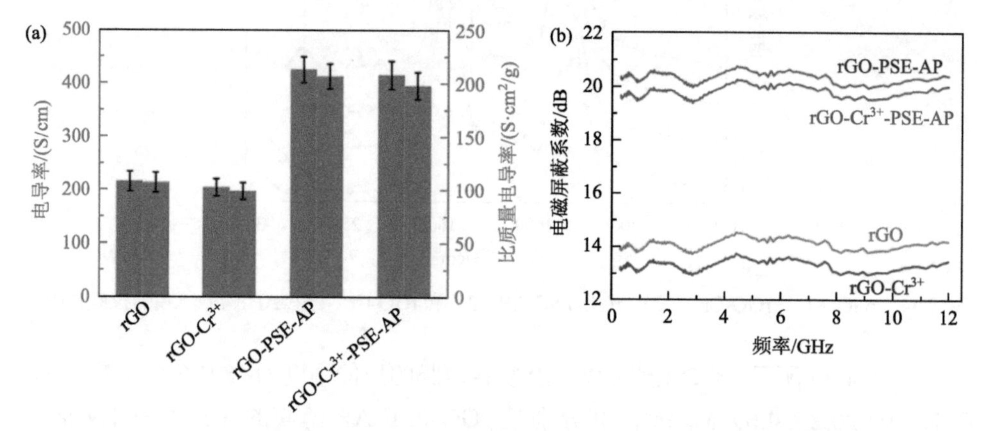

图 4-36 rGO、rGO-Cr^{3+}、rGO-PSE-AP 和 rGO-Cr^{3+}-PSE-AP 薄膜的电学性能[75]

（a）电导率和比质量电导率；（b）对 0.3～12 GHz 波段电磁波的屏蔽系数

如图 4-36（b）所示，由于更高的电导率，rGO-PSE-AP（20.5 dB）和 rGO-Cr^{3+}-PSE-AP（20 dB）复合薄膜对 0.3～12 GHz 波段的电磁屏蔽系数远高于类似厚度的 rGO（14.2 dB）和 rGO-Cr^{3+}（13.4 dB）薄膜。值得一提的是，对于仿鲍鱼壳层状结构的电磁屏蔽材料来说，高度规整的取向结构更有利于电磁波的内部多反射和吸收耗散[98]，因此，除了本征高电导率之外，rGO-PSE-AP 和 rGO-Cr^{3+}-PSE-AP 复合薄膜的高取向结构也进一步促进了其高效的电磁屏蔽系数。该 rGO-Cr^{3+}-PSE-AP 复合薄膜的电磁屏蔽效率也优于当时文献报道的类似厚度的 rGO 薄膜。

除了突出的静态力学和电学性能，该 rGO-Cr^{3+}-PSE-AP 复合薄膜对循环拉伸和循环 360°折叠也具有优异的抗疲劳性能。图 4-37（a）所示为 rGO、rGO-Cr^{3+}、 rGO-PSE-AP 和 rGO-Cr^{3+}-PSE-AP 薄膜的疲劳寿命和循环应力之间的关系曲线。这四种石墨烯薄膜的抗疲劳性能的大小关系为：rGO-Cr^{3+}-PSE-AP＞rGO-PSE-AP＞rGO-Cr^{3+}＞rGO。相比于刚性的离子键，π-π 堆积作用可以在循环拉伸过程中断裂和重组而吸收大量的能量，因此 rGO-PSE-AP 的抗疲劳性能优于 rGO-Cr^{3+}。由于这四种石墨烯薄膜的韧性和抗疲劳性能具有相同的相对大小关系，因此该解释也适用于韧性的比较。如图 4-37（b）所示，由于优异的疲劳裂纹抑制能力，该 rGO-Cr^{3+}-PSE-AP 复合薄膜在循环拉伸过程中比 rGO-PSE-AP、rGO-Cr^{3+}和 rGO 薄膜具有更高的电导率保持率。更具体地，在 60～120 MPa 拉力下循环拉伸 100000 后，该 rGO-Cr^{3+}-PSE-AP 复合薄膜的电导率保持率为 92%，而 rGO-PSE-AP、rGO-Cr^{3+}和 rGO 薄膜的电导率保持率分别为 82%、72%和 59%。

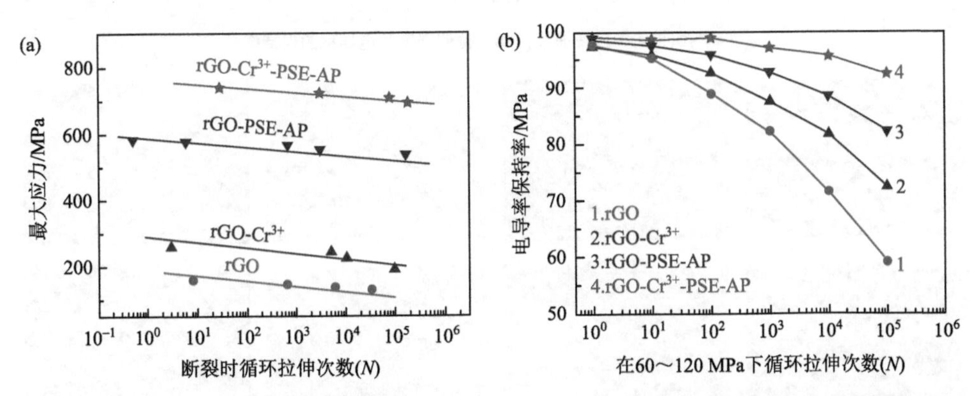

图 4-37　rGO、rGO-Cr^{3+}、rGO-PSE-AP 和 rGO-Cr^{3+}-PSE-AP 薄膜的循环拉伸抗疲劳性能[75]

（a）循环拉伸疲劳寿命与最大应力的关系曲线；（b）在 60～120 MPa 应力范围内循环拉伸不同次数时的电导率保持率

此外，该 rGO-Cr^{3+}-PSE-AP 复合薄膜在循环折叠过程中比 rGO-PSE-AP、rGO-Cr^{3+}和 rGO 薄膜具有更稳定的力学和电学性能。图 4-38（a）所示为这四种石墨烯薄膜在 360°循环折叠 100 次之后的拉伸应力-应变曲线。如图 4-38（b）所示，循环折叠的 rGO-Cr^{3+}-PSE-AP 复合薄膜的拉伸强度（91%）和电导率（89%）保持率高于相应循环折叠的 rGO-PSE-AP（83%和 79%）、rGO-Cr^{3+}（73%和 64%）和 rGO（50%和 41%）薄膜。

如图 4-39 所示，在循环折叠后，该 rGO-Cr^{3+}-PSE-AP 复合薄膜的结构保持完整，而 rGO 薄膜呈现明显的裂纹。因此，层间交联有效抑制了相邻 rGO 纳米片的分层和折叠诱导的不可逆剪切变形。此外，rGO-PSE-AP 和 rGO-Cr^{3+}-PSE-AP 复合薄膜在折叠测试之后也比 rGO-Cr^{3+}复合薄膜具有更高的结构完整性。

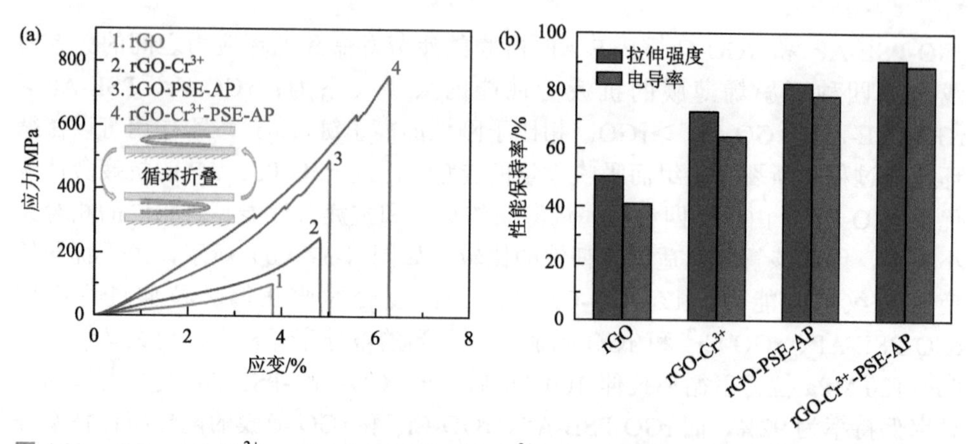

图 4-38 rGO、rGO-Cr^{3+}、rGO-PSE-AP 和 rGO-Cr^{3+}-PSE-AP 薄膜在 360°折叠 100 次之后的力学和电学性能[75]

（a）拉伸应力-应变曲线；（b）拉伸强度和电导率的保持率

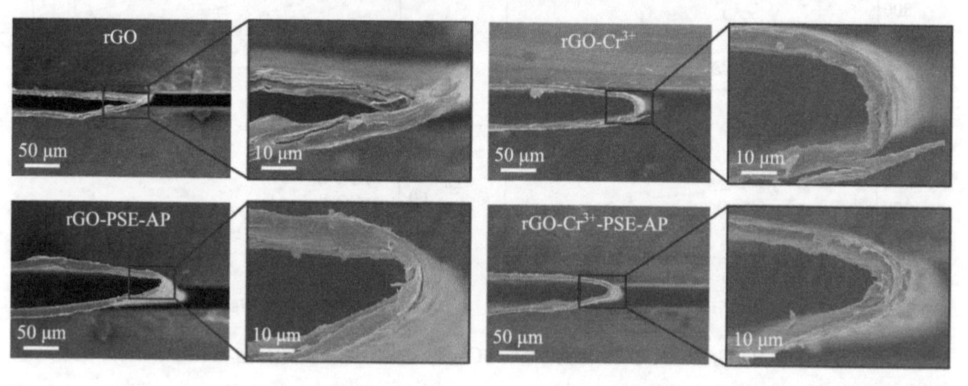

图 4-39 rGO、rGO-Cr^{3+}、rGO-PSE-AP 和 rGO-Cr^{3+}-PSE-AP 薄膜在 360°折叠 100 次之后的 SEM 照片[75]

为了评估在极端环境下的结构稳定性，研究人员原位测试了 rGO、rGO-Cr^{3+}、rGO-PSE-AP 和 rGO-Cr^{3+}-PSE-AP 薄膜在腐蚀性溶液中长期浸泡和超声时的电阻。相比于空白 rGO 薄膜，交联的 rGO 复合薄膜在 NMP、NaOH、H_2SO_4 和 H_2O 中长期浸泡和超声时具有更稳定的力学和电学性能。特别地，如图 4-40（a）所示，这四种石墨烯薄膜在上述腐蚀性溶液中长期浸泡和超声时的电阻改变的大小关系为：rGO-Cr^{3+}-PSE-AP＜rGO-PSE-AP＜rGO-Cr^{3+}＜rGO，这表明 rGO-Cr^{3+}-PSE-AP 复合薄膜对极端环境下的结构破坏具有最大的抵抗能力。如图 4-40（b）所示，这四种石墨烯薄膜在超声过程中的结构保留时间的大小关系为：rGO-Cr^{3+}-PSE-AP＞rGO-PSE-AP＞rGO-Cr^{3+}＞rGO。值得一提的是，每种石墨烯薄膜在超声处理后的拉伸强度保持率与相应的结构保留时间呈正相关。由于与石墨烯的表面自由能相匹配，NMP 比其他腐蚀性溶液具有更强的石墨烯薄膜分解能力。

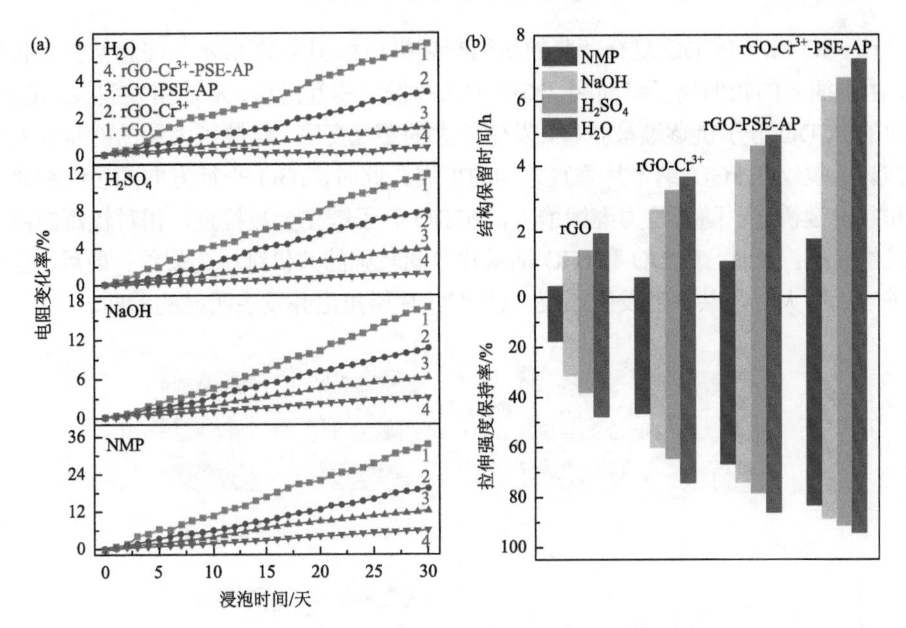

图 4-40　rGO、rGO-Cr^{3+}、rGO-PSE-AP 和 rGO-Cr^{3+}-PSE-AP 薄膜在 NMP、NaOH、H_2SO_4 和 H_2O 中长期浸泡和超声时的结构和性能稳定性[75]

（a）长期浸泡时的电阻变化；（b）超声时的结构保留时间和超声处理（处理时间为 rGO 薄膜的结构保留时间）后的拉伸强度保持率

5）离子键-共价键界面协同作用

除了氢键和 π-π 堆积作用，共价键也可以和离子键搭配构筑界面协同作用。Gong 等[71]利用离子键-共价键界面协同作用制备了高强韧抗疲劳的石墨烯复合薄膜（rGO-Zn^{2+}-PCDO）。如图 4-41（a）所示，该 rGO-Zn^{2+}-PCDO 复合薄膜具有良好的柔韧性。其断面呈现典型的层状结构[图 4-41（b）]。通过改变 Zn^{2+}的含量可以优化该离子键和共价键的协同强韧作用。当 Zn^{2+}的含量为 0.44 wt%时，rGO-Zn^{2+}-PCDO 复合薄膜的力学性能达到最优，其拉伸强度为 439.1 MPa，韧性为 7.5 MJ/m^3，它们分别是对应 rGO-Zn^{2+}复合薄膜的 1.2 倍和 1.8 倍、rGO-PCDO 复合薄膜的 1.2 倍和 1.7 倍以及纯 rGO 薄膜的 2.1 倍和 3.4 倍。

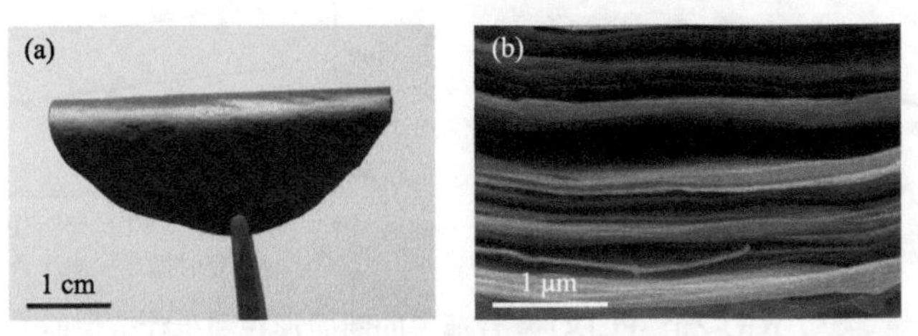

图 4-41　离子键和共价键界面协同交联的 rGO-Zn^{2+}-PCDO 复合薄膜[71]

（a）实物照片；（b）断面直视 SEM 照片

该 rGO-Zn^{2+}-PCDO 复合薄膜的协同断裂机理如图 4-42 所示，在起初受力拉伸时，由于插入的较弱离子键断裂，rGO 纳米片发生相互滑移，从而引发裂纹；随后，卷曲的 PCDO 分子链逐渐被拉直，发生较大的塑性变形，耗散了大量的能量并且有效抑制了裂纹在 rGO 纳米片垂直方向的扩展，此时，rGO 平行方向的裂纹被离子键和共价键桥连；随着拉力继续增大，PCDO 分子链完全被拉直，相对较短的离子键发生断裂，此时，PCDO 和 rGO 纳米片之间较强的共价键桥连裂纹；最后，当拉力进一步增大时，共价键发生断裂，使 rGO 片层拉出并发生明显的卷曲。

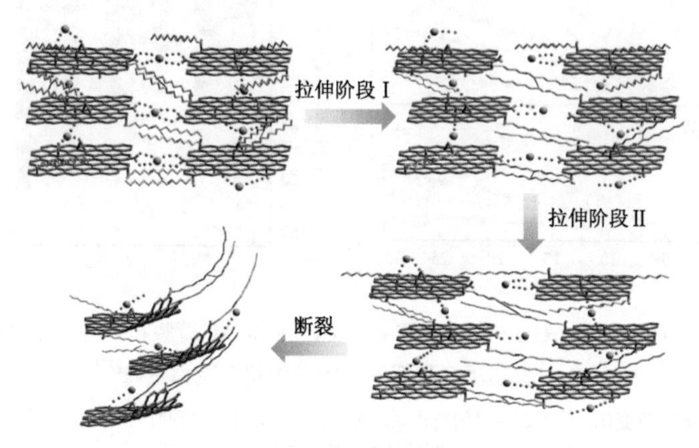

图 4-42 rGO-Zn^{2+}-PCDO 复合薄膜的拉伸断裂过程[71]

该 rGO-Zn^{2+}-PCDO 复合薄膜的断裂形貌如图 4-43（a）所示，在拉出的 rGO 片层表面可以观察到 Zn^{2+}，从而进一步证实了离子键的断裂。如图 4-43（b）所示，由于桥连-塑性变形协同抑制裂纹作用，该 rGO-Zn^{2+}-PCDO 复合薄膜的疲劳寿命远高于 rGO-PCDO 和 rGO-Zn^{2+}复合薄膜。此外，该 rGO-Zn^{2+}-PCDO 复合薄膜也具有优异的导电性能，其电导率为 131.8 S/cm，稍低于纯 rGO 薄膜。

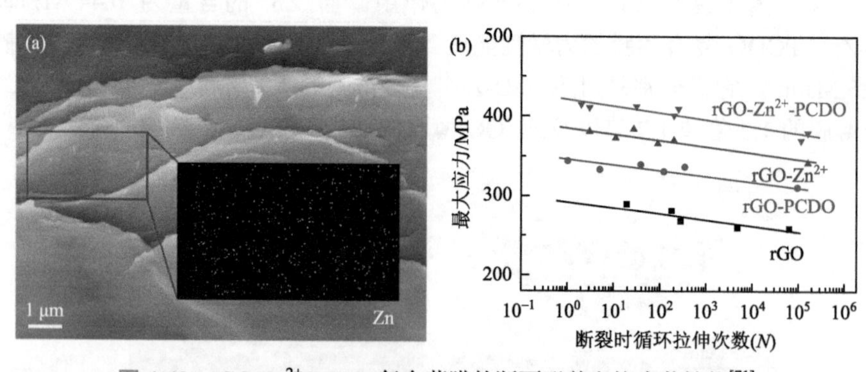

图 4-43 rGO-Zn^{2+}-PCDO 复合薄膜的断面形貌和抗疲劳性能[71]

（a）断面俯视 SEM 照片和相应的 Zn 元素 EDS 图像；（b）rGO、rGO-PCDO、rGO-Zn^{2+}和 rGO-Zn^{2+}-PCDO 薄膜的循环拉伸疲劳寿命与最大应力的关系曲线

上述离子键和共价键均是独立交联，并且所用的 PCDO 共价交联密度相对较低，因此其对石墨烯复合薄膜的力学性能提升相对有限。Wan 等[67]在石墨烯层间引入 PDA-镍离子（Ni^{2+}）螯合结构，通过离子键和共价键界面协同作用，制备了疲劳性能优异的导电石墨烯复合薄膜（rGO-PDA-Ni^{2+}）。如图 4-44 所示，首先将剥离得到的单层 GO 纳米片分散于去离子水中，再将其与一定量的 DA 水溶液和三羟甲基氨基甲烷缓冲溶液混合均匀，反应 24 h 后得到 GO-PDA 异质基元材料；而后向其中加入一定量的 $NiCl_2$ 水溶液，搅拌均匀后得到 GO-PDA-Ni^{2+}水溶液；再将此混合液通过真空抽滤制得 GO-PDA-Ni^{2+}复合薄膜；最后将 GO-PDA-Ni^{2+}通过 HI 化学还原成 rGO-PDA-Ni^{2+}复合薄膜。其中 Ni^{2+}和 PDA 不仅可以与 GO 纳米片分别形成丰富的离子键和共价键交联，而且它们之间也可以配位螯合，从而极大增加了界面交联密度。在控制 PDA 的含量为 4.1 wt%左右时，通过改变 Ni^{2+}的含量，可以调节 PDA-Ni^{2+}螯合密度，从而优化石墨烯复合薄膜的力学性能。实验结果表明，当 Ni^{2+}的含量为 0.88 wt%时，该 rGO-PDA-Ni^{2+}复合薄膜的拉伸强度和韧性达到最大值。进一步，为了对比，他们也制备了单一离子键交联的 GO-Ni^{2+}和 rGO-Ni^{2+}复合薄膜以及单一共价键交联的 GO-PDA 和 rGO-PDA 复合薄膜。

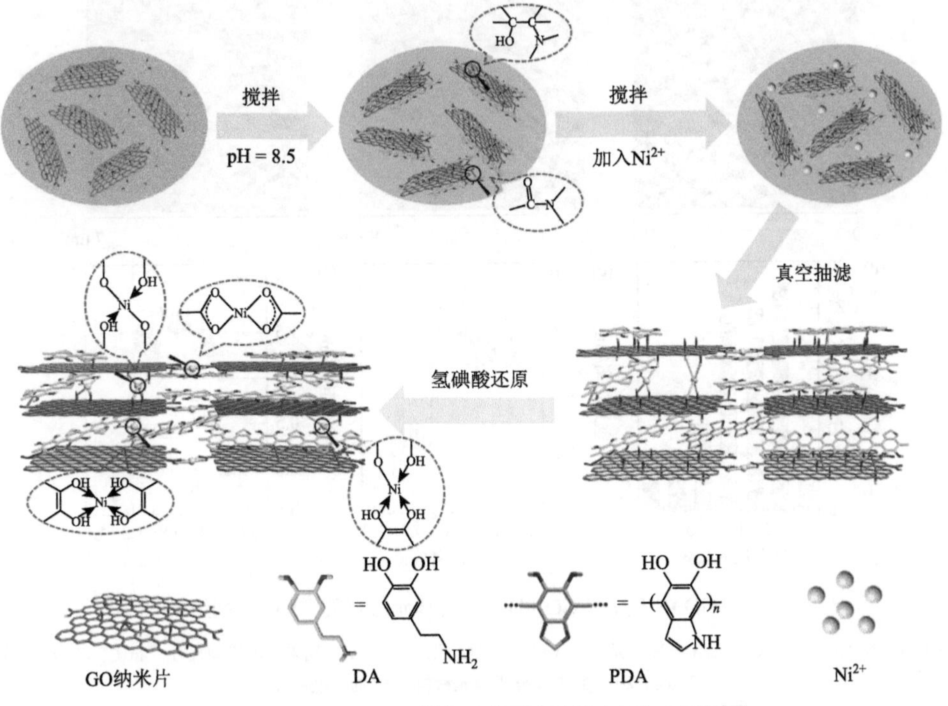

图 4-44　rGO-PDA-Ni^{2+}复合薄膜的制备过程示意图[67]

该 rGO-PDA-Ni^{2+}复合薄膜具有优异的柔韧性[图 4-45(a)]；并且其断面 SEM

照片[图 4-45（b）]呈现规整的层状结构，而 EDS 结果[图 4-45（c）]表明 Ni^{2+} 均匀分布在整个 rGO-PDA-Ni^{2+}复合薄膜中。

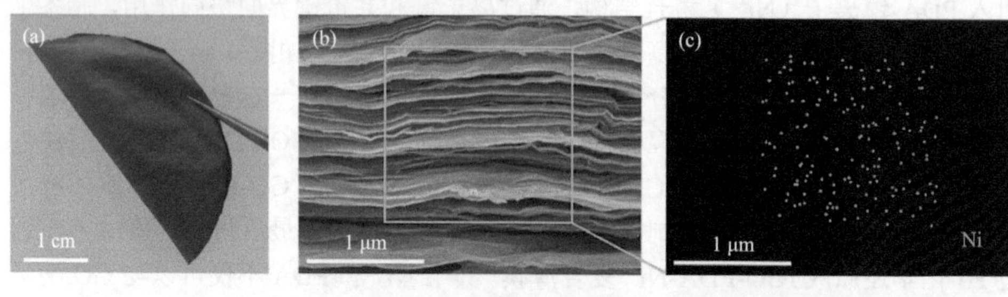

图 4-45 rGO-PDA-Ni^{2+}复合薄膜的结构表征[67]

（a）实物照片；（b）断面直视 SEM 照片；（c）相应的 Ni 元素 EDS 图像

如图 4-46 所示为 GO 纳米片和 GO-PDA 异质基元材料的 AFM 表征结果，相比于 GO 纳米片（0.75 nm），GO-PDA 异质基元材料（1.5 nm）具有更大的厚度，这证实了 PDA 在 GO 纳米片表面的吸附。此外，GO 纳米片的横向尺寸为(3.2±1.4)μm。

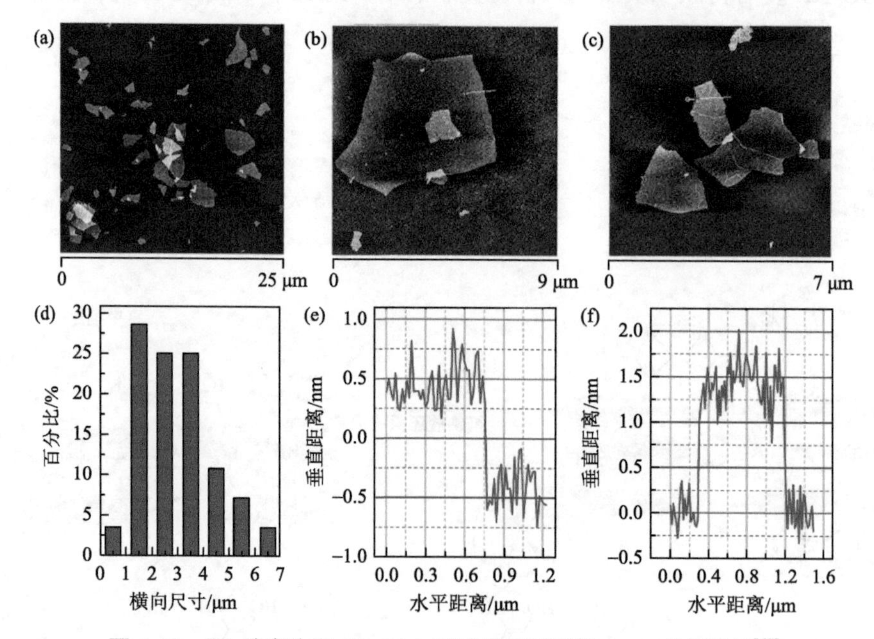

图 4-46 GO 纳米片和 GO-PDA 异质基元材料的 AFM 表征结果[67]

GO 纳米片（a、b）和 GO-PDA 异质基元材料（c）的 AFM 照片；（d）GO 纳米片的横向尺寸分布图；GO 纳米片（e）和 GO-PDA 异质基元材料（f）的高度曲线

图 4-47（a）所示为 DA、PDA 和 PDA-Ni^{2+}的紫外可见（UV-vis）光谱，相比于 DA，PDA 在 430 nm 左右有较宽的吸收峰，这证实了 DA 成功聚合成 PDA。

进一步，PDA-Ni^{2+}在 360 nm 和 650 nm 呈现新的吸收峰，这表明 PDA 和 Ni^{2+}形成了螯合结构。如图 4-47（b）所示，相比于 rGO，rGO-Ni^{2+}、rGO-PDA 和 rGO-PDA-Ni^{2+}复合薄膜具有更大的层间距，这表明 PDA 和 Ni^{2+}成功插入 rGO 层间。

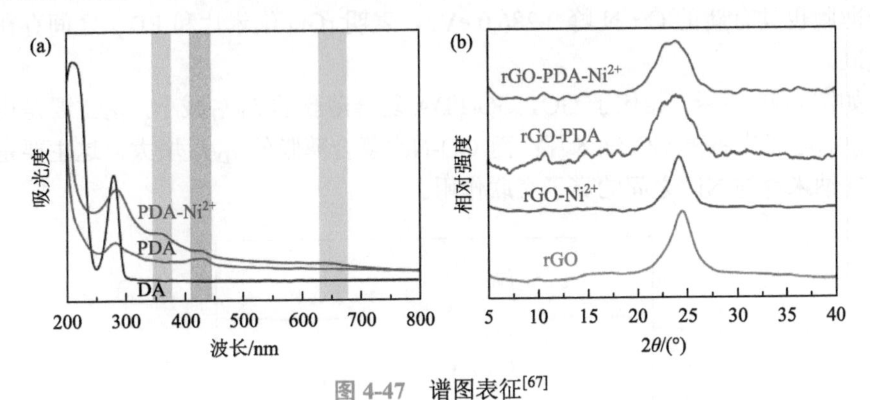

图 4-47　谱图表征[67]

（a）DA、PDA 和 PDA-Ni^{2+}的 UV-vis 光谱；（b）rGO、rGO-Ni^{2+}、rGO-PDA 和 rGO-PDA-Ni^{2+}薄膜的 XRD 曲线

FTIR 谱图[图 4-48（a）]表明 GO-PDA 复合薄膜中 GO 纳米片和 PDA 成功发生共价交联，例如，相比于 GO 薄膜，GO-PDA 复合薄膜的 C═O 伸缩振动峰从 1731 cm^{-1} 红移至 1710 cm^{-1}，并且其强度大幅降低；与此同时，GO-PDA 复合薄膜中出现新的 N—H 变形振动峰（1520 cm^{-1}）。此外，FTIR 谱图也表明 GO-Ni^{2+}复合薄膜中 GO 纳米片和 Ni^{2+}也成功发生环氧开环和配位交联，例如，相比于 GO 薄膜，GO-Ni^{2+}复合薄膜的羧基 C═O 振动峰减弱，而 C—O 振动峰（1376 cm^{-1}）增强；与此同时，环氧 C—O 峰（1222 cm^{-1}）减弱，而羟基 C—O 峰（1045 cm^{-1}）增强。在 GO-PDA-Ni^{2+}复合薄膜中也可以观察到上述特征峰的变化，表明其内部存在共价键和离子键协同交联作用。

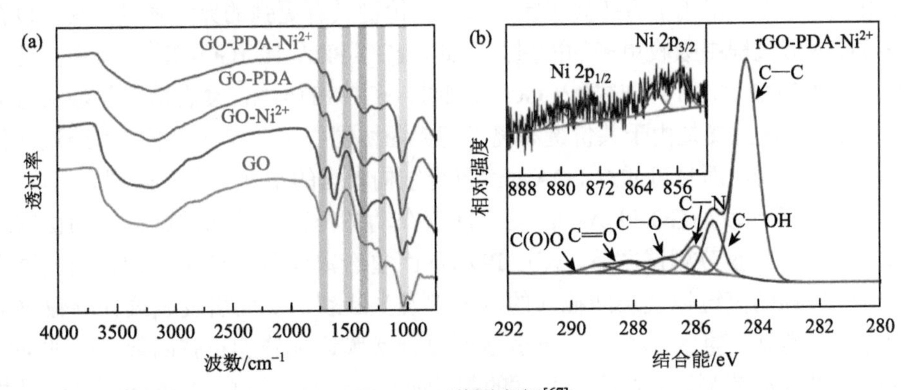

图 4-48　谱图表征[67]

（a）GO、GO-Ni^{2+}、GO-PDA 和 GO-PDA-Ni^{2+}薄膜的 FTIR 谱图；（b）rGO-PDA-Ni^{2+}复合薄膜的 C 1s 和 Ni 2p 的 XPS 谱图

进一步，研究人员表征了各种石墨烯复合薄膜的 XPS 谱图。相比于 rGO，rGO-PDA-Ni^{2+}复合薄膜显示出新的 Ni $2p_{1/2}$（874.6 eV）和 Ni $2p_{3/2}$（855.3 eV）峰［图 4-48(b)］，这证实了 rGO 纳米片和 Ni^{2+}之间的离子交联；此外，rGO-PDA-Ni^{2+}复合薄膜也具有新的 C—N 峰（286.0 eV），表明 rGO 纳米片和 PDA 之间存在共价交联。

如图 4-49 所示，相比于 GO，GO-PDA 复合薄膜的 I_D/I_G 减小，这主要是由于 DA 分子可部分还原 GO 纳米片；而 GO-Ni^{2+}复合薄膜的 I_D/I_G 增大，这主要是由于 GO 纳米片与 Ni^{2+}之间的离子交联作用。

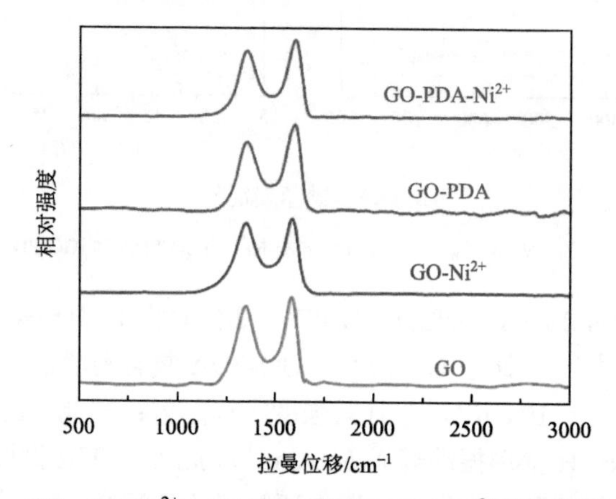

图 4-49 GO、GO-Ni^{2+}、GO-PDA 和 GO-PDA-Ni^{2+}薄膜的拉曼光谱[67]

图 4-50 所示为 rGO、rGO-Ni^{2+}、rGO-PDA 以及 rGO-PDA-Ni^{2+}薄膜的疲劳寿命和循环应力之间的关系曲线。相比于 rGO 薄膜，rGO-PDA 和 rGO-Ni^{2+}复合薄膜在相同的循环应力下具有更高的疲劳寿命，其主要裂纹抑制机制为共价键和离子键桥连作用。进一步，相比于短链离子键，长链共价键具有更强的界面强度，其可以在动态拉伸疲劳过程中吸收更多的能量，因此，rGO-PDA 比 rGO-Ni^{2+}具有更高的疲劳寿命。当 PDA 和 Ni^{2+}同时插入 GO 层间时，rGO-PDA-Ni^{2+}复合薄膜的疲劳寿命进一步提升，这主要是由于共价键和离子键界面协同作用。其裂纹不仅可通过共价键和离子键桥连，而且可通过 PDA-Ni^{2+}螯合结构较大的塑性变形而抑制。

图 4-51 所示为 rGO-PDA-Ni^{2+}复合薄膜在动态拉伸疲劳测试过程中的协同裂纹抑制机制。在疲劳测试之前，rGO-PDA-Ni^{2+}复合薄膜首先被预拉伸，在此过程中，一些较弱的氢键以及层间插入的离子键发生断裂，从而引发裂纹并导致 rGO 纳米片相互滑移；随后，对 rGO-PDA-Ni^{2+}复合薄膜连续施加正弦函数变化的动态循环应力进行疲劳测试。在疲劳测试的起始阶段，rGO 层间的 PDA-Ni^{2+}螯合结构开始解键，并发生较大的塑性变形，该过程类似于超韧足丝线胶原核中的组氨酸-金属离子螯合结构的断裂过程。此时，在 rGO 纳米片垂直方向的裂纹扩展显著减

慢并耗散大量能量，而平行于 rGO 纳米片的裂纹通过共价键和离子键桥连；随着继续循环受力，较弱的离子键桥连发生断裂；当疲劳测试进一步进行时，PDA-Ni^{2+}螯合结构完全解键，并且 PDA 分子长链被拉直，此时裂纹主要通过共价键桥连；当继续动态循环拉伸，该共价键桥连也发生断裂，与此同时，rGO 纳米片被拉出，其发生明显的卷曲。因此，共价键和离子键界面协同作用的本质是 rGO 纳米片水平和垂直两个方向的裂纹扩展被塑性变形-桥连过程有序抑制，其可以比单一的离子键和共价键桥连吸收更多的能量，从而导致更高的疲劳寿命。

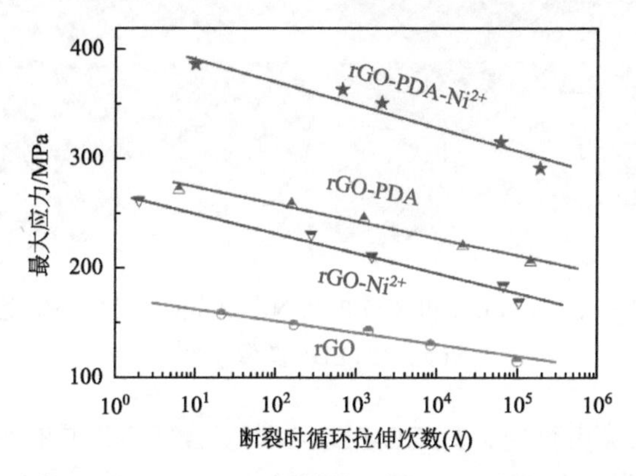

图 4-50　rGO、rGO-Ni^{2+}、rGO-PDA 和 rGO-PDA-Ni^{2+}薄膜的循环拉伸疲劳寿命与最大应力的关系曲线[67]

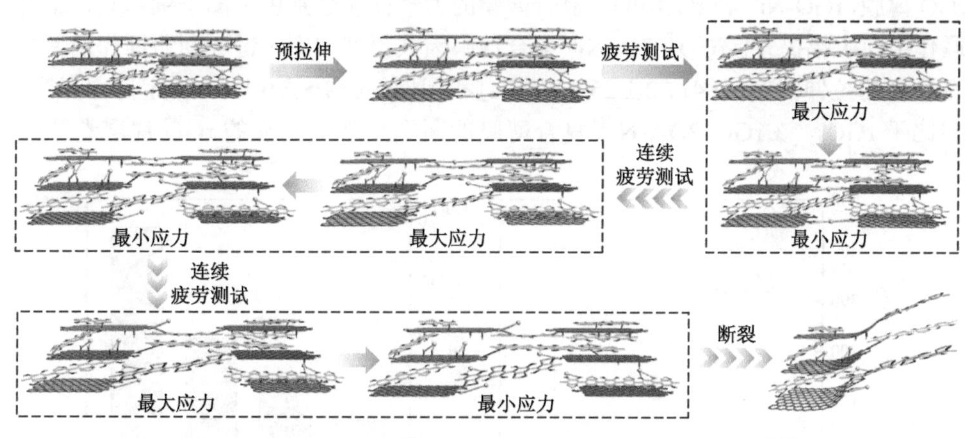

图 4-51　rGO-PDA-Ni^{2+}复合薄膜的动态拉伸疲劳断裂过程[67]

rGO、rGO-Ni^{2+}、rGO-PDA 以及 rGO-PDA-Ni^{2+}复合薄膜的疲劳断面俯视 SEM 照片如图 4-52 所示。在 rGO-PDA-Ni^{2+}复合薄膜的断面可检测到 Ni^{2+}，表明离子键在疲劳测试过程中发生断裂。由于突出的裂纹抑制能力，该 rGO-PDA-Ni^{2+}复合薄膜在动态受力过程中可保持优异的电导率，例如，在 290 MPa 应力下循环拉伸

1×10^5 次，该 rGO-PDA-Ni^{2+}复合薄膜的电导率为（144.5±10.6）S/cm，是静态原始值的 77%。此外，疲劳测试之后的 rGO-PDA-Ni^{2+}复合薄膜仍然可以作为导线连通电路，使 LED 灯泡正常发光。

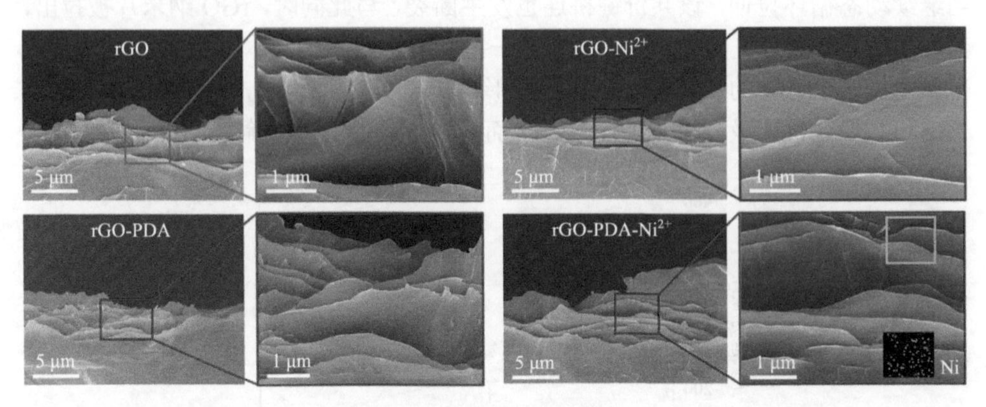

图 4-52 rGO、rGO-Ni^{2+}、rGO-PDA 和 rGO-PDA-Ni^{2+}薄膜的疲劳断面俯视 SEM 照片（插图为 Ni 元素的 EDS 图像）[67]

除了优异的抗疲劳性能，该 rGO-PDA-Ni^{2+}复合薄膜也具有突出的静态力学性能。图 4-53（a）所示为 GO、rGO、rGO-Ni^{2+}、rGO-PDA 以及 rGO-PDA-Ni^{2+}复合薄膜的拉伸应力-应变曲线，其相应的韧性如图 4-53（b）所示。相比于 GO 和 rGO 薄膜，rGO-Ni^{2+}和 rGO-PDA 复合薄膜的力学性能分别由于离子键和共价键交联作用而大幅提升。rGO-PDA-Ni^{2+}复合薄膜因共价键和离子键界面协同作用而具有最高的拉伸强度[（417.2±25.5）MPa]和韧性[（19.5±0.1）MJ/m^3]。此外，相比于 rGO，该 rGO-PDA-Ni^{2+}复合薄膜的断面呈现更明显的 rGO 片层卷曲。

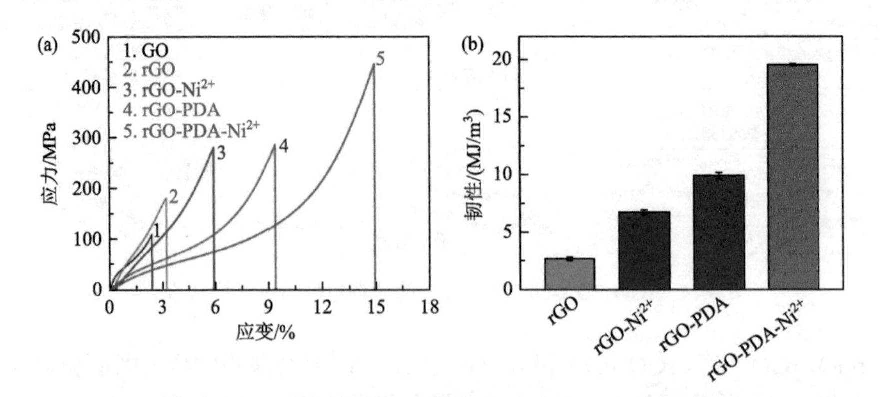

图 4-53 rGO-PDA-Ni^{2+}复合薄膜的拉伸力学性能[67]

（a）GO、rGO、rGO-Ni^{2+}、rGO-PDA 和 rGO-PDA-Ni^{2+}薄膜的拉伸应力-应变曲线；（b）rGO、rGO-Ni^{2+}、rGO-PDA 和 rGO-PDA-Ni^{2+}薄膜的韧性

进一步，这种独特的界面协同强韧作用可以通过如下公式计算协同系数：

$$S = \frac{2T_{\text{rGO-PDA-Ni}} - (T_{\text{rGO-Ni}} + T_{\text{rGO-PDA}})}{T_{\text{rGO-Ni}} + T_{\text{rGO-PDA}}} \times 100\%$$

式中，S 为协同系数；$T_{\text{rGO-PDA}}$、$T_{\text{rGO-Ni}}$ 和 $T_{\text{rGO-PDA-Ni}}$ 分别为 rGO-PDA、rGO-Ni^{2+}和 rGO-PDA-Ni^{2+}复合薄膜的拉伸强度。当 Ni^{2+}的含量为 0.88 wt%时，S 达到最大值，这与其最佳力学性能相对应，因此，该界面协同效应与 PDA-Ni^{2+}的螯合密度紧密相关。当 Ni^{2+}的含量较低时，该 PDA-Ni^{2+}螯合结构具有较小的交联密度，不能充分解键抑制裂纹，从而导致力学性能较低；而当 Ni^{2+}的含量过高时，该 PDA-Ni^{2+}螯合结构将紧密交联，不利于其发生塑性变形，因此也不能有效抑制裂纹，而使力学性能降低。

6）共价键-π-π 堆积界面协同作用

相比于氢键和离子键，共价键可与 π-π 堆积作用形成更强的界面协同作用。Wan 等[76]在石墨烯层间有序地引入共价键和 π-π 堆积作用，制备了超强韧高导电的石墨烯复合薄膜。如图 4-54 所示，首先 GO 分散液通过真空抽滤制成自支撑的 GO 薄膜；然后将其浸泡在 PCDO 溶液中，干燥后用紫外光照射，使 PCDO 的二炔基团发生 1, 4-加成聚合反应；随后将 GO-PCDO 薄膜用 HI 还原成 rGO-PCDO 薄膜，最后将 rGO-PCDO 依次浸泡在 PSE 和 AP 溶液中，使吸附在石墨烯纳米片表面的 PSE 和 AP 分子交联成 PSE-AP，从而得到 rGO-PCDO-PSE-AP 复合薄膜。通过改变 rGO-PCDO 在 PSE 和 AP 溶液中的浸泡时间，研究人员调控了共价键和 π-π 堆积作用界面协同效应，进而优化了 rGO-PCDO-PSE-AP 复合薄膜的力学性能。实验结果表明，当 PCDO 和 PSE-AP 的含量分别为 3.98 wt%和 5.43 wt%时，rGO-PCDO-PSE-AP 复合薄膜的力学性能最优。进一步，为了对比，研究人员也制备了单一 π-π 堆积作用交联的 rGO-PSE-AP 复合薄膜。

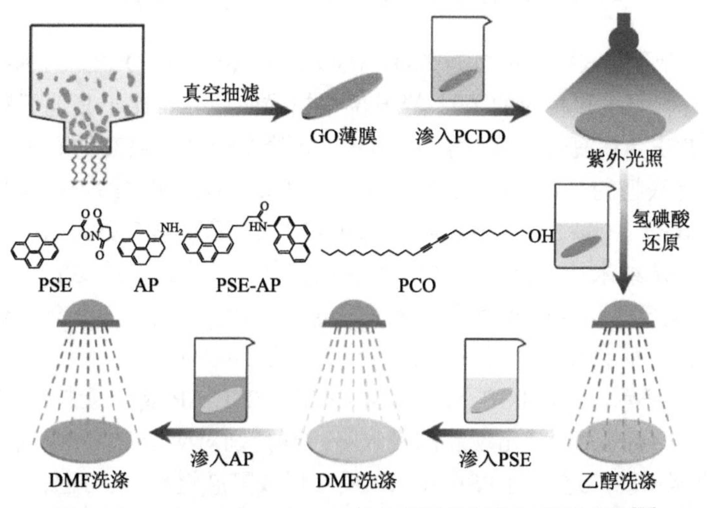

图 4-54　rGO-PCDO-PSE-AP 复合薄膜的制备过程示意图[76]

该 rGO-PCDO-PSE-AP 复合薄膜的结构模型如图 4-55 所示，PCDO 分子发生 1, 4-加成聚合反应，不仅可以共价连接 rGO 纳米片的边缘，也可以连接相邻多层 rGO 纳米片的基面；而 PSE-AP 两端的芘基可以与相邻 rGO 纳米片发生 π-π 堆积作用交联。

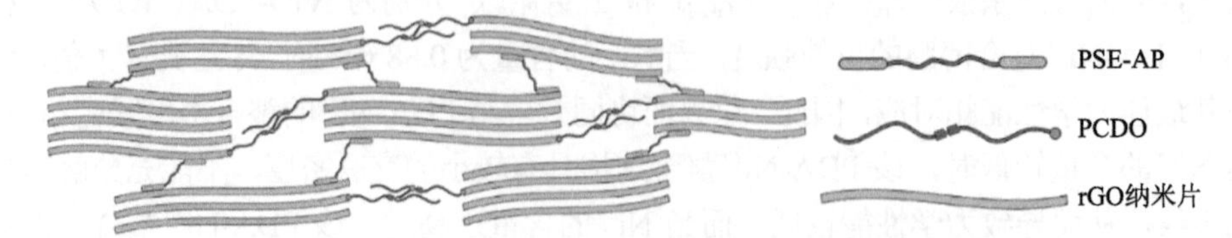

图 4-55 rGO-PCDO-PSE-AP 复合薄膜的结构卡通图[76]

如图 4-56（a）所示，制得的 rGO-PCDO-PSE-AP 复合薄膜略带金属光泽，且具有良好的柔性。图 4-56（b）所示为 rGO-PCDO-PSE-AP 复合薄膜横截面 SEM 照片，其显示规整的层状结构。进一步，其横截面的 N 元素的 EDS 结果[图 4-56（c）]表明，PSE-AP 分子均匀插入 rGO 纳米片层间。

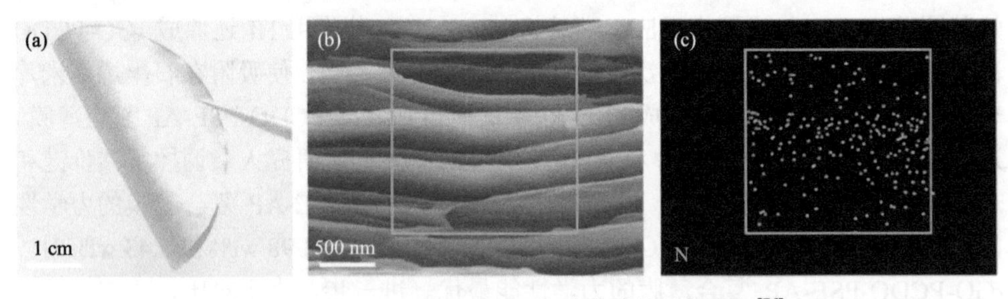

图 4-56 rGO-PCDO-PSE-AP 复合薄膜的结构表征[76]

（a）实物照片；断面直视 SEM 照片（b）和相应的 N 元素 EDS 图像（c）

图 4-57 所示为 rGO、rGO-PCDO、rGO-PSE-AP 和 rGO-PCDO-PSE-AP 薄膜的 WAXS 衍射图案和相应的 002 峰方位角扫描曲线。相比于其他石墨烯薄膜，rGO-PCDO-PSE-AP 复合薄膜具有最小的 002 峰半峰宽和最高的石墨烯纳米片取向度。令人感兴趣的是，rGO-PCDO-PSE-AP（3.81 Å）和 rGO-PSE-AP（3.80 Å）复合薄膜比 rGO（3.66 Å）和 rGO-PCDO（3.72 Å）薄膜具有更大的层间距，这可能是相邻石墨烯纳米片与交联剂作用产生的应力所导致。更重要的是，所有界面交联的 rGO 复合薄膜的层间距均为原子尺度，因此这些交联剂不会明显插入多层 rGO 纳米片内，而会连接相邻多层 rGO 纳米片的外表面。

如图 4-58 所示，rGO-PSE-AP 和 rGO-PCDO-PSE-AP 复合薄膜的 FTIR 谱图在 3248.8 cm^{-1} 和 1666.3 cm^{-1} 出现新的吸收峰，其分别对应于 PSE-AP 分子的 N—H 和 C═O 伸缩振动，这表明 PSE 和 AP 反应形成酰胺键桥连。此外，rGO-PCDO 和 rGO-PCDO-PSE-AP 复合薄膜在 1770.4 cm^{-1} 和 1168.7 cm^{-1} 呈现较强的吸收峰，

其分别对应于酯基的 C═O 和—C—O—C—，这表明 PCDO 的羟基和 GO 纳米片表面的羧基发生酯化交联。

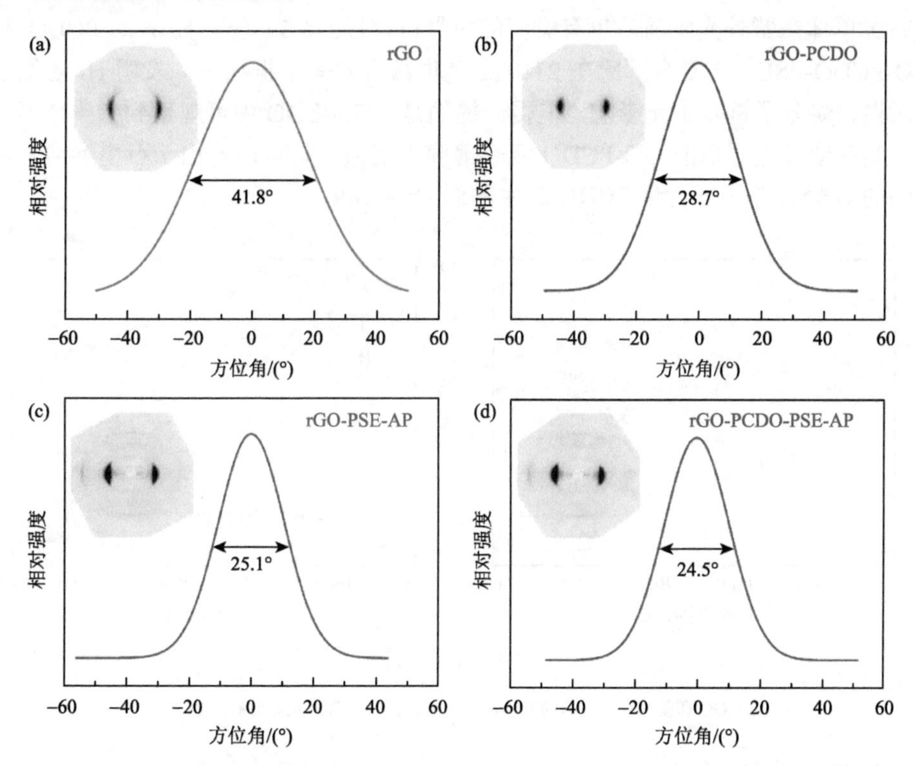

图 4-57　石墨烯薄膜的 WAXS 衍射图案和相应的 002 峰方位角扫描曲线[76]

（a）rGO；（b）rGO-PCDO；（c）rGO-PSE-AP；（d）rGO-PCDO-PSE-AP

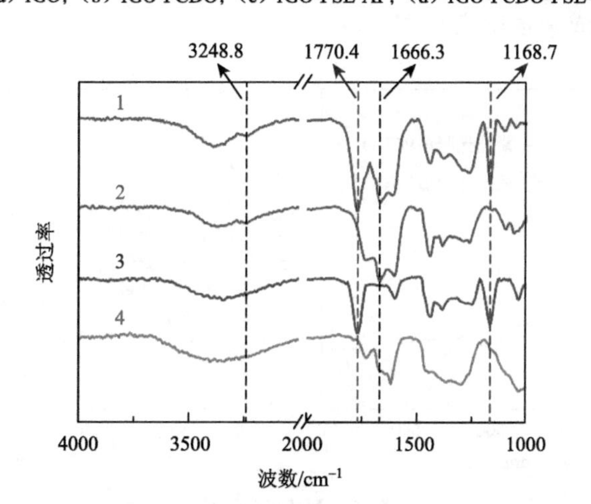

图 4-58　rGO（4）、rGO-PCDO（3）、rGO-PSE-AP（2）和 rGO-PCDO-PSE-AP（1）薄膜的 FTIR 谱图[76]

如图 4-59（a）所示，GO-PCDO 复合薄膜的 C≡C 振动峰从紫外光照前的 2260 cm^{-1} 下移到紫外光照后的 2119 cm^{-1}，这证实了 PCDO 的 1, 4-加成聚合反应。PCDO 单体在紫外光照前后也有类似的拉曼位移[图 4-59（b）]。rGO-PCDO 和 rGO-PCDO-PSE-AP 复合薄膜在 2119 cm^{-1} 也具有 C≡C 振动峰，表明 HI 还原过程对聚二炔分子链基本无影响。值得一提的是，在 PCDO 中可观察到 C═C 振动峰，其在紫外光照后的 GO-PCDO 复合薄膜中消失，这可能是由于石墨烯纳米片较强的 G 峰掩盖了低含量 PCDO 产生的弱 C═C 峰。

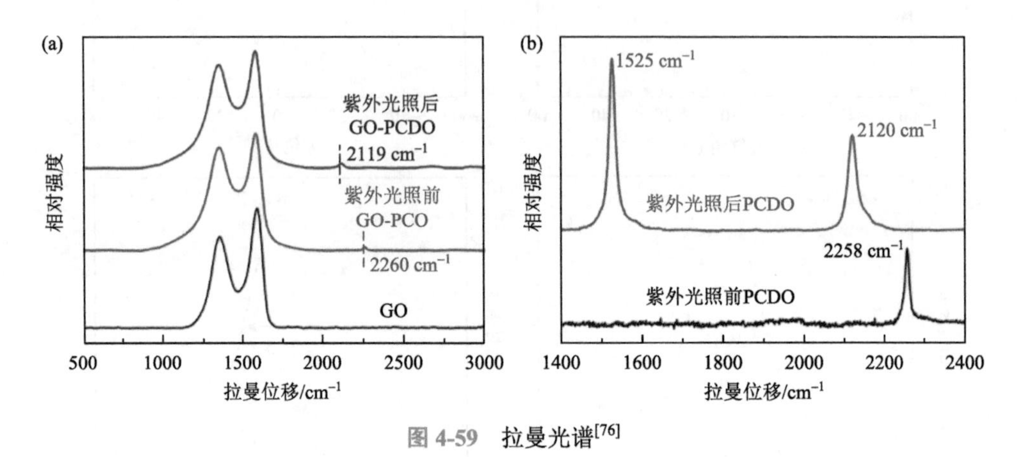

图 4-59 拉曼光谱[76]

（a）GO 和紫外光照前后的 GO-PCDO 薄膜；（b）紫外光照前后的 PCDO

如图 4-60 所示，紫外光照之后的 PCDO 和 GO-PCDO 的 UV-vis 光谱分别在 538 nm 和 608 nm 以及 540 nm 和 612 nm 有较强的吸收峰，这进一步证实了 PCDO 分子发生 1, 4-加成聚合反应。

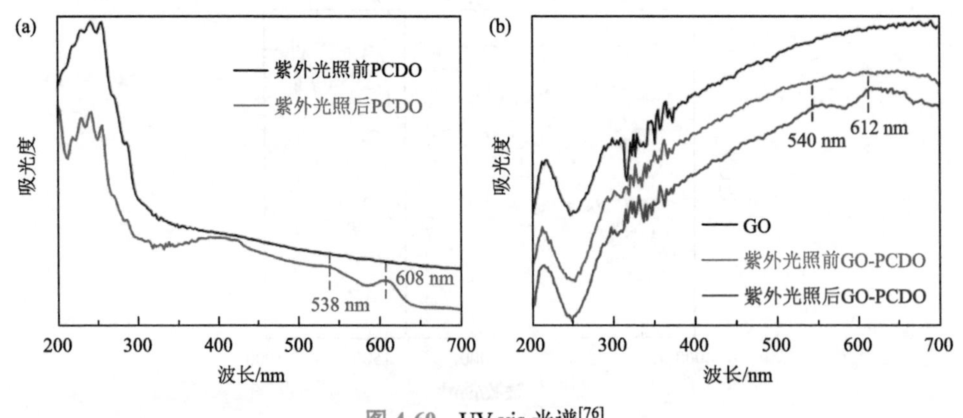

图 4-60 UV-vis 光谱[76]

（a）紫外光照前后的 PCDO；（b）GO 和紫外光照前后的 GO-PCDO 薄膜

如图 4-61 所示，相比于 rGO 和 rGO-PCDO 薄膜，rGO-PSE-AP 和 rGO-PCDO-PSE-AP 复合薄膜的 G 峰稍微下移，而 2D 峰稍微上移，这可能是由于 PSE-AP 与 rGO 纳米片之间 π-π 相互作用的电子效应。令人感兴趣的是，rGO、rGO-PCDO、rGO-PSE-AP 以及 rGO-PCDO-PSE-AP 复合薄膜具有类似的 I_D/I_G 拉曼强度比，这表明界面交联剂对 rGO 纳米片的共轭结构基本无影响。

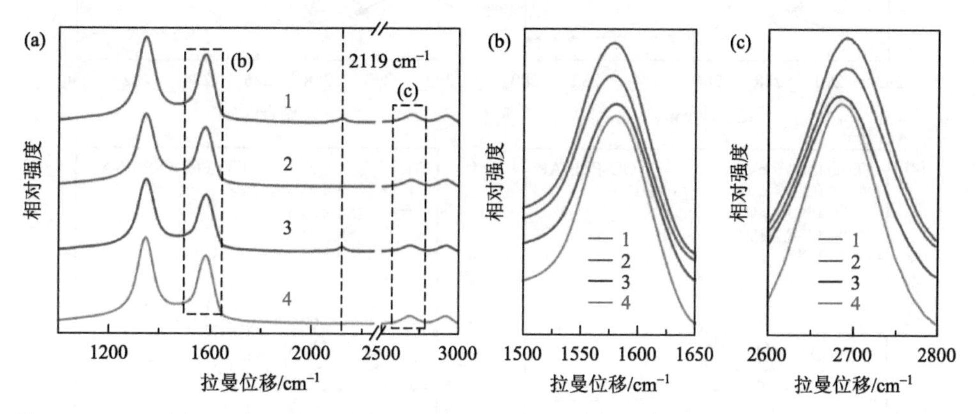

图 4-61　rGO（4）、rGO-PCDO（3）、rGO-PSE-AP（2）和 rGO-PCDO-PSE-AP（1）薄膜的拉曼光谱[76]

（a）1000～3000 cm^{-1}；（b）1500～1650 cm^{-1}；（c）2600～2800 cm^{-1}

如图 4-62 所示，sp^2 杂化的 C—C 峰从 GO、rGO、GO-PCDO 和 rGO-PCDO 的 284.7 eV 稍微上移到 rGO-PSE-AP 和 rGO-PCDO-PSE-AP 的 285.1 eV，这表明 PSE-AP 和 rGO 纳米片之间存在 π-π 堆积作用交联。更重要的是，rGO-PSE-AP 和 rGO-PCDO-PSE-AP 复合薄膜出现新的酰胺键 C—N 峰（286.2 eV），这表明 PSE 和 AP 之间成功发生酰胺化交联反应。此外，还原之后的 rGO、rGO-PCDO、rGO-PSE-AP 和 rGO-PCDO-PSE-AP 复合薄膜（0.16～0.19）的 O_{1s}/C_{1s} 原子个数比小于 GO 和 GO-PCDO 复合薄膜（0.41 和 0.45），这表明 HI 还原可以去除 GO 纳米片表面的含氧官能团。

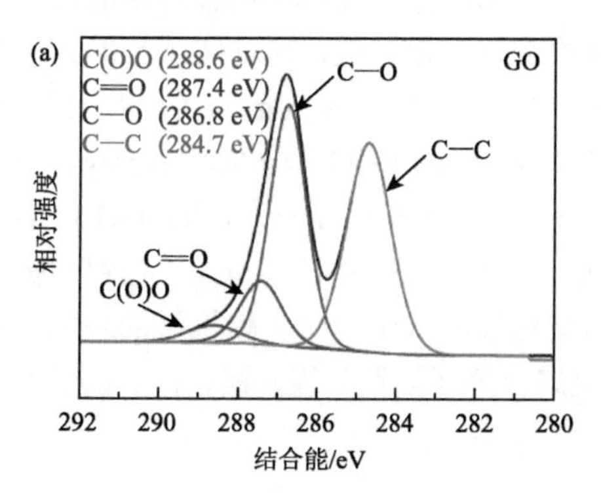

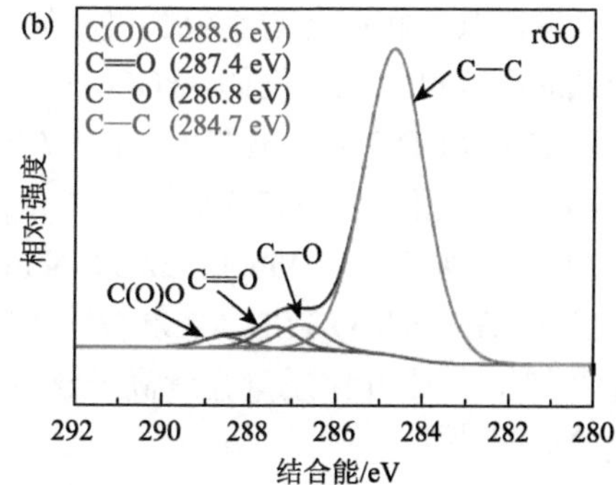

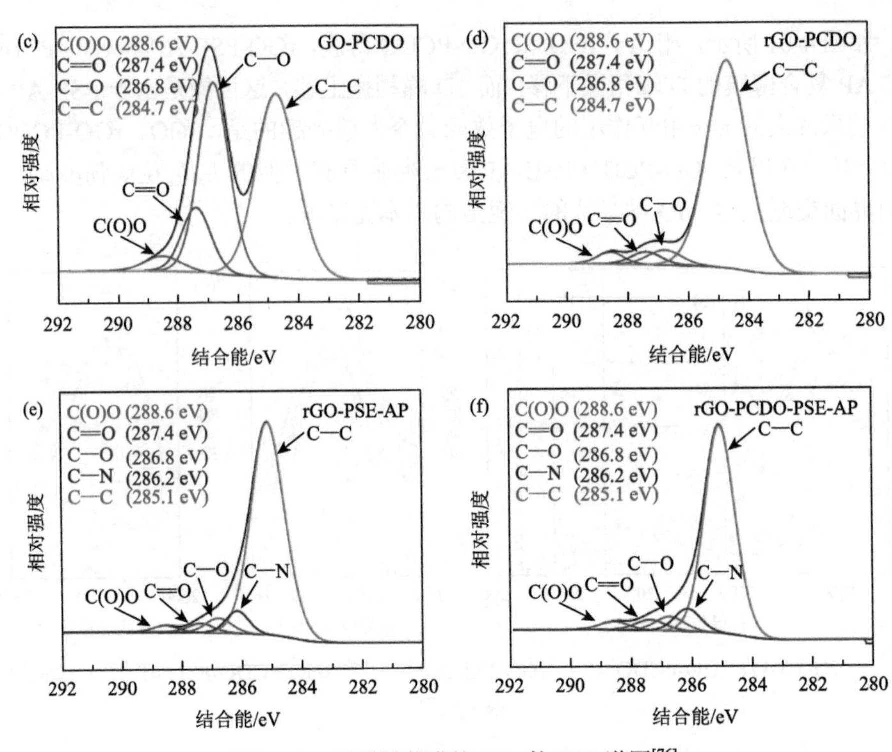

图 4-62 石墨烯薄膜的 C 1s 的 XPS 谱图[76]

（a）GO；（b）rGO；（c）GO-PCDO；（d）rGO-PCDO；（e）rGO-PSE-AP；（f）rGO-PCDO-PSE-AP

如图 4-63 所示，由于共价键和 π-π 堆积作用有序交联，rGO-PCDO-PSE-AP 复合薄膜的拉伸强度为（944.5±46.6）MPa，韧性为（20.6±1.0）MJ/m^3，其远高于 rGO-PSE-AP[（688.5±17.0）MPa 和（16.6±1.2）MJ/m^3]、rGO-PCDO[（348.5±12.0）MPa 和（8.5±1.3）MJ/m^3]和 rGO[（209.7±8.0）MPa 和（2.6±0.1）MJ/m^3]薄膜。此外，rGO-PCDO-PSE-AP（15.6 GPa）复合薄膜在低应变下的杨氏模量远高于 rGO（8.0 GPa）、rGO-PSE-AP（11.1 GPa）和 rGO-PCDO（5.3 GPa）复合薄膜。进一步，研究人员通过用密度归一化拉伸强度得到每种薄膜的比质量拉伸强度，其与相应薄膜单位长度和质量的断裂力相一致，这证实了它们力学性能测试的高度可靠性，例如，rGO 薄膜为（104.3±4.0）N·m/g 和（108.6±5.1）N·m/g，rGO-PCDO 复合薄膜为（171.7±5.9）N·m/g 和（176.4±7.2）N·m/g，rGO-PSE-AP 复合薄膜为（337.5±8.3）N·m/g 和（341.8±9.5）N·m/g，而 rGO-PCDO-PSE-AP 复合薄膜为（456.3±22.5）N·m/g 和（459.8±19.4）N·m/g。值得一提的是，虽然 rGO-PCDO-PSE-AP 复合薄膜的绝对强度低于当时文献报道的超强金属合金[99, 100]，但是其比质量强度高于这些金属合金（如铜、镍、镁、铝、钛以及不锈钢等）[101-103]。

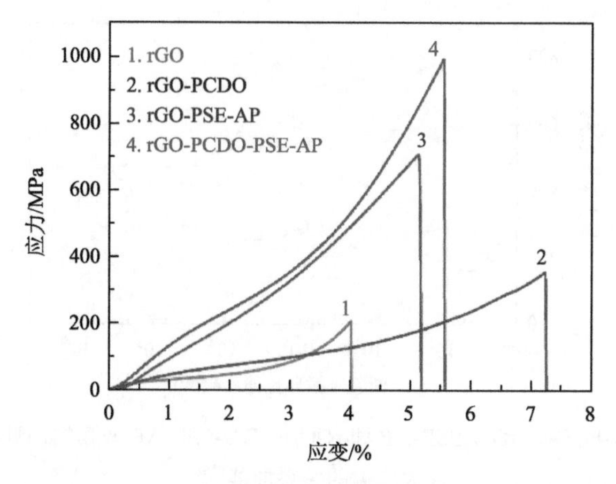

图 4-63　rGO、rGO-PCDO、rGO-PSE-AP 和 rGO-PCDO-PSE-AP 薄膜的拉伸应力-应变曲线[76]

相比于空白 rGO 薄膜，各种界面交联 rGO 薄膜的断面的石墨烯纳米片发生明显的卷曲（图 4-64），这进一步证实了相邻石墨烯纳米片的交联作用。

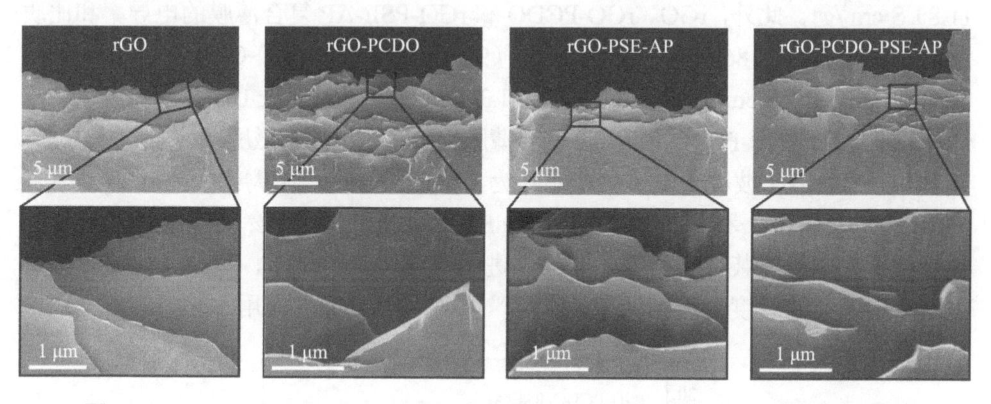

图 4-64　rGO、rGO-PCDO、rGO-PSE-AP 和 rGO-PCDO-PSE-AP 薄膜的断面俯视 SEM 照片[76]

除了优异的静态力学性能，该 rGO-PCDO-PSE-AP 复合薄膜还具有超高的抗疲劳性能。图 4-65 所示为 rGO、rGO-PCDO、rGO-PSE-AP 和 rGO-PCD-PSE-AP 薄膜的疲劳寿命和循环应力之间的关系曲线。相比于 rGO，rGO-PCDO 和 rGO-PSE-AP 复合薄膜具有更高的抗疲劳性能。此外，rGO-PSE-AP 复合薄膜的抗疲劳性能优于 rGO-PCDO 复合薄膜，这主要是由于 π-π 堆积作用在疲劳拉伸过程中可以不断发生断裂和重组，从而耗散大量的能量，其力学特性类似于一些坚韧的生物材料[29]。rGO-PCDO-PSE-AP 复合薄膜具有最优的抗疲劳性能。

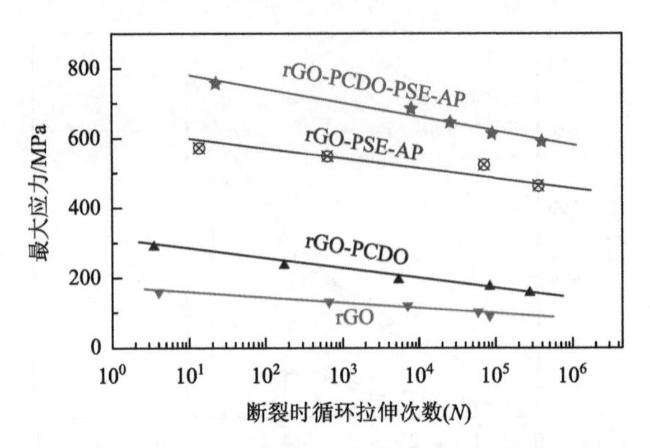

图 4-65 rGO、rGO-PCDO、rGO-PSE-AP 和 rGO-PCDO-PSE-AP 薄膜的循环拉伸疲劳寿命与最大应力的关系曲线[76]

由于石墨烯纳米片在交联之后取向度提升，因此这种界面交联策略也可以提高 rGO 薄膜的电导率和电磁屏蔽性能。更具体地，有序交联的 rGO-PCDO-PSE-AP 复合薄膜具有最高的电导率[（512.3±24.5）S/cm]和比质量电导率[（247.5±11.8）$S·cm^2/g$]。此外，rGO、rGO-PCDO 和 rGO-PSE-AP 复合薄膜的电导率和比质量电导率分别为（186.8±16.9）S/cm 和（92.9±8.4）$S·cm^2/g$、（357.2±18.6）S/cm 和（176.0±9.2）$S·cm^2/g$ 以及（440.5±21.3）S/cm 和（215.9±10.4）$S·cm^2/g$。由于优异的电导率，rGO-PCDO-PSE-AP 复合薄膜也具有突出的电磁屏蔽性能（图 4-66），其对 0.3～12 GHz 波段的电磁屏蔽系数为 27 dB，高于类似厚度的 rGO（11 dB）、rGO-PCDO（16 dB）和 rGO-PSE-AP（21 dB）复合薄膜。虽然该 rGO-PCDO-PSE-AP 复合薄膜的电磁屏蔽性能稍低于其他先进的电磁屏蔽材料[98]，但是其仍高于当时文献报道的类似厚度的石墨烯薄膜[21, 25, 68]，并且达到商业应用水平。

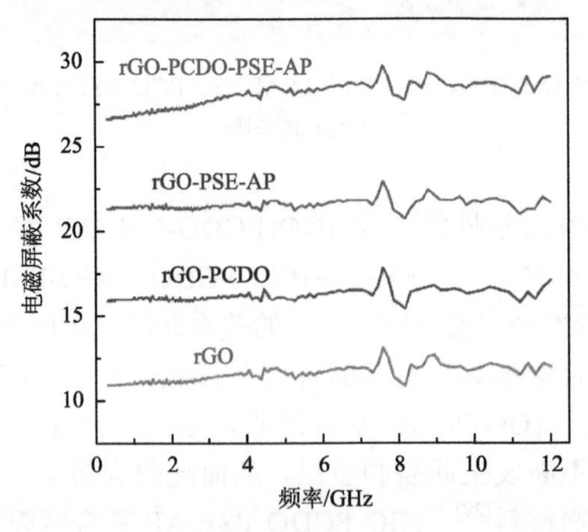

图 4-66 rGO、rGO-PCDO、rGO-PSE-AP 和 rGO-PCDO-PSE-AP 薄膜对 0.3～12 GHz 波段电磁波的屏蔽系数[76]

如图 4-67 所示，相比于 rGO 薄膜，界面交联的石墨烯薄膜在各种腐蚀性溶液（如 NMP、DMF、水、稀 H_2SO_4 和稀 NaOH）中超声时具有更强的抗分解能力。特别地，这些薄膜在各种溶液中超声时的稳定性顺序为：rGO-PCDO-PSE-AP＞rGO-PSE-AP＞rGO-PCDO＞rGO，这与它们的力学性能的相对大小顺序一致。值得一提的是，表面能与石墨烯相匹配的 NMP 和 DMF 比其他腐蚀性溶液对石墨烯薄膜具有更强的分解能力[104, 105]。

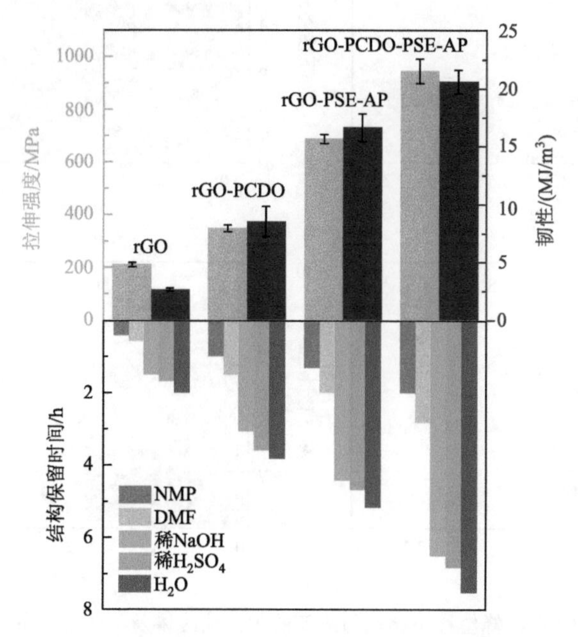

图 4-67　rGO、rGO-PCDO、rGO-PSE-AP 和 rGO-PCDO-PSE-AP 薄膜的拉伸强度、韧性以及在 NMP、DMF、稀 NaOH、稀 H_2SO_4 和 H_2O 中超声（100 W，40 kHz）时的结构保留时间[76]

图 4-68 所示为 rGO、rGO-PCDO、rGO-PSE-AP 和 rGO-PCDO-PSE-AP 薄膜的 G 峰位移与应变之间的关系，其可以表征不同石墨烯薄膜中的应力传递效率。rGO 和 rGO-PCDO 复合薄膜均具有一段平台区，在该平台区内，G 峰的位置与宏观应变无关。其中 rGO 薄膜的平台区为 0.4%～2.5%，而 rGO-PCDO 复合薄膜的平台区在 0.6%～5%。当 rGO 薄膜到达平台上限时其发生明显的断裂，而 rGO-PCDO 复合薄膜超过平台区上限时仍可以继续拉伸，直至 5.8%的应变时才断裂。这些结果表明，尽管聚 PCDO 分子链可以大幅提升石墨烯薄膜的断裂伸长率，但是其在拉曼位移平台区仍不能在石墨烯层间实现高效的应力传递效率。相比之下，rGO-PSE-AP 和 rGO-PCDO-PSE-AP 复合薄膜不存在拉曼位移平台区，并且其 G 峰位移随应变具有更大的变化率，这说明 rGO-PSE-AP 和 rGO-PCDO-PSE-AP 复合薄膜具有更大的应力传递效率。值得一提的是，rGO、rGO-PCDO、rGO-PSE-AP

和 rGO-PCDO-PSE-AP 复合薄膜在断裂时的应力和 G 峰位移分别为 209.7 MPa 和 1.2 cm^{-1}、348.5 MPa 和 5.6 cm^{-1}、688.5 MPa 和 13.2 cm^{-1} 以及 944.5 MPa 和 15.7 cm^{-1}，其具有相同的大小关系。

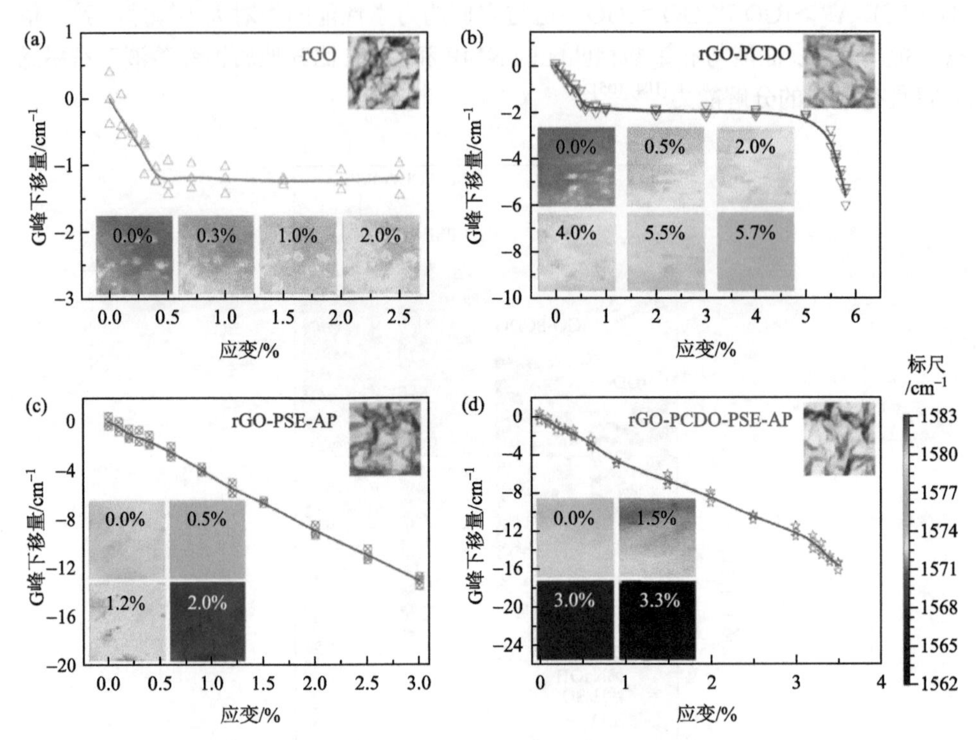

图 4-68 石墨烯薄膜的 G 峰位移下移量与应变的关系曲线以及不同应变下 20 μm×20 μm 区域的 G 峰位移分布图像[76]

（a）rGO；（b）rGO-PCDO；（c）rGO-PSE-AP；（d）rGO-PCDO-PSE-AP

进一步，如图 4-69 所示，当应变小于 0.4%时，所有石墨烯薄膜的 G 峰位移可逆，这表明该区域为 rGO 纳米片拉直的弹性变形区。当应变高于 0.4%时，rGO 薄膜不存在应变释放可逆区，而 rGO-PCDO、rGO-PSE-AP 以及 rGO-PCDO-PSE-AP 复合薄膜分别在 5.4%～5.75%、1.5%～2.0%以及 2.9%～3.4%存在应变释放可逆区。这种弹性行为可能是由于共价键、π-π 堆积作用以及协同共价键和 π-π 堆积作用的弹性应变释放特性。

7）一维纳米纤维协同强韧效应

基于 1D 纳米纤维（如 CNC[106, 107]、NFC[59]以及 CNT[60]等）的协同强韧效应，研究人员已经成功制备了大量高性能的石墨烯复合薄膜。例如，Wen 等[107]使用 CNC 与 GO 纳米片诱导协同强韧效应，制备了超强高导电的石墨烯复合薄膜（rGO-CNC），首先 CNC 通过较强的氢键吸附在平均尺寸为 14 μm 的缺陷少的

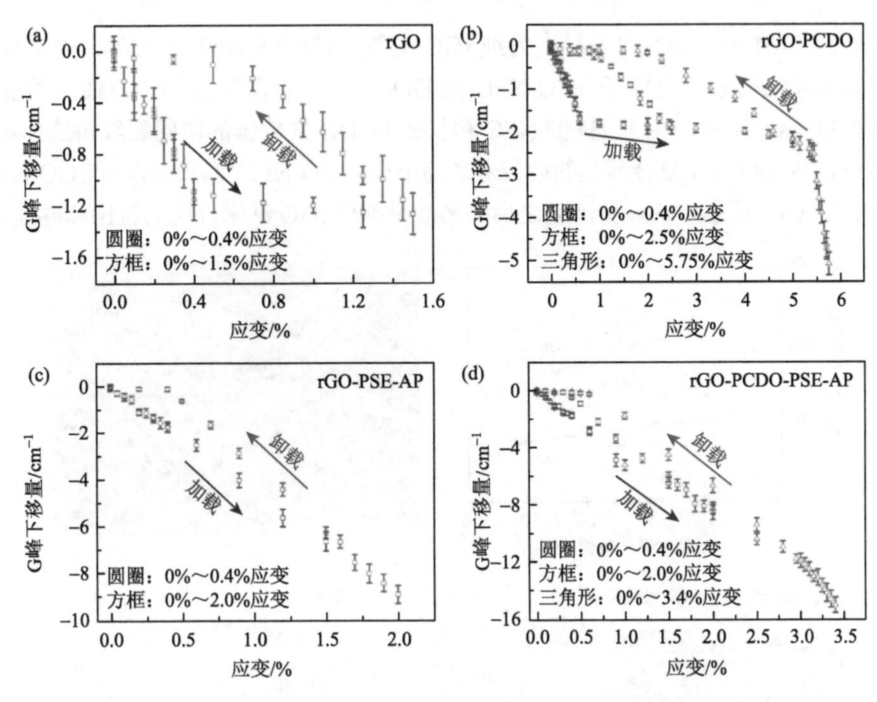

图 4-69　石墨烯薄膜在循环拉伸过程中的 G 峰位移下移量[76]

（a）rGO；（b）rGO-PCDO；（c）rGO-PSE-AP；（d）rGO-PCDO-PSE-AP

GO 纳米片表面，形成表面高度褶皱的 GO-CNC 异质基元材料，随后，GO-CNC 水凝胶通过凝胶成膜法和 HI 化学还原处理，制备得到 rGO-CNC 复合薄膜。当 CNC 的含量为 5 wt%时，rGO-CNC 复合薄膜的力学性能达到最大值，其拉伸强度和韧性分别为 765 MPa 和 15.64 MJ/m^3，分别是相应纯 rGO 薄膜（427 MPa 和 7.6 MJ/m^3）的 1.8 倍和 2.1 倍。值得一提的是，该 rGO-CNC 复合薄膜优异的力学性能不仅来源于 CNC 和 GO 纳米片之间的协同强韧作用，而且因为使用的 GO 纳米片尺寸较大，缺陷较少。由于 CNC 为绝缘性聚合物，该 rGO-CNC 复合薄膜的电导率稍低于相应的纯 rGO 薄膜。

此外，界面交联作用也可以引入三元石墨烯复合薄膜中进一步提升其力学性能。例如，Duan 等[59]利用 1D 的 NFC 与共价键诱导协同强韧效应，仿生构筑了强韧一体化的 rGO-NFC-PCDO 三元复合薄膜。该协同强韧效应可以通过控制 NFC 的含量进行优化。实验结果表明，当 NFC 和 PCDO 的含量分别为 5.3 wt%和 2.82 wt%时，该 rGO-NFC-PCDO 三元复合薄膜具有最佳力学性能，其拉伸强度和韧性分别达到 314.6 MPa 和 9.8 MJ/m^3，为相应 GO-NFC 复合薄膜（200.3 MPa 和 4.0 MJ/m^3）的 1.6 倍和 2.5 倍以及纯 rGO 薄膜（133.7 MPa 和 2.8 MJ/m^3）的 2.4 倍和 3.5 倍，此外，类似于 rGO-CNC，由于 NFC 为绝缘性纳米纤维，该 rGO-NFC-PCDO 三元复合薄膜（161.4 S/cm）的电导率为纯 rGO 薄膜（176.7 S/cm）的 91%。更重要的是，该协同强韧效应也赋予 rGO-NFC-PCDO 三元复合薄膜优异的抗疲劳性能。如图 4-70（a）所示，由于 1D 的 NFC 和长链 PCDO 共价键的协同裂纹桥连作用，rGO-NFC-PCDO三元复合薄膜的疲劳寿命高于相应GO-NFC复合薄膜和纯GO薄膜。如图 4-70（b）所示，其疲劳断裂之后的形貌呈现出 rGO 纳米片层的拉出和卷曲。

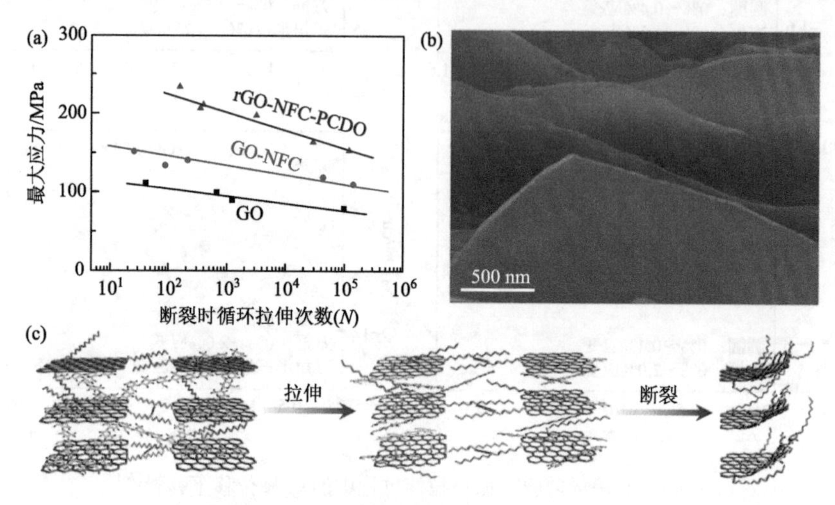

图 4-70 纳米纤维素与共价键协同强韧的 rGO-NFC-PCDO 三元复合薄膜[59]

（a）GO、GO-NFC 和 rGO-NFC-PCDO 薄膜的循环拉伸疲劳寿命与最大应力的关系曲线；rGO-NFC-PCDO 三元复合薄膜的疲劳断面俯视 SEM 照片（b）和拉伸断裂过程（c）

该 rGO-NFC-PCDO 三元复合薄膜的协同断裂机制如图 4-70（c）所示，当开始受力拉伸时，rGO 层间的氢键发生断裂，导致 rGO 纳米片相互滑移；随着拉力持续增大，卷曲的 PCDO 和 NFC 分子链逐渐被拉直，发生较大的塑性变形，同时耗散大量的能量，在此过程中，NFC 和 rGO 纳米片之间的氢键不断发生断裂重组；当拉力进一步增大，PCDO 和 NFC 分子链完全被拉直，NFC 和 rGO 纳米片之间的氢键完全断裂，随后 NFC 分子链被拉出，而 PCDO 和 rGO 纳米片之间的共价键维持 rGO-NFC-PCDO 三元复合薄膜的结构完整性；最后，当拉力继续增大时，共价键也发生断裂，同时 rGO 纳米片被拉出并且发生明显的卷曲。

不同于绝缘的 CNC 和 NFC，1D 的 CNT 是高导电的基元材料，其可以有效提升石墨烯复合薄膜的电学性能。Gong 等[60]通过双壁碳纳米管（double-walled carbon nanotube，DWNT）和 PCDO 共价键之间的协同强韧效应，制备了高强高导电的三元石墨烯复合薄膜（rGO-DWNT-PCDO）。通过改变 DWNT 的含量可以优化该协同强韧效应。当 PCDO 的含量为 2.24 wt%，DWNT 的含量为 1.10 wt%时，该 rGO-DWNT-PCDO 三元复合薄膜的力学性能最优，其拉伸强度为 374.1 MPa，韧性为 9.2 MJ/m^3，分别是相应 rGO-PCDO 复合薄膜（238.2 MPa 和 4.0 MJ/m^3）的

1.6倍和2.3倍、GO-DWNT复合薄膜（230.8 MPa和3.0 MJ/m^3）的1.6倍和3.1倍以及纯rGO薄膜（141.8 MPa和2.8 MJ/m^3）的2.6倍和3.3倍。除了优异的静态力学性能，该rGO-DWNT-PCDO三元复合薄膜也具有独特的抗疲劳性能。如图4-71（a）所示，在相同循环受力下，相比于纯GO薄膜和GO-DWNT复合薄膜，该rGO-DWNT-PCDO三元复合薄膜的疲劳寿命至少提升了5个数量级。其相应的疲劳断面形貌[图4-71（b）]呈现出DWNT的拉出以及rGO纳米片的卷曲。

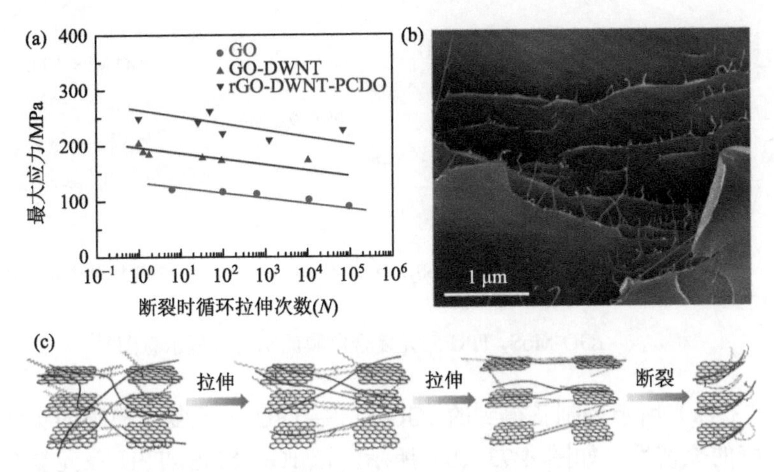

图4-71　碳纳米管与共价键协同强韧的rGO-DWNT-PCDO复合薄膜[60]

（a）GO、GO-DWNT和rGO-DWNT-PCDO薄膜的循环拉伸疲劳寿命与最大应力的关系曲线；rGO-DWNT-PCDO三元复合薄膜的疲劳断面俯视SEM照片（b）和拉伸断裂过程（c）

图4-71（c）所示为该rGO-DWNT-PCDO三元复合薄膜的协同断裂过程。在开始受力时，rGO层间较弱的氢键首先断裂，从而引发rGO纳米片之间的相互滑移；随后，卷曲的PCDO分子长链逐渐被拉直，在此过程中，无规取向的DWNT沿着拉伸方向取向排布，从而导致较大的塑性变形，耗散大量的能量；当拉力继续增大时，PCDO分子链完全被拉直，DWNT与rGO纳米片之间的π-π堆积作用发生断裂，DWNT被拉出，此时，PCDO和rGO纳米片之间较强的共价键维持整个复合薄膜的结构完整性；最后，当拉力进一步增大时，共价键也发生断裂。此外，由于DWNT和PCDO分子链共轭骨架有助于相邻rGO纳米片之间的电子传输，因此，该rGO-DWNT-PCDO三元复合薄膜具有优异的导电性能，其电导率为394.0 S/cm，是相应纯rGO薄膜（228.3 S/cm）的1.7倍。

8）二维纳米片协同强韧效应

不同于1D纳米纤维的裂纹桥连作用，2D纳米片，如Al_2O_3[108-110]、MMT[63]、MoS_2[61]和WS_2[62]等，可以通过裂纹偏转诱导额外的增韧机制。因此，2D纳米片也可以与不同的界面相互作用诱导协同强韧效应，从而制备高性能的三元石墨烯复合薄膜。例如，Wan 等[61]首先将 GO、MoS_2 和 TPU 分散液均匀混合，然后通过真空抽滤将其组装成自支撑的 GO-MoS_2-TPU 三元复合薄膜，最后用 HI 将 GO-MoS_2-TPU 还原成 rGO-MoS_2-TPU 三元复合薄膜（图 4-72）。通过改变 MoS_2 的含量，可以调控其协同强韧效应，实验结果表明，当 MoS_2 的含量为 4 wt%左右时，该 rGO-MoS_2-TPU 三元复合薄膜的力学性能最优。进一步，为了对比，研究人员也制备了 rGO-TPU 二元复合薄膜。

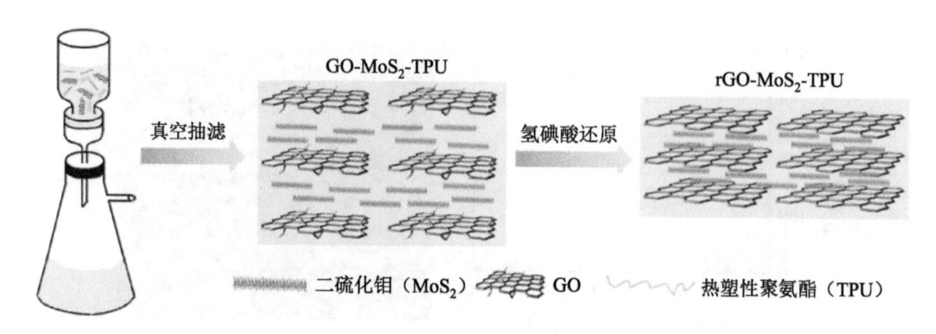

图 4-72 rGO-MoS_2-TPU 三元复合薄膜的制备过程示意图[61]

图 4-73（a）所示为制备得到的 rGO-MoS_2-TPU 三元复合薄膜的实物照片，其显示良好的柔韧性。如图 4-73（b）所示，该 rGO-MoS_2-TPU 三元复合薄膜的横截面呈现规整的层状结构，进一步，EDS 结果[图 4-73（c）]表明 MoS_2 纳米片均匀分布在 rGO 纳米片层间。

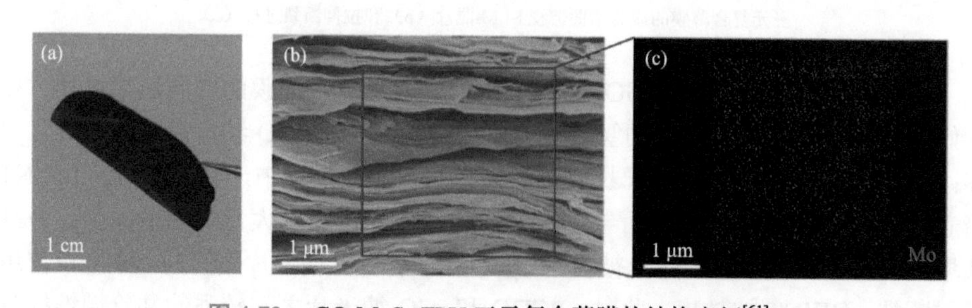

图 4-73 rGO-MoS_2-TPU 三元复合薄膜的结构表征[61]

（a）实物照片；断面直视 SEM 照片（b）和相应的 Mo 元素 EDS 图像（c）

如图 4-74（a）和（b）所示，GO-MoS_2-TPU 和 rGO-MoS_2-TPU 三元复合薄膜相比于 GO-TPU 和 rGO-TPU 二元复合薄膜具有更大的层间距，这进一步证实 MoS_2 纳米片插入 GO 层间。在 GO-MoS_2-TPU 和 rGO-MoS_2-TPU 三元复合薄膜中均存在 MoS_2 纳米片的 002 衍射峰（约 14°），这表明在真空抽滤过程中 MoS_2 纳米片发生重堆积，这也可以进一步通过 rGO-MoS_2-TPU 三元复合薄膜的断面 TEM 照片[图 4-74（c）]证实。

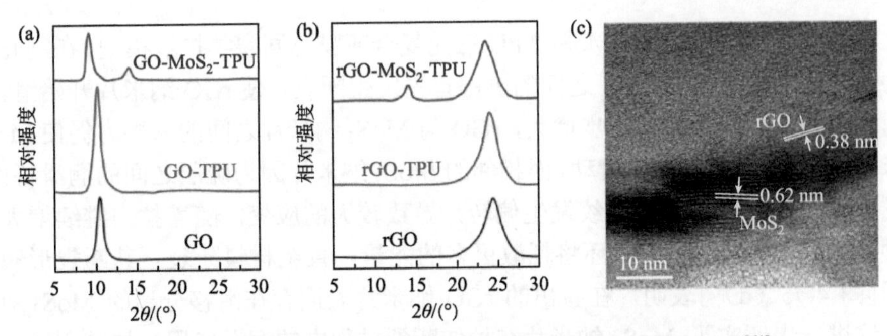

图 4-74　rGO-MoS_2-TPU 三元复合薄膜的层层堆积结构表征[61]

（a）GO、GO-TPU 和 GO-MoS_2-TPU 薄膜的 XRD 曲线；（b）rGO、rGO-TPU 和 rGO-MoS_2-TPU 薄膜的 XRD 曲线；（c）rGO-MoS_2-TPU 三元复合薄膜的断面 TEM 照片

图 4-75（a）所示为 GO、GO-TPU、rGO-TPU、GO-MoS_2-TPU 和 rGO-MoS_2-TPU 薄膜的拉伸应力-应变曲线。相比于二元 rGO-TPU 复合薄膜，该 rGO-MoS_2-TPU 三元复合薄膜拉伸强度由 166.7 MPa 增大到 235.3 MPa，而韧性由 3.3 MJ/m^3 增大到 6.9 MJ/m^3，这主要是由于 GO 与 MoS_2 纳米片之间的协同强韧作用。进一步，如图 4-75（b）和（c）所示，随着 MoS_2 纳米片的含量从 1.7 wt%增大到 4.0 wt%，相应 rGO-MoS_2-TPU 三元复合薄膜的拉伸强度和韧性逐渐提升；而当 MoS_2 纳米片的含量进一步提升时，其拉伸强度和韧性将急剧下降。

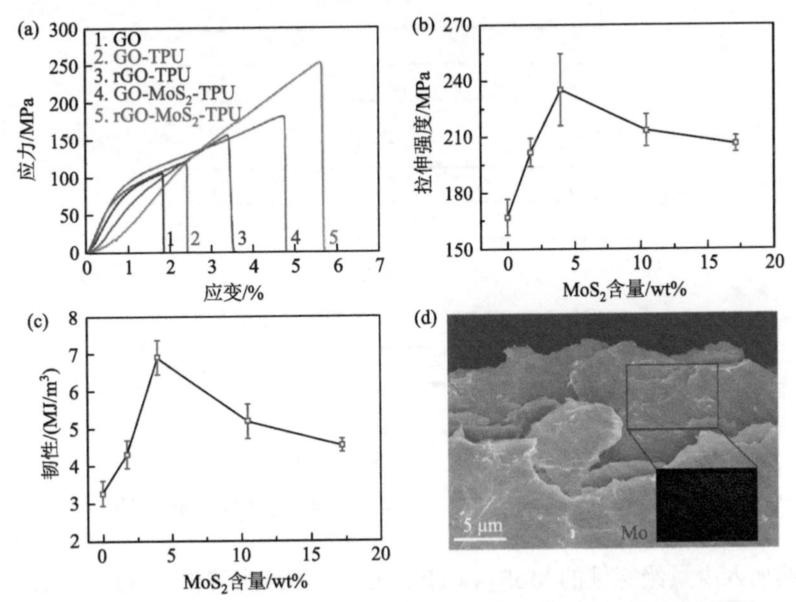

图 4-75　rGO-MoS_2-TPU 三元复合薄膜的拉伸力学性能和断面形貌[61]

（a）GO、GO-TPU、rGO-TPU、GO-MoS_2-TPU 和 rGO-MoS_2-TPU 薄膜的拉伸应力-应变曲线；不同 MoS_2 含量的 rGO-MoS_2-TPU 三元复合薄膜的拉伸强度（b）和韧性（c）；（d）rGO-MoS_2-TPU 三元复合薄膜的断面俯视 SEM 照片和相应的 Mo 元素 EDS 图像

图 4-76 所示为该 rGO-MoS_2-TPU 三元复合薄膜协同裂纹扩展模型，在刚开始受力时，rGO 纳米片与 TPU 之间的氢键首先发生断裂，使 rGO 纳米片开始滑移，从而引发裂纹；当拉力进一步增大，rGO 与 MoS_2 纳米片之间的摩擦力促使 MoS_2 纳米片随 rGO 纳米片一起滑动，而相邻的 MoS_2 纳米片因为硫层之间的润滑特性，将发生相对滑移，从而使裂纹发生偏转，导致较大的应变；随着拉力继续增大，这种裂纹引发-偏转-扩展循环将耗散更多的能量，直至材料断裂。其断裂形貌俯视图[图 4-75（d）]表明，在拉出的 rGO 纳米片表面存在滑移分离的 MoS_2 纳米片，这进一步证实了 MoS_2 纳米片在拉伸断裂过程中的润滑作用。如前所述，当 MoS_2 纳米片的含量为 4.0 wt%时，该协同强韧效应最大，其可以解释如下：当 MoS_2 纳米片的含量低于 4.0 wt%时，裂纹不能有效地通过 MoS_2 纳米片的润滑作用而偏转，因此 MoS_2 纳米片滑移过程中耗散的能量较低，从而不利于其拉伸强度和韧性；而当 MoS_2 纳米片的含量高于 4.0 wt%时，MoS_2 纳米片将发生过度的重堆积，从而导致 MoS_2 和 rGO 纳米片之间较低的应力传递效率，因此也不利于拉伸强度和韧性。

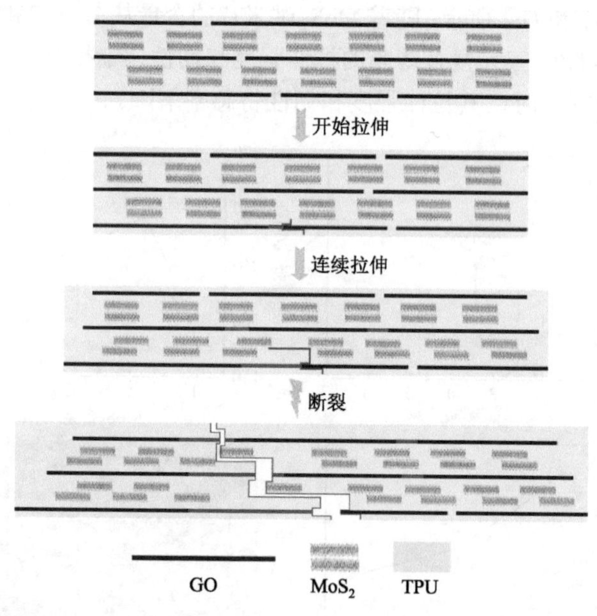

图 4-76　rGO-MoS_2-TPU 三元复合薄膜的拉伸断裂过程[61]

虽然加入少量绝缘性的 MoS_2 和 TPU 在一定程度上降低了 rGO-MoS_2-TPU 三元复合薄膜的导电性能，但是其电导率仍高达 46.4 S/cm。如图 4-77 所示，该 rGO-MoS_2-TPU 三元复合薄膜可以作为导线连通电路，并且在弯曲状态下仍可使 LED 灯泡发光。

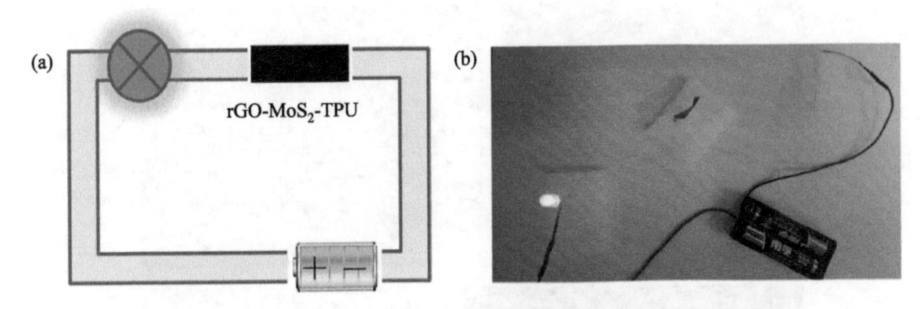

图 4-77　rGO-MoS_2-TPU 三元复合薄膜作为导线的应用展示[61]

（a）连通电路示意图；（b）实物图

相比于氢键，共价键可以与 2D 纳米片诱导更强的协同强韧效应。Wan 等[62]通过 WS_2 纳米片和共价键交联诱导的协同强韧效应，制备了超抗疲劳的三元石墨烯复合薄膜。如图 4-78 所示，首先，GO 和 WS_2 纳米片的混合液通过真空抽滤制备自支撑的 GO-WS_2 复合薄膜；随后干燥的 GO-WS_2 复合薄膜浸泡在 PCDO 溶液中，使 PCDO 与 GO 纳米片酯化交联；然后将该复合薄膜用紫外光照射，使 PCDO 分子发生 1, 4-加成聚合；最后将得到的 GO-WS_2-PCDO 用 HI 还原成 rGO-WS_2-PCDO 三元复合薄膜。通过改变 GO/WS_2 质量比，可以调控其协同强韧效应。实验结果表明，当 GO/WS_2 质量比为 87.5∶6.4 时，该 rGO-MoS_2-TPU 三元复合薄膜的力学性能最优。进一步，为了对比，研究人员也制备了 rGO-PCDO 和 rGO-WS_2 复合薄膜。

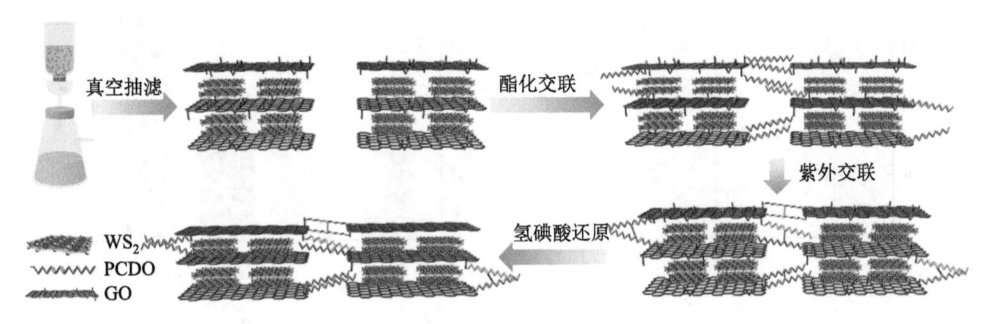

图 4-78　rGO-WS_2-PCDO 三元复合薄膜的制备过程示意图[62]

如图 4-79（a）所示，该 rGO-WS_2-PCDO 三元复合薄膜具有优异的柔韧性，其断面呈现规整的层状结构[图 4-79（b）]，并且 WS_2 纳米片均匀分布在 rGO 纳米片层间[图 4-79（c）]。进一步，如图 4-79（d）所示，该 rGO-WS_2-PCDO 三元复合薄膜的 TEM 断面形貌证实 WS_2 纳米片插入 rGO 层间，其类似于 LBL 组装的仿鲍鱼壳纳米复合材料的微观结构。

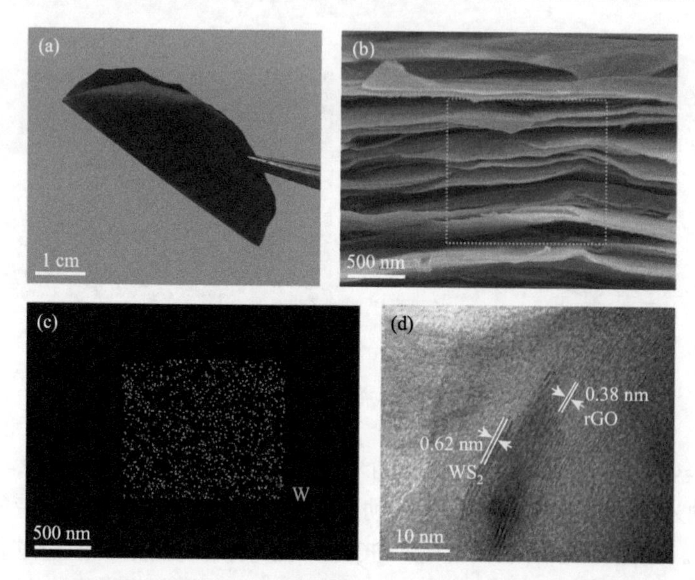

图 4-79 rGO-WS_2-PCDO 三元复合薄膜的结构表征[62]

（a）实物照片；断面直视 SEM 照片（b）和相应的 W 元素 EDS 图像（c）；（d）断面 TEM 照片

该 rGO-WS_2-PCDO 三元复合薄膜的拉伸强度为（413.6±8.8）MPa、韧性为（17.7±1.2）MJ/m^3（图 4-80），其分别是相应 rGO-PCDO 二元复合薄膜的 1.5 倍和 2.4 倍、rGO-WS_2 复合薄膜的 2.0 倍和 3.5 倍以及 rGO 薄膜的 2.6 倍和 7.1 倍。

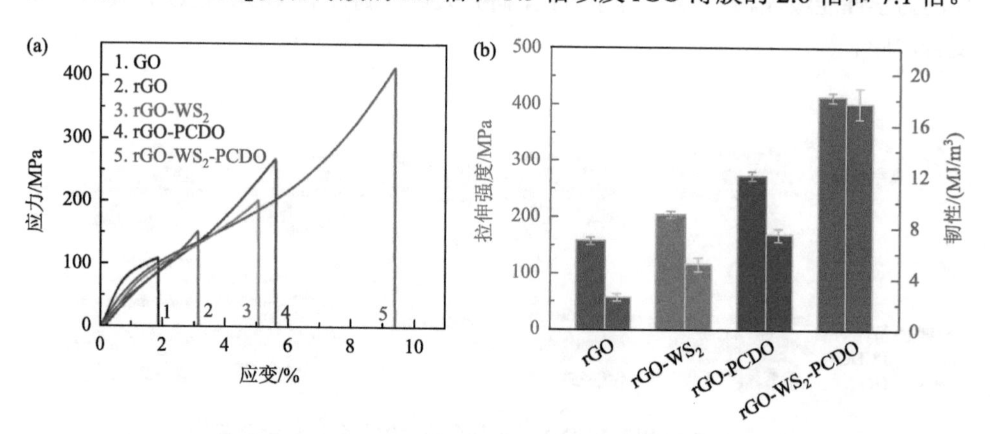

图 4-80 rGO-WS_2-PCDO 三元复合薄膜的拉伸力学性能[62]

（a）GO、rGO、rGO-WS_2、rGO-PCDO 和 rGO-WS_2-PCDO 薄膜的拉伸应力-应变曲线；（b）rGO、rGO-WS_2、rGO-PCDO 和 rGO-WS_2-PCDO 薄膜的拉伸强度和韧性

通过分子动力学（MD）模拟，研究人员揭示了 rGO-WS_2-PCDO 三元复合薄膜的协同强韧机制。图 4-81 所示为 rGO-WS_2-PCDO 三元复合薄膜在模拟拉伸过程中的结构演变图。相比于 rGO-PCDO 和 rGO-WS_2，该 rGO-WS_2-PCDO

三元复合薄膜在拉伸断裂过程中具有独特的多裂纹抑制机制，包括 WS_2 纳米片润滑作用诱导的裂纹偏转（图中椭圆虚线）以及 PCDO 和 rGO 纳米片之间的共价桥连（图中方形虚线）。在开始受力拉伸时，rGO 层间较弱的氢键首先断裂，从而导致相邻的 rGO 纳米片开始相互滑动并引发裂纹；随后 GO 和 WS_2 纳米片之间的摩擦力将促使 WS_2 纳米片随着 GO 纳米片一起滑移；当继续拉伸时，由于 WS_2 纳米片之间存在润滑作用，裂纹将沿着 WS_2 纳米片的 S 原子层偏转，与此同时，卷曲的 PCDO 分子链被拉直，进一步桥连裂纹；当拉力进一步增大时，PCDO 与 rGO 纳米片之间的共价桥连发生断裂，同时导致 rGO 纳米片拉出并卷曲。

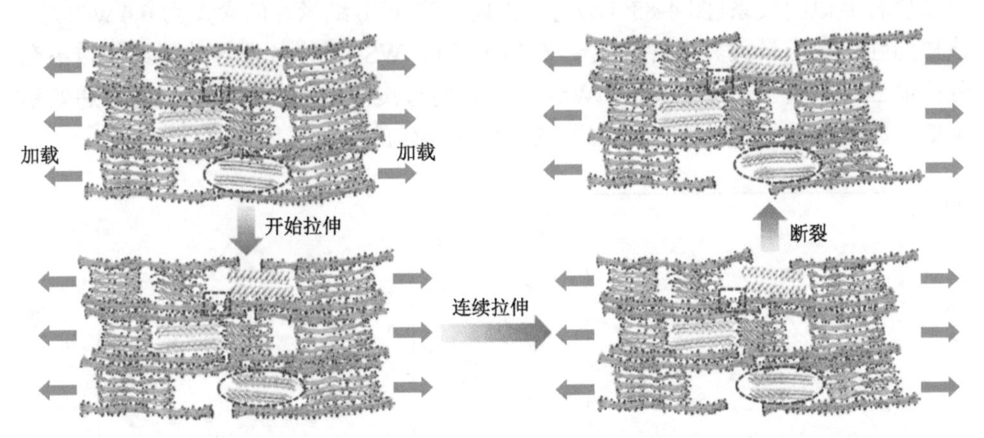

图 4-81 rGO-WS_2-PCDO 三元复合薄膜的分子动力学模拟拉伸断裂过程[62]

这些石墨烯薄膜的断面形貌如图 4-82 所示，在 rGO-WS_2-PCDO 三元复合薄膜拔出的 rGO 纳米片表面，可以观察到分离之后的 WS_2 纳米片。

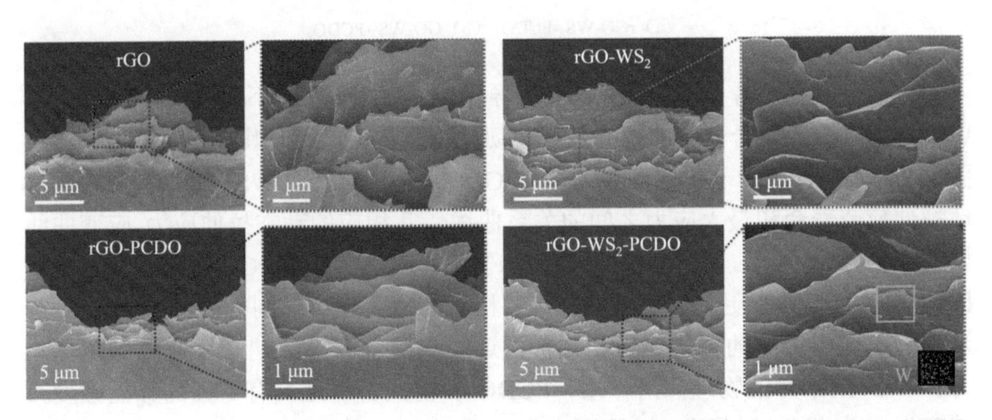

图 4-82 rGO、rGO-WS_2、rGO-PCDO 和 rGO-WS_2-PCDO 薄膜的断面俯视 SEM 照片，插图为 W 元素 EDS 图像[62]

该 WS_2 纳米片与共价键交联诱导的协同强韧效应可以定量地通过如下公式计算：

$$V_{SP}=\frac{2M-(P+Q)}{P+Q}\times 100\%$$

式中，V_{SP} 为协同比；M 为 rGO-WS_2-PCDO 三元复合薄膜的力学性能；P 和 Q 分别为 rGO-PCDO 和 rGO-WS_2 二元复合薄膜的相应力学性能。如图 4-83（a）所示，随着 WS_2 纳米片的含量逐渐增加，rGO-WS_2-PCDO 三元复合薄膜的强度和韧性的协同比开始分别从 36.9%和 81.4%提升到 73.3%和 182.5%，而后降低到 53.7%和 123.4%。而 GO-WS_2-PCDO 三元复合薄膜的强度和韧性的协同比与 WS_2 纳米片的含量也有类似的关系［图 4-83（b）］。因此，当 WS_2 纳米片的含量为 6.4 wt%时，该协同强韧效应最大。当含量低于 6.4 wt%时，WS_2 纳米片诱导的裂纹偏转不充分；而当含量高于 6.4 wt%时，WS_2 纳米片将过度重堆积，从而使应力传递效率降低，因此过量的 WS_2 纳米片也不利于诱导高效的协同强韧效应。

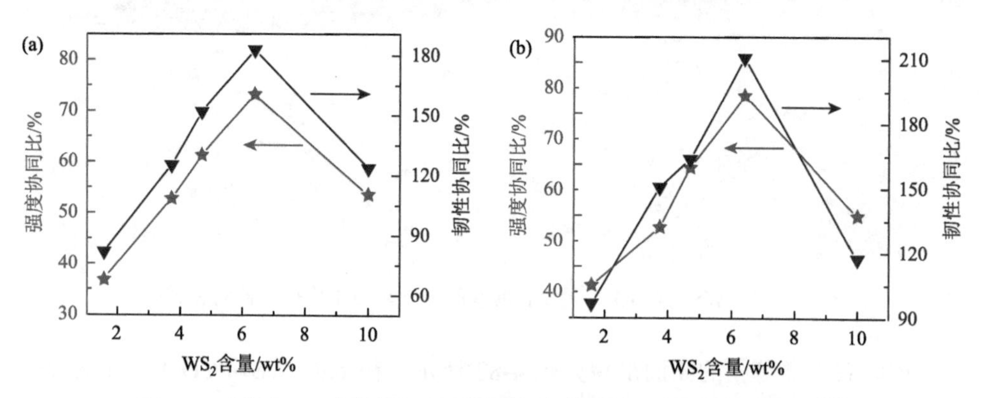

图 4-83 不同 WS_2 含量的三元石墨烯复合薄膜的强度和韧性协同比[62]

（a）rGO-WS_2-PCDO；（b）GO-WS_2-PCDO

该 WS_2 纳米片与共价键交联诱导的协同强韧效应不仅可以提高 rGO-WS_2-PCDO 三元复合薄膜的拉伸强度和韧性，而且可以提升其动态抗疲劳性能。图 4-84（a）所示为 rGO、rGO-WS_2、rGO-PCDO 和 rGO-WS_2-PCDO 薄膜的循环拉伸疲劳寿命和最大应力之间的关系曲线，其相应的动态拉伸应力-应变曲线如图 4-84（b）所示，在相同循环应力水平下，rGO-WS_2 和 rGO-PCDO 复合薄膜比纯 rGO 薄膜具有更高的疲劳寿命，其相应的疲劳裂纹抑制机制分别为 WS_2 纳米片润滑作用诱导的裂纹偏转和共价桥连。相比于石墨烯纳米片之间的范德华力和 WS_2 纳米片的物理润滑作用，PCDO 长链共价桥连具有更强的界面强度，其可以在疲劳测试过程中耗散更多的能量。因此，在相同循环应力水平下，rGO-PCDO 复合薄膜比 rGO-WS_2 复合薄膜具有更高的疲劳寿命。进一步，由于协同偏转-桥连裂纹抑制机制，rGO-WS_2-PCDO 三元复合薄膜比 rGO-WS_2 和 rGO-PCDO 二元复合薄膜具有更高的疲劳寿命。在疲劳拉伸循环的低应力下，WS_2 纳米片的 S 原子层首先使垂直于 rGO 纳米片方向扩展的裂纹偏转；而在疲劳拉伸循环的高应力下，PCDO 长链共价键可以桥连 rGO 纳米片平行方向的裂纹扩展，从而维持 rGO-WS_2-PCDO 三元复合薄膜的结构稳定性。当疲劳测试连续进行时，该协同偏转-桥连裂纹抑制过程将充分在整个复合薄膜中循环（直至共价键断裂），从而耗散大量的能量并赋予该三元石墨烯复合薄膜超高的疲劳寿命。因此，该协同强韧效应的本质是 rGO 纳米片垂直和平行两个方向的裂纹扩展被偏转-桥连过程有序抑制。

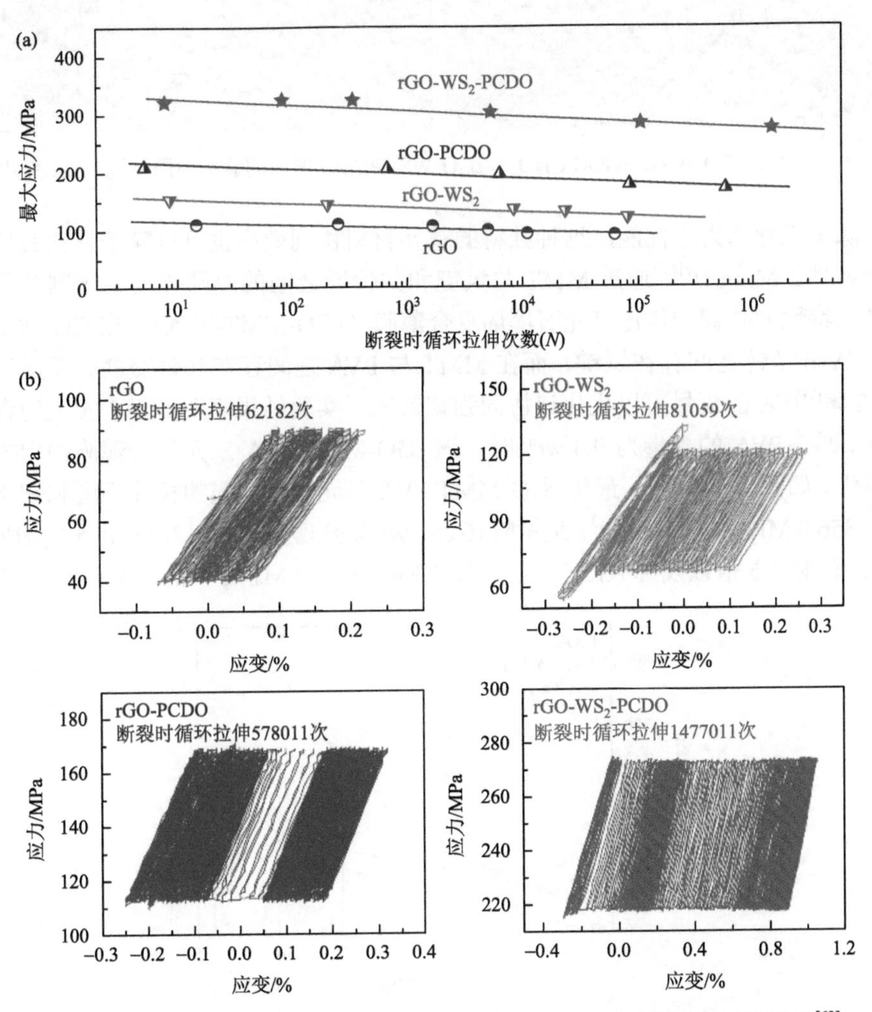

图 4-84　rGO、rGO-WS_2、rGO-PCDO 和 rGO-WS_2-PCDO 薄膜的抗疲劳性能[62]

（a）循环拉伸疲劳寿命与最大应力的关系曲线；（b）循环拉伸应力-应变曲线

如图 4-85 所示，相比于 rGO 薄膜光滑的疲劳断面形貌，该 rGO-WS_2-PCDO 三元复合薄膜的疲劳断面呈现明显的 rGO 纳米片卷曲，这进一步证实了 WS_2 纳米片与共价键交联诱导的协同强韧效应。

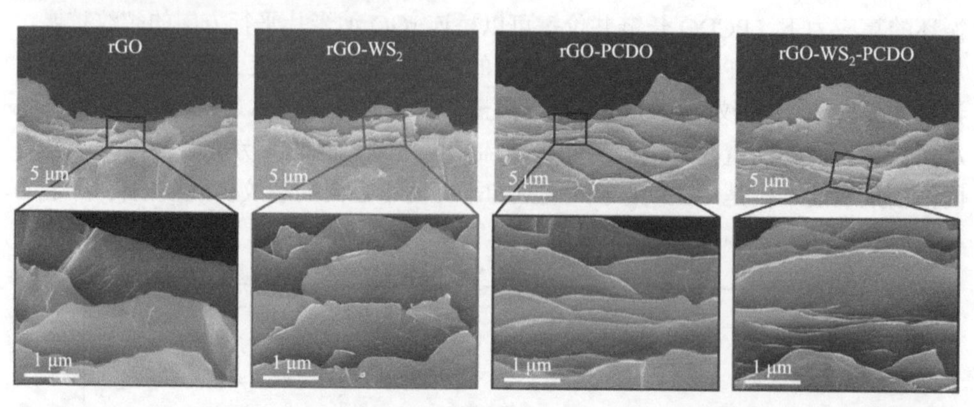

图 4-85　rGO、rGO-WS_2、rGO-PCDO 和 rGO-WS_2-PCDO 薄膜的疲劳断面俯视 SEM 照片[62]

除了优异的力学性能，这种独特的基元材料协同效应也可以赋予材料其他的功能特性。Ming 等[63]通过 MMT 与氢键和共价键之间的协同强韧效应制备了具有防火特性的强韧一体化三元石墨烯复合薄膜（rGO-MMT-PVA）。在 GO 纳米片和 PVA 分子链之间存在氢键，而在 MMT 与 PVA 之间存在共价交联。通过调控 MMT 和 PVA 的含量可以优化该协同强韧效应。实验结果表明，当 MMT 的含量为 7 wt%，PVA 的含量为 9.4 wt%时，该 rGO-MMT-PVA 三元复合薄膜的力学性能最优。如图 4-86 所示，最优 rGO-MMT-PVA 三元复合薄膜的拉伸强度和韧性分别为 356.0 MPa 和 7.5 MJ/m^3，是相应 rGO-PVA 复合薄膜（274.4 MPa 和 5.1 MJ/m^3）的 1.3 倍和 1.5 倍以及纯 rGO 薄膜（178.1 MPa 和 3.3 MJ/m^3）的 2.0 倍和 2.3 倍。

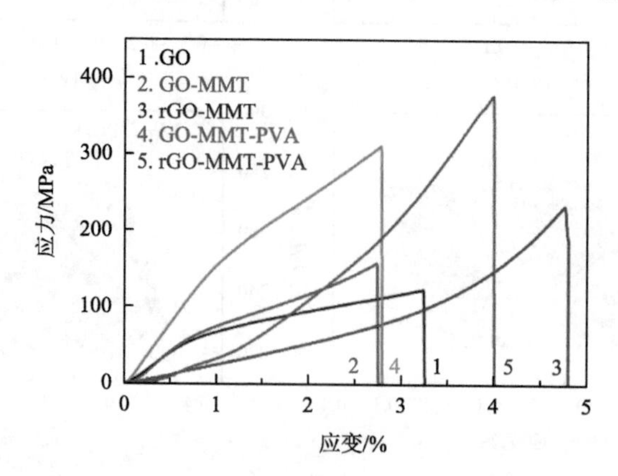

图 4-86　GO、GO-MMT、rGO-MMT、GO-MMT-PVA 和 rGO-MMT-PVA 薄膜的拉伸应力-应变曲线[63]

该 rGO-MMT-PVA 三元复合薄膜的协同断裂机制如图 4-87（a）所示，在开始拉伸时，rGO 层间较弱的氢键发生断裂，使得 rGO 纳米片相互滑移；随后，卷曲的 PVA 分子链逐渐被拉直而发生较大的塑性变形，而 PVA 分子链和 GO 纳米片之间的氢键持续断裂重组，与此同时，rGO 与 MMT 之间的摩擦力使得 MMT 纳米片沿着 rGO 纳米片表面滑移，从而偏转裂纹并耗散大量的能量；当拉力继续增大时，卷曲的 PVA 分子链完全被拉直，而重堆积的 MMT 纳米片由于滑移而分离成多层 MMT 纳米片，而后，PVA 分子链和 GO 纳米片之间的氢键完全断裂，在此过程中，PVA 分子链和 MMT 纳米片之间较强的共价键维持了 rGO-MMT-PVA 三元复合薄膜的结构完整性；最后，当拉力进一步增大时，共价键也发生断裂。因此，这种协同裂纹偏转-塑性变形-裂纹桥连的断裂模型赋予了该 rGO-MMT-PVA 三元复合薄膜高强度和高韧性。如图 4-87（b）所示，在拉出的 rGO 纳米片表面可以观察到分离之后的 MMT 纳米片。

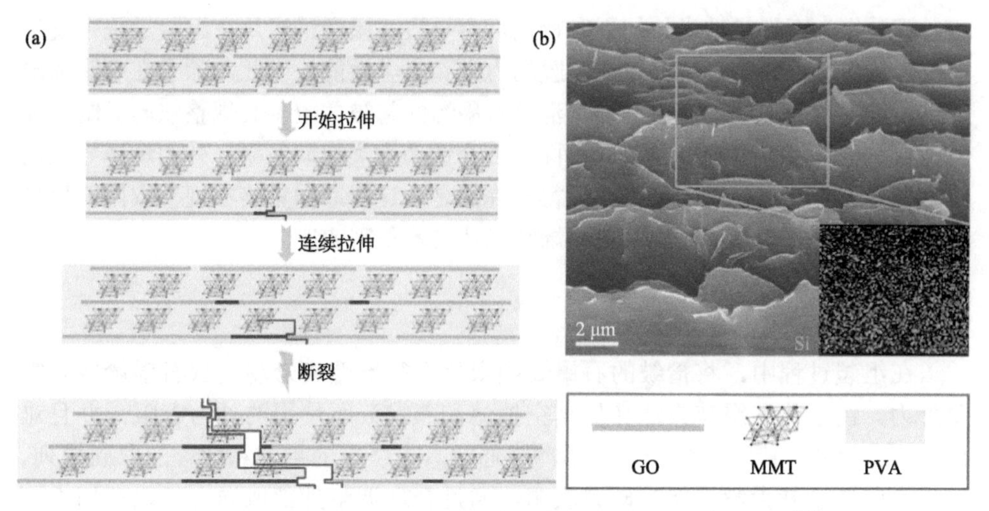

图 4-87　rGO-MMT-PVA 三元复合薄膜的断裂机理和断面形貌[63]

（a）拉伸断裂过程；（b）断面俯视 SEM 照片和相应的 Si 元素 EDS 图像

此外，如图 4-88（a）所示，该 rGO-MMT-PVA 三元复合薄膜在相同循环应力下的疲劳寿命远高于 rGO-MMT 复合薄膜。MMT 插入 rGO 层间也使得 rGO-MMT-PVA 三元复合薄膜具有优异的防火性能。如图 4-88（b）所示，在 rGO-MMT-PVA 三元复合薄膜的保护下，易燃的蚕茧加热 5 min 不被点燃；而将蚕茧直接放置在火焰上加热，蚕茧马上被点燃。由于 MMT 纳米片和 PVA 均为绝缘性添加剂，因此 rGO-MMT-PVA 三元复合薄膜的电导率（130 S/cm）仅为相应纯 rGO 薄膜（184.9 S/cm）的 70%。

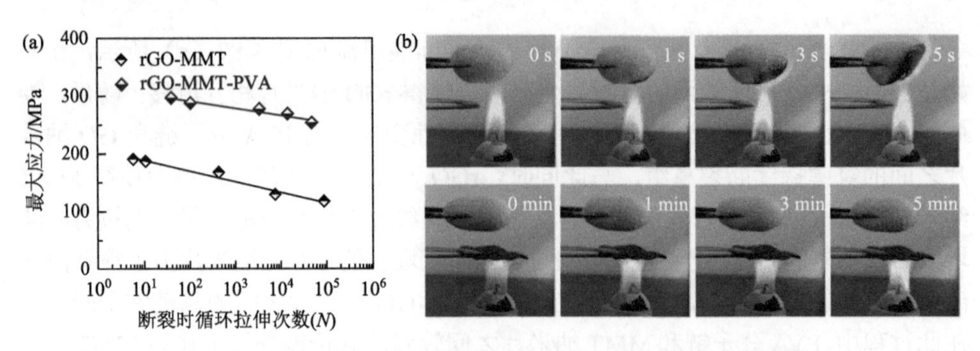

图 4-88 rGO-MMT-PVA 三元复合薄膜的抗疲劳和防火性能[63]

(a) rGO-MMT 和 rGO-MMT-PVA 薄膜的循环拉伸疲劳寿命与最大应力的关系曲线；(b) 蚕茧在用 rGO-MMT-PVA 三元复合薄膜隔绝前后加热点燃过程

4.1.2 取向策略

褶皱作为石墨烯纳米片的固有特性，会导致石墨烯纳米片在组装过程中发生错位，从而严重影响宏观石墨烯薄膜的力学和电学性能。因此，除了在石墨烯层间设计丰富的界面相互作用之外，消除石墨烯的起皱并改善其规整取向对制备高性能石墨烯薄膜也至关重要[11]。下面主要介绍两大类取向策略：外力场诱导取向策略和界面交联诱导取向策略。值得一提的是，这些取向策略在规整取向石墨烯纳米片的同时，往往也会提升石墨烯纳米片的堆积密实度。

1. 外力场诱导取向

在组装过程中，将褶皱的石墨烯纳米片平行堆叠成宏观层状石墨烯薄膜需要外力。由于传统组装方法（如真空抽滤和蒸发）所使用的外力有限，并且难以控制，因此，传统制备的石墨烯薄膜通常具有严重的褶皱和较差的取向排列，这极大降低了其力学性能。研究表明，通过合理调整外部取向力（如剪切力、外压力和拉力）、湿纺[80, 111]、连续离心浇铸[82, 112]、液体超铺展[84]和拉伸牵引[83, 85]等策略可以大幅提升石墨烯纳米片的取向度，从而提高石墨烯薄膜的力学和电学性能。

1）湿纺

在湿法纺丝过程中，梯度剪切应力使得各向异性的纳米材料在一个几何限域通道中发生取向排列。通过改变纺丝液浓度、流速以及微通道的形状和大小，可以调节梯度剪切应力，进而优化纳米材料的取向度。该技术已广泛用于从聚合物液晶和溶液中大规模生产高性能纤维（如人造丝、诺梅克斯和凯夫拉纤维）。2014 年，Liu 等[80]采用扁平微通道，通过湿法纺丝技术制备了连续的 GO 和 rGO 薄膜[图 4-89（a）]。所制备的 GO 薄膜呈现出有序的层状结构[图 4-89（b）]。

力学测试结果表明，该 GO 薄膜的拉伸强度为 212 MPa，杨氏模量为 14 GPa，高于真空抽滤相同 GO 纳米片所制备的薄膜[图 4-89（c）]，这主要是由于湿纺过程中较大的剪切力有利于形成长程有序结构，而真空抽滤过程难以精准控制大面积膜取向结构，容易产生更多的褶皱和缺陷。

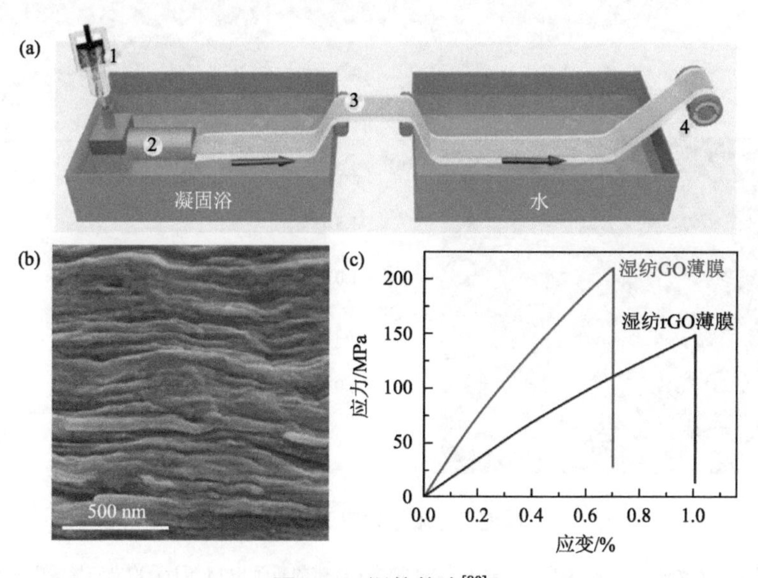

图 4-89　湿纺策略[80]

（a）湿纺制备过程示意图；（b）湿纺 GO 薄膜的断面直视 SEM 照片；（c）湿纺 GO 和 rGO 薄膜的拉伸应力-应变曲线

尽管在上述工作中，湿法纺丝过程在一定程度上提升了石墨烯纳米片的取向度，然而，由于石墨烯纳米片与微通道尺寸差异较大，容易产生皮层效应，因此，在制备的石墨烯薄膜中仍然存在褶皱、纳米片错位和孔隙缺陷，这限制了其力学和电学性能。针对这一问题，Xin 等[111]证实，当 GO 纳米片的尺寸与微通道的尺寸相当时，GO 纳米片将通过通道尺寸限域效应有序组装成高取向 GO 和石墨烯带[图 4-90（a）]。例如，当横向尺寸为 71 μm 的 GO 纳米片流入高度为 100～300 μm 的扁平微通道时，通道内限域空间将限制 GO 纳米片的旋转运动，并使 GO 纳米片在整个通道横截面上均匀取向，从而有效缓解皮层效应。如图 4-90（b）所示，石墨烯纳米片规整堆叠成层状结构，并且没有明显的孔隙。此外，降低扁平微通道的高度，将单调提升所制得的石墨烯带的取向度和密实度，从而逐渐提高其力学、导电和导热性能。特别地，当扁平微通道的高度为 100 μm 以及石墨烯带的煅烧温度为 2500℃时，所制备的石墨烯带具有最高的取向度[0.94，图 4-90（c）]和最优的性能，其拉伸强度为 1.9 GPa[图 4-90（d）]，杨氏模量为 309 GPa，热导率为 1575 W/(m·K)，电导率为 10000 S/cm。

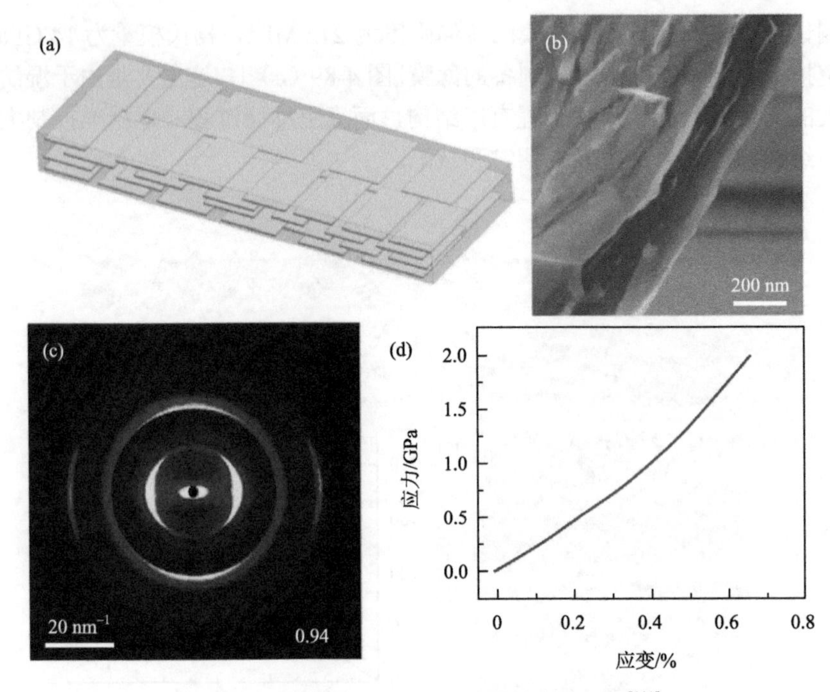

图 4-90　通道尺寸限域效应诱导纳米片取向[111]

（a）通道尺寸限域效应取向 GO 纳米片示意图；（b）取向 GO 带的断面 SEM 照片；取向石墨烯带的 WAXS 衍射图案（c）和拉伸应力-应变曲线（d）

2）连续离心浇铸

Zhong 等[82]开发了连续离心浇铸技术[图 4-91（a）]，并制备了高取向致密的 rGO 薄膜。在连续离心浇铸过程中，分散液中的 GO 纳米片同时受到离心力和剪切力，将沿着旋转空心管的径向方向密实堆积和沿着旋转空心管的切向方向取向排列。剪切力随旋转空心管的转速和 GO 分散液的黏度增大而增大，而离心力随旋转空心管的转速和直径增大而增大。如图 4-91（b）所示，当旋转空心管的转速从 0 r/min 逐渐增加到 2500 r/min 时，所制得的 rGO 薄膜的 XRD 峰的位置逐渐增大，而对应的半峰全宽（FWHM）逐渐减小。这表明提高转速有利于形成结构更致密、排列更规整的 rGO 薄膜，从而提高其力学和电学性能。具体来说，当转速从 0 r/min 提高到 2500 r/min 时，所制备的 rGO 薄膜的拉伸强度和电导率分别提高了 130%和 170%。此外，使用大尺寸的 GO 纳米片可以进一步提升 rGO 薄膜的取向度、密实度、拉伸强度和电导率[图 4-91（b）和（c）]。特别地，在 2500 r/min 转速下连续离心浇铸横向尺寸为 20 μm 的 GO 纳米片，所制备的 rGO 薄膜具有最优的取向度、密实度和性能，其面间距为 0.34 nm，FWHM 为 1.02°，拉伸强度为 660 MPa，电导率为 650 S/cm，该拉伸强度和电导率优于当时文献报道的其他方法制备的 rGO 薄膜，这表明连续离心浇铸技术是构筑高取向致密化的高性能石墨烯薄膜的有效策略。

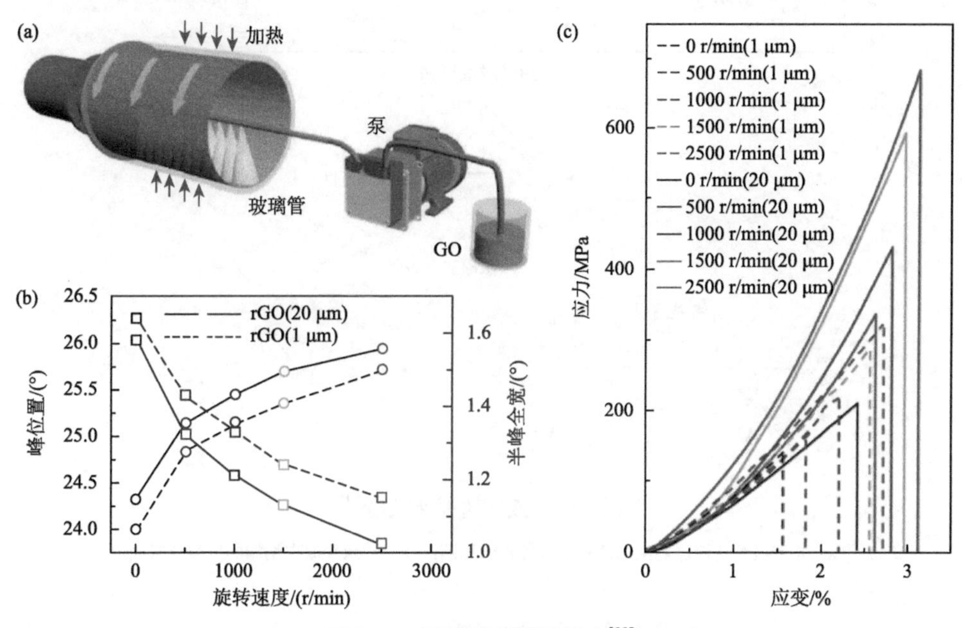

图 4-91 连续离心浇铸策略[82]

（a）连续离心浇铸过程示意图；使用尺寸为 1 μm 和 20 μm 的 GO 纳米片，在不同转速下连续离心浇铸组装的 rGO 薄膜的 002 衍射峰位置、半峰宽（b）以及拉伸应力-应变曲线（c）

3）液体超铺展

Zhao 等[84]开发了液体超铺展诱导取向策略，并制备了高性能层状结构复合薄膜。该新型的制备策略不仅利用反应溶液在超铺展过程中产生的剪切液流实现纳米片的高度取向排列[图 4-92（a）]，而且利用高分子快速交联，同步实现取向结构的原位快速固定[图 4-92（b）]。通过优化设计超铺展溶液中高分子和纳米材料的组成，可以制备出具有超高力学性能的复合薄膜，例如基于氧化石墨烯/黏土纳米片的层状复合薄膜的拉伸强度高达（1215±80）MPa，杨氏模量高达（198.8±6.5）GPa；基于黏土纳米片的层状复合薄膜展现了超高韧性，其断裂韧性高达（36.7±3.0）MJ/m^3，同时其拉伸强度高达（1195±60）MPa。

这些复合薄膜的力学性能远远高于传统方法制备的层状结构复合薄膜。重要的是，通过将单一液滴超铺展扩展为多通道的连续超铺展，研究人员设计了一套能实现层状结构复合薄膜大规模连续制备的装置（图 4-93）。通过对成膜过程中关键参数的优化，实现了厚度均匀的层状结构复合薄膜的大规模连续制备。此外，该方法具有优异的普适性，能实现多种纳米片的取向排列和多种高分子聚合体系的层状复合薄膜的大规模连续制备。

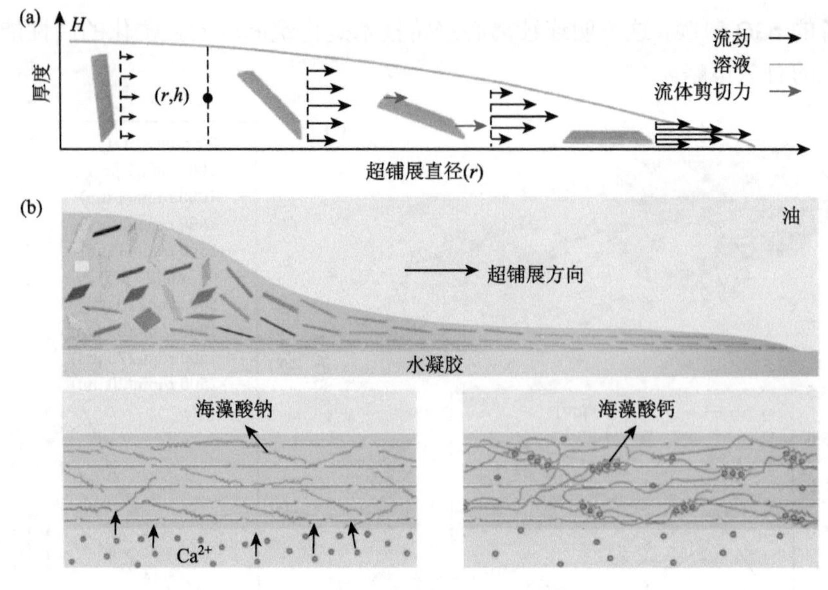

图 4-92 液体超铺展策略[84]

（a）超铺展剪切液流对纳米片的取向过程示意图；（b）纳米片取向结构的原位交联固定

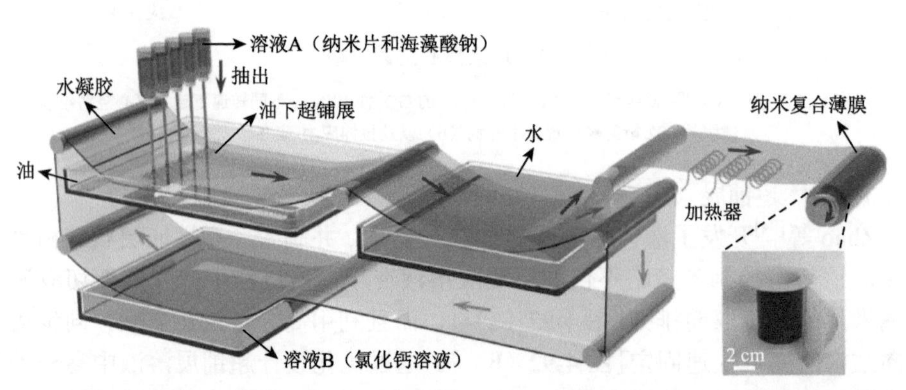

图 4-93 基于液体超铺展诱导取向连续制备层状复合薄膜的装置示意图和薄膜实物图[84]

纳米复合材料的力学性能取决于纳米片的取向结构及其与基底高分子之间的相互作用。为了揭示层状复合薄膜超高力学性能的内在原因，研究人员系统研究了纳米材料填充量对复合薄膜力学性能的影响。实验结果表明，纳米片的填充量对其取向结构无影响（均具有优异的取向结构），然而对其力学性能的影响却截然不同。小角 X 射线散射（SAXS）结果表明其纳米片层间距差异显著。此外，复合薄膜的玻璃化转变温度随着纳米片含量的升高而升高。基于此，研究人员认为层间距是影响纳米片与高分子基底之间相互作用和层状复合薄膜力学性能的直接原因，而纳米限域空间内高分子链的运动受限是其超高力学性能的根本原因。随着纳米片填充量的逐渐增大，纳米片层间距逐渐减小，层间高分子链段的运动受限越来越强（图 4-94）。当纳米片层间距减小到约 2.6 nm 的临界状态时，对应层间的高分子受限运动达到最大，而此时层间高分子与纳米片之间的相互作用位点达到最大，这就是层状结构复合薄膜表现出优异力学性能的科学本质。

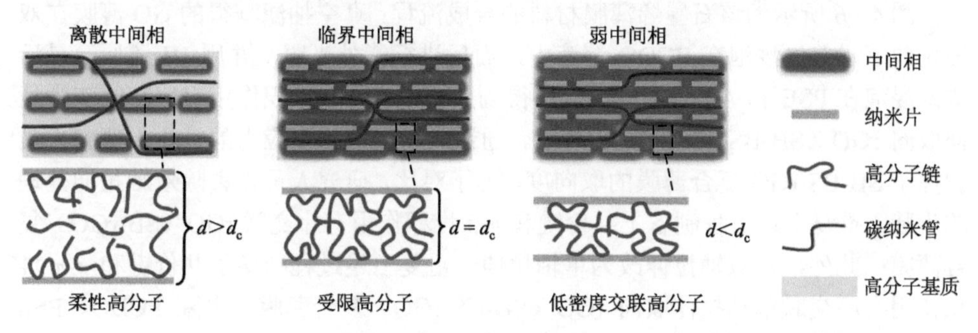

图 4-94　不同层间距的复合薄膜所对应的高分子链受限情况示意图[84]

4）拉伸牵引

Li 等[83]发展了一种单轴塑化拉伸牵引取向策略（图 4-95），制备了高取向石墨烯薄膜。首先，研究人员发现 GO 薄膜在极性溶剂中有明显的脆-塑性转变，例如，在乙醇中浸泡过的 GO 薄膜的拉伸应变达到 10%以上，比相应干燥 GO 薄膜的拉伸应变（3%）高约 230%。随着塑性转变，GO 薄膜的层间距不断扩大，当乙醇分子插层到 GO 层间达到饱和状态时，GO 薄膜的层间距从 0.90 nm 增加到 1.58 nm。因此，插入增塑剂将减弱 GO 纳米片之间的范德华相互作用，并激活其层间滑动，从而有利于通过拉伸使表面的褶皱变平整，实时偏光显微镜（POM）和 X 射线小角度散射测试结果表明，随着拉伸应变的增加，GO 纳米片的取向度逐渐提高。当拉伸应变为 8%时，石墨烯薄膜的取向度提高至 0.93，其拉伸强度为 1.1 GPa，电导率为 1090 S/cm，热导率为 109.11 W/(m·K)，相对于未拉伸牵引取向石墨烯薄膜分别提高了 370%、62%和 158%。

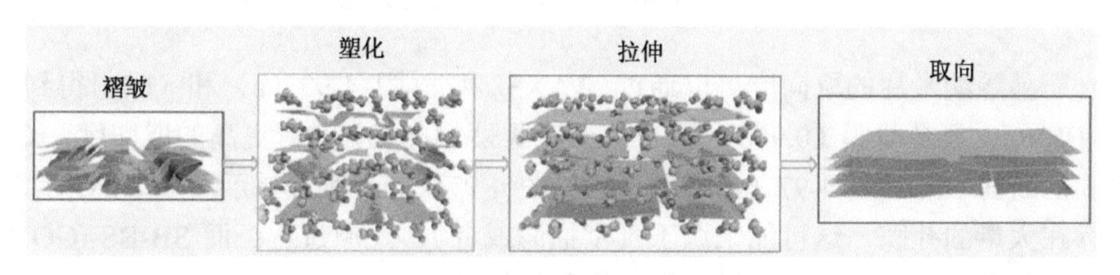

图 4-95　单轴塑化拉伸牵引取向过程示意图[83]

5）界面交联原位固定拉伸诱导取向

虽然拉伸牵引可以在一定程度上提升石墨烯薄膜的取向度，但是当拉伸牵引力去除时，石墨烯纳米片的褶皱将发生部分回弹，从而部分降低石墨烯薄膜的取向度。针对这一问题，Wan 等[85]开发了外力牵引下有序界面交联的新型构筑策略，通过界面交联原位固定外力牵引诱导取向结构，大幅提升了石墨烯纳米片的规整取向度，从而制得了高强度石墨烯薄膜材料。

图 4-96 所示为该石墨烯薄膜材料的合成流程：真空抽滤制得的 GO 薄膜在双轴拉伸下，首先浸泡在 PCDO 溶液中，而后进行紫外光照，并用 HI 还原，最后依次浸泡在 PSE 和 AP 溶液中，从而得到共价键和 π-π 堆积作用有序交联双轴拉伸取向 rGO（SB-BS-rGO）复合薄膜。通过改变拉伸牵引应力的大小，研究人员调控了 SB-BS-rGO 复合薄膜的取向度。为了对比，研究人员也去除双轴拉伸处理的步骤，重复上述过程制备了共价键和 π-π 堆积作用有序交联 rGO（SB-rGO）复合薄膜；此外，将双轴拉伸改为单轴拉伸，重复上述过程制备了共价键和 π-π 堆积作用有序交联单轴拉伸取向 rGO（SB-US-rGO）复合薄膜；去除 PCDO、PSE 和 AP 交联处理的步骤，重复上述过程制备了单轴拉伸取向 rGO（US-rGO）和双轴拉伸取向 rGO（BS-rGO）复合薄膜。

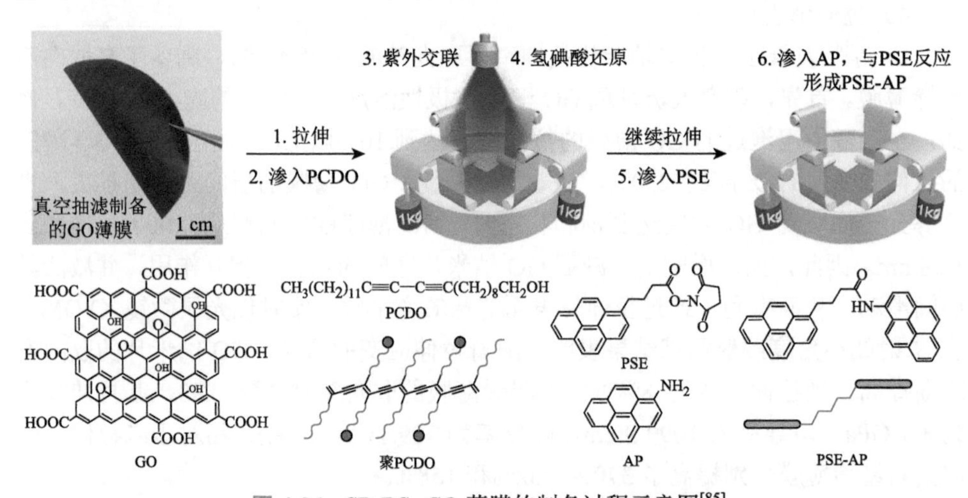

图 4-96　SB-BS-rGO 薄膜的制备过程示意图[85]

石墨烯纳米片的取向度可以通过 WAXS 表征[图 4-97（a）和（b）]得到，SB-BS-rGO 复合薄膜（0.956）相比于 rGO 薄膜（0.810）具有更高的取向度。rGO 薄膜的断面 SEM[图 4-97（a）]和 TEM[图 4-97（c）]照片显示石墨烯纳米片层间存在大量的孔隙，这可能来源于真空抽滤或者 HI 还原过程；而 SB-BS-rGO 复合薄膜具有相对密实的石墨烯纳米片堆积结构[图 4-97（b）和（c）]。

进一步，通过 SAXS 表征[图 4-98（a）]可以得到不同石墨烯薄膜的孔隙率，如图 4-98（b）所示，SB-BS-rGO 复合薄膜（9.30%）相比于 rGO 薄膜（18.7%）具有更小的孔隙率。

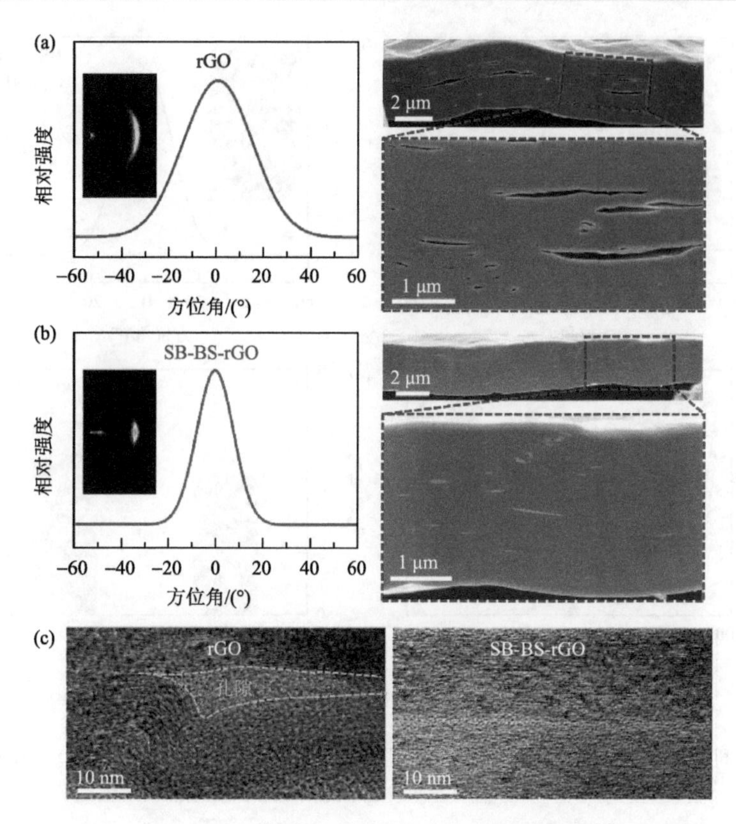

图 4-97　rGO 和 SB-BS-rGO 薄膜的结构表征[85]

rGO（a）和 SB-BS-rGO（b）薄膜的 WAXS 衍射图案、相应的 002 峰方位角扫描曲线以及聚焦离子束（FIB）切割断面的直视 SEM 照片；（c）rGO 和 SB-BS-rGO 薄膜的断面 TEM 照片

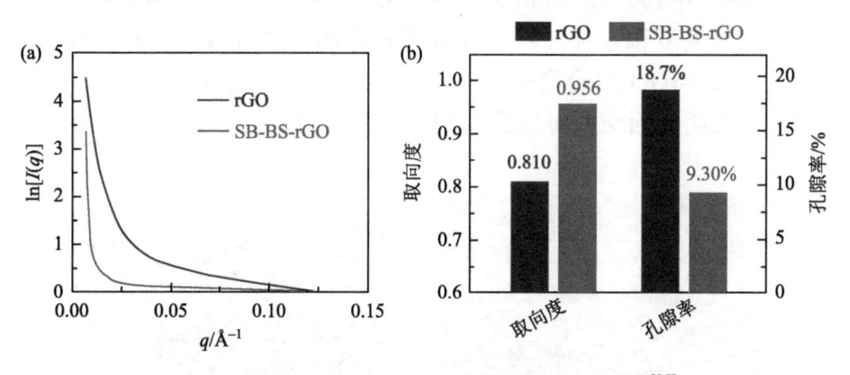

图 4-98　rGO 和 SB-BS-rGO 薄膜的 SAXS 表征[85]

（a）不同矢量 q 处的 SAXS 衍射强度；（b）取向度和孔隙率

相比于 rGO 薄膜，SB-rGO 复合薄膜的取向度[0.898，图 4-99（a）]更高，这表明有序交联过程可以改善石墨烯纳米片的取向。

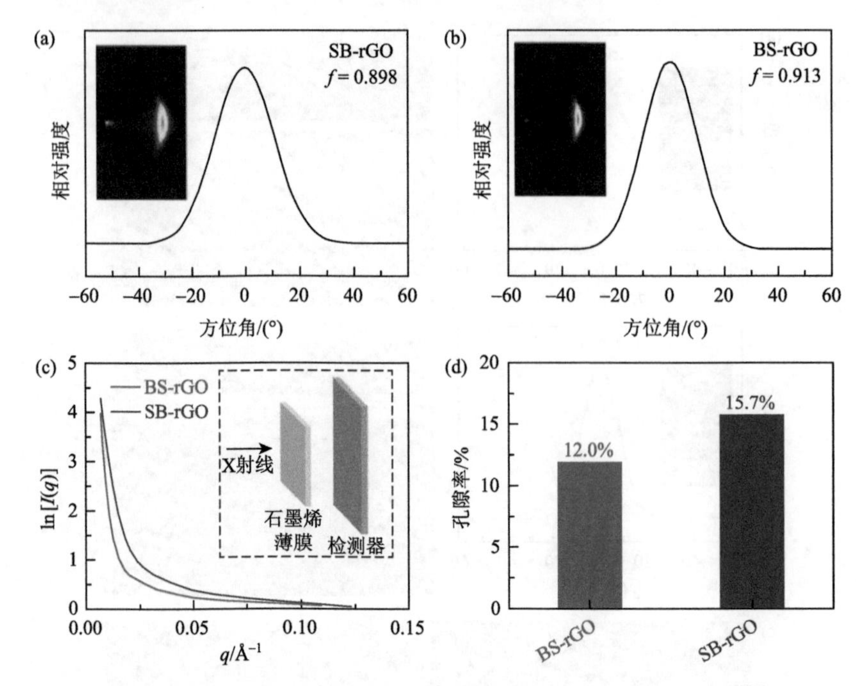

图 4-99　SB-rGO 和 BS-rGO 复合薄膜的 WAXS 和 SAXS 表征[85]

（a）SB-rGO 和（b）BS-rGO 复合薄膜的 WAXS 衍射图案及相应的 002 峰方位角扫描曲线；SB-rGO 和 BS-rGO 复合薄膜的（c）不同矢量 q 处的 SAXS 衍射强度和（d）孔隙率

此外，SB-rGO 复合薄膜相比于 rGO 薄膜也具有更小的孔隙率[图 4-99（d）]和更密实的结构[图 4-100（a）]。相比于 rGO 和 SB-rGO 薄膜，BS-rGO[图 4-99（b）～（d）和图 4-100（b）]和 SB-BS-rGO 薄膜分别具有更高的取向度和更小的孔隙率，这表明双轴拉伸过程可以提升石墨烯纳米片取向度和堆积密实度。有趣的是，SB-BS-rGO 复合薄膜相比于 BS-rGO 薄膜具有更高的取向度和更小的孔隙率，这表明界面交联可以原位固定拉伸诱导的取向和密实结构。

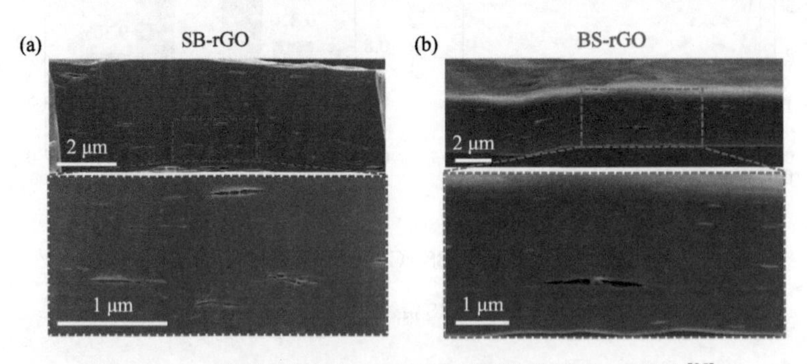

图 4-100　石墨烯薄膜的 FIB 切割断面的直视 SEM 照片[85]

（a）SB-rGO；（b）BS-rGO

单轴拉伸取向的石墨烯薄膜在平行和垂直拉伸方向具有不同的取向度，而双轴拉伸取向的石墨烯薄膜在平行拉伸方向和偏离拉伸方向 45°具有类似的取向度，表明双轴拉伸取向的石墨烯薄膜具有准各向同性的取向度和面内性能。此外，相比于单轴拉伸取向的石墨烯薄膜，双轴拉伸取向的石墨烯薄膜在平行于拉伸方向的取向度更高，这表明双轴拉伸具有更有效的取向作用。所有拉伸取向的石墨烯薄膜的取向度随着拉伸牵引应力的增大而增大。

XRD 结果（图 4-101）表明拉伸取向的石墨烯薄膜相比于未拉伸取向的石墨烯薄膜具有更小的层间距，并且其随着拉伸牵引应力的增大而减小。此外，相比于拉伸取向的 rGO 薄膜，拉伸取向的 SB-rGO 复合薄膜具有更小的层间距，这进一步表明界面交联可以原位固定拉伸诱导的密实结构。由于所有界面交联的石墨烯复合薄膜的层间距均为原子尺度，小于交联剂的平均尺寸，因此，交联剂主要存在于多层石墨烯纳米片之间。

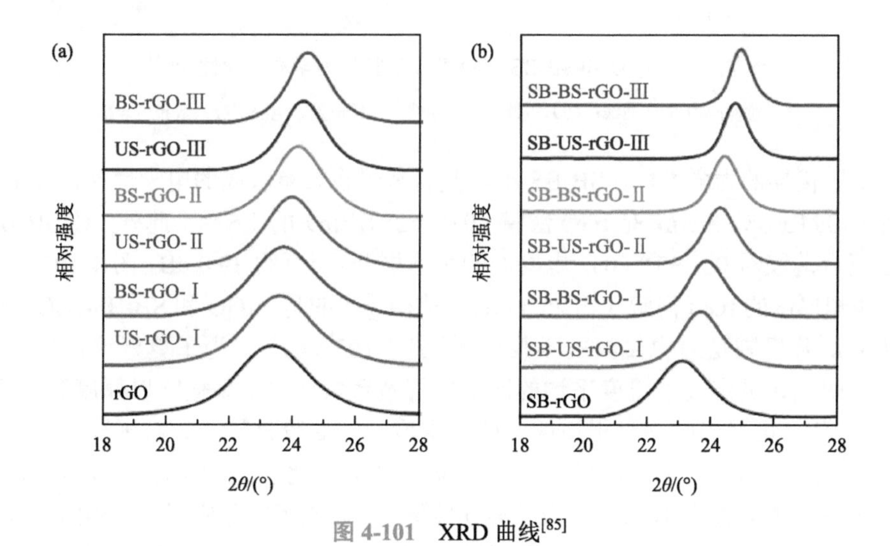

图 4-101　XRD 曲线[85]

（a）rGO、US-rGO 和 BS-rGO；（b）SB-rGO、SB-US-rGO 和 SB-BS-rGO；Ⅰ、Ⅱ、Ⅲ分别表示拉伸牵引应力为 GO 薄膜拉伸强度的 10%、20%、30%

SB-BS-rGO 复合薄膜的拉伸强度为（1547±57）MPa、韧性为（35.9±0.3）MJ/m^3、杨氏模量为（64.5±5.9）GPa，它们分别是 rGO 薄膜相应性能的 3.6 倍、3.3 倍和 10.6 倍[图 4-102（a）和（b）]。该 SB-BS-rGO 复合薄膜的杨氏模量与当时商用碳纤维织物复合材料相当[113]，并且优于当时文献报道的面内准各向同性的 CNT 复合材料[114-119]；此外，SB-BS-rGO 复合薄膜的拉伸强度和韧性优于后两者。

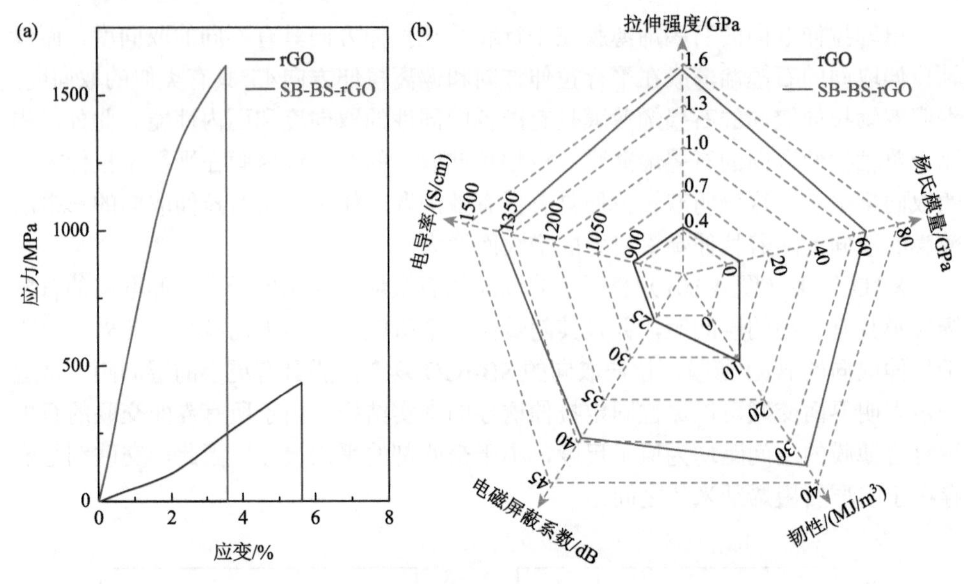

图 4-102 rGO 和 SB-BS-rGO 薄膜的拉伸力学和电学性能[85]

（a）拉伸应力-应变曲线；（b）拉伸强度、韧性、杨氏模量、电磁屏蔽系数和电导率

除了优异的力学性能，SB-BS-rGO 复合薄膜也具有较高的电学性能，其电导率为（1394±65）S/cm，是 rGO 薄膜（925±25 S/cm）的 1.5 倍。此外，该 SB-BS-rGO 复合薄膜对 0.3～18 GHz 电磁波的平均屏蔽系数[约 39.0 dB，图 4-103（a）]高于类似厚度的 rGO 薄膜（约 25.5 dB）。值得一提的是，rGO 和 SB-BS-rGO 薄膜的主要屏蔽机制是对电磁波的吸收作用[图 4-103（b）]。为了更好地评估屏蔽性能，研究人员定义了厚度平均的比电磁屏蔽系数（屏蔽系数除以厚度和密度，SSE/t）[98]。虽然当时文献报道的一些低密度的气凝胶材料（如石墨烯气凝胶薄膜[120, 121]、$Ti_3C_2T_x$[122]和 $Ti_3C_2T_x$-CNF 泡沫[123]等）相比于该 SB-BS-rGO 复合薄膜具有更高的 SSE/t，但是它们的力学柔韧性更差，限制了实际应用。该 SB-BS-rGO 复合薄膜的 SSE/t 优于当时文献报道的大部分实心屏蔽材料，如金属箔[98, 124]、石墨烯[75, 76, 125-131]、双壁碳纳米管[132-136]、炭黑[133, 137]以及 $Ti_3C_2T_x$[98, 138-140]复合材料。

拉伸取向的石墨烯薄膜相比于未拉伸取向的石墨烯薄膜具有更高的拉伸强度、杨氏模量、电导率和更低的韧性。此外，随着拉伸牵引应力增大，拉伸取向的石墨烯薄膜的拉伸强度、杨氏模量、电导率逐渐增大，而塑性变形逐渐减小。BS-rGO 薄膜的拉伸强度为（508±7）MPa、杨氏模量为（15.8±1.1）GPa、电导率为（1142±40）S/cm、平均电磁屏蔽系数约为 34.9 dB，它们分别是 rGO 薄膜相应性能的 1.2 倍、2.6 倍、1.2 倍和 1.4 倍，而 BS-rGO 薄膜的韧性仅为 rGO 薄膜韧性的 72%。SB-BS-rGO 复合薄膜的拉伸强度、杨氏模量、电导率和平均电磁屏蔽系数分别是 SB-rGO 复合薄膜相应性能的 1.4 倍、3.0 倍、1.3 倍和 1.2 倍。由于界面交联原位固定拉伸诱导的取向和密实结构，SB-BS-rGO 复合薄膜相比于 BS-rGO 薄膜具有更高的力学和电学性能。

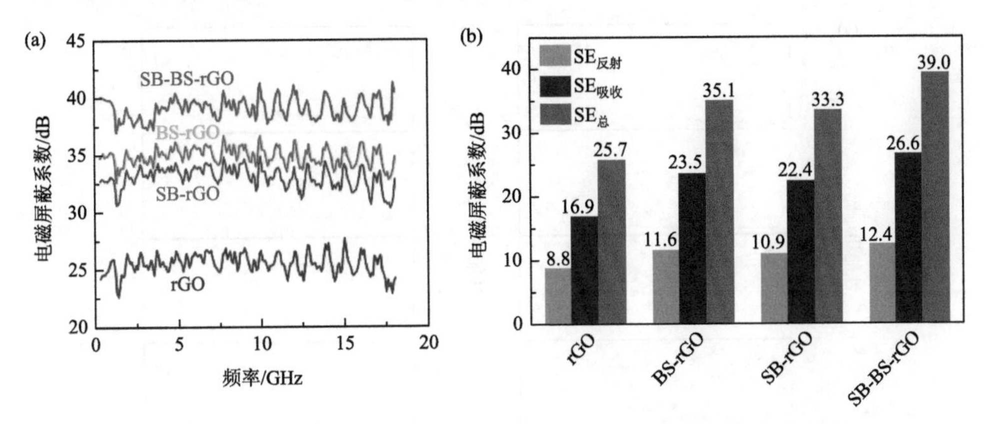

图 4-103 rGO、BS-rGO、SB-rGO 和 SB-BS-rGO 薄膜的电磁屏蔽性能[85]

（a）对 0.3～18 GHz 波段电磁波的屏蔽系数；（b）总屏蔽系数（$SE_{总}$）、吸收分系数（$SE_{吸收}$）和反射分系数（$SE_{反射}$）

虽然在空气中双轴拉伸和释放后，SB-rGO 复合薄膜的取向度、拉伸强度、杨氏模量和电导率有所提升（图 4-104），但是其仍然低于 SB-BS-rGO 复合薄膜的相应性能。

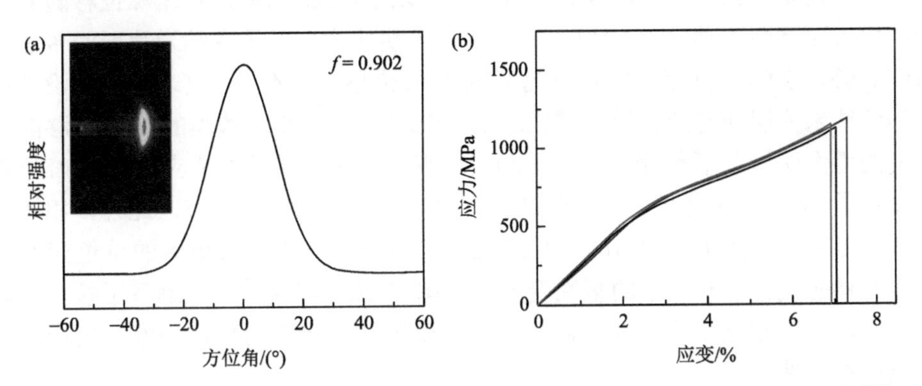

图 4-104 在空气中双轴拉伸和释放后的 SB-rGO 复合薄膜的结构和拉伸力学性能[85]

（a）WAXS 衍射图案和相应的 002 峰方位角扫描曲线；（b）拉伸应力-应变曲线

在实验中，研究人员发现继续增大拉伸牵引应力，将使得取向石墨烯薄膜在制备过程中发生断裂，因此难以从实验上进一步提升石墨烯薄膜的取向度。基于此，他们采用片弯曲修饰的变形张力-剪切模型[141]，来预测不同取向度石墨烯薄膜的力学性能。理论模拟结果（图 4-105）表明，提升石墨烯纳米片的取向度，将单调提高 rGO 和 SB-rGO 薄膜的拉伸强度、杨氏模量和密度，而减小它们的韧性，这与实验结果相一致。更具体地，当 SB-rGO 复合薄膜的取向度从 0.898 提升到 1 时，其拉伸强度和杨氏模量分别提升了 3.9 倍和 38.5 倍。

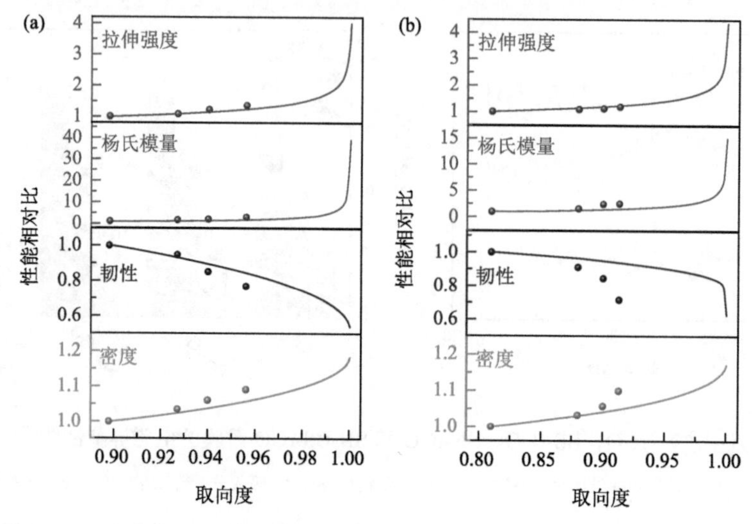

图 4-105 取向度对石墨烯薄膜拉伸强度、杨氏模量、韧性、密度的影响[85]

（a）SB-rGO；（b）rGO；圆点为实验结果；实线为理论模拟结果

原位拉曼测试[142]结果表明在 0.6%应变以下，rGO 薄膜的 G 峰位移随着应变的增大而逐渐下移[图 4-106（a）]，这表明应力在石墨烯纳米片层间传递；而在 0.6%～3.9%应变范围，rGO 薄膜的 G 峰位移基本不变，这表明应力没有在石墨烯纳米片层间有效传递。相比之下，SB-BS-rGO 复合薄膜的 G 峰位移随着应变的增大而持续下移[图 4-106（d）]，直至断裂，并且单位应变下 G 峰位移的变化量大于 rGO 薄膜，这表明其具有更高效的应力传递效率。此外，相比于 rGO 和 SB-rGO 薄膜，BS-rGO 和 SB-BS-rGO 薄膜分别具有更大的单位应变下 G 峰位移的变化量和更小的塑性变形区（图 4-106），这进一步解释了拉伸取向的石墨烯薄膜相比于未拉伸取向的石墨烯薄膜具有更高的拉伸强度、杨氏模量和更低的韧性。

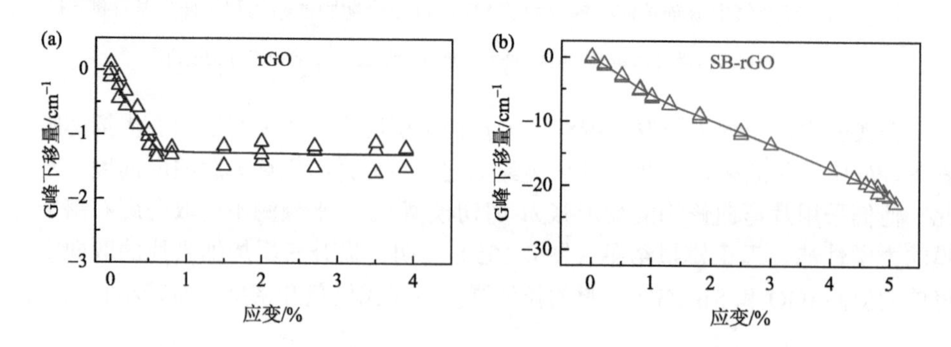

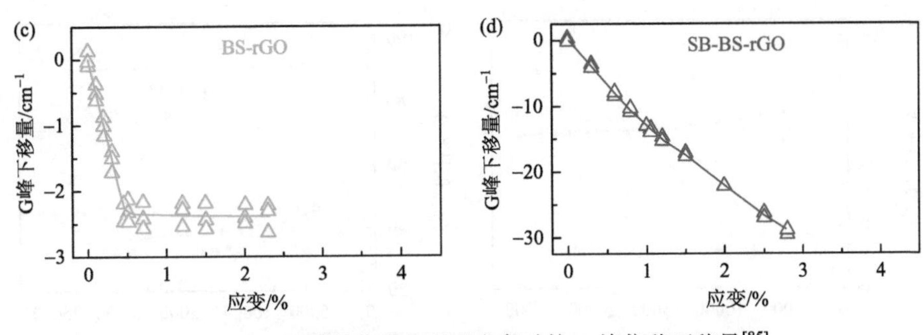

图 4-106　石墨烯薄膜在不同应变时的 G 峰位移下移量[85]

（a）rGO；（b）SB-rGO；（c）BS-rGO；（d）SB-BS-rGO

已有文献报道密实堆积结构将抑制石墨烯纳米片的面外变形[143]，从而降低其面内方向的负热膨胀系数。如图 4-107 所示，rGO、SB-rGO、BS-rGO 和 SB-BS-rGO 薄膜的负热膨胀系数依次减小，这与它们依次增加的密实度结果相一致。

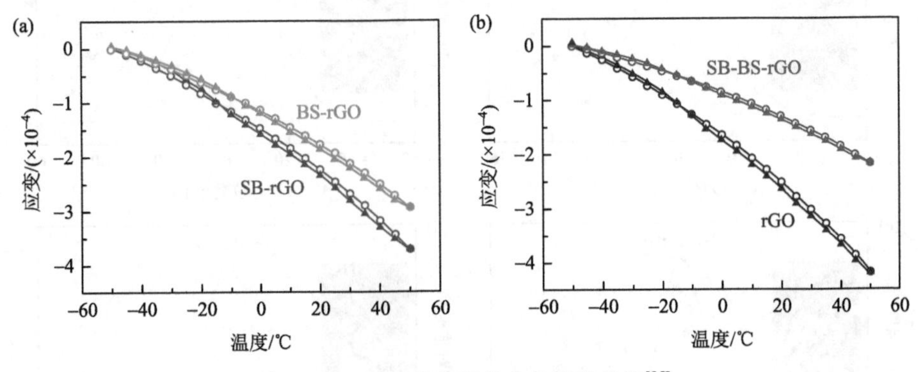

图 4-107　石墨烯薄膜的负热膨胀曲线[85]

（a）SB-rGO 和 BS-rGO；（b）rGO 和 SB-BS-rGO

相比于 rGO 和 BS-rGO 薄膜，SB-rGO 和 SB-BS-rGO 复合薄膜具有更强的抗应力松弛能力（图 4-108），这主要是由于共价键和 π-π 堆积作用抑制了石墨烯纳米片在松弛过程中的相互滑移[144]。此外，由于取向和密实结构也可以增强石墨烯纳米片层间界面作用，因此 BS-rGO 和 SB-BS-rGO 薄膜相比于 rGO 和 SB-rGO 薄膜在应力松弛后具有更高的剩余应力。

如图 4-109 所示，rGO 和 SB-BS-rGO 薄膜在弹性区域循环拉伸时，它们的结构可以发生可逆变化。相比于 rGO 薄膜（4.83/应变），SB-BS-rGO 复合薄膜（0.92/应变）具有更小的单位应变下取向度的变化量，这主要是由于 SB-BS-rGO 复合薄膜具有高取向密实结构和较强的界面作用，从而抑制了石墨烯纳米片在弹性形变过程中重新取向。

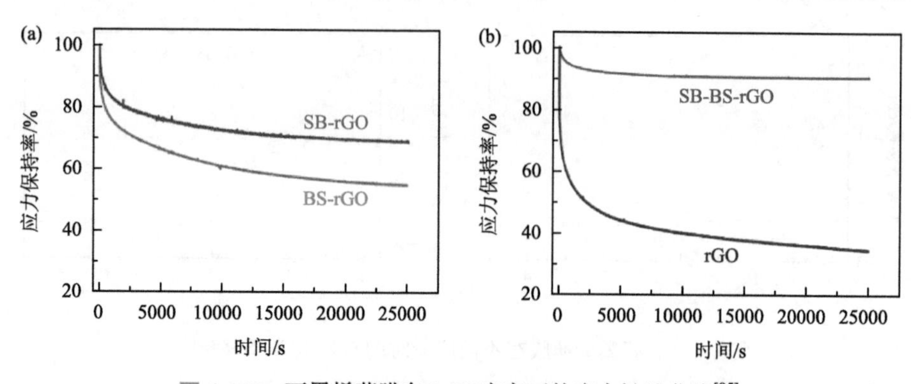

图 4-108 石墨烯薄膜在 2.5%应变下的应力松弛曲线[85]

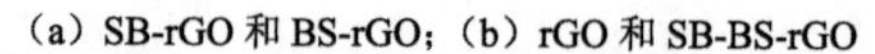

（a）SB-rGO 和 BS-rGO；（b）rGO 和 SB-BS-rGO

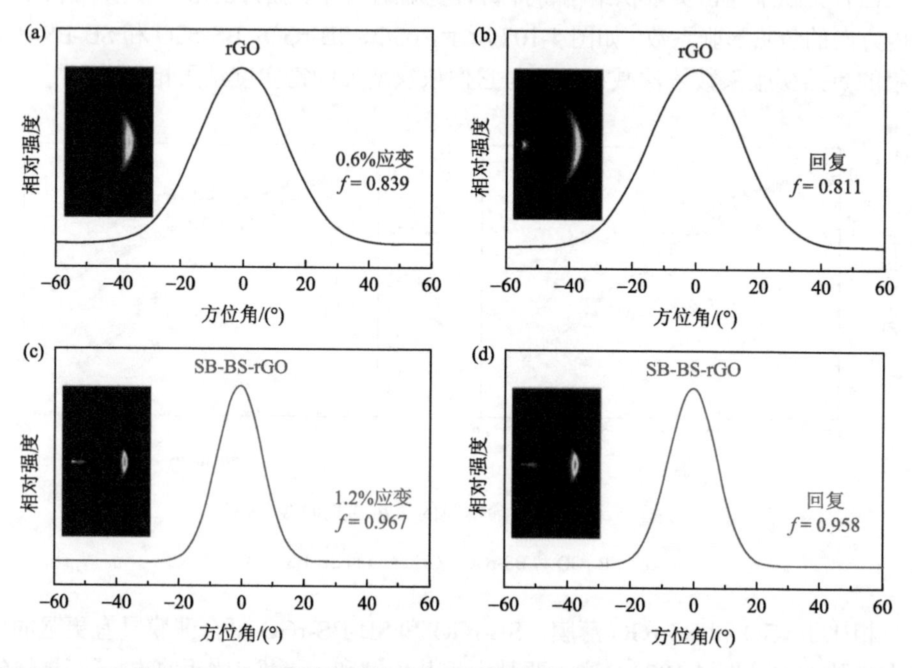

图 4-109 rGO 和 SB-BS-rGO 薄膜在弹性形变和回复时的 WAXS 衍射图案和相应 002 峰方位角扫描曲线[85]

0.6%应变（a）和回复后（b）的 rGO 薄膜；（c）1.2%应变和回复后（d）的 SB-BS-rGO 复合薄膜

制备较厚的高性能石墨烯复合薄膜对于结构材料的实际应用至关重要。基于此，研究人员进一步测试了少量环氧树脂（3.69 wt%）黏结制备的搭接和层压 SB-BS-rGO 复合薄膜的性能。拉伸测试结果表明，搭接的 SB-BS-rGO 复合薄膜在非搭接区域发生断裂，而不是在搭接区域剪切断裂，此外，层压的 SB-BS-rGO 复合薄膜也没有发生分层断裂。虽然搭接 SB-BS-rGO 复合薄膜的搭接区域被忽略，但是其拉伸强度、韧性和杨氏模量接近于单片 SB-BS-rGO 复合薄膜的相应性能（图 4-110）。

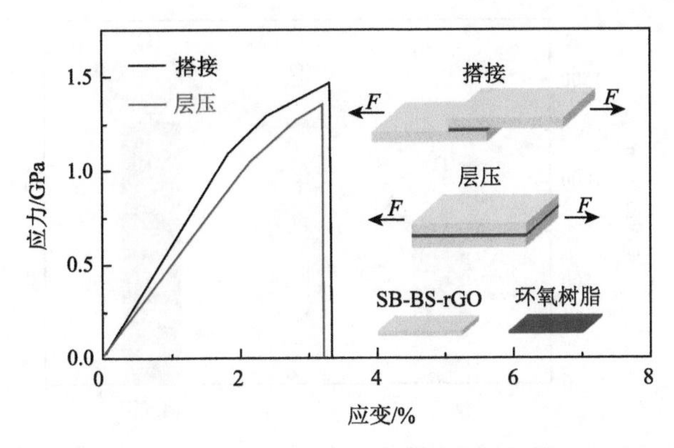

图 4-110　搭接和层压 SB-BS-rGO 复合薄膜的拉伸应力-应变曲线[85]

此外，研究人员也发现 π-π 堆积作用交联剂（PSE-AP）也可以作为黏结剂，有效搭接 SB-BS-rGO 复合薄膜（图 4-111）。

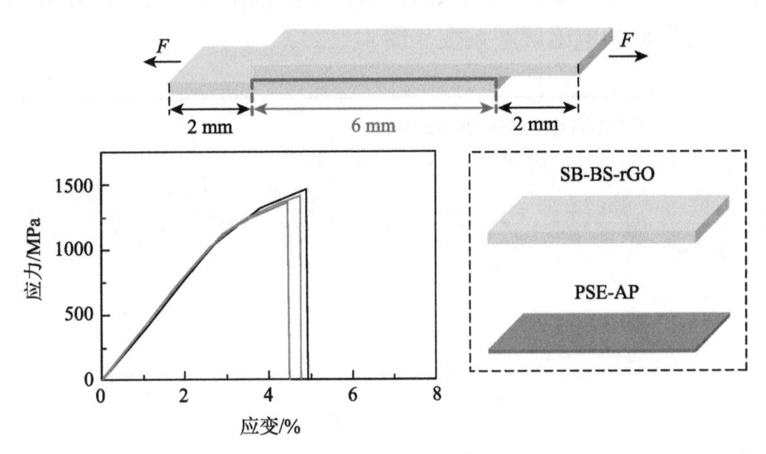

图 4-111　使用 π-π 堆积作用交联剂作为黏结剂，制备的搭接 SB-BS-rGO 复合薄膜的结构示意图和拉伸应力-应变曲线[85]

虽然绝缘的环氧树脂作为黏结剂插入两片 SB-BS-rGO 复合薄膜之间，但是层压 SB-BS-rGO 复合薄膜沿着厚度方向仍然是导电的，其电导率为（0.49±0.02）S/m，接近于单片 SB-BS-rGO 复合薄膜的相应电导率[（0.64±0.03）S/m]，这表明环氧树脂黏结没有明显阻碍石墨烯薄膜之间的电子传递。进一步，研究人员研究了不同电连接模式对层压 SB-BS-rGO 复合薄膜沿长度方向电导率测试的影响规律（图 4-112）。当层压 SB-BS-rGO 复合薄膜的两端双侧被电连接时，其电导率为

(1294±41) S/cm，接近于单片 SB-BS-rGO 复合薄膜在同等条件下测试的电导率[(1410±68) S/cm]。

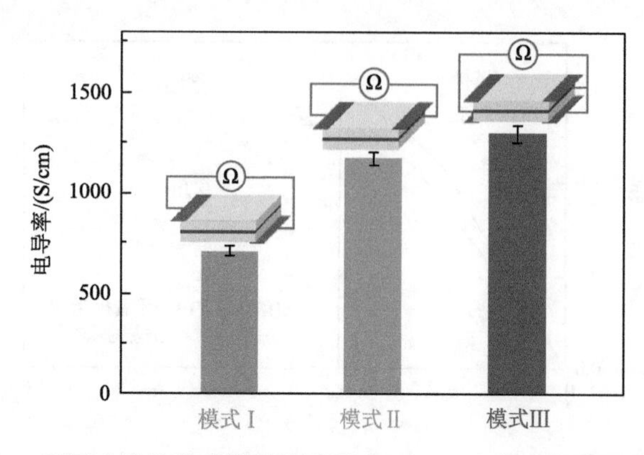

图 4-112 不同电连接模式测得的层压 SB-BS-rGO 复合薄膜的电导率[85]

此外，该层压 SB-BS-rGO 复合薄膜对 0.3～18 GHz 电磁波的厚度平均电磁屏蔽系数为 8290 dB/mm，低于单片 SB-BS-rGO 复合薄膜的相应性能（13900 dB/mm）。该层压 SB-BS-rGO 复合薄膜（48.1 dB）和无黏结剂堆叠的 SB-BS-rGO 复合薄膜（48.6 dB）具有类似的电磁屏蔽系数（图 4-113）。

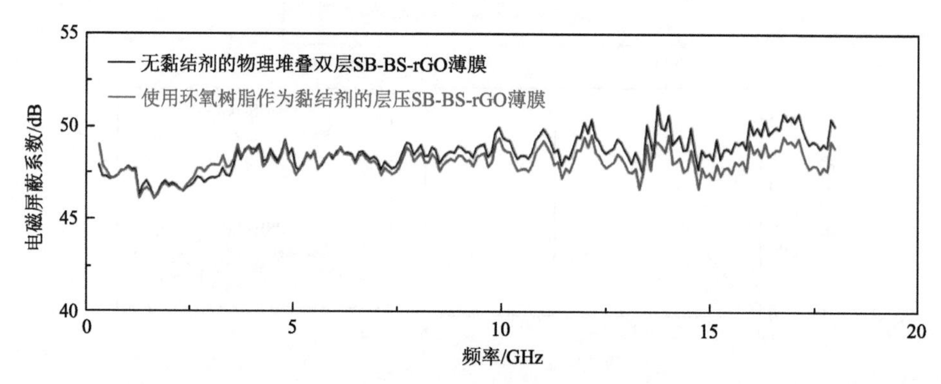

图 4-113 无黏结剂堆叠的 SB-BS-rGO 复合薄膜和环氧树脂黏结的层压 SB-BS-rGO 复合薄膜对 0.3～18 GHz 波段电磁波的屏蔽系数[85]

采用刮涂法代替真空抽滤法，并结合界面交联原位固定拉伸诱导取向策略，研究人员制备了大面积 SB-BS-rGO 复合薄膜[被标记为 SB-BS-rGO（DB）]，其横向尺寸为 9 μm×9 μm[图 4-114（a）]，平均厚度为 10.5 μm[图 4-114（b）]。该 SB-BS-rGO（DB）复合薄膜的拉伸强度为（1461±55）MPa[图 4-114（c）]、杨氏模量为（53.9±6.2）GPa、韧性为（29.4±0.8）MJ/m^3、电导率为（1336±42）S/cm，它们分别是真空抽滤制备的 SB-BS-rGO 复合薄膜[被标记为 SB-BS-rGO（VF）]

相应性能的 94.4%、83.6%、81.9%和 95.8%[图 4-114（d）]，这表明高性能 SB-BS-rGO 复合薄膜可以被大规模制备而同时保持优异的性能。此外，该大面积 SB-BS-rGO（DB）复合薄膜在不同位置具有均匀的性能和结构。

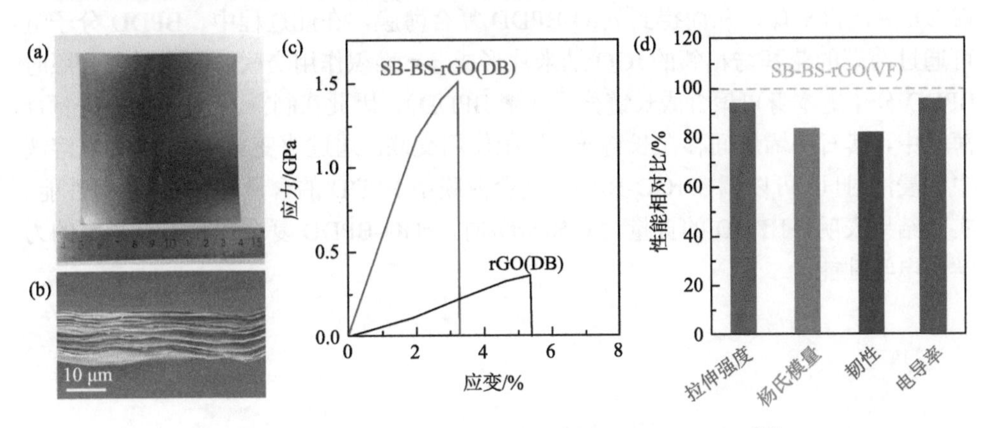

图 4-114　SB-BS-rGO（DB）复合薄膜的结构和性能[85]

SB-BS-rGO（DB）复合薄膜的实物照片（a）和断面直视 SEM 照片（b）；（c）rGO（DB）和 SB-BS-rGO（DB）薄膜的拉伸应力-应变曲线；（d）SB-BS-rGO（DB）与 SB-BS-rGO（VF）复合薄膜的拉伸强度、杨氏模量、韧性和电导率的比值；rGO（DB）表示刮涂法制备的 rGO 薄膜

2. 界面交联诱导取向

除了外力场外，有些界面交联作用也可以诱导石墨烯纳米片规整取向。例如，Wan 等[129]证实长链 π-π 堆积作用可以显著提升石墨烯纳米片的取向度，从而大幅度提升石墨烯薄膜的力学和电学性能。如图 4-115（a）所示，在 1-乙基-3-(3-二甲氨基丙基)碳二亚胺盐酸盐（EDCl）和 4-二甲基氨基吡啶（DMAP）存在下，芘甲醇和 10, 12-二十二碳二炔二酸可通过酯化反应制得 10, 12-二十二碳二炔二酸二芘甲酯（BPDD），其结构可通过如图 4-115（b）所示的核磁共振氢谱图证实。

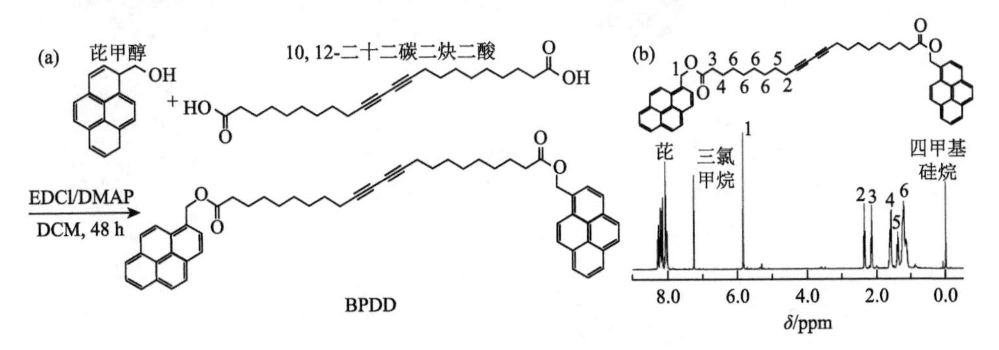

图 4-115　BPDD 单体的制备和表征[129]

（a）合成路线；（b）核磁共振氢谱图

rGO-BPDD 复合薄膜的制备过程如图 4-116 所示，首先制备的 GO 溶胶稀释成均匀的分散液，而后经过真空抽滤得到 GO 薄膜；然后用 HI 化学还原 GO 薄膜成 rGO 薄膜；最后将 rGO 薄膜浸泡在 BPDD 溶液中一段时间，洗涤、紫外光照射 2 h 后，再干燥，从而得到 rGO-BPDD 复合薄膜。在此过程中，BPDD 分子链可通过两端的芘基与相邻的 rGO 纳米片形成 π-π 堆积作用交联，而在紫外光照时 BPDD 分子链本身可聚合成长链分子（聚 BPDD），因此在制得的 rGO-BPDD 复合薄膜中，其石墨烯层间存在长链 π-π 堆积作用交联。通过改变 rGO 在 BPDD 溶液中的浸泡时间，可以调控 rGO-BPDD 复合薄膜中 BPDD 的含量，从而优化其性能。实验结果表明，BPDD 的含量为 6.58 wt%时，rGO-BPDD 复合薄膜具有最高的力学和电学性能。

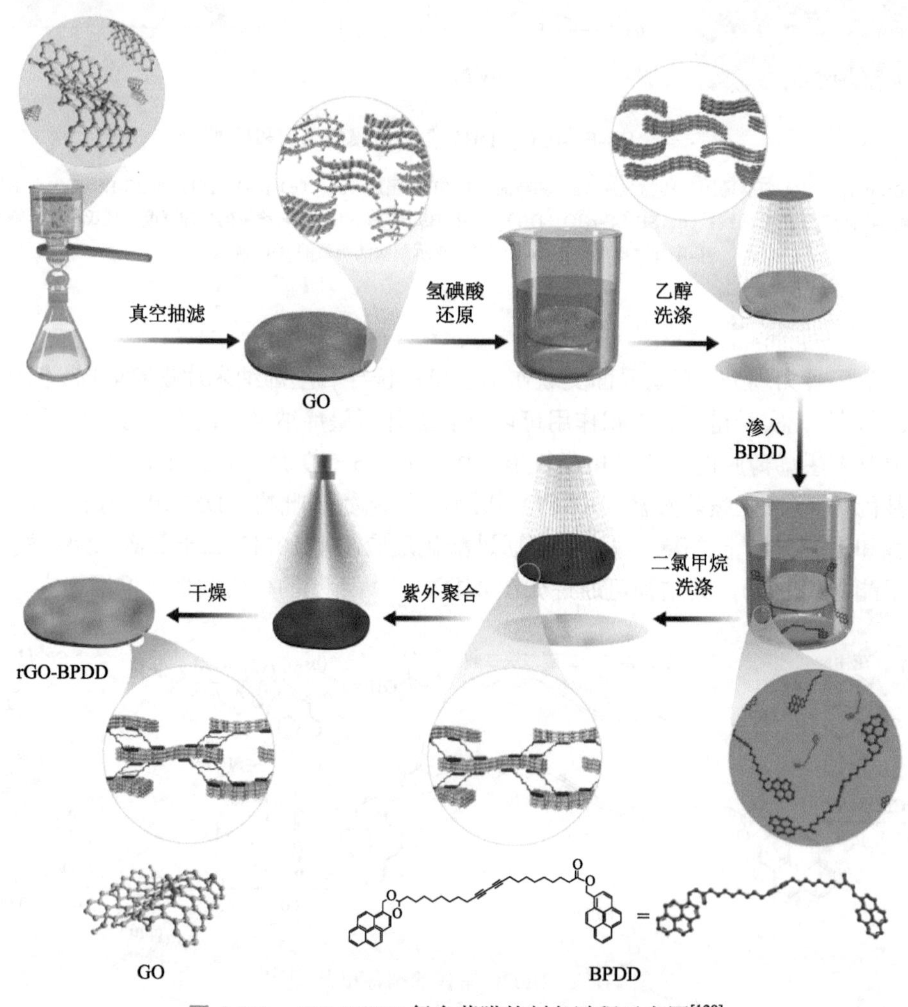

图 4-116　rGO-BPDD 复合薄膜的制备过程示意图[129]

如图4-117（a）所示，制得的rGO-BPDD是一种银灰色的柔性薄膜，其断面呈现规整的层状结构[图4-117（b）和（c）]。

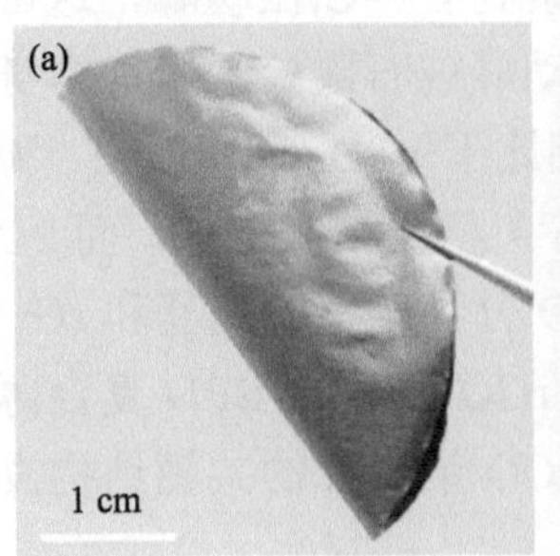

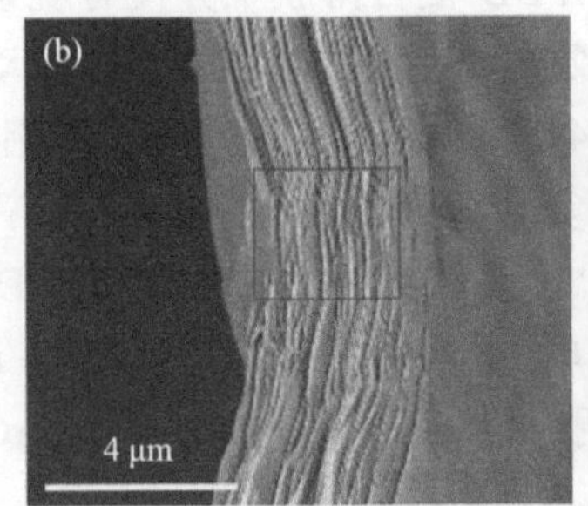

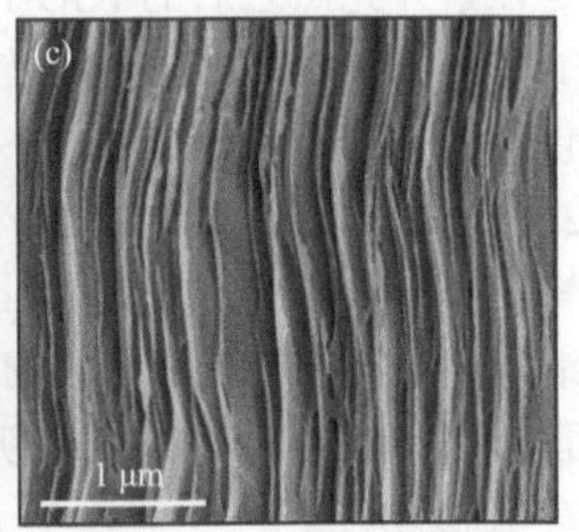

图4-117　rGO-BPDD复合薄膜的结构表征[129]

（a）实物照片；低倍（b）和高倍（c）断面直视SEM照片

进一步，研究人员通过2D WAXS表征了rGO和rGO-BPDD复合薄膜中石墨烯纳米片的取向度。如图4-118所示，相比于rGO，rGO-BPDD复合薄膜的衍射环更窄更明亮，并且其相应002峰的方位角扫描曲线具有更小的半峰宽，这表明长链 π-π 堆积作用交联可大幅提升石墨烯纳米片的取向。有趣的是，rGO-BPDD复合薄膜的层间距大于rGO薄膜，这也许是由于长链π-π堆积作用交联过程在相邻的rGO纳米片之间产生了应力。因为rGO-BPDD复合薄膜的层间距为3.73～3.77 Å，其小于BPDD的分子链尺寸，因此聚BPDD主要插入多层rGO片层之间，而不是插入单层石墨烯纳米片之间。

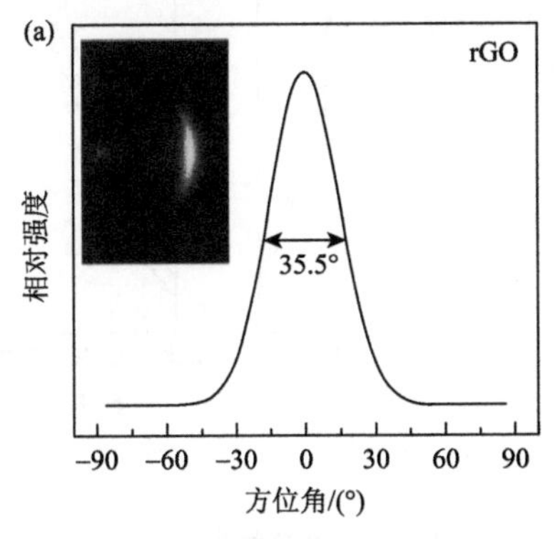

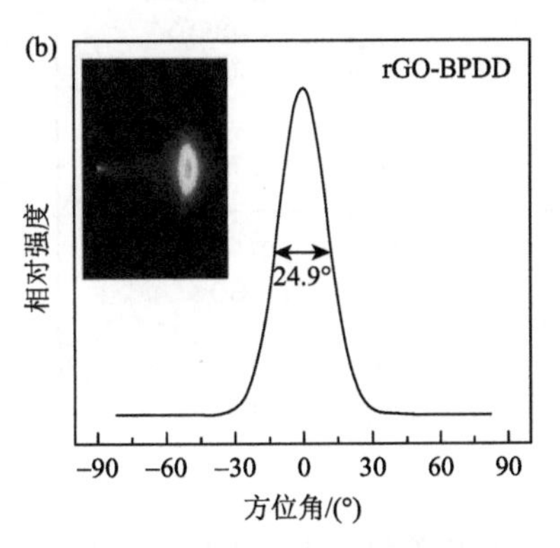

图4-118　石墨烯薄膜的WAXS衍射图案和相应的002峰方位角扫描曲线[129]

（a）rGO；（b）rGO-BPDD

如图4-119（a）所示，GO薄膜的拉曼光谱 I_D/I_G 比值为1.09。如图4-119（b）和（c）所示，紫外光照之后的rGO-BPDD复合薄膜和BPDD的C═C振动峰均从 2256 cm^{-1} 下移到 2088 cm^{-1}，这表明 BPDD 发生了 1, 4-加成聚合反应。值得一提的是，尽管紫外光照之后的 BPDD 的 C═C（1495 cm^{-1}）振动峰增强，但是在紫外光照之后的 rGO-BPDD 复合薄膜中并没有观察到 C═C 振动峰，这可能是由于聚 BPDD 的含量较低，从而使得其 C═C 振动峰被石墨烯纳米片本身较强的 G 峰所掩盖。如图 4-119（c）～（e）所示，相比于 rGO（1581 cm^{-1} 和 2685 cm^{-1}），该 rGO-BPDD 复合薄膜的 G 峰（1577 cm^{-1}）位置稍微下移，而 2D 峰（2690 cm^{-1}）位置稍微上移，这可能是由于聚 BPDD 分子链上的芘基和 rGO 纳米片之间 π-π 堆积作用的电子传递效应。有趣的是，rGO 和 rGO-BPD 复合薄膜具有类似的 I_D/I_G，这表明长链 π-π 堆积作用交联对 rGO 纳米片的共轭结构没有明显影响。

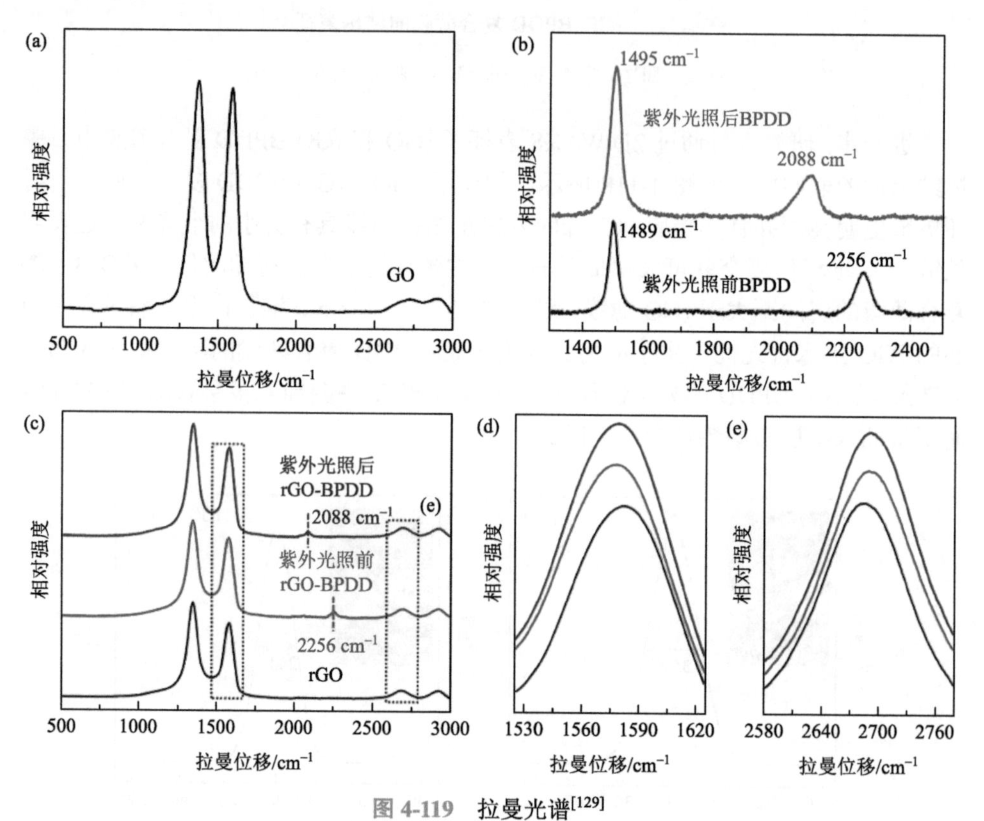

图 4-119 拉曼光谱[129]

(a) GO 薄膜；(b) 紫外光照前后的 BPDD；(c) rGO 和紫外光照前后的 rGO-BPDD 薄膜；(c) 图在 1525～1625 cm^{-1}（d）和 2580～2780 cm^{-1}（e）范围内的放大图

如图 4-120 所示，紫外光照之后的 BPDD 和 rGO-BPDD 复合薄膜分别在 498 nm、536 nm 和 492 nm、526 nm 有较强的吸收峰，这进一步证明了 BPDD 聚合成长链共轭聚合物。

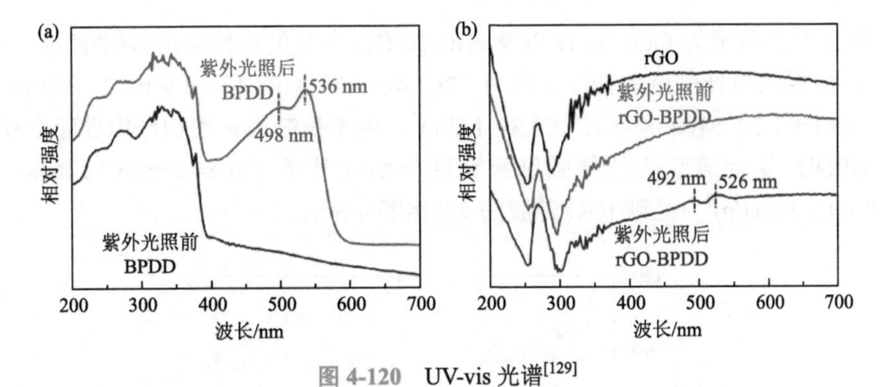

图 4-120　UV-vis 光谱[129]

（a）紫外光照前后的 BPDD；（b）rGO 和紫外光照前后的 rGO-BPDD 薄膜

如图 4-121 所示，XPS 谱图结果表明 rGO（0.15）和 rGO-BPDD 薄膜（0.14）的 O_{1s}/C_{1s} 低于相应的纯 GO 薄膜（0.39），这证实了 GO 纳米片在 HI 化学还原之后含氧官能团消除。此外，相比于 GO 和 rGO 薄膜（284.7 eV），rGO-BPDD 复合薄膜（285.1 eV）的 C—C 峰位置上移，这主要是由于聚 BPDD 和 rGO 纳米片之间的 π-π 堆积界面相互作用。

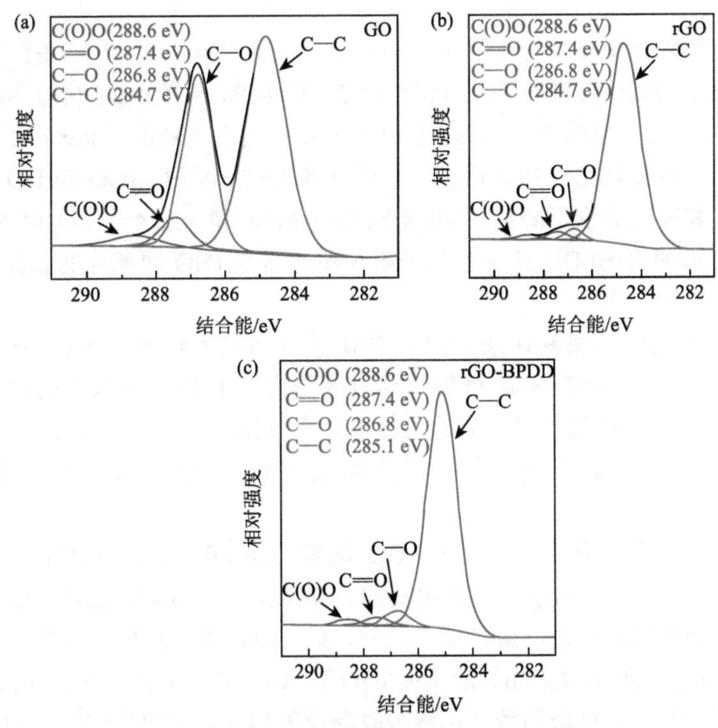

图 4-121　石墨烯薄膜的 C 1s 的 XPS 谱图[129]

（a）GO；（b）rGO；（c）rGO-BPDD

图 4-122 所示为 GO、rGO 以及 rGO-BPDD 薄膜的拉伸应力-应变曲线。GO 和 rGO 薄膜的拉伸强度和韧性分别为（263.4±4.7）MPa 和（4.9±0.3）MJ/m^3 以及（360.1±7.7）MPa 和（7.7±0.3）MJ/m^3。由于长链 π-π 堆积作用界面交联，rGO-BPDD 复合薄膜的拉伸强度和韧性分别提升至（1054.2±56.5）MPa 和（35.8±1.9）MJ/m^3，是纯 rGO 薄膜的 2.9 倍和 4.6 倍。

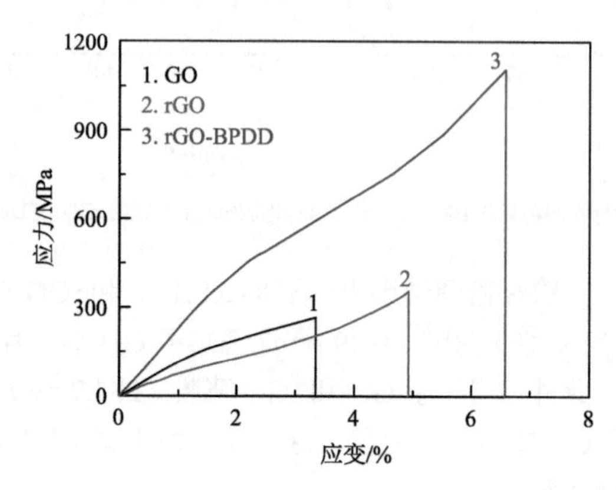

图 4-122 GO、rGO 和 rGO-BPDD 薄膜的拉伸应力-应变曲线[129]

此外，当聚 BPDD 的含量从 1.12 wt%增大到 6.58 wt%时，rGO-BPDD 复合薄膜的拉伸强度和韧性逐渐分别从（554.3±21.4）MPa 和（25.2±0.8）MJ/m^3 增大到（1054.2±56.5）MPa 和（35.8±1.9）MJ/m^3，这主要是由于 π-π 堆积作用交联密度提升。而当聚 BPDD 的含量进一步提升到 7.64 wt%时，rGO-BPDD 复合薄膜的拉伸强度和韧性分别下降到（868.8±17.8）MPa 和（23.4±1.5）MJ/m^3，这可能是由于过量的聚 BPDD 分子紧紧吸附在单一多层 rGO 纳米片的表面，而不是桥连相邻的 rGO 片层。

rGO 薄膜的电导率和比质量电导率分别为（902.6±18.1）S/cm 和（455.9±9.1）$S·cm^2/g$。由于长链 π-π 堆积作用有效提升了石墨烯纳米片的取向，所以 rGO-BPDD 复合薄膜的电导率和比质量电导率分别提升至（1192.2±24.5）S/cm 和（593.1±12.2）$S·cm^2/g$，与当时文献报道的部分高温煅烧的石墨烯薄膜相当[20, 27]。

如图 4-123（a）所示，相比于 rGO 薄膜（24.9 dB），rGO-BPDD 复合薄膜（36.5 dB）因具有更高的电导率和更高的石墨烯纳米片取向，而在 0.3～18 GHz 波段具有更加优异的电磁屏蔽性能。此外，该 rGO-BPDD 复合薄膜的 SSE/t 为 53409 $dB·cm^2/g$。图 4-123（b）所示为 rGO 和 rGO-BPDD 复合薄膜对 8.2 GHz 电磁信号的吸收和反射屏蔽系数。尽管吸收和反射均有利于电磁屏蔽，但是吸收屏蔽是这两种薄膜的主要电磁屏蔽机制。

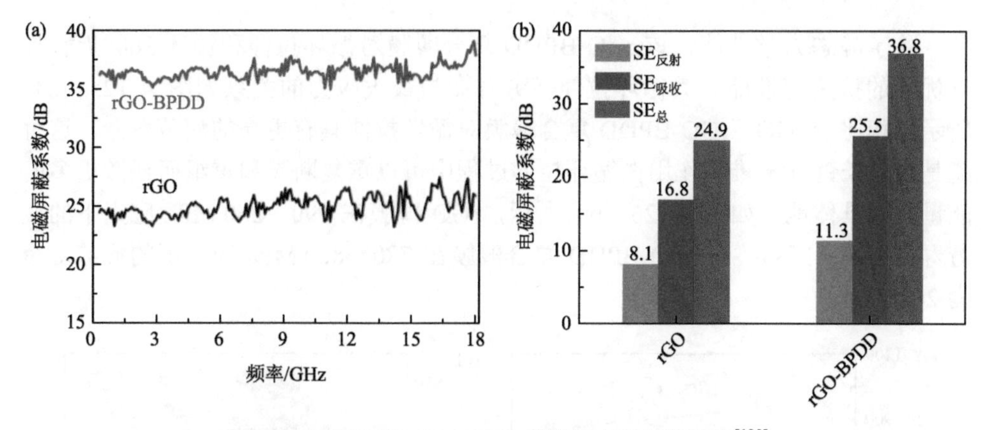

图 4-123　rGO 和 rGO-BPDD 薄膜的电磁屏蔽性能[129]

（a）对 0.3～18 GHz 波段电磁波的屏蔽系数；（b）总屏蔽系数（$SE_{总}$）、吸收分系数（$SE_{吸收}$）和反射分系数（$SE_{反射}$）

进一步，研究人员提出了如图 4-124 所示的电磁屏蔽机制。当一束电磁波射在 rGO 纳米片的表面时，一部分电磁波被反射，而剩余的电磁波在通过 rGO 纳米片时，与高电子密度的 rGO 纳米片发生相互作用而诱导电流，从而导致电磁波的能量耗散，因此只有少部分电磁波透过第一层 rGO 纳米片。当这部分电磁波射在第二层 rGO 纳米片表面时，其继续发生如上所述的电磁衰减过程；与此同时，该石墨烯薄膜的层状结构有利于内部多反射效应，从而进一步吸收和耗散电磁波。相比于 rGO 薄膜，rGO-BPDD 复合薄膜具有更高的 rGO 纳米片取向，因此其也可以诱导更有效的内部多反射效应。这也是 rGO-BPDD 复合薄膜的吸收屏蔽系数高于纯 rGO 薄膜的原因。此外，rGO-BPDD 复合薄膜更优异的导电性能也有助于提高吸收和反射屏蔽系数[98]。

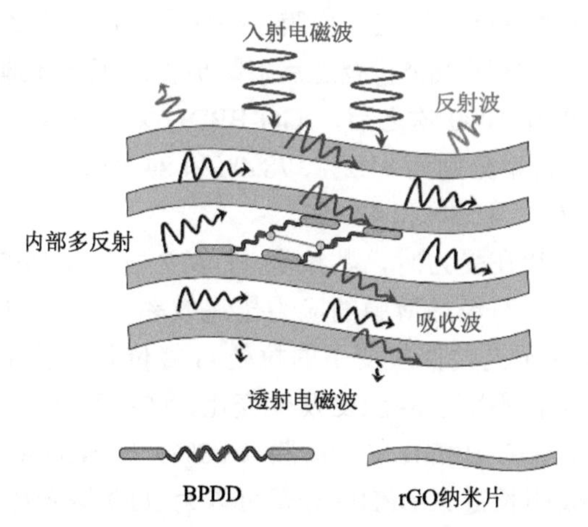

图 4-124　rGO-BPDD 复合薄膜的电磁屏蔽机制[129]

除了静态力学性能，该 rGO-BPDD 复合薄膜对循环拉伸和循环 360°折叠具有优异的抗疲劳性能。其循环拉伸疲劳寿命与最大应力的关系如图 4-125（a）所示。相比于 rGO，rGO-BPDD 复合薄膜对循环拉伸具有更高的疲劳寿命，这可能是由于长链 π-π 堆积作用在循环拉伸过程中可以重复断裂和重组而耗散更多的能量。更具体地，如图 4-125（b）所示，rGO 薄膜在 190～260 MPa 应力下的疲劳寿命仅为 41683；而 rGO-BPDD 复合薄膜在 780～860 MPa 应力下的疲劳寿命为 264811。

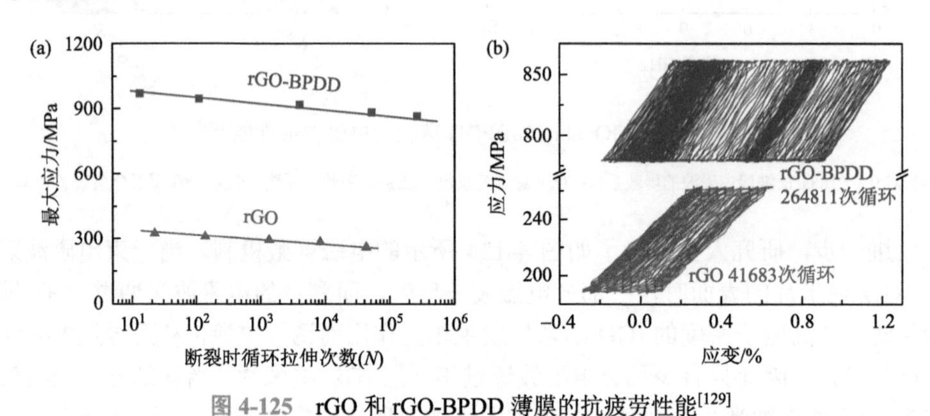

图 4-125 rGO 和 rGO-BPDD 薄膜的抗疲劳性能[129]

（a）循环拉伸疲劳寿命与最大应力的关系曲线；（b）循环拉伸应力-应变曲线

相比于 rGO，由于优异的疲劳裂纹抑制能力，rGO-BPDD 在循环拉伸过程中具有更稳定的力学、电学和电磁屏蔽性能。如图 4-126（a）所示，在 160～240 MPa 应力下循环拉伸 100000 之后，rGO-BPDD 复合薄膜的拉伸强度、电导率和电磁屏蔽系数的保持率分别为 93.4%、85.3%和 89.3%，高于相应纯 rGO 薄膜（71.2%、57.3%和 68.3%）。此外，相比于 rGO 薄膜，rGO-BPDD 复合薄膜的拉伸强度、电导率和电磁屏蔽系数在循环 360°折叠之后下降更少。更具体地，如图 4-126（b）所示，在循环 360°折叠 1000 次之后，rGO-BPDD 复合薄膜的拉伸强度、电导率和电磁屏蔽性能的保持率分别为 81.2%、78.4%和 84.1%，而相应纯 rGO 薄膜的性能保持率分别为 48.7%、41.3%和 43.4%。

由于石墨烯纳米片在受力时，其拉曼 G 峰会发生位移[142]，因此原位拉曼测试可以有效表征不同石墨烯薄膜的应力传递效率[53, 145]。图 4-127 所示为 rGO 和 rGO-BPDD 薄膜在不同拉伸应变下的拉曼 G 峰位移下移量。其均具有一段平台区，即拉曼 G 峰位移不随宏观应变发生变化，这主要是由于 rGO 纳米片相互滑移[53, 76]；进一步，rGO-BPDD 复合薄膜（4.3%）比 rGO 薄膜（3.5%）具有更高的平台上限，这表明长链聚 BPDD 分子可以为 rGO 纳米片提供更大的滑移空间，从而导致更大的拉伸应变。rGO 薄膜在平台上限处发生断裂，而 rGO-BPDD

复合薄膜的 G 峰随着应变的进一步增大而急剧下降，这主要是由于 rGO 层间的 π-π 堆积作用交联。因此，相比于 rGO，rGO-BPDD 复合薄膜在断裂时具有更大的拉曼 G 峰位移下移量，从而证明了长链 π-π 堆积界面相互作用的高效应力传递效率[53, 146]，这也是 rGO-BPDD 复合薄膜比 rGO 薄膜具有更高拉伸强度的原因。

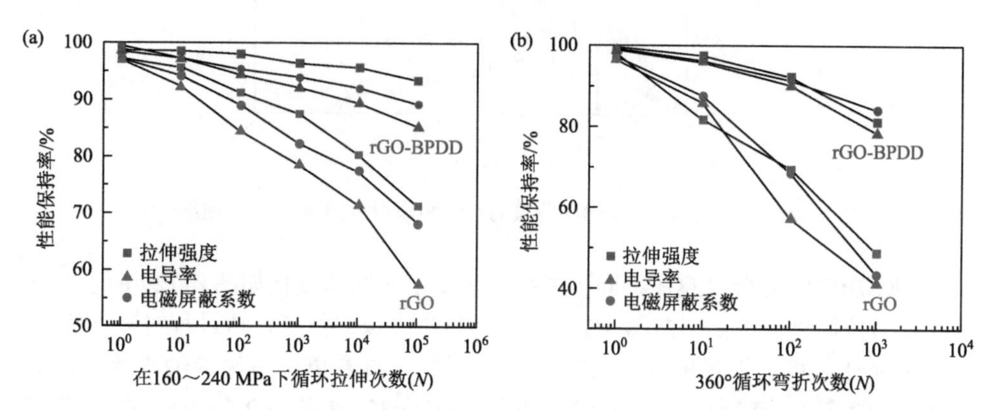

图 4-126　rGO 和 rGO-BPDD 薄膜在循环变形时的拉伸强度、电导率和电磁屏蔽性能的保持率[129]

（a）160～240 MPa 应力下循环拉伸；（b）循环 360°折叠

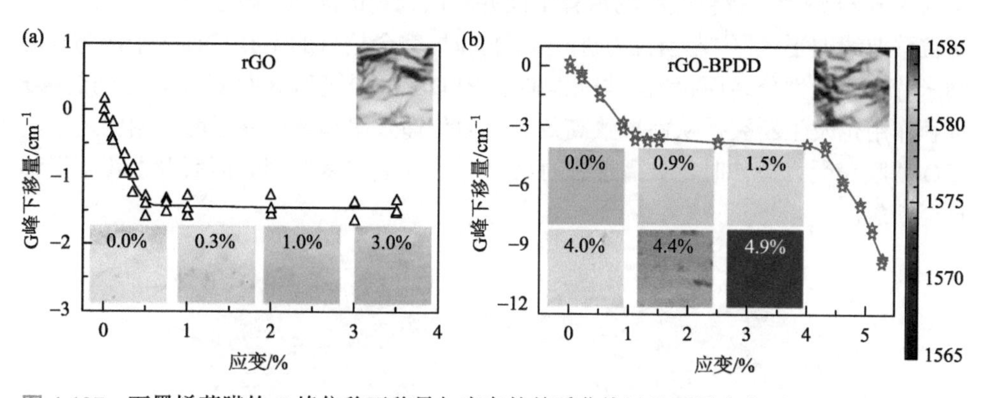

图 4-127　石墨烯薄膜的 G 峰位移下移量与应变的关系曲线以及不同应变下 20 μm×20 μm 区域的 G 峰位移分布图像[129]

（a）rGO；（b）rGO-BPDD

进一步，研究人员通过 MD 模拟分析了 rGO-BPDD 复合薄膜的断裂机制。如图 4-128 所示，rGO 和 rGO-BPDD 薄膜的实验和模拟拉伸应力-应变曲线均相似。值得一提的是，由于在拉伸过程中，插入的聚 BPDD 分子链的构象会逐渐从弯曲变到伸展，因此 rGO-BPDD 复合薄膜的模拟拉伸应力-应变曲线比 rGO 薄膜具有更大的波动。

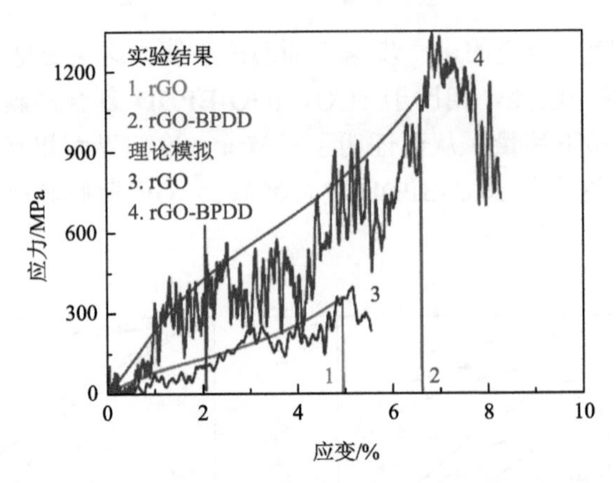

图 4-128 rGO 和 rGO-BPDD 薄膜的实验和模拟拉伸应力-应变曲线[129]

rGO-BPDD 复合薄膜在不同模拟拉伸应变下的结构变化如图 4-129 所示。在开始受力拉伸时，皱褶弯曲的 rGO 纳米片首先被取向拉直，该过程对应于应力-应变曲线计算杨氏模量的起初线性部分。因此，具有更高石墨烯纳米片取向的 rGO-BPDD 复合薄膜[（23.3±0.5）GPa]相比于 rGO 薄膜[（9.5±0.6）GPa]具有更高的杨氏模量[147]。随着拉力逐渐增加，卷曲的聚 BPDD 分子链逐渐被拉直，从而为 rGO 纳米片提供足够的滑移空间并耗散大量的能量。该过程对应于原位拉曼位移曲线的平台区[76]。当拉力进一步增大时，完全拉直的聚 BPDD 分子链与 rGO 纳米片表面发生分离而拉出，与此同时，BPDD 分子链和 rGO 纳米片之间的 π-π 堆积作用也发生断裂，从而导致高效的应力传递效率和高拉伸强度。相比之下，rGO 薄膜在受力拉伸时，皱褶卷曲的 rGO 纳米片首先被拉直，而后发生相互滑移直至断裂。

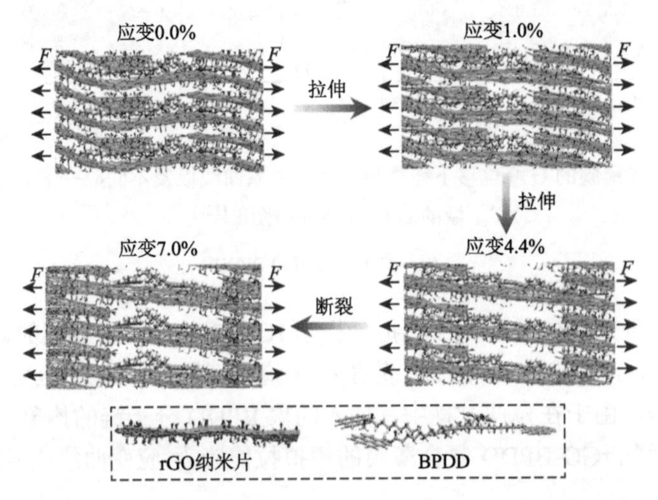

图 4-129 rGO-BPDD 复合薄膜在不同模拟拉伸应变下的结构演变图[129]

如图 4-130 所示，相比于 rGO，rGO-BPDD 复合薄膜的断面形貌呈现 rGO 纳米片大幅卷曲，这进一步证明了 rGO 纳米片层间较强的 π-π 堆积交联作用。

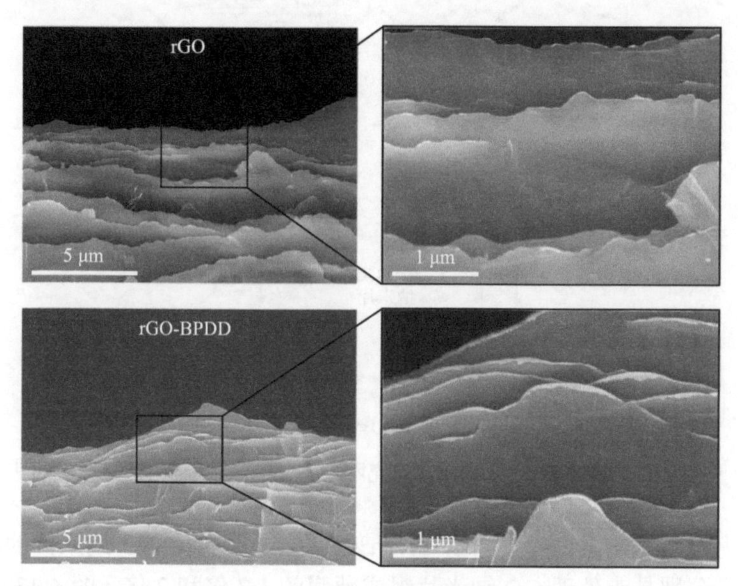

图 4-130　rGO 和 rGO-BPDD 薄膜的断面俯视 SEM 照片[129]

4.1.3　致密化策略

石墨烯纳米片表面固有的褶皱除了会干扰其取向排列，也会在组装过程中影响其保形堆积，从而诱导产生孔隙缺陷[148]，降低石墨烯薄膜的性能。因此，消除孔隙，提升石墨烯纳米片的堆积密实度对制备高性能石墨烯薄膜也至关重要[73]。目前，石墨烯薄膜的致密化策略主要包括：柔性纳米片填充[86]、小尺寸纳米片填充[61-63, 87, 149]以及辊压[88]等。

1. 柔性纳米片填充

Mao 等[86]在 GO 纳米片层间填充多孔柔性 GO 纳米片，制备了致密化的 GO 薄膜（图 4-131）。研究人员首先利用 H_2O_2 和氨水处理预先合成的 GO 纳米片，制备了一系列多孔 GO 纳米片，通过延长刻蚀造孔反应时间，可以增加 GO 纳米片表面孔的尺寸和数量。其次，他们通过 AFM 纳米压痕测试，系统表征了不同多孔 GO 纳米片的力学性能，研究结果表明，GO 纳米片的杨氏模量随孔尺寸和数量的增加而单调减小，此外，在 GO 纳米片表面刻蚀造孔会增大其断裂伸长率。因此多孔 GO 纳米片相比于未处理 GO 纳米片柔韧性更好。随后，他们将这种柔韧性更好的多孔 GO 纳米片与刚性的未处理 GO 纳米片混合，通过真空抽滤制备成自支撑的 GO 复合薄膜。

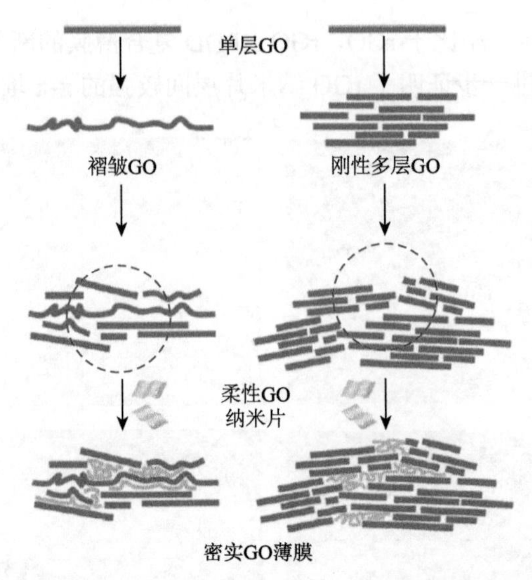

图 4-131 柔性多孔 GO 纳米片填充刚性 GO 纳米片层间孔隙示意图[86]

拉伸力学测试结果表明，含有 25 wt%和 10 wt%多孔 GO 纳米片的复合薄膜的杨氏模量分别是未处理 GO 纳米片组成薄膜的 1.7 倍和 2 倍（图 4-132）；此外，搭接剪切测试结果表明，含有 25 wt%多孔 GO 纳米片的复合薄膜的剪切强度为 8.2 MPa，远高于未处理 GO 纳米片组成薄膜（5.1 MPa），这些结果表明，柔性多孔 GO 纳米片可以填充刚性 GO 纳米片层间的孔隙，从而大幅提升其层间界面作用和应力传递效率。

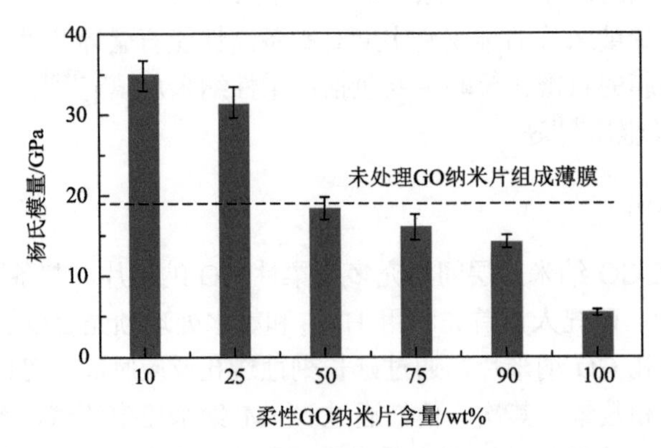

图 4-132 纯柔性 GO 纳米片组成的 GO 薄膜和不同柔性 GO 纳米片含量的致密化 GO 复合薄膜的杨氏模量[86]

2. 小尺寸纳米片填充

除了柔性纳米片，小尺寸纳米片也可以填充大尺寸纳米片层间的孔隙。Zhou 等[149]

将小尺寸的黑磷（BP，1.2 μm）纳米片引入到较大尺寸 GO 纳米片（15 μm）层间（图 4-133），使其通过 P—O—C 共价键与 GO 纳米片交联，降低了石墨烯薄膜的孔隙率，并提高了石墨烯纳米片的规整取向度，此外，他们后续也在石墨烯层间引入有机长链分子 AP-DSS，通过 π-π 堆积作用进一步提高了石墨烯片层的规整取向度。制备得到的石墨烯薄膜（rGO-BP-AP-DSS）的拉伸强度提高到 653.5 MPa，断裂应变达 16.7%，并且韧性高达 51.8 MJ/m^3。同时，由于黑磷和石墨烯的共价键作用，黑磷在石墨烯薄膜中表现出良好的环境稳定性。黑磷交联的石墨烯薄膜在空气中放置 14 天后，其力学性能几乎不变。

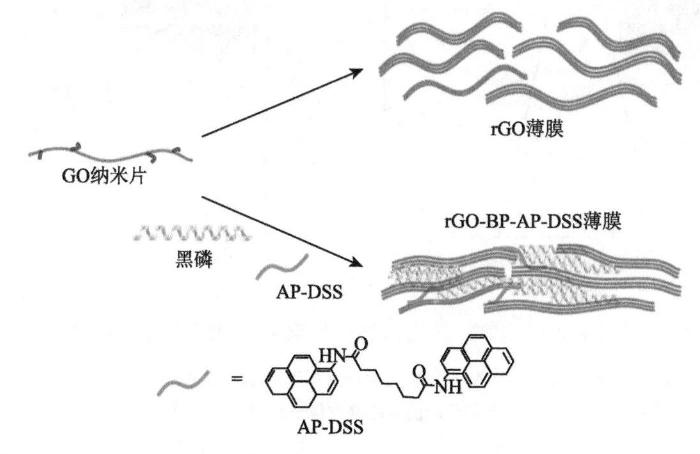

图 4-133　小尺寸 BP 纳米片填充大尺寸 GO 纳米片层间孔隙示意图[149]

原位 Raman 表征和分子动力学模拟结果表明，该 rGO-BP-AP-DSS 复合薄膜的超高韧性归因于 BP 与石墨烯之间的 P—O—C 共价键、BP 层间的润滑作用以及 AP-DSS 分子与石墨烯之间的 π-π 堆积作用的协同效应。其中 P—O—C 共价键和 π-π 堆积作用抑制了裂纹扩展，而 BP 层间的润滑作用则克服了塑性变形。此外，该高韧性 rGO-BP-AP-DSS 复合薄膜具有良好的电磁屏蔽性能，其对 8.0～13.0 GHz 波段电磁波的屏蔽系数高达约 29.7 dB。研究人员将该 rGO-BP-AP-DSS 复合薄膜当作可弯曲电极，组装了柔性电容器，其具有良好的储能特性。

除了 BP，小尺寸 $Ti_3C_2T_x$ 纳米片也可以填充大尺寸 GO 纳米片层间的孔隙。Zhou 等[87]将小尺寸 $Ti_3C_2T_x$ 纳米片（1.5 μm）和有机长链分子 AP-DSS 有序引入到较大尺寸 GO 纳米片（16 μm）层间（图 4-134），通过 Ti—O—C 共价键和 π-π 堆积作用界面协同效应，降低了石墨烯复合薄膜的孔隙率，并提高了其规整取向度，制备得到的密实石墨烯复合薄膜（rGO-$Ti_3C_2T_x$-AP-DSS）韧性高达 42.7 MJ/m^3，电导率高达 1329.0 S/cm。

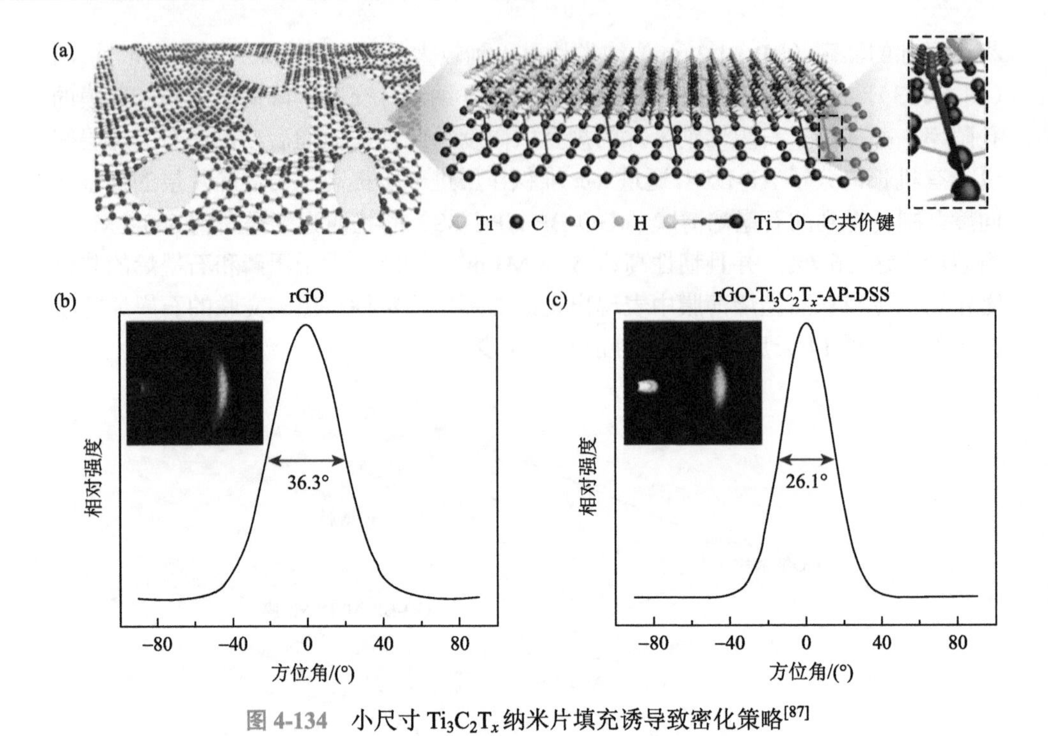

图 4-134 小尺寸 $Ti_3C_2T_x$ 纳米片填充诱导致密化策略[87]

（a）$Ti_3C_2T_x$ 纳米片与 GO 纳米片交联结构示意图；rGO（b）和 rGO-$Ti_3C_2T_x$-AP-DSS（c）薄膜的 WAXS 衍射图案和相应的 002 峰方位角扫描曲线

以该 rGO-$Ti_3C_2T_x$-AP-DSS 复合薄膜为电极组装的柔性超级电容器表现出优异的电化学储能特性，其体积能量密度为 13.0 mW·h/cm^3，在 0～180°下进行 17000 次弯曲循环后，容量保持率仍约为98%。此外，串联后的柔性超级电容器在平铺、弯曲和扭曲状态下均能使 LED 灯正常工作。

3. 小片填充和辊压联合致密化

Akbari 等[88]将小尺寸 rGO 纳米片与大尺寸 GO 纳米片通过剪切均匀混合，使 rGO 纳米片插入 GO 纳米片层间，并利用刮涂工艺将其组装成宏观 GO 复合薄膜，而后通过高温煅烧、辊压和二次高温煅烧，将 GO 复合薄膜转变成高取向致密化石墨烯薄膜（图 4-135）。研究表明，加入小尺寸 rGO 纳米片和辊压处理过程对提升石墨烯薄膜的密实度具有重要影响。当小尺寸 rGO 纳米片的添加量为 15 wt%时，该石墨烯薄膜的密度可以达到 2.1 g/cm^3，相应的垂直膜表面的热导率为 5.65 W/(m·K)，面内热导率为 2025 W/(m·K)。

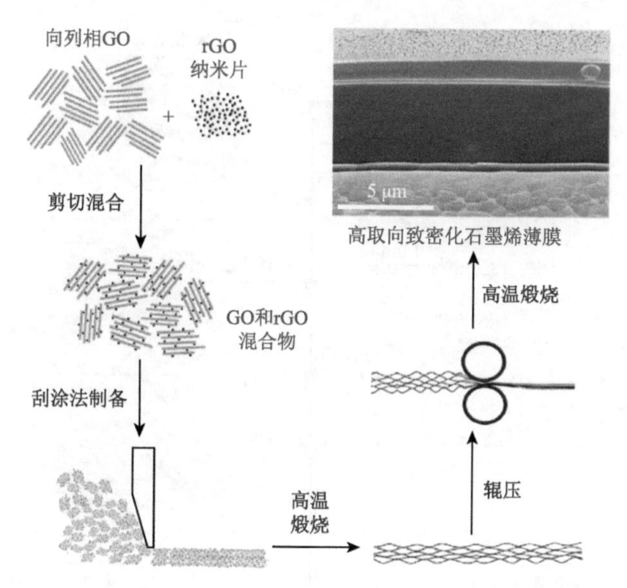

图 4-135　小片填充和辊压联合致密化过程示意图和制得的石墨烯薄膜的 FIB 切割断面直视 SEM 照片[88]

4.2 过渡金属碳/氮化物复合薄膜材料

相比于石墨烯，$Ti_3C_2T_x$ 作为一种新型过渡金属碳/氮化物二维纳米片[150]，易分散在各种极性溶剂中，溶液可处理性强，且具有优异的力学和电学性能[151-153]，因此在过去十余年间受到人们的广泛关注。$Ti_3C_2T_x$ 纳米片的表面含有很多极性官能团，如氟（—F）、环氧（—O—）和羟基（—OH），易于形成氢键[138, 154-156]、离子键[157-161]和共价键[162-165]等界面相互作用。近年来，研究人员通过在 $Ti_3C_2T_x$ 层间引入不同的界面交联剂[166, 167]和功能基元材料[139, 168-170]，制备了大量高性能 $Ti_3C_2T_x$ 复合薄膜。此外，类似于石墨烯，$Ti_3C_2T_x$ 纳米片也易褶皱[171]，因此，制备的 $Ti_3C_2T_x$ 薄膜也具有低取向多孔隙的结构特点[167]，为此，研究人员开发了一些取向和致密化策略[163, 167, 172]，制备了高取向致密化 $Ti_3C_2T_x$ 薄膜。图 4-136 所示为一些代表性的高性能过渡金属碳/氮化物复合薄膜组装策略。

4.2.1 界面构筑策略

1. 单一界面作用

1）氢键

由于 $Ti_3C_2T_x$ 纳米片表面含有丰富的电负性较大的氧和氟原子，因此在 $Ti_3C_2T_x$ 纳米片层间普遍存在氢键界面相互作用。很多含有极性基团的高分子交联剂也

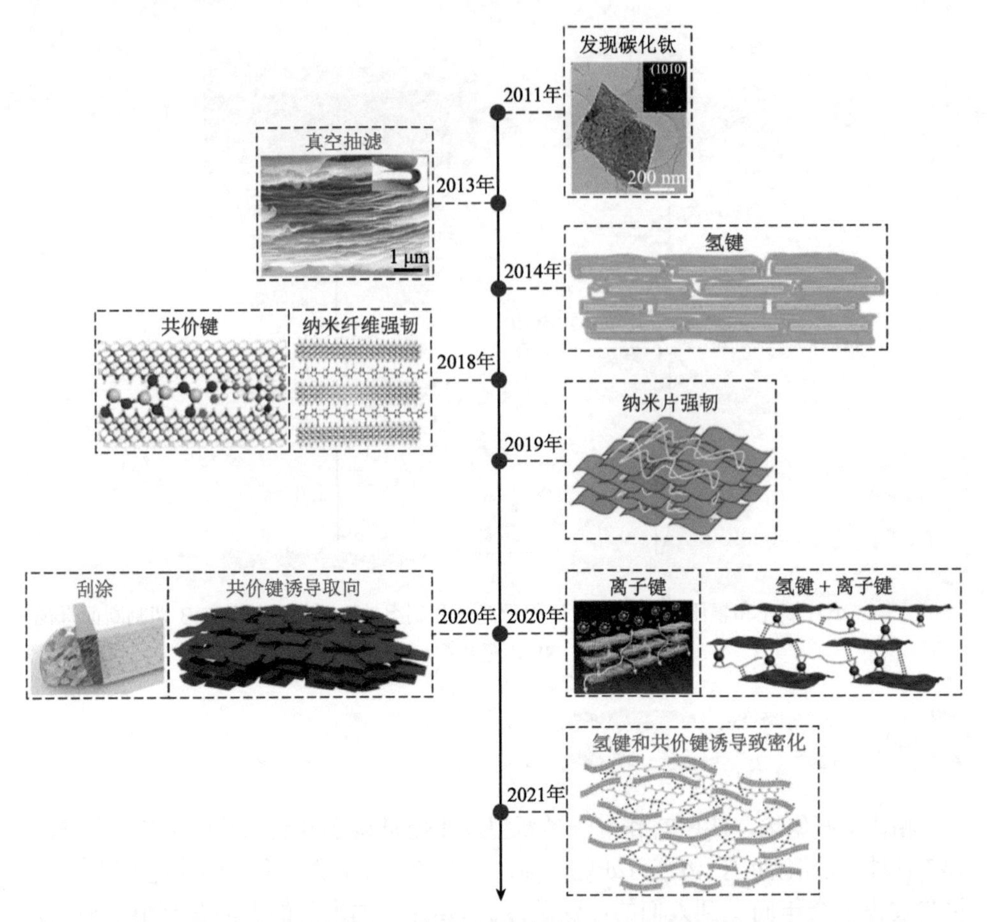

图 4-136 自从 $Ti_3C_2T_x$ 发现[150]以来，过渡金属碳/氮化物复合薄膜的高性能组装策略：界面设计（氢键[155]、离子键[158]、共价键[165]等单一界面作用，氢键和离子键[166]、氢键和共价键[167]、纳米片[173]和纳米纤维[139]协同强韧效应等复合界面作用）、规整取向（抽滤[174]、刮涂[172]、共价键诱导取向[163]等）、密实堆积（氢键和共价键诱导致密化[167]）

已经被引入 $Ti_3C_2T_x$ 纳米片层间，通过氢键作用增强 $Ti_3C_2T_x$ 复合薄膜。例如，Ling 等[155]在 $Ti_3C_2T_x$ 层间引入绝缘性聚乙烯醇[PVA，图 4-137（a）]，通过氢键交联作用制备了层状 $Ti_3C_2T_x$-PVA 复合薄膜[图 4-137（b）]。相比于 $Ti_3C_2T_x$ 薄膜，该 $Ti_3C_2T_x$-PVA 复合薄膜具有更高的拉伸力学性能[强度为 91 MPa，图 4-137（c）]、更高的体积比电容[图 4-137（d）]和更低的导电性能（电导率为 0.0004 S/cm）。此外，Liu 等[138]将导电聚(3, 4-亚乙基二氧噻吩)：聚(苯乙烯磺酸)（PEDOT：PSS）插入 $Ti_3C_2T_x$ 层间，制备了层状 $Ti_3C_2T_x$-PEDOT：PSS 复合薄膜，其电导率（20.4 S/cm）虽然高于 $Ti_3C_2T_x$-PVA 复合薄膜，但是仍远低于 $Ti_3C_2T_x$ 薄膜；另外，该 $Ti_3C_2T_x$-PEDOT：PSS 复合薄膜的拉伸强度较低，仅为 30.2 MPa。

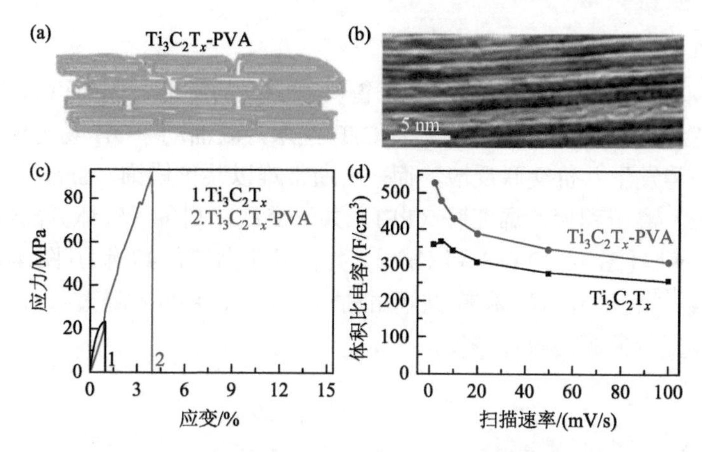

图 4-137　氢键增强的 $Ti_3C_2T_x$-PVA 复合薄膜[155]

$Ti_3C_2T_x$-PVA 复合薄膜的结构模型（a）和断面 TEM 照片（b）；$Ti_3C_2T_x$ 和 $Ti_3C_2T_x$-PVA 薄膜的拉伸应力-应变曲线（c）和不同扫描速率下的体积比电容（d）

2）离子键

金属离子可以通过络合作用与相邻 $Ti_3C_2T_x$ 纳米片表面的—OH 相连接，从而提升 $Ti_3C_2T_x$ 纳米片层间界面强度。Deng 等[157]证实 Fe^{2+}可以通过离子键将 $Ti_3C_2T_x$ 纳米片交联成三维网络结构。Liu 等[159]通过 Al^{3+}交联作用[图 4-138（a）]，制备了层状 $Ti_3C_2T_x$-Al^{3+}复合薄膜[图 4-138（b）]。相比于 $Ti_3C_2T_x$ 薄膜，该 $Ti_3C_2T_x$-Al^{3+}复合薄膜具有更高的拉伸强度[图 4-138（c）]和更低的电磁屏蔽性能[图 4-138（d）]。此外，Ding 等[158]证实 Al^{3+}交联的 $Ti_3C_2T_x$ 复合薄膜在水溶液中具有优异的结构稳定性，在海水淡化领域具有重要应用前景。

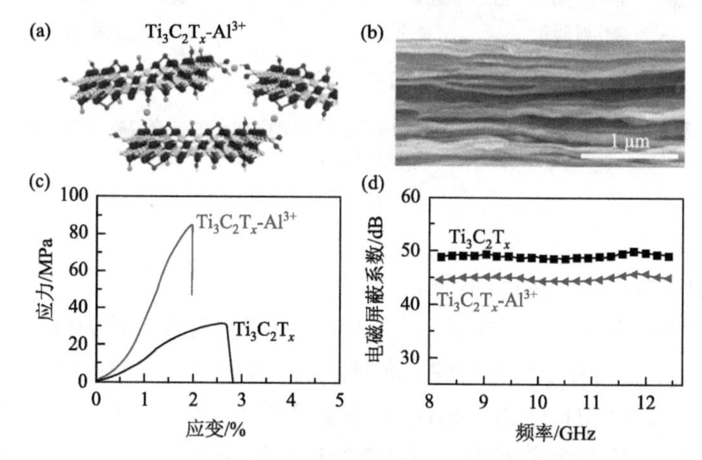

图 4-138　离子键增强的 $Ti_3C_2T_x$-Al^{3+}复合薄膜[159]

$Ti_3C_2T_x$-Al^{3+}复合薄膜的结构模型（a）和断面直视 SEM 照片（b）；$Ti_3C_2T_x$ 和 $Ti_3C_2T_x$-Al^{3+}薄膜的拉伸应力-应变曲线（c）和对 8.2～12.5 GHz 波段电磁波的屏蔽系数（d）

3）共价键

一般地，共价键相比于氢键和离子键具有更强的键能，因而可以更大程度地增强 $Ti_3C_2T_x$ 纳米片层间界面强度。$Ti_3C_2T_x$ 纳米片表面的—OH 易与硼酸根[165]和异氰酸酯[162]等发生共价交联反应，而—F 通常难以共价修饰。Shen 等[165]通过硼酸根（borate）离子和聚乙烯亚胺（PEI）共价交联，制备了气体分离性能转变的 $Ti_3C_2T_x$ 复合薄膜[图 4-139（a）和（b）]，并提升了薄膜的黏附力[图 4-139（c）]。此外，Wu 等[162]将聚异氰酸苯酯-共-甲醛插入 $Ti_3C_2T_x$ 层间，通过共价交联作用提升了 $Ti_3C_2T_x$ 复合薄膜的拉伸强度。

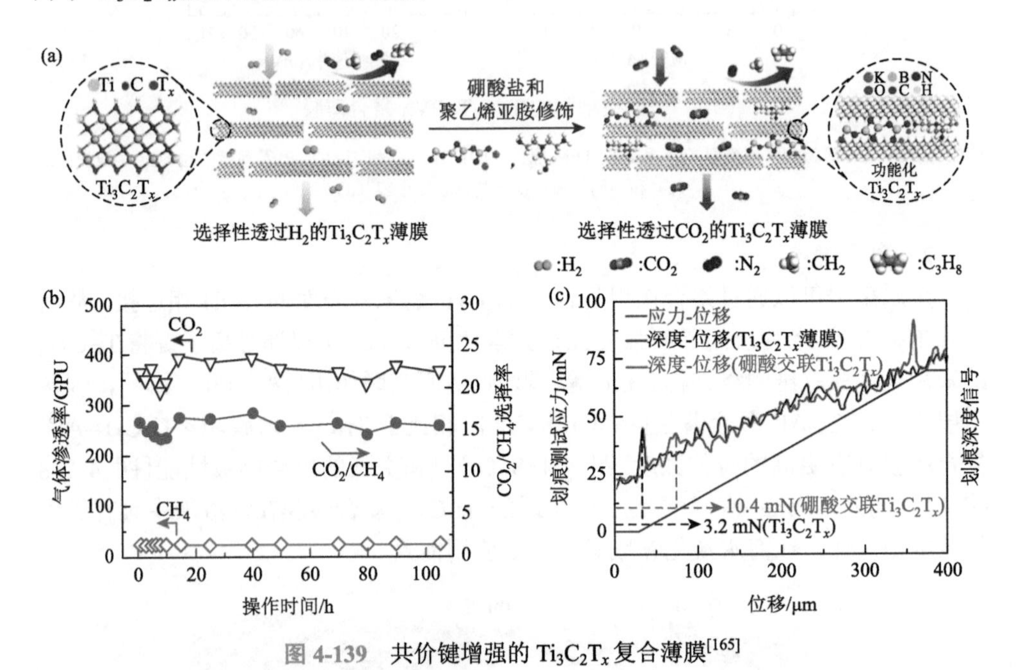

图 4-139　共价键增强的 $Ti_3C_2T_x$ 复合薄膜[165]

（a）硼酸根离子和 PEI 交联前后 $Ti_3C_2T_x$ 薄膜的结构模型；硼酸交联 $Ti_3C_2T_x$ 复合薄膜的 CO_2 分离性能（b）和划痕测试曲线（c）

2. 复合界面作用

1）氢键和离子键界面协同作用

除了单一界面作用，不同的界面作用也可以合理搭配诱导协同效应。Wan 等[166]通过在 $Ti_3C_2T_x$ 层间有序引入氢键（海藻酸钠，SA）和离子键（Ca^{2+}）交联剂，制备了高强度抗氧化的 $Ti_3C_2T_x$-SA-Ca^{2+}复合薄膜。如图 4-140 所示，首先将 SA 溶液逐滴加入 $Ti_3C_2T_x$ 分散液中，混合均匀后得到 $Ti_3C_2T_x$-SA 异质基元材料分散液，然后通过真空抽滤将其组装成 $Ti_3C_2T_x$-SA 复合薄膜，最后将 $Ti_3C_2T_x$-SA 复合薄膜浸泡在 $CaCl_2$ 溶液中，洗涤干燥后得到 $Ti_3C_2T_x$-SA-Ca^{2+}复合薄膜。

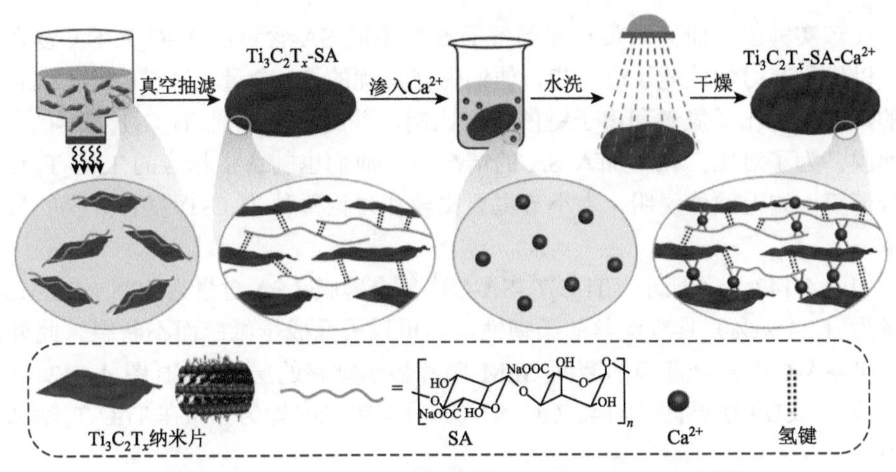

图 4-140　$Ti_3C_2T_x$-SA-Ca^{2+}复合薄膜的制备过程示意图[166]

SA 作为环境友好型生物大分子，其分子链上含有丰富的含氧极性官能团（如—OH、—COO^-和═O），是一种理想的氢键交联剂。研究人员采用 LiF/HCl 溶液刻蚀 Ti_3AlC_2 前驱体中的 Al 元素，成功合成了单层 $Ti_3C_2T_x$ 纳米片，其平均横向尺寸为 2.3 μm[图 4-141（a）和（b）]，厚度为 1.5 nm[图 4-141（c）和（d）]。$Ti_3C_2T_x$-SA 异质基元材料的厚度为 2 nm[图 4-141（e）和（f）]，大于单层 $Ti_3C_2T_x$ 纳米片的厚度，这表明 SA 通过氢键作用成功吸附在 $Ti_3C_2T_x$ 纳米片表面。

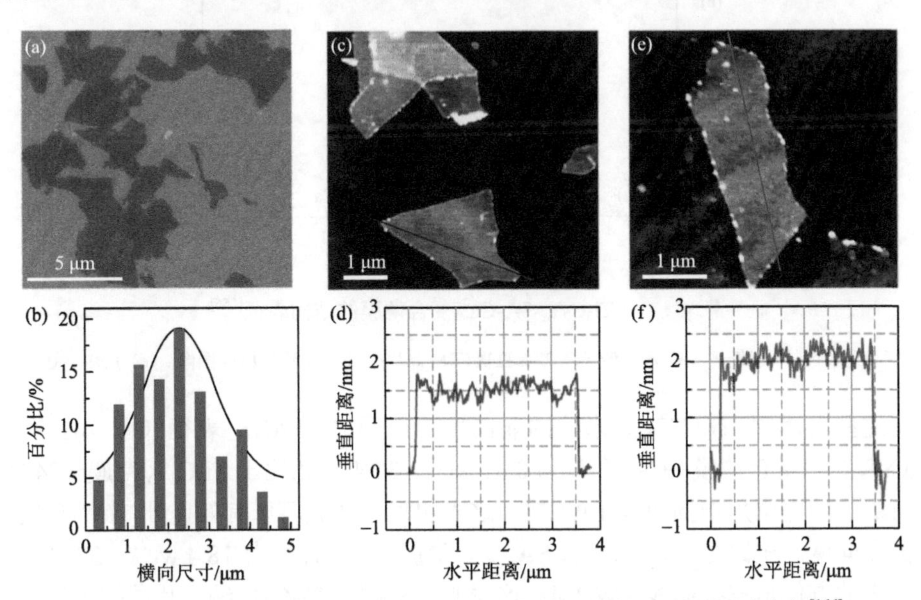

图 4-141　$Ti_3C_2T_x$ 纳米片和 $Ti_3C_2T_x$-SA 异质基元材料的尺寸和厚度表征[166]

$Ti_3C_2T_x$ 纳米片的 SEM 照片（a）、横向尺寸分布（b）、AFM 照片（c）和相应的高度曲线（d）；$Ti_3C_2T_x$-SA 异质基元材料的 AFM 照片（e）和相应的高度曲线（f）

在该实验中，研究人员首先制备了 5 种不同 SA 含量的 $Ti_3C_2T_x$-SA 复合薄膜，以优化其力学性能。进一步，他们保持最优的 SA 含量，通过控制 $CaCl_2$ 溶液的浓度，优化了氢键和离子键的相对比例，并制备了 4 种 $Ti_3C_2T_x$-SA-Ca^{2+}复合薄膜。为了对比，在不加入 SA 的情况下，他们也制备了相应的 $Ti_3C_2T_x$-Ca^{2+}复合薄膜。如无额外说明，本小节主要比较和讨论每种 $Ti_3C_2T_x$ 复合薄膜的最强版本。

如图 4-142（a）所示，$Ti_3C_2T_x$-SA-Ca^{2+}复合薄膜（SA 含量为 17.8 wt%、Ca^{2+}含量为 1.24 wt%）具有优异的柔韧性，其可以折叠成千纸鹤而不断裂。此外，$Ti_3C_2T_x$-SA-Ca^{2+}复合薄膜的断面 SEM 照片显示规整的层状结构[图 4-142（b）和（c）]。EDS 结果[图 4-142（d）和（e）]表明 Ca^{2+}均匀分布在 $Ti_3C_2T_x$ 纳米片层间。

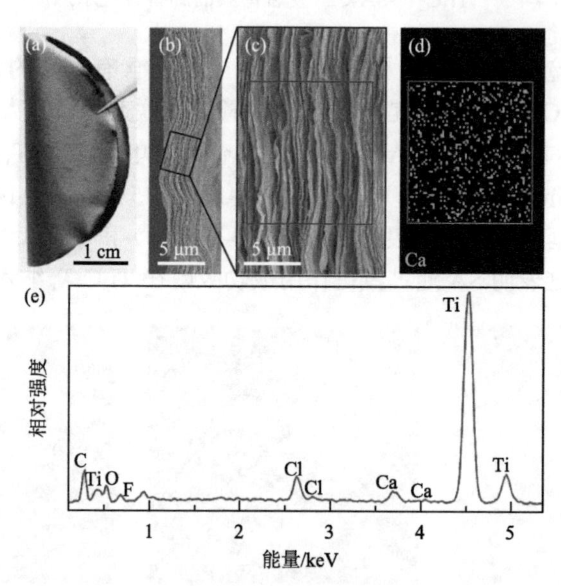

图 4-142 $Ti_3C_2T_x$-SA-Ca^{2+}复合薄膜的结构表征[166]

（a）实物照片；低倍（b）和高倍（c）断面直视 SEM 照片；（d）Ca 元素 EDS 图像；（e）EDS 谱图

这些薄膜中 $Ti_3C_2T_x$ 纳米片的取向度可以通过 WAXS 表征（图 4-143）。$Ti_3C_2T_x$-Ca^{2+}复合薄膜（Ca^{2+}含量为 0.61 wt%，32.4°）相比于 $Ti_3C_2T_x$ 薄膜（34.2°）具有更小的方位角扫描曲线 FWHM，这表明离子交联可以有效提升 $Ti_3C_2T_x$ 纳米片的取向度。相比之下，$Ti_3C_2T_x$-SA 复合薄膜（SA 含量为 18.4 wt%，37.3°）具有更大的方位角扫描曲线 FWHM，这表明 SA 插入 $Ti_3C_2T_x$ 纳米片层间干扰了其规整排列。$Ti_3C_2T_x$-SA-Ca^{2+}复合薄膜的 FWHM（35.4°）稍微大于 $Ti_3C_2T_x$ 薄膜的 FWHM，但小于 $Ti_3C_2T_x$-SA 复合薄膜的 FWHM。

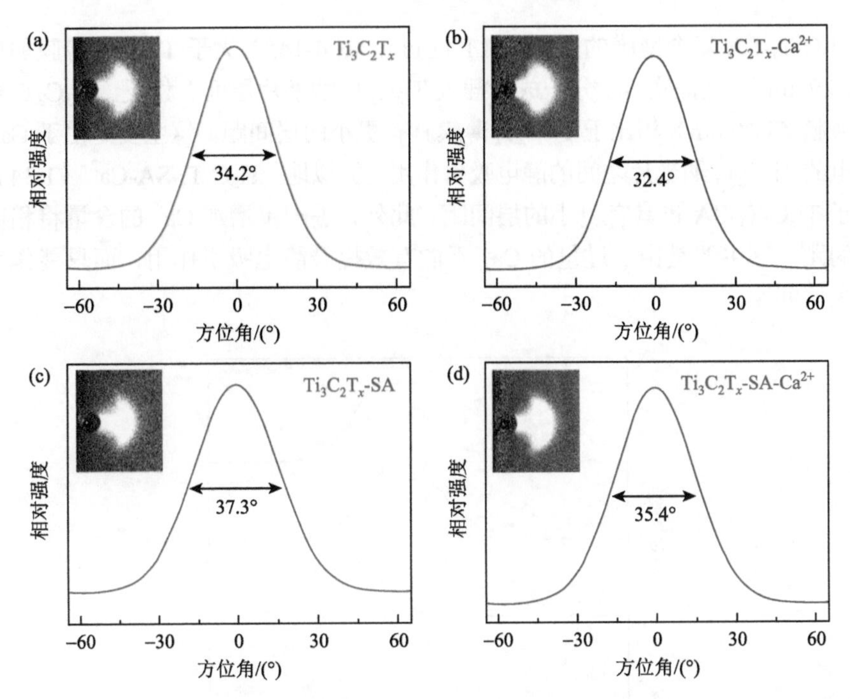

图 4-143　交联和未交联 $Ti_3C_2T_x$ 薄膜的 WAXS 衍射图案和相应的 002 峰方位角扫描曲线[166]

（a）$Ti_3C_2T_x$；（b）$Ti_3C_2T_x$-Ca^{2+}；（c）$Ti_3C_2T_x$-SA；（d）$Ti_3C_2T_x$-SA-Ca^{2+}

XRD 结果（图 4-144）表明 Ti_3AlC_2 前驱体的 104 峰（约 39°）在 $Ti_3C_2T_x$ 的谱图中不存在，这证实 Al 元素被成功刻蚀[150, 165]。此外，Al 元素也不存在于 $Ti_3C_2T_x$-SA-Ca^{2+}复合薄膜的 EDS 谱图[图 4-142（e）]中，这进一步证实了 Al 元素被去除。此外，$Ti_3C_2T_x$ 的 002 衍射峰位置从 Ti_3AlC_2 的 9.50°下移到 6.88°，这主要是由于 $Ti_3C_2T_x$ 表面的官能团和吸附的水分子扩大了其层间距[165]。

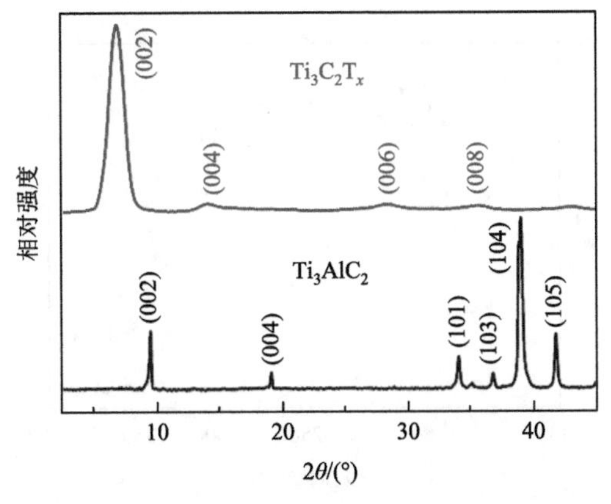

图 4-144　Ti_3AlC_2 和 $Ti_3C_2T_x$ 的 XRD 曲线[166]

$Ti_3C_2T_x$-SA 复合薄膜的层间距（1.41 nm，图 4-145）大于 $Ti_3C_2T_x$ 薄膜的层间距（1.29 nm），这证实 SA 分子成功插入 $Ti_3C_2T_x$ 纳米片层间。相反，$Ti_3C_2T_x$-Ca^{2+} 复合薄膜（1.20 nm）相比于 $Ti_3C_2T_x$ 薄膜具有更小的层间距，这主要是由于 Ca^{2+}和带负电的 $Ti_3C_2T_x$ 纳米片之间的静电吸引作用。类似地，$Ti_3C_2T_x$-SA-Ca^{2+}（1.34 nm）相比于 $Ti_3C_2T_x$-SA 也具有更小的层间距。此外，进一步增加 Ca^{2+}的含量将稍微增大层间距，这主要是由于过量的 Ca^{2+}不能有效提升静电吸引作用，而只能作为杂质扩大层间距。

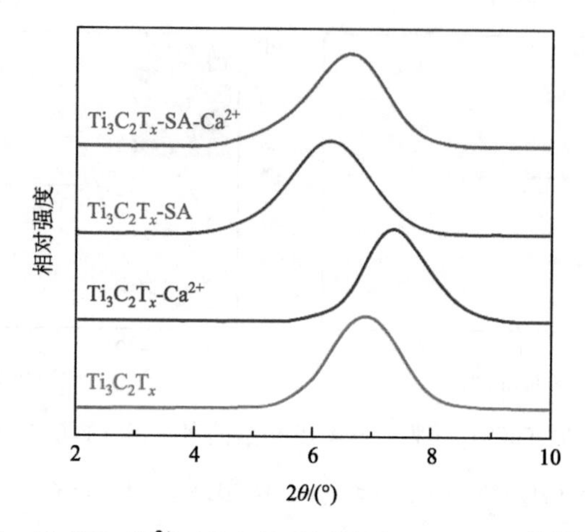

图 4-145　$Ti_3C_2T_x$、$Ti_3C_2T_x$-Ca^{2+}、$Ti_3C_2T_x$-SA 和 $Ti_3C_2T_x$-SA-Ca^{2+}薄膜的 XRD 曲线[166]

FTIR 谱图（图 4-146）表明，相比于 $Ti_3C_2T_x$ 薄膜，$Ti_3C_2T_x$-SA 复合薄膜含有一个新的—COO^-非对称伸缩振动峰（1593 cm^{-1}），这证实了 SA 的存在[175]。此外，$Ti_3C_2T_x$-SA 复合薄膜的—OH 伸缩振动峰从 $Ti_3C_2T_x$ 薄膜的 3432 cm^{-1} 红移到 3420 cm^{-1}，这表明 SA 分子和 $Ti_3C_2T_x$ 纳米片之间存在氢键作用[160]。另外，相

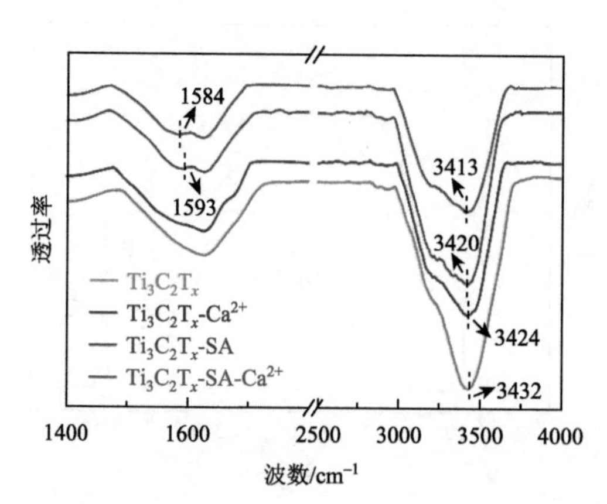

图 4-146　$Ti_3C_2T_x$、$Ti_3C_2T_x$-Ca^{2+}、$Ti_3C_2T_x$-SA 和 $Ti_3C_2T_x$-SA-Ca^{2+}薄膜的 FTIR 谱图[166]

比于 $Ti_3C_2T_x$ 薄膜，$Ti_3C_2T_x$-Ca^{2+}复合薄膜的—OH 峰红移到 3424 cm^{-1}，这可能是由于 Ca^{2+}和 $Ti_3C_2T_x$ 纳米片表面的—OH 形成了 H—O→Ca^{2+}配位键[157, 160]。在 $Ti_3C_2T_x$-SA-Ca^{2+}复合薄膜中也可以观察到上述峰变化，这证实其同时存在氢键和离子键界面相互作用。—COO^-峰从 $Ti_3C_2T_x$-SA 复合薄膜的 1593 cm^{-1} 红移至 $Ti_3C_2T_x$-SA-Ca^{2+}复合薄膜的 1584 cm^{-1}，这证实了 Ca^{2+}和 SA 分子链上—COO^-之间形成了配位键[175]。

由于强烈的离子交联作用，$Ti_3C_2T_x$ 或者 $Ti_3C_2T_x$-SA 溶液中一旦加入 Ca^{2+}将产生絮凝（图 4-147）。

图 4-147　$Ti_3C_2T_x$、$Ti_3C_2T_x$-SA、$Ti_3C_2T_x$-Ca^{2+}和 $Ti_3C_2T_x$-SA-Ca^{2+}溶液的照片[166]

XPS 谱[图 4-148（a）和（b）]表明，相比于 $Ti_3C_2T_x$ 和 $Ti_3C_2T_x$-SA 薄膜，$Ti_3C_2T_x$-Ca^{2+}和 $Ti_3C_2T_x$-SA-Ca^{2+}复合薄膜具有新的 Ca 2p 峰，这证实了 Ca^{2+}修饰[176]。此外，Ti^{2+} $2p_{3/2}$ 和 Ti^{3+} $2p_{3/2}$ 峰分别从 $Ti_3C_2T_x$ 和 $Ti_3C_2T_x$-SA 薄膜的 455.8 eV 和 457.1 eV 下移到 $Ti_3C_2T_x$-Ca^{2+}和 $Ti_3C_2T_x$-SA-Ca^{2+}复合薄膜的 455.5 eV 和 456.8 eV [图 4-148（c）]，这可能是由于 Ca 原子的电负性小于 Ti 原子的电负性，其键合到 $Ti_3C_2T_x$ 纳米片上增加了 Ti 原子的电子云密度。另外，$Ti_3C_2T_x$-SA 和 $Ti_3C_2T_x$-SA-Ca^{2+}复合薄膜相比于 $Ti_3C_2T_x$ 和 $Ti_3C_2T_x$-Ca^{2+}薄膜具有更强的 C—O 和 O—C═O 峰[图 4-148（d）]，这主要是由于 SA 分子的引入。O—C═O 峰从 $Ti_3C_2T_x$-SA 复合薄膜的 288.9 eV 下移到 $Ti_3C_2T_x$-SA-Ca^{2+}复合薄膜的 288.4 eV，这进一步证实了 Ca^{2+}和—COO^-之间的配位作用[44]。

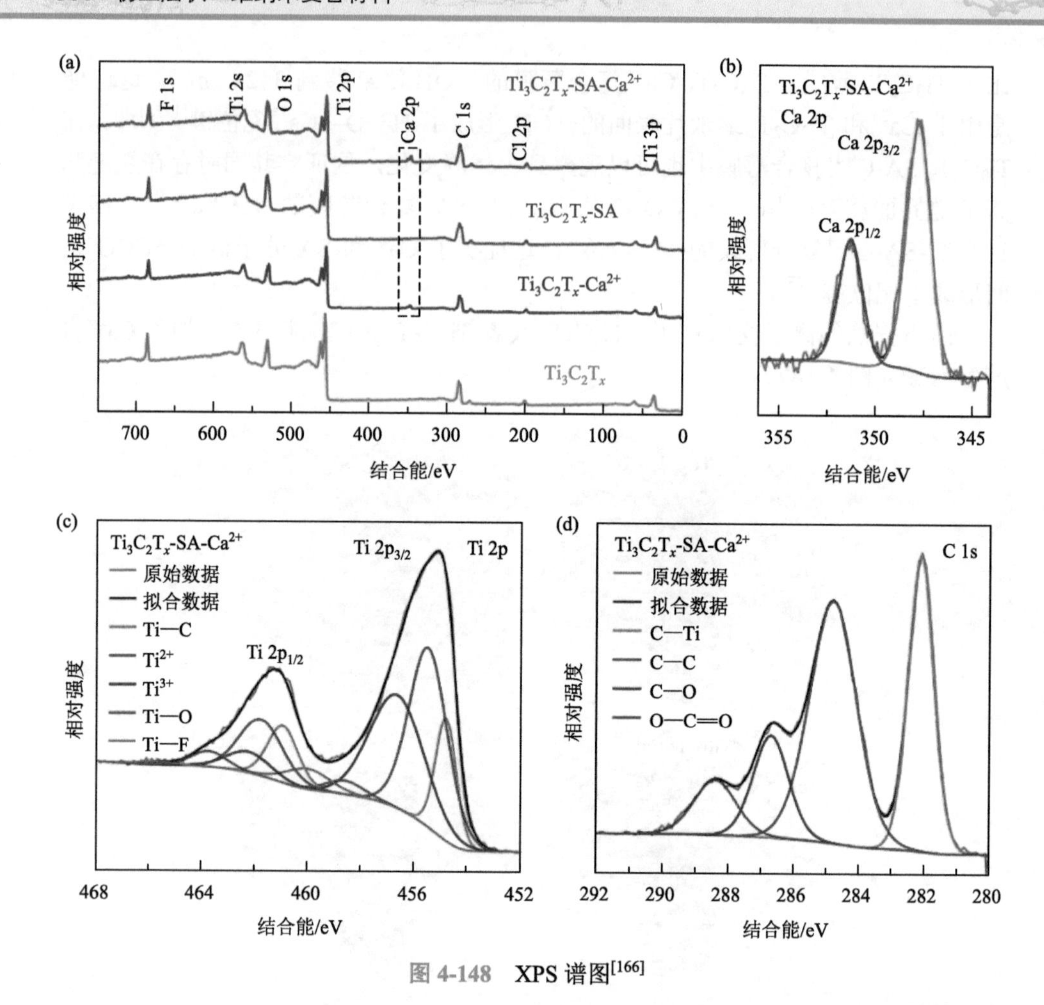

图 4-148 XPS 谱图[166]

(a) $Ti_3C_2T_x$、$Ti_3C_2T_x$-SA、$Ti_3C_2T_x$-Ca^{2+}和 $Ti_3C_2T_x$-SA-Ca^{2+}薄膜的 XPS 全谱图；$Ti_3C_2T_x$-SA-Ca^{2+}复合薄膜的 Ca 2p (b)、Ti 2p (c) 和 C 1s (d) 的 XPS 谱图

图 4-149 (a) 所示为 $Ti_3C_2T_x$、$Ti_3C_2T_x$-Ca^{2+}、$Ti_3C_2T_x$-SA 和 $Ti_3C_2T_x$-SA-Ca^{2+}薄膜的拉伸应力-应变曲线。$Ti_3C_2T_x$-SA-Ca^{2+}复合薄膜的拉伸强度为（436±15）MPa、韧性为（8.39±0.35）MJ/m^3、杨氏模量为（14.0±0.2）GPa[图 4-149（b）]，它们分别是 $Ti_3C_2T_x$-SA 复合薄膜相应性能[（241±10）MPa、（5.54±0.08）MJ/m^3和（11.6±1.1）GPa]的 1.8 倍、1.5 倍和 1.2 倍，$Ti_3C_2T_x$-Ca^{2+}复合薄膜相应性能[（161±8）MPa、（2.65±0.23）MJ/m^3 和（11.3±1.1）GPa]的 2.7 倍、3.2 倍和 1.2 倍，$Ti_3C_2T_x$ 薄膜相应性能[（63±1）MPa、（0.62±0.04）MJ/m^3 和（5.6±0.6）GPa]的 6.9 倍、13.5 倍和 2.5 倍。此外，随着 Ca^{2+}含量从 0.37 wt%增加至 1.24 wt%，$Ti_3C_2T_x$-SA-Ca^{2+}复合薄膜的韧性和拉伸强度分别从（6.32±0.41）MJ/m^3和（303±10）MPa 提升至（8.39±0.35）MJ/m^3 和（436±15）MPa，这主要是由

于离子键数量增加；然而，当进一步增加 Ca^{2+}含量至 2.38 wt%时，$Ti_3C_2T_x$-SA-Ca^{2+}复合薄膜的韧性和拉伸强度分别急剧下降至（7.03±0.46）MJ/m^3 和（367±15）MPa，这主要是由于过量的 Ca^{2+}增加了层间距以及高度交联的 SA-Ca^{2+}螯合结构不利于塑性变形[67]。

纯 $Ti_3C_2T_x$ 薄膜的电导率为（5824±42）S/cm[图 4-149（b）]。由于 SA 分子干扰了电子传输，$Ti_3C_2T_x$-SA 复合薄膜的电导率降低至（3271±45）S/cm。此外，由于离子交联减小了层间距并且提升了 $Ti_3C_2T_x$ 纳米片的取向度，$Ti_3C_2T_x$-Ca^{2+}[（5586±42）S/cm]和 $Ti_3C_2T_x$-SA-Ca^2[（2988±28）S/cm]复合薄膜的电导率分别接近于 $Ti_3C_2T_x$ 和 $Ti_3C_2T_x$-SA 薄膜的电导率。

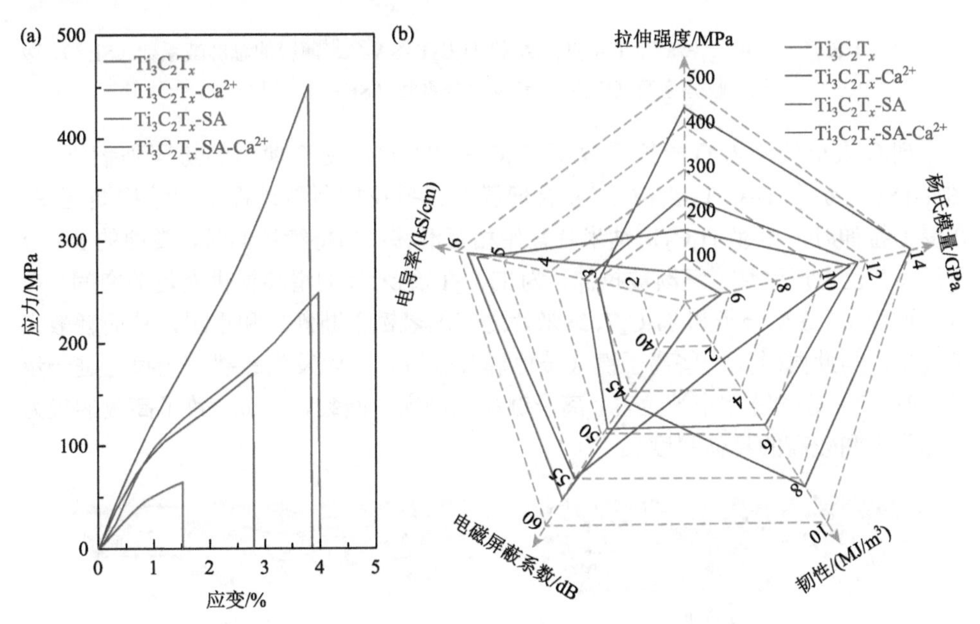

图 4-149　$Ti_3C_2T_x$、$Ti_3C_2T_x$-Ca^{2+}、$Ti_3C_2T_x$-SA 和 $Ti_3C_2T_x$-SA-Ca^{2+}薄膜的力学和电学性能[166]

（a）拉伸应力-应变曲线；（b）拉伸强度、杨氏模量、韧性、电导率和电磁屏蔽系数

由于优异的导电性能，该 2.8 μm 厚度的 $Ti_3C_2T_x$-SA-Ca^2 复合薄膜也具有高效的电磁屏蔽效能，其对 0.3～18 GHz 电磁波的平均屏蔽系数为 46.2 dB[图 4-149（b）]，稍低于类似厚度的 $Ti_3C_2T_x$-SA（2.9 μm、49.3 dB）、$Ti_3C_2T_x$-Ca^{2+}（2.9 μm、54.8 dB）和 $Ti_3C_2T_x$（3.2 μm、57.3 dB）薄膜。此外，该 $Ti_3C_2T_x$-SA-Ca^{2+}复合薄膜的 SSE/t 为 58929 dB·cm^2/g。这些 $Ti_3C_2T_x$ 复合薄膜的主要屏蔽机制是对电磁波的吸收作用（图 4-150）。

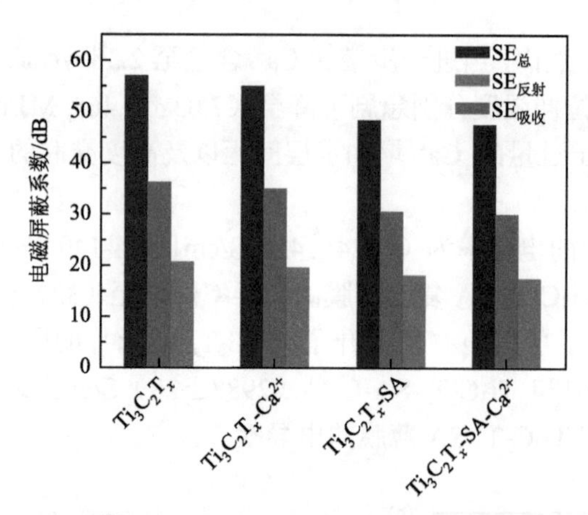

图 4-150 $Ti_3C_2T_x$、$Ti_3C_2T_x$-Ca^{2+}、$Ti_3C_2T_x$-SA 和 $Ti_3C_2T_x$-SA-Ca^{2+}薄膜的总屏蔽系数（$SE_{总}$）、吸收分系数（$SE_{吸收}$）和反射分系数（$SE_{反射}$）[166]

研究人员使用 MD 模拟研究了 $Ti_3C_2T_x$-SA-Ca^{2+}复合薄膜的协同强韧机制。图 4-151 所示为 $Ti_3C_2T_x$-SA-Ca^{2+}复合薄膜在模拟拉伸断裂过程中的结构演变图。在受力拉伸时，相邻 $Ti_3C_2T_x$ 纳米片开始相互滑移；当持续拉伸时，卷曲的 SA 分子链（黄色方形区域）逐渐被拉伸，为 $Ti_3C_2T_x$ 纳米片的滑移提供充足的空间，在这一过程中，SA 分子和 $Ti_3C_2T_x$ 纳米片之间的氢键不断断裂和重组，从而耗散大量能量；与此同时，一些离子键（黄色椭圆区域）开始发生断裂；当拉力进一步增大时，SA 分子链完全被拉直，离子键和氢键完全断裂，从而导致了高效的应力传递效率和较高的拉伸强度。

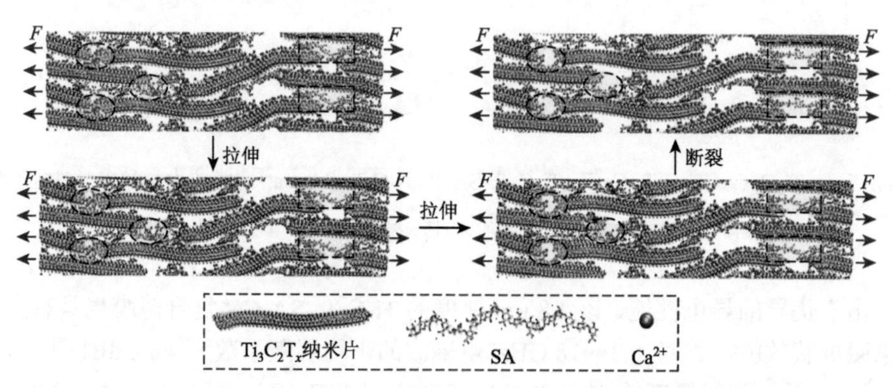

图 4-151 $Ti_3C_2T_x$-SA-Ca^{2+}复合薄膜的分子动力学模拟拉伸断裂过程[166]

相比之下，在模拟拉伸断裂过程中，$Ti_3C_2T_x$-SA 复合薄膜只显示了氢键的断裂和卷曲 SA 分子链的拉直[图 4-152（a）]；而 $Ti_3C_2T_x$-Ca^{2+}复合薄膜只显示了离子键的断裂[图 4-152（b）]。此外，纯 $Ti_3C_2T_x$ 薄膜在模拟拉伸过程中，$Ti_3C_2T_x$ 纳米片相互滑移，直至断裂[图 4-152（c）]。

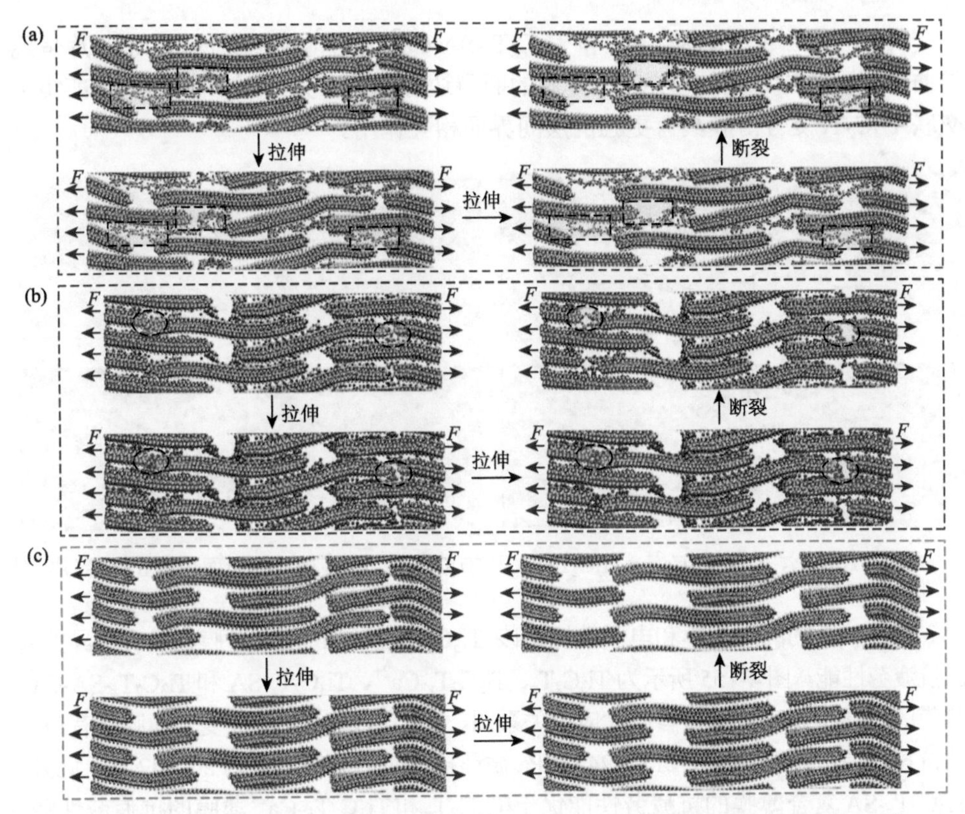

图 4-152　未交联和单一界面交联 $Ti_3C_2T_x$ 薄膜的分子动力学模拟拉伸断裂过程[166]

（a）$Ti_3C_2T_x$-SA；（b）$Ti_3C_2T_x$-Ca^{2+}；（c）$Ti_3C_2T_x$

如图 4-153 所示，$Ti_3C_2T_x$、$Ti_3C_2T_x$-Ca^{2+}、$Ti_3C_2T_x$-SA 和 $Ti_3C_2T_x$-SA-Ca^{2+}薄膜的模拟拉伸力学性能与相应的实验结果相符。

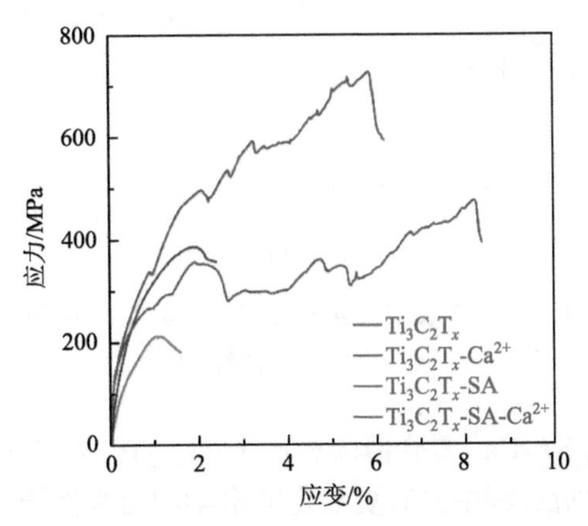

图 4-153　$Ti_3C_2T_x$、$Ti_3C_2T_x$-Ca^{2+}、$Ti_3C_2T_x$-SA 和 $Ti_3C_2T_x$-SA-Ca^{2+}薄膜的模拟拉伸应力-应变曲线[166]

$Ti_3C_2T_x$-Ca^{2+}、$Ti_3C_2T_x$-SA 和 $Ti_3C_2T_x$-SA-Ca^{2+}复合薄膜的断面 SEM 照片呈现卷曲的断裂边缘，而纯 $Ti_3C_2T_x$ 薄膜的断裂边缘较为平整（图 4-154），这证实了交联 $Ti_3C_2T_x$ 复合薄膜具有更强的层间界面相互作用。

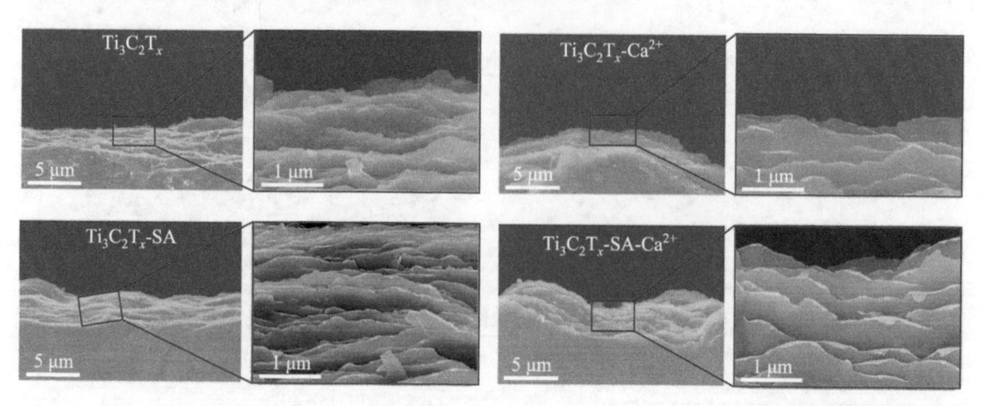

图 4-154 $Ti_3C_2T_x$、$Ti_3C_2T_x$-Ca^{2+}、$Ti_3C_2T_x$-SA 和 $Ti_3C_2T_x$-SA-Ca^{2+}薄膜的断面俯视 SEM 照片[166]

除了较高的静态力学和电学性能，该 $Ti_3C_2T_x$-SA-Ca^{2+}复合薄膜也具有优异的动态抗疲劳性能。图 4-155 所示为 $Ti_3C_2T_x$、$Ti_3C_2T_x$-Ca^{2+}、$Ti_3C_2T_x$-SA 和 $Ti_3C_2T_x$-SA-Ca^{2+}薄膜的循环拉伸疲劳寿命与最大应力关系图。该 $Ti_3C_2T_x$-SA-Ca^{2+}复合薄膜具有最高的抗拉伸疲劳性能，其在 215～245 MPa 循环拉伸时的疲劳寿命为 207742 次。此外，$Ti_3C_2T_x$-SA 复合薄膜的抗疲劳性能优于 $Ti_3C_2T_x$ 和 $Ti_3C_2T_x$-Ca^{2+}薄膜的抗疲劳性能，这可能是由于氢键在循环拉伸过程中能够断裂和重组，从而耗散了更多的能量。

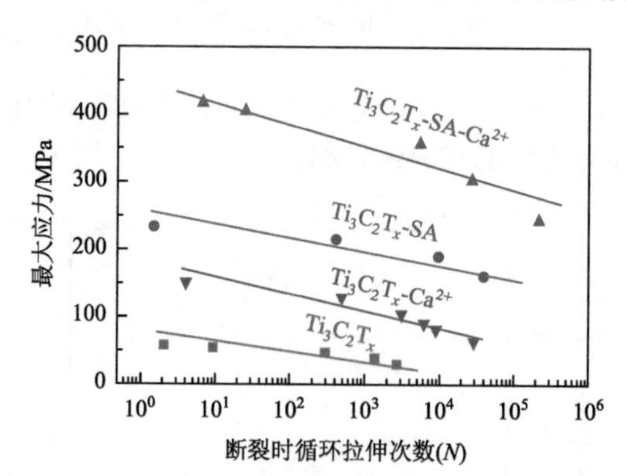

图 4-155 $Ti_3C_2T_x$、$Ti_3C_2T_x$-Ca^{2+}、$Ti_3C_2T_x$-SA 和 $Ti_3C_2T_x$-SA-Ca^{2+}薄膜的循环拉伸疲劳寿命与最大应力的关系曲线[166]

此外，该 $Ti_3C_2T_x$-SA-Ca^{2+}复合薄膜相比于 $Ti_3C_2T_x$、$Ti_3C_2T_x$-Ca^{2+}和 $Ti_3C_2T_x$-SA 薄膜，在循环 360°弯折过程中具有更稳定的电学和力学性能。图 4-156（a）所示为这些薄膜在 360°循环弯折 100 次后的拉伸应力-应变曲线。循环弯折 $Ti_3C_2T_x$-

SA-Ca^{2+}复合薄膜的电导率和拉伸强度保持率分别为 78.5%和 87.2%，高于循环弯折 $Ti_3C_2T_x$（36.8%和 31.7%）、$Ti_3C_2T_x$-Ca^{2+}（50.7%和 62.7%）和 $Ti_3C_2T_x$-SA（62.8%和 79.7%）薄膜的相应性能保持率[图 4-156（b）]。

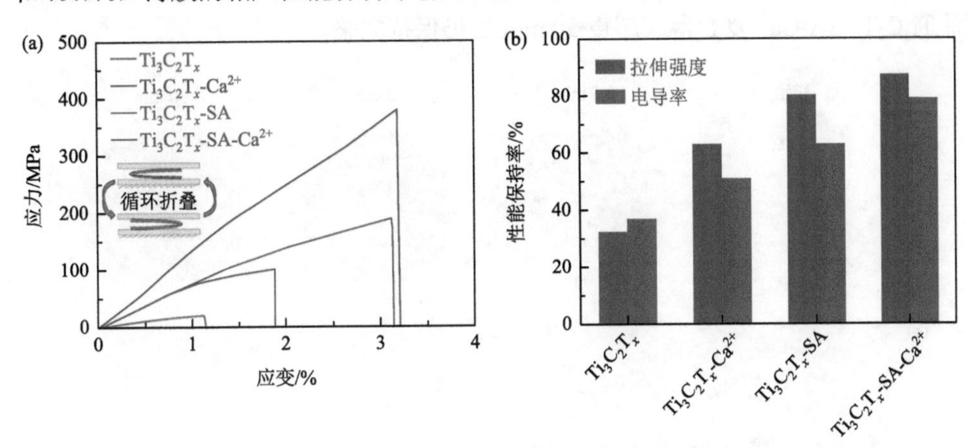

图 4-156　$Ti_3C_2T_x$、$Ti_3C_2T_x$-Ca^{2+}、$Ti_3C_2T_x$-SA 和 $Ti_3C_2T_x$-SA-Ca^{2+}薄膜在 360°循环弯折 100 次后的力学和电学性能[166]

（a）拉伸应力-应变曲线；（b）电导率和拉伸强度保持率

相比于纯 $Ti_3C_2T_x$ 薄膜，$Ti_3C_2T_x$-Ca^{2+}和 $Ti_3C_2T_x$-SA 复合薄膜在 100%相对湿度环境下储存 10 天后，电导下降更小（图 4-157），这主要是由于离子交联减小了层间距，从而阻碍了水分子/氧气渗入 $Ti_3C_2T_x$-Ca^{2+}复合薄膜，而 SA 分子包覆在 $Ti_3C_2T_x$ 纳米片表面，阻碍了水分子/氧气与 $Ti_3C_2T_x$ 纳米片的接触。此外，$Ti_3C_2T_x$-SA-Ca^{2+}复合薄膜在潮湿环境下储存过程中具有最小的氧化诱导电导降，更具体地，在 100%相对湿度环境下储存 10 天后，其电导保持率为 76.0%，高于 $Ti_3C_2T_x$（16%）、$Ti_3C_2T_x$-Ca^{2+}（46.1%）和 $Ti_3C_2T_x$-SA（54.1%）薄膜的电导保持率。

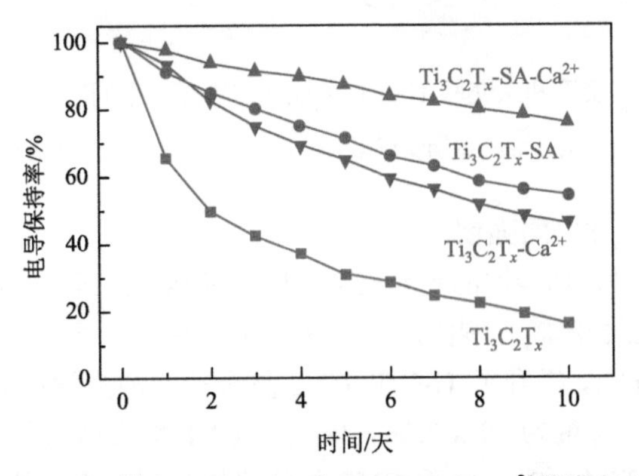

图 4-157　$Ti_3C_2T_x$、$Ti_3C_2T_x$-Ca^{2+}、$Ti_3C_2T_x$-SA 和 $Ti_3C_2T_x$-SA-Ca^{2+}薄膜在 100%相对湿度环境下储存 10 天过程中的电导保持率[166]

在水中超声（100 W，40 kHz）破碎时，$Ti_3C_2T_x$、$Ti_3C_2T_x$-Ca^{2+}、$Ti_3C_2T_x$-SA 和 $Ti_3C_2T_x$-SA-Ca^{2+}薄膜的结构稳定性依次升高。如图 4-158 所示，$Ti_3C_2T_x$、$Ti_3C_2T_x$-Ca^{2+}、$Ti_3C_2T_x$-SA 薄膜分别在超声 0.5 min、5 min 和 30 min 后开始分解，而 $Ti_3C_2T_x$-SA-Ca^{2+}复合薄膜超声 30 min 后仍保持完整。

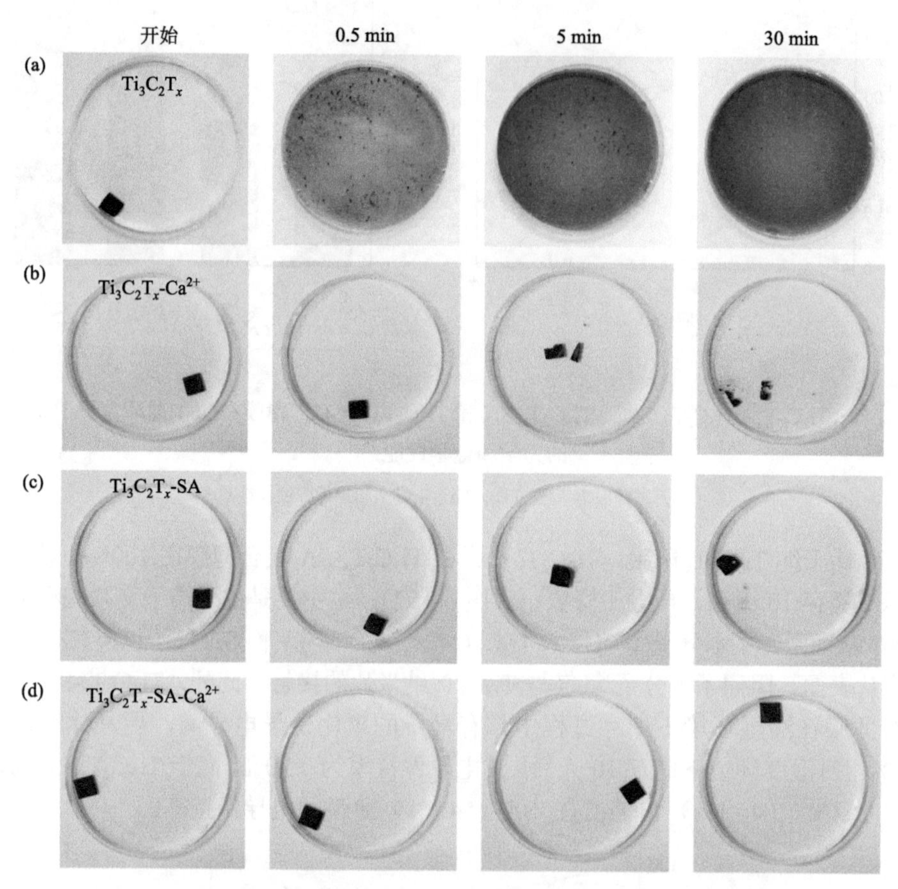

图 4-158 交联和未交联 $Ti_3C_2T_x$ 薄膜在水中超声不同时间的照片[166]

（a）$Ti_3C_2T_x$；（b）$Ti_3C_2T_x$-Ca^{2+}；（c）$Ti_3C_2T_x$-SA；（d）$Ti_3C_2T_x$-SA-Ca^{2+}

2）一维纳米纤维协同强韧

除了界面交联剂，功能性的基元材料（如一维纳米纤维和二维纳米片）也可以用于增强 $Ti_3C_2T_x$ 复合薄膜。例如，Cao 等[139]在 $Ti_3C_2T_x$ 层间引入纤维素纳米纤维[CNF，图 4-159（a）]，提升了 $Ti_3C_2T_x$-CNF 复合薄膜的力学性能[图 4-159（b）]。当 $Ti_3C_2T_x$ 纳米片的含量为 50 wt%时，$Ti_3C_2T_x$-CNF 复合薄膜的力学性能最优，相应的拉伸强度为 135.4 MPa。由于 CNF 是绝缘性材料，会干扰 $Ti_3C_2T_x$ 层间的电子传递，因此，该 $Ti_3C_2T_x$-CNF 复合薄膜相比于 $Ti_3C_2T_x$ 薄膜具有更低的电学性能，

其中 $Ti_3C_2T_x$ 纳米片含量为 50 wt%的 $Ti_3C_2T_x$-CNF 复合薄膜的电导率仅为 9.69 S/m。此外，Weng 等[177]通过层层自组装技术，将导电碳纳米管（CNT）插入 $Ti_3C_2T_x$ 层间，制备了层状 $Ti_3C_2T_x$-CNT 复合薄膜[图 4-159（c）]，其拉伸强度为 25 MPa[图 4-159（d）]，电导率为 130 S/cm，厚度平均比电磁屏蔽系数为 58187 dB·cm^2/g。由于 CNT 可以促进电子在 $Ti_3C_2T_x$ 层间的传递，因此该 $Ti_3C_2T_x$-CNT 复合薄膜的电学性能显著优于上述 $Ti_3C_2T_x$-CNF 复合薄膜。Zhang 等[178]将表面带负电荷的芳纶纳米纤维（ANF）插入 $Ti_3C_2T_x$ 层间，制备了具有盐差发电功能的层状 $Ti_3C_2T_x$-ANF 复合薄膜[图 4-159（e）]。相比于 $Ti_3C_2T_x$ 薄膜，该 $Ti_3C_2T_x$-ANF 复合薄膜具有优异的盐差发电性能和较高的力学性能[图 4-159（f）]。

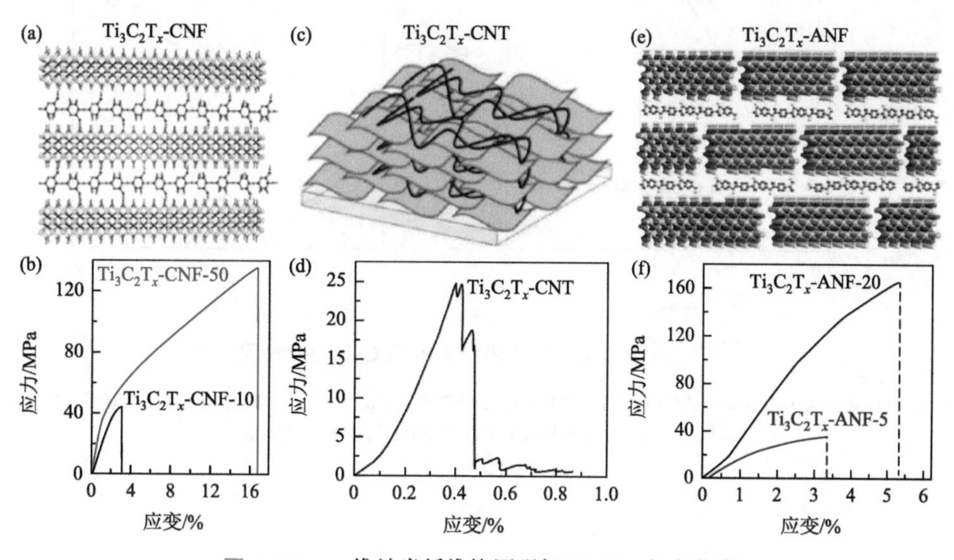

图 4-159　一维纳米纤维协同强韧 $Ti_3C_2T_x$ 复合薄膜

$Ti_3C_2T_x$-CNF 复合薄膜的结构模型（a）和拉伸应力-应变曲线（b）[139]；$Ti_3C_2T_x$-CNT 复合薄膜的结构模型（c）和拉伸应力-应变曲线（d）[177]；$Ti_3C_2T_x$-ANF 复合薄膜的结构模型（e）和拉伸应力-应变曲线（f）[178]

3）二维纳米片协同强韧

不同于一维纳米纤维的裂纹桥连作用，二维纳米片通常诱导裂纹偏转作用而增强增韧纳米复合材料。例如，Lipton 等[173]采用层层自组装技术，将蒙脱土（MTM）纳米片和 PVA 插入 $Ti_3C_2T_x$ 层间，制备了层状三元 $Ti_3C_2T_x$-MTM-PVA 复合薄膜[图 4-160（a）]。相比于 $Ti_3C_2T_x$ 薄膜，该 $Ti_3C_2T_x$-MTM-PVA 复合薄膜具有更高的力学性能，其最优拉伸强度为 225 MPa[图 4-160（b）]。此外，Liu 等[179]证实在 $Ti_3C_2T_x$ 层间插入 GO 纳米片[图 4-160（c）]，虽然可以提升 $Ti_3C_2T_x$-GO 复合薄膜的拉伸强度[图 4-160（d）]，却降低了其导电和电磁屏蔽性能。

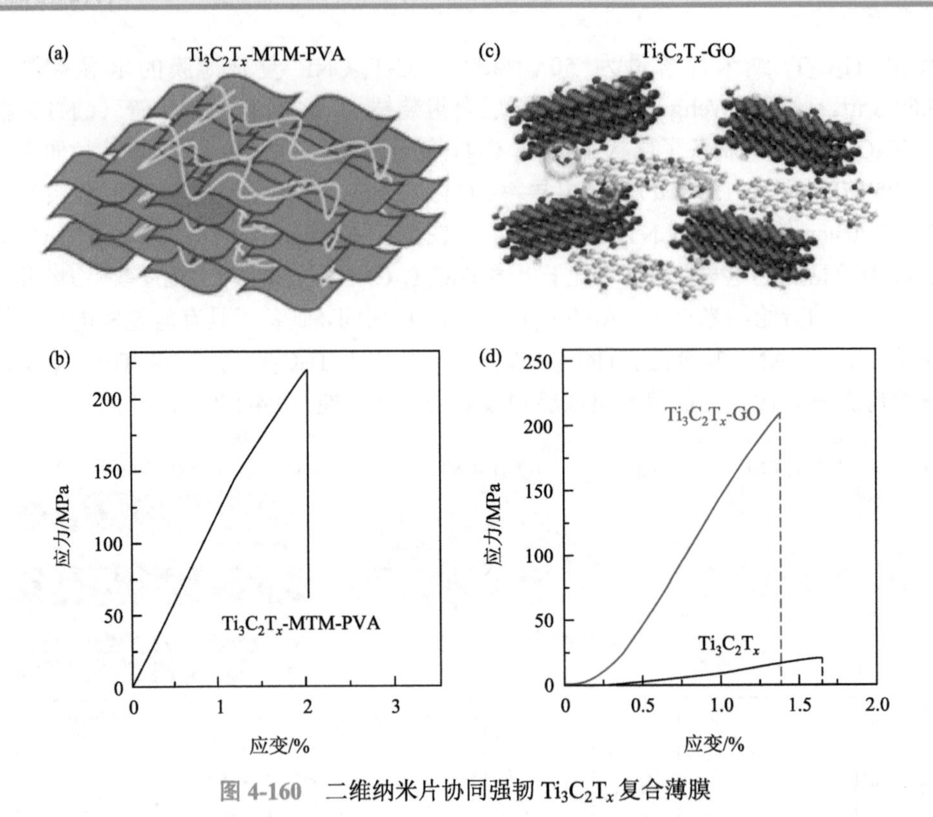

图 4-160 二维纳米片协同强韧 $Ti_3C_2T_x$ 复合薄膜

$Ti_3C_2T_x$-MTM-PVA 复合薄膜的结构模型（a）和拉伸应力-应变曲线（b）[173]；（c）$Ti_3C_2T_x$-GO 复合薄膜的结构模型[179]；（d）$Ti_3C_2T_x$ 和 $Ti_3C_2T_x$-GO 薄膜的拉伸应力-应变曲线[179]

4.2.2 取向策略

1. 刮涂

在刮涂过程中，纳米片在限域空间内将受到梯度流体剪切力而发生取向。Zhang 等[172]采用刮涂法制备了大面积高取向 $Ti_3C_2T_x$ 薄膜[图 4-161（a）和（b）]，其断面呈现规整的 $Ti_3C_2T_x$ 纳米片排列[图 4-161（c）]。研究表明，大尺寸（10 μm）纳米片相比于小尺寸（200 nm）纳米片更容易取向排列；此外，大尺寸 $Ti_3C_2T_x$ 纳米片刮涂制备的薄膜的取向度为 0.75[图 4-161（d）]，高于真空抽滤制备的相应 $Ti_3C_2T_x$ 薄膜的取向度（0.64）。由于较高的取向度，刮涂制备的 $Ti_3C_2T_x$ 薄膜也具有较高的力学和电学性能，对于 0.94 μm 厚的薄膜来说，其拉伸强度为 568 MPa[图 4-161（e）]，电导率为 11500 S/cm。值得一提的是，当刮涂薄膜的厚度增大到 2.4 μm 时，其拉伸强度和电导率分别降低至 480 MPa 和 10220 S/cm，这主要是由于厚膜中存在较多的孔隙，因此，进一步消除 $Ti_3C_2T_x$ 薄膜中的孔隙，对于提升其性能至关重要。

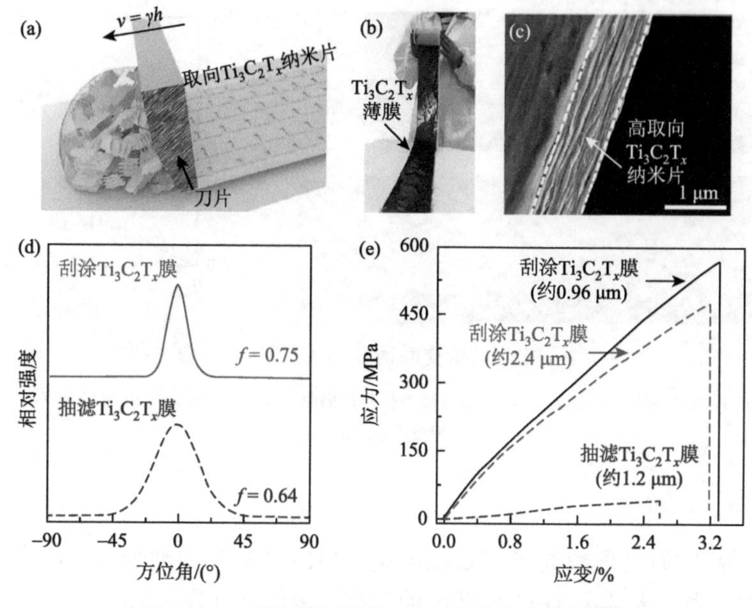

图 4-161　刮涂剪切诱导 $Ti_3C_2T_x$ 纳米片取向[172]

（a）刮涂法制备取向 $Ti_3C_2T_x$ 薄膜的示意图；取向 $Ti_3C_2T_x$ 薄膜的实物照片（b）和断面直视 SEM 照片（c）；刮涂法和真空抽滤法制备 $Ti_3C_2T_x$ 薄膜的 002 峰方位角扫描曲线（d）和拉伸应力-应变曲线（e）

2. 聚多巴胺共价交联诱导取向

除了外力，界面交联也可以诱导纳米片在组装过程中取向排列。例如，Lee 等[163]将 $Ti_3C_2T_x$ 纳米片和多巴胺（DA）分子混合后，通过真空抽滤制备了取向 $Ti_3C_2T_x$-聚多巴胺（PDA）复合薄膜[图 4-162（a）]。DA 分子不仅可以与 $Ti_3C_2T_x$ 纳米片共价交联，而且可以自聚成 PDA。相比于同等条件下制备的 $Ti_3C_2T_x$ 薄膜，PDA 含量为 5 wt%的 $Ti_3C_2T_x$-PDA 复合薄膜具有更高的取向度[图 4-162（b）]。如图 4-162（c）所示，该 $Ti_3C_2T_x$-PDA 复合薄膜的断面呈现更规整的 $Ti_3C_2T_x$ 纳米片排列。由于更强的界面作用和更高的取向度，该 $Ti_3C_2T_x$-PDA 复合薄膜相比于 $Ti_3C_2T_x$ 薄膜具有更高的力学[图 4-162（d）]和导电性能，其拉伸强度为 237 MPa，电导率为 5141 S/cm。

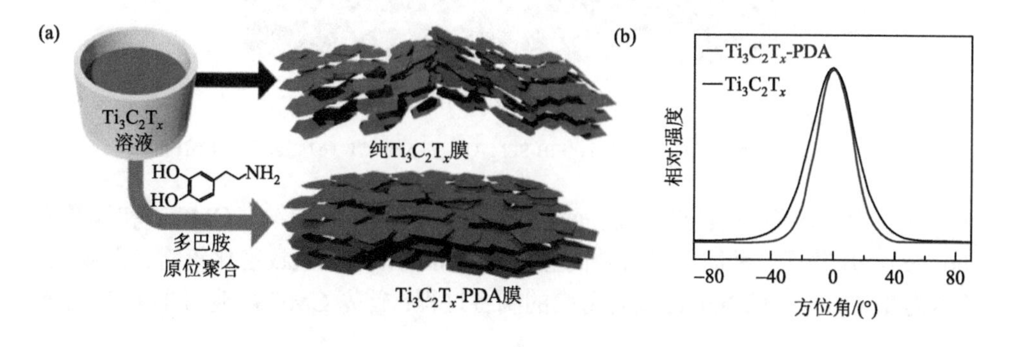

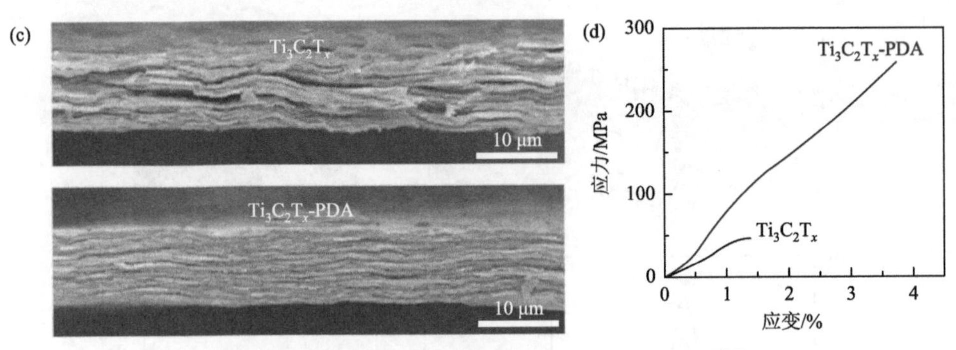

图 4-162 PDA 共价交联诱导 $Ti_3C_2T_x$ 纳米片取向[163]

$Ti_3C_2T_x$ 和 $Ti_3C_2T_x$-PDA 薄膜的结构模型（a）、002 峰方位角扫描曲线（b）、断面直视 SEM 照片（c）和拉伸应力-应变曲线（d）

4.2.3 致密化策略

Wan 等[167]通过聚焦离子束扫描电镜（FIB-SEM）和纳米 X 射线断层扫描（nano-CT），系统表征了 $Ti_3C_2T_x$ 薄膜的三维孔隙结构（图 4-163），颠覆了高分子二维纳米复合材料的层层紧密堆积结构的传统认知。研究结果表明 $Ti_3C_2T_x$ 纳米片之间存在大量孔隙，孔隙的体积分布为 $2\times10^{-5}\sim1.5\ \mu m^3$，孔隙的体积分数大约为 15.4%。

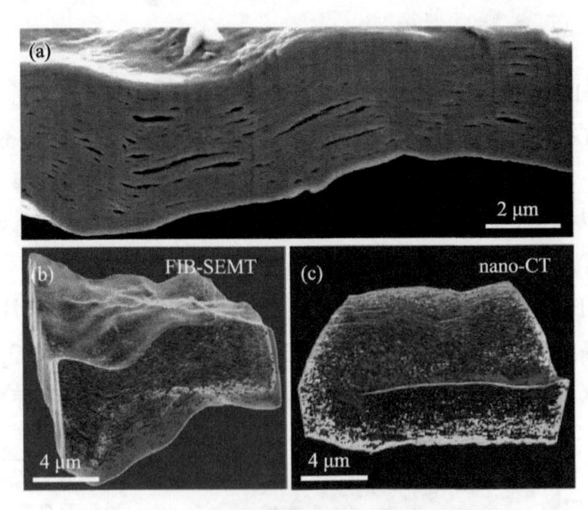

图 4-163 $Ti_3C_2T_x$ 薄膜的结构表征[167]

（a）FIB 切割断面的 SEM 照片；FIB-SEM（b）和 nano-CT（c）三维重构的结构

进一步，他们在 $Ti_3C_2T_x$ 层间有序引入羧甲基纤维素钠（CMC）和硼酸根（borate），开发了一种简单而有效的氢键和共价键有序交联致密化策略。图 4-164 所示为 $Ti_3C_2T_x$-CMC-borate 复合薄膜的制备过程：首先 CMC 溶液与 $Ti_3C_2T_x$ 分散

液均匀混合得到 $Ti_3C_2T_x$-CMC 异质基元材料分散液，然后通过真空抽滤将其组装成 $Ti_3C_2T_x$-CMC 复合薄膜，最后将 $Ti_3C_2T_x$-CMC 复合薄膜浸泡在 $Na_2B_4O_7$ 溶液中，洗涤、真空煅烧后得到 $Ti_3C_2T_x$-CMC-borate 复合薄膜。

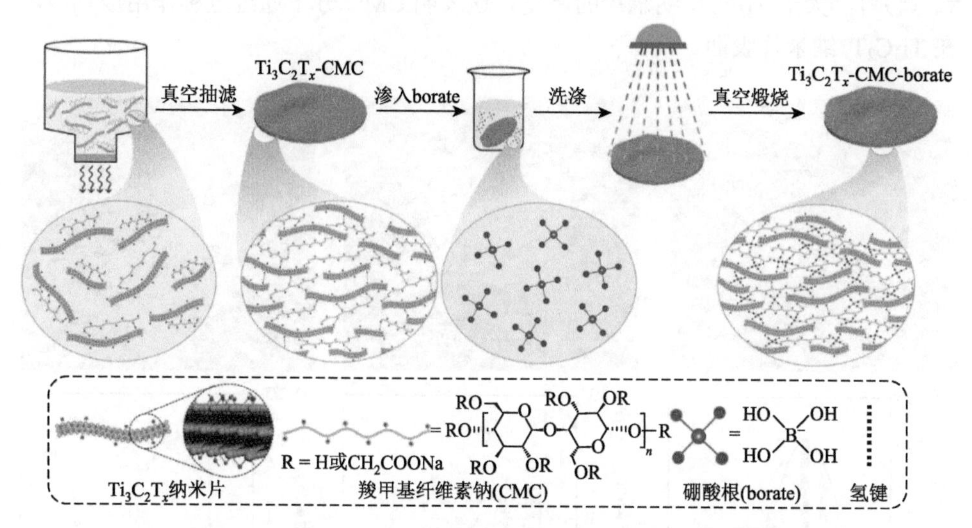

图 4-164　$Ti_3C_2T_x$-CMC-borate 复合薄膜的制备过程示意图[167]

$Ti_3C_2T_x$ 纳米片通过选择性刻蚀 Ti_3AlC_2 前驱体中的 Al 元素而制备，XRD 结果（图 4-165）显示 Ti_3AlC_2 前驱体的 104 峰（约 39°）在 $Ti_3C_2T_x$ 的谱图中不存在，这表明 Al 元素被成功刻蚀[165]。此外，由于 $Ti_3C_2T_x$ 表面存在官能团并且吸附了水分子[165]，$Ti_3C_2T_x$ 的层间距（1.36 nm）大于 Ti_3AlC_2 前驱体的层间距（0.93 nm）。

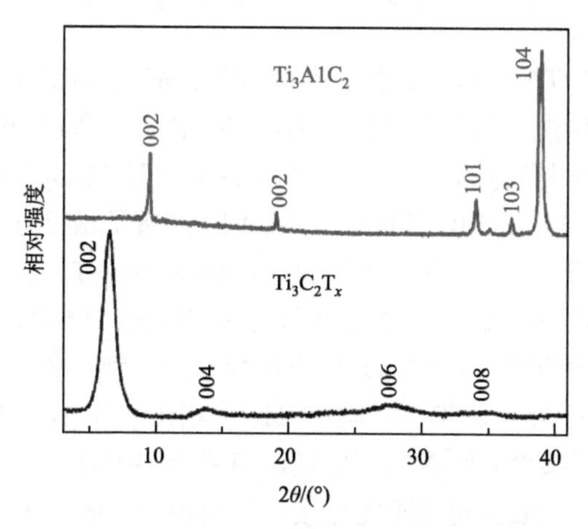

图 4-165　Ti_3AlC_2 和 $Ti_3C_2T_x$ 的 XRD 曲线[167]

SEM照片显示 $Ti_3C_2T_x$ 纳米片的平均横向尺寸为5.4 μm[图4-166(a)和(b)]。AFM结果表明 $Ti_3C_2T_x$ 纳米片的厚度为1.5 nm[图4-166（c）和（d）]，这证实其为单层结构[152]。此外，$Ti_3C_2T_x$-CMC异质基元材料的厚度为2.1 nm[图4-166（e）和（f）]，大于 $Ti_3C_2T_x$ 纳米片的厚度，这表明CMC分子通过氢键作用成功吸附在 $Ti_3C_2T_x$ 纳米片表面。

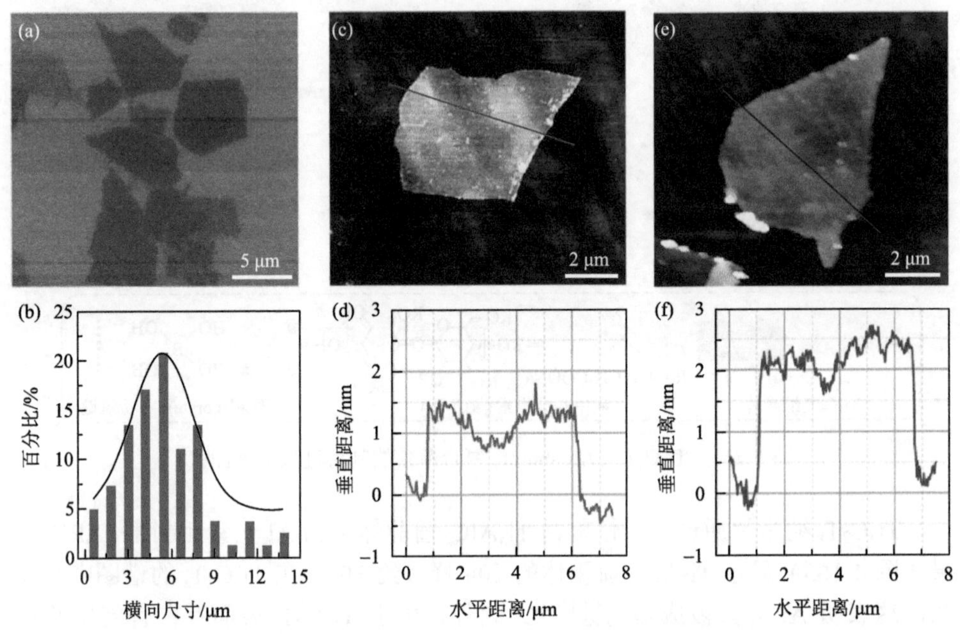

图4-166 $Ti_3C_2T_x$ 纳米片和 $Ti_3C_2T_x$-CMC异质基元材料的尺寸和厚度表征[167]

$Ti_3C_2T_x$ 纳米片的SEM照片（a）、横向尺寸分布（b）、AFM照片（c）和相应的高度曲线（d）；$Ti_3C_2T_x$-CMC异质基元材料的AFM照片（e）和相应的高度曲线（f）

在该实验中，研究人员首先制备了4种不同CMC含量的 $Ti_3C_2T_x$-CMC复合薄膜，以优化其力学性能。他们保持最优的CMC含量，通过控制 $Na_2B_4O_7$ 溶液的浓度，优化了氢键和共价键的相对比例，并制备了4种 $Ti_3C_2T_x$-CMC-borate复合薄膜。为了对比，在不加入CMC的情况下，他们也制备了相应的 $Ti_3C_2T_x$-borate复合薄膜。如无额外说明，本小节主要比较和讨论每种 $Ti_3C_2T_x$ 复合薄膜的最强版本。

由于柔性CMC分子链作为填充剂和交联剂插入 $Ti_3C_2T_x$ 纳米片层间，所以 $Ti_3C_2T_x$-CMC复合薄膜[图4-167(a)]的孔隙尺寸小于纯 $Ti_3C_2T_x$ 薄膜的孔隙尺寸。此外，$Ti_3C_2T_x$-borate复合薄膜[图4-167（b）]相比于纯 $Ti_3C_2T_x$ 薄膜具有更少的孔隙，这主要是由于共价交联作用可以使得相邻的 $Ti_3C_2T_x$ 纳米片连接更紧密；再者，由于尺寸较小的borate离子不能连接一些间距较大的 $Ti_3C_2T_x$ 纳米片，因此在 $Ti_3C_2T_x$-borate复合薄膜中仍然存在一些较大尺寸的孔隙。

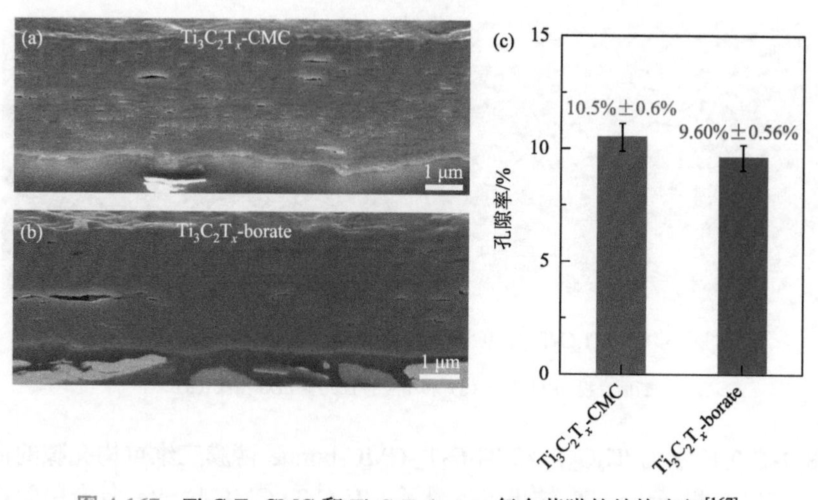

图 4-167　$Ti_3C_2T_x$-CMC 和 $Ti_3C_2T_x$-borate 复合薄膜的结构表征[167]

$Ti_3C_2T_x$-CMC(a)和 $Ti_3C_2T_x$-borate(b)复合薄膜的 FIB 切割断面的 SEM 照片；(c)通过测试密度得到的 $Ti_3C_2T_x$-CMC 和 $Ti_3C_2T_x$-borate 复合薄膜的孔隙率

由于 CMC 分子填充、氢键交联作用和 borate 离子共价交联作用的协同致密化效应，所以 $Ti_3C_2T_x$-CMC-borate 复合薄膜具有最密实的结构（图 4-168）。

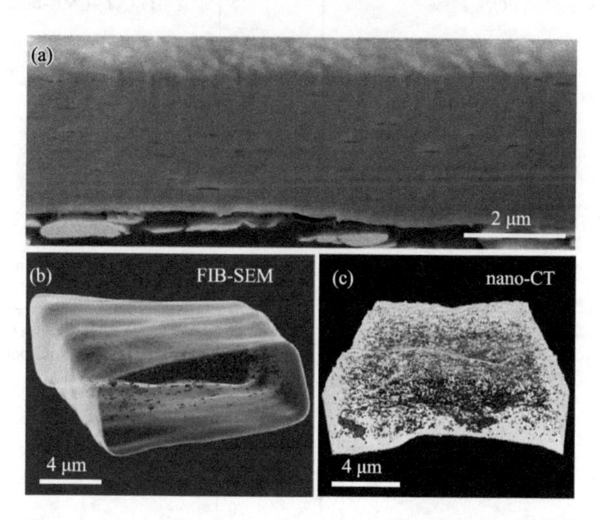

图 4-168　$Ti_3C_2T_x$-CMC-borate 复合薄膜的结构表征[167]

（a）FIB 切割断面的 SEM 照片；FIB-SEM（b）和 nano-CT（c）三维重构的结构

值得一提的是，上述这些 FIB 切割断面的形貌不同于拉伸断面的形貌［图 4-169（a）］，这主要是由于 FIB 切割过程对样品结构破坏性小，而拉伸断裂过程对样品结构破坏性大。

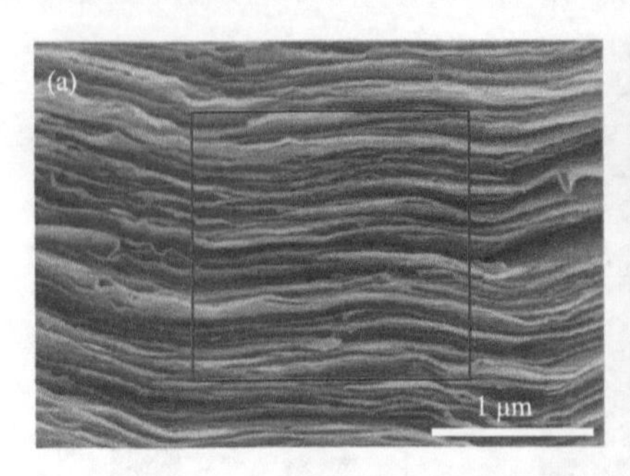

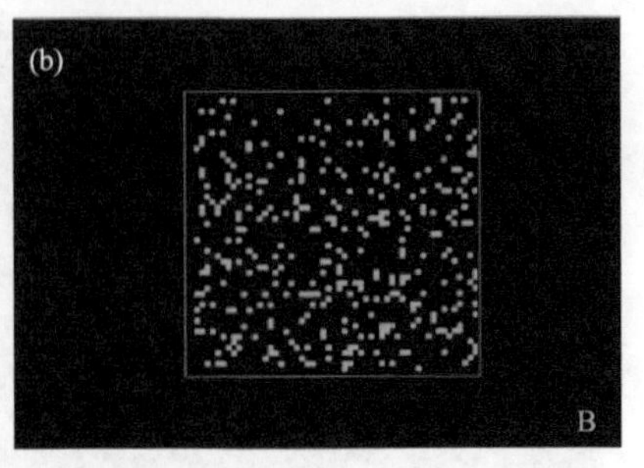

图 4-169 $Ti_3C_2T_x$-CMC-borate 复合薄膜的拉伸断面结构[167]

断面直视 SEM 照片（a）和相应的 B 元素 EDS 图像（b）

图 4-170 所示为 $Ti_3C_2T_x$ 和 $Ti_3C_2T_x$-CMC-borate 薄膜三维重构孔隙的体积分布。FIB-SEM 和 nano-CT 结果一致显示，$Ti_3C_2T_x$-CMC-borate 复合薄膜相比于 $Ti_3C_2T_x$ 薄膜具有更小的孔隙率。由于一些尺寸较小的孔隙（小于 30 nm）不能被 FIB-SEM 和 nano-CT 检测，因此三维重构得到的孔隙率通常小于密度测试得到的孔隙率。

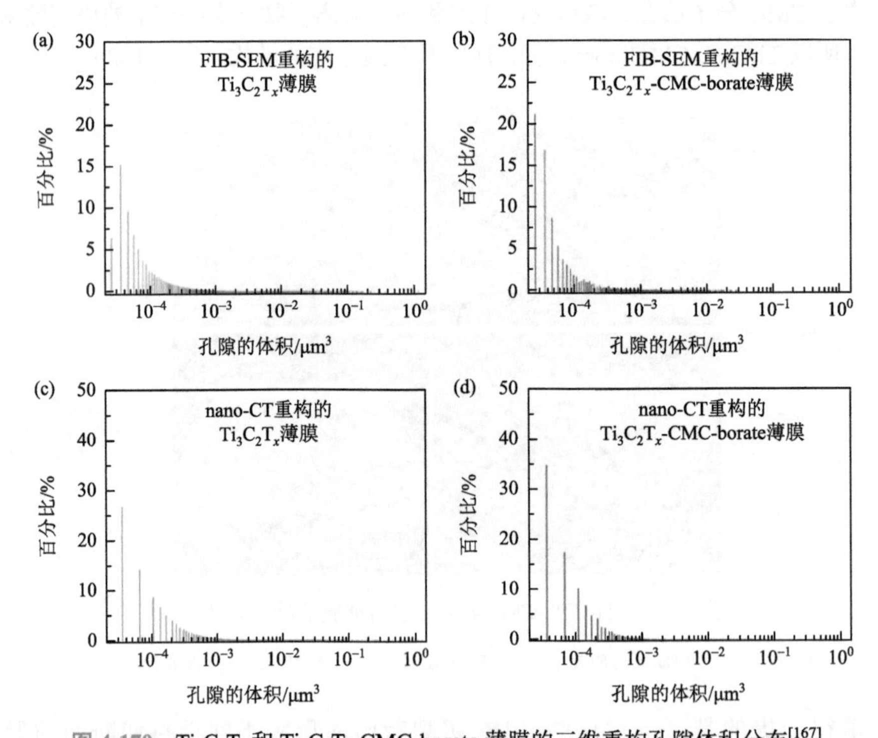

图 4-170 $Ti_3C_2T_x$ 和 $Ti_3C_2T_x$-CMC-borate 薄膜的三维重构孔隙体积分布[167]

FIB-SEM 三维重构的 $Ti_3C_2T_x$（a）和 $Ti_3C_2T_x$-CMC-borate（b）；nano-CT 三维重构的 $Ti_3C_2T_x$（c）和 $Ti_3C_2T_x$-CMC-borate（d）

此外，研究人员也评估了真空煅烧过程对薄膜微观结构的影响。如图 4-171（a）所示，煅烧 $Ti_3C_2T_x$ 薄膜相比于未煅烧 $Ti_3C_2T_x$ 薄膜具有更多、更大的孔隙。虽然真空煅烧可以去除 $Ti_3C_2T_x$ 薄膜中的吸附水分子，从而减小 $Ti_3C_2T_x$ 纳米片的层间距[图 4-171（b）]，然而由于 $Ti_3C_2T_x$ 薄膜中界面相互作用较弱，这些水分子的挥发将导致多层 $Ti_3C_2T_x$ 纳米片之间出现更多、更大的孔隙[180]。与其形成强烈对比的是，$Ti_3C_2T_x$-borate 和 $Ti_3C_2T_x$-CMC-borate 复合薄膜相比于未煅烧的 $Ti_3C_2T_x$-borate 和未煅烧的 $Ti_3C_2T_x$-CMC-borate 复合薄膜[图 4-171（a）]具有稍微更密实的结构，这主要是由于 $Ti_3C_2T_x$-borate 和 $Ti_3C_2T_x$-CMC-borate 复合薄膜具有较强的界面相互作用，可以在煅烧去除水分子的过程中保持结构完整性；再者，真空煅烧过程可以诱导形成更多的硼酸酯共价键[54]（见图 4-177NMR 谱图分析结果），进一步增强其界面相互作用。值得一提的是，虽然真空煅烧过程促进了 $Ti_3C_2T_x$-CMC-borate 复合薄膜的致密化，但是 $Ti_3C_2T_x$-CMC-borate 复合薄膜的主要致密化机制仍然是界面交联。

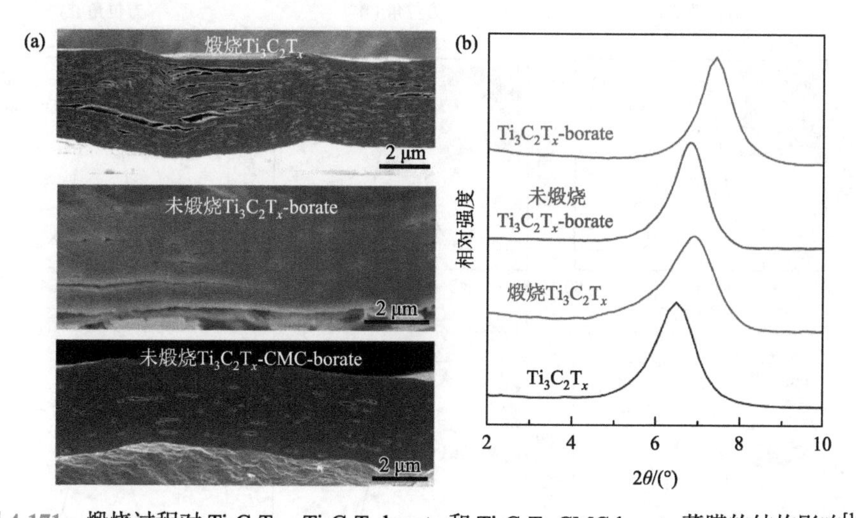

图 4-171 煅烧过程对 $Ti_3C_2T_x$、$Ti_3C_2T_x$-borate 和 $Ti_3C_2T_x$-CMC-borate 薄膜的结构影响[167]

（a）煅烧 $Ti_3C_2T_x$、未煅烧 $Ti_3C_2T_x$-borate 和未煅烧 $Ti_3C_2T_x$-CMC-borate 薄膜的 FIB 切割断面的 SEM 照片；（b）$Ti_3C_2T_x$、煅烧 $Ti_3C_2T_x$、$Ti_3C_2T_x$-borate 和未煅烧 $Ti_3C_2T_x$-borate 薄膜的 XRD 曲线

如图 4-172 所示，相比于 $Ti_3C_2T_x$ 薄膜（0.814±0.001），$Ti_3C_2T_x$-CMC 复合薄膜（0.789±0.002）具有更低的取向度，这表明 CMC 分子氢键交联作用干扰了 $Ti_3C_2T_x$ 纳米片的规整排列；相比之下，$Ti_3C_2T_x$-borate 复合薄膜（0.869±0.002）具有更高的取向度，这表明 borate 离子共价交联可以取向排列 $Ti_3C_2T_x$ 纳米片。再者，$Ti_3C_2T_x$-CMC-borate 复合薄膜（0.823±0.002）相比于 $Ti_3C_2T_x$ 薄膜具有更高的取向度，这证实氢键和共价键有序交联可以提升 $Ti_3C_2T_x$ 纳米片的取向度。

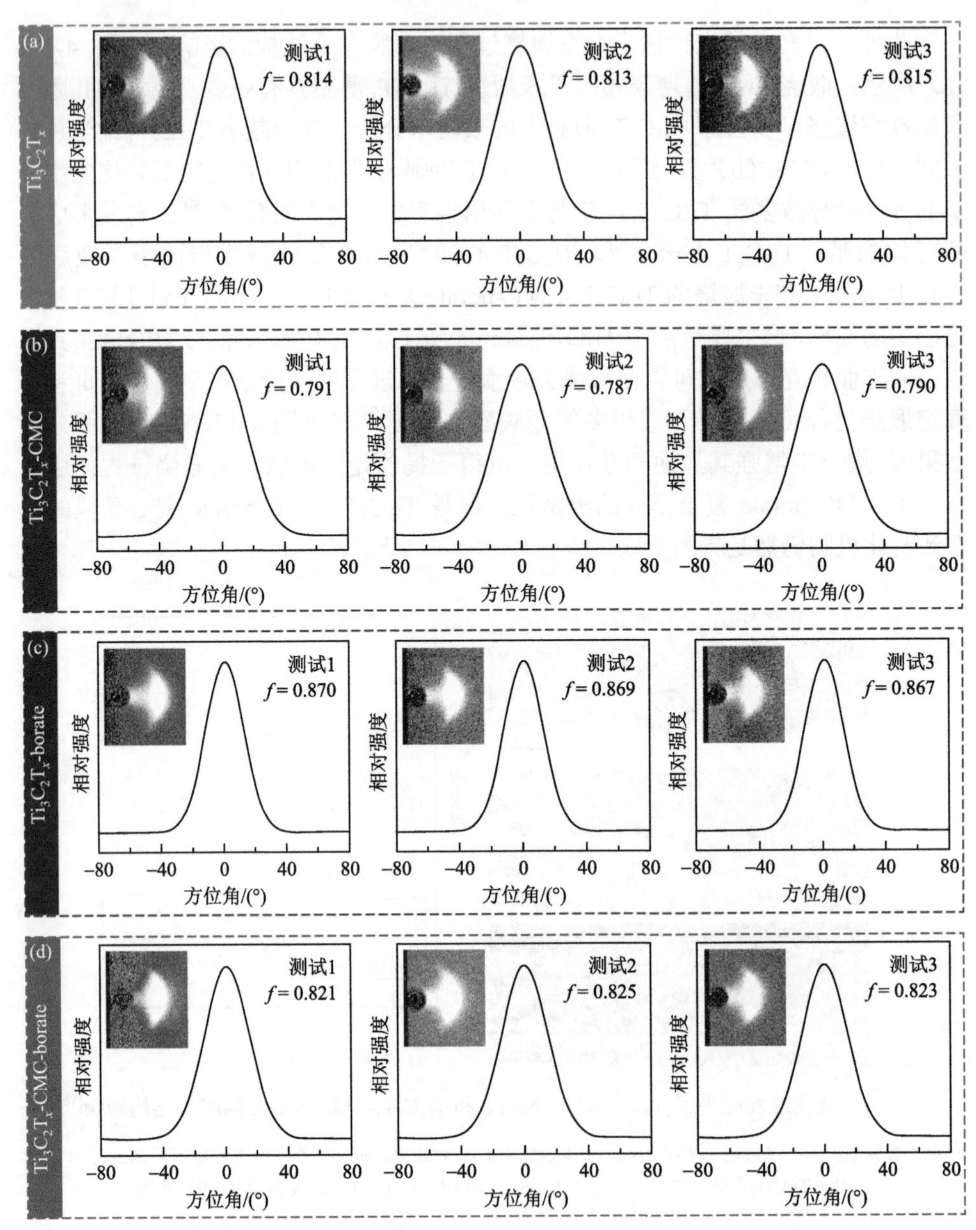

图 4-172 交联和未交联 $Ti_3C_2T_x$ 薄膜的 WAXS 衍射图案和相应的 002 峰方位角扫描曲线[167]

（a）$Ti_3C_2T_x$；（b）$Ti_3C_2T_x$-CMC；（c）$Ti_3C_2T_x$-borate；（d）$Ti_3C_2T_x$-CMC-borate

虽然纯 $Ti_3C_2T_x$ 和交联 $Ti_3C_2T_x$ 薄膜的实物照片均显示光滑、平整的表面形貌，但是 SEM 和 AFM 照片显示这些薄膜的表面存在大量的褶皱（图 4-173）。具体地，$Ti_3C_2T_x$、$Ti_3C_2T_x$-borate、$Ti_3C_2T_x$-CMC 和 $Ti_3C_2T_x$-CMC-borate 薄膜在 45 μm×

45 μm 区域内的均方根表面粗糙度分别为（0.48±0.04）μm、（0.43±0.05）μm、（0.34±0.02）μm 和（0.31±0.02）μm。

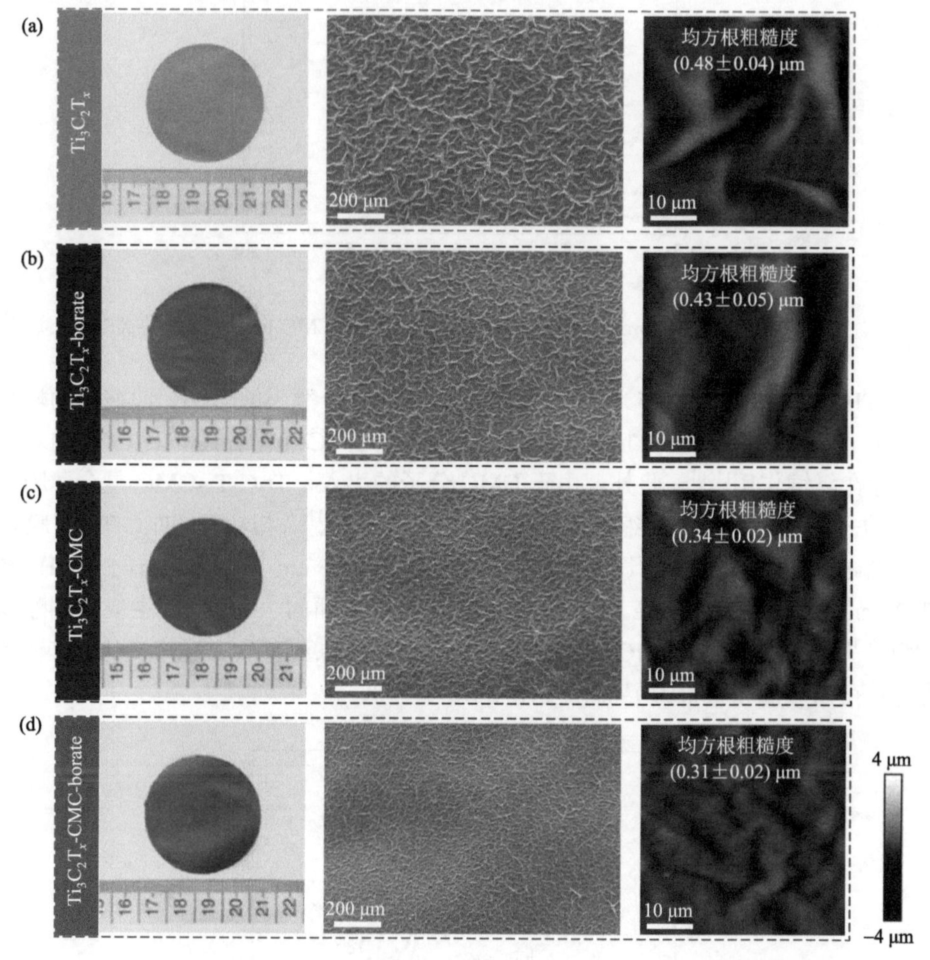

图 4-173　交联和未交联 $Ti_3C_2T_x$ 薄膜的实物照片、表面 SEM 照片和表面 AFM 照片[167]

（a）$Ti_3C_2T_x$；（b）$Ti_3C_2T_x$-borate；（c）$Ti_3C_2T_x$-CMC；（d）$Ti_3C_2T_x$-CMC-borate

XRD 结果（图 4-174）显示 $Ti_3C_2T_x$-CMC 复合薄膜（1.44 nm）相比于 $Ti_3C_2T_x$ 薄膜（1.36 nm）具有更大的层间距，这表明 CMC 成功插入 $Ti_3C_2T_x$ 纳米片层间。此外，未煅烧 $Ti_3C_2T_x$-borate 复合薄膜[图 4-171（b）]相比于 $Ti_3C_2T_x$ 薄膜具有更小的层间距，这表明 borate 离子共价交联可以将相邻 $Ti_3C_2T_x$ 纳米片连接更紧密；再者，真空煅烧可以去除吸附水分子并且诱导形成更多硼酸酯键，因此 $Ti_3C_2T_x$-borate 复合薄膜的层间距进一步减小至 1.19 nm。类似地，$Ti_3C_2T_x$-CMC-borate 复合薄膜（1.32 nm）相比于 $Ti_3C_2T_x$-CMC 复合薄膜具有更小的层间距。

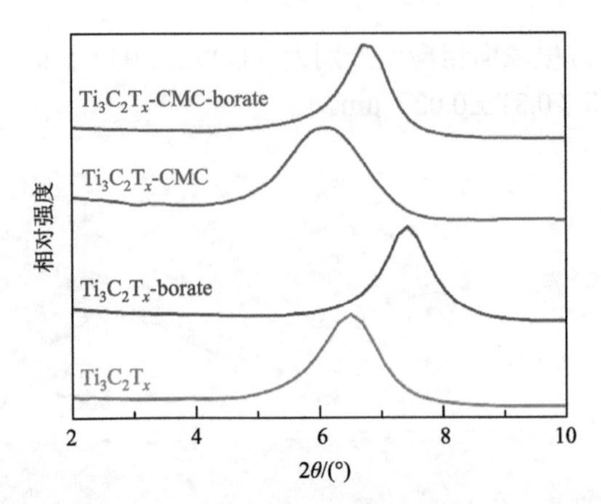

图 4-174 $Ti_3C_2T_x$、$Ti_3C_2T_x$-borate、$Ti_3C_2T_x$-CMC 和 $Ti_3C_2T_x$-CMC-borate 薄膜的 XRD 曲线[167]

FTIR 谱图（图 4-175）显示 $Ti_3C_2T_x$-CMC 复合薄膜的—OH 伸缩振动峰从 $Ti_3C_2T_x$ 薄膜的 3432 cm^{-1} 红移到 3418 cm^{-1}，这表明 CMC 分子和 $Ti_3C_2T_x$ 纳米片之间存在氢键作用[160]。此外，由于 CMC 分子的引入，$Ti_3C_2T_x$-CMC 复合薄膜具有新的—COO^-非对称伸缩振动峰（1591 cm^{-1}）[181]。相比于 $Ti_3C_2T_x$ 薄膜，$Ti_3C_2T_x$-borate 复合薄膜具有新的 B—O 峰（1125 cm^{-1}）和更弱的—OH 峰（3432 cm^{-1}），这表明 borate 离子与 $Ti_3C_2T_x$ 纳米片表面的—OH 反应生成了硼酸酯键[54, 66, 165]。在 $Ti_3C_2T_x$-CMC-borate 复合薄膜中也可以观察到上述峰变化，这证实其同时存在氢键和共价键界面相互作用。

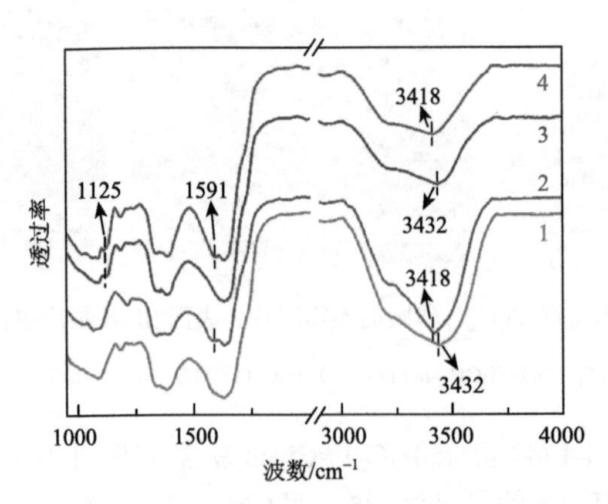

图 4-175 $Ti_3C_2T_x$（1）、$Ti_3C_2T_x$-CMC（2）、$Ti_3C_2T_x$-borate（3）和 $Ti_3C_2T_x$-CMC-borate（4）薄膜的 FTIR 谱图[167]

相比于 $Ti_3C_2T_x$ 和 $Ti_3C_2T_x$-CMC 薄膜，$Ti_3C_2T_x$-CMC-borate 和 $Ti_3C_2T_x$-borate 复合薄膜具有新的 B 1s 峰[约 190 eV，图 4-176（a）]，这表明 borate 离子共价修饰[165]。此外，EDS 结果[图 4-169（b）]表明 borate 离子均匀渗入 $Ti_3C_2T_x$ 纳米片

层间。$Ti_3C_2T_x$-CMC-borate 和 $Ti_3C_2T_x$-borate 复合薄膜的 Ti^{2+}（Ⅰ、Ⅱ、Ⅳ）$2p_{3/2}$ 和 Ti^{3+}（Ⅰ、Ⅱ、Ⅳ）$2p_{3/2}$ 峰分别从 $Ti_3C_2T_x$ 和 $Ti_3C_2T_x$-CMC 薄膜的 455.8 eV 和 457.1 eV 上移至 456.4 eV 和 457.6 eV[图 4-176（b）]，这主要是由于硼原子的电负性大于 Ti 原子的电负性，其共价连接到 $Ti_3C_2T_x$ 纳米片上减小了 Ti 原子的电子云密度[165]。另外，相比于 $Ti_3C_2T_x$-CMC 复合薄膜，$Ti_3C_2T_x$-CMC-borate 复合薄膜[图 4-176（c）]具有新的 C—O—B 峰（286.4 eV）和更弱的 C—OH 峰（285.7 eV），这证实 borate 离子也可以与 CMC 分子链上的—OH 发生共价交联反应[66]。

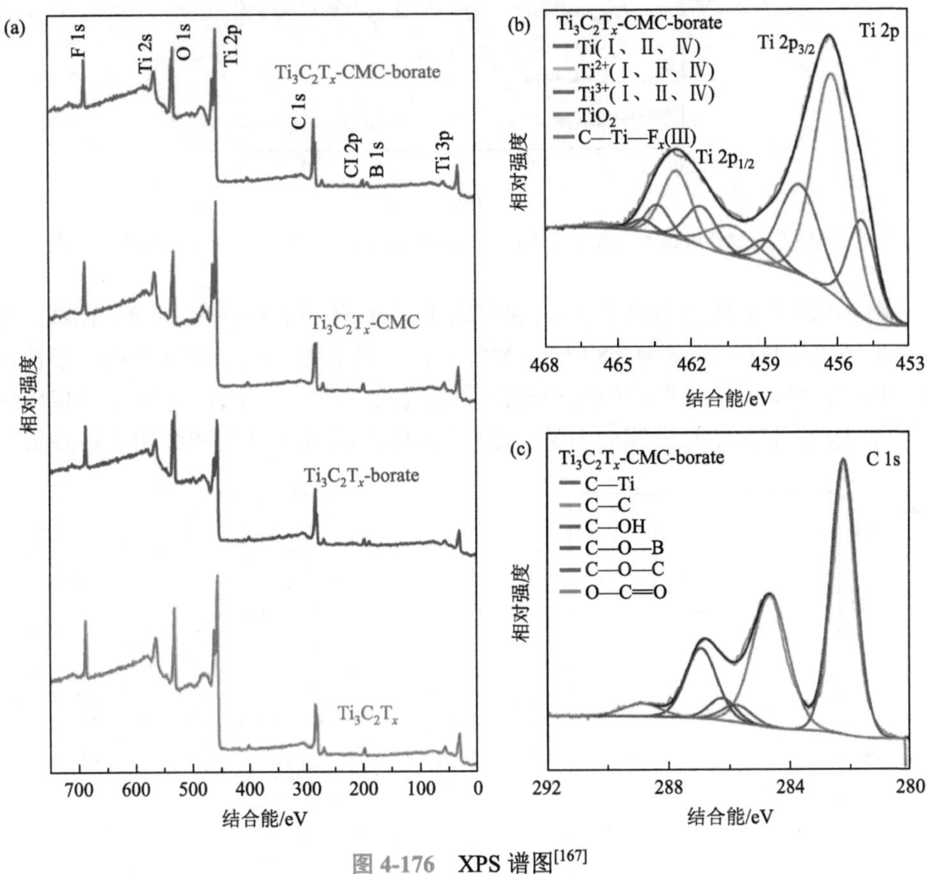

图 4-176　XPS 谱图[167]

（a）$Ti_3C_2T_x$、$Ti_3C_2T_x$-borate、$Ti_3C_2T_x$-CMC 和 $Ti_3C_2T_x$-CMC-borate 薄膜的 XPS 全谱图；$Ti_3C_2T_x$-CMC-borate 复合薄膜的 Ti 2p（b）和 C 1s（c）的 XPS 谱图

进一步，$Ti_3C_2T_x$-CMC-borate 复合薄膜的硼元素的 NMR 谱图（图 4-177）中显示了完全酯化的硼酸酯键峰（约 1.6 ppm）[54]，这进一步证实 borate 离子与 CMC 分子链上和 $Ti_3C_2T_x$ 纳米片表面的—OH 发生了共价交联反应。此外，未煅烧的 $Ti_3C_2T_x$-CMC-borate 复合薄膜具有部分酯化的硼酸酯键峰（约 5.1 ppm）[54]，而在

$Ti_3C_2T_x$-CMC-borate 复合薄膜中几乎不存在该峰，这表明真空煅烧可以诱导形成更多的硼酸酯键。

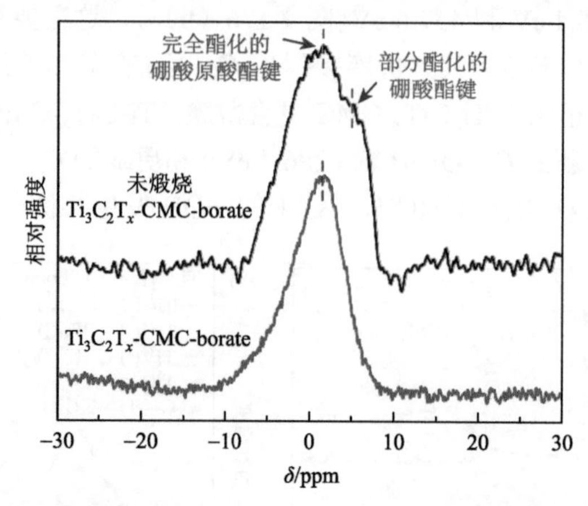

图 4-177 $Ti_3C_2T_x$-CMC-borate 和未煅烧 $Ti_3C_2T_x$-CMC-borate 复合薄膜的 B 元素的 NMR 谱图[167]

图 4-178（a）所示为纯 $Ti_3C_2T_x$ 和交联 $Ti_3C_2T_x$ 薄膜的拉伸应力-应变曲线。纯 $Ti_3C_2T_x$ 薄膜的拉伸强度为（87±3）MPa、杨氏模量为（6.1±0.6）GPa、韧性为（1.3±0.1）MJ/m^3。该拉伸强度和杨氏模量远低于单层 $Ti_3C_2T_x$ 纳米片的相应性能[182]，这表明 $Ti_3C_2T_x$ 薄膜的力学性能被层间弱界面相互作用和结构缺陷限制。

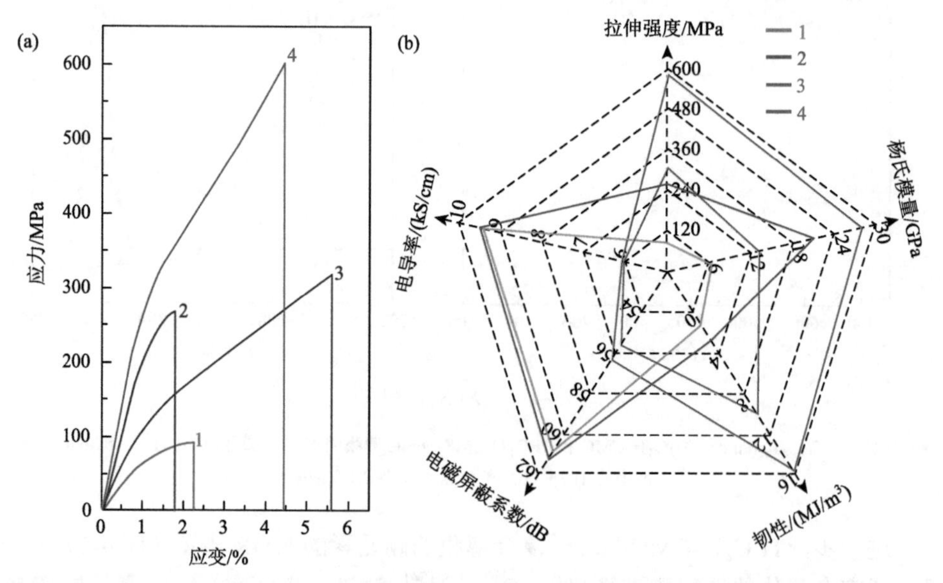

图 4-178 $Ti_3C_2T_x$（1）、$Ti_3C_2T_x$-borate（2）、$Ti_3C_2T_x$-CMC（3）和 $Ti_3C_2T_x$-CMC-borate（4）薄膜的力学和电学性能[167]

（a）拉伸应力-应变曲线；（b）拉伸强度、杨氏模量、韧性、电导率和电磁屏蔽系数

由于氢键和共价键可以诱导致密化并且增强 $Ti_3C_2T_x$ 纳米片层间界面相互作用，因此 $Ti_3C_2T_x$-CMC 和 $Ti_3C_2T_x$-borate 复合薄膜相比于纯 $Ti_3C_2T_x$ 薄膜具有更高的力学性能。此外，由于氢键和共价键交联剂的协同致密化，$Ti_3C_2T_x$-CMC-borate 复合薄膜具有最高的力学性能[图 4-178（b）]，其中拉伸强度为（583±16）MPa、杨氏模量为（27.8±2.8）GPa、韧性为（15.9±1.0）MJ/m^3。该拉伸强度和韧性优于当时文献报道的纯 $Ti_3C_2T_x$ 薄膜[155, 172, 179, 183]和交联 $Ti_3C_2T_x$ 复合薄膜[138, 139, 154, 155, 159, 163, 166, 168-170, 173, 177, 179]的相应性能。

交联 $Ti_3C_2T_x$ 复合薄膜相比于纯 $Ti_3C_2T_x$ 薄膜具有卷曲的断裂边缘（图 4-179），这证实交联 $Ti_3C_2T_x$ 复合薄膜具有更强的层间界面相互作用。

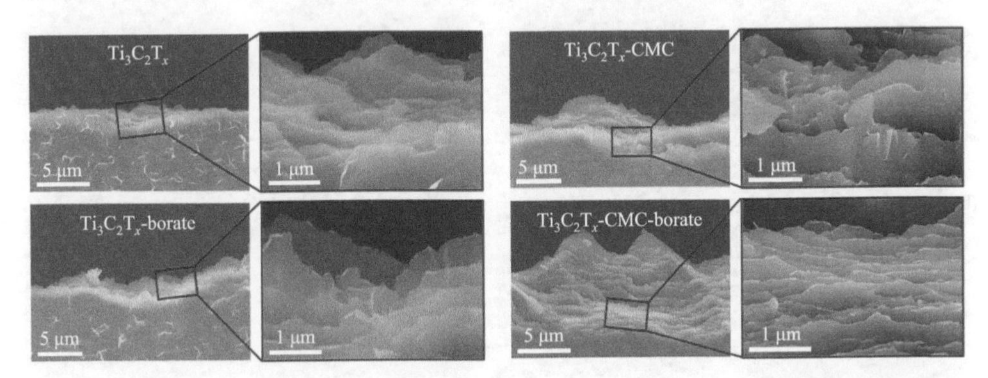

图 4-179　$Ti_3C_2T_x$、$Ti_3C_2T_x$-borate、$Ti_3C_2T_x$-CMC 和 $Ti_3C_2T_x$-CMC-borate 薄膜的断面俯视 SEM 照片[167]

相比于纯 $Ti_3C_2T_x$ 薄膜，交联 $Ti_3C_2T_x$ 薄膜具有更优异的抗超声破碎性能（图 4-180）。

由于 CMC 分子插入 $Ti_3C_2T_x$ 纳米片层间干扰了电子传输，因此 $Ti_3C_2T_x$-CMC 复合薄膜[（6049±64）S/cm，图 4-178（b）]相比于纯 $Ti_3C_2T_x$ 薄膜[（9468±115）S/cm]具有更低的电导率。此外，$Ti_3C_2T_x$-borate[（9491±95）S/cm]和纯 $Ti_3C_2T_x$ 薄膜的电导率相当，这主要是由于 $Ti_3C_2T_x$-borate 复合薄膜具有更高的取向度、更小的层间距和更少的吸附水分子。类似地，$Ti_3C_2T_x$-CMC-borate 复合薄膜[（6115±62）S/cm]相比于 $Ti_3C_2T_x$-CMC 复合薄膜也具有稍微更高的电导率。值得一提的是，该 $Ti_3C_2T_x$-CMC-borate 复合薄膜的电导率高于当时文献报道的交联 $Ti_3C_2T_x$ 复合薄膜[138, 139, 154, 155, 159, 163, 166, 168-170, 173, 177, 179]的电导率，并与一些纯 $Ti_3C_2T_x$ 薄膜[155, 179]的电导率相当。

该优异的导电性能赋予了 $Ti_3C_2T_x$-CMC-borate 复合薄膜（厚度为 3.0 μm）高效的电磁屏蔽效能，其对 0.3～18 GHz 电磁波的平均屏蔽系数为 56.4 dB[图 4-178（b）]，稍微高于 $Ti_3C_2T_x$-CMC 复合薄膜（厚度为 3.2 μm，55.7 dB）的屏蔽系数，

但低于 $Ti_3C_2T_x$-borate（厚度为 3.1 μm，61.3 dB）和 $Ti_3C_2T_x$（厚度为 3.4 μm，60.9 dB）薄膜的屏蔽系数。此外，这些薄膜的主要屏蔽机制是对电磁波的吸收作用（图 4-181）。进一步，该 $Ti_3C_2T_x$-CMC-borate 复合薄膜的 SSE/t 为 62458 dB·cm²/g，高于当时文献报道的大多数实心屏蔽材料[75, 76, 98, 124-139, 163, 166, 169, 170, 172, 173, 177, 183]的 SSE/t。虽然当时文献报道的一些泡沫材料[121, 122]的 SSE/t 超过了该 $Ti_3C_2T_x$-CMC-borate 复合薄膜的 SSE/t，但是它们的力学柔韧性更差，限制了实际应用。

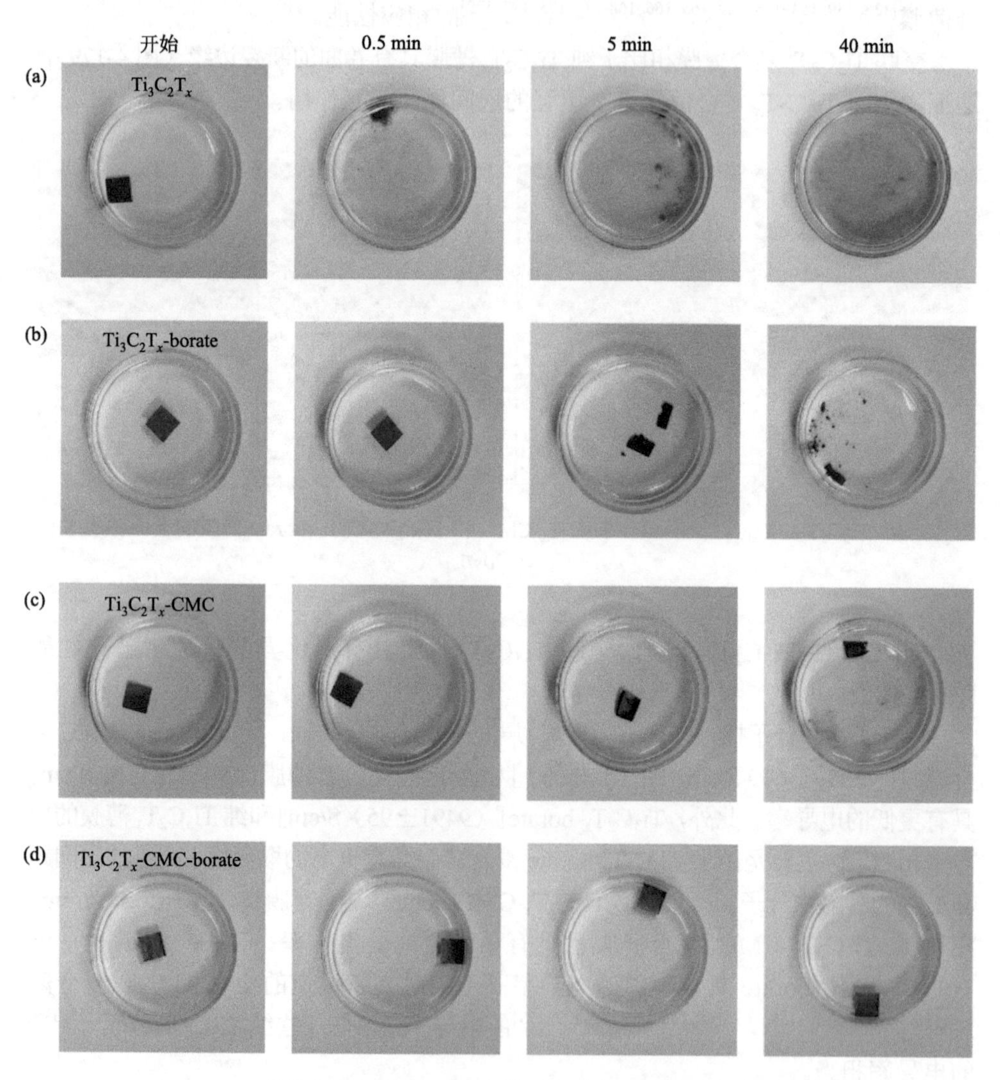

图 4-180 交联和未交联 $Ti_3C_2T_x$ 薄膜在水中超声不同时间的照片[167]

（a）$Ti_3C_2T_x$；（b）$Ti_3C_2T_x$-borate；（c）$Ti_3C_2T_x$-CMC；（d）$Ti_3C_2T_x$-CMC-borate

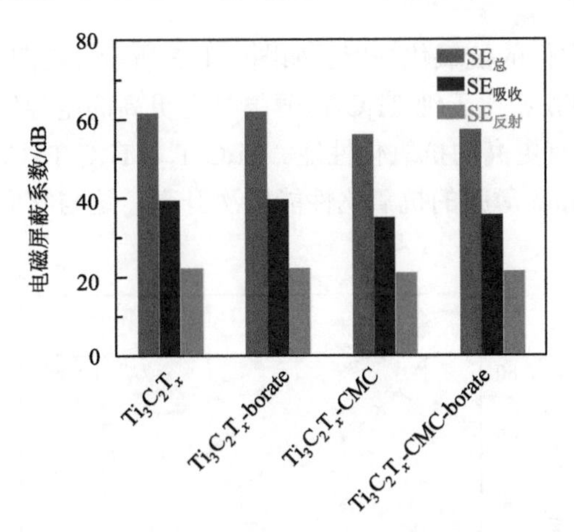

图 4-181　$Ti_3C_2T_x$、$Ti_3C_2T_x$-borate、$Ti_3C_2T_x$-CMC 和 $Ti_3C_2T_x$-CMC-borate 薄膜的总屏蔽系数（$SE_{总}$）、吸收分系数（$SE_{吸收}$）和反射分系数（$SE_{反射}$）[167]

结构缺陷可以作为起始裂纹，从而降低 $Ti_3C_2T_x$ 薄膜的抗疲劳性能（图 4-182）。例如，纯 $Ti_3C_2T_x$ 薄膜在 2～32 MPa 循环拉伸时的疲劳寿命仅为 4854 次，并且在 360°循环弯折 100 次后仅保持了 41.5%的原始电导。由于交联诱导致密化效应可以减少起始裂纹数量，并且裂纹扩展也可以被交联和塑性变形作用大幅抑制，因此交联 $Ti_3C_2T_x$ 复合薄膜相比于纯 $Ti_3C_2T_x$ 薄膜具有更高的抗疲劳性能。$Ti_3C_2T_x$-CMC-borate 复合薄膜具有最高的抗疲劳性能，其在 390～420 MPa 循环拉伸时的疲劳寿命大于 420000 次，并且在 360°循环弯折 100 次后可以保持 91.5%的原始电导。

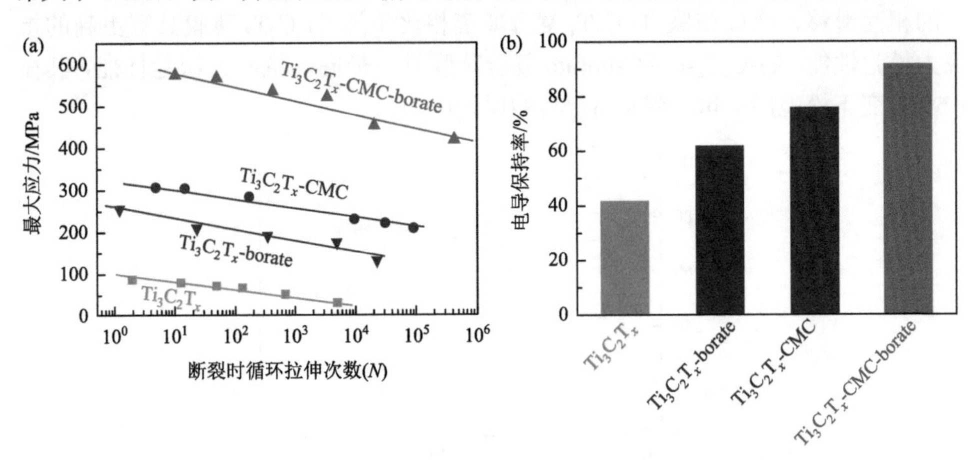

图 4-182　$Ti_3C_2T_x$、$Ti_3C_2T_x$-borate、$Ti_3C_2T_x$-CMC 和 $Ti_3C_2T_x$-CMC-borate 薄膜的抗疲劳性能[167]

（a）循环拉伸疲劳寿命与最大应力的关系曲线；（b）360°循环弯折 100 次后的电导保持率

结构缺陷也可以促进水分子和氧气渗入 $Ti_3C_2T_x$ 薄膜，从而加速 $Ti_3C_2T_x$ 薄膜的氧化。研究人员通过测试不同 $Ti_3C_2T_x$ 复合薄膜在 100%相对湿度环境储存过程中的电导，来评估它们的抗氧化性能。如图 4-183 所示，在潮湿环境储存过程中，交联 $Ti_3C_2T_x$ 复合薄膜相比于纯 $Ti_3C_2T_x$ 薄膜具有更高的电导保持率，这表明交联 $Ti_3C_2T_x$ 复合薄膜具有更高的抗氧化性能。$Ti_3C_2T_x$、$Ti_3C_2T_x$-CMC、$Ti_3C_2T_x$-borate 和 $Ti_3C_2T_x$-CMC-borate 薄膜的抗氧化性能依次升高，这与它们的密实度相对大小顺序相符。

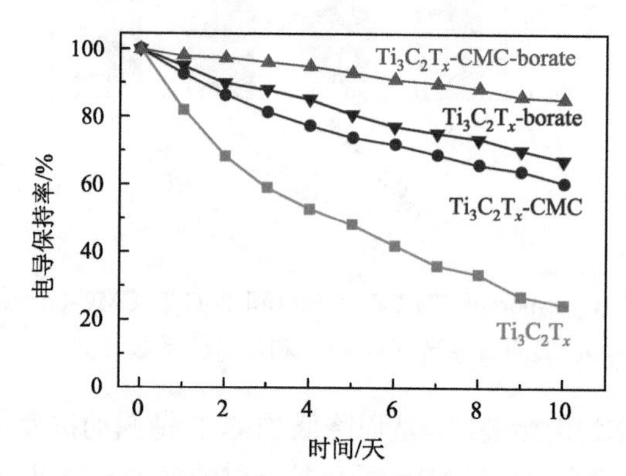

图 4-183 $Ti_3C_2T_x$、$Ti_3C_2T_x$-borate、$Ti_3C_2T_x$-CMC 和 $Ti_3C_2T_x$-CMC-borate 薄膜在 100%相对湿度环境下储存 10 天过程中的电导保持率[167]

较弱的界面相互作用和大量的结构缺陷将促进 $Ti_3C_2T_x$ 纳米片在松弛过程中相互滑移。如图 4-184 所示，纯 $Ti_3C_2T_x$ 薄膜在 1.5%应变下松弛后，仅保持 16.0%的原始应力。此外，由于较强的界面相互作用和更密实的结构抑制了 $Ti_3C_2T_x$ 纳米片的相互滑移，因此交联 $Ti_3C_2T_x$ 复合薄膜相比于纯 $Ti_3C_2T_x$ 薄膜具有更高的抗应力松弛性能。$Ti_3C_2T_x$-CMC-borate 复合薄膜具有最高的抗应力松弛性能，其在 1.5%应变下松弛后，可以保持 67.5%的原始应力。

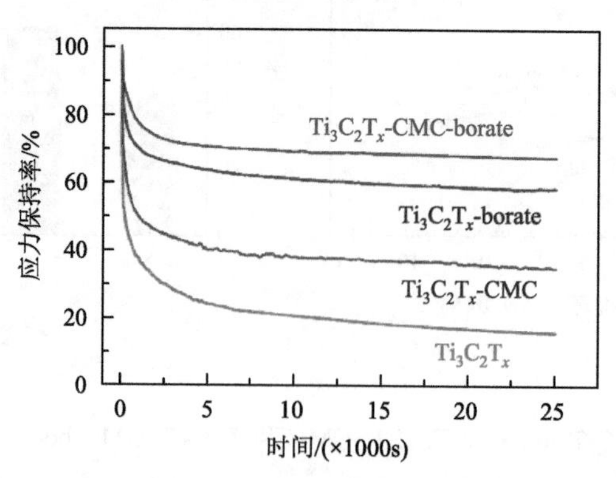

图 4-184 $Ti_3C_2T_x$、$Ti_3C_2T_x$-borate、$Ti_3C_2T_x$-CMC 和 $Ti_3C_2T_x$-CMC-borate 薄膜在 1.5%应变下的应力松弛曲线[167]

采用刮涂法代替真空抽滤法，并结合有序界面交联诱导致密化策略，研究人员

制备了大面积 $Ti_3C_2T_x$-CMC-borate 复合薄膜[被标记为 $Ti_3C_2T_x$-CMC-borate（DB）]，其横向尺寸为 23 cm×14 cm[图 4-185（a）]，厚度为（3.4±0.1）μm[图 4-185（b）]。该 $Ti_3C_2T_x$-CMC-borate（DB）复合薄膜的拉伸强度为（559±10）MPa[图 4-185（c）]、杨氏模量为（26.8±1.3）GPa、韧性为（16.6±1.0）MJ/m^3、电导率为（5976±68）S/cm，它们分别是真空抽滤制备的 $Ti_3C_2T_x$-CMC-borate 复合薄膜[被标记为 $Ti_3C_2T_x$-CMC-borate（VF）]相应性能的 95.9%、96.4%、104.4%和 97.7%[图 4-185（d）]。

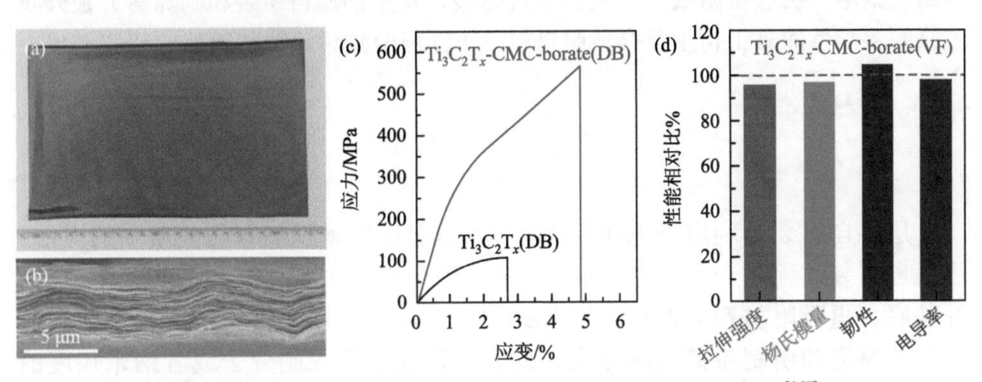

图 4-185 $Ti_3C_2T_x$-CMC-borate（DB）复合薄膜的结构和性能[167]

$Ti_3C_2T_x$-CMC-borate（DB）复合薄膜的实物照片（a）和断面直视 SEM 照片（b）；（c）$Ti_3C_2T_x$（DB）和 $Ti_3C_2T_x$-CMC-borate（DB）薄膜的拉伸应力-应变曲线；（d）$Ti_3C_2T_x$-CMC-borate（DB）与 $Ti_3C_2T_x$-CMC-borate（VF）复合薄膜的拉伸强度、杨氏模量、韧性和电导率的比值；$Ti_3C_2T_x$（DB）表示刮涂法制备的 $Ti_3C_2T_x$ 薄膜

此外，在 100%相对湿度环境下储存 10 天后，$Ti_3C_2T_x$-CMC-borate 复合薄膜相比于纯 $Ti_3C_2T_x$ 薄膜具有更高的电磁屏蔽性能保持率和电磁屏蔽系数（图 4-186）。因此，这种高抗氧化且可大面积制备的高强度 $Ti_3C_2T_x$-CMC-borate 复合薄膜相比于纯 $Ti_3C_2T_x$ 薄膜更适合用作可穿戴电子器件的屏蔽材料。

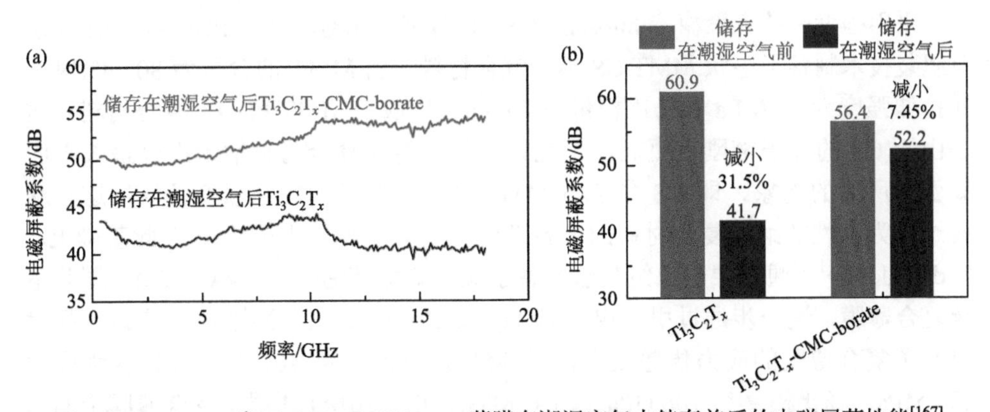

图 4-186 $Ti_3C_2T_x$ 和 $Ti_3C_2T_x$-CMC-borate 薄膜在潮湿空气中储存前后的电磁屏蔽性能[167]

（a）在潮湿空气中储存 10 天后的 $Ti_3C_2T_x$ 和 $Ti_3C_2T_x$-CMC-borate 薄膜对 0.3～18 GHz 波段电磁波的屏蔽系数；（b）在潮湿空气中储存前后 $Ti_3C_2T_x$ 和 $Ti_3C_2T_x$-CMC-borate 薄膜的平均电磁屏蔽系数

4.3 黏土复合薄膜材料

与石墨烯和过渡金属碳/氮化物类似，黏土（蒙脱土、云母和氧化铝等）具有良好的绝缘、热稳定性和抗紫外等性能，在航空航天、电子器件以及防火隔热等领域具有重要的应用前景。受自然生物材料的结构和功能关系的启发，一系列的自组装策略（层层自组装、蒸发诱导自组装、真空抽滤自组装和刮涂等）被开发出来制备高性能黏土仿生复合薄膜材料，下面将分别讨论这些策略的研究进展。

4.3.1 组装策略

1. *层层自组装*

层层自组装是利用静电相互作用、氢键等逐层累积制备功能薄膜的方法。层层自组装过程是一个周期性循环过程，每个周期主要可分为基底吸附材料、脱基底、再吸附材料等过程，因此此类循环过程可以精确控制所得薄膜中各组分的厚度和所制备薄膜的厚度。此外，还能精确控制分子或者纳米尺度的结构。例如，Kotov 等[184-188]采用层层自组装法制备了一系列的黏土/聚合物层状纳米复合薄膜材料，极大地推进了仿贝壳珍珠层材料的发展。2003 年，Tang 等[184]以蒙脱土（MTM）纳米片作为组装基元，结合聚二烯丙基二甲基氯化铵[poly(diallyldimethylammonium)chloride，PDDA]，通过层层自组装法制备了层状纳米复合薄膜。黏土纳米片的高取向以及带负电的黏土和正聚电解质之间的静电和范德华相互作用导致形成精细分层的结构的复合膜。制备的黏土-聚电解质仿珍珠层复合膜的拉伸强度与珍珠层相当，这与从聚电解质到黏土纳米片的施加载荷转移有关。为了进一步提高聚合物基体和 MTM 纳米片之间的载荷转移，首先采用强度高的壳聚糖（chitosan，CS）代替强度相对较低的 PDDA，通过层层自组装技术制备了层状 MMT/CS 纳米复合材料，当 MMT 的含量为 80 wt%时，其拉伸强度为 80 MPa 和杨氏模量为 6 GPa，均低于 MMT/PDDA 复合材料，这是由于 CS 的分子链刚度更高，不允许它们获得与复合材料纳米组分最大界面吸引力所需的构象，即 CS 分子与 MMT 纳米片之间的黏结强度较低，这些观察结果为高性能纳米复合材料的实验设计奠定了重要的基础[186]。在此基础上，Podsiadlo 等[187]通过层层自组装法制备了聚乙烯醇/蒙脱土（PVA/MTM）层状纳米复合薄膜，进一步通过引入戊二醛（glutaraldehyde，GA）与 PVA 交联，极大提升了复合薄膜的应力传递效率，当 MTM 的含量为 70%时，其拉伸强度达 400 MPa，杨氏模量达 106 GPa，由于 MTM 在 PVA/MTM 层状复合薄膜中的高度取向性，其具有出色的透明度（图 4-187）。此外，Podsiadlo 等还通过使用不同的聚合物如聚乙烯亚胺（polyethyleneimine，PEI）和聚丙烯酸（Polyacrylic Acid，

PAA）制备了二元或三元复合薄膜，并使用不同离子交联薄膜以提高应力传递效率[188, 189]。还利用 L-3, 4-二羟基苯丙氨酸（L-3, 4-dihydroxyphenylalanine，L-DOPA）分子较强的黏合强度，与 MMT 结合制备层状 MMT/DOPA 纳米复合材料，力学测试结果表明即使引入少量的 DOPA 对复合材料的力学性能也有显著的影响[185]。蚕丝蛋白具有优异的生物相容性，将其与无机材料复合，在提高其力学性能的同时能保持良好的生物相容性，对于组织工程领域具有重要的研究意义。Kharlampieva 等[190]使用自旋辅助逐层组装技术将丝素蛋白基质与功能性无机纳米片整合而获得优异机械性能且高度透明的纳米级薄膜。此外，用银纳米片代替黏土纳米片会导致力学性能类似增强，同时产生了高反射、镜面状、纳米级柔性薄膜。该策略为制造坚固的全天然柔性纳米复合材料提供了新的视角，该复合材料具有对生物医学应用（如增强组织工程）非常重要的卓越的力学性能。另外，层状双氢氧化物（LDH）因具有可再生、制备简便、成本低、生物相容性好、细胞毒性低等优点，已被用作添加剂以增强复合材料的力学性能、光学性能、催化性能和阻燃性能。肝素（heparin，HEP）是一种天然的阴离子多糖，其抗凝活性和负电荷密度是所有生物聚阴离子中最高的，且 HEP 分子很容易涂覆在剥离的 LDH 纳米片上，基于此，Shu 等[191]通过层层自组装技术制备了具有良好的力学性能以及血液相容性的 HEP-LDH 纳米复合薄膜。由于 HEP 和 LDH 二者间的强静电相互作用以及氢键网络的形成，HEP-LDH 纳米复合薄膜的模量高达 23 GPa，优于先前报道的聚合物-LDH 杂化复合材料。由于层间有 HEP，该复合薄膜可能被证明有利于新的医疗应用或作为传统石油基塑料的替代品。

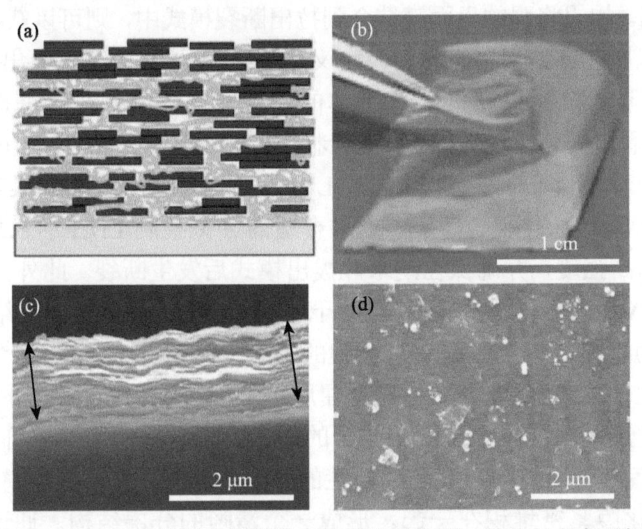

图 4-187　（a）PVA/MTM 纳米复合材料的内部结构示意图；（b）具有高柔韧性和透明度的 PVA/MTM 复合膜实物图；（c）PVA/MTM 复合膜的横截面 SEM 图像，箭头表示截面的跨度；（d）PVA/MTM 复合膜表面的 SEM 图像[187]

依据不同溶液之间表面张力的差异，纳米基元在不同相界面受到表面张力的驱动进行自组装，可以构筑仿生层状纳米复合薄膜。例如，Bonderer 等[192]将 3-氨基丙基三乙氧基硅烷[(3-aminopropyl)triethoxysilane，APTES]修饰的 Al_2O_3 微纳片分散在乙醇中，然后逐滴加入到含水的结晶皿中，进一步通过超声使微米片在溶液表面进行有序组装，从而均匀排布在溶液表面，接着采用载玻片浸涂转移均匀排布的 Al_2O_3 片，干燥后在 Al_2O_3 片上旋涂一层 CS，通过连续重复上述浸涂-旋涂步骤最终获得了几十微米厚的层状有机-无机杂化复合薄膜。当 Al_2O_3 片含量为 15 vol%时，复合材料拉伸强度达到 315 MPa，弹性模量达 10 GPa，应变达 17%。类似地，Yao 等[193]利用连续重复旋涂-浸涂技术将 APTES 修饰的 LDH 与 CS 构筑了具有良好力学性能的层状纳米复合薄膜。LDH/CS 纳米复合薄膜的拉伸强度达 160 MPa，杨氏模量达 12.7 GPa。此外，复合薄膜的颜色可以通过调控不同 LDH 基元的组合进行调整，并且可以通过结合不同的 LDH 基元来调整复合薄膜的透光性和光致发光特性。为了获得同时具有高强度和良好延展性的纳米复合材料，需要设计纳米片的纵横比以及聚合物基质的力学性能。在已经提出来描述生物矿化结构的机械响应的不同模型中，一种源自简单剪切滞后模型的方法成功地应用于解释珍珠层的强度和延展性。基于此模型，适当的纵横比（A）与增强薄片的临界纵横比（A_c）是必不可少的：①当 $A>A_c$ 时，薄片上的最大应力超过其抗拉强度，导致薄片断裂，从而导致复合材料发生脆性断裂。②对于 $A<A_c$，在达到片状拉伸强度之前，韧性基质或片状聚合物界面发生屈服，导致屈服基质内薄片拉出而不是断裂。薄片拉出断裂模式导致复合材料更具延展性和柔顺性，但是复合材料强度较弱。如果将强的界面键结合到拉出断裂模式中，则可以获得同时具有高强度和良好延展性的纳米复合材料。定义断裂类型的 A_c 由下式给出：$A_c = \sigma_p/\tau_m$，其中 σ_p 为片晶的抗拉强度，τ_m 为基体的屈服剪切强度。在这个设计原则下，Han 等[194]选择了 σ_p 为 2 GPa 的 LDH 纳米片和 τ_m 为 50 MPa（$A_c = 40$）的 PVA 分别作为增强纳米片和聚合物基质，通过 LBL 制备具有高均匀性、柔韧性和显著的透明度的有机-无机杂化复合薄膜。通过合适的 A 来控制 LDH 纳米片，这些材料的组合将显示高强度，并确保在纳米片拔出模式后发生断裂。此外，LDH 纳米片表面以及 PVA 分子中大量的羟基有助于有机-无机界面上氢键网络的形成，这通过分子动力学模拟进一步证实了氢键的存在。基于此，Shu 等[195]首先制备具有合适纵横比的 LDH 纳米片，再选择屈服拉伸强度约为 50 MPa 的 PVA 作为聚合物组分，通过采用浸涂和旋涂相结合的技术，将硅烷偶联剂修饰的 LDH 纳米片和 PVA 制备具有高拉伸强度和延展性的多层 PVA/LDH 杂化薄膜，结果显示，PVA/LDH 杂化膜紧密堆积在一起，形成一个清晰的分层结构。通过改变旋涂过程中 PVA 溶液的浓度来控制 PVA/LDH 杂化膜中无机 LDH 纳米片的质量分数。在杂化薄膜中，无机 LDH 纳米片的含量高达 96.9 wt%，与珍珠层的无机含量相

当。通过增加刚性结构单元 LDH 纳米片，所制备的 PVA/LDH 杂化薄膜的机械性能得到了极大的改善，2 wt%的 PVA/LDH 杂化膜的拉伸强度达到 169.36 MPa，是纯 PVA 膜的 4 倍，超过天然珍珠层的强度。

$CaCO_3$ 是用于制备仿生层状复合材料无机结构单元中最基本和最重要的基元材料。研究人员已经通过逐层组装技术制备了一系列 $CaCO_3$ 基复合材料。例如，Wei 等[196]通过自下而上交替制备有机层和无机层来制备杂化纳米复合材料，以模拟天然珍珠层的生物矿化过程。结果表明这种方式制造的纳米复合材料具有交替的有机-无机多层结构，类似于天然珍珠层的实体结构且 $CaCO_3$ 无机含量达 93.1 wt%。研究已经表明，从脱矿的天然珍珠层获得的有机基质可以通过聚合物诱导的液体前体（polymer-induced liquid precursor，PILP）填充 $CaCO_3$，基于此，Gong 等[197]首先在空气/液体界面上形成 PILP 层并将其黏附在单层聚（苯乙烯）-嵌段-聚（丙烯酸）（PS-*b*-PAA）嵌段共聚物上，随后逐层转移嵌段共聚物/PILP 薄膜获得具有有机-无机复合结构的多层薄膜，通过退火过程将 PILP 层转变为方解石型 $CaCO_3$ 晶体层，得到有机-无机杂化复合薄膜。划痕测试表明其力学性能远低于天然珍珠层，这种差异归因于聚合物与其自身以及与 $CaCO_3$ 之间的弱相互作用。制造具有生物学上相似的光学和力学性能的方解石珍珠层仿制品可能需要遵循生物源珍珠层合成的所有步骤。Finnemore 等[198]成功制造了具有惊人彩虹色的人工珍珠层，这是第一次成功的尝试使用 $CaCO_3$ 复制珍珠层。所设计的仿生路线生长了由多孔有机膜相互连接的结晶方解石层。所制备的人工珍珠层与天然珍珠层在形态、生长途径和彩虹色等方面具有高度的相似性。特别的是，利用扫描电子显微镜（SEM）对天然珍珠层和人工珍珠层断裂表面的图像进行比较，可以发现 400 nm 厚的 $CaCO_3$ 片具有纳米颗粒结构，这是珍珠层的特征。人工珍珠层在载荷作用下发生塑性变形，表明其断裂韧性与天然珍珠层中文石的增韧具有定性相似性。制备的人工珍珠层生长策略、显微结构、力学性能和光学性能均与生物珍珠层相似。Farhadi-Khouzani 等[199]通过将聚合物稳定的 $CaCO_3$ 液体前驱体（PILP）依次渗透到预沉积的纳米纤维素（nanocellulose，NC）膜层中来制备一种以 NC 和 $CaCO_3$ 为基础的仿珍珠层状杂化复合材料，通过控制反应条件，特别是在无镁离子和有镁离子的情况下，控制 NC-OH 和 NC-COOH 对 PILP 的润湿性，可以生成含有约 90%方解石的层状杂化复合材料。此外，该珍珠层状复合材料的硬度随着厚度增加而增加，当厚度从 25 层增加到 90 层时，其杨氏模量从 9.7 GPa 增加到 14.4 GPa，但仍远低于天然珍珠层的杨氏模量。受珍珠层形成过程的启发，Li 等[200]提出了一种微尺度增材制造矿化方法，首先制备了一种 CS 膜以模拟珍珠层形成过程中的有机框架，随后在 Mg^{2+}和 PAA 的协同控制下，在室温下在 CS 膜表面合成了层状方解石型 $CaCO_3$，可以精确控制 $CaCO_3$ 膜的微观结构，最后，通过逐层叠加的方法成功获得了一种具有高强度的珍珠层状有机-

无机多层复合材料。为了揭示$(CS/CaCO_3)_3$复合材料的内部结构，用聚焦离子束（focused ion beam，FIB）处理样品，可以看出合成的$(CS/CaCO_3)_3$复合材料中的方解石薄片由直径为数十纳米的纳米颗粒组成，对纳米颗粒的高分辨率透射电子显微镜（high-resolution transmission electron microscopy，HRTEM）分析揭示了$CaCO_3$片的晶体学特征，相邻纳米粒子之间的晶格是连续的。单晶快速傅里叶变换模式的边界区域表示单个小片中相邻纳米晶粒之间的取向一致性。这些结果表明，$CaCO_3$片晶本质上是由具有晶格连续性的小颗粒组成的介观晶体。$(CS/CaCO_3)_3$复合材料的硬度、杨氏模量和损耗模量分别为（2.35±0.03）GPa、（58.1±0.5）GPa和（0.57±0.09）GPa，接近于天然珍珠层。由于其精细的层次结构，许多生物矿物往往表现出多功能特性，如鱼鳞和蛤壳，因为亲水矿化外层的微/纳米纹理表现出水下超疏油性。与此类似的是，纳米尺度的高度定向排列赋予$(CS/CaCO_3)_n$复合材料高透明度和水下超疏油性。通过层层自组装构筑了一系列具有高力学性能以及功能特性的纳米复合薄膜，但推动其规模化制备是当前研究的重点及难点。

2. 真空抽滤自组装

真空抽滤自组装法通过将预混合反应液倒入真空抽滤瓶中，然后进行真空抽滤，抽滤过程中在液体流动压差作用下促使纳米片进行水平堆垛组装，烘干后获得仿珍珠层状纳米复合材料。在制备过程中，可以调节抽滤瓶的大小以及反应液的容量来获得不同尺寸和不同厚度的纳米复合材料。因此，真空抽滤自组装法是一种快速直接和易于操作制备仿珍珠层状纳米复合材料的有效方法。与 LBL 法相比，这个方法简单易行且节省时间。例如，Yao 等[201]通过真空抽滤自组装法构筑了仿珍珠层状聚合物-MTM 复合薄膜。首先，通过混合和吸附给黏土纳米片包裹上一层聚合物，然后，离心和洗涤除掉多余的聚合物。最后，利用真空抽滤自组装技术将聚合物包裹的黏土纳米片组装为仿珍珠层状聚合物-MTM 复合薄膜材料。研究表明，该复合薄膜具有出色的力学性能、良好的耐烧蚀特性以及透光性。由于优化了从聚合物到黏土纳米片的载荷转移，得到的仿珍珠层状黏土-聚合物复合薄膜材料的拉伸强度优于传统的黏土-聚合物纳米复合材料。Shu 等[202]同样以真空抽滤自组装法制备了强且兼具功能的肝素/层状双氢氧化物（HEP/LDH）仿珍珠层状复合薄膜。实验结果表明，制备的薄膜呈现出一种分层的纳米/微观层次结构，LDH 排列整齐，具有非常高的 LDH 含量（87.5 wt%），与天然珍珠层中无机的含量非常接近。HEP/LDH 薄膜的模量为 23.4 GPa，硬度为 0.27 GPa。此外，复合薄膜还表现出优异的抗紫外线性能和耐火性能。尽管在实验室中模拟珍珠层状结构已经取得了显著进展，但对于理解生物材料中独特的韧性和强度平衡机制仍然是一个巨大的挑战。利用不同尺寸纳米级构件的协同效应，Li 等[203]通过真空抽滤自组装法将一维硬硅钙石纳米线、二维黏土纳米片和 PVA 组装制备了三元仿珍珠层状纳米复合材料。力学测试结果表明三元纳米复合材料的力学性能优于黏土纳米片/PVA 复合材料和硬硅钙石纳米线/PVA 复合材料，证实了多维纳米构筑基元的协同增强增韧效应（图 4-188）。

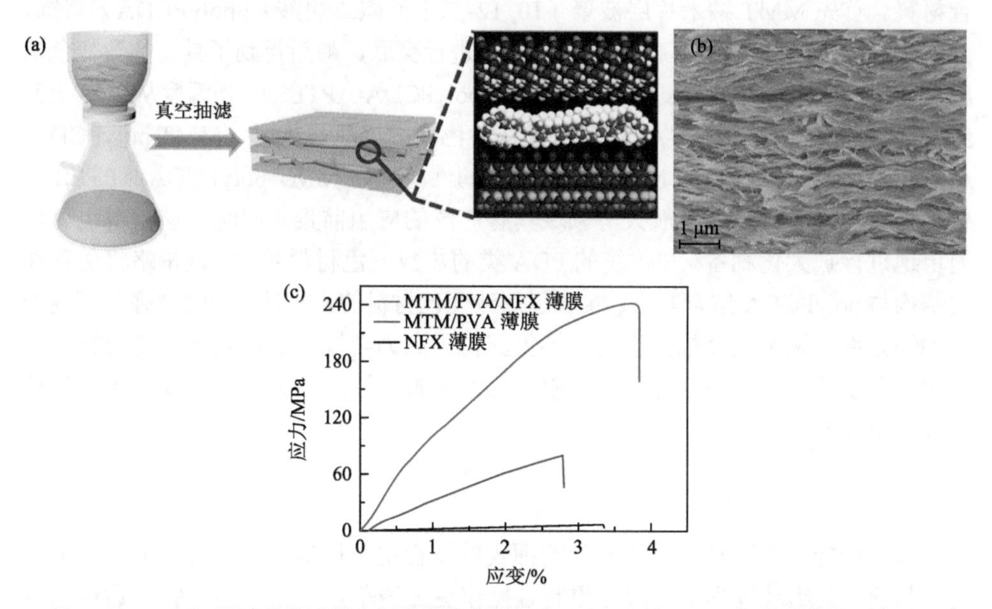

图 4-188　（a）通过蒸发诱导自组装制备层状 MTM/PVA/NFX 三元复合薄膜的示意图；（b）MTM/PVA/NFX 三元复合薄膜的横截面的 SEM 图像；（c）复合薄膜的拉伸应力-应变曲线[203]

然而，关于人造珍珠层的功能设计或多功能人造珍珠层的制备的报道很少，可能是由于缺乏可行的策略来在不削弱其他性能的情况下在仿珍珠层复合材料中引入适当的功能成分。纳米颗粒尺寸小、组装方便且具有特殊性能，在传统功能纳米复合材料中应用广泛，是将功能引入仿珍珠层状复合薄膜的有效组分。例如，金纳米颗粒（Au nanoparticle，Au NP）基纳米复合材料在先进微电子学、非线性光学、电化学传感器和生物分析等领域具有潜在的应用前景。Yao 等[204]提出了一种新的制备 Au NP-壳聚糖-MTM 人工珍珠层的策略，首先在壳聚糖-MTM 纳米片上原位生长 Au NP，随后通过真空抽滤自组装法得到 Au NP-壳聚糖-MTM 仿珍珠层状复合薄膜，制备的 Au NP-壳聚糖-MTM 复合薄膜被证明具有表面增强拉曼散射（SERS）、催化和光热转换特性，表明通过引入 Au NP 成功实现了人工珍珠层的功能化。共轭高分子具有长链的共轭结构，可以通过分子链上的共轭区域实现 π 电子的长程离域，故其光学和电学性能独特且优异，已被广泛应用于传感设备等多个领域。基于共轭高分子的传感器与基于小分子的常规传感器相比，具有响应外部刺激并放大信号的重要优势。其中，聚丁二炔（polydiacetylene，PDA）是研究最多的共轭高分子之一，其具有较好的传感特性。最重要的是，作为一种传感材料，可以通过肉眼直接观察到外部刺激下 PDA 的颜色变化。Peng 等[205]通过真空抽滤自组装技术制备了一种基于 MMT 的强韧的热致变色仿珍珠层状纳米复合材料。首先 MMT 纳米片层被聚（10, 12-二十五碳二炔酸）(polyPCDA）修饰，并通过 3-氨丙基三乙氧基硅烷（APTES）进行交联，最后得到了具有热致变色响应的功能化仿鲍鱼壳纳米复合材料（MMT-polyPCDA-APTES），当温度从 20℃上升到 70℃，MMT-polyPCDA-APTES 可以从紫色变成橙色。同时，MMT-polyPCDA-APTES 的强度达到了 102 MPa。这些优异的性能使得 MMT-polyPCDA-APTES 在传感器、武器隐身、航空航天等领域具有广泛的应用前景。同时，该材料也可以简单地进行扩大化制备。与传统的 PDA 类的热致变色材料相比，该策略将仿珍珠层结构与 polyPCDA 结合起来，实现了热致变色材料的自支撑，同时增强了可逆变色的稳定性。采用真空抽滤组装法不仅获得了高力学性能的仿生纳米复合材料，同时赋予了其多功能性。然而，受限于抽滤装置，该方法无法大规模制备仿生纳米复合薄膜材料。

3. 蒸发诱导自组装

蒸发诱导自组装技术是指在溶剂挥发的过程中，构筑单元自发形成层状纳米复合材料，其组装过程不受尺寸限制且操作更加简单。例如，Das 等[206]通过蒸发诱导自组装技术将不同长径比的黏土纳米片结合 PVA 制备了仿珍珠层状复合薄膜（图 4-189），系统研究了不同长径比的黏土纳米片与复合薄膜的微观形貌、力学性能、强韧化机制、透明度以及气体阻隔性能之间的关系，以及不同湿度下仿珍珠层状纳米复合薄膜的力学行为，这种合理的设计策略为开发环保、透明、自支撑和高性能的先进阻隔材料开辟了道路。此外，该课题组通过引入功能性聚合物如导电性聚合物、类玻璃聚合物（Vitrimer）或者聚乙烯胺等制备得到导电、光适应性、可回收的仿生层状复合材料[207, 208]。通过界面动态设计调控纳米复合材料的力学性能，纳米复合材料在进行界面优化后表现出卓越的韧性以及延展性，可作为基底应用于柔性电子器件以及阻隔材料领域中。

从力学角度来看，天然珍珠层通常被简化为二元复合材料，其中坚硬的二维文石薄片和柔软的生物聚合物层交替堆叠成致密结构。到目前为止，人们一直致力于通过将不同类型的二维无机纳米片和聚合物基质组装来模拟珍珠层的“砖-泥”层状微观结构。这些仿生层状纳米复合材料显示出令人印象深刻的强度，这通常归因于高填料含量、致密的层状结构和丰富的无机-有机界面作用。事实上，更准确地说，天然珍珠层应该被视为一种三元复合物，它由二维（2D）文石薄片、一维（1D）纳米纤维（几丁质和蛋白质等）组成。2D 文石薄片和 1D 几丁质纳米纤维网络层交替堆叠并通过软蛋白质黏合剂固定在一起。由于刚性几丁质纳米

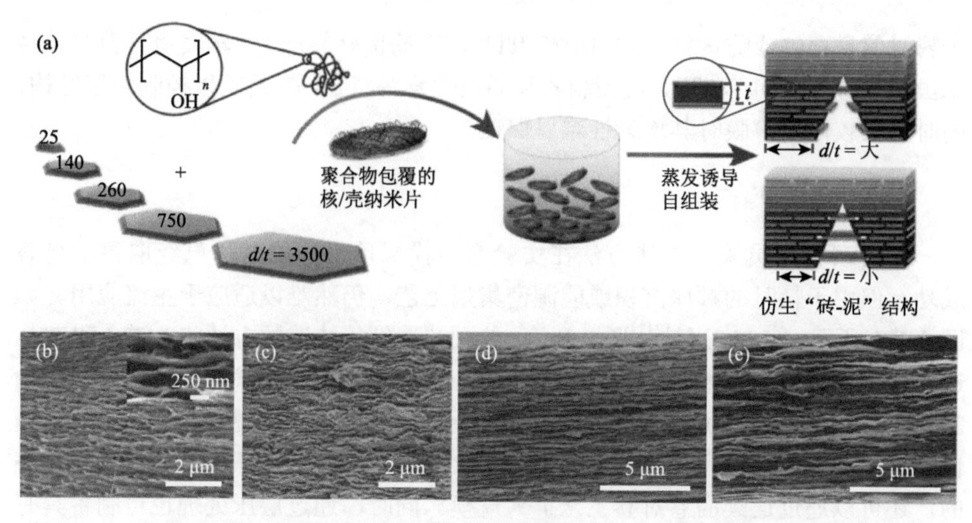

图 4-189 (a)通过蒸发诱导自组装利用具有内在硬/软结构的聚合物涂层黏土纳米片组装人造珍珠层的示意图，不同的长径比表示为直径与厚度 lx（d/t），相应的断裂模式显示在右侧，受长径比和聚合物含量的影响；（b～e）分别为四种长径比的纳米黏土和 PVA 复合后薄膜断裂面的 SEM 图像[206]

纤维的直径为几纳米，因此它具有巨大的界面面积。因此，尽管与厚的文石薄片相比，几丁质含量相对较少，但刚性几丁质纳米纤维不仅在生物矿化过程的分级控制中发挥重要作用，而且在机械支撑方面也发挥着重要作用。受此启发，Wang 等[209]通过蒸发诱导自组装技术将 MMT、纤维素纳米纤维和 PVA 相结合制备了仿珍珠层状三元复合薄膜材料，其拉伸强度约为 302 MPa、杨氏模量约为 22.8 GPa、韧性约为 3.72 MJ/m^3。仿珍珠层状三元复合薄膜材料实现了强度和韧性以及抗疲劳性能出色的平衡，优于天然珍珠层以及其他传统的黏土/聚合物二元层状纳米复合薄膜材料。室温磷光（room temperature phosphorimetry，RTP）在余辉材料、防伪材料、氧传感器和生物成像探针等领域有着巨大的应用潜力。为了扩大 RTP 化合物的实际应用，需要克服环境条件下激发三重态的快速非辐射衰变（k_{nr}）和氧猝灭（k_q）等挑战，以实现 RTP 的有效激活。一个有效的方法是将发光体保持在相对刚性的环境中，以抑制分子运动，从而降低 k_{nr}，最好也抑制氧扩散到刚性基体中。纳米黏土基仿珍珠层状纳米复合材料具有高阻氧性、透明性和机械耐久性，会对 RTP 材料领域起到至关重要的作用。基于此，Yao 等[210]通过蒸发诱导自组装法利用黏土纳米片与含有 RTP 发色团的水性聚合物制备高性能 RTP 仿珍珠层状纳米复合薄膜材料。层状纳米黏土结构优良的阻氧层抑制了环境氧的猝灭效应，拓宽了聚合物基体的选择范围，使其达到较低的玻璃化转变温度，同时提供了更好的力学性能和加工性能。此外，RTP 信号的可编程保留时间可以通过调整聚合物/黏土纳米片比例来控制氧气渗透率来实现，这使得这些薄膜成为用于瞬时信息存储或防伪材料的自擦除 RTP 标签的良好候选者。蒸发诱导自组装技术虽然具有操作简单、可大规模制备和通用性强等特点，但是难以控制精细结构，同时制备较厚的薄膜时其均匀性难以保证。

4. 其他组装技术

尽管研究人员采用上述方法在实验室中模拟珍珠层的结构已经取得了显著成功，但由于耗时的顺序沉积或能源密集型工艺，仍然难以适应于主流应用。如图 4-190 所示，Walther 等[211]通过刮涂、绘画或造纸等快速的方法将 MTM 和 PVA 进一步大规模制备规整取向的 MTM/PVA 仿珍珠层状复合薄膜，其拉伸强度为 250 MPa，杨氏模量为 45 GPa，超过部分天然珍珠层，并展现了优异的气体阻隔性能、光学半透明性和非凡的形状持久耐火性，这些概念是环保、节能以及经济的，还可以通过连续的卷对卷工艺扩大规模。同时，通过层压处理也可制备具有优异性能的层压板。相比于合成高分子 PVA，生物基高分子羧甲基纤维素钠（CMC）可从天然纤维素中改性获得，Das 等[212]以 CMC 和 MTM 分别作为能量耗散相和纳米片增强相，通过刮涂法利用高 MTM 含量的凝胶状分散体制备具有整齐排列的硬/软珍珠层状介孔结构的大面积厚膜。在功能特性方面，其展示出半透明、防火以及可用于喷墨打印表面图案化的能力。考虑到简单可扩展的制备途径以及基元天然成分的使用，可应用为环保、仿生材料，以促进可持续工程材料和新型功能性阻隔涂层的应用。

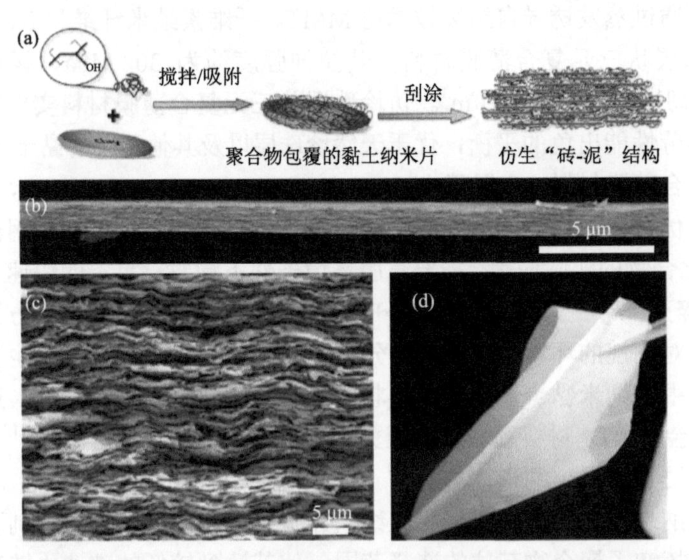

图 4-190 （a）通过三种技术（刮涂、绘画或造纸）利用涂有聚合物的纳米黏土制备仿珍珠层状复合材料示意图；刮涂制备的 PVA/MTM 仿珍珠层状复合薄膜的断裂面低倍（b）和高倍（c）的 SEM 形貌；（d）刮涂制备的自支撑柔性复合薄膜[211]

塑料具有密度低、成本低、加工性好等优点，但塑料的广泛使用会产生大量不可降解的污染物，给环境带来重大挑战。为了解决这个问题，人们越来越关注开发可生物降解的聚合物作为绿色替代品。在这些高分子材料中，聚乳酸（PLA）因优异的安全性、生物相容性和生物降解性而被认为是一种很有前途的材料。然而，制造具有优异机械性能和阻隔性能的高性能可生物降解薄膜仍然是一项重大挑战。为了解决这个问题，Han 等[213]引入了最有效的仿生模型之一的“砖-泥”结构来改善材料的综合性能，提出了 PLA 辅助的剥离和分散方法，以天然矿物云母（mica）为原料制备 PLA 包覆的云母纳米片（云母纳米片/PLA）。通过引入剪切力组件，可以制造出一种具有“砖-泥”结构的仿珍珠层状纳米复合薄膜。仿珍珠层状纳米复合薄膜显示出优异的力学性能、紫外线屏蔽和阻隔气体性能。与 PLA 薄膜相比，仿珍珠层状纳米复合薄膜的拉伸强度、杨氏模量和韧性分别增加了 86.5%、116%和 25%。纳米复合薄膜强度的显著提高归因于通过剪切力组装和蒸发诱导的自组装构建的“砖-泥”结构。这种纳米复合薄膜的高强度和高模量源于具有高刚度的云母纳米片以及云母纳米片和 PLA 分子之间的强相互作用。除机械性能外，阻气性也是包装材料的重要性能。仿珍珠层状纳米复合薄膜（云母纳米片含量为 40 wt%）的水蒸气阻隔性比纯 PLA 薄膜高约 4 倍。与市售的乙酸乙烯酯共聚物（ethylene-vinyl acetate copolymer，EVA）包装膜相比，提升近 3 倍。同时，PLA 中添加有序的云母纳米片显著提高了仿珍珠层状薄膜的油脂阻隔性能。云母纳米片/PLA 珍珠层状复合薄膜在 UV 波段（280 nm）具有低透射率，在可见光带（555 nm）具有高透射率，表明该复合薄膜具有优异的 UV 屏蔽性能和可见光透射率。这种光学选择性主要源于云母纳米片的层状晶体结构以及偏振和层间光学干扰。紫外线屏蔽能力使仿珍珠层状纳米复合薄膜可用作紫外线敏感食品、医药和电子产品的包装材料，以避免紫外线损伤。这种具有优异的力学性能、紫外线屏蔽和阻气性能的仿珍珠层状纳米复合薄膜有望成为未来优秀的食品包装材料，这将有利于延长食品的保质期。

陶瓷纳米颗粒涂层因其良好的电解质润湿性和高热稳定性而被广泛用于保护微孔聚烯烃隔膜。除了高离子传导性和耐热性之外，合理的隔膜涂层还应该能够耐受机械冲击。然而，由于有限的机械能耗散能力，这些陶瓷纳米颗粒涂层不能为微孔聚烯烃隔膜提供足够的保护以免受外部冲击。基于此，Song 等[214]提出了一种构建仿珍珠层隔膜提升锂电池抗冲击性能的方法。利用刮涂技术在聚乙烯隔膜表面制备仿珍珠层涂层，通过片层之间的滑移耗散聚乙烯隔膜受到的冲击应力，有效地维持了聚乙烯隔膜的内部孔结构，从而保证了在充放电过程中电池具有均匀的锂离子流。5G 时代巨大数据流量对于通信终端的芯片、天线等部件提出了更高的要求，器件功耗大幅提升的同时这些部位发热量急剧增加。随着下一代便携式电子设备的集成化和小型化，对先进热管理材料的特性包括优异的电绝缘性、良好的柔韧性、密度小、力学和热性能强等特性提出了很高的要求。由于高分子材料具有上述大部分特性，因此，高分子材料被广泛用作电子封装材料。然而，聚合物固有的低热导率[0.1~0.5 W/(m·K)]和高可燃性阻碍了其在热管理的应用和许多重要技术领域的适用性。为了实现聚合物的高导热性和阻燃性，将高性能无机添加剂，特别是具有高比表面积和高长径比的二维纳米填料嵌入到聚合物基体中，获得高质量的聚合物纳米复合材料。六方氮化硼（h-BN）作为石墨烯类似物，由于其卓越的物理和化学性质，如优异的导热性、超高的电绝缘性和固有击穿电压、优异的力学性能和高的热/化学稳定性而引起了人们的特别关注。为此，Han 等[215]以六方氮化硼作为填料，六氟磷酸盐离子液体（ionic liquid，IL）作为研磨剂，通过一步球磨工艺获得微米级阻燃功能化氮化硼纳米片（BNNS@IL），然后以环氧树脂（epoxy resin，EP）为基体，采用一种新型、高效、无溶剂的循环逐层（cyclic layer-by-layer，CLbL）叶片铸造方法制备了具有高度面内取向 BNNS@IL 的 EP 基层状膜。由于 EP/BNNS@IL 具有高度的取向结构和丰富的阻燃官能团 BNNS@IL，以及填料与基体之间的高相容性，制备的 EP/BNNS@IL 薄膜具有高的各向异性热导率[$K_{/\!/}$和 $K_{\perp}$分别为 8.3 W/(m·K)、0.8 W/(m·K)]，具有优异的热稳定性和阻燃性，与纯 EP 相比，峰值热量释放速率（peak heat release rate，PHRR）和总热释放量（total heat released，THR）分别为 104.2 W/g 和 8.1 kJ/g，分别降低了 72.9%和 75.7%。此外，面内高度取向结构和强界面相互作用也使 EP/BNNS@IL 薄膜具有较高的柔韧性和优异的力学性能。因此，高效的 CLbL 铸造方法和高性能环氧基薄膜在大功率柔性电气器件和热管理产品中具有重要的应用潜力。

在重力的作用下，流动有助于诱导纳米材料取向。例如，Ding 等[216]通过流动诱导组装法得到取向良好的层状仿生涂层材料。首先将剥离得到的 MTM 纳米片与聚合物共混，得到聚合物包裹的纳米片，通过一个非常简单的浸涂过程，将分散液涂在 PLA 薄膜（或其他基底）上，然后将薄膜垂直悬挂，这样 MMT 纳米片就可以借助重力诱导的薄层液体流动对齐[图 4-191（a）]。调控分散液中 MMT 和 PVA 的含量，以确保低黏度来产生快速流动和薄的液体层，以实现纳米片的高水平取向。干燥后的复合薄膜形貌呈现层状有序结构[图 4-191（b）]，由于数百层密集堆积的纳米片使薄膜具有出色的阻气性能，因此这种结构有利于降低热量和氧气的传递，其可燃性测试结果表明这种紧密堆积的 MMT/PVA 复合薄膜具有优异的阻燃性能。如图 4-191（c）所示，即使复合薄膜中 MMT 纳米片的含量达 70 wt%，涂覆了 MMT/PVA 纳米复合涂层的 PLA 仍然展示出优异的透明度，这表明纳米复合涂层中实现了 MMT 纳米片的高水平分散和取向。此外，紫外-可见光谱（UV-Vis）也表现出法布里-珀罗（Fabry-Perot）模式，进一步表明纳米复合涂层具有较高的均匀性。这一结果与传统的纳米复合材料形成了鲜明的对比，传统的纳米复合材料在纳米填料负载超过约 10 wt%时通常不能保持高透明度。由于

MMT 纳米片的高含量、高分散和取向，以及 MMT 和 PVA 之间的交联，这些纳米复合涂层表现出优异的力学性能。随着 MMT 纳米片含量的增加，纳米复合涂层的拉伸强度和模量均显著增加[图 4-191（d）]。同时，与未交联的纳米涂层相比，交联后的纳米涂层表现出更高的力学性能，因为交联提供了更有效的载荷传递。

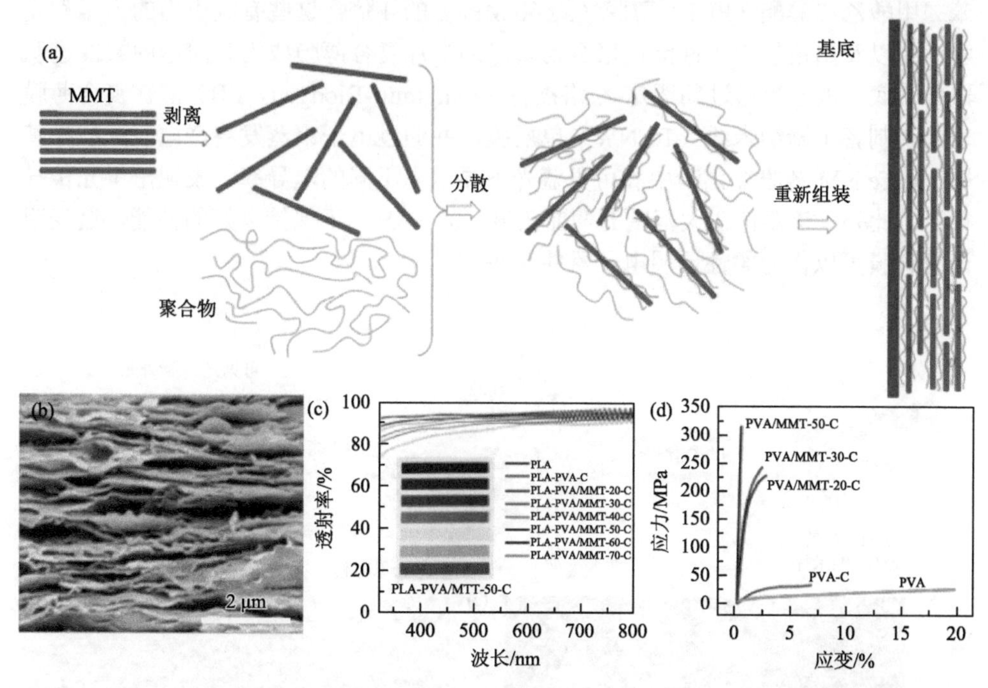

图 4-191　（a）重力诱导自组装层状复合薄膜示意图；（b）PVA/MTM-50-C 复合薄膜横截面的 SEM 图像；（c）PVA/MTM 复合薄膜的 UV-Vis 光谱（插图显示了放置在印刷彩虹图案上方的 PLA-PVA/MMT-50-C 薄膜的数字图像，在整个可见光谱范围内表现出高透明度）；（d）不同蒙脱土浓度的复合薄膜的典型应力-应变曲线[216]

喷涂诱导自组装主要是将组装单元分散液通过喷枪或者雾化器雾化后沉积到基底表面的一种制备技术。例如，Wong 等[217]结合喷涂以及热固化技术制备了柔性和透明的环氧树脂/磷酸锆层状纳米复合薄膜。环氧预聚物稳定了磷酸锆纳米片的自组装中间相，并表现出有利于大规模生产的流变学特性。由于纳米片的高度对齐和重叠排列，热固化薄膜形成了良好力学性能的涂层，并在低湿度和高湿度下均显示出优异的气体阻隔性能和机械稳定性。如图 4-192 所示，Pan 等[218]同样利用使二维纳米片有序排列和堆叠的喷涂诱导策略，首先发展了从廉价天然云母粉中宏量制备云母纳米片的高效方法，并以此纳米片作为组装基元结合生物大分子 CS 制备了高性能聚合物云母层状纳米复合薄膜材料，当云母含量为 60%时，聚合物云母纳米复合薄膜具有最优的力学性能，其拉伸强度约为 260 MPa，杨氏模量约为 16.2 GPa，并且还具有优异的可见光透过率（38%～65%）。经受 144 h 紫外光照射后，复合薄膜的拉伸性能几乎不变，证明其具有优异的抗紫外老化性能（62%～100%）。该聚合物云母纳米复合薄膜的整体性能优于天然片状云母以及其他黏土仿生薄膜。该复合薄膜的电阻远高于纯 CS 薄膜，且拉伸强度为聚对苯二甲酸乙二醇酯（PET）薄膜（约 60 MPa）的 4 倍，这些有吸引力的力学和光学性能以及出色的电子性能使聚合物云母纳米片复合薄膜成为有前途的柔性透明器件基底。进一步通过朗谬尔-布洛杰特（Langmuir-Blodgett，LB）法在复合薄膜表面上制备了碲纳米线（Te NW）单层膜，并通过电子束蒸发将金电极沉积在基板上，Te NM 薄膜在黑暗中和可见蓝光下显示出不同的电导率，表现出了光传导行为。此外，该器件在大范围的弯曲角度（0°～85°）下保持良好的性能，这表明该复合膜可以作为柔性透明电子器件基底。

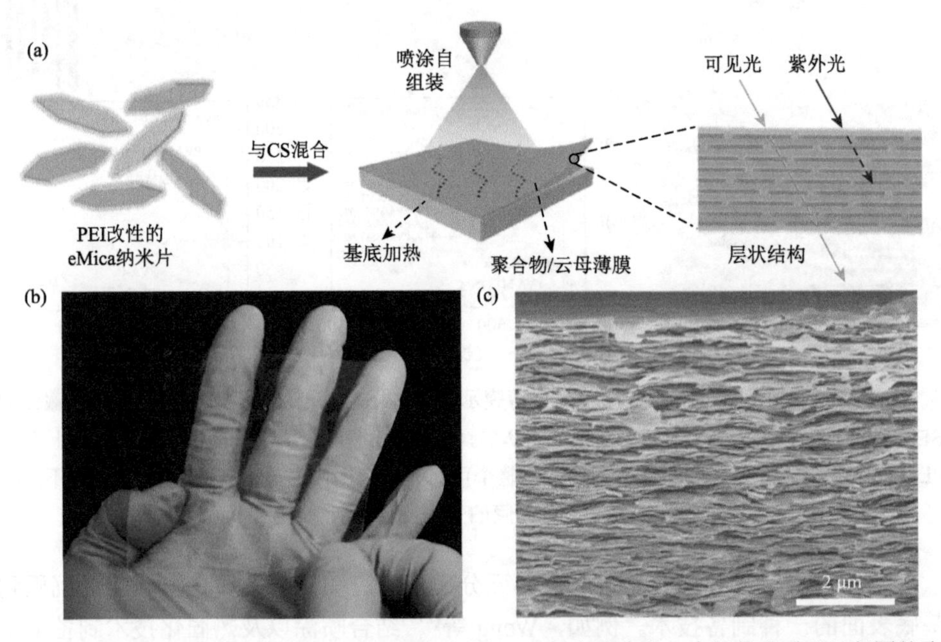

图 4-192　（a）通过喷涂法将 PEI-eMica 纳米片与 CS 混合溶液进一步组装成透明且坚固的聚合物云母薄膜的示意图；（b）云母片含量为 60 wt%的大面积（64 cm^2）并具有高透明度聚合物云母薄膜的照片；（c）云母片含量为 60 wt%的聚合物云母薄膜的横截面的 SEM 图像[218]

聚酰亚胺（PI）薄膜具有优异的力学性能、耐化学性、电绝缘性、抗辐射性、出色的热稳定性（大于 500℃）以及柔韧性，是一种极具吸引力的材料。PI 薄膜通常用作隔热层多层绝缘结构的外层，用于保护航天器免受低地球轨道（low earth orbit，LEO）不利条件的影响，包括原子氧（atomic oxygen，AO）、紫外线（UV）辐射、空间碎片和热循环。随着航空航天工业的快速发展和保障航天器安全可靠性的需要，对具有改善机械性能和抗 AO 性能的 PI 薄膜的需求不断增长。虽然 PI 薄膜与其他烃基聚合物一样具有出色的抗辐射和耐化学性以及出色的热稳定性，但它们也非常容易受到 AO 攻击。PI 薄膜中的碳、氢、氮等元素在 AO 暴露后易被氧化形成挥发性气体分子，导致其力学性能急剧下降，使用寿命显著缩短。为了弥补 PI 本身性能的不足，Pan 等[219]利用前期开发的云母（mica）纳米片作为组装基元，与 PI 前驱体复合借助喷涂与热固化联用技术构筑了 PI-mica 纳米复合薄膜材料。与单一仿珍珠层状结构设计不同，改变顶层中 PI 和 mica 配比，使复合薄膜的顶层具有更致密的云母纳米片。通过优化组分比例和顶层厚度，双层复合薄膜的力学性能显著提高。双层复合薄膜的拉伸强度为 125 MPa、杨氏模量为 2.2 GPa、表面硬度为 0.37 GPa，分别比纯 PI 薄膜提高了 45%、100%和 68%。由于其独特的双层珍珠层状结构以及云母纳米片的固有优势，双层 PI-mica 复合薄膜具有比单层 PI-mica 薄膜或纯 PI 薄膜更好的抗 AO 性（在 AO 通量 3.09×10^{20} 原子/cm^2 下的侵蚀产率为 $0.17\times10^{-24}cm^3$·原子）、抗 UV 老化和高温稳定性。此外，其 AO 通量和侵蚀屈服特性均优于先前报道的 PI 基复合材料。这种梯度设计策略大幅度提升了复合薄膜的力学性能，其上表面对 AO、UV 和空间碎片等具有更好的防护能力。云母纳米片具有优良的电绝缘性能以及优异的温度稳定性和化学耐久性，并显示出保护金属的巨大潜力，相比于石墨烯，其价格低廉。而且由于石墨烯导电，一旦石墨烯涂层受损，其在界面会引发微电流反应来促进金属腐蚀，因此对其改性或者探索其替代材料是未来防腐研究中重要的研究方向。此前，由于片状云母稀有且成本高昂，关于制造云母基防腐涂层的报道很少。与片状云母相比，天然云母更容易获得，更便宜，并且具有与片状云母基本相同的性质和结构。但从防腐的角度来看，天然云母不适用于高性能涂层，因为其相当厚且纵横比低。基于此，Ding 等[220]首先通过水热法从天然云母剥离得到云母纳米片并将其作为构筑基元，结合环氧树脂前驱体复合通过喷涂法涂覆在基底上，然后固化得到环氧树脂-云母纳米片复合涂层。与纯的环氧树脂相比，仅添加 0.4 wt%云母纳米片，环氧树脂-云母纳米片复合涂层的腐蚀速率降低到 1/6500，涂层阻抗增加了四个数量级。这种策略为开发高性能防腐涂料以替代石墨烯材料用于金属保护开辟了一条新途径。

4.3.2　界面构筑策略

天然贝壳珍珠层由碳酸钙和有机物组成，其中无机物和有机物之间的界面相互作用（如无机物之间的桥键）、粗糙表面间的剪切阻力以及有机物的黏结协同作用是贝壳珍珠层呈现强力学性能和高断裂韧性的主要原因。受此启发，不同的界面作用被用来制备黏土-聚合物纳米复合材料。目前界面作用主要分为共价键和非共价键，其中非共价键主要包括氢键、离子键。

1. 单一界面作用

1）氢键

氢键作为一种非共价键作用，广泛存在于自然界生物中，如蜘蛛丝、蚕丝以及其他各种蛋白质中。由于黏土表面具有大量的氢键，将氢键作用引入黏土纳米片间可以增强黏土基复合材料的力学性能。研究学者在 MMT 纳米片表面的羟基与 CS 分子链上的羟基或氨基之间形成氢键以增强基元材料之间的界面相互作用能力，例如，Bonderer 等[192]利用硅烷偶联剂修饰三氧化二铝（Al_2O_3）微纳片上的氨基和 CS 之间形成氢键，增强了 Al_2O_3/CS 杂化复合薄膜的强度和韧性，当 Al_2O_3 含量为 15 vol%时，Al_2O_3/CS 层状有机-无机杂化复合薄膜材料的拉伸强度、弹性模量和应变分别达到 315 MPa、10 GPa 和 17%[图 4-193（a）和（c）]。Yao 等[193]同样利用氨基修饰的层状双氢氧化物（LDH）与 CS 之间的氢键作用，制备了一系列具有优异力学性能和光学性能的薄膜。此外，研究发现，聚乙烯亚胺改性的云母（PEI-eMica）纳米片与 CS 基质之间更密集的氢键，导致 CS 改性的 eMica 纳米片组装的复合薄膜的拉伸强度明显低于相同无机含量的 PEI-eMica 复合薄膜。此外，其他亲水性聚合物表面也都具有大量的羟基，如聚乙烯醇（PVA）、纳米纤丝纤维素（nanofibrillar cellulose，NFC）等，可以与黏土纳米片间形成氢键。例如，Shu 等[195]通过界面辅助的自组装技术将预处理的 LDH 和 PVA 制备了高拉伸强度（169.36 MPa）、高无机含量（96.9 wt%）和延展性的多层 PVA/LDH 薄膜。一般来说，弱的氢键容易断裂，导致力学性能的提升十分有限。但是，Das 等[206]发现，构建多重氢键可以显著提高力学性能，尤其是同时提高强度和韧性，且纳米片的长径比在很大程度上可以影响层状纳米复合材料的力学性能。同样地，Wang 等[209]引入纳米纤维素，由于产生了丰富的氢键网络，制备得到的 MMT/NFC/PVA 三元复合薄膜的拉伸强度达 302 MPa，模量达 22.8 GPa，韧性达 3.72 MJ/m^3，这些性能均高于二元 MMT/PVA 或 NFC/MMT 体系，充分体现了不同维度增强体的协同优化效应[图 4-193（b）和（d）]。Zeng 等[221]以非共价功能化氮化硼纳米片（NF-BNNS）和 PVA 为原料，通过真空辅助自组装技术制备了人造珍珠层状复合薄膜。人造珍珠层状复合薄膜的拉伸强度（125.2 MPa）与天然珍珠层相当，韧性（2.37 MJ/m^3）比天然珍珠层高 30%。NF-BNNS-PVA 复合薄膜优异的力学性能归功于其层状结构和独特的氢键交联。多氢键和少氢键 NF-BNNS 复合薄膜之间力学性能的巨大差异，进一步证明了氢键对改善力学性能的重要性。选择聚（甲基丙烯酸甲酯）（PMMA）作为疏水聚合物制备少氢键的 NF-BNNS 基复合薄膜，因为 PMMA 只能通过侧链上的酯官能团作为氢键受体。力学测试表明，正如预测的那样，NF-BNNS-PMMA 复合薄膜的力学性能明显低于具有相同 NF-BNNS-聚合物质量比的 NF-BNNS-PVA 复合薄膜。例如，在相同的聚合物负载量（6 wt%）下，NF-BNNS-PMMA 复合薄膜的拉伸强度、杨氏模量和韧性分别仅为（12.1±3.8）MPa、（2.6±0.4）GPa 和（0.065±0.04）MJ/m^3。这一观察结果表明，PVA 分子确实在堆叠的 NF-BNNS 之间形成了许多氢键网络，可以很容易地增强其力学性能。

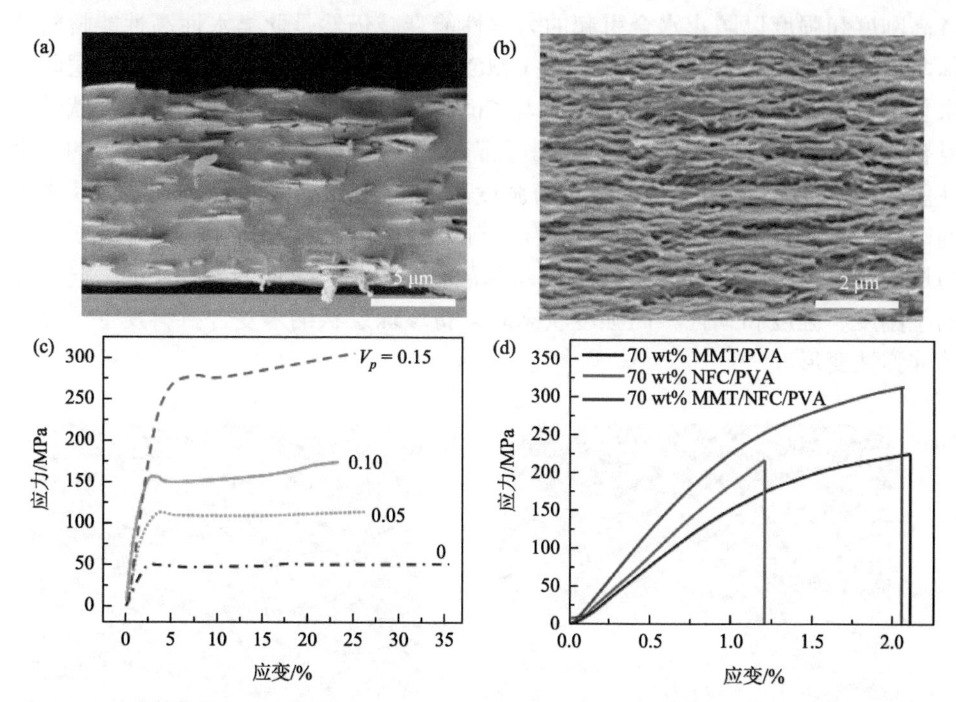

图 4-193　（a）Al_2O_3-CS 人造薄膜的高度取向微观结构的 SEM 图像[192]；（b）MMT/NFC/PVA 人造珍珠层的横截面的 SEM 图像[210]；（c）不同体积的 Al_2O_3 复合薄膜的典型应力-应变曲线[192]；（d）70 wt% MMT/PVA、70 wt% NFC/PVA 和 70 wt% MMT/NFC/PVA 复合材料的应力-应变曲线比较[209]

2）离子键

如图 4-194（a）和（c）所示，Tang 等[184]向聚二烯丙基二甲基氯化铵/黏土（PDDA/clay）复合薄膜中引入 Ca^{2+}后，其力学性能优于未引入 Ca^{2+}的复合薄膜，这是由于 Ca^{2+}与带负电荷的 MMT 之间具有静电吸引作用。类似地，PDDA 可以用作静电“黏合剂”。与 Ca^{2+}进行离子交换的 MMT-PDDA 的拉伸强度可以达到 152 MPa。除了静电相互作用之外，离子（Ca^{2+}、Cu^{2+}、Fe^{3+}等）还可以与聚合物之间形成配位键。受天然贻贝材料高黏附性能的启发，Podsiadlo 等[185]采用 DOPA 和 MMT 制备层状纳米复合材料，进一步采用 Fe^{3+}交联复合材料，交联后的复合材料的强度提升了约 3 倍，韧性提升了约 4 倍。在分子水平上，DOPA 起着双重作用：①将聚合物附着在纳米片上的锚定作用；②通过 Fe^{3+}处理后暴露于碱性 pH

中，聚合物链之间形成交联的三维基质。对于没有引入 DOPA 的复合薄膜，引入 Fe^{3+}交联后复合薄膜的拉伸强度降低了近一半，原因可能在于 Fe^{3+}从表面置换出了一些一价赖氨酸基团，并减少了聚合物与黏土纳米片的键合。尽管人们已经付出了巨大的努力来提高仿珍珠层纳米复合材料的力学性能，但在高湿度下保持高刚度和强度以防止水合引起的力学性能衰减仍然是此类水性高性能材料的基本挑战。Das 等[222]采用 Cu^{2+}交联 CMC 与 MMT 组装得到 CMC/MMT 层状纳米复合材料。CMC 分子链上的羧基与 Cu^{2+}之间形成配位键，所制备的层状纳米复合材料具有 250 MPa 的拉伸强度。在高水合状态（湿度为 95% RH）下的力学性能（杨氏模量高达 13.5 GPa，抗拉强度高达 125 MPa）实际上与在干燥状态下的一系列未交联仿珍珠层状纳米复合材料相当［图 4-194（b）和（d）］。此外，与原始材料相比，经 Cu^{2+}处理的仿珍珠层材料显示出协同的力学性能，同时提高了刚度、强度和韧性。高强度状态时，仿珍珠层状纳米复合材料发生了显著的非弹性变形。

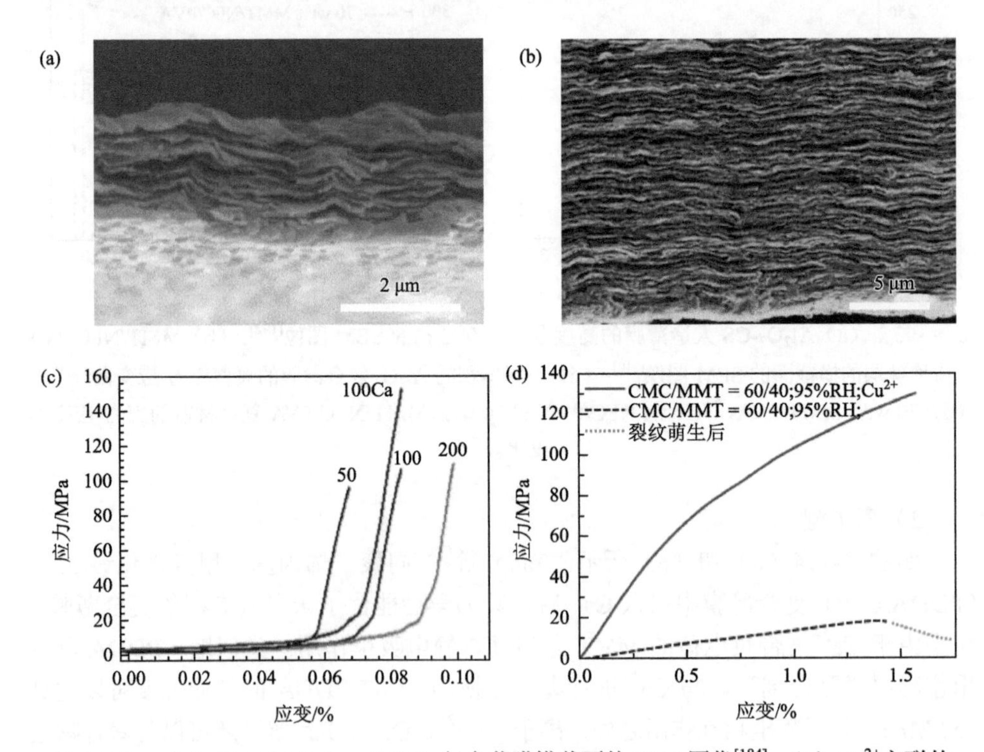

图 4-194 （a）$(PDDA/clay)_{100}$（P/C）复合薄膜横截面的 SEM 图像[184]；（b）Cu^{2+}交联的 CMC/MTM = 60/40 复合材料在 95% RH 拉伸后横截面的 SEM 图像[222]；（c）$(P/C)_{50}$、$(P/C)_{100}$、$(P/C)_{200}$ 和 $(P/C)_{100}$-Ca^{2+}复合薄膜的应力-应变曲线[184]；（d）Cu^{2+}交联前后的 CMC/MTM = 60/40 复合材料在 95% RH 拉伸的应力-应变曲线[222]

3）共价键

共价键是具有更高键能的相互作用，比氢键几乎高出一个数量级。当把共价键引入到层状结构中后，复合材料的拉伸强度往往得到极大提高。例如，Podsiadlo 等[187]采用戊二醛（GA）交联 PVA-MTM 纳米复合薄膜，其拉伸强度和杨氏模量分别达 400 MPa 和 106 GPa，这是由于共价键断裂需要足够的能量，可以抵抗较大的拉伸应力[图 4-195（a~c）]。同样地，Han 等[194]通过 LBL 组装具有规整的、交替的 LDH/PVA 杂化薄膜，使用 GA 交联后的 LDH/PVA 杂化薄膜的拉伸强度高达 195 MPa，约为原始 PVA 膜的 5 倍，甚至超过了天然珍珠层的拉伸强度。Ding 等[216]同样采用 GA 原位交联的 PVA/MTM 复合涂层的力学性能也得到了大幅度提升。与此不同的是，Walther 等[211]采用 GA 原位交联 PVA/MTM 层状复合薄膜，发现其力学性能并未得到很大提升，可能是引入 GA 导致 MTM 的间距变大，阻止了力学性能的大幅度提升。同时，在 160℃下使用 50 MPa 在 PVA 的玻璃化转变温度以上热压 20 min 也没有本质上改善其力学性能[图 4-195（d）和（e）]。这与 Kotov 等发现的 GA 交联大幅度提升力学性能存在不同，其原因可能在于制备方法、取向度以及厚度等因素，因此，需要综合考虑各种差异。此外，采用 0.9 wt%硼酸（borate）交联 PVA/MTM 复合薄膜后，其力学性能得到显著改善，杨氏模量达 50 GPa，拉伸强度达 275 MPa。但是 borate 的分子链较短，因此在提高模量和强度的同时，其断裂伸长率大大降低。

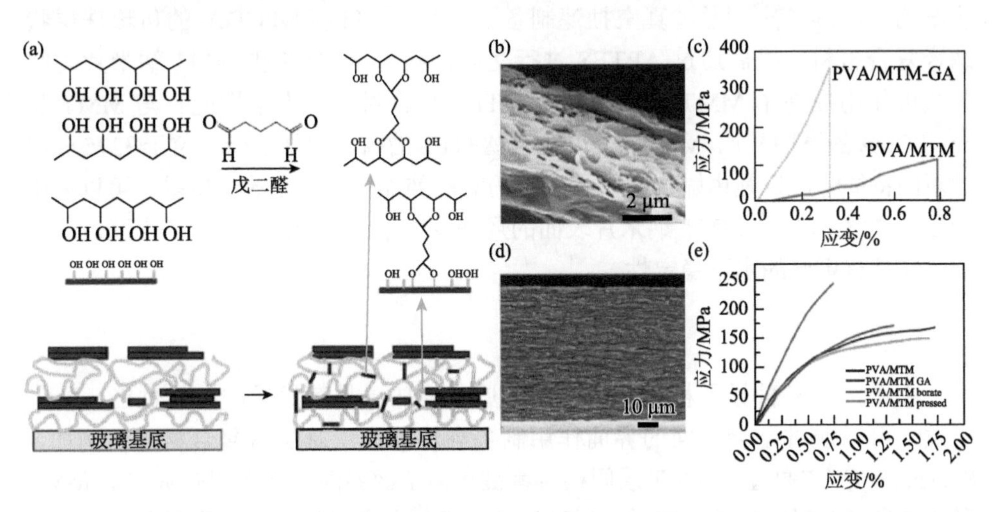

图 4-195 （a）PVA-MTM 纳米复合材料中戊二醛交联的示意图；（b）拉伸测试后复合材料断裂边缘的俯视 SEM 图像，虚线表示样品的边缘；（c）PVA/MTM 复合材料没有和有 GA 交联的应力-应变曲线[187]；（d）PVA/MTM 仿珍珠层状复合材料的横截面 SEM 图像（厚度为 0.063 mm）；（e）不同样品（PVA/MTM，无交联；PVA/MTM GA，GA 交联；PVA/MTM borate，与硼酸交联；PVA/MTM pressed，热压）的应力-应变曲线[211]

多异氰酸酯在其链中含有重复的异氰酸酯基团-NCO，已广泛用于聚氨酯的生产。同时，它通常应用于油漆、水凝胶和黏合剂领域。由于—NCO 基团的高反应性，多异氰酸酯可以在室温下与具有—OH 或—NH_2 基团的材料发生反应。这为共价键驱动的 LBL 组装多层薄膜提供了一种潜在的方法。PVA 具有良好的成膜性，是制备薄膜的理想组分。此外，羟基之间的强相互作用可以进一步稳定薄膜。锂皂石（Laponite）在水中很容易剥落，并已广泛用于高力学强度的聚合物纳米复合材料的制备。基于此，Ren 等[223]将亲水性脂肪族聚异氰酸酯（hydrophilic aliphatic polyisocyanate，HAPI）用于 PVA/Laponite 层层自组装中，以制造共价键的多层复合薄膜。FTIR 测试表明 PVA 和 Laponite 分别与 HAPI 形成了酰胺键，证实了—NCO 和—OH 基团之间的反应，在 LBL 过程中，HAPI 分别与 PVA 和 Laponite 产生了共价键作用。从力学测试结果中也可以看到，HAPI 的引入增加了 PVA 和 Laponite 之间的相互作用，从而导致更高的拉伸强度。薄膜设计为 $[(P/L)_xHAPI]_y$，其中 x 代表 PVA/Laponite 双层的数量，y 代表$(PVA/Laponite)_xHAPI$ 多层的数量，$(P/L)_{20}$ 薄膜的抗拉强度只有（4.9±1.5）MPa。但对于$[(P/L)_2HAPI]_{12}$ 和$[(P/L)_1HAPI]_{40}$，薄膜的拉伸强度分别达到（9.6±1.4）MPa 和（11.9±2.0）MPa。3-氨丙基三乙氧基硅烷（APTES）是一种硅烷偶联剂，其分子中包含一个可水解的乙氧基团（—OC_2H_5），可对材料表面进行改性从而赋予材料新的性质。另外，在硅原子上带有 3 个活性乙氧基的 APTES 分子也能在分子链间构成三维网络状结构。Peng 等[205]通过真空抽滤制备了一种 MMT-polyPCDA 的仿珍珠层状纳米复合材料，然后通过 APTES 进行交联，利用 APTES 和 MMT 纳米片之间的共价作用提高了 MMT-polyPCDA-APTES 复合材料的力学性能。与 MMT 和 polyPCDA 的谱图相比，MMT-polyPCDA-APTES 的谱图出现了一个位于 3275 cm^{-1} 的新的特征峰，这是由氨基上 N—H 键的对称伸缩振动产生的。所以，可以证明 APTES 的乙氧基与 MMT 纳米片表面的羟基发生了缩合反应。此外，交联后的复合薄膜具有更好的水下稳定性。

2. 复合界面作用

由于内部多种界面相互作用，天然贝壳珍珠层具有优异的力学性能。受此启发，可以通过结合不同的界面作用制备高性能黏土基层状复合材料。例如，Podsiadlo 等[189]通过在 MMT 层间构筑氢键和离子键界面协同作用制备 PVA/MMT 层状纳米复合材料。首先通过层层自组装技术制备 PVA/MMT 复合材料，进一步浸泡在盐溶液中（含 Cu^{2+}或 Al^{3+}）。其中 PVA 和 MMT 之间首先形成氢键作用，其最大拉伸强度可达 120 MPa，模量达 13 GPa；将离子键进一步引入到聚合物基质中，产生了双网络，从而进一步提高了复合材料的力学性能，其强度可达 320 MPa，模量达 60 GPa（图 4-196）。在高温等不同条件下具有高强度、高韧性和稳定服役行为的多功能复合材料成为当下的迫切需求。由于所选择的硬质和软质相材料的限制，大多数仿生复合材料不能在复杂条件下使用。因此，选择理想的纳米片和有机基体对于制备高强韧性人造珍珠层具有关键作用。北京航空航天大学程群峰等描述了如何利用界面相互作用和构筑单元之间的协同关系来构建高性能的仿珍珠层状纳米复合材料。最普遍的策略之一是添加金属离子来强化界面，从而显著提高复合材料的力学性能。在此基础上，Liang 等[224]选用藻酸盐（alginate，ALG）、MMT 和 Ca^{2+}作为组装基元通过真空抽滤自组装制备具有优异力学性能、阻燃性能和形状响应性的仿珍珠层状复合薄膜（CMTM-ALG）。利用氢键和离子键（ALG 与 Ca^{2+}交联）的协同作用来增强复合材料的界面相互作用，使 CMTM-ALG 复合薄膜强度达 280 MPa，韧性达 7.2 MJ/m^3。力学测试表明，离子交联后的海藻酸钠薄膜和 MMT-ALG 复合薄膜的拉伸强度均高于纯的海藻酸钠薄膜，且 CMTM-ALG 复合薄膜同时展现出优异的强度和韧性。FTIR 和 XPS 测试结果表明 MMT 和 ALG 之间存在氢键作用以及 Ca^{2+}和 ALG 之间存在螯合作用，并且 Ca^{2+}和 ALG 的交联形成的“蛋盒”导致 CMTM-ALG 复合薄膜的珍珠层状微观结构变得模糊。此外，复合薄膜还具有较好的热稳定性，在 100℃时，其最大拉伸强度约 170 MPa，即使燃烧薄膜，薄膜没有起火并仍然保持其形状。在纯 ALG 复合材料表面喷洒乙醇，由于 ALG 复合材料中的水容易与乙醇结合，而 ALG 复合材料不能溶于乙醇，导致喷涂的侧面发生解吸水并开始弯曲。随着醇的蒸发，弯曲膜缓慢恢复到平面形状，表明其对醇具有独特的形状响应性。这种高力学性能、阻燃性以及形状记忆效应将极大地拓宽纳米复合材料的应用范围。

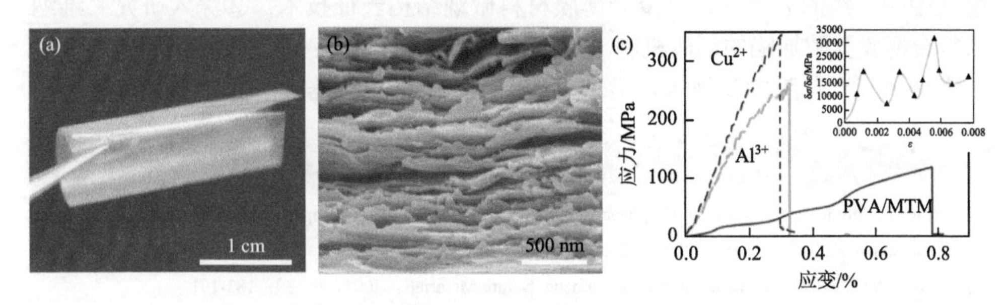

图 4-196 (a) $(PVA/MTM)_{300}$ 复合薄膜的实物图；(b) $(PVA/MTM)_{300}$-Al^{3+}薄膜横截面的 SEM 图像；(c) PVA/MTM 薄膜与 Cu^{2+}、Al^{3+}交联 PVA/MTM 薄膜的应力-应变曲线比较，插图显示了 PVA/MTM 应力-应变曲线的微分，揭示了特征锯齿图案[189]

Li 等[225]提出了一种约束组装策略，该策略通过在面内拉伸具有氢键和离子键的含水纳米黏土网络来调整多层纳米黏土薄膜中纳米薄片的二维形貌。面内拉伸克服了除水过程中的毛细作用力，从而抑制了纳米片构象从近乎平坦到褶皱的转变，形成了具有协同氢键和离子键的高度排列的多层纳米结构。力学测试结果表明，纳米片之间的氢键和离子键以及纳米片的构象扩展显著地增强了复合薄膜的力学性能。纳米黏土薄膜的拉伸强度和模量分别达到 429 MPa 和 43.8 GPa，优于常规自发组装制备的纳米黏土复合薄膜。SA 和 Ca^{2+}的纳米片间桥接通过 FTIR 和 XPS 光谱验证。没有桥接的纳米黏土在 3400 cm^{-1} 处显示出典型的—OH 伸缩振动峰。SA 桥接导致—OH 峰红移至 3366 cm^{-1}，表明 SA 分子和纳米片之间形成了氢键。另外，Ca^{2+}桥接使—OH 峰进一步红移至 3347 cm^{-1}，表明在 Ca^{2+}和纳米片之间形成 H—O→Ca^{2+}配位。在没有 SA 的 Ca^{2+}桥接纳米黏土中也观察到了这种变化，证实了 Ca^{2+}与纳米片表面上的—OH 基团的配位能力。此外，额外引入 Ca^{2+}也使 SA 的—COO^-峰从 1603 cm^{-1} 红移到 1591 cm^{-1}，验证了 Ca^{2+}和 SA 分子之间的配位。C 1s XPS 光谱的反卷积表明，额外引入了 Ca^{2+}将 SA 桥接纳米黏土的 C—O—C、C—OH、C═O 和 O—C═O 峰从 285.6 eV、286.5 eV、288.2 eV 和 289.0 eV 降低到 SA-Ca^{2+}桥接纳米黏土的 285.3 eV、286.0 eV、288.0 eV 和 288.6 eV。这些变化意味着 Ca^{2+}吸引了 SA 分子中氧原子的电子，导致相邻碳原子的电子云密度降低。此外，纳米黏土薄膜显示了改善的隔热功能和良好的不可燃性，扩大了其实际用途的潜力。

总之，优化石墨烯、过渡金属碳/氮化物和纳米黏土的层间界面作用、规整取向度和密实度，可以大幅度提升相应宏观二维纳米复合薄膜材料的力学性能和其他功能（如导电、电磁屏蔽、电化学储能等）特性，它们在飞行器蒙皮、电磁屏蔽涂层、柔性电极、防火材料等领域具有广泛应用前景。为了推动这些高性能二维纳米复合薄膜材料的商业化应用，未来可以从以下几方面进一步研究：①开发精度为纳米级的无损大尺寸复合薄膜材料微观结构表征技术；②深入研究二维纳米复合薄膜孔隙缺陷的形成机制，并实现孔隙的可控调节；③发展连续制备高性能二维纳米复合薄膜的新技术，尝试将其应用于柔性电子器件和航空航天等领域。

参考文献

[1] Zhu Y，Murali S，Cai W，et al. Graphene and graphene oxide：Synthesis，properties，and applications. Advanced Materials，2010，22（35）：3906-3924.

[2] Geim A K，Novoselov K S. The rise of graphene. Nature Materials，2007，6（3）：183-191.

[3] Anasori B，Lukatskaya M R，Gogotsi Y. 2D metal carbides and nitrides（MXenes）for energy storage. Nature Reviews Materials，2017，2（2）：16098.

[4] Naguib M，Mochalin V N，Barsoum M W，et al. 25th anniversary article：MXenes：A new family of two-dimensional materials. Advanced Materials，2014，26（7）：992-1005.

[5] Wang Z Y，Han E H，Ke W. Fire-resistant effect of nanoclay on intumescent nanocomposite coatings. Journal of Applied Polymer Science，2007，103（3）：1681-1689.

[6] Rashmi A，Renukappa N M，Chikkakuntappa R，et al. Montmorillonite nanoclay filler effects on electrical conductivity，thermal and mechanical properties of epoxy-based nanocomposites. Polymer Engineering & Science，2011，51（9）：1827-1836.

[7] 付涵朵，补钰煜. 二维材料在柔性电子中的研究现状与发展. 功能材料与器件学报，2020，26（3）：169-176.
[8] 孟祥有，赵静，潘雅琴，等. MXene在柔性与印刷电子领域中的研究进展. 数字印刷，2021，（3）：41-54.
[9] Wan S，Hu W，Jiang L，et al. Bioinspired graphene-based nanocomposites and their application in electronic devices. Chinese Science Bulletin，2017，62（27）：3173-3200.
[10] Wan S，Peng J，Jiang L，et al. Bioinspired graphene-based nanocomposites and their application in flexible energy devices. Advanced Materials，2016，28（36）：7862-7898.
[11] Wan S，Jiang L，Cheng Q. Design principles of high-performance graphene films：Interfaces and alignment. Matter，2020，3（3）：696-707.
[12] Wan S，Cheng Q. Fatigue-resistant bioinspired graphene-based nanocomposites. Advanced Functional Materials，2017，27（43）：1703459.
[13] Wan S，Cheng Q. Role of interface interactions in the construction of GO-based artificial nacres. Advanced Materials Interfaces，2018，5（12）：1800107.
[14] Gong S，Ni H，Jiang L，et al. Learning from nature：Constructing high performance graphene-based nanocomposites. Materials Today，2017，20（4）：210-219.
[15] Zhang Y，Gong S，Zhang Q，et al. Graphene-based artificial nacre nanocomposites. Chemical Society Reviews，2016，45（9）：2378-2395.
[16] Lin X，Shen X，Zheng Q，et al. Fabrication of highly-aligned，conductive，and strong graphene papers using ultralarge graphene oxide sheets. ACS Nano，2012，6（12）：10708-10719.
[17] Zhao J，Pei S，Ren W，et al. Efficient preparation of large-area graphene oxide sheets for transparent conductive films. ACS Nano，2010，4（9）：5245-5252.
[18] Zheng Q，Ip W H，Lin X，et al. Transparent conductive films consisting of ultralarge graphene sheets produced by Langmuir-Blodgett assembly. ACS Nano，2011，5（7）：6039-6051.
[19] Chen J，Li Y，Huang L，et al. Size fractionation of graphene oxide sheets via filtration through track-etched membranes. Advanced Materials，2015，27（24）：3654-3660.
[20] Peng L，Xu Z，Liu Z，et al. Ultrahigh thermal conductive yet superflexible graphene films. Advanced Materials，2017，29（27）：1700589.
[21] Kumar P，Shahzad F，Yu S，et al. Large-area reduced graphene oxide thin film with excellent thermal conductivity and electromagnetic interference shielding effectiveness. Carbon，2015，94：494-500.
[22] Zhang M，Wang Y，Huang L，et al. Multifunctional pristine chemically modified graphene films as strong as stainless steel. Advanced Materials，2015，27（42）：6708-6713.
[23] Kumar P V，Bardhan N M，Tongay S，et al. Scalable enhancement of graphene oxide properties by thermally driven phase transformation. Nature Chemistry，2014，6（2）：151-158.
[24] Becerril H A，Mao J，Liu Z，et al. Evaluation of solution-processed reduced graphene oxide films as transparent conductors. ACS Nano，2008，2（3）：463-470.
[25] Shen B，Zhai W，Zheng W. Ultrathin flexible graphene film：An excellent thermal conducting material with efficient emi shielding. Advanced Functional Materials，2014，24（28）：4542-4548.
[26] Chen H，Müller M B，Gilmore K J，et al. Mechanically strong，electrically conductive，and biocompatible graphene paper. Advanced Materials，2008，20（18）：3557-3561.
[27] Xin G，Sun H，Hu T，et al. Large-area freestanding graphene paper for superior thermal management. Advanced Materials，2014，26（26）：4521-4526.
[28] Wegst U G，Bai H，Saiz E，et al. Bioinspired structural materials. Nature Materials，2015，14（1）：23-36.

[29] Barthelat F，Yin Z，Buehler M J. Structure and mechanics of interfaces in biological materials. Nature Reviews Materials，2016，1：16007.

[30] Hu K，Gupta M K，Kulkarni D D，et al. Ultra-robust graphene oxide-silk fibroin nanocomposite membranes. Advanced Materials，2013，25（16）：2301-2307.

[31] Zhu J，Zhang H，Kotov N A. Thermodynamic and structural insights into nanocomposites engineering by comparing two materials assembly techniques for graphene. ACS Nano，2013，7（6）：4818-4829.

[32] Putz K W，Compton O C，Palmeri M J，et al. High-nanofiller-content graphene oxide-polymer nanocomposites via vacuum-assisted self-assembly. Advanced Functional Materials，2010，20（19）：3322-3329.

[33] Tan Z，Zhang M，Li C，et al. A general route to robust nacre-like graphene oxide films. ACS Applied Materials & Interfaces，2015，7（27）：15010-15016.

[34] Wang Y，Ma R，Hu K，et al. Dramatic enhancement of graphene oxide/silk nanocomposite membranes：Increasing toughness，strength，and young's modulus via annealing of interfacial structures. ACS Applied Materials & Interfaces，2016，8（37）：24962-24973.

[35] Wang Y，Yuan H，Ma P，et al. Superior performance of artificial nacre based on graphene oxide nanosheets. ACS Applied Materials & Interfaces，2017，9（4）：4215-4222.

[36] Compton O C，Cranford S W，Putz K W，et al. Tuning the mechanical properties of graphene oxide paper and its associated polymer nanocomposites by controlling cooperative intersheet hydrogen bonding. ACS Nano，2012，6（3）：2008-2019.

[37] Medhekar N V，Ramasubramaniam A，Ruoff R S，et al. Hydrogen bond networks in graphene oxide composite paper：Structure and mechanical properties. ACS Nano，2010，4（4）：2300-2306.

[38] Zhou X，Li D，Wan S，et al. In silicon testing of the mechanical properties of graphene oxide-silk nanocomposites. Acta Mechanica，2019，230（4）：1413-1425.

[39] Li Y Q，Yu T，Yang T Y，et al. Bio-inspired nacre-like composite films based on graphene with superior mechanical，electrical，and biocompatible properties. Advanced Materials，2012，24（25）：3426-3431.

[40] Hu K，Tolentino L S，Kulkarni D D，et al. Written-in conductive patterns on robust graphene oxide biopaper by electrochemical microstamping. Angewandte Chemie International Edition，2013，52（51）：13784-13788.

[41] Wan S，Hu H，Peng J，et al. Nacre-inspired integrated strong and tough reduced graphene oxide-poly（acrylic acid）nanocomposites. Nanoscale，2016，8（10）：5649-5656.

[42] Liu L，Gao Y，Liu Q，et al. High mechanical performance of layered graphene oxide/poly（vinyl alcohol）nanocomposite films. Small，2013，9（14）：2466-2472.

[43] Zhu W K，Cong H P，Yao H B，et al. Bioinspired，ultrastrong，highly biocompatible，and bioactive natural polymer/graphene oxide nanocomposite films. Small，2015，11（34）：4298-4302.

[44] Park S，Lee K S，Bozoklu G，et al. Graphene oxide papers modified by divalent ions-enhancing mechanical properties via chemical cross-linking. ACS Nano，2008，2（3）：572-578.

[45] Lam D V，Gong T，Won S，et al. A robust and conductive metal-impregnated graphene oxide membrane selectively separating organic vapors. Chemical Communications，2015，51（13）：2671-2674.

[46] Yeh C N，Raidongia K，Shao J，et al. On the origin of the stability of graphene oxide membranes in water. Nature Chemistry，2015，7（2）：166-170.

[47] Liu R Y，Xu A W. Byssal threads inspired ionic cross-linked narce-like graphene oxide paper with superior mechanical strength. RSC Advances，2014，4（76）：40390-40395.

[48] Mathesh M，Liu J，Nam N D，et al. Facile synthesis of graphene oxide hybrids bridged by copper ions for

increased conductivity. Journal of Materials Chemistry C，2013，1（18）：3084-3090.

[49] Ni H，Xu F，Tomsia A P，et al. Robust bioinspired graphene film via π-π cross-linking. ACS Applied Materials & Interfaces，2017，9（29）：24987-24992.

[50] Zhang J，Xu Y，Cui L，et al. Mechanical properties of graphene films enhanced by homo-telechelic functionalized polymer fillers via π-π stacking interactions. Composites Part A-Applied Science and Manufacturing，2015，71：1-8.

[51] Xu Y，Bai H，Lu G，et al. Flexible graphene films via the filtration of water-soluble noncovalent functionalized graphene sheets. Journal of the American Chemical Society，2008，130（18）：5856-5857.

[52] Cui W，Li M，Liu J，et al. A strong integrated strength and toughness artificial nacre based on dopamine cross-linked graphene oxide. ACS Nano，2014，8（9）：9511-9517.

[53] Gao Y，Liu L Q，Zu S Z，et al. The effect of interlayer adhesion on the mechanical behaviors of macroscopic graphene oxide papers. ACS Nano，2011，5（3）：2134-2141.

[54] An Z，Compton O C，Putz K W，et al. Bio-inspired borate cross-linking in ultra-stiff graphene oxide thin films. Advanced Materials，2011，23（33）：3842-3846.

[55] Tian Y，Cao Y，Wang Y，et al. Realizing ultrahigh modulus and high strength of macroscopic graphene oxide papers through crosslinking of mussel-inspired polymers. Advanced Materials，2013，25（21）：2980-2983.

[56] Cheng Q，Wu M，Li M，et al. Ultratough artificial nacre based on conjugated cross-linked graphene oxide. Angewandte Chemie International Edition，2013，52（13）：3750-3755.

[57] Park S，Dikin D A，Nguyen S T，et al. Graphene oxide sheets chemically cross-linked by polyallylamine. The Journal of Physical Chemistry C，2009，113（36）：15801-15804.

[58] Liu J，Wang N，Yu L J，et al. Bioinspired graphene membrane with temperature tunable channels for water gating and molecular separation. Nature Communications，2017，8（1）：2011.

[59] Duan J，Gong S，Gao Y，et al. Bioinspired ternary artificial nacre nanocomposites based on reduced graphene oxide and nanofibrillar cellulose. ACS Applied Materials & Interfaces，2016，8（16）：10545-10550.

[60] Gong S，Cui W，Zhang Q，et al. Integrated ternary bioinspired nanocomposites via synergistic toughening of reduced graphene oxide and double-walled carbon nanotubes. ACS Nano，2015，9（12）：11568-11573.

[61] Wan S，Li Y，Peng J，et al. Synergistic toughening of graphene oxide-molybdenum disulfide-thermoplastic polyurethane ternary artificial nacre. ACS Nano，2015，9（1）：708-714.

[62] Wan S，Zhang Q，Zhou X，et al. Fatigue resistant bioinspired composite from synergistic two-dimensional nanocomponents. ACS Nano，2017，11（7）：7074-7083.

[63] Ming P，Song Z，Gong S，et al. Nacre-inspired integrated nanocomposites with fire retardant properties by graphene oxide and montmorillonite. Journal of Materials Chemistry A，2015，3（42）：21194-21200.

[64] Wan S，Peng J，Li Y，et al. Use of synergistic interactions to fabricate strong，tough，and conductive artificial nacre based on graphene oxide and chitosan. ACS Nano，2015，9（10）：9830-9836.

[65] Zhang M，Huang L，Chen J，et al. Ultratough，ultrastrong，and highly conductive graphene films with arbitrary sizes. Advanced Materials，2014，26（45）：7588-7592.

[66] Shahzadi K，Mohsin I，Wu L，et al. Bio-based artificial nacre with excellent mechanical and barrier properties realized by a facile *in situ* reduction and cross-linking reaction. ACS Nano，2017，11（1）：325-334.

[67] Wan S，Xu F，Jiang L，et al. Superior fatigue resistant bioinspired graphene-based nanocomposite via synergistic interfacial interactions. Advanced Functional Materials，2017，27（10）：1605636.

[68] Ye S，Chen B，Hu D，et al. Graphene-based films with integrated strength and toughness via a novel two-step

method combining gel casting and surface crosslinking. ChemNanoMat，2016，2（8）：816-821.

[69] Gong S，Zhang Q，Wang R，et al. Synergistically toughening nacre-like graphene nanocomposites via gel-film transformation. Journal of Materials Chemistry A，2017，5（31）：16386-16392.

[70] Zhang Q，Wan S，Jiang L，et al. Bioinspired robust nanocomposites of cooper ions and hydroxypropyl cellulose synergistic toughening graphene oxide. Science China Technological Sciences，2017，60（5）：758-764.

[71] Gong S，Jiang L，Cheng Q. Robust bioinspired graphene-based nanocomposites via synergistic toughening of zinc ions and covalent bonding. Journal of Materials Chemistry A，2016，4（43）：17073-17079.

[72] He G，Xu M，Zhao J，et al. Bioinspired ultrastrong solid electrolytes with fast proton conduction along 2D channels. Advanced Materials，2017，29（28）：1605898.

[73] Zhou T，Cheng Q. Chemical strategies for making strong graphene materials. Angewandte Chemie International Edition，2021，60（34）：18397-18410.

[74] Novoselov K S，Geim A K，Morozov S V，et al. Electric field effect in atomically thin carbon films. Science，2004，306（5696）：666-669.

[75] Wan S，Fang S，Jiang L，et al. Strong，conductive，foldable graphene sheets by sequential ionic and π bridging. Advanced Materials，2018，30（36）：1802733.

[76] Wan S，Li Y，Mu J，et al. Sequentially bridged graphene sheets with high strength，toughness，and electrical conductivity. Proceedings of the National Academy of Sciences of the United States of America，2018，115（21）：5359-5364.

[77] Dikin D A，Stankovich S，Zimney E J，et al. Preparation and characterization of graphene oxide paper. Nature，2007，448（7152）：457-460.

[78] Chen C，Yang Q H，Yang Y，et al. Self-assembled free-standing graphite oxide membrane. Advanced Materials，2009，21（29）：3007-3011.

[79] An S J，Zhu Y，Lee S H，et al. Thin film fabrication and simultaneous anodic reduction of deposited graphene oxide platelets by electrophoretic deposition. The Journal of Physical Chemistry Letters，2010，1（8）：1259-1263.

[80] Liu Z，Li Z，Xu Z，et al. Wet-spun continuous graphene films. Chemistry of Materials，2014，26（23）：6786-6795.

[81] Xiong Z，Liao C，Han W，et al. Mechanically tough large-area hierarchical porous graphene films for high-performance flexible supercapacitor applications. Advanced Materials，2015，27（30）：4469-4475.

[82] Zhong J，Sun W，Wei Q，et al. Efficient and scalable synthesis of highly aligned and compact two-dimensional nanosheet films with record performances. Nature Communications，2018，9（1）：3484.

[83] Li P，Yang M，Liu Y，et al. Continuous crystalline graphene papers with gigapascal strength by intercalation modulated plasticization. Nature Communications，2020，11（1）：2645.

[84] Zhao C，Zhang P，Zhou J，et al. Layered nanocomposites by shear-flow-induced alignment of nanosheets. Nature，2020，580（7802）：210-215.

[85] Wan S，Chen Y，Fang S，et al. High-strength scalable graphene sheets by freezing stretch-induced alignment. Nature Materials，2021，20（5）：624-631.

[86] Mao L，Park H，Soler-Crespo R A，et al. Stiffening of graphene oxide films by soft porous sheets. Nature Communications，2019，10（1）：3677.

[87] Zhou T，Wu C，Wang Y，et al. Super-tough mxene-functionalized graphene sheets. Nature Communications，2020，11（1）：2077.

[88] Akbari A，Cunning B V，Joshi S R，et al. Highly ordered and dense thermally conductive graphitic films from a

graphene oxide/reduced graphene oxide mixture. Matter，2020，2（5）：1198-1206.
[89] Pei S，Cheng H M. The reduction of graphene oxide. Carbon，2012，50（9）：3210-3228.
[90] Wang Y，Chen S，Qiu L，et al. Graphene-directed supramolecular assembly of multifunctional polymer hydrogel membranes. Advanced Functional Materials，2015，25（1）：126-133.
[91] Hu X，Xu Z，Gao C. Multifunctional，supramolecular，continuous artificial nacre fibres. Scientific Reports，2012，2：767.
[92] Degtyar E，Harrington M J，Politi Y，et al. The mechanical role of metal ions in biogenic protein-based materials. Angewandte Chemie International Edition，2014，53（45）：12026-12044.
[93] Lee S-M，Pippel E，Gösele U，et al. Greatly increased toughness of infiltrated spider silk. Science，2009，324（5926）：488-492.
[94] Bryan G W，Gibbs P E. Zinc—a major inorganic component of nereid polychaete jaws. Journal of the Marine Biological Association of the United Kingdom，2009，59（4）：969-973.
[95] Gibbs P E，Bryan G W. Copper-the major metal component of glycerid polychaete jaws. Journal of the Marine Biological Association of the United Kingdom，2009，60（1）：205-214.
[96] Liu Y，Yuan L，Yang M，et al. Giant enhancement in vertical conductivity of stacked CVD graphene sheets by self-assembled molecular layers. Nature Communications，2014，5：5461.
[97] Song P，Xu Z，Wu Y，et al. Super-tough artificial nacre based on graphene oxide via synergistic interface interactions of π-π stacking and hydrogen bonding. Carbon，2017，111：807-812.
[98] Shahzad F，Alhabeb M，Hatter C B，et al. Electromagnetic interference shielding with 2D transition metal carbides（MXenes）. Science，2016，353（6304）：1137-1140.
[99] Jiang S，Wang H，Wu Y，et al. Ultrastrong steel via minimal lattice misfit and high-density nanoprecipitation. Nature，2017，544：460.
[100] Wu G，Chan K C，Zhu L，et al. Dual-phase nanostructuring as a route to high-strength magnesium alloys. Nature，2017，545：80.
[101] 任志俊，薛国祥. 实用金属材料手册. 南京：江苏科学技术出版社，2007：838-1033.
[102] Kim S H，Kim H，Kim N J. Brittle intermetallic compound makes ultrastrong low-density steel with large ductility. Nature，2015，518：77.
[103] He B B，Hu B，Yen H W，et al. High dislocation density-induced large ductility in deformed and partitioned steels. Science，2017，357（6355）：1029-1032.
[104] Coleman J N. Liquid exfoliation of defect-free graphene. Accounts of Chemical Research，2013，46（1）：14-22.
[105] Hernandez Y，Nicolosi V，Lotya M，et al. High-yield production of graphene by liquid-phase exfoliation of graphite. Nature Nanotechnology，2008，3（9）：563-568.
[106] Xiong R，Hu K，Grant A M，et al. Ultrarobust transparent cellulose nanocrystal-graphene membranes with high electrical conductivity. Advanced Materials，2016，28（7）：1501-1509.
[107] Wen Y，Wu M，Zhang M，et al. Topological design of ultrastrong and highly conductive graphene films. Advanced Materials，2017，29（41）：1702831.
[108] Wang J，Qiao J，Wang J，et al. Bioinspired hierarchical alumina-graphene oxide-poly（vinyl alcohol）artificial nacre with optimized strength and toughness. ACS Applied Materials & Interfaces，2015，7（17）：9281-9286.
[109] Zhao H，Yue Y，Zhang Y，et al. Ternary artificial nacre reinforced by ultrathin amorphous alumina with exceptional mechanical properties. Advanced Materials，2016，28（10）：2037-2042.
[110] Shahzadi K，Zhang X，Mohsin I，et al. Reduced graphene oxide/alumina，a good accelerant for cellulose-based

artificial nacre with excellent mechanical, barrier, and conductive properties. ACS Nano, 2017, 11(6): 5717-5725.

[111] Xin G, Zhu W, Deng Y, et al. Microfluidics-enabled orientation and microstructure control of macroscopic graphene fibres. Nature Nanotechnology, 2019, 14 (2): 168-175.

[112] Wei Q, Pei S, Qian X, et al. Superhigh electromagnetic interference shielding of ultrathin aligned pristine graphene nanosheets film. Advanced Materials, 2020, 32 (14): 1907411.

[113] 预浸料. https://www.hexcel.com/Resources/DataSheets/Prepreg.

[114] Mamedov A A, Kotov N A, Prato M, et al. Molecular design of strong single-wall carbon nanotube/polyelectrolyte multilayer composites. Nature Materials, 2002, 1 (3): 190-194.

[115] Coleman J N, Blau W J, Dalton A B, et al. Improving the mechanical properties of single-walled carbon nanotube sheets by intercalation of polymeric adhesives. Applied Physics Letters, 2003, 82 (11): 1682-1684.

[116] Li J, Gao Y, Ma W, et al. High performance, freestanding and superthin carbon nanotube/epoxy nanocomposite films. Nanoscale, 2011, 3 (9): 3731-3736.

[117] Olek M, Ostrander J, Jurga S, et al. Layer-by-layer assembled composites from multiwall carbon nanotubes with different morphologies. Nano Letters, 2004, 4 (10): 1889-1895.

[118] Cheng Q, Li M, Jiang L, et al. Bioinspired layered composites based on flattened double-walled carbon nanotubes. Advanced Materials, 2012, 24 (14): 1838-1843.

[119] Cheng Q, Bao J, Park J, et al. High mechanical performance composite conductor: Multi-walled carbon nanotube sheet/bismaleimide nanocomposites. Advanced Functional Materials, 2009, 19 (20): 3219-3225.

[120] Zhou T, Xu C, Liu H, et al. Second time-scale synthesis of high-quality graphite films by quenching for effective electromagnetic interference shielding. ACS Nano, 2020, 14 (3): 3121-3128.

[121] Xi J, Li Y, Zhou E, et al. Graphene aerogel films with expansion enhancement effect of high-performance electromagnetic interference shielding. Carbon, 2018, 135: 44-51.

[122] Liu J, Zhang H B, Sun R, et al. Hydrophobic, flexible, and lightweight MXene foams for high-performance electromagnetic-interference shielding. Advanced Materials, 2017, 29 (38): 1702367.

[123] Zeng Z, Wang C, Siqueira G, et al. Nanocellulose-MXene biomimetic aerogels with orientation-tunable electromagnetic interference shielding performance. Advanced Science, 2020, 7 (15): 2000979.

[124] Shui X, Chung D D L. Nickel filament polymer-matrix composites with low surface impedance and high electromagnetic interference shielding effectiveness. Journal of Electronic Materials, 1997, 26 (8): 928-934.

[125] Yan D-X, Pang H, Li B, et al. Structured reduced graphene oxide/polymer composites for ultra-efficient electromagnetic interference shielding. Advanced Functional Materials, 2015, 25 (4): 559-566.

[126] Liu Y, Zeng J, Han D, et al. Graphene enhanced flexible expanded graphite film with high electric, thermal conductivities and emi shielding at low content. Carbon, 2018, 133: 435-445.

[127] Luo X, Chung D D L. Electromagnetic interference shielding reaching 130 dB using flexible graphite. Carbon, 1996, 34 (10): 1293-1294.

[128] Song W L, Guan X T, Fan L Z, et al. Magnetic and conductive graphene papers toward thin layers of effective electromagnetic shielding. Journal of Materials Chemistry A, 2015, 3 (5): 2097-2107.

[129] Wan S, Chen Y, Wang Y, et al. Ultrastrong graphene films via long-chain π-bridging. Matter, 2019, 1 (2): 389-401.

[130] Rao B V B, Yadav P, Aepuru R, et al. Single-layer graphene-assembled 3D porous carbon composites with PVA and Fe_3O_4 nano-fillers: An interface-mediated superior dielectric and EMI shielding performance. Physical Chemistry Chemical Physics, 2015, 17 (28): 18353-18363.

[131] Agnihotri N，Chakrabarti K，De A. Highly efficient electromagnetic interference shielding using graphite nanoplatelet/poly（3，4-ethylenedioxythiophene）-poly（styrenesulfonate）composites with enhanced thermal conductivity. RSC Advances，2015，5（54）：43765-43771.

[132] Chaudhary A，Kumari S，Kumar R，et al. Lightweight and easily foldable MCMB-MWCNTs composite paper with exceptional electromagnetic interference shielding. ACS Applied Materials & Interfaces，2016，8（16）：10600-10608.

[133] Al-Saleh M H，Saadeh W H，Sundararaj U. EMI shielding effectiveness of carbon based nanostructured polymeric materials：A comparative study. Carbon，2013，60：146-156.

[134] Arjmand M，Apperley T，Okoniewski M，et al. Comparative study of electromagnetic interference shielding properties of injection molded versus compression molded multi-walled carbon nanotube/polystyrene composites. Carbon，2012，50（14）：5126-5134.

[135] Zeng Z，Chen M，Jin H，et al. Thin and flexible multi-walled carbon nanotube/waterborne polyurethane composites with high-performance electromagnetic interference shielding. Carbon，2016，96：768-777.

[136] Pande S，Chaudhary A，Patel D，et al. Mechanical and electrical properties of multiwall carbon nanotube/polycarbonate composites for electrostatic discharge and electromagnetic interference shielding applications. RSC Advances，2014，4（27）：13839-13849.

[137] Ghosh P，Chakrabarti A. Conducting carbon black filled EPDM vulcanizates：Assessment of dependence of physical and mechanical properties and conducting character on variation of filler loading. European Polymer Journal，2000，36（5）：1043-1054.

[138] Liu R，Miao M，Li Y，et al. Ultrathin biomimetic polymeric $Ti_3C_2T_x$ mxene composite films for electromagnetic interference shielding. ACS Applied Materials & Interfaces，2018，10（51）：44787-44795.

[139] Cao W T，Chen F F，Zhu Y J，et al. Binary strengthening and toughening of mxene/cellulose nanofiber composite paper with nacre-inspired structure and superior electromagnetic interference shielding properties. ACS Nano，2018，12（5）：4583-4593.

[140] Zhou Z，Liu J，Zhang X，et al. Ultrathin MXene/calcium alginate aerogel film for high-performance electromagnetic interference shielding. Advanced Materials Interfaces，2019，6（6）：1802040.

[141] Liu Y，Xie B，Zhang Z，et al. Mechanical properties of graphene papers. Journal of the Mechanics and Physics of Solids，2012，60（4）：591-605.

[142] Mohiuddin T M G，Lombardo A，Nair R R，et al. Uniaxial strain in graphene by raman spectroscopy：*G* peak splitting，gruneisen parameters，and sample orientation. Physical Review B，2009，79（20）：205433.

[143] Zhu J，Andres C M，Xu J，et al. Pseudonegative thermal expansion and the state of water in graphene oxide layered assemblies. ACS Nano，2012，6（9）：8357-8365.

[144] Yang M，Xu Z，Li P，et al. Interlayer crosslinking to conquer the stress relaxation of graphene laminated materials. Materials Horizons，2018，5（6）：1112-1119.

[145] Lachman N，Bartholome C，Miaudet P，et al. Raman response of carbon nanotube/PVA fibers under strain. The Journal of Physical Chemistry C，2009，113（12）：4751-4754.

[146] Mu M，Osswald S，Gogotsi Y，et al. An in situ raman spectroscopy study of stress transfer between carbon nanotubes and polymer. Nanotechnology，2009，20（33）：335703.

[147] Dai Z，Wang Y，Liu L，et al. Hierarchical graphene-based films with dynamic self-stiffening for biomimetic artificial muscle. Advanced Functional Materials，2016，26（38）：7003-7010.

[148] Gong T，Lam D V，Liu R，et al. Thickness dependence of the mechanical properties of free-standing graphene

oxide papers. Advanced Functional Materials，2015，25（24）：3756-3763.

[149] Zhou T，Ni H，Wang Y，et al. Ultratough graphene-black phosphorus films. Proceedings of the National Academy of Sciences of the United States of America，2020，117（16）：8727-8735.

[150] Naguib M，Kurtoglu M，Presser V，et al. Two-dimensional nanocrystals produced by exfoliation of Ti_3AlC_2. Advanced Materials，2011，23（37）：4248-4253.

[151] Miranda A，Halim J，Barsoum M，et al. Electronic properties of freestanding $Ti_3C_2T_x$ MXene monolayers. Applied Physics Letters，2016，108（3）：033102.

[152] Lipatov A，Lu H，Alhabeb M，et al. Elastic properties of 2D $Ti_3C_2T_x$ MXene monolayers and bilayers. Science Advances，2018，4（6）：eaat0491.

[153] Hantanasirisakul K，Gogotsi Y. Electronic and optical properties of 2D transition metal carbides and nitrides（MXenes）. Advanced Materials，2018，30（52）：e1804779.

[154] Hu C，Shen F，Zhu D，et al. Characteristics of Ti_3C_2X-chitosan films with enhanced mechanical properties. Frontiers in Energy Research，2017，4：41.

[155] Ling Z，Ren C E，Zhao M Q，et al. Flexible and conductive MXene films and nanocomposites with high capacitance. Proceedings of the National Academy of Sciences of the United States of America，2014，111（47）：16676-16681.

[156] Mirkhani S A，Zeraati A S，Aliabadian E，et al. High dielectric constant and low dielectric loss via poly（vinyl alcohol）/$Ti_3C_2T_x$ mxene nanocomposites. ACS Applied Materials & Interfaces，2019，11（20）：18599-18608.

[157] Deng Y，Shang T，Wu Z，et al. Fast gelation of $Ti_3C_2T_x$ MXene initiated by metal ions. Advanced Materials，2019，31（43）：1902432.

[158] Ding L，Li L，Liu Y，et al. Effective ion sieving with $Ti_3C_2T_x$ MXene membranes for production of drinking water from seawater. Nature Sustainability，2020，3（4）：296-302.

[159] Liu Z，Zhang Y，Zhang H B，et al. Electrically conductive aluminum ion-reinforced MXene films for efficient electromagnetic interference shielding. Journal of Materials Chemistry C，2020，8（5）：1673-1678.

[160] Shi X，Wang H，Xie X，et al. Bioinspired ultrasensitive and stretchable MXene-based strain sensor via nacre-mimetic microscale“brick-and-mortar”architecture. ACS Nano，2019，13（1）：649-659.

[161] Long Y，Tao Y，Shang T，et al. Roles of metal ions in MXene synthesis，processing and applications：A perspective. Advanced Science，2022，9（12）：2200296.

[162] Wu N，Zeng Z，Kummer N，et al. Ultrafine cellulose nanofiber-assisted physical and chemical cross-linking of MXene sheets for electromagnetic interference shielding. Small Methods，2021，5（12）：2100889.

[163] Lee G S，Yun T，Kim H，et al. Mussel inspired highly aligned $Ti_3C_2T_x$ MXene film with synergistic enhancement of mechanical strength and ambient stability. ACS Nano，2020，14（9）：11722-11732.

[164] Shang T，Lin Z，Qi C，et al. 3D macroscopic architectures from self-assembled MXene hydrogels. Advanced Functional Materials，2019，29（33）：1903960.

[165] Shen J，Liu G，Ji Y，et al. 2D MXene nanofilms with tunable gas transport channels. Advanced Functional Materials，2018，28（31）：1801511.

[166] Wan S，Li X，Wang Y，et al. Strong sequentially bridged MXene sheets. Proceedings of the National Academy of Sciences of the United States of America，2020，117（44）：27154-27161.

[167] Wan S，Li X，Chen Y，et al. High-strength scalable MXene films through bridging-induced densification. Science，2021，374（6563）：96-99.

[168] Tian W，VahidMohammadi A，Reid M S，et al. Multifunctional nanocomposites with high strength and capacitance

using 2D MXene and 1D nanocellulose. Advanced Materials，2019，31（41）：1902977.

[169] Xie F，Jia F，Zhuo L，et al. Ultrathin MXene/aramid nanofiber composite paper with excellent mechanical properties for efficient electromagnetic interference shielding. Nanoscale，2019，11（48）：23382-23391.

[170] Zhan Z，Song Q，Zhou Z，et al. Ultrastrong and conductive MXene/cellulose nanofiber films enhanced by hierarchical nano-architecture and interfacial interaction for flexible electromagnetic interference shielding. Journal of Materials Chemistry C，2019，7（32）：9820-9829.

[171] Han M，Yin X，Hantanasirisakul K，et al. Anisotropic mxene aerogels with a mechanically tunable ratio of electromagnetic wave reflection to absorption. Advanced Optical Materials，2019，7（10）：1900267.

[172] Zhang J，Kong N，Uzun S，et al. Scalable manufacturing of free-standing，strong $Ti_3C_2T_x$ MXene films with outstanding conductivity. Advanced Materials，2020，32（23）：2001093.

[173] Lipton J，Weng G M，Alhabeb M，et al. Mechanically strong and electrically conductive multilayer MXene nanocomposites. Nanoscale，2019，11（42）：20295-20300.

[174] Lukatskaya M R，Mashtalir O，Ren C E，et al. Cation intercalation and high volumetric capacitance of two-dimensional titanium carbide. Science，2013，341（6153）：1502-1505.

[175] Lawrie G，Keen I，Drew B，et al. Interactions between alginate and chitosan biopolymers characterized using FTIR and XPS. Biomacromolecules，2007，8（8）：2533-2541.

[176] Hanawa T，Ota M. Characterization of surface film formed on titanium in electrolyte using XPS. Applied Surface Science，1992，55（4）：269-276.

[177] Weng G M，Li J，Alhabeb M，et al. Layer-by-layer assembly of cross-functional semi-transparent MXene-carbon nanotubes composite films for next-generation electromagnetic interference shielding. Advanced Functional Materials，2018，28（44）：1803360.

[178] Zhang Z，Yang S，Zhang P，et al. Mechanically strong MXene/kevlar nanofiber composite membranes as high-performance nanofluidic osmotic power generators. Nature Communications，2019，10（1）：2920.

[179] Liu J，Liu Z，Zhang H B，et al. Ultrastrong and highly conductive MXene-based films for high-performance electromagnetic interference shielding. Advanced Electronic Materials，2020，6（1）：1901094.

[180] Iqbal A，Shahzad F，Hantanasirisakul K，et al. Anomalous absorption of electromagnetic waves by 2D transition metal carbonitride Ti_3CNT_x（MXene）. Science，2020，369（6502）：446-450.

[181] Layek R K，Kundu A，Nandi A K. High-performance nanocomposites of sodium carboxymethylcellulose and graphene oxide. Macromolecular Materials and Engineering，2013，298（11）：1166-1175.

[182] Firestein K L，Von Treifeldt J E，Kvashnin D G，et al. Young's modulus and tensile strength of Ti_3C_2 MXene nanosheets as revealed by in situ TEM probing，AFM nanomechanical mapping，and theoretical calculations. Nano Letters，2020，20（8）：5900-5908.

[183] Chen H，Wen Y，Qi Y，et al. Pristine titanium carbide MXene films with environmentally stable conductivity and superior mechanical strength. Advanced Functional Materials，2020，30（5）：1906996.

[184] Tang Z Y，Kotov N A，Magonov S，et al. Nanostructured artificial nacre. Nature Materials，2003，2（6）：413-418.

[185] Podsiadlo P，Liu Z Q，Paterson D，et al. Fusion of seashell nacre and marine bioadhesive analogs：High-strength nanocompoisite by layer-by-layer assembly of clay and l-3,4-dihydroxyphenylaianine polymer. Advanced Materials，2007，19（7）：949-955.

[186] Podsiadlo P，Tang Z Y，Shim B S，et al. Counterintuitive effect of molecular strength and role of molecular rigidity on mechanical properties of layer-by-layer assembled nanocomposites. Nano Letters，2007，7（5）：1224-1231.

[187] Podsiadlo P，Kaushik A K，Arruda E M，et al. Ultrastrong and stiff layered polymer nanocomposites. Science，

2007, 318 (5847): 80-83.

[188] Podsiadlo P, Michel M, Lee J, et al. Exponential growth of LBL films with incorporated inorganic sheets. Nano Letters, 2008, 8 (6): 1762-1770.

[189] Podsiadlo P, Kaushik A K, Shim B S, et al. Can nature's design be improved upon? High strength, transparent nacre-like nanocomposites with double network of sacrificial cross links. Journal of Physical Chemistry B, 2008, 112 (46): 14359-14363.

[190] Kharlampieva E, Kozlovskaya V, Gunawidjaja R, et al. Flexible silk-inorganic nanocomposites: From transparent to highly reflective. Advanced Functional Materials, 2010, 20 (5): 840-846.

[191] Shu Y Q, Yin P G, Liang B L, et al. Layer by layer assembly of heparin/layered double hydroxide completely renewable ultrathin films with enhanced strength and blood compatibility. Journal of Materials Chemistry, 2012, 22 (40): 21667-21672.

[192] Bonderer L J, Studart A R, Gauckler L J. Bioinspired design and assembly of platelet reinforced polymer films. Science, 2008, 319 (5866): 1069-1073.

[193] Yao H B, Fang H Y, Tan Z H, et al. Biologically inspired, strong, transparent, and functional layered organic-inorganic hybrid films. Angewandte Chemie International Edition, 2010, 49 (12): 2140-2145.

[194] Han J B, Dou Y B, Yan D P, et al. Biomimetic design and assembly of organic-inorganic composite films with simultaneously enhanced strength and toughness. Chemical Communications, 2011, 47 (18): 5274-5276.

[195] Shu Y Q, Yin P G, Liang B L, et al. Bioinspired design and assembly of layered double hydroxide/poly (vinyl alcohol) film with high mechanical performance. ACS Applied Materials & Interfaces, 2014, 6(17): 15154-15161.

[196] Wei H, Ma N, Shi F, et al. Artificial nacre by alternating preparation of layer-by-layer polymer films and $CaCO_3$ strata. Chemistry of Materials, 2007, 19 (8): 1974-1978.

[197] Gong H F, Pluntke M, Marti O, et al. Multilayered $CaCO_3$/block-copolymer materials via amorphous precursor to crystal transformation. Colloids and Surfaces A-Physicochemical and Engineering Aspects, 2010, 354 (1-3): 279-283.

[198] Finnemore A, Cunha P, Shean T, et al. Biomimetic layer-by-layer assembly of artificial nacre. Nature Communications, 2012, 3: 966.

[199] Farhadi-Khouzani M, Schutz C, Durak G M, et al. A $CaCO_3$/nanocellulose-based bioinspired nacre-like material. Journal of Materials Chemistry A, 2017, 5 (31): 16128-16133.

[200] Li Y D, Ping H, Zou Z Y, et al. Bioprocess-inspired synthesis of multilayered chitosan/$CaCO_3$ composites with nacre-like structures and high mechanical properties. Journal of Materials Chemistry B, 2021, 9 (28): 5691-5697.

[201] Yao H-B, Tan Z H, Fang H Y, et al. Artificial nacre-like bionanocomposite films from the self-assembly of chitosan-montmorillonite hybrid building blocks. Angewandte Chemie International Edition, 2010, 49 (52): 10127-10131.

[202] Shu Y Q, Yin P G, Wang J F, et al. Bioinspired nacre-like heparin/layered double hydroxide film with superior mechanical, fire-shielding, and UV-blocking properties. Industrial & Engineering Chemistry Research, 2014, 53 (10): 3820-3826.

[203] Li S K, Mao L B, Gao H L, et al. Bio-inspired clay nanosheets/polymermatrix/mineral nanofibers ternary composite films with optimal balance of strength and toughness. Science China-Materials, 2017, 60 (10): 909-917.

[204] Yao H B, Mao L B, Yan Y X, et al. Gold nanoparticle functionalized artificial nacre: Facile *in situ* growth of nanoparticles on montmorillonite nanosheets, self-assembly, and their multiple properties. ACS Nano, 2012, 6 (9): 8250-8260.

[205] Peng J S，Cheng Y R，Tomsia A P，et al. Thermochromic artificial nacre based on montmorillonite. ACS Applied Materials & Interfaces，2017，9（29）：24993-24998.

[206] Das P，Malho J M，Rahimi K，et al. Nacre-mimetics with synthetic nanoclays up to ultrahigh aspect ratios. Nature Communications，2015，6：5967.

[207] Zhu B L，Noack M，Merindol R，et al. Light-adaptive supramolecular nacre-mimetic nanocomposites. Nano Letters，2016，16（8）：5176-5182.

[208] Lossada F，Jiao D J，Hoenders D，et al. Recyclable and light-adaptive vitrimer-based nacre-mimetic nanocomposites. ACS Nano，2021，15（3）：5043-5055.

[209] Wang J，Cheng Q，Lin L，et al. Synergistic toughening of bioinspired poly（vinyl alcohol）-clay-nanofibrillar cellulose artificial nacre. ACS Nano，2014，8（3）：2739-2745.

[210] Yao X Y，Wang J，Jiao D J，et al. Room-temperature phosphorescence enabled through nacre-mimetic nanocomposite design. Advanced Materials，2021，33（5）：2005973.

[211] Walther A，Bjurhager I，Malho J M，et al. Large-area，lightweight and thick biomimetic composites with superior material properties via fast，economic，and green pathways. Nano Letters，2010，10（8）：2742-2748.

[212] Das P，Schipmann S，Malho J M，et al. Facile access to large-scale，self-assembled，nacre-inspired，high-performance materials with tunable nanoscale periodicities. ACS Applied Materials & Interfaces，2013，5（9）：3738-3747.

[213] Han Z M，Li D H，Yang H B，et al. Nacre-inspired nanocomposite films with enhanced mechanical and barrier properties by self-assembly of poly（lactic acid）coated mica nanosheets. Advanced Functional Materials，2022，32（32）：2202221.

[214] Song Y H，Wu K J，Zhang T W，et al. A nacre-inspired separator coating for impact-tolerant lithium batteries. Advanced Materials，2019，31（51）：1905711.

[215] Chen X Y，Liu H，Zheng Y J，et al. Highly compressible and robust polyimide/carbon nanotube composite aerogel for high-performance wearable pressure sensor. ACS Applied Materials & Interfaces，2019，11（45）：42594-42606.

[216] Ding F C，Liu J J，Zeng S S，et al. Biomimetic nanocoatings with exceptional mechanical，barrier，and flame-retardant properties from large-scale one-step coassembly. Science Advances，2017，3（7）：e1701212.

[217] Wong M，Ishige R，White K L，et al. Large-scale self-assembled zirconium phosphate smectic layers via a simple spray-coating process. Nature Communications，2014，5：3589.

[218] Pan X F，Gao H L，Lu Y，et al. Transforming ground mica into high-performance biomimetic polymeric mica film. Nature Communications，2018，9：2974.

[219] Pan X F，Wu B，Gao H L，et al. Double-layer nacre-inspired polyimide-mica nanocomposite films with excellent mechanical stability for LEO environmental conditions. Advanced Materials，2022，34（2）：2105299.

[220] Ding J H，Zhao H R，Yu H B. Superior to graphene：Super-anticorrosive natural mica nanosheets. Nanoscale，2020，12（30）：16253-16261.

[221] Zeng X L，Ye L，Yu S H，et al. Artificial nacre-like papers based on noncovalent functionalized boron nitride nanosheets with excellent mechanical and thermally conductive properties. Nanoscale，2015，7（15）：6774-6781.

[222] Das P，Walther A. Ionic supramolecular bonds preserve mechanical properties and enable synergetic performance at high humidity in water-borne，self-assembled nacre-mimetics. Nanoscale，2013，5（19）：9348-9356.

[223] Ren W C，Wu R L，Guo P P，et al. Preparation and characterization of covalently bonded PVA/laponite/HAPI nanocomposite multilayer freestanding films by layer-by-layer assembly. Journal of Polymer Science Part B-Polymer Physics，2015，53（8）：545-551.

[224] Liang B L，Zhao H W，Zhang Q，et al. Ca^{2+} enhanced nacre-inspired montmorillonite-alginate film with superior mechanical，transparent，fire retardancy，and shape memory properties. ACS Applied Materials & Interfaces，2016，8（42）：28816-28823.

[225] Li H，Zhao J Z，Huang L M，et al. A constrained assembly strategy for high-strength natural nanoclay film. ACS Nano，2022，16（4）：6224-6232.

第5章 仿生层状二维纳米块体复合材料

纳米材料与纳米技术发展至今，已经取得了质的飞跃。近年来，随着科学技术的迅猛发展，能源、医疗、交通、建筑及航空航天等诸多战略性领域对材料的力学性能提出了更高的要求。然而，现有的材料通常难以兼具高强度与高韧性[1, 2]。受制于材料的力学性能如强度、韧性、刚度和密度之间固有矛盾和互斥关系的约束，许多材料的性能已接近其自身极限[3]。利用传统的制备策略将纳米填料均匀分散到复合材料的各组分之间，虽然一定程度上可以提高复合材料的力学性能，但非常有限，所构筑的复合材料仍难以兼具高强度和高韧性的特点。因此，如何有效解决这一问题一直是纳米复合材料领域的研究难点[4]。

天然贝壳珍珠层作为一种天然生物材料，由多边形碳酸钙微米片和生物大分子交替组成“砖-泥”结构，由于其典型的层状结构和丰富的界面相互作用，同时表现出高强度、高韧性和高硬度的特点[5, 6]。受此启发，近年来研究人员发展了一系列仿生构筑策略（如层层自组装[7]、真空抽滤组装[8]、喷涂组装和刮涂组装等[9, 10]），来构筑高性能的仿贝壳层状复合材料。然而，这些组装策略往往局限于构筑二维平面尺寸的纳米、微米或亚毫米厚度的仿生层状薄膜材料，对于实用化的层状块体复合材料的构筑则十分困难。其他的组装策略，如预制层叠放成形[11, 12]、干粉分层铺放压制成形[13]、基片涂覆夹层材料后层压成形[14]及流延成形等[15]，在仿生构筑层状块体结构复合材料方面具有一定的优势，然而不能对层状复合材料的结构进行有效的调控，往往无法获得精细的层状结构，从而限制了所构筑仿生层状块体复合材料力学性能的优化与提升。

为进一步提高层状块体复合材料的力学性能，并对其微观结构实现有效调控，研究人员发展了许多新的构筑策略，例如冷冻铸造技术[16, 17]、3D 打印技术[18-20]及多技术联用[21-23]等，用于构筑结构精细和性能优良的大尺寸仿贝壳层状块体复合材料。在逐渐明确天然贝壳珍珠层的构效关系的情况下，研究人员期望将自然材料的多级次有序结构和强韧化机制复制到更为丰富的人工材料体系，以期制备性能更加优异的层状块体复合材料，满足各行业的需求。本章将详细介绍仿生层状块体纳米复合材料的构筑策略，主要包括冷冻铸造技术、3D 打印技术和多技术联用等，并比较各种构筑策略的优缺点。在实际应用中，应根据构筑基元的性质和特点，合理选择不同技术或技术组合来充分发挥基元材料的综合性能，构筑集结构及功能于一体的层状块体纳米复合材料。

5.1 冷冻铸造技术构筑层状块体纳米复合材料

多级次、多尺度结构设计是制备高强、高韧纳米复合材料的有效途径。仿贝壳层状结构材料具有较大的应用潜力，但由于缺乏仿生微观结构的组装方法，制备如此复杂的结构难度较大。对于精确地调控层的厚度、粗糙度和黏结性，传统自下而上的构筑方法则显得无能为力。冷冻铸造作为一种简单的仿生构筑策略[24]，可以轻松制备出传统组装策略（如层层自组装、真空抽滤等）难以实现的仿贝壳层状结构的块体复合材料，同时实现复合材料微观结构的调控，使所构筑的块体复合材料实现高强度与高断裂韧性的完美组合[25]。

纳米黏土类基元材料由于低成本、高纵横比和独特的插层/剥离特性，受到研究人员的极大关注，广泛用于高填充含量的二维纳米复合材料。本节从纳米黏土类基元材料[包括纳米黏土[26, 27]、氧化铝（Al_2O_3）微米片[28, 29]、羟基磷灰石（HA）[30]、蒙脱土（MTM）[31]及氮化硼纳米片（BNNS）[32]等]的角度，介绍冷冻铸造技术构筑层状块体纳米复合材料的研究进展。

5.1.1 冷冻铸造技术构筑黏土类层状块体复合材料

天然贝壳珍珠层由 95%的碳酸钙和 5%的有机物组成，其高度有序的“砖-泥”层状结构[图 5-1（a）～（c）]使得珍珠层同时具有优异的弯曲强度和断裂韧性。受此启发，研究人员采用冷冻铸造技术在实验室构筑了一系列结构和天然贝壳类似的层状块体复合材料。2006 年，Deville 等[8]利用冷冻铸造技术分别获得了仿贝壳层状结构的羟基磷灰石-环氧树脂（HA/EP）以及氧化铝-铝/硅合金（Al_2O_3-Al/Si）复合材料。首先，他们将陶瓷颗粒配制成浆料并放置于定向冷冻的装置中，浆料在冻结的过程中，不断生长的冰晶将浆料中的陶瓷颗粒挤压在冰晶之间，形成平行于冰晶生长方向的层状微观结构，并在相邻壁之间形成无机桥接结构。然后，通过冷冻干燥使冰晶升华，从而产生其微观结构是冰晶的复制品的陶瓷骨架。为了获得和天然贝壳类似的复合材料，用第二相如有机相（环氧树脂）或无机相（金属）填充多孔陶瓷骨架从而获得有机-无机层状结构复合材料。如图 5-1（d）和（e）所示，制备的层状复合材料陶瓷层表面的凸起结构与珍珠层极为相似。

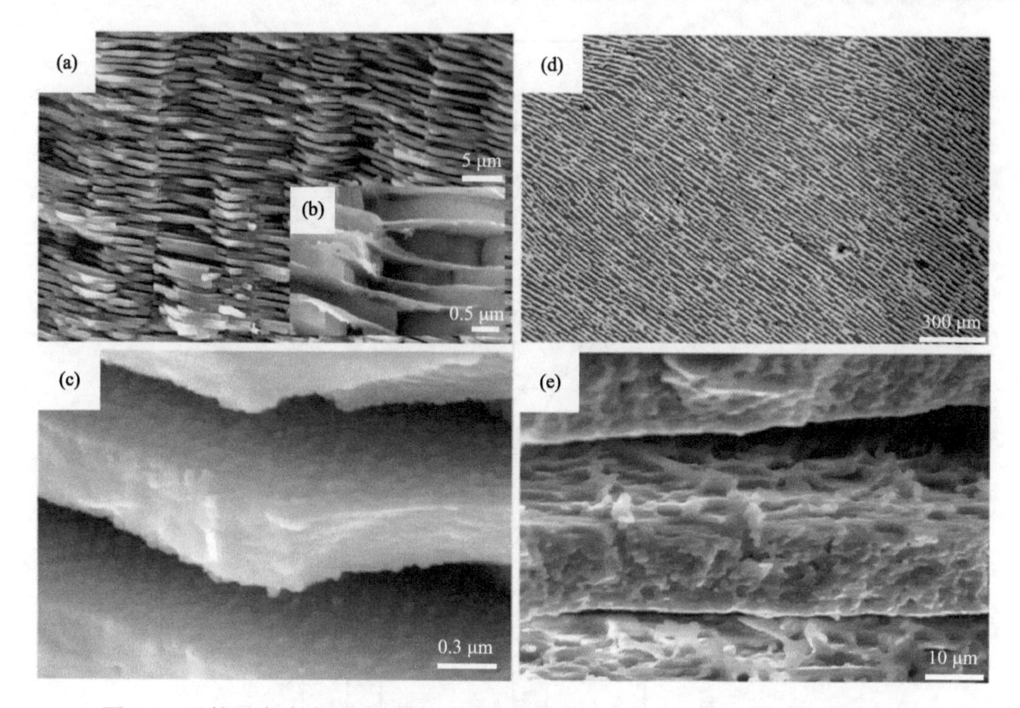

图 5-1　天然贝壳珍珠层和冰模板法构筑的仿珍珠层状复合材料的断面 SEM 照片

（a）～（c）天然贝壳珍珠层；（d）冷冻铸造法构筑的仿贝壳层状 Al_2O_3-Al/Si 复合材料的微观结构；（e）仿贝壳层状复合材料的粗糙表面[17]

单边缺口弯曲（SENB）实验测试了仿贝壳层状块体复合材料的断裂韧性。如图 5-2（a）～（c）所示，构筑的仿贝壳层状复合材料和天然贝壳表现出非常相似的载荷-位移行为及断面微观结构，展现了稳定的断裂过程，使该材料如同贝壳珍珠层一样具有优异的断裂韧性。多孔层状 Al_2O_3 骨架烧结并填充 Al/Si 后，得到了仿贝壳层状结构的 Al_2O_3-Al/Si 层状复合材料[图 5-2（d）]，其中 Al_2O_3 的体积分数占 45%。该复合材料的力学性能如图 5-2（e）所示，弯曲强度达到了 400 MPa，断裂韧性为 5.5 MPa·$m^{1/2}$。为进一步提高复合材料的力学性能，在 Al_2O_3 和 Al/Si 界面处引入了 0.5 wt%的 Ti，所构筑的层状块体复合材料的弯曲强度和断裂韧性分别达到了 600 MPa 和 10 MPa·$m^{1/2}$，较未添加 Ti 的 Al_2O_3/Al-Si 复合材料分别提高了 50%和 82%。这主要是因为引入的 Ti 在陶瓷和金属界面处形成化学键，从而增强了材料的界面相互作用。受力过程中有机-无机界面处产生了大量的裂纹偏转导致曲折的断裂路径，吸收了极大的能量，因此显著提高了复合材料的断裂韧性。以上研究表明，采用冷冻铸造技术构筑层状骨架结构，并调控复合材料的界面相互作用，是制备高性能复合材料的有效策略。

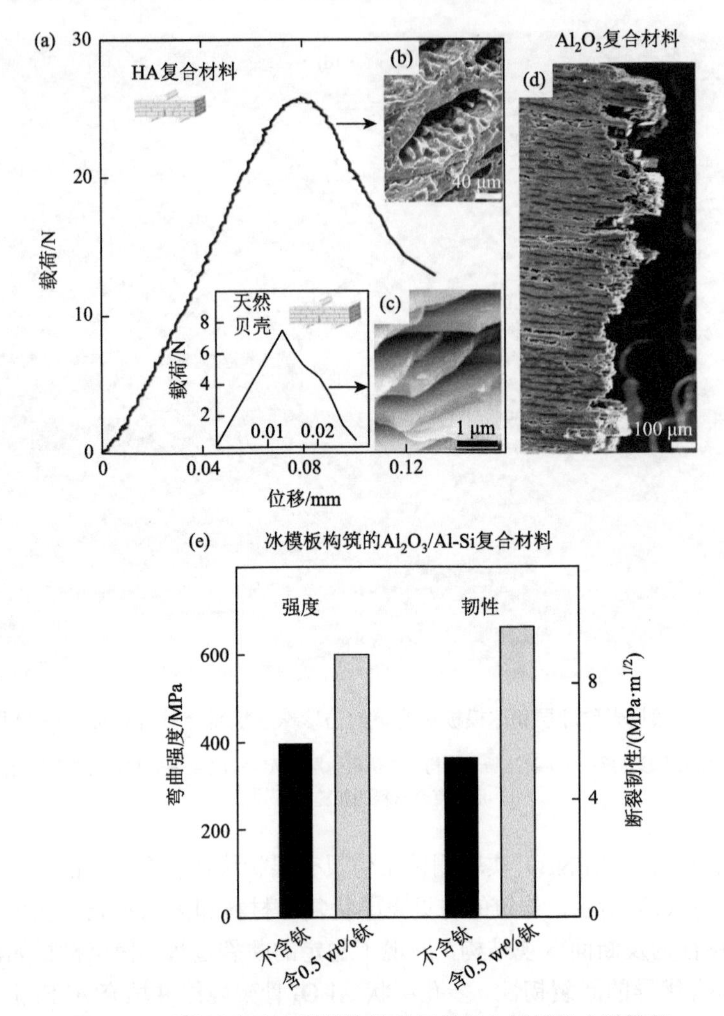

图 5-2 天然贝壳及冰模板构筑的层状复合材料的力学性能

(a) 冷冻铸造技术构筑的层状 HA/EP 复合材料的三点弯曲载荷-位移关系；冷冻铸造技术构筑的层状 HA 块体复合材料 (b) 和天然贝壳珍珠层 (c) 的典型 SEM 照片；(d) 冰模板法构筑的层状 Al_2O_3 块体复合材料的断面 SEM 照片；(e) 层状 Al_2O_3-Al/Si 块体复合材料的弯曲强度和断裂韧性[8]

除了构筑仿贝壳珍珠层状复合材料外，他们也研究了冷冻速率对层状骨架压缩性能的影响。降温速率是调控晶体生长动力学的主要参数之一，主要影响层状骨架的结构特征，如孔径、层厚度及层间距等参数并最终影响复合材料的力学性能。当降温速率被控制在 0.1～20 ℃/min 时，相应的前沿凝固速率分布在 3～100 μm/s 范围内。以羟基磷灰石体系为例，如图 5-3 (a) 所示，降温速率越快，相应的凝固前沿速率越快，所得多孔材料的层厚度和层间距越小。通过调整冷冻动力学来控制层状冰晶的生长，实现了层状微结构调控，其相关尺寸变化超过两个数量级（从 1 μm 到 200 μm）。降温速率变化引起的形貌变化直接影响了多孔材料的力学性能[图 5-3（b）～（e）]。对于构筑的层状多孔材料，在平行于陶瓷层的方向上施加压缩载荷，陶瓷层之间存在无机桥，可防止陶瓷层的欧拉屈曲并有助于提高强度。当降温速率低于 2 ℃/min，最终所获得的羟基磷灰石多孔材料的压缩强度在 10～20 MPa 之间。当降温速率高于 5 ℃/min 时，多孔材料的压缩强度增加到 60 MPa，这主要归因于较多的片层有利于承受较大的载荷。同时从图中也可以看出，多孔材料的孔隙尺寸与冷却速率之间的关系并不是线性的。因此，当降温速率较快时，通过增加降温速率来增加片层数目的效果变得越来越不明显。通过优化冷冻速率，制备的羟基磷灰石层状骨架的压缩强度最高达到了约 140 MPa，是传统多孔骨架的 4 倍，克服了传统多孔陶瓷骨架如载荷低、结构无规及孔径尺寸不可控的缺点。

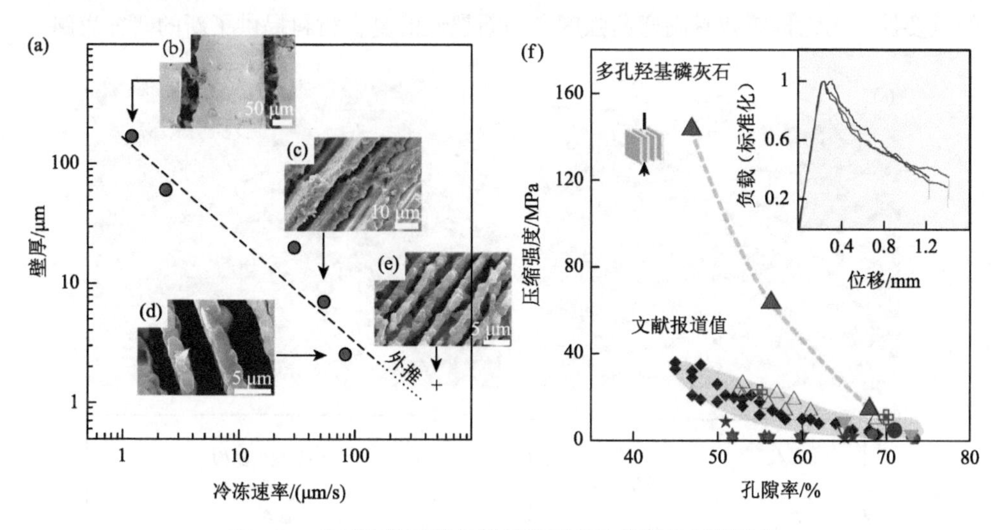

图 5-3　多层次的层状骨架的微观结构控制及压缩性能

（a）～（e）冷冻速率与骨架层厚度的关系；（f）冰模板构筑的层状多孔羟基磷灰石骨架的压缩强度与孔隙率的关系，插图为孔隙率为 56%的材料的典型压缩载荷-位移曲线[8]

贝壳珍珠层具有优异的力学性能，主要是由于脆性的碳酸钙微米片提供了高的强度及有机物提供了弹性形变，由此材料在断裂过程中耗散大量的能量，获得了优异的断裂韧性。由此启发，2008 年 Munch 等[33]采用双向冷冻铸造技术构筑了仿贝壳层状氧化铝/聚甲基丙烯酸甲酯（Al_2O_3/PMMA）复合材料。他们首先将 Al_2O_3 浆料进行双向冷冻得到层状骨架，并将层状骨架沿垂直于取向方向进行压缩和双重烧结，获得了层间距为 5～10 μm 的陶瓷骨架，其中无机组分含量高达 80 vol%。在冷冻铸造过程中，向基元材料的分散液中添加蔗糖，冷冻时有助于层状骨架形成更加粗糙的表面。同时，对骨架压缩并双重烧结，能够将薄片的平均厚度降低至 5 μm，并能够在薄片之间形成陶瓷桥接结构。前文已经提到，有机-无机界面处的相互作用对珍珠层的非弹性变形响应起着重要的作用。因此，如图 5-4（a）和（b）所示，在填充 PMMA 之前，将甲基丙烯酸酯基团化学接枝到 Al_2O_3 骨架表面，能够使陶瓷相和聚合物相之间形成更牢固的共价键，可显著提高复合材料的弯曲强度和断裂韧性。图 5-4（c）为构筑的“砖-泥”结构 Al_2O_3/PMMA 复合材料及天然贝壳的弯曲应力-应变曲线，对比发现，Al_2O_3/PMMA 复合材料失效前发生了＞1%的非弹性变形，其弯曲强度达到了 200 MPa，远高于天然贝壳珍珠层的弯曲强度；此外，“砖-泥”结构的 Al_2O_3/PMMA 复合材料的断裂韧性高达 30 MPa·m$^{1/2}$，远超过未对骨架压缩而得到的层状 Al_2O_3/PMMA 复合材料和任何一种组分的断裂韧性，同时比均匀混合的纳米复合材料的断裂韧性高出一个数量级[图 5-4（d）]，这一结果充分表明了分层设计在促进多尺度增韧机制方面的重要性，这为构筑兼具高弯曲强度和高断裂性的复合材料提供了新的研究思路。

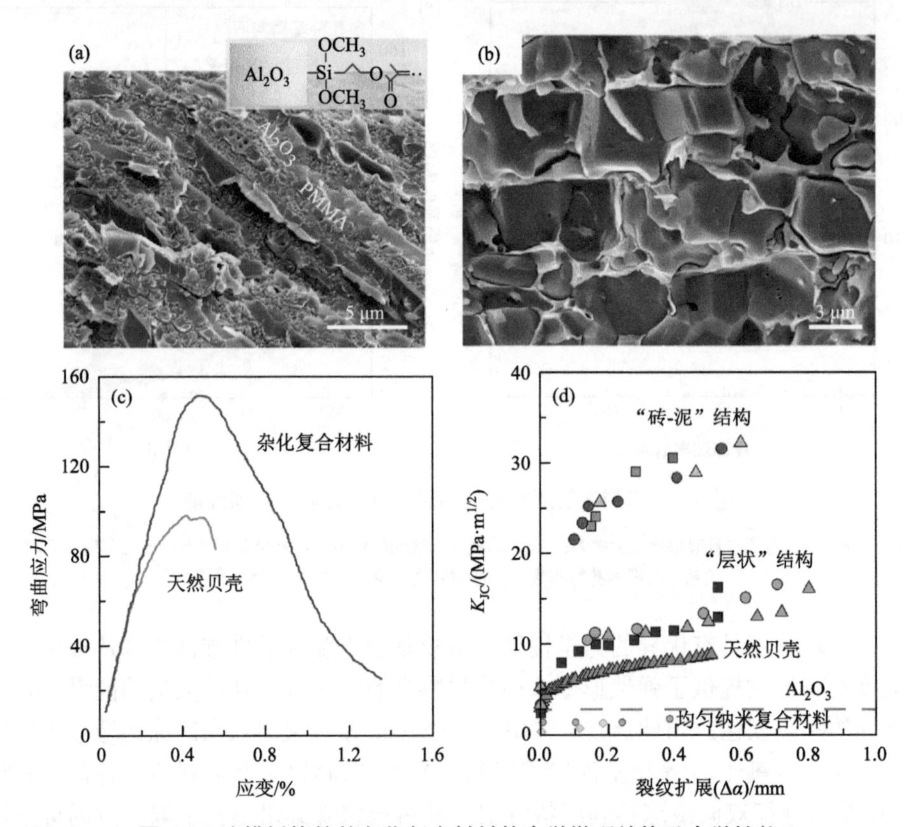

图 5-4 冰模板构筑的杂化复合材料的力学微观结构及力学性能

（a）Al_2O_3 化学接枝后层状结构 Al_2O_3/PMMA 杂化材料的断面 SEM 照片；（b）Al_2O_3 化学接枝后“砖-泥”结构 Al_2O_3/PMMA 复合材料的断裂面 SEM 照片；（c）双向冷冻铸造技术构筑的层状杂化复合材料及天然贝壳的弯曲应力-应变曲线；（d）不同纳米复合材料的裂纹增长阻力曲线[33]

在工程材料中，高强度和高韧性通常是互斥的。对于陶瓷材料，提高韧性通常依赖于金属或聚合物等韧性相的引入，但这会降低复合材料的强度、刚度以及高温稳定性。为了改善陶瓷层状纳米复合材料的强度、刚度和高温稳定性，2014 年 Bouville 等[34]通过定向冷冻铸造技术，构筑不同类型的仿贝壳层状块体陶瓷复合材料。如图 5-5（a）所示，研究人员首先向 Al_2O_3 纳米片的溶液中加入了少量 Al_2O_3、SiO_2 和 CaO 纳米颗粒，冷冻过程中，冰晶的有序生长诱导了 Al_2O_3 薄片的取向排列，构筑了不同组分的零维纳米颗粒修饰的层状 Al_2O_3 骨架。同时，Al_2O_3 纳米颗粒和液相前驱体被包裹在 Al_2O_3 层状骨架上的薄片之间。

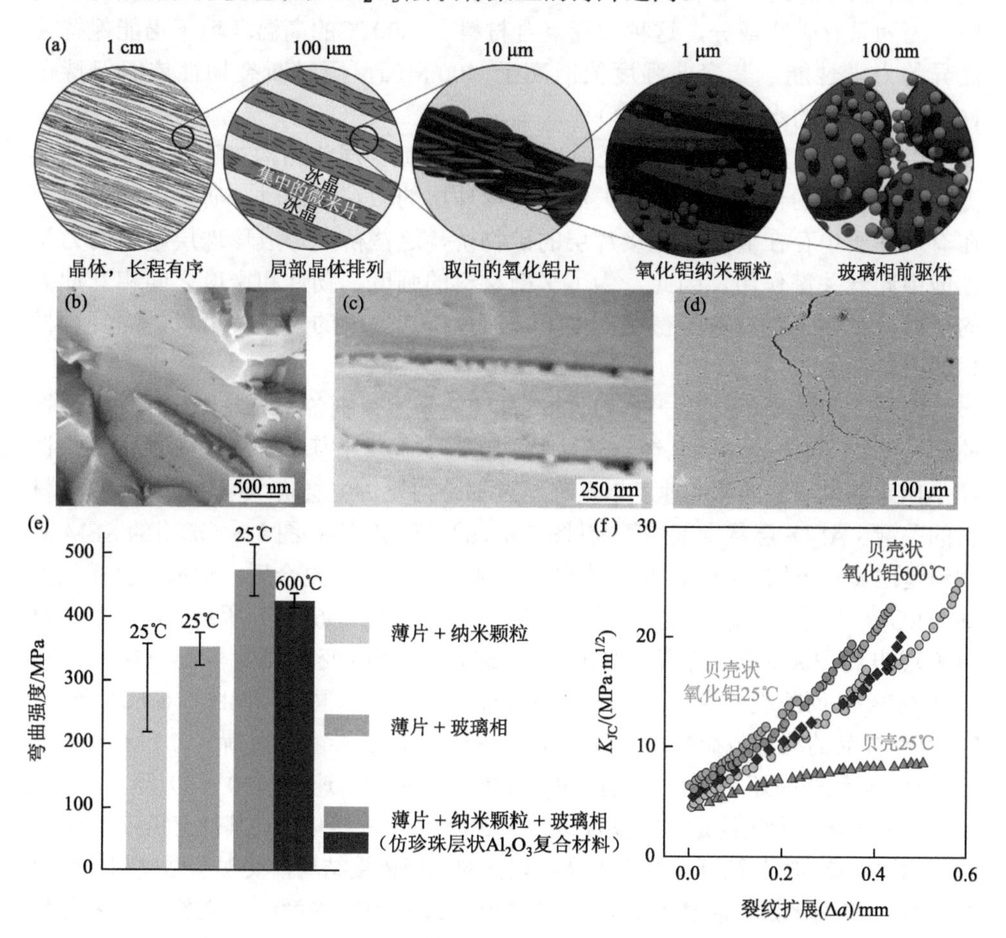

图 5-5　仿贝壳层状 Al_2O_3 陶瓷复合材料的多尺度结构设计和致密化策略及其力学性能

（a）多级次冷冻铸造构筑仿贝壳层状块体 Al_2O_3 复合材料的示意图；（b，c）仿贝壳层状 Al_2O_3 复合材料断面 SEM 照片及放大图；（d）仿贝壳层状 Al_2O_3 复合材料裂纹路径末端出现多处裂纹偏转和裂纹桥接；（e）三种不同复合材料的弯曲强度：薄片＋纳米颗粒、薄片＋玻璃相以及仿珍珠层状 Al_2O_3 复合材料；（f）仿贝壳层状 Al_2O_3 和天然贝壳的裂纹增长阻力曲线[34]

对冷冻铸造得到的 Al_2O_3 层状骨架进行压力辅助烧结，零维的 SiO_2 和 CaO 纳米颗粒填充了 Al_2O_3 薄片之间的缝隙，模仿了贝壳珍珠层的有机基质的角色[图 5-5（b）]。而且 Al_2O_3 纳米颗粒烧结后还可以形成粗糙结构和矿物桥接，从而有利于提高复合材料的弯曲强度和断裂韧性[图 5-5（c）]。单边缺口弯曲测试表明，仿贝壳层状复合材料的断裂表面发生了裂纹偏转，裂纹路径末端出现多级次裂纹和裂纹桥接[图 5-5（d）]。仿贝壳珍珠层状复合材料的弯曲强度高达 470 MPa，杨氏模量为 29 GPa，刚度高达 290 GPa[图 5-5（e）]。此外，仿贝壳珍珠层状 Al_2O_3 复合材料的断裂韧性达 17.3 $MPa{\cdot}m^{1/2}$，均优于天然贝壳珍珠层。因为只有矿物成分，这种陶瓷复合材料在 600 ℃的高温环境下仍能保持其优异的力学性能，其弯曲强度依旧高于 400 MPa，同时断裂韧性依旧保持在 16.4 $MPa{\cdot}m^{1/2}$ 的水平[图 5-5（f）]。

由以上研究进展可知，贝壳珍珠层的“砖-泥”层状结构对于其力学性能的提高有着重要的作用。在研究天然贝壳珍珠层的微观结构时，研究人员观察到在有机基质中存在着许多连接片层的矿物桥，这些桥在形成珍珠层超强的力学性能中起着关键作用。因此，为了平衡材料的强度、韧性和密度之间相互冲突的矛盾，在不牺牲材料的密度前提下，通过增加层间的连接桥可以提高复合材料的力学性能。

为此，郭林等开发了一种改进的冷冻铸造技术，制备了取向排列 Al_2O_3 桥接的层状骨架（也称为 3D 互锁骨架）[35]。通过引入羧甲基纤维素钠（CMC）来调控 Al_2O_3 纳米颗粒的移动速度以及冻结过程是构筑仿生层状 Al_2O_3 基块体复合材料的关键。Al_2O_3 层状骨架烧结前[图 5-6（a）]和烧结后[图 5-6（b）]的 SEM 照片清楚地显示出均匀的 3D 互锁结构。与氰酸酯（CE）复合后，形成了互锁结构的 Al_2O_3/CE 层状块体复合材料[图 5-6（c）]。如图 5-6（d）所示，层状复合材料表现出约 300 MPa 的弯曲强度和约 5%的断裂应变。强度与 Al_2O_3 片相近（360 MPa），而断裂应变是 Al_2O_3 片（0.1%）的 50 倍。同时，如图 5-6（e）所示，3D 互锁样品的动态载荷断裂强度（280 MPa）远高于准静态载荷（125 MPa）。此外，3D 互锁样品还具有良好的抗冲击性能，在高冲击速度（$10^4\ s^{-1}$）下，3D 互锁样品的破坏强度大约是层状复合材料（150 MPa）的两倍，与其他有机-无机复合材料相比，该 3D 互锁复合材料因具有较强的互锁桥接结构，实现了强度和韧性组合最佳，在氧化铝基块体复合材料中表现出最高的比强度。这主要是因为独特的 3D 互锁结构，尤其是陶瓷桥接结构，能够重新分配应力和缺陷裂纹，共同消散变形和断裂能量。同时，由于独特的 3D 交错结构，复合材料中出现了大规模（长达毫米）的裂纹偏转[图 5-6（f）]，以及多级裂纹、裂纹桥接和层间滑动[图 5-6（g）～（i）]，使其具有较高的准静态力学性能。3D 互锁结构提供的超强支撑是增强复合材料力学性能的主要原因。此外，该 Al_2O_3/CE 层状复合材料具有较低的密度（约 1.85 g/cm³），因此在 Al_2O_3 复合材料中表现出非常高的比强度（强度/密度），约为 162 MPa/(g/cm³)。

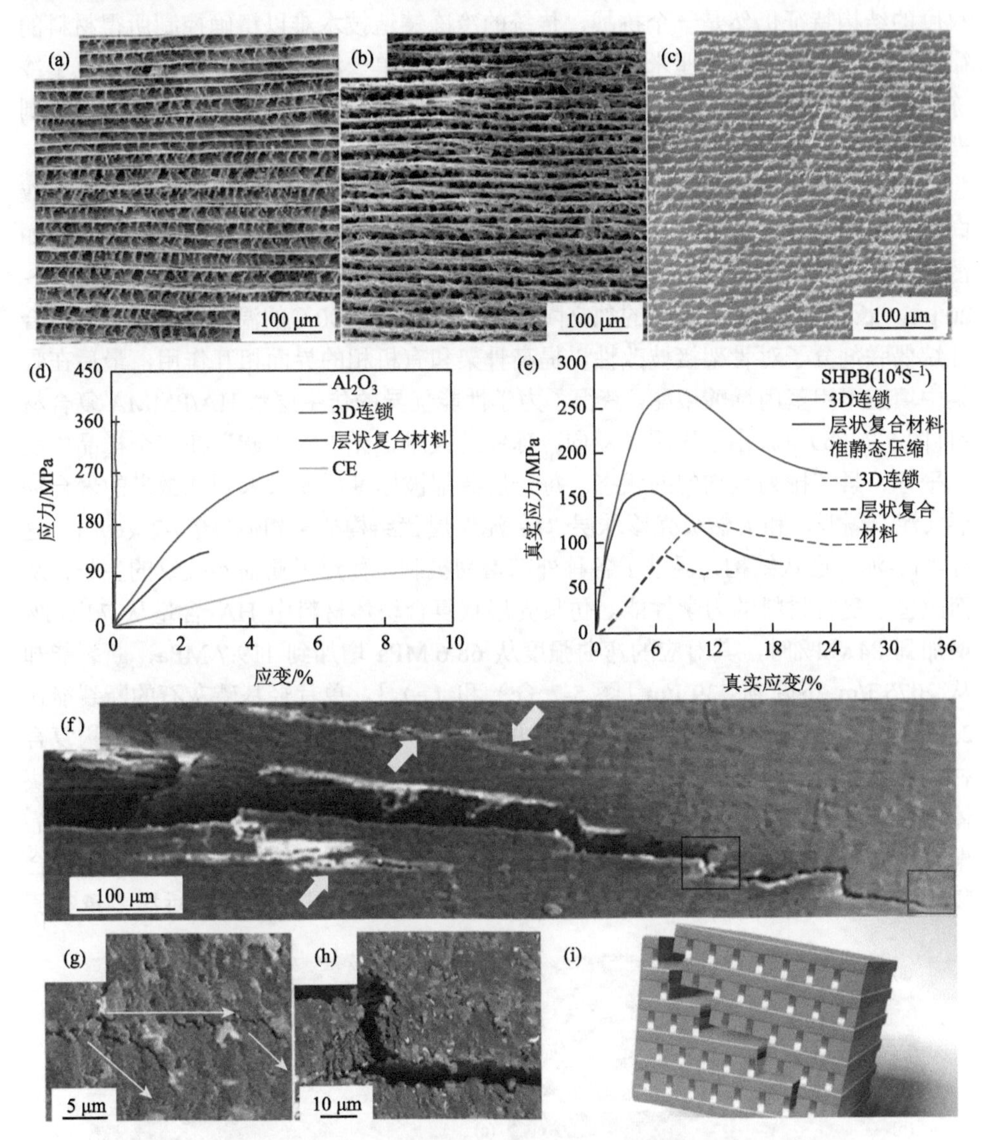

图 5-6　3D 互锁仿贝壳 Al_2O_3/CE 复合材料的微观结构及其力学性能

（a）双向冷冻构筑的 Al_2O_3 层状骨架；（b）烧结后的 Al_2O_3 层状骨架；（c）仿贝壳 Al_2O_3/CE 层状复合材料；（d）Al_2O_3、CE、3D 互锁和层状复合材料的应力-应变曲线；（e）准静态压缩下获得的 3D 互锁和层状复合材料的应力-应变曲线；（f）～（h）原位三点弯曲试验中获得的 SEM 图像及其放大图，表现出裂纹偏转、多裂纹、裂纹桥接和片层之间的滑动；（i）裂纹扩展示意图[35]

能源、交通、建筑和生物医学等领域都需要坚固且高韧的轻质结构材料。研究人员已经使用了各种方法来构筑具有“砖-泥”结构的仿贝壳层状复合材料。尽管在这一领域已经取得了很大进展，但在高陶瓷含量的材料中精确控制多个长度尺度的结构特征仍然是一个挑战，传统的冷冻铸造技术难以精确控制所得材料的微观结构，特别是大于厘米尺度的层状取向。在单一温度梯度下，当在垂直于冷冻方向的横截面中观察时，仅在亚毫米区域上实现了层状结构的取向，这一限制严重阻碍了冷冻铸造技术用于大规模制造层状块体复合材料。

为了解决上述难以制备厘米级尺寸取向的问题，柏浩与 Ritchie 等改进了双向冷冻铸造技术，构筑了大面积高度有序的层状羟基磷灰石（HA）骨架[30]。如图 5-7(a)所示，对层状 HA 骨架沿垂直于取向方向压缩，片层破碎成厚度为 5～20 μm、长度为 10～110 μm 的独立陶瓷“砖”。在 1300℃的温度下烧结后，结合硅烷偶联剂分子对骨架接枝改性以提高骨架和有机相的界面相互作用，最后在骨架中填充聚甲基丙烯酸甲酯，获得了力学性能优异的仿生层状 HA/PMMA 复合材料[图 5-7（b）]。由于采用了双向冷冻铸造技术，无机的“砖”在整个样品中呈现平行、紧密排列且均匀的状态。每一层砖都被厚度从亚微米到几微米的聚合物层（泥）隔开，和天然贝壳珍珠层“砖-泥”层状结构非常相似[图 5-7（c）]。这种“砖-泥”层状结构，促进了各种外部增韧机制，稳定了亚临界裂纹的生长，从而改善了复合材料的力学性能。仿贝壳层状复合块体材料中 HA 含量从 72 vol%增加到 84 vol%时，其对应的弯曲强度从 68.6 MPa 增加到 119.7 MPa，断裂能却从 2075 J/m^2 下降到 739 J/m^2[图 5-7（c）和（e）]。单片羟基磷灰石的断裂能在 2.3～20 J/m^2，其脆性容易导致灾难性的失效，但制备的这种“砖-泥”结构复合材料的最低断裂能仍然比单片羟基磷灰石的最高断裂能大一个数量级。与其他块体 HA 基复合材料相比，HA/PMMA 材料中断裂能的显著增加主要归因于在陶瓷/聚合物界面处观察到的大量裂纹偏转，以及多种其他外源性增韧机制，包括聚合物“泥”层的拉伸和撕裂，其中剩余的聚合物薄膜可以作为裂纹桥接，承载原

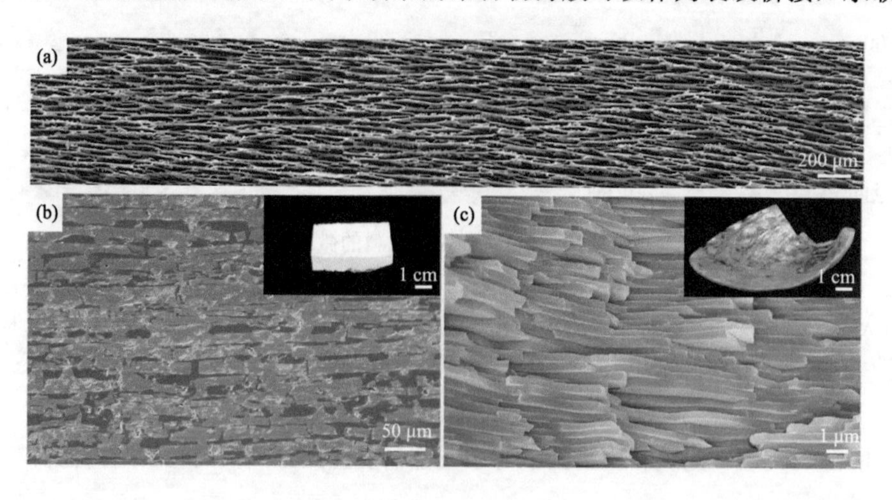

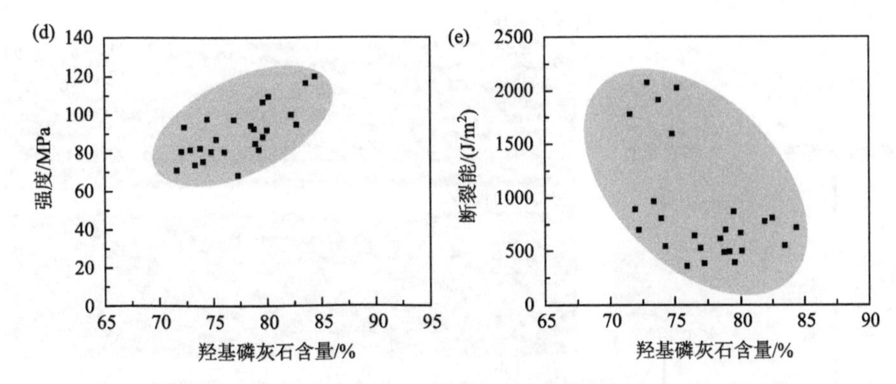

图 5-7　具有仿珍珠层结构的 HA/PMMA 复合材料的微观结构及其力学性能

（a）长程取向层状 HA 骨架的 SEM 照片；（b）仿生层状 HA/PMMA 复合材料的 SEM 照片；（c）天然贝壳珍珠层的 SEM 照片；（d）和（e）仿生层状 HA/PMMA 复合材料的强度和断裂能与羟基磷灰石含量的关系 [30]

本用于扩展裂纹的负载，以及额外的裂纹桥接和随后的陶瓷“砖”的“拔出”，这些都会耗散大量的能量。这种层状结构的设计，在施加外载荷时，避免了应力高度集中，应力能够发生偏转与重新分布，因此能够显著提高韧性。

天然贝壳珍珠层由碳酸钙薄片和生物大分子层交替组成，表现出优异的力学性能。在过去的十年中，研究人员采用冷冻铸造技术构筑了仿贝壳层状复合材料，并取得了突出的研究成果。然而，这些人造贝壳珍珠层无法修复机械损伤，而这是其耐用性的先决条件。此外，在实际应用中，迫切需要具有自愈能力和形状可编程性的智能贝壳珍珠层复合材料，但这一需求尚未得到满足。

针对此问题，谢涛和柏浩等报道了一种具有自愈和形状可编程的仿天然贝壳珍珠层 Al_2O_3/环氧树脂复合材料[36]。其大致制备过程如下，研究人员首先使用双向冷冻铸造技术，制备了长程取向的 Al_2O_3 层状结构骨架。通过烧结并对层状的 Al_2O_3 骨架进行密实化处理，同时将可热转换的 Diels-Alder 网络聚合物渗透到 Al_2O_3 的层状骨架中而获得仿贝壳珍珠层状 Al_2O_3/环氧树脂复合材料[图 5-8（a）和（b）]。聚合物中的化学键可转换性和物理限制赋予复合材料足够的分子流动性，而不会影响其稳定性[图 5-8（c）]。这种仿贝壳珍珠层状 Al_2O_3/环氧复合材料的弯曲强度为（62.2±5.8）MPa，韧性为（170.1±10.3）J/m^3（从应力-应变曲线下的积分面积计算，其中测试使用了无缺口样品，计算的面积代表了断裂能的上限），弯曲模量为（3.6±0.5）GPa。对于纯的聚合物，加热分解 Diels-Alder 网络，材料发生流动从而消除表面划痕，可逆网络的重塑能够恢复大块样品的力学性能，在 24 h 内几乎完全恢复强度和韧性[图 5-8（d）]。需要指出的是，所制备的智能贝壳珍珠层复合材料在高含量无机填料（Al_2O_3 的体积分数为 70%）的情况下还具有自修复的能力。虽然智能贝壳因疲劳试验而受损，但经过加热处理，断开后的智能珍珠层复合材料在 24 h 后其学性能恢复到初始状态[图 5-8（e）]。

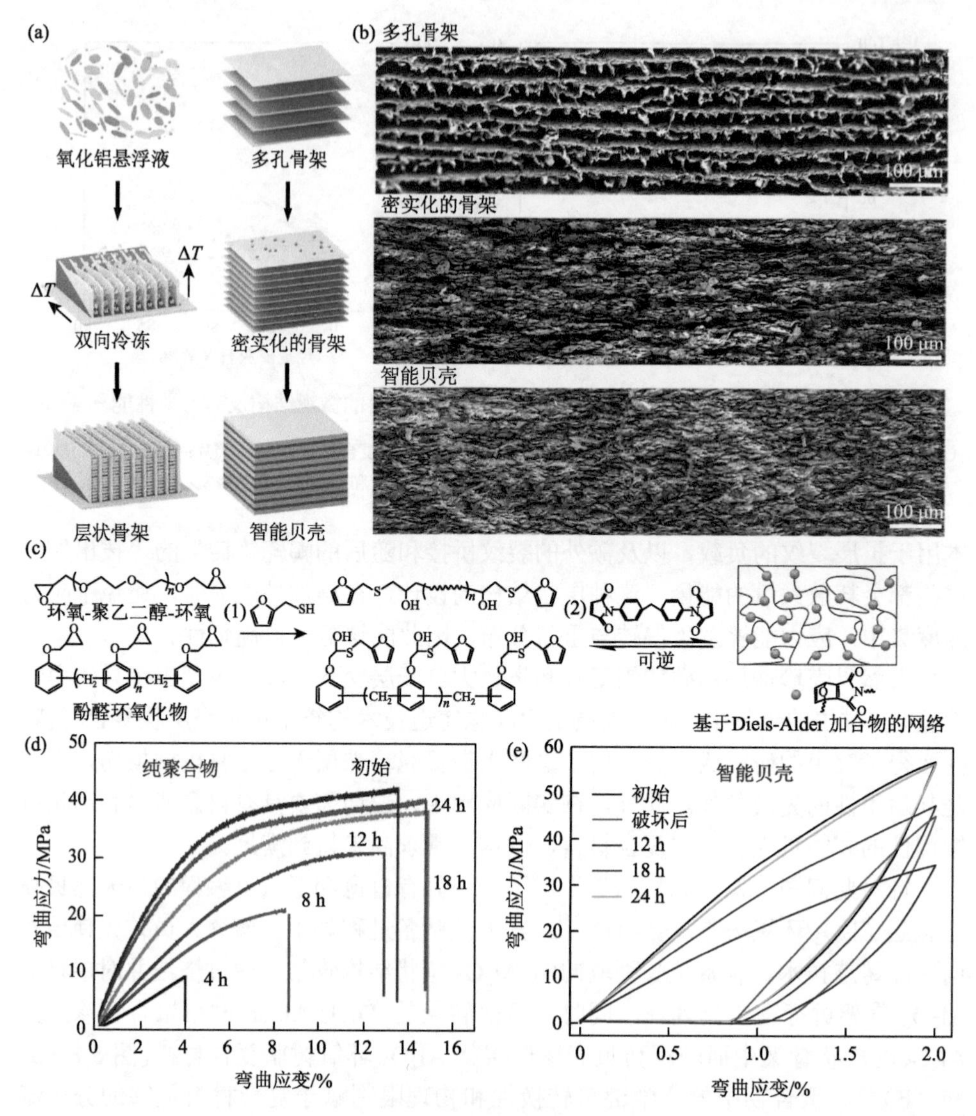

图 5-8 通过用可热转换的 Diels-Alder 网络聚合物渗透长程排列的 Al_2O_3 骨架来制造智能珍珠层及力学性能

(a)智能贝壳的制备流程示意图;(b)多孔 Al_2O_3 骨架、致密化的 Al_2O_3 骨架和智能贝壳的 SEM 照片;(c)Diels-Alder 网络聚合物的合成路线和可逆交联;纯聚合物(d)和自修复智能贝壳(e)的弯曲应力-应变曲线[36]

在冷冻铸造技术中，冰晶在冷源表面成核并沿着温度梯度方向生长，所得多孔材料的结构简单地复制了冰晶的形态。因此，控制冰晶的成核和生长速率对层状多孔材料的结构和性能至关重要。通过调节降温速率、设计温度梯度、利用磁场诱导等方式可以在一定程度上控制冰晶的成核和生长。但是，这些方法依旧难以实现有效的结构调控，在结构有序度和材料尺寸方面，还无法满足对高性能仿生层状结构材料的设计和制备需求。

针对该问题，柏浩等在冷源表面设计浸润性梯度来调节冰晶的成核与生长[37]。如图 5-9（a）和（b）所示，采用三种不同表面浸润性的冷源构筑了羟基磷灰石骨架。使用具有均匀浸润性（亲水或疏水）表面进行冷冻，只得到了短程有序的层状结构。使用具有线性浸润性梯度的表面进行冷冻[图 5-9（c）]，可制备具有长程有序层状结构的骨架材料，这主要是因为双向冷冻铸造过程中表面浸润性梯度对冰晶成核和生长有着重要的影响，冰晶从亲水区域到疏水区域“先后成核”，使得浆料中的基本组装单元在宏观上取向排列，诱导后成核的冰晶在受限条件下“取向生长”。

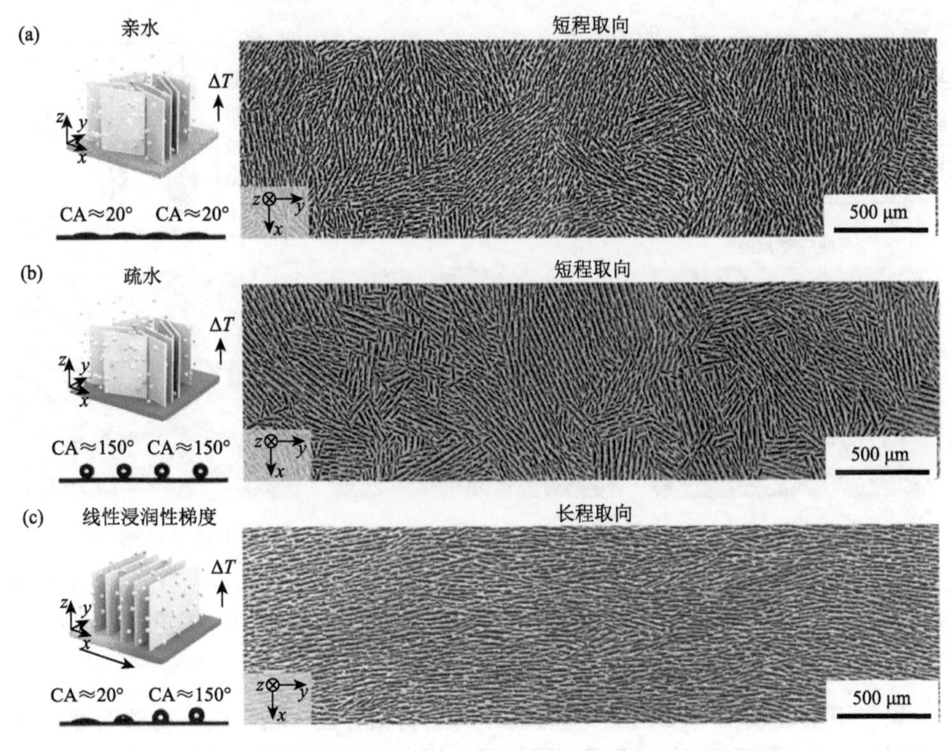

图 5-9 表面浸润性对定向冷冻法得到的多孔骨架结构的影响

（a）使用均匀亲水表面构筑的短程取向层状骨架结构示意图及 SEM 照片；（b）使用均匀疏水表面构筑的短程取向层状骨架的结构示意图及 SEM 照片；（c）使用梯度表面制得的长程取向层状骨架的结构示意图及 SEM 照片[37]

为了证实表面浸润性梯度对微观结构调控的有效性，他们比较了使用不同浸润性冷源表面冷冻铸造得到的羟基磷灰石/聚甲基丙烯酸甲酯（HA/PMMA）复合材料的弯曲性能[图 5-10（a）～（c）]。结果表明，使用线性浸润性梯度冷源表面制备的复合材料的弯曲强度、弯曲模量和断裂能分别为（108±7.5）MPa、

（5.93±1.25）GPa 和（2232±295）J/m²，显著高于均匀疏水冷源表面和均匀亲水冷源表面所构筑复合材料的力学性能。这表明浸润性梯度可以有效诱导长程有序层状结构的形成，从而提高仿生层状复合材料的力学性能。观察弯曲测试后复合材料的断面和表面[图 5-10（d）～（f）]可以看出，仿贝壳 HA/PMMA 复合材料和天然贝壳珍珠层有着类似的微观结构，复合材料中的 PMMA 起到了有机韧带的作用，使得复合材料能够承受更大的变形，并且断面呈现出撕裂的 PMMA 层。单边缺口弯曲实验表明，HA/PMMA 复合材料和天然贝壳珍珠层有着类似的断裂模式，裂纹从缺口处开始形成，在无机和有机的界面处易发生裂纹偏转，导致裂纹沿着曲折的路径生长，可有效增加断裂能[37]。

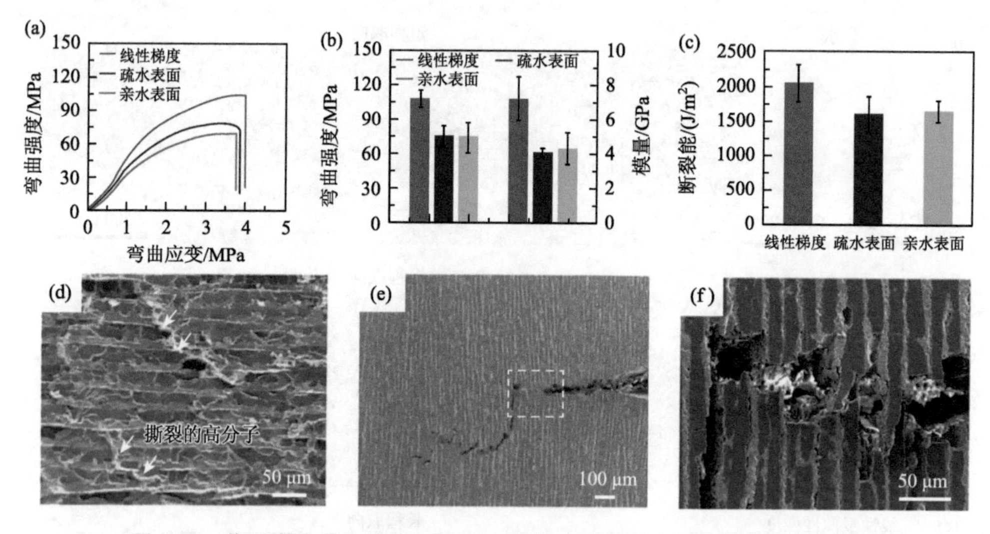

图 5-10　仿贝壳珍珠层结构 HA/PMMA 复合材料的力学性能及增韧机理

（a）三种表面制备得到的复合材料的弯曲曲线；（b）弯曲强度和模量对比；（c）断裂能对比；（d）弯曲测试后的断面电镜图；（e）在单边缺口弯曲试验下，裂纹从缺口开始并沿着曲折的路径传播；（f）高倍数下显示界面失效、裂纹桥接和陶瓷拉出[37]

聚二甲基硅氧烷（PDMS）具有良好的生物相容性、稳定性、高透明度和易于成型等特点，在微流体、组织工程、柔性设备及可穿戴设备等领域拥有广阔的应用前景[38]。然而，PDMS 的杨氏模量却很低，经常需要改性来提高其刚度和承重能力。杨氏模量的微调困难和低韧性严重阻碍了其在组织工程和柔性器件等领域的应用。同时，PDMS 的韧性依然远远低于天然橡胶 1～2 个数量级。自然界中，存在着许多兼具优异韧性和模量的天然材料，如具有“砖-泥”层状结构的鲍鱼壳等。大量的碳酸钙矿物为鲍鱼壳提供了极高的模量和强度，而丰富的界面相互作用可以减缓裂纹扩展，为鲍鱼壳提供了优异的断裂韧性。目前，大量的工作已借鉴鲍鱼壳的结构，制备了一系列强韧一体化的纳米复合材料。然而，难以通过常规的表征方法如原位扫描电子显微镜来揭示仿鲍鱼壳的层状纳米复合材料的增韧机理。传统 SEM 表征存在以下缺点：①难以实现三维成像；②样品表面形貌对表征的干扰；③受限于样品的电导率；④难以区分不同的组分。

近年来，聚集诱导荧光（AIE）引起了科研人员的极大关注[39]。与传统荧光分子不同的是，在固态聚集的状态下 AIE 分子可产生强烈的荧光。同时，AIE 分子还具有荧光强度高、光漂白稳定性优异等优点。因此，借助 AIE 分子进行共聚焦荧光成像，成为表征有机-无机纳米复合材料微观结构的理想手段。

程群峰等受鲍鱼壳增韧机理的启发，采用改进的双向冷冻铸造技术构筑了力学性能优异的仿鲍鱼壳层状 PMDS-MMT 纳米复合材料（PDMS-MMT-L）[40]。首先采用改进的双向冷冻铸造技术构筑了层状的 MMT 骨架，然后在层状骨架之间的空隙中填充 PDMS 基体即得到了仿鲍鱼壳结构的 PDMS-MMT 层状纳米复合材料 PDMS-MMT-L［图 5-11（a）和（b）］。从 *xy* 平面截面的 SEM 照片可以观察到发白平行的条状纹路，可以推测此纹路是 MMT-PVA 层状骨架造成的。但是，由于普通的制样过程如切割、脆断等难以使断口面变得光滑，所以在电镜下会出现大量因断裂产生的沟壑状的起伏形貌，大大影响了层状结构的观察甚至掩盖了层状结构。同时，区别骨架和基体只能依靠 SEM 照片的不同灰度进行辨认，而由于骨架所占比例很小，该纹路是由 PDMS 层断裂形成的还是 MMT 骨架本身的片层截面无法确定。而利用共聚焦显微镜（CFM）则可以有效地避免这一问题。为了区别基体和骨架，在 PDMS 基体中加入了另一种荧光分子 1-氨基芘。利用双通道的荧光成像，获得了该 PDMS-MMT 层状纳米复合材料 *xy* 平面横截面的形貌图。如图 5-11（c）所示，蓝色标记的为基体，绿色标记的为骨架。可以发现骨架紧密地嵌入基体材料中，将基体分隔成为平行的 PDMS 片层，而且骨架的层间距未发生明显的收缩。从不同深度的 *xy* 平面的成像重构出的三维图像［图 5-11（d）］中也可以观察到骨架与基体紧密结合，没有观察到明显的孔隙。

由于该仿鲍鱼壳结构的 PDMS-MMT 纳米复合材料独特的层状结构，其力学性能得到了有效的改善，特别是韧性和模量同时提高。如图 5-11（e）所示，PDMS 的应力-应变曲线显示出典型的弹性体的特征，其杨氏模量为（2.2±0.2）MPa。虽然 PDMS 具有优异弹性和柔性，但是其对裂纹扩展的抵抗能力很弱，即韧性很差。一旦裂纹存在于 PDMS 上，其断裂伸长率会急剧下降，完整的 PDMS 样品的断裂伸长率为 74%，而带缺口的样品的断裂伸长率会急剧下降到 27%，对应的断裂能，即韧性仅为（0.36±0.05）kJ/m^2。加入 MMT-PVA 之后，共混得到的 PDMS-MMT-R 的杨氏模量得到了轻微的提升，达到了（3.0±0.3）MPa，这种轻微的提高可以从经典的 Guth-Gold 模型得到解释，表明填料和基体之间只存在较弱的作用力。同时，PDMS-MMT-R 的韧性同样只有轻微的提高，为（0.62±0.05）kJ/m^2，这可能是由填料与基体之间的较脆弱的界面作用耗能造成的。而引入了MMT-PVA层状骨架的PDMS-MMT-L的模量可达（52.3±2.5）MPa，较纯PDMS提高了23倍。同时其韧性提高到（4.62±0.39）kJ/m^2，较纯PDMS提高了12倍［图5-11（f）］。由于PDMS-MMT-L的各向异性结构，当改变拉伸方向时，其力学性能差异很大。

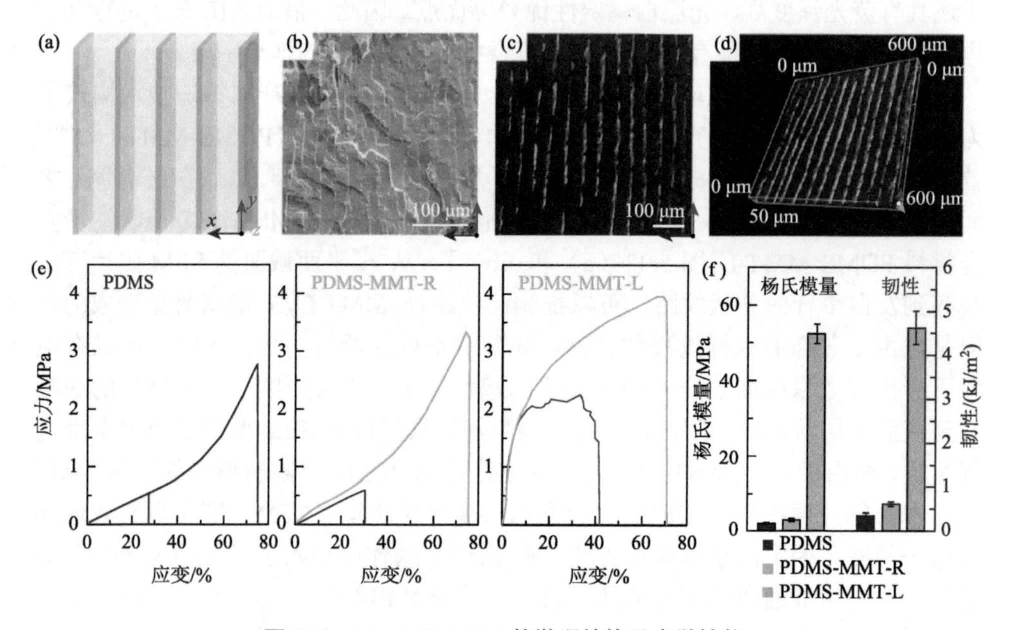

图5-11 PDMS-MMT-L的微观结构及力学性能

PDMS-MMT-L的结构示意图（a）、SEM照片（b）、CFM照片（c）和三维重构图像（d）；（e）PDMS、PDMS-MMT-R和PDMS-MMT-L的应力-应变曲线；（f）PDMS、PDMS-MMT-R和PDMS-MMT-L的杨氏模量和韧性对比[40]

为了探究仿鲍鱼壳结构的PDMS-MMT-L纳米复合材料增强增韧的机理，他们开发了利用原位CFM来观察裂纹扩展的方法。图5-12展示了带缺口的宏观样品的断裂过程。可以发现，裂纹的扩展可分为三步：裂纹尖端的形变、裂纹尖端的偏转、样品的最终断裂。而前两者是探究裂纹扩展机理的关键，故重点观察在低形变量条件下裂纹的扩展过程，可以发现，CFM照片清晰地分辨出了含量极少的MMT-PVA骨架和PDMS基体。裂纹尖端在应变0%～10%之间的扩展过程中，刚开始被加载拉力，首先发生的是裂纹尖端的形变。例如，当应变达到5%时，尖端变形导致其附近的材料将受到极大的纵向剪切力。同时，还发现刚性的MMT-PVA骨架发生了断裂（白色箭头），这说明骨架在应变初始阶段即承受了主要的应力。与以往颗粒增强体只能承受由基体传递的应力不同的是，连续的层状骨架还可以直接承受与层状方向平行的拉应力，可以大大提高材料的模量。随着应变不断增大，尖端的应力不断集中，当应变达到 7.5%左右时，纵向的剪切力使尖端附近的层状骨架与 PDMS 基体发生脱黏，裂纹扩展被引发。而随着纵向剪切力的不断增加，尖端附近基体与骨架不断发生脱黏，导致之后裂纹的扩展将沿着层状方向发生偏转。在纵向扩展过程中，还可能由于脱黏发生在骨架的两侧，出现骨架“桥接”裂纹的情况，如应变为 10%时所示（黄色箭头）。当裂纹被偏转后，裂纹将沿着层状结构扩展。在应变为 12.5%～20%之间时，骨架和基体不断发生脱黏，导致裂纹纵向扩展，在这个过程中也可能发生基体“桥接”裂纹的情况。最后，裂纹扩展到样品底部，导致样品完全断裂。

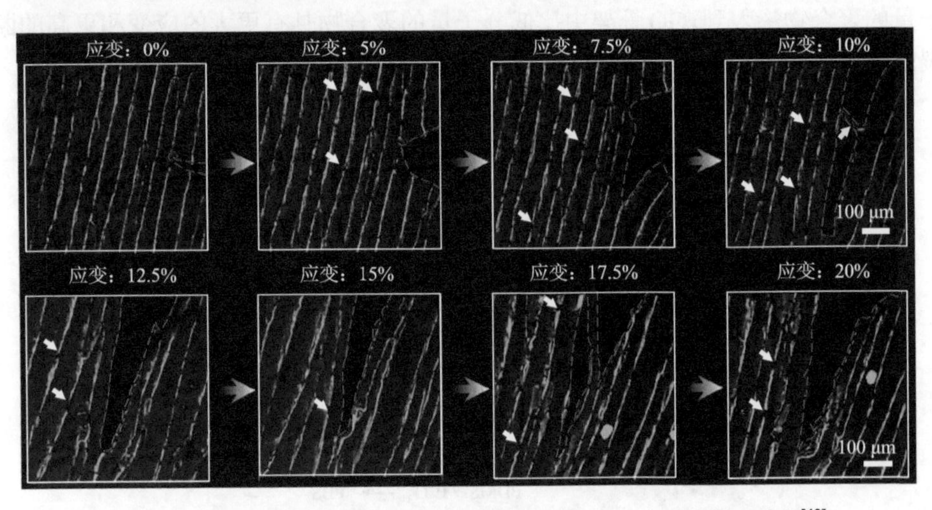

图 5-12　原位 CFM 表征的 PDMS-MMT-L 裂纹起扩阶段的微观过程[40]

5.1.2　冷冻铸造技术构筑石墨烯层状块体复合材料

石墨烯或氧化石墨烯作为二维原子晶体具有优异的物理和化学性能，如大的比表面积、高的热导率和电导率、优异的力学性能及易化学修饰等，是理想的纳米增强体。近年来，通过冷冻铸造技术，将石墨烯或者氧化石墨烯组装成三维层状骨架，再填充第二相（如陶瓷和聚合物前驱体等），构筑成仿贝壳层状复合材料的方法取得了快速的发展。

聚硼硅氧烷（PBS）是一种超分子聚合物，由于其动态配位键（通过 B 和 Si—O 基团中氧之间的三重键和四重键产生）而表现出内在的自愈特性。然而，PBS 是一种“固-液”材料，其黏弹性（它在低应变率下作为高黏性液体流动，但在高应变率下表现为固体）提高了自愈合能力，但损害了结构应用[41]。为了提高 PBS 的导电性并提高强度，研究人员将还原氧化石墨烯（rGO）纳米片均匀分散在 PBS 中，即使还原氧化石墨烯的含量高达 10%，所制备的复合材料仍然具有电绝缘性。此外，即便在更高的氧化石墨烯含量下，PBS 仍表现出“固-液”行为。

为了解决这些问题，如图 5-13（a）所示，D’Elia 等[42]采用单向冷冻铸造技术构筑了直径为 10～20 μm 的 rGO 蜂窝状骨架，骨架中 rGO 片的厚度＜50 nm。rGO 骨架经热还原后填充 PDMS/B_2O_3 溶液，在 200 ℃的温度下原位交联形成 PBS-rGO 层状复合材料，其中层状复合材料的残余孔隙率小于 1%。制备的 PBS-rGO 纳米复合材料，质量分数仅占 0.2%的 rGO 骨架限制了 PBS 的流动，从而提高了复合材料的储能模量。在低的应变速率下，该纳米复合材料具有较大的伸长率。然而，在高的应变速率下，由于剪切增稠，该材料依然具有弹性特征。此外，分子量的大小对于复合材料的力学性能也有重大的影响，研究表明，高分子量的聚合物渗入到rGO骨架中比低分子量的聚合物具有更大的应变和更高的断裂能[图 5-13（b）]。

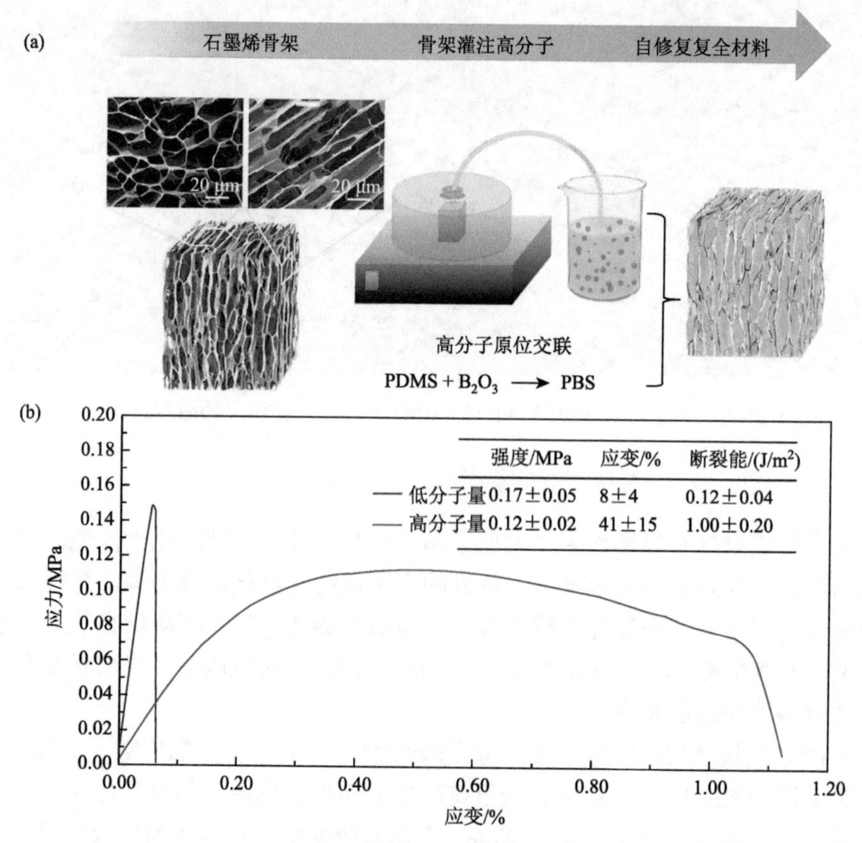

图 5-13　层状 PBS-rGO 纳米复合材料的构筑及力学性能

（a）仿生层状纳米复合材料的制备流程示意图；（b）由两种不同分子量的聚合物构筑的复合材料的典型应力-应变曲线[42]

建筑、交通运输及发电等关键领域新技术的快速发展，对新型结构材料的力学性能提出了越来越高的要求，不仅要求材料具有高的力学强度，还需要具有良好的韧性。因此，迫切需要开发新型结构复合材料，以应对这一挑战。近年来，研究人员意识到这些复合材料的结构必须从原子到宏观的多个长度尺度上进行设计，才能达到预期目标。

陶瓷材料具有耐高温及化学稳定性好等特点，具有广泛的用途，但陶瓷材料低的断裂韧性，限制了其进一步发展。研究表明，将石墨烯添加到陶瓷基体中，能够一定程度改善陶瓷的韧性，其中石墨烯纳米片的裂纹桥接已被确定为主要增韧机制之一。通过传统方法用石墨烯来增韧陶瓷已有许多相关的报道，但是陶瓷的精细结构较难调控，进一步提高陶瓷材料的韧性非常具有挑战性。针对此问题，Picot 等[43]摒弃了传统制备方法，采用冷冻铸造技术将氧化石墨烯构筑成复杂多级次结构，填充陶瓷前驱体得到了高性能陶瓷-石墨烯复合材料。他们首先采用冷冻铸造技术并经 900 ℃热还原获得了化学改性的石墨烯气凝胶（rCMG）[图 5-14（a）]。然后将聚甲基硅氧烷填充到 rCMG 骨架中并经过交联、裂解和高温烧结形成 Si-O-C-rCMG 陶瓷纳米复合材料[图 5-14（b）]。Si-O-C 陶瓷及 Si-O-C-rCMG 纳米复合材料的断裂韧性如图 5-14（c）所示，Si-O-C 陶瓷表现出脆性行为，起始断裂韧性处于较低的水平，其 K_{IC} 为（0.80±0.03）$MPa{\cdot}m^{1/2}$。通过设计仿生层状结构制备的 Si-O-C-rCMG 陶瓷纳米复合材料的起始断裂韧性为（1.7±0.1）$MPa{\cdot}m^{1/2}$，几乎是纯陶瓷的 2 倍，在 ASTM 标准范围以内，将外部增韧考虑在内，该陶瓷纳米复合材料的最大断裂韧性达到了纯陶瓷基体的约 3.5 倍。如图 5-14（d）～（g）所示，这主要归因于材料内部弱的界面形成裂纹偏转、裂纹桥接、摩擦和拔出机理。

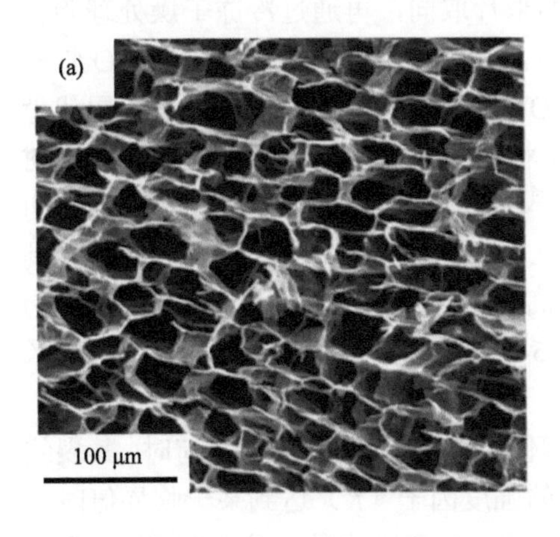

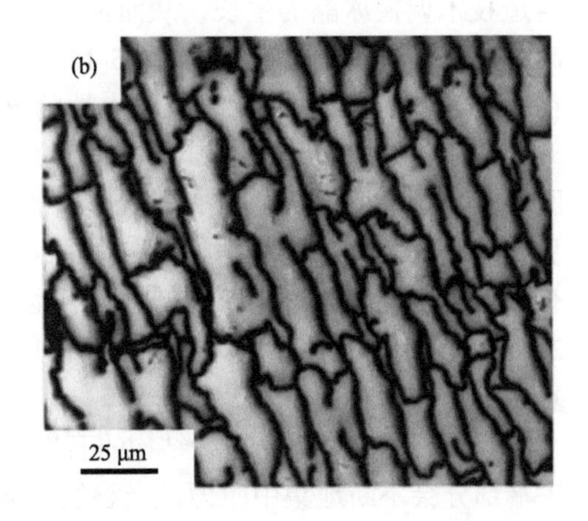

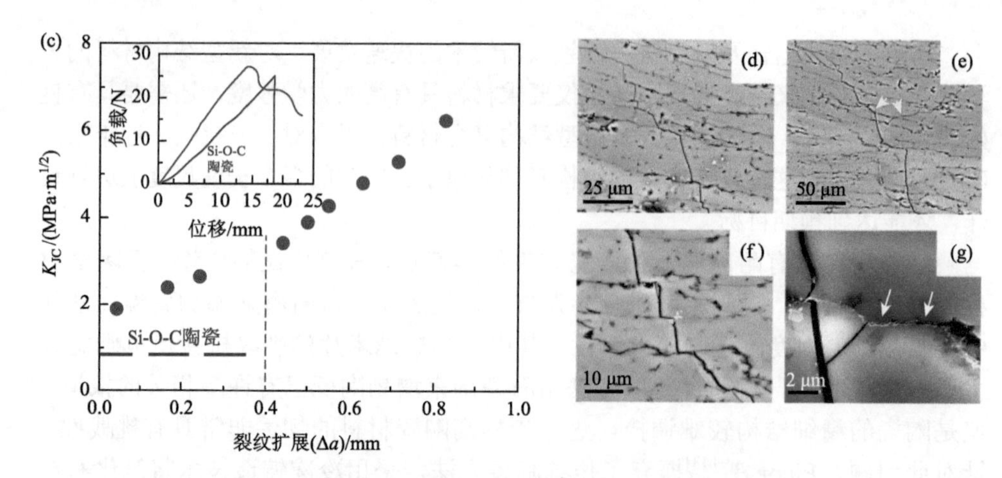

图 5-14 陶瓷-石墨烯复合材料的微观形貌和力学性能

（a）还原后层状石墨烯气凝胶的微观结构 SEM 照片；（b）裂解后密实的复合材料的 SEM 照片；（c）力-位移曲线和裂纹增长阻力曲线；（d）～（g）裂纹扩展过程中的裂纹偏转、桥接和界面摩擦[43]

除了无机陶瓷之外，日常生产生活中高分子及其复合材料同样占有举足轻重的地位，而以环氧树脂为代表的热固性树脂在各种重要行业都具有广泛的应用。但是，热固性树脂往往具有很大的脆性，即断裂韧性低，难以抵抗裂纹的扩展。程群峰等[48]针对环氧树脂断裂韧性低这一问题，通过构筑仿贝壳层状结构，在引入少量氧化石墨烯（GO）增强体的情况下，达到与贝壳类似的“外部增韧”效果，有效避免了需要对增强体进行分散处理的问题。他们利用 GO 与羧甲基纤维素（CMC）为组装基元，通过双向冷冻铸造技术构筑了层状的 GO 骨架，填充环氧树脂得到了仿生层状石墨烯-环氧树脂复合材料。通过双向冷冻铸造技术调控冰晶的生长，从而使 GO 纳米片取向，再通过冷冻干燥处理除去冰晶得到了层状的 GO 骨架[图 5-15（a）]。为了使 GO 还原，将层状 GO 骨架在 200℃处理 10 h，得到具有导电性的 rGO 骨架[图 5-15（b）]。从 rGO 层状骨架的 SEM 照片可以看出，其具有明显的层状多孔结构。向 rGO 骨架填充环氧树脂并固化后，即得到仿贝壳层状结构的石墨烯-环氧纳米复合材料，其表现出和贝壳珍珠层相似的层状结构[图 5-15（c）]。该石墨烯-环氧纳米复合材料由于具有独特的层状结构，其断裂韧性 K_{IC} 显著高于纯环氧树脂。同时，K_{JC} 可达约为 2.5 MPa·m$^{1/2}$，是纯环氧树脂的 3.6 倍[图 5-15（d）和（e）]，优于传统的纳米复合材料的增韧效果。

当外界对该仿贝壳层状结构的石墨烯-环氧纳米复合材料施加载荷时，其裂纹尖端部分会不断地集中应力，当裂纹尖端的强度因子（K）达到某一临界值时，裂纹即发生扩展。对于普通的脆性材料，裂纹一旦开始扩展，后续的断裂过程不再需要提供额外的能量，即裂纹的扩展是瞬间的且不可控的。然而，对于仿贝壳层状结构的石墨烯-环氧纳米复合材料，由于将石墨烯层状骨架嵌入到环氧树脂基体中，从而形成了层状的较弱界面，在裂纹的尖端会出现一些界面的破坏，产生细小的支化裂纹[图 5-15（f），橙色箭头处]，从而缓解尖端处的应力集中，耗散了加载能量。类似的耗散效果还会产生于裂纹被弱界面偏转的过程中（蓝色箭头处），粗糙的片层表面之间发生了摩擦。这一另辟蹊径的思路为增韧环氧树脂纳米复合材料提供全新的研究策略。

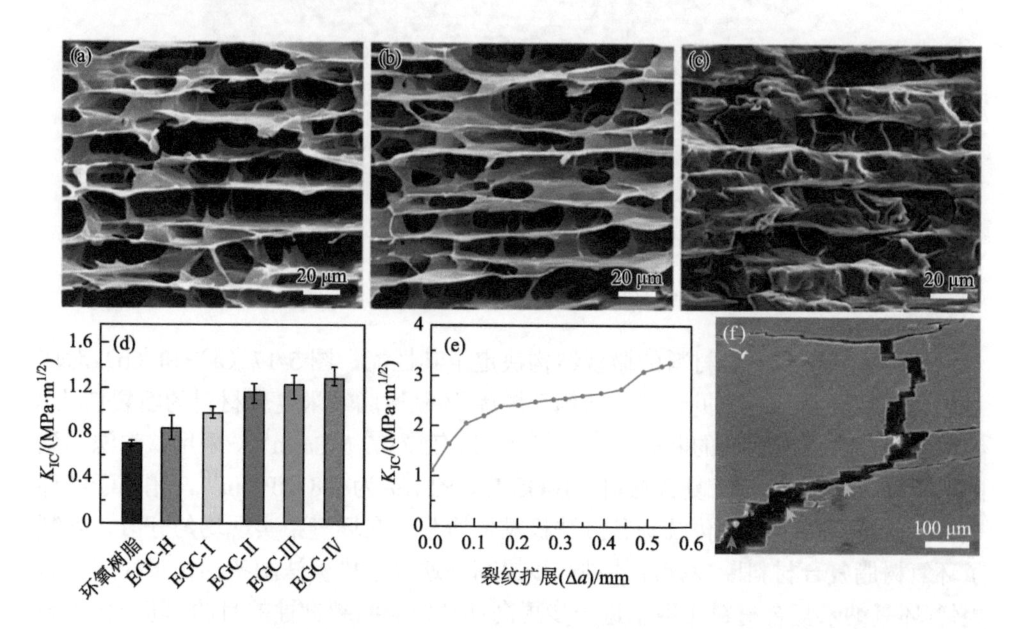

图 5-15　冷冻铸造构筑层状 GO/SA/复合材料的微观结构及其力学性能

（a）层状 GO 骨架的微观结构 SEM 照片；（b）层状 rGO 骨架的微观结构 SEM 照片；（c）仿贝壳层状石墨烯-环氧复合材料的微观结构 SEM 照片；（d，e）仿贝壳层状结构石墨烯-环氧纳米复合材料的起始断裂韧性 K_{IC} 和裂纹增长阻力曲线；（f）裂纹偏转路径[48]

研究表明，在复合材料中构筑仿贝壳层状结构是增韧的关键。环氧树脂层的厚度对仿贝壳石墨烯-环氧纳米复合材料的增韧效果有着重要的影响。2019 年，程群峰等[49]报道了利用 GO 和海藻酸钠（SA）通过改进的双向冷冻铸造技术和热还原处理，制备了层状的 rGO-SA 骨架。通过对冷冻速率的调整，实现了对 rGO-SA 层状骨架不同层间距的调控，进而填充环氧树脂，构筑了不同环氧层厚度的层状纳米复合材料。环氧树脂层的厚度和冷冻速率的关系如下，51.3 μm[8 μm/s，图 5-16(a)]、32.9 μm[15 μm/s，图 5-16(b)]和 14.1 μm[32 μm/s，图 5-16（c）]。

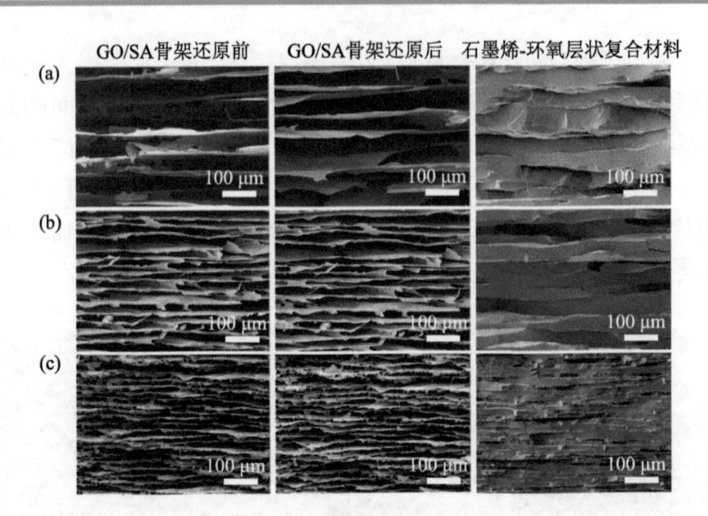

图 5-16 不同冷冻速率下还原前后的层状骨架及对应的石墨烯-环氧树脂的微观结构[49]

（a）51.3 μm（8 μm/s）；（b）32.9 μm（15 μm/s）；（c）14.1 μm（32 μm/s）

仿生层状纳米复合材料的微观结构决定了其性能，图 5-17（a）和（b）对比了不同环氧层厚度的仿贝壳层状结构石墨烯-环氧树脂纳米复合材料的断裂韧性。纯环氧树脂表现出较低的断裂韧性，其 K_{IC} 只有约 0.7 MPa·m$^{1/2}$。采用共混法得到的石墨烯-环氧树脂纳米复合材料（E-GS-H）的 K_{IC} 为 0.8 MPa·m$^{1/2}$，稍高于纯环氧树脂，这是由于通过传统制备方法极难使增强体在环氧中实现均匀分散，限制了环氧树脂复合材料断裂韧性的进一步提高。通过冰模板法制备的仿贝壳层状石墨烯-环氧纳米复合材料实现了进一步提高环氧树脂断裂韧性的目的。随着仿贝壳层状石墨烯-环氧树脂纳米复合材料中环氧树脂层厚度的逐渐减小，仿生层状复合材料的起始断裂韧性 K_{IC} 逐渐增加，其中环氧层厚度最小的仿贝壳石墨烯-环氧树脂纳米复合材料（E-GS-Ⅲ）的 K_{IC} 为 1.19 MPa·m$^{1/2}$，是环氧的 1.7 倍。加入 L-AA 后，E-GS-Ⅳ材料的断裂韧性得到进一步提高，其 K_{IC} 达到了 1.30 MPa·m$^{1/2}$，是环氧的 1.9 倍，骨架越规整越有利于获得更高的断裂韧性。图 5-17（c）展示了仿贝壳层状结构纳米复合材料的裂纹增长阻力曲线。在 ASTM 标准（E1820-13）限定范围以内，仿贝壳层状结构石墨烯-环氧树脂纳米复合材料的最大断裂韧性（K_{JC}）达到了 2.9 MPa·m$^{1/2}$，是纯环氧树脂的 4.2 倍，这是传统环氧纳米复合材料很难达到的。对比不同环氧树脂层厚度的仿贝壳层状石墨烯-环氧纳米复合材料的力学性能，可以发现，随着环氧层厚度的不断减小，其断裂韧性不断增加。这是主要是由于较薄的环氧树脂层对应于更多的层状界面，可以使得裂纹偏转过程中的路径大幅度增加[图 5-17（d）]，从而耗散更多的能量，有效改善了环氧树脂的断裂韧性。

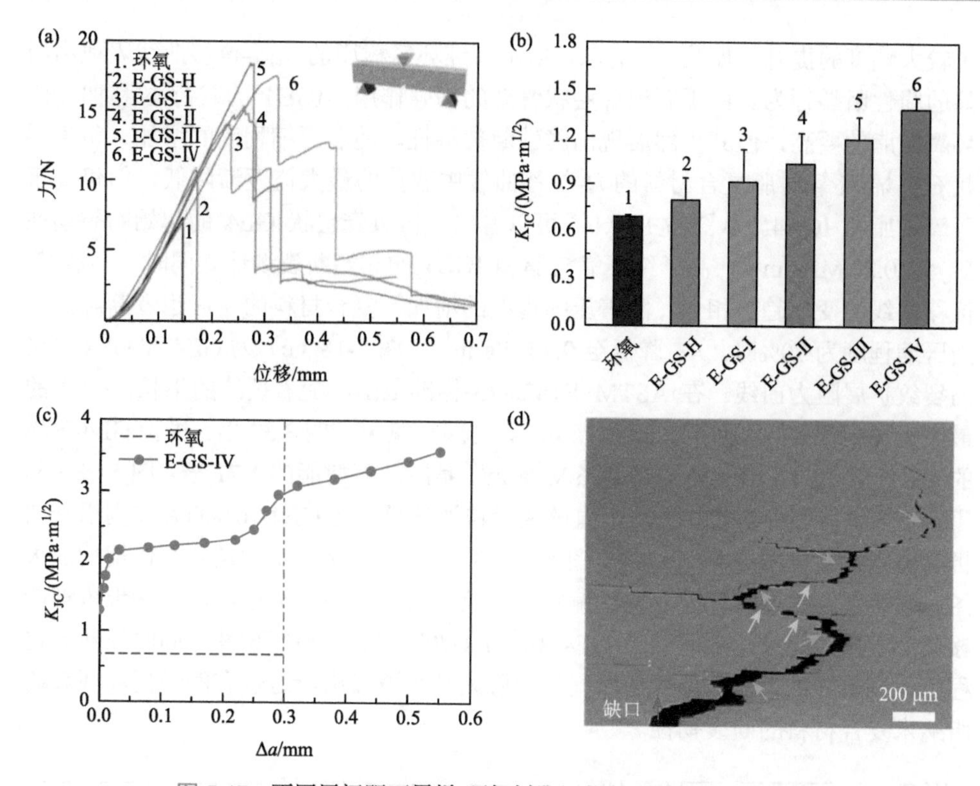

图 5-17　不同层间距石墨烯-环氧树脂层状复合材料的力学性能

(a) SENB 法测得的仿贝壳层状石墨烯-环氧树脂复合材料的力-位移关系；(b) 仿贝壳层状石墨烯-环氧树脂复合材料的起始断裂韧性 K_{IC}；(c) 最小层间距仿贝壳石墨烯-环氧树脂复合材料的裂纹增长阻力曲线；(d) SENB 法测得仿贝壳石墨烯-环氧树脂复合材料断裂后的侧面 SEM 照片[49]

2020 年，于中振等[50]受具有超高面内热导率的石墨烯薄膜的启发，以聚酰胺酸盐（PAAS）和 GO 为原料，通过双向冷冻铸造，PAAS 和 GO 的混合悬浮液能够复制冰晶的形状，冷冻干燥后保留了片层取向结构。在 300 ℃亚胺化过程中，PAAS 转化成聚酰亚胺大分子，同时将 GO 热还原为还原氧化石墨烯（rGO）。在随后的 2800 ℃碳化及石墨化过程中，rGO 被进一步还原成高品质石墨烯，同时聚酰亚胺大分子在 rGO 的石墨化过程中转化为高品质碳。经过高温石墨化处理后，片层状的结构仍然得以保留，得到了具有层状取向结构的各向异性高品质石墨烯气凝胶。通过真空辅助，将环氧树脂和固化剂填充到石墨烯气凝胶骨架中并固化，构筑了石墨烯-环氧树脂层状块体复合材料。需要指出的是，为了提高层状复合材料中石墨烯的含量，在固化反应之前，他们将处理后的石墨烯气凝胶沿垂直于层状骨架取向方向进行压缩，然后进行固化，构筑了一系列不同石墨烯含量的仿生层状块体纳米复合材料。

这种仿贝壳珍珠层的石墨烯-环氧树脂块体纳米复合材料的断裂韧性也得到

了较大幅度的提升。如图 5-18（a）所示，纯环氧树脂的载荷-位移曲线表现出明显的脆性断裂行为。由于石墨烯层状骨架的增强作用，IGE4 的载荷-位移曲线比环氧树脂的要高，但其仍然展现出脆性断裂特征。随着压缩程度的增加，仿生层状石墨烯-环氧树脂复合材料的力-位移曲线中载荷的最大值逐渐降低，但仍高于环氧树脂和 IGE4。从图 5-18（b）可以看出，仿贝壳层状 GE4 的起始断裂韧性 K_{IC} 为 0.88 MPa·m$^{1/2}$，高于纯环氧树脂和 IGE4 的起始断裂韧性。同时，与载荷-位移曲线的变化趋势相似，随着压缩程度的增加，复合材料的 K_{IC} 也逐渐降低；当压缩程度为 70%时，K_{IC} 降低至 0.7 MPa·m$^{1/2}$。图 5-18（c）为 GE4 和 GE4-70%的裂纹扩展阻力曲线。在 ASTM E1820-13 标准范围，随着裂纹的生长，GE4 的最大断裂韧性 K_{JC} 达到了 2.06 MPa·m$^{1/2}$，是纯环氧树脂的 3.32 倍。尽管 GE4-70%的 K_{JC} 低于 GE4，仍然能达到 1.06 MPa·m$^{1/2}$ 是纯环氧树脂的 1.71 倍。图 5-18（d）所示，环氧树脂中的裂纹沿着笔直的路径快速传播；而 GE4-70%的裂纹则沿着曲折的路径扩展［图 5-18（e）］。图 5-18（f）和（g）所展示的是裂纹传播的放大图，表明裂纹扩展时伴随着裂纹偏转、裂纹分叉以及界面滑移等，这些现象都能够耗散大量的能量，从而赋予 GE4 和 GE4-70%较高的断裂韧性。同时在断裂过程中，石墨烯纳米片从环氧树脂基体中脱黏甚至被拔出，这也有助于提高环氧树脂纳米复合材料的断裂韧性。

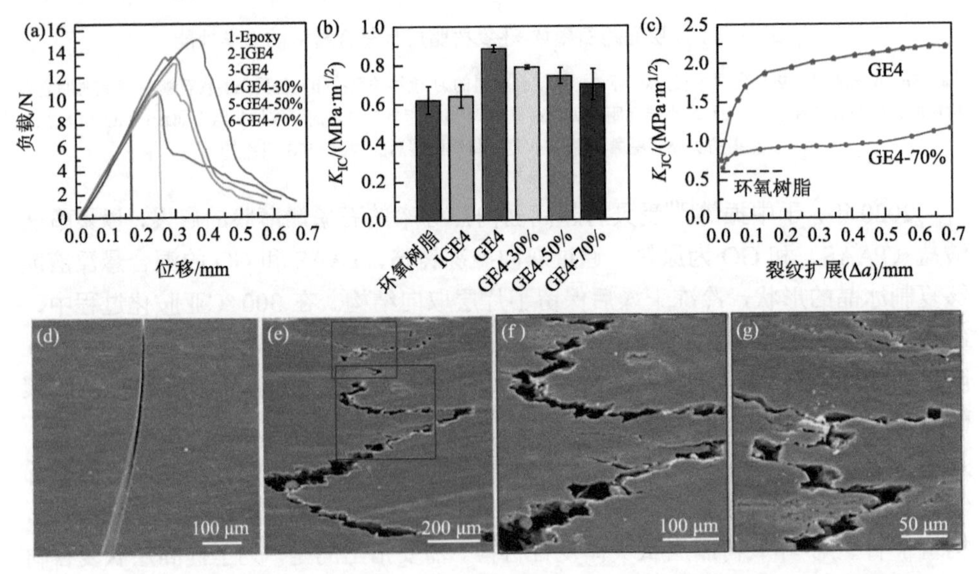

图 5-18 （a）纯环氧树脂、IGE4、GE4、GE4-30%、GE4-50%和 GE4-70%的力-位移曲线；（b）石墨烯-环氧树脂复合材料 K_{IC}；（c）裂纹增长阻力曲线；（d）环氧树脂裂纹的 SEM 图；（e）～（g）GE4-70%裂纹扩展的 SEM 图，（f）和（g）是（e）中区域的放大图[51]

5.1.3　冷冻铸造技术构筑 MXene 层状块体复合材料

过渡金属氮化物/碳化物（MXene）是一种新型的二维材料，其表达通式为 $M_{n+1}X_nT_x$，其中 M 代表过渡金属（如钛、钒和钼等），X 代表碳（C）或者氮（N），T_x 表示表面的终端基团（如—OH、—O 和—F 等），n 的取值范围通常为 1～4[52]。由于过渡金属原子与碳原子或氮原子以层状方式排列，MXene 表现出成分多样性和可调性能。MXene 作为一种新兴的二维纳米材料，具有优异的力学性能和良好的电导率，作为纳米增强体，微量的添加可以显著提高聚合物纳米复合材料的力学性能[53]。近年来，MXene 基仿贝壳层状块体复合材料也取得了快速的发展。

2020 年，顾军渭等[54]将 $Ti_3C_2T_x$ MXene 与间苯二酚和甲醛溶液混合，通过溶胶-凝胶法制备了混合凝胶，然后通过冷冻铸造技术制备了 $Ti_3C_2T_x$ MXene/C 混合泡沫（MCF），高温退火后并通过真空辅助填充环氧树脂，构筑了具有一定层状结构的 $Ti_3C_2T_x$ MXene/C/环氧树脂（MCF/环氧树脂）纳米复合材料。图 5-19（a）为 MCF/环氧树脂纳米复合材料的代表性载荷-位移曲线。随着 $Ti_3C_2T_x$ MXene 添加量的增加，MCF/环氧树脂纳米复合材料的压痕深度逐渐减小。可以明显看出，添加 $Ti_3C_2T_x$ MXene 可以增强 MCF/环氧树脂纳米复合材料的抗压痕能力。同时，如图 5-19（b）所示，随着 $Ti_3C_2T_x$ MXene 添加量的增加，MCF/环氧树脂纳米复合材料的杨氏模量和硬度从 MCF-0/环氧树脂纳米复合材料的 3.51 GPa 和 0.28 GPa 逐渐增加到 MCF-5/环氧树脂纳米复合材料的 3.96 GPa 和 0.31 GPa，分别提高了 13%和 11%。这主要是因为 $Ti_3C_2T_x$ MXene 的硬度和杨氏模量比纯环氧树脂高，有利于提高抗变形能力。同时，MCF 的交联网络也改善了应力传递并限制了裂纹扩展。随着进一步添加 $Ti_3C_2T_x$ MXene，复合材料的密度相应增加，导致交联网络的力学性能增强，从而提高了 MCF/环氧树脂纳米复合材料的杨氏模量和硬度。

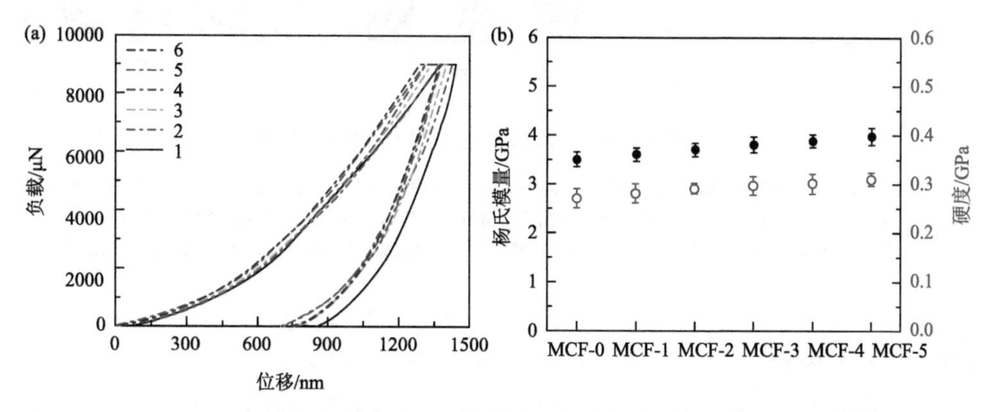

图 5-19　（a）代表性载荷-位移曲线（1 到 6 表示的添加量增加）；（b）MCF/环氧树脂纳米复合材料的硬度和杨氏模量[54]

MXene 具有优异的力学性能，是一种典型的增强基元材料。为了提高环氧树脂的拉伸强度，Ji 等[55]采用双向冷冻技术构筑了 MXene-Ag 层状骨架[图 5-20(a)]，通过填充环氧树脂制备了仿贝壳珍珠层状纳米复合材料。从图 5-20（b）和（c）中可以看出，环氧树脂与 MXene-Ag 骨架黏附良好，纳米复合材料中没有明显的界面剥离和气泡，MXene 骨架基本上呈层状分布，表明在填充环氧树脂的过程中三维骨架结构得到了很好的维护。纯环氧树脂、MXene-环氧树脂和 MXene-Ag-环氧树脂纳米复合材料的拉伸应力-应变曲线如图 5-20（d）所示，MXene-Ag-环氧纳米复合材料的拉伸强度（53.06 MPa）和杨氏模量（3.31 GPa）均高于 MXene-环氧纳米复合材料（42.6 MPa 和 1.49 GPa）[图 5-20（e）和（f）]。需要指出的是，Ag 纳米粒子的加入提高了 MXene-Ag-环氧纳米复合材料的拉伸强度，这主要是由于 MXene 片与 AgNPs 在烧结过程中形成的相互作用得到了增强，导致相邻 MXene 界面在受力情况下难以滑动，二者协同改善了环氧树脂的力学性能。

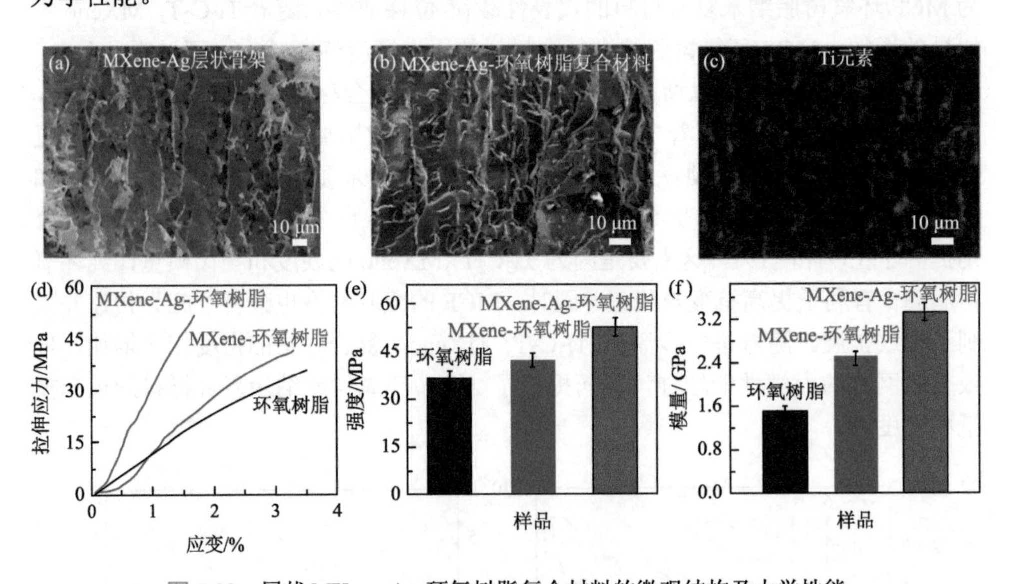

图 5-20 层状 MXene-Ag-环氧树脂复合材料的微观结构及力学性能

（a）MXenes-Ag 层状骨架的 SEM 照片；（b）MXenes-Ag-环氧树脂层状复合材料的 SEM 照片；（c）层状复合材料中 Ti 元素分布；（d）环氧树脂、MXene-环氧树脂复合材料及 MXene-Ag-环氧树脂复合材料的应力-应变曲线；（e，f）环氧树脂、MXene-环氧树脂复合材料及 MXene-Ag-环氧树脂复合材料的拉伸强度和杨氏模量[55]

5.2 3D 打印技术构筑层状块体复合材料

3D 打印技术又称为增材制造技术，它是一种以数字模型文件为基础，运用粉末状金属或塑料等可黏合材料，通过逐层打印的方式来构筑块体复合材料的技术。

近几十年来，3D 打印技术取得了巨大进步，彻底改变了快速原型制作和复杂几何形状的生产领域。在某些情况下，3D 打印所提供的精确度和精细细节使得能够生产使用传统制造技术无法实现的零件，其应用范围从航空航天发展到了生物医学工程领域等，具有非常广阔的发展前景。本节将从 3D 打印构筑策略的角度介绍仿贝壳层状纳米块体复合材料的研究进展。

5.2.1　3D 打印技术构筑黏土类层状块体复合材料

为了改善块体复合材料的力学性能，需要在从纳米到厘米的尺度范围内精确控制其结构。天然贝壳珍珠层在多个长度尺度上具有复杂的层状结构，表现出优异的弯曲强度和断裂韧性，提供了有关如何结合强度和韧性的启示，为复合材料的设计提供了蓝图。这些材料表现出的微观结构设计能够在三个维度上引导裂纹扩展并抑制断裂，从而产生远远超过其组成材料的力学性能。3D 打印技术具有节约原料并且可高效设计复杂结构的特点，近年来被广泛用于设计和构筑仿生层状块体复合材料。

目前，多数 3D 打印工作主要集中在打印熔融聚合物和金属上，而陶瓷材料受到的关注较少。这在一定程度上是由于熔化这些材料的固有困难，因而陶瓷材料受到的关注较少。针对此问题，Saiz 等采用 3D 打印技术构筑了陶瓷含量占多数的 Al_2O_3/聚合物层状块体复合材料[56]。通过在打印过程中调控陶瓷浆料的流变学和剪切力，实现了在多个长度尺度上构建具有高度纹理微观结构的宏观层状块体复合材料。在 3D 打印和干燥之后，利用等静压将构件中的 Al_2O_3 薄片和粉末的体积分数从约 50%提高到了约 64%，剩余的约 36%的孔隙采用真空辅助将环氧树脂填充到预制件中构筑了仿生层状块体复合材料。根据阿基米德密度估计，最终得到的复合材料的孔隙率低于 0.05%。

打印细丝的方向（Al_2O_3 薄片排列的方向）对层状块体复合材料的力学性能（如弯曲强度和断裂韧性等）有着很大的影响。通过控制打印方向，他们制备出了三种不同微观结构的复合材料。如图 5-21 所示，研究发现在沿细丝方向上其弯曲强度约为 202 MPa，显著高于垂直于细丝方向（约 125 MPa）结构的复合材料。

陶瓷和聚合物因其良好的可加工性和出色的力学、热学和电学性能而成为热控制/阻燃结构的理想选择。然而，这两种材料的耐缺陷性和高强度性能并没有很好地结合起来。自然界中有一种方法可以通过在珍珠层中将陶瓷片与生物聚合物夹层组装在一起来产生坚固且耐瑕疵的结构。尽管已有若干研究使用整齐排列的氮化硼（BN）作为仿贝壳“砖-泥”结构中的“砖”，但使用层层自组装技术仅适用于制造薄膜复合材料；在基于电/磁场/挤出式 3D 打印应用中，填料的含量低，黏度差。为了克服这些缺点，受贝壳层状结构的启发，2022 年 Yong 等[57]报道了一种旋转叶片铸造辅助 3D 打印工艺（rotation-blade casting assisted 3D printing process，rbc-3D）。在 rbc-3D 打印工艺中，他们使用硅烷偶联剂

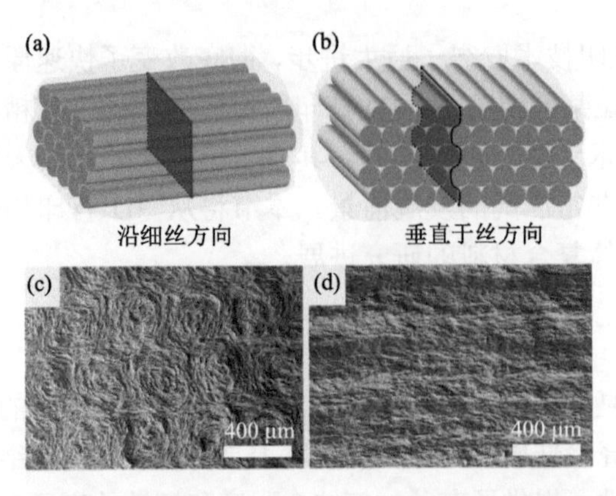

图 5-21 3D 打印生产的仿生 Al_2O_3 片-环氧树脂复合材料的微观结构[56]

(a，b) 沿细丝方向和垂直于细丝方向的示意图及断裂方向；(c，d) 复合材料填充环氧树脂后的断裂表面的 SEM 图片

(三甲氧基甲硅烷基丙基丙烯酸酯) 对 BN 表面改性，以此增强 BN（“砖”）与光固化单体（“泥”）之间的界面相互作用。如图 5-22（a）所示，将 BN 和光固化树脂单体置于可旋转的平台上。当平台工作时，扁平状刀片推压复合物，产生的切变率促使 BN 整齐排列，进而形成“砖-泥”结构。此时的复合物中，BN 均匀分布，光固化树脂通过紫外线照射固化即可形成所需形状。图 5-22（b）～（e）为 3D 打印的仿贝壳珍珠层状 BN/聚合物复合材料的实物图及其微观结构。从图中可以看出，BN 呈层状分布，层间由聚合物紧密黏结在一起，具有高度的取向特征，和天然贝壳珍珠层的微观结构非常相似。

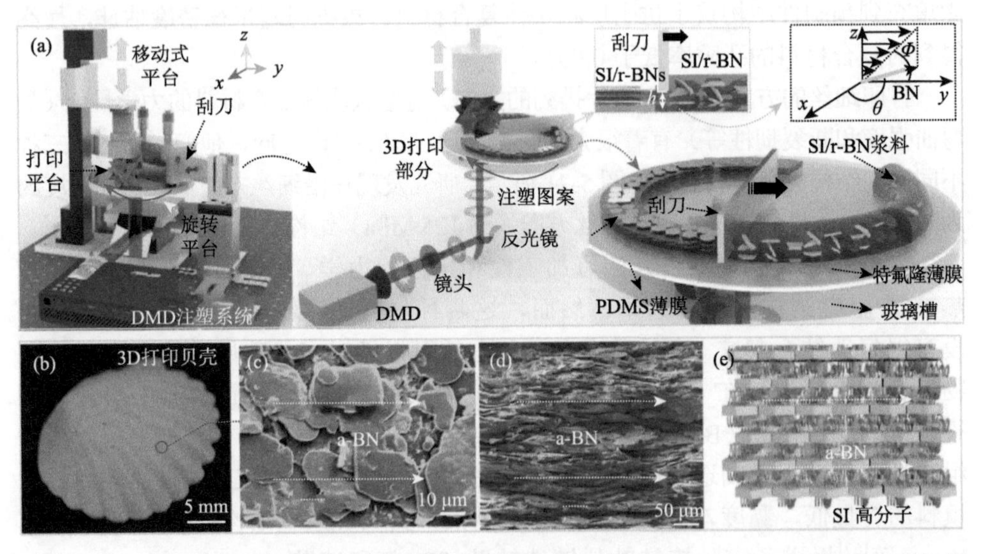

图 5-22 （a）旋转叶片铸造辅助 3D 打印工艺的装置；（b）～（d）3D 打印的仿贝壳珍珠层状 BN/聚合物复合材料的实物及 SEM 照片；（e）仿生层状 BN/聚合物复合材料的结构示意图[57]

BN 在聚合物基体中的排列和界面相互作用对层状块体复合材料的力学性能有着重要的影响。具体而言，无表面改性的取向 BN 层状块体复合材料的最大载荷比偶联剂修饰后的低 59.7%，表明接枝改性后形成的共价键能够显著增强界面强度和载荷传递。含界面增强并取向的 BN 仿贝壳层状聚合物复合材料的弯曲强度和断裂韧性分别约为 143 MPa 和 8.14 MPa·m$^{1/2}$[图 5-23（a）和（b）]，而其密度仅为 1.49 g/cm^3，远低于天然贝壳的密度（2.58 g/cm^3），表现出比天然贝壳更高的断裂韧性和比强度。从断裂后的 SEM[图 5-23（c）和（d）]照片可以看出，具有层状结构的 3D 打印珍珠层中发现了类似于天然贝壳的裂纹分支行为和裂纹偏转。有限元模拟结果和 SEM 表征观察结果一致，出现了明显的裂纹偏转现象。除了通过裂纹支化和偏转耗散一次能量外，研究发现取向 BN 的桥接和拔出也有助于提高复合材料的力学性能。采用这种 3D 打印技术构筑的头盔和盔甲被证明同时具有阻燃和机械保护性能，其展示了在军事、消防设备、机械和航空航天工程中的潜在应用。

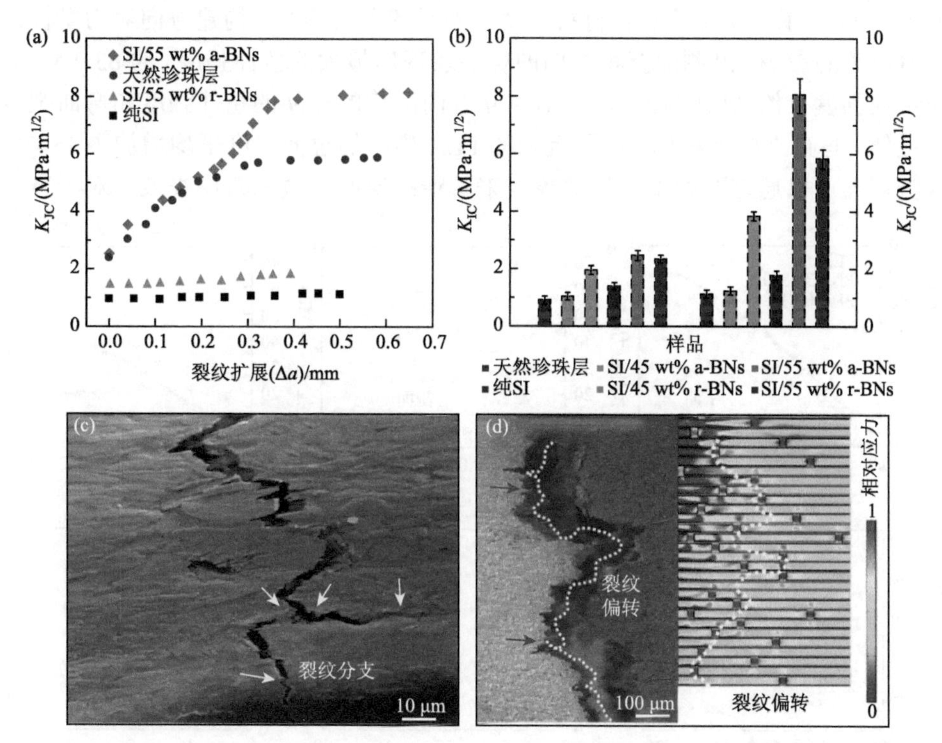

图 5-23 （a）受珍珠层启发的 3D 打印氮化硼复合材料和天然珍珠层的裂纹增长阻力曲线；（b）具有不同取向和 BN 含量的和仿天然珍珠层的 3D 打印复合材料的断裂韧性 K_{IC} 和 K_{JC}；（c）断裂后 3D 氮化硼复合材料的裂纹分支；（d）SEM 图像中的裂纹偏转和 COMSOL Multiphysics 模拟结果[57]

5.2.2 3D 打印技术构筑石墨烯层状块体复合材料

熔丝制造是一种很有发展前景的 3D 打印技术，它能够制造热塑性塑料零件，且具有设计灵活性、可回收性和材料浪费少等方面的优势。为了提高 3D 打印的高分子材料零件的力学性能，通常需要添加包括纳米颗粒、纳米片、短纤维或连续纤维等填料对其进行增强。聚乳酸（PLA）作为可降解的高分子材料，具有广泛的用途。为了提高 PLA 的力学性能，向其中加入石墨烯纳米片（GPNs）是一种有效的策略。目前，尽管已有报道采用 3D 打印技术来制备 PLA 复合材料，但缺乏对其层间黏结性能的研究，需要进一步研究不同工艺参数（构建方向、层厚度等）对复合材料力学性能的影响。

Caminero 等研究了 3D 打印工艺参数对石墨烯纳米片增强 PLA 复合材料的力学性能及尺寸精度的影响[58]。评估了三种不同的构建方向：平面和侧面（其中熔丝沉积方向与拉伸方向相同）以及直立（其中层沉积方向垂直于拉伸方向）。如图 5-24 所示，PLA 基复合材料表现出明显的各向异性，构建方向对力学性能有着显著的影响。沿侧面沉积方向的样品表现出最大的拉伸强度（约 63.2 MPa）与弯曲强度（约 99.1 MPa），而沿直立方向沉积的样品的拉伸强度和弯曲强度则最低。与直立样品相比，侧面沉积的 PLA 样品的拉伸强度平均增加了 154%。这些差异可以通过两种主要失效模式来解释：层间失效和跨层失效。对于直立

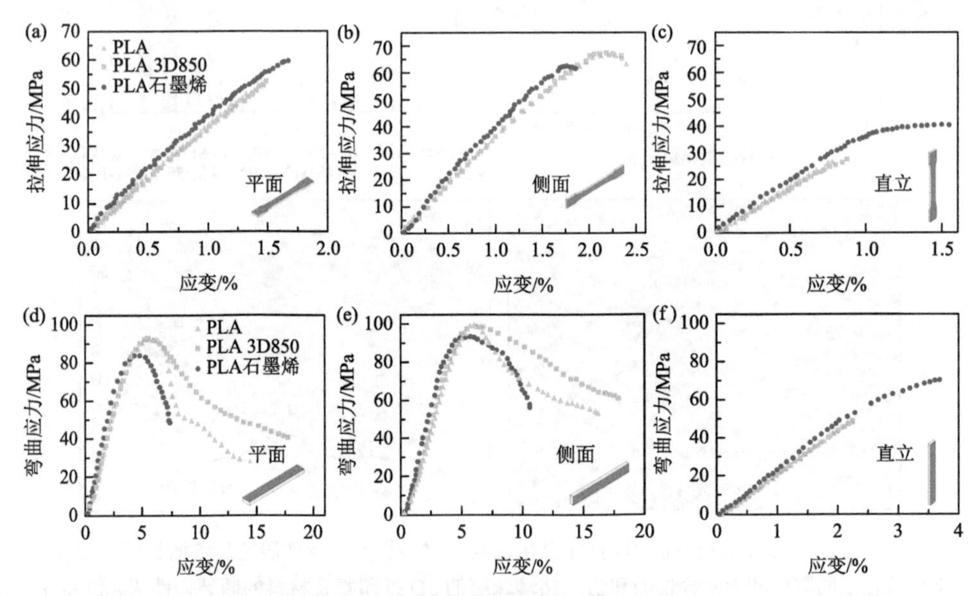

图 5-24 不同 3D 打印方向构筑的层状聚乳酸-石墨烯层状复合材料的力学性能[58]

（a）沿平面方向拉伸应力-应变关系；（b）沿侧面方向拉伸应力-应变关系；（c）沿直立方向拉伸应力-应变关系；（d）沿平面方向弯曲应力-应变关系；（e）沿侧面方向弯曲应力-应变关系；（f）沿直立方向弯曲应力-应变关系

方向，样品平行于层沉积方向拉动，载荷垂直于其熔丝，导致层间熔合失效。除了拉伸强度和弯曲强度以外，PLA-GNP 复合材料也表现出最高的层间剪切强度（约为 PLA 和 PLA 3D850 样品的 1.2 倍）。然而，添加 GNPs 会降低 PLA-石墨烯复合材料的冲击强度（PLA 和 PLA 3D850 样品的冲击强度约为 PLA-GNPs 复合材料的 1.2～1.3 倍）。此外，GNPs 的加入一般不会影响 PLA-GNPs 复合样品的尺寸精度，总体而言，加入石墨烯后，层状复合材料的综合性能最好。

他们利用 SEM 观察了 PLA 3D850 和 PLA-GPNs 样品的层间剪切破坏表面的细节。复合材料中热塑性塑料层的分层[图 5-25（a）和（b）]和断裂[图 5-25（c）和（d）]而导致层间剪切破坏，这些结果证实了先前研究的观察结果。

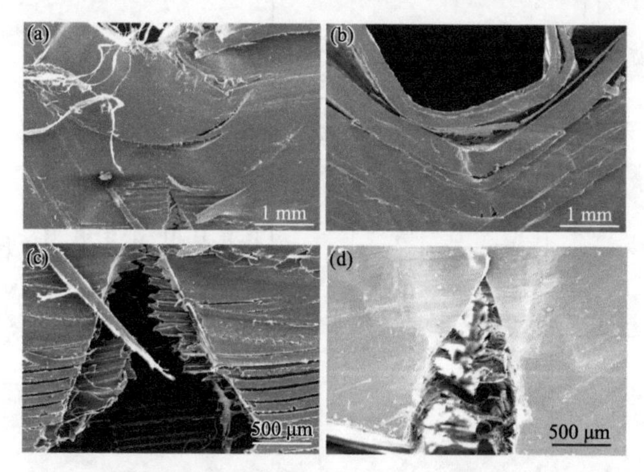

图 5-25　（a）PLA 3D850 样品的失效模式；（b）PLA-石墨烯复合材料样品的失效模式；（c，d）PLA 3D850 和 PLA-石墨烯的断裂表面细节[58]

用于健康监测的多功能可穿戴式传感器由于其重要的实际使用价值也成为研究的热点。但是，大多数的可穿戴压阻式传感器是柔性的而不能保护人体。在自然界中，贝壳进化出了坚硬的外壳以保护其柔软的身体。其卓越防护性能的秘密在于它的多尺度的“砖-泥”结构，这种突出的特性是轻量化设计的基础，贝壳的这种特点为设计轻质高强的结构材料带来了启发。

Chen 等[59]向大自然学习，从贝壳的分层结构中获取灵感，开发了一种电场辅助 3D 打印方法来构建具有与天然贝壳珍珠层相似结构的人造贝壳珍珠层。如图 5-26（a）～（d）所示，通过电场控制石墨烯纳米片（GNs）在光固化树脂里面的排列来实现仿贝壳的多尺度微结构。选择厚度为 8 nm、比表面积为 120～150m^2/g、直径为 25 μm 的石墨烯纳米片来增加界面面积。进一步将 3-氨丙基三乙氧基硅烷（3-APTES）接枝到石墨烯纳米片上，以加强聚合物基体与石墨烯纳米片之间的界面和负载转移。修饰后的石墨烯纳米片在 3D 打印过程中通过电场

（433 V/cm）取向，并充当砖块，中间的聚合物基质充当砂浆。天然贝壳珍珠层的密度为 2.58 g/cm^3，具有取向石墨烯纳米片（2 wt%）的 3D 打印珍珠层复合材料的密度仅为 1.06 g/cm^3，断裂韧性高达 5.9 MPa·m$^{1/2}$[图 5-26（e）]，表现出轻质高韧的特点。该技术解决了传统方法中只能制备薄膜或者简单块体仿贝壳结构的难点，可以制备出具有复杂形状的三维结构。通过微观结构分析可以观察到其与天然贝壳相类似的裂纹偏转[图 5-26（f）和（g）]。由于表面处理的石墨烯纳米片与光固化树脂之间的强界面相互作用，排列之后的石墨烯纳米片可以作为介质吸收能量并黏结住裂纹，阻碍了裂纹的进一步扩展，从而提高其力学性能。

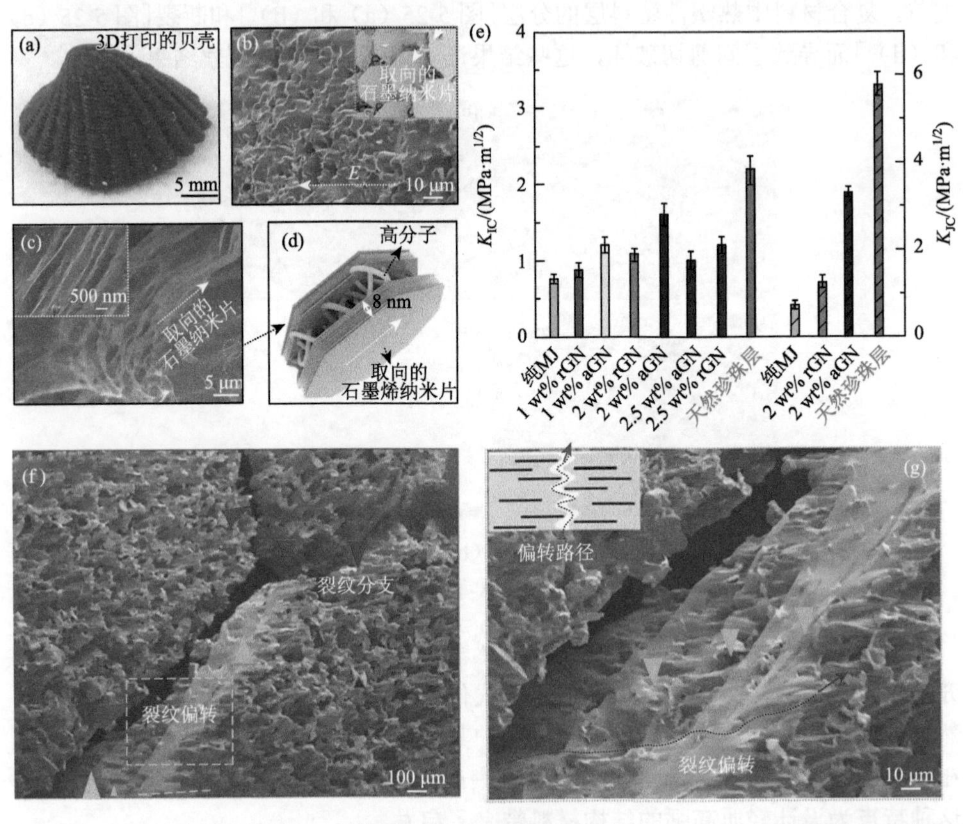

图 5-26 （a）3D 打印的仿贝壳石墨烯复合材料的数码照片；（b，c）仿贝壳石墨烯复合材料的微观结构；（d）3D 打印的仿贝壳层状石墨烯复合材料示意图；（e）3D 打印仿贝壳层状石墨烯复合材料与天然珍珠层断裂韧性的比较；（f）3D 打印仿贝壳层状石墨烯复合材料在载荷下具有裂纹偏转和分支；（g）SEM 图像显示层之间的偏转[59]

5.2.3 3D 打印技术构筑 MXene 层状块体复合材料

随着电子设备的不断小型化以及无线和植入式技术的发展，人们对可屏蔽电磁干扰（EMI）材料的性能要求大大提高了。具有良好导电性和生物相容性的导电聚合物水凝胶的3D打印可以为EMI屏蔽应用提供新的机会。然而，在导电聚合物水凝胶的3D打印中同时实现高导电性、设计自由度和形状保真度仍然是非常具有挑战性的。

Ji与Nicolosi等[20]使用亲水性2D纳米材料（$Ti_3C_2T_x$ MXene）作为油墨改性剂，很容易地改善PEDOT：PSS溶液的流变性能，从而使其能够形成完全可逆的物理网络。如图5-27（a）所示，MXene纳米片丰富的表面化学特性和刚性特征确保了与PEDOT：PSS之间的相互作用，能够促进PEDOT：PSS重新分散和油墨性能（黏度、模量和剪切屈服应力）改性。研究人员利用这种$Ti_3C_2T_x$ MXene功能化的水性PEDOT:PSS油墨，采用3D打印技术将其直接转化为高导电性和坚固的水凝胶，无论在宏观还是微观尺度上都具有高的形状保真度。所制得的水凝胶在含水率高达96.6 wt%时，具有高达1525.8 S/m的电导率。有趣的是，利用油墨的沉积方法也可以调整水凝胶的微观结构，从而调整水凝胶的性能。通过挤压打印制备的水凝胶膜显示出开放和各向同性的多孔结构，而通过刮涂制备的水凝胶膜表现出具有紧凑表面形态的高度定向的多孔结构[图5-27（b）]。在不添加MXene纳米片的情况下，刮涂的纯PEDOT：PSS水凝胶膜显示出高度开放的多孔结构，其中未观察到明显的取向和致密的表面。因此，具有高纵横比的2D MXene片能够在刮涂过程中诱导水凝胶中成分的取向。

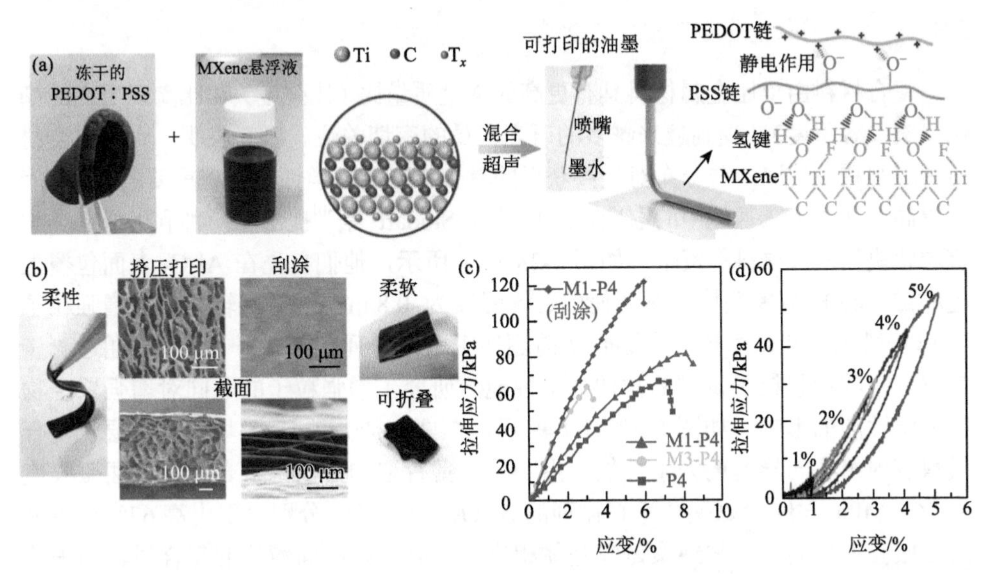

图5-27　(a)用于3D打印的MXene功能化PEDOT：PSS油墨的制备方案；(b)不同沉积方法制备的水凝胶薄膜的光学照片和SEM照片；(c)典型的拉伸应力-应变曲线；(d)3D打印的水凝胶应力-应变曲线[20]

他们通过拉伸和压缩试验系统地研究了水凝胶的力学性能。对于使用 M1-P4 油墨制成的水凝胶，与纯 PEDOT：PSS 水凝胶相比，其拉伸强度、杨氏模量和最大应变略有增加[图 5-27（c）]，表明 MXene 的掺杂效应也可以通过与 PEDOT：PSS 的相互作用略微加强水凝胶。进一步增加 MXene 含量（M3-P4 油墨）可以提高导电性，但由于 MXene 缺乏延展性和有限的凝胶能力，力学性能会显著恶化。此外，3D 打印的水凝胶也具有弹性，显示可逆拉伸/压缩性。即使拉伸到 5%的拉伸应变，它也可以恢复到原始形状，而不会发生断裂和显著的塑性变形，这表明水凝胶具有增强的交联结构，并且在后处理后结构完整性得到改善。在 5%的应变下进行了 100 多个循环的疲劳试验后，水凝胶仍然保持完整的结构而不被破坏[图 5-27（d）]。

5.3 多技术联用策略构筑层状块体复合材料

近年来，科学技术发展迅猛，人们对材料综合性能的需求也越来越高，单一的组装技术构筑的层状块体复合材料已经逐渐无法满足实际需求，这需要利用多种技术协同合作，来设计构筑出高性能仿生层状结构材料。本节将从多技术联用的构筑策略角度介绍层状纳米块体复合材料的制备方法，从而为更好的层状块体复合材料的设计和组装提供参考。

5.3.1 多技术联用策略构筑黏土类层状块体复合材料

复合材料由于比金属材料具有更高的强度质量比（比强度）和比陶瓷更高的韧性（裂纹容忍度），受到越来越多的研究人员的密切关注。研究表明，人工复合材料中增强颗粒的取向与分布对最终获得的复合材料的力学性能有着重要的影响。为了提高增强粒子在基体中的取向，2012 年，Studart 等[60]提出了一种利用低磁场构筑层状块体复合材料的策略。如图 5-28（a）所示，他们首先在 Al_2O_3 表面包覆上超顺磁 Fe_3O_4 纳米颗粒，然后使用磁场强度为 0.8 mT 的低旋转磁场使增强粒子（Al_2O_3 微米片和微米棒）在聚合物前驱体中取向排列[图 5-28（d）]。通过测量含有取向的增强粒子试样的拉伸力学性能，研究了增强粒子的取向对增强聚合物的力学性能的影响。如图 5-28（b）所示，在 20 vol%的 Al_2O_3 填充下，层状复合材料表现出各向异性的力学性能：沿 Al_2O_3 薄片取向方向，复合材料的屈服强度为 46.8 MPa，与纯聚氨酯和垂直排列的 Al_2O_3 薄片相比，分别表现出高 63%和 86%的屈服强度。同样，与纯聚氨酯基体相比，具有平行取向薄片的复合材料的平均弹性模量高出 2.8 倍，而与具有垂直取向薄片的复合材料相比，则观察到适度的增加。

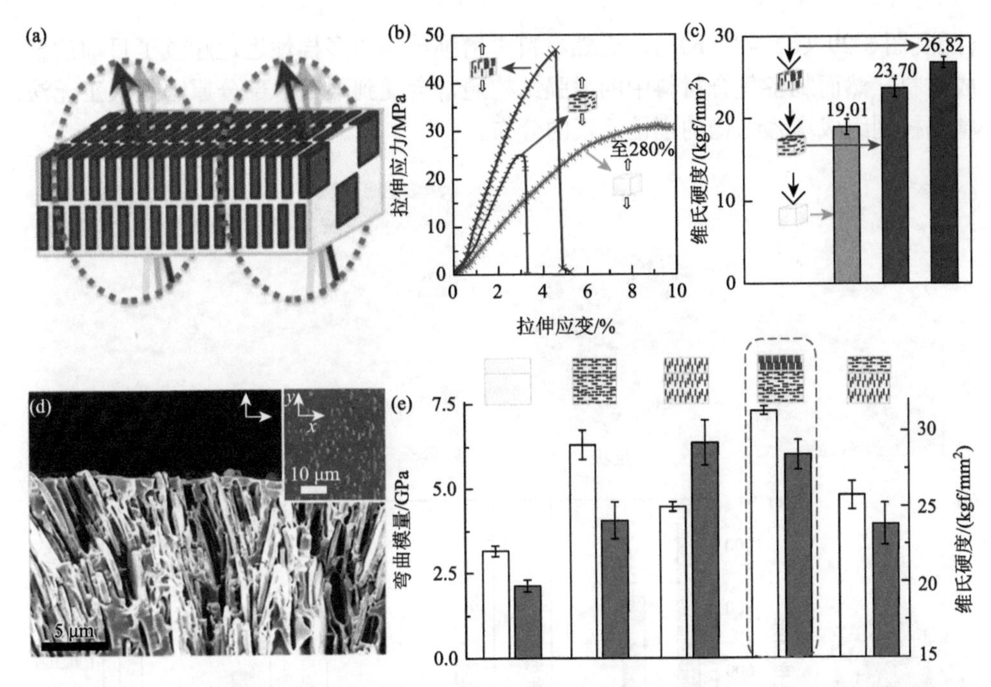

图 5-28　（a）磁场辅助制备 Al_2O_3-聚合物层状复合材料示意图；（b）不同方向 Al_2O_3-聚氨酯层状复合材料及纯聚氨酯复合材料的拉伸应力-应变曲线；（c）不同方向 Al_2O_3-聚氨酯层状复合材料及纯聚氨酯复合材料的维氏硬度；（d）旋转磁场下形成的 Al_2O_3-聚氨酯层状复合材料的横截面的 SEM 照片；（e）具有不同增强方向组合的双层矩形样品的弯曲模量和面外硬度[60]

除了聚氨酯复合材料外，他们还用 10 vol%的 Al_2O_3 构筑了甲基丙烯酸酯树脂层状块体复合材料。研究表明，沿 Al_2O_3 薄片取向方向的硬度为 26.82 kgf/mm^2（1 kgf = 9.80665 N），明显高于垂直方向的 23.70 kgf/mm^2 和纯甲基丙烯酸酯树脂的 19.01 kgf/mm^2[图 5-28（c）]。为了说明构建具有 3D 层状增强材料的复合材料的优势，将 10 vol% Al_2O_3 薄片在环氧树脂中层压在一起，制备了具有定制增强结构的双层结构（水平取向或垂直取向）。利用旋转的线性磁场，使每一层的 Al_2O_3 薄片在面内或面外排列，形成图 5-28（e）所示的结构。他们评估了各种结构的矩形棒在三点弯曲下的面外硬度和弯曲模量。平面内排列的薄片表现出高的弯曲模量，但表现出低平面外硬度。相反，仅包含面外取向的薄片的复合材料具有较高的面外硬度，但弯曲模量较低。取而代之的是，通过在上层中创建平面外排列和在底层中创建平面内取向的层压结构，可以生产具有高的弯曲模量和高的平面外硬度的复合材料。鉴于可以精确控制基体中增强颗粒的分布和方向，该磁场取向策略提供了一种通过使用同一基元材料调整复合材料性能的方法，包括复合材料的整体或局部的刚度、强度、硬度及耐磨性增加，表明这种方法具有巨大的潜力。

贝壳等天然材料具有复杂的精细结构，其特殊的层状结构表现出优异的力学性能[图 5-29（a）和（b）]。天然材料中增强结构的多样性远远超过了目前的合成材料，然而制备复合材料中的增强结构通常会受到限制，部分原因是人工无法精确控制组成增强结构的刚性元素的分布。

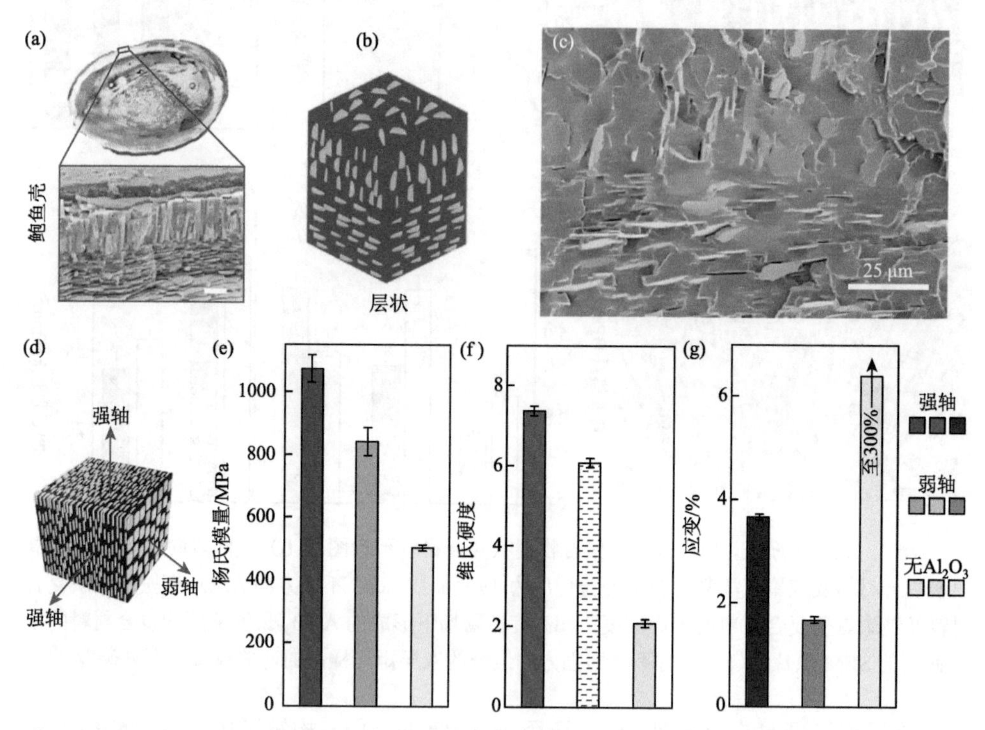

图 5-29 （a）天然贝壳呈现出层状结构的方解石棱柱，顶部为平面文石片晶（珍珠层）；（b）简化的层状复合材料的结构；（c）3D 磁性打印的层状复合材料的 SEM 照片；（d）单个体素的示意图，表示包含完全取向的陶瓷微片的聚合物体素的两个强轴和一个弱轴；（e）～（g）层状复合材料不同方向的杨氏模量、维氏硬度和拉伸应变[61]

3D 打印技术提供了一个非常有效的平台，可以用聚合物、金属、陶瓷等多种材料构筑成复杂的 3D 结构，分辨率可达几十微米。为了实现陶瓷增强颗粒的定向排列，Erb 等[61]开发了一种 3D 磁场辅助打印技术，在 3D 打印的过程中利用磁场使增强颗粒定向排列。他们首先采用磁标记技术在传统的非磁增强材料（如高强度 Al_2O_3、SiO_2 和磷酸钙）上涂上标称数量的 Fe_3O_4 纳米颗粒，用低黏度的树脂作为基体。当打印针头挤出设计好的一层后，在磁场的辅助下磁性粒子修饰后的 Al_2O_3 取向，再通过紫外光照射，使得取向后的含 Al_2O_3 纳米片的树脂固化，从而固定了 Al_2O_3 纳米片的取向。图 5-29（c）为 3D 磁性打印的复合材料的 SEM 照片，其层状异质结构和天然贝壳的微观结构非常相似，为复合材料的刚度、强度、韧性和多功能性提供了广泛的可编程性。通过拉伸测试对 3D 磁性打印复合材料的块体材料（即所有体素具有相同方向）进行了表征，以测量沿每个方向的材料特性[图 5-29（d）]。测试结果表明，与主应力平行的轴（强轴）的模量和硬度显著提高[图 5-29（e）和（f）]，这是复合材料理论的预期结果。此外，强轴复合材料的断裂应变是弱轴复合材料的两倍（分别约为 4%和 2%，均远低于纯基体的 300%）。这种多技术联用的构筑策略，为设计制造其他轻质高强的层状复合材料提供了一种思路。

在自然界中，牙齿或贝壳非常坚硬，其原因在于这些材料具有独特的精细结构，并由不同的层组成，每一层由大量的微米级薄片组成。同时，这些微米级的小薄片按照相同的方向有序的黏结在一起。与自然界中所观察到的丰富结构多样性相比，合成材料中的异质设计仍然具有挑战性，因为缺乏达到生物复合材料中所发现的多尺度结构控制水平的加工路线。

为了解决这一问题，科学家开发了几种工程方法，可以对人造复合材料的纹理结构和局部成分进行调整。纹理控制的一种策略是利用外部磁场对悬浮液中各向异性构筑基元的取向进行编程，然后通过固化流体相来生成陶瓷或复合材料。例如前文已经提到的聚合物基双层复合材料，这种复合材料可以通过优化表现出高强度和耐磨性，或者在外部刺激下表现出不同寻常的自我塑造效应。另一种实现特定方向纹理的方法是使用冰晶作为模板，将悬浮颗粒组装成片层结构。由此产生的多孔骨架可以通过随后的压制和烧结步骤进一步致密化。这种冰模板工艺已被有效地应用于制备具有优异强度、刚度和抗裂纹扩展性能的大块陶瓷和复合材料。一层一层的组装工艺也被广泛应用于制造兼具高力学性能、透明度和阻燃性的珍珠状薄膜。尽管在实现日益复杂的生物结构方面取得了令人振奋的发展，但创造具有复杂宏观几何形状和异质结构的复合材料来满足特定的功能需求还具有很大的挑战。

受活细胞在自然界中逐层制造复合材料方法的启发，Ferrand 等[62]报道了一种新的 3D 打印技术，创建了具有局部控制纹理和高度矿化成分的复杂形状片层复合材料。其通过将滑模铸造技术与最近开发的一种利用磁场控制各向异性基元取向方向和分布的方法相结合来实现。大致制备过程如下，首先将 Al_2O_3 薄片用超顺磁 Fe_3O_4 纳米粒子进行包覆，然后使用磁场辅助滑膜铸造获得排列良好的层状结构。通过一系列干燥、压制和填充高分子单体等步骤进一步加工，从而得到具有出色纹理和功能性能的大规模珍珠层状复合材料。研究表明，这种简单的加工路线不仅可以重复制造具有宏观尺寸（厘米尺度）的仿贝壳层状 Al_2O_3 复合材料，而且还可以通过形成矿物桥，结合在大范围的体积分数中控制分散和连续相的成分，进行微观结构设计。连续的第二相可以通过在初始浇注悬浮液中加入粒子或在压制和烧结后渗透到骨架中实现[图 5-30（a）]。采用这项多技术联用的策略，他们制备了三种不同成分的异质仿贝壳珍珠层状复合材料。例如，在初始料浆中

加入 SiO_2 和 Al_2O_3 纳米颗粒，会产生难熔的连续相，得到仿贝壳层状 Al_2O_3 复合材料。另外，可以悬浮少量磁化金属薄片，并与 Al_2O_3 薄片排列在一起，从而形成具有金属导电和导热性的高纹理金属基复合材料。此外，将多孔烧结层状骨架与单体渗透并聚合，最终得到弹性模量在微尺度上周期性变化较大的片层复合材料[图 5-30（b）]。

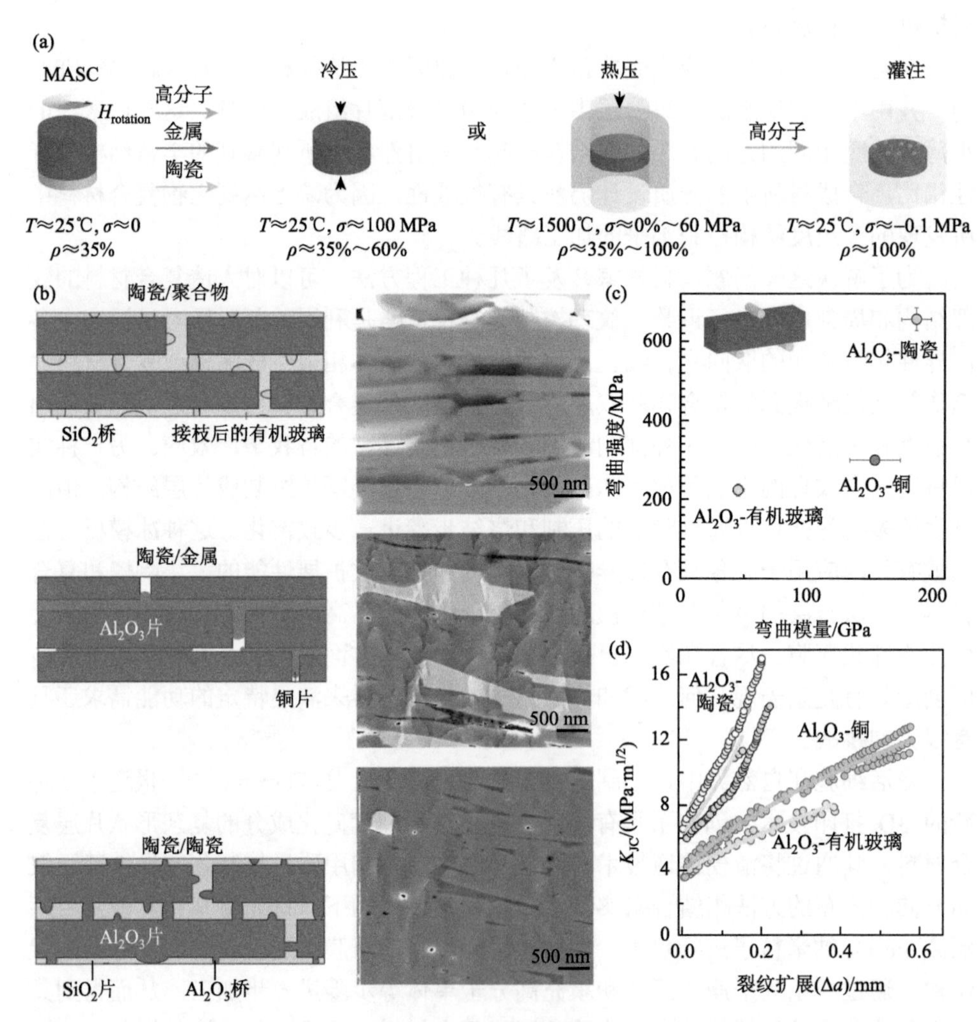

图 5-30 （a）仿贝壳层状 Al_2O_3 复合材料的制备流程示意图；（b）Al_2O_3 薄片增强的陶瓷、金属或聚合物基体复合材料，SEM 图像还显示了在具有聚合物和陶瓷基体的复合材料中引入的矿物桥；（c）三种不同层状复合材料的弯曲力学性能；（d）裂纹增长阻力曲线[62]

通过滑模铸造技术与磁场辅助取向相结合的技术，构筑的仿珍珠层状 Al_2O_3 基复合材料表现出优异的力学性能。如图 5-30（c）所示，珍珠层状 Al_2O_3/PMMA

复合材料弯曲强度约为 220 MPa，相对纯的 PMMA 提高了 3～4 倍；珍珠层状 Al_2O_3/铜复合材料弯曲强度约为 300 MPa；珍珠层状 Al_2O_3/陶瓷复合材料的弯曲强度约为 650 MPa，保持与最强的 Al_2O_3 相当的水平。除了优异的弯曲强度外，这几种层状的复合材料还表现出高的断裂韧性。如图 5-30（d）所示，Al_2O_3/PMMA 基体复合材料的断裂韧性（8.5 MPa·m$^{1/2}$）是单一基体的 7～10 倍；珍珠层状 Al_2O_3/陶瓷复合材料的断裂韧性（K_{JC} 为 11.5 MPa·m$^{1/2}$），比未织构的 Al_2O_3 提高了 3 倍。对于铜基 Al_2O_3 复合材料，它是 Al_2O_3 片材的密度的 1/2，使得复合材料的比强度（76 MPa·cm^3/g）高于铜基体的典型值（3.57 MPa·m$^{1/2}$·cm^3/g）。然而，与塑性变形的铜和铜基合金相比（断裂韧性约为 10 MPa·m$^{1/2}$·cm^3/g），这种铜基复合材料在断裂韧性（2.8 MPa·m$^{1/2}$·cm^3/g）方面并不突出。总的来说，这种简单的技术能够设计和制造具有复杂几何形状和异构结构的生物仿生复合材料，满足特定的需求。结合常见的陶瓷和复合材料的加工路线，新型功能复合材料的体积分数高达 100%，同时还具有高效的特点，远快于自然和现有的合成工艺。

贝壳珍珠层是由文石纳米颗粒嵌入生物大分子的纳米复合材料，许多有机大分子起到了“水泥”的作用。而矿物片层在空间中的分布与取向、矿物之间的桥连结构、纳米粗糙结构之间的摩擦、能够发生应变增强的有机基质，都会对材料的力学性能产生显著的影响。大部分的研究者在制备仿贝壳材料的时候都把目光聚焦在如何复刻贝壳的层状堆砌结构上。事实上，矿物的纳米互连结构对于材料强度与韧性的提高均有较大影响，相关的研究也有报道，当矿层厚度在 5～35 μm 范围内时，矿物互连性对层状复合材料的力学性能有明显影响，但在生物珍珠层中观察到的亚微米矿物薄片之间的纳米互连性的影响尚不清楚，对于其提高材料力学性能的机理研究却并不多见。例如前文已经提到，在具有亚微米薄片厚度的磁辅助滑动铸造骨架中观察到了矿物桥；然而，在这些更细的长度尺度上，桥接结构形态的影响尚未得到充分的开发和研究。为了提高对这一重要结构特征的理解，需要开发和研究在无机相中表现出不同互连水平的合成类珍珠层材料。

2017 年，Studart 等[63]利用磁场辅助联合真空抽滤组装技术将陶瓷片进行堆砌；然后，对所得材料进行热压处理，高温下导致表面层烧结，形成粗糙的矿物纳米互连结构；最后向材料内部填充黏度较低的单体，聚合形成聚合物有机基体。为了便于调节矿物片层间的接触，研究者选择了 Al_2O_3 的微米片，并在上面预先覆盖了一层致密的 TiO_2 纳米粒子薄膜，其中 Al_2O_3 在高温下非常稳定，而 TiO_2 纳米粒子在高温下易于烧结。因此该薄片可以通过控制温度有效调节最终结构。在高温处理的过程中，TiO_2 层发生 Ostwald 熟化从而形成较大的锐钛矿，最后在接触点形成矿物桥连结构[图 5-31（a）～（c）]。研究表明，烧结温度对层间的矿物桥的形成及分布有着重大影响。800 ℃以上进行烧结时，TiO_2 颗粒生长并变大，能够与相邻的 Al_2O_3 薄片相接触。在 900 ℃烧结时，颗粒继续生长，超过初始接触点，导致形成更多的矿物桥，并填充表面之间的所有接触区域，获得了不同的纳米互连结构。研究者对其力学性能进行了研究，如图 5-31（d）和（e）所示，结果表明在较高温度下处理得到的材料具有更高的力学性能，这一提升要归功于纳米互连结构的形成。值得一提的是，研究者还发现，随着矿物含量的提升，弹性模量、强度和断裂韧性会同时提高，一般在矿物含量超过 60%的仿贝壳材料中较为少见。进一步的观察发现，随着热压温度的上升，材料断裂的情况发生了改变，纳米互连结构能够抑制裂纹扩展，从而储存更多的弹性能。这一研究所涉及的纳米互连结构对制备高复合强度的材料具有启发性。

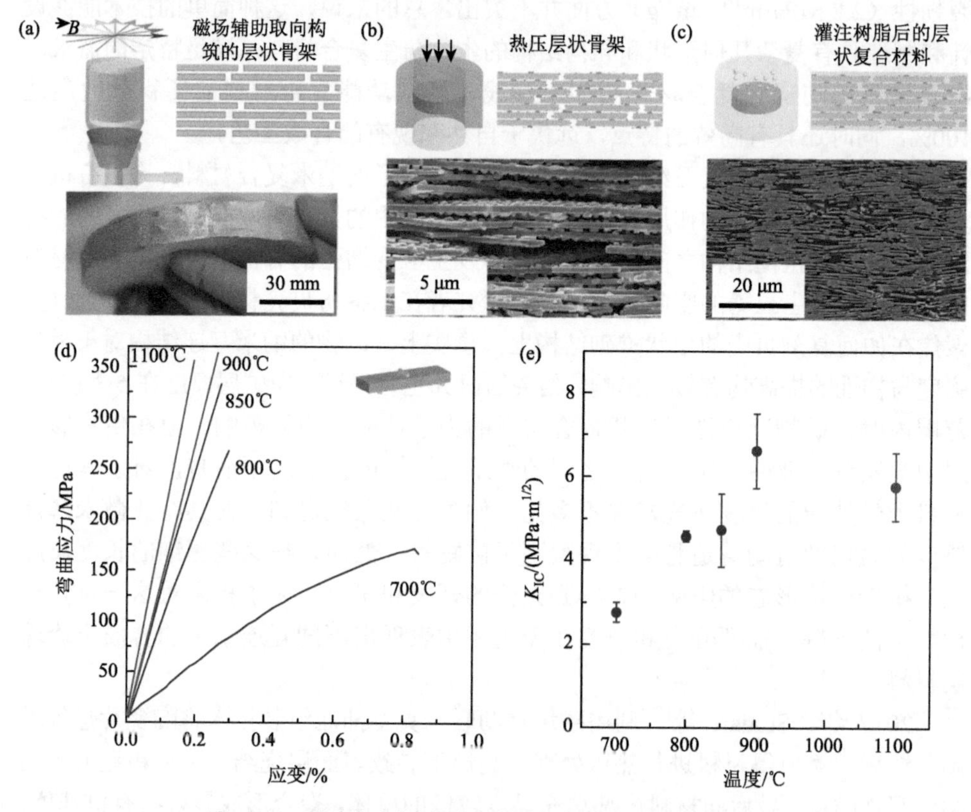

图 5-31 通过真空辅助磁取向制备仿贝壳层状复合材料

（a）旋转磁场使悬浮在液体中的磁化 TiO_2 包覆 Al_2O_3 薄片取向；（b）层状结构被热压成多孔陶瓷骨架；（c）通过施加真空或等静压，用低黏度热固性单体填充到骨架，形成致密的聚合物-陶瓷复合材料；（d）不同烧结温度下珍珠层状复合材料的弯曲应力-应变曲线；（e）断裂韧性（K_{IC}）和烧结温度之间的关系[63]

Al_2O_3 作为构筑基元材料，利用冰模板或磁场辅助取向等技术已经取得了重大的突破。和 Al_2O_3 相比，纳米黏土具有价格低廉、密度小、坚硬等特点。为了追求密度更小、更硬、更强的材料，纳米黏土作为基元材料有着潜在的应用前景。尽管研究人员对纳米黏土复合薄膜进行了大量研究，但由于蒸发诱导的自组装和层层自组装沉积无法产生足够厚的样品进行断裂测试，因此尚未对纳米黏土复合材料的断裂性能进行表征。为了全面评估珍珠层状纳米黏土/聚合物纳米复合材料的性能，需要找到增加厚度的途径。

Morits 等[64]报道了采用蒸发诱导自组装和层压法结合的策略制备取向的三维层状聚合物/纳米黏土块体纳米复合材料。如图 5-32（a）所示，他们首先将包覆聚乙烯醇（PVA）的纳米黏土经过蒸发诱导自组装后形成约 60 μm 厚的薄膜，然后将得到的薄膜用 1 wt%的 PVA 溶液浸泡处理，最后对薄膜进行热压。通过调控薄膜的层数，可以得到大面积厘米级厚的三维层状块体复合材料。研究表明，将得到的薄膜在 130 ℃退火处理然后进行热压，得到复合材料的力学性能

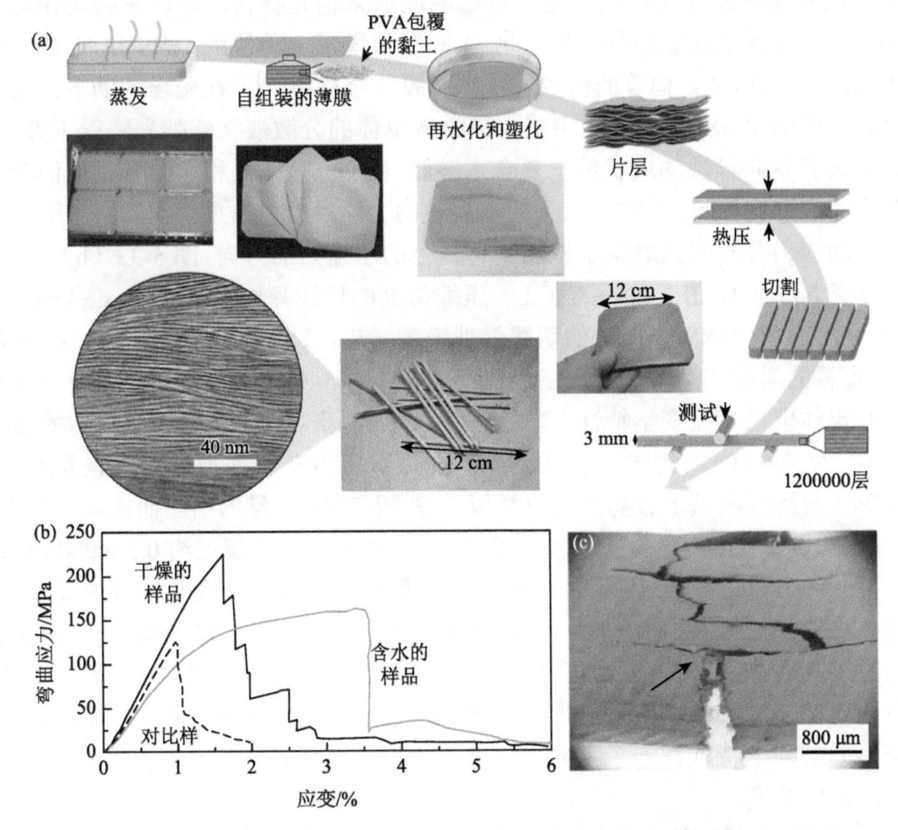

图 5-32　（a）蒸发诱导自组装结合层压制备取向的层状块体纳米复合材料的示意图；（b）自组装和层压构筑的块状纳米黏土/PVA 纳米复合材料的弯曲应力-应变曲线；（c）纳米黏土/PVA 纳米复合材料的断面 SEM 照片[64]

会显著提高，这是因为退火处理能提高 PVA 的结晶度，从而提高了弯曲强度。如图 5-32（b）所示，干燥状态下的仿珍珠层状块体纳米黏土/PVA 复合材料的弯曲强度 $\sigma = 220$ MPa，弯曲模量 $E = 25$ GPa。弯曲强度和模量明显高于对比样品和含水的样品。此外，该样品的断裂韧性可达 3.4 $\mathrm{MPa \cdot m^{1/2}}$，并且该层状纳米复合材料还具有较低的密度，约为 1.8 $\mathrm{g/cm^3}$。有趣的是，在 75%的相对湿度下存放 6 周后，取向的纳米复合材料仍然保持大部分的强度和 18 GPa 的高弯曲模量。从样品的断面可以看出[图 5-32（c）]，干燥的样品中出现了特别明显的裂纹偏转现象，产生了锯齿形裂纹路径，裂纹在扩展的过程中吸收了大量的能量，因此表现出比较高的断裂韧性。

天然鲍鱼壳等生物材料除了具有坚硬的外壳外，其生物组织中的各向异性结构也为水凝胶设计提供了灵感，这类各向异性结构广泛存在于肌肉或者腱组织中。钛酸酯纳米片（TiNS）是一种磁响应纳米基元材料，可以在磁场作用下排列成相互排斥的层状结构。基于此，Liu 等报道了一种使用 TiNS 和 *N*, *N*-二甲基丙烯酰胺（DMA）构筑的仿生层状水凝胶复合材料[65]。在磁场辅助下，将含有平行取向的 TiNS 和 *N*, *N*-二甲基丙烯酰胺单体的分散液在紫外光辐射下聚合，得到了具有各向异性的层状纳米复合水凝胶[图 5-33（a）和（d）]。他们测试了含有共面取向 TiNS（0.8 wt%）的水凝胶的力学性能。结果表明，在压缩时水凝胶上的应力分布明显取决于施加到材料上的压缩力的方向[图 5-33（b）]。在 40%应变下，与 TiNS 平面垂直（⊥）压缩得到的切线弹性模量 $E_{\perp}$为 66 kPa，比平行（//）压缩 TiNS 平面时的切线弹性模量（$E_{//}$，25 kPa）高 2.6 倍。$E_{\perp}$随着 TiNS 含量的增加逐渐增加，而 $E_{//}$则趋于平稳[图 5-33（c）]。这种各向异性的水凝胶也体现在其流变学特性上[图 5-33（e）]，平行于 TiNS 平面剪切的储能模量 $G'_{//}$ 为 0.6 kPa，而同一水凝胶样品垂直于 TiNS 平面剪切的储模量 $G'_{\perp}$ 为 2.2 kPa。与压缩测试中看到的现象类似，$G'_{\perp}$ 随 TiNS 含量的增加而提高；然而，$G'_{//}$ 最初只随着 TiNS 含量的增加而增加，在 TiNS 的含量超过约 0.2 wt%后开始下降[图 5-33（f）]。这是因为 TiNS 使水凝胶进一步交联，因此在低浓度时 $G'_{//}$ 随着 TiNS 含量的增加而增加。当 TiNS 超过约 0.2 wt%时，$G'_{//}$ 的降低可能反映出超过该临界 TiNS 浓度时，共面取向的 TiNS 之间的静电斥力主导了 $G'_{//}$。损耗模量的比值（$G''_{\perp}/G''_{//}$）为 7.0 的各向异性特点也证实了这样的结论，即水凝胶与众不同的静电特性在一个方向上隔离了内部机械摩擦，但在正交方向上增强了内部机械摩擦。

由于这种水凝胶具有各向异性的特点，垂直于钛酸酯纳米片方向会抵抗压力，沿取向方向会产生剪切变形。为了验证这种推测，他们制备了三个直径和高度均为 20 mm 的圆柱形水凝胶，其中钛酸酯纳米片沿圆柱形的截面取向分布。将这

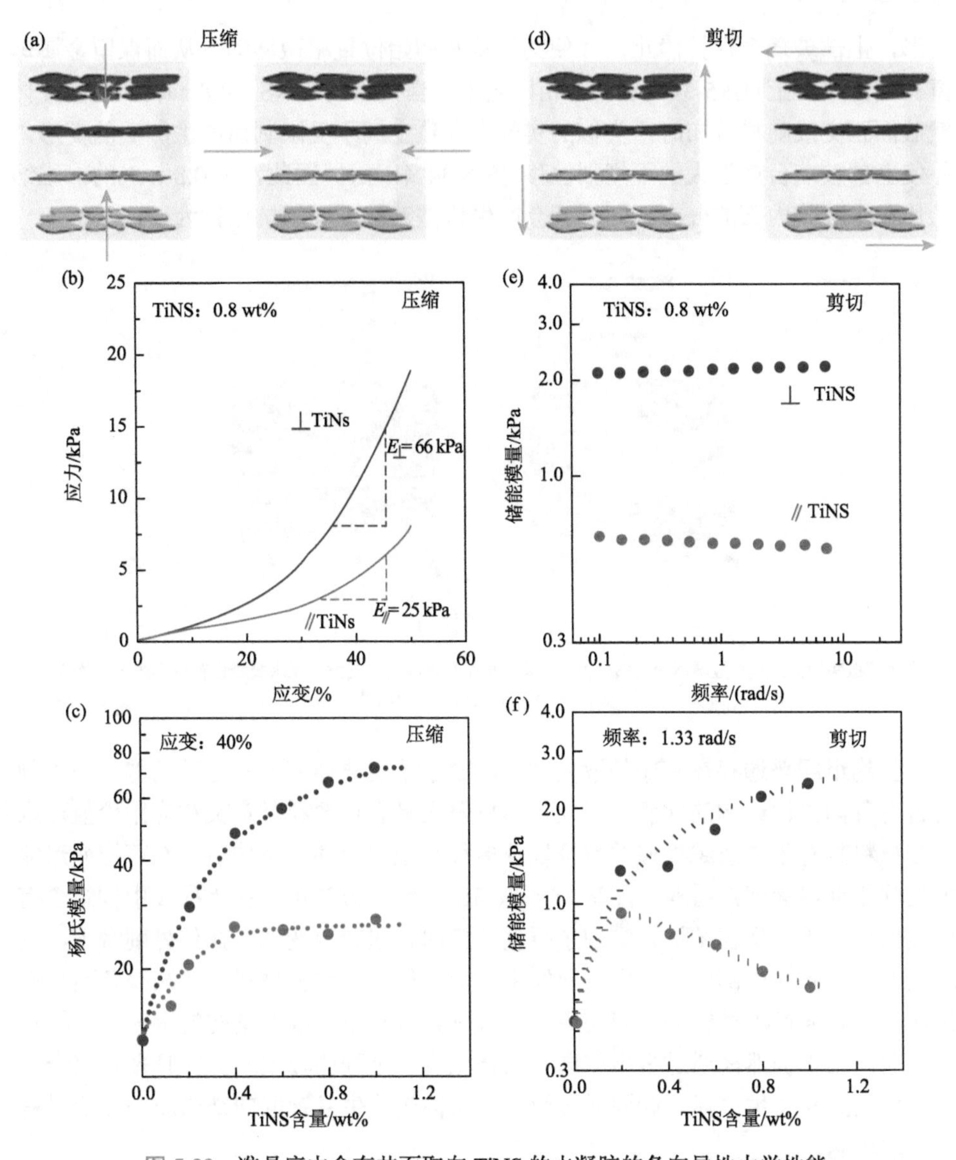

图 5-33　准晶序中含有共面取向 TiNS 的水凝胶的各向异性力学性能

（a）共面取向的水凝胶在与 TiNS 平面正交（左）和平行（右）方向上压缩变形示意图；（b，c）当水凝胶分别在与磁性取向的 TiNS 平面正交（H）和平行（//）方向压缩时的力学性能；（d）共面取向的水凝胶在与 TiNS 平面正交（左）和平行（右）方向上剪切变形示意图；（e）在剪切应变为 0.5%、频率为 0.1～7.5rad/s 时，0.8 wt%的 TINS 水凝胶的储能模量；（f）剪切频率为 1.33rad/s 时不同 TiNS 含量的水凝胶的储能模量[65]

些柱子放置在一个三角形的机械振荡器上，间隔 40 mm，能够支撑一个玻璃平台（直径 130 mm，厚度 5 mm，质量 160 g）和其中心上的金属球体（直径 30 mm，质量 40 g）。施加连续的振荡运动导致圆柱形水凝胶空间受限，仅发生轻微的水平变形，上部玻璃台保持静止，并使其仅从其初始位置略微移动，从而保留金属球留在剥离平台上[图 5-34（a）]。相比之下，当嵌入的 TiNS（0.8 wt%）与圆柱体横截面正交或随机分布时，类似的实验会导致空间不受限制而产生严重的变形，并使上部玻璃台产生大的不规则位移[图 5-34（b）]。因此，仅 0.8 wt%的二维纳米片在水凝胶内部的分布不同，就会产生这些截然不同的抗振行为。

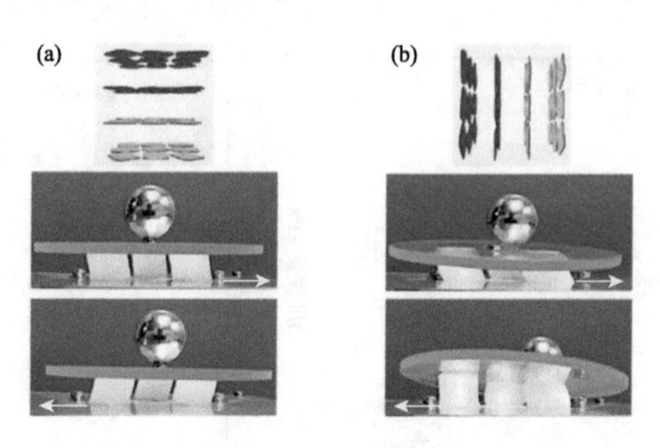

图 5-34 隔振演示

在机械振荡器上，具有金属球的玻璃台由三个圆柱形结构水凝胶柱支撑，该水凝胶含有与圆柱平行（a）或正交（b）方向的共面取向[65]

生物组织普遍存在有序的取向结构，赋予了生物体变形及运动功能。仿生制备含有各向异性结构的软驱动器及软体机器人具有重要科学意义和应用价值。水凝胶材料具有生物组织类似的特征以及多种刺激响应性，是构筑具有可控变形能力的软驱动器的理想材料。目前，光刻、3D 打印等方法可以在水凝胶中构筑含有厚度梯度、平面梯度结构，实现了折叠、弯曲、扭转等变形。在外界刺激下，响应性差异引起的内部应力导致材料发生变形。但是，这些材料通常缺少各向异性结构。尽管通过磁场辅助、剪切等手段可制备含有单一取向结构的水凝胶，构筑复杂取向结构仍然需通过多步取向、聚合完成，过程比较烦琐，并且多步聚合产生的界面处易发生破坏。如何通过简单方法构筑仿生复杂取向结构成为变形材料方向的难题。

吴子良等[31]采用图案化电极控制外加电场分布，从而诱导含氟锂蒙脱土纳米片（NS）取向，一步制备了含有平面、厚度梯度结构的各向异性水凝胶，并实现了可控变形与运动。研究人员在未固化的 NS/PNIPAAm 水凝胶中插入了各种形状的电极（点、圆环、三角形环等），通过调整这些电极的数量和位置，可以激发出不同分布的交变电场。由于交变电场的定向效应，表面带有大量电荷的 NS 会沿着电场方向形成取向结构。通过调整电极的形状和分布，可以对水凝胶中 NS 的取向结构进行编程。因此，用这种策略制备的水凝胶能够产生非常微小的可逆激发变形。相比之前所使用的平行板电极取向-掩膜辅助光固化指定区域的方法，分布式电场辅助策略在保证水凝胶中的 NS 取向的区域可定制性的基础上具有更高的制备效率。

通过 X 射线小角散射（SAXS）进一步表征了水凝胶中 NS 的各向异性结构。如图 5-35（a）和（b）所示，当 X 射线束从垂直方向（⊥）和平行（//）方向照射时，复合水凝胶呈现出长轴垂直于电场方向的椭圆扩散模式。相反，当 X 射线从水凝胶的垂直方向照射时，观察到各向同性散射。这一结果证实了 NS 是沿电场方向排列的。同时，从 *n* 方向和//方向测得的二维 SAX 图案的方位角为 90°和 270°处有两个峰[图 5-35（c）]，对应的方位取向度因子分别为 0.90 和 0.75。各向异性的结构使水凝胶具有各向异性的力学性能。沿 NS 取向拉伸强度略高于 NS 随机分布的水凝胶的强度，且远高于垂直于 NS 取向方向的强度。需要指出的是，水凝胶在平行于 NS 取向方向的杨氏模量（*E*）较高，约为垂直于 NS 取向方向的 2 倍[图 5-35（d）和（e）]。

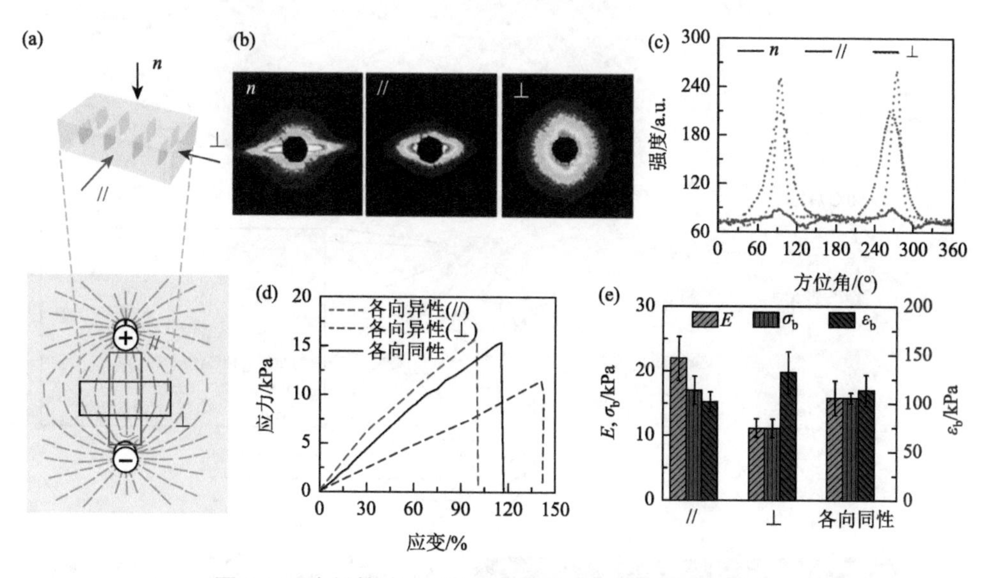

图 5-35　电场辅助下层状水凝胶复合材料的制备及性能

（a）层状水凝胶复合材料中纳米片排列的示意图；（b）2D SAXS 测试结果；（c）从法线（*n*）、//和⊥方向探测的水凝胶的相应方位角图；（d）不同方向层状水凝胶复合材料的拉伸应力-应变曲线；（e）不同方向层状水凝胶复合材料的力学性能[31]

自然界生物材料如天然贝壳珍珠层的“砖-泥”结构给人们带来了极大的灵感，通过模仿天然生物材料的多级结构，以期制备出具有超强力学性能的人工结构材料。经过数十年的努力探索，天然贝壳的层状结构和力学性能虽然在一定程度上被研究人员模仿，但通过模仿天然贝壳形成的方式来合成人工贝壳层状材料依旧存在诸多困难。为了模拟贝壳珍珠层的天然生长过程，2016 年，俞书宏等利用“组装-矿化”技术合成了化学成分和多级结构均和天然贝壳珍珠层极其相似的人工贝壳材料[66]。他们将壳聚糖溶液通过双向冷冻铸造技术，即利用冰作为模板制备层状 β-甲壳素结构材料；随后通过乙酰化修饰甲壳素，以避免不必要的溶胀和溶解；并在循环蠕动泵系统中，以聚丙烯酸和 Mg^{2+}作为添加剂实现甲壳素的层间矿化；最后将这种有机-无机复合材料通过蚕丝蛋白渗透和 80 ℃条件下的热压处理即可得到人造贝壳材料[图 5-36（a）]。材料厚度可以通过甲壳素基质进行调控，而交替组装所构建的无机碳酸钙层和有机基质层的厚度分别是 2～4 μm 和 100～150 nm[图 5-36（b）]。通过“组装-矿化”联合策略制备的人造贝壳同样表现出优异的断裂韧性（K_{JC}≈2.7 MPa·m$^{1/2}$），如图 5-36（c）所示，其断裂韧性可以和天然河蚌壳及大珠母贝相媲美。

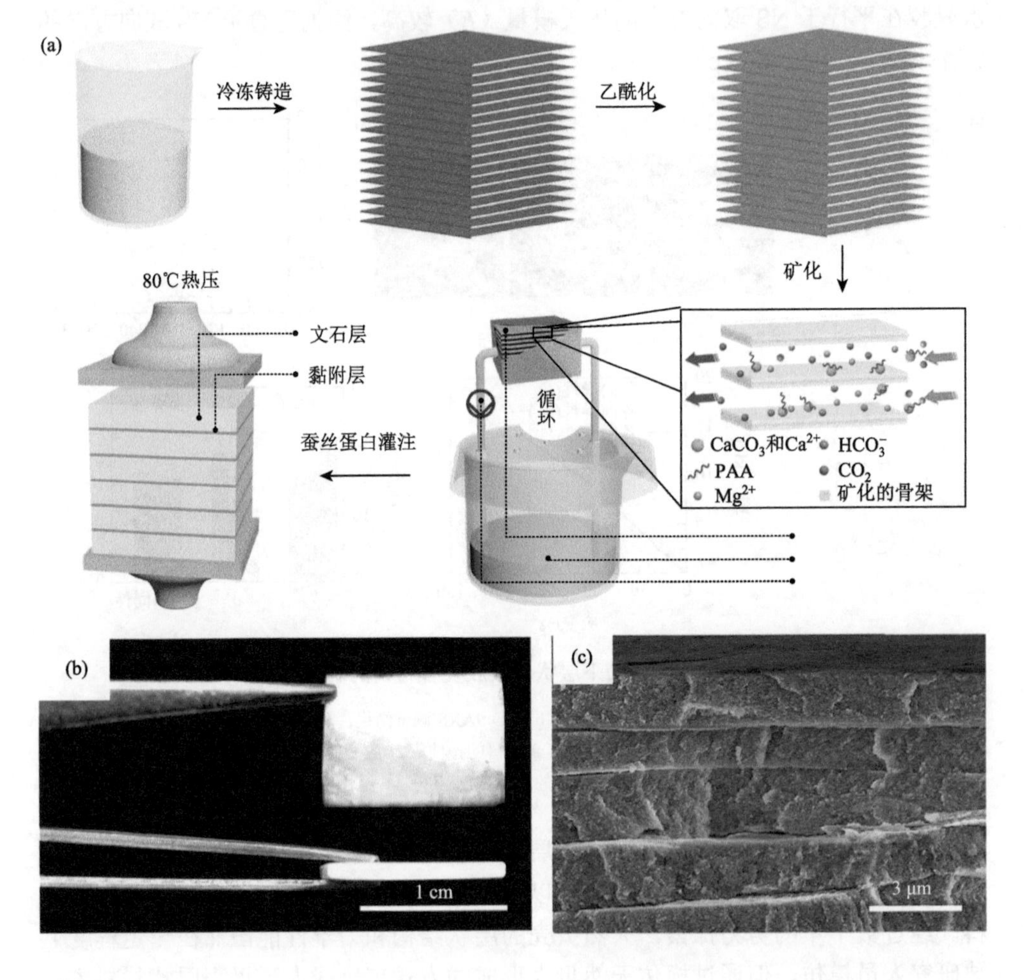

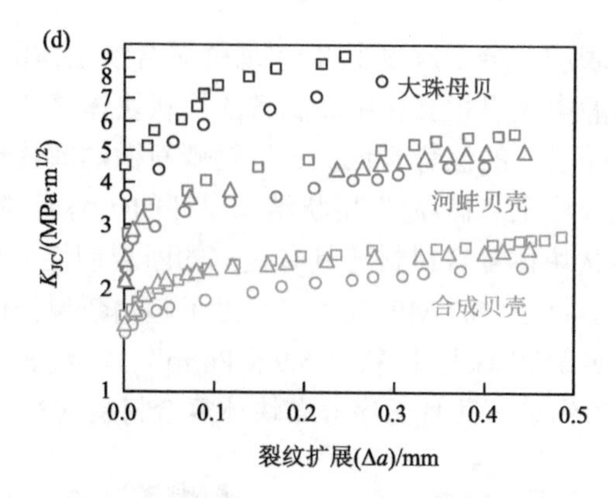

图 5-36　(a) 人造贝壳的制备流程示意图；(b) 人造贝壳的光学照片；(c) 人造贝壳的断面 SEM 照片；(d) 人工合成贝壳和天然贝壳的裂纹增长阻力曲线[66]

采用冰模板结合生物矿化技术的重要优势是实现了人造贝壳材料的快速制备。天然贝壳需要几个月甚至更长的时间才可以形成，利用这种技术只需两周时间在实验室就可以获得力学性能与天然贝壳类似的材料，显著提高了材料的合成效率。另一个重要优势是可以通过有机基质和成核位点的密度来调控人造贝壳的力学性能。这项研究成果是仿生材料学领域的一个重大突破，为多级结构仿生材料的制备提供了新的思路，具有十分重要的科学意义，因此得到了生物矿化和仿生材料领域的广泛关注。

经过十余年的快速发展，人造贝壳材料仿生制备领域已取得了重大进展，各种制备方法被相继提出。近年来所发展的包括冰模板法结合陶瓷烧结、磁场诱导组装、3D 打印及原位矿化生长等技术，虽然在高性能三维块体人造贝壳材料的仿生设计方面获得重大突破，然而其对设备要求较高、成本高及难以连续化等因素极大限制了材料的进一步宏量制备。因此，探索如何大规模制备高性能仿生层状块体复合材料具有重要的科学意义和应用价值。

2017 年，俞书宏等针对这一难题，在他们提出介观尺度“组装与矿化”相结合的方法合成块体人工贝壳材料工作的基础上，提出了一种高效且通用的组装新策略。如图 5-37 (a) 所示，首先通过溶液蒸发自组装构筑了仿珍珠层二维薄膜，然后将薄膜堆叠并进一步叠层热压，成功实现了由微纳基元到高性能、大尺寸层状块体材料的快速宏量制备[67]。构筑的人造贝壳，其微观结构和天然贝壳珍珠层非常相似[图 5-37 (b)]。研究发现，该构筑策略可以从分子尺度到宏观尺度的各个层级对材料结构进行优化，从而使构筑的仿生层状块体复合材料复制了天然贝壳珍珠层材料的多级结构和增韧机理，并且其力学性能可以和许多自然结构材料及工程材料相媲美。如图 5-37 (c) 所示，透钙磷石薄片-海藻酸钠仿贝壳珍珠层块体复合材料的弯曲强度约为 267 MPa，显著高于未经过钙离子交联而制备的层状块体复合材料（表明了分子尺度上 Ca^{2+}增强聚合物基体的优势），也高于未用壳聚糖黏结剂引入静电吸引相互作用而制备的层状块体复合材料（验证了微观尺度膜间静电吸引界面设计的优势），还优于透钙磷石微纳薄片无序分布的块体复合材料（验证了宏观尺度上“砖-泥”层状结构设计的优势）。除了具有优异的弯曲强度外，该仿生层状块体复合材料还具有良好的断裂韧性。如图 5-37（d）所示，最大断裂韧性（K_{JC}）为 8.7 MPa·m$^{1/2}$，超过了起始断裂韧性 K_{IC} 的 3 倍多，同时也超过了天然贝壳珍珠层材料（5.9 MPa·m$^{1/2}$）、纯海藻酸钠块体材料（4.9 MPa·m$^{1/2}$）以及透钙磷石薄片无序分布块体复合材料（3.8 MPa·m$^{1/2}$）。

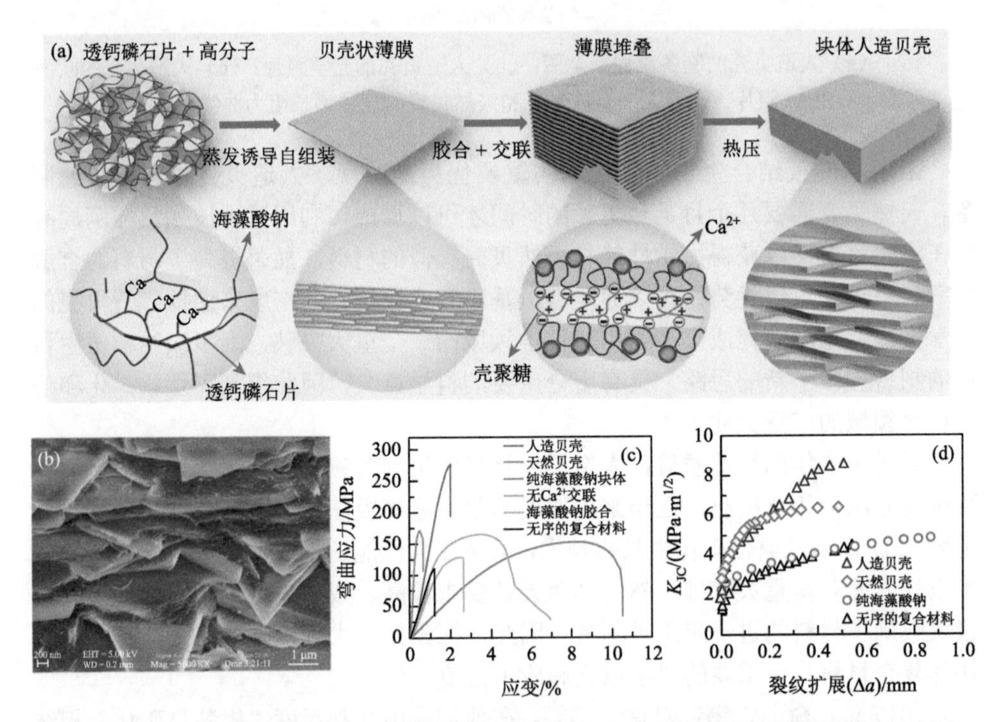

图 5-37 （a）人工珍珠层自下而上的组装过程示意图；（b）人造贝壳珍珠层的断面 SEM 照片；（c）不同人造贝壳的弯曲应力-应变曲线；（d）人造贝壳的裂纹增长阻力曲线[67]

以上研究表明，这一多级次组装构筑仿生层状块体复合材料的新策略具有高效性和普适性的特点，可以应用到其他多种材料体系中，有望广泛应用在仿生层状块体复合材料的规模化制备方面。该研究成果对设计和制备面向实际应用的高性能仿生层状块体复合材料具有重要的指导意义。

高分子材料制品给人们的生产生活带来了极大便利，但也带来了严重的环境污染问题。目前，大多数高分子材料来自于石油产品，由于其较高的稳定性，废弃后在环境中降解困难，造成持续性的环境污染问题。开发一系列可持续的高性能仿生层状结构高分子复合材料以部分替代石油基塑料，是解决环境污染问题的方法之一。现有的生物基可持续结构材料大都受限于较差的力学或过于烦琐的制备工艺，在成本和生产规模等方面制约了这类材料的实际应用。因此，引入先进的仿生结构设计来制造新型的可持续高性能结构材料将极大地提高这类材料的性能，拓宽其应用范围，加速可持续材料替代不可降解塑料的进程。

2020年，俞书宏等借助仿生理念，发展了一种被称为“定向变形组装”的新型材料制造方法，开发了一种名为“定向-变形组装”的新型复合材料构筑策略，可大规模制备具有仿生层状结构的高性能可持续块体复合材料[23]。如图5-38（a）所示，首先将2D二氧化钛-云母经3-氨基丙基三乙氧基硅烷（APTES）预处理，以增强2D 二氧化钛-云母与1D纤维素纳米纤维之间的界面相互作用。然后，纤维素纳米纤维与经APTES处理的二氧化钛-云母充分混合，加入Ca^{2+}交联形成水凝胶，最后对水凝胶进行热压处理，构筑了仿生层状块体复合材料。在定向变形组装过程中，可以实现2D二氧化钛-云母的定向取向和二氧化钛之间1D纤维素纳米纤维的均匀分布，并可形成高度有序的层状结构。如图5-38（b）和（c）所示，通过上述从分子到宏观的简单构筑策略，获得了低密度（约1.7 g/cm^3）的全天然仿生层状块体复合材料，其在外观、实体结构和纳米颗粒上与天然珍珠层具有相似之处。

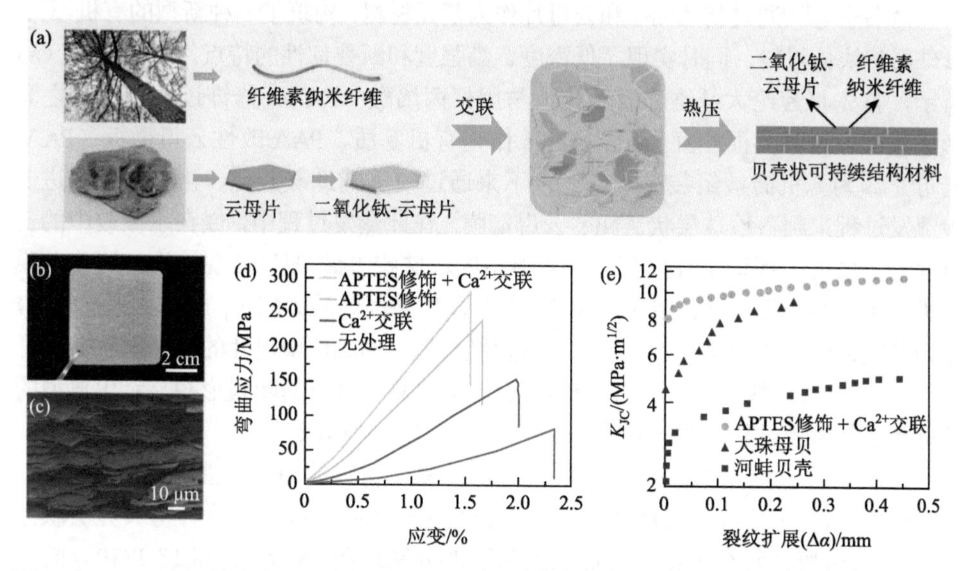

图5-38 （a）全天然仿生高性能结构材料的定向变形组装方法示意图；（b）和（c）全天然仿生结构材料的光学照片及SEM照片；（d）不同预处理的全天然仿生结构材料的弯曲应力-应变曲线；（e）全天然仿生结构材料和天然珍珠层的裂纹增长阻力曲线[23]

通过多尺度仿生层状结构设计和界面相互作用的调控，如图5-38（d）和（e）所示，成功构筑了这种兼具优异的弯曲强度（约281 MPa）和高的断裂韧性（约

11.5 MPa·m$^{1/2}$）特点的天然生物基可持续结构材料。二氧化钛包覆的云母片作为仿生结构中的“砖”，一方面为结构材料提供了远高于工程塑料的强度；另一方面，还通过裂纹偏转等仿生结构原理，大幅提高了材料的韧性和抗裂纹扩展性能，为该材料作为一种新兴的可持续材料替代现有的不可降解塑料打下了坚实的基础。该工艺过程易放大，产品具有良好的可加工性和丰富多变的色彩和光泽，使其有望作为一种更加美观和耐用的结构材料替代塑料。

各个工程领域的快速发展对结构材料的整体性能提出了越来越高的要求，包括密度、力学性能、环境稳定性等。特别是在许多恶劣环境中如极端温度、水、酸碱等，应用的结构材料的稳定性，都是值得考虑的。迄今为止，研究者在制造仿珍珠层材料方面取得了巨大的成就，通过在多个尺度上精确控制其结构，可以提高其力学性能。芳纶纤维（ANFs），具有低密度（1.44 g/cm^3）、高拉伸强度（3.6 GPa）、高模量（109 GPa）、耐化学性和热稳定性等特点。同时，云母微片作为一种丰富而廉价的天然硅酸盐矿物，还具有低密度（2.8 g/cm^3）、高力学性能（拉伸强度 420 MPa，杨氏模量 13.2 GPa）、化学和热耐久性以及独特的紫外线屏蔽性能等诱人的性能组合。这些特性使 ANFs 和云母片分别成为组装珍珠层状结构材料的理想有机和无机基元。

俞书宏等[68]通过将 ANFs 和云母片作为基元材料，构筑了一种新型的有机-无机珍珠层状块体材料，同时实现了低密度、高强度和断裂韧性的特点。如图 5-39（a）所示，首先将芳纶大纤维去质子化，与用聚丙烯酸（PAA）修饰过的云母片之间形成氢键以增强界面相互作用。ANFs 作为有机基质，PAA 改性云母微板（PAA-云母）作为无机砖被组装在一起。接下来通过喷雾辅助凝胶化、溶剂交换和进一步蒸发过程来制备珍珠层状 ANFs-云母薄膜。在此蒸发过程中，嵌在水凝胶中的云母片沿表面方向逐渐平行排列，形成典型的珍珠状“砖-泥”微观结构。这些薄膜被进一步切割成等尺寸，用 3-(三甲氧基硅基)甲基丙烯酸丙酯（γ-MPS）进行改性，作为薄膜之间的界面黏合剂，并与环氧树脂层压，形成期望尺寸的珍珠层状芳纶纤维-云母片块体材料。珍珠层芳纶纤维-云母块体复合材料的断裂形貌显示出典型的阶梯状层状微观结构，与天然珍珠层的微观结构非常相似。

所制备的仿贝壳层状芳纶纤维-云母块体复合材料的力学性能如图 5-39（b）和（c）所示，通过仿生层状结构设计和表面化学调控，构筑的这种仿贝壳层状芳纶纤维-云母块体复合材料的弯曲强度和刚度分别达到 387 MPa 和 18.3 GPa。断裂韧性 K_{IC} 作为裂纹萌生阻力的评估，经测试为 4.9 MPa·m$^{1/2}$。从裂纹萌生到稳定的裂纹扩展结束（约 14.3 MPa·m$^{1/2}$），珍珠层状芳纶纤维-云母块的最大断裂韧性 K_{JC} 增加了约两倍。这些力学性能均高于纯 ANFs 块体、无序 ANFs-云母复合材料、未经 PAA 改性的云母微片组装的仿贝壳层状 ANFs-云母块体以及未经 γ-MPS 改性的 ANFs-云母膜组装的珍珠状块体。此外，与纯 ANFs 块体（40 kg/mm^2）相比，仿贝壳层状芳纶纤维云母块体（68 kg/mm²）的维氏硬度也明显提高。其增强机理如图 5-39（d）所示，相邻的芳纶纤维链的—NH 和 C ═ O 基团之间以及芳纶纤维分子链、PAA 上的—COOH 基团之间形成氢键。随着云母片彼此相对滑动，相邻片之间的氢键网络在云母片和纤维之间滑动，提高了界面相互作用，从而大大提高了断裂韧性。综上，这些力学性能的提高证明了所提出的多尺度层次结构设计的有效性。

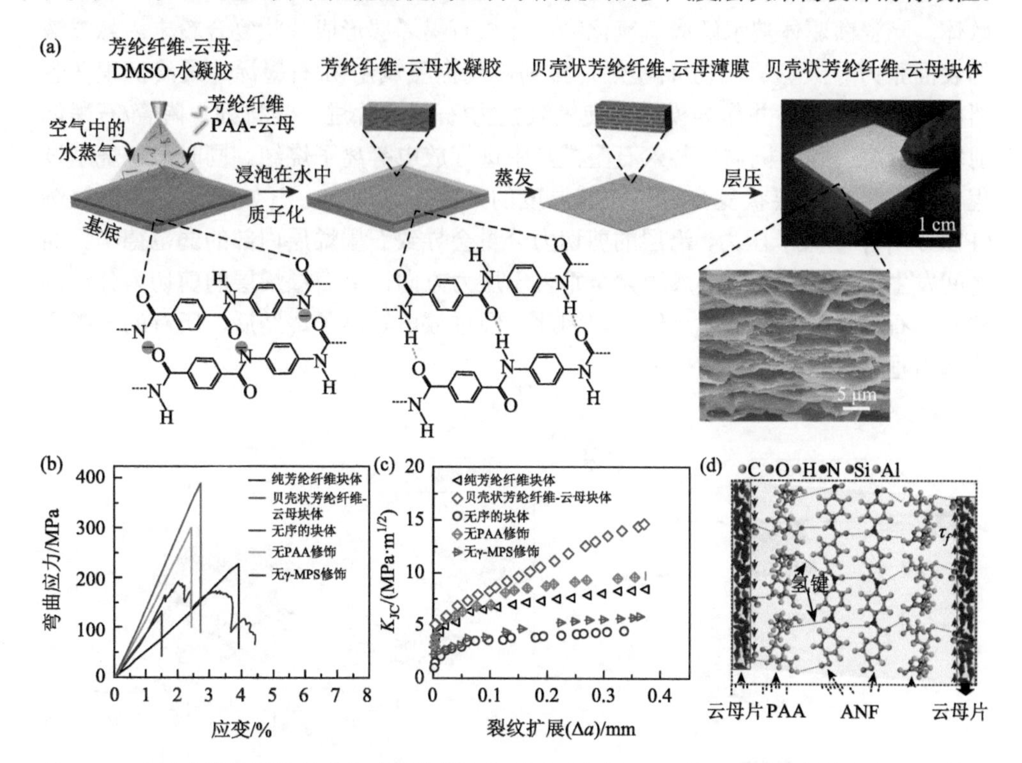

图 5-39　多技术联用制备贝壳珍珠层状复合材料的示意图：（a）仿贝壳层状芳纶纤维-云母块体复合材料的制备流程及光学和 SEM 照片；（b）不同人造块体层状复合材料的弯曲应力-应变曲线；（c）不同人造块体层状复合材料的裂纹增长阻力曲线；（d）云母、PAA 和 ANF 中 Si—OH 基团的分子结构，以及在相邻 ANF 和 PAA-云母中形成的界面氢键网络[68]

5.3.2　多技术联用策略构筑石墨烯层状块体复合材料

在过去的十多年中，石墨烯的发现激发了全世界对其特殊性质的兴趣，尽管石墨烯具有优异的力学性能和导电性，但对石墨烯的探索仍在进行中。石墨烯增强复合材料领域尚未取得实质性进展，主要有以下三个原因：①石墨烯的价格仍然太高，在工业应用中难以承受；②二维石墨烯之间存在强大的范德华力，易在基体中团聚，复合材料中石墨烯层的可控分散和取向极其困难；③石墨烯填料与基体之间缺乏界面相互作用导致应力传递效率低，致使石墨烯基复合材料的力学性能处于较低水平。

针对这些问题，Sun 等[69]提出了一种有序二维石墨烯阵列嵌入陶瓷基体的策略。与以石墨烯为原料的传统方法相比，他们以商业化的可膨胀石墨为原料。如图 5-40 所示，首先通过微波加热将石墨转化为膨胀石墨（EG）；在此过程中，石墨烯层与层之间的距离扩大了几十到几百倍。在硅烷偶联剂（KH570）的帮助下，将液态陶瓷前驱体插入层间。得到的产物通过超声处理进一步均质化形成胶体分散体。陶瓷前驱体被水解成氢氧化物，并与石墨烯层形成片状复合粉末。悬浮液的表面张力导致氢氧化物/石墨烯片排列，陶瓷氢氧化物/石墨烯片最终沉积在容器的平坦底面上，并作为模板促使氢氧化物/石墨烯片进一步排列。陶瓷/石墨烯前驱体煅烧去除有机物后装入石墨模具中进行放电等离子烧结。同时，在烧结过程中施加压力，层状复合材料随着温度的升高逐渐取向。开始时，少层石墨烯（FLG）并不垂直于压力，沿层的剪切力分量会导致石墨烯层内部的弱范德华界面之间发生滑动。直到石墨烯层完全垂直于压力方向，沿石墨烯层的剪切力分量为零时，石墨烯层的变形才会停止。因此，经过放电等离子烧结后，所有的石墨烯片都沿垂直于压力的方向排列。

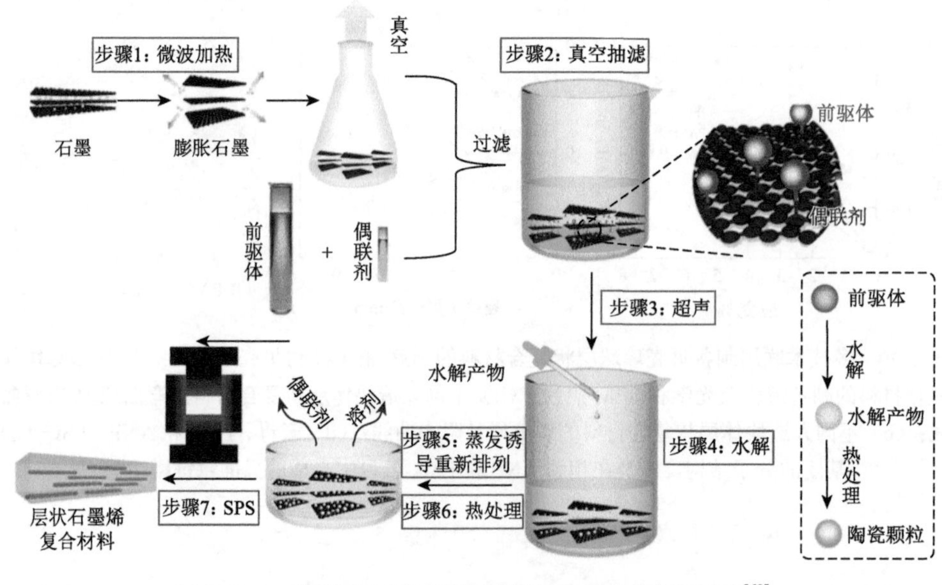

图 5-40　一种制备少层石墨烯/陶瓷复合材料的简便路线[69]

利用这项技术，他们构建了三种不同组分的少层石墨烯/陶瓷层状复合材料，分别为少层石墨烯/SiO_2 层状复合材料（FLG/SiO_2）、少层石墨烯/Al_2O_3 层状复合材料（FLG/Al_2O_3）及少层石墨烯/ZrO_2 层状复合材料（FLG/ZrO_2）。复合材料横截面微观结构如图 5-41（a）～（c）所示，石墨烯嵌入陶瓷基体间，并且石墨烯层与层的距离几乎相等，同时石墨烯和陶瓷基体之间还会形成共价键，大大增强界面相互作用，因而提高了陶瓷块体材料的弯曲强度。如图 5-41（d）所示，三点弯曲测试表明，纯 SiO_2、Al_2O_3 和 ZrO_2 块体的弯曲强度分别为(65±5)MPa、(424±8) MPa 和（390±8）MPa；加入 5 vol%的 FLG 阵列后，分别增加到（99±5）MPa、（560±6）MPa 和（510±5）MPa，增加了 30%到 53%。石墨烯阵列的加入，除了提高陶瓷材料的弯曲强度外，其断裂韧性也大幅度提高。纯 SiO_2、Al_2O_3 和 ZrO_2 陶瓷的 K_{IC} 值分别为（0.73±0.06）$MPa·m^{1/2}$、（3.41±0.07）$MPa·m^{1/2}$ 和（3.61±0.07）$MPa·m^{1/2}$。有序 FLG 阵列的加入将 K_{IC} 值分别提高到（2.52±0.06）$MPa·m^{1/2}$、（7.39±0.05）$MPa·m^{1/2}$ 和（7.44±0.08）$MPa·m^{1/2}$。从裂纹增长阻力曲线可以看出，三种 FLG/陶瓷复合材料的最大韧性都得到了显著提高，分别为（4.21±0.05）$MPa·m^{1/2}$、（12.43±0.04）$MPa·m^{1/2}$ 和（14.50±0.06）$MPa·m^{1/2}$。相比于纯的陶瓷分别提高了 500%、240%和 300%[图 5-41（e）]。断裂韧性提高的主要原因是层状石墨烯阵列的加入，改变了裂纹的传播方向，使其发生大幅偏转而不是沿直线断裂[图 5-41（f）]。同时，在施加载荷的过程中，石墨烯阵列间的桥连结构也会耗散大量的能量，因此导致复合材料的力学性能显著提升。此外，有限元法（FEM）模拟也表明，FLG 阵列结构中的渐进界面失效会导致明显的微裂纹偏转[图 5-41（g）]。在纯陶瓷中，最大应力应位于断裂的裂纹尖端。然而，在这些陶瓷复合材料中，最大应力位于石墨烯阵列，裂纹尖端显示出更低的应力。这是因为石墨烯填料具有较大的刚度和有序的取向，以及它们和陶瓷基体的牢固结合。模拟结果表明，石墨烯阵列在断裂过程中重新分配了应力场，从而提供了裂纹尖端屏蔽效应，有助于获得高断裂韧性。

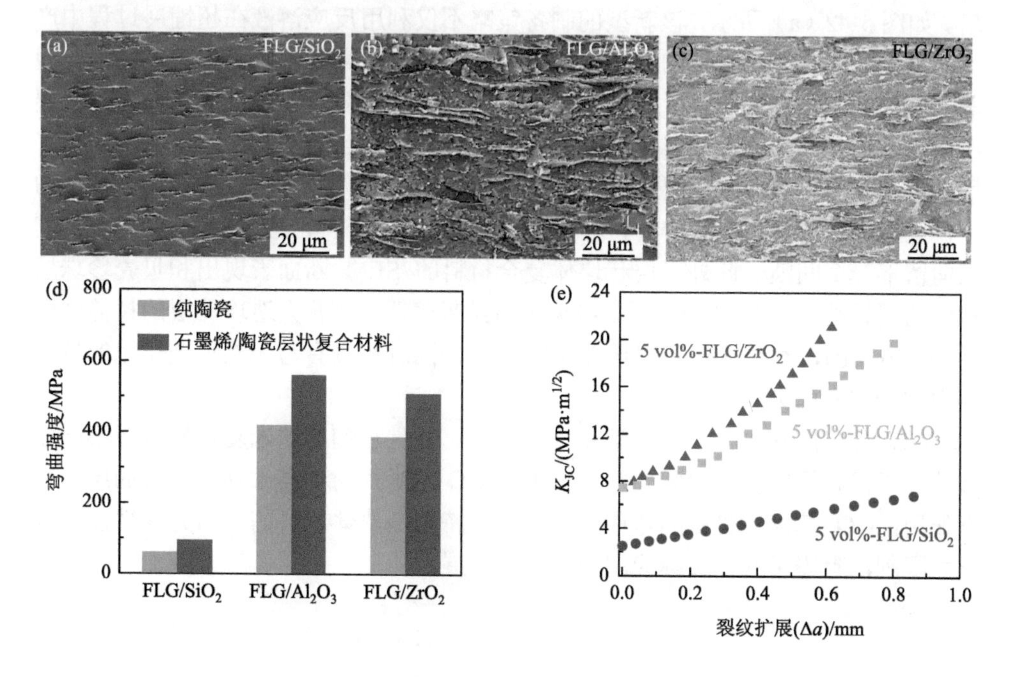

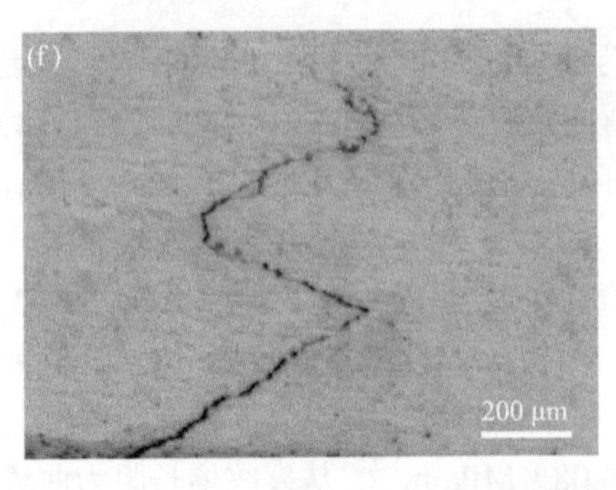

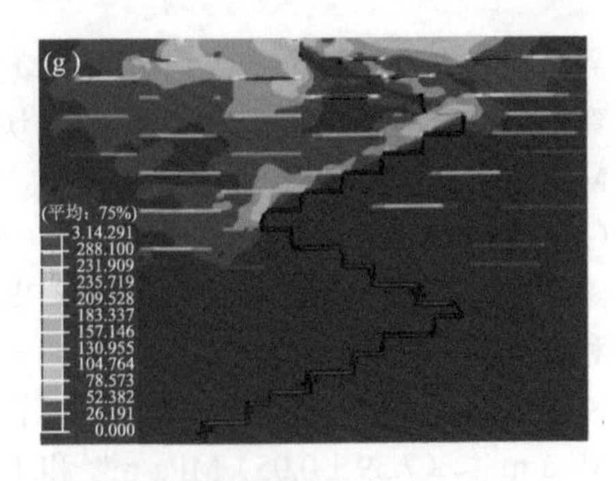

图 5-41　FLG/陶瓷复合材料的力学性能和增韧机制

（a～c）不同 FLG-陶瓷复合材料的微观结构 SEM 照片；（d）三种陶瓷的弯曲强度；（e）三种 FLG/复合材料的裂纹增长阻力曲线；（f）FLG/SiO_2 原位三点弯曲试验中观察到的裂纹变形；（g）通过有限元方法模拟渐进式界面失效的裂纹尖端附近的应力分布[69]

天然贝壳珍珠层内部的高度有序结构及其连接的有机物基底共同作用，使其表现出优异的强度、模量及断裂韧性。科学家做出了很多尝试去模仿这些自然界中的精巧构造来进行层状结构材料的仿生制备。然而，目前的构筑方法依旧存在一些缺陷，限制了其实际应用。一方面，无法实现具有长程取向结构复合材料的大规模制备。另一方面，对于多组分纳米材料增强体系，无法避免在制备过程中纳米材料团聚的问题，因而会降低所制备纳米复合材料的力学性能。因此，连续大规模制备超强层状结构纳米复合材料仍然是该领域的挑战之一。

为解决上述难题，刘明杰等[70]提出了基于极稀反应溶液的液体超铺展制备策略。如图 5-42（a）所示，该新型的制备策略不仅利用反应溶液在超铺展过程中产生的剪切液流实现纳米片的高度取向排列，而且利用高分子快速交联，同步实现取向结构的原位快速固定，从而制备出层状结构纳米复合膜。进而通过简单地层压海藻酸钠-GO/黏土/CNT 纳米复合薄膜来生产块体人造贝壳[图 5-42（b）]。采用该策略构筑的人造贝壳块体复合材料展现出优异的力学性能。在相同的冲击力下，天然贝壳珍珠层裂成碎片，而人造贝壳块体复合材料保持其完整性，仅在其表面留下一个凹痕。此外，层状块体复合材料的 SEM 断面表现出和贝壳珍珠层相似的层状结构[图 5-42（c）]。拉伸测试结果表明，块状人造珍珠层的拉伸强度约为 530 MPa，约是天然贝壳珍珠层的 4 倍，同时还具有与天然贝壳相似的拉伸应力[图 5-42（d）]。

GO 具有良好的力学、电学和化学性质，并且它们的纳米复合材料在不同领域的应用得到了广泛的探索。然而，由于 GO 纳米片材的高柔韧性和弱的层间相互作用，GO 基复合材料的弯曲力学性能，特别是块体材料的弯曲力学性能受到很大限制，阻碍了其在实际应用中的性能发展。

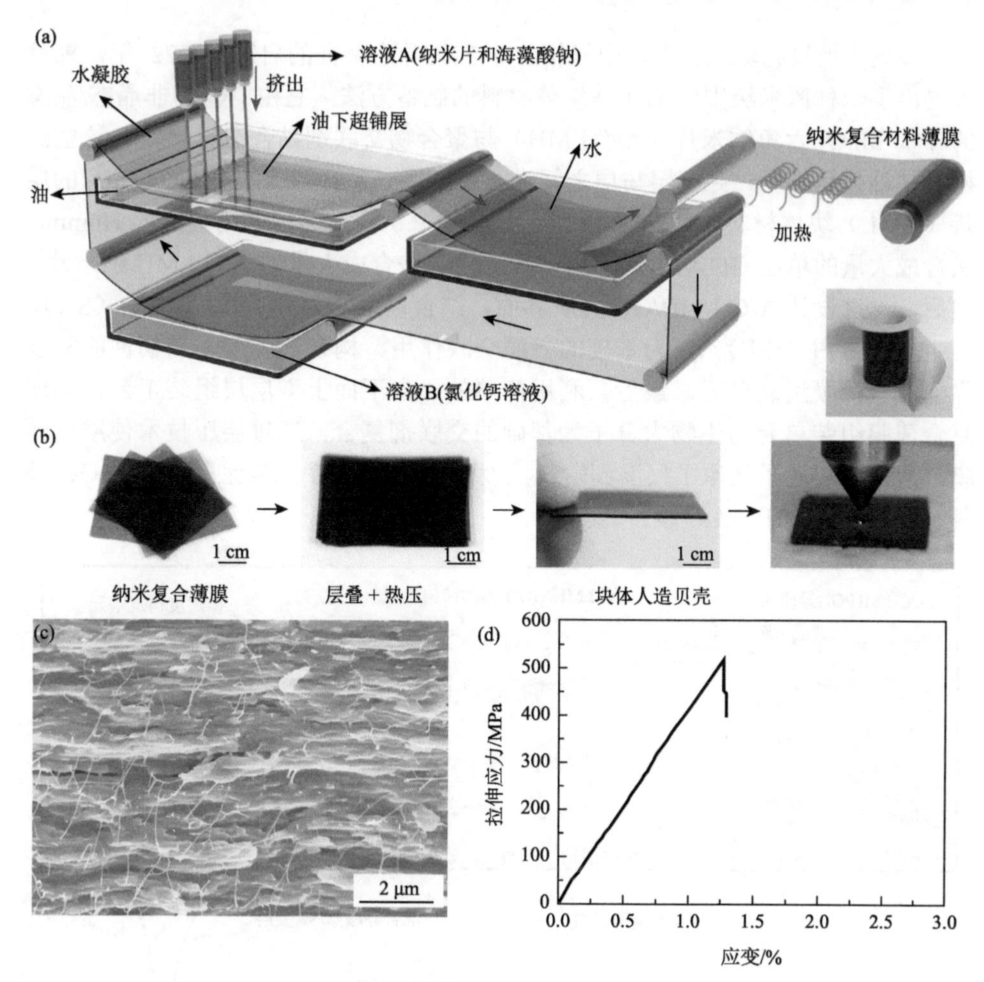

图 5-42　（a）连续制备大面积层状薄膜纳米复合材料的示意图；（b）层状薄膜纳米复合材料通过简单的层压工艺制造人造贝壳块体复合材料及 160N 冲击后人造贝壳的数码照片；（c）人造贝壳的断面 SEM 照片；（d）人造贝壳的拉伸应力-应变曲线[70]

一些生物矿化硬质组织（如贝壳、牙釉质、骨骼等），具有高强度、高模量、高硬度、高韧性等力学性能特征。就生物体而言，能够有效实现其抵抗捕食者的攻击，支撑躯体以及咀嚼食物等功能化特性。软体动物的外壳，俗称贝壳，是其中一种典型代表，由高度有序文石片层与嵌入的少量生物蛋白质组装而成，具有微纳米“砖-泥”结构特征。前期研究发现，在这些硬质生物矿物组织之间存在连续的非晶/结晶非均相结构，该结构可以有效提升生物的无机相和有机相之间的黏附和相互作用，这也是矿物组织材料具有优异力学性能的关键之一。然而，由于缺乏有效构筑非晶/晶体异质相的方法，该设计理念应用在仿生复合材料的制备中还不多见。受贝壳珍珠状小片中异相的非晶态/晶态特征的启发，2022 年，郭林等提出了一种厘米级别的 GO 基块体材料的制备方法，它由 GO 和非晶态/晶态的叶状 MnO_2 六角纳米片（A/C-LMH）与聚合物交联剂黏合在一起[71]。这些结构块被堆叠和热压，并在层与层之间进一步交联，最终形成基于 GO/MnO_2 的层状（GML）块体材料。如图 5-43 所示，具体来讲，首先，利用改进的 Hummer 法合成大量的单层 GO 纳米片，用一步湿化学法合成大量的 A/C-LMH 纳米片。然后，通过设计 A/C-LMH/GO 异质界面，结合以生物大分子[海藻酸钠（SA）、再生丝素蛋白（rSF）等]为基础的界面交联作用，构筑高强度、高韧性的复杂界面复合薄膜组装单元。最后，利用简单的“自下而上”层层组装工艺，实现复合薄膜组装单元与生物大分子为基础的交联剂复合，通过层压技术使层状薄膜致密化，实现了从原子尺度到宏观尺度下具有仿贝壳“砖-泥”结构的 GO 基复合板材 GML 的可控组装。

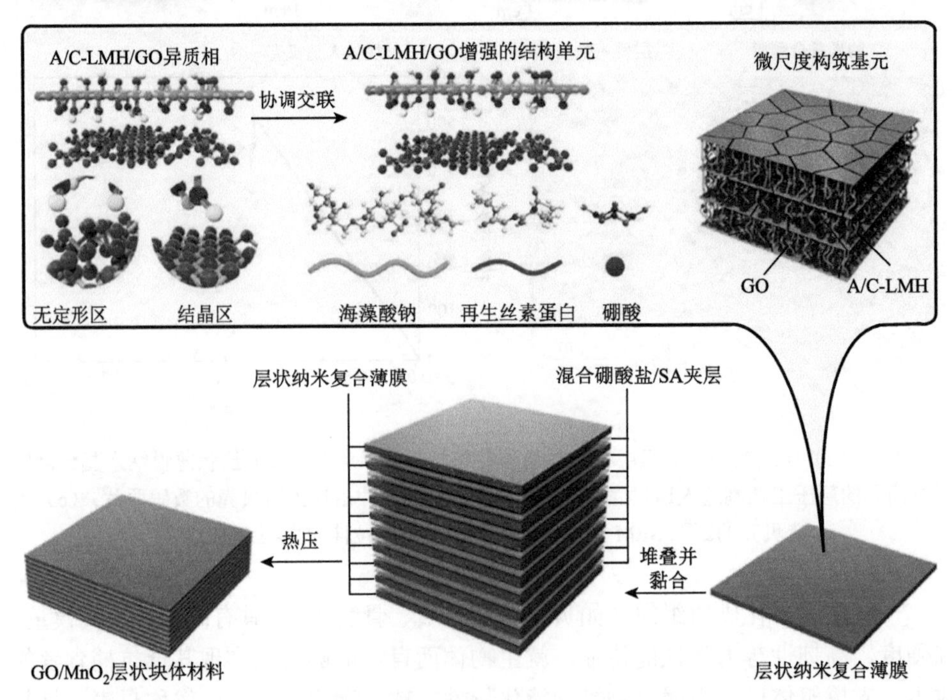

图 5-43 具有非晶/结晶异相片和多尺度交联界面的 GML 块体复合材料的设计和组装示意图[71]

所构筑的 GML 的实物照片及微观结构如图 5-44（a）所示，断裂面与天然贝壳珍珠层惊人地相似[图 5-44（b）]，致密的层状体结构通过桥接结构相互连接。多级次的仿生层状结构赋予了 GML 复合材料优异的力学性能，如图 5-44（c）和（d）所示，与纯的 GO、SA 以及无交联浸泡复合板材力学性能相比，这种 GML 块体复合材料具备更高的弯曲强度[（218.4±11.2）MPa]和优异的断裂韧性[K_{JC}，（5.4±0.4）MPa·$m^{1/2}$]，其强度几乎是纯 GO 的 12.5 倍，韧性是纯 GO 的约 40 倍，耐冲击能力是纯 GO 样品的 4 倍以上；同时，该 GML 块体复合材料具有低的密度（约 1.85 g/cm^3），为迄今报道的厘米尺度下 GO 基复合块体复合材料中力学性能最优的之一。

这项研究工作揭示了非晶 MnO_2 与 GO 纳米片之间存在更强的相互作用力，以 A/C-LMH/GO 为基础的纳米“砖-泥”结构与微米复合薄膜片层“软-硬”堆叠结构高度有序结合，是实现 GML 复合板材优异力学性能的关键。该研究工作为先进的柔性二维纳米材料从纳米尺度到宏观尺度的可控组装以及具备优异的力学性能和多功能化宏观器件的制备，提供了理论借鉴。

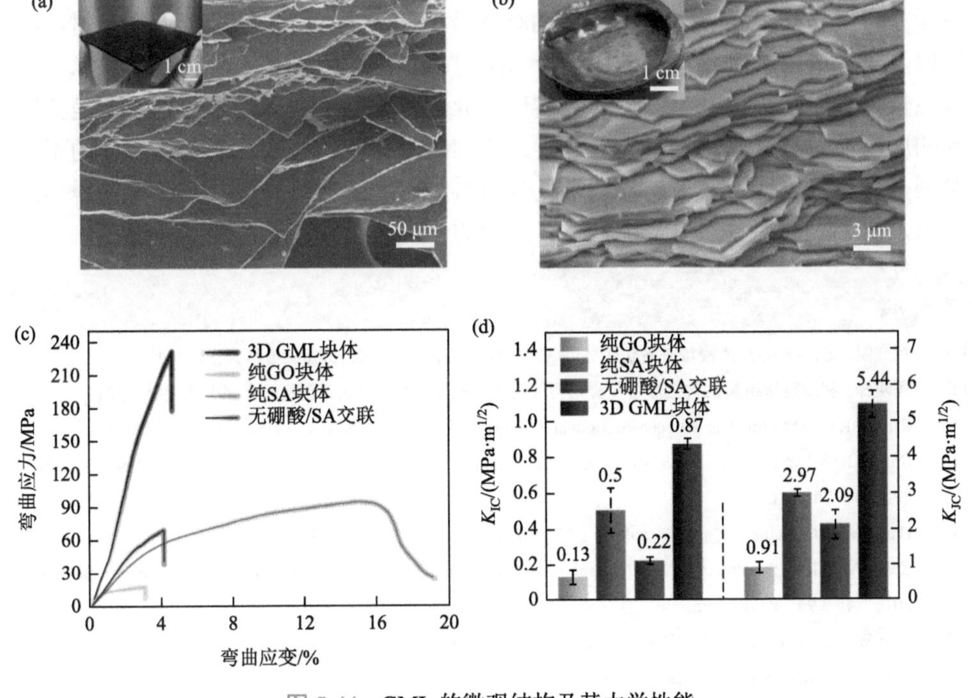

图 5-44　GML 的微观结构及其力学性能

（a，b）GML 块体复合材料与天然贝壳的实物图及 SEM 照片；（c，d）GML 块体复合材料的弯曲强度及断裂韧性[71]

5.4　总结

通过学习自然，受贝壳珍珠层的微观多级次结构和丰富界面作用的启发，研究人员采用包括双向冷冻铸造技术、3D 打印技术及多技术联用的策略研究开发了一系列具有优异力学性能仿贝壳层状块体纳米复合材料。然而，仍然存在一些关键的科学问题亟需解决。首先，仿贝壳块体层状纳米复合材料的大面积制备一直是制约其实际应用的瓶颈，材料都被局限在较小的尺寸范围内，且耗时费力，所以如何突破材料尺寸的限制，并缩短制备时间，是目前需要解决的一个问题。其次，纳米构筑基元如石墨烯和 MXene 的成本高、基元材料获取过程复杂，这些因素也严重影响层状块体复合材料的发展。最后，纳米构筑基元材料的组装能否再实现更为精确的调控，并兼顾宏观的成型和微观的结构，实现多尺度上的组装控制，这对于设计材料性能更为优异、功能特性更加可控的层状块体纳米复合材料尤为重要。

目前仿鲍鱼壳珍珠层状块体纳米复合材料的发展趋势主要有以下三个方面：①大尺寸、高效率的纳米复合材料组装制备技术的开发；②品质高、稳定性良好基元材料（如石墨烯、MXene 等）的制备技术的开发；③设计多尺度纳米材料组装以及宏观成型的制备策略，如结合 3D 打印、冰模板技术、外场取向技术等。虽然仿贝壳层状块体纳米复合材料实现工业化应用仍存在着诸多问题，但是其广阔的应用前景激励着研究者不断探索，相信随着研究的不断深入和仿生学的不断发展，仿贝壳层状块体多功能纳米复合材料的研究将日臻完善，并终将获得实际应用，走进人们的普通日常中，改善人们的生产生活。

参考文献

[1] 杨立凯. 定向冷冻-压力浸渗制备仿生 Al/B_4C 与 Al/Al_2O_3 复合材料. 长春：吉林大学，2021.

[2] 潘晓锋. 利用喷涂组装的仿生层层复合结构的设计，构建与性能研究. 合肥：合肥工业大学，2017.

[3] Ritchie R O. The conflicts between strength and toughness. Nature Materials，2011，10（11）：817-822.

[4] Sun J，Bhushan B. Hierarchical structure and mechanical properties of nacre：a review. RSC Advances，2012，2（20）：7617-7632.

[5] Barthelat F. Growing a synthetic mollusk shell. Science，2016，354：32-33.

[6] Zhang Y，Gong S，Zhang Q，et al. Graphene-based artificial nacre nanocomposites.Chemical Society Reviews，2016，45（9）：2378-2395.

[7] Tian W，Vahidmohammadi A，Wang Z，et al. Layer-by-layer self-assembly of pillared two-dimensional multilayers. Nature Communications，2019，10（1）：2558.

[8] Deville S，Saiz E，Nalla R K，et al. Freezing as a path to build-complex composites. Science，2006，311：515-518.

[9] Zhong J，Sun W，Wei Q，et al. Efficient and scalable synthesis of highly aligned and compact two-dimensional nanosheet films with record performances. Nature Communications，2018，9（1）：3484.

[10] Zhang J，Kong N，Uzun S，et al. Scalable manufacturing of free-standing，strong $Ti_3C_2T_x$ MXene films with outstanding conductivity. Advanced Materials，2020，32（23）：2001093.

[11] Wu H，Zhang C，Fan G，et al. Origin of reduced anisotropic deformation in hexagonal close packed Ti-Al alloy. Materials & Design，2016，111：119-125.

[12] Huang M，Xu C，Fan G，et al. Role of layered structure in ductility improvement of layered Ti-Al metal composite. Acta Materialia，2018，153：235-249.

[13] Clegg W J，Kendall K，Alford N M，et al. A simple way to make tough ceramics. Nature，1990，347（6292）：455-457.

[14] 黄康明. Al_2O_3 陶瓷基层状复合材料的制备和性能研究. 广州：华南理工大学，2010.

[15] 关春龙. 叠层状复合材料的研究进展. 材料导报，2004，18：49-55.

[16] Shao G，Hanaor D A H，Shen X，et al. Freeze casting：From low-dimensional building blocks to aligned porous structures—A review of novel materials，methods，and applications. Advanced Materials，2020，32（17）：1907176.

[17] Sylvain D，Eduardo S，Ravi K，et al. Freezing as a path to build-complex composites. Science，2006，311：515-518.

[18] Velasco-Hogan A，Xu J，Meyers M A. Additive manufacturing as a method to design and optimize bioinspired structures. Advanced Materials，2018，30（52）：1800940.

[19] Orangi J，Hamade F，Davis V A，et al. 3D printing of additive-free 2D $Ti_3C_2T_x$（MXene）ink for fabrication of micro-supercapacitors with ultra-high energy densities. ACS Nano，2020，14（1）：640-650.

[20] Liu J，Mckeon L，Garcia J，et al. Additive manufacturing of Ti_3C_2-MXene-functionalized conductive polymer hydrogels for electromagnetic-interference shielding. Advanced Materials，2022，34（5）：2106253.

[21] Chen S M，Gao H L，Sun X H，et al. Superior biomimetic nacreous bulk nanocomposites by a multiscale soft-rigid dual-network interfacial design strategy. Matter，2019，1（2）：412-427.

[22] Magrini T，Bouville F，Lauria A，et al. Transparent and tough bulk composites inspired by nacre. Nature Communications，2019，10（1）：2794.

[23] Guan Q F，Yang H B，Han Z M，et al. An all-natural bioinspired structural material for plastic replacement. Nature Communications，2020，11：5401.

[24] Deville S，Tomsia A P，Meille S. Complex composites built through freezing. Accounts of Chemical Research，2022，55（11）：1492-1502.

[25] Yang J，Yang W，Chen W，et al. An elegant coupling：Freeze-casting and versatile polymer composites. Progress in Polymer Science，2020，109：101289.

[26] Wang J，Cheng Q，Lin L，et al. Synergistic toughening of bioinspired poly（vinyl alcohol）-clay-nanofibrillar cellulose artificial nacre. ACS Nano，2014，8（3）：2739-2745.

[27] Li S K，Mao L B，Gao H L，et al. Bio-inspired clay nanosheets/polymer matrix/mineral nanofibers ternary composite films with optimal balance of strength and toughness. Science China Materials，2017，60（10）：909-917.

[28] Cai Q，Scullion D，Gan W，et al. High thermal conductivity of high-quality monolayerboron nitride and its thermal expansion. Science Advances，2019，5：eaav0129.

[29] Erb R M，Libanori R，Rothfuchs N，et al. Composites reinforced in three dimensions by using low magnetic field. Science，2012：199-204.

[30] Bai H，Walsh F，Gludovatz B，et al. Bioinspired hydroxyapatite/poly（methyl methacrylate）composite with a nacre-mimetic architecture by a bidirectional freezing method. Advanced Materials，2016，28（1）：50-56.

[31] Zhu Q L，Dai C F，Wagner D，et al. Distributed electric field induces orientations of nanosheets to prepare hydrogels with elaborate ordered structures and programmed deformations. Advanced Materials，2020，32（47）：2005567.

[32] He H，Peng W，Liu J，et al. Microstructured BN composites with internally designed high thermal conductivity paths for 3D electronic packaging. Advanced Materials，2022，34（38）：2205120.

[33] Munch E，Launey M E，Alsem D H，et al. Tough，bio-inspired hybrid materials. Science，2008，322：1516-1520.

[34] Bouville F，Maire E，Meille S，et al. Strong，tough and stiff bioinspired ceramics from brittle constituents. Nature Materials，2014，13（5）：508-514.

[35] Zhao H，Yue Y，Guo L，et al. Cloning nacre's 3D interlocking skeleton in engineering composites to achieve exceptional mechanical properties. Advanced Materials，2016，28（25）：5099-5105.

[36] Du G，Mao A，Yu J，et al. Nacre-mimetic composite with intrinsic self-healing and shape-programming capability. Nature Communications，2019，10（1）：1-8.

[37] Zhao N，Li M，Gong H，et al. Controlling ice formation on gradient wettability surface for high-performance bioinspired materials. Science Advances，2020，6（31）：eabb4712.

[38] Lai J C，Mei J F，Jia X Y，et al. A stiff and healable polymer based on dynamic-covalent boroxine bonds. Advanced Materials，2016，28（37）：8277-8282.

[39] Hong Y，Lam J W Y，Tang B Z. Aggregation-induced emission. Chemical Society Reviews，2011，40：5361-5388.

[40] Peng J，Tomsia A P，Jiang L，et al. Stiff and tough PDMS-MMT layered nanocomposites visualized by AIE luminogens. Nature Communications，2021，12（1）：4539.

[41] Goertz M P，Zhu X Y，Houston J E. Temperature dependent relaxation of a "solid-liquid". Journal of Polymer Science Part B：Polymer Physics，2009，47（13）：1285-1290.

[42] D'Elia E，Barg S，Ni N，et al. Self-healing graphene-based composites with sensing capabilities. Advanced Materials，2015，27（32）：4788-4794.

[43] Picot O T，Rocha V G，Ferraro C，et al. Using graphene networks to build bioinspired self-monitoring ceramics. Nature Communications，2017，8：14425.

[44] Kumar A，Sharma K，Dixit A R. A review of the mechanical and thermal properties of graphene and its hybrid polymer nanocomposites for structural applications. Journal of Materials Science，2018，54（8）：5992-6026.

[45] Domun N，Hadavinia H，Zhang T，et al. Improving the fracture toughness and the strength of epoxy using nanomaterials—A review of the current status. Nanoscale，2015，7（23）：10294-10329.

[46] Wegst U G，Bai H，Saiz E，et al. Bioinspired structural materials. Nature Materials，2015，14（1）：23-36.

[47] Chandrasekaran S，Sato N，Tölle F，et al. Fracture toughness and failure mechanism of graphene based epoxy composites. Composites Science and Technology，2014，97：90-99.

[48] Peng J，Huang C，Cao C，et al. Inverse nacre-like epoxy-graphene layered nanocomposites with integration of high toughness and self-monitoring. Matter，2019，2（1）：220-232.

[49] Huang C，Peng J，Wan S，et al. Ultra-tough inverse artificial nacre based on epoxy-graphene by freeze-casting. Angewandte Chemie International Edition，2019，58（23）：7636-7640.

[50] Liu P，Li X，Min P，et al. 3D lamellar-structured graphene aerogels for thermal interface composites with high through-plane thermal conductivity and fracture toughness. Nano-Micro Letters，2020，13（1）：13：22.

[51] Zavabeti A，Jannat A，Zhong L，et al. Two-dimensional materials in large-areas：Synthesis，properties and applications. Nano-Micro Letters，2020，12：66.

[52] Naguib M，Mochalin V N，Barsoum M W，et al. 25th anniversary article：MXenes：A new family of two-dimensional materials. Advanced Materials，2014，26（7）：992-1005.

[53] Pang J，Mendes R G，Bachmatiuk A，et al. Applications of 2D MXenes in energy conversion and storage systems. Chemical Society Reviews，2019，48（1）：72-133.

[54] Wang L，Qiu H，Song P，et al. 3D $Ti_3C_2T_x$ MXene/C hybrid foam/epoxy nanocomposites with superior electromagnetic interference shielding performances and robust mechanical properties. Composites Part A：Applied Science and Manufacturing，2019，123：293-300.

[55] Ji C，Wang Y，Ye Z，et al. Ice-templated MXene/Ag-epoxy nanocomposites as high-performance thermal management materials. ACS Applied Materials & Interfaces，2020，12（21）：24298-24307.

[56] Feilden E，Ferraro C，Zhang Q，et al. 3D printing bioinspired ceramic composites. Scientific Reports，2017，7（1）：13759.

[57] Yang Y，Wang Z，He Q，et al. 3D printing of nacre-inspired structures with exceptional mechanical and flame-retardant properties. Research，2022，2022：9840574.

[58] Caminero M A，Chacon J M，Garcia-Plaza E，et al. Additive manufacturing of PLA-based composites using fused filament fabrication：efect of graphene nanoplatelet reinforcement on mechanical properties，dimensional accuracy and texture. Polymers，2019，11（5）：799.

[59] Yang Y，Li X，Chu M，et al. Electrically assisted 3D printing of nacre-inspired structures with self-sensing capability. Science Advances，2019，5：eaau9490.

[60] Erb R M，Libanori R，Rothfuchs N，et al. Composites reinforced in three dimensions by using low magnetic fields. Science，2012，335：199-204.

[61] Martin J J，Fiore B E，Erb R M. Designing bioinspired composite reinforcement architectures via 3D magnetic printing. Nature Communications，2015，6：8641.

[62] Ferrand H L，Bouville F，Niebel T P，et al. Magnetically assisted slip casting of bioinspired heterogeneous composites. Nature Materials，2015，14（11）：1172-1179.

[63] Grossman M，Bouville F，Erni F，et al. Mineral nano-interconnectivity stiffens and toughens nacre-like composite materials. Advanced Materials，2017，29（8）：1605039.

[64] Morits M，Verho T，Sorvari J，et al. Toughness and fracture properties in nacre-mimetic clay/polymer nanocomposites. Advanced Functional Materials，2017，27（10）：1605378.

[65] Liu M，Ishida Y，Ebina Y，et al. An anisotropic hydrogel with electrostatic repulsion between cofacially aligned nanosheets. Nature，2015，517（7532）：68-72.

[66] Mao L B，Gao H L，Yao H B，et al. Synthetic nacre by predesigned matrix-directed mineralization. Science，2016，354（6308）：107-110.

[67] Gao H L，Chen S M，Mao L B，et al. Mass production of bulk artificial nacre with excellent mechanical properties. Nature Communications，2017，8（1）：287.

[68] Pan X F，Gao H L，Wu K J，et al. Nacreous aramid-mica bulk materials with excellent mechanical properties and environmental stability. iScience，2021，24（1）：101971.

[69] Sun C，Huang Y，Shen Q，et al. Embedding two-dimensional graphene array in ceramic matrix. Science Advances，2020，6：eabb1338.

[70] Zhao C，Zhang P，Zhou J，et al. Layered nanocomposites by shear-flow-induced alignment of nanosheets. Nature，2020，580（7802）：210-215.

[71] Chen K，Tang X，Jia B，et al. Graphene oxide bulk material reinforced by heterophase platelets with multiscale interface crosslinking. Nature Materials，2022，21（10）：1121-1129.

第6章 仿生层状二维纳米复合材料的应用

仿生层状二维纳米复合材料不仅具有优异的力学性能（拉伸强度、杨氏模量、韧性等），同时具有良好的导电和导热性能，应用前景十分广泛。诸多文献报道，石墨烯层状纳米复合材料已经应用到多个领域，包括导热、防火、电磁屏蔽以及传感等功能领域。本章将着重介绍仿生层状二维纳米复合材料在相关领域中的一些典型应用。

6.1 功能复合领域

6.1.1 热管理领域

得益于科学技术的快速发展，现代电子设备如手机、平板以及笔记本电脑等不断地向微型化、集成化和高频化发展[1, 2]。与此同时，其功能越来越强大，性能表现呈现指数化提升。然而，其在运行过程中产生的热聚积问题越来越严重。现有研究调查表明，一半以上的电子设备故障基本上是由热相关问题引起的，热量的累积会导致电子设备的寿命减少乃至损坏[3]。因此，要想保持电子设备长期稳定运行，制备能够高效散热的热管理材料变得至关重要[4, 5]。此外，以导热性能为导向，对热管理材料进行结构设计，从而使其能够满足不同电子设备的散热要求，是目前国际电子电气研究领域的重点研究方向。

热量通常以辐射、对流或传导的形式传递[6]。一般而言，固体材料的主要传热方式是导热。微观粒子的相互碰撞和传递引起了宏观上的热量传递。此外，物体材料不同，其导热载体和导热性能也不同，根据物体材料可分为三种导热载体，分别为电子、声子和光子[2]。无机非金属和绝大部分高分子材料及其复合材料主要依靠晶格的振动来传热。其中，声子是一个假设的概念，晶格振动是导热载流子的传播和运动。材料导热性能的量化体现为导热系数λ，其公式为

$$\lambda = \alpha C_{\mathrm{p}} \rho \tag{6-1}$$

式中，α为材料的热扩散系数；ρ为材料的密度；C_p为材料的比热容。影响导热系数性能的因素有很多，主要原因是声子在传播中发生了散射，引起声子散射的原因主要有不同材料之间的界面散射、材料中的缺陷散射等。因此，如何避免产生上述声子散射是制备高导热性能材料的重大挑战。

石墨烯是一种单原子层厚度的二维材料，具有超高的导热性能，其导热系数高达 5300 W/(m·K)，是金属铜的 10 倍以上，并且高于金刚石和石墨，是目前已发现的材料中导热系数最高的材料[7, 8]。石墨烯优异的导热性能赋予其广阔的应用前景，引起研究人员强烈的研究兴趣。近年来，柔性自支撑高导热石墨烯薄膜材料开始出现在大众的视线中[9]。石墨烯薄膜材料可作为电子设备中的散热器，将热源产生的热量均匀分散。传统方法制备的人工石墨导热薄膜是由聚酰亚胺薄膜经过石墨化工艺制备得到的，其面内导热系数可达 700～1950 W/(m·K)，厚度范围为 10～100 μm。然而此方法存在以下弊端：首先，由于人工石墨导热薄膜的制备成本相对较高，且难以规模化制备符合要求的聚酰亚胺薄膜，因此迫切需要高导热石墨烯薄膜作为替代；其次，由于现代电子产品对导热性能的要求越来越高，现有的导热材料不仅要有优良的导热性能，还要有以下特点，如需要厚度能够调控，以提高面内方向的导热通量。而高导热石墨烯薄膜的厚度可控，可以制备成较厚的薄膜，在现代电子设备热管理材料中具有巨大的应用潜力。

常见制备高导热石墨烯薄膜的策略通常为还原氧化石墨烯（rGO）构筑的石墨烯薄膜。首先通过化学改性（Hummers 法）得到氧化石墨烯（GO），然后通过真空辅助抽滤、喷涂、旋涂以及蒸发自组装等方法制备一定尺寸的 GO 薄膜，随后将 GO 薄膜进行还原处理，还原方法通常为热还原和化学还原法[10-12]。因此，从上述高导热石墨烯薄膜的制备方法中可以看出，影响高导热石墨烯薄膜最重要的两个因素是：GO 纳米片组装成薄膜的过程以及还原工艺。下面将介绍典型高导热石墨烯薄膜的制备方法及性能。

Lin 等[13]采用蒸发自组装法，利用三种不同尺寸的 GO 纳米片分别制备了不同尺寸的 GO 薄膜，随后 GO 薄膜经高温还原及热压工艺后，测试导热性能。大尺寸 GO 薄膜的导热系数为 803.1 W/(m·K)（GO 片径尺寸为 40～50 μm），中等尺寸 GO 薄膜的导热系数为 722.9 W/(m·K)（GO 片径尺寸为 20～30 μm），小尺寸 GO 薄膜的导热系数为 628.9 W/(m·K)（GO 片径尺寸为 5～8 μm）。结果表明，GO 纳米片尺寸增加会增大其导热系数，这是由于大尺寸石墨烯薄膜微观断面结构更加致密、有序，缺陷更少，从而减少了声子在石墨烯片间以及层间界面的散射，提高了声子传输效率。与此同时，Kumar 等[14]采用真空辅助抽滤法制备了不同尺寸的 GO 纳米片组装的 GO 薄膜，随后采用氢碘酸以及加热还原法制备了高导热石墨烯薄膜。当 GO 纳米片的平均尺寸为 23 μm^2 时，其薄膜导热系数能够达到

1390 W/(m·K)，远大于小尺寸 GO 薄膜。结果显示，使用大尺寸、低缺陷的石墨烯纳米片，石墨烯薄膜导热性能大幅度提升。此外，Peng 等[15]使平均尺寸 108 μm 的大尺寸 GO 纳米片，通过刮涂法制备了 GO 薄膜，然后在 3000℃下进行热处理，获得导热系数高达 1940 W/(m·K)的 rGO 薄膜［图 6-1（c）］。GO 分散液被刮成薄膜，高温热处理会在高温下分解薄膜中 GO 的含氧基团，释放出气体。同时，温度升高会逐渐修复石墨烯的缺陷结构，释放出的气体会留在石墨烯薄膜内部，膨胀形成微气囊。最后，通过机械辊压形成石墨烯薄膜，微气囊中的气体在外部压力的作用下排出，形成微褶皱［图 6-1（a）］。其扫描电镜（SEM）照片如图 6-1（b）所示，石墨烯片堆积紧密，排列有序。此外，通过红外热成像可以直观观察出本研究中的高导热石墨烯薄膜传热速度要优于金属铜和商用聚酰亚胺碳化（GPI）膜［图 6-1（d）］。

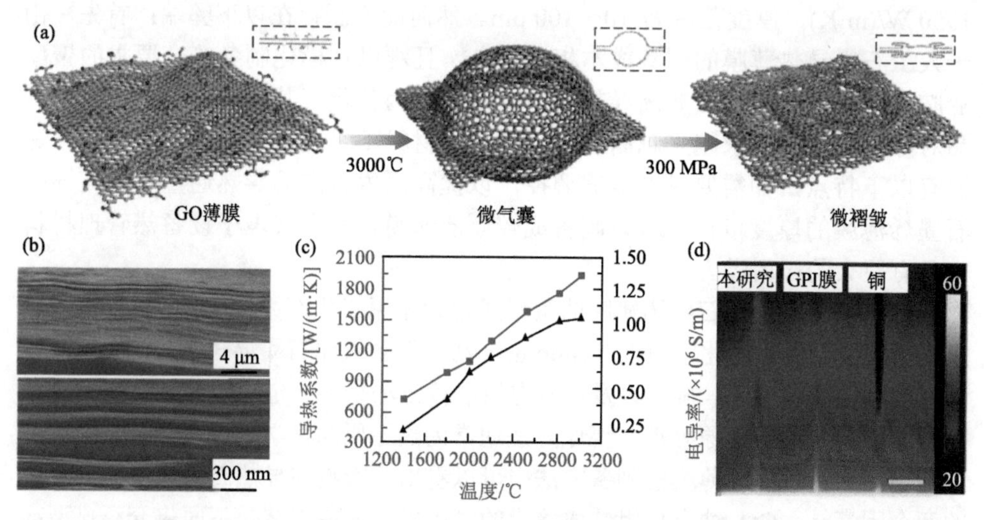

图 6-1 （a）高导热石墨烯薄膜制备过程；（b）石墨烯薄膜断面 SEM 照片；（c）面内导热系数和电导率随退火温度的关系；（d）高导热石墨烯薄膜与聚酰亚胺碳化膜和铜的导热性能比较

此外，Akbari 等[16]将小尺寸 rGO 加入到 GO 中，在 3000℃热还原后石墨烯薄膜材料会有着较少的膨胀量和较高的密度。随后机械压缩可以增加其密度，但会引入缺陷，再次经过 3000℃热处理可以得到高度取向的高质量石墨烯膜［图 6-2（a）］。石墨烯薄膜的密度为 2.1 g/cm^3，其断面聚焦离子束-扫描电镜（FIB-SEM）照片可以看出石墨烯薄膜的密度较高，几乎没有缺陷［图 6-2（b）］。该密实化石墨烯薄膜的面外导热系数为 5.65 W/(m·K)，面内导热系数为 2025 W/(m·K)［图 6-2（c）］。

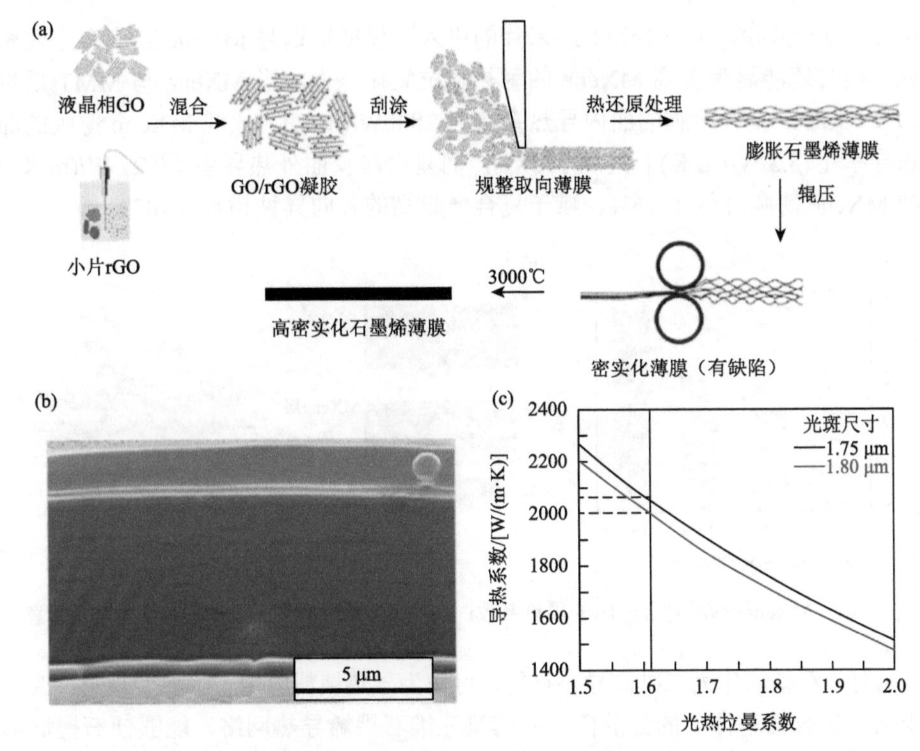

图 6-2　（a）高导热密实化石墨烯薄膜制备过程；（b）石墨烯薄膜断面 FIB-SEM 照片；（c）高导热密实化石墨烯薄膜的导热系数

除石墨烯具有优异的导热性能之外，过渡金属碳/氮化物（MXene）作为一种新型二维纳米材料，同样具有良好的导热性能[17-19]。2016 年初，据理论预测，Sc_2CT_2（T = F, OH）MXene 的导热系数可达 472 W/(m·K)，明显高于大部分非金属和大多数金属材料[20]。此外，采用拉曼光谱法计算出 $Ti_3C_2T_x$ MXene 的导热系数为 55.8 W/(m·K)[17]。总而言之，MXene 材料的整体整体导热系数低于石墨烯材料，但还是优于许多传统的导热材料，证明其在电子设备散热方面的潜在应用。此外，与石墨烯相比，MXene 表面具有可控的表面官能团（—OH、—O、—F），能够使 MXene 易与其他材料复合，增强界面相互作用。

例如，Jin 等[21]通过交替流延法制备了具有交替多层结构的聚乙烯醇（PVA）/MXene 复合薄膜，在 MXene 总含量为 19.5 wt%时，PVA/MXene 复合薄膜的热导系数达到 4.57 W/(m·K)［图 6-3（a）］，比纯 PVA 基体提高了 23 倍，且存在交替层状结构的 MXene［图 6-3（b）］，赋予了 PVA 基体优异的阻燃抗熔滴性能。研究结果为构筑兼具高导电和高导热性能的聚合物基复合材料提供了新的思路，同时也为基于 MXene 构筑导热/散热材料提供了理论与实践指导。此外，Li 等[3]采用真空辅助抽滤法制备了一种防火、电磁屏蔽、各向异性高导热的 MXene/蒙脱土

（MMT）复合薄膜。少量MMT纳米片的引入不仅能够诱导MXene高度有序致密排列，同时还能显著提高MXene的耐热和抗氧化能力。当MXene与MMT质量比为9∶1时，复合薄膜的面内导热系数为28.8 W/(m·K)，比纯MXene薄膜的面内热导率［15.3 W/(m·K)］提高了88%，而复合薄膜面外热导率［0.27 W/(m·K)］比纯MXene薄膜降低了16%，赋予复合薄膜高的各向异性指数（107）。

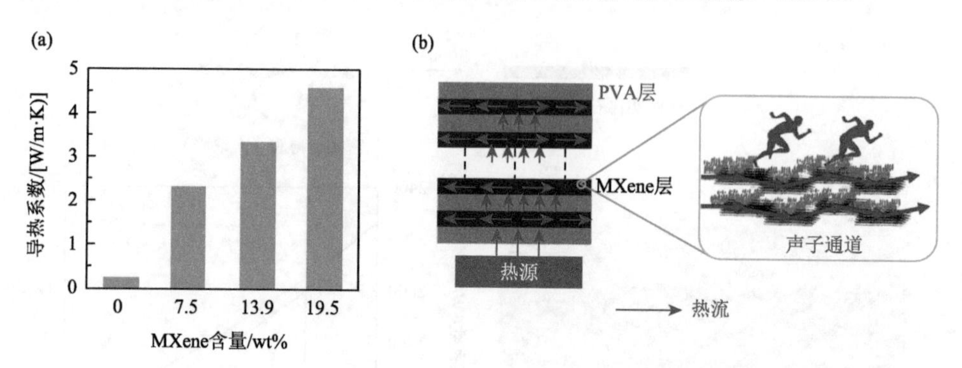

图6-3 （a）MXene/PVA复合薄膜的导热系数；（b）MXene/PVA复合薄膜的导热机理示意图

另外，石墨烯作为二维高导热材料，可作为导热填料应用于热界面材料。改善石墨烯在聚合物基体中的分散性，并构筑三维石墨烯导热网络，能够使石墨烯填充导热界面复合材料的导热性能比聚合物高出数倍，且添加量也比传统导热材料添加量低。中国科学院深圳先进技术研究院汪正平等[22]利用二维的石墨烯片构筑了垂直排列和互连的石墨烯网络，随后灌注环氧树脂获得石墨烯/环氧树脂复合材料，在0.92 vol%的超低石墨烯负载下该复合材料表现出高导热系数2.27 W/(m·K)，相比于纯环氧树脂基体，提高了1231%。该复合材料还具有超低的热膨胀系数（约37.4 ppm/K）和更高的玻璃化转变温度（135.4℃）［图6-4（a）～（c）］。此外，该研究团队[23]还利用一维的碳化硅纳米线（SiCNW）作为组装基元，构筑了垂直排列和互连的SiCNW网络，随后用环氧树脂渗透SiCNW网络获得复合材料，在相对较低的2.17 vol%的SiCNW负载下，该复合材料与纯环氧基体相比具有较高的平面导热系数［1.67 W/(m·K)］，相当于每1 vol%负载量显著提高406.6%。北京化工大学于中振等[24]受具有超高面内热导率的石墨烯薄膜的启发，以聚酰胺酸盐（PAAS）和GO为原料，通过组分与结构的双重调控，经双向冷冻、冷冻干燥、亚胺化、碳化以及石墨化处理，构筑了片层状各向异性结构的高品质石墨烯气凝胶，其孔壁可以被看作高导热石墨烯薄膜，具有优异热传导能力。通过与环氧树脂复合制得的石墨烯/环氧树脂复合材料表现出优异导热性能，在石墨烯含量仅为2.30 vol%时，复合材料的垂直方向导热系数就高达20.0 W/(m·K)。特殊的片层状结构也赋予了复合材料优异的断裂韧性，其是纯环氧树脂韧性的1.7倍。兼具高导热性能和断裂韧性的石墨烯/环氧树脂复合材料制备方法为研发高性能热界面复合材料提供了新思路。此外，MXene 同样可以用于热界面材料制备。例如，Ji 等[25]利用 MXene 构筑了沿平面方向排列的三维 MXene/Ag 气凝胶作为传热骨架，随后与环氧树脂复合制备三维 MXene 热界面材料，采用模拟计算发现 MXene/Ag 纳米复合材料的界面热阻远远小于 MXene 环氧纳米复合材料[图 6-4(d)和(e)]。此外，如图 6-4（f）所示，当 MXene/Ag 的含量为 15.1 vol%时，复合材料的导热系数能够达到 2.65 W/(m·K)。上海交通大学黄兴溢等[26]通过单向冷冻干燥和真空辅助浸渍方法成功制备了具有 3D 互连 MXene 的高柔性 PDMS 纳米复合材料，该材料具有高导热性［0.6 W/(m·K)］和导电性（5.5 S/m）。该复合材料还可以用作摩擦纳米发电材料中的负摩擦材料，并且器件表现出增强的输出电流。上述结果使 3D-MXene/PDMS 纳米复合材料在柔性纳米发电机和热管理方面具有广泛的应用。

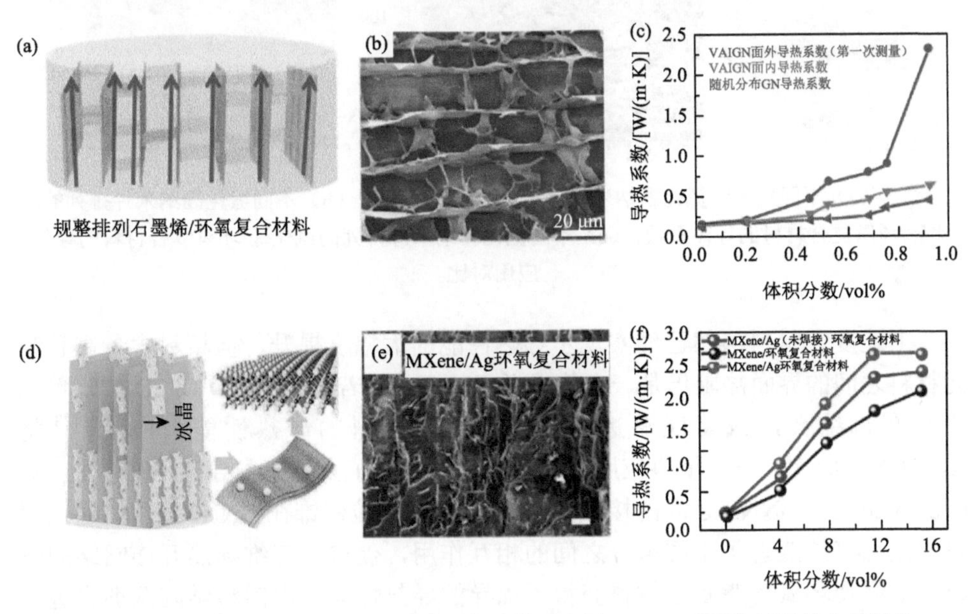

图 6-4　（a）规整排列石墨烯/环氧复合材料的结构示意图；（b）石墨烯/环氧复合材料的 SEM 照片；（c）石墨烯/环氧复合材料的导热性能；（d）冰模板法构筑 MXene/Ag 环氧复合材料示意图；（e）MXene/Ag 环氧复合材料的 SEM 照片；（f）MXene/Ag 环氧复合材料的导热性能

此外，浙江大学柏浩教授等[27]还利用氮化硼作为基元材料，利用冰模板法构筑了各向异性珍珠层状的氮化硼（BN）/环氧树脂复合材料［图 6-5（a）］。通过独特的双向冷冻技术得到了高导热 BNNS/环氧树脂复合材料，所制备的复合材料在 15 vol% BNNS 负载下表现出高导热系数［6.07 W/(m·K)］、出色的电阻率和热稳定性，其对电子封装应用具有吸引力［图 6-5（b）］。此外，通过红外热成像可以直观观察出通过定向冷冻技术得到的 BNNS/环氧复合材料具有优异的传热性能［图 6-5（c）］。

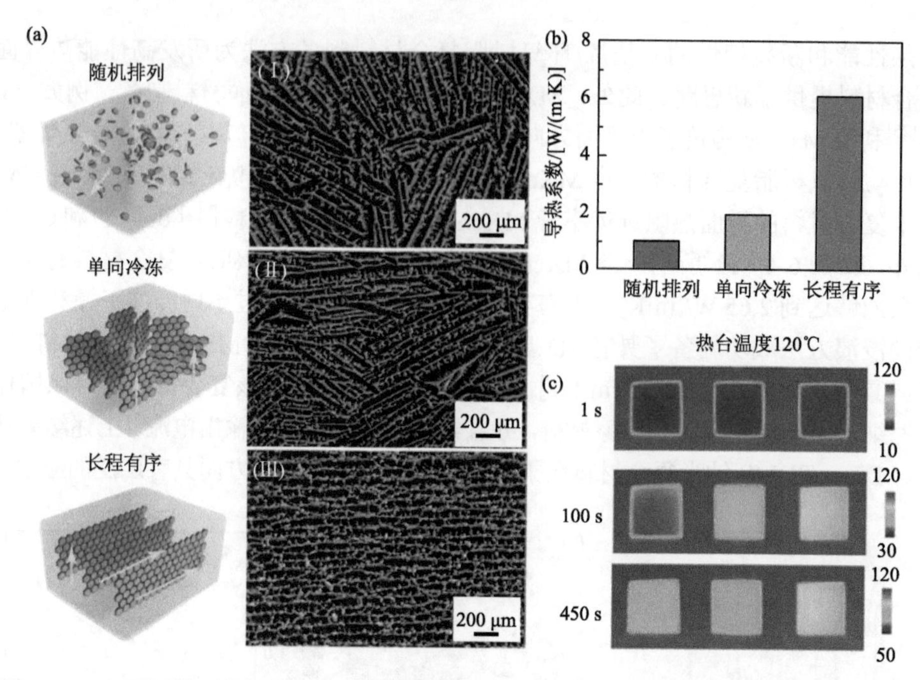

图 6-5 （a）不同排列的氮化硼纳米片示意图及 SEM 照片；（b）不同氮化硼纳米片排列的氮化硼/环氧复合材料的导热系数；（c）不同氮化硼纳米片排列的氮化硼/环氧复合材料的导热应用对比

上述复合材料虽然已经实现了导热性能的大幅度提升，但填料含量高且基元材料之间的界面热阻仍是一个值得考虑的问题。若将 0D、1D 或 2D 构筑单元进行有机结合，或将能够进一步提高复合材料的导热性能。Fu 等[28]将 Ag-BNNS/AgNW 三元填料应用于冰模板法，制备了大型三维导热网络；AgNW 的加入加大了 BNNS 之间的接触面积，Ag 纳米颗粒修饰在 BNNS 表面，通过填料的低温烧结改善了不同组分之间的相互作用，促进了三维导热互连网络的形成，最终使环氧树脂复合材料获得了优异的导热性能。中国科学院深圳先进技术研究院曾小亮等[29]通过同样的方法制备了三维-AgNW-BNNS 导热网络，制备的环氧树脂复合材料仅添加了 5.0 vol%的导热填料，表现出 1.10 W/(m·K)的高导热系数。东华大学武培怡等[30]借助纤维素纳米纤维（NFCs），采用冰模板法制备了长程连续三维-BNNS 结构。两亲性 NFCs 不仅能改善 BNNS 的分散性，还能作为“砂浆”将 BNNS 黏合在一起。三维 BNNS 热网络形成了声子传输通道，显著降低了界面热阻。所制备的环氧树脂复合材料在添加 4.4 vol%填料时的导热系数高达 1.56 W/(m·K)，而 BNNS/环氧树脂复合材料在添加 4.56 vol%填料时的导热系数仅为 0.32 W/(m·K)。此外，Wu 等[31]报道了一种导热性能优异的石墨烯纳米片（GNs）/石墨烯泡沫（GF）/天然橡胶（NR）复合材料，该复合材料中排列有序的石墨烯纳米片均匀填充在石墨烯泡沫的孔隙中，并且完美地减少了界面热阻［图 6-6（a）］。此外，与以往的报道不同的是，在低负载比例的石墨烯纳米片中观察到明显的热逾渗现象，当石墨烯纳米片的负载量为 6.2 vol%时，复合材料的导热系数有一个较大的提升，达到 10.64 W/(m·K)［图 6-6（c）］，说明石墨烯纳米片和三维的石墨烯泡沫之间存在显著的协同效应，显著提高了复合材料的导热性能。

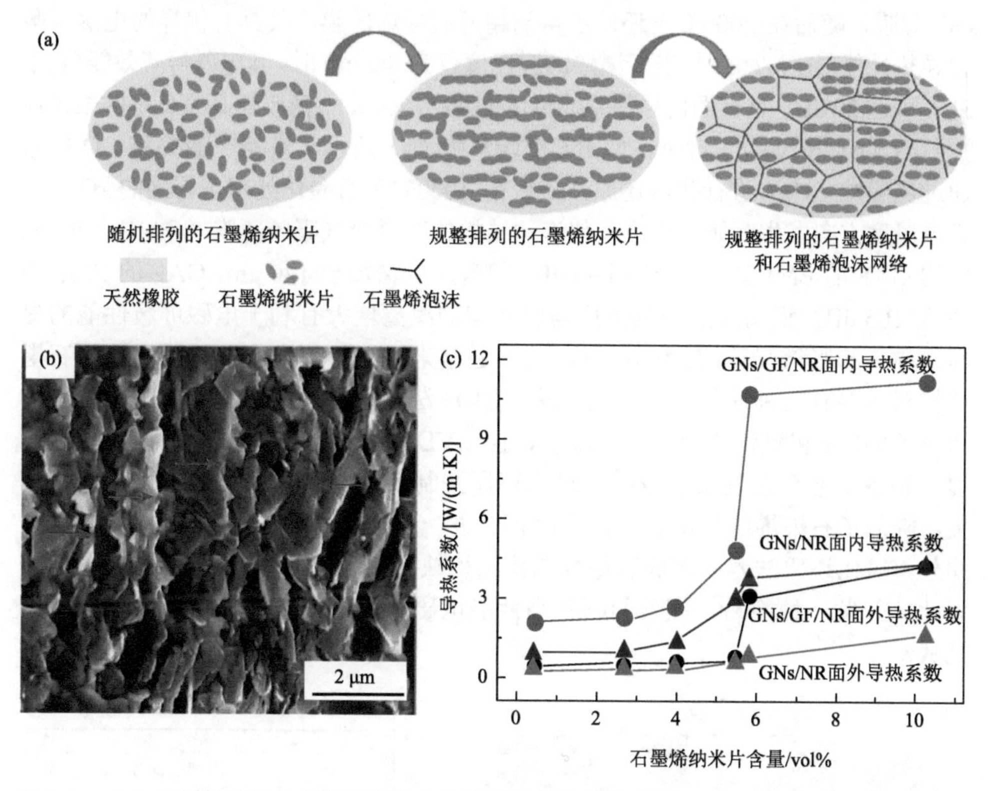

图 6-6 （a）石墨烯纳米片在天然橡胶中的排列分布示意图；（b）GNs/GF/NR 的 SEM 照片；（c）不同含量的石墨烯纳米片负载下的 GNs/GF/NR 的面内和面外导热系数

6.1.2 电磁屏蔽领域

随着通信电子设备的蓬勃发展，电磁辐射问题已经成为影响人类社会的一个十分严重的问题。电磁干扰（EMI）不仅会导致各种电子设备难以正常运行，还会污染环境并且对人类健康产生影响，导致严重的疾病，如脑瘤和白血病等[32]。国际癌症研究机构以流行病学研究为基础，将低频磁场归类为可能致癌的物质。因此，亟需有效的举措来控制或减轻日益严重的电磁污染。电磁屏蔽技术在控制和减少电磁污染方面发挥着重要作用，而高性能电磁屏蔽材料则是实现有效电磁屏蔽的关键因素。电磁屏蔽指的是利用屏蔽材料阻挡、隔绝或衰减特定区域与外界的电磁波传递，其主要原理是屏蔽材料对电磁波进行吸收或反射。

近年来，碳纳米材料石墨烯及其复合材料因其优异的导电性、柔韧性以及环保等特点在电磁屏蔽材料领域受到了极大的关注[33]。其中，石墨烯具有优异的导电性、长宽比和比表面积等特性，有望应用于电磁屏蔽材料。下面列举了石墨烯电磁波屏蔽材料的相关实例。例如，Shen 等[34]采用微加热蒸发自组装法制备了 GO 薄膜，随后在 2000℃下还原后得到超薄石墨烯薄膜，其具有优异的电磁屏蔽和导热性能[图 6-7(a)]。当石墨烯薄膜厚度仅为 8.4 μm 时，其电磁屏蔽效能（EMI SE）可达 20 dB，且其面内导热系数可达 1100 W/(m·K)，薄膜还具有良好的柔韧性[图 6-7（b）和（c）]。此外，如图 6-8（a）和（b）所示，Xi 等[35]首先将 GO 薄膜通过氢碘酸（HI）进行化学还原，随后在 3000℃下石墨化处理，得到的 rGO 薄膜沿厚度方向发生膨胀，形成类似泡沫结构的石墨烯气凝胶薄膜（GAF）。40 μm 厚的 GAF 的 EMI SE 可以达到 80 dB，随着厚度增加至 120 μm，GAF 的 EMI SE 高达 105 dB，证明多层结构中层与层之间的距离增大有利于电磁屏蔽性能的提高，称为膨胀增强效应[图 6-8（c）]。通常来讲，得到具有优异导电性的石墨烯材料主要有三种途径：外延生长法、CVD 法和氧化还原法。虽然石墨烯可以通过 CVD 法和氧化还原法大量制备，但 CVD 法由于制备后期的石墨烯转移过程，制备工艺复杂且成本较高；氧化还原法制备的单层石墨烯非常薄且容易聚集，降低了石墨烯的导电性和比表面积，进一步影响了其在电子设备中的应用。此外，氧化还原法容易造成石墨烯晶体结构缺陷，使其无法获得理想的导电性。因此，开发一种简易、高效的制备高性能电磁屏蔽材料方法仍然是一个巨大的挑战。

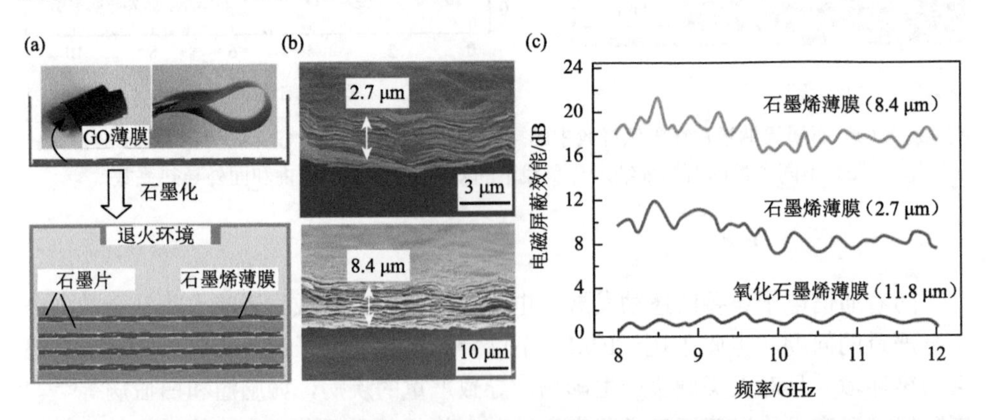

图 6-7 (a)石墨化氧化石墨烯薄膜的制备过程示意图；(b)石墨化氧化石墨烯薄膜的断面 SEM 照片；（c）8～12GHz 的石墨化氧化石墨烯薄膜的电磁屏蔽性能（EMI SE）

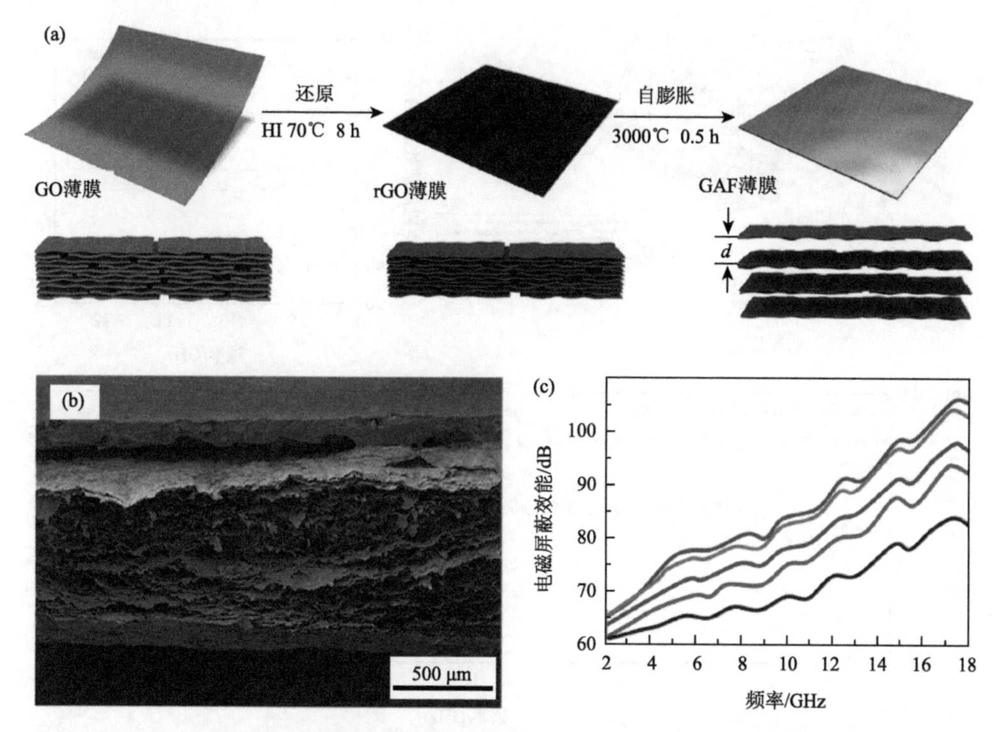

图 6-8　（a）石墨烯气凝胶薄膜的制备过程示意图；（b）石墨烯气凝胶薄膜的断面 SEM 照片；（c）2～18GHz 的石墨烯气凝胶薄膜的 EMI SE

中国科学院金属研究所任文才等[12]采用一种扫描离心铸造法制备了仿珍珠层的纯石墨烯（PG）及其复合薄膜［图 6-9（a)］。由于采用了离心力取向，原始石墨烯纳米片高度规整排列，导致 PG 膜具有高导电性和多重内反射，表现出与 MXene 薄膜相当的 EMI SE。当 PG 薄膜的厚度约为 100 μm 时，其 EMI SE 高达 93 dB［图 6-9（b)］。此外，PG 与聚合物复合时也能表现出优异的电磁屏蔽性能，对于厚度为 60 μm 的 PG/聚酰亚胺复合薄膜，其 EMI SE 仍可到达 63 dB。此外，这类薄膜具有优异的力学性能，相比于传统制备石墨烯纳米薄膜方法简单可靠，可批量生产，为 PG 纳米片在电磁屏蔽领域中的应用铺平了道路。此外，北京航空航天大学程群峰等[36]提出了外力牵引下有序界面交联的新型组装策略，揭示了界面交联“冻结”外力牵引诱导取向结构的科学原理，解决了石墨烯纳米片组装过程中的两个关键科学问题，制备了高强度高导电的石墨烯薄膜，其 EMI SE 为 39 dB（厚度为 2.8 μm）。这种新型构筑策略为其他二维纳米片的宏观组装提供了新的研究思路［图 6-9（c)］。

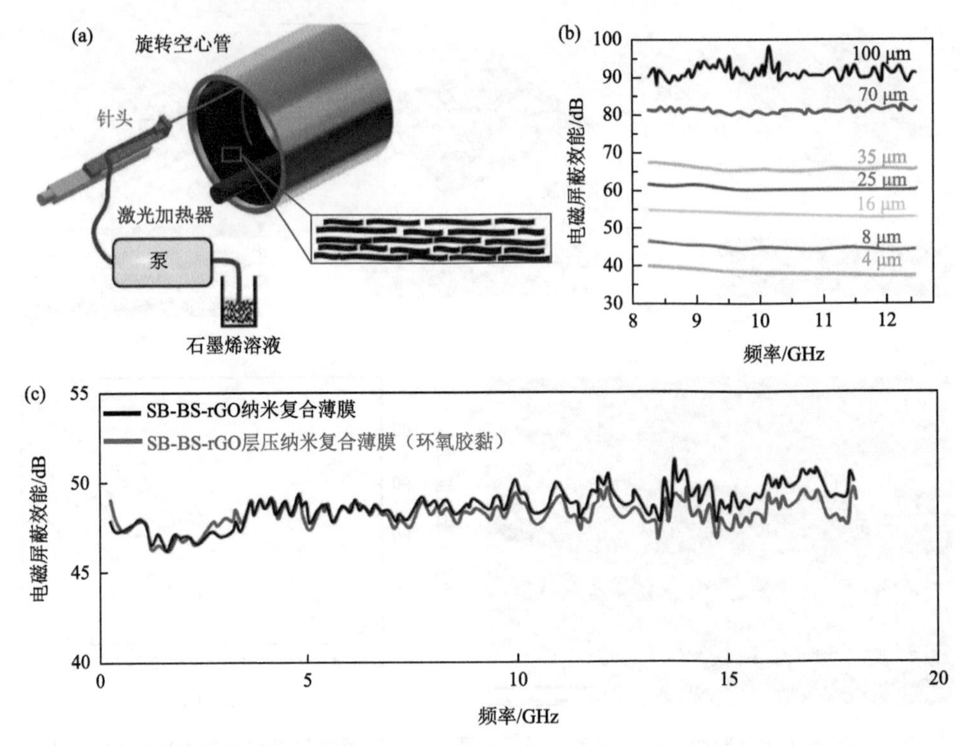

图 6-9 （a）扫描离心铸造法制备石墨烯薄膜的示意图；（b）不同厚度下 PG 薄膜的 EMI SE；（c）高强度高导电石墨烯纳米复合薄膜的 EMI SE

浙江大学高超教授等[37]采用双向冻结技术制备了具有超低渗滤阈值的长距离层状结构石墨烯网络［图 6-10（a）］。将 PDMS 渗入高度对齐 3D 石墨烯网络中，柔性石墨烯/PDMS 复合材料在极低的石墨烯含量下具有各向异性的导电性、机械性能和出色的 EMI 屏蔽效果，在 0.42 wt%的石墨烯/PDMS 复合材料中 EMI SE 约为 65 dB［图 6-10（b）］。通过结构控制，可以在长距离排列的复合材料中实现超低渗透阈值。而且特定的远程排列的层状结构有助于层间反射，当电磁波穿过复合材料时，更多的层状界面会导致更多的能量损失［图 6-10（c）］。通过构建更有效的仿珍珠质 3D 导电网络，研究提供了一种有效的方法来增强聚合物基复合材料的 EMI 屏蔽效果，使其在民用和军事上都具有经济和功能前景。

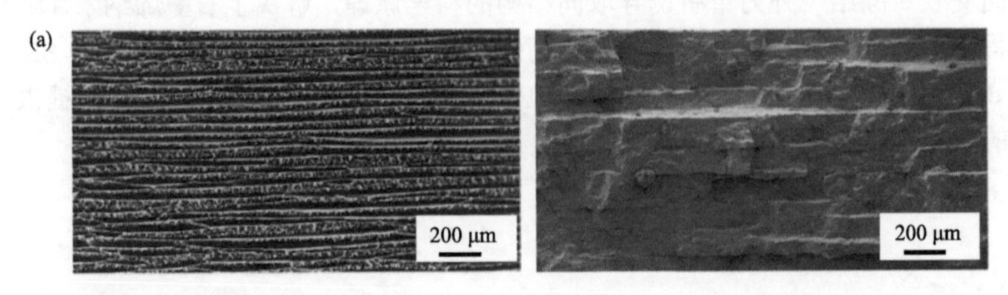

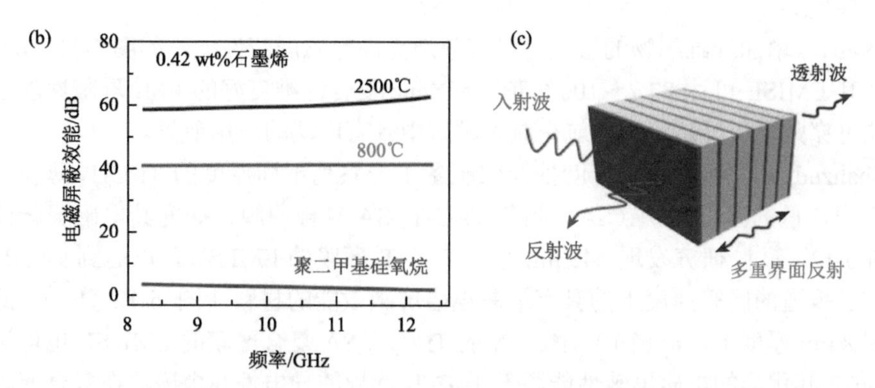

图 6-10　（a）石墨烯气凝胶以及石墨烯/PDMS 复合材料的 SEM 照片；（b）8～12GHz 下石墨烯/PDMS 复合材料的 EMI SE；（c）石墨烯/PDMS 复合材料的电磁屏蔽机理示意图

MXene 具有良好的金属导电性、比表面积大、质轻、可调控的表面性质及易于加工等特点，使其成为制备高性能电磁屏蔽材料的新选择。2016 年，Yury 等率先报道了 MXene 薄膜具有超高的电磁屏蔽性能。自此之后，MXene 在电磁屏蔽领域中的应用受到研究人员的广泛关注。因此，MXene 复合纤维成为高性能可穿戴微波吸收织物的理想材料。Chen 等[38]通过仿木材芯壳结构制备的 MXene@GO 复合纤维，获得高的抗拉伸强度（290 MPa）和电导率（2400 S/m），并在整个 X 波段频率范围内呈现约 70 dB 的优异电磁屏蔽性能，在可穿戴 EMI 屏蔽织物方面具有重要的应用前景。Liu 等[39]采用同轴湿法纺丝制备了具有中空内外壳结构的再生纤维素（RC）@GO/MXene（RC@GM）复合纤维［图 6-11（a）］。将 RC@GM 纤维编织成密集的织物网络，单层织物在全 X 波段频率范围内 EMI SE

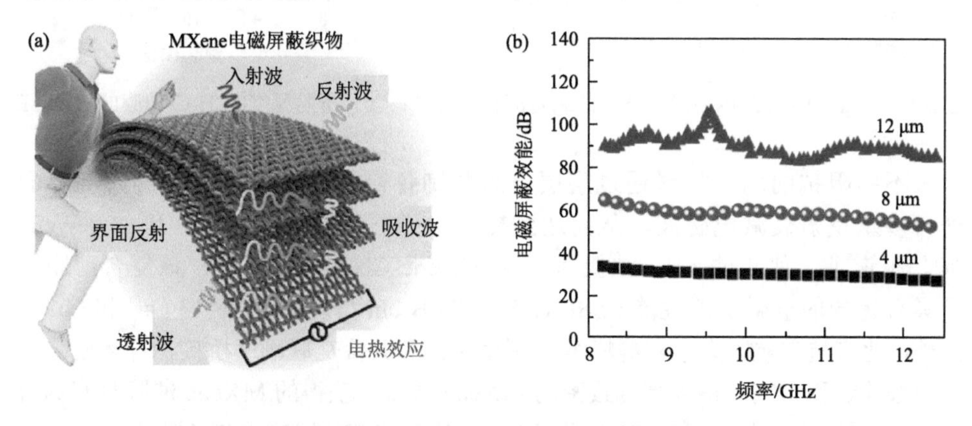

图 6-11　（a）MXene 电磁屏蔽织物示意图；（b）8～12GHz 不同厚度 MXene 电磁屏蔽织物的 EMI SE

为 32.9 dB。增加纤维织物的层数可以有效地提高电磁屏蔽性能，如图 6-11（b）所示，其 EMISE 可达 82.7～106.6 dB。MXene 复合纤维良好的 EMI 屏蔽性能在高性能可穿戴电磁屏蔽织物和航空航天领域中具有广泛的应用前景。

Shahzad 等[40]通过真空辅助抽滤法制备了一系列不同厚度的 $Ti_3C_2T_x$ 薄膜并添加不同含量的海藻酸钠（SA）制备 $Ti_3C_2T_x$-SA 复合薄膜，探究其电磁屏蔽性能［图 6-12（a）］。研究发现，45 μm 厚的 $Ti_3C_2T_x$ 薄膜的 EMI SE 可以达到 92 dB，是目前已报道的同等厚度下的具有最高电磁屏蔽效能的材料［图 6-12（b）］。此外，在 8 μm 厚度下，添加 10 wt% SA 的 $Ti_3C_2T_x$-SA 复合薄膜的 EMI SE 也可达到 57 dB，其优异的电磁屏蔽性能源于 $Ti_3C_2T_x$ 优异的导电性和电磁波在复合薄膜的多重内部反射衰减。Cao 等[41]报道了具有珍珠层结构的 $Ti_3C_2T_x$/CNF 复合薄膜，当 $Ti_3C_2T_x$ 含量为 80 wt%时，复合薄膜的 EMI SE 达到 25.7 dB。Lei 等[42]将一维的芳纶纳米纤维（ANF）与 MXene 纳米片分散液共混后通过真空辅助抽滤法制备了一种超薄、高强度的 MXene/ANF 电磁屏蔽复合薄膜，14 μm 厚度下的复合薄膜 EMI SE 可达 24.5 dB。

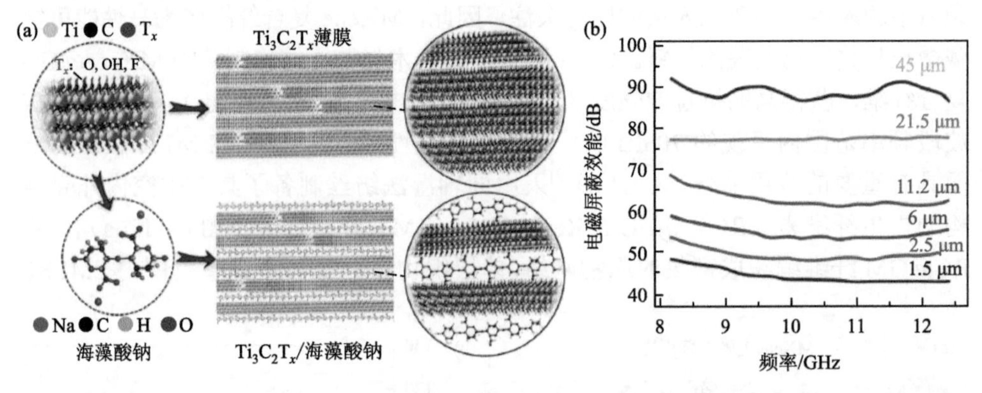

图 6-12 （a）$Ti_3C_2T_x$ 和 $Ti_3C_2T_x$-SA 的制备流程示意图；（b）不同厚度的 $Ti_3C_2T_x$ 膜的 EMI SE

不同阻抗的两种材料通过层层自组装制备得到的复合材料在其内部界面处可多重反射衰减电磁波，从而达到提高电磁屏蔽性能的效果。例如，Weng 等[43]报道了一种通过 LBL 法快速组装 MXene-CNT 复合薄膜，该复合薄膜除了具有优异的电磁屏蔽性能（SSE/t，57187 dB·cm²/g）外［图 6-13（a）和（b）］。此外，北京航空航天大学程群峰等[44]利用氢键和共价交联顺序桥接诱导致密化和孔隙去除过程，制备得到高度致密的 MXene 薄膜。获得的 MXene 薄膜具有高拉伸强度、高韧性、导电性和 EMI 屏蔽性能。其 EMI SE 为 56.4 dB（厚度为 3 μm），其特定 SSE/t 为 62458 dB·cm²/g，高于大多数电磁屏蔽材料。

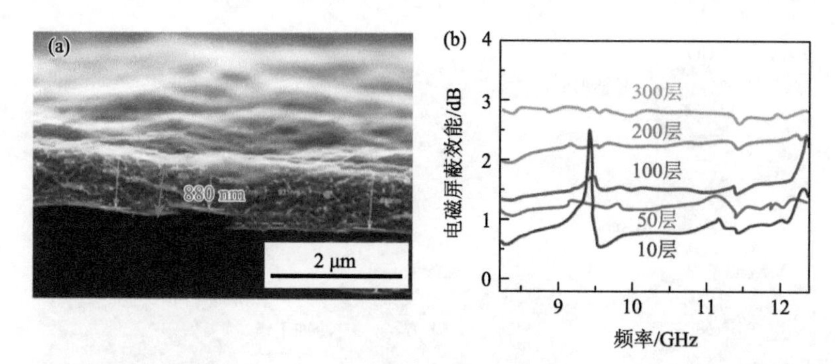

图 6-13　（a）层层自组装 MXene-CNT 复合薄膜的 SEM 照片；（b）不同层数的 MXene-MWCNT 的 EMI SE

电磁屏蔽材料的轻量化也是决定其应用在航空航天、军事及移动电子设备领域中的重要条件。因此，北京化工大学于中振等[45]采用水合肼发泡策略，使层状结构堆叠紧密的 MXene 薄膜转变成为轻质、柔韧和多孔的 MXene 泡沫［图 6-14（a）］。由于疏松多孔的内部结构极大地增强了电磁波在材料内部的多重反射损耗，相比于未发泡前 EMI SE 只有 53 dB 的 MXene 薄膜，MXene 泡沫的 EMI SE 高达 70 dB［图 6-14（b）和（c）］。此外，Sambyal 等[46]采用双向冷冻干燥法制备了轻质、高强度，具有多孔结构的 MXene/CNT 复合气凝胶，其 EMI SE 高达 103.9 dB。

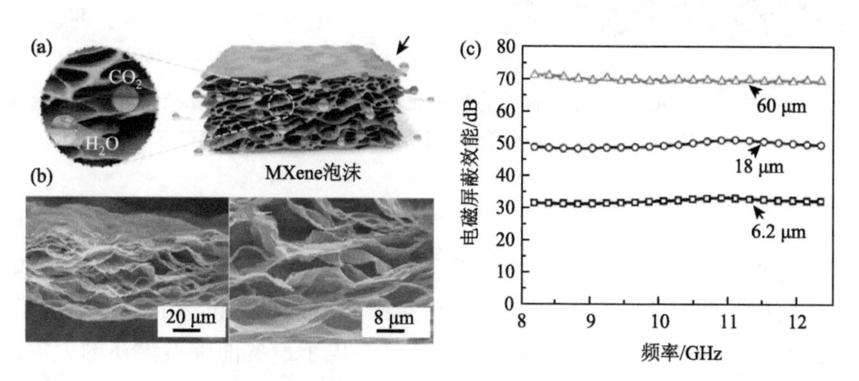

图 6-14　（a）MXene 泡沫的制备流程示意图；（b）MXene 膜和 MXene 泡沫的 SEM 照片；（c）不同厚度 MXene 膜和 MXene 泡沫的 EMI SE

此外，北京化工大学于中振等[47]采用水热法组装 GO/MXene，随后进行冷冻干燥，得到三维骨架后填充聚合物，来构建具有高导电性的三维块体，且该纳米复合材料具有良好的电磁屏蔽性能（图 6-15）。当 MXene 负载量仅为 0.74 vol%时，其 EMI SE 可达 50 dB，是相同负载下 MXene 纳米复合材料中的最高值［图 6-15（c）］。因此，这种新型组装方法将极大地拓宽 MXene 在电磁屏蔽领域中的实际应用。

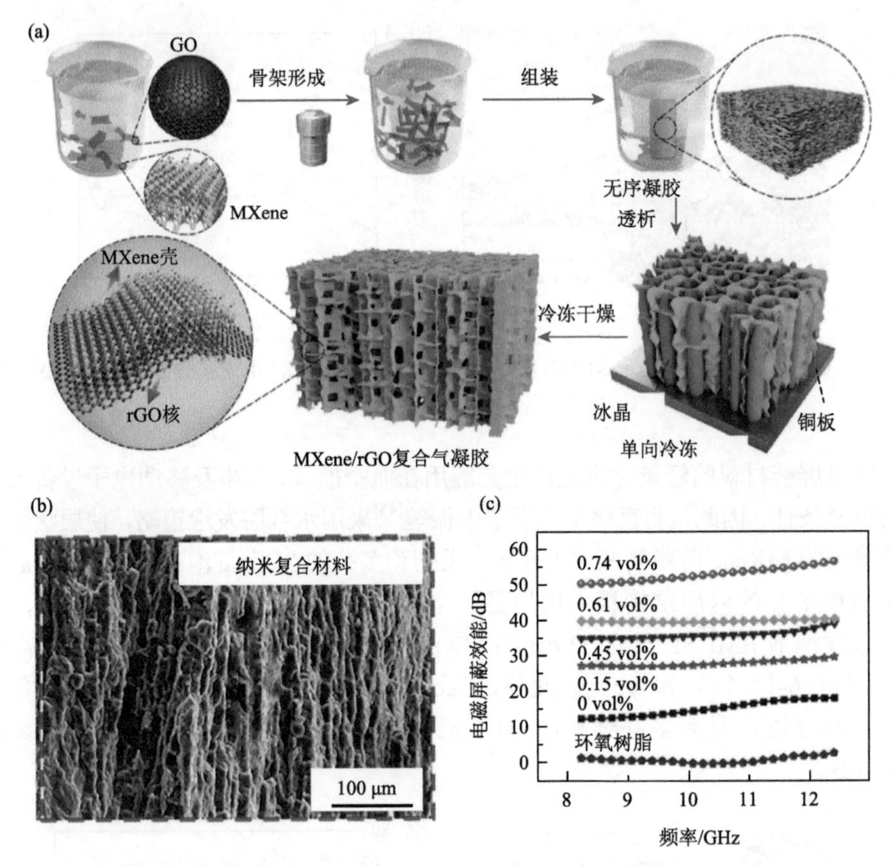

图 6-15 （a）MXene/rGO 纳米复合材料的制备流程示意图；（b）MXene/rGO 纳米复合材料的扫描电镜图；（c）MXene/rGO 纳米复合材料的 EMI SE

6.1.3 阻燃防火领域

由于消防、军事、工业和航空航天工程中对高性能隔热的需求，轻型和强阻燃结构已被广泛研究[48-50]。此外，随着可穿戴和便携电子设备的普及，电子设备的小型化和多功能集成中的热积累问题，使这些电子设备面临着潜在的火灾危险，对电子设备中的热控制结构的需求也越来越大[51]。传统聚合物复合材料因其质轻、耐腐蚀等优点受到科学界的广泛关注。然而，大部分聚合物易燃，限制了其在高性能材料中的应用。因此，对材料的阻燃防火性能也需要被考虑在内，对其实际应用起着至关重要的作用。Ding 等[52]采用重力诱导法，将 MMT 纳米片和 PVA 聚合物共混，设计了一种低黏度的液体流动，使其均匀地在基体上排列，在重力诱导流动取向过程中，MMT 纳米片和聚合物能够协同组装形成一个高度有序的仿珍珠层结构［图 6-16（a）和（b）］。此外，将该涂层涂覆在不同的聚合物基体（泡沫、PET 膜）上，进行阻燃测试，可发现涂覆了涂层的聚合物具有显著的阻燃抗熔滴性能［图 6-16（c）～（g）］。其在燃烧过程中，MMT 纳米片作为保护层，防止氧气和热量进入聚合物基体，MMT 纳米片和聚合物燃烧产生的碳层堆积在一起进而抑制和拦截氧气和热量，形成气孔结构，进而有效保护未燃烧的聚合物，表现出优异的阻燃性能。此外，Chang 等[53]设计了一种 MMT/PVA 弹性体双层褶皱结构器件，将其转移至软弹性体上，其具有高拉伸性和优异的阻燃防火性能，能够有效阻燃丁腈手套，还可作为机械抓手在火灾环境中抓取物体，具有很大的实际应用潜力。北京航空航天大学程群峰等[54]受珍珠层的启发，通过真空辅助抽滤法制备了 GO/MMT/PVA 仿生纳米复合材料，通过有效的协同增强效应，其拉伸强度高达 356 MPa。此外，该薄膜还具有优异的阻燃防火性能，能够保护易燃物体不燃烧，在柔性电子设备、航空航天领域具有广泛的应用潜力。

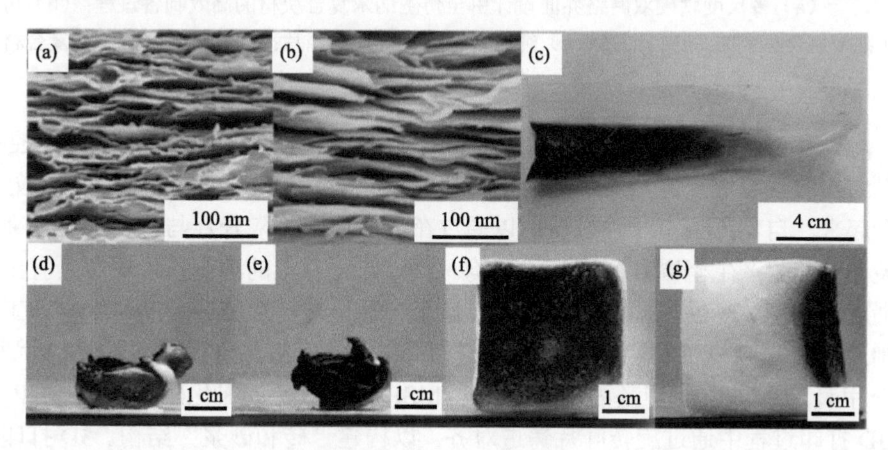

图 6-16　（a）PVA/MMT 纳米复合材料燃烧前的 SEM 照片；（b）PVA/MMT 复合材料燃烧后的 SEM 照片；（c～g）涂覆有 PVA/MMT 的 PU 复合泡沫燃烧前后图片对比

此外，中国科学技术大学俞书宏等[55]在深入了解贝壳的多层次界面性能和增韧机理的基础上，提出了一种新颖的基于仿生多尺度软硬双网络聚合物的“砖-泥”层状微纳结构界面设计策略。利用廉价的黏土纳米片成功制备了具有优异综合性能的宏观块体仿珍珠层纳米复合材料［图 6-17（a）］。所提出的界面设计策略轻便灵活，可应用于各种二维纳米结构单元系统，如 MMT 和石墨烯纳米片。利用价格低廉的蒙脱土（MMT）纳米薄片作为组装“砖块”，以及由刚性酚醛树脂聚合物（Resol）和柔性聚乙烯醇（PVA）分子组成的复合成分作为界面协同黏合剂，采用“蒸发自组装-层压”联用技术构建了所设计的仿生珍珠层复合块体材料［图 6-17（b）］，结果表明，微纳多尺度双网络界面设计有助于提高复合材料的宏观性能，表现出优异的热稳定性，被火焰燃烧 107 s 仍然能维持基本形态，既不会被高温熔化滴落，也不会卷曲变形［图 6-17（c）和（d）］。

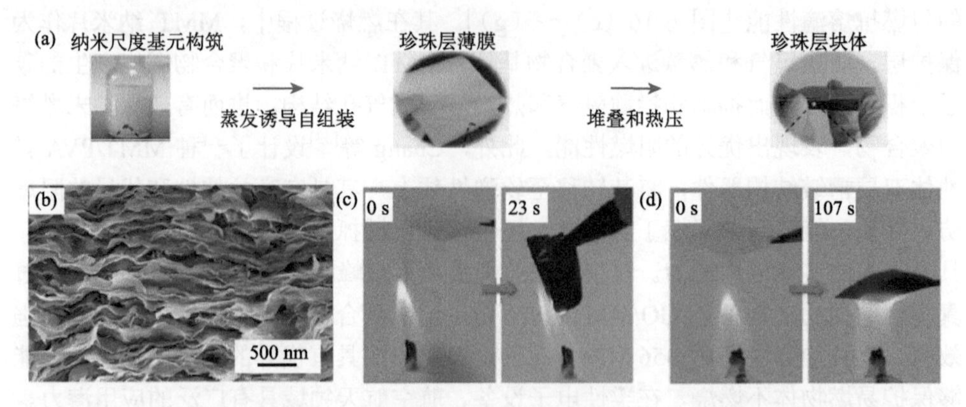

图 6-17　（a）多尺度软硬双网络界面设计引至仿生纳米复合块材的高效制备过程；（b）仿生层状纳米复合材料的 SEM 照片；（c）纯聚合物燃烧过程的照片；（d）仿生层状纳米复合材料燃烧过程的照片

陶瓷和聚合物因其良好的可加工性和出色的机械、热和电性能而成为热控制/阻燃结构的理想选择。然而，这两种材料的耐缺陷性和高强度性能并没有很好地结合起来。自然界中有一种方法可以通过在珍珠层中将陶瓷片与生物聚合物夹层组装在一起来产生坚固且耐瑕疵的结构。经过数百万年的演变，珍珠层具有出色的强度、刚度和韧性。此外，有研究报道了一种旋转叶片铸造辅助 3D 打印工艺来制造具有卓越机械和阻燃性能的珍珠母结构，并研究了相关的基本机制[56]。3-(三甲氧基甲硅烷基)甲基丙烯酸丙酯（TMSPMA）改性的氮化硼纳米片（BNNS）在 3D 打印过程中通过旋转叶片铸造对齐，以构建“砖和砂浆”结构。3D 打印结构更轻，同时比天然珍珠层具有更高的断裂韧性，这归因于裂纹偏转、对齐的 BN（a-BN）桥接以及通过 TMSPMA 接枝的 a-BN 和聚合物基质。与纯聚合物相比，热导率提高了 25.5 倍，各向异性提高了 5.8 倍，这是由于 a-BN 互连。其展示了具有复杂形状的垂直排列 BN 的 3D 打印热交换结构，用于对大功率发光二极管进行有效的热控制。带有 a-BN 的 3D 打印头盔和盔甲显示出卓越的机械和阻燃性能，展示了集成的机械和热保护性能［图 6-18（a）～（c）]。

6.1.4　传感制动领域

仿生层状结构的构筑在功能化材料的制备中起着关键作用，特别是在要求轻便和柔性的设备上，使用功能化的纳米基元材料和功能化的界面相互作用可以制备功能化的层状纳米复合材料。GO 具有良好的力学性能和亲水性。通过简单的化学还原或热还原，GO 可以转变为导电的 rGO。这些特点使 GO 被广泛用于制备各种高性能纳米复合材料。Dong 等[57]采用一步限域水热法制备石墨烯纤维，将 GO 水分散液注入玻璃管后密封，随后高温还原，制备出高强度石墨烯纤维

（GF），拉伸强度能够达到 420 MPa。并且该纤维能够和磁性 Fe_3O_4 颗粒进行复合得到具有灵敏磁响应的石墨烯复合纤维，如图 6-19（a）所示，磁化后的石墨烯复合纤维可以从初始位置弯曲到磁铁上。此外，该石墨烯纤维还能和 TiO_2 纳米颗粒复合以赋予复合纤维光电流响应的性能。Wang 等[58]也报道了基于限域水热法，并与聚吡咯（PPy）复合的电化学驱动 GF。该 GF/PPy 沿纵向具有部分聚吡咯涂层，由于 GF 和 PPy 的不同电化学变形行为，GF/PPy 纤维的不对称双层结构可以产生由电动势驱动的弯曲变形。另外，GF/PPy 纤维具有达到 230 MPa 的拉伸强度。此外，Zhao 等[59]通过电化学沉积法在石墨烯纤维表面沉积了一层石墨相氮化碳（GF@GCN），与另一层石墨烯扭曲形成双螺旋石墨烯纤维。该双螺旋石墨烯纤维呈现出热、应力和湿度的三种刺激响应模式。该 DGF 具有可控的选择性响应，并且可以区分外部刺激的类型，这可以用于制备检测体温、心率或皮肤相对湿度等人体状况的集成式监测器。此外，石墨烯纤维可以组装电阻式传感器件，用于传感湿度、气体信号。例如，Choi 等[60]将制备好的石墨烯纤维进行高温热处理得到 N 掺杂石墨烯纤维，随后在石墨烯纤维表面上引入 2 nm Pt 纳米颗粒以组装湿度

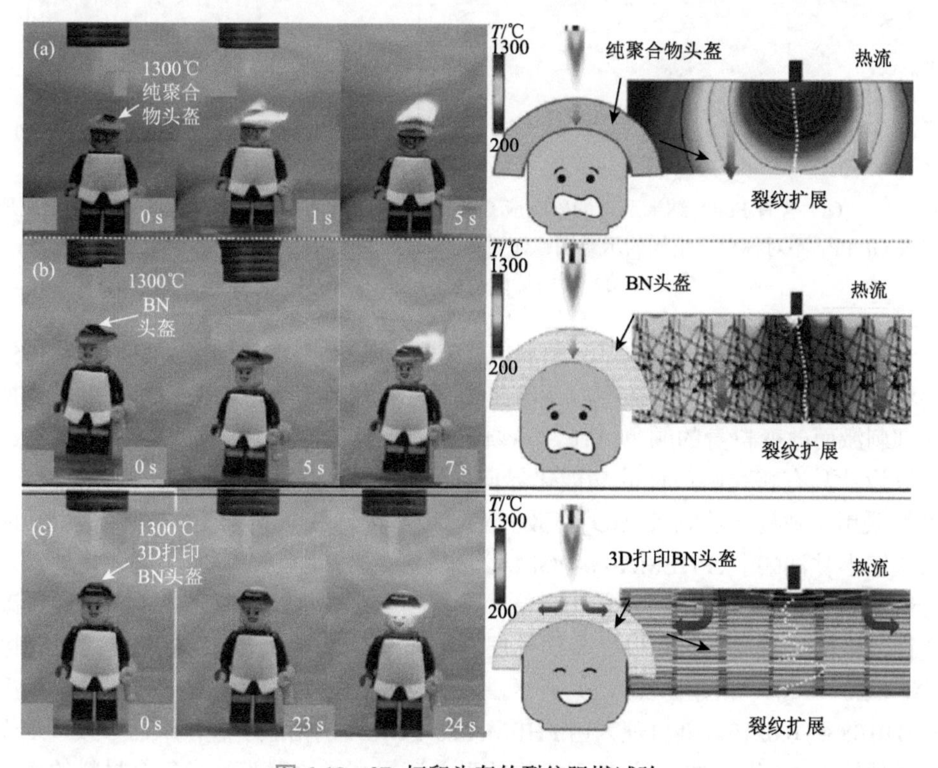

图 6-18　3D 打印头盔的裂纹阻燃试验

（a）纯光固化聚合物 SI；（b）随机分布的 BN/光固化聚合物复合材料（r-BN/SI）；（c）取向的氮化硼/光固化复合材料（a-BN/SI）

传感器［图 6-19（c）］。在相对湿度为 6.1%～66.4%范围内，该石墨烯纤维能够有效地检测湿度的变化，具有较高的灵敏度［图 6-19（d）］。此外，石墨烯纤维与金属和金属氧化物相结合，可用于制备过氧化氢、葡萄糖和二氧化氮气体传感器，具有高灵敏度和灵活性。

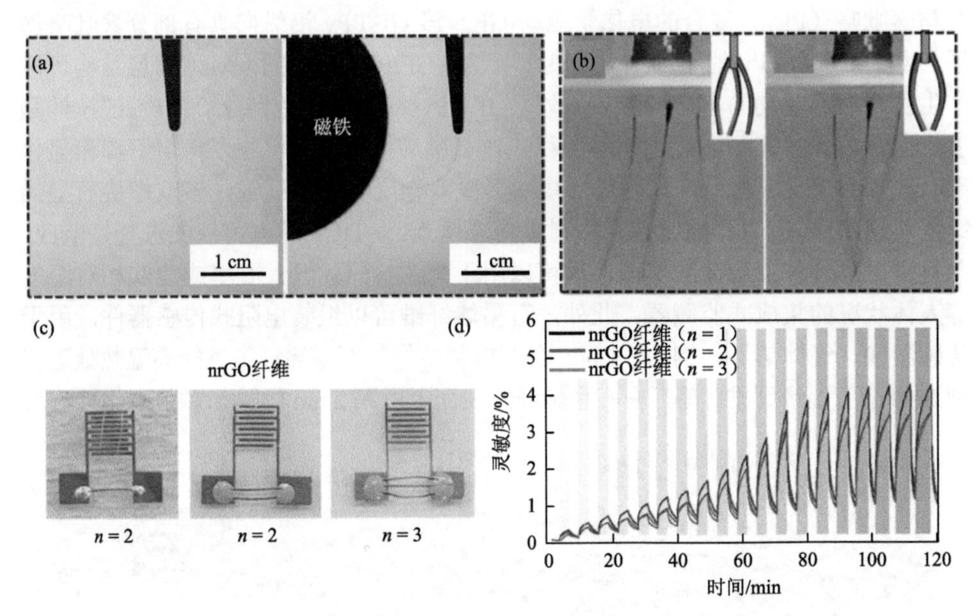

图 6-19 （a）含有 Fe_3O_4 纳米颗粒的磁响应 GF；（b）GF/PPy 纤维在不同电势下的电化学变形以及 GF/PPy 不对称双层结构的示意图；（c）基于 nrGO 纤维的湿度传感器的宏观相机照片；（d）不同纤维数量的灵敏度差别

利用功能化的纳米构筑基元材料或者功能化的界面相互作用，也可构筑仿生层状结构，获得功能化的仿生层状薄膜纳米复合材料。变色响应性材料可以根据外部刺激而改变自身的颜色，在许多领域具有广泛的应用，如显示器或传感器。可以设计具有特殊响应性的功能化界面作用来制备这种变色材料。例如，Wang 等[61]采用交替旋涂法制备 TiO_2 溶胶和聚［甲基丙烯酸（2-羟乙基）酯-*co*-甲基丙烯酸缩水甘油酯］（PHEMA-*co*-PGMA）来制备仿生鲍鱼壳有机/无机杂化纳米复合薄膜的一维光子晶体，其方法简单，重复性高，成本低。其光学性质可通过改变该薄膜的层数、入射角以及每层的层厚来调节，其变色范围覆盖整个可见光区［图 6-20（a）］。如图 6-20（b）所示，颜色从蓝色变为红色，对应于水蒸气浓度从 0.0108 到 0.0219。其机理为由 PHEMA-*co*-PGMA 的溶胀引起，从而导致一维光子晶体周期层间距增加。并且无机物的引入还提高了该薄膜纳米复合材料的稳定性。此外，Peng 等[62]采用真空辅助抽滤法将聚（10, 12-二十五碳二炔酸）（polyPCDA）引入 MMT 纳米片层中，并用 3-氨丙基三乙氧基硅烷（APTES）进行交联制备得到基于 MMT 的强韧的热致变色仿鲍鱼壳纳米复合材料［图 6-20（c）］。该纳米复合材料具有热致变色响应功能，当温度从 20℃上升到 70℃，MMT-polyPCDA-APTES 可以从紫色变成橙色。与此同时，该纳米复合材料也可以扩大化制备，即通过喷涂的方法，实现图案化制备，将带有镂空团的模板覆盖在基底上，将 MMT-polyPCDA 溶液均匀地喷涂在基底上（图案如花等），干燥后再喷涂 APTES 溶液，即可表现出热至变色功能，如图 6-20（d）所示。其机理为 polyPCDA 在两个相邻的 MMT 纳米片之间自组装形成层状的多层分子薄膜。随着温度的升高，polyPCDA 侧链的运动自由度增加，导致主链的共轭结构有序性和共面性降低，特征共轭长度减小，并导致颜色转变。此外，Yang 等[63]通过液晶弹性体的原位

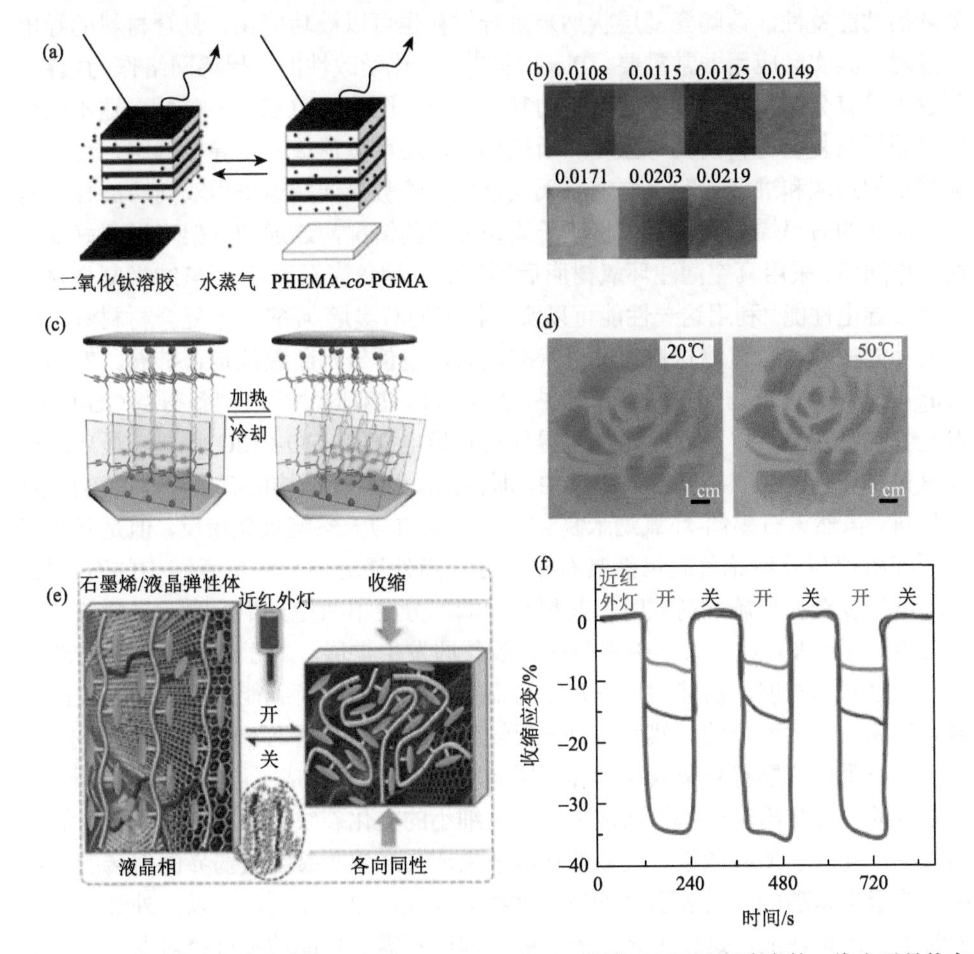

图 6-20　（a）湿度响应的变色 TiO_2/PHEMA-*co*-PGMA 薄膜；（b）湿度响应的一维光子晶体变色机理的示意图；（c）polyPCDA 的变色机理示意图；（d）通过喷涂的方法进行扩大化制备的示意图；（e）rGO/LCE 光诱导驱动器的示意图；（f）rGO/LCE 薄膜的驱动循环测试

聚合和发热拉伸与石墨烯结合制备得到可以在近红外光下可逆变形的石墨烯/液晶弹性体纳米复合材料，其中，石墨烯纳米片作为光活性组分发挥重要作用，如图 6-20（e）所示。通过 rGO 的光热效应，被加热的 LCE 显示出向列相液晶到各向同性的过渡。通过热拉伸 rGO/LCE 薄膜的方法，可以平行取向 LCE 的侧链的液晶基团以及 rGO 纳米片，从而增强了单向的热传递和力学响应性能。如图 6-20（f）示，由 NIR 光热响应引发的 rGO/LCE 的收缩应变达到 35.7%。即使经过 50 次循环，灵敏度和可逆性仍能很好地维持。

冰模板法制备的层状骨架除了本身可以用作功能化材料以外，其他组分，如陶瓷等，也可以渗透进层状骨架中获得刚性的层状纳米复合材料，同时，由于石墨烯的功能特性，该陶瓷基层状纳米复合材料也可以被功能化。复合材料的导电性能对于其实际应用非常重要。Picot 等[64]采用化学改性的石墨烯网络作为填料，创建了具有分层架构和互连碳网格的复合材料［图 6-21（a）～（c)］，这不仅可以显著提高复合材料的抗弯强度和断裂韧性，还可以形成高度导电网络，用于监测损伤的形成和进展。北京航空航天大学程群峰教授课题组采用双向冷冻技术构筑了层状的石墨烯多孔骨架，相比于均匀分散的情况，连通的骨架可以更好地形成导电通路，采用真空灌注环氧树脂后得到的反鲍鱼壳石墨烯-环氧纳米复合材料具有了导电性能。利用这一性能可以实现传统的石墨烯-环氧纳米复合材料难以达到的功能特性，即监测材料的健康状态，通过电信号判断裂纹是否扩展。例如，Peng 等[65]采用 GO 与羧甲基纤维素钠（CMC），通过双向冷冻法制备得到 GO-CMC 多孔骨架，在 200℃下处理 10 h，得到具有导电性的 rGO-CMC 骨架。最后，将环氧树脂在真空的状态下渗入骨架中，即得到反鲍鱼壳结构的石墨烯-环氧纳米复合材料。虽然该石墨烯-环氧纳米复合材料的结构与天然鲍鱼壳相反，但是其断裂过程和机理与天然鲍鱼壳仍然具有相似性。当外界对该反鲍鱼壳结构的石墨烯-环氧纳米复合材料施加荷载时，其裂纹尖端部分会不断地集中应力，当裂纹尖端的强度因子（K）达到某一临界值时，裂纹即发生扩展。对于普通的脆性材料，裂纹一旦开始扩展，后续的过程是不再需要提供额外的荷载能量的，即裂纹的扩展是瞬间的，不可控的。然而，对于反鲍鱼壳结构的石墨烯-环氧纳米复合材料，由于将石墨烯的层状骨架嵌入到环氧树脂基体中，从而形成了层状的较弱的界面，在裂纹的尖端会出现一些界面破坏，产生细小的支化裂纹，从而缓解尖端处的应力集中，耗散了加载能量。类似的耗散效果还会产生于裂纹被弱界面偏转的过程中，或者当粗糙的片层表面之间发生摩擦时［图 6-21（d)］。所以，外部加载的能量被不断地耗散，这使得裂纹的扩展过程由不需要耗能的不可控自发过程，变为了需要不断增加荷载的稳定扩展过程，从而提高了材料对裂纹的抵抗能力，避免了不可控的瞬间破坏。

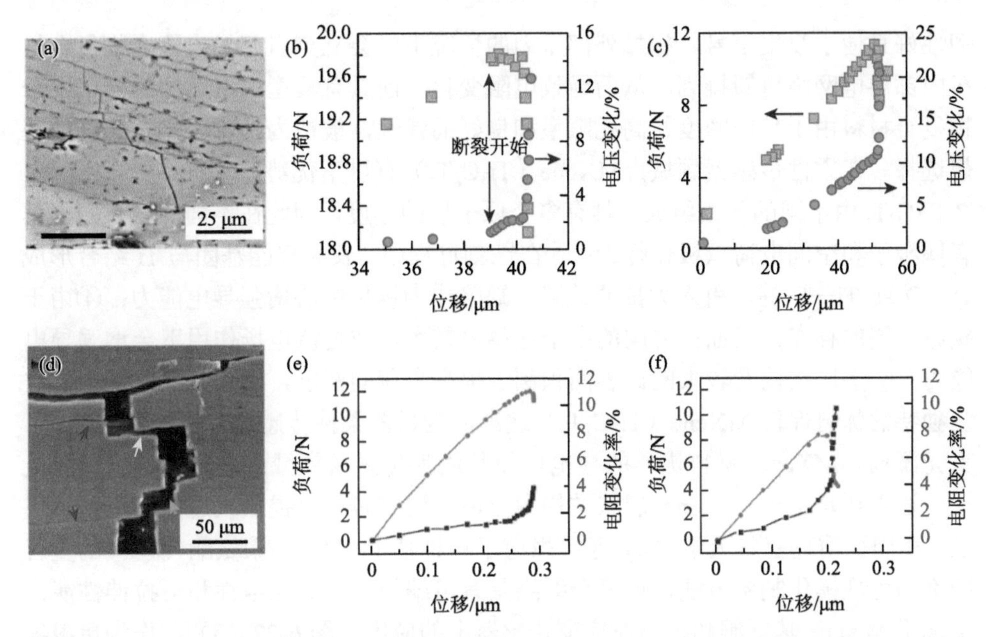

图 6-21　（a）层状石墨烯/陶瓷复合材料中石墨烯的分布；（b，c）石墨烯/陶瓷的裂纹自监测功能；（d）反鲍鱼壳结构石墨烯-环氧纳米复合材料的裂纹扩展形貌；第一次加载（e）和第二次加载（f）的负荷-位移与电阻变化率-位移曲线

由于通过冰模板法构筑了层状的石墨烯多孔骨架，相比于均匀分散的情况，连通的骨架可以更好地形成导电通路，使得该反鲍鱼壳石墨烯-环氧纳米复合材料具有了导电性能。如图 6-21（e）所示，可以在样品被施加弯曲荷载时，监测其电阻值的改变。从力-位移曲线和力-电阻变化率曲线可以看出，开始时力主要呈线性增加，这时材料保持完好，裂纹没有发生扩展。与此对应，电阻值的改变率也不大。然而当力达到临界最大值时，由于裂纹扩展，力逐渐下降，而裂纹扩展导致的导电骨架的破坏也使得电阻值不断增加。为了验证该过程的可重复性，Peng 等[65]还将上述未完全断裂的样品重新恢复外形后再进行同样的测试，并得到了相似的结果，而由于样品在第一次加载时已经有部分损伤，所以其电阻变化更快且裂纹开始扩展时的力和位移都更小［图 6-21（f）］。另外，对比力-位移曲线的一阶导数和电阻变化率-位移曲线的一阶导数的负值，可以发现二者具有良好的一致性。所以，通过监测电阻的变化，可以实现对材料，包括利用该材料制作的承力构件的损伤进行预警。

随着人工智能的迅猛发展，高性能的压力传感器在人造假肢、智能机器人、电子皮肤和可穿戴电子等方面应用广阔。基于传统金属和无机半导体材料的压力传感器灵敏度高、响应快、稳定性好，但是传感范围有限，柔韧性差，且制备复杂，成本高昂。而基于导电聚合物复合材料的压阻式压力传感器，结构简单、柔韧性好且便于收集信号。施加外部压力的情况下，会立刻引起导电聚合物复合材料内部导电网络重新排列，从而导致电阻变化。而具有典型三维结构的导电聚合物复合材料由于其低密度、高孔隙率和良好的弹性，被认为是压阻式传感器的理想选择。在柔性传感器领域，MXene（$Ti_3C_2T_x$）有以下优势：①$Ti_3C_2T_x$密度小；②$Ti_3C_2T_x$由不同的元素组成，具有多个原子层的厚度，因此在不同片层方向上具有偶极子和空间电荷双极化行为；③在蚀刻过程中，表面官能基团与 Ti 结合形成 Ti—O 或 Ti—F 键，引入大量的缺陷，缺陷作为极化中心增强导电能力；④由于碳原子层的存在，沿面内方向的电子迁移率较大，在直流电场作用下会增强导电能力；⑤多层结构及较大的比表面积利于提高电荷的密度，增强其导电能力。这些独特的优势促使 MXene（$Ti_3C_2T_x$）逐渐成为目前柔性传感器领域的研究热点。毫无疑问，MXene 材料优异的导电性使其成为传感器领域中重要的导电材料之一。这主要是由于 MXene 层状结构中导电碳化物芯可以提供快速的电子传输路径。美国德雷克塞尔大学 Yury 等[66]报道了一种基于 MXene/聚氨酯（PU）的复合纤维的可规模化制备方法，该复合纤维具有可编织性、高导电性和可拉伸性能，实现了 MXene 基纤维和织物在应变传感器上的应用［图 6-22（a）］。作为单根纤维使用时，其灵敏度值可达 12900，远超目前文献所报道的数值。此外，可将该纤维编织成一种易于穿戴的纺织设备，如图 6-22（b）～（d）所示，可用于检测人体运动。

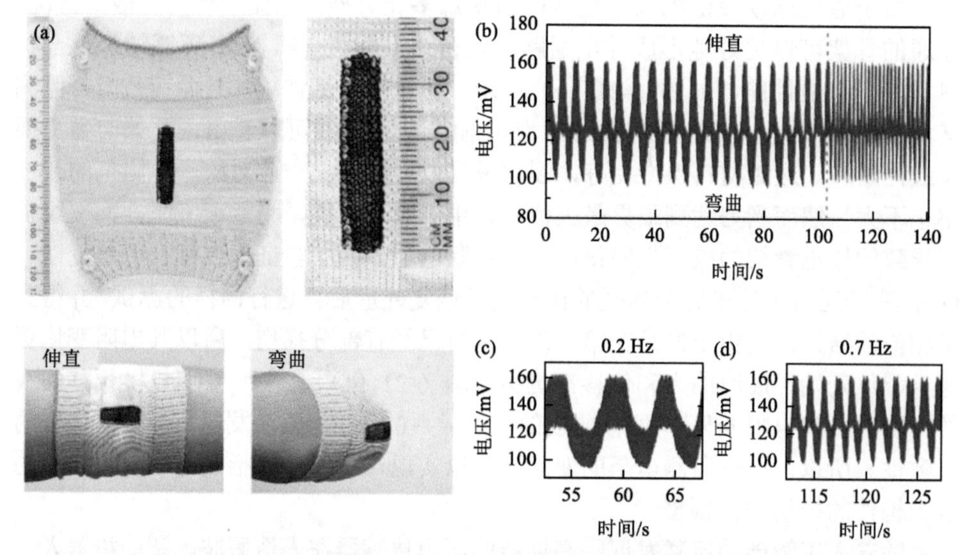

图 6-22 （a）MXene/PU 复合纤维编织在织物上；（b）穿戴在胳膊肘上做伸直和弯曲两个动作；（c，d）以两种不同频率弯曲和伸直时记录肘部织物的应变传感响应

此外，北京化工大学张立群等[67]报道了一种可穿戴、透气、可降解以及高度灵敏的 MXene/蛋白质（SF）纳米复合材料基压力感测器。采用浸渍涂覆法将 MXene 纳米片均匀沉积在具有多孔结构的 SF 材料上，随后组装成压力传感器［图 6-23(a)］。该传感器表现出了非常优异的传感性能，其感测范围可达 39.3 kPa，灵敏度在 1.4～15.7 kPa 范围内可达 298.4 kPa^{-1}、在 15.7～39.3 kPa 范围内可达 171.9 kPa^{-1}，响应/恢复时间可分别快至 7 ms 和 16 ms，在超过 10000 次循环后还具有非常好的循环稳定性，在透气、生物相容性和可降解性等方面也具有优异的表现。此外，该压力传感器还能够检测细微的身体运动，如发音、屈膝等［图 6-23（b）和（c)］。基于上述优点和可靠的生物降解性，基于 MXene/蛋白质纳米复合材料的压力传感器有望在智能电子皮肤、人体运动检测、疾病诊断和人机交互等方面得到广泛的应用。

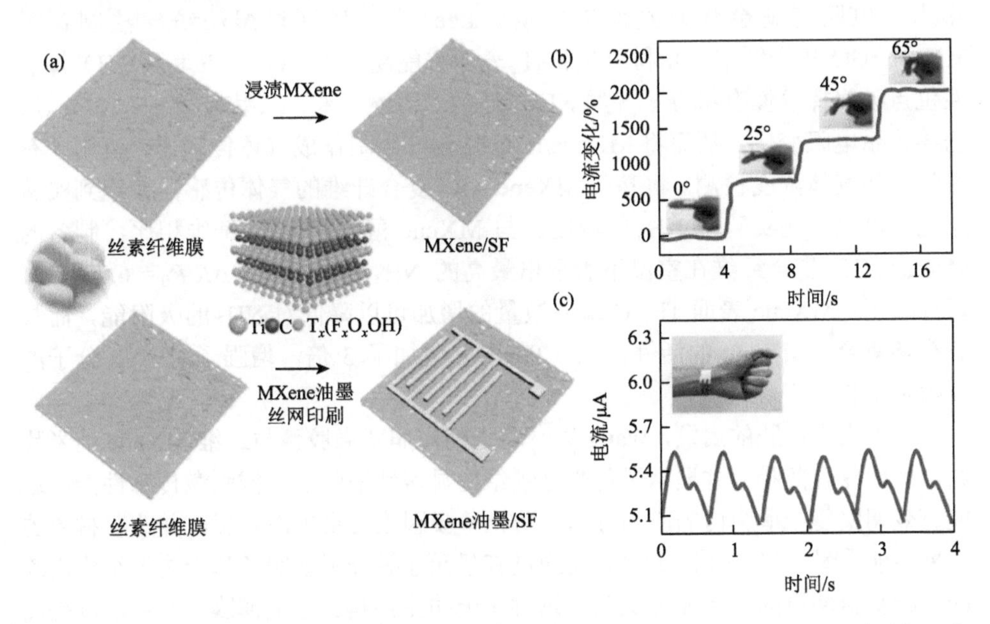

图 6-23　（a）MXene/蛋白质纳米复合材料基压力感测器的制备示意图；（b，c）压力感测器在监测人体活动方面的应用

利用 MXene 等二维材料的湿气响应能力，可以制备一些对湿气响应的薄膜纳米复合材料。Li 等[68]制备了一种具有湿度驱动、湿度能量采集、自供电湿度传感和实时运动跟踪等多种功能的智能软执行器。它是在 MXene/纤维素/聚苯磺酸（PSSA）复合膜的基础上设计的。在湿度化学势转化为机械功率的过程中，该制动器由湿度梯度下的不对称膨胀驱动。同时，水梯度还诱导质子定向扩散以产生高功率密度和开路电压的电能。该执行器的湿度灵敏度、电信号和弯曲

状态之间具有良好的线性相关性，可以在没有外部电源的情况下实时跟踪湿度变化的运动模式。Cheng 等[69]采用湿法纺丝策略制备了芳纶/MXene（KM）复合纤维，该 KM 纤维可以水洗、针织、缝纫。此外，KM 纤维的电阻值具有可逆的温度和压力响应，如电阻值随温度升高而降低，随温度降低而升高。基于 KM 纤维制备的智能织物传感器系统，例如智能传感器口罩，可以实时监测人体呼吸，检测呼吸问题，具有精度高、便于携带等优点。当进行规律呼吸时，呼出的热空气通过口罩与 KM 纤维传感器接触，使传感器的电阻值突然下降，当吸入冷空气时，传感器的电阻值又会恢复到原来的水平。此外，还设计了具有温度感应和危险预测功能的智能手套，当手套靠近沸水时，温度传感器的电阻值在 3 cm 的距离内开始下降，表明存在潜在的烧伤危险。当再靠近 1 cm 时，电阻值明显下降，这表明对防止烧伤和烫伤有很强的危险预测能力。然后，远离热水，电阻值就会恢复到原来的值。Lee 等[70]还通过湿法纺丝法制备了 MXene/rGO 复合纤维，并利用 $Ti_3C_2T_x$ 表面官能团（如—O、—F 和—OH）等活性位点吸附挥发性有机分子（如 NH_3、乙醇、丙酮、苯、二甲苯、H_2S、SO_2 等）诱导体系电阻变化，从而将 MXene/rGO 复合纤维制作成气体传感器，可用于有害气体和气体浓度检测。将基于 MXene/rGO 复合纤维的气体传感器编织到实验服上，可以监测实验室 NH_3 的浓度。与 MXene 薄膜和 rGO 纤维相比，制备的 MXene/rGO 复合纤维在室温下表现出最高的 NH_3 传感响应（$\Delta R/R_0 = 6.77\%$）。研究表明，MXene 表面 Ti—O 端基数量的增加可以降低对 NH_3 的吸附能，而与石墨烯复合，MXene 的活性位点（Ti—O）增加了 3 倍，增强了对 NH_3 分子的吸收灵敏性。

基于人类皮肤的启发，Wang 等[71]将天然海胆状微胶囊与二维 MXene 纳米片结合形成复合薄膜，并展示了仿生互锁结构显著地增强了机械刺激传感性能，这能有效调整复合薄膜内的应力分布，防止薄膜因应力集中而开裂，并改善材料的机械性能［图 6-24（a）］。此外，还通过有限元建模分析证明了基于仿生结构构筑的生物复合薄膜的变形能力更强，远胜于无仿生结构的平面薄膜，其灵敏度提高了 9.4 倍以上。实验结果表明复合生物薄膜的有效弹性模量为 0.73 MPa，小于原始的平面薄膜的弹性模量 2.19 MPa，证明三维互锁结构增强了薄膜的可变形性。此外，具有互锁结构的柔性压力传感器的灵敏度是平面结构的 8.69 倍，低压（0–0.2 kPa）和高压（0.2–7 kPa）时的灵敏度分别为 1.04 kPa^{-1} 和 24.43 kPa^{-1}。高灵敏度保证了传感器在实际应用中的准确性。更重要的是，这种具有仿生结构的柔性传感器可以检测到小至 8 Pa 的压力。此外，该传感器在响应恢复时间方面也表现出色。得益于这些优异特性，该传感器可用于检测人体生理信号，如脉搏、声音和关节运动［图 6-24（b）和（c）］。

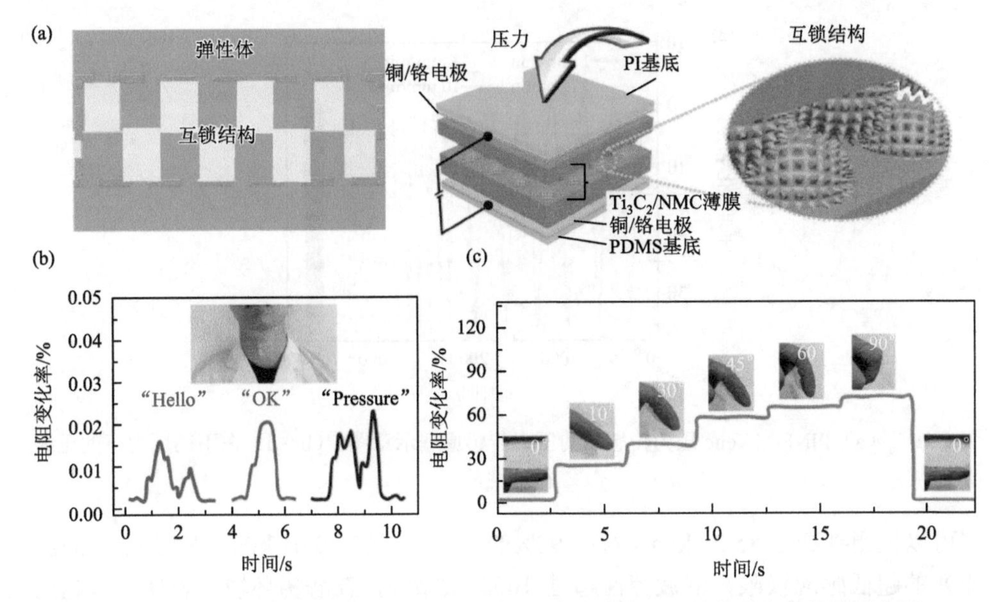

图 6-24　(a) 互锁结构的示意图；(b) 柔性压力传感器对人体发出声音的信号监测；(c) 柔性压力传感器对手指关节弯曲的信号监测

郑州大学申长雨等[72]受结构坚固的蜘蛛网启发，通过冷冻干燥和热亚胺化工艺制备了导电聚酰亚胺纳米纤维（PINF）/MXene 复合气凝胶，其具有典型的层状支撑结构［图 6-25（a）］。由于其多孔结构以及 PINF 和 MXene 之间的牢固结合，该复合气凝胶的密度低至 9.98 mg/cm^3，可承受−50～250℃的恶劣温度、高达 90%的应变以及具有超过 1000 次循环的抗疲劳能力。当用作压阻传感器时，

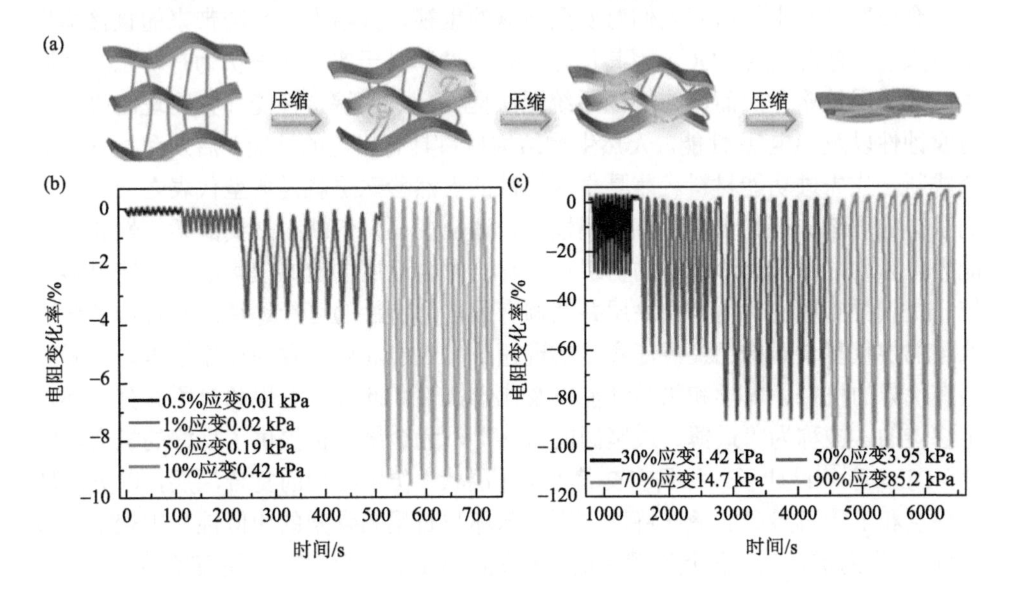

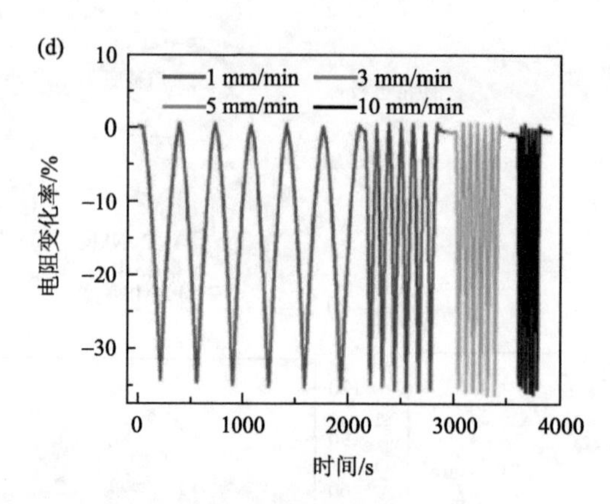

图 6-25 （a）PINF/MXene 压力传感器的压力传感原理示意图；（b～d）在不同压力下的压缩循环性能

它可以检测到高达 85.21 kPa（对应 90%的应变），具有 0.01 kPa（对应 0.5%的应变）的超低感应极限，耐疲劳性超过 1000 次循环，在恶劣环境中表现出卓越的稳定性和可重复性［图 6-25（b）～（d）］。此外，复合气凝胶的疏水性和多级孔状结构还具有良好的油水分离性能，吸附量高达 55.85～135.29 g/g，可循环利用。上述优异特性彰显了该复合气凝胶在人体运动信号检测等方面的应用潜力。

6.2 其他应用领域

6.2.1 防腐领域

金属腐蚀越来越引起人们对安全问题的重视，其给人类社会带来的直接损失是巨大的。有机涂层（OC）因其良好的有效性和易于实施而被认为是防止金属腐蚀的最通用策略。然而，纯 OC 系统无法提供良好的综合性能，如物理阻隔性、耐腐蚀性以及导电/热性能。天然生物结构材料具有出色的性能，启发和指导人们合成新一代先进功能材料。兼具卓越韧性的天然珍珠层就是典型代表之一，而人们获得的仿珍珠层纳米材料机械属性优、适应性强，但缺少必要的柔韧性和自愈能力。因此，将天然珍珠层的仿造理念与自愈合涂层构建原理集成于人造材料系统，是获得高性能仿生复合涂层并兼顾有效自愈特性的可行途径，而且构建仿生涂层的层状复合结构已经被证实是实现超防腐性能涂层开发的可靠技术。石墨烯具有优异的机械、电学和热学性能以及化学惰性。此外，石墨烯对所有分子都是不渗透的，被称为“最薄、最坚固的材料”，为金属保护提供了良好的机会。因此，Ding 等[73]设计了一种具有交替“珍珠层状”仿生结构的复合涂层，以突出环氧涂层和工程石墨烯的最佳特性。利用苯环与石墨烯骨架的相似性，用聚多巴胺（PDA）作为增强剂，修复石墨烯的结构缺陷（π-π相互作用），使石墨烯具有良好的阻隔性和分散性，并桥接致密的石墨烯层和环氧树脂层（强附着力）而形成“互锁”结构，以确保构建完整的涂层系统 I-PDA-G-EP［图 6-26（a）］。I-PDA-G-EP 的损伤因子比纯环氧基体和共混石墨烯基复合涂层都要低［图 6-26（b）］。其防腐机理为：仿生结构中致密的 PDA-G 层包含数百层平行组装的石墨烯片，产生许多侵略性物种无法穿透的曲折通道。低缺陷的石墨烯片材具有优异的抗渗性和密封性，进一步防止侵蚀性物质在涂层基体中渗透。因此，侵蚀性物质的渗透率大大降低，涂层长期浸泡在腐蚀介质中时仍保持其整体结构。这种仿生制备策略为构筑具有功能特性的高性能石墨烯复合涂层提供了一种极具吸引力的方法。此外，MXene 在金属材料防腐领域也有良好的前景，然而，目前 MXene 材料在防腐涂层领域的研究还相对较少，研究仍处于初步探索阶段。近来，Zhao 等[74]受离子液体（IL）捕获氧原子特性的启发，将其与 MXene 纳米片进行非共价结合，制备了耐氧化、高稳定性的 MXene 纳米片，使其在潮湿环境中能够长期保持其二维层状结构［图 6-27（a）］。随后，将其应用于水性环氧树脂（WEP）涂层中研究了 IL@MXene-WEP 纳米复合涂层的腐蚀防护行为和机理，结果表明，与纯 WEP 相比，厚度为 13 μm 的 IL@MXene-WEP 涂层的阻抗模量提高了 2 个数量级，表明该纳米复合涂层对金属的防腐性能有较好的提升［图 6-27（b）］。本研究为 MXene 智能防腐涂料的设计与制备提供了一种新型策略。

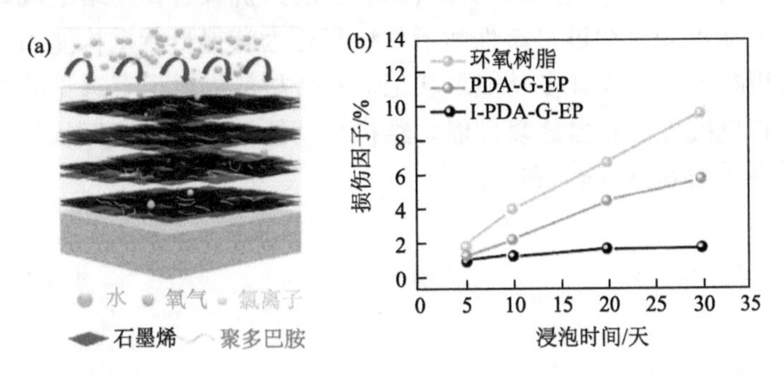

图 6-26 （a）I-PDA-G-EP 的阻隔机理示意图；（b）不同涂层的损伤因子

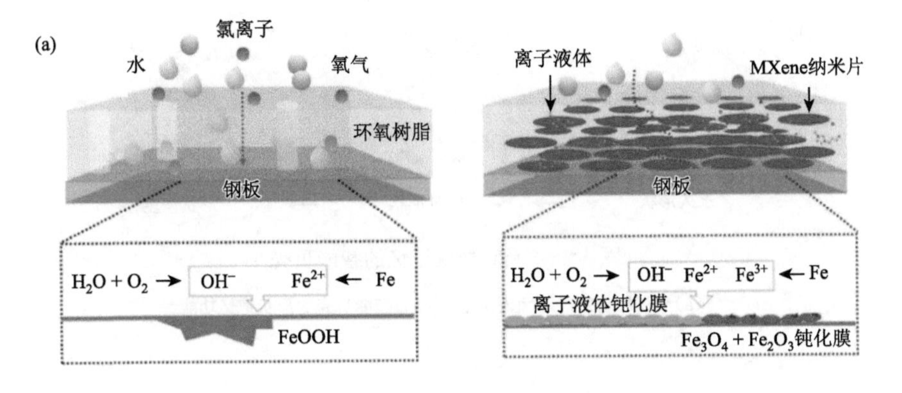

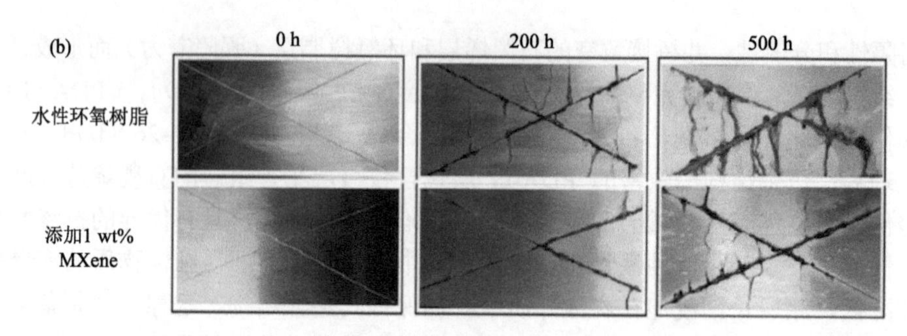

图 6-27 （a）MXene 复合涂层的防腐机理示意图；（b）MXene 复合涂层和纯环氧树脂的防腐性能评价

6.2.2 形状记忆材料

形状记忆材料作为一种独特的智能材料，可以变形或固定成临时形状，然后在特定的刺激下恢复到永久形状。例如，将形状记忆聚合物引入到框架中可制备热致或电致形状记忆复合泡沫和块体材料。浙江大学柏浩等[75]经过热可逆处理将 Diels-Alder 网络渗入到氧化铝层状支架中得到具有自愈合和形状编程能力的仿生智能仿珍珠层复合材料（智能贝壳）。合成的智能贝壳表现出外部韧性和微小的自我治疗能力，因为它是由良好的陶瓷层和动态的共价聚合物网络组成。即使应用 50 g 载荷，智能贝壳可通过可塑性和形状恢复行为获得形状重构能力。这些关于结构设计的策略为未来设计多功能形状记忆复合材料提供了有远见的途径，这种复合材料具有机械性能和自修复性能。结构和功能精细的智能形状记忆材料是未来的发展重点［图 6-28（a）和（b）］。

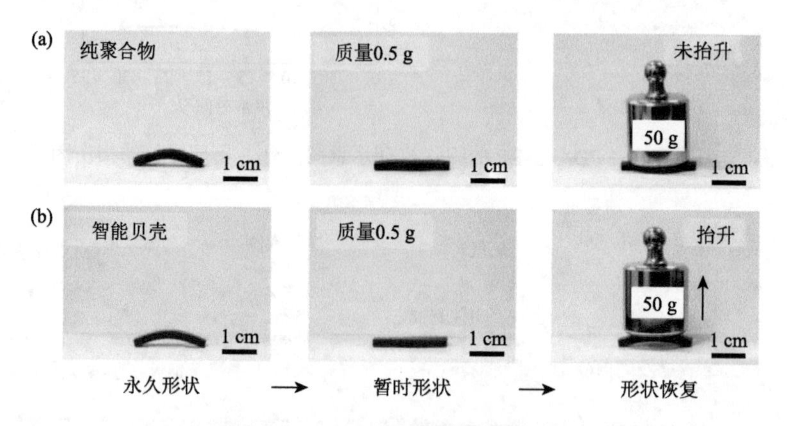

图 6-28 具有形状记忆的智能贝壳

（a）纯聚合物的形状记忆功能；（b）智能贝壳的形状记忆功能

北京航空航天大学程群峰等[76]通过冰模板法制备了仿珍珠层纳米复合材料，其具有优异的形状记忆功能。仿珍珠层 E-G 纳米复合材料含有极少量的导电 rGO，却展现了良好的导电性能，是由于冰模板法预制的连通骨架，为电子传输提供了导电通路。沿片层方向上，E-G-Ⅱ纳米复合材料的导电性能约是 E-G-Ⅰ纳米复合材料的约 55 倍，垂直于片层方向是 E-G-Ⅰ纳米复合材料的 138 倍。由于结构的各向异性，E-G 纳米复合材料呈现各向异性导电性能，E-G-Ⅰ纳米复合材料平行方向是垂直方向电导率的 15 倍，由于渗入环氧过程中对 rGO-Ⅰ骨架有一定程度的破坏，其导电性不均匀。E-G-Ⅱ纳米复合材料平行方向是垂直方向电导率的 6 倍，因为 rGO-Ⅱ骨架强度较高，环氧渗入过程中对骨架破坏极小，所以其导电性能相对较稳定。连续的石墨烯骨架加入到形状记忆环氧中并未影响材料的形状记忆功能，相反却提供了一个电激活形状记忆效应的途径。换句话说，仿珍珠层 E-G 纳米复合材料的形状记忆效应也可通过电流来实现。形状记忆材料应当具有两种形态，一种是结晶态，另一种是无定形态，且两种形态比例适当。形状记忆性能的一个重要参数为玻璃化转变温度（T_g），在 T_g 以上较宽的温度范围出现高弹性性能，并且具有一定强度，可对其施加形变。在宽的温度范围内呈现玻璃态，确保材料中分子链冻结力处于储能状态不释放。本研究制备的 E-G 纳米复合材料均满足上述要求，并采用 DMA 测定材料的 T_g，如图 6-29（a）所示。E-G-Ⅱ纳米复合材料的 T_g 约为 70℃，因此 E-G-Ⅱ纳米复合材料在 $T>T_g$ 以上时，材料由玻璃态转变为高弹态，材料可以在高弹态条件下实现材料变形，塑造成各种形状。因此，E-G-Ⅱ纳米复合材料利用加热和电流刺激可以将材料进行回环、扭曲、折叠塑造成各种临时形状，经过相同的刺激可以恢复为永久状态。为了探究电流刺激形状记忆效应的机理，采用红外热成像仪观察到条状样品施加 5 mA 电流 1 min 后，材料内部温度不断上升[图 6-29（b）]。同样，星状复合材料施加 10 mA 电流在几分钟内也展现了很好的焦耳热效应。因此，一旦材料在电流加热条件下，内部温度达到 T_g 以上时，即可实现材料的形状记忆性能。电激活材料的形状记忆效应其实是利用石墨烯导电性能通过电流进行加热，利用电加热实现材料的形状记忆行为。E-G 纳米复合材料的单程双重形状记忆机理如图 6-29（c）所示，室温下，形状记忆 E-G 纳米复合材料为固体。当温度达到 T_g 以上时，环氧纳米复合材料中的分子链被激活，材料变为弹性体。对该激活的材料施加外力，使材料发生宏观形变，并且冷却至室温形成临时形状，即使移除外力，形状也不会发生变化，是由于冻结的分子链锁住了链的构型，储存住了熵能（高能状态）。当材料再次受到热或电流刺激时，温度达到 T_g 以上，会自发恢复到其永久形状，即其最低能量构型状态。

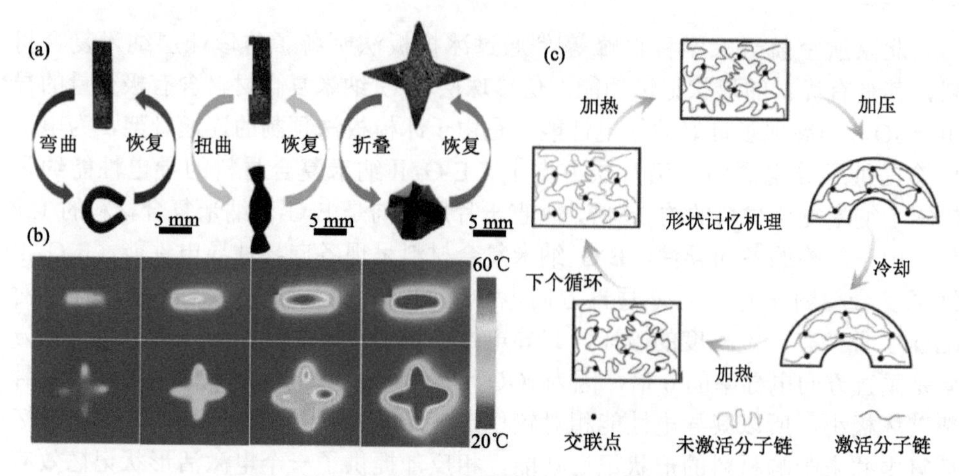

图 6-29 E-G-Ⅱ纳米复合材料的形状记忆性能

(a) 对该材料在 T_g 以上形变成环、扭曲和折叠等不同形状，经再次加热或通电，材料可恢复其原始形状；(b) 对该材料通电，可以明显观察到随着时间推移材料的温度不断上升；(c) E-G-Ⅱ纳米复合材料单程双重形状记忆机理

6.2.3 离子通道

Liu 等[77]采用聚异丙基丙烯酰胺（PNIPAM）制备了一种基于 GO 的纳米复合薄膜，该复合薄膜可用作温度或近红外光控制的分子筛阀门。通过 PNIPAM 将 GO 纳米片共价接枝，其一端或两端接枝在 GO 纳米片的表面上。当温度低于 PNIPAM 的最低临界共溶温度（lower critical solution temperature，LCST）（32℃）时，水分子将与 PNIPAM 链形成分子间氢键而使得其发生溶胀，PNIPAM 链会扩大 GO 之间的层间距，从而提高渗透率。随着温度的升高，高于 LCST 后，PNIPAM 链将形成分子内氢键，溶胀程度降低，从而缩小 GO 纳米片的层间距，导致水渗透性降低。由于 GO 的光热效应，除了温度变化，还可以通过 NIR 调节这种可逆的门阀效果。基于这种具有类似水闸功能的纳米复合薄膜，可以轻松实现分子分离［图 6-30（a）］。如图 6-30（b）和（c）所示，最小的分子 A（Cu^{2+}）首先在 50℃下过筛，然后在 25℃分离中等分子 B（罗丹明 B）和最大的 C（细胞色素 c）。这种具有可调的分子分离功能的仿生层状纳米复合薄膜，在流体输送、微流控芯片或分子生物学等领域具有广阔的应用前景。此外，Xin 等[78]报道了一种用于收集渗透能的分层纳米流体装置，利用氢键作用仿生制备出一种具有仿珍珠层结构的 GO/SNF/GO 复合薄膜。该装置主要由连接电化学电池两个隔室和循环溶液的 GO/SNF/GO 仿珍珠层薄膜组成，当该装置运行时其可以将渗透势转换为电能。所制的 GO/SNF/GO 薄膜保留了所需的多层夹心结构和机械性能，在盐水中具有出色的长期稳定性。通过混合天然海水和河水，该复合薄膜的渗透能转换功率密度

达 5.07 W/m^2（超过 5.0 W/m^2）。此外，由于离子移动范围和电极反应活性提高，在 50℃热场下，输出功率密度提高了将近 77.5%。

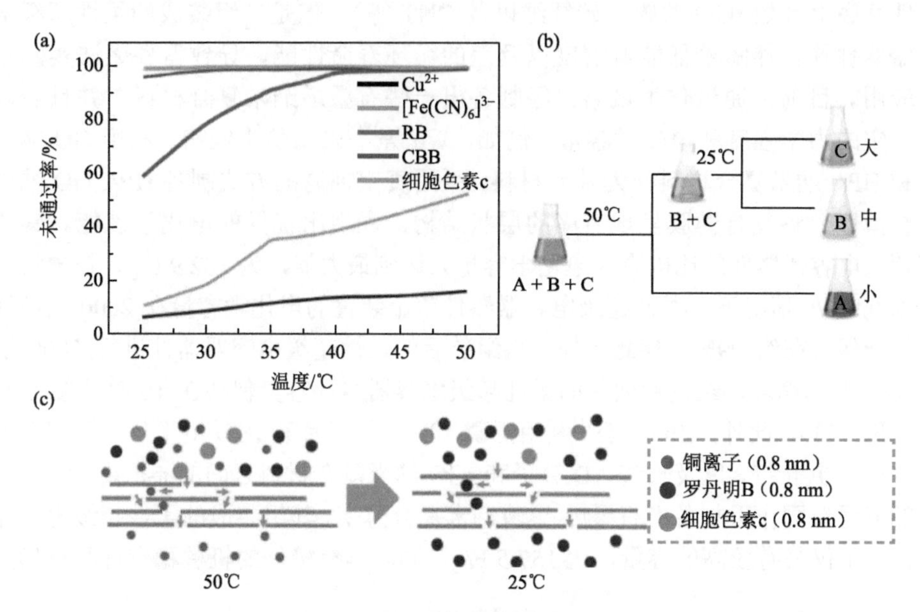

图 6-30 基于 GO/PINPAM 薄膜的响应性分子筛示意图

（a）不同分子对 GO/PINPAM 薄膜的温度依赖性；（b）GO/PNIPAM 薄膜用于分子分离的原理图；（c）分离含 Cu^{2+}、RB 和 Cyt c 的混合分子溶液

6.2.4 超级电容器

近些年来，柔性超级电容器能源储能装置由于具有高电化学容量、较好的机械稳定性能、可靠的抗形变能力、长循环寿命以及高能量密度而受到广泛关注。柔性超级电容器储能装置的性能主要取决于其组装的电极材料。然而，尽管目前组装成柔性超级电容器储能装置的材料的电化学容量处在一个较高的水平，但其力学强度和电导率均处在一个较低水平，导致无法进一步提高柔性超级电容器能源储能装置的电化学容量、机械稳定性能以及抗形变能力。

石墨烯纤维具有轻质、柔性、高导电、良好电化学活性、高比表面积等特点，可以作为超级电容器的电极材料。Chen 等[79]开发了一种可扩展的非液晶纺丝工艺，用于生产具有特殊结构的高性能可穿戴超级电容器石墨烯纤维，通过调控纺丝过程，使纤维具有精细的微结构和可调控的孔结构。以此石墨烯纤维为电极组装而成的超级电容器具有高比电容（226 F/cm^3）和高能量密度（7.03 mWh/cm^3），还具有良好的循环稳定性［图 6-31（a）和（b）］。例如，通过将电极活性物质刮涂在柔性集流体上（Cu、Ni 或 Au），来实现柔性超级电容器器件的组装。然而，所组装成的柔性超级电容器器件由于金属集流体的存在造成其本身比较笨重，无法适用于实际应用需求。另外，还可以将电极活性物质通过物理方法固定在柔性基底上（如 rGO 薄膜、碳纤维以及 CNT 等）。但是，组装成的柔性超级电容器器件往往伴随着低能量密度以及差的循环寿命性能，导致器件无法实际正常应用。目前，通过仿生策略已经制备出一些石墨烯纳米复合材料，并且表现出一定的力学强度和电化学容量。例如，Wu 等[80]采用仿生策略，利用 GO 纳米片和 HPA 纳米复合材料作为基元材料，采用真空抽滤的方式制备 HPA-GO 纳米复合薄膜，该复合薄膜呈现有序的层状结构，表现出优异的电化学性能。其柔性超级电容器器件的比电容（电化学容量）达到最大值，为 182.9 F/g，在电流密度为 0.8 A/g 情况下，柔性超级电容器器件整个装置的电化学容量在 2000 次循环后仍能保持在约 99%。除此之外，将组装后的柔性超级电容器器件进行 5000 次的 180°弯曲循环，经过弯曲后的柔性超级电容器器件容量保持在 100% [图 6-31（c）和（d）]。此外，Zhou 等[81]利用黑磷（BP）纳米片和 rGO 纳米片之间存在的 P—O—C 共价键，以及长链 AD 分子和 rGO 纳米复合材料之间的 π-π 共轭堆积作用的界面协同作用制备出石墨烯-黑磷纳米复合薄膜。其组装成的柔性超级电容器器件，不仅具有较高的容量，达 157.5 F/g，同时具有极好的机械稳定性和抗形变

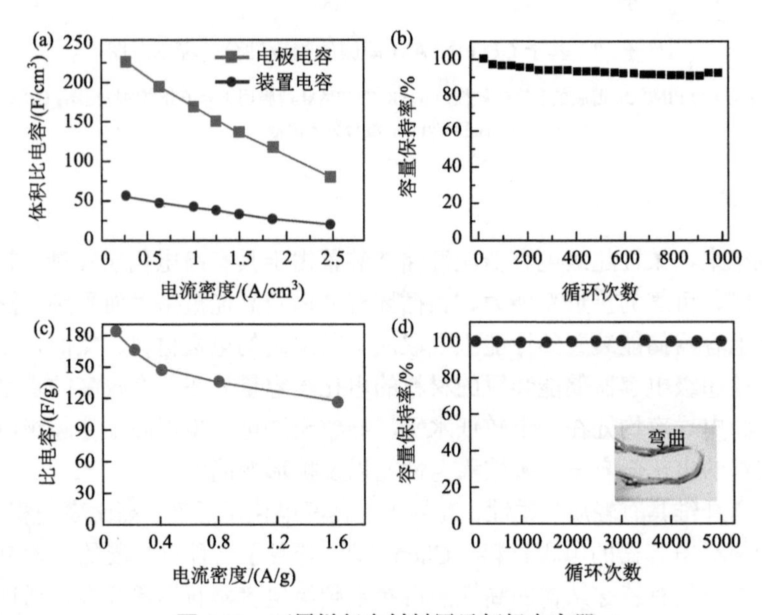

图 6-31 石墨烯复合材料用于超级电容器

（a）石墨烯纤维组装成的超级电容器器件不同电流密度的体积比电容；（b）石墨烯纤维组装成的超级电容器器件的 1000 次循环下的容量保持率；（c）石墨烯薄膜组装成的柔性超级电容器器件不同电流密度的比电容；（d）石墨烯薄膜组装成的柔性超级电容器器件 5000 次弯曲下的容量保持率

能力。无论是在 0°～180°弯曲状态下，还是经过 10000 次 180°弯曲循环后，其容量保持率约为 100%。基于该石墨烯纳米复合薄膜组装成的柔性超级电容器器件虽然表现出极好的机械稳定性和高抗形变能力，但柔性超电容器器件能源储能装置的电化学容量仍处在一个较低的水平，无法满足实际需求。

MXene 良好的金属导电性以及独特的二维层状结构，使其可以广泛应用于能源领域。MXene 复合纤维具有高电导率、良好电化学活性、高比表面积等电/化学性能以及力学强度高、轻质、柔性等特点，可以作为高性能、柔性超级电容器的电极材料。Wang 等[82]采用“Biscrolling”法制备的 MXene/CNT 纱线的体积比电容为 1083 F/cm^3，并制作成纱线超级电容器，最大能量密度达到 61.6 mWh/cm^3，最大功率密度为 5428 mW/cm^3。他们将 MXene/CNT 纱线制作的纱线超级电容器编织到棉纱织物中，制造了可给便携式电子设备供电的能源纺织品［图 6-32（a）和（b）］。Yan 等[83]使用带正电的 rGO-PDDA 和带负电的 MXene，通过静电自组装技术演示了 MXene-石墨烯复合薄膜的性能［图 6-32（c）和（d）］。将 rGO 引入到 MXene 中，使 MXene 的层间间距增大。添加 5 wt% rGO 的 MXene-rGO 薄膜电极在扫描速率为 2 mV/s 时的体积比电容为 1040 F/cm^3。此外，该复合薄膜还具有优异的循环稳定性。

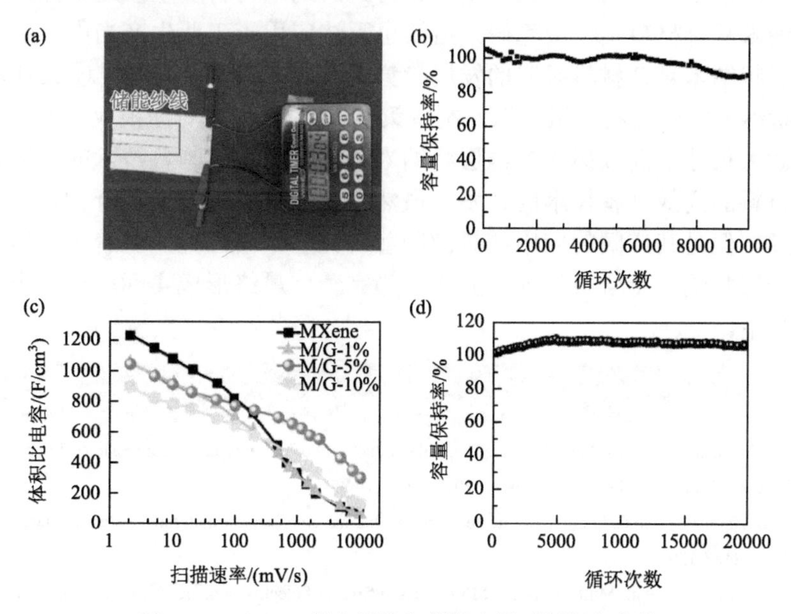

图 6-32　MXene 复合纤维和薄膜应用于超级电容器

（a）MXene/CNT 复合纤维作为供能装置的示意图；（b）MXene/CNT 复合纤维组装成的超级电容器器件在 1000 次循环下的容量保持率；（c）在不同扫描速率下 MXene/GO 复合薄膜的体积比电容；（d）MXene/GO 复合薄膜组装成的超级电容器器件在 20000 次循环下的容量保持率

6.3 总结与展望

通过仿生策略构筑的层状二维纳米复合材料具有典型的类鲍鱼壳珍珠层“砖-泥”结构，由于纳米材料含量较高，将具有优异的导热、导电性能等功能特性的二维纳米填料引入到高分子基体中，赋予其导热、电磁屏蔽、防火及传感等功能特性。同时可以实现其他的一些功能特性如储能、离子通道以及防腐等。仿生策略为制备高性能功能纳米复合材料提供了新的思路。

尽管目前已经采用仿生策略实现了二维层状纳米复合材料力学性能和功能一体化的协同提升。然而，在今后的研究中仍有一些关键的科学问题有待进一步解决：①二维层状纳米复合材料的力学性能和其功能性难以平衡，只关注其力学性能的提高可能会导致功能性减弱，相反，只关注其功能性可能会使力学性能下降。因此，同时提升力学性能和其功能性仍然困难。②目前采用仿生策略制备的纳米复合材料，都被局限在较小的尺寸范围，且制备过程耗时较长，因此如何突破材料尺寸的限制并缩短制备时间是目前亟须解决的一个重要问题。③基元纳米材料的制备成本高，且得到的纳米材料质量参差不齐，对制备高性能纳米复合材料是一个障碍，后续也无法应用于工业生产当中。所以，未来二维层状纳米复合材料研究的发展趋势主要有以下三个方面：①设计多尺度二维层状纳米复合材料的组装以及制备策略，如 3D 打印、冰模板及外场取向技术等。②大尺寸、高效率的二维层状纳米复合材料组装制备技术的开发。③基元纳米材料的高效制备技术的开发。虽然目前二维层状纳米复合材料仍然存在许多问题，但是其广阔的应用前景激励着研究者不断探究，随着不断地深入研究，二维层状纳米复合材料的研究将日趋完善，最终形成实际应用，走进人们的生活当中。

参考文献

[1] Chen H Y，Ginzburg V V，Yang J，et al. Thermal conductivity of polymer-based composites：Fundamentals and applications. Progress in Polymer Science，2016，59：41-85.

[2] Qian X，Zhou J，Chen G. Phonon-engineered extreme thermal conductivity materials. Naterials Materials，2021，20（9）：1188-1202.

[3] Li L，Cao Y，Liu X，et al. Multifunctional MXene-based fireproof electromagnetic shielding films with exceptional anisotropic heat dissipation capability and joule heating performance. ACS Applied Materials & Interfaces，2020，12（24）：27350-27360.

[4] Yao Y，Sun J，Zeng X，et al. Construction of 3D skeleton for polymer composites achieving a high thermal conductivity. Small，2018，14（13）：e1704044.

[5] Veca L M，Meziani M J，Wang W，et al. Carbon nanosheets for polymeric nanocomposites with high thermal

conductivity. Advanced Materials，2009，21（20）：2088-2092.

[6] Kim S E，Mujid F，Rai A，et al. Extremely anisotropic van der waals thermal conductors. Nature，2021，597（7878）：660-665.

[7] Dai W，Ma T，Yan Q，et al. Metal-level thermally conductive yet soft graphene thermal interface materials. ACS Nano，2019，13（10）：11561-11571.

[8] Liu Z，Chen Y，Li Y，et al. Graphene foam-embedded epoxy composites with significant thermal conductivity enhancement. Nanoscale，2019，11（38）：17600-17606.

[9] Chen Y，Li J Z，Li T，et al. Recent advances in graphene-based films for electromagnetic interference shielding：Review and future prospects. Carbon，2021，180：163-184.

[10] Wang Y，Xia S，Li H，et al. Unprecedentedly tough，folding-endurance，and multifunctional graphene-based artificial nacre with predesigned 3D nanofiber network as matrix. Advanced Functional Materials，2019，29（38）：1903876.

[11] Renteria J，Ramirez S，Malekpour H，et al. Strongly anisotropic thermal conductivity of free-standing reduced graphene oxide films annealed at high temperature. Advanced Functional Materials 2015，29（25）：4664-4672.

[12] Wei Q W，Pei S F，Qian X T，et al. Superhigh electromagnetic interference shielding of ultrathin aligned pristine graphene nanosheets film. Advanced Materials，2020，32（14）：9.

[13] Lin S F，Ju S，Zhang J W，et al. Ultrathin flexible graphene films with high thermal conductivity and excellent emi shielding performance using large-sized graphene oxide flakes. RSC Advances，2019，9（3）：1419-1427.

[14] Kumar P，Shahzad F，Yu S，et al. Large-area reduced graphene oxide thin film with excellent thermal conductivity and electromagnetic interference shielding effectiveness. Carbon，2015，94：494-500.

[15] Peng L，Xu Z，Liu Z，et al. Ultrahigh thermal conductive yet superflexible graphene films. Advanced Materials，2017，29（27）：8.

[16] Akbari A，Cunning B V，Joshi S R，et al. Highly ordered and dense thermally conductive graphitic films from a graphene oxide/reduced graphene oxide mixture. Matter，2020，2（5）：1198-1206.

[17] Liu R，Li W. High thermal stability and high thermal conductivity $Ti_3C_2T_x$ MXene/poly（vinyl alcohol）（PVA）composites. ACS Omega，2018，3（3）：2609-2617.

[18] Gholivand H，Fuladi S，Hemmat Z，et al. Effect of surface termination on the lattice thermal conductivity of monolayer $Ti_3C_2T_z$ MXenes. Journal of Applied Physics，2019，126（6）：065101.

[19] Chen L，Shi X，Yu N，et al. Measurement and analysis of thermal conductivity of $Ti_3C_2T_x$ MXene films. Materials，2018，11（9）：1701.

[20] Zha X H，Zhou J，Zhou Y，et al. Promising electron mobility and high thermal conductivity in Sc_2CT_2（T = F，OH）MXenes. Nanoscale，2016，8（11）：6110-6117.

[21] Jin X，Wang J，Dai L，et al. Flame-retardant poly（vinyl alcohol）/MXene multilayered films with outstanding electromagnetic interference shielding and thermal conductive performances. Chemical Engineering Journal，2020，380，122475.

[22] Lian G，Tuan C C，Li L Y，et al. Vertically aligned and interconnected graphene networks for high thermal conductivity of epoxy composites with ultralow loading. Chemistry of Materials，2016，28（17）：6096-6104.

[23] Yao Y M，Zhu X D，Zeng X L，et al. Vertically aligned and interconnected SiC nanowire networks leading to significantly enhanced thermal conductivity of polymer composites. ACS Applied Materials & Interfaces，2018，10（11）：9669-9678.

[24] Liu P F，Li X F，Min P，et al. 3D lamellar-structured graphene aerogels for thermal interface composites with high

through-plane thermal conductivity and fracture toughness. Nano-Micro Letters，2021，13（1）：15.

[25] Ji C，Wang Y，Ye Z Q，et al. Ice-templated MXene/Ag-epoxy nanocomposites as high-performance thermal management materials. ACS Applied Materials & Interfaces，2020，12（21）：24298-24307.

[26] Wang D，Lin Y，Hu D，et al. Multifunctional 3D-MXene/pdms nanocomposites for electrical，thermal and triboelectric applications. Composites Part A：Applied Science and Manufacturing，2020，130：105754.

[27] Han J K，Du G L，Gao W W，et al. An anisotropically high thermal conductive boron nitride/epoxy composite based on nacre-mimetic 3D network. Advanced Functional Materials，2019，29（13）：9.

[28] Fu C J，Yan C Z，Ren L L，et al. Improving thermal conductivity through welding boron nitride nanosheets onto silver nanowires via silver nanoparticles. Composites Science and Technology，2019，177：118-126.

[29] Li H T，Fu C J，Chen N，et al. Ice-templated assembly strategy to construct three-dimensional thermally conductive networks of BN nanosheets and silver nanowires in polymer composites. Composites Communications，2021，25：8.

[30] Wang X W，Wu P Y. 3D vertically aligned bnns network with long-range continuous channels for achieving a highly thermally conductive composite. ACS Applied Materials & Interfaces，2019，11（32）：28943-28952.

[31] Wu Z，Xu C，Ma C，et al. Synergistic effect of aligned graphene nanosheets in graphene foam for high-performance thermally conductive composites. Advanced Materials，2019，31（19）：e1900199.

[32] Gupta S，Tai N H. Carbon materials and their composites for electromagnetic interference shielding effectiveness in X-band. Carbon，2019，152：159-187.

[33] Iqbal A，Sambyal P，Koo C M. 2D MXenes for electromagnetic shielding：A review. Advanced Functional Materials，2020，30（47）：2000833.

[34] Shen B，Zhai W T，Zheng W G. Ultrathin flexible graphene film：An excellent thermal conducting material with efficient emi shielding. Advanced Functional Materials，2014，24（28）：4542-4548.

[35] Xi J B，Li Y L，Zhou E Z，et al. Graphene aerogel films with expansion enhancement effect of high-performance electromagnetic interference shielding. Carbon，2018，135：44-51.

[36] Wan S，Chen Y，Fang S，et al. High-strength scalable graphene sheets by freezing stretch-induced alignment. Nature Materials，2021，20（5）：624-631.

[37] Gao W W，Zhao N F，Yu T，et al. High-efficiency electromagnetic interference shielding realized in nacre-mimetic graphene/polymer composite with extremely low graphene loading. Carbon，2020，157：570-577.

[38] Chen X，Jiang J J，Yang G Y，et al. Bioinspired wood-like coaxial fibers based on MXene@graphene oxide with superior mechanical and electrical properties. Nanoscale，2020，12（41）：21325-21333.

[39] Liu L X，Chen W，Zhang H B，et al. Tough and electrically conductive $Ti_3C_2T_x$ MXene-based core-shell fibers for high-performance electromagnetic interference shielding and heating application. Chemical Engineering Journal，2022，430：11.

[40] Shahzad F，Alhabeb M，Hatter C B，et al. Electromagnetic interference shielding with 2D transition metal carbides（MXenes）. Science，2016，353（6304）：1137-1140.

[41] Cao W T，Chen F F，Zhu Y J，et al. Binary strengthening and toughening of MXene/cellulose nanofiber composite paper with nacre-inspired structure and superior electromagnetic interference shielding properties. ACS Nano，2018，12（5）：4583-4593.

[42] Lei C，Zhang Y，Liu D，et al. Metal-level robust，folding endurance，and highly temperature-stable MXene-based film with engineered aramid nanofiber for extreme-condition electromagnetic interference shielding applications. ACS Appl Mater Interfaces，2020，12（23）：26485-26495.

[43] Weng G M，Li J，Alhabeb M，et al. Layer-by-layer assembly of cross-functional semi-transparent MXene-carbon nanotubes composite films for next-generation electromagnetic interference shielding. Advanced Functional Materials，2018，28（44）：1803360.

[44] Wan S，Li X，Chen Y，et al. High-strength scalable MXene films through bridging-induced densification. Science，2021，374（6563）：96-99.

[45] Liu J，Zhang H B，Sun R，et al. Hydrophobic，flexible，and lightweight MXene foams for high-performance electromagnetic-interference shielding. Advanced Materials，2017，29（38）：1702367.

[46] Sambyal P，Iqbal A，Hong J，et al. Ultralight and mechanically robust $Ti_3C_2T_x$ hybrid aerogel reinforced by carbon nanotubes for electromagnetic interference shielding. ACS Appl Mater Interfaces，2019，11（41）：38046-38054.

[47] Zhao S，Zhang H B，Luo J Q，et al. Highly electrically conductive three-dimensional $Ti_3C_2T_x$ MXene/reduced graphene oxide hybrid aerogels with excellent electromagnetic interference shielding performances. ACS Nano，2018，12（11）：11193-11202.

[48] Li L，Liu X，Wang J，et al. New application of MXene in polymer composites toward remarkable anti-dripping performance for flame retardancy. Composites Part A：Applied Science and Manufacturing，2019，127：105649.

[49] Xu H，Li Y，Huang N J，et al. Temperature-triggered sensitive resistance transition of graphene oxide wide-ribbons wrapped sponge for fire ultrafast detecting and early warning. Journal of Hazard Materials，2019，363：286-294.

[50] Wu Q，Gong L X，Li Y，et al. Efficient flame detection and early warning sensors on combustible materials using hierarchical graphene oxide/silicone coatings. ACS Nano，2018，12（1）：416-424.

[51] Zhang Y，Cheng W H，Tian W X，et al. Nacre-inspired tunable electromagnetic interference shielding sandwich films with superior mechanical and fire-resistant protective performance. ACS Applied Materials & Interfaces，2020，12（5）：6371-6382.

[52] Ding F C，Liu J J，Zeng S S，et al. Biomimetic nanocoatings with exceptional mechanical，barrier，and flame-retardant properties from large-scale one-step coassembly. Science Advances，2017，3（7）：9.

[53] Chang T H，Tian Y，Wee D L Y，et al. Crumpling and unfolding of montmorillonite hybrid nanocoatings as stretchable flame-retardant skin. Small，2018，14（21）：e1800596.

[54] Ming P，Song Z，Gong S，et al. Nacre-inspired integrated nanocomposites with fire retardant properties by graphene oxide and montmorillonite. Journal of Materials Chemistry A，2015，3（42）：21194-21200.

[55] Chen S M，Gao H L，Sun X H，et al. Superior biomimetic nacreous bulk nanocomposites by a multiscale soft-rigid dual-network interfacial design strategy. Matter，2019，1（2）：412-427.

[56] Yang Y，Wang Z Y，He Q Q，et al. 3D printing of nacre-inspired structures with exceptional mechanical and flame-retardant properties. Research，2022，2022：12.

[57] Dong Z L，Jiang C C，Cheng H H，et al. Facile fabrication of light，flexible and multifunctional graphene fibers. Advanced Materials，2012，24（14）：1856-1861.

[58] Wang Y H，Bian K，Hu C G，et al. Flexible and wearable graphene/polypyrrole fibers towards multifunctional actuator applications. Electrochemistry Communications，2013，35：49-52.

[59] Zhao F，Zhao Y，Cheng H H，et al. A graphene fibriform responsor for sensing heat，humidity，and mechanical changes. Angewandte Chemie-International Edition，2015，54（49）：14951-14955.

[60] Choi S J，Yu H，Jang J S，et al. Nitrogen-doped single graphene fiber with platinum water dissociation catalyst for wearable humidity sensor. Small，2018，14（13）：9.

[61] Wang Z H，Zhang J H，Xie J，et al. Bioinspired water-vapor-responsive organic/inorganic hybrid one-dimensional photonic crystals with tunable full-color stop band. Advanced Functional Materials，2010，20（21）：3784-3790.

[62] Peng J S，Cheng Y R，Tomsia A P，et al. Thermochromic artificial nacre based on montmorillonite. ACS Applied Materials & Interfaces，2017，9（29）：24993-24998.

[63] Yang Y K，Zhan W J，Peng R G，et al. Graphene-enabled superior and tunable photomechanical actuation in liquid crystalline elastomer nanocomposites. Advanced Materials，2015，27（41）：6376-6381.

[64] Picot O T，Rocha V G，Ferraro C，et al. Using graphene networks to build bioinspired self-monitoring ceramics. Nature communications，2017，8：11.

[65] Peng J S，Huang C J，Cao C，et al. Inverse nacre-like epoxy-graphene layered nanocomposites with integration of high toughness and self-monitoring. Matter，2020，2（1）：220-232.

[66] Seyedin S，Uzun S，Levitt A，et al. MXene composite and coaxial fibers with high stretchability and conductivity for wearable strain sensing textiles. Advanced Functional Materials，2020，30（12）：11.

[67] Chao M Y，He L Z，Gong M，et al. Breathable $Ti_3C_2T_x$ MXene/protein nanocomposites for ultrasensitive medical pressure sensor with degradability in solvents. ACS Nano，2021，15（6）：9746-9758.

[68] Li P D，Su N，Wang Z Y，et al. A $Ti_3C_2T_x$ MXene-based energy-harvesting soft actuator with self-powered humidity sensing and real-time motion tracking capability. ACS Nano，2021，15（10）：16811-16818.

[69] Cheng B C，Wu P Y. Scalable fabrication of kevlar/$Ti_3C_2T_x$ MXene intelligent wearable fabrics with multiple sensory capabilities. ACS Nano，2021，15（5）：8676-8685.

[70] Lee S H，Eom W，Shin H，et al. Room-temperature，highly durable $Ti_3C_2T_x$ MXene/graphene hybrid fibers for NH_3 gas sensing. ACS Applied Materials & Interfaces，2020，12（9）：10434-10442.

[71] Wang K，Lou Z，Wang L L，et al. Bioinspired interlocked structure-induced high deformability for two-dimensional titanium carbide（MXene）/natural microcapsule-based flexible pressure sensors. ACS Nano，2019，13（8）：9139-9147.

[72] Liu H，Chen X Y，Zheng Y J，et al. Lightweight，superelastic，and hydrophobic polyimide nanofiber/MXene composite aerogel for wearable piezoresistive sensor and oil/water separation applications. Advanced Functional Materials，2021，31（13）：12.

[73] Ding J H，Zhao H R，Yu H B. Bio-inspired multifunctional graphene-epoxy anticorrosion coatings by low-defect engineered graphene. ACS Nano，2022，16（1）：710-720.

[74] Zhao H R，Ding J H，Zhou M，et al. Enhancing the anticorrosion performance of graphene-epoxy coatings by biomimetic interfacial designs. ACS Applied Nano Materials，2021，4（7）：6557-6561.

[75] Du G L，Mao A R，Yu J H，et al. Nacre-mimetic composite with intrinsic self-healing and shape-programming capability. Nature communications，2019，10：8.

[76] Huang C J，Peng J S，Cheng Y R，et al. Ultratough nacre-inspired epoxy-graphene composites with shape memory properties. Journal of Materials Chemistry A，2019，7（6）：2787-2794.

[77] Liu J C，Wang N，Yu L J，et al. Bioinspired graphene membrane with temperature tunable channels for water gating and molecular separation. Nature Communications，2017，8：9.

[78] Xin W W，Xiao H Y，Kong X Y，et al. Biomimetic nacre-like silk-crosslinked membranes for osmotic energy harvesting. ACS Nano，2020，14（8）：9701-9710.

[79] Chen S H，Ma W J，Cheng Y H，et al. Scalable non-liquid-crystal spinning of locally aligned graphene fibers for high-performance wearable supercapacitors. Nano Energy，2015，15：642-653.

[80] Wu C，Zhou T，Du Y，et al. Strong bioinspired hpa-rgo nanocomposite films via interfacial interactions for flexible

supercapacitors. Nano Energy，2019，58：517-527.

[81] Zhou T，Ni H，Wang Y，et al. Ultratough graphene-black phosphorus films. Proceedings of the National Academy of Sciencesof the United States of America，2020，117（16）：8727-8735.

[82] Wang Z Y，Qin S，Seyedin S，et al. High-performance biscrolled MXene/carbon nanotube yarn supercapacitors. Small，2018，14（37）：9.

[83] Yan J，Ren C E，Maleski K，et al. Flexible MXene/graphene films for ultrafast supercapacitors with outstanding volumetric capacitance. Advanced Functional Materials，2017，27（30）：10.

关键词索引

H

J

K

L

M

N

P

Q

R

S

T